uni—texte

Studienbücher

K. Brinkmann, Einführung in die elektrische Energiewirtschaft
für Elektrotechniker, Maschinenbauer, Verfahrenstechniker, Wirtschaftsingenieure
und Betriebswirtschaftler (im 2. Studienabschnitt)

G. Frühauf, Praktikum Elektrische Meßtechnik
für Elektrotechniker (3. und 4. Semester)

H. Gräser, Biochemisches Praktikum
für Biologen, Chemiker, Pharmazeuten und Mediziner (im 2. Studienabschnitt)

E. Henze / H. H. Homuth, Einführung in die Informationstheorie
für Mathematiker, Physiker und Elektrotechniker (3. Semester)

E. Henze / H. H. Homuth, Einführung in die Codierungstheorie
für Mathematiker, Informatiker, Naturwissenschaftler und Ingenieure (ab 3. Semester)

R. Jötten / H. Zürneck, Einführung in die Elektrotechnik I, II
für Elektrotechniker, Maschinenbauer und Wirtschaftsingenieure (1. bis 3. Semester)

K. F. Knoche, Technische Thermodynamik
für Studenten des Maschinenbaus und der Elektrotechnik (ab 1. Semester)

G. Kempter, Organisch-chemisches Praktikum
für Chemiker, Biologen und Mediziner (3. Semester)

L. D. Landau / E. M. Lifschitz, Mechanik
für Mathematiker und Physiker (2. und 3. Semester)

W. Leonhard, Wechselströme und Netzwerke
für Elektrotechniker (3. Semester)

W. Leonhard, Einführung in die Regelungstechnik, Lineare Regelvorgänge
für Elektrotechniker, Physiker und Maschinenbauer (5. Semester)

W. Leonhard, Einführung in die Regelungstechnik, Nichtlineare Regelvorgänge
für Elektrotechniker, Physiker und Maschinenbauer (6. Semester)

K. Mathiak / P. Stingl, Gruppentheorie
für Chemiker, Physiko-Chemiker und Mineralogen (ab 5. Semester)

K.-A. Reckling, Mechanik I, II, III
für Studenten der Ingenieurwissenschaften (1. und 2. Semester)

K. Torkar / H. Krischner, Rechenseminar in Physikalischer Chemie
für Chemiker, Verfahrenstechniker und Physiker (ab 3. Semester)

**M. Toussaint / K. Rudolph, Programmierte Aufgaben zur linearen Algebra
und analytischen Geometrie**
für Mathematiker und Physiker (ab 1. Semester)

O. P. Spandl, Die Organisation der wissenschaftlichen Arbeit
für Studenten aller Fachrichtungen (ab 1. Semester)

H. Seiffert, Einführung in das wissenschaftliche Arbeiten
für Studenten aller geisteswissenschaftlichen, wirtschaftswissenschaftlichen,
naturwissenschaftlichen und technischen Fachrichtungen (ab 1. Semester)

Hans Schubart

Einführung in die klassische und moderne Zahlentheorie

Skriptum für Studenten der
Mathematik ab 1. Semester

Mit 13 Bildern

Vieweg · Braunschweig

uni——text

Prof. Dr. *Hans Schubart* gehört zum engeren Lehrkörper der
Pädagogischen Hochschule und der Universität (TH) in Karlsruhe

Verlagsredaktion: Alfred Schubert, Willy Ebert

1974

ISBN 978-3-528-03313-2   ISBN 978-3-322-85524-4 (eBook)
DOI 10.1007/978-3-322-85524-4

Vorwort

Dieses Buch möchte zahlentheoretische Probleme darstellen, wie
ich sie seit etwa 15 Jahren in Vorlesungen an der Universität
(TH) Karlsruhe, später auch an der Pädagogischen Hochschule
Karlsruhe, behandelt habe.

Nachdem es trotz mancher "Unkenrufe aus scheinbar kompetentem
Munde" um 1950 gelang, die beiden Hauptsätze der analytischen
Zahlentheorie elementar - i.e. ohne sehr tiefliegende Sätze
aus der Theorie komplexer Funktionen - zu beweisen, waren Freude
und Erstaunen gleichermaßen erheblich. Bis zu dieser Zeit blieben
die Beweise der Sätze von Gauß und Dirichlet fast ausschließlich
speziellen Oberseminaren vorbehalten und wurden in normalen Vorlesungen lediglich zitiert. Während Dirichlet den nach ihm benannten Satz: "Jede arithmetische Folge erster Ordnung a·n+b
(mit teilerfremden ganzrationalen Zahlen a und b) enthält unendliche viele Primzahlen" selbst beweisen konnte, hat Gauß die nach
ihm benannte Aussage: "$\lim_{x\to\infty} \frac{\pi(x)\cdot\log x}{x} = 1$ (wobei $\pi(x)$ für die Anzahl der Primzahlen unterhalb x steht)" nur ausgesprochen. Sie
wurde erstmals 1896 von Hadamad (1865 bis 1963) und de la Vallée
Poussin (1866 bis 1962) bewiesen. Heute ist es durch die im 4.
und 5. Kapitel dieses Buches ausführlich behandelten Ergebnisse
möglich, die genannten Hauptsätze lediglich mit Mitteln zu beweisen, zu deren Voraussetzungen nicht mehr gehört als im Mathematikunterricht der SI- und SII-Stufe erörtert wird.

Von diesen Kenntnissen geht die vorliegende Darstellung aus. Die
heute verbreitete Schreibweise für Mengen, für Relationen und für
Strukturen ist sehr sparsam verwendet. Einmal, um auch älteren
Semestern die Lektüre zu erleichtern, zum anderen deshalb, weil
durch diese Nomenklaturen die hier betrachteten Probleme kaum
leichter zugänglich werden.

Die Gesamtheit der behandelten Fragen wird naturgemäß durch das
persönliche Interesse des Verfassers bestimmt. Ich hoffe jedoch,
daß auch didaktische Überlegungen dem Leser zugute kommen. Da
die Darstellung auf ein Selbststudium abgestimmt ist, gehen möglichst viele Beispiele den einzelnen Überlegungen voraus. Weitgehend habe ich im Interesse der Leser auf eine fragwürdige
"Beweiseleganz" verzichtet. Diese ist nach dem bekannten theoretischen Physiker Boltzmann (1844 bis 1906) lediglich "Sache bestimmter Handwerker" (und nicht die wissenschaftlicher Autoren).
Schließlich hoffe ich, die Darstellung der Beweise beider Hauptsätze im 4. und 5. Kapitel soweit elementarisiert zu haben, daß
auch mathematisch weniger geübte Leser ihr zu folgen vermögen.

Bewußt wurden Angaben zur Originalliteratur i.a. weggelassen,
der geübte Leser findet solche in den Werken des Literaturver-
zeichnisses in großer Zahl. Die eingestreuten Abschnitte mit der
Randsignatur "MSZ" möge sich der Leser im Kleindruck vorstellen.

Sie können bei der Lektüre übergangen werden und enthalten
Mathematische Ergänzungen sowie Spiele und "Zaubereien" mit
zahlentheoretischen hintergrund. Solch unterhaltsame Mathematik
lockert nicht nur den Unterricht sondern oft auch den Lehrenden
auf. Außerdem scheint mir der didaktische Aspekt mathematischer
Zaubereien nur selten beachtet zu werden. Methodisch-didaktische
Hinweise finden sich ebenso in den meisten Hauptabschnitten; Bemerkungen zur Behandlung einzelner Sachgebiete im Unterricht sind
mehrfach experimentell bestätigt.

Das 1. Kapitel versucht die zahlentheoretischen Kenntnisse zu
vermitteln, die für den Mathematikunterricht der verschiedenen
Altersstufen nach Meinung des Verfassers bedeutsam sind. Selbstverständlich kann hier ergänzt oder auch weggelassen werden. Für
entsprechende Vorschläge weiß ich mich den Lesern sehr verbunden.
Die behandelten Probleme stammen aus den zweieinhalb Jahrtausenden
der Mathematikgeschichte. Sie umfassen Aussagen über figurierte
Zahlen, Teilbarkeitsfragen, Eigenschaften der Zahlenschreibweise
im Positionssystem (u.a.) und reichen bis zu heute elementar beweisbaren - aber keineswegs trivialen - Aussagen der analytischen
Zahlentheorie über die Primzahlverteilung. Die Eigenschaften der
komplexen Zahlen sowie deren Unterstrukturen werden kurz zusammengestellt, ebenso auch das Nötige aus der Theorie von Gruppen, Ringen
und Körpern. Zu den zahlreichen Übungsaufgaben sind sämtliche Lösungen (soweit nicht im Text eine Lösung dargestellt ist) im Anhang
aufgeführt. Dagegen finden sich die Lösungen zu den Aufgaben der
späteren Kapitel im Lösungskatalog nur in Auswahl. Selbstverständlich ist eine Lösung dann in den Katalog aufgenommen, wenn
die Aufgabe maßgeblich einer Beweisführung dient und nicht Ana-
logieüberlegung zu bereits im Text gegebenen Darstellungen ist.

Im 2. Kapitel werden der Modul- (Ideal-) Begriff, der Bereich
der ganzen komplexen Zahlen (als Beispiel eines Euklidischen
Integritätsbereiches) und Kongruenzen behandelt. Ein (MSZ-) Abschnitt über Restpolynome schließt sich an.

Das 4. Kapitel dient den Vorbereitungen der elementaren Beweise
beider Hauptsätze, die im 5. Kapitel erfolgen. Im 4. Kapitel
findet sich schließlich (als 4.4.) ein (MSZ-) Abschnitt, der
solche Aussagen der Analytischen Zahlentheorie zur Primzahlverteilung enthält, die elementar und ohne Verwendung der Hauptsätze beweisbar sind.

Für die bisher genannten Kapitel wird nicht mehr als das nor-
male mathematische Schulwissen (zum Abitur führender Schulen)
vorausgesetzt. Weitergehende und zur Analysis gehörende Aussagen werden ausführlich im 4. und 5. Kapitel entwickelt.

Das 3. Kapitel ist als "Spielfeld für Freunde der Zahlentheorie"
gedacht. Es enthält Ergänzungen zu meist klassischen Problemen,
die teilweise in den beiden ersten Kapiteln kurz behandelt sind.
Mit Ausnahme des Abschnitts 3.3. sind auch hier nur schulmathe-
matische Kenntnisse Voraussetzung für die Lektüre. Lediglich die

Struktur der algebraischen komplexen Zahlen sowie die Transzen-
denzbeweise im Abschnitt 3.3. bedürfen einiger Tatsachen aus der
elementaren Funktionentheorie und aus der Determinantentheorie
linearer Gleichungssysteme. Aus nahe liegenden Gründen können
diese Gegenstände im Buch nicht ausführlich erarbeitet werden.
Sie gehören auch (i.a. noch) nicht zum allgemeinen schulmathe-
matischen Bereich. Auf entsprechende Literatur wird jeweils verwiesen.

Ohne die überaus intensive Unterstützung, die mir Herr Professor
Klaus Winkler (Pädagogische Hochschule Karlsruhe) zuteil werden
ließ, wäre dieses Buch wohl kaum geschrieben worden. Er hat das
Manuskript und die Druckfahnen nicht nur mit bewunderswerter Auf-
merksamkeit gelesen sondern auch zahlreiche und wertvolle Ver-
besserungen angeregt. Zu herzlichem Dank bleibe ich ihm dafür
verpflichtet. Ebenso danke ich dem Vieweg-Verlag. Soweit es ihm
im Rahmen des gewählten und den Preis·senkenden Druckverfahrens
möglich war, ist er bereitwillig auf meine Wünsche eingegangen.
Schließlich gilt mein Dank auch der Karlsruher Hochschulvereini-
gung für finanzielle Hilfe bei der Herstellung des Manuskriptes.

Karlsruhe, im Juli 1974

                                        Hans Schubart

Hinweise für den Leser

Innerhalb der einzelnen Kapitel sind die wichtigen Sätze durchgehend numeriert (z.B. (I_2), (I_2), u.s.f. im 1. Kapitel oder (III_1), (III_2), u.s.f. im 3. Kapitel). Auf diese Sätze wird ebenso wie auch auf wichtige Definitionen (durch D) und auf Gleichungen, die bei Beweisen nötig werden (etwa durch (1), (2), oder (α)), am linken Zeilenrand jeweils hingewiesen. Die Gleichungen sind innerhalb der einzelnen Abschnitte - diese sind vermöge 1.1., 1.2., ..., 5.3., 5.4. gekennzeichnet - durchnumeriert. Es empfiehlt sich, für jedes Kapitel einen Satzkatalog anzufertigen. Dieser fördert die Lektüre und erspart das Suchen von Satzinhalten, die im Text der Beweisführung dienen. Die Abschnitte 5.1. und 5.2. bzw. 5.3. und 5.4. sind unabhängig lesbar. Dem Leser, der sich für den Primzahlsatz von Gauß bzw. für den zweiten Hauptsatz von Dirichlet interessiert, wird folgender Weg empfohlen:

$$\boxed{\text{1. Kapitel}} \longrightarrow \boxed{4.1.,4.2.,4.3.} \longrightarrow \boxed{5.1.,5.2.} \qquad \text{bzw.}$$

$$\boxed{\text{1. Kapitel}} \longrightarrow \boxed{2.1.,2.2.,2.3.} \longrightarrow \boxed{4.1.,4.2.,4.3.} \longrightarrow \boxed{5.3.,5.4.} \quad .$$

Die elementar beweisbaren Aussagen zur Primzahlverteilung (ohne die Hauptsätze) erschließt der Weg:

$$\boxed{\text{1. Kapitel (eventuell ohne 1.4.)}} \longrightarrow \boxed{4.4. \text{ (ohne } (IV_{28}))} \quad .$$

Zu vorwiegend klassischen Sachgebieten der Zahlentheorie führt dagegen der Weg:

$$\boxed{1.1.,1.2.,1.3.;1.4. \text{ und (oder) 1.5. können (kann) wegfallen.}} \longrightarrow$$

$$\boxed{\text{2. Kapitel, mit oder ohne 2.4.}} \longrightarrow \boxed{\text{3. Kapitel}} \quad .$$

Für den etwas geübteren Leser, der sich in einem Abschnitt des 3. Kapitels informieren möchte, sind die aus den vorhergehenden Abschnitten benötigten Sätze dem Text leicht zu entnehmen. Die Ergebnisse des Abschnitts 3.3. werden später nicht mehr benötigt.

Probleme, die in dem mit "MSZ" (siehe Vorwort) signierten Text behandelt werden, sind keineswegs schwieriger als die Gegenstände des Haupttextes, sie können auf allen oben bezeichneten Wegen bei eiliger Lektüre übergangen werden.

Inhaltsverzeichnis

Verzeichnis neuerer und teilweise weiterführender Darstellungen der Zahlentheorie (Auswahl)

Borewicz, S.I., und Safarevic, I.R.: Zahlentheorie,
Basel/Stuttgart 1966.

Dickson, L.E.: Einführung in die Zahlentheorie.
Herausgeg. von E. Bodewig, Leipzig/Berlin 1931.

Hardy, G.H. and Wright, G.M.: Einführung in die Zahlentheorie
(deutsche Übersetzung), München 1958.

Hasse, H.: Vorlesungen über Zahlentheorie,
2. Aufl. Berlin/Göttingen/Heidelberg 1964.

Landau, E.: Vorlesungen über Zahlentheorie I - III,
Leipzig 1927. Nachdruck New York 1950/55.

Mönkemeyer, R.: Einführung in die Zahlentheorie,
Hannover 1971.

Ness, W.: Proben aus der elementaren additiven Zahlentheorie,
Frankfurt/Main 1961.

Perron, O.: Die Lehre von den Kettenbrüchen I - II,
3. Aufl. Stuttgart 1954/57. - Irrationalzahlen, 4. Aufl. Berlin 1960.

Prachar, K.: Primzahlverteilung,
Berlin/Göttingen/Heidelberg 1957.

Schneider, Th.: Einführung in die transzendenten Zahlen,
Berlin/Göttingen,Heidelberg 1957.

Scholz, A.: Einführung in die Zahlentheorie,
4. Aufl. herausgeg. v.B. Schoeneberg, Berlin 1966.

Sierpinski, W.: Elementary Theory of Numbers,
Warschau 1964.

Specht, W.: Elementare Beweise der Primzahlsätze,
Berlin 1956.

Trost, E.: Primzahlen,
Basel/Stuttgart 1953.

Winogradow, I.M.: Elemente der Zahlentheorie,
München 1956.

1. Vorbereitungen

<u>1.1. Einige Grundlagen</u>

Wie schon in der Einleitung angedeutet, setzen wir als bekannt voraus,
nach welchen Regeln mit reellen und komplexen Zahlen gerechnet wird.
Trotzdem werden die wichtigsten Sätze und Forderungen hier noch einmal zusammengestellt. Diese finden sich in allen bekannten Darstellungen der Algebra oder Infinitesimalrechnung und sollten heute jedem
Abiturienten vertraut sein[1].

Viele Abschnitte dieses Buches werden den Eigenschaften der natürlichen Zahlen gewidmet sein. Es ist dies die Menge der Zahlen
1, 2, 3,..., n, n+1,..., von denen der deutsche Mathematiker
Kronecker (1823 bis 1891) gesagt hat, "der liebe Gott habe sie gemacht
und alles andere[2] sei Menschenwerk". Es gibt unendlich viele (abzählbar unendlich viele) solche natürliche Zahlen und zu jeder beliebigen
natürlichen Zahl N können wir durch "Weiterzählen" die nachfolgenden
natürlichen Zahlen (N+1), (N+2),... bilden. Dedekind (1831 bis 1916)
und Peano (1858 bis 1932) haben gezeigt, daß sich die bekannten
Regeln über das Rechnen mit diesen Zahlen auf wenige "Grundforderungen" – die in der Mathematik "Axiome" heißen – zurückführen lassen.
Eines dieser Axiome lautet z.B. "zu jeder natürlichen Zahl N gibt es
die Nachfolge-Zahl (N+1)". Von besonderer Bedeutung unter diesen
Grundforderungen ist das "Axiom der vollständigen Induktion", dessen
Aussage die Mathematik als Geisteswissenschaft kennzeichnet und von
den Naturwissenschaften deutlich abgrenzt. Jenes Axiom erlaubt es dem
Mathematiker, die Gültigkeit einer Aussage für unendlich viele Fälle
zu konstatieren, wobei es zur Bestätigung lediglich nur zweier Ver-
suche bedarf. Diese allerdings müssen erfolgreich verlaufen. Das
genannte Axiom der vollständigen Induktion lautet (in einer für
unsere Zwecke leicht variierten Form): Gehören zu einer Menge von
natürlichen Zahlen zunächst die Zahl n_o (Anfangszahl), ferner alle
Zahlen n, die zwischen n_o und der natürlichen Zahl (k+1) liegen[3] –
damit gehören alle natürlichen n mit $n_o \leqslant n \leqslant k$[4] zur Menge – und gehört
schließlich für jedes solche k auch noch (k+1) zur Menge, so ist

---

[1] Der im Lesen mathematischer Fachliteratur weniger Geübte kann sich
über die Gegenstände dieses Abschnittes in der kleinen Schrift des
Verfassers "Wissenschaftliche Grundlagen des Rechnens", Salle
Verlag, 2.Auflage, Frankfurt 1970, orientieren.

[2] im Bereich arithmetischer Aussagen

[3] (k+1) ist größer als n_o.

[4] Auf das "≤-Zeichen" gehen wir noch später etwas genauer ein.

diese Menge identisch mit der Menge aller natürlichen Zahlen, die
größer oder gleich n_o sind[1]:

Aus diesem Axiom resultiert das nur in der Mathematik mögliche
Beweisverfahren der vollständigen Induktion, die daher auch "mathematische Induktion" genannt wird. Der Beweis durch vollständige Induktion setzt sich aus zwei Schritten zusammen.

1. I.S. (1. Induktionsschritt) Für eine natürliche Anfangszahl n_o
   wird die Aussage $A(n)$[2] als richtig erwiesen ($A(n_o)$ wird
   bewiesen).
2. I.S. (2. Induktionsschritt)
   a) I.A. (Induktionsannahme): $A(n)$ ist richtig für alle n mit
      $n_o \leqslant n \leqslant k$.
   b) I.B. (Induktionsbeweis): Aus dem 1.I.S. und der I.A. muß
      gezeigt werden, daß auch $A(n)$ für $n=k+1$ richtig ist
      ($A(k+1)$ wird bewiesen).

Sind beide Induktionsschritte erfolgreich bewältigt, so gilt wegen
des oben genannten Axioms die Aussage $A(n)$ für sämtliche n mit $n_o \leqslant n$.
Schon beim Rechnen mit natürlichen Zahlen spielt das Gleichheitszeichen eine wichtige Rolle. Gleichungen der Form $4 + 2 = 6$,
$3 \cdot 5 = 15$ sind uns geläufig. Auch diese (Gleichheits-)Beziehung
läßt sich auf ein Axiomensystem, nämlich auf die drei Identitätsaxiome, zurückführen. Es lautet: Ist zwischen gegebenen Elementen
eine eindeutige Beziehung ("eindeutig" heißt hier: Die Beziehung gilt
zwischen zwei Elementen - etwa $4 + 2 = 6$ - oder sie gilt nicht -
etwa $3 \cdot 5 \neq 16$[3] -, eine dritte Möglichkeit gibt es nicht) definiert,
dann heißt diese Beziehung "Gleichheit" oder auch "Identität", wenn
sie folgende Forderungen (Axiome) erfüllt:
1. Jedes Element ist sich selbst gleich (Reflexivitätsaxiom); 2. ist
ein Element a gleich dem Element b, so ist auch b gleich a (Symmetrie-
oder Reziprozitätsaxiom); 3. sind zwei Elemente einem dritten Element
gleich, so sind sie untereinander gleich (Transitivitätsaxiom).

Unter Verwendung der Zeichen $=$, $\neq$, $(\ldots) \Rightarrow (xxx)$ (gelesen: aus $(\ldots)$
folgt (xxx)) schreiben sich die Identitätsaxiome wesentlich kürzer.
Unsere Aussage lautet dann:

Gibt es zwischen den Elementen eines Bereichs - sie werden mit
a, b, c,... bezeichnet - eine Beziehung mit den Eigenschaften $a = b$
oder (ausschließend !) $a \neq b$, die dadurch eindeutig ist, und gilt
für das Zeichen "$=$" (gelesen: "gleich"):

---

[1] Unter Verwendung der heute vielfach üblichen und modernen Mengen-
schreibweise, auf die wir verzichten, läßt sich diese Aussage -
und viele andere des folgenden Textes - wesentlich kürzer und
eleganter formulieren.

[2] n steht hier und im folgenden stets als Zeichen für eine natürliche Zahl.

[3] gelesen: ungleich

1. a = a (für alle Elemente a);
2. (a = b) $\Rightarrow$ (b=a);
3. ((a=b),(c=b)) $\Rightarrow$ (a=c)[1],

so wird diese Beziehung "Gleichheit" oder "Identität" genannt.

Auch die Regeln über das Rechnen mit rationalen Zahlen - in der
Schule heißen diese "Brüche" - können aus wenigen Axiomen hergeleitet
werden.

Dieses System wird "System der Körperaxiome" genannt, weil der Mathematiker alle Bereiche, in denen diese Axiome erfüllt sind, "Körper"
nennt. Oft wird dieser Sachverhalt auch durch die Worte "Der Bereich
besitzt die Struktur eines Körpers" bzw. "Der Bereich weist Körperstruktur auf" ausgedrückt.[2] Die Körperaxiome lauten:

A_0[3] Es ist ein Bereich gegeben, dessen Elemente mit a,b,c,... bezeichnet
werden. Ferner sind im Bereich erklärt eine Identität und zwei Ver-
bindungsmöglichkeiten (Manipulationen), die zwei Elementen des
Bereiches (sie können gleich sein) eindeutig ein Element des Bereiches
zuordnen. Diese Manipulationen nennen wir "Summenbildung" bzw.
"Produktbildung", ihre Ergebnisse "Summe" bzw. "Produkt" und schreiben für diese (a + b) bzw. (a · b). Schließlich können bei beiden
Verbindungen Elemente durch gleiche ersetzt werden. In Formeln:

(b = c) $\Rightarrow$ (a + b) = (a + c) bzw. (b = c) $\Rightarrow$ (a · b) = (a · c) und
(b = c) $\Rightarrow$ (b + a) = (c + a) bzw. (b = c) $\Rightarrow$ (b · a) = (c · a).

A_I (Assoziativität der Manipulationen)
(a + b) + c = a + (b + c) bzw. (a · b)·c = a·(b · c)

A_{II} (Kommutativität der Manipulationen)
a + b = b + a bzw. a · b = b · a

A_{III} (Distributivität der Manipulationen)
a·(b + c) = (a · b) + (a · c)[4]

A_{IV} (Umkehrung der Summenbildung (Addition), Möglichkeit der Differenzenbildung)

Zu zwei Elementen a und b des Bereiches (sie können auch gleich sein),
gibt es mindestens ein Element x derart, daß a + x = b gilt.

Ehe wir das begonnene System vervollständigen - es enthält bisher nur
solche Aussagen, die aus dem Mathematikunterricht aller weiterführenden Schulen vertraut sind - wollen wir kurz auf einige Resultate hin-

---

[1] Die Klammern werden wir später oft dann weglassen, wenn kein Mißverständnis möglich ist.

[2] Bei der nun folgenden Formulierung der Körperaxiome verzichten wir
bewußt auf die bei einer strengen Begründung nötigen Definitionen
bekannter Begriffe (etwa Summand).

[3] A_0 (0 von origo (lat. Ursprung) setzt gewissermaßen den zu studie-
renden Bereich erst in "Existenz".

[4] A_{III} wird auch manchmal "Axiom des Ausklammerns" genannt, wenn
die Gleichung "von rechts nach links" gelesen wird.

weisen, die sich bereits jetzt gewinnen lassen, und die wir ebenfalls
von der Schule her kennen. Aus A_0 bis A_{IV} ergibt sich unter anderem:
Eine Summe (ein Produkt) endlich vieler Summanden (Faktoren) ist weder
von der Klammersetzung noch von der Reihenfolge der Summanden (Faktoren) abhängig. Es ist also z.B.
$$(3 + 5) + (7 + 8) = 3 + (5 + 7 + 8) = (8 + 3) + (5 + 7)$$
oder $(2 \cdot 3) + (3 \cdot 5) = (5 \cdot 3) + (2 \cdot 3)$ u.a.m.

Aus den oben genannten Axiomen folgt dann weiter, daß die Gleichung
$a + x = a$ für alle Elemente des Bereiches genau eine und immer die
gleiche Lösung besitzt; diese heißt "additionsneutrales Element";
im Bereich der rationalen Zahlen ist dieses Element bekanntlich die
Zahl Null. Auch die Eindeutigkeit der in A_{IV} geforderten Lösung ist
beweisbar. Diese eindeutige Lösung der Gleichung $a + x = b$ wird
mit $b - a$ $(= b + (-a))$ bezeichnet, wobei $(-a)$ eindeutig die
Gleichung $a + x = \overline{0}$ löst. Dabei steht $\overline{0}$ für das additionsneutrale
Bereichselement. Bereiche, deren Elemente den Axiomen A_0 bis A_{IV}
genügen, nennt der Mathematiker "Ring". Die Ringstruktur besitzen
demnach die ganzen Zahlen, wenn Summe, Produkt und Gleichheit in der
uns bekannten Form definiert sind. Wird dagegen im Bereich der natürlichen Zahlen addiert und multipliziert, so sind nur A_0 bis A_{III}
erfüllt; unerfüllt bleibt dagegen A_{IV}, denn z.B. die Gleichung
$3 + x = 2$ besitzt keine Lösung aus dem Bereich der natürlichen
Zahlen; (ihre Lösung (-1) ist eine ganze Zahl, keine natürliche
Zahl). Die natürlichen Zahlen bilden demnach - wird mit ihnen in herkömmlicher Weise gerechnet - keinen Ring.

Trivialerweise genügt aber ein Bereich, der nur aus dem additionsneutralen Element besteht, sämtlichen bisher formulierten Axiomen.
Da ein solch elementearmer Bereich nur von geringem Interesse ist,
fordern wir, um die Möglichkeit solcher wenig interessanten Bereiche
zu eliminieren,

A_V (Existenz von nicht additionsneutralen Elementen)
Es gibt im Bereich mindestens ein Element a, das vom additionsneutralen Element verschieden ist $(a \neq \overline{0})$.

Schließlich muß in einem Körper noch erfüllt sein das Axiom
(Umkehrung der Multiplikation, Axiom der Division).

A_{VI} Sind a und b zwei Elemente des Bereiches (sie können auch gleich sein)
und ist $a \neq \overline{0}$[1], so gibt es im Bereich mindestens ein Element x
derart, daß $a \cdot x = b$ gilt.

Die wenigen hier gegebenen Forderungen reichen völlig[2] aus, um sämtliche bekannten Rechenregeln aus dem Bereich der Brüche (etwa
$\frac{4}{3} \cdot \frac{2}{5} = \frac{4 \cdot 2}{3 \cdot 5}$, $\frac{3}{2} : \frac{5}{4} = \frac{3 \cdot 4}{2 \cdot 5}$) herzuleiten und streng zu beweisen.

---

[1] Hieraus resultiert die "bekannte Regel": Durch 0 darf nicht
dividiert werden.

[2] Es ließe sich die Körperstruktur schon aus einer kleineren
Anzahl von Axiomen definieren (siehe z.B. das auf Seite 1 in der
Anmerkung erwähnte Buch).

Selbstverständlich gelten alle Regeln, die wir aus A_O bis A_{VI} gewinnen, in allen Bereichen, deren Elemente sich den genannten Axiomen unterwerfen. Auf einige dieser Regeln gehen wir kurz ein. Für $a \neq \overline{0}$ wird die Lösung der Gleichung $a \cdot x = a$ ($a \neq \overline{0}$, sonst beliebig) als eindeutig und für sämtliche zulässige a als gleich erwiesen.

Sie heißt "multiplikationsneutrales" Element des Bereichs (Körpers) und wird mit $\overline{1}$ bezeichnet (im Bereich der rationalen Zahlen ist dies die Zahl Eins). Für $a \neq \overline{0}$ hat die Gleichung $a \cdot x = \overline{1}$ wieder eine eindeutige Lösung (a^{-1}), für die also $a \cdot a^{-1} = \overline{1}$ gilt[1], und ebenso läßt sich zeigen, daß auch die in A_{VI} geforderte Lösung eindeutig ist (A_{VI} fordert bekanntlich nur mindestens einer Lösung Existenz). Diese wird $\frac{b}{a}$ (Quotient) oder auch $b \cdot (a^{-1})$ geschrieben.

In jedem Körper gilt nun unter anderem der wichtige Satz (er wird oft als "Nullteilergesetz der Körperstruktur" bezeichnet):
Ist $a \cdot b = \overline{0}$, so muß mindestens ein Faktor gleich $\overline{0}$ sein[2].

Um zu zeigen, wie aus den Körperaxiomen deduziert werden kann, soll auf den Beweis dieses Nullteilergesetzes eingegangen werden. Gilt $a \cdot b = \overline{0}$ und ist $a = \overline{0}$, so ist nichts mehr zu beweisen. Ist aber $a \neq \overline{0}$, so benötigen wir zunächst den Hilfssatz: Für alle a des Bereiches gilt $a \cdot \overline{0} = \overline{0}$. Das beweisen wir folgendermaßen:
$$b + \overline{0} \stackrel{\text{p.d.}[3]}{=} b \ , \ \text{daher} \ a \cdot b \stackrel{A_O}{=} a(b + \overline{0}) \stackrel{A_{III}}{=} (a \cdot b) + (a \cdot \overline{0})[4].$$

Damit löst $(a \cdot \overline{0})$ die Gleichung $ab + x = ab$, deren eindeutige Lösung aber $\overline{0}$ ist, somit gilt $a \cdot \overline{0} = \overline{0}$, und unser Hilfssatz ist bewiesen. Ist nun (siehe oben) $a \cdot b = \overline{0}$, $a \neq \overline{0}$, so existiert a^{-1} mit $a \cdot (a^{-1}) = \overline{1}$, und wir erhalten $a^{-1}(a \cdot b) \stackrel{A_I}{=} (a^{-1} \cdot a)b \stackrel{\text{p.d.}}{=} \overline{1} \cdot b \stackrel{\text{p.d.}}{=} b$, andererseits $a^{-1} \cdot (a \cdot b) \stackrel{\text{n.V.}[5]}{=} a^{-1} \cdot \overline{0} \stackrel{\text{Hilfssatz}}{=} \overline{0}$, oder nach A_O: $b = \overline{0}$.
Damit ist das Nullteilergesetz bewiesen. Aus unserem Hilfssatz entnehmen wir die Umkehrung des Nullteilergesetzes, in Formeln:
(mindestens ein Faktor gleich $\overline{0}$) $\Rightarrow$ (Produkt = $\overline{0}$). Den logischen Zusammenhang, der durch das Nullteilergesetz und seine Umkehrung ausgedrückt wird, schreiben wir daher als Formel:
$(a \cdot b = \overline{0}) \Leftrightarrow$ (mindestens ein Faktor gleich $\overline{0}$). Werden zwei Aussagen durch das Zeichen $\Leftrightarrow$ (lies: Doppelpfeil) verbunden, so folgt die eine aus der anderen, diese aber auch aus jener. Zwei solche Aussagen

---

[1] a^{-1} ist ein Zeichen für die Lösung "gelesen": a hoch minus 1.

[2] Von zwei Ausnahmen abgesehen, werden die Sätze dieses Abschnitts nicht mit einer Satznummer versehen; sie sind für sämtliche weiteren Abschnitte von grundsätzlicher Bedeutung und werden im Rahmen dieser Darstellung, wie schon erwähnt, im allgemeinen nicht bewiesen sondern als bekannt vorausgesetzt.

[3] p.d. (per definitionem: lat., definitionsgemäß). Hier und im folgenden Text steht oft zur Unterstützung des Lesers über einer Aussage ihre Begründung oder der Satz, aus dem sie folgt.

[4] Wo kein Mißverständnis möglich ist, lassen wir den Produktpunkt zukünftig weg.

[5] n.V.: nach Voraussetzung

heißen "logisch äquivalent". Die logische Äquivalenz ist dann von
einigem Nutzen, wenn ihre Gültigkeit für zwei Aussagen beweisbar ist,
von denen die eine als richtig erkannt wurde. Die andere ist nämlich
dann ebenfalls richtig (als der richtigen logisch äquivalente Aussage)
und braucht nicht mehr bewiesen zu werden. Oft wird von zwei logisch
äquivalenten Aussagen auch die eine als "notwendige und hinreichende
Bedingung für die andere" bezeichnet.

"$a \cdot b = \bar{0}$" ist demnach notwendig und hinreichend dafür, daß mindestens
ein Faktor verschwindet[1]. Steht dagegen zwischen zwei Aussagen das
Zeichen "$\Rightarrow$" (gelesen: Pfeil), so wird die links vom Pfeil stehende
Aussage im allgemeinen als eine "hinreichende Bedingung für die rechts
vom Pfeil stehende Aussage" bezeichnet. "$a = \bar{0}$" ist demnach hinreichend
für "$a \cdot b = \bar{0}$". Die Umkehrung einer "$\Rightarrow$ Aussage" ist dagegen sehr oft
falsch; so kann z.B. aus $a \cdot b = \bar{0}$ nicht immer auf $a = \bar{0}$ geschlossen
werden, wie das Beispiel $4 \cdot 0 = 0, 4 \neq 0$ zeigt. Eine bekannte zahlentheoretische Aussage (siehe 1.2.) lautet: Jede durch 6 teilbare natürliche Zahl ist auch durch 3 teilbar (in Formeln: $(6/n) \Rightarrow (3/n)$,
gelesen: 6 teilt n bzw. 3 teilt n). Aus $(3/n)$ folgt aber im allgemeinen nicht $(6/n)$, denn 15 ist durch 3, aber nicht durch 6 teilbar.

Gilt für zwei Aussagen A und B die logische Verknüpfung "$A \Rightarrow B$"
(in Worten: "aus der Aussage A folgt die Aussage B") oder "die Aussage A ist hinreichend für die (Gültigkeit der) Aussage B", so muß
jedesmal, wenn A gilt, auch B richtig sein. Es kann also, ohne daß
B gilt, A nicht gelten. Dieser Sachverhalt "ohne B kann A nicht
gelten" wird in der Logik auch durch die Worte "B ist notwendig für A"
fixiert. Die Formel der mathematischen Logik "$A \Rightarrow B$" kann also auch
"B ist notwendig für A" gelesen werden. Beide Lesarten sind logisch
äquivalent (drücken genau den gleichen Tatbestand aus); es gilt demnach: (A hinreichend für B) $\Leftrightarrow$ (B notwendig für A). Diese logische
Äquivalenz wird dann wieder bedeutsam, wenn nur eine der Aussagen
leicht beweisbar ist (etwa $(A \Rightarrow B)$), die andere dagegen sich einfachen Überlegungen entzieht. Wir wollen gleich noch eine weitere
Folgerung aus dem Satz: (B ist notwendig für A) gewinnen[2]. Z.B. ist
die Teilbarkeit durch 3 notwendig für die Teilbarkeit durch 6; eine
nicht durch 3 teilbare Zahl n ($3 \nmid n$, gelesen: 3 teilt n nicht) ist
sicher nicht durch 6 teilbar. Allgemein bedeutet "B notwendig für A"
auch "ohne B kann A nicht gelten". Bezeichnen wir dann mit $\neg$ B die
logische Negation der Aussage B ($\neg(a \cdot b \neq \bar{0})$ steht für $(ab \neq \bar{0})$, bzw.
$\neg(3/n)$ steht für $(3 \nmid n)$) und beachten, daß nach dem berühmten Prinzip
des "tertium non datur"[3] von Aristoteles (284 ? bis 222 v.Chr.)[4],

---

[1] Dieser Satz gilt selbstverständlich nur wegen der hier voraus-
gesetzten Axiome.

[2] Hier und im folgenden sind damit einige wenige Aussagen der klassischen Logik bzw. der mathematischen Logik kurz geschildert, die für
den folgenden Text wieder benötigt werden.

[3] lat., eine dritte Möglichkeit gibt es nicht

[4] Nach ihm wird die klassische Logik auch "aristotelische Logik"
genannt.

so ist von den beiden Aussagen **B** und $\neg$ B genau eine falsch und genau
eine richtig (z.B. gilt (3/n) oder (3∤n), eine Aussage ist richtig,
die andere falsch); deshalb kann unter der Voraussetzung "B notwendig
für A" sicher dann A nicht gelten, wenn $\neg$B gilt. Damit folgt aus $\neg$B
also $\neg$A, und wir haben die logische Aussage (A $\Rightarrow$ B) $\Rightarrow$ ($\neg$ B $\Rightarrow$ $\neg$A),
(gelesen: aus "B notwendig für A" folgt "(nicht B) hinreichend für
(nicht A)[1]").

Wegen $\neg(\neg$A) = A - diese Beziehung ist eine Folgerung des "tertium
non datur" von Aristoteles und hängt mit der erwähnten Eigenschaft
zusammen, daß von den beiden Aussagen A und $\neg$A genau eine falsch und
genau eine richtig ist[2] (Beispiel: $\neg$(3∤n) = (3/n)) - ist aber
($\neg$B $\Rightarrow$$\neg$A) mit ($\neg$A notwendig für $\neg$B) logisch äquivalent, und diese
letzte Aussage wieder zu ($\neg(\neg$A)) $\Rightarrow$ ($\neg(\neg$B)) oder was dasselbe ist
zu (A $\Rightarrow$ B) logisch äquivalent. Damit erhalten wir: (A $\Rightarrow$ B) $\Leftrightarrow$
($\neg$B $\Rightarrow$$\neg$A). Diese eben gewonnene logische Äquivalenz ist dann z.B.
von Bedeutung, wenn ($\neg$B $\Rightarrow$$\neg$A) gezeigt werden kann, und außerdem
die Aussage A als richtig bekannt ist. Dann muß wegen der logischen
Äquivalenz auch B richtig sein. Das nachstehende einfache Beispiel
verdeutlicht diesen Sachverhalt, ohne die allgemeine Tragweite der
gewonnenen Äquivalenz spürbar werden zu lassen. Es bedeute B: "n ist
eine gerade Zahl (2/n)"; A: "(6/n)". Können wir nun den (bekannten)
Satz beweisen:"Eine ungerade Zahl ist nicht durch 6 teilbar", so haben
wir ($\neg$B $\Rightarrow$$\neg$A) damit bewiesen. Ist A dann außerdem richtig (6/n), so
muß B gelten (mit anderen Worten: n eine gerade Zahl sein).

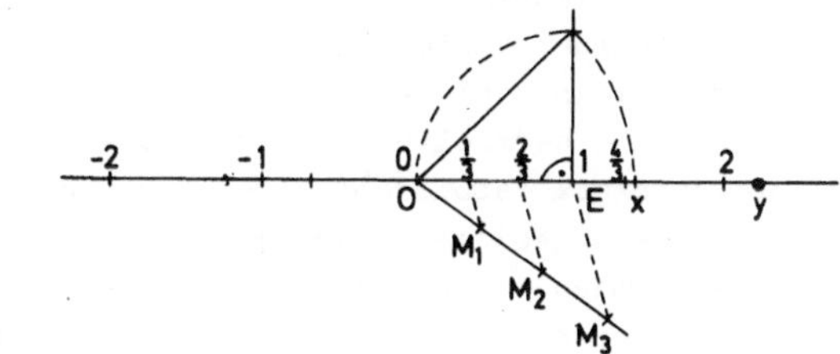

Bild 1

Von der Schule her ist bekannt, wie den rationalen Zahlen eindeutig
Punkte einer Geraden, der "Zahlengeraden", zugeordnet werden können
(Bild 1). Hierzu fixieren wir auf der Geraden einen Punkt O und einen
Punkt E; diesen werden dann die ganzen rationalen Zahlen Null und
Eins zugeordnet. Durch Abtragen der Strecke $\overline{OE}$ nach rechts bzw. links
kommen wir zu den Punkten der Zahlengeraden, die dann zu den positiven
bzw. negativen ganzen rationalen Zahlen gehören. Tragen wir schließlich auf einem Strahl, der von O ausgeht, m gleiche Strecken hinterein-
ander ab (in Bild 1 ist der Fall m = 3, $\overline{OM_1}$ = $\overline{M_1M_2}$ = $\overline{M_2M_3}$, angedeutet),

---

[1] $\neg$ B bzw.$\neg$ A wird kurz "non B" oder "nicht B" bzw. "non A" oder
"nicht A" gelesen.

[2] Daher wird die aristotelische Logik auch die "zweiwertige" Logik
genannt.

so läßt sich der Punkt gewinnen, der dem Stammbruch $\frac{1}{m}$ zugeordnet werden
muß ($E(\frac{1}{m})$). Durch entsprechend oft iteriertes Abtragen der Strecke
$\overline{OE(\frac{1}{m})}$ lassen sich dann die Punkte erreichen, die zu $\frac{1}{m}$ bzw. $-\frac{1}{m}$ (l eine
natürliche Zahl) gehören. Da wir m beliebig groß wählen können - die
Strecke $\overline{OE(\frac{1}{m})}$ also beliebig klein wird -, liegt der falsche Schluß
nahe, nach dem durch den geschilderten Prozeß alle Punkte der Zahlengeraden "verbraucht" worden seien, oder mit anderen Worten die genannten Punkte die Zahlengerade lückenlos überdeckten.

Paradoxerweise [1] gibt es aber bekanntlich auf dieser Geraden noch weitere Punkte, die keiner rationalen Zahl zugeordnet werden können.
Nach dem berühmten Lehrsatz des Pythagoras (um 500 v.Chr.)[2] gilt für
die Länge s der Hypotenuse eines gleichschenkligen rechtwinkligen
Dreiecks mit der Kathetenlänge 1 die Beziehung $s^2 = 1^2 + 1^2 = 2$
(siehe Bild 1). s kann auf der Zahlengeraden als $\overline{OX}$ abgetragen werden.
X (Bild 1) entspricht dann der Hypotenusenlänge s. Bereits den griechischen Mathematikern der Antike gelang es zu zeigen, daß diesem Punkt X
keine rationale Zahl zugeordnet werden kann[3]. Um keine "Lücke" in der
Zahlenzuordnung entstehen zu lassen, wird dann solchen Punkten eine
irrationale Zahl (hier $\sqrt{2}$) zugeordnet. Bei dieser "Abbildung" sind dann
sämtliche Punkte der Zahlengeraden "verbraucht". Es läßt sich beweisen -
eine Darstellung würde den Rahmen dieses Buches sprengen -, daß die
rationalen und irrationalen Zahlen zusammengenommen wieder einen
Körper, den "Körper der reellen Zahlen", bilden[3]. Die Elemente dieses
Körpers sind umkehrbar eindeutig den Punkten der Zahlengeraden zugeordnet. "Umkehrbar eindeutig" oder auch "eineindeutig" bedeutet dabei,
daß jeder reellen Zahl genau ein Punkt der Geraden und jedem Punkt der
Geraden genau eine reelle Zahl zugeordnet ist; statt "zuordnen" wird
auch der Ausdruck "abbilden" verwendet. Werden reelle Zahlen auf
solche Punkte abgebildet, die mit E auf der gleichen Seite von O auf
der Zahlengeraden liegen, so heißen sie "positive reelle" Zahlen, im
andern Fall werden sie "negative reelle" Zahlen genannt. Statt
"a positiv" wird bekanntlich auch "a > O" geschrieben, entsprechend
steht "a < O" für "a negativ" (gelesen: a größer Null bzw. a kleiner O).
Das Rechnen mit den Zeichen < , > läßt sich ebenfalls axiomatisch begründen[4], worauf hier nicht einzugehen ist. Wir stellen hier lediglich einige bekannte Regeln über das "Rechnen mit Ungleichungen" zu-

---

[1] Wir werden diesen Sachverhalt später noch genauer untersuchen.

[2] Pythagoras hat diesem Satz nur seinen Namen gegeben. Der Beweis des
allgemeinen pythagoräischen Lehrsatzes stammt nicht von ihm. Hier, wie
auch in vielen anderen Fällen, weist der Name des Satzes nicht auf
den Forscher hin, dem der Beweis erstmals gelang.

[3] Wir kommen auf den Beweis in diesem Abschnitt noch zurück; außerdem
werden wir in 1.4. sehen, wie jedem Punkt der Zahlengeraden eindeutig ein Dezimalbruch zugeordnet werden kann.

[4] Der interessierte Leser sei etwa auf das Göschenbändchen von
M. Barner (geb. 1921), Differential- und Integralrechnung I,
verwiesen.

sammen und deuten diese Regeln auf der Zahlengeraden. Wir definieren:
Für zwei verschiedene Zahlen a und b $(a \neq b)$[1] bedeutet $a < b$ nichts
anderes als $b - a > 0$. In Formeln schreiben wir hierfür
$(a < b) \xleftrightarrow{\text{Def.}} ((b - a) > 0)$.
In Bild 1 liegt dann A (der Punkt der zu a gehört) links vom Punkt B,
der zu b gehört. Oft wird man auch etwas ungenauer formulieren:
"a liegt links von b"; damit ist dann der eben angegebene Sachverhalt
gemeint. Über das Rechnen mit Ungleichungen lassen sich nun die folgenden Aussagen beweisen.

1. $(a < b) \Leftrightarrow (a + m < b + m)$. Bew.[2]: Beide Seiten des Doppelpfeils
sind mit $b - a = (b + m) - (a + m) \stackrel{n.V.}{>} 0$ gleichbedeutend. q.e.d.[3]

2. $((a < b), m > 0) \Rightarrow (am < bm)$. Bew.: Aus den Voraussetzungen $b > a$,
$m > 0$[4] folgt zunächst $(b - a) > 0$, $m > 0$, da nun - was hier nicht zu
beweisen ist - das Produkt positiver reeller Faktoren wieder positiv
ausfällt, ist $m(b - a) > 0$ oder mit anderen Worten $mb - ma > 0$,
woraus p.d. die Behauptung folgt. q.e.d.

3. $(a < b) \Leftrightarrow ((-b) < (-a))$. Bew.: Vor.: $a < b | + (-a) + (-b)$[5].
Nach 1. $(m = (-a) + (-b)$ ergibt sich $(-b) < (-a)$. Damit ist "$\Rightarrow$"
bewiesen. Der Beweis des "$\Leftarrow$" ergibt sich durch Addition von $(a + b)$
zu der Ungleichung $(-b) < (-a)$ analog. q.e.d.
Aus 3. resultiert weiter $(m < 0) \Leftrightarrow (0 > (-m))$, woraus wir dann auf
$((a < b), m < 0) \Rightarrow (am > bm)$ schließen können. Dies folgt so:
$(a < b, m < 0) \Leftrightarrow ((b - a) > 0, -m > 0) \stackrel{2.}{\Rightarrow} (-m)(b - a) = ma - mb \stackrel{2.}{>} 0$. q.e.d.

4. $(0 < a < b) \Rightarrow (\frac{1}{a} > \frac{1}{b})$; $(a < b < 0) \Rightarrow (\frac{1}{a} > \frac{1}{b})$. Bew.: Vor.:
$ab > 0 \Rightarrow \frac{1}{ab} > 0$. Aus $a < b | \cdot \frac{1}{a \cdot b} \stackrel{2.}{\Rightarrow} \frac{1}{b} < \frac{1}{a}$ (in beiden Fällen). q.e.d.[6]
Hinzuweisen bleibt in Verbindung mit 4. noch auf einen manchmal
"geübten Trugschluß", nach dem stets aus $a < b$ auch $\frac{1}{a} > \frac{1}{b}$ folgen
müßte. Wenn diese Aussage richtig sein soll, müssen a und b gleichzeitig positiv oder gleichzeitig negativ sein. Dies wird etwas ungenau
auch so formuliert: "a und b haben das gleiche Vorzeichen". Ist diese
Voraussetzung nicht erfüllt. so ist die Aussage falsch, denn aus
$-2 < \frac{1}{3}$ folgt sicher nicht die Ungleichung: "$-\frac{1}{2} > 3$".

5. Sind a und b positive reelle Zahlen, so gilt für natürliche
Zahlen n die Aussage $(a < b) \Leftrightarrow (a^n < b^n)$.

---

[1] Zahlen, die in Verbindung mit den Zeichen $>$ oder $<$ auftreten, sind
stets reelle Zahlen.

[2] Beweis, abgekürzt "Bew."

[3] quod erat demonstrandum, lat., was zu beweisen war

[4] $b > a$ ist nur eine übliche andere Schreibweise für $a < b$
(gelesen: b größer a).

[5] $| + \ldots$ bzw. $| \cdot \ldots$ bedeutet: Beide Seiten der Ungleichung (bzw.
Gleichung) sind mit entsprechenden Summanden bzw. Faktoren zu
versehen.

[6] Hier wird zusätzlich benutzt, daß der reziproke Wert einer positiven Zahl wieder positiv ist.

Zum Beweis benötigen wir nicht nur die vollständige Induktion, sondern auch noch die "indirekte Beweismethode". Dieser Beweisgang bedient sich folgender Überlegung: Soll die Gültigkeit einer Aussage (These) "A" bewiesen werden, so gehen wir von der logischen Negation (Antithese)[1] ($\neg$A) aus und führen diese Annahme zu einem Widerspruch. Der indirekte Beweis wird oft auch "Beweis durch Antithese" genannt.

Bew.: Wir zeigen zunächst die Gültigkeit des "$\Rightarrow$":

1.I.S. $(n = 1)$ $(a < b) \Rightarrow (a < b)$ (trivial)

$(n = 2)$ $a < b | \cdot a \overset{2.}{\Rightarrow} a^2 < ab$; $a < b | \cdot b \overset{2.}{\Rightarrow} ab < b^2$

Aus den beiden Ungleichungen $a^2 < ab$, $ab < b^2$ folgt aber $a^2 < b^2$ [2], damit ist der I.S. geleistet; wir haben hier sogar die beiden Fälle $n = 1$ und $n = 2$ behandelt; diesen nur deshalb, um das im 2.I.S. praktizierte Beweisverfahren vorzubereiten.

2.I.S. a) I.A.: für $1 \leqslant n \leqslant k$ gilt $(a < b) \Rightarrow (a^n < b^n)$, also z.B.

$(a < b) \Rightarrow (a^k < b^k)$.

b) I.B.: $a < b | \cdot a^k \overset{2.}{\Rightarrow} a^{k+1} < a^k \cdot b$

Wegen I.A.: $a^k < b^k | \cdot b \overset{2.}{\Rightarrow} a^k \cdot b < b^{k+1}$

Aus der Transitivität folgt demnach $a^{k+1} < b^{k+1}$.

Damit ist der zweite Induktionsschritt abgeschlossen und "$\Rightarrow$" bewiesen. Um "$\Leftarrow$" zu beweisen, gehen wir indirekt vor. Die Antithese unserer Behauptung würde lauten: $(a^n < b^n) \Rightarrow (\neg(a < b))$. $\neg(a < b)$ bedeutet aber $a = b$ oder $a > b$ (was wir in Zukunft auch als $a \geqslant b$ [3] schreiben werden[4]. Aus $a = b$ würde aber $a^n = b^n$ und aus $b < a$ (siehe oben) $b^n < a^n$ folgen. Damit ist unsere Annahme widerlegt (q.e.a.[5]) und unsere These richtig. Die Aussagen 1. bis 5. und die Transitivität des $<$-Zeichens werden wir im folgenden Text oft anwenden, ohne dabei jeweils explicite die betreffende Formulierung zu erwähnen. Gelegentlich werden wir auch noch benutzen die Aussage

6. Für positive a und b gilt

$$(a < b) \Leftrightarrow \begin{array}{l} \log a < \log b \\ \lg a < \lg b \\ {}^c\!\log a < {}^c\!\log b, \text{ für } c > 1 \end{array} \text{ [6]}$$

Sie wird in der Analysis bewiesen.[7]

---

[1] Die logische Negation wird auch als "kontradiktorisches Gegenteil" bezeichnet.

[2] Die hier verwandte "Transitivität" des $<$-Zeichens wird oft auch als separater Satz formuliert: $(a < b, b < c) \Rightarrow (a < c)$. Er folgt aus:

$a < b \overset{Def}{\Leftrightarrow} b - a > 0$, $b < c \overset{Def}{\Leftrightarrow} c - b > 0$; aus $b - a > 0$ und $c - b > 0$ folgt aber $(b - a) + (c - b) = c - a > 0$ und damit p.d. $a < c$.

[3] bzw. $b \leqslant a$

[4] a größer oder gleich b

[5] quod erat abhorrendum, lat., was zu widerlegen war

[6] log steht für den Logarithmus zur Basis e = 2,718281828...
$\lg$ steht für den Logarithmus zur Basis 10
${}^c\!\log$ steht für den Logarithmus zur Basis c mit $c > 1$.

[7] z.B. in dem auf Seite 8 in Fußnote 4) erwähnten Buch

Als Anwendungen des $<$-Zeichens und der vollständigen Induktion beweisen wir noch die vier folgenden Sätze.

a) Für $n \geqslant 5$ gilt $2^n > n^2$ (kürzer: $((5 \leqslant n) \Rightarrow (n^2 < 2^n))$).

Bew.: 1.I.S. $(n = 5)$ $5^2 = 25 < 32 = 2^5$ (geleistet)

    2.I.S. a) I.A.: $5 \leqslant n \leqslant k$ gilt $n^2 < 2^n$

        b) I.B.: $k^2 < 2^k | \cdot 2 \overset{2.}{\Rightarrow} 2k^2 < 2^{k+1}$ also $2^{k+1} > 2k^2 =$

$$k^2 + k^2 \overset{n.V.}{\geqslant} k^2 + 5k =$$

$$k^2 + 2k + 3k \overset{k \geqslant 5 > 1}{>} k^2 + 2k + 1 = (k + 1)^2. \text{ q.e.d.}$$

b) $(n \geqslant 10)$ $(2^n > n^3)$

Bew.: 1.I.S. $(n = 10)$ $2^{10} = 1024 > 1000 = 10^3$ (geleistet)

    2.I.S. a) I.A.: $2^k > k^3$ für $k \geqslant 10$ [1].

        b) I.B.: Aus $2^k > k^3$ (I.A.) folgt durch Multiplikation mit 2 wieder $2^{k+1} > 2k^3$. Wir müssen nun noch zeigen, daß auch $2k^3 > (k + 1)^3$ gilt. Der direkte Beweis dieser Aussage bleibt dem Leser (Übung) überlassen. Hier soll der Beweis indirekt erfolgen.

        Wäre (Antithese) $2k^3 \leqslant (k + 1)^3$ für $k \geqslant 10$, so würde folgen:

$$2k^3 \leqslant (k + 1)^3 | \cdot \frac{1}{k^3} \Rightarrow 2 \leqslant \frac{k^3 + 3k^2 + 3k + 1}{k^3} =$$

$$1 + \frac{3}{k} + \frac{3}{k^2} + \frac{1}{k^3} \overset{n.V.}{\leqslant} 1 + 0{,}3 + 0{,}03 + 0{,}001$$

also $2 \leqslant 1{,}331.$ q.e.a.

Übg.(1.) (margin note, left of the preceding passage)

Übg.(2.) Der Beweis des Satzes a) ist nach dem Muster des vorstehenden Beweises zu geben.

c) Sind n positive reelle Zahlen x_1, $x_2, \ldots, x_n$ gegeben und gilt zusätzlich

$$\prod_{l=1}^{n} x_l = 1 \ [2], \text{ so ist } \sum_{l=1}^{n} x_l \geqslant n \ [3].$$

Diese bekannte Aussage von Cauchy (1789 bis 1857) und Lagrange (1736 bis 1813) besitzt verschiedene interessante Konsequenzen. Wir werden zusätzlich noch beweisen, daß in $\sum_{l=1}^{n} x_l \geqslant n$ das Gleichheitszeichen genau dann steht, wenn $x_1 = x_2 = x_3 = \ldots = x_n = 1$.

Bew.: 1.I.S. $(n = 2)$ Vor.: $x_1 \cdot x_2 = 1$. Ist $x_1 = x_2$, so ist $x_1^2 = 1$, also $x_1 = 1 = x_2$ und $x_1 + x_2 = 2$. Für $x_1 \neq x_2$ kann $x_1 < 1 < x_2$

---

[1] Ausführlich müßte es heißen: $2^n > n^3$ für alle n mit $10 \leqslant n \leqslant k$.

[2] gelesen: Produkt über l von 1 bis n der x_l; "l" heißt Multiplikationsindex, wobei statt l auch ein anderer Buchstabe gewählt werden kann; es handelt sich bei dieser Schreibweise um eine "stenographische Abkürzung" (ebenso wie bei Fußnote 3)), auf die wir im 4. Kapitel noch näher eingehen werden.

[3] gelesen: Summe über l von 1 bis n der x_l; "l" heißt Summationsindex; statt l kann auch ein anderer Buchstabe gewählt werden.

angenommen werden[1], denn x_1 und x_2 kleiner bzw. größer als eins würde nicht zur Voraussetzung $x_1 \cdot x_2 = 1$ passen. Damit ist $x_1 = \alpha$, $x_2 = 1 + \beta$ mit $\beta > 0$ und weiter $x_1 \cdot x_2 = 1 = \alpha(1 + \beta) = \alpha + \alpha\beta$, wegen $\alpha < 1$, ist $\alpha\beta < \beta$ oder $1 = \alpha + \alpha\beta < \alpha + \beta$, also $2 < \alpha + (1 + \beta) = x_1 + x_2$. Der 1.I.S. ist somit geleistet.

2.I.S. a) I.A. Für $n = k$ gilt $(\prod\limits_{l=1}^{k} x_1 = 1) \Rightarrow (\sum\limits_{l=1}^{k} x_k \geqslant k)$, wobei das Gleichheitszeichen genau dann gilt, wenn $x_1 = x_2 = x_3 = \ldots = x_k = 1$.

       b) I.B. Vor.: $\prod\limits_{l=1}^{k+1} x_1 = 1$; ist nun $x_1 = x_2 = x_3 = \ldots = x_k = x_{k+1} = 1$, so ist sicher $\sum\limits_{l=1}^{k+1} x_1 = \sum\limits_{l=1}^{k+1} 1 = k + 1$. Sind nicht alle x_1 untereinander gleich - mit anderen Worten: es gilt nicht für $l = 1, 2, \ldots, k+1: x_1^{k+1} = 1$ - so können nicht sämtliche x_1 kleiner bzw. größer als eins sein, denn das stünde im Widerspruch zu $\prod\limits_{l=1}^{k+1} x_1 = 1$.

Wir setzen o.B.d.A. $x_1 = \alpha < 1$, $x_2 = 1 + \beta > 1$ $(\beta > 0)$. Dann ist weiter $\prod\limits_{l=1}^{k+1} x_1 = (x_1 \cdot x_2) \prod\limits_{l=3}^{k+1} x_1 = 1$. Nach I.A. ist $(x_1 \cdot x_2) + x_3 + x_4 + \ldots$ $\ldots + x_k + x_{k+1} \geqslant k$ (es sind nun k Faktoren bzw. Summanden). Ist zusätzlich $(x_1 \cdot x_2) = x_3 = x_4 = \ldots = x_k = x_{k+1} = 1$, so gilt (I.A.) in der letzten Beziehung das Gleichheitszeichen (genau dann). Nach dem 1.I.S. folgt aber aus $x_1 \cdot x_2 = 1$ und $x_1 \neq x_2$ schon $x_1 + x_2 > 2$, und wir erhalten damit $x_3 + x_4 + \ldots + x_k + x_{k+1} = k - 1$ bzw. $x_1 + x_2 + x_3 + x_4 + \ldots + x_k + x_{k+1} > (k - 1) + 2 = k + 1$. Sind dagegen die Faktoren $(x_1 x_2), x_3, \ldots, x_k, x_{k+1}$ nicht alle gleich, so gilt nach I.A. $(x_1 \cdot x_2) + x_3 + \ldots + x_k + x_{k+1} > k$.

Wegen der Voraussetzungen über x_1 und x_2 gilt weiter $x_1 \cdot x_2 = \alpha(1 + \beta) < \alpha + \beta$, $x_1 + x_2 = \alpha + (1 + \beta) = 1 + \alpha + \beta > 1 + \alpha + \alpha\beta = 1 + (x_1 x_2)$ und damit
$$\sum\limits_{l=1}^{k+1} x_1 = x_1 + x_2 + \sum\limits_{l=3}^{k+1} x_1 > 1 + (x_1 \cdot x_2) + \sum\limits_{l=3}^{k+1} x_1 \overset{n.V.}{\geqslant} k + 1.$$
Damit ist der Beweis abgeschlossen.

Für n beliebige positive reelle Zahlen $c_1, c_2, \ldots, c_n$ setzen wir nun
$$\gamma = \sqrt[n]{\prod\limits_{l=1}^{n} c_1} = \left(\prod\limits_{l=1}^{n} c_1\right)^{\frac{1}{n}} \text{ also } \gamma^n = \prod\limits_{l=1}^{n} c_1 \quad (\gamma \text{ heißt dann bekanntlich}$$
"geometrisches Mittel der n positiven reellen Zahlen c_1") und erhalten
$$\frac{\prod\limits_{l=1}^{n} c_1}{\gamma^n} = \prod\limits_{l=1}^{n} \left(\frac{c_1}{\gamma}\right) = 1 \text{ oder (nach c)) } \sum\limits_{l=1}^{n} \frac{c_1}{\gamma} \geqslant n \text{ bzw. } \frac{\sum\limits_{l=1}^{n} c_1}{n} \geqslant \gamma.$$

---

[1] $x_1 < 1 < x_2$ bedeutet keine Beschränkung der Allgemeinheit (gilt "o.B.d.A."), da wir die kleinere Zahl x_1, die größere x_2 nennen können.

$(\sum_{l=1}^{n} c_l) \frac{1}{n}$ heißt bekanntlich "arithmetisches Mittel der n-Zahlen c_l".

Ebenso folgt aber aus $\prod_{l=1}^{n}(\frac{c_l}{\gamma}) = 1$ auch $\prod_{l=1}^{n}(\frac{\gamma}{c_l}) = 1$ oder nach c)

$\sum_{l=1}^{n}(\frac{\gamma}{c_l}) \geqslant n$ bzw. $\gamma \sum_{l=1}^{n} \frac{1}{c_l} \geqslant n$ oder $\gamma \geqslant \dfrac{n}{\sum_{l=1}^{n}\frac{1}{c_l}}$.

$\dfrac{n}{\sum_{l=1}^{n}\frac{1}{c_l}}$ heißt bekanntlich "harmonisches Mittel der Zahlen c_l". Werden

die verschiedenen Mittelbildungen mit M_H, M_G, M_A bezeichnet[1], so führen die letzten Ungleichungen zu dem bekannten Satz

d) $M_H \leqslant M_G \leqslant M_A$.

Dabei steht das Gleichheitszeichen genau dann, wenn alle auftretenden positiven Zahlen c_l untereinander gleich sind.

Ubg.(3.): Für n = 2 ist der Satz d) durch Umformung der Ungleichung $(\sqrt{u} - \sqrt{v})^2 \geqslant 0$ ($u > 0$, $v > 0$) zu beweisen. Außerdem gilt für n = 2 : $M_G^2 = M_H \cdot M_A$ (warum nur für n = 2 ?), und es läßt sich der Beziehung d) ein gut konvergierendes Approximationsverfahren zur Quadratwurzelrechnung entnehmen.

Es ist anschaulich klar, daß zu jeder reellen Zahl ξ eine natürliche Zahl N_1 so gefunden werden kann, daß $\xi < N_1$ gilt. Diese Aussage wird auch als "Prinzip von Archimedes" (287 ? bis 212 v.Chr.) bezeichnet. Sind a und b positive reelle Zahlen, so gibt es stets eine natürliche Zahl N_2 derart, daß $a \cdot N_2 > b$ gilt. Wäre nämlich (Antithese) für alle natürlichen Zahlen n die Ungleichung $n \cdot a \leqslant b$ richtig, so müßte

$n \leqslant \frac{b}{a}$ für alle diese n – im Widerspruch zu Archimedes Prinzip –

richtig sein. Erheblich für verschiedene zahlentheoretische Betrachtungen ist auch das nachstehend geschilderte "Schubfachprinzip von Dirichlet (1805 bis 1859)": Werden n Elemente (z.B. verschiedene natürliche Zahlen) in weniger als n (etwa m, mit m < n) Abteilungen gegliedert, so muß es wenigstens eine Abteilung geben, die mehr als ein Element enthält. Enthielte nämlich jede Abteilung höchstens ein Element (Antithese), so gäbe es höchstens m und nicht n (n > m) Elemente.

Da wir gelegentlich auch zahlentheoretische Überlegungen im Bereich der komplexen Zahlen[2] durchführen werden, sollen hier wenige Eigenschaften dieser Zahlen kurz zusammengestellt sein[3]. Mit reellem a und b werden komplexe Zahlen α durch $\alpha = a + ib$ definiert; dabei

---

[1] Für n = 2 gilt übrigens
$c_1 - M_A = M_A - c_2$, $c_1 : M_G = M_G : c_2$, $(c_1 - M_H):(c_2 - M_H) = c_1 : c_2$.

[2] Dieser Bereich ist wieder ein Körper, was etwa bei O. Perron (geb. 1880), Algebra I, (Göschens Lehrbücher 3. Auflage 1951) nachgelesen werden kann.

[3] Der nur am Studium der Theorie reeller Zahlen interessierte Leser kann den folgenden Textabschnitt und weitere einschlägige Betrachtungen dieses Buches bei der Lektüre überschlagen.

ist α ($= a + ib$) p.d. gleich α' ($= a' + ib'$), wenn $a = a'$ und
$b = b'$ (a', b' reell). Hier gilt $i^2 = -1$, $i^3 = -i$, $i^4 = 1$ und allgemein für alle natürlichen k $\quad i^{4k} = 1$, $i^{4k+1} = i$, $i^{4k+2} = -1$,
$i^{4k+3} = -i$ und mit $a = \Re(\alpha)$, $b = \Im(\alpha)$ werden Realteil und Imaginär-
teil von α bezeichnet. $\bar{\alpha} = a - ib$ heißt "die zu α konjugiert komplexe Zahl". Mit $\alpha_1 = a_1 + ib_1$, $\alpha_2 = a_2 + ib_2$ gilt $\alpha_1 \pm \alpha_2 =$
$(a_1 \pm a_2) + i(b_1 \pm b_2)$ und $\alpha_1 \alpha_2 = a_1 a_2 - b_1 b_2 + i(a_1 b_2 + a_2 b_1)$.

Ist $b = 0$, so wird aus einer komplexen Zahl eine reelle Zahl. Diese
sind demnach Spezialfälle jener komplexen Größen. Gelingt es uns, eine
Aussage zu beweisen, die für komplexe Zahlen ganz allgemein gilt, so
ist dieser Satz auch für reelle Zahlen richtig. Additions- (multipli-
kations-) neutrales Element des Körpers der komplexen Zahlen[1] ist die
komplexe Zahl $\alpha = 0$ mit $a = b = 0$ ($\alpha = 1$ mit $a = 1$, $b = 0$).
Mit $\alpha \cdot \bar{\alpha} = a^2 + b^2$ [2] ist also $\alpha \cdot \bar{\alpha} = 0$ dund[3], wenn $\alpha = 0$ gilt.

Für $\alpha \neq 0$ kann $\frac{1}{\alpha}$ vermöge $\frac{1}{\alpha} = \frac{\bar{\alpha}}{\alpha \cdot \bar{\alpha}} = \frac{a - ib}{a^2 + b^2} = \frac{a}{a^2 + b^2} - i \cdot \frac{b}{a^2 + b^2}$

gebildet werden, und mit $\alpha_2 \neq 0$ ergibt sich

$$\frac{\alpha_1}{\alpha_2} = \alpha_1 \cdot \frac{1}{\alpha_2} = \frac{a_1 + ib_1}{a_2 + ib_2} = \frac{\alpha_1 \cdot \bar{\alpha}_2}{N(\alpha_2)} = \frac{(a_1 + ib_1)(a_2 - ib_2)}{a_2^2 + b_2^2} =$$

$$\frac{a_1 a_2 + b_1 b_2}{a_2^2 + b_2^2} + i \frac{a_2 b_1 - a_1 b_2}{a_2^2 + b_2^2}$$. Damit sind die Grundrechenarten im

Körper der komplexen Zahlen dargestellt.

Die komplexen Zahlen, zu denen die reellen als Spezialfall gehören,
lassen sich bekanntlich den Punkten der nach Gauss (1777 bis 1855)
benannten Zahlenebene [4] (Bild 2) umkehrbar eindeutig zuordnen.
Die waagrechte Achse ist das Bild aller reellen Zahlen (reelle
Achse), die senkrechte Achse (imaginäre Achse) besteht aus den
Punkten, die den "rein imaginären" Zahlen ib (b reell) eineindeutig zugeordnet sind. In Bild 2 ist angedeutet, welcher
Punkt dann $\alpha = a + ib$ entspricht. Mit $|\alpha|$ (gelesen: α absolut) wird
der Abstand dieses Punktes vom Schnittpunkt beider Achsen, die ein
cartesisches Koordinatensystem[5] mit gleichen Längeneinheiten auf beiden Achsen bilden, bezeichnet.

---

[1] Diese Aussage gilt auch bekanntlich für den Körper der reellen
Zahlen.

[2] $\alpha \cdot \bar{\alpha} = N(\alpha)$ heißt auch "Norm von α".

[3] Abkürzung für "dann und nur dann" bzw. " $\Leftrightarrow$ " bzw. für "notwendig
und hinreichend"

[4] Ursprünglich geht diese geometrische Interpretation der komplexen
Zahlen auf den französischen Curé Argand (1768 bis 1822) und den
dänischen Geometer Wessel (1745 bis 1818) zurück.

[5] Benannt nach Descartes (1596 bis 1649(?) bzw. 1650(?)), der ana-
lytische Methoden zur Lösung geometrischer Fragen einführte,
dieses Koordinatensystem dagegen noch nicht kannte.

Damit ist

$$|\alpha| = + \sqrt{a^2 + b^2}$$

und für reelle Zahlen a gilt:

$$|a| = a\,(a \geqslant 0),\quad |a| = -a\,(a < 0).$$

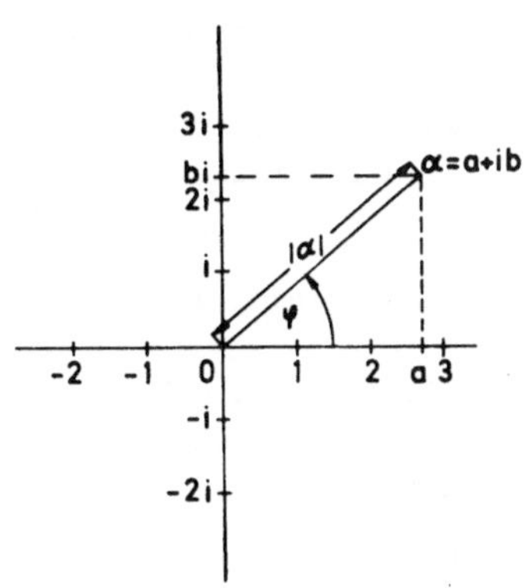

Bild 2

Mit dem Winkel, der "Argument von α" genannt wird und im mathematisch
positiven Sinn (siehe Bild 2)[1] zu messen ist, gilt dann

(α) $(\alpha)\; \alpha = |\alpha| \cdot (\cos\varphi + i\sin\varphi)$. Dabei ist das Argument von α (wenn es
im natürlichen Bogenmaß angegeben wird) bis auf ganzzahlige Vielfache
von 2π bestimmt ($\arg\alpha = \varphi + 2k\pi$, $k = 0, \pm 1, \pm 2, \ldots$). Es wird
daher, um es eindeutig festzulegen, oft auf das Intervall $0 \leqslant \varphi < 2\pi$
oder auf $-\pi \leqslant \varphi < \pi$ beschränkt. Die Gleichung (α) gibt uns die sogenannte "trigonometrische Darstellung der komplexen Zahl α". Für α
reell, $\alpha < 0$ folgt aus (α): $\arg\alpha = \pi$, bzw. $\arg\alpha = -\pi$ [2] und $|\alpha| = -\alpha$.
Weiter gilt unter anderem $|i| = 1$, $\arg i = \frac{\pi}{2}$ und allgemein ist
$\cos\varphi = \dfrac{\Re(\alpha)}{|\alpha|}$, $\sin\varphi = \dfrac{\Im(\alpha)}{|\alpha|}$. Vermöge ($\alpha$) läßt sich auch die Regel für
Multiplikation und Division zweier komplexer Zahlen sehr einfach
schreiben[3]. Mit $\alpha_1 = |\alpha_1| \cdot (\cos\varphi_1 + i\sin\varphi_1)$, $\alpha_2 = |\alpha_2| \cdot (\cos\varphi_2 +$
$i\sin\varphi_2)$ erhalten wir $\alpha_1 \cdot \alpha_2 = |\alpha_1| \cdot |\alpha_2| \cdot ((\cos\varphi_1\cos\varphi_2 -$
$\sin\varphi_1\sin\varphi_2) + i\cdot(\sin\varphi_1\cdot\cos\varphi_2 + \cos\varphi_1\cdot\sin\varphi_2)) =$
$|\alpha_1| \cdot |\alpha_2| \cdot (\cos(\varphi_1 + \varphi_2) + i\sin(\varphi_1 + \varphi_2))$

und (für $\alpha_2 \neq 0$)

$$\alpha_1 : \alpha_2 = \frac{|\alpha_1|}{|\alpha_2|}\,\frac{\cos\varphi_1 + i\sin\varphi_1}{\cos\varphi_2 + i\sin\varphi_2} =$$

$$\frac{|\alpha_1|}{|\alpha_2|}\,\frac{\cos\varphi_1 + i\sin\varphi_1}{\cos^2\varphi_2 + \sin^2\varphi_2}\,(\cos\varphi_2 - i\sin\varphi_2)$$

(wegen $\cos^2\varphi_2 + \sin^2\varphi_2 = 1$) $=$

$$\frac{|\alpha_1|}{|\alpha_2|}\,((\cos\varphi_1\cos\varphi_2 + \sin\varphi_1\sin\varphi_2) + i(\sin\varphi_1\cos\varphi_2 -$$

$$\cos\varphi_1\sin\varphi_2)) = \frac{|\alpha_1|}{|\alpha_2|}\,(\cos(\varphi_1 - \varphi_2) + i\sin(\varphi_1 - \varphi_2)).$$

---

[1] manchmal auch: "im Gegenuhrzeigersinn"

[2] je nachdem welches Intervall für φ gewählt ist

[3] Verwendet werden hier die bekannten Additionstheoreme der trigono-
metrischen Funktionen.

Damit ergibt sich der Satz: Bei Multiplikation (Division) zweier komplexer Zahlen multiplizieren (dividieren) sich die absoluten Beträge,
während die Argumente addiert (subtrahiert) werden müssen. Schließlich ist damit für natürliche Exponenten n einmal

$$\alpha^n = |\alpha|^n \, (\cos(n\varphi) + i \sin(n\varphi)),$$

zum anderen $\alpha^{-n} = \dfrac{1}{|\alpha|^n} \, (\cos n\varphi - i \sin n\varphi).$

Diese Formel gilt für beliebige reelle Exponenten, wie in der Theorie
der analytischen komplexen Funktionen gezeigt wird[1]. Für reelle x
ist nämlich $e^{ix} = \cos x + i \sin x$ (Formel von Moivre (1667 bis 1754))
und allgemein $(\cos x + i \sin x)^\alpha = e^{i\alpha x} = \cos(\alpha x) + i \sin(\alpha x)$
für reelle Werte von α .

Übg.(4.)   Für $q \neq 1$ (q sonst beliebig komplex) läßt sich durch vollständige
Induktion sehr leicht die Summenformel der endlichen geometrischen

Reihe $\displaystyle\sum_{l=0}^{n} q^l = \dfrac{q^{n+1} - 1}{q - 1}$ beweisen.

Übg.(5.)   Mit $q = \cos\varphi + i \sin\varphi$, $q^l = \cos(l\varphi) + i \sin(l\varphi) = e^{il\varphi}$ folgen
aus Übung (4.) dann die für manche Untersuchungen wichtigen Formeln

$$\sum_{l=0}^{n} \cos(l\varphi) = \frac{1 - \cos\varphi + \cos(n\varphi) - \cos((n+1)\varphi)}{2 - 2\cos\varphi} \; ;$$

$$\sum_{l=0}^{n} \sin(l\varphi) = \frac{\sin\varphi + \sin(n\varphi) - \sin((n+1)\varphi)}{2 - 2\cos\varphi} \; .$$

In Bild 3 sind $(\alpha_1 + \alpha_2)$ und $(\alpha_1 - \alpha_2) = \alpha_1 + (-\alpha_2)$ dargestellt.

Nach einem Satz der elementaren Geometrie ist in jedem Dreieck die
Länge einer Seite kleiner als die Summe der Längen der beiden anderen
Dreieckseiten[2]. (Gleichheit besteht nur, wenn alle drei Eckpunkte
des Dreiecks auf ein und derselben Geraden liegen, das Dreieck also
entartet.) Die Punkte 0, α_1, $\alpha_1 + \alpha_2$, α_2 bilden p.c.[3] ein

Parallelogramm[4]. In dem durch

0, α_1, $\alpha_1 + \alpha_2$ gebildeten Dreieck ist

demnach

$$|\alpha_1 + \alpha_2| \leqslant |\alpha_1| + |\alpha_2|.$$

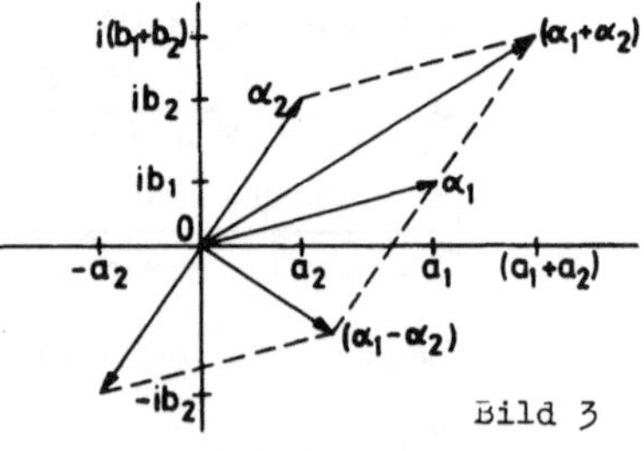

---

[1] Der interessierte Leser vergleiche hierzu etwa das in der Sammlung
Göschen erschienene Büchlein von K. Knopp (1882 bis 1957):
Elemente der Funktionentheorie.

[2] Es ist mit anderen Worten die Strecke die kürzeste Verbindung
zweier Punkte.

[3] per constructionem (lat., konstruktionsgemäß)

[4] genauer: Die den komplexen Zahlen 0, α_1, $\alpha_1 + \alpha_2$, α_2 zugeordneten
Punkte der Gauss'schen Zahlenebene.

Entsprechend folgt aus dem Dreieck, das die Eckpunkte 0, $\alpha_1 - \alpha_2$, $-\alpha_2$ besitzt,

$$|\alpha_1 - \alpha_2| + |\alpha_1| \geq |\alpha_2| \quad \text{bzw.} \quad |\alpha_1 - \alpha_2| \geq |\alpha_2| - |\alpha_1|.$$

Diese letzte Ungleichung wird für

$|\alpha_2| - |\alpha_1| \leq 0$ trivial. so daß wir $|\alpha_1 - \alpha_2| \geq ||\alpha_2| - |\alpha_1||$

schreiben dürfen. Im gleichen Dreieck gilt ebenfalls

$|\alpha_1 - \alpha_2| \leq |\alpha_1| + |\alpha_2|$ und wegen

$|\alpha_1| = |\alpha_1 + \alpha_2 - \alpha_2| = |(\alpha_1 + \alpha_2) + (-\alpha_2)| \overset{\text{s.e.}}{\leq} |\alpha_1 + \alpha_2| + |-\alpha_2| =$

$|\alpha_1 + \alpha_2| + |\alpha_2|$

ist auch $|\alpha_1 + \alpha_2| \geq ||\alpha_1| - |\alpha_2||$. Damit haben wir die sogenannten

Dreiecksungleichungen erhalten (sie gelten also auch für reelle

Zahlen):

$$||\alpha_1| - |\alpha_2|| \leq \left\{ \begin{array}{c} |\alpha_1 + \alpha_2| \\ |\alpha_1 - \alpha_2| \end{array} \right\} \leq |\alpha_1| + |\alpha_2|.$$

Wegen $|\alpha| = |-\alpha|$ (p.d.) kann hierfür auch

$$||\alpha_2| - |\alpha_1|| \leq \left\{ \begin{array}{c} |\alpha_1 + \alpha_2| \\ |\alpha_1 - \alpha_2| \end{array} \right\} \leq |\alpha_1| + |\alpha_2|$$

geschrieben werden. Dabei sind die reellen Zahlen $|\alpha_1 + \alpha_2|$ und

$|\alpha_1 - \alpha_2|$ bezüglich des $<$-Zeichens nicht vergleichbar (inkommensu-

rabel), denn für $\alpha_1 = 2$, $\alpha_2 = i$ ist $|\alpha_1 + \alpha_2| = |\alpha_1 - \alpha_2|$,

für $\alpha_1 = 1$, $\alpha_2 = -1$ ist $|\alpha_1 + \alpha_2| < |\alpha_1 - \alpha_2|$ und für $\alpha_1 = 1$,

$\alpha_2 = 1$ ist $|\alpha_1 + \alpha_2| > |\alpha_1 - \alpha_2|$.

Übg.(6.) Leicht läßt sich zeigen[1], daß für Produkte endlicher komplexer Fak-

toren die Gleichung $\left| \prod_{l=1}^{n} \alpha_l \right| = \prod_{l=1}^{n} |\alpha_l|$ gilt (Übung!), ebenso ein-

fach folgt für Summen mit endlich vielen Summanden die (verallgemei-

nerte Dreiecks-) Ungleichung $\left| \sum_{l=1}^{n} \alpha_l \right| \leq \sum_{l=1}^{n} |\alpha_l|$. Der 1.I.S.

(für $n = 2$) ist oben durchgeführt. Aus der I.A.

$$\left| \sum_{l=1}^{k} \alpha_l \right| \leq \sum_{l=1}^{k} |\alpha_l| \quad \text{ergibt sich dann}$$

$$\left| \sum_{l=1}^{k+1} \alpha_l \right| = |(\alpha_1 + \alpha_2) + \alpha_3 + \ldots + \alpha_k + \alpha_{k+1}| \leq$$

$$|\alpha_1 + \alpha_2| + |\alpha_3| + \ldots + |\alpha_k| + |\alpha_{k+1}| \overset{\text{1.I.S.}}{\leq}$$

$$|\alpha_1| + |\alpha_2| + |\alpha_3| + \ldots + |\alpha_k| + |\alpha_{k+1}| = \sum_{l=1}^{k+1} |\alpha_l|.$$

---

[1] durch vollständige Induktion nach der Faktorenanzahl

Wird für beliebige komplexe Zahlen α und β das Binom $(\alpha+\beta)^n$ für natürliches n gebildet, so gilt der bekannte "binomische Lehrsatz"[1)]

$$(\alpha+\beta)^n = \sum_{l=0}^{n} \binom{n}{l}\, \alpha^{n-l}\beta^{l}$$

mit

D

$$\binom{n}{l} \overset{\text{p.d.}}{=} \frac{n!}{l!(n-l)!} \overset{2)}{=} \frac{n!}{(n-l)!(n-(n-l))!} = \binom{n}{n-l} =$$

$$\frac{n(n-1)(n-2)\ldots(n-(l-1))}{l!}\;.$$

Die $\binom{n}{l}$ heißen "Binomialkoeffizienten" und sind für $n \geqslant l \geqslant 0$ (n, l nicht negative ganze Zahlen) natürliche Zahlen, die außerdem die Anzahl [3)] möglicher Gruppierungen von l Elementen angeben, die sich aus n paarweise verschiedenen Elementen bilden lassen.

$\left(\binom{20}{5} = \frac{20 \cdot 19 \cdot 18 \cdot 17 \cdot 16}{1 \cdot 2 \cdot 3 \cdot 4 \cdot 5} = \frac{20!}{5!\,15!}\right.$ gibt damit die Anzahl möglicher Faustballmannschaften an, die sich aus einer Klasse von 20 Schülern bilden lassen[4)]). Ist dagegen nur l ganzzahlig nicht negativ, so läßt sich $\binom{n}{l}$ nur durch $\frac{n(n-1)(n-2)\ldots(n-(l-1))}{l!}$ definieren; p.d. wird dann $\binom{n}{l}$ zu Null für ganzzahliges n und $l > n \geqslant 0$. Für Binomialkoeffizienten gilt weiter die oft nützliche Formel $\binom{n}{k} + \binom{n}{k+1} = \binom{n+1}{k+1}$ [5)], die wir für nicht negatives ganzzahliges k beweisen wollen. Es ist

$$\binom{n}{k} + \binom{n}{k+1} = \frac{n(n-1)(n-2)\ldots(n-(k-1))}{k!} + \frac{n\cdot(n-1)\ldots(n-k)}{(k+1)!} =$$

$$\frac{n(n-1)\ldots(n-k+1)(k+1) + (n)\cdot(n-1)\ldots(n-k)}{(k+1)!} =$$

$$\frac{(n(n-1)\ldots(n-k+1))\,(k+1+n-k)}{(k+1)!} =$$

$$\frac{(n+1)\cdot n\cdot(n-1)\ldots(n+1-k)}{(k+1)!} \overset{\text{p.d.}}{} \binom{n+1}{k+1}.\quad \text{q.e.d.}$$

Durch unsere praktische Rechenerfahrung und auch aus der Schulmathematik sind wir gewohnt, in solchen Bereichen zu rechnen, deren Elemente zwei Manipulationen (Summe und Produkt) zulassen. So ist auch dem Nichtmathematiker die Körperstruktur (der rationalen und reellen Zahlen) mehr oder weniger geläufig. In der Mathematik spielen aber auch solche Bereiche eine wesentliche Rolle, für deren Elemente neben der Identität nur eine eindeutige Verknüpfung erklärt ist. Sind die nachfolgenden Axiome erfüllt, so heißt ein solcher Bereich "Gruppe".

[1)] Der Leser vergleiche hierzu etwa das schon mehrfach zitierte Buch von M. Barner.

[2)] Für nicht negative ganze Zahlen bedeutet bekanntlich
$$0! = 1,\quad n! = 1 \cdot 2 \cdot 3 \cdot \ldots \cdot n = \prod_{l=1}^{n} l$$

[3)] Der Leser vergleiche hierzu etwa das schon zitierte Büchlein des Verfassers.

[4)] Wie sich die möglichen Mannschaften dann formieren, ist noch freigestellt.

[5)] Sie wird auch "Formel des Pascal (1623 bis 1662) - Dreiecks" genannt, obwohl sie bereits im Mittelalter bekannt war.

Die Axiome der Gruppentheorie lauten [1]:

$A_O^{(G)}$

In einem Bereich, dessen Elemente mit a, b, c, ... bezeichnet werden,
sind erklärt eine eindeutige Identität und eine Verknüpfung, die
zwei Elementen (sie können gleich sein) in eindeutiger Weise ein
Bereichselement zuordnet (das Ergebnis dieser Manipulation wird
meistens "Gruppenprodukt" genannt), in Formeln: $a \otimes b = c$ [2].
Bei dieser Verknüpfung können Elemente durch gleiche ersetzt werden
(z.B. $a = d \Rightarrow a \otimes b = d \otimes b = c$).

$A_I^{(G)}$ (Assoziativitätsaxiom) $a \otimes (b \otimes c) = (a \otimes b) \otimes c$

$A_{II}^{(G)}$ (Kommutativitätsaxiom) $a \otimes b = b \otimes a$

$A_{III}^{(G)}$ (Axiom der Division)   Zu zwei Elementen (sie können auch gleich sein)
a und b des Bereiches gibt es mindestens ein Element x, das der Beziehung $a \otimes x = b$ genügt.

Die gewählte Formulierung der Gruppenaxiome ist bereits für unsere
Zwecke spezialisiert, da wir nur solchen Gruppen in der Zahlentheorie begegnen werden, deren Verknüpfung kommutativ ist.
Solche Gruppen werden nach ihrem Entdecker, dem frühvollendeten
norwegischen Mathematiker Abel (1802 bis 1829), oft "abelsche Gruppen"
genannt [3]. Das Axiom $A_{III}^{(G)}$ läßt sich durch eine andere Aussage (auch
für abelsche Gruppen) ersetzen, worauf hier aber nicht einzugehen ist [4].
Es läßt sich zeigen [3], daß nach $A_O^{(G)}$ bis $A_{II}^{(G)}$ der Wert des Gruppenproduktes weder von der Klammersetzung noch von der Reihenfolge der
(endlich vielen) Faktoren abhängt. Etwas genauer wollen wir die Folgerungen aus $A_{III}^{(G)}$ studieren. Wir nennen e_a eine (in $A_{III}^{(G)}$ geforderte)
Lösung von $a \otimes x = a$; damit ist $a \otimes e_a \overset{A_{II}^{(G)}}{=} e_a \otimes a \overset{\text{p.d.}}{=} a$. Mit
$b \neq a$ hat die Gleichung $a \otimes x = b$ mindestens eine Lösung, etwa d.

Wir erhalten so $a \otimes d = b = d \otimes a$ und es gilt
$$b \otimes e_a \overset{A_O^{(G)}}{=} (d \otimes a) \otimes e_a \overset{A_I^{(G)}}{=} d \otimes (a \otimes e_a) \overset{\text{n.V.}}{=} d \otimes a \overset{\text{n.V.}}{=} b \overset{A_{II}^{(G)}}{=}$$
$$e_a \otimes b.$$

---

[1] Für weitergehende Aussagen – sie werden im folgenden Text nicht
benötigt – muß auf Spezialliteratur verwiesen werden (z.B.
L. Baumgartner (geb. 1884), Gruppentheorie, Sammlung Göschen).

[2] Das Zeichen $\otimes$ für die Manipulation wurde gewählt um anzudeuten, daß
diese Verknüpfung mit uns vom Rechnen her bekannten Manipulationen
nichts gemeinsam haben muß.

[3] Für nichtabelsche Gruppen muß das Divisionsaxiom etwas umständlicher
gewählt werden (man vergleiche hierzu z.B. das Buch von L. Baumgartner loc. cit. oder die Darstellung des Verfassers in Fußnote 1)
auf Seite 1).

[4] Wieder kann auf die in Fußnote 3) genannte Literatur verwiesen
werden.

Das Element e_a ist damit "manipulationsneutral" für sämtliche Bereichselemente. Gäbe es mehr als ein solches Element (mindestens zwei), z.B. e_a und $e_a{}'$, so ist

$$e_a \blacksquare e_a{}' \overset{\mathrm{p.d.}}{=} e_a = e_a \blacksquare e_a{}' \overset{A_{II}^{(G)}}{=} e_a{}' \blacksquare e_a \overset{\mathrm{p.d.}}{=} e_a{}'$$

oder wegen der Transitivität der Identität $e_a = e_a{}'$. Wir haben damit gezeigt, daß jede Gruppe ein einziges solches neutrales Element enthält, und nennen es e ($a = a \otimes e = e \otimes a$ für alle Elemente a des Bereiches).

Weiter bezeichnen wir eine der in $A_{III}^{(G)}$ geforderten Lösungen von $a \blacksquare x = e$ mit c; wäre diese Gleichung nicht eindeutig lösbar, so existierten (mindestens) zwei Lösungen c_1 und c_2 mit $a \blacksquare c_1 = a \blacksquare c_2 = e$. Dann wäre

$$c_1 \overset{\mathrm{p.d.}}{=} c_1 \blacksquare e \overset{A_0^{(G)}}{=} c_1 \blacksquare (a \blacksquare c_2) \overset{A_I^{(G)}}{=} (c_1 \blacksquare a) \blacksquare c_2 \overset{\mathrm{p.d.}}{=} c_2$$

oder $c_1 = c_2$. Die Gleichungen $a \blacksquare x = e$ haben für jedes wählbare a somit genau eine Lösung; wir nennen sie a^{-1}, und es gilt $a \blacksquare a^{-1} = a^{-1} \blacksquare a = e$. Mit $(a^{-1} \blacksquare b)$ können wir wegen

$$a \blacksquare (a^{-1} \blacksquare b) \overset{A_I^{(G)}}{=} (a \blacksquare a^{-1}) \blacksquare b \overset{\mathrm{p.d.}}{=} e \blacksquare b \overset{\mathrm{p.d.}}{=} b$$

bereits eine Lösung der Gleichung $a \blacksquare x = b$ angeben. Diese Lösung ist wiederum eindeutig, denn mit $a \blacksquare f_1 = b$, $a \blacksquare f_2 = b$ folgt aus dem 3. Identitätsaxiom $a \blacksquare f_1 = a \blacksquare f_2$ und mit $A_0^{(G)}$ $a^{-1} \blacksquare (a \blacksquare f_1) = a^{-1} \blacksquare (a \blacksquare f_2)$, woraus sich schließlich wieder nach $A_I^{(G)}$ $f_1 = f_2$ ergibt. Dadurch ist sogar noch die Aussage $(a \blacksquare b = a \blacksquare c) \Leftrightarrow (b = c)$ bewiesen, denn den "$\Leftarrow$" haben wir in $A_0^{(G)}$ gefordert, während "$\Rightarrow$" eben bewiesen wurde[1]. Betrachten wir den Bereich der natürlichen Zahlen und identifizieren die Manipulation mit der üblichen Summenbildung (bzw. Produktbildung), so sind die Axiome $A_0^{(G)}$ bis $A_{II}^{(G)}$ erfüllt; $A_{III}^{(G)}$ dagegen gilt nicht, denn die Gleichung $3 + x = 2$ ($3 \cdot x = 2$) besitzt keine Lösung aus dem genannten Bereich[2]. Werden als Elemente sämtliche ganzen Zahlen betrachtet und wird $\blacksquare$ mit dem üblichen "+" identifiziert, so sind sämtliche Gruppeneigenschaften erfüllt. $A_0^{(G)}$ bis $A_{II}^{(G)}$ sind nämlich a fortiori erfüllt, da die ganzen Zahlen durch "+" verknüpft wieder ganze Zahlen ergeben und außerdem Elemente des rationalen Zahlkörpers sind (in dem A_I und A_{II} gelten). Die Gleichung $g_1 + x = g_2$ (g_1, g_2 ganzzahlig) hat die ganzzahlige Lösung ($g_2 - g_1$), womit auch $A_{III}^{(G)}$ erfüllt ist.

---

[1] Es ist nur f_1 und f_2 durch b und c zu ersetzen.

[2] Solche Bereiche werden manchmal als "Halbgruppen" oder "Gruppoide" bezeichnet.

Bei der üblichen Multiplikation bilden die ganzen Zahlen hingegen keine Gruppe, denn die Gleichung $3 \cdot x = 2$ hat keine ganzzahlige Lösung. Leicht läßt sich ebenfalls zeigen (Übung!), daß alle ganzzahligen Vielfachen einer festen komplexen Zahl α, also alle Zahlen $g \cdot \alpha$ ($g = 0, \pm 1, \pm 2, \dots$), wenn $\blacksquare$ die übliche Addition bedeutet, eine Gruppe bilden.

Übg.(7.)

Übg.(8.) Warum bilden die ganzen Zahlen, wenn $\blacksquare$ mit der herkömmlichen Differenzenbildung gleichgesetzt wird, keine Gruppe?

Betrachten wir als Elemente sämtliche positive rationale (reelle) Zahlen und identifizieren $\blacksquare$ mit der üblichen Multiplikation, so entsteht eine abelsche Gruppe. Sicher ist nämlich das Produkt positiver Zahlen wieder positiv, und $A_I^{(G)}$ bzw. $A_{II}^{(G)}$ folgen aus der Körpereigenschaft der rationalen (reellen) Zahlen. Außerdem hat die Gleichung $a \cdot x = b$ für positive a und b die wieder positive Lösung $\frac{b}{a}$. q.e.d.

Übg.(9.) Es ist zu zeigen:
1. Wird $\blacksquare$ mit "+" identifiziert, so bilden alle reellen Vielfachen einer festen komplexen Zahl α (alle Zahlen $r \cdot \alpha$, r reell) eine abelsche Gruppe.
2. Alle Zahlen $(\rho \, \alpha)$ mit α komplex, $\alpha \neq 0$ und ρ reell positiv bilden im allgemeinen keine Gruppe, wenn $\blacksquare$ mit der üblichen Multiplikation identifiziert wird. Für welche Ausnahmefälle wird durch 2. eine Gruppe definiert?

Allen bisher genannten und strukturierten Bereichen war eine Eigenschaft gemeinsam. Sie wiesen unendlich viele (verschiedene) Elemente auf. Wir werden aber bald auch solchen Bereichen begegnen, die aus endlich vielen (verschiedenen) Elementen bestehen. In diesem Fall lassen sich die Gruppen- bzw. Körperaxiome wesentlich "schwächer" formulieren. Um das zu erkennen, beweisen wir zum Abschluß den Satz:

(I_1) Sind in einem Bereich mit endlich vielen Elementen die Axiome A_0, A_I, A_{II}, A_{III}, A_V erfüllt, so bleibt die Körperstruktur gewahrt, wenn A_{IV} und A_{VI} durch die wesentlich schwächeren Forderungen A_{IV}':
$(a + b = a + c) \Rightarrow b = c$ und A_{VI}': für $a \neq \bar{0}$ gilt
$(a \cdot b = a \cdot c) \Rightarrow b = c$; ersetzt werden. Sind in einem Bereich mit endlich vielen Elementen die Axiome $A_0^{(G)}$, $A_I^{(G)}$, $A_{II}^{(G)}$ erfüllt, so bleibt die Gruppenstruktur erhalten, wenn $A_{III}^{(G)}$ durch die schwächere Forderung $A_{III}^{(G)}{}'$: $(a \, \blacksquare \, b = a \, \blacksquare \, c) \Rightarrow b = c$ ersetzt wird.

Um (I_1) zu beweisen, muß gezeigt werden, daß für endliche Bereiche die Aussagen des weiter oben gegebenen Axiomensystems aus dem Katalog

der schwächer formulierten Forderungen folgen und v.v.[1]. Wir wissen
bereits [2], daß aus A_O bis A_{VI} die Aussagen A_O, A_I, A_{II}, A_{III}, A'_{IV}, A_V,
A'_{VI} folgen; das analoge Verhalten haben wir auch schon für die
Gruppenaxiome nachgewiesen[3]. Die Umkehrung bleibt für endliche
Bereiche noch zu beweisen. Zunächst bemerken wir, daß die endliche
Anzahl der Bereichselemente eine erhebliche Voraussetzung bedeutet.

Für die unendlich vielen natürlichen Zahlen folgt nämlich aus
$n_1 + n_2 = n_1 + n_3$ bzw. $n_1 \cdot n_2 = n_1 \cdot n_3$ (n_1, n_2, n_3 natürliche
Zahlen) stets $n_2 = n_3$; wir wissen [2] aber bereits, daß dieser Bereich
weder Gruppen- noch Körpereigenschaft besitzt. Mit A bezeichnen wir
die endliche Anzahl der Bereichselemente und können diese dann durch
a_1, a_2, ..., a_{A-1}, a_A kennzeichnen; andere Elemente gibt es nicht.
Erfüllt sind die Axiome A_O bis A_{III} im Bereich n.V.. Wir wählen ein
beliebiges Element a_{k_o}, das nach der Wahl fixiert bleiben soll.

Damit bilden wir die Summe $(a_{k_o} + a_1)$ für $1 = 1, 2, ..., A$.
Nach A'_{IV} sind diese A Summen alle paarweise verschieden, denn aus
$a_{k_o} + a_m = a_{k_o} + a_n$ müßte $a_m = a_n$, also $m = n$ folgen. Damit sind
diese A Summen wieder genau die A Elemente des endlichen Bereiches
(nach A_O), weitere gibt es nicht. Ist nun a_{1_o} ein weiteres, beliebig
wählbares Element, so gibt es nach dem eben Gesagten genau ein
a_{m_o} mit $a_{k_o} + a_{m_o} = a_{1_o}$. Dieses a_{m_o} ist dann die (sogar eindeutige) ·
Lösung der Gleichung $a_{k_o} + x = a_{1_o}$. Damit folgt in endlichen Bereichen aus A_O, A_I, A_{II}, A_{III}, A_{IV}' sogar noch etwas mehr, als in A_O bis
A_{IV} gefordert wird. Das additionsneutrale Element löst die Gleichung
$a_{k_o} + x = a_{k_o}$ und werde mit $\overline{0}$ bezeichnet. Ist $a_{r_o} \neq \overline{0}$, so existieren
nach A_V solche Elemente. Nach A_{VI}' bilden alle Produkte $a_{r_o} \cdot a_1$
($1 = 1, 2, ..., A$) wieder genau die A verschiedenen Elemente des endlichen Bereiches, und wir finden völlig analog dem eben Gesagten die
eindeutige Lösung der Gleichung $a_{r_o} \cdot x = a_{k_o}$. Die Lösung von
$a_{r_o} \cdot x = a_{r_o}$ ist das multiplikationsneutrale Element $\overline{1}$. Unser endlicher Bereich ist damit sicher ein Körper. Gelten in einem endlichen
Bereich die Axiome $A_O^{(G)}$, $A_I^{(G)}$, $A_{II}^{(G)}$ und $A_{III}^{(G)}$, so muß im ersten Teil
des vorstehenden Beweises nur "+" durch $\blacksquare$ ersetzt werden, um den
zweiten Teil des Satzes (I_1) zu beweisen.   q.e.d.

---

[1] versa vice, (lat., umgekehrt)

[2] Wieder kann auf Fußnote 1) der Seite 1 verwiesen werden.

[3] Dabei ist nicht vorausgesetzt, daß der Bereich endlich (unendlich)
   viele Elemente besitzt.

1.2. Teilbarkeit der ganzen rationalen Zahlen[1]

D Ist n_o eine natürliche Zahl, und gibt es natürliche Zahlen t_o und n_o' derart, daß $n_o = t_o \cdot n_o'$, so heißt t_o "Teiler von n_o" (kürzer: t_o/n_o), ebenso gilt auch n_o'/n_o, wenn $n_o = t_o \cdot n_o'$ gilt. Jede natürliche Zahl n läßt sich als $1 \cdot n$ schreiben. 1 und n heißen daher auch "triviale Teiler der Zahl n". Natürliche Zahlen, die genau zwei Teiler

D besitzen, sind uns als Primzahlen (PZ[2]) bekannt[3]. Wir schreiben diese der Größe nach geordnet an und nennen sie $p_1, p_2, \ldots$. Dann ist $p_1 = 2 < p_2 = 3 < p_3 = 5 < p_4 = 7 < p_5 = 11 < p_6 = 13 < p_7 = 17 <$ $p_8 = 19 < p_9 = 23 < p_{10} = 29 < p_{11} = 31 < \ldots$.

p_1 ist damit p.d. die einzige PZ, die den Teiler zwei haben kann[4].

Ist nun m eine natürliche Zahl größer als 1, und ist n eine beliebige andere natürliche Zahl, so wird nach dem archimedischen Prinzip nach endlich vielen Schritten in der Folge n, n−m, n−2m, n−3m, ... erstmals eine negative Zahl erreicht (sobald $N_2 m > n$, N_2 natürliche Zahl).

In der gegebenen Folge betrachten wir das letzte nicht negative Glied (für $n < m$ ist dies bereits n, für $m < n < 2m$ ist dies $n - m$), ziehen also m so oft von n ab, bis eine ganze Zahl resultiert, die nicht negativ und außerdem kleiner als m ist. Für diese ist $n - qm = r$ mit $0 \leqslant r \leqslant m-1$ oder $n = qm + r$ (für $n < m$ ist $q = 0$,

D $r = n$). r heißt dann "Divisionsrest von n bei Division mit m" (kürzer: $R_m(n) = r$), q wird "Quotient von n bei Division mit m" genannt. q und r sind ganze nicht negative Zahlen. Wir können nunmehr den Satz über die eindeutige Division mit Rest beweisen:

Sind n und m zwei natürliche Zahlen, und ist $m > 1$, so gibt es eindeutig zwei nicht negative ganze Zahlen q und r mit $n = qm + r$, wobei zusätzlich noch $0 \leqslant r \leqslant m-1$ gilt. Mit diesem Satz kann die weiter oben gegebene Teilerdefinition auch so geschrieben werden:

D $$(t_o/n_o) \overset{\text{Def.}}{\Leftrightarrow} R_{t_o}(n_o) = 0.$$

Den angegebenen Satz beweisen wir indirekt. Gäbe es (mindestens) zwei Darstellungen der genannten Art $n = q_1 m + r_1$, $n = q_2 m + r_2$, so muß zunächst $r_1 \neq r_2$ sein, also o.B.d.A. $r_1 < r_2$ gelten[5].

---

[1] Wir werden − wenn kein Mißverständnis möglich − statt "ganz rational" auch oft nur "ganz" schreiben.

[2] Wir werden im folgenden stets die Abkürzung benützen.

[3] Aus verschiedenen Gründen ist 1 keine Primzahl. Einmal hat es nur einen Teiler (1) und fällt damit nicht unter die gegebene Definition, zum anderen müßten wesentliche Aussagen der Zahlentheorie sehr umständlich formuliert werden, wenn der Eins Primzahleigenschaft zukäme.

[4] bzw. eine gerade ganze Zahl ist.

[5] Wir nennen den größeren Rest wieder r_2, den kleineren r_1 und numerieren erforderlichenfalls um.

Aus $r_1 = r_2$ würde nämlich wegen $q_1 m + r_1 = q_2 m + r_2$ auch

$q_1 m = q_2 m \Rightarrow m(q_1 - q_2) = 0$ (Nullteilergesetz) $q_1 - q_2 = 0 \Rightarrow q_1 = q_2$

folgen und die beiden Darstellungen wären nicht verschieden. Für

(1) $r_1 < r_2$ schließen wir weiter (1) $q_1 m + r_1 = q_2 m + r_2 \Rightarrow r_2 - r_1 = (q_1 - q_2)m$.

Wegen $0 < r_2 - r_1 \leqslant r_2 \leqslant m - 1$ ist $(r_2 - r_1)$ eine natürliche Zahl

kleiner als m, die nach (1) ein Vielfaches von m sein müßte.   q.e.a.

Beim Beweis haben wir an keiner Stelle benutzt, daß n eine natürliche
Zahl ist. Gibt es also Darstellungen für ganzzahlige n, so sind diese
eindeutig. Für natürliche n folgte eine Darstellung aus dem archimedischen Prinzip. Für $n = 0$ ist $0 = 0 \cdot m + 0$ eine solche, und für
$n < 0$ gilt $0 < (-n) = q'm + r'$ (nach dem bewiesenen Satz). Ist hier
$r' = 0$, so gilt $n = (-q')m + 0$, und wir haben eine Darstellung der
gewünschten Art. Falls $r' \neq 0$, so gilt
$n = (-q')m + (-r') = (-q' - 1)m + (m - r)$. Wegen
$1 \leqslant r' \leqslant m - 1 \Rightarrow -1 \geqslant -r' \geqslant 1 - m \Rightarrow m - 1 > m - r' \geqslant 1$ gilt also auch hier:
$n = q''m + r''$ mit $0 \leqslant r'' \leqslant m - 1$ und q'' ganzzahlig. Dies ist der

(I_2) Satz (I_2): Für jede ganze Zahl n und jede natürliche Zahl m größer
als 1 sind der ganzzahlige Quotient q und der Divisionsrest r mit
$0 \leqslant r \leqslant m - 1$ eindeutig bestimmt, wenn sie der Gleichung $n = qm + r$
genügen[1].

Nach einem Verfahren, das schon Euklid (360(?) bis 300(?) v.Chr.)
(I_3) bekannt war, können wir nun beweisen den Satz (I_3):
Es gibt unendlich viele PZ^{en}.
Da es nach (I_3) unendlich viele PZ^{en} gibt, so kann es keine größte PZ
geben - es würden dann ja nur endlich viele existieren - . Wir beweisen (I_3) indirekt.
Antithese: Es gibt nur endlich viele PZ^{en}, etwa K. Diese werden dann
der Größe nach geordnet $p_1 < p_2 \ldots < p_K$ (p_K ist die größte). Damit

bilden wir die Zahl $P = (\prod_{l=1}^{K} p_l) + 1$. Nach ($I_2$) läßt P bei Division

mit p_l $(l = 1,\ldots,K)$ den eindeutigen Rest 1. Für natürliches n und
D   natürliches m definieren wir $(m \nmid n) \overset{\text{Def.}}{\Leftrightarrow} R_m(n) \neq 0$. Damit gilt
$p_l \nmid P$ $(l = 1,\ldots,K)$. Weiter ist p.c. $P > p_l$ für $l=1,\ldots,K$ und damit
P sicher nicht unter den endlich vielen PZ^{en} p_l zu finden. Nun bewei-
sen wir zunächst einen Hilfssatz, den wir später erweitert in unseren
Satzkatalog aufnehmen werden. Er lautet:
Jede natürliche Zahl größer 1 ist entweder PZ oder als Produkt von
PZ^{en} schreibbar.

Bew.: 1.I.S. $n = 2$, $n = 3$, $n = 4 = 2 \cdot 2$, $n = 5$, $n = 6 = 2 \cdot 3$, $\ldots$.
Damit ist der 1.I.S. für die ersten fünf konkurrierenden natürlichen
Zahlen geleistet.

---

[1] Außerdem haben wir noch bewiesen, daß für $n < 0$ stets $q < 0$ gilt.

2.I.S. a) I.A. Der Satz gilt für $n \leqslant k$, mit $k > 6$.

       b) I.B. Ist $(k + 1)$ eine PZ, so braucht nichts mehr bewiesen zu werden.

Ist $(k + 1)$ keine PZ, so gilt p.d. $k + 1 = m' \cdot l'$ mit $2 \leqslant m' \leqslant l' < (k + 1)$ ($k + 1$ hat außer den trivialen Teilern auch noch andere). Wegen $l' = \dfrac{k + 1}{m'} \leqslant \dfrac{k + 1}{2} \leqslant k - 2$ (denn aus:

$\dfrac{k + 1}{2} > k - 2 \Leftrightarrow k + 1 > 2k - 4 \Leftrightarrow 5 > k$ resultiert ein Widerspruch zu $k > 6$) sind aber m' und l' sicher kleiner als k. Für solche Zahlen ist nach I.A. alles bewiesen, damit auch für das Produkt. q.e.d.

Mit diesem Hilfssatz ist unsere Antithese zu (I_3) bereits widerlegt, denn P ist weder PZ noch als Produkt der endlich vielen PZ[en] schreibbar (p.c.). q.e.a.

Nach (I_2) lassen alle ganzen Zahlen bei Divisionen mit 2 entweder den

D   Rest Null oder Eins. Jene heißen bekanntlich "gerade" (wenn

D $R_2(n) = 0$), diese "ungerade" (wenn $R_2(n) = 1$); oft werden wir auch $n = 2n'$ bzw. $n = 2n' + 1$ schreiben.

D   Für positive reelle x definieren wir nun eine Funktion, die uns noch häufig begegnen wird: $\pi(x) = \sum\limits_{p \leqslant x} 1$ (gelesen: Eine Summe, die so viele Summanden 1 aufweist, wie es PZ[en] gibt, die kleiner oder gleich x sind). $\pi(x)$ kann dann mit $\pi(x) = 0$ auch für negative Werte von x definiert werden; weiter gibt $\pi(x)$ die Anzahl der PZ[en] an, deren Wert die Zahl x nicht überschreitet. Ist z.B.

$p_1 = 2 < \ldots < p_l \leqslant x < p_{l+1}$, so ist $\pi(x) = 1$; der PZ-Tabelle auf Seite 470 kann unter anderem entnommen werden:

$\pi(10) = 4$, $\pi(11) = \pi(12) = 5$, $\pi(20) = 8$, $\pi(2000) = 303$ [1]. Für $\pi(x)$ lassen sich bereits jetzt einige, wenn auch verhältnismäßig ungenaue, Schranken angeben, ebenso lassen sich Abschätzungen über p_n gewinnen. Für $p_v > 2$, also alle ungeraden PZ[en], ist $(p_v + 1)$ eine gerade Zahl und somit keine PZ; hieraus folgern wir $p_{k+1} \geqslant p_k + 2$ Mit $p_7 = 17 > 2 \cdot 7 + 1$ und $p_{k+1} \geqslant p_k + 2$ kann für $k > 6$ als I.A. $p_k > 2k + 1$ vorausgesetzt werden [2]. Aus $p_{k+1} \geqslant p_k + 2 > 2k+1 + 2 = 2(k+1) + 1$ ergibt sich der I.B., denn wir erhalten $p_n > 2n + 1$ für $n > 6$. Weiter ist $p_1 = 2 = 2^{(2^0)}$,

$p_2 = 3 < 2^{(2^1)} = 4$, $p_3 = 5 < 2^{(2^2)} = 2^4 = 16$ (1.I.S.). Für $1 < n \leqslant k$

---

[1] Es empfiehlt sich, eine graphische Darstellung dieser Funktion (mit geeignet zu wählenden Maßstäben auf den Achsen) anzufertigen.

[2] Für $k = 7$ ist der 1.I.S. geleistet.

ist also (I.A.) $p_n < 2^{(2^{n-1})}$ $(k \geqslant 3)$. Dann ist aber (siehe Beweis von (I_3)) sicher (I.B.)

$$p_{k+1} \leqslant (\prod_{l=1}^{k} p_l) + 1 < 2^{(\sum_{l=0}^{k-1} 2^l)} + 1 \underset{\text{Übg.(4.)}}{=}$$

$$2^{(2^k-1)} + 1 < 2^{(2^k-1)} + 2^{(2^k-1)} = 2 \cdot 2^{(2^k-1)} = 2^{(2^k)}.$$

Durch vollständige Induktion haben wir für $n > 1$ somit $p_n < 2^{(2^{n-1})}$

Übg.(10.) Analog läßt sich für $n \geqslant 4$ (Übung!) auch $p_n < 2^{(2^{n-2})}$ beweisen.

Wir markieren weiter auf der positiven reellen Achse die Punkte
$e^{(e^0)} = e$, $e^{(e^1)}$, $e^{(e^2)}$, ..., $e^{(e^n)}$, ... Damit ist für $x \geqslant e$ stets
ein n zu finden, für das $e^{(e^{n-1})} \leqslant x < e^{(e^n)}$ gilt. Nunmehr erhalten
wir $\pi(x) \geqslant \pi(e^{(e^{n-1})}) \geqslant \pi(e^{(2^{n-1})}) \geqslant \pi(2^{(2^{n-1})}) \geqslant n$, denn $\pi(x)$ ist eine
monoton wachsende Funktion, da p.d. aus $x_1 < x_2$ $\pi(x_1 \leqslant \pi(x_2)$ folgt
und $p_n < 2^{(2^{n-1})}$ bewiesen wurde. Weiter gilt

$x < e^{(e^n)}$ $\Rightarrow$ $\log x < e^n$ $\Rightarrow$ $\log (\log x) < n$, woraus mit $\pi(x) \geqslant n$ aber
$\pi(x) > \log (\log x)$ resultiert.

Unsere Ergebnisse bilden den Satz (I_4):

(I_4) Für $n > 6$ gilt: $2n + 1 < p_n < 2^{(n-1)}$, für $x > e$ gilt
$\pi(x) > \log (\log x)$.

MSZ   Da $1 = 1$, $1 + 2 = 3 = 2 \cdot \frac{3}{2}$, $1 + 2 + 3 = 6 = 3 \cdot \frac{4}{2}$ (1.I.S.),folgt mit

der I.A. $\sum_{l=1}^{k} l = \frac{k(k + 1)}{2}$ sofort

$$\sum_{l=1}^{k+1} l = (\sum_{l=1}^{k} l) + (k + 1) = \frac{k(k + 1)}{2} + (k + 1) = \frac{k(k + 1) + 2(k + 1)}{2} =$$

$\frac{(k + 1)(k + 2)}{2}$. Damit ist durch vollständige Induktion für alle n

die Formel $\sum_{l=1}^{n} l = \frac{n(n + 1)}{2}$ bewiesen. Die Summe der endlichen

arithmetischen Reihe 1. Ordnung, also $\sum_{l=1}^{n} (a + lb)$ (a und b sind belie-

bige komplexe Zahlen), ergibt sich demnach als
$n \cdot a + \frac{n(n + 1)}{2} \cdot b = \frac{n}{2}(2a + (n + 1)b) = \frac{n}{2}((a + b) + (a + nb))$.
Dabei heißt (a + b) "Anfangsglied", (a + nb) "Endglied". Die Zahlen
$\frac{n(n + 1)}{2}$ sind stets[1] natürliche Zahlen für $n \geqslant 1$, denn von den beiden
aufeinanderfolgenden Zahlen ist eine gerade, die andere ungerade und

---

[1] schon ihrer Entstehung nach

das Produkt stets durch 2 teilbar. Diese Zahlen hießen im Altertum "Dreieckszahlen", der Name ergab sich aus dem Bild der Figur (4_1) (dort ist $n = 4$). Auch die Formel[1]

$$\frac{n(n + 1)}{2} + \frac{n(n - 1)}{2} = n^2$$ (zwei aufeinander folgende Dreieckszahlen besitzen eine Quadratzahl als Summe) wird geometrisch (Bild 4_2), (dort ist $n = 5$), gewonnen.

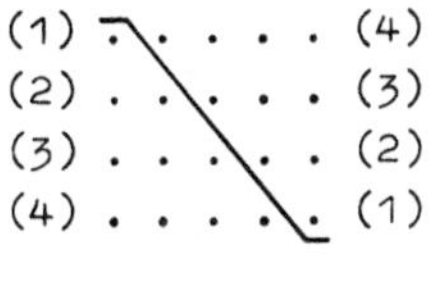

Bild 4_1

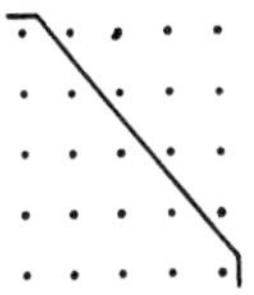

Bild 4_2

Ebenso

$$(2n + 1)^2 = 8 \cdot \frac{n(n + 1)}{2} + 1$$ (das Quadrat einer ungeraden Zahl ist stets das um 1 vermehrte Achtfache einer Dreieckszahl), eine Formel, die angeblich auf den griechischen Schriftsteller Plutarch (46 bis 120) zurückgehen soll (Bild 4_3 für $n = 3$). Von den durch vollständige Induktion leicht beweisbaren (Übung!) Formeln

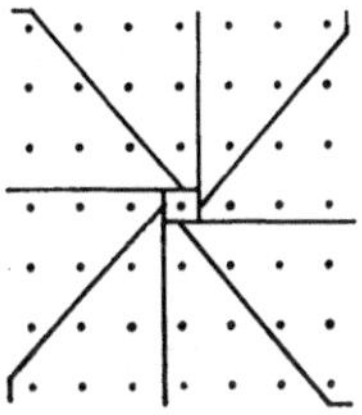

Übg.(11.)

Bild 4_3

$$\sum_{1=1}^{n} 1^2 = \frac{n(n + 1)(2n + 1)}{6}$$ und

$$\sum_{1=1}^{n} 1^3 = \left(\sum_{1=1}^{n} 1\right)^2$$ wurde die zweite

Bild 4_4 Bild 4_5

ebenfalls aus einer Figur (Bild 4_4, für $n = 3$ gezeichnet) gewonnen, ebenso auch die Beziehung $(n + 1)^2 = n^2 + (2n + 1)$ bzw. $(2n + 1) = (n + 1)^2 - n^2$ aus Bild 4_5, das für $n = 1$, $n = 2$, $n = 3$ und $n = 4$ gezeichnet ist[2].

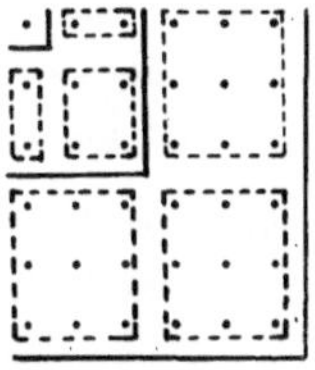

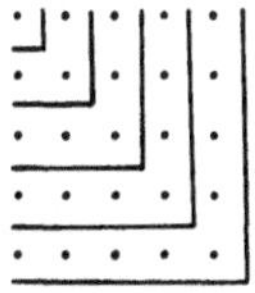

Ist in $(2n + 1) = (n + 1)^2 - n^2$ noch zusätzlich $2n + 1 = m^2$ (m ungerade), so gilt $n = \frac{m^2 - 1}{2}$, und wir erhalten $n + 1 = \frac{m^2 + 1}{2}$ oder schließlich $m^2 + \left(\frac{m^2 - 1}{2}\right)^2 = \left(\frac{m^2 + 1}{2}\right)^2$.

Diese Formel ist etwa drei Jahrtausende alt; sie gibt für ungerades m drei natürliche Zahlen an, die als ganzzahlige Seitenlängen eines rechtwinkligen Dreiecks möglich sind. Solche Zahlen heißen "pythagoräische Zahlen"; die allgemeinste Darstellung dieser Zahlen war bereits den Babyloniern bekannt, wir werden sie später noch genauer

D

---

[1] Arithmetisch sind diese Formeln leicht nachzurechnen; zu beachten bleibt, daß vor zwei Jahrtausenden unsere heutige Rechen- und Zahlenschreibtechnik unbekannt war.

[2] Die durch die Bilder 4 interpretierten Zahlen werden daher auch "figurierte Zahlen" genannt.

behandeln. Aus $2n + 1 = (n + 1)^2 - n^2$ folgt weiter, daß sich jede
ungerade natürliche Zahl größer als 1 (also auch jede ungerade Primzahl) als Differenz zweier Quadrate natürlicher Zahlen schreiben läßt.
Ist $(2n + 1)$ keine PZ und besitzt $(2n + 1)$ zwei verschiedene ungerade
(2)   Teiler, ist also $(2n + 1) = a \cdot b$ mit $3 \leqslant a < b$, so gilt zunächst (2)

$$a \cdot b = \left(\frac{b + a}{2}\right)^2 - \left(\frac{b - a}{2}\right)^2 .$$ (Diese Gleichung gilt, wie sofort nach-

zurechnen ist, für beliebige komplexe Zahlen a und b, und sie ergibt
Übg.(12.)   den bekannten Satz (Übung !), nach dem von allen Rechtecken mit fest
vorgegebenem Umfang das Quadrat die größte Fläche besitzt.) Mit

ungeraden a und b wird $b + a$ und $b - a$ gerade; $\frac{b + a}{2}, \frac{b - a}{2}$ sind

also ganze Zahlen, und (2) ergibt für $(2n + 1) = a \cdot b$ eine zweite
Darstellung als Differenz zweier Quadrate. Wäre nämlich

$\frac{b + a}{2} = n + 1, \frac{b - a}{2} = n$, so würde $a = 1, b = 2n + 1$ folgen, was der

Voraussetzung $3 \leqslant a < b$ widerspräche. Sind dagegen in (2) a und b gerade,
so ergibt sich eine Darstellung als Differenz zweier Quadrate für
eine durch 4 teilbare Zahl. Alle ungeraden PZ^{en} können bei der Division
mit 4 nur die Reste 1 oder 3 besitzen, denn die Reste 0 und 2 gehören
(4k, 4k + 2) zu geraden Zahlen. Zur ersten Sorte gehören die
PZ^{en} p_3, p_6, p_7, p_{10}, ..., zur zweiten Sorte die PZ^{en} p_2, p_4, p_5, p_8,
p_9, ...[1]. Betrachten wir die Primzahlen der ersten Art, so fällt auf,
daß $p_3 = 5 = 2^2 + 1^2$, $p_6 = 13 = 3^2 + 2^2$ [2], $p_7 = 17 = 4^2 + 1^2$,

$p_{10} = 29 = 5^2 + 2^2$. Wir werden im 2. Kapitel zeigen, daß sich jede PZ
der ersten Sorte als Summe zweier Quadrate natürlicher Zahlen darstellen läßt. Dagegen lassen sich zwar alle PZ^{en} der zweiten Sorte - wie
wir eben sahen - stets als Differenz, nie aber als Summe zweier Quadrate schreiben. Dies gilt sogar für alle ungeraden natürlichen Zahlen n mit $R_4(n) = 3$. Wäre nämlich (Antithese) $4k + 3 = a^2 + b^2$,
so sind drei Fälle möglich:
1. a und b gerade $(a = 2a', b = 2b')$;
2. a und b ungerade $(a = 2a' + 1, b = 2b' + 1)$;

3. o.B.d.A.[3] a gerade, b ungerade $(a = 2a', b = 2b' + 1)$.

Für 1. ist $a^2 + b^2 = 4(a'^2 + b'^2)$, also $a^2 + b^2$ gerade und ungleich

$4k + 3$. Für 2. ist
$a^2 + b^2 = 4a'^2 + 4a' + 1 + 4b'^2 + 4b' + 1 = 4(a'^2 + a' + b'^2 + b') + 2$
und damit wieder nicht von der Form $(4k + 3)$. Für 3. ist

---

[1] Im 5. Kapitel werden wir zeigen, daß es von beiden Sorten "gleichviele", nämlich unendlich viele, gibt.

[2] Wegen dieser Beziehung (13 ≠ Quadrat; 13 = Summe zweier Quadrate,
von denen keines gleich eins) erklärten die Pythagoräer 13 zur
Unglückszahl ihrer (Zahlen-)Religion. Diesen Brauch haben spätere
Kulturen, teilweise mit anderer Begründung, übernommen.

[3] Ist a ungerade und b gerade, so werden die Zahlen umbenannt.

$$a^2 + b^2 = 4a'^2 + 4b'^2 + 4b' + 1 = 4(a'^2 + b'^2 + b') + 1 \quad \text{und ebenfalls}$$

ungleich $(4k + 3)$. q.e.a. Damit sind z.B. die Gleichungen

$$x^2 + y^2 = 103 \quad \text{und} \quad x^2 + y^2 = 1007 \quad \text{nie mit ganzzahligen (!) x und y}$$

lösbar.

Übg.(13.) Es ist zu zeigen: Eine gerade, aber nicht durch 4 teilbare Zahl ist nie als Differenz zweier Quadrate darstellbar.

Wir können jetzt einen Satz von Montferrier (1792 bis 1863) aus dem Jahre 1829 erweitern. Er stellt ein PZ-Kriterium dar, gestattet also die Entscheidung darüber, ob eine ungerade Zahl n eine PZ ist oder nicht. Wir beschränken uns auf $n > 9$, da für $n \leqslant 9$ alles bekannt ist, und betrachten mit $k = 0$, $k = 1$, ..., $k = \dfrac{n - 11}{2}$ die Zahlen $(n + k^2)$, das sind insgesamt $(\dfrac{n - 11}{2} + 1) = \dfrac{n - 9}{2}$ verschiedene Zahlen. Ist $n = m^2$ (m ungerade), so steht mit $n + 0^2$ $(k = 0)$ bereits eine Quadratzahl an der ersten Stelle der Folge $(n + k^2)$. Ist n keine Quadratzahl und keine PZ, so gilt (siehe oben)

$$n = a \cdot b = \left(\frac{b + a}{2}\right)^2 - \left(\frac{b - a}{2}\right)^2 \quad \text{mit} \quad 3 \leqslant a \leqslant b. \quad \text{Dabei ist weiter}$$

$b = \dfrac{n}{a} \leqslant \dfrac{n}{3}$ und weiter $\dfrac{n}{3} < n - 7$, da aus $\dfrac{n}{3} \geqslant n - 7$ sich

$7 \geqslant \dfrac{2}{3} n \Rightarrow 21 \geqslant 2n \Rightarrow n \leqslant 9$ (da n eine ungerade natürliche Zahl ist)

ergeben würde. Damit erhalten wir $n = \left(\dfrac{b + a}{2}\right)^2 - \left(\dfrac{b - a}{2}\right)^2$ oder

$n + \left(\dfrac{b - a}{2}\right)^2 = \left(\dfrac{b + a}{2}\right)^2$. Wegen $\dfrac{b - a}{2} < \dfrac{n - 7 - 3}{2} = \dfrac{n - 10}{2}$ und

$\dfrac{b - a}{2}$ ganzzahlig ist $\dfrac{b - a}{2}$ höchstens gleich $\dfrac{n - 11}{2} = \dfrac{n - 9}{2} - 1$.

Ist n keine PZ, so steht unter den $(\dfrac{n - 9}{2})$ Zahlen der Folge $(n + k^2)$ mindestens ein Quadrat. Steht andererseits unter den Zahlen $(n + k^2)$ ein Quadrat, so ist für ein k mit $k = 1, 2, ..., \dfrac{n - 11}{2}$ [1] die Gleichung $n + k^2 = l^2$ richtig. Dann ist $l > k$. Wäre hier nicht $l \geqslant k + 2$, so müßte $l = k + 1$ gelten. Dies führte aber zu

$n = l^2 - k^2 = (l + k)(l - k) = 2k + 1$ oder wegen $k \leqslant \dfrac{n - 11}{2}$ zu

$n \leqslant (n - 11) + 1$ bzw. $n \leqslant n - 10$. q.e.a. Damit ist $l \geqslant k + 2$, $l - k \geqslant 2$ und $n = l^2 - k^2 = (l + k)(l - k)$ mit $l + k > l - k \geqslant 2$. n ist also sicher unter der genannten Voraussetzung keine PZ. Damit gilt folgendes PZ-Kriterium: Eine ungerade Zahl n größer als neun ist genau dann eine PZ, wenn unter den $\dfrac{n - 9}{2}$ Zahlen $(n + k^2)$ $(k = 0, 1, ..., \dfrac{n - 11}{2})$ keine Quadratzahl auftritt.

---

[1] $k = 0$ kann weggelassen werden, denn wenn $n = l^2$, so ist n sicher keine Primzahl.

Werden die nachfolgenden Gleichungen (sie gelten für alle natürlichen
Zahlen n, sogar für beliebige komplexe Werte) schriftdeutsch formuliert, so ergeben sich für den Nichtmathematiker zwei überraschende
Zusammenhänge: $n(n + 2) = (n + 1)^2 - 1$, $n^2 + (n + 1)^2 = 2 \cdot n (n + 1) + 1$.
Ein mathematisch wenig Erfahrener ist auch überrascht, wenn er fest-
stellt, daß jedes Quadrat einer ungeraden Zahl bei Division mit acht
den Rest eins läßt. Dies folgt aus $(2n + 1)^2 = 4n^2 + 4n + 1 =$
$4n(n + 1) + 1$, wobei $n \cdot (n + 1)$ stets gerade (siehe oben) ist.

Hierher gehören unter anderem auch Aussagen der Form: Zahlen, die als
$n^3 - n$ bzw. $n^5 - n$ gebildet werden, sind stets durch 6 bzw. 30
teilbar. Die erste Behauptung folgt aus
$n^3 - n = n(n^2 - 1) = (n - 1) \cdot n \cdot (n + 1)$ und der Tatsache, daß unter
drei aufeinanderfolgenden natürlichen Zahlen stets genau eine durch 3,
mindestens eine durch 2 teilbar sein muß[1]. Ist übrigens $n^3 - n$
durch 4 teilbar, so ist es auch ein Vielfaches von 12. Die zweite
Behauptung ergibt sich aus $n^5 - n = n(n^4 - 1) = n(n^2 - 1)(n^2 + 1) =$
$(n - 1)n(n + 1)(n^2 + 1)$. Hier ist (s.e.) das Produkt der ersten drei
Faktoren bereits durch 6 teilbar. Ist einer dieser Faktoren auch noch
durch 5 teilbar, so entnehmen wir dem Satz (I_8), daß unsere Behauptung
richtig ist. Ist dagegen keiner dieser Faktoren ein Vielfaches von 5,
so lassen die aufeinanderfolgenden Zahlen $(n - 1)$, n, $(n + 1)$ entweder
die "Fünferreste" 1, 2, 3 oder 2, 3, 4. Es ist demnach entweder
$n - 1 = 5k + 1$ oder $n - 1 = 5k + 2$, also $n = 5k + 2$ oder
$n = 5k + 3$. Die Rechnung zeigt dann sofort, daß in beiden Fällen
$(n^2 + 1)$ durch 5 teilbar ist; aus (I_8) kann die Behauptung gefolgert
werden.

(I_5) Wir wenden uns jetzt einem für die Theorie der Teilbarkeit sehr
bedeutsamen Satz zu und beweisen (I_5): Sind n ganze Zahlen
a_1 ($1 = 1, 2, \ldots, n$) gegeben und ist m eine beliebige natürliche
Zahl[2], so gelten die Gleichungen

$$R_m(\sum_{1=1}^{n} a_1) = R_m(\sum_{1=1}^{n} R_m(a_1)), \quad R_m(\prod_{1=1}^{n} a_1) = R_m(\prod_{1=1}^{n} R_m(a_1)).$$

(3)   Zum Beweis bemerken wir zunächst, daß p.d. (3) $R_m(n) = R_m(n + 1m)$
für ganzzahliges 1 und außerdem mit $n = mq + r$, also $R_m(n) = r$,
auch $R_m(r) = R_m(R_m(n)) = r$ gilt. Es läßt sich also die "Restbildung"
beliebig oft iterieren, ohne das Ergebnis zu verändern. Für $n = 1$
bedeutet (I_5) nichts anderes als $R_m(a_1) = R_m(R_m(a_1))$. Damit wäre der

---

[1] Daraus ergibt sich weiter, daß Primzahlzwillinge, die wir in
1.5. definieren werden, vom Paar (3,5) abgesehen, stets von einer
durch 6 teilbaren Zahl getrennt werden.

[2] Für $m = 1$ ist der Satz trivial, da $R_1(g) = 0$ für alle ganzzahligen g.

1.I.S. bereits geleistet; um den Beweisgang möglichst einsichtig zu machen, untersuchen wir auch noch den Fall $n = 2$. Mit $a_1 = q_1 m + r_1$, $a_2 = q_2 m + r_2$ wird $R_m(a_1 + a_2) = R_m(m(q_1 + q_2) + r_1 + r_2)$ $\overset{(3)}{=}$ $R_m(r_1 + r_2) \overset{\text{P.d.}}{=} R_m(R_m(a_1) + R_m(a_2))$.

Übg.(14.) Der entsprechende Beweis für $R_m(a_1 a_2)$ kann dem Leser (Übung !) überlassen bleiben. Als I.A. haben wir jetzt

$$R_m\Big(\sum_{1=1}^{k} a_1\Big) = R_m\Big(\sum_{1=1}^{k} R_m(a_1)\Big).$$

Damit wird

$$R_m\Big(\sum_{1=1}^{k+1} a_1\Big) = R_m\Big(\Big(\sum_{1=1}^{k} a_1\Big) + a_{k+1}\Big) = R_m(S_k + a_{k+1}) \quad ^{1)} \quad (n \overset{=}{} 2)$$

$$R_m(R_m(S_k) + R_m(a_{k+1})) \overset{1.\text{I.S.}}{=} R_m(R_m(S_k) + R_m(R_m(a_{k+1}))) \quad \text{I.A.}$$

$$R_m\Big(R_m\Big(\sum_{1=1}^{k} R_m(a_1)\Big) + R_m(R_m(a_{k+1}))\Big) = R_m(R_m(\alpha) + R_m(\beta)) \quad ^{2)} \quad n \overset{=}{} 2$$

$$R_m(\alpha + \beta) = R_m\Big(\sum_{1=1}^{k} R_m(a_1) + R_m(a_{k+1})\Big) = R_m\Big(\sum_{1=1}^{k+1} R_m(a_1)\Big). \quad \text{q.e.d.}$$

Damit ist der Satz: "Der (Divisions-) Rest einer Summe ist gleich dem Rest der Summandenrestsumme" (für endliche Summen ganzer Zahlen) bewiesen. Für ein endliches Produkt ganzer Zahlen verläuft der Beweis völlig analog. wenn nur $\sum$ durch $\prod$ und "+" durch "." ersetzt Übg.(15.) wird; trotzdem wird dieser Beweis dem Leser als Übung empfohlen.

Zu Beginn dieses Abschnitts haben wir Teiler nur für natürliche Zahlen erklärt. Nun definieren wir für ganze Zahlen n und natürliches

D $m\colon (m/n) \overset{\text{Def.}}{\Longleftrightarrow} R_m(n) = 0$. Mit dieser Definition lassen sich einige – fast triviale – Folgerungen aus (I_5) gewinnen, die wir unter $(I_5{}')$ subsummieren.

$(I_5{}')$ Sind a_1, a_2, a_3 ganze Zahlen, so gilt:
       $(m/a_1, \; m/a_2) \Rightarrow (m/(a_1 \overset{+}{-} a_2); \; m/a_1 \cdot a_2; \; m/a_1 \cdot a_3)$.
       Bew.: N.V. ist $R_m(a_1) = R_m(a_2) = R_m(-a_2) = 0$, und wir erhalten

$$R_m(a_1 \overset{+}{-} a_2) \overset{(I_5)}{=} R_m(0 \overset{+}{-} 0) = 0, \quad R_m(a_1 \cdot a_2) \overset{(I_5)}{=} R_m(0 \cdot 0) = 0,$$

$$R_m(a_1 a_3) \overset{(I_5)}{=} R_m(0 \cdot R_m(a_3)) = R_m(0) = 0. \quad \text{q.e.d.}$$

Direkt aus (I_5) folgt auch für ganzahliges a (wenn alle a_1 untereinander gleich sind) $R_m(a^n) = R_m((R_m(a))^n)$. Ist etwa $R_m(a) = 1$, so

---

$^{1)}$ S_k steht für $\displaystyle\sum_{1=1}^{k} a_1$.

$^{2)}$ α und β sind abkürzende Bezeichnungen für $\displaystyle\sum_{1=1}^{k} R_m(a_1)$ und $R_m(a_{k+1})$.

demnach auch $R_m(a^n) = 1$. Damit erhalten wir wegen $R_3(10) = R_9(10) = 1$

sofort $R_3(10^n) = R_9(10^n) = 1$; ebenso folgt aus $R_{11}(100) = 1$ auch

$R_{11}(100^n) = 1$.

Übg.(16.) $R_m(a \cdot b) \overset{!}{=}{}^{1)} R_m(R_m(a) \cdot b)$

D   Um das "Resterechnen" noch mehr zu vereinfachen, führen wir die
"kleinsten Absolutreste" $r_m(n)$ ein. Sie sind definiert durch

$r_m(n) = R_m(n)$ für $R_m(n) \leqslant \frac{m}{2}$, $r_m(n) = R_m(n) - m$ für $R_m(n) > \frac{m}{2}$.
Für $m = 7$ sind die $r_7(n)$: $0, \pm 1, \pm 2, \pm 3$; für $m = 8$ ergibt sich
$r_8(n) = 0, \pm 1, \pm 2, \pm 3, 4$ (oder -4). Ist $m = 2m'$, so bleibt die

Wahl – sie wird pragmatisch bestimmt – zwischen $\pm \frac{m}{2}$ für den letzten
kleinsten Absolutrest. So ist z.B. $r_{12}(18) = \pm 6$, $R_{12}(18) = 6$,
$r_{11}(10) = -1$, $R_{11}(10) = 10$, $r_{14}(12) = -2$, $R_{14}(12) = 12$.

Übg.(17.) ! $r_m(n) = -R_m(-n)$ für $r_m(n) \neq R_m(n)$!

(3')   Wegen $R_m(n) \overset{(3)}{=} R_m(n+lm)$ gilt auch (3') $r_m(n) = r_m(n+lm)$, da durch
$R_m(n)$ der $r_m(n)$ eindeutig bestimmt ist. Mit $n = q'm + r_m(n)$ ist
$r_m(n) = r_m(r_m(n))$ und aus $n_1 = q_1'm + r_m(n_1)$, $n_2 = q_2'm + r_m(n_2)$
folgt $r_m(n_1 \cdot n_2) = r_m(m(q_1'q_2'm + q_1'r_m(n_2) + q_2'r_m(n_1)) +$

$r_m(n_1) \cdot r_m(n_2)) \overset{(3')}{=} r_m(r_m(n_1) \cdot r_m(n_2))$.

Werden beim Beweis von (I_5) für $n = 2$ $R_m(a_1)$ und $R_m(a_2)$ durch
$r_m(a_1)$ und $r_m(a_2)$ ersetzt, so ergibt sich völlig analog
$r_m(a_1 + a_2) = r_m(r_m(a_1) + r_m(a_2))$. Damit sind für die kleinsten
Absolutreste genau die gleichen Beweiselemente zusammengestellt, die
uns (I_5) zu beweisen gestatten. Wir können also (I_5) auch für die

(I_5) kleinsten Absolutreste beweisen und formulieren: Die weiter oben
gegebene Aussage des Satzes (I_5) gilt auch, wenn R_m durch r_m ersetzt
wird.

Wir werden daher in Zukunft die Bezeichnung $r_m(n)$ für die kleinsten

Absolutreste nicht mehr verwenden, sondern stellen uns je nach
Rechenfall unter $R_m(n)$ einmal den Rest, einmal den kleinsten

Absolutrest vor. Wir schreiben also $R_{11}(10) = -1$, wenn die Rechnung

dadurch erleichtert wird, und erhalten dann weiter

---

[1] Dieses Ausrufezeichen über $=$ ($\overset{!}{=}$) oder auch über $<$ ($\overset{!}{<}$), – es steht
auch vor und hinter einer Gleichung oder Ungleichung
(etwa !$n < 2^n$!) – wurde von Heffter (1862 bis 1962) als wirksame
Abkürzung eingeführt und bedeutet: Es ist zu beweisen, daß ...
oder: Es wird behauptet, daß ...

$R_{11}(10^n) = R_n((-1)^n) = (-1)^n$ (da ± 1 stets kleinste Absolutreste

sind). Mit $1001 = 11 \cdot 91 = 7 \cdot 11 \cdot 13$ erhalten wir[1]
$R_7(1000) = R_{13}(1000) = R_{11}(1000) = -1,$

$R_7(1000^n) = R_{11}(1000^n) = R_{13}(1000^n) = (-1)^n.$ Außerdem können wir

völlig pragmatisch, soll $R_m(\sum\limits_{l=1}^{n} a_l)$ oder $R_m(\prod\limits_{l=1}^{n} a_l)$ berechnet

werden, die $R_m(a_l)$ stehen lassen oder auch durch die $r_m(a_l)$ ersetzen,

denn aus $R_m(\sum\limits_{l=1}^{n} a_l) = R_m(\sum\limits_{l=1}^{n} R_m(a_l))$ wird, wenn etwa $R_m(a_k)$

durch (p.d.) $r_m(a_k) + m$ [2] ersetzt worden ist, die Gleichung

$$R_m(\sum\limits_{l=1}^{n} a_l) = R_m(r_m(a_k) + m + \sum\limits_{l=1}^{k-1} a_l + \sum\limits_{l=k+1}^{n} a_l) \overset{(3)}{=}$$

$$R_m(r_m(a_k) + \sum\limits_{l=1}^{k-1} a_l + \sum\limits_{l=k+1}^{n} a_l).$$

Das Gleiche gilt auch für endliche Produkte; der Beweis sei dem
Ubg.(18.) Leser (Übung) überlassen.

Als Anwendung dieser Regel betrachten wir mit $n_1 = 7k + 4,$

$n_2 = 7l + 5$, $R_7(n_1 \cdot n_2 + 1) = R_7(R_7(n_1 \cdot n_2) + 1) =$
$R_7(R_7(4 \cdot (-2)) + 1) = R_7(R_7(-8)) + 1) = R_7(-1 + 1) = R_7(0) = 0;$
damit gilt p.d. $7/((n_1 \cdot n_2) + 1).$

Es muß noch eine Erweiterung von (I_5) erwähnt werden, die aus dem bisher Gesagten nicht ohne weiteres folgt. Mit $a_1 = q_1 m + R_m(a_1),$

$a_2 = q_2 m + R_m(a_2)$ ist
$R_m(a_1 - a_2) = R_m(m(q_1 - q_2) + R_m(a_1) - R_m(a_2)) \overset{(3)}{=} R_m(R_m(a_1) - R_m(a_2)).$
Wegen $R_m(a_1 - b_1 - b_2 + a_2 + a_3 - b_3 \pm \ldots) = R_m(\Sigma a_1 - \Sigma b_1)$ [3] $=$
$R_m(\alpha - \beta) \overset{s.e.}{=} R_m(R_m(\alpha) - R_m(\beta)) \overset{(I_5)}{=} R_m(R_m(\Sigma R_m(a_1)) - R_m(\Sigma R_m(b_1))) =$
$R_m(R_m(\alpha') - R_m(\beta')) \overset{s.e.}{=} R_m(\alpha' - \beta') = R_m(\Sigma R_m(a_1) - \Sigma R_m(b_1)).$

(I_5'') Das ist für ganzzahlige a_1 und b_1 der Satz (I_5''):
$$R_m(\Sigma a_1 - \Sigma b_1) = R_m \Sigma R_m(a_1) - \Sigma R_m(b_1)).$$

---

[1] oder über $R_7(10) = 3$, $R_7(10^2) = 2$, $R_7(10^3) = 6 = -1$ bzw.

    $R_{13}(10) = -3$, $R_{13}(10^2) = 9$, $R_{13}(10^3) = -1$

[2] für $r_m \neq R_m$

[3] Da kein Mißverständnis möglich ist, werden hier und manchmal auch
im folgenden Text die Summationsindizes weggelassen.

Ehe wir die Ergebnisse der Satzgruppe (I_5) voll ausschöpfen können,
müssen wir noch einige weitere wichtige Aussagen beweisen. Sind n'
und n" zwei natürliche Zahlen, gilt gleichzeitig n'/n", n"/n', so
erhalten wir mit n" = n_o"n', n' = n_o' n", n" = n_o" · n_o'n" oder
n" (1 - n_o" n_o') = 0 $\Rightarrow$ 1 = n_o" · n_o', denn n" $\neq$ 0 (n.V.). Damit ist
n_o' = n_o" = 1, da etwa für n_o' $>$ 1 auch n_o' · n_o" $>$ n_o" $>$ 1 und damit
nicht 1 $=$ n_o'n_o" gelten könnte. Es ist also n' = n", und wir haben

(I_6)   bewiesen den Satz (I_6):

Sind n' und n" natürliche Zahlen, für die außerdem n'/n" und n"/n',
so ist n' = n" und v.v.. Die Umkehrung von (I_6) ist trivial, da für
n' = n" die trivialen Teiler von n" bzw. n', nämlich n' und n"
existieren.   q.e.d.

Obwohl wir später auch negative ganzzahlige Teiler ganzer Zahlen
definieren werden, halten wir vorläufig an der bisherigen Definition,
nach der nur natürliche Zahlen als Teiler erklärt sind, fest. Wir
D   definieren: t heißt gemeinsamer Teiler zweier natürlicher Zahlen n und m,
wenn t/n und t/m gilt. Ist nun d ein gemeinsamer Teiler von n und m und
gilt weiter für alle gemeinsamen Teiler t von n und m auch noch t/d,
D   so wird d "größter gemeinsamer Teiler" (g.g.T.) genannt; wir schreiben
dafür auch d = (n,m). Nach (I_6) ist d eindeutig erklärt; gäbe es
nämlich (mindestens) zwei, etwa d_1 und d_2, so müßte p.d. sowohl d_1/d_2
D   wie auch d_2/d_1, also $d_1 = d_2$ gelten. Falls d $=$ (m,n) $=$ 1, heißen
die natürlichen Zahlen n und m "teilerfremd" oder auch "relativ prim".
In der angelsächsischen Literatur wird dieser Sachverhalt (d $=$ 1)
auch oft in der Form n$\cup$m geschrieben; wir werden beide Schreib-
weisen verwenden. Zur Bestimmung von (n,m) hat uns Euklid ein Verfahren
überliefert, das als "euklidischer Algorithmus" bezeichnet wird; dieses
soll jetzt entwickelt werden. O.B.d.A. können wir n $>$ m setzen. Ist
n = m, so gilt p.d. (n,m) = n = m; für n = q m ist (n,m) = m.
Nachdem diese einfachen Fälle behandelt sind, können wir nach (I_2)
(4_1) n = q_1m + r_1 (4_1) setzen. In (4_1) sind q_1 und r_1 natürliche Zahlen[1],
(4_2) und es ist 1 $\leqslant$ r_1 $\leqslant$ m-1. Wir bilden jetzt (4_2) m = $q_2 r_1$ + r_2 mit
(4_3) 0 $\leqslant$ r_2 $\leqslant$ r_1-1 $\leqslant$ m-2 und iterieren das Verfahren zu (4_3) $r_1 = q_3 r_2 + r_3$
mit 0 $\leqslant$ r_3 $\leqslant$ r_2 - 1 $\leqslant$ r_1 - 2 $\leqslant$ m - 3. In der Folge der
Gleichungen (4_1), (4_2), (4_3) ... nehmen die Reste r_1, r_2, r_3, ...
monoton ab: Es sind nicht negative ganze Zahlen. Daher gibt es eine
Gleichung (4_k) mit k $\leqslant$ m, in der erstmals $r_k = 0$ gilt.
$(4_{k-1})(4_k)$ $r_{k-2} = q_k r_{k-1} + 0$, (4_{k-1}) $r_{k-3} = q_{k-1} r_{k-2} + r_{k-1}$. Ist l eine
(4_1) Zahl zwischen 1 und k, so haben wir (4_1) $r_{1-2} = q_1 r_{1-1} + r_1$,
$(4_{1\pm1})(4_{1-1})$ $r_{1-3} = q_{1-1} r_{1-2} + r_{1-1}$, (4_{1+1}) $r_{1-1} = q_{1+1} r_1 + r_{1+1}$.

---

[1] $q_1 = 0$, $r_1 = 0$ sind bereits als Sonderfälle "vorbehandelt".

Aus (4_1) folgt mit t/n und t/m wegen $r_1 = n - q_1 m = t \cdot (\dots)$ aber
t/r_1. Aus (4_2) entnehmen wir $r_2 = m - q_2 r_1$ und wegen t/r_1, t/m
folgt t/r_2. Wegen (I.A.) t/n, t/m, t/r_1, $\dots$, t/r_{l-1}, so gibt (I.B.)
die Gleichung (4_l) auch t/r_1. Durch vollständige Induktion ist somit
t/r_{k-1} bewiesen. Aus (4_k) resultiert r_{k-1}/r_{k-2}, aus (4_{k-1}) r_{k-1}/r_{k-3}.
Ein dem eben geführten Induktionsschluß analoges Verfahren[1] ergibt
schließlich r_{k-1}/m, r_{k-1}/n. Durch den euklidischen Algorithmus erhalten wir somit in dem letzten von Null verschiedenen Divisionsrest
den g.g.T. $(d = (m,n))$. Beispiel: $n = 162$, $m = 66$.
(4_1) $162 = 2 \cdot 66 + 30$; (4_2) $66 = 2 \cdot 30 + 6$; (4_3) $30 = 5 \cdot 6 + 0$ oder
$(162,\ 66) = 6$.

Das euklidische Verfahren liefert uns noch eine zweite, sehr relevante, Aussage. Aus (4_1) folgt
$r_1 = n - q_1 m = 1 \cdot n + (-q_1) \cdot m = A_1 n + B_1 m$ (A_1, B_1 ganzzahlig),
(4_2) entnehmen wir
$r_2 = m - q_2 r_1 = m - q_2(A_1 n + B_1 m) = (1 - q_2 B_1)m + (-q_2 A_1)n = A_2 n + B_2 m$
(A_2, B_2 ganzzahlig). Wenn (I.A.) $r_{l-2} = A_{l-2} \cdot n + B_{l-2} \cdot m$ (A_{l-2}, B_{l-2}
ganzzahlig) und $r_{l-1} = A_{l-1} \cdot n + B_{l-1} \cdot m$ (A_{l-1}, B_{l-1} ganzzahlig),
so folgt aus (4_l) $r_l = r_{l-2} - q_l r_{l-1} =$
$A_{l-2}\, n + B_{l-2}\, m - q_l(A_{l-1}\, n + B_{l-1}\, m) =$
$(A_{l-2} - q_l A_{l-1})\, n + (B_{l-2} - q_l B_{l-1})\, m = A_l n + B_l m$ (A_l, B_l ganzzahlig).
(5) Damit haben wir, wieder vollständig induzierend, die Gleichung (5)
(I_7) $r_{k-1} = An + Bm$ (A, B ganzzahlig) bewiesen. Es gilt der Satz (I_7):
Durch den euklidischen Algorithmus wird $d = (n,\ m)$ als letzter von
Null verschiedener Divisionsrest gewonnen, und außerdem ist
$d = An + Bm$ mit ganzzahligen A und B.

Unserem Zahlenbeispiel entnehmen wir $30 = 162 - 2 \cdot 66$, $6 = (162,\ 66) =$
$66 - 2 \cdot 30 = 66 - 2(162 - 2 \cdot 66) = 5 \cdot 66 - 2 \cdot 162 =$
$(-2 + 66)\, 162 + (5 - 162) \cdot 66 = 64 \cdot 162 - 157 \cdot 66$, und wir erkennen
daraus, daß die ganzen Zahlen aus (I_7) keineswegs eindeutig bestimmt
sind[2]. Für $(n,\ m) = 1$ ist nach (I_7) $1 = An + Bm$ (A, B ganzzahlig);
gilt aber mit ganzzahligen A' und B': $1 = A'n + B'm$ und ist
$d = (n,\ m)$, so folgt aus der letzten Gleichung $1 = d(\dots)$ oder
(I_7') $d/1$, also $d = 1$. Dies ist der Satz (I_7'):

$((n,\ m) = 1) \Leftrightarrow An + Bm = 1$ mit ganzzahligen A und B. Gilt $(n,\ m) = d$,
also $An + Bm = d$, so folgt $A \cdot \dfrac{n}{d} + B\, \dfrac{m}{d} = 1$ oder nach (I_7') ist

---

[1] Es muß dabei die Folge der Gleichungen (4_1), $\dots$, (4_k) nur von
"hinten nach vorn" durchlaufen werden.

[2] Das wird uns im 2. Kapitel noch zu interessanten Ergebnissen führen.

$(\frac{n}{d}, \frac{m}{d}) = 1$. Mit $(\frac{n}{d'}, \frac{m}{d'}) = 1$ und d'/n sowie d'/m gilt wieder nach

(I_7') $A'\frac{n}{d'} + B'\frac{m}{d'} = 1$ oder A'n + B'm = d'. N.V. ist d'/(n, m),

und aus der letzten Gleichung folgt ((n, m) kann links ausgeklammert

werden) (n, m)/d' oder nach (I_6)

(6) (6) $((n, m) = d) \Leftrightarrow (\frac{n}{d}, \frac{m}{d}) = 1$ (mit ganzzahligen $\frac{n}{d}$ und $\frac{m}{d}$).

Aus (n, m) = d, also An + Bm = d folgt für natürliches c:
Anc + Bmc = dc, wie eben folgt daraus (nc, mc)/dc; da aber n.V.
dc/nc und dc/mc, so erhalten wir: ((n, m) = d) $\Rightarrow$ ((cn, cm) = dc).
Ist (cn, cm) = d_1, so muß wegen c/cn und c/cm auch c/d_1 gelten.

Das ergibt $d_1 = c \cdot d_1'$ und A'cn + B'cm = d_1 = cd_1' $\Rightarrow$ (n, m)/d_1'.

Wegen d_1/cn $\Rightarrow$ cd_1'/cn $\Rightarrow$ d_1'/n und wegen

d_1/cm $\Rightarrow$ cd_1'/cm $\Rightarrow$ d_1'/m ist auch d_1'/(n, m) oder (n, m) = d = d_1'

(7) (nach (I_6)). Das ist (7) ((n, m) = d) $\Leftrightarrow$ ((cn, cm) = cd)

(für natürliches c).

Mit (n, m) = d, n = qm + r, ist nach (I_7):

d = An + Bm = Aqm + Ar + Bm = Ar + B'm (A, B' ganzzahlig) oder
(r, m)/d. Weiter gilt nach (I_7)

(r, m) = A"r + B"m = A"r + A"qm + B"m − A"qm = A"·n + B"'m
(A", B", B"' ganzzahlig) oder d/(r, m); aus (I_6) entnehmen wir damit

(8) (8) $((n, m) = d) \Leftrightarrow ((R_m(n), m) = d)$ [1].

($I_7"$) Die Aussagen (6), (7), (8) katalogisieren wir im Satz ($I_7"$).

Nach diesen Vorbereitungen gelingen nun verhältnismäßig einfach die
Beweise zweier Sätze, die auch "euklidische Fundamentalsätze der
Teilbarkeit" genannt werden. Es gelten:

(t/a · b; t $\cup$ a) $\Rightarrow$ (t/b)   1. Fundamentalsatz der Teilbarkeit
(t $\cup$ a; t $\cup$ b) $\Leftrightarrow$ (t, a · b) = 1   2. Fundamentalsatz der Teilbarkeit

Bew.: N.V.:
Tt + Aa = 1 $\Rightarrow$ Ttb + Aab = b $\overset{n.V.}{\Rightarrow}$ Ttb + At(a') = b $\Rightarrow$ t/b [2] q.e.d.

Bew.: " $\Leftarrow$ ":
$T_1 t + A_1 ab = 1 = T_1 t + (A_1 a) \cdot b = T_1 t + (A_1 b)a \Rightarrow (t, b) = (t, a) = 1$ [2];

     "$\Rightarrow$ ": $T_{11} t + A_{11} a = 1 = T_{12} t + B_{11} b$. Die Multiplikation beider

Gleichungen ergibt

$T_{11} T_{12} t^2 + T_{11} t B_{11} b + T_{12} t A_{11} a + A_{11} B_{11} ab = 1 \Rightarrow T_2 t + A_2 ab = 1 \Rightarrow$

(t, ab) = 1 [2] q.e.d.

─────────────────

[1] a fortiori gilt demnach $(n, m) = 1 \Leftrightarrow (R_m(n), m) = 1$. Weiter ist
für $R_m(n) = 0$ p.d. (0, m) = m.

[2] Die Buchstaben stehen sämtlich für ganze rationale Zahlen.

P.d. hat eine PZ p_1 $(1 = 1, 2, \ldots)$[1] nur die trivialen Teiler 1 und

p_1. Für natürliches n kann daher lediglich $(n, p) = p$ oder

$(n, p) = 1$ gelten; dabei ist $(n, p) = p$ mit p/n und $(n, p) = 1$

mit $p \not{/} n$ gleichbedeutend. Der 1. Fundamentalsatz lautet dann für

$t = p$: $(p \not{/} a, p/a \cdot b) \Rightarrow (p/b)$ und der 2. Fundamentalsatz wird für

(I_8) $\quad$ $t = p$ zu $(p \not{/} a; p \not{/} b) \Leftrightarrow (p \not{/} ab)$. Wir formulieren als Satz (I_8):

$(t \cup a; t/a \cdot b) \Rightarrow (t/b); (p \not{/} a; p/ a \cdot b) \Rightarrow (p/b)$.

Aus $a \cup b$, t/b, t/ac folgt $1 = Aa + Bb = Aa + Btb' \overset{(I_7')}{\Leftrightarrow} t \cup a$.

(9) $\quad$ Das ist die Aussage (9) $(t/b; a \cup b) \Rightarrow (t, a) = 1$.

Aus (I_8) ergeben die vor (9) formulierten Voraussetzungen aber

zusammen mit $(t, a) = 1$ auch t/c. Mit t/b, t/c ist aber außerdem

(10) $\quad$ auch $t/(b, c)$. Dies ist (10) $((a \cup b); t/b; t/ac) \Rightarrow (t/c; t/(b, c))$.

(I_8') $\quad$ Die Aussagen (9) und (10) katalogisieren wir unter der Satznummer (I_8').

Den 2. Fundamentalsatz können wir verallgemeinern; es gilt nämlich der

(I_9) $\quad$ Satz (I_9): $(t \cup a_1 \ (1 = 1, 2, \ldots, n)) \Leftrightarrow t \cup \prod_{1=1}^{n} a_1$ (a_1 natürliche

Zahlen) und $(p \not{/} a_1 \ (1 = 1, \ldots, n)) \Leftrightarrow p \not{/} \prod_{1=1}^{n} a_1$ (p PZ, a_1 natür-

liche Zahlen).

Für $n = 2$ (1.I.S.) wurde die Aussage weiter oben bewiesen. Die I.A.

lautet: $(t \cup a_1 \ (1 = 1, \ldots, k)) \Leftrightarrow (t \cup \prod_{1=1}^{k} a_1)$. Für den I.B. setzen

wir in $\prod_{1=1}^{k+1} a_1$ $\quad \alpha = \prod_{1=1}^{k} a_1$, $\beta = a_{k+1}$, dann gilt

$(t \cup \alpha, t \cup \beta) \overset{1 \cdot I.S.}{\Leftrightarrow} (t \cup \alpha \cdot \beta)$.

$(t \cup \alpha) = (t \cup \prod_{1=1}^{k} a_1) \overset{I.A.}{\Leftrightarrow} (t \cup a_1 \ (1 = 1, \ldots, k)$. Damit wissen wir

$(t \cup \alpha; t \cup \beta) = (t \cup \prod_{1=1}^{k} a_1; t \cup a_{k+1}) \Leftrightarrow (t \cup \alpha \cdot \beta) =$

$(t \cup \prod_{1=1}^{k+1} a_1) \Leftrightarrow t \cup a_1 \ (1 = 1, 2, \ldots, k, k+1))$. q.e.d. Für $t = p$

gilt die Aussage ebenfalls, sie wird nur anders geschrieben[2]. Nach

1.1. können wir die 2. Aussage von (I_9) dann aber auch so formulieren:

(I_9) $\quad$ $(p/\prod_{1=1}^{n} a_1) \Leftrightarrow$ (p ist Teiler von mindestens einem a_1).

Nach (I_9) schließen wir aus $(a, b) = 1$, $(a, b) = 1$ auf $(a, b^2) = 1$.

Vollständige Induktion führt zu $((a, b) = 1) \Rightarrow (a, b^n) = 1$ (n eine

---

[1] Statt p_1 schreiben wir im folgenden auch oft p.

[2] Statt $(p, a_1) = 1$ schreiben wir $p \not{/} a_1$.

natürliche Zahl). Wieder folgt aus $(a, b^n) = 1$, $(a, b^n) = 1$ die

Gleichung $(a^2, b^n) = 1$ und nach dem eben erwähnten Induktions-

schluß kommen wir auf $((a, b) = 1) \Rightarrow ((a^{n'}, b^n) = 1)$ $(n, n'$

natürliche Zahlen). Ist dagegen $(a^{n'}, b^n) = 1$, so gilt nach (I_7')

$Aa^{n'} + Bb^n = 1$ oder $1 = (Aa^{n'-1})a + (Bb^{n-1})b = A^*a + B^*b$ $(A^*, B^*$

ganzzahlig) oder $(a, b) = 1$. Diese Folgerungen aus (I_9) und (I_7'):

(11) $\quad$ (11) $((a, b) = 1) \Leftrightarrow ((a^{n'}, b^n) = 1)$ wird oft nützlich. Der Beweis
(12)
Übg.(19.) $\quad$ der Aussage (12) $(t/a) \Leftrightarrow (t^n/a^n)$ wird dem Leser (Übung!) überlassen.

(I_9') $\quad$ Für später ist noch wichtig die Aussage des Satzes (I_9'):

$\quad\quad$ $(1 = (n_1, n_2) = (r, n_1) = (s, n_2)) \Leftrightarrow ((n_1 \cdot n_2, rn_2 + sn_1) = 1)$.

$\quad\quad$ Bew.: "$\Leftarrow$": Nach (I_7') bedeutet die rechte Seite der Beziehung (I_9')

(13) $\quad$ (13) $An_1 \cdot n_2 + Brn_2 + Bsn_1 = 1 = (An_2 + Bs)n_1 + (Br)n_2 =$

$\quad\quad$ $(An_2 + Bs)n_1 + (Bn_2)r = (An_1 + Br)n_2 + (Bn_1)s = 1$.

$\quad\quad$ Damit folgt aus (13) über (I_7') die Gültigkeit des "$\Leftarrow$". Um "$\Rightarrow$"

$\quad\quad$ zu beweisen, gehen wir von $((n_1, n_2) = 1; (n_1, r) = 1)$ aus. (I_9)

$\quad\quad$ führt zu $(n_1, n_2r) = 1$. Entsprechend gilt

$\quad\quad$ $((n_2, n_1) = 1; (n_2, s) = 1) \Rightarrow ((n_2, n_1s) = 1)$. Diese beiden Bezie-

$\quad\quad$ hungen schreiben wir nach (I_7') als $A_1'n_1 + B_1'n_2r = 1$ bzw.

$\quad\quad$ $A_2'n_2 + B_2'n_1s = 1$. Umformung ergibt

$\quad\quad$ $1 = A_1'n_1 + B_1'n_2r + B_1'n_1s - B_1'n_1s = A_1''n_1 + B_1''(n_2r + n_1s)$ und

$\quad\quad$ $1 = A_2'n_2 + B_2'n_1s + B_2'n_2r - B_2'n_2r = A_2''n_2 + B_2''(n_2r + n_1s)$.

$\quad\quad$ Vermöge (I_7') gilt demnach

$\quad\quad$ $(n_1, n_2r + n_1s) = (n_2, n_2r + n_1s) = 1 \overset{(I_9)}{\Rightarrow} (n_1 \cdot n_2, n_2r + n_1s) = 1$.

$\quad\quad$ q.e.d.

(I_{10}) $\quad$ Den sogenannten Hauptsatz über die Zerlegung in Primfaktoren (I_{10}):

$\quad\quad$ "Jede natürliche Zahl größer als eins ist entweder PZ oder in ein-

$\quad\quad$ deutiger Form als Produkt von Primfaktoren darzustellen."[1],

$\quad\quad$ könnten wir durch vollständige Induktion nach der Anzahl der Prim-
Übg.(20.) $\quad$ faktoren über (I_9) sehr schnell beweisen (Übung!). Wir geben dagegen

$\quad\quad$ einen indirekten Beweis von (I_{10}), der auf Zermelo (1871 bis 1953)

$\quad\quad$ zurückgeht.

$\quad\quad$ Antithese: Der Satz ist falsch. Da die Aussage für $n = 2$, $n = 3$,

$\quad\quad$ $n = 4$ richtig ist, und wir für "kleinere" natürliche Zahlen durch

$\quad\quad$ Probieren eine eindeutige Zerlegung in Primfaktoren finden können –

$\quad\quad$ wir müssen lediglich die PZ^{en} p $(p \leqslant \sqrt{n})$ durchprobieren, da mit

---

[1] Dabei kommt es auf die Reihenfolge der Faktoren bekanntlich nicht
an. "Eins" als PZ würde bei der Formulierung – nicht nur in diesem
Fall – erheblich stören.

$n = p_{(1)} \cdot p_{(2)} \cdot \ldots \; (p_{(1)} \leqslant p_{(2)} \leqslant \ldots)$ und $p_{(1)} > \sqrt{n}$ auch $n > \sqrt{n} \cdot \sqrt{n} \; \ldots > n$, also ein Widerspruch resultieren würde – muß es eine kleinste natürliche Zahl n^* geben, für die der Satz falsch ist. Für n^* gibt es nach Antithese (mindestens) zwei Zerlegungen in Primfaktoren: $n^* = p_{(1)} \cdot p_{(2)} \cdot \ldots \cdot p_{(s)}$ [1] und

$n^* = p_{(1)}' \cdot p_{(2)}' \cdot \ldots \cdot p_{(r)}'$, wobei wir o.B.d.A. $p_{(1)} \leqslant p_{(2)} \leqslant \ldots \leqslant p_{(s)}$ bzw. $p_{(1)}' \leqslant p_{(2)}' \leqslant \ldots \leqslant p_{(r)}'$ annehmen können. Wäre jetzt ein $p_{(\nu)}$ gleich einem $p_{(\mu)}'$, so gälte $\dfrac{n^*}{p_{(\nu)}} = \dfrac{n^*}{p_{(\mu)}'} < n^*$ [2] und die Zahlen $\dfrac{n^*}{p_{(\nu)}}$ bzw. $\dfrac{n^*}{p_{(\mu)}'}$ wären eindeutig zerlegbar, damit aber auch n^*.

O.B.d.A. nehmen wir $p_{(1)} > p_{(1)}'$ an. Mit $n^* = p_{(1)}' n_2^* = p_{(1)} n_1^*$ folgt $n_1^* < n_2^*$, und wir bilden $m^* = n^* - p_{(1)}' n_1^*$. P.c. ist $0 < m^* < n^*$ und für m^* existiert n.V. eine eindeutige Zerlegung in Primfaktoren. Da $m^* = p_{(1)}' \cdot n_2^* - p_{(1)}' \cdot n_1^* = p_{(1)}' \cdot (n_2^* - n_1^*)$ gilt $p_{(1)}'/m^*$; da $m^* = n_1^* (p_{(1)} - p_{(1)}')$ und n.V. $p_{(1)}' \not\;/ n_1^*$ folgt aus (I_8) $p_{(1)}'/(p_{(1)} - p_{(1)}')$. Wegen $p_{(1)} - p_{(1)}' = k \cdot p_{(1)}'$ oder $p_{(1)} = (k+1)p_{(1)}'$ $((k+1) \geqslant 2)$ ist aber $p_{(1)}$ keine PZ. q.e.a.

Bei unseren bisherigen Überlegungen sind wir stillschweigend davon ausgegangen, daß die natürlichen Zahlen in dem uns geläufigen Dezimalsystem gegeben sind. In diesem ist $A = \sum\limits_{l=0}^{n} A_l \cdot 10^l$ $(0 \leqslant A_l \leqslant 9,\; l = 0, \ldots, n-1;\; 1 \leqslant A_n \leqslant 9)$ eine $(n+1)$-ziffrige Zahl. P.c. gilt $A_0 = R_{10}(A)$, $A_1 = R_{10}\left(\dfrac{A-A_0}{10^1}\right)$, $A_2 = R_{10}\left(\dfrac{A-A_0-A_1 10^1}{10^2}\right)$ u.s.f. Nach (I_2) läßt sich so jede Ziffer der dekadischen Darstellung eindeutig bestimmen. Wir wollen aber diesen Sachverhalt noch auf eine andere Art beweisen und zeigen, daß sich jede natürliche Zahl A auf genau eine Weise als Summe von Potenzen einer natürlichen Zahl m $(m > 1)$ schreiben läßt (eben war $m = 10$).

(14) Die Summendarstellung lautet (14) $A = \sum\limits_{l=0}^{n} A_l \cdot m^l$ mit $1 \leqslant A_n \leqslant m-1$, $0 \leqslant A_l \leqslant m-1$ $(l = 0, 1, \ldots, n-1)$, A_l ganzzahlig. Dabei ist zunächst

---

[1] Die Primfaktoren $p_{(1)}, \ldots$ sind i.a. von $p_1, \ldots$ verschieden.

[2] Da $p_{(\nu)} \geqslant 2$, gilt $\dfrac{n^*}{p_{(\nu)}} \leqslant \dfrac{n^*}{2} < n^*$.

sicher dann $\sum\limits_{l=0}^{n} A_l m^l = \sum\limits_{l=0}^{n'} A_l' m^l$, wenn $n' = n$ und $A_l' = A_l$

$(l = 0, 1, \ldots, n)$. Wäre nun $A = \sum\limits_{l=0}^{n} A_l m^l = \sum\limits_{l=0}^{n'} A_l' m^l$ mit $n' > n$,

so ist $n' \geqslant n+1$ und $A = \sum A_l' m^l \geqslant A_{n'} \cdot m^{n'} \geqslant 1 \cdot m^{n+1}$. Andererseits
ist aber

$$\sum\limits_{l=0}^{n} A_l m^l \leqslant (m-1) \cdot \sum\limits_{l=0}^{n} m^l = \text{(geom. Reihe)} \ (m-1) \ \frac{m^{n+1} - 1}{m - 1} =$$

$m^{n+1} - 1 < m^{n+1}$. q.e.a.[1])

Damit ist sicher $n' = n$, und in der Folge $(A_n' - A_n)$,
$(A_{n-1}' - A_{n-1})$, $\ldots$ stehe erstmals $A_k' - A_k$ als eine von Null
verschiedene Differenz. O.B.d.A. können wir dann $A_k' - A_k > 0$ annehmen oder $A_k' - A_k \geqslant 1$. Wir erhalten

$$0 = \sum A_l' m^l - \sum A_l m^l = (A_k' - A_k)m^k + \sum\limits_{l=0}^{k-1} (A_l' - A_l)m^l \quad \text{oder}$$

$$(A_k' - A_k)m^k = \sum\limits_{l=0}^{k-1} (A_l - A_l')m^l. \ \text{In dieser Gleichung ist die linke}$$

Seite mindestens gleich m^k, für die rechts stehende Summe gilt:

$$\left| \sum\limits_{l=0}^{k-1} (A_l - A_l') \ m^l \right|^{2)} \leqslant (m - 1) \sum\limits_{l=0}^{k-1} m^l = (m - 1) \ (\frac{m^k - 1}{m - 1}) =$$

$(m^k - 1) < m^k$. q.e.a.

Die in (14) gegebene Darstellung ist damit eindeutig, oder mit
anderen Worten

$$\sum\limits_{l=0}^{n'} A_l' m^l = \sum\limits_{l=0}^{n} A_l m^l \ \leftrightarrow \ (n' = n; \ A_l = A_l', \ l = 0, 1, \ldots, n).$$

D   (14) definiert die Darstellung einer natürlichen Zahl A im
m-al-System (Grundzahl m, natürliche Zahl $m \neq 1$), die eben als eindeutig erwiesen wurde. Nach (I_2) können wir dann die einzelnen Ziffern der m-adischen Darstellung als die Divisionsreste bei Division
mit m berechnen. Als Beispiel bestimmen wir die Entwicklung der dekadischen Zahl 2000 im Sextalsystem (m = 6): $2000 = 6 \cdot 333 + 2 \ (A_0 = 2)$;
$333 = 6 \cdot 55 + 3 \ (A_1 = 3)$; $55 = 6 \cdot 9 + 1 \ (A_2 = 1)$; $9 = 6 \cdot 1 + 3$
$(A_3 = 3)$; $1 = 6 \cdot 0 + 1 \ (A_4 = 1)$.

D   Wir schreiben dies so:
$2000 \ \overset{10}{\widehat{=}} \ \overset{6}{1 \ 3 \ 1 \ 3 \ 2}$, entsprechend gilt etwa $25 \ \overset{10}{\widehat{=}} \ \overset{6}{41}$, $125 \ \overset{10}{\widehat{=}} \ \overset{6}{325}$.

---

[1]) Wir haben damit außerdem gezeigt, daß mit $n' > n$, $A' = \sum\limits_{l=0}^{n'}$, $A = \sum\limits_{l=0}^{n}$
    auch $A' > A$ gilt.

[2]) Wegen $|\Sigma| \leqslant \Sigma | \ |$ und da $0 \leqslant A_l \leqslant m-1$, $-(m-1) \leqslant -A_l' \leqslant 0$, ist
    $-(m-1) \leqslant A_l - A_l' \leqslant (m-1)$, also $|A_l - A_l'| \leqslant m-1$.

Ubg.(21.) Die dekadischen Zahlen 2000, 25, 125 sind im Septimalsystem (m = 7)
und im Duodezimalsystem (m = 12) darzustellen.

Der Vollständigkeit wegen soll hier auch kurz auf die Hintergründe
des in den Grundschuljahren unterrichteten schriftlichen Rechnens im
Positionssystem eingegangen werden[1]. Wir gehen aus von

$$A = \sum_{l=0}^{n} A_l m^l, \quad B = \sum_{l=0}^{n'} B_l m^l \quad \text{und setzen o.B.d.A.} \quad A \geqslant B \quad \text{(es ist also}$$

(siehe oben) $n \geqslant n'$). Dann wird die schriftliche Addition (Subtraktion) von A und B bekanntlich folgendermaßen beschrieben:

$$A = \ldots\ldots A_3 m^3 + A_2 m^2 + A_1 m + A_0 \qquad A = \ldots\ldots A_3 m^3 + A_2 m^2 + A_1 m + A_0$$
$$B = \ldots\ldots B_3 m^3 + B_2 m^2 + B_1 m + B_0 \qquad B = \ldots\ldots B_3 m^3 + B_2 m^2 + B_1 m + B_0$$

$$A+B = \ldots S_3 m^3 + S_2 m^2 + S_1 m + S_0 \qquad A-B = \ldots\ldots D_3 m^3 + D_2 m^2 + D_1 m + D_0$$

Die Folge S_0, S_1, $\ldots$ entsteht dabei durch die nachstehende Rechnung,
die sich analog von rechts nach links fortsetzt. Wegen $A_0 \leqslant m - 1$,
$B_0 \leqslant m - 1$ ist $A_0 + B_0 < 2m$ und $A_0 + B_0 = \varepsilon_0 \cdot m + S_0$, mit $\varepsilon_0 = 1$
für $A_0 + B_0 \geqslant m$, $\varepsilon_0 = 0$ für $A_0 + B_0 < m$, $0 \leqslant S_0 \leqslant m - 1$. Mit
$A_1 + B_1 \leqslant 2m - 2$ wird $A_1 + B_1 + \varepsilon_0 \leqslant 2m - 1$ und
$A_1 + B_1 + \varepsilon_0 = \varepsilon_1 \cdot m + S_1$, mit $\varepsilon_1 = 1$ für $A_1 + B_1 + \varepsilon_0 \geqslant m$,
$\varepsilon_1 = 0$ für $A_1 + B_1 + \varepsilon_1 < m$, $0 \leqslant S_1 \leqslant m - 1$. u.s.f.

Bei der Differenzenbildung haben wir $A \geqslant B$ vorausgesetzt. Entweder
ist $n > n'$ oder für $n = n'$ ist $A_n \geqslant A_n'$ (siehe den Beweis der Eindeutigkeit von (14)); das zu schildernde Verfahren ist daher stets
durchführbar. Für $A_0 \geqslant B_0$ ist $A_0 - B_0 = D_0$ ($\leqslant$ m-1). Gilt $A_0 < B_0$,
so wird von dem Summanden $A_1 m$ einmal m weggenommen (ist $A_1 \cdot m = 0$,
so wird ein m^2 von $A_2 m^2$ weggenommen; anstelle von $0 \cdot m$ stehen dann
$(m-1) \cdot m$ und ein Beitrag m kommt zu A_0 hinzu; für $A_1 m = A_2 m^2 = 0$
wird mit $A_3 m^3$ entsprechend verfahren) und zu A_0 addiert ("es wird 1
geborgt"). Wegen $B_0 \leqslant m - 1$ ist $A_0 + m - B_0 \geqslant 1$ und
$D_0 = m + (A_0 - B_0) \leqslant m - 1$. Wenn A_1 oder (im eben besprochenen Fall)
$A_1 - 1$ noch größer oder gleich B_1, so wird $D_1 = A_1 - B_1$ bzw.
$D_1 = A_1 - 1 - B_1$. Im andern Fall ($B_1 > A_1$ bzw. $B_1 > A_1 - 1$) wird
ein Beitrag m^2 "geborgt" (A_2 um eins vermindert); es entsteht dann D_1
als $A_1 + m - B_1$ bzw. als $A_1 - 1 + m - B_1$. Dabei ist sicher

---

[1] Leider wird dieses Rechnen auch heute oft nur rein mechanisch
gelernt(und gelehrt!).

$m - 1 \geqslant D_1 \geqslant 0$. Da die A_1 höchstens um eins vermindert werden, ist bei Fortsetzung des Verfahrens $(m + A_1 - 1 - B_1)$ stets nicht negativ, und die D_1 entstehen durch entsprechende Fortsetzung des Verfahrens nach links [1].

Die schriftliche Multiplikation erfolgt unter Verwendung des Distributivaxioms A_{III} aus Abschnitt 1.1.. Von $A \cdot B = (\Sigma A_1 m^1) \cdot (\Sigma B_1 m^1)$ wird zuerst $A \cdot B_0$, dann $A \cdot B_1 m$, dann $A \cdot B_2 m^2$ u.s.f. gebildet. Gerechnet wird allerdings nur $A \cdot B_0$, AB_1, ... und dabei das Ergebnis dieser Multiplikationen jeweils um eine Stelle nach links "weitergerückt". Die Produkte $(A \cdot B_0)$, $(A \cdot B_1 m)$, ... werden dann schließlich addiert. Dieses Verfahren läßt sich auch dahingehend modifizieren, daß nacheinander $A \cdot B_{n'} \cdot m^{n'}$, $A \cdot B_{n'-1} \cdot m^{n'-1}$, ... berechnet wird, und die Ergebnisse rücken dann jeweils um eine Stelle weiter nach rechts ein; schließlich wird wieder die Summe aller Produkte gebildet. Das nachstehende Schema ist hierfür nur von unten nach oben zu lesen bzw. hinzuzuschreiben.

$$(A_n m^n + \ldots + A_2 m^2 + A_1 m + A_0) \cdot (B_{n'} m^{n'} + \ldots + B_2 m^2 + B_1 m + B_0)$$

$$\ldots + R_{02} m^2 + R_{01} m + R_{00} \qquad = A \cdot B_0$$

$$\ldots + R_{12} m^2 + R_{11} m \qquad = A \cdot B_1 m$$

$$\ldots + R_{22} m^2 \qquad = A \cdot B_2 m^2$$

$$\ldots R_{n'n'} m^{n'} \qquad = A \cdot B_{n'} m^{n'}$$

$$\Sigma = \ldots P_2 m^2 + P_1 m + P_0 \qquad = A \cdot B$$

Dabei ist $A_0 \cdot B_0 = q_0 m + R_{00}$ mit $0 \leqslant R_{00} \leqslant m - 1$. Wegen $A_0 \cdot B_0 \leqslant (m-1)^2 = m(m-2) + 1$ ist $q_0 \leqslant m - 2$. R_{00} wird hingeschrieben, q_0 "gemerkt". $A_1 \cdot B_0 = q_1' m + R_{01}'$ mit $q_1' \leqslant m - 2$ und $0 \leqslant R_{01}' \leqslant m - 1$. $A_1 \cdot m \cdot B_0 = q_1' m^2 + R_{01}' m$, $A_1 m \cdot B_0 + q_0 m = q_1' m^2 + (R_{01}' + q_0) m = q_1 m^2 + R_{01} m$.

R_{01} wird hingeschrieben, $q_1 m^2$ "gemerkt", u.s.f.. So entsteht die erste Zeile (das Produkt $A \cdot B_0$). Die folgenden Zeilen entstehen

---

[1] Auf die heute vielfach geübte "Aufzählmethode" bei der Subtraktion (das "österreichische Verfahren") wird hier nur scheinbar nicht eingegangen, denn ihre Grundlagen sind genau die gleichen.

Erwachsene, die erstmals in einem "ungewohnten System" subtrahieren müssen, verfahren übrigens, wie eine langjährige Erfahrung des Verfassers gezeigt hat, fast ausnahmslos so, wie hier beschrieben wurde.

analog durch Berechnung der Produkte $A \cdot B_1$, $A \cdot B_2$, ..., die dann
jeweils um eine Stelle nach links weiterrücken
(z.B. $A \cdot B_1 = R_{11} + R_{12}m + ...$, da aber $A \cdot B_1 m$ zu bilden ist, also
$R_{11}m + R_{12}m^2 + ...$ gerechnet wird, verschiebt sich diese Zeile um
eine Stelle nach links. Bei der abschließenden Summenbildung ist
$P_0 = R_{00}$, mit $R_{01} + R_{11} = q_{11}m + P_1$ wird P_1 hingeschrieben und q_{11}
"gemerkt", über $R_{02} + R_{12} + R_{22} + q_{11} = q_{22}m + P_2$ wird P_2 errechnet
und q_{22} "gemerkt" ("gemerkt" wird eigentlich $q_{11} \cdot m$ bzw. $q_{22} \cdot m^2$),
u.s.f..

Die Grundlagen des schriftlichen Divisionsverfahrens im Positionssystem sind heute leider nur selten bekannt[1]. Wir gehen von $A > B$
aus und bestimmen eine nicht negative ganze Zahl k so, daß
$m^k \cdot B \leqslant A < m^{k+1} \cdot B$. Damit wird (15_0) $A = Q_k \cdot m^k \cdot B + R_k$[2] mit
$1 \leqslant Q_k \leqslant m - 1$ und $0 \leqslant R_k < m^k \cdot B$. Weiter ist

(15_1) $R_k = Q_{k-1}m^{k-1} \cdot B + R_{k-1}$ mit $0 \leqslant Q_{k-1} \leqslant m - 1$ $(Q_{k-1} = 0$ ist
möglich für $R_k < m^{k-1} \cdot B)$ und $0 \leqslant R_{k-1} < m^{k-1} \cdot B$.

In (15_2) $R_{k-1} = Q_{k-2}m^{k-2} \cdot B + R_{k-2}$ ist $0 \leqslant Q_{k-2} \leqslant m - 1$ $(Q_{k-2} = 0$
ist möglich für $R_{k-1} < m^{k-2} \cdot B)$ und $0 \leqslant R_{k-2} < m^{k-2} \cdot B$. Die Folge der
Gleichungen, in denen nach (I_2) die Q_1 und R_1[2] eindeutig bestimmt
sind, setzen wir bis (15_{k-1}) fort.

(15_{k-1}) $R_{k-(k-2)} = R_2 = Q_1 m^1 \cdot B + R_1$ mit $0 \leqslant Q_1 \leqslant m - 1$ $(Q_1 = 0$
möglich für $R_2 < m \cdot B)$ $0 \leqslant R_1 < mB$. Schließlich ist (15_k)
$R_1 = Q_0 m^0 B + R_0$ mit $0 \leqslant Q_0 \leqslant m - 1$ $(Q_0 = 0$ ist möglich für
$R_1 < m^0 \cdot B = B)$ und $0 \leqslant R_0 < B$. Nun setzen wir (15_1) in (15_0) ein und
erhalten $A = Q_k m^k B + Q_{k-1}m^{k-1}B + R_{k-1})$, hier setzen wir (15_2)
ein und gewinnen $A = Q_k m^k B + Q_{k-1}m^{k-1}B + Q_{k-2}m^{k-2}B + R_{k-2}$.

---

[1] Da diese Kenntnis häufig auch den Unterrichtenden der entsprechenden Altersstufen fehlt, bleibt vielen Schülern das Verfahren nur
als toter und unverstandener Mechanismus in Erinnerung.

[2] Die hier auftretenden Zahlen Q_1, R_1 sind stets ganzzahlig, und die
Ungleichungen $Q_1 \leqslant m-1$ ergeben sich aus $A < m^{k+1}B$ $(1 = k)$ bzw.
$R_1 < m^1 \cdot B$ für $1 = k, k-1, ...$.

(15)   Iterieren wir dieses Verfahren, so ergibt sich schließlich (15)

$$A = (Q_k m^k + Q_{k-1} m^{k-1} + \ldots + Q_1 m + Q_0)\, B + R_0 \quad \text{oder}$$

$$A : B = \sum_{1=0}^{k} Q_1 m^1 + \frac{R_0}{B}\,.$$ Für $R_0 = 0$ ist: B/A, für $R_0 \neq 0$ bleibt

ein Divisionsrest. (15) entnehmen wir die eindeutige Darstellung des
Quotienten und des Restes. Das Verfahren kann für $R_0 \neq 0$ fortgesetzt werden[1]. Hier ist zu bilden

$$\frac{R_0}{B} = \frac{1}{m}\left(\frac{mR_0}{B}\right) \quad \text{mit} \quad mR_0 = Q_{-1} B + R_{-1},\ 0 \leqslant Q_{-1} \leqslant m - 1,\ 0 \leqslant R_{-1} < B.$$

Dann erhalten wir $\quad \dfrac{R_0}{B} = \dfrac{Q_{-1}}{m} + \dfrac{R_{-1}}{mB} = \dfrac{Q_{-1}}{m} + \dfrac{1}{m^2}\left(\dfrac{mR_{-1}}{B}\right).$

Mit $m R_{-1} = Q_{-2} \cdot B + R_{-2}$ $\ (0 \leqslant Q_{-2} \leqslant m - 1,\ \ 0 \leqslant R_{-2} < B)$ ist dann entsprechend zu verfahren u.s.f. .

(I_{11})   Die vorstehenden Aussagen über Darstellbarkeit und schriftliches
Rechnen in Positionssystemen werden unter (I_{11}) zusammengefaßt.

Bemerkt sei schließlich noch, daß auch mit m-al Brüchen analog so
gerechnet werden kann, wie wir es in der Schule für Dezimalbrüche
gelernt haben. Durch Multiplikation mit entsprechenden Potenzen von m,
werden die in der Rechnung figurierenden m-al Brüche zunächst in
ganze Zahlen der Form (14) verwandelt, und mit diesen ist dann nach
(I_{11}) zu rechnen. Nach Beendigung der Rechnung ist schließlich entsprechend zu dividieren. Soll etwa mit

$$A' = \sum_{1=-2}^{3} A_1'\, m^1 = A_3'\, m^3 + A_2'\, m^2 + A_1'\, m + A_0' + \frac{A_{-1}'}{m} + \frac{A_{-2}'}{m^2} \quad \text{und}$$

$$B' = \sum_{1=-1}^{2} B_1'\, m^1 = B_2'\, m^2 + B_1'\, m + B_0' + \frac{B_{-1}'}{m} \quad \text{das Produkt} \quad A' \cdot B'$$

berechnet werden, so ist zunächst $(m^2 A')$ (ganzzahlig) mit (mB')
(ganzzahlig) zu multiplizieren; das Ergebnis wird dann durch m^3
dividiert[2].

Als Beispiel betrachten wir die folgenden Rechnungen im Sextalsystem.
Entsprechende Aufgaben mit den Zahlen aus der Übung (21.) werden dem
Übg.(22.) Leser (Übung !) empfohlen.

```
  6                 6                   6                            6
13132             13132              13132 : 325 = 24            13132 · 41
                                     -1054                       ‾‾‾‾‾
+ 325             - 325               2152                       13132
‾‾‾‾‾             ‾‾‾‾‾               -2152                      101012
13501             12403               ‾‾‾‾                      ‾‾‾‾‾‾‾
                                                               1023252
```

---

[1] Ob es "beliebig weitergeht" oder "abbricht", wird im Abschnitt 1.4.
für m = 10 etwas genauer untersucht.

[2] Auch diese Regel wird meistens "unbegründet" (für m = 10) unter-
richtet und daher - vom Schüler mechanisch gelernt - bald vergessen.

Als Beispiel eines "Sextalbruches" berechnen wir $23 : 20$ (was dekadisch: $15 : 12 = 1{,}25$ ergibt und $11 : 13$ (dekadisch $7 : 9 = 0{,}777..$)

$$
\begin{array}{l}
\overset{6}{23} : \overset{}{20} = 1{,}13 \\
-20 \\
\overline{30} \\
-20 \\
\overline{100} \\
-100 \\
\overline{---}
\end{array}
\qquad
\begin{array}{l}
\overset{6}{11} : 13 = 0{,}44 \\
\overline{110} \\
-100 \\
\overline{100} \\
-100 \\
\overline{---}
\end{array}
\qquad
\overset{10}{1{,}25} \,\hat{=}\, \overset{6}{1{,}13} \quad \text{hätte}
$$

sich auch über $1 + \frac{2}{10} + \frac{5}{100} = 1 + \frac{1}{6} + \frac{3}{36}$ errechnen lassen, während
wir aus dem zweiten Bruchbeispiel ersehen, daß ein unendlicher Dezimal-
bruch durchaus gleich einem endlichen Sextalbruch sein kann[1].
Aus (I_5) und (I_8) lassen sich nun sehr einfach die Teilbarkeitsregeln
für Zahlen, die in einem Positionssystem gegeben sind, herleiten.

Wir beschränken uns auf den Fall $m = 10$; für andere Basiszahlen sind
die Überlegungen völlig analog und beziehen sich beinahe ausnahmslos
auf die Aussagen der Satzgruppen (I_5) bzw. (I_8). Eine natürliche Zahl

N ist demnach durch $\sum_{l=0}^{n} A_l \cdot 10^l$ ($0 \leqslant A_l \leqslant 9$, $l = 0, 1, \ldots, n-1$;

$1 \leqslant A_n \leqslant 9$; A_l ganzzahlig) gegeben. Mit
$R_2(N) = R_2(10\,N' + A_0) = R_2(R_2(10\,N') + R_2(A_0)) = R_2(0 + R_2(A_0)) =$

($I_{12}^{(1)}$) $R_2(A_0)$ gilt ($I_{12}^{(1)}$): $2/N \Leftrightarrow 2/A_0 \overset{\text{Def.}}{\Leftrightarrow} R_2(A_0) = 0$ (eine natürliche
Zahl ist dund gerade, wenn ihre letzte Ziffer gerade ist). Für $k = 5$
oder $k = 10$ wird
$R_k(N) = R_k(10\,N' + A_0) = R_k(R_k(10\,N') + R_k(A_0)) = R_k(0 + R_k(A_0)) =$
$R_k(A_0)$. Das ist der Satz

($I_{12}^{(2)}$)   ($I_{12}^{(2)}$): k/N ($k = 5, 10$) $\Leftrightarrow$ ($R_k(A_0) = 0$) $\overset{\text{Def.}}{\Leftrightarrow} k/A_0$ (eine natürliche
Zahl ist dund durch 5 (10) teilbar, wenn es ihre letzte Ziffer ist).

Da $N = 100\,N'' + 10\,A_1 + A_0$, gilt $R_4(N) = R_4(100\,N'' + 10\,A_1 + A_0) =$
$R_4(R_4(100\,N'') + R_4(10\,A_1) + R_4(A_0)) = R_4(0 + R_4(10\,A_1) + R_4(A_0)) =$
$R_4(R_4(10\,A_1) + R_4(A_0)) = R_4(10\,A_1 + A_0)$. Daraus würde die Regel der
Schulmathematik: "Eine natürliche Zahl ist durch 4 teilbar, wenn die
durch die beiden letzten Ziffern gebildete Zahl ($10\,A_1 + A_0$) durch 4
teilbar ist" resultieren. Diese Regel ist aber noch etwas zu vereinfachen. Wir können nämlich weiter schließen: $R_4(R_4(10\,A_1) + R_4(A_0)) =$
$R_4(R_4(R_4(10) \cdot R_4(A_1)) + R_4(A_0)) = R_4(R_4(2 \cdot R_4(A_1)) + R_4(R_4(A_0))) =$
$R_4(2 \cdot R_4(A_1) + R_4(A_0)) = R_4(R_4(A_1) + R_4(A_1) + R_4(A_0)) = R_4(2\,A_1 + A_0)$.

---

[1] Selbstverständlich gibt es auch unendliche Sextalbrüche (z.B. $\overset{6}{0{,}111}...$),
die einem endlichen Dezimalbruch (hier $0{,}2$) gleich sind.

$(I_{12}^{(31)})$ Daraus erhalten wir die Aussagen: $(I_{12}^{(31)})$: Eine natürliche Zahl ist dund durch 4 teilbar, wenn das Doppelte ihrer vorletzten Ziffer vermehrt

$(I_{12}^{(32)})$ um die letzte Ziffer ein Vielfaches von 4 ist; $(I_{12}^{(32)})$: ...., wenn der doppelte Viererrest der vorletzten Ziffer vermehrt um den Viererrest der letzten Ziffer ein Vielfaches von 4 ist.

Wegen $R_8(10) = 2$, $R_8(10^2) = 4$, $R_8(10^3) = 0$ und

$$R_8(N) = R_8(1000\ N''' + 100\ A_2 + 10\ A_1 + A_0) =$$
$$R_8(R_8(100\ A_2) + R_8(10\ A_1) + R_8(A_0)) = R_8(100\ A_2 + 10\ A_1 + A_0)\quad \text{folgt}$$

die übliche Regel der Schulmathematik: $8/N \leftrightarrow$ "Die von den letzten drei Ziffern gebildete Zahl $(100\ A_2 + 10\ A_1 + A_0)$ ist ein vielfaches von 8". Auch diese Regel läßt sich wesentlich vereinfachen. Mit

$$R_8(N) = R_8(R_8(100\ A_2) + R_8(10\ A_1) + R_8(A_0)) =$$
$$R_8(R_8(\pm 4 \cdot R_8(A_2)) + R_8(2R_8(A_1)) + R_8(R_8(A_0))) =$$
$$R_8(\pm 4R_8(A_2) + 2\ R_8(A_1) + R_8(A_0)) = R_8(\pm 4\ A_2 + 2\ A_1 + A_0)$$

erhalten wir:

$(I_{12}^{(41)})$ $8/N \leftrightarrow$ "Die Summe aus Einerziffer und doppelter Zehnerziffer vermehrt oder vermindert (je nach Rechenfall) um das Vierfache der Hunderterziffer ist ein Vielfaches von 8";

$(I_{12}^{(42)})$ $8/N \leftrightarrow$ "Die Summe aus Achterrest der Einerziffer und doppeltem Achterrest der Zehnerziffer vermehrt oder vermindert um den vierfachen Achterrest der Hunderterziffer ist ein Vielfaches von 8".

Übg. (23.) Wie lautet im dekadischen System die Teilbarkeitsregel für den Teiler 16? Ausdrücklich sei hier noch einmal vermerkt, daß die meisten Aussagen der Satzgruppe (I_{12}) und die notwendigen Gleichungen auch Vorschriften geben, nach denen entsprechende Divisionsreste vereinfacht berechnet werden können.

Für die nächste Gruppe von Teilbarkeitsregeln müssen wir verschiedene – teilweise aus der Schulzeit geläufige – Definitionen einführen. Mit $N = A_0 + 10\ A_1 + 100\ A_2 + 1000\ A_3 + \ldots$ gilt:

D $\quad A_0 + A_1 + \ldots^{[1]} = \sum\limits_{l=0} A_l \overset{Def.}{\leftrightarrow}$ einfache Quersumme von N;

D $\quad (A_0 + 10\ A_1) + (A_2 + 10\ A_3) + \ldots^{[1]} = \sum\limits_{l=0} (A_{2l} + 10\ A_{2l+1}) \overset{Def.}{\leftrightarrow}$

doppelte Quersumme von N;

$$(A_0 + 10\ A_1 + 10^2 A_2 + \ldots + 10^{k-1} A_{k-1}) + \ldots^{[1]} =$$

D $\quad \sum\limits_{l=0} (A_{kl} + 10\ A_{kl+1} + 10^2 A_{kl+2} + \ldots + 10^{k-1} A_{kl+(k-1)}) \overset{Def.}{\leftrightarrow}$

k-fache Quersumme von N;

D $\quad \sum\limits_{l=0} (-1)^l \cdot (A_{kl} + 10\ A_{kl+1} + 10^2 A_{kl+2} + \ldots + 10^{k-1} A_{kl+(k-1)})^{[1]} \overset{Def.}{\leftrightarrow}$

k-fach alternierende Quersumme von N.

---

[1] Wie weit der Summationsindex läuft, ist durch die Stellenanzahl von N bedingt.

Wegen $R_3(10^1) = 1$ ist $R_3(N) = R_3(\Sigma\, 10^1 A_1)^{1)} = R_3(\Sigma\, (R_3(A_1))) = R_3(\Sigma\, A_1)$. Die letzte Gleichung ergibt die geläufige Regel der Schulmathematik: "3/N dund, wenn die einfache Quersumme durch 3 teilbar

$(I_{12}^{(51)})$ ist". Die vorletzte Gleichung zeigt dagegen $(I_{12}^{(51)})$: 3/N dund, wenn die Summe der Dreierreste der einzelnen Ziffern ein Vielfaches von 3 ist.

Für $R_9(N)$ verläuft wegen $R_9(10) = R_3(10) = 1$ die Rechnung analog, da hier aber für $A_1 \neq 9$ zusätzlich $R_9(A_1) = A_1$ gilt, resultiert im wesentlichen - nur die Ziffern Neun sind zu vernachlässigen - die

$(I_{12}^{(61)})$ bekannte Regel der Schulmathematik $(I_{12}^{(61)})$: 9/N dund, wenn die

Quersumme durch 9 teilbar ist. $(I_{12}^{(51)})$ und $(I_{12}^{(61)})$ lassen sich allerdings für den Fall noch etwas vereinfachen, in dem die auftretenden Quersummen mehrstellige Werte haben. Nach (I_5) können wir dann die Quersumme der Quersumme bilden o.m.a.W. die Quersummenbildung iterieren. Dieses Verfahren führt bei $(I_{12}^{(51)})$ auf 3, 6

$(I_{12}^{(52)})$ oder $9^{2)}$ bei $(I_{12}^{(61)})$ auf $9^{3)}$. Das ist $(I_{12}^{(52)})$ bzw. $(I_{12}^{(62)})$: 3/N

$(I_{12}^{(62)})$ bzw. 9/N dund, wenn die entsprechend oft iterierte Quersumme 3, 6 oder 9 bzw. 9 ist.

Beispiel: $R_9(12345679) = R_9(1+2+3+4+5+6+7+9) = R_9(37) = R_9(10) = 1$.

$(I_{12}^{(71)})$ Mit (I_8) ergibt sich nun sofort $(I_{12}^{(71)})$ bis $(I_{12}^{(74)})$:

6/N $\Leftrightarrow$ (2/N und 3/N); (14/N) $\Leftrightarrow$ (2/N und 7/N); 15/N $\Leftrightarrow$ (3/N und 5/N);

$(I_{12}^{(72)})$ (12/N) $\Leftrightarrow$ (4/N und 3/N).

$(I_{12}^{(73)})$ Da $R_{11}(10^1) = (-1)^1$, ist

$(I_{12}^{(74)})$ $R_{11}(N) = R_{11}(\Sigma\, A_1\, 10^1) = R_{11}(\Sigma\, R_{11}(10^1 A_1)) = R_{11}(\Sigma\, R_{11}((-1)^1 R_{11}(A_1)) =$

(da $R_{11}(A_1) = A_1(\text{p.d.})$) $R_{11}(\Sigma\, R_{11}((-1)^1 A_1)) = R_{11}(\Sigma\, (-1)^1 A_1)$

$(I_{12}^{(8)})$ und wir erhalten $(I_{12}^{(8)})$: 11/N $\Leftrightarrow$ "Die alternierende einfache Quersumme ist durch 11 teilbar".

---

1) Hier und im folgenden werden nun einzelne Zwischenschritte weggelassen, die schon mehrfach erläutert sind.

2) Die Berechnung iterierter Quersummen bereitet 10- bis 12-jährigen erfahrungsgemäß viel Vergnügen.

3) So lassen sich selbstverständlich auch die $R_3(N)$ bzw. $R_9(N)$ berechnen.

Mit $R_{99}(100^k) = 1$ und $N = (A_0 + 10\,A_1) + 100\,(A_2 + 10\,A_3) + \dots$

führt das nunmehr vielfach erläuterte Verfahren zu den Aussagen:

$(I_{12}^{(91)})$ $(I_{12}^{(91)})$ und $(I_{12}^{(92)})$:

11/N $\Leftrightarrow$ "Die doppelte Quersumme ist durch 11 teilbar";

$(I_{12}^{(92)})$ 99/M $\Leftrightarrow$ "Die doppelte Quersumme ist durch 99 teilbar".

$(I_{12}^{(93)})$ Mit $999 = 27 \cdot 37$ läßt sich auch sofort die Aussage $(I_{12}^{(93)})$:

37/N $\Leftrightarrow$ "Die dreifache Quersumme ist durch 37 teilbar"

$(I_{12}^{(94)})$ bzw. $(I_{12}^{(94)})$:

999/N $\Leftrightarrow$ "Die dreifache Quersumme ist durch 999 teilbar" formulieren.

$(I_{12}^{(10)})$ Mit $R_7\,(1000^1) = R_{13}\,(1000^1) = (-1)^1$ folgt schließlich $(I_{12}^{(10)})$:

Mit $k = 7$ bzw. 13: k/N $\Leftrightarrow$ "Die dreifache alternierende Quersumme ist ein Vielfaches von k".

Übg.(24.) Wie lauten im Quintalsystem ($m = 5$) die Teilbarkeitsregeln für die Teiler 2, 3, 4 ?

Die letzten Aussagen der Satzgruppe (I_{12}) haben im allgemeinen für die Praxis geringere Bedeutung, denn mehrfache oder mehrfache alternierende Quersummen großer Zahlen sind unter Umständen mit größerem Aufwand zu berechnen als er für die direkte Bestimmung des Quotienten nötig ist. Wir geben daher noch ein weiteres Verfahren an, das nur geringen Rechenaufwand erfordert. Aus ihm resultiert ein Kriterium für die Teilbarkeit; eine Aussage über den Divisionsrest gestattet es nicht, dafür weist es andere Vorteile auf. Dazu betrachten wir Teiler t mit $(t,10) = 1$ [1] und schreiben $N = 10\,N' + R_0$ [2]. Wegen $t \cup 10$ ist $2 \nmid t$, $5 \nmid t$ und die Zahl t kann im dekadischen System nicht mit den Ziffern 0, 2, 4, 5, 6, 8 enden, mit anderen Worten ist t von der Form $t = 10\,t' \pm 1$ oder $t = 10\,t' \pm 3$ ((+1): $R_{10}(1) = 1$; (−1): $R_{10}(t) = 9$; (+3): $R_{10}(t) = 3$; (−3): $R_{10}(t) = 7$). Damit gilt weiter $a \cdot t = 10n \pm 1$, ($a = 1$ für $t = 10\,t' \pm 1$, $a = 3$ für $t = 10\,t' \pm 3$) und wir erhalten $N = 10\,N' + R_0 = 10\,N' \pm 10\,n\,R_0 \mp 10\,n\,R_0 + R_0$ [3] $=$

(16) $10(N' \mp n R_0) \pm R_0(10\,n \pm 1)$. Mit (16) $N = 10(N' \mp n R_0) \pm R_0(10\,n \pm 1)$ ist für t/N und (n.V. t/(10 n $\pm$ 1) und wegen $(t, 10) = 1$ nach (I_8) t/(N' $\mp$ nR$_0$). Ist umgekehrt t/(N' $\mp$ nR$_0$), so folgt wegen t/(10 n $\pm$ 1) auch t/N. Wir erhalten damit aus (16) den Satz: Ein zu 10 relativ primes t mit $at = 10\,n \pm 1$ ($a = 1$ oder $a = 3$) ist dund Teiler von N, wenn (N' $\mp$ nR$_0$) durch t teilbar ist. Das Verfahren kann dann

---

[1] Falls $(t, 10) > 1$ lassen sich gemeinsame Faktoren (2 oder 5) von N und t leicht herauskürzen.

[2] Es ist $R_0 = R_{10}(N)$; aus Zweckmäßigkeitsgründen schreiben wir hier R_0 statt A_0.

[3] Jeweils auf "gleicher Höhe" stehende Vorzeichen gehören zusammen.

für $N_1 = (N' \mp nR_0)$ iteriert werden. So entstehen Zahlen, deren Stellenzahl um eins abnimmt, und nach endlich vielen Schritten ist schnell entscheidbar, ob $t \nmid N$ oder $t \mid N$. Dieses wenig bekannte Verfahren wenden wir zunächst auf einige Beispiele an. Ist $t = 14$, $N = 2156$, dann muß zunächst durch 2 geteilt werden. So kommen wir zu

1. $t = 7$, $N = 1078$. Da $3 \cdot 7 = 2 \cdot 10 + 1$, ist $a = 3$, $n = 2$. Mit $R_0 = 8$, $N' = 107$ ist demnach $107 - 2 \cdot 8 = 91$. Damit ist $N_1 = 91$. Aus $N_1 = 9 \cdot 10 + 1$ wird $N_1' = 9$, $R_1 = 1$, und $9 - 2 \cdot 1 = 7$ ist eine durch 7 teilbare Zahl. Damit ist $7/1078$, was sich hier auch aus der dreifachen alternierenden Quersumme $(78 - 1 = 77 = 7 \cdot 11)$ verhältnismäßig einfach ergeben hätte. Das Verfahren läßt sich schematisieren, wie die folgenden fünf Beispiele zeigen:

1. $t = 7$; $N = 1078$
   $a = 3$, $n = 2$; Schema:

$$
\begin{array}{r}
107 \mid 8 \\
-2 \cdot 8 = \underline{-16} \\
9 \mid 1 \\
-2 \cdot 1 = \underline{-2} \\
7 = 7 \cdot 1
\end{array}
$$

2. $t = 7$; $N = 41$; $a = 3$, $n = 2$, $N' = 4$, $R_0 = 1$. $4 - 2 \cdot 1 = 2$. Da $7 \nmid 2$ ist auch $7 \nmid 41$. Das hätte auch wesentlich einfacher festgestellt werden können. Aus diesem Beispiel können wir aber entnehmen, daß $R_7(N)$ (hier also 6) im allgemeinen von dem Rest verschieden ist, den das Verfahren für die Endzahl liefert, wenn $t \nmid N$.

3. $t = 13$; $a = 3$, $3 \cdot 13 = 4 \cdot 10 - 1$;
   $n = 4$; $N = 4069$; $N' = 406$;
   hier ist demnach $N' + 4 \cdot R_0$ zu bilden; $R_0 = 9$.

Schema:

$$
\begin{array}{r}
406 \mid 9 \\
+ 4 \cdot 9 = \underline{+36} \\
44\!\!\!\backslash 2 \\
+ 4 \cdot 2 = \underline{+8} \\
4 \cdot 13 = \overline{52}
\end{array}
\qquad \text{also} \quad 13 / 4069 \text{ [1]}
$$

4. $t = 41$; $a = 1$, $1 \cdot 41 = 4 \cdot 10 + 1$;
   $n = 4$; $N = 18573$; $R_0 = 3$:
   hier ist $N' - 4 \cdot R_0$ zu bilden.

Schema:
$$
\begin{array}{r}
1857 \mid 3 \\
-4 \cdot 3 = \underline{-12} \\
184\!\!\!\backslash 5 \\
-4 \cdot 5 = \underline{-20} \\
16\!\!\!\backslash 4 \\
-4 \cdot 4 = \underline{-16} \\
\end{array}
\qquad 0 = 0 \cdot 41 \quad \text{oder} \quad 41 / 18573
$$

[1] Natürlich könnte das Verfahren noch weiter geführt werden zu $5 + 4 \cdot 2 = 13 = 1 \cdot 13$. Man wird dann abbrechen, wenn die Teilbarkeit oder Nichtteilbarkeit "erkennbar" ist.

5. $t = 19$; $a = 1$, $1 \cdot 19 = 2 \cdot 10 - 1$;

    $n = 2$; $N = 2337$; $N' = 233$;

    $R_0 = 7$; hier ist $N' + 2 R_0$ zu bilden [1]

Schema: $233|7$

$$+ 2 \cdot 7 = \underline{+14}$$
$$24|7$$
$$+ 2 \cdot 7 = +\underline{14}$$
$$38 = 2 \cdot 19 \quad \text{oder} \quad 19 \,/\, 2337.$$

Weiter können wir dem Verfahren, falls t/N, auch den Quotienten $\left(\frac{N}{t}\right)$ entnehmen. Es stellt sich also außerdem hier eine Art "vereinfachter schriftlicher Division" dar [2]. Ist also $N = t \cdot Q$, so ergibt sich

(17_1) $t \cdot Q = N = 10(N' \mp nR_0) \pm R_0(10\,n \pm 1) = 10\,N_1 \pm R_0 at$ (17_1). Mit $N_1 = 10\,N_1' + R_1$ wird entsprechend

$N_1 = 10(N_1' \mp nR_1) \pm R_1 at = 10\,N_2 \pm R_1 at$. Das setzen wir in (17_1) ein und erhalten

(17_2) (17_2) $N = 10^2 N_2 \pm 10\,R_1 at \pm R_0 at = 10^2 N_2 \pm at(10\,R_1 + R_0)$.

Analog führt $N_2 = 10\,N_2' + R_2$ zu $N_2 = 10\,N_3 \pm R_2 at$, und durch Ein-

(17_3) setzen in (17_2) entsteht (17_3) $N = 10^3 N_3 \pm at(10^2 R_2 + 10\,R_1 + R_0)$.

Das Verfahren wird solange fortgesetzt, bis $N_k = \lambda_k \cdot t$ erkennbar ist.

(17_k) Wir erhalten (durch vollständige Induktion) (17_k)

$$N = 10^k N_k \pm at(10^{k-1} R_{k-1} + 10^{k-2} R_{k-2} + \ldots + 10^2 R_2 + 10\,R_1 + R_0)$$

(17) und damit (17)

$$N = t \cdot Q = t(10^k \lambda_k \pm a(10^{k-1} R_{k-1} + \ldots + 10^2 R_2 + 10\,R_1 + R_0).$$

(17) entnehmen wir folgende Regel zur Quotientenbildung: "Aus den abgestrichenen Ziffern ist eine Zahl zu bilden, die mit

a $(a \cdot t = 10\,n \pm 1)$ multipliziert wird. Ist im k^{ten} Schritt $N_k = \lambda_k \cdot t$ gewonnen, so ist $10^k \cdot \lambda_k$, um das errechnete Produkt zu vermehren oder zu vermindern, je nachdem $a \cdot t = 10\,n \pm 1$."

In unseren Beispielen ergibt sich $Q = (N : t)$ zu:

1. $k = 2$; $\lambda_2 = 1$; $a = 3$; $R_0 = 8$; $R_1 = 1$; $Q = 100 + 3 \cdot 18 = 154$ [3].

3. $k = 2$; $\lambda_2 = 4$; $a = 3$; $R_0 = 9$; $R_1 = 2$; $Q = 400 - 3 \cdot 29 = 313$ [4].

4. $k = 3$; $\lambda_3 = 0$; $a = 1$; $R_0 = 3$; $R_1 = 5$; $R_2 = 4$; $Q = 453$ [3].

5. $k = 2$; $\lambda_2 = 2$; $a = 1$; $R_0 = 7$; $R_1 = 7$; $Q = 200 - 77 = 123$ [4].

---

[1] Weitere selbstgewählte Beispiele werden dem Leser zur Berechnung empfohlen.

[2] Allerdings, wie schon bemerkt, nur für den Fall t/N.

[3] Da $a \cdot t = 10\,n + 1$.

[4] Da $a \cdot t = 10\,n - 1$.

(I_{13})　Die aus den Gleichungen (16) und (17) gewonnenen Sätze werden unter (I_{13}) katalogisiert.

MSZ　Mit natürlichen $n(n \geqslant 2)$ und ganzzahligem x erhalten wir in

$(\frac{10^n}{4} \pm x)^2$ zwei Zahlen $\frac{10^{2n}}{4^2} \pm \frac{10^n}{2} x + x^2$, deren Differenz ein

Vielfaches (das x-fache) von 10^n ist. Damit haben nach (I_{11}) die oben

gebildeten Zahlen die gleichen Einer-, Zehner-, ... (10^{n-1})-Ziffern,

d.h. sie stimmen in den letzten n Ziffern überein $(n \geqslant 2)$. Für $n = 1$

sind $(5 \pm x)^2$ zwei solche Zahlen[1]. Wird in der Formel (s. Übg.(4.))

$$\frac{q^n - 1}{q-1} = q^{n-1} + q^{n-2} + \ldots + q^2 + q + 1 \quad (q \neq 1) \quad q = \frac{A}{B} \quad \text{mit} \quad A \neq B$$

und o.B.d.A. $A > B$ eingesetzt, so folgt

$$(\frac{A^n - B^n}{A - B}) \cdot \frac{1}{B^{n-1}} = \frac{A^{n-1}}{B^{n-1}} + \frac{A^{n-2}}{B^{n-2}} + \ldots + \frac{A^2}{B^2} + \frac{A}{B} + 1 \quad \text{bzw.}$$

$$\frac{A^n - B^n}{A - B} = A^{n-1} + A^{n-2}B + \ldots + A^2 B^{n-3} + AB^{n-2} + B^{n-1}.$$

Damit ist $(A - B)$ ein Teiler von $(A^n - B^n)$, also z.B.
$121/(182^{109} - 61^{109})$, was sich auf "direktem Wege" kaum nachrechnen
läßt.

Mit $\frac{1}{1 \cdot 2} + \frac{1}{2 \cdot 3} + \ldots + \frac{1}{n(n+1)} = 1 - \frac{1}{n+1}$ (durch vollständige Induktion

Übg.(25.) sehr einfach (Übung !) zu beweisen) gilt $\lim\limits_{n \to \infty} (\sum\limits_{l=1}^{n} \frac{1}{l(l+1)}) = 1$ bzw.

$\sum\limits_{l=1}^{\infty} \frac{1}{l(l+1)} = 1$. Wegen $\frac{1}{(l+1)^2} < \frac{1}{l(l+1)}$ ist auch $\sum\limits_{l=2}^{\infty} \frac{1}{l^2}$

konvergent[2] und damit auch $\sum\limits_{n=1}^{\infty} \frac{1}{n^2}$[3]. Wegen $p_n > n$ (für alle n)

ist $\sum\limits_{n=1}^{\infty} \frac{1}{p_n^2} < \sum \frac{1}{n^2}$ und $\sum\limits_{n=1}^{\infty} \frac{1}{p_n^2}$ besitzt einen endlichen Wert

(ist konvergent).

Hieraus folgt ein "überraschendes" Ergebnis: Ist $a_1 < a_2 < a_3 < \ldots$
eine monoton wachsende Folge natürlicher Zahlen, in der keine PZ[en]
vorkommen, und gilt weiter $(a_n, a_m) = 1$ für $(n \neq m)$, so ist auch

$\sum\limits_{n=1}^{\infty} \frac{1}{a_n}$ konvergent. Zum Beweis sei $p_{(k)}$ die kleinste PZ, die in a_k

---

[1] Dies ist ein wenig bekanntes Beispiel "vorkontrollierten Rechnens".

[2] Das wird im Kapitel 4 noch auf andere Weise gezeigt werden.

[3] In der Analysis wird bewiesen, daß $\sum\limits_{n=1}^{\infty} \frac{1}{n^2} = \frac{\pi^2}{6}$.

als Primfaktor auftritt. Dann gilt $a_k = p_{(k)} \cdot t_k$; wegen $a_k \nmid PZ$ ist $t_k > p_{(k)}$ und daher $a_k > p_{(k)}^2$. Dieses $p_{(k)}$ kommt n.V. in keinem anderen a_l $(l \neq k)$ als Primfaktor vor, und wir erhalten

$$\sum_{l=1}^{\infty} \frac{1}{a_l} < \sum_{l=1}^{\infty} \frac{1}{p_l^2} \ . \qquad \text{q.e.d.}$$

Da die geraden Zahlen als Vielfache von 2 einen Ring bilden, so ist jedes Aggregat solcher Zahlen (etwa $4 - 18 + 26 + 124 - 1000 + 46$) wieder gerade. Summe und Differenz zweier ungerader Zahlen sind ebenfalls gerade. Kommen somit in einem Aggregat ungerade Zahlen in ungerader Anzahl vor, gerade Zahlen dagegen in beliebiger Anzahl, so muß der Wert dieses Aggregates stets ungerade sein. Aus dieser sehr einfachen Tatsache ergeben sich mancherlei "mathematische Zaubereien". Eine davon ist die folgende: Werden $(4k + 2)$ bzw. $(4k + 3)$ (z.B. 6 bzw. 7) aufeinanderfolgende natürliche Zahlen in zwei verschiedenen Anordnungen übereinander geschrieben und wird dabei in jeder Kolonne die absolute Differenz gebildet (z.B. für

$$
\begin{array}{lllllll}
4k + 2 = 6: & 1\ 2\ 3\ 4\ 5\ 6 \\
            & \underline{2\ 4\ 6\ 3\ 5\ 1} \\
            & 1\ 2\ 3\ 1\ 0\ 5
\end{array}
\qquad
\begin{array}{llllllll}
4k + 3 = 7: & 1\ 2\ 3\ 4\ 5\ 6\ 7 \\
            & \underline{2\ 5\ 4\ 7\ 6\ 3\ 1} \\
            & 1\ 3\ 1\ 3\ 1\ 3\ 6 \quad [1)]
\end{array}
),
$$

so müssen mindestens zwei dieser absoluten Differenzen gleich sein[2]. In der ersten Zeile stehen die Zahlen a, $a+1$, $a+2$, ..., $a+m$ $(m = 4k + 1)$ oder $(m = 4k + 2)$ in irgendeiner Reihenfolge a_1, a_2, ..., a_{m+1}. In der zweiten Zeile finden wir die gleichen Zahlen in der (eventuell) veränderten Reihenfolge a_1', a_2', ..., a'_{m+1}. Zu bilden ist $|a_1 - a_1'|$, $|a_2 - a_2'|$, ..., $|a_{m+1} - a'_{m+1}|$. Wir berechnen

$$\sum_{l=1}^{m+1} (a_l - a_l') = \sum_{l=1}^{m+1} a_l - \sum_{l=1}^{m+1} a_l' = 0 \quad \text{(bis auf die Reihenfolge handelt}$$

es sich n.V. um die gleichen Zahlen. $\Sigma(a_l - a_l')$ ist ein Aggregat von $(4k + 2)$ bzw. $(4k + 3)$ ganzen Zahlen. Mögliche Werte der absoluten Beträge sind 0, 1, ..., $(4k+1)$ bzw. $(4k+2)$. Würden nun bei unserer "Zauberei" sämtliche absoluten Beträge verschieden sein, so wäre $0 = \Sigma(a_l - a_l') = 0 \pm 1 \pm 2 \pm 3 \pm ... \pm (4k+1)$ bzw. $\pm (4k+2))$. In beiden Fällen tritt eine ungerade Anzahl ungerader Summanden auf; damit kann der Wert des Aggregates nie gerade (gleich null) sein. q.e.a.

Für $4k$ bzw. $(4k + 1)$ aufeinanderfolgende Zahlen sind solche Anordnungen mit nur verschiedenen absoluten Differenzen dagegen möglich, wie die nachstehenden Beispiele zeigen. [3]

[1) Auf die Reihenfolge kommt es, wie wir sehen werden, nicht an.

[2) Hier handelt es sich nicht - wie angenommen werden könnte - um eine Konsequenz des Schubfachprinzips von Dirichlet (Abschnitt 1.1.).

[3) "$|\Delta|$" steht für "absolute Differenz".

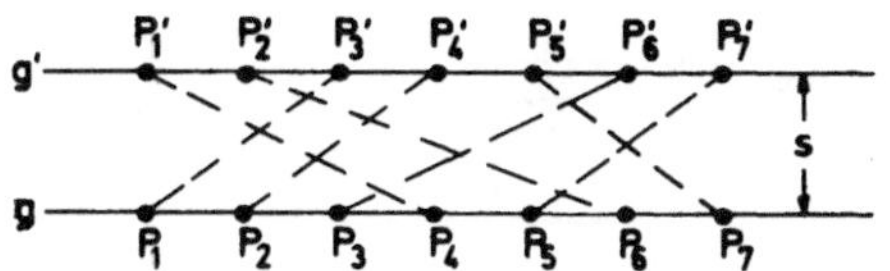

Bild 5

$$4k = 4 \quad 1\;2\;3\;4 \qquad 4k + 1 = 5 \quad 1\;2\;3\;4\;5 \qquad 4k = 8 \quad 1\;2\;3\;4\;5\;6\;7\;8$$
$$\underline{3\;2\;4\;1} \qquad\qquad \underline{3\;5\;2\;4\;1} \qquad\qquad \underline{6\;8\;2\;7\;5\;4\;3\;1}$$
$$|\Delta| : 2\;0\;1\;3 \qquad\qquad |\Delta| : 2\;3\;1\;0\;4 \qquad\qquad |\Delta| : 5\;6\;1\;3\;0\;2\;4\;7$$

Da es für unser Problem unerheblich ist, in welcher Reihenfolge die
Differenzen $(a_l - a_l')$ gebildet werden, können wir jeweils in der
ersten Zeile die natürliche Reihenfolge "1, 2, ..., n" annehmen.
Liegen auf zwei Geraden g' und g" (Bild 5), die im Abstand s parallel
laufen, sich je $(4k + 2)$ oder $(4k + 3)$ Punkte gegenüber
$((P_1, \ldots, P_{l_0})$ liegen $(P_1', \ldots, P_{l_0}'))$ [1] gegenüber) und
wird dabei jedes P_l mit einem P_l' so geradlinig verbunden,
daß eine eineindeutige Zuordnung der Punkte P_l auf die
Punkte P_l' entsteht (in Bild 5 findet sich ein Beispiel), so sind mindestens zwei der so entstandenen Verbindungsstrecken gleich lang.
Ist nämlich λ die Länge der Verbindungsstrecken, so gilt
$\lambda = \sqrt{s^2 + (g_1 - g_m)^2}$, wenn in einem passend gewählten Koordinatensystem den Punkten P_1, P_1' bzw. P_m, P_m' die gleiche Abszisse g_1
bzw. g_m zugeordnet[2] wird.

Übg.(26.) Ein Spieler verabredet mit seinem Partner, dieser solle verdeckt eine
der Zahlen 1, 2, 3, ..., 1000 ziehen. Ist dies eine Zahl n mit
$7/(n^4 - n)$, so erhält der Spieler 5,-- DM; ist $7\!\not|(n^4 - n)$, so muß
der Spieler dem Partner 5,-- DM zahlen. Warum gewinnt dabei der
Spieler bei hinreichend langer Spieldauer stets? Darf dagegen
der Partner die Zahl n durch dreimaliges Würfeln auswürfeln,
wobei die gewürfelten Punkte jeweils die erste bzw. zweite bzw. dritte
Ziffer von n im Septimalsystem darstellen, so werden die Chancen für
beide gleich (warum ?).

Mit $n > m$ folgt aus dem euklidischen Algorithmus
$$n = q_1 m + r_1, \quad m = q_2 r_1 + r_2, \quad r_1 = q_3 r_2 + r_3, \quad \ldots, \quad r_{k-2} = q_k r_{k-1}$$

---

[1] $l_0 = (4k + 2)$ bzw. $l_0 = (4k + 3)$

[2] Sitzen also in der geschilderten Anordnung 7 Damen 7 Herren gegenüber, so können die Herren beim Tanzen die Damen beliebig auswäh-
len, stets haben mindestens zwei Herren einen gleich langen
(geradlinigen) Anmarschweg.

die Gleichungskette $\dfrac{n}{m} = q_1 + \dfrac{r_1}{m} = q_1 + \dfrac{1}{\dfrac{m}{r_1}} =$

$$q_1 + \cfrac{1}{q_2 + \dfrac{r_2}{r_1}} = q_1 + \cfrac{1}{q_2 + \cfrac{1}{\dfrac{r_1}{r_2}}} = q_1 + \cfrac{1}{q_2 + \cfrac{1}{q_3 + \dfrac{r_3}{r_2}}} = \ldots\ldots$$

$$= q_1 + \cfrac{1}{q_2 + \cfrac{1}{q_3 + \cfrac{1}{q_4 + \cfrac{\ldots\ldots\ldots}{q_{k-1} + \dfrac{1}{q_k}}}}}$$

Diese etwas umständliche Schreibweise für $\dfrac{n}{m}$ heißt (endlicher)

D   "Kettenbruch". Die Theorie solcher Kettenbrüche spielt in vielen
Bereichen der Mathematik – auch in der Zahlentheorie – eine bedeutende
Rolle. Im Rahmen dieses Buches wird sie nicht behandelt [1].

Wir wenden uns jetzt einem weniger bekannten Beweis für die Irrationalität von $\sqrt{2}$ zu. Ist $\dfrac{a}{b}$ eine rationale Zahl mit $(a, b) = 1$, die demnach gekürzt ist, und gilt für eine rationale Zahl $\dfrac{A}{B}$ (A, B ganzzahlig)

$\dfrac{a}{b} = \dfrac{A}{B}$, so ist, wenn a, b, A und B zusätzlich natürliche Zahlen sein sol-

len ($\dfrac{a}{b}$ positiv), $aB = Ab$. Nach (I_8) erhalten wir a/A, also $A = aA'$ bzw.

$aB = aA'b \Rightarrow B = A'b$ oder b/B. Sind demnach zwei rationale positive
Zahlen gleich und ist die eine der beiden gekürzt, so unterscheiden
sie sich nur durch einen gemeinsamen (von Null verschiedenen) Faktor
in Zähler und Nenner. Die Umkehrung dieses Satzes folgt aus der
Körpereigenschaft der rationalen Zahlen ($0 < \dfrac{p}{q} = \dfrac{rp}{rq}$; p, q, r natür-

liche Zahlen). Wäre nun $\sqrt{2} = \dfrac{a}{b}$, also $2 = \dfrac{a^2}{b^2}$ mit $(a, b) = 1$ und

daher b die kleinste natürliche Zahl mit $\sqrt{2} = \dfrac{a}{b}$, so hätten wir einmal

wegen $2 > \sqrt{2} > 1$ die Ungleichung

$2 > \dfrac{a}{b} > 1 \Rightarrow 2b > a > b \Rightarrow b > a - b > 0$ bzw. $2b - a > 0$. Aus

$2b^2 = a^2 \Rightarrow 2b^2 - ab = a^2 - ab \Rightarrow b(2b - a) = a(a - b) \Rightarrow \dfrac{a}{b} = \dfrac{2b - a}{a - b}$.

Damit wäre für $\sqrt{2} = \dfrac{a}{b} = \dfrac{2b - a}{a - b}$ statt $\dfrac{a}{b}$ eine rationale Zahl gefunden,
deren Nenner eine natürliche Zahl kleiner als b (und mit natürlichem
$(2b - a)$ als Zähler) ist. q.e.a.

Übg.(27.) Wie läßt sich das vorstehende Verfahren beim Beweis der Irrationalität von $\sqrt{3}$, $\sqrt{4}$ (!?), $\sqrt{5}$ variieren?

---

[1] Eine Einführung in die genannte Theorie findet sich z.B. in dem
Buch von O. Perron: Irrationalzahlen (Göschens Lehrbücherei).

Gibt jemand eine "Lieblingsziffer" (etwa 8), die von Null verschieden
ist, an und außerdem eine "Lieblingszahl" (etwa 13), die zu 10 relativ
prim sein muß, so lassen sich ohne große Mühe unendlich viele natürliche Zahlen finden, die nur unter Verwendung der Lieblingsziffer
geschrieben werden können und gleichzeitig ein Vielfaches der Lieblingszahl sind[1].

Wir schildern hier den Beweis für den Fall des genannten Beispiels
(Ziffer 8, Zahl 13), im allgemeinen verläuft er völlig analog. Hierzu
schreiben wir die 13 Zahlen 8, 88, 888, ..., 8888888888888 und
behaupten, unter diesen steht mindestens ein Vielfaches von 13. Wäre
dem nicht so, dann hätten diese 13 Zahlen alle einen $R_{13} \neq 0$, mit
anderen Worten stünden für sie nur die Divisionsreste (bei Division
mit 13) 1, 2, 3, ..., 12 zur Konkurrenz. Nach dem Schubfachprinzip
von Dirichlet (Abschnitt 1.1.) müßten dann mindestens zwei dieser
Zahlen den gleichen Rest besitzen. Die Differenz beider hat demnach
den $R_{13} = 0$. Diese Differenz lautet

$$\underbrace{88.....8}_{k_1 \text{Stellen}} - \underbrace{8.....8}_{k_2 \text{Stellen}} \quad (k_1 > k_2), \text{ sie hat die Form}$$

$$\underbrace{8...8}_{(k_1-k_2)k_2}\underbrace{0...0}_{\text{Stellen Stellen}} \quad = 10^{k_2} \underbrace{(88...8)}_{(k_1-k_2)\text{Stellen}}$$

Wegen $(13,10) = 1$ ist auch $(13, 10^{k_2}) = 1$ (I_9), damit ist

$$13 / \underbrace{(88....8)}_{(k_1-k_2)\text{Stellen}} \quad . \quad \text{q.e.a.}$$

Ist eine solche Zahl gefunden, etwa 88...8 (k-stellig, mit $k \leqslant 13$),
so sind die Zahlen $\underbrace{(88... 8)}_{k \text{ Stellen}} \cdot 10^k + \underbrace{88....8}_{k \text{ Stellen}} = 88.....8$, u.s.f. alle
durch 13 teilbar. q.e.d.

Übg.(28.) Wie muß diese Aussage modifiziert werden, wenn die "Lieblingszahl"
nicht zu 10 relativ prim ist?

Der Studienanfänger (umsomehr ein Schüler) "begreift" oft nicht, warum
der Satz (I_{10}) überhaupt bewiesen werden muß. Dieser Satz über
die eindeutige Zerlegung in Primfaktoren ist aber keineswegs trivial.
Werden nämlich nur ungerade Zahlen der Form (4k + 1) betrachtet, so
ist $(4k' + 1)(4k'' + 1) = (4k''' + 1)$; damit läßt die Menge dieser
ungeraden Zahlen eine Manipulation (die Produktbildung) zu, 9 und 49
sind Elemente dieser Menge, ebenso gehört ihr 21 an. 9, 49, 21
lassen sich nicht mehr weiter in Elemente dieser Menge (als Faktoren)
zerlegen, denn die Faktoren von 9, 21, 49 sind von der Form (4k + 3).
Trotzdem ist $441 = 21^2 = 9 \cdot 49$ und die Zahlen 9, 21, 49 sind

---

[1] Eine wesentlich einfachere Begründung dieses Sachverhalts folgt aus
einem Satz des Abschnitts 1.3.(aus welchem?).

nach dem Vorhergegangenen Primzahlen (unzerlegbare Elemente) in der betrachteten Zahlenmenge[1].

Mit (I_{10}) läßt sich bekanntlich die geläufige Schulmethode zur Bestimmung des g.g.T. und des kleinsten gemeinsamen Vielfachen (k.g.V.) begründen. In vielen Fällen[2] führt aber der euklidische Algorithmus einfacher - oft auch schneller - zum Ziel, wenn für zwei natürliche Zahlen die genannten Größen bestimmt werden müssen. Ehe wir auf diesen Sachverhalt näher eingehen, definieren wir den g.g.T. von n (endlich

D vielen) natürlichen Zahlen. Ist d/a_1 $(1 = 1, \ldots, n)$ und gilt für alle t mit t/a_1 $(1 = 1, \ldots, n)$ außerdem t/d, so ist d der g.g.T. von $a_1, \ldots, a_n$. Wir schreiben dann $d = (a_1, a_2, \ldots, a_n)$. Um d zu berechnen, bilden wir $d_1 = (a_1, a_2)$, $d_2 = (d_1, a_3)$, $d_3 = (d_2, a_4), \ldots$, $d_{n-2} = (d_{n-3}, a_{n-1})$, $d_{n-1} = (d_{n-2}, a_n)$. d_{n-1} ist dann gleich $d = (a_1, a_2, \ldots, a_n)$, wie sich aus den vorhergehenden Gleichungen

D p.d. sofort ergibt. Weiter heißt eine Zahl $V(a_1, \ldots, a_n)$ "gemeinsames Vielfaches" der $a_1, \ldots, a_n$, wenn (für $1 = 1, \ldots, n$) $a_1/V(a_1, \ldots, a_n)$ gilt. Statt $V(a_1, \ldots, a_n)$ schreiben wir V. Von diesen Zahlen gibt es sicher unendlich viele (etwa v^*, $2 \cdot v^*$, $3 \cdot v^*, \ldots$[3]).

D Unter all diesen Zahlen V gibt es eine kleinste, die wir dann "kleinstes gemeinsames Vielfaches" (k.g.V.) nennen. Um dieses k.g.V. zu finden, untersuchen wir alle natürlichen Zahlen (endlich viele), die kleiner oder gleich v^* und außerdem durch sämtliche a_1 teilbar sind.

Die kleinste dieser natürlichen Zahlen ist dann das gesuchte k.g.V., für das wir auch $V[a_1, \ldots, a_n]$ schreiben. Uns interessiert hauptsächlich der Fall $n = 2$. Für dieses behaupten wir

(18)   (18) $a_1 \cdot a_2 = (a_1, a_2) \cdot V[a_1, a_2]$. (18) ergibt sich sofort, wenn g.g.T. und k.g.V. nach der Schulvorschrift berechnet werden. Wir setzen hier nur voraus, daß (a_1, a_2) nach dem euklidischen Algorithmus bestimmt ist. Mit $(a_1, a_2) = d$ ist dann $(I_7")$ $(\frac{a_1}{d}, \frac{a_2}{d}) = 1$. Damit

$$V[a_1, a_2] \leqslant \frac{a_1 \cdot a_2}{d} , \text{ da } a_1/\frac{a_1 \cdot a_2}{d} , a_2/\frac{a_1 \cdot a_2}{d} \text{ (p.c.). Wegen}$$

$$a_1/V[a_1, a_2] \quad (1 = 1, 2) \quad \text{gilt} \quad V[a_1, a_2] = a_1 \lambda_1 = \frac{a_1}{d} \quad (d\lambda_1)$$

$(1 = 1, 2; \lambda_1$ natürliche Zahlen). Wegen $\frac{a_1}{d}/V[a_1, a_2]$ $(1 = 1, 2)$

---

[1] Der Mathematiker formuliert diesen Sachverhalt folgendermaßen: (I_{10}) ist keine rein multiplikative Aussage. Dabei bedeutet "multiplikativ": "nur von den Eigenschaften der Multiplikation bestimmt" bzw. "aus diesen Eigenschaften herleitbar".

[2] Sind die Primfaktoren schwer erkennbar, dann stets.

[3]
$$v^* = \prod_{1=1}^{n} a_1$$

ist weiter $\frac{a_1}{d}/d\lambda_2$ und $\frac{a_2}{d}/d\lambda_1$ (nach (I_8)), oder

$$V[a_1, a_2] = \frac{a_1}{d}\lambda_1' \cdot \frac{a_2}{d} = \frac{a_2}{d}\lambda_2' \cdot \frac{a_1}{d}.$$ Das bedeutet $\lambda_1' = \lambda_2' = \lambda^*$

bzw. $V[a_1, a_2] = \lambda^* \frac{a_1 a_2}{d^2}$. Mit $(\frac{a_1}{d}, \frac{a_2}{d}) = 1$ und $d\lambda_1 = \lambda^* \frac{a_2}{d}$,

$d\lambda_2 = \lambda^* \frac{a_1}{d}$ folgt aus $(I_7")$ $(d\lambda_1, d\lambda_2) = \lambda^*$, also $\lambda^* \geqslant d$

(da p.d. $d/d\lambda_1$, $d/d\lambda_2$). Aus $V[a_1, a_2] = \dfrac{\lambda^* a_1 a_2}{d^2} \geqslant \dfrac{a_1 a_2}{d}$ und (s.o.)

$V[a_1, a_2] \leqslant \dfrac{a_1 a_2}{d}$ ergibt sich $V[a_1, a_2] = \dfrac{a_1 a_2}{d}$ oder (18). q.e.d.

Eine bekannte Anwendung der Satzgruppe (I_5) sind "Neuner-" und "Elfer-probe". Um das Ergebnis einer Summe (Differenz, eines Aggregates, eines Produktes) "nachzuprüfen", wird deren (dessen) R_9 (bzw. R_{11}) berechnet und mit der Summe (Differenz, dem Aggregat, dem Produkt) der R_9 (bzw. R_{11}) der einzelnen Glieder (Faktoren) verglichen.

Stimmen beide Reste überein, so ist das allerdings nur eine notwendige Bedingung für die Richtigkeit der Rechnung. Selbst die Anwendung beider Proben auf ein und dieselbe Rechnung kann eine geschickte Fälschung nicht entlarven[1]. In $1968 - 1314 = 654$ ist R_9 $(1968) = -3$, R_9 $(1314) = 0$, R_9 $(654) = -3$; ebenso erhalten wir R_{11} $(1968) = 10$, R_{11} $(1314) = 5$, R_{11} $(654) = 5$; $((-3) - 0 = -3$; $10 - 5 = 5)$. Für die "gefälschten Rechnungen": $1968 - 1314 = 456$, $1968 - 1314 = 753$ würden ebenfalls beide Proben stimmen[2].

Übg.(29.) Nach welchen "Regeln" können Rechnungen so gefälscht werden, daß weder Neuner- noch Elferprobe diese Fälschung aufdecken?

Aufgaben, bei denen sogenannte "ziffernperiodische" Zahlen (etwa ababab oder abcabc (a, b, c Ziffern)) verwandt werden, haben nicht unbedingt mit den Teilbarkeitsregeln etwas zu tun, wenn auch manche Ergebnisse sich aus (I_5) herleiten lassen. Z.B:

ababab $= ab(10101) = ab \cdot 3 \cdot 7 \cdot 13 \cdot 37$ (wegen $3/10101$, $7/10101$, $13/10101$, $37/10101$) hat stets die angegebenen Teiler, wie auch die Ziffern a und b gewählt werden. Ebenso ergibt sich, daß abcabc stets durch 7, 11, 13, $7 \cdot 11$, $7 \cdot 13$, $11 \cdot 13$ teilbar ist.

Übg.(30.) Durch zusätzliche Forderungen für die Zahl $(a \cdot 100 + b \cdot 10 + c)$ lassen sich auch Aussagen über die Teiler von abcabcabc gewinnen.

---

[1] Zur Prüfung eigener Rechnungen eignen sich diese Proben besser (Aufdeckung unbeabsichtigter Rechenfehler) als zur Kontrolle eines ungetreuen Rechnungsführers.

[2] Die Behandlung solcher Proben im 5. Schuljahr bietet übrigens eine gute Möglichkeit, negative Zahlen "zwanglos" einzuführen.

"Verblüffend" wirkt oft ein Trick, bei dem der "Zauberer" aus dem
Ergebnis einer Rechnung zwei ihm unbekannte natürliche Zahlen entnimmt.
Er muß dabei allerdings von mindestens einer der beiden wissen, daß
sie kleiner als eine ihm bekannte Zahl q ist. Sind die unbekannten
Zahlen x und y (x < q), so läßt der "Zauberer" möglichst umständlich
E = yq + x rechnen und sich das Ergebnis E nennen. Dann ist
$x = R_q(E)$, y der Quotient von E bei Division mit q. Durch geschickte
Wahl des Beispiels braucht dabei der Zauberer u.U. über x nichts zu
erfragen. Wenn z.B. mit Geburtsdaten gerechnet wird, so ist
(y Monatstag, x Monat) x < 12, und es kann z.B. q = 13 gewählt werden. Die Berechnung von 13y + x = E sollte etwas verdeckt geschehen,
damit auch geweckte Mitspieler das "Zauberwerk" nicht zu schnell durch-
schauen. Etwa 2y, 2y-x, 5(2y-x), 3x, 2y+3x, (2y+3x)2,
(2y-x)·5 + ((2y+3x)2-y) können beispielsweise als Einzelrechen-
schritte gewählt werden, um E zu erhalten[1]. Sehr beliebt sind auch
solche Kunststücke, die auf der Kenntnis von Quersummeneigenschaften
beruhen. Nach (I_{12}) ist für 9/N auch die Quersumme von N ein Vielfaches von 9. Wird dann eine Ziffer gestrichen, werden die restlichen
in beliebiger Reihenfolge genannt, so kann die gestrichene durch Auf-
rechnung auf das nächste Vielfache von 9 "hervorgezaubert" werden.
Dies mißlingt nur, wenn zufällig (oder von einem "böswilligen Kenner")
die Ziffer 0 oder 9 gestrichen wird, da dann die Quersumme der restlichen Ziffern bereits ein Vielfaches von 9 ist. Auch dann braucht
sich der Zauberer nicht verwirren zu lassen. Er sagt etwa: "Gestrichen
wurde eine Null". Wird das verneint, so erhält die Null noch "ein
kleines Schwänzchen" (wird zur 9), was er übersehen zu haben vorgibt.
N mit $R_9(N) = 0$ kann auf verschiedene Arten zustande kommen, ohne daß
es der Zauberer zu kennen braucht, z.B. dadurch, daß jeder Mitspieler
die Ziffern einer von ihm beliebig gewählten Zahl irgendwie vertauscht
(1968, 8169) und die kleinere von der größeren abzieht. Hier haben
Subtrahend und Minuend gleiche Quersummen, damit gleiche Neunerreste,
und die Differenz ist ein gewünschtes N (8169 - 1968 = 6201,
6201 ⟹ 6 + 0 + 1 = 7, gestrichen 2, da 9 - 7 = 2). Es können die
Mitspieler auch mit ihrer "Geburtstagszahl" (aus 5.8.1941 wird 581941)
entsprechend verfahren (581941, 411895). Weniger geübte Mitspieler
läßt der Zauberer die Zahl mit der "umgekehrten Ziffernfolge"
(1968, 8691) bilden.

Für dieses Kunststück lassen sich vielerlei Variationen finden. Eine
durch 9 teilbare Zahl kann z.B. auch durch "beliebige Zahl vermindert
um ihre Quersumme" oder vermöge "$(a - x) \cdot 10^n + n_1$" bzw.
"$n_1 \cdot 10^{n'} + (a - x)$" gewonnen werden. Hier ist $n_1 = x + 100$, a eine
Zahl der Form 9k + 8 (etwa 1313), x beliebig (kleiner als a),
während die Exponenten n bzw. n' so gewählt sind, daß n_1 "hinten" bzw.

---

[1] Hier können allerdings negative Zahlen auftreten, was u.U. die Mitspieler streiken läßt. Stets ohne negative Zahlen ist z.B.
(3y+x)·5 - (y+2x)·2 zu rechnen.

"vorn" an (a − x) hinzugeschrieben werden kann (a = 1313, x = 29,
a − x = 1284, 1284129 bzw 1291284).

Oft kann der Zauberer eine Summe beliebig vorgegebener Summanden sehr
rasch durch Hinzufügen eines Summanden so ergänzen, daß die Gesamt-
summe ein Vielfaches von 9 ist (etwa 3456 + 2783 + 1315 wird durch
3444 ergänzt). Auch die iterierte Quersummenbildung (bzw. deren
Ergebnis) kann manipuliert werden (etwa für 43156 oder 3472265 ist
dieses Ergebnis gleich der unterstrichenen Ziffer). Der Zauberer hat
lediglich zu beachten, daß die Quersumme der um die Mittelziffer
(unterstrichen) herumstehenden Ziffern ein Vielfaches von 9 ist.

Für 99/N ist nach (I_{12}) die doppelte Quersumme ein Vielfaches von 99.
Werden dann von N zwei benachbarte Ziffern gestrichen, so wird von der
zweifachen Quersumme ein "Einer" und ein "Zehner" gestrichen. Nunmehr
müssen die restlichen Ziffern in der richtigen Reihenfolge (von hinten
nach vorn oder auch umgekehrt) genannt werden. Durch Aufrechnen auf
das nächste Vielfache von 99 können dann beide Ziffern genannt
werden.[1] Wird noch die Platznummer (von hinten her gezählt) der ge-
strichenen Ziffer genannt, so kann (da Einer ungerade, Zehner gerade
Platznummern haben) auch noch vom Zauberer angegeben werden, wo die
Einer- und wo die Zehner-Ziffer gestrichen wurde.
Beispiel: 99/43065, 43065; genannt wird: 435; doppelte Quersumme
4 + 35 = 39; auf 99 damit 60;"an 2. und 3. Stelle wurde gestrichen";
also 6 an 2. und 0 an 3. Stelle. N mit 99/N läßt sich leicht dadurch
gewinnen, daß an eine beliebige Zahl z eine gerade Anzahl von Nullen
angefügt und hiervon dann z subtrahiert wird: $z(10^{2k} − 1)$ mit
$R_{11}(10^{2k}) = R_9(10^{2k}) = 1$. Auch hier kann "verdeckt" gearbeitet werden
(z.B. mit beliebigen Telefonnummern). Diese können von gerader oder
von ungerader Stellenanzahl sein. Ist die Stellenanzahl ungerade, so
wird die Stellenfolge umgekehrt und dann die Differenz gebildet; sie
ist durch 9 (s.o.) teilbar, aber auch durch 11, und damit nach (I_8)
durch 99, was sich folgendermaßen zeigen läßt.

N.V. ist die Telefonnummer von der Form $A_0 + 10\,A_1 + \ldots + 10^{2k}A_{2k}$;
ist diese Zahl größer oder gleich

$$A_{2k} + A_{2k-1}\cdot 10 + A_{2k-2}\cdot 10^2 + \ldots + A_1 10^{2k-1} + A_0\cdot 10^{2k}{}^{[2]}\text{, so ist}$$

$$(10^{2k} − 1)\cdot(A_{2k} − A_0) + (10^{2k-2} − 1)\cdot(A_{2k-1} − A_1)\cdot 10 +$$

$$(10^{2k-4} − 1)\cdot(A_{2k-2} − A_2)\cdot 10^2 + \ldots + (10^2 − 1)\cdot(A_{k+1} − A_{k-1})\cdot 10^{k-1}$$

die gebildete Differenz und bei jedem Summanden steht ein durch 11
teilbarer Faktor. Sind die Telefonnummern von gerader Stellenzahl,
so ist die eben beschriebene Differenz zwar durch 9, nicht aber i.a.
durch 11 teilbar $(R_{11}(211111 − 111112) = R_{11}(99999) \neq 0)$. Der Zauberer

---

[1] Nur wenn 99 oder 00 als Nachbarziffernpaar gestrichen wurde, muß
geraten werden.
[2] Im anderen Fall wird nur Minuend und Subtrahend vertauscht.

aber weiß sich auch im Falle einer geraden Stellenzahl zu helfen. Er
läßt die oben gebildeten Zahlen addieren. Es entsteht dadurch

$$\sum_{l=0}^{2k-1} A_l 10^l + \sum_{l=0}^{2k-1} (A_{2k-1-l}) \, 10^l =$$

$$(A_{2k-1} + A_0) \cdot (10^{2k-1} + 1) + (A_{2k-2} + A_1) \cdot (10^{2k-2} + 10^1) + \ldots +$$

$$+ (A_k + A_{k-1}) \cdot (10^k + 10^{k-1}) =$$

$$(A_{2k-1} + A_0) \cdot (10^{2k-1} + 1) + (A_{2k-2} + A_1) \cdot 10^1 \cdot (10^{2k-3} + 1) + \ldots +$$

$$+ (A_k + A_{k-1}) \cdot 10^{k-1} \cdot (10 + 1).$$

Wegen $R_{11} (10^3) = R_{11} (10^5) = \ldots = R_{11} (10^{2k-1}) = -1$ hat jeder der
auftretenden Summanden einen letzten Faktor, der durch 11 teilbar ist[1].
Die so entstandene Zahl ist allerdings i.a. nicht durch 9 teilbar.
Um das zu erreichen, läßt der Zauberer das Ergebnis mit 9 multiplizieren (oder mit einem irgendwie motivierten Vielfachen von 9 [2].
Hat er durch Fragen erfahren, daß die Stellenanzahl der Summe ungerade
ist, so kann er - zur Verblüffung der meisten Mitspieler - auch das
zuerst geschilderte Verfahren durchführen lassen und gewinnt so das
gewünschte Vielfache von 99.

Übg.(31.) Unter welchen Voraussetzungen lassen sich drei benachbarte Ziffern
streichen, die nach Nennen der übrigen (in richtiger Reihenfolge)
dann angegeben werden können?

Wer seinem Partner einen höheren Geldbetrag verspricht, wenn es diesem
gelingt eine Quadratzahl zu bilden, unter deren Ziffern die 1, die 2
und die 3 je genau einmal vorkommt, während alle anderen Ziffern gleich
Null sind (etwa 20013, 2000301), möchte sein Geld behalten und lediglich "Beschäftigungstherapie" betreiben. Die Quersumme dieser Zahl ist
nämlich 6, die Zahl also durch 3 teilbar; sie müßte als Quadratzahl
aber auch durch 9 teilbar sein, was dem Wert der Quersumme widerspricht. Den gleichen Effekt erzielen 1,1,1,3 und Nullen als Ziffern,
aber auch drei gleiche Ziffern (7,7,7) und Nullen, wenn $z \neq 3$, $z \neq 6$,
$z \neq 9$. Etwa 4004040, 550005 sind sicher keine Quadratzahlen[3]. Die
gegebene Begründung versagt für den Fall $z = 3$ (z.B. 3003003). Der
Übg.(32.) Leser wird sich aber leicht davon überzeugen (Übung !), daß auf diese
Weise ebenfalls nie eine Quadratzahl zu bilden ist.

Es gibt noch viele andere Rechenkunststücke, die auf Eigenschaften des
(dekadischen) Positionssystems oder darauf beruhen, daß ein[4] Teiler

---

1) So ist gezeigt, daß stets $\left(\sum\limits_{l=0}^{2k} A_l 10^l - \sum\limits_{l=0}^{2k} A_{2k-l} 10^l\right)$ und
$\left(\sum\limits_{l=0}^{2k-1} A_l 10^l + \sum\limits_{l=0}^{2k-1} A_{2k-1-l} 10^l\right)$ ein Vielfaches von 11 ist.

2) Z.B. mit "18", da die Tochter des Hauses achtzehnjährig ist oder sein
möchte.

3) Weitere Möglichkeiten zur Bildung von "Nichtquadratzahlen" sind
einfach zu konstruieren.

4) oder mehrere

bekannt ist. Meist sind sie aber mit mathematischen Kenntnissen durchschaubar, die beim Leser dieses Buches vorausgesetzt werden[1].

Elektronische Rechenmaschinen rechnen bekanntlich in einem Positionssystem der Basis 2, da solche Anlagen nur die Ausdrucksformen: "Stromkreis geschlossen (Ziffer 1)", "Stromkreis offen (Ziffer 0)" besitzen. In diesem System (es wird "Dualsystem", "binäres System" oder "Sekundalsystem" genannt) verdreifacht sich etwa die Länge einer dekadisch geschriebenen Zahl

$(\overset{10}{8} = \overset{2}{1000}; \overset{10}{32} = \overset{2}{100000})$. Gilt nämlich $2^{k-1} \leqslant n < 2^k$, so ist n im Dualsystem geschrieben k-stellig; mit $2^{k-1} \leqslant n = 10^x < 2^k$ wird n im Dezimalsystem $(x_1 + 1)$-stellig; wenn x_1 eine ganze Zahl, für die $x_1 \leqslant x < x_1 + 1$ gilt. Aus $10^{x_1}, \ldots \approx 2^k$ [2] folgt $x_1 \approx k \cdot \lg 2$ oder $k \approx x_1 \cdot \frac{1}{\lg 2} \approx 3x_1$. Die nach (I_{11}) eindeutig bestimmten Ziffern im Dualsystem einer dekadisch gegebenen Zahl sind nun besonders einfach zu berechnen, da $R_2(N) = 0$ bzw. $R_2(N) = 1$ je nachdem N gerade oder ungerade ist. Damit ist N also nur hinreichend oft durch 2 zu dividieren, um seine binären Ziffern zu gewinnen.

Schematisch sieht das so aus:

N dekadisch	Binäre Z.		N dekadisch	Binäre Z.
457	1		210	0
228	0		105	1
114	0		52	0
57	1		26	0
28	0		13	1
14	0		6	0
7	1		3	1
3	1		1	1
1	1			

Es ist also $\overset{10}{457} = \overset{2}{111001001}$; $\overset{10}{210} = \overset{2}{11010010}$. P.d. ist die Darstellung im Sekundalsystem nichts anderes als die Zerlegung von N in Summanden der Form 2^0, 2^1, 2^2, ..., von denen jeder entweder genau einmal oder garnicht auftritt. Damit läßt sich auf einer Zweischalenwaage jedes ganzzahlige Gewicht mit einem Gewichtsatz auswiegen, der lediglich die Gewichtsteine 1, 2, 4, 8, ... aufweist [3]. Die eben geschilderte Berechnung der binären Ziffern einer dekadisch gegebenen Zahl erlaubt es auch, jede Multiplikation zweier natürlicher Zahlen

---

[1] Wer sich für Kartenkunststücke mit zahlentheoretischem Hintergrund interessiert, kann auf das Buch von B. Gündel (1903 bis 1968) "Pythagoras im Urlaub" (Diesterweg Verlag, Frankfurt) verwiesen werden.

[2] bedeutet "ungefähr gleich"

[3] Wir werden im 3. Kapitel sehen, daß sogar der Gewichtsatz 1, 3, 9, ..., 3^n, ... genügt. Dann muß allerdings zugelassen werden, daß Gewichtsteine auf beide Schalen gelegt werden dürfen.

zurückzuführen auf mehrere Multiplikationen bzw. Divisionen mit 2 und
eine abschließende Summation. Dieser "Trick" heißt auch "abessinische
Multiplikation" [1]. Von den beiden Faktoren wird dabei der eine (zweckmäßig der größere) iterierend halbiert, der andere (zweckmäßig der
kleinere) jeweils verdoppelt. Die "Doppelten", die neben geraden
"Hälften" stehen, werden gestrichen, die restlichen "Doppelten"
schließlich summiert. Die Beispiele (48 · 13) und (53 · 18) erläutern
das Verfahren.

48	~~13~~	53	~~18~~
24	~~26~~	26	~~36~~
12	~~52~~	13	72
6	~~104~~	6	~~144~~
3	208	3	288
1	416	1	576

48 · 13 = 624   53 · 18 = 954

Dabei wird definitionsgemäß der eine Faktor als Summe von Zweier-
potenzen dargestellt, mit denen dann der andere Faktor – durch
entsprechend oft iterierte Verdoppelung – zu multiplizieren ist.

Im ersten Beispiel:
$$48 \cdot 13 = (0 \cdot 2^0 + 0 \cdot 2^1 + 0 \cdot 2^2 + 0 \cdot 2^3 + 1 \cdot 2^4 + 1 \cdot 2^5) \cdot 13 = 2^4 \cdot 13 + 2^5 \cdot 13.$$

Das Dualsystem bildet auch den Hintergrund für sogenannte "Zauber-
tafeln". Auf diesen – etwa k – sind die Zahlen n mit $1 \leqslant n < 2^k$ so
verteilt, daß jedes natürliche n immer dann auf der mit l
(l = 1, 2, ..., k) nummerierten Tafel [2] steht, wenn die l^{te} binäre
Ziffer der Zahl n (von hinten gezählt) eine 1 ist. Wenn dagegen diese
Ziffer eine 0 ist, so fehlt n auf der l^{ten} Tafel. Solche Tafeln sind
einfach herzustellen. Wir stellen sie hier für k = 4 ($1 \leqslant n < 16$) her.

Dek.	n Bin.	Dek.	n Bin.
1	1	10	1010
2	10	11	1011
3	11	12	1100
4	100	13	1101
5	101	14	1110
6	110	15	1111
7	111		
8	1000		
9	1001		

Wegen der oben stehenden Tabelle enthalten die Tafeln:
Tafel I: 1, 3, 5, 7, 9, 11, 13, 15.
Tafel II: 2, 3, 6, 7, 10, 11, 14, 15. [3]
Tafel III: 4, 5, 6, 7, 12, 13, 14, 15.
Tafel IV: 8, 9, 10, 11, 12, 13, 14, 15.
Die Mitspieler müssen sich nun irgendeine der Zahlen (etwa 11) merken,
und der "Zauberer" fragt die Tafeln in beliebiger Reihenfolge ab:

---

[1] Sie ist – wie Kenner des Landes glaubhaft versichern – in Abessinien
unbekannt, findet sich aber bereits in alten ägyptischen Texten.

[2] Zweckmäßig wird die Nummerierung der Tafel "verschleiert".

[3] Die gegebene Anordnung auf den einzelnen Tafeln sollte abgeändert
werden, um dem "schnellen Mitdenker" eine "Entzauberung" zu
erschweren.

"Steht die Zahl auf der 1ten Tafel?" Bei der Antwort "ja" merkt er sich den Summanden (2^{1-1}), der bei unserer Tabulierung jeweils am Anfang der Zeilen steht, bei verneinender Antwort muß der Zauberer nichts merken. Um die gemerkte Zahl zu erhalten, sind nur noch die "ja-Summanden" zu addieren (11 steht auf der 1., der 2. und der 4. Tafel, also $11 = 1 + 2 + 8$). Bemerkenswert ist auch folgendes Gesellschaftsspiel. Der "Zauberer" läßt sich eine sieben- bis neunstellige Kubikzahl (N^3) nennen und gibt dann nach kurzer Überlegung das zugehörige N an. Wegen $100^3 = 1\,000\,000$, $1000^3 = 1\,000\,000\,000$ kennt er damit scheinbar auswendig die 3. Potenzen der 900 Zahlen N mit $100 \leqslant N < 1000$. In Wirklichkeit hat er nur folgende Tabelle zu beachten:

n	0	1	2	3	4	5	6	7	8	9	10
n^3	0	1	8	27	64	125	216	343	512	729	1000
$R_{11}(n)$	0	1	2	3	4	5	-5	-4	-3	-2	-1
$R_{11}(n^3)$	0	1	-3	5	-2	4	-4	2	-5	3	-1

In der Tabelle sind die letzten Ziffern von n^3 alle verschieden. Wird N^3 genannt, so läßt deren letzte Ziffer sofort auf den Wert von A_0 in $N = 100\,A_2 + 10\,A_1 + A_0$ schließen[1]. Ebenso kann A_2 sofort dem Wert von N^3 mit Hilfe der Tabelle entnommen werden. Liegt die von den drei ersten Ziffern von N^3 gebildete Zahl etwa zwischen 343 und 512, so ist wegen $(700)^3 = 343\,000\,000$, $(800)^3 = 512\,000\,000$, die 1. Stelle von N (das A_2) die Ziffer 7. Aus dem genannten N^3 ist nun $R_{11}(N^3)$ [2] zu berechnen. Die Tabelle enthält alle möglichen Elferreste. Zum berechneten $R_{11}(N^3)$ gibt die Tabelle in der Zeile darüber dann $R_{11}(N)$. Mit $R_{11}(N) = A_0 + A_2 - A_1$ (A_0, A_2 bekannt) ist schließlich A_1 zu berechnen.

Beispiele:
1. $N^3 = 023\,149\,125$; $A_2 = 2$, $A_0 = 5$; $R_{11}(N^3) = -1$, $R_{11}(N) = -1$; $2 + 5 - A_1 = -1$, $A_1 = 8$, $N = 285$.   2. $N^3 = 454\,756\,609$; $A_2 = 7$, $A_0 = 9$; $R_{11}(N^3) = -1$, $R_{11}(N) = -1$; $7 + 9 - A_1 = -1$, $A_1 = 17$ oder $A_1 = 6$, $N = 769$.   3. $N^3 = 152\,273\,304$; $A_2 = 5$, $A_0 = 4$; $R_{11}(N^3) = -4$, $R_{11}(N) = -5 = 6$; $5 + 4 - A_1 = 6$; $A_1 = 3$; $N = 534$.

---

[1] Aus der Tabelle läßt sich übrigens (wie ?) auch sofort entnehmen, daß sehr einfach N erkennbar ist, wenn $N^3 (10 \leqslant N \leqslant 100)$ genannt wird.
[2] etwa mit der einfachen alternierenden Quersumme

D Für reelles x wird durch $[x] \leqslant x < [x] + 1$ mit $[x]$ (gelesen: das größte Ganze von x) die größte ganze Zahl g definiert, für die $g \leqslant x$ gilt. Es ist z.B. $[\pi] = [3,1459265...] = 3$, $[-\pi] = -4$, $\left[\frac{11}{3}\right] = 3$.

Ehe wir auf die zahlentheoretische Bedeutung von $[x]$ näher eingehen[1], stellen wir verschiedene Eigenschaften der neu definierten Größe zusammen.

P.d. ist $x = [x] + \alpha$ mit $0 \leqslant \alpha < 1$ und $x = [x] \Leftrightarrow \alpha = 0$. Für $x \neq [x]$ ist $-x = -[x] - \alpha = -1 - [x] + 1 - \alpha$; da $0 < 1 - \alpha < 1$ ist dies mit $[-x] = -1 - [x] \Leftrightarrow x \neq [x]$ gleichbedeutend. Für $x = [x]$ ist trivialer-

(19) weise $-x = -[x]$. Das ist die Aussage (19) $x = [x] \Leftrightarrow [-x] = -[x]$; $x \neq [x] \Leftrightarrow [-x] = -1 - [x]$ [2] [3].

Für $x \neq [x]$ und eine beliebige ganze Zahl g ergibt sich

(20_1) $x + g = [x] + \alpha + g$ $(0 < \alpha < 1)$ oder p.d. $[x + g] = g + [x]$ (20_1), $g - x = g - [x] - \alpha = g - 1 - [x] + (1 - \alpha)$ bzw.

(20_2) $[g - x] = g - 1 - [x]$ (20_2). Mit $x_1 = [x_1] + \alpha_1$, $x_2 = [x_2] + \alpha_2$

(21) wird $x_1 + x_2 = [x_1] + [x_2] + (\alpha_1 + \alpha_2)$; das ist die Aussage (21)

$$[x_1 + x_2] = [x_1] + [x_2] + \begin{cases} 0 \text{ für } 0 \leqslant \alpha_1 + \alpha_2 < 1 \\ 1 \text{ für } 1 \leqslant \alpha_1 + \alpha_2 < 2 \end{cases} \text{[4]}.$$

Ist m eine natürliche Zahl, so können wir (21) entnehmen:

$$\left[\frac{x_1 + x_2}{m}\right] = \left[\frac{x_1}{m}\right] + \left[\frac{x_2}{m}\right] + \begin{cases} 0 \\ 1 \end{cases}.$$ Direkt folgt auch mit $x = [x] + \alpha$,

(22) $[x] = qm + r$ [5] $\frac{x}{m} = q + \frac{r + \alpha}{m}$, $0 \leqslant r + \alpha < m$; (22) $\left[\frac{x}{m}\right] = \left[\frac{[x]}{m}\right]$.

Übg.(33.) Werden mit $k = 1, 2, \ldots$ die Folgen $\alpha_k = [k\sqrt{2}]$, $\alpha_k' = [2k + k\sqrt{2}]$ gebildet, so sind sämtliche α_k, α_k' mit $\alpha_k \leqslant n$, $\alpha_k' \leqslant n$ (n feste natürliche Zahl) genau die natürlichen Zahlen $1, 2, \ldots, n$ [6].

Die harmonische Reihe $\sum\limits_{n=1}^{\infty} \frac{1}{n} = 1 + \frac{1}{2} + \frac{1}{3} + \ldots + \frac{1}{n} + \ldots$ ist bekannt-lich divergent, es wächst mit anderen Worten die Folge ihrer Teil-summen $s_1 = 1$, $s_2 = 1 + \frac{1}{2}$, $s_3 = 1 + \frac{1}{2} + \frac{1}{3}$, $\ldots$ (wegen $s_{2^n} > \frac{n + 2}{2}$, was aus $s_1 = 1$, $s_2 = \frac{3}{2}$, $s_4 > 1 + \frac{1}{2} + \frac{1}{4} + \frac{1}{4} = \frac{4}{2}$, $\ldots$ durch vollständige Induktion folgt) über alle Grenzen [7]. Mit $\sum\limits_{n=1}^{\infty} \frac{1}{n}$ ist für konstantes α

---

[1] Auch in späteren Abschnitten werden wir oft mit $[x]$ rechnen müssen.

[2] Dieser Sachverhalt wird an Zahlenbeispielen leicht einsichtig.

[3] Die logischen Begründungen finden sich im Abschnitt 1.1..

[4] Andere Möglichkeiten gibt es für $\alpha_1 + \alpha_2$ nicht.

[5] q, r ganzzahlig. $0 \leqslant r \leqslant m-1$

[6] Für $n \to \infty$ stellen beide Folgen zusammengenommen die Menge aller natürlichen Zahlen dar (eine etwas ungewöhnliche Schreibart!).

[7] Im 4. Kapitel werden wir dafür einen anderen Beweis geben.

($\alpha \neq 0$) auch $\sum\limits_{n=1}^{\infty} \frac{\alpha}{n}$ divergent. $\sum\limits_{n=1}^{\infty} \left[\frac{\alpha}{n}\right]$ ist dagegen eine stets konvergente (da endliche) Reihe. Mit $N = [\alpha]$ und $n > N$ ist nämlich $\frac{[\alpha]}{n} = \frac{N}{n} < 1$ und nach (22) $\left[\frac{\alpha}{n}\right] = \left[\frac{[\alpha]}{n}\right] = 0$. Da wir später $\sum\left[\frac{\alpha}{n}\right]$ i.a. nur für nicht negative α betrachten, so wissen wir also, daß $\sum\left[\frac{\alpha}{n}\right]$ genau $[\alpha]$ (von Null verschiedene) Summanden aufweist, deren letzter gleich 1 ist (falls es mindestens einen solchen gibt).

(23)   Das ist die Aussage (23): Für $\alpha \geqslant 1$ hat $\sum\limits_{n=1}^{\infty} \left[\frac{\alpha}{n}\right]$ genau $[\alpha]$ positive Glieder, deren letztes gleich eins ist.

Ist x eine reelle, nicht negative Zahl, so können wir mit (I_2) aus $[x] = qm + r$ und (22) in $\left[\frac{x}{m}\right] = \left[\frac{[x]}{m}\right]$ die Anzahl der Vielfachen von m

(24)   erkennen, die unterhalb x liegen. Das ist (24): Für $x \geqslant 0$ und natürliches m gibt $\left[\frac{x}{m}\right]$ die Anzahl der Vielfachen von m an, die kleiner oder gleich x sind.

Wir fixieren nun eine natürliche Zahl n_0; für eine PZ p gibt dann $\left[\frac{n_0}{p}\right]$ an, wieviele natürliche Zahlen n ($n \leqslant n_0$) durch p teilbar sind; entsprechend erhalten wir in $\left[\frac{n_0}{p^2}\right]$ die Anzahl der n ($n \leqslant n_0$), die ein Vielfaches von p^2 darstellen. Da jede durch p^2 teilbare Zahl auch durch p teilbar ist, so gibt es genau $\left(\left[\frac{n_0}{p}\right] - \left[\frac{n_0}{p^2}\right]\right)$ natürliche Zahlen n ($n \leqslant n_0$), die durch p, aber nicht auch noch durch p^2 teilbar sind.

Entsprechend sind $\left(\left[\frac{n_0}{p^l}\right] - \left[\frac{n_0}{p^{l+1}}\right]\right)$ Zahlen n ($n \leqslant n_0$) durch p^l, aber nicht durch p^{l+1} teilbar ($l = 1, 2, \ldots$). Da die Potenzen $p, p^2, \ldots$ beliebig groß werden, gibt es (zu gewähltem n_0 und p) eine nichtnegative ganze Zahl k_0 mit $p^{k_0} \leqslant n_0 < p^{k_0+1}$ und p.d. ist $\left[\frac{n_0}{p^m}\right] = 0$ für alle $m > k_0$.

$\sum\limits_{l=1}^{\infty} \left(\left[\frac{n_0}{p^l}\right] - \left[\frac{n_0}{p^{l+1}}\right]\right)$ ist damit wieder eine konvergente (endliche)

(25)   Reihe und ebenso (25)

$$\sum\limits_{l=1}^{\infty} l \left(\left[\frac{n_0}{p^l}\right] - \left[\frac{n_0}{p^{l+1}}\right]\right) =$$

$$\left(\left[\frac{n_0}{p}\right] - \left[\frac{n_0}{p^2}\right]\right) + 2\left(\left[\frac{n_0}{p^2}\right] - \left[\frac{n_0}{p^3}\right]\right) + 3\left(\left[\frac{n_0}{p^3}\right] - \left[\frac{n_0}{p^4}\right]\right) + \ldots +$$

$$(k_0 - 1)\left(\left[\frac{n_0}{p^{k_0-1}}\right] - \left[\frac{n_0}{p^{k_0}}\right]\right) + k_0\left(\left[\frac{n_0}{p^{k_0}}\right] - 0\right) = \sum\limits_{l=1}^{\infty} \left[\frac{n_0}{p^l}\right] = \sum\limits_{l=1}^{k_0} \left[\frac{n_0}{p^l}\right].$$

(I_{14}) Die Aussagen (19) bis (25) fassen wir, um später leichter zitieren zu können, unter dem Satz (I_{14}) zusammen. Aus (25) ergibt sich die in (I_{10}) allgemein bewiesene Zerlegung von $n_0!$ in Primfaktoren, wobei diese auch für solche Werte von n_0 noch explizite anzugeben ist, bei denen – wegen der Größe von n_0 – $n_0!$ nicht mehr von modernen Rechenautomaten übersichtlich ausgedruckt werden kann. Nach (I_{10}) ist

sicher $n_0! = \prod\limits_{p \leqslant n_0} p^{e_p}$ [1], denn die Faktoren 2, 3, 4, 5, ..., n_0 von

$n_0!$ weisen sicher nur solche $p \leqslant n_0$ als Primfaktoren p auf, für die $p \leqslant n_0$ gilt; es sind die Exponenten e_p noch zu bestimmen. Wie wir

oben sahen, gibt es $\left(\left[\dfrac{n_0}{p^l}\right] - \left[\dfrac{n_0}{p^{l+1}}\right]\right)$ Zahlen unterhalb n_0 – für ein

festes $p \leqslant n_0$ – , die genau den Faktor p^l aufweisen.

In e_p resultiert hieraus der Summand $l\left(\left[\dfrac{n_0}{p^l}\right] - \left[\dfrac{n_0}{p^{l+1}}\right]\right)$ und (25)

(I_{15}) entnehmen wir $e_p = \sum\limits_{l=1}^{\infty} \left[\dfrac{n_0}{p^l}\right]$; das ist der Satz (I_{15}):

$$n_0! = \prod\limits_{p \leqslant n_0} p^{e_p} = \prod\limits_{p \leqslant n_0} p^{\left(\sum\limits_{l=1}^{\infty} \left[\frac{n_0}{p^l}\right]\right)} .$$

Als Beispiel bestimmen wir für $n_0 = 20$ die Primfaktorzerlegung[2].

$$20! = 2^{e_2} \cdot 3^{e_3} \cdot 5^{e_5} \cdot 7^{e_7} \cdot 11^{e_{11}} \cdot 13^{e_{13}} \cdot 17^{e_{17}} \cdot 19^{e_{19}}.$$

Da für $p \geqslant 5 : \dfrac{20}{p^2} \leqslant \dfrac{20}{25} < 1$, so sind die zugehörigen e_p bereits durch

$\left[\dfrac{20}{p}\right]$ bestimmt. Damit ist $e_5 = \left[\dfrac{20}{5}\right] = 4$, $e_7 = \left[\dfrac{20}{7}\right] = 2$,

$e_{11} = e_{13} = e_{17} = e_{19} = 1$. Weiter folgt aus (I_{15})

$$e_3 = \left[\dfrac{20}{3}\right] + \left[\dfrac{20}{9}\right] = 6 + 2 = 8,$$

$$e_2 = \left[\dfrac{20}{2}\right] + \left[\dfrac{20}{4}\right] + \left[\dfrac{20}{8}\right] + \left[\dfrac{20}{16}\right] = 10 + 5 + 2 + 1 = 18.$$

Somit erhalten wir $20! = 2^{18} \cdot 3^8 \cdot 5^4 \cdot 7^2 \cdot 11 \cdot 13 \cdot 17 \cdot 19$.

Übg.(34.) Wie lautet die Primfaktorzerlegung von 30! ?

Wie in Abschnitt 1.1. bemerkt, sind die Binomialkoeffizienten $\binom{p}{l}$ $(l = 1, 2, ..., p-1)$ natürliche Zahlen. Da hier die PZ p im Zähler als Faktor auftritt, im Nenner nur die Faktoren $1, 2, ..., l(l \leqslant p-1)$

(26) vorkommen, so gilt (26): Ist p eine PZ, so ist p ein Teiler von

$$\binom{p}{l} = \frac{p(p-1) \ldots (p-l+1)}{l!} \quad \text{für } l = 1, 2, ..., p-1.$$

---

[1] gelesen: Produkt p^{e_p} für alle PZ[en], die kleiner oder gleich n_0 sind.

[2] 20! weist im Dualsystem mehr als 50 Stellen auf.

Mit $\sigma_0(n)$ [1] bezeichnen wir die Anzahl der Teiler[2] einer natürlichen Zahl n ($\sigma_0(n)$ ist also genau dann gleich zwei, wenn n = p). Gilt nach

(I_{10}): $n = p_{(1)}^{\alpha_1}, p_{(2)}^{\alpha_2}, \ldots, p_{(r)}^{\alpha_r}$ und ist t/n, so können nach

(I_5'), (I_9) und (I_{10}) in der Primfaktorzerlegung von t nur die PZ[en] $p_{(1)}, \ldots, p_{(r)}$ vorkommen. Jedes dieser $p_{(s)}$ (s = 1, ..., r) hat dabei die Möglichkeit mit den Exponenten 0, 1, 2, ..., α_s zur Primfaktorzerlegung von t beizutragen. Für jedes $p_{(s)}$ gibt es damit genau $(\alpha_s + 1)$ Möglichkeiten in den verschiedenen t-Darstellungen. Nach dem Multiplikationssatz [3] existieren daher $\prod_{s=1}^{r} (\alpha_s + 1)$ verschiedene Teiler (sind z.B. in der Primfaktorzerlegung von t alle Exponenten gleich Null, so entsteht der Teiler 1; sind alle Exponenten gleich α_s, so ergibt sich der Teiler n).

Wegen $\sigma_0(n) = \prod_{l=1}^{r} (\alpha_l + 1)$ mit $n = \prod_{l=1}^{r} p_{(l)}^{\alpha_l}$ wird beispielsweise

$\sigma_0(9) = \sigma_0(3^2) = 3$, $\sigma_0(100) = \sigma_0(2^2 \cdot 5^2) = 9$, $\sigma_0(1000) = \sigma_0(2^3 \cdot 5^3) = 16$;

$\sigma_0(12) = \sigma_0(2^2 \cdot 3^1) = 6$.

(27)   Überraschend ist die Gleichung (27)

$$\sigma_0(n) = \prod_{l=1}^{r} (\alpha_l + 1) = \sum_{l=1}^{\infty} \left(\left[\tfrac{n}{l}\right] - \left[\tfrac{n-1}{l}\right] \right),$$ woraus das Primzahl-

(27_1) kriterium (27_1) $(n=p) \Leftrightarrow (\sum_{l=1}^{\infty} (\left[\tfrac{n}{l}\right] - \left[\tfrac{n-1}{l}\right]) = 2)$ resultiert.

(I_{16}) Diese beiden Aussagen bilden den Satz (I_{16}). Zu beweisen ist lediglich der zweite Teil der Aussage (27). Hierfür werden wir zeigen, daß die Summanden der Summe für l/n den Wert eins, für l∤n den Wert Null haben. Dies folgt aus (I_2) wegen: $l/n \Rightarrow n = ql$,

$n - 1 = (q - 1)l + (l - 1)$, $\left[\tfrac{n}{l}\right] = q$, $\left[\tfrac{n-1}{l}\right] = q - 1$;

$l∤n \Rightarrow n = q'l + r$, $1 \leqslant r \leqslant l-1$, $n - 1 = q'l + r'$ mit $r' = r - 1$,

$0 \leqslant r' \leqslant l-2$, $\left[\tfrac{n}{l}\right] = q' = \left[\tfrac{n-1}{l}\right]$. q.e.d.

(28)   In Abschnitt 1.5. benötigen wir noch die Beziehung (28)
$0 \leqslant [2x] - 2[x] \leqslant 1$; sie folgt sofort aus (21), wenn dort $x_1 = x_2 = x$ gesetzt wird.

---

[1] Diese Bezeichnung wird in Abschnitt 1.3. motiviert.
[2] Hier werden nur natürliche Zahlen gezählt.
[3] Siehe etwa das auf Seite 1 zitierte Buch des Verfassers.

MSZ

(I_{17})

In neuerer Zeit[1]) sind verschiedene überraschende Ergebnisse gefunden worden, die weitere Eigenschaften des $[x]$ erhellen. Als Beispiel beweisen wir das folgende PZ-Kriterium. (I_{17}): $(m = p)$ $\leftrightarrow$ "Für alle natürlichen Zahlen n gilt $R_m(\binom{n}{m}) = R_m([\frac{n}{m}])$". Zunächst zeigen wir, daß für PZ^{en} p stets $R_p(\binom{n}{p}) = R_p([\frac{n}{p}])$ für alle natürlichen n richtig ist. Für $p = 2$ kann diese Behauptung sofort nachgerechnet werden. Hier ist $\binom{n}{p} = \binom{n}{2} = \frac{n(n-1)}{2}$; und vier Fälle sind möglich:

a) $n = 4k$, $[\frac{n}{2}] = 2k$, $R_2([\frac{n}{2}]) = 0$, $\binom{n}{2} = 2k(4k - 1)$, $R_2(\binom{n}{2}) = 0$.

b) $n = 4k + 1$, $[\frac{n}{2}] = 2k$, $R_2([\frac{n}{2}]) = 0$, $\binom{n}{2} = 2k(4k + 1)$, $R_2(\binom{n}{2}) = 0$.

c) $n = 4k + 2$, $[\frac{n}{2}] = 2k + 1$, $R_2([\frac{n}{2}]) = 1$, $\binom{n}{2} = (2k + 1)(4k + 1)$, $R_2(\binom{n}{2}) = 1$.

d) $n = 4k + 3$, $[\frac{n}{2}] = 2k + 1$, $R_2([\frac{n}{2}]) = 1$, $\binom{n}{2} = (2k + 1)(4k + 3)$, $R_2(\binom{n}{2}) = 1$.

Eine ähnliche Aufgliederung ließe sich auch für einige andere kleine PZ^{en} durchführen, wir wollen aber den Satz gleich für sämtliche $p \geqslant 3$ beweisen. Wir denken uns ein p fest gewählt, für das dann der Satz bewiesen werden soll. Für die natürlichen Zahlen n gilt entweder $n < p$ oder $n = p$ oder $n > p$. Da $n < p \Rightarrow \binom{n}{p} = 0$, $\frac{n}{p} < 1$, $[\frac{n}{p}] = 0$, so ist die Aussage für $n < p$ richtig; auch für $n = p$ gilt sie p.d.. Damit ist der 1.I.S. geleistet. Zum Beweis ist also nur noch zu zeigen, daß aus $R_p(\binom{1}{p}) = R_p([\frac{1}{p}])$ (I.A.) auch $R_p(\binom{1+1}{p}) = R_p([\frac{1+1}{p}])$ sich folgern läßt. Hierzu unterscheiden wir drei Fälle.

1. $1 = qp + 0$. Nach I.A. ist $R_p(\binom{1}{p}) = R_p([\frac{1}{p}]) = R_p(q)$. Wegen $1 + 1 = qp + 1$ wird $R_p([\frac{1 + 1}{p}]) = R_p(q)$.

(α)

Aus Abschnitt 1.1. wissen wir, daß (α) $\binom{1+1}{p} = \binom{1}{p} + \binom{1}{p-1}$. Wegen $\binom{1}{p-1} = \frac{(qp)(qp - 1) \cdots (qp - p + 2)}{(p - 1)!}$ kann der Faktor p des Zählers durch keinen Faktor des Nenners herausgekürzt werden, und daher ist $R_p(\binom{1}{p-1}) = 0$. Nach (I_5) ist demnach $R_p(\binom{1+1}{p}) = R_p(\binom{1}{p}) = R_p(q)$ und der Induktionsbeweis abgeschlossen.

Für den Fall 2. $1 = qp + r$ mit $1 \leqslant r \leqslant p-2$ kann völlig analog

Übg.(35.) geschlossen werden (Übung !).

3. $1 = qp + (p-1)$. Nach I.A. gilt $R_p(\binom{1}{p}) = R_p([\frac{1}{p}]) = R_p(q)$, mit

---

[1]) Z.B. in Americ. Math. Monthly Jahrgang 1957 u.f.

$$1 + 1 = (q + 1)p \Rightarrow R_p\left(\left[\frac{1+1}{p}\right]\right) = R_p(q + 1) \overset{(I_5)}{=} R_p(R_p(q) + 1),$$ und mit

$$(\alpha) \Rightarrow R_p\left(\binom{1+1}{p}\right) = R_p\left(R_p\left(\binom{1}{p}\right)\right) + R_p\left(\binom{1}{p-1}\right)) \overset{I.A.,(I_5)}{=} R_p(R_p(q) +$$

$R_p\left(\binom{1}{p-1}\right))$ ist zur Vervollständigung des Induktionsbeweises

nur noch $R_p\left(\binom{1}{p-1}\right) = 1$ zu beweisen. Hierzu untersuchen wir zunächst

$R_p\binom{1-k}{p-k}$ für $k = 1, 2, \ldots, p-2$.

$$\binom{1-k}{p-k} = \frac{(qp + p - (1 + k))\cdot(qp + p - (2 + k)) \ldots (qp)}{1\cdot 2 \ldots (p - k)}.$$

Wieder steht im Zähler der Faktor p, der nicht im Nenner auftritt, woraus $R_p\left(\binom{1-k}{p-k}\right) = 0$ für die angegebenen Binomialkoeffizienten gefolgert werden kann. Nach (α) ist jetzt $R_p\left(\binom{1}{p-1}\right) =$

$$R_p\left(\binom{1-1}{p-1} + \binom{1-1}{p-2}\right) \overset{(I_5)}{=} R_p\left(\binom{1-1}{p-2}\right) \overset{(\alpha)(I_5)}{=} R_p\left(\binom{1-2}{p-3}\right) = (\text{Iteration!}) =$$

$$R_p\binom{1-(p-2)}{p-(p-1)} = R_p\binom{qp+1}{1} = R_p(qp+1) = 1. \quad \text{q.e.d.} \quad \text{Nachdem wir:}$$

$(m = p) \Rightarrow$ "für alle natürlichen n gilt $R_p\left(\binom{n}{p}\right) = R_p\left(\left[\frac{n}{p}\right]\right)$" gezeigt

haben, muß noch die Umkehrung bewiesen werden. Hierzu gehen wir von

(β) der Beziehung (β) $R_m\left(\binom{n}{m}\right) = R_m\left(\left[\frac{n}{m}\right]\right)$ aus und zeigen, daß (β) nur

für $m = p$ gelten kann. Hierzu ist es lediglich nötig, für $m \neq p$ ein n so zu finden, daß (β) falsch ist. Wir setzen $m = p_M \cdot s$, wobei p_M für den kleinsten Primfaktor von m steht. Da $s \geqslant 2$ und $m > s$, ferner $s = \frac{m}{p_M} \leqslant \frac{m}{2}$, gilt $R_m(s) = s$ und $R_m(s+1) = s + 1$. Wir setzen $n = m + p_M$. Wäre (β) richtig, so müßte gelten:

$$R_m\left(\binom{n}{m}\right) = R_m\left(\left[\frac{n}{m}\right]\right) = R_m\left(\left[1 + \frac{p_M}{m}\right]\right) = 1, \text{ woraus } \binom{n}{m} = 1 + Lm \;^{1)} \text{ sich}$$

ergäbe. Wir werden zeigen können, daß $\binom{n}{m} = (s + 1) + L'm \;^{1)}$ richtig ist. Aus beiden Gleichungen ergäbe sich dann aber m/s oder ein Widerspruch. Wegen $\binom{n}{m} \overset{1.1.}{=} \binom{n}{n-m} = \binom{m+p_M}{p_M}$ und wegen (n.V.)

$$(s, p_{M-1}) = (s, p_{M-2}) = \ldots (s, p_1) = (m, p_{M-1}) = \ldots = (m, p_1) = 1$$

erhalten wir $\binom{n}{m} = \binom{m+p_M}{p_M} = \dfrac{((s+1)p_M)\cdot(m+p_M-1)\cdot \ldots \cdot(m+1)}{(p_M)!} =$

$$(s+1)\frac{(m+p_M-1)\cdot(m+p_M-2)\cdot \ldots \cdot(m+1)}{(p_M-1)!} = (s+1)\cdot\binom{m+p_M-1}{p_M-1} = (s+1)\cdot g_2$$

(g_2 eine natürliche Zahl).

Da in s nur PZ^{en} als Faktoren auftreten, die größer oder gleich p_M sind, ist auch $(m, (p_M-1)!) = 1$. Wir berechnen nun g_2, indem wir im

---

$^{1)}$ L, L' natürliche Zahlen

Zähler die einzelnen Klammern ausmultiplizieren; das führt zu[1]

$$g_2 = \left(m^{p_M-1} + \alpha_1 m^{p_M-2} + \ldots + \alpha_{(p_M-2)} m + (p_M-1)! \right) \cdot \frac{1}{(p_M-1)!} \;{}^{2)} =$$

$$1+m \cdot \frac{\alpha_{(p_M-2)} + \ldots + m^{p_M-2}}{(p_M-1)!} \;\Rightarrow\; (g_2-1) = m\,\frac{(\ldots\ldots)}{(p_M-1)!}.\;\text{Da } (g_2-1) \text{ ganz-}$$

zahlig und $(m, (p_M-1)!) = 1$, ist dann $(p_M-1)!/(\ldots\ldots)$ oder

$g_2 = 1 + L''m$. q.e.a. Damit ist (I_{17}) vollständig bewiesen.

Übg.(36.) Wesentlich einfacher läßt sich zeigen: Eine natürliche Zahl m $(m > 1)$
ist dund PZ, wenn $R_m\left(\binom{n}{m}\right) = 1$ für alle natürlichen Zahlen n mit
$m \leqslant n < 2m$.

Die zum Beweis verwendete Beziehung

$$R_{(s \cdot p_M)}\left(\binom{s \cdot p_M + p_M}{s \cdot p_M}\right) = R_{(s \cdot p_M)}(s+1)\quad \text{ist auch unabhängig von } (I_{17})$$

manchmal von Interesse (z.B.: $\binom{132}{121} = \binom{132}{11} = 12 + g_3 \cdot 121$,
g_3 natürliche Zahl).

Aus (27) folgt sofort, daß $\sigma_0(n)$ genau dann ungerade ist, wenn n als
Quadratzahl vorgegeben wird. Genau dann nämlich sind in

$$n = \prod_{l=1}^{n} p_{(l)}^{\alpha_l} \quad \text{alle } \alpha_l \text{ gerade und in (27) stehen bei der Produktdar-}$$

stellung von $\sigma_0(n)$ nur ungerade Faktoren.

Wenn die Formel (29_1) $\displaystyle\prod_{t/n} t = n^{\frac{\sigma_0(n)}{2}}$ (gelesen: Produkt über alle

Teiler t von n) bewiesen ist, haben wir eine weitere Darstellung von

(29) $\sigma_0(n)$, nämlich (29): $\displaystyle \sigma_0(n) \cdot \log n = \sum_{t/n} \log(t^2)$ (gelesen: "Summe

über alle Teiler t von $n(\log(t^2))$"). Die Formel (29_1) folgt
dabei so: Ist n keine Quadratzahl und t_1/n also $n = t_1 \cdot t_2$ mit

$t_2 = \frac{n}{t_1}$ und t_2/n, dann lassen sich in $\displaystyle\prod_{t/n} t$ je zwei Teiler so

zusammenfassen, daß ihr Produkt gleich n ist; das führt zu

---

[1] Wenn $(p_M, s) = 1$ zusätzlich noch gilt, so verläuft der Beweis

folgendermaßen: $\binom{n}{m} = \binom{n}{p_M} = \binom{s \cdot p_M + p_M}{p_M} = (s+1) + L_1 p_M$ (1. Teil).

Würde (β) gelten, so wäre $R_m\left(\binom{m + p_M}{m}\right) = R_m\left(\left[\frac{m + p_M}{m}\right]\right) = 1$, also

$\binom{n}{m} = 1 + L_2 m = 1 + L_3 p_M$ oder p_M/s. q.e.a.

[2] $\alpha_1, \ldots, \alpha_{(p_M-2)}$ sind natürliche Zahlen.

$$\prod_{t/n} t = \underbrace{n \cdot n \cdot \ldots \cdot n}_{\dfrac{\sigma_0(n)}{2} \text{ Faktoren}} \quad ; \text{ ist } n = m^2, \text{ so läßt sich das geschilderte}$$

Verfahren ebenfalls auf alle Teiler bis auf den Teiler m anwenden,

dann ist $\prod t = m \cdot \underbrace{(n \cdot n \cdot \ldots \cdot n)}_{\dfrac{\sigma_0(n) - 1}{2}} = (n = m^2 \Leftrightarrow \sigma_0(n) \text{ ungerade}) =$

$$\sqrt{n} \cdot n^{\dfrac{\sigma_0(n) - 1}{2}} = n^{\dfrac{\sigma_0(n)}{2}} \quad . \text{ q.e.d.}$$

D Im folgenden werden wir manchmal als Teiler auch ganze Zahlen, die
ungleich Null sind, benötigen. Wir definieren: $(t < 0,\ t$ ganzzahlig,
n ganzzahlig, $t/n) \Leftrightarrow ((-t/n),\ t < 0,\ t$ und n ganzzahlig). Diese
Definition folgt einfach aus der bekannten Beziehung
$n = t \cdot n_1 = (-t) \cdot (-n_1)$ (für $t \neq 0$). Wir könnten das so formulieren:
$(t \neq 0,\ (t/n)) \overset{\text{Def.}}{\Leftrightarrow} (|t|/n)$. Für den g.g.T. ist ebenfalls eine Definition dann möglich, wenn die auftretenden Zahlen nur noch ganze Zahlen

D sind. Hierzu definieren wir: $(g_1, g_2) = (|g_1|, |g_2|)$
$(g_1 \cdot g_2 \neq 0,\ g_1,\ g_2$ ganzzahlig) und $(0, g_1) = |g_1|,\ (0,0) = \infty$ [1].

Der Satz (I_7) bleibt dann auch für ganzzahliges n und m richtig, was
aus $\quad d = A|n| + B|m| = \pm An \pm Bm$ sofort folgt. (I_9) wäre für zwei
Faktoren in der Form: $(|g_1| \cup |a|, |g_2| \cup |a|) \Leftrightarrow (|g_1 \cdot g_2| \cup |a|)$
auszusprechen [2]. Wenn nicht ausdrücklich im Bereich der ganzen Zahlen
etwas anderes gesagt wird, so wollen wir allerdings in Zukunft auch
unter "Teilern" stets nur natürliche Zahlen mit der Teilereigenschaft
verstehen.

MSZ Ist die natürliche Zahl N keine k^{te} Potenz $(k = 2, 3, \ldots)$, so kommt
in der Primfaktorzerlegung von N mindestens eine PZ vor, deren Exponent
kein Vielfaches von k ist. O.B.d.A. setzen wir

$$N = p_{(1)}^{\alpha_1} \cdot \ldots \cdot p_{(s)}^{\alpha_s} \text{ mit } \alpha_1 = q_1 k + r_1 \ (1 \leqslant r_1 \leqslant k-1). \text{ Wäre nun } \sqrt[k]{N}$$

eine rationale Zahl, $\sqrt[k]{N} = \dfrac{n_1}{n_2}$ $(n_1, n_2$ natürliche Zahlen, $n_1 \cup n_2)$,

so ergäbe sich: $n_2^{\ k} \cdot N = n_1^{\ k}$. Hat nun n_2 in seiner Primfaktorzerlegung
$p_{(1)}$ mit dem Exponenten α_{21}, so steht in der letzten Gleichung links
die Potenz $p_{(1)}^{\ k(\alpha_{21}+q_1)+r_1}$; rechts tritt – wenn überhaupt – $p_{(1)}$

---

[1] Das bekannte Zeichen für "unendlich".

[2] g.g.T. und k.g.V. sind ebenfalls für mehr als zwei ganze Zahlen
mit Hilfe der absoluten Beträge erklärbar.

mit einem Exponenten auf, der ein Vielfaches von k ist. Dies wider-

(30)   spricht (I_{10}), und wir erhalten (30): Die k^{te} Wurzel aus einer natür-

lichen Zahl, die keine k^{te} Potenz einer natürlichen Zahl ist, muß

irrational sein.

Übg.(37.) Wie läßt sich der vorstehende Beweis für k^{te} Wurzeln aus positiven

rationalen Zahlen modifizieren?

Bekanntlich sind die dekadischen Logarithmen in den Tafeln nur nähe-

rungsweise angegeben. Ähnlich dem Beweis der Aussage (30) läßt sich

(31)   zeigen: (31) Die dekadischen Logarithmen der natürlichen Zahlen

n (n > 1) sind entweder natürliche Zahlen [1] oder irrational [2].

Ist nämlich $N \neq 2^l \cdot 5^l$ (1 natürliche Zahl) und wäre $\lg N = \dfrac{n_1}{n_2}$, also

$10^{\frac{n_1}{n_2}} = N$, so folgt aus $10^{n_1} = N^{n_2}$ über (I_{10}) ein Widerspruch (links

steht nur $2^{n_1} \cdot 5^{n_1}$, rechts entweder auch andere Primfaktoren oder 2

und 5 nicht in gleicher Potenz wie links).

Übg.(38.) Wie muß der vorstehende Beweis für dekadische Logarithmen positiver

rationaler Zahlen modifiziert werden?

Funktionen der Form $f(x) = \sum\limits_{l=0}^{n} a_l x^l$ heißen bekanntlich Polynome ;

sind die a_l ganze Zahlen, so werden die Nullstellen dieser Polynome

als "algebraische Zahlen" [3] bezeichnet. Oft ist es wichtig zu wissen,

ob ein Polynom mit ganzzahligen Koeffizienten a_l auch rationale Wur-

zeln besitzt. Gibt es solche , ist demnach $f(\frac{a}{b}) = 0$ $((a, b) = 1)$,

so gilt $\sum\limits_{l=0}^{n} a_l (\frac{a}{b})^l = 0$. Diese Gleichung wird mit b^n multipliziert

und führt uns zu

$b^n a_0 + b^{n-1} a_1 a + b^{n-2} a_2 a^2 + \ldots + b a_{n-1} a^{n-1} + a_n a^n = 0$ und damit auch

zu $a_n a^n = b(\ldots)$, $a_0 b^n = a(\ldots)$. Wegen $a \cup b$ ist also nach (I_9):

(32) b/a_n, a/a_0; es gilt daher die Aussage (32): Eine rationale Nullstelle

$\frac{a}{b}$ $(a \cup b)$ kann nur dann bei einer ganzen rationalen [4] Funktion

(Polynom) $\sum\limits_{l=0}^{n} a_l x^l$ auftreten, wenn b/a_n, a/a_0. Die rationalen Null-

---

[1] Wenn der Numerus eine Zehnerpotenz ist.

[2] Wenn der Numerus keine Zehnerpotenz ist.

[3] Mit diesen werden wir uns im 3. Kapitel noch eingehend beschäftigen.

[4] Das sind Polynome mit ganzzahligen rationalen Koeffizienten.

stellen sind dann mit Hilfe von (32) leicht zu finden, denn die aus den möglichen Teilern (endlich viele) von a_0 und a_n gebildeten Brüche brauchen nur eingesetzt zu werden, um festzustellen, ob es sich um Nullstellen handelt oder nicht. Weitere rationale Nullstellen kann es nicht geben.

Beispiele: 1. $f(x) = x^6 - x^2 + x + 2$; $a_0 = 2$, $a_n = a_6 = 1$; für b sind die Werte ± 1, für a dagegen ± 2, ± 1 möglich; als rationale Nullstellen kommen damit ± 2, ± 1 in Betracht; wegen $f(\pm 2) \neq 0$, $f(\pm 1) \neq 0$ gibt es keine rationalen Nullstellen. 2. $f(x) = x^6 + x^2 - 2$; $a_0 = -2$, $a_n = a_6 = 1$; b-Werte: ± 1; a-Werte: ± 2, ± 1; mögliche rationale Nullstellen: ± 2, ± 1. $f(\pm 2) \neq 0$, $f(1) = 0$, $f(-1) = 0$; damit hat das Polynom die rationalen Nullstellen (± 1). 3. $f(x) = 2x^5 - x - 1$; $a_0 = -1$, $a_n = a_5 = 2$; b-Werte: ± 2, ± 1; a-Werte: ± 1; mögliche rationale Nullstellen $\pm \frac{1}{2}$, ± 1; $f(\pm \frac{1}{2}) \neq 0$, $f(-1) \neq 0$, $f(1) = 0$; damit hat das Polynom nur die rationale Nullstelle 1 [1].

Um die Irrationalität der bekannten Zahlen e und π zu beweisen, bedarf es einiger Aussagen der reellen Analysis, die heute zum Bildungsgut des mathematischen Gymnasialunterrichts gehören. 1947 [2] hat I.M. Niven (geb. 1915) einen Beweis veröffentlicht, den wir im folgenden mit kleinen Änderungen schildern, und der die bis dahin bekannten Ergebnisse subsumiert. Grundidee dieses Beweises (und seiner Vorgänger), der indirekt geführt wird, ist die Konstruktion einer ganzen Zahl. Diese ergibt sich aus der angenommenen Rationalität mit einem absoluten Betrag, der zwischen Null und Eins liegt ("q.e.a."). I.M. Niven betrachtet das Polynom $f(x) = \dfrac{x^n(1-x)^n}{n!}$ im Intervall $0 \leqslant x \leqslant 1$; dabei soll n eine natürliche Zahl sein, die später noch (hinreichend groß) fixiert werden wird. Da $e^x = \sum\limits_{n=0}^{\infty} \dfrac{x^n}{n!}$ für alle endlichen Werte von x konvergiert [3], so gilt für beliebiges konstantes C $(C \neq 0)$:

$$\lim_{n \to \infty} C \cdot \frac{x^n}{n!} = 0 \quad \text{oder für hinreichend großes n sicher:} \quad 0 < \left| \frac{C \cdot x^n}{n!} \right| < 1$$

für $x \neq 0$. Wir entwickeln $f(x)$ nach dem binomischen Lehrsatz:

$$f(x) = \frac{x^n}{n!} \left(\sum_{l=0}^{n} (-1)^l \, x^l \, \binom{n}{l} \right) = \left(\sum_{l=n}^{2n} (-1)^l \, \binom{n}{l} \, x^l \right) \frac{1}{n!} = \frac{1}{n!} \sum_{l=n}^{2n} c_l x^l$$

$$(c_l \text{ ganzzahlig}) \quad = \frac{c_n x^n}{n!} + \frac{c_{n+1} \, x^{n+1}}{n!} + \ldots + \frac{c_{2n} \, x^{2n}}{n!} \; .$$

---

[1] U.a. erkennen wir so auch, daß $\sqrt{2} + \sqrt{3}$ irrational sein muß, da es der Gleichung $x^4 - 10x + 1 = 0$ genügt.

[2] Bull. Amer. Math. Soc. Jhg. 53 (1947)

[3] Die hier und später benutzten Aussagen der elementaren Analysis finden sich in den meisten Oberstufenmathematiklehrbüchern. Auch auf das Buch von M. Barner - zitiert u.a. auf Seite 8 - kann hier verwiesen werden.

Steht $f^{(\nu)}(0)$ für den Wert der ν-ten Ableitung von $f(x)$ an der Stelle $x = 0$, so erhalten wir $f^{(\nu)}(0) = 0$ für $\nu = 0, 1, \ldots, n-1$ und

$f^{(\nu)}(0) = 0$ für $\nu > 2n$, da $f(x)$ ein Polynom vom Grade $2n$ ist. Für $n \leqslant \nu \leqslant 2n$ erhalten wir $f^{(\nu)}(0) = \dfrac{\nu! c_\nu}{n!}$, also ganzzahlige Werte.

Substituieren wir $x - 1 = t$, so wird $f(x) = \dfrac{(-t)^n (t+1)^n}{n!} = f^*(t)$.

Für $f^*(t)$ ergibt sich analog $f^*(t) = \displaystyle\sum_{l=n}^{2n} \dfrac{c_l^*}{n!}\, t^l$ (c_l^* ganzzahlig),

und ebenso sind sämtliche $f^{*(\nu)}(0)$ ganzzahlig. Das führt uns wegen (33) $\dfrac{df}{dx} = \dfrac{df^*}{dt}$ und $f^{*(\nu)}(0) = f^{(\nu)}(1)$ zu der Aussage (33): Sämtliche Ableitungen von $f(x)$ an den Stellen $x = 0$ und $x = 1$ sind ganz- (34) zahlig. Außerdem folgt p.d. für $0 < x < 1$ (34): $0 < f(x) < \dfrac{1}{n!}$. Nun (35) können wir den Satz (35) leicht beweisen: (35) e^x ist für alle von Null verschiedenen rationalen Werte von x sicher irrational [1].

Wäre mit $x = \dfrac{r}{s}$ (r, s zwei natürliche Zahlen, $r \cup s$) $e^x = e^{\frac{r}{s}}$ rational, so auch $(e^x)^s = e^r$ und mit e^x auch e^{-x}. Wenn wir also zeigen können, daß e^r für natürliches r nicht rational sein kann, so ist (35) bewiesen.

Wir nehmen wieder an $e^r = \dfrac{a}{b}$ (a, b natürliche Zahlen, $a \cup b$) und bilden die Funktion
$$f_1(x) = r^{2n} f(x) - r^{2n-1} f'(x) + r^{2n-2} f''(x) \pm \ldots + f^{(2n)}(x).$$
Nach (33) sind $f_1(0)$ und $f_1(1)$ ganze Zahlen, und wir erhalten weiter wegen

$$f_1'(x) = r^{2n}f'(x) - r^{2n-1}f''(x) + r^{2n-2}f'''(x) \pm \ldots + (-1)^{2n-1}rf^{(2n)}(x);$$ [2]

$rf_1(x) + f_1'(x) = r^{2n+1}f(x)$. Dies führt uns zu $\dfrac{d}{dx}\left(e^{rx} f_1(x)\right) =$

$re^{rx} f_1(x) + e^{rx} f_1'(x) = e^{rx}(rf_1(x) + f_1'(x)) = e^{rx} \cdot r^{2n+1} \cdot f(x)$. Damit

wird aber $b \cdot \displaystyle\int_0^1 e^{rx}\, r^{2n+1}\, f(x)dx = b(e^{rx} f_1(x)) \Big|_{x=0}^{x=1} =$

$b \cdot (e^r f_1(1) - f_1(0)) = a\, f_1(1) - b\, f_1(0)$, und das berechnete bestimmte Integral ist eine ganze Zahl. Nach (34) erhalten wir schließlich für

---

[1] $e^0 = 1$ ist rational.

[2] $f^{(\nu)}(x)$ für $\nu > 2n$ verschwindet für alle Werte von x, da $f(x)$ ein Polynom vom Grade $2n$.

dieses bestimmte Integral $\quad 0 \overset{1)}{<} b \cdot \int_0^1 e^{rx}\, r^{2n+1}\, f(x)\,dx < \dfrac{b \cdot r^{2n+1}}{n!} \int_0^1 e^{rx}\,dx =$

$$\frac{b}{n!}\, r^{2n+1}\, \frac{e^{rx}}{r}\Big|_{x=0}^{x=1} = \frac{b}{n!}\, r^{2n+1}\, \Big(\frac{e^{r}-1}{r}\Big) < \frac{b}{n!}\, r^{2n+1} \cdot \frac{e^{r}}{r} = a \cdot \frac{(r^2)^n}{n!} \; .\; \text{Dies ist}$$

das Glied einer Nullfolge, und für hinreichend großes n ist sicher

$\dfrac{a(r^2)^n}{n!} < 1.\quad$ q.e.a..

(36)   Ähnlich beweisen wir auch den Satz (36): π und π^2 sind irrationale reelle Zahlen. Wegen (π rational) $\Rightarrow$ (π^2 rational) müssen wir nur zum Beweis von (36) zeigen, daß π^2 nicht rational sein kann. Mit der

Annahme $\pi^2 = \dfrac{a_1}{b_1}$ (a_1, b_1 natürliche Zahlen, $a_1 \cup b_1$) betrachten wir

die Funktion $f_2(x) = b_1^n(\pi^{2n}\, f(x) - \pi^{2n-2}\, f''(x) + \pi^{2n-4}\, f''''(x) \overset{+}{-} \ldots$

$+ (-1)^{n-1} \cdot \pi^2\, f^{(2n-2)}(x) + (-1)^n\, f^{(2n)}(x))$ und wegen (33) sind $f_2(1)$

und $f_2(0)$ ganze Zahlen. Nun bilden wir

$$f_2''(x) = b_1^n(\pi^{2n} f''(x) - \pi^{2n-2}\, f''''(x) + \ldots$$

$$(-1)^{n-1}\, \pi^{2(n-(n-1))}\, f^{(2n)}(x)) \quad \text{und erhalten}$$

$$\pi^2 f_2(x) + f_2''(x) =$$

$$b_1^n\Big(\sum_{l=0}^{n} \pi^{2(n-l)+2} \cdot f^{(2l)}(x)(-1)^l + \sum_{l=1}^{n} \pi^{2(n-(l-1))}(-1)^{l-1}\, f^{(2l)}(x)\Big) =$$

$$b_1^n\Big(\pi^{2n+2}\, f(x) + \sum_{l=1}^{n} \pi^{2+2(n-l)} \cdot f^{(2l)}(x)((-1)^l + (-1)^{l-1})\Big)\Big) =$$

$$b_1^n\, \pi^{2n+2}\, f(x).$$

---

1) $\quad 0 < \dfrac{br^{2n+1}}{n!} \int_0^1 (1-x)^n\, x^n\, e^{rx}\,dx = \dfrac{br^{2n+1}}{n!} \int_0^1 f_1^*(x)\,dx\quad$ läßt sich z.B.

folgendermaßen beweisen: Mit e^{rx} monoton für $x > 0$ und $\psi(x) = (1-x)x$ monoton für $0 \leqslant x \leqslant \frac{1}{2}$ ist $(\psi(x))^n \cdot e^{rx} = f_1^*(x)$ ebenfalls monoton für $0 \leqslant x \leqslant \frac{1}{2}$. Damit wird

$$\frac{br^{2n+1}}{n!} \int_0^1 f_1^*(x)\,dx \geqslant \frac{br^{2n+1}}{n!} \int_{\frac{1}{4}}^{\frac{1}{2}} f_1^*(\tfrac{1}{4})\,dx \geqslant$$

$$\frac{1}{4} \cdot \frac{br^{2n+1}}{n!}\, e^{\frac{r}{4}}\, (\tfrac{3}{4})^n \cdot (\tfrac{1}{4})^n > 0.$$

Dieser Gleichung entnehmen wir

$$\frac{d}{dx} \left(f_2'(x) \sin\pi x - \pi f_2(x) \cos\pi x \right) =$$

$$f_2''(x) \sin\pi x + \pi f_2'(x) \cos\pi x - \pi f_2'(x) \cos\pi x + \pi^2 f_2(x) \sin\pi x =$$

$$(f_2''(x) + \pi^2 f_2(x)) \sin\pi x = b_1^n \pi^{2n+2} f(x) \cdot \sin\pi x =$$

$$\pi^2 \cdot a_1^n \cdot f(x) \sin\pi x \quad \text{und damit} \quad a_1^n \pi^2 \int_0^1 f(x) \sin\pi x \, dx =$$

$$(f_2'(x) \sin\pi x - \pi f_2(x) \cos\pi x) \Big|_{x=0}^{x=1} \quad \text{bzw.} \quad a_1^n \pi \int_0^1 f(x) \sin\pi x \, dx =$$

$$(f_2'(x) \frac{\sin\pi x}{\pi} - f_2(x) \cos\pi x) \Big|_{x=0}^{x=1} = f_2(1) + f_2(0). \quad \text{Es ist also}$$

$$a_1^n \pi \int_0^1 f(x) \sin\pi x \, dx \quad \text{eine ganze Zahl, für die nach (34)} \;^{1)}$$

$$0 < a_1^n \frac{\pi}{n!} \int_0^1 \sin\pi x \, dx = \frac{a_1^n \pi}{n!} \cdot \frac{(-\cos\pi x)}{\pi} \Big|_{x=0}^{x=1} = \frac{a_1^n \cdot \pi \cdot 2}{n! \cdot \pi} = 2 \cdot \frac{(a_1)^n}{n!} \; .$$

Da $2\,\dfrac{a_1^n}{n!}$ wieder als Glied einer Nullfolge für hinreichend großes n kleiner als 1 wird, ist der Widerspruch herbeigeführt. q.e.a.

1.3. Restklassen und Teilersummen

Nach (I_2) ist für alle ganzen Zahlen a und vorgegebenes natürliches m $R_m(a)$ eindeutig definiert. Gilt $R_m(a) = R_m(b)$, so definieren wir

D   weiter: "a und b liegen in der gleichen Restklasse modulo m"; als Formel schreiben wir hierfür $a \equiv b(m)$ (gelesen: a kongruent b

(1)   modulo m). Wieder nach (I_2) gilt damit: (1) $(a \equiv b(m)) \Leftrightarrow ((a - b) \equiv 0(m))$, dabei steht "$\equiv 0(m)$" für "durch m teilbar": $((a - b \equiv 0(m)) \overset{\text{Def.}}{\Leftrightarrow} (m/(a - b))$.

D   Zu jedem m gibt es m verschiedene Reste und ebenso viele Restklassen.

Ist z.B. $m = 4$, so gehören zu den Resten 0 bzw. 1 bzw. 2 bzw. 3 die Restklassen $\{\ldots, -8, -4, 0, 4, 8, \ldots\}$ $^{2)}$ bzw.
$\{\ldots, -7, -3, 1, 5, 9, \ldots\}$ bzw. $\{\ldots, -6, -2, 2, 6, \ldots\}$ bzw.
$\{\ldots, -5, -1, 3, 7, \ldots\}$.

$^{1)}$ und einer ähnlichen Überlegung wie in Fußnote 1) auf Seite 75

$$\left(\int_{\frac{1}{4}}^{\frac{1}{3}} (1-x)^n \, x^n \sin\pi x \, dx \;\geqslant\; \ldots \right)$$

$^{2)}$ Zwischen $\{\}$ stehen die Glieder einer Menge, die der Mengendefinition zufolge alle verschieden sein müssen.

D   Da alle Zahlen einer Restklasse den gleichen Divisionsrest aufweisen, nennen wir auch 0, 1, ..., m–1 die Repräsentanten des Restklassenmoduls m oder "ein vollständiges Restsystem modulo m (kürzer auch "mod m")". Es können aber auch m ganze Zahlen a_ν mit

$R_m(a_\nu) = \nu (\nu = 0, ..., m-1)$ als ein vollständiges Restsystem mod m

bezeichnet werden, wofür wir auch kürzer "$\{\nu_k\}_m$" schreiben.

Für m = 6 ist z.B. $\{\nu_k\}_6 = \{0, 1, 2, 3, 4, 5\} = \{6, 1, 8, 9, 10, -1\}$

wegen $0 \equiv 6(6), 1 \equiv 1(6), 2 \equiv 8(6), 3 \equiv 9(6), 4 \equiv 10(6), 5 \equiv -1(6)$.

Ist ein Divisionsrest ν (z.B. 1) zu m relativ prim, so heißt die Restklasse auch "relativ prime Restklasse mod m". Die Menge der relativ

D   primen Restklassen schreiben wir als $\{\bar{\nu}_k\}_m$, und die Anzahl der

D   Elemente dieser Menge wird nach Gauss mit $\varphi(m)$ bezeichnet[1].

$\{\bar{\nu}_k\}_m$ heißt auch "reduziertes Restsystem mod m". Für m = 6 ergibt

sich $\{\bar{\nu}_k\}_6 = \{1, 5\}, \varphi(6) = 2$; zu m = 8 gehören

$\{\nu_k\}_8 = \{0, 1, 2, 3, 4, 5, 6, 7\}, \{\bar{\nu}_k\}_8 = \{1, 3, 5, 7\}, \varphi(8) = 4$,

wobei z.B. auch $\{\bar{\nu}_k\}_8 = \{1, 11, -3, 15\}$ geschrieben werden kann.

D   Wir definieren noch $(a \not\equiv b(m)) \overset{Def.}{\Leftrightarrow} ((a-b) \not\equiv 0(m)) \overset{Def.}{\Leftrightarrow} (m \not| (a-b))$

D   (gelesen: "a und b liegen in verschiedenen Restklassen mod m" oder: "a inkongruent b mod m".) Aus a = b folgt nach (I_2) $a \equiv b(m)$,

während $a \equiv b(m)$ im allgemeinen nicht auch a = b folgen läßt (etwa $3 \equiv 12(9)$, aber $3 \neq 12$). Wir beweisen zunächst die Aussage (2):

(2)   Mit (a, m) = 1 bilden auch die Zahlen $a \cdot \bar{\nu}_1, a \cdot \bar{\nu}_2, ..., a \cdot \bar{\nu}_{\varphi(m)}$

ein reduziertes Restsystem mod m. Hier ist zu zeigen, daß die $\varphi(m)$ gegebenen Zahlen zu m teilerfremd sind und nicht zwei von ihnen in der gleichen Restklasse liegen. Nach (8) in Abschnitt 1.2. ist mit $R_m(\bar{\nu}_k) = r_k$ und $(\bar{\nu}_k, m) = 1$ auch $(R_m(\bar{\nu}_k), m) = 1$ (n.V.), und wir können bei Betrachtung der $\{\bar{\nu}_k\}$ die Zahlen $\bar{\nu}_k$ stets durch die relativ primen Reste mod m repräsentiert denken. Damit ist $\{\bar{\nu}_k\}_m = \{1, ..., \bar{\nu}_{\varphi(m)}\}$ und $\{\bar{\nu}_k\}_p = \{1, 2, ..., p-1\}$. Aus (I_9) wird

mit $(\bar{\nu}_k, m) = (a, m) = 1$ (n.V.) auch $(\bar{\nu}_k \cdot a, m) = 1$, die obengenannten $\varphi(m)$ Produkte sind also sämtlich zu m relativ prim. Wäre für $k \neq 1$ $\bar{\nu}_k \cdot a \equiv \bar{\nu}_1 \cdot a(m)$, so ergäbe sich $a(\bar{\nu}_k - \bar{\nu}_1) \equiv 0(m) \overset{(I_8)}{\Rightarrow}$

$m/(\bar{\nu}_k - \bar{\nu}_1)$. O.B.d.A.: $\bar{\nu}_k > \bar{\nu}_1, 0 < \bar{\nu}_k - \bar{\nu}_1 \leqslant m-1$. q.e.a.

(3)   Weiter gilt (3): Mit $\{\nu_k\}_m$, beliebigem ganzzahligem b und ganzzahligem zu m relativ primen a sind auch die Zahlen $a\nu_1 + b, a\nu_2 + b, ...,$

$a\nu_m + b$ ein vollständiges Restsystem mod m. Aus (3) ergibt sich wegen (1, m) = 1 dann sofort, daß auch die Zahlen $\nu_1 + b, \nu_2 + b, ...,$

---

[1] Mit dieser Anzahl hat sich Euler (1707 bis 1783) erstmals beschäftigt.

$\nu_m + b$ ein $\{\nu_k\}_m$ bilden, für ungerades m auch die Zahlen $2\nu_1 + b$, ..., $2\nu_m + b$ (da $(2, m) = 1$ für $m \equiv 1(2)$). Zum Beweis von (3) ist lediglich für $1 \neq k$ noch $a\nu_k + b \not\equiv a \cdot \nu_1 + b(m)$ zu beweisen, was sich völlig analog dem beim Beweis von (2) Gesagtem vollziehen läßt. q.e.d. Aus (2) und (3) resultiert ein Satz, der auf Euler zurückgeht [1]:

(I_{18}) $\qquad (I_{18})$ $((a, b) = 1) \Rightarrow (\varphi(a \cdot b) = \varphi(a) \cdot \varphi(b))$. Zum Beweis müssen wir feststellen, wieviele der Zahlen $0, 1, 2, \ldots, (a \cdot b - 1)$ zu $(a \cdot b)$ relativ prim sind; ist diese Anzahl gleich $(\varphi(a) \cdot \varphi(b))$, so ist (I_{18}) bewiesen.

Gilt für die natürliche Zahl 1 mit $1 < 1 < ab-1$ nach (I_2) $1 = aq + r$, so ist $(1, a) \overset{(I_7'')}{=} (r, a)$. Für q bzw. r sind in der Darstellung von 1 die Werte $0, 1, \ldots, (b-1)$ bzw. $0, 1, \ldots, (a-1)$ möglich. Für festes $q = q_0$ ist wieder nach (I_7'') $(1, a) = (r, a)$ und $(1, a) = 1 \Leftrightarrow (r_0, a) = 1$. Für festes q_0 sind damit genau $\varphi(a)$ solcher Zahlen 1 vorhanden (zu ihnen gehört ein r_0 mit $(r_0, a) = 1$). Ein solches r_0 fixieren wir und betrachten die Zahlen $aq + r_0$, wobei q die Werte $0, 1, \ldots, (b-1)$ durchläuft. Auf diese Menge wenden wir (3) an; sie bilden ein vollständiges Restsystem mod b, in dem p.d. $\varphi(b)$ Zahlen vorkommen, die zu b teilerfremd sind. Da für r_0 aber $\varphi(a)$ Möglichkeiten existieren, gibt es also $\varphi(a) \cdot \varphi(b)$ Zahlen 1, die zu a und zu b relativ prim sind, woraus über (I_9) sich (I_{18}) ergibt. q.e.d.

D $\qquad$ Dieser Satz legt die pragmatische Definition $\varphi(1) = 1$ nahe; aus dem bisher Erklärten ist $\varphi(1)$ nicht zu definieren. Mit $m = p^k$ ist $\varphi(m)$ die Anzahl der zu p^k teilerfremden Zahlen aus der Menge $\{1, 2, \ldots, p^k\}$. Nicht zu p^k relativ prime Zahlen 1 müssen der Beziehung $(1, p) = p$ genügen (nach (I_9)). Nach (I_{14}) gibt es

$\left[\dfrac{p^k}{p}\right] = p^{k-1}$ natürliche Zahlen, die als Vielfache von p zu der angegebenen Menge gehören; damit erhalten wir

$$\varphi(p^k) = p^k - p^{k-1} = p^{k-1}(p-1) = p^k(1-\tfrac{1}{p}).$$

Das führt nach (I_{18}) mit

$$m = p_{(1)}^{\alpha_1} \cdot p_{(2)}^{\alpha_2} \cdots p_{(r)}^{\alpha_r} \quad (p_{(1)} < p_{(2)} < \ldots) \text{ zu}$$

(4) $\qquad$
$$(4) \quad \varphi(m) = \prod_{l=1}^{r} \varphi(p_{(l)}^{\alpha_l}) = \prod_{l=1}^{r} p_{(l)}^{\alpha_l} \left(1 - \frac{1}{p_{(l)}}\right) = m \cdot \prod_{l=1}^{r} \left(1 - \frac{1}{p_{(l)}}\right).$$

Beispiele: $\varphi(100) = \varphi(2^2 \cdot 5^2) = 100 \left(1 - \tfrac{1}{2}\right)\left(1 - \tfrac{1}{5}\right) = 40;$

$\varphi(10^n) = \varphi(2^n \cdot 5^n) = 10^n\left(1 - \tfrac{1}{2}\right)\left(1 - \tfrac{1}{5}\right) = 10^n \cdot \tfrac{1}{2} \cdot \tfrac{4}{5} = 10^{n-1} \cdot 4;$

es gibt demnach $400(4000)$ natürliche Zahlen unterhalb $1000(10000)$, die zu $1000(10000)$ teilerfremd sind.

---

[1] Im 4. Kapitel ergibt er sich als Teilergebnis der allgemeinen Theorie zahlentheoretischer distributiver Funktionen.

Kommen in der Primfaktorzerlegung von m   k verschiedene Primfaktoren

vor $(m = \prod_{l=1}^{k} p_{(l)}^{\alpha_l})$, so ist $\varphi(m) = m \prod_{l=1}^{k} (1 - \frac{1}{p_{(l)}})$, und wegen

$2 \leqslant p_{(1)} < p_{(2)} < \ldots < p_{(k)} \Rightarrow \frac{1}{2} > \frac{1}{p_{(1)}} > \ldots > \frac{1}{p_{(k)}} \Rightarrow$

(5)
$1 - \frac{1}{2} \leqslant 1 - \frac{1}{p_{(1)}} < \ldots < 1 - \frac{1}{p_{(k)}}$ erhalten wir (5) $\varphi(m) > \frac{m}{2^k}$

für $m = \prod_{l=1}^{k} p_{(l)}^{\alpha_l}$.

Mit $k' = \alpha_1 + \alpha_2 + \ldots + \alpha_k$ ist $k \leqslant k'$ ($k = k'$ nur für

$\alpha_1 = \alpha_2 = \ldots = \alpha_k = 1$) und aus $m \geqslant 2^{k'}$ folgt

(6)
$\log m \geqslant k' \log 2 \Rightarrow k \leqslant k' \leqslant \frac{\log m}{\log 2}$. Es gilt (6):

Damit können wir jede natürliche Zahl n_0 höchstens als Produkt von

$\left[\frac{\log n_0}{\log 2}\right]$ PZ^{en} schreiben, unter denen verschiedene gleich sein können

und a fortiori als Produkt von höchstens $\left[\frac{\log n_0}{\log 2}\right]$ verschiedenen PZ^{en}

(I_{19})
schreiben. Die Aussagen (2) bis (6) bilden den Satz (I_{19}).

MSZ
Der Satz (3) vermittelt eine induktive Möglichkeit, zwölf- bis vier-
zehnjährigen Kindern Einsicht in die Bedeutung des Restklassenbegriffes
gewinnen zu lassen. Hierfür schreibt jeder Schüler eine Zahl Z
(beliebig) auf und addiert zu deren Ziffern eine Zahl m mit
(m, n) = 1 insgesamt iterativ (n-1)-mal, wobei wegen des Rechenaufwandes m möglichst einstellig zu wählen ist. Werden die entstehenden
Summen jeweils modulo n gerechnet, so ergibt jede Kolonne die Summe

$\frac{n(n-1)}{2}$ $(= \sum_{l=1}^{n} \nu_1 (\nu_1$ aus $\{\nu_1\}_n)$. Da die Schüler im dekadischen System

zu rechnen gewohnt sind, empfiehlt sich zunächst n=10 und m=3 oder
m=7 zu wählen. Haben dann die Schüler eine vierstellige (sonst beliebige) Anfangszahl gewählt, so erhalten sie alle bei richtigem Rechnen
das Ergebnis 49995 (im folgenden finden sich zwei Beispiele).

Z = 5361	Z = 7429
m = 3	m = 7
5361	7429
8694	4196
1927	1863
4250	8530
7583	5207
0816	2974
3149	9641
6472	6318
9705	3085
2038	0752
Σ = 49995	Σ = 49995

Das Verfahren kann auch dazu dienen, das Rechnen mit den Restklassen mod n $(n \neq 10)$ zu üben.

Gleichung (4) legt ein allgemeines logisches Prinzip am Beispiel der Funktion $\varphi(m)$ offen, mit dem wir uns zunächst im Spezialfall $m = p_{(1)}^{\alpha_1} \cdot p_{(2)}^{\alpha_2} \cdot p_{(3)}^{\alpha_3}$ beschäftigen wollen (es treten also in der Primfaktorzerlegung nur drei verschiedene Primzahlen auf).

Nach (I_{14}) gibt es unterhalb m genau $\dfrac{m}{p_{(1)}}$, $\dfrac{m}{p_{(2)}}$, $\dfrac{m}{p_{(3)}}$ Zahlen, die durch $p_{(1)}, p_{(2)}, p_{(3)}$ teilbar sind. Unter den ganzen Zahlen l mit $1 \leqslant l \leqslant m$ sind also $(m - \dfrac{m}{p_{(1)}})$ bzw. $(m - \dfrac{m}{p_{(2)}})$ bzw. $(m - \dfrac{m}{p_{(3)}})$ nicht durch $p_{(1)}$ bzw. $p_{(2)}$ bzw. $p_{(3)}$ teilbar. Wir suchen $\varphi(m)$, d.h. die Anzahl der l mit $(l, p_{(1)}) = (l, p_{(2)}) = (l, p_{(3)}) = 1$.

$(m - \dfrac{m}{p_{(1)}} - \dfrac{m}{p_{(2)}} - \dfrac{m}{p_{(3)}})$ gibt uns an, wieviele l übrig bleiben, wenn alle Vielfachen von $p_{(k)}$ $(k = 1, 2, 3)$ gestrichen sind. Dabei wurden allerdings doppelt gezählt (doppelt gestrichen) die Vielfachen von $(p_{(1)} \cdot p_{(2)})$, von $(p_{(1)} \cdot p_{(3)})$ und von $(p_{(2)} \cdot p_{(3)})$.

Um $\varphi(m)$ zu erhalten, muß demnach wieder

$$\frac{m}{p_{(1)} \cdot p_{(2)}} + \frac{m}{p_{(1)} \cdot p_{(3)}} + \frac{m}{p_{(2)} \cdot p_{(3)}} \quad \text{zu} \quad m - \frac{m}{p_{(1)}} - \frac{m}{p_{(2)}} - \frac{m}{p_{(3)}}$$

addiert werden. Jetzt sind allerdings diejenigen l, die sowohl durch $p_{(1)}$ wie auch durch $p_{(2)}$ und $p_{(3)}$ teilbar sind, zunächst dreimal gestrichen und dann dreimal wieder hinzugenommen worden, wenn

$$(m - \frac{m}{p_{(1)}} - \frac{m}{p_{(2)}} - \frac{m}{p_{(3)}} + \frac{m}{p_{(1)} \cdot p_{(2)}} + \frac{m}{p_{(1)} \cdot p_{(3)}} + \frac{m}{p_{(2)} \cdot p_{(3)}})$$

Zahlen l noch dastehen. Von diesen sind, um die $\varphi(m)$ zu m relativ primen Zahlen zu erhalten, schließlich noch $\dfrac{m}{p_{(1)} \cdot p_{(2)} \cdot p_{(3)}}$ zu streichen.

Die Anzahl der l mit $1 \leqslant l \leqslant m$ mit

$$(l, p_{(1)}) = (l, p_{(2)}) = (l, p_{(3)}) = 1 \overset{(I_9)}{=} (l, m) \quad \text{ist somit}$$

$$\varphi(m) = m - m \left(\sum \frac{1}{p_{(k)}}\right) + m \left(\sum_{l \neq k} \frac{1}{p_{(k)} \cdot p_{(1)}}\right) - \frac{m}{p_{(1)} \cdot p_{(2)} \cdot p_{(3)}} =$$

$$m \cdot \prod_{l=1}^{3} (1 - \frac{1}{p_{(1)}}).$$ Dieses Verfahren kann verallgemeinert werden und führt damit zur Aussage (4).

Die in (1) definierte Kongruenz ist eine Beziehung zwischen ganzen Zahlen, die den Identitätsaxiomen (aus Abschnitt 1.1.) genügt. Es liegt nämlich jedes a in der gleichen Restklasse wie a $(a \equiv a(m))$;

liegen a und b in der gleichen Restklasse, so auch b und a
$((a \equiv b(m)) \Rightarrow (b \equiv a(m)))$; gehören schließlich a und b, außerdem b und
c zur gleichen Restklasse, so auch a und c
$((a \equiv b(m), b \equiv c(m)) \Rightarrow (a \equiv c\,(m)))$. Mit dieser Beziehung als Identi-
tätsrelation definieren wir für die Restklassen zwei Manipulationen

$$\nu_k + \nu_1 = \nu_r \overset{\text{Def.}}{\Leftrightarrow} \nu_k + \nu_1 \equiv \nu_r(m) \quad \text{und} \quad \nu_k \cdot \nu_1 = \nu_s \overset{\text{Def.}}{\Leftrightarrow} \nu_k \cdot \nu_1 \equiv \nu_s(m)^{1)}.$$

Wegen (I_5) ist es dabei gleichgültig, welche Repräsentanten der einzelnen Restklassen bei den Verknüpfungen verwendet werden. Unser
Bereich umfaßt endlich viele Elemente. Ist $\nu_k + \nu_1 \equiv \nu_k + \nu_n(m)$
oder $\nu_1 - \nu_n \equiv O(m)$, so folgt, wie wir weiter oben sahen, $\nu_1 = \nu_n$.
Damit sind die Axiome A_O, A_I, A_{II}, A_{III}, A_{IV}' aus (I_1) $(A_O$ bis
A_{III} gelten für ganze Zahlen als Elemente des Körpers der rationalen
Zahlen, also a fortiori auch für unsere Reste-Summen bzw. -Produkte)

(7)   mit der oben erklärten Identität erfüllt, das ist der Satz (7): Die
Restklassen mod m bilden einen Ring$^{2)}$.

(8)   Ist $m = p$ (p eine PZ), so gilt außerdem: (8) Die Restklassen mod p
bilden einen Körper $^{2)}$. Das additionsneutrale Element $\overline{0}$ ist die Restklasse $\{\ldots, -2m, -m, 0, m, 2m, \ldots\}$ als multiplikationsneutrales
Element $\overline{1}$ dient die Restklasse $\{\ldots, -2m+1, -m+1, 1, m+1, \ldots\}$. Ist
$m \neq p$, so bilden die Restklassen mod m sicher keinen Körper, denn
wenn $m = m_1 \cdot m_2$ $(2 \leqslant m_1 \leqslant m_2 < m)$, so wird mit $\nu_k = m_1$, $\nu_1 = m_2$:
$\nu_k \cdot \nu_1 = \overline{0}$, ohne daß einer der Faktoren gleich dem additionsneutralen
Element $\overline{0}$ wäre. Damit gilt im Bereich der ν_k aus $\{\nu_k\}_m$ für $m \neq p$
das Nullteilergesetz nicht. Da dieses in jedem Körper gilt, so kann
der betrachtete Bereich kein Körper sein. Dieser Tatbestand läßt sich
auch anders bestätigen. Z.B. hat die Gleichung $m_1 \cdot x = 1$
$(m_1 \cdot x \equiv 1(m))$ sicher keine Lösung (die es aber in einem Körper geben
müßte), denn für alle Bereichselemente ν_k ist $(m_1 \cdot \nu_k, m) \geqslant m_1 \geqslant 2$,
also sicher (wegen (8) in Abschnitt 1.1.) $m_1 \cdot \nu_k \neq 1 + Lm$ (L ganzzahlig), während $m_1 \cdot x \equiv 1(m)$ doch $m_1 \cdot \nu_k = 1 + Lm$ verlangt. Ist
$m = p$ und gilt $\nu_k \cdot \nu_1 = \nu_k \cdot \nu_n$ für $\nu_k \neq 0$, so muß wegen $p \nmid \nu_k$
wieder $p/(\nu_1 - \nu_n)$ oder $\nu_1 = \nu_n$ gelten. Damit gilt A_{VI}' aus (I_1),
und (8) ist bewiesen. Wir betrachten jetzt die Elemente aus $\{\overline{\nu}_k\}_m$ $^{3)}$
und verknüpfen sie durch $\overline{\nu}_k \circledast \overline{\nu}_1 = \overline{\nu}_r \overset{\text{Def.}}{\Leftrightarrow} \overline{\nu}_k \cdot \overline{\nu}_1 \equiv \overline{\nu}_r(m)$. Nach (I_9)
ist mit $(\overline{\nu}_k, m) = (\overline{\nu}_1, m) = 1$ auch $(\overline{\nu}_r, m) = 1$, $\overline{\nu}_r$ ist ebenfalls
ein Element aus $\{\overline{\nu}_k\}_m$. Die gewählte Manipulation ist assoziativ und

---

$^{1)}$ Diese Manipulationen werden heute auch "Restklassen-Summe" bzw.
"- Produkt" mod m genannt.

$^{2)}$ Wenn Identität und Manipulationen wie vorstehend erklärt sind.

$^{3)}$ Als Identität gilt wieder die Kongruenz aus (1).

kommutativ, weiter folgt aus $\bar{v}_k \bullet \bar{v}_l = \bar{v}_k \bullet \bar{v}_n$ wieder in der schon
mehrfach zitierten Weise $\bar{v}_l = \bar{v}_n$; damit gelten die Axiome $A_0^{(G)}$, $A_I^{(G)}$,

(9) $A_{II}^{(G)}$, $A_{III}^{(G)}{}'$ aus (I_1), und wir haben die Aussage (9): Die $\varphi(m)$ relativ
primen Restklassen mod m bilden eine endliche abelsche Gruppe, wenn
als Identität die Kongruenz und als Manipulation das Restklassen-
produkt verwandt werden.

(I_{20})   (7) bis (9) bilden den Satz (I_{20}).

Manchmal ist es nützlich, die sogenannte "Summentafel" bzw. "Produkttafel" aufzustellen, aus denen dann u.U. die Aussagen des Satzes (I_{20})
gefolgert werden können. Als Beispiel sind nachstehend diese Tafeln
für die Restklassen mod 7 angegeben (statt der Restklassen stehen
v_k aus $\{v_k\}_7$).

Σ	0	1	2	3	4	5	6
0	0	1	2	3	4	5	6
1	1	2	3	4	5	6	0
2	2	3	4	5	6	0	1
3	3	4	5	6	0	1	2
4	4	5	6	0	1	2	3
5	5	6	0	1	2	3	4
6	6	0	1	2	3	4	5

Π	0	1	2	3	4	5	6
0	0	0	0	0	0	0	0
1	0	1	2	3	4	5	6
2	0	2	4	6	1	3	5
3	0	3	6	2	5	1	4
4	0	4	1	5	2	6	3
5	0	5	3	1	6	4	2
6	0	6	5	4	3	2	1

In diesem Körper gilt somit u.a. $2 \cdot 5 = 3 = 4 \cdot 6$, also p.d. $\frac{3}{2} = 5$,
$\frac{3}{4} = 6$; $\frac{3}{4} = 6$ folgt dabei aus $\frac{3}{4} = \frac{3 \cdot 2}{4 \cdot 2} = \frac{6}{1} = 6$ durch Erweitern
wesentlich schneller als durch definitionsgemäße Bestimmung (Lösung
der Gleichung $4 \cdot x = 3$ ist $\frac{3}{4}$). Es läßt sich also in einem Körper
u.U. ein Quotient durch Erweitern vereinfachen.

Übg.(39.) Für $m = 5$ sind Summentafel, Produkttafel und einige Quotienten zu
bilden.

Für $\{\bar{v}_k\}_{12}$ ist im folgenden die Tafel des Gruppenproduktes angegeben
(statt der Restklassen stehen die relativ primen Reste) [1].

$\bullet$	1	5	7	11
1	1	5	7	11
5	5	1	11	7
7	7	11	1	5
11	11	7	5	1

---

[1] Diese Gruppe wird auch "Kleinsche Vierergruppe" (nach Felix Klein
(1849 bis 1925)) genannt.

MSZ

D

Die von uns in (8) betrachteten Körper sind ein Beispiel sogenannter "Galois-Felder" (benannt nach dem früh verstorbenen französischen Mathematiker Galois (1811 bis 1832)). Solche Galoisfelder sind Körper, bei denen eine Summe von k (endlich vielen) gleichen Summanden das additionsneutrale Element ergibt. In unserem Falle ist

$$\underbrace{\bar{1} + \bar{1} + \ldots + \bar{1}}_{p \text{ Summanden}} = \bar{0};$$ solche Körper heißen auch "Körper der Charakteristik p". Die von uns kurz in Abschnitt 1.1. geschilderten Körper (der rationalen bzw. der reellen bzw. der komplexen Zahlen) heißen "Körper der Charakteristik 0" (hier sind sämtliche Ausdrücke 1, 1+1, 1+1+1, ... paarweise verschieden, ungleich 0 und nur eine Summe von null Summanden 1 ist gleich 0). Dabei kann gezeigt werden, daß die Charakteristik nur der Werte 0 oder p fähig ist [1].

Für ein Körperelement α mit $\alpha \neq \bar{0}$ und

$$\underbrace{\alpha + \alpha + \ldots + \alpha}_{k \text{ Summanden}} \stackrel{(A_{III})}{=} \alpha(\underbrace{\bar{1} + \bar{1} + \ldots + \bar{1}}_{k \text{ Summanden}}) = \bar{0}$$ folgt nach dem Nullteilergesetz: $(\sum_{l=1}^{k} \alpha = \bar{0}) \Leftrightarrow \sum_{l=1}^{k} \bar{1} = \bar{0}$; damit sind die Definitionen für "Galoisfelder" bzw. für "Körper der Charakteristik k" logisch äquivalent.

Aus (I_{20}) ergeben sich einige berühmte Aussagen der klassischen Zahlentheorie. Nach (2) sind mit $(a, m) = 1$ die $\varphi(m)$ Zahlen $a \cdot \bar{v}_k$ wieder genau die Elemente der Gruppe aus (9). Damit gilt $\prod_{l=1}^{\varphi(m)} \bar{v}_1 \equiv \prod_{l=1}^{\varphi(m)} (a \cdot \bar{v}_1) \stackrel{2)}{\equiv} a^{\varphi(m)} \cdot \prod_{l=1}^{\varphi(m)} \bar{v}_1 (m)$. Nach Abschnitt 1.1. darf in einer Gruppe gekürzt werden $((a \circ b = a \circ c) \Rightarrow b = c)$; damit erhalten

(10)

wir aus der letzten Gleichung die Beziehung (10) $a^{\varphi(m)} \equiv 1(m)$ für $(a, m) = 1$ [3]. Für $m = p$ (p PZ) ist $\varphi(m) = p-1$, und aus (10) wird $a^{p-1} \equiv 1(p)$ für $(a, p) = 1$ (bzw. $p \nmid a$). Aus $a^{p-1} \equiv 1(p)$ wird durch Multiplikation mit a: $a^p \equiv a(p)$, und diese Beziehung gilt auch noch für $a \equiv 0(p)$. Da aus $a^p \equiv a(p)$ und $a \neq 0(p)$ durch

(11)

D

"Kürzen" wieder $a^{p-1} \equiv 1(p)$ folgt, schreiben wir (11) $a^p \equiv a(p)$ für alle ganzzahligen a. (11) heißt auch "kleiner Satz von Fermat (1601 bis 1665)" im Gegensatz zu dem "großen Satz von Fermat", den wir im 3. Kapitel etwas näher behandeln werden. Für $(a, m) = t > 1$ ist

---

[1] Siehe hierzu auch u.a. das auf Seite 1 zitierte Buch des Verfassers und Abschnitt 2.2..

[2] Hier könnte auch "=" statt "$\equiv$" geschrieben werden.

[3] Das ist einer der vielen von Euler entdeckten und nach Euler benannten Sätze.

auch $(a^{\varphi(m)}, m) \geqslant t > 1$, was aus (11) und (12) in Abschnitt 1.2.
folgt. Mit $(a^{\varphi(m)}, m) \geqslant t > 1$ kann aber sicher nicht $a^{\varphi(m)} \equiv 1(m)$
gelten, da $a^{\varphi(m)} \equiv 1(m) \Leftrightarrow a^{\varphi(m)} = 1 + Lm$ (L ganzzahlig) und
$a^{\varphi(m)} = 1 + Lm \Rightarrow t/1$ (also $t > 1$ widerspräche). Das ist die Aussage

(12)   (12): $((a, m) = 1 \Leftrightarrow (a^{\varphi(m)} \equiv 1(m)))$.

Ist für a und $(a \cup m)$ e(a) die kleinste natürliche Zahl, für die

D
             $a^{e(a)} \equiv 1(m)$, so heißt e(a) der "Exponent von a mod m". Nach (10) ist
(13)   sicher $1 \leqslant e(a) \leqslant \varphi(m)$, es gilt aber sogar (13): Mit $(a,m) = 1$ ist

mit natürlichem n $a^n \equiv 1(m)$ genau dann, wenn n ein Vielfaches von e(a).

Beweis: Ist $k \cdot e(a) = n$ (k natürliche Zahl), so gilt
$a^n = a^{k \cdot e(a)} = (a^{e(a)})^k \overset{(n.V.)}{\equiv} 1^k \equiv 1(m)$. Ist umgekehrt $a^n \equiv 1(m)$
und nach (I_2) $n = q \cdot e(a) + r$, so folgt

$1 \equiv a^n = a^{q \cdot e(a) + r} = (a^{e(a)})^q \cdot a^r \overset{(n.V.)}{\equiv} 1 \cdot a^r \equiv a^r(m) \Rightarrow 1 \equiv a^r(m)$;
wegen $0 \leqslant r < e(a)$ muß p.d. $r = 0$ sein. q.e.d.
Aus (13) folgt u.a. die manchmal wichtige Tatsache, daß e(a) nur
unter den Teilern von $\varphi(m)$ gesucht werden muß.

Mit $m = 2m' + 1$ $(m' = 1, 2, \ldots)$ gilt sicher $2^{e(2)} \equiv 1(m)$, wobei
$e(2) \leqslant \varphi(m)$. Die Folge der Zahlen 2^n-1 $(n = 1, 2, \ldots)$ besitzt p.c.
nur ungerade Teiler. Wegen $2^{e(2)} \equiv 1(m)$ ist die Menge dieser Teiler
mit der Menge aller ungeraden natürlichen Zahlen identisch.

Wir betrachten jetzt $\{\bar{v}_k\}_p$, also die Reste $1, 2, \ldots, (p-1)$ und
bilden ihr Produkt $(p-1)! = \prod \bar{v}_k$. Nach (9) bilden diese Elemente eine
multiplikative Gruppe; wir fassen dabei die Elemente so paarweise zu
$(a \cdot a')$ zusammen, daß $a \cdot a' \equiv 1(p)$ bzw. $a' = a^{-1}$ mit $a^{-1} \neq a$.
Das gelingt lediglich nicht für solche Elemente a, für die $a^{-1} = a$.
Ein solches Element ist die Restklasse $\bar{1}$ (der Rest 1). Gibt es noch
weitere solche Elemente, so muß für diese Reste r gelten
$r \cdot r \equiv 1(p) \Leftrightarrow r^2 - 1 \equiv 0(p) \Leftrightarrow p/(r-1)(r+1)$. Für $r = 1$ ist $p/(r-1)$
und $p \nmid (r-1)$ für $r = 0, 2, \ldots, p-1$. Für $r = 0, 1, \ldots, (p-2)$
ist $p \nmid (r+1)$ nur für $r = (p-1)$ ist $p/(r+1)$. Die beiden einzigen
Reste r mit $r^2 \equiv 1(p)$ sind demnach $r = 1$ und $r = p-1$. Das sind
auch die einzigen Gruppenelemente mit $a = a^{-1}$ (p.d.). In jeder Gruppe
sind die inversen Elemente a^{-1} zu a eindeutig bestimmt, und für zwei
Gruppenelemente a und b $(a \neq b)$ folgt auch $a^{-1} \neq b^{-1}$ (denn aus (Antithese) $a^{-1} = b^{-1} \Rightarrow a^{-1}(ab) = b^{-1}(ab) \Rightarrow a = b)$ (q.e.a.)). Nun gilt
zunächst für $p = 2$ und $p = 3$ jeweils $(p-1)! \equiv -1(p)$. Für $p > 3$
wird in $(p-1)! \equiv \prod \bar{v}_k$ nun paarweise zusammengefaßt $(\bar{v}_1 \equiv 1(p)$ und
$\bar{v}_{p-1} \equiv (p-1)(p)$ bleiben stehen), wobei stets zwei Faktoren verbunden

sind, deren Produkt kongruent 1 mod p ist. Dies führt auf
$(p-1)! \equiv p-1 \equiv -1(p)$. Ist $m > 3$ eine gerade Zahl, so gilt
$(m-1)! \geqslant 3! \equiv O(2)$, also sicher $(m-1)! \not\equiv (m-1)(m)$, denn aus
$(m-1)! \equiv (m-1)(m) \Rightarrow (m-1)! = (m-1) + Lm$ (L ganzzahlig) würde mit
$m \equiv (m-1)! \equiv O(2)$ auch $m-1 \equiv O(2)$ folgen, obwohl p.c. $m-1 \equiv 1(2)$
sein muß. q.e.a. Ist $m \geqslant 9$ eine ungerade Zahl, aber keine PZ, so
gilt $m = m_1 \cdot m_2$ mit $3 \leqslant m_1 \leqslant m_2$. Da $m_2 = \frac{m}{m_1} \leqslant \frac{m}{3}$, erhalten wir

$2m_2 \leqslant \frac{2}{3} m = m - \frac{m}{3} \leqslant m - 3$ $(m \geqslant 9)$. In $(m-1)!$ steht damit sicher als

Faktor m_1 und $(2m_2)$ und damit das Produkt $(m_1 \cdot m_2) = m$. Damit ist

$m/(m-1)!$ für ungerade m, die keine PZ^{en} sind oder $(m-1)! \equiv O(m)$;

sicher ist deshalb $(m-1)! \not\equiv (m-1)(m)$. Die letzten Ergebnisse führen

D uns zu dem "Satz von Wilson (1741 bis 1793)[1]", er stellt ein weiteres
(14) Primzahlkriterium dar und lautet (14): Eine natürliche Zahl $m \neq 1$
ist dund eine PZ, wenn $(m-1)! \equiv -1(m)$. Die Ergebnisse (10) bis (14)
(I_{21}) subsummieren wir dem Satz (I_{21}).

Übg.(40.) Das folgende Primzahlkriterium ist zu beweisen [2]:

$$\sum_{k=0}^{m-1} \left(\frac{ak+b}{m} - \left[\frac{ak+b}{m}\right]\right) = \frac{1}{2} \varphi(m) \quad \text{dund, wenn} \quad m = p \quad (a \text{ und } b \text{ ganz}$$

rational, $a \cup m$).

MSZ Die Ergebnisse des Satzes (I_{21}) konnten aus der Gruppeneigenschaft des
Bereiches $\{\overline{v}_k\}_m$ gefolgert werden. Würden die Sätze der von Lagrange
begründeten allgemeinen Gruppentheorie vorausgesetzt, so könnten die
Aussagen von (I_{21}) als Sonderfälle gruppentheoretischer Theoreme formuliert werden. Für (10) und (14) sind keine elementaren Beweise bekannt, die ohne gruppentheoretische Überlegungen auskommen; für (11)
und (13) soll hier ein elementarer Beweis folgen [3], der (I_{20}) nicht
verwendet. Wir beweisen zunächst die Existenz von $e(a)$; ist diese
gesichert, so ergibt sich (13) wie vor (I_{21}) angegeben. Hierzu bilden
wir mit $(a, m) = 1$ die $\varphi(m)$ Potenzen $a, a^2, \ldots, a^{\varphi(m)}$; nach (I_9)
sind diese $\varphi(m)$ Zahlen sämtlich zu m teilerfremd. Ist darunter
mindestens eine, die kongruent 1 mod m, so wird $e(a)$ das kleinste l,
für das $a^l \equiv 1(m)$ gilt. Eine solche Potenz a^l mit $a^l \equiv 1(m)$ und
$1 \leqslant l \leqslant \varphi(m)$ gibt es stets; andernfalls würden sich nämlich die $\varphi(m)$
Potenzen auf die $(\varphi(m)-1)$ Restklassen $\overline{v}_2, \overline{v}_3, \ldots, \overline{v}_{\varphi(m)}$ verteilen,
und nach dem Prinzip von Dirichlet (Abschnitt 1.1.) müßten mindestens

---

[1] Er steht schon bei Leibniz (1646 bis 1716).
[2] Leider sind die meisten der bekannten PZ-Kriterien für die rechne-
rische Bestimmung einer PZ nur sehr wenig praktikabel.
[3] Weiter oben folgen sie aus (10) und damit aus (I_{20}).

zwei in der gleichen Restklasse liegen. Dabei denken wir uns die $\varphi(m)$ Potenzen a, a^2, ..., $a^{\varphi(m)}$ auf die $(\varphi(m)-1)$ Restklassen verteilt und wählen das Paar von Potenzen mit der kleinsten Exponentendifferenz, das in einer Restklasse liegt. Es sei a^{l_1}, a^{l_2} mit $l_1 > l_2$ und

$a^{l_1} \equiv a^{l_2}(m)$, dann ist $l_1 - l_2 \neq 0$ die kleinste der möglichen konkurrierenden Differenzen. Mit

$$a^{l_1} \equiv a^{l_2}(m) \Rightarrow a^{l_2} \cdot a^{l_1 - l_2} \equiv a^{l_2}(m) \Rightarrow a^{l_1 - l_2} \equiv 1(m) \quad \text{resultiert}$$

$l_1 - l_2$ als $e(a)$. q.e.a.

Zum Beweis von (11) erinnern wir uns an (26) in Abschnitt 1.2. Damit ist für $p > 2$ [1]:

$$(15) \quad (x - 1)^p + 1 = x^p + \sum_{l=1}^{p-1} (-1)^l \binom{p}{l} x^l \div 1^p + 1 \equiv x^p(p)$$

für alle ganzzahligen x. Mit $1^p = 1 \equiv 1(p)$ und $x = 2$ folgt aus (15): $1^p + 1 = 2 \equiv 2^p(p)$ oder $2^p \equiv 2(p)$. Das ist der 1.I.S. für (11) (n=1, n=2). Gilt dann (I.A.) für $n \leqslant k$ $n^p \equiv n(p)$, so folgt aus $k^p \equiv k(p)$ mit $x = k+1$ aus (15): $k^p + 1 \equiv (k+1)^p \equiv k+1(p)$. Damit gilt (11) für alle natürlichen Zahlen n, sicher also für $n = 1, 2, ..., (p-1)$, p. Für $a \equiv 1(p)$ ist aber $a = 1 + Lp$ (L ganzzahlig), also [2] $a^p \equiv 1^p(p)$ und (11) damit bewiesen. q.e.d.

In der Analysis werden zahlreiche Folgen mit rationalen Gliedern betrachtet, deren Grenzwert irrational ist. Mit den bis jetzt von uns bereitgestellten Methoden lassen sich einige Folgen rationaler Zahlen angeben, in denen sich keine ganzzahligen Elemente befinden. Es gilt nämlich: (16) In keiner der Folgen

$$s_k^{(1)} \quad (s_2^{(1)} = \sum_{n=1}^{2} \frac{1}{n^1} , \; s_3^{(1)} = \sum_{n=1}^{3} \frac{1}{n^1} , \; ... , \; s_k^{(1)} = \sum_{n=1}^{k} \frac{1}{n^1}) \quad \text{steht}$$

für $l = 1, 2, ...$ eine ganze Zahl. Für $l = 1$ erhalten wir die divergente Folge $1 + \frac{1}{2}$, $1 + \frac{1}{2} + \frac{1}{3}$, ... Wäre nun $s_k^{(1)} = \sum_{n=1}^{k} \frac{1}{n}$ ganzahlig, also $1 + \frac{1}{2} + \frac{1}{3} + ... + \frac{1}{k} = g$, so müßte mit $2^m \leqslant k < 2^{m+1}$ auch $U \cdot 2^{m-1} \cdot g$ ganzzahlig sein, wobei $U = 1 \cdot 3 \cdot 5 \cdot 7 ...$ (Produkt aller natürlichen ungeraden Zahlen, die von k nach oben begrenzt werden). In $s_k^{(1)}$ steht genau ein Summand $\frac{1}{2^m}$, die übrigen haben die Form $\frac{1}{2^{m'} U'}$, mit U'/U und $m' \leqslant m - 1$

---

[1] Für $p = 2$ ist (11) $a^2 \equiv a(2)$ für alle ganzzahligen a trivial und in Abschnitt 1.1. schon erwähnt.

[2] wegen (26) in Abschnitt 1.2.

(U' ungerade). Wird $s_k^{(1)}$ mit $U \cdot 2^{m-1}$ multipliziert, so werden demnach aus den übrigen Summanden ganze Zahlen, nur mit

$$\frac{1}{2^m} \cdot U \cdot 2^{m-1} = \frac{U}{2} = g_1^* + \frac{1}{2}$$ ergibt sich in $s_k^{(1)} \cdot U \cdot 2^{m-1}$ eine nicht

ganze Zahl. Damit wäre $U \cdot g \cdot 2^{m-1} = g_2^* = g_1^* + \frac{1}{2}$. q.e.a. Dieser Beweis

Übg.(41.) läßt sich für $1 = 2$ und $1 = 3$ entsprechend (Übung!) modifizieren.

Für $1 \geqslant 2$ ist aber die Aussage (16) wesentlich einfacher folgendermaßen zu beweisen: $\sum\limits_{n=1}^{k} \frac{1}{n^1} \leqslant \sum\limits_{n=1}^{k} \frac{1}{n^2} =$

$$1 + \frac{1}{2^2} + \dots + \frac{1}{k^2} < 1 + \frac{1}{1 \cdot 2} + \frac{1}{2 \cdot 3} + \dots + \frac{1}{k(k+1)} < 1 + \sum\limits_{n=1}^{\infty} \frac{1}{n(n+1)} = 2 \quad ^{1)}.$$

Wegen $1 < \sum\limits_{n=1}^{k} \frac{1}{n^1} < 2$ ist (16) bewiesen. q.e.d.

Mit $\varphi(p) = p-1$, $\varphi(1) = 1$ erhalten wir $p = \varphi(p) + \varphi(1) = \sum\limits_{t/p} \varphi(t) \quad ^{2)}.$

(17)   Diese Beziehung gilt nicht nur für PZ^{en}, sondern ganz allgemein: (17)

$$\sum\limits_{t/m} \varphi(t) = m.$$ Für $m = 4$ ist z.B.

$4 = \varphi(1) + \varphi(2) + \varphi(4) = 1 + 1 + 2$; für $m = 6, 8, 9, 10$ läßt sich (17) ebenfalls durch Ausrechnen sofort bestätigen. Im 4. Kapitel folgt (17) als Teilergebnis einer wesentlich allgemeineren Aussage, hier soll der Satz mit elementaren Mitteln bewiesen werden. Für beliebig gewähltes (nach der Wahl fixiertes) natürliches m betrachten wir die m Brüche $\frac{1}{m}, \frac{2}{m}, \dots, \frac{m}{m}$. In dieser Menge steht das Element $\frac{m}{m}$ für $\varphi(1) = 1$, außerdem bleibt, wenn gekürzt wird, der Nenner m so oft stehen, wie es Zähler gibt, die zu m teilerfremd sind (darunter fällt sicher $\frac{1}{m}$ und $\frac{(m-1)}{m}$ (denn aus $(m-1, m) = t \geqslant 2 \Rightarrow t/1$ ergäbe sich sofort ein Widerspruch), er bleibt also $(\varphi(m))$-mal stehen.

Ist t_0 ein Teiler von m mit $2 \leqslant t_0 < m \quad ^{3)}$, so ist $m = t_0 \cdot k_0$. In der Menge treten die Zähler $1 \cdot k_0, 2 \cdot k_0, \dots, (t_0-1) \cdot k_0$ auf, durch Kürzen

wird aus den entsprechenden Brüchen zunächst $\frac{1}{t_0}, \frac{2}{t_0}, \dots, \frac{t_0-1}{t_0}$, und

von diesen können genau die nicht noch ein weiteres Mal gekürzt werden, deren (neuer) Zähler zu t_0 relativ prim ist. Damit bleibt in der Menge der m Elemente genau, wenn gekürzt ist, $(\varphi(t_0))$-mal der

---

$^{1)}$ Durch vollständige Induktion folgt nämlich

$$\sum\limits_{n=1}^{k} \frac{1}{n(n+1)} = (1 - \frac{1}{k+1}) \text{ und daher } \lim\limits_{k \to \infty} \left(\sum\limits_{n=1}^{k} \frac{1}{n(n+1)} \right) = 1$$

$^{2)}$ gelesen: Summe $\varphi(t)$ über alle Teiler t von p.

$^{3)}$ Für $m \neq p$ gibt es p.d. solche.

Nenner t_0 stehen. Das läßt sich für jeden Teiler t von m durchführen.

q.e.d. Als Beispiel sei der Fall m = 12 hingeschrieben:

$$\left\{\tfrac{1}{12},\ \tfrac{2}{12},\ \tfrac{3}{12},\ \tfrac{4}{12},\ \tfrac{5}{12},\ \tfrac{6}{12},\ \tfrac{7}{12},\ \tfrac{8}{12},\ \tfrac{9}{12},\ \tfrac{10}{12},\ \tfrac{11}{12},\ \tfrac{12}{12}\right\} = \text{(entsprechend}$$

geordnet) $\left\{\underbrace{\tfrac{1}{12},\ \tfrac{5}{12},\ \tfrac{7}{12},\ \tfrac{11}{12}}_{\varphi(12)\text{Elem.}};\ \underbrace{\tfrac{1}{6}\ ,\ \tfrac{5}{6}}_{\varphi(6)\text{El.}}\ ;\ \underbrace{\tfrac{1}{4},\ \tfrac{3}{4}}_{\varphi(4)\text{El.}}\ ;\ \underbrace{\tfrac{1}{3}\ ,\ \tfrac{2}{3}}_{\varphi(3)\text{El.}}\ ;\ \underbrace{\tfrac{1}{2}}_{\varphi(2)\text{El.}}\ ;\qquad 1\right\}$

In der klassischen Zahlentheorie spielen die Teilersummen einer natür-

D lichen Zahl n : $\sigma(n) = \sum\limits_{t/n} t$ eine bedeutende Rolle. Um auch die Summe

der k^{ten} Potenzen der Teiler (k= 2, 3, ...) formelmäßig darzustellen,

D schreiben wir statt $\sigma(n)$ auch $\sigma_1(n)$ und allgemein

$\sigma_k(n) = \sum\limits_{t/n} t^k$ (k = 1, 2, ...). Die Bezeichnung $\sigma_0(n) = \sum\limits_{t/n} t^0 = \sum\limits_{t/n} 1$

für die Anzahl der Teiler von n ist damit motiviert.

Mit $n = p_{(1)}^{\alpha_1} \cdot p_{(2)}^{\alpha_2} \cdot \ \ldots\ \cdot p_{(r)}^{\alpha_r}$ hat nach (I_8) bis (I_{10}) jedes t mit

t/n die Form $t = p_{(1)}^{\tau_1} \cdot p_{(2)}^{\tau_2} \cdot \ \ldots\ \cdot p_{(r)}^{\tau_r}$, mit $0 \leqslant \tau_\nu \leqslant \alpha_\nu$ für

ν = 1, 2, ..., r. Damit kommt jedes t als Summand in dem (ausmultipli-
zierten) Produkt

$$P_1 = (1 + p_{(1)} + p^2{}_{(1)} + \ldots + p_{(1)}^{\alpha_1}) \cdot (1 + p_{(2)} + p_{(2)}^2 + \ldots$$

$$+ p_{(2)}^{\alpha_2}) \cdot \ \ldots\ \cdot (1 + p_{(r)} + p^2{}_{(r)} + \ldots + p_{(r)}^{\alpha_r})$$

genau einmal vor, und wir erhalten $\sigma_1(n) \leqslant P_1$. Die Summanden von P_1

sind aber p.d. sämtlich Teiler von n und p.c. alle paarweise verschieden; damit ist $P_1 \leqslant \sigma_1(n)$. Wir erhalten somit

$$\sigma_1(n) = \prod\limits_{l=1}^{r} (1 + p_{(1)} + p^2{}_{(1)} + \ldots + p_{(1)}^{\alpha_1}) =^{1)} \prod\limits_{l=1}^{r} \left(\frac{p_{(1)}^{\alpha_1+1} - 1}{p_{(1)} - 1}\right).$$

(18) Analog ergibt sich (18)

$$\sigma_k(n) = \prod\limits_{l=1}^{r} (1 + p^k{}_{(1)} + p_{(1)}^{2k} + \ldots + p_{(1)}^{k \cdot \alpha_1}) = \prod\limits_{l=1}^{r} \frac{p_{(1)}^{k(\alpha_1+1)} - 1}{p^k{}_{(1)} - 1}.$$

Nun ist mit t_0/n auch $\frac{n}{t_0}/n$ u.v.v., und wir erhalten

D $$\sigma_1(n) = \sum\limits_{t/n} t = \sum\limits_{t/n} \frac{n}{t} = n \sum\limits_{t/n} \frac{1}{t} = n \cdot \sigma_{-1}(n)^{\,2)}.$$

---

[1] Summenformel der endlichen geometrischen Reihe (Abschnitt 1.1.)
[2] z.B. für n = 12: $\sum\limits_{t/12} t = \sigma_1(12) = 1 + 2 + 3 + 4 + 6 + 12 = 28$;

$$\sigma_{-1}(12) = 1 + \tfrac{1}{2} + \tfrac{1}{3} + \tfrac{1}{4} + \tfrac{1}{6} + \tfrac{1}{12} = \tfrac{7}{3} = \sigma_1(12) \cdot \tfrac{1}{12}\ .$$

D (19)   Entsprechend gilt: (19) $\sigma_k(n) = n^k \cdot \sigma_{-k}(n)$ für $k = 1, 2, \ldots$. Für $k \neq 0$ lassen sich demnach, wenn $\sigma_k(n)$ $(\sigma_{-k}(n))$ bekannt, die $\sigma_{-k}(n)$ $(\sigma_k(n))$ berechnen. Sind a und b zwei teilerfremde natürliche Zahlen mit $a = \prod_{l=1}^{r} p_{(l)}^{\alpha_1}$, $b = \prod_{l=1}^{s} p'_{(l)}^{\alpha'_1}$ $(p_{(\nu)} \neq p'_{(\mu)})$, so ist $a \cdot b = \prod p_{(l)}^{\alpha_1} \prod p'_{(l)}^{\alpha'_1}$ und p.d. ist $\sigma_k(a \cdot b) = \sigma_k(a) \cdot \sigma_k(b)$. Das ist die

(20)   Aussage (20): Für $a \cup b$ gilt $\sigma_k(a \cdot b) = \sigma_k(a) \cdot \sigma_k(b)$, denn für $k = 2, 3, \ldots$ folgt diese Aussage ebenfalls aus der Definition.

Für $k \neq 0$ ist $\sigma_{-k}(a) = \frac{1}{a^k} \sigma_k(a)$, $\sigma_{-k}(b) = \frac{1}{b^k} \sigma_k(b)$;

$$\sigma_{-k}(a \cdot b) = \frac{1}{(a \cdot b)^k} \cdot \sigma_k(a \cdot b) \overset{(20)}{=} \frac{1}{a^k} \sigma_k(a) \cdot \frac{1}{b^k} \sigma_k(b) \overset{\text{p.d.}}{=}$$

(20) $\sigma_{-k}(a) \cdot \sigma_{-k}(b)$. Damit gilt (20) für alle ganzzahligen von 0 verschiedenen Werte von k[1]. Die Formeln (18), (19) und (20) bilden den

(I_{22}) Satz (I_{22}).

MSZ   In Abschnitt 1.2. haben wir $\prod\limits_{t/n} t = n^{\frac{\sigma_0(n)}{2}}$ bzw. $\prod\limits_{t/n} t^k = n^{\frac{\sigma_0(n) \cdot k}{2}}$ bewiesen; aus Abschnitt 1.1. ist $M_A \geqslant M_G \geqslant M_H$ bekannt. Als positive Zahlen zur Mittelbildung dienen jetzt die t^k mit t/n, ihre Anzahl ist $\sigma_0(n)$. Wir erhalten damit $M_A = \frac{\sigma_k(n)}{\sigma_0(n)}$, $M_G = \sqrt[\sigma_0]{\prod\limits_{t/n} t^k} = n^{\frac{k}{2}}$,

$M_H = \frac{\sigma_0(n)}{\sigma_{-k}(n)}$. Da hier nicht alle Summanden gleich sind, ergibt sich

(I'_{22}) (I'_{22}) $\frac{\sigma_0(n)}{\sigma_{-k}(n)} < n^{\frac{k}{2}} < \frac{\sigma_k(n)}{\sigma_0(n)}$ und aus (I'_{22}) folgt insbesondere $\sigma_k(n) > (\sqrt{n^k}) \cdot \sigma_0(n)$. Es ist damit der "durchschnittliche Beitrag" von t^k zu $\sigma_k(n)$ größer als $\sqrt{n^k}$.

D   Euler unterschied drei Arten natürlicher Zahlen: $\sigma_1(n) < 2n$ ("Mangel-

D   zahlen", numeri deficientes[2]), $\sigma_1(n) = 2n$ ("vollkommene Zahlen",

D   numeri perfecti[2]), $\sigma_1(n) > 2n$ ("Überflußzahlen", numeri abundantes[2]). Zwei verschiedene natürliche Zahlen n und m mit $\sigma_1(n) = \sigma_1(m) = n + m$

D   nannte er "befreundete Zahlen" (numeri amicati[2]). Wegen

---

[1] Für $k = 0$ ließe sich (20) mit den bis jetzt erarbeiteten Methoden ebenfalls, allerdings etwas umständlich, beweisen. Wir verzichten aber darauf, da wir im 4. Kapitel (20) sogar für beliebiges reelles k beweisen werden.

[2] lat.

$\sigma_1(p) = 1 + p < 2p$ sind alle PZ^{en} Mangelzahlen, ebenso gehört zu
diesen 15, $\sigma_1(15) = 1 + 3 + 5 + 15 = 24 < 30$. Überflußzahlen sind z.B.

12 $(\sigma_1(12) = (2^3 - 1)(\frac{3^2 - 1}{2}) = 28 > 24)$ und

20 $(\sigma_1(20) = (2^3 - 1)(\frac{5^2 - 1}{4}) = 42 > 40)$.

Zur Klassifikation vollkommener Zahlen gelang Euler ein Beweis, der
als Musterbeispiel Eulerscher Beweiskunst gelten darf. Er zeigte:

(I"$_{22}$)   (I"$_{22}$) Eine gerade Zahl ist dund vollkommen, wenn sie die Form
$2^{p-1}(2^p - 1)$ besitzt, wobei p und $(2^p - 1)$ zwei PZ^{en} sein müssen.
PZ^{en} der Form $2^p - 1$ (p PZ) werden nach ihrem Entdecker , dem mit
Fermat befreundeten Minoritenpater Mersenne (1588 bis 1648),
D   "Mersennesche PZ^{en}" genannt; sie werden uns später noch einmal be-
schäftigen. Für p = 2, 3, 5, 7 wird $2^p - 1$ zu 3, 7, 31, 127, und
es entstehen Primzahlen der genannten Art. $(2^{11} - 1)$ ist dagegen keine
Primzahl, da $2^4 \equiv -7(23) \Rightarrow 2^8 \equiv 3(23)$, $2^3 \equiv 8(23)$, $(2^8 \equiv 3(23)$,
$2^3 \equiv 8(23)) \Rightarrow 2^{11} \equiv 1(23) \Rightarrow 2^{11} - 1 \equiv 0(23) \Rightarrow 2^{11} - 1 \nmid$ PZ. Schon
Euklid wußte, daß die geraden Zahlen der in (I"$_{22}$) genannten Form voll-
kommene Zahlen sind; wir bestätigen das nach (I$_{22}$):
$\sigma_1(2^{p-1}(2^p - 1))$ $^{1)}$ $= (2^p - 1)(2^p - 1 + 1) = (2^p - 1) \cdot 2^p =$
$2 \cdot (2^{p-1}(2^p - 1))$. Mehr als zwei Jahrtausende später gelang es dann
Euler, die Umkehrung dieses Satzes zu beweisen. N.V. ist $\sigma_1(n) = 2n$,
$n = 2^a \cdot q$, $a \geqslant 1$ (wegen $n \equiv 0$ (2)), $(2^a, q) = 1 \Leftrightarrow (q, 2) = 1$. Aus
(20) folgt $\sigma_1(n) = \sigma_1(2^a) \cdot \sigma_1(q)$ $^{1)} = (2^{a+1} - 1) \cdot \sigma_1(q)$ $\overset{n.V.}{=}$ 2n $=$
$2^{a+1} \cdot q \Rightarrow 2^{a+1}(\sigma_1(q) - q) = \sigma_1(q)$. Wegen $\sigma_1(q) = 1 + \ldots + q = q' + q$
wird $q'/\sigma_1(q)$, und außerdem gilt $2^{a+1}q' = q + q' \Rightarrow q'/q$. Für
$q = p'$ (p' PZ) ist $\sigma_1(q) = 1 + q$, mit $q' = 1$ und q'/q. Für ungerade
PZ^{en} q gilt demnach $(\sigma_1(q) - q)/q$; ist dagegen $q \nmid$ PZ, so gilt
$\sigma_1(q) = 1 + \ldots + q' + \ldots + q$ (da $q' = \sigma_1(q) - q$ ein Teiler von q sein
soll und $1 < q'$ ($q \nmid$ PZ), ferner $q'(2^{a+1} - 1) = q$, also $q' \leqslant \frac{q}{3}$),
was wiederum $\sigma_1(q) - q = q'$ widerspricht. Damit ist q eine PZ
$(q = p')$ mit $\sigma_1(q) = 1 + q$. Es ist also 2n $= 2^{a+1} \cdot q = 2^{a+1} \cdot p'$ $\overset{n.V.}{=}$
$(2^{a+1} - 1) \cdot (1 + p') \Rightarrow p' = 2^{a+1} - 1$. Wäre hier (a+1) keine PZ, also
$(a+1) = m_1 \cdot m_2$ $(2 \leqslant m_1 \leqslant m_2)$, so erhielten wir

$2^{a+1} - 1 = (2^{m_1})^{m_2} - 1 \overset{1)}{=} (2^{m_1} - 1)(1 + 2^{m_1} + \ldots + (2^{m_1})^{m_2 - 1})$,

---

$^{1)}$ Summenformel der endlichen geometrischen Reihe (Abschnitt 1.1.)

und p' wäre keine PZ. Damit ist $n = 2^a(2^p - 1)$ mit $a = p - 1$. q.e.d.
Bis heute sind keine ungeraden vollkommenen Zahlen bekannt geworden.
In den letzten Jahren konnte bewiesen werden[1], daß, falls es überhaupt ungerade vollkommene Zahlen gibt, deren Primfaktorzerlegung mindestens sechs verschiedene PZ[en] aufweist und diese Zahlen größer als $(1,4) \cdot 10^{14}$ sein müssen[2].

D

(III'''$_{22}$) Kürzlich wurden vermöge $\sigma_1(\sigma_1(n)) = 2n$ "überperfekte Zahlen" definiert. Ob es von dieser Art ungerade natürliche Zahlen gibt, ist ebenfalls nicht bekannt. Es gilt der Satz (III'''$_{22}$): Eine gerade Zahl n ist genau dann überperfekt, wenn $n = 2^r$ (r eine natürliche Zahl) und gleichzeitig $2^{r+1} - 1$ eine PZ ist (z.B. $r = 1$, $r = 2$, $r = 4$, $r = 6$).

Bew.: Mit $2^{r+1} - 1$ PZ ist $\sigma_1(n) = \sigma_1(2^r) = 2^{r+1} - 1$, also $\sigma_1(\sigma_1(n)) = 2^{r+1} = 2n$. Gilt umgekehrt $\sigma_1(\sigma_1(n)) = 2n$ und ist $n \equiv 0(2)$ o.m.a.W. $n = 2^r q$ ($q \cup 2$; $r \geqslant 1$), so erhalten wir $\sigma_1(n) = (2^{r+1} - 1)\sigma_1(q)$. Wäre hier $q \neq 1$, so existieren als Teiler von $\sigma_1(n)$ mindestens die folgenden drei: $(2^{r+1} - 1)\sigma_1(q)$, $\sigma_1(q)$, 1; damit wäre

$2n = 2^{r+1}q \stackrel{n.V.}{=} \sigma_1(\sigma_1(n)) \geqslant (2^{r+1} - 1)\sigma_1(q) + \sigma_1(q) + 1 > 2^{r+1} \cdot \sigma_1(q)$

bzw. $q > \sigma_1(q)$. q.e.a. q.e.d.

MSZ Durch einfaches Anschreiben von $\sigma_1(n)$ nach (18) wird sofort ersichtlich (jeder Faktor ungerade, Produkt $\neq 2n \equiv 0(2)$), daß eine Quadratzahl $n^2 = \prod_{l=1}^{r} p_{(1)}^{2\alpha_l}$ nie numerus perfectus sein kann. Aus (18) folgt

Übg.(42.) auch (Übung!), daß $n = \prod_{l=1}^{r} p_{(1)}^{2\alpha_l + 1}$ $(p_{(1)} > 2)$ keine perfekte Zahl sein kann. Auf gleichem Wege finden wir, daß $n = 2^l(2^l - 1)$ stets eine Überflußzahl sein muß (wegen $\sigma_1(2^l(2^l - 1)) = \sigma_1(2^l) \cdot \sigma_1(2^l - 1) = (2^{l+1} - 1)(1 + (2^l - 1) + \ldots) \geqslant (2^{l+1} - 1) \cdot (2^l) = 2^l \cdot 2^{l+1} - 2^l = 2^{l+1}(2^l - \frac{1}{2}) > 2^{l+1} \cdot (2^l - 1) = 2n)$. Manchmal sind die folgenden

---

[1] hauptsächlich von russischen Zahlentheoretikern und dem deutschen Mathematiker H.J. Kanold (geb. 1914)

[2] Es liegt daher die Vermutung nahe, daß es keine solchen Zahlen gibt; außerdem wurde neuerdings die untere Schranke durch 10^{20} ersetzt.

Übg.(43.) Formeln (Übung!) von Interesse: Mit $n = 2^a q$, $(q, 2) = 1$, bzw. $n = 3^b q'$,

(21) $(q', 3) = 1$, folgt (21) $\sigma_1(2n) = \sigma_1(n) + 2^{a+1}\sigma_1(\frac{n}{2^a})$ bzw.

(22) (22) $\sigma_1(3n) = \sigma_1(n) + 3^{b+1}\sigma_1(\frac{n}{3^b})$. (21) und (22) legen weitere Folgerungen nahe. Anleitung: Es ist (18) zu verwenden.

Mit $n = p \cdot p'$ ($2 < p < p'$) ist sicher n keine vollkommene Zahl[1], da

$$\sigma_1(n) = (1 + p)(1 + p') = 1 + p + p' + p \cdot p' = 1 + p + p' + n <$$

$$n + p' \cdot (1 + \frac{p}{p'} + \frac{1}{p'}) < n + p' (1 + 1 + \frac{1}{5}) < n + 3p' \lesssim n + pp' = 2n.$$

q.e.d.   Diese n sind sämtlich numeri deficientes.

Für $n = p^\alpha p'^\beta$ ($2 < p < p'$) ist

$$\sigma_1(n) = ((1 + \ldots + p^{\alpha-1}) + p^\alpha) \cdot ((1 + \ldots + p'^{\beta-1}) + p'^\beta) =$$

$$(\frac{p^\alpha-1}{p-1}) \cdot (\frac{p'^\beta-1}{p'-1}) + p'^\beta(\frac{p^\alpha-1}{p-1}) + p^\alpha(\frac{p'^\beta-1}{p'-1}) + p^\alpha p'^\beta =$$

$$p^\alpha p'^\beta \left(\frac{(1-\frac{1}{p^\alpha})(1-\frac{1}{p'^\beta})}{(p-1)(p'-1)} + \frac{(1-\frac{1}{p^\alpha})}{(p-1)} + \frac{(1-\frac{1}{p'^\beta})}{(p'-1)} + 1 \right) <$$

$$p^\alpha p'^\beta \left(\frac{1}{(p-1)(p'-1)} + \frac{1}{(p-1)} + \frac{1}{(p'-1)} + 1 \right) \leqslant$$

$$p^\alpha p'^\beta \left(\frac{1}{2 \cdot 4} + \frac{1}{2} + \frac{1}{4} + 1 \right) < 2p^\alpha \cdot p'^\beta = 2n$$

und auch diese n sind numeri deficientes. Weiter haben wir bewiesen

(I_{22}''') den Satz (I_{22}'''): Eine ungerade vollkommene Zahl (falls es solche gibt)

besitzt mindestens drei Primfaktoren. Der eben geführte Beweis läßt

sich - geringfügig modifiziert - auch auf den Fall $n = p^\alpha p'^\beta p''^\gamma$

Übg.(44.) ($2 < p < p' < p''$) übertragen. Hier folgt (Übung!) $\sigma_1(n) \neq 2n$ und daraus

(23) der Satz (23): Eine ungerade vollkommene Zahl (falls es solche gibt) besitzt mindestens vier verschiedene Primfaktoren.

(24_1) Mit $\sigma_{-1}(n) = \frac{1}{n} \sigma_1(n)$ ist (24_1) $\sigma_{-1}(n) \gtreqless 2$, je nachdem n eine numerus abundans bzw. perfectus bzw. deficiens ist und (I'_{22}) führt für Mangel-

(24_2) zahlen und vollkommene Zahlen zu (24_2) $\sigma_0(n) < 2\sqrt{n}$ ($\sigma_0(n) < \frac{\sigma_1(n)}{\sqrt{n}}$).

(24_2) mit (29) aus Abschnitt 1.2. läßt für die gleiche Sorte von

(24_3) natürlichen Zahlen die Ungleichung (24_3) $\sum_{t/n} \log t < \sqrt{n} \cdot \log n$ gewinnen.

Über befreundete Zahlen sind nur wenige allgemeine Aussagen bekannt. Werden solche mit a' und a" bezeichnet, so gilt $\sigma_1(a') = \sigma_1(a'') = a' + a''$. Ein oft genanntes Beispiel ist a' $= 220 = 2^2 \cdot 5 \cdot 11$,

a" $= 284 = 2^2 \cdot 71$, für die $\sigma_1(a') = (2^3 - 1)(1 + 5) \cdot (1 + 11) =$

$7 \cdot 6 \cdot 12 = 504 = (2^3 - 1)(71 + 1) = \sigma_1(a'') = a' + a''$. Verhältnismäßig

---

[1] Allgemein in Übung (42.) behandelt. Hier wird gezeigt, daß es sich nur um Mangelzahlen handelt.

einfach lassen sich "Unverträglichkeitsbedingungen" für die Freundschaft natürlicher Zahlen angeben. Es kann z.B. nicht

$$a' = 2^{\alpha_1}, \quad a'' = 2^{\alpha_2} \quad (\alpha_1 \neq \alpha_2) \quad \text{gelten, da}$$

$$\sigma_1(a') = 2^{\alpha_1+1} - 1 \neq \sigma_1(a'') = 2^{\alpha_2+1} - 1.$$ Von zwei befreundeten Zahlen kann auch nicht die eine (a') eine Quadratzahl, die andere (a'') eine ungerade Nichtquadratzahl sein. Mit $\quad a' = \prod_{l=1}^{r} p_{(l)}^{2\alpha_1} \quad$, $\quad a'' = \prod_{l=1}^{s} p'^{\beta_1}_{(l)}$ (mindestens ein $\beta_1 \equiv 1(2)$) ist nämlich nach (18) $\sigma_1(a') \equiv 1(2)$, $\sigma_1(a'') \equiv 0(2)$, also $\quad \sigma_1(a') \neq \sigma_1(a'')$[1]. Weitere Unverträglichkeits-

Übg.(45.) bedingungen lassen sich in ähnlicher Weise (Übung!) finden. Weiter ist zu bemerken, daß es sehr wohl Zahlen a_1, a_2 mit $a_1 \neq a_2$,

$$\sigma_1(a_1) = \sigma_1(a_2) \neq a_1 + a_2 \quad \text{geben kann [2]}.$$ Sind etwa p, p', p'' drei ungerade PZ^{en}, $a_1 = p \cdot p'$, $a_2 = p''$, so ist $\quad \sigma_1(a_1) = (1 + p)(1 + p') =$ $1 + p + p' + pp'$, $\sigma_1(a_2) = 1 + p''$. Für $\quad \sigma_1(a_1) = \sigma_1(a_2) \quad$ ist demnach nur $p + p' + p\,p' = p''$ nötig, wobei sicher nicht $\sigma_1(a_2) = a_1 + a_2$ ($1 + p'' \neq p'' + pp'$) gelten kann.

Mit $p = 3$, $p' = 5$, erhalten wir $p'' = 23$; $p = 3$, $p' = 7$ führt zu $p'' = 31$; damit ergeben sich $a_1 = 15$, $a_2 = 23$ bzw. $a_1 = 21$, $a_2 = 31$. Weitere Beispiele lassen sich unschwer finden.

Das oben genannte Beispiel $a' = 2^2 \cdot 5 \cdot 11$, $a'' = 2^2 \cdot 71$ gibt Veranlassung, numeri amicati der Form $a' = 2^{\alpha} p \cdot q$, $a'' = 2^{\alpha} r$ (p, q, r ungerade PZ^{en}) zu untersuchen. Für diesen Fall hat der arabische Mathematiker Tabit ibn Qurra (826 bis 901) eine Formel angegeben, aus der "Tabit-Tripel" solcher ungeraden PZ^{en} resultieren. Nach ihm gilt, wie durch Einsetzen sofort bestätigt werden kann: Sind die Zahlen $p = 2^{n-1} \cdot 3 - 1$, $q = 2^n \cdot 3 - 1$, $r = 2^{2n-1} \cdot 9 - 1$ PZ^{en}, so sind $a' = 2^n pq$, $a'' = 2^n r$ befreundete Zahlen [3].

Für $n = 2$ wird $p = 5$, $q = 11$, $r = 71$ oder $a' = 4 \cdot 5 \cdot 11 = 220$, $a'' = 4 \cdot 71 = 284$ (s.o.).

---

[1] $\sigma_1(a'')$ enthält mit β_{1_0} ungerade den geraden Faktor

$$(1 + p_{(1_0)}) + p^2_{(1_0)} + \dots + p^{\beta_{1_0}}_{(1_0)}.$$

[2] Sie könnten als "halbbefreundet" bezeichnet werden.

[3] Es ist $\sigma_1(a') = \sigma_1(a'') = a' + a''$, außerdem gilt $q = 2p + 1$.

Die Tabit-Tripel sind Spezialfall eines allgemeinen Gesetzes, das
wir zum Abschluß dieses Abschnittes herleiten wollen. Wir fragen,
unter welchen Bedingungen drei ungerade PZ^{en} p, q, r   (p < q

o.B.d.A.) mit   a' = 2^{α}pq, a" = 2^{α}r   zu befreundeten Zahlen führen.

(α)   Es muß demnach gelten: (α) σ_1(a') = σ_1(a") = a' + a"   oder nach (I_{22})

(β) $(2^{\alpha+1} - 1)(p + 1)(q + 1) = (2^{\alpha+1} - 1)(r + 1)$ bzw. (β)   r = p+q+pq

(γ)   also (γ) p < q < r. Aus (α) resultiert weiter

(δ_1) $(2^{\alpha+1} - 1)(1 + p)(1 + q) = 2^{\alpha}r + 2^{\alpha}pq,$

(δ_2) $(2^{\alpha+1} - 1)(r + 1) = 2^{\alpha}r + 2^{\alpha}pq.$

(δ_1) $\Leftrightarrow (2^{\alpha} + 2^{\alpha} - 1) \cdot (1 + p)(1 + q) =$

$2^{\alpha}(1 + p) \cdot (1 + q) + (2^{\alpha} - 1)(1 + p)(1 + q) =$

$2^{\alpha}pq + 2^{\alpha}(1 + p + q) + (2^{\alpha} - 1)(1 + p)(1 + q) = 2^{\alpha}r + 2^{\alpha}pq \Leftrightarrow$

$2^{\alpha}r = 2^{\alpha}(1 + p + q) + (2^{\alpha} - 1)(1 + p)(1 + q) \Leftrightarrow$

$2^{\alpha}(r + 1) = 2^{\alpha}(2 + p + q) + (2^{\alpha} - 1)(1 + p)(1 + q) \overset{(\beta)}{\Leftrightarrow}$

$2^{\alpha}(1 + p)(1 + q) = 2^{\alpha}(2 + p + q) + (2^{\alpha} - 1) \cdot (1 + p)(1 + q) \Leftrightarrow$

$(1 + p)(1 + q) = 2^{\alpha}(2 + p + q)$ (δ_3)

(δ_2) $\Leftrightarrow (2^{\alpha} + 2^{\alpha} - 1)(r + 1) = 2^{\alpha}r + 2^{\alpha}pq \Leftrightarrow (2^{\alpha} - 1)(r + 1) =$

$2^{\alpha}(pq - 1)$ (δ_4).

Aus (δ_4) ergibt sich $\alpha \neq 0$ (da pq $\neq$ 1) und $\alpha \neq 1$. Denn falls α = 1,
so würde aus (δ_3): (1 + p)(1 + q) = 2(2 + p + q) folgen. Mit

x = 1 + p, y = 1 + q, also $x \cdot y = 2(x + y) \Rightarrow \frac{1}{2} = \frac{1}{x} + \frac{1}{y}$. Da $x \geqslant 4$,

$y \geqslant 6$, so wäre demnach $\frac{1}{2} = \frac{1}{x} + \frac{1}{y} \leqslant \frac{1}{4} + \frac{1}{6} < \frac{1}{2}$. In (α) ist also

sicher $\alpha \geqslant 2$. Aus (δ_3) wird mit den eingeführten Größen x, y:

(δ)   (δ) $\frac{1}{2^{\alpha}} = \frac{1}{x} + \frac{1}{y} = \frac{1}{2^{\alpha+1}} + \frac{1}{2^{\alpha+1}}$ ($\alpha \geqslant 2$). P.d. ist $\frac{1}{x} > \frac{1}{y}$ bzw.

(ε) $\frac{1}{x} > \frac{1}{2^{\alpha+1}}$, $\frac{1}{y} < \frac{1}{2^{\alpha+1}}$ oder w.d.i. (ε): $2^{\alpha+1} < y, 2^{\alpha+1} > x$. Für α = 2

ergibt sich hieraus $2^3 = 8 < 1 + q, 8 > 1 + p$; da weiter $\frac{1}{x} < \frac{1}{2^{\alpha}}$

(bzw. x > 4) erhalten wir 8 > 1 + p > 4 mit 1 + p $\equiv$ 0(2) führt dies

zu p = 5 (1 + p = 6). $\frac{1}{y} = \frac{1}{4} - \frac{1}{6} = \frac{1}{12}$, y = 12, q = 11. Aus ($\beta$) folgt

r = 71, damit erhalten wir das bereits erwähnte Beispiel.

Ubg.(46.) Für α = 3 zeigt eine einfache Rechnung (Übung!) unter Verwendung der
gewonnenen Gleichungen, daß die PZ^{en} p und q existieren, aber nach
(β) keine PZ für r sich ergibt bzw. bereits q nicht mehr als PZ aus
den Gleichungen folgt. Es müßten nun die weiteren Möglichkeiten
α = 4, α = 5, ... durchprobiert werden.

Sind umgekehrt für die Zahlen $a' = 2^{\alpha}pq$, $a'' = 2^{\alpha}r$, wobei p, q, r ungerade PZ^{en}, die Beziehungen (β) und (δ) erfüllt, so gilt $\sigma_1(a') = \sigma_1(a'') = (2^{\alpha+1} - 1)(1 + r) = (2^{\alpha} + 2^{\alpha} - 1)\cdot(1 + r) =$

$2^{\alpha}r + 2^{\alpha} + 2^{\alpha}(r + 1) - (r + 1) = 2^{\alpha}r + 2^{\alpha}(r + 2) - (r + 1) \overset{(\beta)}{=}$

$2^{\alpha}r + 2^{\alpha}((1 + p)(1 + q) + 1) - (1 + p)(1 + q) =$

$2^{\alpha}r + 2^{\alpha}pq + 2^{\alpha}((1 + p) + (1 + q)) - (1 + p)\cdot(1 + q) \overset{(\delta_3)}{=}$

$2^{\alpha}r + 2^{\alpha}p\cdot q = a' + a''.$

(25) Das ist die Aussage (25): Sind die ungeraden PZ^{en} p, q, r mit $p < q < r$ durch $(r + 1) = (p + 1)\cdot(q + 1)$ und

$$\frac{1}{p+1} + \frac{1}{q+1} = \frac{1}{2^n} \quad (n \geqslant 2)$$

gegeben, so bilden genau dann die Zahlen $a' = 2^n pq$, $a'' = 2^n r$ zwei befreundete Zahlen.

Übg.(47.) Mit $p + 1 = x = 2^{n+1} - 2^{n-\beta}$, $q + 1 = y = 2^{n+1} + 2^{n+\gamma}$ $(\beta, \gamma$ ganzzahlig) erhalten wir die Zahlen des Tabit-Tripels $p = 2^{n-1}\cdot 3-1$, $q = 2^n\cdot 3-1$, $r = 2^{2n-1}\cdot 9-1$.

Wir wollen für x und y eine etwas allgemeinere Formel herleiten. Nach (δ) und (ε) ist $\frac{1}{x} > \frac{1}{2^{n+1}}$, $\frac{1}{x} < \frac{1}{2^n}$ bzw. $2^n < x < 2^{n+1}$, $y > 2^{n+1}$.

Daher setzen wir mit natürlichem g' $(0 < g' < 2^n)$ und natürlichem g'': $x = 2^{n+1} - g'$, $y = 2^{n+1} + g''$. Mit diesem Ansatz wird aus (δ) $\frac{1}{2^n} = (\frac{1}{g'} - \frac{1}{g''})$ also $g'' > g'$. Wir setzen weiter $1 > \frac{g'}{g''} = \frac{t}{s}$ mit $(t, s) = 1$ und folgern aus (δ) auf $\frac{t}{s} = \frac{g'}{g''} = 2^n(\frac{1}{g''} - \frac{g'}{g''^2}) \Rightarrow$

$\frac{t}{s} = \frac{2^n}{g''}\cdot(1 - \frac{t}{s}) \Rightarrow g''t = 2^n(s - t)$. Ebenso ergibt sich $g's = 2^n(s - t)$; für $s > t$, $s \cup t$ haben wir also (ζ_1) $g''t = 2^n(s - t)$,

(ζ_2) $g's = 2^n(s - t)$. $s \equiv t \equiv 0(2)$ ist mit $t \cup s$ unverträglich.

Aus $t \equiv 0(2)$ und daher $s \equiv 1(2)$ würde mit (ζ_2) folgen: $s/(2^n(s-t))$; also gilt wegen $s \cup 2^n$ nach (I_8) $s/(s-t)$, was $s > s - t$ widerspricht. Damit kann nur $t \equiv 1(2)$ gelten. Aus (ζ_1) folgern wir $t/(s-t)$ bzw. mit ganzzahligem (natürlichem) q: $s-t = qt \Rightarrow s = t(q+1) \Rightarrow$ t/s, was nur für $t = 1$, nicht $t \cup s$ widerspricht. Mit $t = 1$ erhalten wir weiter $g'' = s\cdot g' \overset{(\zeta_1)}{=} 2^n(s-1)$. Wegen $1\cdot s - 1(s-1) = 1$ ist nach (I'_7) $(s, s-1) = 1$, und es muß $(s/2^n)$ gelten.

Wegen $s > 1$ ist $s = 2^k$ mit $1 \leqslant k \leqslant n$ (k natürliche Zahl) oder
$g' = 2^{n-k}(2^k-1)$, $g'' = 2^n(2^k-1)$ also $x = 2^{n+1} + 2^{n-k}(1-2^k) =$

(26) $2^{n+1} + 2^{n-k} - 2^n = 2^{n-k}(2^k + 1)$, $y = 2^n(2^k + 1)$ bzw. (26)

$p = 2^{n-k}(2^k + 1) - 1$, $q = 2^n(2^k + 1) - 1$, $r = 2^{2n-k}(2^k + 1)^2 - 1$.

Aus diesen Formeln folgt für $k = 1$ das Tabit-Tripel für p, q, r
ungerade PZ^{en}. Aus (26) folgt für $k = n$ $p = 2^n \notin$ PZ, damit ist in
(26) nur $1 \leqslant k \leqslant n-1$ möglich. Aus (26) wird mit $k \equiv 0(2)$
($k = 2k'$) wegen $2^k = 2^{2k'} = 4^{k'} \equiv 1(3)$, $2^{2n-k} = 2^{2(n-k')} = 4^{n-k'} \equiv 1(3)$,
$(2^k + 1) \equiv 2(3)$, $r \equiv 0(3)$ oder $r \notin$ PZ. Damit kommen überhaupt nur
ungerade Werte von k für die PZ-Bildung nach (26) in Betracht. Für
$n = 2$ [1], 4, ... und $1 \leqslant k \leqslant n-1$ ist dann in (26) jeweils festzustellen, ob sich ungerade PZ^{en} p, q, r ergeben. Wann dies genau der
Fall ist, soll hier nicht weiter untersucht werden; z.B. ergeben sich
für $k = 1$ und $n = 4$ aus (26) $p = 23$, $q = 47$, $r = 1151$ bzw. die
befreundeten Zahlen $a' = 2^4 \cdot 23 \cdot 47 = 17296$, $a'' = 2^4 \cdot 1151 = 18416$ [2] [3].

1.4. Zur Positionsschreibweise der reellen Zahlen

In diesem Abschnitt werden wir uns i.a. nur mit der Darstellung
reeller Zahlen im Dezimalsystem beschäftigen. Beinahe alle Aussagen
lassen sich analog auf den Fall eines Positionssystems mit der Basis
m (siehe Abschnitt 1.2.) übertragen. Ebenso sind die nötigen Beweis-
ideen meistens von der Wahl einer bestimmten Basiszahl unabhängig.

Zunächst betrachten wir positive rationale Zahlen, die kleiner als 1
sind, also $0 < \frac{r}{s} < 1$ ($r \cup s$, r, s natürliche Zahlen). Wegen
$1 \leqslant r < s$ können diese Zahlen vermöge des folgenden Algorithmus –
er ist von der Schule her vertraut – einem Dezimalbruch zugeordnet
werden:

(α_1) $10r = q_1 s + r_1$ ($0 \leqslant r_1 < s-1$ und $0 \leqslant q_1 \leqslant 9$ wegen

$q_1 \geqslant 10 \Rightarrow \frac{r}{s} = \frac{q_1}{10} + \frac{r_1}{s} \geqslant 1$), $\frac{r}{s} = \frac{q_1}{10} + \frac{r_1}{10s}$. (α_2) $10r_1 = q_2 s + r_2$

($0 \leqslant r_2 < s-1$ und $0 \leqslant q_2 \leqslant 9$ wegen $q_2 \geqslant 10 \Rightarrow \frac{r_1}{s} \geqslant 1$), u.s.f..

Tritt hier einmal der Rest Null auf, so bricht das Verfahren ab und
wir erhalten einen endlichen Dezimalbruch. Da bei Division mit s lediglich s verschiedene Reste auftreten können (I_2), so muß nach spätestens

---

[1] $n = 3$ ist, wie wir wissen (Übung (46.)), nicht konkurrenzfähig.

[2] Heute sind etwa 400 Paare befreundeter Zahlen bekannt.

[3] Zwei anders strukturierte numeri amicali sind $a' = 2^5 \cdot 37 = 1184$, $a'' = 2 \cdot 5 \cdot 11^2 = 1210$. Dieses Paar soll der berühmte Geigenvirtuose Paganini (1782 bis 1840) mit 16 Jahren gefunden haben.

s Divisionsschritten dem Schubfachprinzip von Dirichlet zufolge ein
Rest zum zweiten Mal auftreten; damit wiederholen sich die Ziffern
der Dezimalbruchentwicklung von $\frac{r}{s}$ periodisch.

Beispiel: $\frac{3}{22} = 0{,}1363636\ldots = 0{,}1\overline{36}$. Ist umgekehrt ein unendlicher
periodischer Dezimalbruch gegeben, etwa $0{,}g_1 g_2 \ldots g_v \overline{c_1 c_2 \ldots c_1}$, wobei
$g_1,\ldots,g_v$ die Ziffern der "Vorperiode" sind, v deren Länge angibt,
und $c_1,\ldots,c_1$ bzw. l Ziffern bzw. Länge der Periode bezeichnen, so
bedeutet dies p.d. $\dfrac{\overline{g_1 \ldots g_v}}{10^v} + \dfrac{\overline{c_1 \ldots c_1}}{10^{v+1}} + \ldots$ [1]. Da bekanntlich für

$|q| < 1$ die unendliche geometrische Reihe $\displaystyle\sum_{1=0}^{\infty} q^1$ mit dem Wert $\frac{1}{1-q}$

konvergiert, erhalten wir mit $G = \overline{g_1 \ldots g_v}$, $C = \overline{c_1 \ldots c_1}$ für den unendlichen periodischen Dezimalbruch

$$\frac{G}{10^v} + \frac{C}{10^{v+1}} \left(1 + \frac{1}{10^1} + \ldots\right) = \frac{G}{10^v} + \frac{C}{10^{v+1}} \cdot \frac{1}{1 - \frac{1}{10^1}} =$$

$$\frac{G}{10^v} + \frac{C}{10^v(10^1-1)} = \frac{G\,10^1 + C - G}{10^v(10^1-1)} \quad . \text{ Da G eine v-ziffrige Zahl, C eine}$$

l-ziffrige Zahl, (10^1-1) eine l-ziffrige Zahl mit lauter Ziffern 9 ist,
so entsteht hieraus die bekannte Regel über die Umwandlung eines un-
(1)   endlich periodischen Dezimalbruches in eine rationale Zahl: (1) Der
Nenner ist eine Zahl, die vorne so viele Ziffern 9 aufweist, wie die
Periode Stellen besitzt; hinten stehen im Nenner so viele Ziffern
Null, wie die Vorperiode Stellen aufweist. Der Zähler entsteht durch
Hinschreiben der Ziffern von Vorperiode und Periode, wobei von dieser
so entstandenen Zahl noch die aus den Ziffern der Vorperiode gebildete
Zahl zu subtrahieren ist. Beispiel: $0{,}34\overline{15781} = \dfrac{3415781 - 341}{9999000} =$

$\dfrac{3415440}{9999000} = \dfrac{113848}{333300} = \dfrac{28462}{83325}$. Da ein endlicher Dezimalbruch auch als
unendlicher Dezimalbruch mit der Periode Null $(0{,}12 = 0{,}12\overline{0})$ geschrie-
ben werden kann, so folgt aus dem eingangs geschilderten Algorithmus
nach (1), daß alle rationalen Zahlen zwischen Null und Eins als unendliche periodische Dezimalbrüche geschrieben werden können. Umgekehrt
besitzen auch alle diese Dezimalbrüche einen rationalen Wert. Nun
(I_{23}) beweisen wir den Satz (I_{23}): Jeder reellen Zahl y kann in eindeutiger
Weise ein Dezimalbruch zugeordnet werden.

Beim Beweis beschränken wir uns auf $y \geqslant 0$, da $-y$ nach den Körpereigen-
schaften (Abschnitt 1.1.) entsprechend definiert ist (y ist in Bild 1
angedeutet). Mit $g_0 = [y] \Rightarrow g_0 \leqslant y < g_0 + 1 \Rightarrow y = g_0 + f_1$
$(0 \leqslant f_1 < 1)$ ist nach (I_{11}) für $g_0 = [y]$ die eindeutige Darstellung

---

[1] "$\overline{z_1 \ldots z_f}$" steht für eine f-ziffrige Zahl mit den Ziffern $z_1,\ldots,z_f$.

als Dezimalzahl erwiesen. Weiter gilt $0 \leqslant f_1 < 1 \Rightarrow 10\,f_1 < 10 \Rightarrow$

$(\beta_1)\ 10\,f_1 = \left[10\,f_1\right] + f_2 = g_1 + f_2 \Rightarrow 0 \leqslant g_1 \leqslant 9,\ 0 \leqslant f_2 < 1 \Rightarrow f_1 =$

$\dfrac{g_1}{10} + \dfrac{f_2}{10} \Rightarrow y = g_0 + \dfrac{g_1}{10} + \dfrac{f_2}{10}$. Wie eben schließen wir: $0 \leqslant f_2 < 1 \Rightarrow$

$0 \leqslant 10\,f_2 < 10 \Rightarrow (\beta_2)\ 10\,f_2 = \left[10\,f_2\right] + f_3 = g_2 + f_3 \Rightarrow 0 \leqslant g_2 \leqslant 9,$

$0 \leqslant f_3 < 1 \Rightarrow f_2 = \dfrac{g_2}{10} + \dfrac{f_3}{10} \Rightarrow y = g_0 + \dfrac{g_1}{10} + \dfrac{g_2}{100} + \dfrac{f_3}{100}$. Mit $0 \leqslant f_3 < 1$

erhalten wir $(\beta_3)\ 10f_3 = \left[10f_3\right] + f_4 = g_3 + f_4$ mit $0 \leqslant g_3 \leqslant 9,$

$0 \leqslant f_4 < 1$, woraus $y = g_0 + \dfrac{g_1}{10} + \dfrac{g_2}{100} + \dfrac{g_3}{1000} + \dfrac{f_4}{1000}$ resultiert.

Dieser Algorithmus kann fortgesetzt werden. Er führt nach vollständi-

Übg.(48.) ger Induktion (Übung!) zu

(2)

$\qquad$ (2) $y = g_0 + \dfrac{g_1}{10} + \dfrac{g_2}{100} + \ldots + \dfrac{g_n}{10^n} + \dfrac{f_{n+1}}{10^n}$, dabei sind die g_ν nicht-

negative ganze Zahlen $(0 \leqslant g_\nu \leqslant 9)\ (\nu = 0,\ \ldots,\ n)$ und es gilt

$0 \leqslant f_{n+1} < 1$. Mit $0 \leqslant \dfrac{f_{n+1}}{10^n} < \dfrac{1}{10^n}$ sind die $\dfrac{f_{n+1}}{10^n}\ (n = 0,\ 1,\ \ldots)$

Glieder einer Nullfolge, und die unendliche Reihe $\displaystyle\sum_{l=1}^{\infty} \dfrac{g_l}{10^l}$ konver-

giert mit dem Wert $y - g_0 = y - [y]$. (2) zeigt außerdem, daß eine so

gewonnene Dezimalbruchentwicklung nicht mit unendlich vielen Ziffern 9

enden kann[1], denn wäre etwa $g_{n+l} = 9\ (l = 1,\ 2,\ \ldots,\ \text{ad infinitum}),$

so gälte $\dfrac{f_{n+1}}{10^n} < \dfrac{1}{10^n}$ und gleichzeitig $\dfrac{9}{10^{n+1}} + \dfrac{9}{10^{n+2}} + \ldots =$

$\dfrac{9}{10^{n+1}} \cdot (1 + \dfrac{1}{10} + \dfrac{1}{10^2} + \ldots) = \dfrac{9}{10^{n+1}} \cdot \dfrac{1}{\frac{10-1}{10}} = \dfrac{1}{10^n} = \dfrac{f_{n+1}}{10^n}$. q.e.a.

Ist in (2) ein $f_k = 0$, so sind es p.d. auch die nachfolgenden f_{k+l}

$(l = 1,\ \ldots)$, es bricht also die Dezimalbruchentwicklung in einem

solchen Fall ab. Wir lassen nun Dezimalbruchentwicklungen, die auf

unendlich viele Ziffern 9 enden, nicht mehr zu, da außerdem ein sol-

cher Dezimalbruch stets auch einer endlichen Entwicklung gleich ist.

Dies ergibt sich sofort mit $g_k \leqslant 8$ aus:

$g_0 + \displaystyle\sum_{l=1}^{k} \dfrac{g_l}{10^l} + 9 \cdot \sum_{l=1}^{\infty} \dfrac{1}{10^{k+l}} = g_0 + \sum_{l=1}^{k-1} \dfrac{g_l}{10^l} + \dfrac{g_k}{10^k} + \dfrac{1}{10^k} =$

$g_0 + \displaystyle\sum_{l=1}^{k-1} \dfrac{g_l}{10^l} + \dfrac{(g_k+1)}{10^k}$. Wir müssen nun noch die Eindeutigkeit der Dar-

stellung $y = \displaystyle\sum_{l=0}^{\infty} \dfrac{g_l}{10^l}$ beweisen. Zu diesem Zweck betrachten wir zwei

---

[1] Es gibt keine "Neunerschwänze".

unendliche Reihen $\sum \frac{g_l}{10^l}$, $\sum \frac{g'_l}{10^l}$. Ist $g_l = g'_l$ für $l = 0, 1, \ldots$,

so sind beide gleich (p.d.). Ist umgekehrt $\sum \frac{g_l}{10^l} = \sum \frac{g'_l}{10^l}$ und würde

nicht für alle l $g_l = g'_l$ gelten, so sei erstmals $g_N \neq g'_N$

($g_l = g'_l$ für $l = 0, 1, 2, \ldots, N-1$) und o.B.d.A. $g_N > g'_N$ bzw.

$g_N - g'_N \geqslant 1$. Damit erhielten wir

$$0 = \frac{g_N - g'_N}{10^N} + \sum_{l=N+1}^{\infty} \left(\frac{g_l - g'_l}{10^l}\right) \Leftrightarrow \frac{g_N - g'_N}{10^N} = \sum_{l=N+1}^{\infty} \frac{(g'_l - g_l)}{10^l} \; .$$

In dieser Gleichung ist n.V. die linke Seite mindestens gleich $\frac{1}{10^N}$.

Für die rechte Seite gilt zunächst $\sum_{l=N+1}^{\infty} \frac{(g'_l - g_l)}{10^l} \leqslant \sum_{l=N+1}^{\infty} \frac{g'_l}{10^l}$

und weiter, wenn für $M > N$ erstmals (s.o.) $g'_M < 9$, $\sum_{l=N+1}^{\infty} \frac{(g'_l - g_l)}{10^l} \leqslant$

$$\sum_{l=N+1}^{\infty} \frac{g'_l}{10^l} = \sum_{l=N+1}^{M} \frac{g'_l}{10^l} + \sum_{l=M+1}^{\infty} \frac{g'_l}{10^l} < 9 \cdot \sum_{l=N+1}^{M} \frac{1}{10^l} + \sum_{l=M+1}^{\infty} \frac{g'_l}{10^l} \leqslant$$

$9 \cdot \sum_{l=N+1}^{\infty} \frac{1}{10^l} = \frac{1}{10^N}$. q.e.a. Es sind also zwei Dezimalbrüche dund

gleich, wenn sie in sämtlichen Ziffern ihrer Entwicklung übereinstimmen,

(I'$_{23}$)   außerdem haben wir gezeigt: (I'$_{23}$) Es ist $\sum_{l=0}^{\infty} \frac{g_l}{10^l}$ genau dann größer

als $\sum_{l=0}^{\infty} \frac{g'_l}{10^l}$, wenn $g_N > g'_N$ und $g_l = g'_l$ ($l = 0, \ldots, N-1$).

Der vorstehende Beweis läßt sich ohne Schwierigkeiten auf ein System
mit der Basis m übertragen, statt "10" ist "m", statt "9" ist "(m-1)"
zu setzen. Wir behandeln lediglich ein Beispiel und wollen die dekadisch geschriebene Zahl $5{,}5 = \frac{11}{2}$ im Tertialsystem (m=3) darstellen.

Zunächst gilt $5 \overset{10}{\overset{3}{\widehat{=}}} 12$. Wegen $3 \cdot \frac{1}{2} = 1 + \frac{1}{2} \Rightarrow \frac{1}{2} \overset{10}{\overset{3}{\widehat{=}}} 0, 1 \ldots$

erhalten wir $5{,}5 \overset{10}{\overset{3}{\widehat{=}}} 12,\overline{1}$.

Aus (I$_{23}$) ergibt sich weiter, daß die zu Beginn dieses Abschnittes

geschilderte Methode zu einer eindeutigen Darstellung der rationalen

(3)   Zahl $\frac{r}{s}$ mit $0 \leqslant \frac{r}{s} < 1$ führt. Das ist (3): Die Gesamtheit der unend-

lichen periodischen Dezimalbrüche $0, \ldots$ [1]) bildet genau die Menge

der rationalen Zahlen $\frac{r}{s}$ mit $0 \leqslant \frac{r}{s} < 1$. Die übrigen positiven rationa-

len Zahlen r' haben die Form $r' = [r'] + 0, \ldots$, während die nega-

tiven rationalen Zahlen r'' entweder nach Abschnitt 1.1. (Körpereigen-

schaft) oder durch $r'' = [r''] + 0, \ldots$ (z.B. $-0{,}\overline{3} = -1 + 0{,}\overline{6}$) ge-

wonnen werden.

---

[1]) Endliche Dezimalbrüche haben die Periode Null, außerdem steht in
(3) "0, ..." für einen periodischen Dezimalbruch.

Wir betrachten jetzt eine dekadisch gegebene rationale Zahl $\frac{r}{s}$

$(0 < r < s,\ r \cup s)$ und fragen, wann deren (m-al)-Entwicklung endlich

(4)   ist. Hier gilt: (4) $\frac{r}{s}$ hat genau dann eine endliche Entwicklung, wenn

in s nur die Primfaktoren von m vorkommen. Der Beweis ist sehr ein-

fach. Hat $\frac{r}{s}$ eine endliche Entwicklung, so ist $\frac{r}{s} = \sum_{l=1}^{k} \frac{g_l}{m^l} = \frac{Q^*}{m^k}$

(Q^* natürliche Zahl), und nach entsprechendem Kürzen

gemeinsamer Faktoren bleiben für die Primfaktorzerlegung von s nur

solche PZ^{en} übrig, die auch in der Zerlegung von m vorkommen (Beispiel:

$$\frac{r}{s} = \frac{4}{12} + \frac{5}{12^2} + \frac{6}{12^4} = \frac{4 \cdot 12^3 + 5 \cdot 12^2 + 6}{12^4} \quad (m = 12,\ k = 4)).$$

Ist umgekehrt $m = p_{(1)}^{\alpha_1} \cdot p_{(2)}^{\alpha_2} \cdot \ \dots \ \cdot p_{(1)}^{\alpha_l}$, $s = p_{(1)}^{\beta_1} \cdot p_{(2)}^{\beta_2} \cdot \ \dots \ \cdot p_{(1)}^{\beta_l}$

$(\beta_1, \ \dots, \ \beta_l$ ganzzahlig nicht negativ – falls $\beta_{l_0} = 0$ kommt

$p_{(l_0)}$ in der Primfaktorzerlegung von s nicht vor –),

dann muß nur $\frac{r}{s}$ solange mit Potenzen $p_{(1)}^{\gamma_1}, \ p_{(2)}^{\gamma_2}, \ \dots, \ p_{(1)}^{\gamma_l}$ erweitert

werden, bis im Nenner eine Potenz von m steht. Ist dann $\frac{r}{s} = \frac{R}{m^{Q+1}}$

(R natürliche Zahl, (Q+1) natürliche Zahl, so bedarf es nach (I_{11}) nur

noch der eindeutigen Darstellung von R als einer Summe von m-Potenzen,

um die Darstellung von $\frac{r}{s}$ als die eines endlichen (m-al)-Bruches hinzu-

schreiben. Im konkreten Fall ist dies oft sehr einfach zu praktizieren.

Ehe wir den allgemeinen Beweis führen, betrachten wir zwei Beispiele

$$1.\ m = 10,\ \frac{r}{s} = \frac{r}{2^{\alpha_1}\, 5^{\alpha_2}} = \frac{r \cdot 5^{\alpha_1} \cdot 2^{\alpha_2}}{2^{\alpha_1 + \alpha_2} \cdot 5^{\alpha_1 + \alpha_2}} = \frac{R}{(10)^{\alpha_1 + \alpha_2}} \qquad {}^{1)}.$$

$$2.\ m = 2 \cdot 3^2 \cdot 5 = 90,\ \frac{r}{s} = \frac{r}{2^3 \cdot 3 \cdot 5^2} = \frac{r \cdot 3^5 \cdot 5}{2^3 \cdot 3^6 \cdot 5^3} = \frac{R}{(90)^3} \qquad {}^{2)}.$$

Für den allgemeinen Beweis setzen wir $\beta_\mu = q_\mu \alpha_\mu + r_\mu$ $(\mu = 1, 2, \dots, l)$,

$0 \leqslant r_\mu \leqslant \alpha_\mu - 1$. Ist Q das Maximum der $q_1, \ \dots, \ q_l$, so muß $\frac{r}{s}$ derart mit

$p_{(\mu)}^{\gamma_\mu}$ erweitert werden, daß $p_{(\mu)}^{\beta_\mu} \cdot p_{(\mu)}^{\gamma_\mu} = p_{(\mu)}^{\alpha_\mu (Q+1)}$ also $\frac{r}{s} = \frac{R}{m^{Q+1}}$.

q.e.d.

$^{1)}$ Etwa $\dfrac{3}{20} = \dfrac{3}{2^2 \cdot 5} = \dfrac{3 \cdot 2 \cdot 5^2}{10^3} = \dfrac{15}{10^2} = 0,15$

$^{2)}$ Etwa $\dfrac{1}{2^3 \cdot 3 \cdot 5^2} = \dfrac{5 \cdot 243}{90^3} = \dfrac{1215}{90^3} = \dfrac{13 \cdot 90 + 45}{90^3} = \dfrac{0}{90} + \dfrac{13}{90^2} + \dfrac{45}{90^3} \,\widehat{=}\, 0,0\,|13|\,45$

(im System mit m=90 heißen die Ziffern 0,1, $\dots$, 9,10,$\dots$,89 und
müssen durch Striche $|\dots|$ getrennt werden). Außerdem stehen auf
dieser Seite für verschiedene Zahlen gleiche Buchstaben.

Ist die rationale Zahl $\frac{r}{s}$ $(0 < r < s,\ r \cup s)$ gegeben, so lassen sich auch Aussagen über v (Vorperiodenlänge) und 1 (Periodenlänge) der Dezimalbruchentwicklung gewinnen[1]. Wir setzen $s = 2^a \cdot 5^b \cdot q'$ mit $(10, q') = 1$. Ist $e(10)$ der Exponent von 10 modulo q', so werden wir

(5)   beweisen: (5) In der Dezimalbruchentwicklung von $\frac{r}{s}$ ist $1 = e(10)$, $v = \alpha$ (α = Maximum von a und b).

Hierzu bilden wir $10^\alpha \cdot \frac{r}{s} = \frac{\bar{r}}{q'}$, mit $(\bar{r}, q') = 1$ (wegen (I_8) und (I_9)). Ist $\bar{r} = gq' + r_0$ mit $1 \leqslant r_0 \leqslant q' - 1,\ 0 \leqslant g < 10^\alpha$ [2], so folgt aus (I_7'') $(r_0, q') = 1$, und die Dezimalbruchentwicklungen von $\frac{\bar{r}}{q}$, bzw. $\frac{r_0}{q'}$ beginnen $g,\dots$ bzw. $0,\dots$. Wir entwickeln dann $\frac{r_0}{q'}$ nach der eingangs geschilderten Methode in einen Dezimalbruch: $10r_0 = c_1 q' + r_1$ mit $(10r_0, q') = 1,\ 0 \leqslant c_1 \leqslant 9),\ (r_1, q') = 1$ und erhalten als erste Ziffer der Dezimalbruchentwicklung c_1. Über $10r_1 = c_2 q' + r_2$, $(r_2, q') = 1$ ergibt sich als nächste Ziffer c_2. Es entsteht folgende Kette von Gleichungen $10r_0 = c_1 q' + r_1$, $10r_1 = c_2 q' + r_2$, $\dots$, $10r_{e-1} = c_e q' + r_e$ [3]. Durch Multiplikation dieser e Gleichungen folgt die Beziehung $10^e \cdot r_0 \cdot r_1 \cdot \ldots \cdot r_{e-1} = q'L + r_1 \cdot r_2 \cdot \ldots \cdot r_e$ (L natürliche Zahl), o.w.d.i. $10^e \cdot r_0 \cdot \ldots \cdot r_{e-1} \equiv r_1 \cdot r_2 \cdot \ldots \cdot r_e (q')$. Da n.V. $10^e \equiv 1(q')$ führt (I_{20}) zu $r_0 \equiv r_e (q') \Rightarrow r_0 = r_e$ (die r_ν sind Elemente aus $\{\bar{v}_k\}_{q'}$). Damit beginnt hinter c_e die Folge der Ziffern

$c_1,\ \dots,\ c_e$ von neuem, und die Periodenlänge der Entwicklung von $\frac{r_0}{q'}$ ist demnach höchstens gleich $e(10)$. Wäre sie kürzer, so müßte für $k < e$ bereits $r_0 = r_k$ gelten; würden dann in der oben angegebenen Kette die ersten k Gleichungen multipliziert, so ergäbe sich entsprechend $10^k \cdot r_0 \cdot r_1 \cdot \ldots \cdot r_{k-1} = q'L_1 + r_1 \cdot r_2 \cdot \ldots \cdot r_k$ (L_1 natürliche Zahl) $\Rightarrow 10^k \equiv 1(q')$. Dies widerspricht der Definition des Exponenten von 10 modulo q'. q.e.a.

Als Teilergebnis halten wir fest, daß jede rationale Zahl $\frac{r}{s}$ mit

D $(s, 10) = 1,\ 1 \leqslant r < s$ und $(r, s) = 1$ eine "reinperiodische" Dezimalbruchentwicklung $(v=0)$ besitzt, für die $1 = $ "$e(10)$ modulo s" gilt.

---

[1] Ähnliche Aussagen gelten auch für eine (m-al)-Entwicklung. Hier sind allerdings verschiedene Fallunterscheidungen nötig, außerdem wird der Schreibaufwand unverhältnismäßig groß.

[2] $g \leqslant \frac{\bar{r}}{q} = 10^\alpha \cdot \frac{r}{s} < 10^\alpha$

[3] Wir schreiben hier "e" statt "$e(10)$".

Beispiel: $\frac{4}{33}$ $(10^2 \equiv 1(33)) = 0,\overline{12}$ (l=2). Nun war $10^\alpha \cdot \frac{r}{s} = g + \frac{r_0}{q'}$

oder $\frac{r}{s} = \frac{g}{10^\alpha} + \frac{r_0}{q'} \cdot \frac{1}{10^\alpha}$; da $g < 10^\alpha$, m.a.W.

$g = g'_0 + g'_1 \cdot 10 + \ldots + g'_{\alpha-1} \cdot 10^{\alpha-1}$ (g_ν ganzzahlig,

$0 \leqslant g'_\nu \leqslant 9$ – (alle $g'_\nu = 0$) $\Leftrightarrow$ ($g = 0$) –), so folgt

$\frac{r}{s} = 0, g'_{\alpha-1} g'_{\alpha-2} \cdots g'_1 g'_0 + 0,\underbrace{0\ldots0}_{\alpha \text{ Nullen}} \overline{c_1 c_2 \ldots c_e} =$

$0, g'_{\alpha-1} g'_{\alpha-2} \cdots g'_1 g'_0 \overline{c_1 c_2 \ldots c_e}$. Damit ist $v \leqslant \alpha$. Wenn nämlich, was

denkbar wäre, etwa $g'_0 = c_e$, $g'_1 = c_{e-1}$, $\ldots$, $g'_{e-1} = c_1$ oder etwa

$g'_0 = c_e$, $g'_1 = c'_{e-1}$ (die Periode ergäbe sich dann zu $\overline{c_{e-1} c_e \ldots c_{e-2}}$),

so würde sich die Periode in die Ziffern $g'_{\alpha-1}, \ldots, g'_1 \cdot g'_0$ hinein

nach links fortsetzen, und wir erhielten $v < \alpha$. Hat nun aber die Ent-

wicklung von $\frac{r}{s}$ die Vorperiodenlänge v und die Periodenlänge 1, so ist

p.d. $\frac{r}{s} = 0, g_1 g_2 \ldots g_v \overline{c_1 \ldots c_l}$, und wir erhalten $10^v \frac{r}{s} = \frac{r'}{s} =$

$g_1 \cdot 10^{v-1} + g_2 \cdot 10^{v-2} + \ldots + g_v + \frac{\overline{c_1 \ldots c_l}}{10^l} (1 + \frac{1}{10^l} + \ldots) =$

$\overline{g_1 \ldots g_v} + \frac{\overline{c_1 \ldots c_l}}{10^l} \cdot \frac{(10^l)}{10^l - 1} = \frac{(10^l - 1) \cdot \overline{g_1 \ldots g_v} + \overline{c_1 \ldots c_e}}{10^l - 1}$. Damit besitzt

$10^v \cdot \frac{r}{s} = \frac{r''}{s''}$ sicher einen Nenner (nämlich $10^l - 1$), der zu 10 relativ

prim ist. 10^α war aber p.c. die Potenz von 10 mit kleinstmöglichem

Exponenten derart, daß $10^\alpha \cdot \frac{r}{s} = \frac{\overline{r}}{q'}$ mit $(q', 10) = 1$, somit ist

$v \geqslant \alpha$ und wir haben (5) vollständig bewiesen. Die Aussagen (1), (3),

(I_{24})   (4) und (5) bilden den Satz (I_{24}).

Beispiel: $\frac{7}{660}$, $660 = 2^2 \cdot 5 \cdot 3 \cdot 11$, $\alpha = 2$, $10^2 \equiv 1(33)$, $e = 2$,

$\frac{7}{660} = 0,01\overline{06}$.

Übg.(49.) Welche Länge besitzen Vorperiode und Periode der Dezimalbruchentwicklung von $\frac{231}{515}$?

MSZ   Nach (I_{21}) ist $e(10)/\varphi(q')$. Ist dabei q' eine von 2 und von 5 verschiedene PZ, so muß $e(10)$ nur unter den Teilern von $(q'-1) = \varphi(q')$

D   gesucht werden. Für $e(10) = q'-1$ (q' eine PZ) heißen diese PZ^{en}
auch "PZ^{en} maximaler Periodenlänge". Über solche PZ^{en} ist sehr wenig
bekannt. Unterhalb 50 sind es die PZ^{en} 7, 17, 19, 23, 29, 47, was sich
durch Nachrechnen bestätigen läßt [1]. Wir behandeln als Beispiele
$q' = 7$, $q' = 13$, $q' = 17$. Wegen $10^3 \equiv -1(7)$, $10^3 \equiv -1(13)$ ist

---

[1] 109 ist ebenfalls von maximaler Periodenlänge.

$10^6 \equiv 1(7)$, $10^6 \equiv 1(13)$; rationale Zahlen mit dem Nenner 7 (bzw. 13) besitzen demnach die Periodenlänge 6. Da $10^2 \equiv -2(17) \Rightarrow 10^4 \equiv 4(17)$, $10^8 \equiv -1(17) \Rightarrow 10^{16} \equiv 1(17)$, weisen rationale Zahlen mit dem Nenner 17 die Periodenlänge 16 auf. Bei den folgenden Dezimalbruchdarstellungen stehen in " ⌡ " jeweils die zugehörigen Divisionsreste:

$$\frac{1}{7} = 0,\overset{1}{1}\,\overset{3}{4}\,\overset{2}{2}\,\overset{6}{8}\,\overset{4}{5}\,\overset{5}{7}\quad^{(1)} \qquad \frac{1}{13} = 0,\overset{1}{0}\,\overset{10}{7}\,\overset{9}{6}\,\overset{12}{9}\,\overset{3}{2}\,\overset{4}{3}\quad^{(1)}$$

$$\frac{2}{13} = 0,\overset{2}{1}\,\overset{7}{5}\,\overset{5}{3}\,\overset{11}{8}\,\overset{6}{4}\,\overset{8}{6}\quad^{(2)} \qquad \frac{1}{17} = 0,\overset{1}{0}\,\overset{10}{5}\,\overset{15}{8}\,\overset{14}{8}\,\overset{4}{2}\,\overset{6}{3}\,\overset{9}{5}\,\overset{5}{2}\,\overset{16}{9}\,\overset{7}{4}\,\overset{2}{1}\,\overset{3}{1}\,\overset{13}{7}\,\overset{11}{6}\,\overset{8}{4}\,\overset{12}{7}\quad^{(1)}.$$

Es ist daher z.B.[1] $\frac{2}{7} = 0,\overline{285714}$, $\frac{3}{7} = 0,\overline{428571}$, $\frac{4}{7} = 0,\overline{571428}$, $\frac{5}{7} = 0,\overline{714285}$, $\frac{6}{7} = 0,\overline{857142}$, $\frac{3}{13} = 0,\overline{230769}$, $\frac{4}{13} = 0,\overline{307692}$ u.s.f. .

Da die Zahlen, die durch die Periodenziffern gebildet werden (z.B. 285 714 oder 230 769), sämtliche ein Vielfaches von 9 sind, so erhalten wir sofort auch die Dezimalbruchentwicklungen von $\frac{1}{9 \cdot 7}$, ..., $\frac{1}{9 \cdot 13}$, ... (etwa $\frac{1}{63} = 0,\overline{015873}$). Hier verbirgt sich ein allgemeines

Übg.(50.) Gesetz (Übung!). Für $(q', 9) = (q', 10) = 1 = (r, q')$ und $\frac{r}{q'} = 0,\overline{c_1 c_2 \dots c_l}$ $(10^l \equiv 1(q'))$ ist stets $\overline{c_1 c_2 \dots c_l}$ durch 9 teilbar.

Somit wird ein "Zauberer" stets eine Ziffer der Periode einer beliebig gewählten rationalen Zahl der geschilderten Art erraten können, wenn ihm die restlichen bekannt sind.

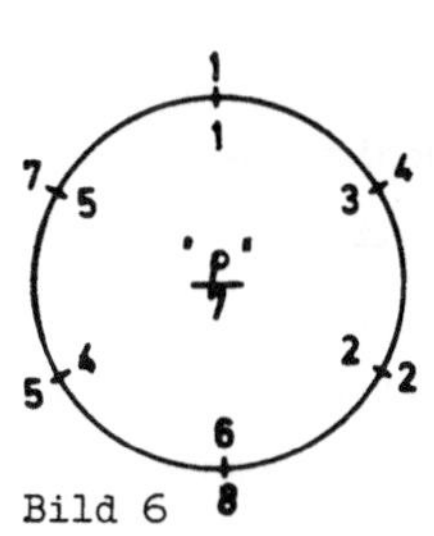

Bild 6

Aus Bild 6 (der "$\frac{\rho}{7}$ - Uhr") lassen sich sehr einfach die Werte $\frac{\rho}{7} = 0,\overline{\rho_1 \rho_2 \rho_3 \rho_4 \rho_5 \rho_6}$ ablesen (für die verschiedenen Werte $\rho = 1, \dots, 6$ werden nur die Ziffern von 0,142857 zyklisch vertauscht, z.B. $\frac{6}{7} = 0,\overline{857142}$). Wegen

$$0,142857 = \frac{1}{7} - \frac{1}{10^6} \cdot \frac{1}{7} = \frac{1}{7}\left(1 - \frac{1}{10^6}\right) = \frac{1}{7} \cdot \frac{10^6 - 1}{10^6}$$

ist $(\lambda 7) \cdot 0,142857 = \lambda(1 - 10^{-6}) = (\lambda-1) + 1 - \lambda \cdot 10^{-6} \Leftrightarrow$ $(142857) \cdot (\lambda 7) = 10^6 \cdot (\lambda-1) + 10^6 - 1 - (\lambda-1)$.

Wird also 142857 mit einem Vielfachen von 7 multipliziert, so kann aus dem Ergebnis der Faktor erraten werden , $(\lambda-1)$ ergibt sich sofort, da die aus den letzten 6 Ziffern des Resultats gebildete Zahl gleich $(999999 - (\lambda-1))$ ist; außerdem ist $(\lambda-1)$ auch die aus der 7., 8., ... (jeweils "von hinten" gezählt) Ziffer des Resultates gebildete Zahl.

---

[1] Dabei muß nun darauf geachtet werden, an welcher Stelle der Zähler in ⌡ auftritt.

Hierfür ist allerdings $\lambda < 10^6$, bzw. $\lambda \cdot 7 < 7 \cdot 10^6$ zu fordern[1].
Wird 0,142857 mit einer beliebigen Zahl $n = \lambda 7 + \rho$ ($\rho = 1, 2, \ldots, 6$)
multipliziert, so ist $n \cdot 0{,}142857 = \lambda \cdot 7 \cdot (0{,}142857) + \rho (0{,}142857) =$
$\lambda(1 - 10^{-6}) + \frac{\rho}{7} (1 - 10^{-6}) \Leftrightarrow n \cdot 142857 = \lambda \cdot 10^6 + (\overline{\overline{\rho_1 \ldots \rho_6}} - \lambda)$.
Die Zahlen $\overline{\overline{\rho_1 \ldots \rho_6}}$ können dem Bild 6 entnommen werden, während λ
aus dem Produkt nach Weglassen der letzten 6 Stellen abzulesen ist.
$n = \lambda 7 + \rho$ ist dann wieder aus dem Resultat sofort erkennbar, außerdem können unbeabsichtigte Rechenfehler der Spielpartner erkannt und
richtig gestellt werden (n ist wieder auf sechsstellige Faktoren zu
begrenzen, da $\lambda \leqslant 142857 \leqslant \overline{\overline{\rho_1 \ldots \rho_6}}$). Beispiele: 1.Ergebnis: 4999995;
$\lambda - 1 = 4$, $\lambda = 5$, $n = 35$ (Faktor $n = \lambda 7$). 2. Ergebnis: 5428566; Bild 6
ergibt $\rho = 3$; $\lambda = 5$, $n = 38$. 3. Ergebnis: 1714284; Bild 6 ergibt
$\rho = 5$; $\lambda = 1$, $n = 12$. 4. Ergebnis: 15999884; hier läßt sich auf
$n = \lambda 7$ schließen; da mit $\lambda - 1 = 15$ aber $999999 - 15 = 999984$, so
ist die Ziffer 8 an der 3. Stelle von hinten falsch errechnet. Es ist
$n = 112$ ($= 16 \cdot 7$) und der Fehler erkannt. 5. Ergebnis: 143282571;
Bild 6 läßt auf 285 714 schließen ($\rho = 2$), da aber mit $\lambda = 143$
sich im Ergebnis für die letzten 6 Stellen (285 714 - 143 = 285 571)
285571 ergeben müßte, liegt ein Fehler in der 4. Stelle von hinten vor.
$\lambda = 143$, $\rho = 2$, $n = 1003$.

Wegen $\frac{1}{63} = 0{,}\overline{015873}$, ist $15873 = \frac{(10^6 - 1)}{63} \Leftrightarrow (\lambda 7) \cdot 15873 =$
$\frac{\lambda}{9} \cdot (10^6 - 1) = \lambda \cdot (111\ 111) = \overline{\overline{\lambda \lambda \lambda \lambda \lambda \lambda}}(\lambda = 1, 2, 3, \ldots, 9)$. Mit
$\frac{1}{9} = 0{,}\overline{111\ 111\ 111} \Leftrightarrow \frac{1}{27} = 0{,}\overline{037\ 037\ 037} \Rightarrow \frac{1}{81} = 0{,}\overline{012345679} \Rightarrow$
$(\lambda 3) \cdot (0{,}037037037) = (\lambda 9) \cdot (0{,}012345678) = 0{,}\lambda \lambda \lambda \lambda \lambda \lambda \lambda \lambda$. Hieraus
ergibt sich eine amüsante "Rechen- und Ziffernschreibübung". Der Part-
ner hat zunächst die Ziffern 1,2,3,4,5,6,7,9 ("8" bleibt weg, da der
"3" ähnlich!) hinzuschreiben. Ist dabei λ_0 die am wenigsten gelungene
Ziffer, so muß die Zahl 12345679 mit ($\lambda_0 \cdot 9$) multipliziert werden;
das Ergebnis weist dann nur die Ziffer λ_0 auf. Fällt bei dieser
Schreibübung das "Schreiben der Ziffer λ_0" noch nicht befriedigend aus,
so kann anschließend 15873 mit ($\lambda_0 7$) und endlich noch 37 037 037 mit
($\lambda_0 3$) multipliziert werden, durch die Ergebnisse wird die Ziffer λ_0
hinreichend oft geübt. Wird die Zahl 37037 037 mit $\lambda(1 \leqslant \lambda \leqslant 27)$
multipliziert, so ergibt sich $\overline{\overline{abcabcabc}}$ als Ergebnis, λ kann als
$\overline{abc} : 37$ bestimmt werden. Ebenso kann auch mit 12 345 679 verfahren
werden, wenn mit ($\lambda 3$) multipliziert wird.

Die Ziffern der Periode des Bruches $\frac{1}{81}$ können "ähnlichen Kunst-
stücken" wie die Ziffern der Periode des weiter oben betrachteten

---

[1] Das Spiel ist daher zweckmäßigerweise auf Faktoren zu beschränken,
die höchstens sechsstellig sind, "um die Arbeitszeit abzukürzen".

Bruches $\frac{1}{7}$ dienen. Von Vorteil ist hier, daß der "Zauberer"

keiner " $\frac{c}{81}$ - Uhr" bedarf. Statt einer allgemeinen

Betrachtung – (sie wäre wegen zahlreicher Einzelfälle ziemlich
umfangreich) – geben wir hier sofort die Einzelergebnisse an. In
der Zahl 0 1 2 3 4 5 6 7 9 treten sämtliche Ziffern des dekadischen
Systems mit Ausnahme der Ziffer 8 auf. Es ist 8 = 9-1, und 012345679

ist die Periode von $\frac{1}{81}$. Mit $(r, 9) = 1$, $r = 9 - r'$ und

$r = 1,2,4,5,7,8$ $(r' = 8,7,5,4,2,1)$ erhalten wir
$(012345679) \cdot r = 12345679$ bzw. 24691358 bzw. 49382716 bzw.
61728395 bzw. 86419753 bzw. 98765432. Im Ergebnis $(12345679) \cdot r$
fehlt daher stets die Ziffer r', wenn wir uns die Null vorangestellt
denken. Wird für ein solches r weiter 12345679 mit $(\lambda \cdot 9 + r)$
multipliziert $(\lambda = 1,2,\ldots,8)$, so bleibt dieses Phänomen erhalten
(die Ziffern vertauschen sich für die einzelnen Werte von λ bei fixier-
tem r lediglich zyklisch. Auch dies folgt am einfachsten aus den nachstehenden Tabellen[1]. Hierzu betrachten wir die schon bekannte Tat-
sache[2], nach der $(\lambda \cdot 9) \cdot 12345679 = \overline{\lambda\lambda\lambda\lambda\lambda\lambda\lambda\lambda}$ $(\lambda = 1, 2, \ldots, 8)$.
Mit $n = \lambda \cdot 9 + r$ $((r,9) = 1, \lambda = 0, \ldots, 8)$ wird demnach
$n \cdot 12345679 = \overline{\lambda\lambda\lambda\lambda\lambda\lambda\lambda\lambda} + (12345679)r$.

	$\overline{\lambda\lambda\lambda\lambda\lambda\lambda\lambda\lambda}$	
	1 2 3 4 5 6 7 9	(r = 1,
$\lambda = 1$	1 2 3 4 5 6 7 9 0	fehlt 8)
$\lambda = 2$	2 3 4 5 6 7 9 0 1	
$\lambda = 3$	3 4 5 6 7 9 0 1 2	
$\lambda = 4$	4 5 6 7 9 0 1 2 3	
$\lambda = 5$	5 6 7 9 0 1 2 3 4	
$\lambda = 6$	6 7 9 0 1 2 3 4 5	
$\lambda = 7$	7 9 0 1 2 3 4 5 6	
$\lambda = 8$	9 0 1 2 3 4 5 6 7	

	$\overline{\lambda\lambda\lambda\lambda\lambda\lambda\lambda\lambda}$	
	2 4 6 9 1 3 5 8	(r = 2,
$\lambda = 1$	1 3 5 8 0 2 4 6 9	fehlt 7)
$\lambda = 2$	2 4 6 9 1 3 5 8 0	
$\lambda = 3$	3 5 8 0 2 4 6 9 1	
$\lambda = 4$	4 6 9 1 3 5 8 0 2	
$\lambda = 5$	5 8 0 2 4 6 9 1 3	
$\lambda = 6$	6 9 1 3 5 8 0 2 4	
$\lambda = 7$	8 0 2 4 6 9 1 3 5	
$\lambda = 8$	9 1 3 5 8 0 2 4 6	

	$\overline{\lambda\lambda\lambda\lambda\lambda\lambda\lambda\lambda}$	
	4 9 3 8 2 7 1 6	(r = 4,
$\lambda = 1$	1 6 0 4 9 3 8 2 7	fehlt 5)
$\lambda = 2$	2 7 1 6 0 4 9 3 8	
$\lambda = 3$	3 8 2 7 1 6 0 4 9	
$\lambda = 4$	4 9 3 8 2 7 1 6 0	
$\lambda = 5$	6 0 4 9 3 8 2 7 1	
$\lambda = 6$	7 1 6 0 4 9 3 8 2	
$\lambda = 7$	8 2 7 1 6 0 4 9 3	
$\lambda = 8$	9 3 8 2 7 1 6 0 4	

	$\overline{\lambda\lambda\lambda\lambda\lambda\lambda\lambda\lambda}$	
	6 1 7 2 8 3 9 5	(r = 5,
$\lambda = 1$	1 7 2 8 3 9 5 0 6	fehlt 4)
$\lambda = 2$	2 8 3 9 5 0 6 1 7	
$\lambda = 3$	3 9 5 0 6 1 7 2 8	
$\lambda = 4$	5 0 6 1 7 2 8 3 9	
$\lambda = 5$	6 1 7 2 8 3 9 5 0	
$\lambda = 6$	7 2 8 3 9 5 0 6 1	
$\lambda = 7$	8 3 9 5 0 6 1 7 2	
$\lambda = 8$	9 5 0 6 1 7 2 8 3	

---

[1] Es kann natürlich auch allgemein hergeleitet werden.
[2] Siehe weiter oben.

λ	λ	λ	λ	λ	λ	λ	λ	λ		λ	λ	λ	λ	λ	λ	λ	λ	λ	
	8	6	4	1	9	7	5	3	(r = 7,		9	8	7	6	5	4	3	2	(r = 8,
λ = 1	1	9	7	5	3	0	8	6	4	fehlt 2)	2	0	9	8	7	6	5	4	3	fehlt 1)
λ = 2	3	0	8	6	4	1	9	7	5		3	2	0	9	8	7	6	5	4	
λ = 3	4	1	9	7	5	3	0	8	6		4	3	2	0	9	8	7	6	5	
λ = 4	5	3	0	8	6	4	1	9	7		5	4	3	2	0	9	8	7	6	
λ = 5	6	4	1	9	7	5	3	0	8		6	5	4	3	2	0	9	8	7	
λ = 6	7	5	3	0	8	6	4	1	9		7	6	5	4	3	2	0	9	8	
λ = 7	8	6	4	1	9	7	5	3	0		8	7	6	5	4	3	2	0	9	
λ = 8	9	7	5	3	0	8	6	4	1		9	8	7	6	5	4	3	2	0	

Für n $\geqslant$ 81 ergeben sich ähnliche Konstellationen, auf die hier aber
nicht eingegangen werden soll. Aus dem Ergebnis von $(n \cdot 12345679)$
(mit $(n, 3) = 1$, $n \leqslant 80$) läßt sich nun leicht der Faktor n "heraus-
zaubern". Fehlt in ihm die Ziffer k (k = 1,2,4,5,7,8), so ist
$n \equiv (9-k) \pmod 9$[1]. Außerdem ist die letzte Ziffer von
$(9-k) \cdot 12345679$ stets gleich $(k+1)$. $\left[\dfrac{n}{9}\right] = \lambda$ entnimmt der "Zauberer"
dann z.B. der letzten Ziffer des genannten Ergebnisses. Wie den
Tabellen zu entnehmen ist, gilt für diese letzte Ziffer z stets
$\lambda \equiv (z + (9-k)) \pmod{10}$. λ kann aber auch aus anderen Angaben (etwa
aus der ersten Ziffer) errechnet werden. Verblüffend bleibt dabei, daß
vom Ergebnis nur zwei Eigenschaften (fehlende Ziffer und letzte Ziffer
z.B.) genannt werden müssen, wenn der Faktor n errechnet werden soll.

Am Ende von Abschnitt 1.2 haben wir verschiedene reelle Zahlen als
irrational erkannt, ohne etwas über das Bildungsgesetz für die Dezimalbruchentwicklung dieser irrationalen Zahlen zu wissen. Mit (I_{24})
können wir jetzt folgende Aussage formulieren:

(6) (6) Alle unendlichen unperiodischen Dezimalbrüche sind reelle irrationale Zahlen.

Sicher ist nämlich nach (3) der Dezimalbruch 0,....... irrational
                                      unendlich unperiodisch
                     unendlich unperiodisch
und ebenso auch $x = [x] + 0,\overbrace{\ldots\ldots\ldots}$, denn $[x]$ ist ganzzahlig, somit
rational und die Summe einer rationalen und einer irrationalen Zahl
ist wieder irrational [2]. So ist z.B. 0,10110111011110111110...
bestimmt irrational, da der Dezimalbruch unendlich und unperiodisch
gestaltet ist [3]. Das gleiche gilt für 0,1231122331111222333... .
Weitere Prinzipien zur Bildung unperiodischer unendlicher Dezimalbrüche lassen sich durch Modifikation der Beispiele leicht finden
(7) (etwa 0,101100111000...). Wir fassen solche unter (7) zusammen. Von

---

[1] (9-k) haben wir weiter oben mit "r'" bezeichnet.

[2] Wäre $r + \varrho = s$, r rational, ϱ irrational, s rational, so müßte
$\varrho = s-r$ mit s-r rational, also ϱ rational sein. q.e.a.

[3] Wäre er periodisch, so müßten - was p.c. nicht möglich ist -
"weit genug hinten" jeweils zwei Nullen gleiche Abstände aufweisen.

einigem Interesse sind in diesem Zusammenhang auch Dezimalbrüche, bei denen an der n^{ten} Stelle dann die Ziffer $z_0 \neq 0$ steht, wenn $n = p$, und sonst die Ziffer 0 für $n \neq p$ (z.B. $0{,}0220202000202\ldots$ oder $0{,}0110101000101\ldots$). Dabei können auch die einziffrigen Gruppen durch mehrziffrige Gruppen ersetzt werden, etwa $0{,}01212012012000012012\ldots$.

(8)   Wir wollen zeigen: (8) Die so gebildeten Zahlen sind irrational. Wäre nämlich ein solcher Dezimalbruch unendlich (nach (I_3)) und gleichzeitig periodisch, so müßte "weit genug hinten" (aber nach endlich vielen Stellen) die Periodizität beginnen. Das würde bedeuten, daß für hinreichend große k sich p_k als $A \cdot n + B$ schreiben läßt, wobei A die Periodenlänge (des periodischen Dezimalbruches) und B die Vorperiodenlänge angibt. Da am Anfang "$0 z_0 z_0$" steht, und für $p \geqslant p_2$ stets eine gerade Zahl zwischen zwei PZ^{en} liegt, ist $B \geqslant 2$, aus dem gleichen Grund ist $A \geqslant 2$, d.h. $A + B \geqslant 4$. In der arithmetischen Folge erster Ordnung $An + B$ stehen aber immer wieder Zahlen, die keine Primzahlen sind[1]. Mit $A + B = y_0 \geqslant 4$ und $n = k y_0 + 1$ ist nämlich $An + B = A k y_0 + A + B = (Ak + 1) y_0$ (k eine beliebige natürliche Zahl) ein Vielfaches von y_0 und folglich keine PZ. q.e.d.

(9)   Schließlich zeigen wir noch: (9) $0{,}2357111317\ldots$ [2] ist irrational. Die
(I'_{24})   Aussagen (6), (7), (8), (9) subsumieren wir unter (I'_{24}). Zum Beweis von (9) benötigen wir u.a. eine Aussage, die wir in Abschnitt 1.5. beweisen werden[3]. Nach diesem Satz gibt es für $n > 1$ zwischen n und $2n$ mindestens eine PZ. Danach existieren zwischen 10^s und $2 \cdot 10^s$ bzw. $2 \cdot 10^s$ und $4 \cdot 10^s$ bzw. $4 \cdot 10^s$ und $8 \cdot 10^s$ ($s = 0, 1, 2, \ldots$) jeweils PZ^{en}; es gibt also mindestens drei $(s+1)$-stellige PZ^{en}. Damit kann (9) sicher nicht auf lauter gleiche Ziffern - etwa $\ldots z_0 z_0 z_0 \ldots$ - enden, denn PZ^{en} der Form $\overline{z_0 z_0 \ldots z_0}$ sind für $z_0 > 1$ nicht möglich (da durch z_0 teilbar), und würden alle hinreichend großen PZ^{en} die Form $11\ldots1$ besitzen, so läge zwischen $11\ldots1$ und $2 \cdot (11\ldots1)$ wieder (s.o.) eine solche, die diese Gestalt nicht aufweist. Wäre (Antithese) (9) ein periodischer Dezimalbruch - (9) ist unendlich wegen (I_3) - so müßte die Periodenlänge l größer als eins sein. Für die Vorperiodenlänge gilt dann $v = q_1 \cdot l + r$ ($0 \leqslant r \leqslant l - 1$). Mit $k = (q_1 + 2) l$ betrachten wir eine k-stellige PZ, von denen es (s.o.) mindestens drei gibt. Wegen $k > v$ müßte diese "außerhalb" der Vorperiode beginnen, da es auch v-stellige PZ^{en} gibt, die vor den k-stelligen (9) figurieren[4] und die Vorperiode "ausfüllen". Dann

---

[1] Wir werden diesen Satz im 3. Kapitel noch verallgemeinern.
[2] Hier werden $p_1, p_2, \ldots$ "in dekadischer Schreibweise" hintereinander gesetzt.
[3] selbstverständlich, ohne (9) zu verwenden
[4] Falls $v = 0$, stehen alle PZ^{en} im "periodischen Teil" von (9).

besäße (9) die Darstellung $0,g_1g_2\ldots g_v\overline{c_1\ldots.c_1}$ und unsere PZ

die Form $\overline{\overline{c_1\ldots c_1 c_1\ldots c_1\ldots.c_1\ldots c_1}}$ $((q_1+2)$ solche Zifferngruppen)

bzw. $\overline{\overline{c_m c_{m+1}\ldots c_1 \underbrace{c_1 c_2\ldots c_1 c_1 c_2\ldots c_1\ldots.c_1 c_2\ldots c_1}_{(q_1+1)\ \text{Zifferngruppen}} c_1\ldots c_{m-1}}}$.

Das ist aber unmöglich, denn $\overline{\overline{c_1\ldots c_1}}(1 + 10^1 + \ldots + 10^{(q_1+1)1})$ bzw.

$\overline{\overline{c_m c_{m+1}\ldots c_{m-1}}}(1 + 10^1 + \ldots + 10^{(q_1+1)1})$ ist sicher keine Primzahl.
q.e.a.

Werden die reellen Zahlen in einem System mit der Basis m dargestellt,
so treten bei diesen Darstellungen sämtliche Ziffern $0, 1, \ldots, (m-1)$
auf. Wir beschränken uns auf die Darstellung im Dezimalsystem und
betrachten zunächst die Dezimalbruchentwicklung aller reellen Zahlen
x mit $0 \leqslant x < 1$. Sollen nun nur solche Entwicklungen betrachtet werden, die eine der zehn Ziffern (etwa die 1) nicht enthalten, so könnte
vermutet werden, daß etwa ein Zehntel der Zahlen wegfällt. Paradoxerweise ist aber die Gesamtheit der damit ausgeschalteten Zahlen wesentlich größer. Wir unterteilen das Intervall $0 \leqslant x < 1$ in zehn gleiche
Teile: $\frac{s-1}{10} \leqslant x < \frac{s}{10}$ $(s = 1, 2, \ldots, 10)$. Dann enthält das s^{te} Intervall genau die Zahlen x [1], deren Dezimalbrüche an der 1. Stelle rechts
vom Komma die Ziffer s besitzen. Sollen nun alle Dezimalbrüche betrachtet werden, die die Ziffern s nicht aufweisen, so muß zunächst dieses
Zehntel der Einheitsstrecke gelöscht werden. Die restlichen neun Intervalle werden wieder in je 10 gleiche Teile der Länge $\frac{1}{100}$ geteilt, dann
ist jeweils wieder das s^{te} Intervall zu löschen, da für die x dieser Intervalle an der zweiten Stelle rechts vom Komma die Ziffer s figuriert.
Es bleiben damit 9^2 Intervalle der Länge $\frac{1}{100}$ übrig, diese sind wieder
jeweils in zehn gleiche Teile der Länge $\frac{1}{1000}$ zu teilen, und das s^{te}
Teilintervall ist jeweils zu löschen. Damit werden insgesamt 9^2 Teilintervalle der Länge $\frac{1}{1000}$ weggelassen. Dieses Verfahren denken wir uns
fortgesetzt. Damit scheiden wir alle Punkte x aus, deren Dezimalbruch
an irgendeiner Stelle die Ziffer s aufweist. Es wurden dabei gelöscht
Strecken je mit der Gesamtlänge $\frac{1}{10}, \frac{9}{10^2}, \frac{9^2}{10^3}, \ldots, \frac{9^k}{10^{k+1}}, \ldots$, die p.c.
paarweise punktfremd sind. Ihre Gesamtlänge beträgt:

$$\frac{1}{10}\left(1 + \frac{9}{10} + \left(\frac{9}{10}\right)^2 + \ldots\right) = \frac{1}{10}\cdot\frac{1}{1 - \frac{9}{10}} = 1.$$

---

[1] Wir verwenden die Bezeichnungen "Punkt" und "Zahl" synonym.

Für reelle x mit $0 \leqslant x < 1$, deren Dezimalbruchentwicklung ohne die Ziffer s auskommt, bleibt also sozusagen kein Platz mehr übrig bzw. lassen sich diese auf einer Strecke von beliebig kleiner Länge unterbringen. Solche Punktmengen heißen auch "Mengen vom Linearmaß Null", und wir haben gezeigt: (10) Alle reellen Zahlen, deren Dezimalbruchentwicklung auf eine bestimmte Zahl verzichtet, haben das lineare Maß Null[1].

D
(10)

MSZ

Punktmengen vom linearen Maß Null können endlich viele oder auch unendlich viele Elemente besitzen. Punktmengen der oben betrachteten Art sind in verschiedener Form zu bilden. Z.B. ist 0,3; 0,33; 0,333; ... eine solche. Ganz allgemein hat jede abzählbare Punktmenge das lineare Maß Null. Bei solchen Mengen ist es bekanntlich möglich, ihre Elemente eineindeutig (umkehrbar eindeutig) den Elementen der Menge der natürlichen Zahlen $\{1, 2, 3, ...,\}$ zuzuordnen. Die Elemente dieser Mengen sind demnach numerierbar. In der Mengenlehre[2] wird gezeigt, daß die Menge der rationalen Zahlen - und damit jede ihrer unendlichen Teilmengen - abzählbar ist. Die genannte Maßeigenschaft ergibt sich dann folgendermaßen. Sind a_1, a_2, ..., a_n, ... die Punkte der abzählbaren Menge und ist $\varepsilon > 0$ beliebig vorgegeben (beliebig klein), so können wir um jedes a_n ein Intervall der Länge $\frac{\varepsilon}{n(n+1)}$ (oder $\frac{\varepsilon}{2^n}$) bilden und es herausschneiden. Dann haben sämtliche Punkte der Menge auf einer Menge von Intervallen Platz, deren Gesamtlänge höchstens (es könnten sich je nach Lage der a_n einige Intervalle überschneiden) gleich $\frac{\varepsilon}{1 \cdot 2} + \frac{\varepsilon}{2 \cdot 3} + ... + \frac{\varepsilon}{n(n+1)} + ...$ (oder $\frac{\varepsilon}{2} + \frac{\varepsilon}{2^2} + \frac{\varepsilon}{2^3} + ...$) also gleich ε ist. Die Gesamtlänge ist folglich beliebig klein, die Punktmenge hat das lineare Maß Null. Überraschenderweise gibt es auch Punktmengen dieses Maßes, die mehr als abzählbar viele Elemente besitzen, worauf hier nicht eingegangen werden soll[3] Ebenso paradox ist die folgende Aussage, die ebenfalls ohne Beweis angegeben wird[4]. Wir definieren: Ein Dezimalbruch heißt "normal", wenn für ihn $\lim\limits_{n \to \infty} \frac{n(z)}{n} = \frac{1}{10}$. Dabei gibt n(z) an, wie oft unter den

D

[1] Die angegebene Überlegung läßt sich wörtlich auf alle x mit $g \leqslant x < g + 1$ (g ganze Zahl) übertragen, d.h. auf alle Intervalle der Länge eins, mit denen sich die Zahlengerade überdecken läßt.

[2] Siehe etwa Kamke (1890 bis 1961), Mengenlehre (Sammlung Göschen)

[3] Siehe etwa Kamke, Das Lebesgue-Stieltjes-Integral (Verlag Teubner, 1956)

[4] Siehe hierzu z.B. Hardy (1877 bis 1947) - Wright (geb. 1906), Einführung in die Zahlentheorie (Verlag Oldenbourg)

ersten n Stellen rechts vom Komma die Ziffer z auftritt, und der $\lim\limits_{n\to\infty}$

muß für $z = 0, 1, \ldots, 9$ stets gleich sein.

Ist der genannte Grenzwert für mindestens eine Ziffer ungleich $\frac{1}{10}$, so

D   heißt der Dezimalbruch "anormal". So ist z.B. $\frac{1}{7} = 0,\overline{142857}$ anormal.

da $n(0) = n(3) = n(6) = n(9) = 0$ und damit $\lim\limits_{n\to\infty}\frac{n(z)}{n} = 0$ für

$z = 0, 3, 6, 9$. Es kann gezeigt werden, daß alle anormalen Zahlen
ebenfalls eine Punktmenge vom linearen Maß Null bilden. Zur Veranschau-
lichung einer Menge dieses Maßes stellen wir uns auf der Zahlengerade
die zu ihr gehörenden Punkte durch je ein Sandkorn ("punktförmig")
repräsentiert vor und "blasen" dann diese Sandkörner aus der Zahlengeraden "hinaus". Dabei entstehen auf dieser zwar Lücken, deren Gesamtlänge aber nicht ins Gewicht fällt("die Zahlengerade oder die Strecke,
der diese Punkte entnommen sind, ist nach diesem Prozeß noch genau
so lang wie vorher").

Wir betrachten jetzt nur solche natürliche Zahlen, in deren dekadischer
Darstellung[1] eine bestimmte Ziffer nicht auftritt. Ist n eine solche
s-stellige Zahl ($10^{s-1} \leqslant n < 10^{s}$,

$n = n_0 + n_1 \cdot 10^1 + n_2 \cdot 10^2 + \ldots + n_{s-1} \cdot 10^{s-1}$, $0 \leqslant n_v \leqslant 9$ für

$v = 0, \ldots, s-2, 1 \leqslant n_{s-1} \leqslant 9$) und kommt unter ihren Ziffern n_v die

Ziffer z nicht vor, so haben die Ziffern $n_0, \ldots, n_{s-2}$ noch jeweils

9 andere Möglichkeiten, während n_{s-1} für $z = 0$ ebenfalls 9, für

$z \neq 0$ dagegen nur 8 andere Möglichkeiten besitzt. Nach dem Multiplikationssatz gibt es damit genau 9^{s} (für $z = 0$) bzw. $8 \cdot 9^{s-1}$
(für $z \neq 0$) Möglichkeiten der Bildung solcher s-stelligen natürlichen
Zahlen. Es liegt zunächst die Vermutung nahe, daß die Elimination
einer einzigen Ziffer etwa ein Zehntel aller möglichen Zahlen trifft.
Diese Vermutung ist aber falsch. Werden aus den 6-stelligen Telefonnummern, um sprachliche Mißverständnisse zu vermeiden ("zwei" und
"drei" klingen im Deutschen ähnlich), alle die ausgesondert, bei denen
die Ziffer 2 auftritt, so bleiben noch $8 \cdot 9^5$ übrig. Da es $10^6 - 10^5$
sechsstellige Zahlen gibt, sind demnach

$10^6 - 10^5 - 8 \cdot 9^5 = 10^5 \cdot 9 - 8 \cdot 9^5 = 427608$ Nummern (beinahe die

D   Hälfte!) bei diesem Prozeß zu eliminieren. Mit $N_{(z)}(n)$ bezeichnen

wir die Anzahl der natürlichen Zahlen, die kleiner oder gleich n sind

---

[1] Für eine Darstellung im m-adischen System treten m bzw. (m-1) bzw.
(m-2) an die Stelle von 10 bzw. 9 bzw. 8; an den Überlegungen
ändert sich nichts Wesentliches.

und deren dekadische Darstellung die Ziffer z nicht enthält. Mit

(11)   dieser Definition gilt (11) $\lim\limits_{n\to\infty} \dfrac{N_{(z)}(n)}{n} = 0$. Dieser Sachverhalt wird

D   auch folgendermaßen beschrieben: "Die Zahlen der geschilderten Eigen-

schaft haben die Dichte Null", allgemein bezeichnet $\lim\limits_{n\to\infty} \dfrac{A(n)}{n}$ [1] die

Dichte einer bestimmten Zahlenmenge, wobei $A(n)$ die Anzahl der natürlichen Zahlen ($\leqslant n$) angibt, welche zur Menge gehören. Um (11) zu

beweisen, nehmen wir zunächst $10^{k-1} \leqslant n < 10^k$ (k fest, k natürliche

Zahl) an. Dann gibt es, wie wir sahen, höchstens 9 bzw. 9^2 bzw. 9^3,

..., bzw. 9^k einstellige bzw. zweistellige bzw. dreistellige, ...,
bzw. k-stellige Zahlen unterhalb n, die ohne die Ziffer z geschrieben
werden können.

Es ist daher $N_{(z)}(n) \leqslant 9 + 9^2 + \ldots + 9^k = 9\,\dfrac{9^k-1}{8} < (\dfrac{9}{8}) \cdot 9^k$ und

$\dfrac{N_{(z)}(n)}{n} \leqslant \dfrac{9}{8} \cdot \dfrac{9^k}{10^{k-1}} = \dfrac{9^2}{8} (\dfrac{9}{10})^{k-1}$. Da mit $n \to \infty$ auch $k \to \infty$ (u.v.v.)

und $(\dfrac{9}{10})^{k-1}$ Glied einer Nullfolge ist, strebt $\dfrac{N_{(z)}(n)}{n}$ für alle z

mit $n \to \infty$ gegen Null. q.e.d.

MSZ   Weniger genau läßt sich $N_{(z)}(n)$ auch durch

$N_{(z)}(n) \leqslant 9 + 9^2 + 9^3 + \ldots + 9^k < k \cdot 9^k$ abschätzen; dann gilt

$\dfrac{N_{(z)}(n)}{n} < k \cdot \dfrac{9^k}{10^{k-1}} = 10 \cdot k \cdot (\dfrac{9}{10})^k$. Hier ist dann zu zeigen, daß

$\lim\limits_{k\to\infty} (k \cdot (\dfrac{9}{10})^k) = 0$.

Aus den Elementen der Analysis ist bekannt, daß $\lim\limits_{n\to\infty} n \cdot q^n = 0$. für

$|q| < 1$ auf verschiedene Arten bestätigt werden kann. Wir werden
hierzu zeigen: $n|q|^n$ fällt monoton. Da es durch Null nach unten
beschränkt ist, muß $n|q|^n$ gegen einen nicht negativen Grenzwert α
konvergieren, für den sich dann $\alpha = 0$ ergeben wird. Wäre nämlich
$n|q|^n$ nicht Glied einer monoton fallenden Folge, so gälte für ein

---

[1] $\underline{\lim}$ wird in der Analysis erklärt (z.B. in dem schon mehrfach zitierten Buch von M. Barner). Es gibt auch noch andere Definitionen des
Dichtebegriffes.

beliebig großes n $(n+1)|q|^{n+1} \geqslant n|q|^n \Rightarrow |q| \geqslant \frac{n}{n+1} = \frac{1}{1 + \frac{1}{n}} \Rightarrow \frac{1}{n} \geqslant$

$\frac{1}{|q|} - 1 \Rightarrow n \leqslant \frac{|q|}{1-|q|}$ (was $n \to \infty$ widerspricht). Mit $(n+1)|q|^{n+1} = \frac{(n+1)}{n} (n|q|^n)|q|$ und $\lim\limits_{n\to\infty} n|q|^n = \lim\limits_{n\to\infty} (n+1)|q|^{n+1} = \alpha$ ist aber

$\alpha = \alpha|q|$[1] oder $\alpha = 0$.   q.e.d.

Grenzwerte der Form $\lim\limits_{n\to\infty} \frac{A(n)}{n} = \alpha$ besitzen eine bemerkenswerte Eigenschaft. Ist für $n = ak + b$ (a, b feste ganze Zahlen $a \geqslant 1$, $b \geqslant 0$)
$\lim\limits_{k\to\infty} \left(\frac{A(ak+b)}{ak+b}\right) = \alpha$, so gilt auch $\lim\limits_{n\to\infty} \frac{A(n)}{n} = \alpha$ (für alle n). Damit
muß also ein derartiger Grenzwert nur für solche n untersucht werden,
die Glieder einer unendlichen arithmetischen Folge erster Ordnung
sind[2]. Die Aussage beweisen wir folgendermaßen. Da für jedes n sicher
ein k_0 gefunden werden kann mit $ak_0 + b \leqslant n < a(k_0+1) + b$, so ist

p.d. $\dfrac{A(ak_0+b)}{a(k_0+1)+b} \leqslant \dfrac{A(n)}{n} \leqslant \dfrac{A(a(k_0+1)+b}{ak_0+b}$. Wegen

$\dfrac{A(ak_0+b)}{a(k_0+1)+b} = \dfrac{A(ak_0+b)}{(ak_0+b)} \cdot \dfrac{ak_0+b}{a(k_0+1)+b} \to \alpha$ für $k_0 \to \infty$ [3] und

$\dfrac{A(a(k_0+1)+b)}{ak_0+b} = \dfrac{A(a(k_0+1)+b)}{a(k_0+1)+b} \cdot \dfrac{a(k_0+1)+b}{ak_0+b} \to \alpha$ [3] für $k_0 \to \infty$ strebt auch

$\dfrac{A(n)}{n}$ gegen α für $n \to \infty$.   q.e.d.

Bekanntlich divergiert die Reihe $\sum\limits_{n=1}^{\infty} \frac{1}{n}$. Aus den bisherigen Überlegungen folgt nun die wenig bekannte und beinahe erstaunliche Aussage,
nach der $\sum\limits_{n'\geqslant 1}^{\infty} \frac{1}{n'}$ konvergiert, wenn wir unter n' nur alle die natürlichen Zahlen verstehen, die ohne eine feste Ziffer z geschrieben
werden. Über den genauen Wert dieser konvergenten Reihe ist nichts
bekannt. Als untere Grenze dieser Reihensumme ergibt sich nach dem
Übg.(51.) noch zu schildernden Beweis sofort (Übung!) die Zahl 9 (für $z = 0$)

(12)   bzw. 8 (für $z \neq 0$). Zum Beweis der Aussage (12): $\sum\limits_{n'\geqslant 1}^{\infty} \frac{1}{n'}$ konver-

giert, ist eigentlich nur zu beachten, daß es $9^s (z=0)$ bzw. $8 \cdot 9^{s-1}$

---

[1] $\lim\limits_{n\to\infty} \frac{n+1}{n} = 1$, $|q| \neq 0$

[2] Etwa gleich dem Vielfachen von 10

[3] "$\to$" steht hier abkürzend für $\lim\limits_{k_0\to\infty} \ldots = \alpha$.

$(z \neq 0)$ solche natürlichen s-stelligen Zahlen gibt. Dann ist

$$\sum_{n' \geqslant 1} \frac{1}{n'} = \sum_{s=1}^{\infty} \left(\sum_{10^{s-1} \leqslant n' < 10^s} \frac{1}{n'} \right) \leqslant \sum_{s=1}^{\infty} \frac{9^s}{10^{s-1}} \quad (z = 0)$$

$$\left(\text{bzw. } \leqslant \sum_{s=1}^{\infty} \frac{8 \cdot 9^{s-1}}{10^{s-1}} \quad (z \neq 0) \right); \text{ dabei wird } \sum_{10^{s-1} \leqslant n' < 10^s} \frac{1}{n'} \text{ durch die}$$

Anzahl der möglichen $(\frac{1}{n'})$ und durch das Maximum dieser Werte abge-

schätzt. Mit $\displaystyle\sum_{s=1}^{\infty} \frac{9^s}{10^{s-1}} = 9 \cdot \frac{1}{1 - \frac{9}{10}} = 90$ bzw. $\displaystyle\sum_{s=1}^{\infty} 8 \cdot \frac{9^{s-1}}{10^{s-1}} = 80$

ergeben sich zwei endliche obere Schranken für die in (12) definierte
unendliche Reihe. q.e.d.

(I_{25}) Die Aussagen (10), (11) und (12) bilden den Satz (I_{25}).

1.5. Elementare Beweise einiger Sätze der Analytischen Zahlentheorie

Im letzten Abschnitt dieses Kapitels sollen verschiedene - teils klassische teils moderne - zahlentheoretische Probleme behandelt werden,
die sich mit den Mitteln der elementaren Analysis lösen lassen.

Wir denken uns die Menge der natürlichen Zahlen (der Größe nach geordnet und dekadisch) hingeschrieben: 1, 2, 3, 4, 5, 6, 7, 8, 9, 10, 11,
12, 13, 14, 15, 16, 17, 18, 19, 20, 21, 22, 23, 24, 25, 26, 27, 28, 29,
30, 31, 32, 33, 34, 35, 36, 37, 38, 39, 40, 41, 42, 43, 44, 45, 46, 47,
48, 49, 50, 51, 52, 53, ...

Dann streichen wir die Eins, lassen 2 stehen und löschen alle weiteren
Vielfachen von 2. Die 3 bleibt stehen, die Vielfachen von 3 - soweit
noch nicht gelöscht als Vielfache von 2 - werden ebenfalls gelöscht.
Mit der 5 verfahren wir analog u.s.f.. Nach diesem Verfahren, das schon
bei Plato (438 ? bis 348) angegeben ist und "Sieb des Eratosthenes
(275 ? bis 195 ?)"[1] heißt, gewinnen wir die Folge der Primzahlen.
Sind dabei die PZ^{en} p_k $(p_k \leqslant n)$ bekannt, so werden genau die p mit

$n < p < n^2$ "herausgesiebt"; diese sind nicht durch ein p_k $(p_k \leqslant n)$

teilbar, und können, wenn alle PZ^{en} unterhalb n^2 gefunden werden sollen,
dem Siebverfahren entnommen werden (in unserer Tabelle etwa für $n = 7$,

$n^2 = 49$). Man kann dieses Verfahren auch programmieren und die Vielfachen auf einem Millimeterpapierblatt ausstanzen lassen. Bild 7

---

[1] Eratosthenes soll über die Vielfachen von 2, 3, ... kleine Kreise
gemalt haben; durch diese "Sieblöcher" waren dann diese Zahlen
gefallen.

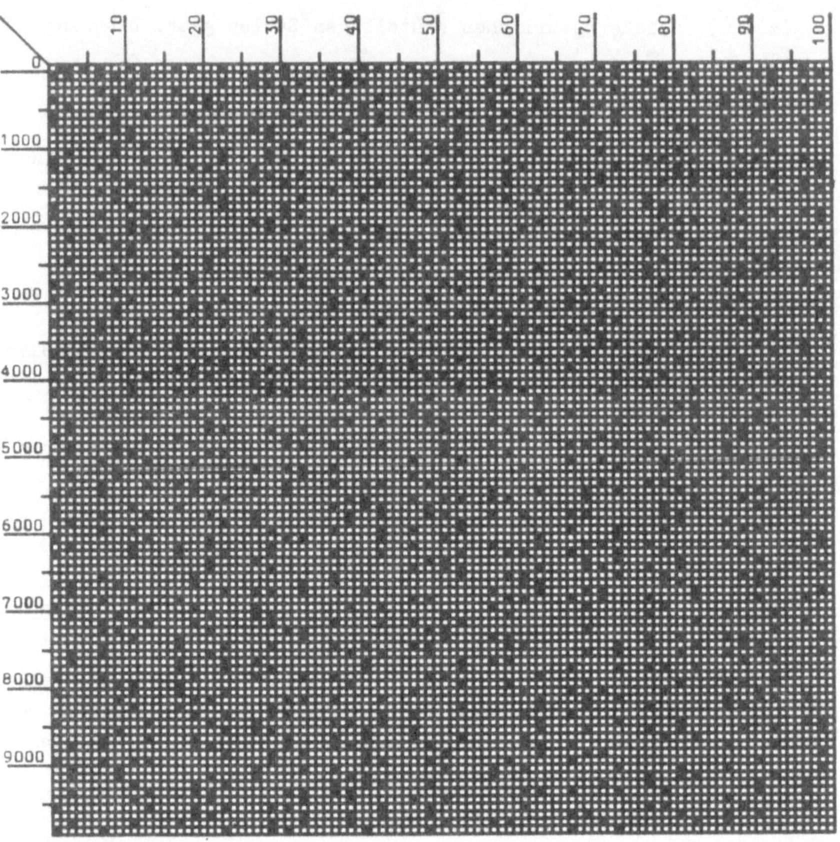

Bild 7: Bittafel als PZ-Tafel

zeigt ein solches Blatt, dem die PZ^{en} p mit $p \leqslant 10^4$ entnommen werden
können, gleichsam als "Primzahltafel". Derartige Tafeln können in Abschnitte zerlegt werden, etwa $n \leqslant 10^4$, $10^4 < n \leqslant 2 \cdot 10^4$, u.s.f., in
denen das Stanzverfahren jeweils entsprechend weitergeführt werden muß.
Dabei entstehen auf einfachem Weg sehr umfangreiche Primzahltafeln, bei
denen allerdings der Ablesbarkeit Schranken gesetzt sind.

MSZ   Ähnliche Dienste wie das Sieb von Eratosthenes leisten auch verschiedene andere Schemata natürlicher Zahlen. Wir betrachten zunächst die
folgende Tafel natürlicher Zahlen, die wir uns nach rechts und nach
unten "beliebig fortgesetzt" vorzustellen haben.

Tabelle (I):

$$
\begin{array}{ccccccc}
4 & 7 & 10 & 13 & 16 & 19 & 22\ldots\ldots \\
7 & 12 & 17 & 22 & 27 & 32 & 37\ldots\ldots \\
10 & 17 & 24 & 31 & 38 & 45 & 52\ldots\ldots \\
13 & 22 & 31 & 40 & 49 & 58 & 67\ldots\ldots \\
16 & 27 & 38 & 49 & 60 & 71 & 82\ldots\ldots \\
19 & 32 & 45 & 58 & 71 & 84 & 97\ldots\ldots \\
22 & 37 & 52 & 67 & 82 & 97 & 112\ldots\ldots \\
\end{array}
$$

$$\ldots\ldots\ldots\ldots\ldots\ldots\ldots\ldots\ldots$$
$$\ldots\ldots\ldots\ldots\ldots\ldots\ldots\ldots\ldots$$
$$\ldots\ldots\ldots\ldots\ldots\ldots\ldots\ldots\ldots$$

In der Tabelle (I) steht in der ersten Zeile und in der ersten Spalte je eine arithmetische Folge 1. Ordnung mit dem Anfangsglied 4 und der konstanten Differenz 3.

In der 1ten Zeile ist damit das Anfangsglied gegeben, während die übrigen Elemente dieser Zeile die Glieder einer arithmetischen Folge 1.Ordnung mit der Differenz (21+1) bilden. Wir bezeichnen das allgemeine Glied in Tabelle (I) mit a_{nk} (n^{te} Zeile, k^{te} Spalte). Dann ist p.d. $a_{11} = 4$, $a_{1k} = 4 + (k-1)3 = 1 + 3k$, $a_{21} = 4 + (2 - 1)3 =$ $1 + 2 \cdot 3 = 7$, $a_{2k} = 7 + (k-1)5 = 2 + 5k$, $a_{n1} = 4 + (n-1)3 = 1 + 3n$, $a_{nk} = 1 + 3n + (k-1)(2n+1) = 1 + 3n + 2nk + k - 2n-1 =$

$1 + n + 2nk + k - 1 = n + (2n+1)k = k + (2k+1)n \overset{p.d.}{=} a_{kn}$. Steht nun N als Element in Tabelle (I), so gilt $N = a_{nk} = n + (2n+1)k$, und wir erhalten $2N + 1 = 2n + 2(2n+1)k + 1 = 2n + 4nk + 2k + 1 =$ $(2n+1)(2k+1)$ mit $(2n+1) \geqslant 3$, $(2k + 1) \geqslant 3$. Steht demnach N in (I), so ist $(2N+1)$ sicher keine PZ. Für eine ungerade Zahl $(2N+1)$, die keine Primzahl ist, existieren zwei ungerade Teiler $(2n'+1)$, $(2k'+1)$, die mindestens gleich drei sind derart, daß $2N + 1 = (2n'+1) \cdot (2k'+1)$.

Hieraus ergibt sich

$N = \frac{1}{2}((2n'+1)(2k'+1)-1) = 2n'k' + n' + k' = n' + (2n'+1)k' = a_{n'k'}$.

Damit steht für ungerade $(2N+1)$, die nicht PZ^{en} sind, das zugehörige N (als $a_{n'k'}$) in (I). Für alle natürlichen N, die sich nicht in (I) finden, ist somit $2N + 1$ eine ungerade PZ. Beispiele:

$N = 1$, $2N + 1 = 3$; $N = 2$, $2N + 1 = 5$; $N = 3$, $2N + 1 = 7$; $N = 8$, $2N + 1 = 17$; u.s.f. (I) kann daher als Ergebnis eines Siebverfahrens verstanden werden, das alle natürlichen Zahlen hindurchläßt, für die $(2N + 1)$ keine ungerade PZ ist. Dieses Sieb - es wird zuweilen einem indischen Mathematiker (P.S.Sundaram) zugeschrieben - wird sofort in seiner Funktion erkannt, wenn wir uns alle ungeraden Zahlen hingeschrieben denken (in Tabelle (II)), die keine PZ^{en} sind.

Tabelle (II):

	(3)	(5)	(7)	(9)	(11)	(13)	
(3)	9	15	21	27	33	39	...
(5)	15	25	35	45	55	65	...
(7)	21	35	49	63	77	91	...
(9)	27	45	63	81	99	117	...
(11)	33	55	77	99	121	143	...
(13)	39	65	91	117	143	169	...

Diese besitzen jeweils die ungeraden Teiler 3 bzw. 5 bzw. 7 u.s.f.
Wir erhalten damit in den einzelnen Zeilen die ungeraden Vielfachen
von 3 bzw. 5 bzw. 7 u.s.f. In der Tabelle (II) stehen p.c. sämtliche
ungeraden Zahlen, die keine PZ^{en} sind. Alle in (II) nicht aufgeführten
ungeraden Zahlen sind demnach PZ^{en}. Dieses Sieb läßt demnach alle
ungeraden Zahlen, die zusammengesetzt sind, hindurchfallen.

Werden die Zahlen aus (II) mit n bezeichnet, so gilt $n = 2n' + 1$. Die
umkehrbar eindeutige Zuordnung $n \leftrightarrow n'$ gibt aber genau zu jedem n aus
(II) ein n', das sich p.c. an der entsprechenden Stelle in (I) findet
($9 \leftrightarrow 4$, $15 \leftrightarrow 7$, $21 \leftrightarrow 10$, ...).

Zur Berechnung der Elemente einer PZ-Tafel, wie sie im Anhang oder in
Bild 7 zu finden ist, kann das nachstehende Verfahren dienen. Seine
Behandlung im Unterricht verdeutlicht verschiedene didaktische (und
methodische) Aspekte der Teilbarkeitslehre. Hierfür seien $p_1 = 2$,
$p_2 = 3, \ldots, p_k, p_{k+1}$ als PZ^{en} bekannt.

Nach den Überlegungen, die wir beim Beweis der Sätze (I_3) und (I_4)
durchführten, gilt für $(\prod\limits_{1=1}^{k} p_1) \pm 1 < p_{k+1}^2$ sicher, daß

$(\prod\limits_{1=1}^{k} p_1) \pm 1 = (p_1 \cdot p_2 \cdot \ldots \cdot p_k) \pm 1$ eine Primzahl ist, denn nach (I_2)
kann es nicht durch ein p_1 ($1 = 1, \ldots, k$) teilbar sein und ebenfalls
nicht durch p_{k+1}, da es dann – da kleiner als p_{k+1}^2 – doch wieder einen
Teiler p_1 besitzen müßte. Um weitere PZ^{en} zu bestimmen, teilen wir die
ersten k PZ^{en} in genau zwei elementefremde Gruppen auf – etwa
$(p_1, p_3, \ldots)$ und $(p_2, p_4, \ldots)$; allgemein $(p_{i,1}, p_{i,2}, \ldots, p_{i,1})$
und $(p_{i,1+1}, p_{i,1+2}, \ldots, p_{i,k})$, wobei die $p_{i,1}$ ($1 = 1, \ldots, k$) die
ersten k PZ^{en} in irgendeiner Anordnung darstellen – und bilden aus den
Elementen jeder Gruppe Potenzprodukte.

$(p_{i,1}^{\alpha_1} \cdot p_{i,2}^{\alpha_2} \cdot \ldots \cdot p_{i,1}^{\alpha_1}) = P_1 \quad (\alpha_\nu \geqslant 1),$

$(p_{i,1+1}^{\alpha_{1+1}} \cdot p_{i,1+2}^{\alpha_{1+2}} \cdot \ldots \cdot p_{i,k}^{\alpha_k}) = P_2 \quad (\alpha_\nu \geqslant 1).$

Bilden wir dann $(P_1 \pm P_2)$ (o.B.d.A. $P_1 > P_2$) und ist zusätzlich

$(P_1 \pm P_2) < p_{k+1}^2$, so kann nach ($I_5^!$) $(P_1 \pm P_2)$ durch kein p_1

$(1 = 1, \ldots, k)$ teilbar sein. Damit haben wir weitere Primzahlen [1]

unterhalb p_{k+1}^2 gewonnen.

Beispiele: 1) $k = 4$, $p_1 = 2$, $p_2 = 3$, $p_3 = 5$, $p_4 = 7$, $p_5 = 11$. Aus

p_1, p_2, p_3, p_4 gewinnen wir Primzahlen unterhalb $121 = p_5^2$:

$2 \cdot 3 \cdot 5 \pm 7 = \left\{ {37 \atop 23} \right.$; $7^2 \pm 2 \cdot 3 \cdot 5 = \left\{ {19 \atop 79} \right.$; $2 \cdot 7^2 \pm 3 \cdot 5 = \left\{ {113 \atop 83} \right.$;

$2 \cdot 3 \cdot 5 \cdot 7 \pm 1$ eignet sich nicht, da $2 \cdot 3 \cdot 5 \cdot 7 \pm 1 > 121$;

$2 \cdot 5 \cdot 7 \pm 3 = \left\{ {73 \atop 67} \right.$; $2 \cdot 5 \cdot 7 \pm 3^2 = \left\{ {79 \atop 61} \right.$; $2 \cdot 5 \cdot 7 \pm 3^3 = \left\{ {53 \atop 97} \right.$ u.s.f..

2) $k = 2$, $p_1 = 2$, $p_2 = 3$, $p_3 = 5$; $p_3^2 = 25$; $2 \cdot 3 \pm 1 = \left\{ {7 \atop 5} \right.$; $2^2 + 3 = 7$;

$2^3 \pm 3 = \left\{ {11 \atop 5} \right.$; $2^4 \pm 3 = \left\{ {19 \atop 13} \right.$; $2^4 \pm 3^2 = \left\{ {25 \atop 7} \right.$ (ungeeignet);

$2^5 \pm 3^2 = \left\{ {41 \text{ (ungeeignet)} \atop 23} \right.$; $3^2 \pm 2 = \left\{ {11 \atop 7} \right.$; $3^2 \pm 2^2 = \left\{ {13 \atop 5} \right.$;

$3^3 \pm 2^3 = \left\{ {> 25 \text{ (ungeeignet)} \atop 19} \right.$; $2 \cdot 3^2 \pm 1 = \left\{ {19 \atop 17} \right.$; $2^2 \cdot 3 \pm 1 = \left\{ {13 \atop 11} \right.$.

In diesem Beispiel resultiert aus dem Verfahren die Gesamtheit aller
Primzahlen unterhalb 25.

Ist $\pi(\sqrt{x}) = n$ bekannt, so kann $\pi(x)$ berechnet werden nach einer
Formel, der allerdings mehr theoretische als praktische Bedeutung zu-
kommt. Mit $p_1 < p_2 < \ldots < p_n \leqslant \sqrt{x} < p_{n+1}$ ist nach Abschnitt 1.2.
$\left[\dfrac{x}{p_\nu} \right]$ $(\nu = 1, \ldots, n)$ die Anzahl der Vielfachen von p_ν , die unterhalb
x [2] liegen (x reell positiv). $([x] - \left[\dfrac{x}{p_\nu} \right])$ gibt daher die Anzahl
der natürlichen Zahlen an, die unterhalb x liegen und nicht durch p_ν
teilbar sind. Mit $([x] - \sum\limits_{\nu=1}^{n} \left[\dfrac{x}{p_\nu} \right])$ ist die Anzahl der natürlichen
Zahlen gegeben, die unterhalb x durch keine p_ν teilbar sind; dabei
werden allerdings die Zahlen, die gleichzeitig durch zwei verschiedene
p_ν teilbar sind, zweimal weggestrichen.

Nach dem Vorgang von Seite 80 ist demnach

$$([x] - \sum_{\nu=1}^{n} \left[\frac{x}{p_\nu} \right] + \sum_{\nu \neq \mu} \left[\frac{x}{p_\nu \, p_\mu} \right] - \sum_{\nu < \mu < \varrho} \left[\frac{x}{p_\nu \, p_\mu \, p_\varrho} \right] \pm \ldots +$$

$$(-1)^n \left[\frac{x}{p_1 \cdot p_2 \cdot \ldots \cdot p_n} \right])$$ die Anzahl der PZ^{en} zwischen $\sqrt{x}$ und x, die

---

[1] oder die Zahl 1

[2] m.a.W. alle $\lambda p_\nu \leqslant x$ ($\lambda = 1, 2, \ldots$)

(1)   (da 1 stehen bleibt) um 1 vermehrt ist. Damit erhalten wir (1)

$$\pi(x) = n - 1 + [x] - \sum_{\nu=1}^{n} \left[\frac{x}{p_\nu}\right] + \sum_{\nu<\mu} \left[\frac{x}{p_\nu p_\mu}\right] - \sum_{\nu<\mu<\varrho} \left[\frac{x}{p_\nu p_\mu p_\varrho}\right] \pm \cdots +$$

$$(-1)^n \left[\frac{x}{p_1 \cdot p_2 \cdots \cdot p_n}\right].$$ Aus (1) läßt sich dann beispielsweise mit

$x = 25$ $\pi(25)$ über $\pi(\sqrt{25}) = n = \pi(5) = 3$ zu

$$\pi(25) = 3 - 1 + 25 - \left(\left[\frac{25}{2}\right] + \left[\frac{25}{3}\right] + \left[\frac{25}{5}\right]\right) + \left[\frac{25}{6}\right] + \left[\frac{25}{10}\right] + \left[\frac{25}{15}\right] - \left[\frac{25}{30}\right] =$$

Übg.(52.) $2 + 25 - 12 - 8 - 5 + 4 + 2 + 1 = 9$ berechnen. Ebenso (Übung!) kann $\pi(2000) = 303$ aus der Primzahltafel des Anhangs bestätigt werden.

Von ähnlich theoretischer Bedeutung ist eine geschlossese Darstellung der Funktion $\pi(x)$, die 1953 von Sierpinski (1882 bis 1969) für $x > 3$ angegeben wurde. Die originelle Idee, welche dieser Formel zugrunde liegt, ist aber schon deswegen erwähnenswert, da sie auch bei der Behandlung anderer Fragen erfolgreich verwandt werden kann [1].

(2)   Es gilt (2) $\pi(x) = 1 + \sum_{n=3}^{[x]} \left(1 - \lim_{m\to\infty} \left(1 - \prod_{k=2}^{n-1} \left(\sin\frac{n\pi}{k}\right)^2\right)^m\right).$

Übg.(53.) Der Beweis von (2) wird dem Leser als Übung empfohlen. Anleitung: Der Summand "1" steht für die PZ "2". Ist n keine PZ, so steht im Produkt mindestens einmal der Faktor 0 und damit in der Summe kein Beitrag. Ist dagegen n eine PZ $(n \leqslant [x] \leqslant x)$, so resultiert in der Summe der Beitrag "1".

Bei der Betrachtung einer Primzahltafel fällt auf, daß die PZ[en] sehr unregelmäßig verteilt sind. Erste Aussagen über diese Verteilung gewannen wir durch die Sätze (I_3) und (I_4). Im 5. Kapitel werden wir zeigen, daß in jeder arithmetischen Folge $a \cdot n + b$ ($a \cup b$, a, b ganze Zahlen, $a > 0$) unendlich viele PZ[en] enthalten sind. Das ist der 2. Hauptsatz der analytischen Zahlentheorie. Zwei seiner Sonderfälle

(I_{26}) können schon hier bewiesen werden. (I_{26}) Es gibt unendlich viele PZ[en] der Form $(4k + 3)$ bzw. der Form $(6k + 5)$.

Beweis: Zunächst haben alle ungeraden PZ[en] die Form $4k \pm 1$ $(4k + 2 \equiv 0(2))$ bzw. $6k \pm 1$ [2] $(6k \pm 2 \equiv 0(2),\ 6k + 3 \equiv 0(3))$. PZ[en] der Form $4k + 3$ o.w.d.i. $4k - 1$ sind z.B. $\overline{p}_1 = 3$, $\overline{p}_2 = 7$, $\overline{p}_3 = 11$, $\ldots$,

---

[1] z.B. zur Darstellung der Funktion $f(x) = \begin{cases} 0 & x \text{ irrational} \\ 1 & x \text{ rational} \end{cases}$ in geschlossener Form

[2] bis auf die PZ 3

die der Form $(6k + 5)$ o.w.d.i. der Form $(6k - 1)$ sind u.a. $\hat{p}_1 = 5$, $\hat{p}_2 = 11$, $\hat{p}_3 = 17$, ... Gäbe es von der ersten Sorte nur endlich viele, etwa K, so gälte $\overline{p}_1 < \overline{p}_2 < ... < \overline{p}_K$. Mit diesen ist $\overline{P} = 4 \cdot \overline{p}_1 \cdot \overline{p}_2 \cdot ... \cdot \overline{p}_K - 1$ zu bilden. Da $\overline{P} > \overline{p}_K$, ist sicher $\overline{P}$ keine PZ der betrachteten Art. Nach (I_2) ist auch kein $\overline{p}_1$ $(1 = 1, ..., K)$ ein Teiler von $\overline{P}$, ebenso wenig ist $2/\overline{P}$, da $\overline{P} \not\equiv 0(2)$. Außerdem ist jede natürliche Zahl als Produkt von PZ^{en} (I_{10}) darstellbar, daher muß es, wenn $\overline{P}$ (von der Form $(4k - 1)$) keine PZ ist, Primfaktoren von $\overline{P}$ geben.

Unter diesen müßte aber mindestens einer von der Form $(4k + 3)$ sein, denn in Abschnitt 1.2. sahen wir, daß ein Produkt von Faktoren der Form $(4k + 1)$ ebenfalls diese Gestalt aufweist. q.e.a. Analog zu dem geschilderten Verfahren ist die zweite Aussage von (I_{26}) zu beweisen [1].

D   Zwei benachbarte PZ^{en}, deren Differenz zwei beträgt $(p, p+2)$, heißen "PZ-Zwillinge" (z.B. $(3, 5)$, $(5, 7)$, $(11, 13)$, $(17, 19)$, $(29, 31)$, ...). Bis heute ist es nicht gelungen, die Frage zu entscheiden, ob es unendlich viele oder endlich viele Zwillingspaare gibt [2]. Mit einer sehr scharfsinnigen "Erweiterungsidee" des Siebverfahrens von Eratosthenes konnte lediglich bewiesen werden, daß $\sum(\frac{1}{p} + \frac{1}{p+2})$ (die Summe der reziproken PZ^{en}, die PZ-Zwillinge bilden) konvergiert. Dieser Beweis führt über den Rahmen des Buches hinaus, dagegen werden wir noch in diesem Kapitel beweisen, daß $\sum\limits_{\nu=1}^{\infty} \frac{1}{p_\nu}$ divergiert. Ist p eine ungerade PZ $(p > 3)$, so hat es sicher die Form $(3k \pm 1)$, damit können p, p+2, p+4 nicht gleichzeitig PZ^{en} sein (eine davon ist durch 3 teilbar). Lediglich 3, 5, 7 sind das einzige mögliche Tripel dieser Art. Dagegen können p, p+2, p+6 oder auch p, p+4, p+6 PZ-Tripel sein. Solche Tripel

D   heißen "PZ-Drillinge" (z.B. $(5, 7, 11)$ oder $(7, 11, 13)$). Vor einigen Jahren wurden $(10014491, 10014493, 10014497)$ als "größte bekannte PZ-Drillinge" gefunden. Über ihre Verteilung ist kaum etwas bekannt,

D   das gilt auch für "PZ-Vierlinge" der Form $(p, p+2, p+6, p+8)$, von denen als Beispiele $(5, 7, 11, 13)$, $(294311, 294313, 294317, 294319)$ und $(299471, 299473, 299477, 299479)$ genannt seien.

Übg.(54.) Übg.(54.) Es ist zu zeigen: Die Summe zweier PZ-Zwillinge p_n, p_{n+1} $(n > 3, p_{n+1} = p_n + 2)$ kann stets als Produkt von mindestens vier - nicht unbedingt paarweise verschiedenen - Primfaktoren geschrieben werden.

---

[1] Der Leser findet das Verfahren im Lösungskatalog auf S. 428.

[2] Unterhalb 10^5 gibt es 1224, unterhalb 10^6 8164 PZ-Zwillingspaare. Neuere Untersuchungen lassen vermuten, daß es unendlich viele solche Paare gibt. Heute sind u.a. 1 000 000 009 649 und 1 000 000 009 651 als PZ-Zwillinge bekannt.

(I_{27})   Wir beweisen nun den folgenden Satz (I_{27}): Zu vorgegebener (beliebig
wählbarer) endlicher Länge S ($S \geqslant 2$ [1]) gibt es unendlich viele
Strecken dieser Länge, die paarweise punktfremd sind, rechts vom
Punkt O liegen (auf der Zahlengeraden) und keine PZ^{en} enthalten.

Beweis: Mit $K = [S] + 1$ ist zunächst $K > S$; weiter wählen wir
irgendeine monoton wachsende Folge natürlicher Zahlen
$A_1 < A_2 < A_3 < \ldots$ (z.B. $1 < 2 < 3 < \ldots$ oder $1 < 4 < 9 < 16 < \ldots$
u.a.). Die Zahlen $(A_1((K+1)!) + 2)$, $(A_1((K+1)!) + 3)$, $\ldots$,
$(A_1((K+1)!) + (K+1)))$ sind resp. durch 2, 3, $\ldots$, (K+1) teilbar,
demnach sicher keine PZ^{en} und bilden K aufeinanderfolgende Zahlen.
Damit ist eine Strecke der vorgegebenen Länge bereits konstruiert.
Wegen $A_\mu((K+1)!) + m$ (m = 2, 3, $\ldots$, K+1) $\leqslant$
$A_\mu((K+1)!) + (K+1) < (A_\mu + 1)((K+1)!) \leqslant A_{\mu+1}((K+1)!) <$
$A_{\mu+1}((K+1)!) + m$ (m = 2, 3, $\ldots$, K+1) sind alle diese Strecken auch
paarweise punktfremd. q.e.d.

Strecken der in (I_{27}) genannten Art liegen soweit auseinander, daß
zwischen jeder natürlichen Zahl n (n $\geqslant$ 2) und ihrem doppelten Wert
2n stets mindestens eine PZ gefunden werden kann. Diese Aussage und
(I_{27}) sind daher nur scheinbar sich widersprechende Tatbestände. Es gilt,

(I_{28})   wie wir nach einigen Vorbereitungen zeigen werden, (I_{28}): Für n $\geqslant$ 2
ist $\pi(2n) - \pi(n) \geqslant 1$ und weiter $(\pi(2n) - \pi(n) \geqslant 1) \Leftrightarrow (p_{n+1} < 2p_n)$.

Beweis: Zunächst zeigen wir die logische Äquivalenz. Hierzu ersetzen
wir in $\pi(2n) - \pi(n) \geqslant 1$ lediglich n durch p_n und erhalten
$\pi(2p_n) \geqslant \pi(p_n) + 1 = n + 1$. Damit p.d. $p_{n+1} \leqslant 2p_n$, da aber $2p_n$
sicher keine PZ ist $(2p_n \equiv 0(2))$, so gilt $p_{n+1} < 2p_n$ (und "$\Rightarrow$" ist
bewiesen). Gilt umgekehrt $p_{n+1} < 2p_n$ und gäbe es ein Intervall
$n_0 < x < 2n_0$, das primzahlfrei wäre, so bezeichnen wir mit p_{K_0} die
größte PZ unterhalb n_0 ($p_{K_0} \leqslant n_0 \Leftrightarrow \pi(n_0) = K_0$). Da $n_0 \geqslant 2$, ist mindestens ein solches p_{K_0} vorhanden. Nach unserer Antithese gilt dann
weiter $p_{(K_0+1)} \geqslant 2n_0 \geqslant 2p_{K_0}$, was $p_{n+1} < 2p_n$ (für alle n) widerspricht. q.e.a. (Damit ist "$\Leftarrow$" bewiesen.)

Übg.(55.) Da sich durch eine verhältnismäßig wenig Zeit raubende Rechnung (Übung!)
zeigen läßt, daß 2441 eine PZ ist, betrachten wir die Teilfolge der
PZ^{en}: 2, 3, 5, 7, 13, 23, 43, 83, 163, 317, 631, 1231, 2441. Hier ist

---

[1] Für S < 2 ist der Satz trivial, da wir hierfür nur die geraden
natürlichen Zahlen 2n (n = 2, 3, $\ldots$) mit einem entsprechenden
Intervall umgeben müssen.

jede vorausgehende Primzahl größer als die Hälfte der nachfolgenden. In diesem Bereich ist demnach sicher $p_{r+1} < 2p_r$ (viele PZ^{en} dieses Bereiches sind nicht notiert worden). Damit müssen wir

(3) $\quad$ (3) $\pi(2n) - \pi(n) \geqslant 1$ nur noch für $n \geqslant 1231$ beweisen, denn für kleinere Werte von n folgt (3) aus der bereits bewiesenen Äquivalenz. Beim Beweis von (3) folgen wir Überlegungen, die u.a. von P.Erdös (geb. 1913) und P. Finsler (1894 bis 1970) entwickelt wurden.

Wir betrachten den Binomialkoeffizienten $\binom{2n}{n} = \dfrac{(2n)!}{(n!)^2}$. Gibt es PZ^{en} p mit $n < p < 2n$, so bleiben diese in der ersten Potenz ($2p > 2n$) in $\binom{2n}{n}$ als Faktor stehen, da sie durch die Faktoren des Nenners nicht herausgekürzt werden können. Für das Produkt dieser Primzahlen schreiben wir dann P_n und müssen lediglich zeigen, daß $P_n > 1$ gilt.

(α) $\quad$ Nach (I_{15}) ist $\quad$ (α) $\quad$ $\binom{2n}{n} = \dfrac{(2n)!}{(n!)^2} = \left(\prod_{p \leqslant n} p^{e'_p} \right) \left(\prod_{n < p < 2n} p \right) = Q_n \cdot P_n$

mit $e'_p = \sum_{l=1}^{\infty} \left(\left[\dfrac{2n}{p^l}\right] - 2\left[\dfrac{n}{p^l}\right] \right)$. Die Summanden von e'_p sind nach (28) in Abschnitt 1.2. entweder gleich Null oder gleich Eins, außerdem ist

(I_{29}) $\quad$ die Summe endlich. Zunächst beweisen wir den Satz (I_{29}) $\prod_{p \leqslant x} p < 4^x$

o.w.d.i.[1] $\sum_{p \leqslant x} \log p < x \log 4 = 2 \cdot x \cdot \log 2$ [2]. Wegen

$\prod_{p \leqslant [x]} p = \prod_{p \leqslant x} p$ und $4^{[x]} \leqslant 4^x$ ist (I_{29}) nur für natürliche Werte von x zu beweisen.

Der 1.I.S. ist für $x = 1$, $x = 2$, $x = 3$ sofort bestätigt. Die I.A. lautet $\prod_{p \leqslant k} p < 4^k$. Ist nun $k + 1 \equiv 0(2)$, so gilt p.d.

$\prod_{p \leqslant k+1} p = \prod_{p \leqslant k} p < 4^k < 4^{k+1}$ und (I_{29}) wäre durch vollständige Induktion bereits bewiesen. Ist (k+1) ungerade und gleichzeitig keine PZ, so ändert sich an dem gegebenen Beweis nichts. Nur der Fall $(k+1) = (2k'+1)$ und $(k+1) = p$ ist noch zu behandeln. Hierfür beachten wir, daß in $\binom{2k'+1}{k'} = \binom{2k'+1}{k'+1}$ alle PZ^{en} p mit $(k'+1) < p \leqslant (2k'+1)$ im Zähler stehen bleiben (als Faktor), falls es solche gibt. Es ist demnach

$$\prod_{p \leqslant (k+1)} p = \left(\prod_{p \leqslant k'+1} p \right) \cdot \left(\prod_{k'+1 < p \leqslant 2k'+1} p \right) \overset{I.A.}{<} 4^{k'+1} \cdot \binom{2k'+1}{k'}.$$

---

[1] Die 2. Aussage entsteht durch Logarithmieren der Ungleichung.

[2] Auf (I_{29}) werden wir im 5. Kapitel nochmals zurückkommen.

Wegen $(1 + 1)^{(2k'+1)} = 2^{(2k'+1)} = \sum_{\nu=0}^{2k'+1} \binom{2k'+1}{\nu} > 2 \binom{2k'+1}{k'} \Rightarrow$

$\binom{2k'+1}{k'} < 4^{k'}$ $(k' \geqslant 1)$ erhalten wir

$$\prod_{p \leqslant (k+1)} p < 4^{k'+1} \; 4^{k'} = 4^{2k'+1} = 4^{k+1}. \quad \text{q.e.d.}$$

(4)   Jetzt beweisen wir die Ungleichungen (4): $\frac{4^n}{2\sqrt{n}} < \binom{2n}{n} < \frac{4^n}{2}$ (für $n \geqslant 2$).

Wegen $\binom{2n}{n} = \binom{2n-1}{n} + \binom{2n-1}{n-1} < \sum_{\nu=0}^{2n-1} \binom{2n-1}{\nu} = (1 + 1)^{2n-1} = \frac{4^n}{2}$ ist

die in (4) angegebene obere Schranke sicher richtig. Die untere Schranke

gilt für $n = 2$ (1.I.S.), denn aus $\frac{4^2}{2 \cdot \sqrt{2}} \geqslant \binom{4}{2} = 6 \Rightarrow 4 \geqslant 3\sqrt{2} \geqslant 4,2$

entsteht sofort eine widersprüchliche Aussage. I.A.: $\frac{4^k}{2\sqrt{k}} < \binom{2k}{k}$.

Der I.B. ergibt sich dann so: $\binom{2(k+1)}{k+1} = \binom{2k+2}{k+1} =$

$$\frac{(2k+2)\,(2k+1)\,(2k)\ldots(k+2)}{(k!)\,(k+1)} = \frac{(2k+2)\,(2k+1)}{k+1} \cdot \frac{(2k)\,(2k-1)\ldots(k+2)\,(k+1)}{(k!)\,(k+1)} =$$

$$\overset{\text{p.d.}}{=} \frac{2 \cdot (2k+1)}{(k+1)} \cdot \binom{2k}{k} \overset{\text{I.A.}}{>} \frac{2(2k+1)}{k+1} \cdot \frac{4^k}{2\sqrt{k}} = \frac{4^{k+1}\,(2k+1)}{4\sqrt{k} \cdot \sqrt{k+1} \cdot \sqrt{k+1}} =$$

$$\frac{4^{k+1}}{2\sqrt{k+1}} \cdot \frac{(2k+1)}{2\sqrt{k}(k+1)} = \frac{4^{k+1}}{2\sqrt{k+1}} \cdot \frac{(2k+1)}{\sqrt{4k^2+4k}} > \frac{4^{k+1}}{2\sqrt{k+1}} \cdot \frac{(2k+1)}{\sqrt{4k^2+4k+1}} =$$

$$\frac{4^{k+1}}{2\sqrt{k+1}} \cdot \frac{(2k+1)}{\sqrt{(2k+1)^2}} = \frac{4^{k+1}}{2\sqrt{k+1}}. \quad \text{q.e.d.}$$

Nun untersuchen wir in (α) die Exponenten e_p'. Diese endlichen Summen

enthalten höchstens m Summanden "1", wenn $p^m \leqslant 2n < p^{m+1}$ gilt; damit

ist sicher $p^{e_p'} \leqslant p^m \leqslant 2n$. Da $n \geqslant 1231$, gibt es unter diesen p aber

sicher ungerade Primzahlen, und wir können i.a. sogar $p^{e_p'} \leqslant p^m < 2n$

schreiben. Aus (α) entnehmen wir demnach

(5)   (5) $\binom{2n}{n} = Q_n P_n = \prod_{p \leqslant n} p^{e_p'} \cdot \prod_{n < p < 2n} p \leqslant \prod_{p \leqslant 2n} p^m < (2n)^{\pi(2n)}$ [1].

Da wir (I_{28}) nur für $n \geqslant 1231$ beweisen müssen, ist

$\pi(\sqrt{2n}) = \pi([\sqrt{2n}]) \geqslant \pi(49)$. Damit aber $\pi(\sqrt{2n}) < \frac{[\sqrt{2n}]}{2}$, denn alle

geraden Zahlen außer 2 sind keine PZ^{en}, dafür ist aber auch jeweils

1, 9, 15, ... keine PZ. Wir erhalten somit:

$\pi(\sqrt{2n}) < \frac{[\sqrt{2n}]}{2} \leqslant \frac{\sqrt{2n}}{2} = \sqrt{\frac{n}{2}}$. In (α) sind weiter die e_p' für solche p,

für die $\sqrt{2n} < p \leqslant n$ gilt, ebenfalls höchstens gleich Eins. Hier ist

---

[1] Wegen des Exponenten $\pi(2n)$ steht hier das $<$-Zeichen.

doch $p^2 > 2n \Rightarrow \left[\frac{2n}{p^2}\right] = 0$ und a fortiori $\left[\frac{n}{p^2}\right] = 0$, ebenso

$\left[\frac{2n}{p^l}\right] = \left[\frac{n}{p^l}\right] = 0$ für $l = 3, 4, \ldots$. Damit bleibt aber für e_p'

höchstens ein Summand mit dem Wert "1" übrig. Außerdem zeigen wir, daß in (α) solche p überhaupt nicht als Faktor auftreten, für die

$\frac{2n}{3} < p \leqslant n$ gilt. Wegen $2n > 2400$ ist p sicher größer als 3. Wegen

(n.V.) $\frac{2n}{p} < 3 \Rightarrow \frac{2n}{p^2} < \frac{3}{p} < 1 \Rightarrow \left[\frac{2n}{p^2}\right] = \left[\frac{2n}{p^3}\right] = \ldots = 0 \Rightarrow \left[\frac{n}{p^2}\right] = \left[\frac{n}{p^3}\right] =$

$\ldots = 0$ bleibt wieder für e_p' nur der Summand $\left(\left[\frac{2n}{p}\right] - 2\left[\frac{n}{p}\right]\right)$ übrig.

Aus (n.V.) $\left[\frac{n}{p}\right] \geqslant 1$, $\left[\frac{n}{p}\right] < \frac{3}{2}$ folgt $\left[\frac{n}{p}\right] = 1$ und aus $\frac{2n}{p} < 3$, $\frac{2n}{p} \geqslant 2$

entnehmen wir $\left[\frac{2n}{p}\right] = 2$. Damit ist die Behauptung bewiesen. In (α) schätzen wir jetzt Q_n (sehr grob!) nach oben ab. Wie wir sahen, haben höchstens solche p einen Exponenten $e_p' > 1$, für die $p \leqslant \sqrt{2n}$ gilt, damit treten höchstens $\pi(\sqrt{2n}) < \sqrt{\frac{n}{2}}$ solche Faktoren auf. Jeder dieser ist, wie wir oben vor (5) zeigen konnten, kleiner als $(2n)$; das Pro-

dukt dieser $p^{e_p'}$ ist demnach kleiner als $(2n)^{\sqrt{\frac{n}{2}}}$. In Q_n treten keine

Primfaktoren p mit $\frac{2n}{3} < p \leqslant n$ auf, weiter bleiben in Q_n noch (viel-leicht!) solche Primfaktoren p stehen für die $\sqrt{2n} < p \leqslant \frac{2n}{3}$ gilt. Ihr Exponent ist höchstens gleich Eins, ihr Anteil in Q_n damit höch-

stens gleich $\prod\limits_{\sqrt{2n} < p \leqslant \frac{2n}{3}} p < \prod\limits_{p \leqslant \frac{2n}{3}} p \overset{(I_{29})}{<} 4^{\frac{2n}{3}}$. Damit erhalten wir in

$Q_n < (2n)^{\sqrt{\frac{n}{2}}} \cdot 4^{\frac{2n}{3}}$ eine Abschätzung, deren rechte Seite reichlich groß ist. Nach (4) ergibt sich dann

$\frac{4^n}{2\sqrt{n}} < \binom{2n}{n} = Q_n \cdot P_n < (2n)^{\sqrt{\frac{n}{2}}} \cdot 4^{\frac{2n}{3}} \cdot P_n$. (I_{28}) ist somit bewiesen, wenn

(6)   die Ungleichung (6) $(P_n >)$ $\dfrac{4^n}{4^{\frac{2n}{3}} \cdot 2\sqrt{n}(2n)^{\sqrt{\frac{n}{2}}}} \geqslant 1$ für $n > 1231$ bestätigt

werden kann. Mit (6) $\Leftrightarrow 1 \leqslant \dfrac{4^{\frac{n}{3}}}{2\sqrt{n}\,(2n)^{\sqrt{\frac{n}{2}}}}$ quadrieren wir die letzte

Ungleichung und setzen $2n = x^2$.

$\left(\dfrac{4^{\frac{2n}{3}}}{4n(2n)^{\sqrt{2n}}} \geqslant 1,\; \dfrac{4^{x^2/3}}{2x^2(x^2)^x} = \dfrac{4^{x^2/3}}{2(x^2)^{x+1}} = \dfrac{4^{x^2/3}}{2x^{2x+2}} \geqslant 1\right)$. Ist nun für

$x^2 \geqslant 2401$ $(x \geqslant 49)$ der Quotient $(4^{x^2/3}) : 2x^{2x+2}$ größer als Eins, so ist (I_{28}) bewiesen. Hierfür logarithmieren wir diesen Quotienten und zeigen, daß sein Logarithmus größer als Null ist. Mit

$$\log \left(\frac{4^{x^2/3}}{2x^{2x+2}}\right) = \frac{x^2}{3} \log 4 - \log 2 - (2x+2)\log x =$$

$$\frac{x^2}{3} \log 4 \left(1 - \frac{3}{2x^2} - \frac{3 \log x}{x \log 2} - \frac{3 \log x}{x^2 \log 2}\right) \quad \text{muß noch gezeigt werden, daß}$$

$$\left(\frac{3}{2x^2} + \frac{3 \log x}{x \log 2} + \frac{3 \log x}{x^2 \log 2}\right) < 1 \quad \text{für } x > 49 \text{ gilt. } y_1 = \frac{1}{x^2} \text{ ist eine}$$

monoton fallende Funktion, ebenso auch $y_2 = \dfrac{\log x}{x}$

$$\left(y_2' = \frac{1 - \log x}{x^2} < 0 \quad \text{für } x > e\right) \quad \text{und} \quad y_3 = \frac{\log x}{x^2}$$

$$\left(y_3' = \frac{x - 2x \log x}{x^4} < 0 \quad \text{für } x > e\right). \text{ Damit gilt}$$

$$\frac{3}{2x^2} + \frac{3 \log x}{x \log 2} + \frac{3 \log x}{x^2 \log 2} < \frac{3}{2 (49)^2} + \frac{3 \log 49}{(49)\log 2} + \frac{3 \log 49}{(49)^2 \log 2} = A.$$

Mit $0,69 < \log 2 < 0,7$, $3,8 < \log 49 < 3,9$ ergibt dann die Rechnung $A < \frac{3}{4}$. q.e.d.

Mit (I_{28}) ist (I_3) ein weiteres Mal bewiesen [1]. Da $2, 4, 8, 16, \ldots$ eben als obere Schranken für $p_1, p_2, p_3, p_4, \ldots$ nach (I_{28}) erwiesen

(I_{28}') wurden, gilt (I_{28}') $p_n < 2^n$ (für $n > 1$), das ist eine wesentliche Verbesserung von (I_4).

Aus (4) und (5) werden wir einen Satz herleiten können, den Tschebyscheff (1821 bis 1894) in der Mitte des 19. Jahrhunderts unter Verwendung tiefliegender Sätze der komplexen Funktionentheorie bewies.

(I_{30}) Es gilt: (I_{30}) $\pi(x) > \dfrac{2}{3} \dfrac{x}{\log x}$ (für $x \geqq 3$). Wir bestätigen (I_{30}) für $x \geqq 1231$, denn für kleinere Werte von x kann er "nachgerechnet" [2] werden. Aus (4) und (5) entnehmen wir

$$\left((2n)^{\pi(2n)} > \frac{4^n}{2\sqrt{n}}\right) \leftrightarrow \left(\pi(2n) \cdot \log (2n) > n \log 4 - \log 2 - \frac{\log n}{2}\right) \quad \text{bzw.}$$

$$\pi(2n) > \frac{2n}{\log 2n} \cdot \left(\log 2 - \frac{\log 2}{2n} - \frac{\log n}{4n}\right) =$$

$$\frac{2n}{\log 2n} \left(\log 2 - \frac{2 \log 2 + \log n}{4n}\right). \quad \text{Da} \quad y_4 = \frac{\log 4 + \log x}{4x} \quad \text{monoton}$$

$$\text{abnimmt} \quad \left(y_4' = \frac{4 - 4(\log 4 + \log x)}{(4x)^2} < 0 \quad \text{für } x > e\right) \quad \text{und}$$

$\log 2 = 0,6931, \ldots$ wird (mit $x \geqq 1200$)

---

[1] (I_3) ergibt sich auch aus (I_{26}).

[2] Der Leser wird hierzu auf das im Literaturverzeichnis genannte Buch von R. Mönkemeyer (geb. 1907) verwiesen.

$$(\log 2 - \frac{\log 4 + \log n}{4n}) > 0{,}6931 - \frac{\log 4 + \log 600}{2400} >$$

$$0{,}6931 - \frac{1{,}4 + 6{,}397}{2400} = 0{,}6931 - \frac{7{,}797}{2400} > 0{,}68985 > \frac{2}{3}.$$ Damit ist (I_{30})

für $x = 2n$, $n > 600$ bewiesen.

Mit $y_5 = \frac{1}{y_2}$ wächst y_5 monoton, und wir erhalten

$$\pi(2n+1) = \pi(2n+2) > \frac{2n+2}{\log(2n+2)} \cdot 0{,}68985 > \frac{2n+1}{\log(2n+1)} \cdot 0{,}68985.$$

Damit ist (I_{30}) auch für $x = 2n + 1$ mit $n > 600$ bewiesen [1].

Manchmal wird (I_{30}) auch für nicht ganzzahlige x benötigt. Gilt

$2n-1 < x < 2n$, so ist $\pi(x) = \pi(2n) > \frac{2n}{\log 2n} \cdot 0{,}68985 > \frac{x}{\log x} \cdot 0{,}68985$.

Ist dagegen $2n < x < 2n+1$ und $(2n+1) = p$, dann folgt

$$\pi(x) = \pi(2n+1) - 1 > \frac{2n+1}{\log(2n+1)} \cdot 0{,}68985 - 1 =$$

$$\frac{2n+1}{\log(2n+1)} \cdot 0{,}682 + (\frac{2n+1}{\log(2n+1)} \cdot 0{,}007 - 1).$$ Für $n > 600$ ist

diese Klammer, wie die Zahlenrechnung beweist, positiv, und es gilt

(I_{30}) für $x > 600 : \pi(x) > \frac{x}{\log x} \cdot 0{,}682 > \frac{2}{3} \frac{x}{\log x}$. Unsere Methode

der Bestimmung einer unteren Schranke für $\frac{\pi(x) \cdot \log x}{x}$ besitzt ihre

vom Verfahren her bestimmte Begrenzung in log 2, der wir für $x \to \infty$

beliebig nahe kommen. Im 5. Kapitel werden wir zeigen, daß

$\lim\limits_{x \to \infty} \frac{\pi(x) \cdot \log x}{x} = 1$. Dies ist der 1. Hauptsatz der Analytischen

Zahlentheorie. Für ihn kann hier vorläufig nur die logische Äquivalenz

(I_{31}) (I_{31}) (β) $(\lim\limits_{x \to \infty} \frac{\pi(x) \cdot \log x}{x} = 1) \Leftrightarrow (\gamma)$ $(\lim\limits_{n \to \infty} (\frac{p_n}{n \log n}) = 1)$ bewiesen

werden. Gilt (β), so strebt mit $x \to \infty$ der Ausdruck

$\log \pi(x) + \log(\log x) - \log x$ gegen Null, bzw. ist

$\lim\limits_{x \to \infty} (\frac{\log \pi(x)}{\log x} + \frac{\log(\log x)}{\log x}) = 1$ oder (wegen der nachstehenden

Bemerkung) (β') $\lim\limits_{x \to \infty} \frac{\log \pi(x)}{\log x} = 1$.

Bemerkung: Aus der Analysis ist die Entwicklung $e^{\alpha x} = \sum\limits_{\nu=0}^{\infty} \frac{(\alpha x)^\nu}{\nu!}$

$(\alpha > 0)$ bekannt. Mit $\beta_1 > 0$ und $N = [\beta_1] + 2$ wird dann

$$\frac{e^{\alpha x}}{x^{\beta_1}} > \frac{\alpha^N x^N}{x^{\beta_1} \cdot N!} = \frac{\alpha^N x^{N-\beta_1}}{N!} > \frac{\alpha^N x}{N!} \Rightarrow \frac{x^{\beta_1}}{e^{\alpha x}} < \frac{N!}{\alpha^N x} \Rightarrow \lim\limits_{x \to \infty} \frac{x^{\beta_1}}{e^{\alpha x}} = 0.$$ Damit wächst

---

[1] Unser Faktor 0,68985 ist sogar noch "wesentlich" größer als $\frac{2}{3}$. Nach der Entdeckung der genannten Tschebyscheff'schen Ungleichung wurde jahrzehntelang mühsam die Schranke $\frac{2}{3}$ jeweils um wenige Tausendstel vergrößert.

$e^{\alpha x}$ $(\alpha > 0)$ schneller als x^{β_1} $(\beta_1 > 0)$. Nun setzen wir $e^x = t$,

$x = \log t$ und erhalten $\lim\limits_{t \to \infty} \dfrac{(\log t)^{\beta_1}}{t^{\alpha}} = 0$.

Damit wächst jede Potenz von t mit positiven Exponenten schneller als jede Potenz des Logarithmus. Schließlich führt $\beta_1 = \alpha = 1$, $t = \log y$ zu der Beziehung $\lim\limits_{y \to \infty} \dfrac{\log (\log y)}{\log y} = 0$, die uns (β') gewinnen ließ.

In (β') setzen wir $x = p_n$ und erhalten (β'') $\lim\limits_{n \to \infty} \dfrac{\log n}{\log p_n} = 1$ [1].

Die gleiche Substitution führt in (β) zu (β''') $\lim\limits_{n \to \infty} \dfrac{n \cdot \log p_n}{p_n} = 1$ [1].

Die Multiplikation von (β'') mit (β''') ergibt (γ). Gilt umgekehrt (γ), also $p_n = n \log n\, (1 + \varepsilon_n)$ und $p_{n+1} = (n+1) \log (n+1)\, (1 + \varepsilon'_n)$ mit $\lim\limits_{n \to \infty} \varepsilon_n = \lim\limits_{n \to \infty} \varepsilon'_n = 0$, so ist für ein x mit $p_n \leqslant x < p_{n+1}$ [1]

$$1 + \varepsilon_n \leqslant \frac{x}{n \log n} \leqslant (1 + \varepsilon'_n)\, \left(\frac{n+1}{n}\right) \cdot \frac{\log (n+1)}{\log n} =$$

$$(1 + \varepsilon'_n)\, \left(1 + \frac{1}{n}\right) \left(1 + \frac{\log \left(1 + \frac{1}{n}\right)}{\log n}\right) \quad \text{oder mit anderen Worten}$$

(γ') $\lim\limits_{\substack{n \to \infty \\ x \to \infty}} \dfrac{x}{n \log n} = 1 \Rightarrow (\log x - \log n - \log (\log n) \to 0) \Rightarrow$

$\left(\dfrac{\log x}{\log n} - \dfrac{\log (\log n)}{\log n} \to 1\right) \Rightarrow (\gamma'')$ $\lim\limits_{\substack{n \to \infty \\ x \to \infty}} \dfrac{\log x}{\log n} = 1$.

Dividieren wir (γ') durch (γ''), so erhalten wir $\lim\limits_{n \to \infty} \dfrac{x}{n \cdot \log x} = 1$

und, da $n = \pi(x)$, demnach (β). q.e.d.

Mit (I_{30}) läßt sich auch (I'_{28}) noch verbessern. Hierzu setzen wir

$x = p_n$ und erhalten $\pi(p_n) = n > \dfrac{2}{3} \cdot \dfrac{p_n}{\log p_n} = \dfrac{2}{3} \cdot \sqrt{p_n} \cdot \dfrac{\sqrt{p_n}}{\log p_n} =$

$\sqrt{p_n} \cdot \left(\dfrac{2}{3}\, \dfrac{\sqrt{p_n}}{\log p_n}\right)$. Da $y_6 = \dfrac{\sqrt{x}}{\log x}$ monoton wächst $(y'_6 > 0$ für

$x > e^2)$, ist für $p_n \geqslant 100$ auch

(7) $\qquad \left(\dfrac{2}{3}\, \dfrac{\sqrt{p_n}}{\log p_n} > \dfrac{2}{3} \cdot \dfrac{10}{\log 100} > \dfrac{2 \cdot 10}{3 \cdot 5} > 1\right) \Rightarrow (n > \sqrt{p_n}) \Rightarrow (7)\ n^2 > p_n$.

Aus (I_{30}) folgt für $x = p_n$ aber $p_n < \dfrac{3}{2}\, n \cdot \log p_n \overset{(7)}{<} \dfrac{3}{2}\, n \cdot 2 \log n =$

(I'_{30}) $\quad 3\, n \log n$. Das ist (I'_{30}): $p_n < 3\, n \log n$ (für $p_n > 100$). (I'_{30}) läßt

Übg.(56.) sich noch etwas verbessern (Übung !), wenn wir diese Aussage wieder –

---

[1] $\lim\limits_{x \to \infty}$ und $\lim\limits_{n \to \infty}$ bedingen sich wegen $p_n \leqslant x < p_{n+1}$ gegenseitig.

Übg.(57.) wie eben – mit (I_{30}) verbinden; bei diesem Verfahren (Übung !) hätten wir statt der oben angegebenen Beweisidee auch (I'_{28}) als Ausgangspunkt verwenden können.

(I_{32}) Der Satz (I_{32}): $\sum_{n=1}^{\infty} \frac{1}{p_n}$ ist divergent, wurde bereits von Euler mit Hilfe unendlicher Produkte bewiesen, wobei allerdings die damaligen Mathematiker mit Konvergenzproblemen solcher Produkte sehr großzügig verfuhren.

D   Wir geben hier einen Beweis, der auf P. Erdös zurückgeht. Erdös bezeichnet mit $N_k(x)$ die Anzahl der natürlichen Zahlen n $(n \leqslant x)$, in deren Zerlegung nach (I_{10}) keine anderen Primfaktoren als p_1, p_2, $\ldots$, p_k auftreten. Es ist also $N_3(20) = 14$ (es sind das die Zahlen $n = 1, 2, 3, 4, 5, 6, 8, 9, 10, 12, 15, 16, 18, 20$) und $N_2(15) = 8$ $(n = 1, 2, 3, 4, 6, 8, 9, 12)$. $([x] - N_k(x))$ gibt dann an, wieviele n $(n \leqslant x)$ auch einen Primfaktor p mit $p > p_k$ besitzen. Ein n, das durch $N_k(x)$ gezählt wird, schreiben wir in der Form

$$n = n_1^2 \cdot p_1^{\alpha_1} \cdot \ldots \cdot p_k^{\alpha_k}, \text{ wobei } \alpha_1 = 0 \text{ oder } \alpha_1 = 1 \ (1 = 1, 2, \ldots, k).$$

Dabei haben wir alle Potenzen der p_1 $(1 = 1, \ldots, k)$ mit geradem Exponenten in n_1^2 zusammengefaßt. Nach dem Multiplikationssatz existieren 2^k solcher k-Tupel $(\alpha_1, \alpha_2, \ldots, \alpha_k)$. Wegen $(1 \leqslant n_1^2 \leqslant x) \Rightarrow (n_1 \leqslant \sqrt{x})$ gibt es höchstens $(\sqrt{x}) \cdot 2^k$ Möglichkeiten der Bildung

(8)   solcher n, die durch $N_k(x)$ gezählt werden. Das ist: (8) $N_k(x) \leqslant 2^k\sqrt{x}$.

Mit $x = 10000$ und $k = 4$ wird $N_4(10000) \leqslant 1600$, $10000 - N_4(10000) > 8400$. Daher besitzen mindestens 8400 Zahlen unterhalb 10 000 einen Primfaktor p mit $p > p_5 = 11$. Entsprechend besitzen mindestens 3600 Zahlen unterhalb 10^4 einen Primfaktor p mit $p > p_7 = 17$. Aus (8) folgt leicht ein weiterer Beweis von (I_3), der von den Überlegungen der vorausgehenden Abschnitte unabhängig ist. Gäbe es nur endlich viele PZ^{en} (etwa K), so wäre für alle natürlichen x $N_K(x) = x < 2^K\sqrt{x} \Rightarrow x < 4^K$. Da aber nicht sämtliche natürlichen Zahlen durch 4^K beschränkt sind, ist die Voraussetzung falsch. q.e.a.

Ebenfalls indirekt beweisen wir (I_{32}). Würde $\sum_{n=1}^{\infty} \frac{1}{p_n}$ konvergieren, so gäbe es ein k_0 derart, daß $\sum_{n=1}^{\infty} \frac{1}{p_{k_0+n}} < \frac{1}{2} \Rightarrow x \cdot \sum_{n=1}^{\infty} \frac{1}{p_{k_0+n}} < \frac{x}{2}$.

Da $\left[\dfrac{x}{p_m}\right]$ natürliche Zahlen unterhalb x durch p_m teilbar sind, gilt

sicher $\quad x - N_{k_0}(x) \leqslant \sum\limits_{n=1}^{\infty} \left[\dfrac{x}{p_{k_0+n}}\right] \leqslant x \cdot \sum\limits_{m=k_0+1}^{\infty} \dfrac{1}{p_m} \overset{(s.eben)}{<} \dfrac{x}{2}$.

Aus $\quad (x - N_{k_0}(x) < \dfrac{x}{2}) \Rightarrow (\dfrac{x}{2} < N_{k_0}(x)) \Rightarrow (\dfrac{x}{2} < N_{k_0}(x) \overset{(8)}{<} 2^{k_0}\sqrt{x}) \Rightarrow$

$(\sqrt{x} < 2^{k_0+1}) \Rightarrow (x < 4^{k_0+1})$ haben wir einen Widerspruch konstruiert.
q.e.a.

(I'$_{32}$)
Aus (I_{32}) in Verbindung mit (I_{25}) ergibt sich außerdem noch der Satz
(I'$_{32}$): In der Folge p_1, p_2, ... tritt jede Ziffer unendlich oft auf,
wenn die Glieder dekadisch geschrieben werden. Beweis: Würde (Antithese) die Ziffer z nur bei endlich vielen p mit $p \leqslant p_{L^*}$ auftreten,

so wäre $\sum\limits_{n=1}^{\infty} \dfrac{1}{p_n} = \sum\limits_{n=1}^{L^*} \dfrac{1}{p_n} + \sum\limits_{n>L^*} \dfrac{1}{p_n} = S_1 + S_2 < S_1 + \sum \dfrac{1}{n^r}$.

S_1 ist p.c. und $\sum \dfrac{1}{n^r}$ nach (I_{25}) aber konvergent. q.e.a.

Übg.(58.) Welche Folgerungen ergeben sich aus (8) für $k = \pi(x)$?

MSZ
Die Aussage (11) in Abschnitt 1.4.gilt nicht nur für eine Ziffer z,
sondern bleibt auch noch für eine Zifferngruppe gültig. Lautet diese
etwa "1968", so sind die Beweise nur in einem System zu führen, dessen
Basis m (m > 1968) ist. Die Ziffern dieses Systems sind dann (0), (1),
(2), ..., (9), (10), ..., (1968), ... Nach der Anmerkung auf S. 109 [1]
ist dann zunächst für dieses System $(\dfrac{N_{(z)}(n)}{n})$ Glied einer Nullfolge.
Zu jeder dekadisch geschriebenen Zahl, die die Zifferngruppe enthält,
gibt es aber mindestens eine im neuen System (mit m > 1968), die ihr
entspricht. 4196831 $\rightarrow$ (4)(1968)(31) (oder auch (4)(1968)(3)(1)).
q.e.d.

(I_{25}) gilt auch in einem m-adischen System für eine feste Ziffer z
dieses Systems ($\sum \dfrac{1}{n^r}$ konvergent). Aus diesem Tatbestand kann allerdings nicht ohne weiteres auch geschlossen werden, daß die Summe der
reziproken n, die eine bestimmte Zifferngruppe nicht enthalten, konvergent wäre, wenn die n dekadisch geschrieben werden; wir gehen daher
auf dieses Problem nicht näher ein.

---

[1] Dort ist es Fußnote 4).

Um zu zeigen, daß in der dekadisch geschriebenen Folge p_1, p_2, ...
jede Zifferngruppe unendlich oft vorkommt, benützen wir den 2. Haupt-

(I''_{32}) satz der analytischen Zahlentheorie, der im 5. Kapitel bewiesen wird.
Nach ihm gibt es mit $(a,b) = 1$ $(a > 0)$ in der Folge $(an + b)$
unendlich viele PZ^{en}. Hat die Ziffernfolge s Stellen, so hängen wir eine Ziffer derart an, daß die entstandene Zahl zu 10 relativ
prim wird (etwa aus 1968 wird 19681 oder 19683 u.a.). Diese Zahl ist
nach (I_9) dann zu 10^{s+1} ebenfalls teilerfremd. $(10^{s+1} \cdot n + ((s+1)$-
stellige Zahl)) ist dann eine Folge, die der 2. Hauptsatz verlangt.
In jedem Glied dieser Folge tritt die gewählte Ziffernfolge auf, und
außerdem befinden sich unter den Gliedern der Folge unendlich viele
PZ^{en}.   q.e.d.

Die untere Schranke in (4) läßt eine Verallgemeinerung zu. Wegen

$$\binom{2n}{n} > \frac{4^n}{2\sqrt{n}} = \frac{2^n \cdot 2^n}{2\sqrt{n}} \quad \text{und} \quad \frac{\binom{3n}{n}}{\binom{2n}{n}} = \frac{3n(3n-1)\ldots(2n+1)}{2n(2n-1)\ldots(n+1)} \quad \text{wird mit}$$

$$\frac{2n+k}{n+k} > \frac{3}{2} \quad (\text{für}\ k = 1, 2, \ldots, n) \quad \binom{3n}{n} > \binom{2n}{n} \cdot \frac{3^n}{2^n} \overset{(s.o.)}{>} \frac{3^n \cdot 2^n}{2\sqrt{n}} \ .$$

Analog erhalten wir $\binom{4n}{n} > \dfrac{2^n \cdot 4^n}{2\sqrt{n}}$, und durch vollständige Induktion

Übg.(59.)   (Übung !) ergibt sich schließlich für k = 2, 3,...: $\binom{kn}{n} > \dfrac{2^n k^n}{2\sqrt{n}}$.

(4) kann auch im Hinblick auf die obere Schranke verallgemeinert werden.

Mit $\binom{3n}{n} : \binom{2n}{n} = \dfrac{3n(3n-1)\ldots(2n+1)}{2n(2n-1)\ldots(n+1)} < 2^n$ ist

$$\binom{3n}{n} < \binom{2n}{n} \cdot 2^n \overset{(4)}{<} \frac{(2^2)^n \cdot 2^n}{2} = \frac{(2 \cdot 2^2)^n}{2} \ . \quad \text{Analog ergibt sich}$$

$$\binom{4n}{n} : \binom{3n}{n} < \frac{3^n}{2^n} \Rightarrow \binom{4n}{n} < \frac{(3 \cdot 2^2)^n}{2} \ . \quad \text{Vollständige Induktion führt}$$

Übg.(60.)   uns schließlich (Übung !) zu der Verallgemeinerung von (4):

(9)   (9) $\dfrac{2^n k^n}{2\sqrt{n}} < \binom{kn}{n} < \dfrac{((k-1)2^2)^n}{2}$ (k = 2, 3, ..).

Die durch (9) gegebenen Schranken sind, obwohl aus elementaren Überlegungen gewonnen, überraschend gut. Denn die nach Stirling (1692 bis

1770) benannte[1] Formel: $n! = n^n \cdot e^{-n} \sqrt{2 \cdot \pi \cdot n} \cdot e^{\frac{\Theta_n}{12n}}$ $(0 \leqslant \Theta_n \leqslant 1)$
erbringt, obwohl sie wesentlich genauer ist,

$$\binom{kn}{n} \overset{[2]}{\sim} \frac{e^n k^n}{\sqrt{2 \cdot \pi \cdot n}} \quad \text{bzw.} \quad \lim_{\substack{n \to \infty \\ k \to \infty}} \left(\binom{kn}{n} \cdot \frac{\sqrt{2 \cdot \pi \cdot n}}{e^n k^n} \right) = 1$$

---

[1] Sie wurde etwa hundert Jahre nach seinem Tode bewiesen.
[2] "$\sim$" bedeutet: asymptotisch gleich. (d.h. der Quotient beider Seiten
strebt für große Werte von n und k gegen 1).

Aus (I_{28}) lassen sich in verschiedenen Gebieten der Mathematik, z.B. auch in der Analysis und in der Algebra[1], zahlreiche und teilweise auch überraschende Ergebnisse gewinnen. Wir erwähnen hier nur eine weitere zahlentheoretische Aussage, der später noch andere folgen wer-

(10)   den. Es gilt der Satz (10): Für $n \geqslant 2$ ist $n! \neq m^k$ (k natürliche Zahl, $k \geqslant 2$, m natürliche Zahl). Mit $\pi(n) = K$ $(p_K \leqslant n < p_{K+1})$

ist $p_{K+1} \overset{(I_{28})}{<} 2p_K$, und in n! tritt der Faktor p_K genau einmal auf.

Er kann also nicht k-mal auftreten, was sich aus $n! = m^k$ ergeben müßte.   q.e.d.

---

[1] Siehe etwa: H. Schubart (geb. 1921): Über eine elementar charakterisierbare Klasse algebraisch nicht auflösbarer Gleichungen mit ganzzahligen Koeffizienten (Math.-Phys. Semesterberichte Band IX (1963) S. 207 - 216)

2. Kongruenzen und Gleichungen mit ganzzahligen Lösungen

2.1. Lineare Gleichungen und Kongruenzen

Bereits in Abschnitt 1.3. haben wir gesehen, daß es zu zwei Restklassen a und b (mod m) genau eine Restklasse gibt, die für x in die Kongruenz $a + x \equiv b(m)$ eingesetzt werden kann (nach (I_{20})). Solche Kongruenzen werden daher auch "Bestimmungskongruenzen" genannt; für sie ist eine Lösung zu bestimmen. Weil die gesuchte Lösung nur in der ersten Potenz auftritt, heißen diese Gleichungen "lineare (Bestimmungs-) Kongruenzen". Da die Restklassen mod m für $m \neq p$ keinen Körper sondern nur einen Ring bilden, sind die Kongruenzen $a \cdot x \equiv b(m)$ i.a. nicht mehr eindeutig lösbar. So haben die Gleichungen $2 \cdot x \equiv 0(6)$ bzw. $2 \cdot x \equiv 3(6)$ zwei $(2 \cdot 3 \equiv 2 \cdot 0 \equiv 0(6))$ bzw. keine Lösung $(2 \cdot x \not\equiv 3(6)$ für alle konkurrierenden Restklassen x mod 6). Aus Abschnitt 1.1. kennen wir als Beispiel eines Ringes die Menge $\mathfrak{Z}$ der ganzen rationalen Zahlen, für die als Manipulationen die übliche Addition und Multiplikation erklärt sind[1]. Wir betrachten nun die Menge $\mathfrak{Z}^*$ der Zahlen $g + ig'$ $(g \in \mathfrak{Z}$ (gelesen: g gehört zur Menge $\mathfrak{Z}$), $g' \in \mathfrak{Z}$, i die imaginäre Einheit). Mit $\gamma_1 = g_1 + ig_1'$, $\gamma_2 = g_2 + ig_2'$, $\gamma_1 \pm \gamma_2 = (g_1 \pm g_2) + i(g_1' \pm g_2')$, $\gamma_1 \cdot \gamma_2 = g_1 g_2 - g_1' g_2' + i(g_1 g_2' + g_2 g_1')$ sind sämtliche Ringaxiome (aus Abschnitt 1.1.) erfüllbar, wenn die Identität nach Abschnitt 1.1 (dort allgemein für komplexe Zahlen erklärt) definiert wird. Als Lösung der Gleichung $\gamma_1 + \xi = \gamma_2$ erhalten wir $(\gamma_2 - \gamma_1)$. Die neutralen Elemente sind 0 und 1 (Imaginärteile jeweils gleich Null). Für $\gamma_1 \neq 0$ hat die Gleichung $\gamma_1 \xi = \gamma_2$ die Lösung $\xi = \dfrac{\gamma_2}{\gamma_1} =$

$$\frac{(g_2 + ig_2')\,(g_1 - ig_1')}{g_1{}^2 + g_1'{}^2} = r_1 + ir_2 \quad (r_1,\ r_2 \text{ rational}).$$

Damit besitzt die Menge der Zahlen $\{r + ir'\}$ (r und r' rational) die Körperstruktur, wenn die Manipulationen und die Identität in herkömmlicher Weise definiert sind. $\mathfrak{Z}^*$ heißt auch "Ring der ganzen Gaussschen Zahlen", $\{r + ir'\}$ manchmal "Körper der komplexen rationalen Zahlen".

Beim Studium verschiedener Kongruenzen leistet der Begriff des "Ideals" (auch "Modul" genannt) gute Dienste. Er geht auf den deutschen Mathematiker E.Kummer (1810 bis 1893) zurück, der mit seiner Idealtheorie versuchte, den "großen Fermatschen Satz"[2] zu beweisen. Nach Kummer definieren wir: Eine Menge von Ringelementen a, b, ...

---

[1] Solche Strukturen werden auch "zweifache Verknüpfungsgebilde" genannt.

[2] Im 3. Kapitel gehen wir auf dieses Problem etwas näher ein.

bildet einen Modul $\mathfrak{M}$, wenn mit $a \in \mathfrak{M}$ und $b \in \mathfrak{M}$ auch $(a-b) \in \mathfrak{M}$, ferner für ein beliebiges Ringelement r mit $a \in \mathfrak{M}$ auch $(ra) \in \mathfrak{M}$ gilt. Differenz- und Produktbildung wird dabei aus der Ringstruktur übernommen[1]. Mit der Kummerschen Definition besitzt trivialerweise jeder Ring die Ideal- (Modul-)eigenschaft. Ist der Ring, aus dem die Moduleelemente entnommen sind, der Ring $\mathfrak{z}$, so genügt die folgende

D   Moduldefinition: Ein Ideal aus ganzen rationalen Zahlen enthält die Differenzen seiner Elemente $(a \in \mathfrak{M}, b \in \mathfrak{M}, (a-b) \in \mathfrak{M})$ und alle natürlichen Vielfachen seiner Elemente $(a \in \mathfrak{M}, (na) \in \mathfrak{M}, n = 1, 2, \ldots)$. Diese Definition verlangt weniger als die weiter oben formulierte (denn die natürlichen Zahlen sind a fortiori Elemente aus $\mathfrak{z}$). Es folgen aber aus ihr auch die in der ersten Definition geforderten Eigenschaften. Mit $a \in \mathfrak{M}$ liegt $a-a = 0$ in $\mathfrak{M}$, also $0 \cdot a = 0 \in \mathfrak{M}$; mit $0 \in \mathfrak{M}$, $a \in \mathfrak{M}$ ergibt sich $0-a = -a = (-1)a \in \mathfrak{M}$, ebenso $2(-a) = (-a) + (-a) = (-2)a \in \mathfrak{M}$ und durch vollständige Induktion erhalten wir $(-k)a \in \mathfrak{M}$ für $k = 1, 2, \ldots$. Da p.d. (na) $(n = 1, 2, \ldots)$ zu $\mathfrak{M}$ gehört, sind sämtliche $(g \cdot a)$ $(g \in \mathfrak{z})$ Idealelemente.

Ein anderes einfaches Modulbeispiel sind die Zahlen $\{\alpha \kappa\}$, dabei ist κ ein beliebiges, α ein festes Element aus $\mathfrak{z}^*$. Diese Aussage ergibt sich wegen $\alpha \kappa_1 - \alpha \kappa_2 = \alpha(\kappa_1 - \kappa_2)$ unmittelbar aus der Ringeigenschaft von $\mathfrak{z}^*$ $((\kappa_1 - \kappa_2) \in \mathfrak{z}^*)$. Mit einer fixierten ganzen rationalen

Übg.(1.)   Zahl a folgt ebenso einfach (Übung !), daß alle Zahlen $(g \cdot a)$ $(g \in \mathfrak{z})$ die Idealitätseigenschaft besitzen. Trivialerweise ist auch das additionsneutrale Element $\overline{0}$ eines jeden Ringes für sich bereits ein Modul $(\overline{0} - \overline{0} = \overline{0}, a \cdot \overline{0} = \overline{0})$.

(II_1) Wir beweisen nun den Satz (II_1): In jedem Ideal sind Addition und Subtraktion unbeschränkt ausführbar[2].
       Bew.: Die Möglichkeit der Subtraktion besteht p.d.. Wegen $a \in \mathfrak{M}$ ist $a - a = \overline{0} \in \mathfrak{M} \Rightarrow \overline{0} - b \in \mathfrak{M}$ (wenn $b \in \mathfrak{M}$) $a - (-b) = a + b \in \mathfrak{M}$. q.e.d.

(II_1') Weiter gilt (II_1'): Besitzt eine Menge von ganzen rationalen Zahlen die in (II_1) bewiesenen Eigenschaften, so ist sie ein Modul. Bew.:
       Mit $a \in \mathfrak{M}$, $b \in \mathfrak{M}$, $a \pm b \in \mathfrak{M}$ erhalten wir $a - a = 0 \in \mathfrak{M}$, $a + a = 2a \in \mathfrak{M}$, also $(k \cdot a) \in \mathfrak{M}$ $(k = 0, 1, 2, \ldots)$[3]. Außerdem gilt $0 - a = -a \in \mathfrak{M}$, $(-a) + (-a) = (-2)a \in \mathfrak{M}$ und damit auch $((-k)a) \in \mathfrak{M}$ $(k = 1, 2, \ldots)$[3]. q.e.d.

---

[1] In Ringen, deren Multiplikation nicht kommutativ ist, werden "Linksmodul" bzw. "Rechtsmodul" ($r \cdot a$ bzw. $a \cdot r$) erklärt. Diese Begriffe sind für uns in der Zahlentheorie nicht relevant, da hier nur Ringe mit kommutativer Multiplikation auftreten.

[2] Mit anderen Worten: Mit $a \in \mathfrak{M}$ und $b \in \mathfrak{M}$ gehört auch $(a \pm b)$ zu $\mathfrak{M}$.

[3] Nach Anwendung der vollständigen Induktion

(II_1') gilt nicht für beliebige Ideale. Werden z.B. die Modulelemente aus $\mathfrak{Z}^*$ gewählt,[1] so können wir die Zahlen $g + ig$ $(g \in \mathfrak{Z})$ betrachten. Mit $\alpha_1 = g_1 + ig_1$, $\alpha_2 = g_2 + ig_2$ $(g_1 \in \mathfrak{Z}, g_2 \in \mathfrak{Z})$ gehören sicher auch $(\alpha_1 \pm \alpha_2) = (g_1 \pm g_2) + i(g_1 \pm g_2)$ zu dieser Menge. Sie besitzt aber nicht die Eigenschaft der Idealität, denn $(1 + i) \in \mathfrak{Z}^*$ $((1 + i)$ ist sogar Mengenelement) und $(1 + i) \cdot (g + ig) = (g - g) + i(2g)$ gehört für $g \neq 0$ nicht zur Menge $\{g + ig\}$.

D   Sehr wichtig ist die folgende Definition: Ein Ideal (Modul) heißt Hauptideal (Primmodul), wenn alle Idealelemente die Form $(r \cdot a)$ besitzen. Dabei ist a ein festes, r ein beliebiges Element des Ringes.

D   a wird dann als "erzeugendes Element" ("Basis") des Moduls bezeichnet.

D   Ein Ring ohne Nullteiler[2] wird "Integritätsbereich" (IB) genannt, ein

D   solcher wird zum "Euklidischen Integritätsbereich" (EIB), wenn in ihm jeder Modul gleichzeitig Primmodul ist. In einem EIB lassen sich bestimmte Primelemente (analog zu den PZ^{en} in $\mathfrak{Z}$) auszeichnen, und es gilt ein Satz, der (I_{10}) entspricht. Diesen Sachverhalt werden wir hier nur für zwei einfache Fälle eines EIB behandeln. Wir beweisen den

(II_2) Satz (II_2): $\mathfrak{Z}$ bzw. $\mathfrak{Z}^*$ ist ein EIB.

Bew.: Zunächst betrachten wir $\mathfrak{Z}$. Abgesehen vom Nullideal, das nur aus der Zahl Null besteht und daher sicher Hauptideal ist, gibt es in jedem (anderen) Modul mindestens eine ganze Zahl a $(a \in \mathfrak{Z})$ mit $a \neq 0$[3]. Unter diesen Elementen gibt es dann solche, deren absoluter Betrag am kleinsten ist. Gilt etwa $a \neq 0$, $a \in \mathfrak{M}$, so ist mit $\pm a \in \mathfrak{M}$ auch $|a|$ ein Modulelement. Unter den absoluten Beträgen $1, 2, \ldots, |a| - 1, |a|$ existiert dann sicher einer, der als erster zu einem Modulelement[4] gehört (spätestens ist es $|a|$); diesen Betrag bezeichnen wir mit m, und wegen $\pm m \in \mathfrak{M}$ ist m ein Element des Ideals. Nach (I_2) gilt für alle a $(a \in \mathfrak{M})$ $a = q_a m + r_a$ $(0 \leqslant r_a \leqslant m-1, r_a \in \mathfrak{Z}, q_a \in \mathfrak{Z})$. P.d. ist dann auch $(a - q_a m) \in \mathfrak{M} \Rightarrow r_a \in \mathfrak{M} \Rightarrow r_a = 0$ $(da |r_a| < m)$[5]. Damit ist der erste Teil von (II_2) bewiesen. Die Elemente von $\mathfrak{Z}^*$ bilden die Gitterpunkte[6] der Gauss'schen Zahlenebene (Bild 2, S. 15). Mit $\xi \neq 0$, $\xi \in \mathfrak{Z}^*$, $\xi \in \mathfrak{M}$ gilt $\xi = g + ig'$ $(g \in \mathfrak{Z}, g' \in \mathfrak{Z})$ und $N(\xi) = \xi \cdot \bar{\xi} = g^2 + g'^2 \geqslant 1$[7]. Die natürlichen Zahlen $N(\xi)$ $(\xi \in \mathfrak{M},$

---

[1] Um eine (II_1') analoge Aussage für $\mathfrak{Z}^*$ zu formulieren, müßte $a+b \in \mathfrak{M}$ und $a \pm ib \in \mathfrak{M}$ gefordert werden. Wir gehen hierauf nicht näher ein.

[2] Die Restklassen mod m $(m \neq p)$ besitzen als Ring – wie wir wissen – Nullteiler, während etwa $\mathfrak{Z}$ und $\mathfrak{Z}^*$ nullteilerfreie Ringstrukturen sind.

[3] sogar unendlich viele, nämlich a, 2a, 3a, ...

[4] des betrachteten Ideals

[5] Ist m = 1, so ist jedes Modulelement sicher ein Vielfaches von 1.

[6] Die Punkte $x + iy$ $(x \in \mathfrak{Z}, y \in \mathfrak{Z})$

[7] Mindestens eine der Zahlen g^2 und g'^2 ist größer oder gleich Eins.

$\xi \neq 0$) sind also eine nach unten beschränkte Menge, in der es wieder eine kleinste Zahl gibt. Gibt es mehrere ξ in $\mathfrak{M}$ mit minimaler Norm

(1) $(N(\xi) = m)$, so gilt   (1) $g^2 + g'^2 = m$. Aus (1) folgt dann, daß nur $g^2 = 0$, $g^2 = 1$, ..., $g^2 = m$ möglich ist, wobei $g = 0, \pm 1$, ..., $\pm k$ mit $g^2 = k^2 \leqslant m$ sein kann. Für ein solches g, von dem höchstens $(2k + 1)$ Möglichkeiten existieren, gibt es höchstens zwei Werte für g', nämlich dann, wenn $(m - k^2)$ wieder eine Quadratzahl ist [1]. Daher existieren keinesfalls mehr als $(2k + 1) \cdot 2$ Elemente aus $\mathfrak{Z}^{*}$ [2], jedenfalls nur endlich viele, deren Norm gleich m ist; a fortiori gibt es auch nur endlich viele Moduleelemente mit dieser minimalen Norm. Unter den eben fixierten Idealelementen wählen wir das mit kleinstem Argument φ ($0 \leqslant \varphi < 2\pi$) aus und nennen es ξ_0 ($N(\xi_0) = m \geqslant 1$,

(2) $\xi_0 \in \mathfrak{M}$). Für ein $\xi = g + ig'$ aus $\mathfrak{M}$ bilden wir (2)

$$\frac{\xi}{\xi_0} = \frac{g + ig'}{g_0 + ig_0'} = r_1 + ir_2 \quad (r_1 \text{ und } r_2 \text{ rational}). \text{ Weiter gilt}$$

$[r_\nu] \leqslant r_\nu < [r_\nu] + 1$ ($\nu = 1, 2$). Unter den ganzen rationalen Zahlen $[r_\nu]$ und $[r_\nu] + 1$ gibt es nun mindestens eine, deren Abstand von r_ν kleiner oder gleich $\frac{1}{2}$ ist [3], mit dieser Zahl g_ν ($g_\nu \in \mathfrak{Z}$) setzen wir

(3) $r_\nu = g_\nu + s_\nu$ ($\nu = 1, 2$) mit $|s_\nu| \leqslant \frac{1}{2}$, und aus (2) wird (3)

$$\frac{\xi}{\xi_0} = g_1 + s_1 + ig_2 + is_2 = (g_1 + ig_2) + (s_1 + is_2) = \xi_1 + z' \quad (\xi_1 \in \mathfrak{Z}^{*})$$

wobei $N(z') = s_1^2 + s_2^2 \leqslant \frac{1}{4} + \frac{1}{4} = \frac{1}{2}$. Wegen $\xi = \xi_0 \cdot \xi_1 + \xi_0 z'$, $\xi \in \mathfrak{M}$, $\xi_0 \in \mathfrak{M}$, $\xi_1 \in \mathfrak{Z}^{*}$ ist p.d. $(\xi - \xi_1 \cdot \xi_0) \in \mathfrak{M} \Rightarrow \xi_0 z' \in \mathfrak{M}$. Nun ist, wie wir gleich zeigen werden, $N(\xi_0 \cdot z') = N(\xi_0) \cdot N(z')$ und wegen

$N(\xi_0) \cdot N(z') \leqslant \frac{1}{2} N(\xi_0) \leqslant \frac{m}{2}$ kann n.V. nur $N(z') = 0 \Leftrightarrow z' = 0$ gelten. Damit ist (II_2) vollständig bewiesen.

Für zwei beliebige komplexe Zahlen $\xi_1 = x_1 + iy_1$, $\xi_2 = x_2 + iy_2$ (x_1, x_2, y_1, y_2 reell) gilt nach Abschnitt 1.1.

$\xi_1 \cdot \xi_2 = x_1 x_2 - y_1 y_2 + i \cdot (x_2 y_1 + x_1 y_2)$, also

$\overline{\xi_1 \cdot \xi_2} = x_1 x_2 - y_1 y_2 - i(x_2 y_1 + x_1 y_2)$ und

$\overline{\xi_1} \cdot \overline{\xi_2} = (x_1 - iy_1)(x_2 - iy_2) = x_1 x_2 - y_1 y_2 - i(x_2 y_1 + x_1 y_2)$, daher ist

$\overline{\xi_1 \cdot \xi_2} = \overline{\xi_1} \cdot \overline{\xi_2}$ und $N(\xi_1 \cdot \xi_2) = (\xi_1 \cdot \xi_2) \cdot (\overline{\xi_1 \cdot \xi_2}) = (\xi_1 \cdot \overline{\xi_1}) \cdot (\xi_2 \cdot \overline{\xi_2}) = N(\xi_1) \cdot N(\xi_2)$.

---

[1] Etwa $m = 5$: $k = 2$, $g = \pm 2$, $g' = \pm 1$; $k = 1$, $g = \pm 1$, $g' = \pm 2$.

[2] nach dem Multiplikationssatz aus Abschnitt 1.1.

[3] Für $r_\nu = [r_\nu] + \frac{1}{2}$ gibt es zwei solche ganze rationale Zahlen.

Mit den beiden Mengen $\{a+b\sqrt{5}\}$ $(a\in\mathbb{Z}$, $b\in\mathbb{Z})$ bzw. $\{a+ib\sqrt{5}\}$
$(a\in\mathbb{Z})$, $(b\in\mathbb{Z})$, die beide einen IB (Übung !) bilden, läßt sich
leicht zeigen, daß nicht jeder IB auch ein EIB ist. Wir skizzieren
hier nur den Beweis dieser Aussage, dessen genaue Durchführung dem
Leser (übung !) überlassen bleibt. Hierfür betrachten wir den null-
teilerfreien Ring $\{a + ib\sqrt{5}\}=\mathcal{R}_1$ $(a\in\mathbb{Z}$, $b\in\mathbb{Z}$, i imaginäre Einheit)
und fixieren zwei seiner Elemente α_1 und α_2. Mit diesen bilden wir alle
möglichen Linearkombinationen $(r\alpha_1 + r'\alpha_2)$ $(r\in\mathcal{R}_1$, $r'\in\mathcal{R}_1)$. Die
Menge dieser Linearkombinationen heißt $\mathfrak{M}_1$. Mit $r^*\in\mathcal{R}_1$ gilt
$r^*\cdot(r\alpha_1 + r'\alpha_2) = (r^*r)\alpha_1 + (r^*r')\alpha_2\in\mathfrak{M}_1$ (da $(rr^*)\in\mathcal{R}_1$, $(r'r^*)\in\mathcal{R}_1$).
Außerdem erhalten wir mit $(r\alpha_1 + r'\alpha_2)$ und $(s\alpha_1 + s'\alpha_2)$
$(s\in\mathcal{R}_1$, $s'\in\mathcal{R}_1)$ auch $(r\alpha_1 + r'\alpha_2) - (s\alpha_1 + s'\alpha_2) =$
$(r-s)\alpha_1 + (r'-s')\alpha_2\in\mathfrak{M}_1$, da $\mathcal{R}_1$ Ringstruktur besitzt. Die Menge $\mathfrak{M}_1$ ist
somit p.d. ein Modul. Dieses Ideal ist aber i.a. [1]) kein Hauptideal
und damit der betrachtete IB $\mathcal{R}_1$ auch nicht ein EIB. Hierfür setzen wir
$\alpha_1 = 2$, $\alpha_2 = 1 + i\sqrt{5}$, wählen also ein spezielles Ideal aus. Wäre dies
ein Hauptideal, so müßten alle Linearkombinationen $(r\cdot 2 + r'\cdot(1+i\sqrt{5}))$
sich als Produkt $(x + iy\sqrt{5})(r_0 + is_0\sqrt{5})$ $(x\in\mathbb{Z}$, $y\in\mathbb{Z}$, $r_0\in\mathbb{Z}$,
$s_0\in\mathbb{Z}$; r_0, s_0 fest) schreiben lassen. Aus den beiden Ansätzen
$(x_1 + iy_1\sqrt{5})(r_0 + is_0\sqrt{5}) = 2$, $(x_2 + iy_2\sqrt{5})(r_0 + is_0\sqrt{5}) = 1 + i\sqrt{5}$
ergibt sich (Übung !) $r_0 = 1$, $s_0 = 0$. Die Basis dieses Moduls wäre dem-
nach gleich Eins und er mit $\mathcal{R}_1$ identisch; andererseits ist aber mit
$r = x + iy\sqrt{5}$, $r' = x' + iy'\sqrt{5}$ $(x\in\mathbb{Z}$, $x'\in\mathbb{Z}$, $y\in\mathbb{Z}$, $y'\in\mathbb{Z})$
$2(x+iy\sqrt{5}) + (1+i\sqrt{5})(x'+iy'\sqrt{5}) = (2x+x'-5y') + i\sqrt{5}(2y+x'+y') =$
$g_1 + ig_2\sqrt{5}$ $(g_1\in\mathbb{Z}$, $g_2\in\mathbb{Z})$, also $g_1-g_2 = 2(x-y)-6y' \equiv 0(2) \Leftrightarrow g_1 \equiv$
$g_2(2)$ und $\mathfrak{M}_1$ sicher nicht mit $\mathcal{R}_1$ identisch. q.e.a.

Aus Abschnitt 1.2. kennen wir ±1 als Teiler von 1 und ±1, $\pm g$ als triviale Teiler von g $(g\in\mathbb{Z})$. Mit $N(\pm1) = 1$ fragen wir jetzt nach den
Elementen aus $\mathbb{Z}^*$, deren Norm gleich Eins ist. Wegen $N(\zeta) = N(x+iy) =$
$x^2 + y^2 = 1$ $(x\in\mathbb{Z}$, $y\in\mathbb{Z})$ ist aber jeweils nur $x^2 = 1$, $y^2 = 0$
oder $x^2 = 0$, $y^2 = 1$ möglich. Es sind also nur ±1, $\pm i$ die Elemente
aus $\mathbb{Z}^*$, deren Norm den Wert Eins besitzt [2]). Damit (wegen
$1 = i(-i) = (-1(-1))$) werden ζ_0, $-\zeta_0$, $i\zeta_0$, $-i\zeta_0$ als "triviale
Teiler" der ganzen Gaussschen Zahl ζ_0 bezeichnet, wobei ζ'/ζ, ζ''/ζ
nichts anderes bedeutet als $\zeta = \zeta'\cdot\zeta_1 = \zeta''\cdot\zeta_2$ $(\zeta\in\mathbb{Z}^*$, $\zeta'\in\mathbb{Z}^*$,

---

[1]) Nur bei spezieller Wahl von α_1 und α_2 entsteht ein Primmodul.

[2]) Wegen i, $i^2 = -1$, $i^3 = -i$, $i^4 = 1$ bilden diese Einheiten (in der
Sprache der Gruppentheorie) eine "multiplikative zyklische Gruppe".
Dies trifft i.a. auch für die Einheiten anderer EIB zu.

Übg.(2.)   Übg.(3.)   D   Übg.(3.)   D   D   D

$\xi_1 \in \mathfrak{z}^*$, $\xi_2 \in \mathfrak{z}^*$) . In $\mathfrak{z}^*$ hat somit jedes Element - es kommen noch +1, -1, +i, -i dazu - deren acht. Nun können wir auch in dem EIB $\mathfrak{z}^*$ PZ^{en} π_1, π_2, ... definieren. $\pi_\nu \in \mathfrak{z}^*$ heißt PZ, wenn π_ν nur triviale Teiler besitzt und $N(\pi_\nu) > 1$ gilt. Bevor wir für $\mathfrak{z}^*$ die zu (I_{20}) analoge Aussage beweisen können, müssen noch einige vorbereitende Sätze betrachtet werden.

Zunächst fixieren wir zwei natürliche Zahlen n_1 und n_2 und betrachten alle Linearkombinationen $(xn_1 + yn_2)$ $(x \in \mathfrak{z}$, $y \in \mathfrak{z})$. Mit $z \in \mathfrak{z}$, $x' \in \mathfrak{z}$, $y' \in \mathfrak{z}$ gehört zur Menge dieser Linearkombinationen auch $z(xn_1 + yn_2) = (zx)n_1 + (zy)n_2$ und $(xn_1 + yn_2) - (x'n_1 + y'n_2) = (x - x')n_1 + (y - y')n_2$. Hieraus resultiert die Idealitätseigenschaft dieser Menge $\{(xn_1 + yn_2)\}$. Nach (II_2) ist dieser Modul ein Primmodul und es gilt (4) $xn_1 + yn_2 = ml$ (für beliebige x und y aus $\mathfrak{z}$ ist stets ein l aus $\mathfrak{z}$ zu finden, m ist die Basis des Hauptideals). Weiter gibt es zwei Elemente x_0 und y_0 aus $\mathfrak{z}$, für die $x_0 n_1 + y_0 n_2 = m$, und mit $x = 1, y = 0$ bzw. $x = 0$, $y = 1$ erhalten wir $n_1 = l_1 m$, $n_2 = l_2 m$. Es ist demnach $(n_1, n_2)/m$ und m/n_1, m/n_2, also $m/(n_1, n_2)$. Wegen (I_6) gilt $(n_1, n_2) = m$ und die Basis des Moduls $\{(xn_1 + yn_2)\}$ ist nach Abschnitt 1.2. mit (n_1, n_2) identisch. Das ist der Satz (II_3). Völlig analog läßt sich auch für zwei Elemente aus $\mathfrak{z}$ (ganze rationale Zahlen g_1 und g_2) der g.g.T. definieren. Werden nun k (endlich viele) natürliche Zahlen[1] n_1, n_2, ..., n_k ausgewählt und werden mit ihnen die Linearkombinationen $\sum_{\lambda=1}^{k} x_\lambda n_\lambda$ $(x_\lambda \in \mathfrak{z}$, $\lambda = 1, ..., k)$ gebildet, so besitzen diese ganzen rationalen Zahlen wegen $\sum_{\lambda=1}^{k} x_\lambda n_\lambda - \sum_{\lambda=1}^{k} x'_\lambda n_\lambda = \sum_{\lambda=1}^{k} (x_\lambda - x'_\lambda)n_\lambda$ und $z \cdot \sum_{\lambda=1}^{k} x_\lambda n_\lambda = \sum_{\lambda=1}^{k} (zx_\lambda)n_\lambda$ $(x'_\lambda \in \mathfrak{z}$ für $\lambda = 1, ..., k$; $z \in \mathfrak{z})$ wieder p.d. die Moduleigenschaft. Außerdem ist nach (II_2) das Ideal ein Hauptideal (mit der Basis m'). Es existiert also ein k-Tupel $(x_{01}; x_{02}; ...; x_{0k})$, dessen Elemente zu $\mathfrak{z}$ gehören, für welches (4') $\sum_{\lambda=1}^{k} x_{0\lambda} n_\lambda = m'$. Zur Erleichterung der Schreibweise führen wir das nach Kronecker benannte Symbol $\delta_{\kappa\lambda} = \left\{\begin{matrix} 0 & \lambda \neq \kappa \\ 1 & \lambda = \kappa \end{matrix}\right\}$ ein. Mit diesem wird $\sum_{\lambda=1}^{k} \delta_{r\lambda} n_\lambda = n_r = z_r \cdot m'$ $(r = 1, ..., k$; $z_r \in \mathfrak{z})$ und mit (4') wird $m' = (n_1, n_2, ..., n_k)$.

---

[1] Für k ganze rationale Zahlen verläuft der Beweis völlig analog.

(II$_3'$) Das ist der Satz (II$_3'$): Als g.g.T. von k (endlich vielen) ganzen rationalen Zahlen n_λ erweist sich die Basis des Primmoduls

$$\left\{ \left(\sum_{\lambda=1}^{k} x_\lambda n_\lambda \right) \right\} \quad (x_\lambda \in \mathfrak{J}, \ x_\lambda \text{ beliebig wählbar}, \ \lambda = 1, \ldots, k).$$

(5) Eine Gleichung (5) $ax + by = c$ ($a \in \mathfrak{J}$, $b \in \mathfrak{J}$, $c \in \mathfrak{J}$, $a \cdot b \neq 0$), die durch ganze rationale x und y gelöst werden soll, heißt "Diophantische Gleichung" [1]. Da in (5) mit x, y auch $-x$, $-y$ Elemente aus $\mathfrak{J}$ sind, können wir a und b als natürliche Zahlen annehmen.

(II$_4$) Aus (II$_2$) und (II$_3$) resultiert dann der Satz (II$_4$): (5) ist genau dann lösbar [2], wenn $c = k \cdot (a,b)$ ($k \in \mathfrak{J}$). Bew.: Nach (II$_3$) haben nämlich alle Elemente des Primmoduls (nach (II$_2$)) $\{(xa + yb)\}$ die Form $k \cdot (a,b)$. Gibt es also Lösungen von (5), so muß $c = k \cdot (a,b)$ gelten ($k \in \mathfrak{J}$). Ist umgekehrt $c = k \cdot (a,b)$, so entnehmen wir dem Satz (I$_7$) die Existenz eines Zahlenpaares $(x_0; y_0)$ ($x_0 \in \mathfrak{J}$, $y_0 \in \mathfrak{J}$) mit $x_0 a + y_0 b = (a,b)$. Lösung von (5) ist dann aber das Zahlenpaar $(kx_0; ky_0)$. q.e.d.

Beim Studium der Gleichung (5) mit natürlichen Werten von a und b können wir uns nach (I$_9''$) im Fall $(a,b) = d > 1$ auf die Gleichung: $x \frac{a}{b} + y \frac{b}{d} = 1$ beschränken. Ist $(a,b) = 1$, so besitzt (5) stets eine Lösung nach (II$_4$). Daher betrachten wir die Diophantische Gleichung

(6) (6) $xn_1 + yn_2 = 1$ $((n_1,n_2) = 1)$ etwas genauer. Durch Umnumerierung ist wegen $(n_1,n_2) = 1$ stets $n_1 > n_2$ erreichbar [3]. Aus (I$_7$) resultiert zunächst die Existenz eines Zahlenpaares $(x_0; y_0)$ mit $x_0 n_1 + y_0 n_2 = 1$. ($x_0 \in \mathfrak{J}$, $y_0 \in \mathfrak{J}$), wobei wegen $n_1 > n_2$ auch $y_0 \neq 0$ und $x_0 \neq y_0$ gelten muß. Mit $1 \in \mathfrak{J}$ gilt $(x_0 - ln_2) n_1 + (y_0 + ln_1) n_2 = 1$, und aus der nach (I$_7$) vorhandenen Lösung von (5) ergeben sich unendlich viele andere Lösungen. Ist l eine reelle Zahl, so sind rein formal auch $(x_0 - ln_2)$, $(y_0 + ln_1)$ Lösungen von (5); da wir aber nur ganzrationale Lösungen zulassen,

---

[1] Diophant ($\sim$250 n.Chr.) untersuchte im wesentlichen rationale Lösungen quadratischer Gleichungen. Er kannte nach dem Stand der heutigen Forschung die nach ihm benannte Gleichungsart nicht.

[2] Abgekürzt: g.d.w. ("genau dann, wenn")

[3] Der Fall $n_1 = n_2 = 1$ ist trivial, da hierfür alle Zahlenpaare $(x=1; \ y=1-1)$ $(1 \in \mathfrak{J})$ Lösungen sind.

muß l selbst ganzzahlig rational sein [1]. Ist umgekehrt $(x_1;y_1)$ eine Lösung von (6) und $(x_2;y_2)$ eine andere, so folgt

$$x_1 n_1 + y_1 n_2 = 1 = x_2 n_1 + y_2 n_2 \Rightarrow (x_1 - x_2)\, n_1 + (y_1 - y_2)\, n_2 = 0 \Rightarrow$$

(7)   (7) $(x_1 - x_2)\, n_1 = (y_2 - y_1)\, n_2$. Mit (I_8) folgt daher $(x_1 - x_2) = \lambda n_2$, $(y_2 - y_1) = \mu n_1$ ($\lambda \in \mathbb{Z}$, $\mu \in \mathbb{Z}$). Werden diese Beziehungen in (7) eingesetzt, so resultiert $\lambda = \mu = l$ oder $x_2 = x_1 - l n_2$, $y_2 = y_1 + l n_1$. Da bei unserer bisherigen Überlegung die Ungleichung $n_1 > n_2$ nicht benutzt wurde, gilt sie auch für den Fall $n_1 = n_2 = 1$. Wir haben dem-

$(II_5^{(1)})$ nach bewiesen den Satz $(II_5^{(1)})$: Die Diophantische Gleichung (6) hat stets unendlich viele Lösungen, und für zwei Lösungen $(x_1;y_1)$ $(x_2;y_2)$ gilt immer $x_2 = x_1 - l n_2$, $y_2 = y_1 + l n_1$ ($l \in \mathbb{Z}$). Die Diophantische Gleichung $x + y = 1$ besitzt die Lösungen $(x = 0; y = 1)$ und $(x = 1; y = 0)$. Ist $n_2 = 1$ $(n_1 > n_2)$, so hat (6) die Form $x n_1 + y = 1$ mit der Lösung $(x = 0 < 1; y = 1 < n_1)$; auch $(x = 1;$ $y = 1 - n_1)$ löst (6). Für $n_1 > n_2 > 1$ gehen wir von einer beliebigen Lösung $(x_1;y_1)$ aus: $x_1 n_1 + y_1 n_2 = 1$. Wegen $n_2 > 1$ ist $x_1 \neq 0$, je nachdem nun $x_1 \gtrless 0$, wird solange $x_1 \mp k n_2$ bzw. $y_1 \pm k n_1$ ($k = 1,2,\ldots$) gebildet, bis $x_1 \mp k n_2 > 0$, aber gleichzeitig $x_1 \mp k n_2 < n_2$ (keine Lösung x kann ein Vielfaches von n_2 sein, da dann $(n_2/1)$ gelten müßte). Stets ist demnach genau ein x^* mit $0 < x^* < n_2$ zu finden; nach einer völlig analogen Überlegung gehört zu diesem x^* genau ein y^* mit $-n_1 < y^* < 0$; $(x^*; y^*)$ ist eine Lösung von (6). Nach $(II_5^{(1)})$ kann es nur eine solche Lösung geben, da sich die übrigen x (y) um ganzzahlige Vielfache der natürlichen Zahl n_2 (n_1) von x^* (y^*) unterscheiden. Auch die Forderung $-n_2 < x < 0$, $0 < y < n_1$ kann eindeutig

$(II_5^{(2)})$ für die Lösungen von (6) erfüllt werden. Dies ist der Satz $(II_5^{(2)})$: $x n_1 + y n_2 = 1$ $((n_1, n_2) = 1$, $n_1 > n_2 > 1)$ hat eine eindeutige Lösung, wenn $x > 0$ bzw. $x < 0$ gefordert wird und zusätzlich $|x| < n_2$ gelten soll. In diesem Fall ist $|y| < n_1$ und $y < 0$ bzw. $y > 0$. Für $n_1 = n_2 = 1$ oder $n_1 > n_2 = 1$ wird durch $x = 0$, $y = 1$ eine eindeutige Lösung fixiert.

---

[1] l irrational ergäbe nämlich $x_0 - l n_2$, $y_0 + l n_1$ irrational (das Produkt einer irrationalen mit einer rationalen Zahl ($\neq 0$) ist wieder irrational, und die Summe einer rationalen und einer irrationalen Zahl ist ebenfalls irrational); für l rational, $l \notin \mathbb{Z}$ (gelesen: l nicht zu $\mathbb{Z}$ gehörend), $l = \frac{r}{s}$, $(r,s) = 1$ ($r \in \mathbb{Z}$, $s \in \mathbb{Z}$) würden ganzzahlige Lösungen auf s/n_1, s/n_2 führen, was aber $(n_1,n_2) = 1$ widerspräche.

Übg.(4.)   Welche zu $(II_5^{(2)})$ analoge Aussage kann für den Fall der Gleichung

$xa + yb = d$, $(a,b) = d > 1$ formuliert werden?

Als Beispiel betrachten wir die Diophantische Gleichung

$x \cdot 17 + y \cdot 6 = 5$, die wegen $(17,6) = 1$ $((II_4))$ lösbar ist. Zunächst

bestimmen wir die Lösungen $(x_0; y_0)$, die zu $x \cdot 17 + y \cdot 6 = 1$ gehören.

Nach $(II_5^{(2)})$ finden wir mit $|x| < 6$: $(x^* = 5, y^* = -14)$, und

$(x^{**} = -1, y^{**} = 3)$. Aus $(II_5^{(1)})$ resultieren alle übrigen $(x_0; y_0)$

in der Form $(x^{**} - 1 \cdot 6; y^{**} + 1 \cdot 17)$ $(1 = \pm 1, \pm 2, \pm 3, \ldots)$

$x \cdot 17 + y \cdot 6 = 5$ wird daher durch $((-1)5 = -5; 3 \cdot 5 = 15)$ gelöst

(bzw.: $5 \cdot 5 = 25$; $(-14) \cdot 5 = -70$), die anderen Lösungen entstehen durch

$(25 - 1 \cdot 6; -70 + 1 \cdot 17)(1 = \pm 1, \pm 2, \ldots)$.

Jede Diophantische Gleichung ist Beispiel einer linearen Gleichung mit
zwei Unbekannten und ganzzahligen Lösungen. Lineare Gleichungen mit
mehr als zwei Unbekannten führen wegen (II_3') nur zu einer verhältnismäßig naheliegenden Verallgemeinerung unserer bisherigen Sätze.

MSZ   Mit $a = p$ (p eine PZ) und $b = 1, 2, \ldots, p-1$ läßt sich aus der
Übg.(5.)   Theorie der Diophantischen Gleichungen sehr einfach (Übung !) zeigen,
           daß die $\{\overline{v}\}_p$ eine multiplikative Gruppe bilden.

Auch Fragen der Teilbarkeitslehre können durch diese Theorie beantwortet werden, z.B. die folgende: Gibt es natürliche Zahlen n, für die
$R_{39}(n) = 16$ und gleichzeitig $R_{56}(n) = 27$ [1] ? Hierfür müssen die

Gleichungen $n = 39x + 16$ und $n = 56y + 27$ erfüllt sein, m.a.W.

$x \cdot 39 - y \cdot 56 = 11$. Diese Gleichung ist lösbar nach (II_4), da

$(39,56) = 1$. Euler hat für lösbare Diophantische Gleichungen mit
zwei und mehr Unbekannten ein Lösungsverfahren angegeben, das sich oft
als praktikabel erweist. Ausgehend von $39x = 56y + 11$ erhalten wir

$x = \dfrac{56y + 11}{39} = y + \dfrac{17y + 11}{39}$; da die Lösungen ganze rationale Zahlen

sein sollen, muß weiter gelten $17y + 11 = 39u \Rightarrow y = 2u + \dfrac{5u - 11}{17}$ s.e.$\Rightarrow$

$5u - 11 = 17v$ s.e.$\Rightarrow$ $u = 3v + 2 + \dfrac{2v + 1}{5}$ s.e.$\Rightarrow$ $2v + 1 = 5w$ s.e.$\Rightarrow$

$v = 2w + \dfrac{w-1}{2}$ s.e.$\Rightarrow$ $w - 1 = 2z \Rightarrow w = 2z + 1$ (Einsetzen)$\Rightarrow$ $v = 5z + 2 \Rightarrow$

$u = 17z + 9 \Rightarrow y = 39z + 20 \Rightarrow x = 56z + 29$. Damit erhalten wir

$n = 39 \cdot 56 \cdot z + 20 \cdot 56 + 27 = 1147 + z \cdot 2184$ $(z = 0, 1, \ldots)$ [2].

---

[1] Dieses Problem ist auch nach (II_6) zu lösen.

[2] Werden auch negative Lösungen zugelassen, so ist $z = -1, -2, \ldots$
    ebenfalls möglich.

Aus der Unterhaltungsmathematik sind Aufgaben der nachstehenden Form
bekannt. 100 Jungtiere (Hühner, Hasen, Rehe) werden für 100 Währungseinheiten verkauft (Hühnerpreis 0,5 WE, Hasenpreis 3 WE, Rehpreis
10 WE). Wieviele von jeder Sorte (x Hühner, y Hasen, z Rehe) wurden
veräußert? Es ist $x + y + z = 100$ $z = 100 - x - y$ (Preisangabe)$\Rightarrow$

$$\frac{x}{2} + 3y + 1000 - 10x - 10y = 100 \Rightarrow -\frac{19}{2}x - 7y = -900 \text{ [1]}$$

$$19x + 14y = 1800 \Rightarrow x = 94 + \frac{14 - 14y}{19} \Rightarrow 14y = 14 - 19u \Rightarrow$$

$$y = 1 - u - \frac{5u}{14} \Rightarrow u = 2v + \frac{4v}{5} \Rightarrow v = w + \frac{w}{4} \Rightarrow w = 4t \Rightarrow$$

$(y = 1 - 19t, x = 94 + 14t, z = 5 + 5t)$. Da n.V. $x \cdot y \cdot z \geqslant 0$ (in der
Praxis wird man sogar $x \cdot y \cdot z \geqslant 1$ fordern), muß $t \leqslant 0$ sein.
$t = 0$: $x = 94$, $y = 1$, $z = 5$. Da $z \geqslant 0$, bleibt noch $t = -1$: $x = 80$,
$y = 20$, $z = 0$ als weitere Lösung.

Die folgenden Aufgaben werden dem Leser als Übung empfohlen.

Übg.(6.)   Eine staatliche Dienststelle, der 60 Bedienstete angehören, veranstal-
tet einen Betriebsausflug. Die Unkosten werden im wesentlichen durch
den vom Staat gewährten Zuschuß von 7,5 WE pro Teilnehmer gedeckt.
Lediglich ein Restbetrag wird je zur Hälfte auf die Gruppe der weib-
lichen bzw. männlichen Teilnehmer umgelegt. Dabei muß jede Dame 1,6 WE,
jeder Herr 2,5 WE bezahlen. Da diese Beträge abgerundet sind, bezahlen
die Damen insgesamt 0,1 WE mehr als die Herren. Welcher staatliche Zuschuß wurde geleistet, wenn dieser nur dann ausgezahlt wird, wenn mindestens die Hälfte aller Bediensteten an dem Ausflug teilnimmt?

Übg.(7.)   Versehentlich wurde bei dem Ausflug (in Übg.(6.)) zunächst der "Herren-
anteil" zu 2,6 WE errechnet, während die anderen Angaben gleich blieben. Warum mußte diese Berechnung falsch sein?

Unter gewissen Bedingungen lassen sich auch Simultan-Systeme[2] linearer
Kongruenzen lösen. Hier ist vor allem der "Chinesische Restsatz"[3]

(II$_6$)   zu nennen. (II$_6$): Sind k (endlich viele) paarweise teilerfremde natürliche Zahlen $m_1, m_2, \ldots, m_k$ gegeben, ferner k Reste a_l mod m_l
$(l = 1, 2, \ldots, k)$, so hat das simultane Kongruenzensystem $x \equiv a_l \ (m_l)$
$(l = 1, 2, \ldots, k)$ genau eine Lösung mod m $(m = \prod\limits_{l=1}^{k} m_l)$.

---

[1] Die einfachen Begründungen der $\Rightarrow$ und auch manche Zwischenrechnungen
bleiben hier und im folgenden weg.

[2] simul (lat; deutsch: gleichsam, gleichzeitig)

[3] Teile dieses Satzes hat der chinesische Mathematiker Sun-tzi, dessen
biographische Daten nicht genau bekannt sind, im 1.Jahrhundert n.Chr.
veröffentlicht.

Bew.: N.V. ist $m = m_1 \cdot M_1$ $(1 = 1, 2, \ldots, k)$ mit $(m_1, M_1) = 1$, nach (I_9) gilt $M_1 \equiv \overline{M}_1 (m_1)$, und die Kongruenzen $x \cdot \overline{M}_1 \equiv 1(m_1)$ besitzen nach (I_{20}) je eine eindeutige Lösung. Diese bezeichnen wir mit $\overline{m}_1$ $(1 = 1, 2, \ldots, k)$ und bilden die Zahl

$$x_0 = \sum_{\lambda=1}^{k} M_\lambda \, \overline{m}_\lambda \, a_\lambda = \sum_{\lambda=1}^{1-1} + \sum_{\lambda=1+1}^{k} + M_1 \, \overline{m}_1 \, a_1 \; . \quad \text{N.V. ist für ein festes}$$

1 und $\lambda \neq 1$: m_1/M_λ, also $x_0 \overset{p.d.}{\equiv} \overline{M}_1 \cdot \overline{m}_1 \cdot a_1 \, (m_1) \overset{p.c.}{\equiv} a_1(m_1)$. x_0 ist damit eine Lösung des Simultan-Systems[1]. Sind umgekehrt x_1 und x_2 zwei Lösungen des Simultansystems, so gilt p.d. $x_1 - x_2 \equiv 0 \, (m_1)$ $(1 = 1, 2, \ldots, k)$ und (I_8) führt zu $m/(x_1 - x_2)$ nach folgender Überlegung. Mit $x_1 - x_2 = \lambda_1 m_1 = \lambda_2 m_2$ und $(m_1, m_2) = 1$ ist m_1/λ_2 also $x_1 - x_2 = \lambda' \cdot m_1 \cdot m_2$. Wegen $m_3/(x_1 - x_2)$ ergibt sich weiter $x_1 - x_2 = \lambda'' \cdot m_1 \cdot m_2 \cdot m_3$ (nach (I_8)). Eine entsprechende Iteration führt dann nach k Schritten zu $m/(x_1 - x_2)$. Diese Schlußweise werden wir mehrfach anwenden. q.e.d.

Beispiel: $x \equiv 2(5)$, $x \equiv 5(8)$, $x \equiv 6(9)$. $k = 3$; $m = 360$, $M_1 = 72$, $M_2 = 45$, $M_3 = 40$; $\overline{M}_1 = 2$, $\overline{M}_2 = 5$, $\overline{M}_3 = 4$; $2 \cdot x \equiv 1(5)$, $\overline{m}_1 = 3$; $5 \cdot x \equiv 1(8)$, $\overline{m}_2 = 5$; $4x \equiv 1(9)$, $\overline{m}_3 = 7$; $x_0 = 72 \cdot 3 \cdot 2 + 45 \cdot 5 \cdot 5 + 40 \cdot 7 \cdot 6 = 3237 = 8 \cdot 360 + 357$. Die gesuchte Lösung (mod m eindeutig) ist 357, $x_0 = -3$ ist die Lösung mit kleinstem Absolutbetrag, wenn auch negative Lösungen zugelassen sind.

Übg.(8.) Gibt es ganze Zahlen n, und welches Bildungsgesetz weisen sie gegebenen Falles auf, wenn simultan gelten soll:

$R_8(n) = 2$, $R_9(n) = R_{11}(n) = 5$, $R_{13}(n) = 1$?

Sehr weitreichende Konsequenzen hat ein Satz des norwegischen Mathematikers A. Thue (1863 bis 1922), mit dem dieser die Approximationstheorie[2] als

(II₇) Teilgebiet der Zahlentheorie einleitete. Es gilt (II_7): Wird für eine PZ p die Lösung der Kongruenz $b \cdot x \equiv a(p)$ $(b \neq 0(p))$ mit $\frac{a}{b}$ bezeichnet, so stellen sich die Elemente aus $\{v\}_p$ als 0 oder $\pm \frac{a}{b}$ dar, wobei $0 < a < r_1$, $0 < b < r_2$ und r_1, r_2 zwei Reste mod p sind, für die $1 < r_v < p(v = 1, 2)$ und $r_1 \cdot r_2 > p$ gilt.

Den Inhalt dieses Satzes verdeutlichen wir uns zunächst am Beispiel $p = 7$, $r_1 = r_2 = 3$, $r_1 \cdot r_2 = 9 > 7$. Dabei wird es für bestimmte Pro-

---

[1] Trivialerweise löst auch $x_0 + lm$ $(l \in \mathbb{Z})$ das Simultansystem.

[2] Aus der wir später noch weitere Aussagen kennenlernen werden.

bleme bedeutsam, r_1 und r_2 möglichst klein (etwa $r_1 = r_2 = \left[\sqrt{p}\right] + 1$) .
zu wählen. Nach (II_7) kommen für a und b nur die Werte 1 und 2 vor.
Die Restklassen aus $\{v\}_7$ sind in diesem Falle 0, 1 (a = b = 1),
2 (a = 2; b = 1), 6 $\equiv$ -1(7) (a = -1; b = 1), 5 $\equiv$ -2(7) (a = -2, b = 1),
3 $\equiv -\frac{1}{2}$(7) (a = -1; b = 2), 4 $\equiv \frac{1}{2}$(7) (a = 1; b = 2).

Übg.(9.)   Es ist (II_7) für p = 13 und $r_1 = r_2 = 4$, bzw. $r_1 = 3$, $r_2 = 5$ zu
verifizieren.

Zum Beweis von (II_7) bilden wir für $r \not\equiv 0(p)$ die $(r_1 \cdot r_2)$ Zahlen
$x + ry$ mit $0 \leqslant x < r_1$, $0 \leqslant y < r_2$ $(x \in \mathfrak{z}, y \in \mathfrak{z})$. Nach dem Schubfachprinzip von Dirichlet (Abschnitt 1.1.) liegen von diesen $(r_1 \cdot r_2)$
Zahlen, da $r_1 \cdot r_2 > p$, mindestens zwei in der gleichen Restklasse
mod p: $x' + ry' \equiv x'' + ry''(p)$. Nach (I_{20}) ist hier $x' \not\equiv x''$ (da für
$x' \equiv x''$ (p) auch $y' \equiv y''$ (p)) und o.B.d.A. können wir $x' > x''$ annehmen.
Aus $x' - x'' \equiv r(y'' - y')$ (p) folgt zunächst $y'' - y' \not\equiv 0(p)$
(da sonst auch $x' \equiv x''(p)$), also $x' = x''$ gälte) und weiter
$r = \frac{x' - x''}{y'' - y'}$. P.c. ist $0 < x'-x'' < r_1$ und da $0 < y'' < r_2$,
$-r_2 < -y' \leqslant 0$, folgt $-r_2 < y''-y' < r_2 \Leftrightarrow |y''-y'| < r_2$.   q.e.d.

Zum Abschluß dieses Abschnittes wollen wir noch die PZ^{en} aus $\mathfrak{z}^*$
und ihre Eigenschaften etwas genauer untersuchen. Wir wissen bereits,
daß $N(\zeta) = 1$ $(\zeta \in \mathfrak{z}^*)$ nur für $\zeta = \pm 1$, $\zeta = \pm i$ möglich ist. Diese
D   Elemente aus $\mathfrak{z}^*$ heißen daher "Einheiten der Teilbarkeitslehre in $\mathfrak{z}^*$",
D   und die vier Zahlen ζ, ζi, $-\zeta$, $-i\zeta$ $(\zeta \in \mathfrak{z}^*)$ werden als "äquivalent
(für die Teilbarkeitslehre in $\mathfrak{z}^*$)" bezeichnet. Ist nun
$(\zeta \in \mathfrak{z}^*)$ $N(\zeta) = p_\nu$, so erhalten wir wegen $N(\zeta) = N(\zeta' \cdot \zeta'')$
$(\zeta'/\zeta, \zeta''/\zeta) \Rightarrow N(\zeta') \cdot N(\zeta'') = p_\nu \Rightarrow N(\zeta') = 1, N(\zeta'') = p_\nu$. Das ist der
$(II_8^{(1)})$ Satz $(II_8^{(1)})$: Mit $N(\zeta) = p_\nu$ $(\zeta \in \mathfrak{z}^*)$ ist ζ eine PZ in $\mathfrak{z}^*$. P.d.
müssen alle PZ^{en} aus $\mathfrak{z}^*$ eine Norm besitzen, die größer als eins ist.
Für $p_\nu = p_1 = 2$ folgt $\zeta = 1 + i$, $-1 + i$, $-1 - i$, $1 - i$. Unter diesen
vier äquivalenten Zahlen wählen wir - nach der Größe des Arguments -
$(1 + i)$ als π_1 aus; andere Zahlen der Norm zwei kann es wegen
$x^2 + y^2 = 2$ nicht geben, und wir haben die erste PZ aus $\mathfrak{z}^*$ gefunden.

Den g.g.T. zweier Elemente ζ_1, ζ_2 aus $\mathfrak{z}^*$ definieren wir als Basis des
Moduls $\{(\xi\zeta_1 + \eta\zeta_2)\}$ $(\xi, \eta$ beliebig aus $\mathfrak{z}^*)$. Hier folgt die Ideal-
eigenschaft aus Überlegungen, die denen beim Beweis von (II_3) völlig
Übg.(10.)   analog sind (Übung !), die Existenz einer Basis (mit kleinstem Argument) resultiert aus (II_2).

Zur Vorbereitung der nächsten Sätze betrachten wir das Hauptideal $\{(\xi 2 + \eta(1 + i))\}$ $(\zeta_1 = 2, \zeta_2 = 1 + i)$. Mit $2 = (1 + i)\cdot(1 - i)$, $N(1 + i) = 2$, $N(2) = 4$ ist 2 als Element von $\mathfrak{Z}^*$ sicher keine PZ mehr, außerdem gilt $\xi 2 + \eta(1 + i) = (1 + i)(\xi(1 - i) + \eta) = \lambda(1 + i)(\lambda \in \mathfrak{Z}^*)$ und das Ideal $\{(\xi 2 + \eta(1 + i))\}$ ist im Ideal $\{\tau(1 + i)\}$ (τ beliebig in $\mathfrak{Z}^*$)[1] enthalten. Andererseits erweist sich der Modul $\{\tau(1 + i)\}$ für $\xi = 0$ als Teil des von uns betrachteten. Es sind demnach beide Ideale gleich (jedes Element des einen ist auch Element des anderen u.v.v.). Wegen $(1 + i) = \pi_1$ hat das Ideal keine Basis mit kleinerer Norm, denn sonst wäre es (Basiselement ± 1, $\pm i$) mit $\mathfrak{Z}^*$ identisch (in $\{\tau(1 + i)\}$ kommt z.B. sicher nicht das Element $1(\neq \tau(1 + i))$ vor); damit gilt $(1 + i, 2) = (1 + i)$.

D
Über $(\zeta_1, \zeta_2) = $ Basis von $\{(\xi\zeta_1 + \eta\zeta_2)\} = \delta$ definieren wir:
$$\zeta_1 \cup \zeta_2 \overset{\text{Def.}}{\Leftrightarrow} N(\delta) = 1\ [2].$$
Ist $\delta \neq 1$, $N(\delta) = 1$, also $\delta = \pm i$, $\delta = -1$, so ist durch Multiplikation mit einer Einheit stets $\delta = 1$ erreichbar; wir können daher auch (wie in Abschnitt 1.1.) schreiben
$$(\zeta_1, \zeta_2) = 1 \overset{\text{Def.}}{\Leftrightarrow} \zeta_1 \cup \zeta_2$$
(relativ prime ζ_1, ζ_2). Ist $(\zeta_1, \zeta_2) = \delta$

$(\text{II}_8{}^{(2)})$ mit $N(\delta) > 1$, so gilt der Satz $(\text{II}_8{}^{(2)})$: Zum Modul $\{(\xi\zeta_1 + \eta\zeta_2)\}$ gibt es genau eine Basis δ^*, die im ersten Quadranten der Gauss-schen Zahlenebene liegt $(0 \leqslant \arg \delta^* < \frac{\pi}{2})$. Bew.: Ist δ die Basis des Hauptideals und liegt δ nicht im ersten Quadranten, so gehören auch $i\delta$, $-\delta$, $-i\delta$ zum Hauptideal[3]. Da sich die Argumente von δ, $i\delta$, $-\delta$, $-i\delta$ jeweils um $\frac{\pi}{2}$ unterscheiden, verteilen sich diese vier Zahlen mit je einem Exemplar auf die vier Quadranten, und o.B.d.A. können wir $0 \leqslant \arg \delta < \frac{\pi}{2}$ annehmen. Gäbe es nun noch ein anderes Modulelement δ^* mit $N(\delta^*) = N(\delta)$, also $|\delta| = |\delta^*|$ ($N(\delta) = |\delta|^2$), so kann wie eben o.B.d.A. $0 \leqslant \arg \delta^* < \frac{\pi}{2}$ angenommen werden, und es ist (eventuell nach Umbenennung) $0 \leqslant \arg \delta < \arg \delta^* < \arg \delta + \frac{\pi}{2} = \arg(i\delta) \Rightarrow 0 < (\arg \delta^* - \arg \delta) < \frac{\pi}{2}$. Falls der Winkel $(\arg \delta^* - \arg \delta) < \frac{\pi}{3}$, so ist das Dreieck, dessen Eckpunkte den Zahlen $0, \delta, \delta^*$ zugeordnet sind, gleichschenklig ($|\delta| = |\delta^*|$; die beiden Basiswinkel (Bild 8a) sind größer als $\frac{\pi}{3}$, und damit gilt $|\delta - \delta^*| < |\delta|$[4]. Wenn dagegen (Bild 8b) $(\arg \delta^* - \arg \delta) \geqslant \frac{\pi}{3}$, so ist $\arg \delta^* \geqslant \frac{\pi}{3} + \arg \delta \Rightarrow \arg(i\delta) - \arg \delta^* < \frac{\pi}{2} + \arg \delta - \frac{\pi}{3} - \arg \delta = \frac{\pi}{6}$ $(< \frac{\pi}{3})$. Wie eben

---

[1] Die Moduleigenschaft aller Vielfachen eines fixierten Ringelements wurde weiter oben bewiesen.

[2] Damit ist $\{\xi\zeta_1 + \eta\zeta_2\}$ mit $\mathfrak{Z}^*$ identisch.

[3] $\xi_1\zeta_1 + \eta_1\zeta_2 = \delta \Rightarrow (i\xi_1)\zeta_1 + (i\eta_1)\zeta_2 = i\delta$ u.s.f..

[4] da im Dreieck bekanntlich dem größeren Winkel auch die größere Seite gegenüberliegt.

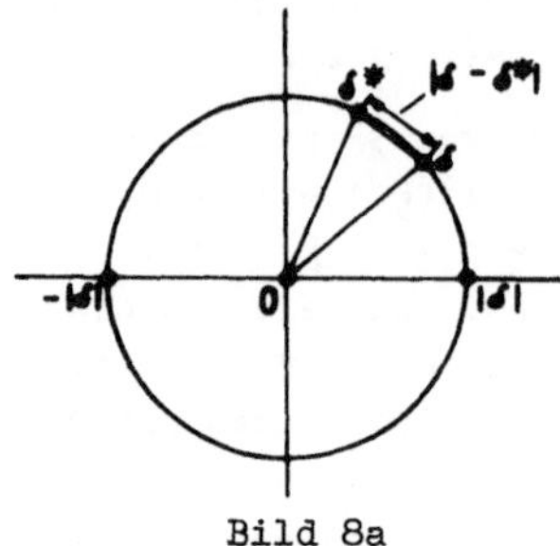

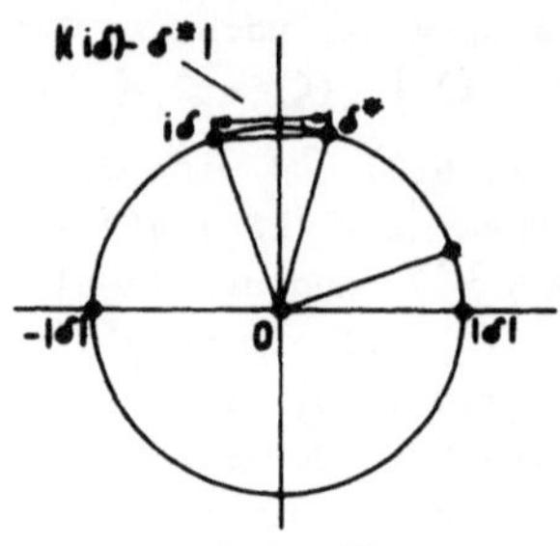

Bild 8a   Bild 8b

gezeigt, ist dann $|(i\delta) - \delta^*| < |\delta|$. In beiden Fällen sind die Zahlen $(\delta - \delta^*)$, $((i\delta) - \delta^*)$ Elemente des Ideals; aus $|\delta - \delta^*| < |\delta|$, $|(i\delta) - \delta^*| < |\delta|$ ergibt sich aber ein Widerspruch zur Basiseigenschaft von δ. q.e.a.

Wir betrachten jetzt PZ^{en} aus $\mathfrak{z}^*$ und bezeichnen eine solche mit π' ($\pm i\pi'$, $-\pi'$ sind zu π' äquivalent). Dann gelten in $\mathfrak{z}^*$ Aussagen, die analog zu den Sätzen (I_8) und (I_9) [1] formuliert werden können.

(8) Zunächst zeigen wir (8) $\pi' \chi \alpha \Leftrightarrow (\pi', \alpha) = 1$ ($\alpha \in \mathfrak{z}^*$, π' PZ in $\mathfrak{z}^*$). Bew.: Es folgt $(\pi', \alpha) = 1$ [2] $\Leftrightarrow \xi_0 \pi' + \eta_0 \alpha = 1$ und π'/α würde $\pi'/1$, also $N(\pi') = 1$ bedeuten. q.e.a. Damit ist "$\Leftarrow$" bewiesen.

Ist $(\pi', \alpha) = \delta$ [3] mit $N(\delta) > 1$, so wäre im Primmodul $\{(\xi \pi' + \eta \alpha)\}$ für $\xi = 1$, $\eta = 0$ $\pi' = \xi_0 \delta$ oder δ/π', damit $\pi' = \delta$ (da $N(\delta) > 1$, die Faktoren ± 1, $\pm i$ spielen keine Rolle, wie wir schon mehrfach sahen). Für $\xi = 0$, $\eta = 1$ wird $\alpha = \xi_1 \delta = \xi_1 \pi'$, also π'/α. Wir haben damit gezeigt: $((\pi', \alpha) \neq 1) \Rightarrow (\pi'/\alpha)$; hieraus resultiert nach Abschnitt 1.1.: $(\pi' \chi \alpha) \Rightarrow ((\pi', \alpha) = 1)$. q.e.d.

(9) Weiter gilt (9) $((\gamma/\alpha \cdot \beta), (\gamma, \alpha) = 1) \Rightarrow (\gamma/\beta)$ bzw. $((\pi'/\alpha \cdot \beta), (\pi', \alpha) = 1) \Rightarrow (\pi'/\beta)$. Wir müssen nur die erste Aussage von (9) beweisen, denn gilt diese allgemein, so auch für $\gamma = \pi'$.

Bew.: Aus $(\gamma, \alpha) = 1$ o.w.d.i. $\xi^* \gamma + \eta^* \alpha = 1$ folgt durch Multiplikation mit β $\beta \xi^* \gamma + \beta \eta^* \alpha = \beta \overset{n.V.}{\Rightarrow} \xi^* \gamma \beta + \lambda^* \eta^* \gamma = \beta \Rightarrow \gamma(\dots) = \beta$ oder p.d. γ/β. q.e.d.

Gibt es im Hauptideal $\{(\xi \alpha + \eta \beta)\}$ ein Element $\xi_{00} \alpha + \eta_{00} \beta = 1$ und wäre die Basis dieses Primmoduls ein Element δ mit $N(\delta) > 1$, so müßte p.d. $\delta/1$, was $N(\delta) > 1$ widerspricht. Es ist demnach

---

₁₎ dort für die Teiler in $\mathfrak{z}$ angegeben
[1] dort für die Teiler in $\mathfrak{z}$ angegeben
[2] in Aussage (10), die schon hier bewiesen werden könnte
[3] Alle griechischen Buchstaben stehen hier und auch im folgenden Text stets für Elemente aus $\mathfrak{z}^*$.

$(\alpha, \beta) = 1$, wenn es zwei Elemente ξ_{00}, η_{00} aus $\mathfrak{z}^*$ gibt, für die $\xi_{00}\alpha + \eta_{00}\beta = 1$ gilt, umgekehrt gibt es ein solches Zahlenpaar p.d.,

(10) wenn $(\alpha, \beta) = 1$. Das ist die Aussage (10): $((\alpha, \beta) = 1) \Leftrightarrow$ (es existieren zwei Elemente ξ_{00}, η_{00} aus $\mathfrak{z}^*$ mit $\xi_{00}\alpha + \eta_{00}\beta = 1$). Durch Überlegungen, die denen in Abschnitt 1.2.[1] völlig analog sind, kann

Übg.(11.) jetzt[2] gezeigt werden (Übung !), daß folgende Aussagen gelten:

(11)

$$(11) \quad \left(\left(\pi', \prod_{l=1}^{k} \alpha_l\right) = 1\right) \Leftrightarrow ((\pi', \alpha_l) = 1 \text{ für } l = 1, 2, \ldots, k),$$

(12)

$$(12) \quad \left(\pi' / \prod_{l=1}^{k} \alpha_l\right) \Leftrightarrow (\pi' \text{ teilt mindestens ein } \alpha_l),$$

(13)

$$(13) \quad \left(\left(\alpha, \prod_{l=1}^{k} \alpha_l\right) = 1\right) \Leftrightarrow ((\alpha, \alpha_l) = 1 \text{ für } l = 1, 2, \ldots, k).$$

Aus unserer Definition des $(\alpha, \beta) = \delta$ folgt zunächst $\xi\alpha + \eta\beta = \zeta\delta$, für $\xi = 0$, $\eta = 1$ wird $\beta = \zeta_0\delta \Rightarrow \delta/\beta$, für $\xi = 1$, $\eta = 0$ ergibt sich δ/α, schließlich aus $\xi_{11}\alpha + \eta_{11}\beta = \delta$ für τ/α und gleichzeitig τ/β auch $\tau/(\alpha, \beta)$.

(14) Damit gilt auch in $\mathfrak{z}^*$ die Aussage (14): Jeder gemeinsame Teiler teilt den g.g.T. und dieser ist gemeinsamer Teiler [3]. Außerdem ist dieser g.g.T. - bis auf Faktoren, die Einheiten sind - auch eindeutig bestimmt. Diese Aussage folgt wegen $(\delta/\delta', \delta'/\delta) \Rightarrow (N(\delta) = N(\delta'))$ sofort, wenn die Existenz (mindestens) zweier g.g.T. (δ und δ')

(II_9) angenommen wird. Die Aussagen (8) bis (14) bilden den Satz (II_9).

Wir sahen bereits, daß $p_1 = 2$ in $\mathfrak{z}^*$ keine PZ ist. Ebenso sind $5 = 2^2 + 1^2 = (2 + i)(2 - i)$ $(N(5) = 25$, $N(2 + i) = 5$, $2 + i$ eine PZ in $\mathfrak{z}^*$ nach $(II_8^{(1)}))$ und $13 = 3^2 + 2^2 = (3 + 2i)(3 - 2i)$ keine PZ[en] in $\mathfrak{z}^*$. Wir fragen daher nach solchen p, die auch in $\mathfrak{z}^*$ noch PZ[en] bleiben. Diese Frage wird vollständig erst im nächsten Abschnitt beantwortet werden[4]. Ist eine ganze rationale PZ p keine PZ in $\mathfrak{z}^*$, so gilt p.d. $N(p) = p^2 = N(\alpha) \cdot N(\beta)$ $(p = \alpha \cdot \beta$ in $\mathfrak{z}^*$ mit $N(\alpha) \neq 1$, $N(\beta) \neq 1)$. Da $N(\alpha)$ und $N(\beta)$ natürliche Zahlen sind, so kann also nur $N(\alpha) = N(\beta) = p$ gelten, da p^2 keine anderen von 1 verschiedenen Teiler besitzt. Es ist demnach $\beta = \dfrac{p}{\alpha} = \dfrac{p\bar{\alpha}}{N(\alpha)} = \bar{\alpha}$ oder $p = \alpha \cdot \bar{\alpha} = a^2 + b^2$ ($\alpha = a + ib$,

---

[1] beim Beweis entsprechender Aussagen

[2] unter Verwendung von (9) und (10)

[3] Diese Aussage haben wir für zwei Zahlen bewiesen; für endlich viele ergibt sie sich völlig analog.

[4] Dort werden wir sehen, daß alle PZ[en] p, $p \in \mathfrak{z}$ mit $p \equiv 1(4)$ keine PZ[en] in $\mathfrak{z}^*$ sind.

$(II_{10}^{(1)})$

$a \in \mathfrak{Z}$, $b \in \mathfrak{Z}$) $= (a + ib)(a - ib)$. Wie wir in Abschnitt 1.2. gesehen haben, kann p nicht die Form $4k + 3$ besitzen; daher gilt $(II_{10}^{(1)})$:
Alle PZ^{en} p mit $p \equiv 3(4)$ sind auch PZ^{en} in $\mathfrak{Z}^*$.

$(II_{10}^{(2)})$

Wir betrachten jetzt mit $(a, b) = 1$ $(a \in \mathfrak{Z}$, $b \in \mathfrak{Z}$) die natürliche Zahl $n = a^2 + b^2$ (z.B. $n = 8^2 + 1^2 = 65 = 7^2 + 4^2 = 5 \cdot 13$ oder $n = 7^2 + 3^2 = 2 \cdot 29 = 58$) und behaupten $(II_{10}^{(2)})$: Mit (p/n) und $n = a^2 + b^2$ $((a, b) = 1)$ ist $p = 2$ oder $p \equiv 1(4)$. Bew.: Für $n \equiv 0(2)$ ist sicher $2/n$. Ist p/n mit $p > 2$ und wäre (Antithese) $p \equiv 3(4)$, so besäße dieses p auch in $\mathfrak{Z}^*$ nach $(II_{10}^{(1)})$ Primzahleigenschaft. Weiter folgt $(p/a^2 + b^2) \Rightarrow (p/(a + ib)(a - ib))$. Nach (II_9) würde für $p\!\!\not|(a + ib)$ und $p\!\!\not|(a - ib)$ auch $p\!\!\not|n$ folgen. Daher muß auch in $\mathfrak{Z}^*$ gelten $p/(a + ib)$ oder $p/(a - ib)$. Aus $p(r \pm is) = a \pm ib$ $(r \in \mathfrak{Z}$, $s \in \mathfrak{Z}$) folgt aber p/a und p/b, was $(a, b) = 1$ widerspricht. q.e.a. Jetzt können wir indirekt den Satz

$(II_{10}^{(3)})$

$(II_{10}^{(3)})$ beweisen: Es gibt unendlich viele p_ν mit $p_\nu \equiv 1(4)$ $(p_\nu$ PZ^{en} in $\mathfrak{Z}$). Gäbe es nämlich nur endlich viele $p_1' = 5$, $p_2' = 13$, ..., p_K' mit $p_1' < p_2' < ... < p_K'$, nämlich K, so bilden wir die Zahl
$R' = 4(p_1' \cdot p_2' \cdot ... \cdot p_K')^2 + 1 = (2(p_1' \cdot p_2' \cdot ... \cdot p_K'))^2 + 1^2 = a'^2 + b'^2$
mit $(a', b') = 1$ $(a' \in \mathfrak{Z}$, $b' \in \mathfrak{Z}$). R' ist p.c. größer als alle p_ν' , von der Form $4k + 1$, nach $(II_{10}^{(2)})$ durch kein p_ν mit $p_\nu \equiv 3(4)$ teilbar: Damit müßte es aber eine neue PZ der Form $(4k + 1)$ sein, denn es ist nach (I_2) durch keines der p_1', ..., p_K' teilbar. q.e.a. .

(II_{11})

Schließlich beweisen wir noch den Hauptsatz über die Primfaktorzerlegung in $\mathfrak{Z}^*$ (II_{11}): Jede ganze Gauss-sche Zahl, deren Norm größer als eins ist, läßt sich (bis auf die Reihenfolge der Faktoren und bis auf Einheiten) eindeutig als Produkt von PZ^{en} aus $\mathfrak{Z}^*$ schreiben. Bew.: Zunächst muß gezeigt werden, daß alle α überhaupt als Produkt von PZ^{en} aus $\mathfrak{Z}^*$ geschrieben werden können. Für $N(\alpha) = 2$ ist dies bereits bekannt (1.I.S.). Mit $N(\alpha) = n < k$ $(k > 2)$ sei (I.A.) der Satz schon bewiesen. Ist $N(\alpha) = k + 1$ und α eine PZ in $\mathfrak{Z}^*$, so braucht nichts mehr bewiesen zu werden. Mit $\alpha = a'a''$ und $N(\alpha) = N(a')N(a'')$ wird aber $1 < N(a') < N(a'') < k$ und für a' bzw. α'' gilt die Aussage nach I.A.; damit ist sie auch für α richtig, und der erste Teil von (II_{11}) ist durch vollständige Induktion bewiesen.

Für den zweiten Teil des Beweises induzieren wir nach der Anzahl der Primfaktoren. Ist $\alpha = \pi'$, so braucht nichts bewiesen zu werden (1.I.S.). Für k Primfaktoren nehmen wir den Satz als bewiesen an $(k > 1)$ und gehen von dieser I.A. aus .
Für $(k + 1)$ solcher Primfaktoren muß er dann (I.B.) bewiesen werden.

(15) Wenn also (15): $\pi'_{(1)} \cdot \pi'_{(2)} \cdot ... \cdot \pi'_{(k+1)} = \pi''_{(1)} \cdot \pi''_{(2)} \cdot ... \cdot \pi''_{(r)}$
und ist hier $\pi'_{(1)} = \pi''_{(1)}$ (o.B.d.A.), so folgt nach Division mit

$\pi'_{(1)}$ nach I.A. (da jetzt auf der linken Seite von (15) nur noch k
Primfaktoren stehen) die Eindeutigkeit der Produktbildung aus Primfaktoren für die beiden Seiten von (15) und (k + 1) = r. Nun ist aber

n.V. $\pi'_{(1)} / \prod_{1=1}^{r} \pi''_{(1)}$ und (II_9) führt zu $\pi'_{(1)} = \pi''_{(1_0)}$, da sonst -

für $(\pi'_{(1)}, \pi''_{(1)}) = 1$ - auch $\pi'_{(1)} \times \prod_{1=1}^{r} \pi''_{(1)}$. Damit können aber

wieder beide Seiten von (15) durch $\pi'_{(1)}$ dividiert werden, und unser
Schluß von oben führt zum Beweis. q.e.d.

Als Beispiel betrachten wir $\zeta_1 = 8 + 5i$ und $\zeta_2 = 7 + 5i$. Mit

$N(\zeta_1) = 8^2 + 5^2 = 64 + 25 = 89$ folgt nach $(II_8^{(1)})$, daß ζ_1 eine PZ

in $\mathfrak{z}^*$ ist. Wegen $N(\zeta_2) = 7^2 + 5^2 = 74 = 2 \cdot 37$ versuchen wir, da

$37 = 6^2 + 1^2$, $2 = 1^2 + 1^2$, solche PZ^{en} in $\mathfrak{z}^*$ zu finden, deren Norm
gleich 2 oder gleich 37 ist. Da $7 + 5i = (1 + i)(6 - i)$ $((7 + 5i)$
läßt sich sehr einfach durch $(1 + i)$ dividieren) ist dies nach
$(II_8^{(1)})$ bereits die eindeutige (nach (II_{11})) Primfaktorzerlegung
von ζ_2.

Übg.(12.) Wie lautet die Zerlegung von $(13 + 7i)$ bzw. $(12 + 7i)$ in Primfaktoren?

2.2. Kongruenzen und Gleichungen höheren Grades

Die in der Überschrift genannten Beziehungen werden wir i.a. nur im
Ring $\mathfrak{z}$ betrachten und definieren Kongruenzen höheren Grades durch

(1) $(1): f(x) = \sum_{n=0}^{l} a_n x^n \equiv O(m)$. Hier sind die a_n irgendwelche Restklassen

D   mod m, und ein Element aus $\{v\}_m$ (etwa x_0) heißt Lösung von (1),

wenn $f(x_0) = \sum_{n=0}^{l} a_n x_0^n \equiv O(m)$ gilt. Da mit $q \in \mathfrak{z}$ nach dem binomi-

schen Lehrsatz aus Abschnitt 1.1 $(x_0 + qm)^n = x_0^n + m (\ldots) \equiv x_0^n(m)$,
können wir beim Studium der Lösungen von (1) uns auf die Restklassen
mod m beschränken. Über die Anzahl n_m der Lösungen von (1) gilt der

(II_{12}) Satz (II_{12}): Ist $m = m_1 \cdot m_2 \cdot \ldots \cdot m_k$ mit $m_\nu \cup m_\mu$ für $\nu \neq \mu$ und

(1')   haben die Kongruenzen (1'): $\sum_{n=0}^{l} a_n x^n \equiv O(m_\lambda)$ $(\lambda = 1, 2, \ldots, k)$

jeweils n_λ Lösungen, so ist $n_m = \prod_{\lambda=1}^{k} n_\lambda$. Bew.: Gilt $f(x_0) \equiv O(m)$, so auch a fortiori $f(x_0) \equiv O(m_\lambda)$ $(\lambda = 1, 2, \ldots, k)$. Mit

$x_0 \equiv x_{0\lambda}(m_\lambda)$ erhalten wir k Zahlen $x_{01}, x_{02}, \ldots, x_{0k}$, die resp.
eine Kongruenz des Systems (1') lösen. Ist umgekehrt $a_{01}, a_{02}, \ldots,$
a_{0k} ein k-Tupel, dessen Elemente je eine Gleichung aus (1') lösen
$(f(a_{0\lambda}) \equiv O(m_\lambda))$, so existiert nach (II_6) genau eine Lösung x_0 des
Simultansystems $x \equiv a_{0\lambda}(m_\lambda)$. Für diese Lösung x_0 ist
$f(x_0) \equiv f(a_{0\lambda})(m_\lambda)$ $(\lambda = 1, 2, \ldots, k)$ und n.V. $f(x_0) \equiv O(m_\lambda)$ ⇒ [1]
$f(x_0) \equiv O(m)$. Hat jetzt die Kongruenz $f(x) \equiv O(m_\lambda)$ n_λ Lösungen, so
können nach dem Multiplikationssatz $(n_1 \cdot n_2 \ldots n_k)$ verschiedene der
oben erwähnten k-Tupel gebildet werden. Für jedes dieser k-Tupel gibt
es eine Lösung von (1), und zu jeder Lösung von (1) haben wir ein
k-Tupel konstruiert. Sind x_0, x_0' $(x_0 \not\equiv x_0'(m))$ zwei Lösungen von (1),
so gehören zu diesen auch zwei k-Tupel der erwähnten Art, die sich in
mindestens einem Element unterscheiden, denn aus $x_0 \equiv x_0'$ (m_λ) würde
wieder[2] $x_0 \equiv x_0'(m)$ (c.i.p. [3]) folgen. Zu zwei k-Tupel
$(a_{01}, \ldots, a_{0k})$ und $(a_{01}', a_{02}', \ldots, a_{0k}')$, die sich in mindestens
einem Element[4] unterscheiden, gehören auch zwei Lösungen von (1), da
mit $a_{0\lambda_0} \neq a_{0\lambda_0}'$ nicht gleichzeitig $x_0 \equiv a_{0\lambda_0} \equiv a_{0\lambda_0}'(m_{\lambda_0})$ gelten
kann. Damit ist zunächst $n_m \leqslant \prod n_\lambda$ und weiter $\prod n_\lambda \leqslant n_m$. q.e.d.

Zur Bestimmung von n_m müssen daher nur Kongruenzen mod p^λ (p^λ eine
PZ-Potenz) betrachtet werden. Aber auch über solche Kongruenzen sind
nur wenige allgemeinere Aussagen bekannt.

Beispiel: (1) $x^3 - 3x^2 + 3x + 4 \equiv O(12)$. Zu betrachten wäre (1')
(da $-3 \equiv 1(4)$, $3 \equiv -1(4)$, $4 \equiv O(4)$) $x^3 + x^2 - x \equiv O(4)$,
$x^3 + 1 \equiv O(3)$ (da $3 \equiv -3 \equiv O(3)$, $4 \equiv 1(3)$). $x^3 + 1 \equiv O(3)$ hat nur
die Lösung $2 \equiv -1(3)$; $x^3 + x^2 - x \equiv O(4)$ hat nur die Lösung O. Damit
ist $n_1 = n_2 = 1$, $n_m = 1$. Zu der einen Lösung von (1) gelangen wir
nach dem in Abschnitt 2.1 angegebenen Verfahren. Es ist $x_0 = 8$, da
$x_0 \equiv O(4)$ und $x_0 \equiv 2(3)$ gelten müssen.

Übg.(13.) Welche Lösungen besitzt die Kongruenz $x^7 + 5x^3 - 4 \equiv O(20)$?

---

[1] nach (I_8) wie beim Beweis von (II_6)

[2] nach (I_8) wie beim Beweis von (II_6)

[3] contradictio in praeponendum (lat.; dt: Widerspruch zur Voraussetzung)

[4] an einem Platz der k Plätze

Werden Kongruenzen spezieller Form studiert, so sind einige weitergehende Aussagen möglich. In diesem Zusammenhang beweisen wir den Satz (II_{13}): Mit $(c, p) = 1$ (p PZ in $\mathfrak{Z}$) hat die Kongruenz

(2) $x^2 \equiv c(p^n)$ ($n > 1$, n eine natürliche Zahl) genau so viele Lösungen wie die Kongruenz (3) $x^2 \equiv c(p)$, wenn $p > 2$. Ist dagegen $p = 2$ und $n \geqslant 3$, so hat (2) keine Lösung falls $c \not\equiv 1(8)$ und genau vier Lösungen falls $c \equiv 1(8)$; ist schließlich $p = 2$ und $n = 2$, so besitzt (2) keine Lösung für $c \equiv 3(4)$ und genau zwei Lösungen, wenn $c \equiv 1(4)$.

Den etwas umfangreichen Beweis von (II_{13}) führen wir in mehreren Schritten. Ist $p = n = 2$, so muß wegen $(c, 2) = 1$ $c = 4k \pm 1$ gelten. Die Kongruenz $x^2 \equiv 4k \pm 1(4)$ ist demnach mit $x^2 \equiv \pm 1(4)$ gleichbedeutend. $x^2 \equiv 1(4)$ hat die Lösung $x_0 \equiv \pm 1(4)$, während wir schon aus Abschnitt 1.2. wissen, daß $x^2 \equiv -1 \equiv 3(4)$ keine Lösung besitzt. Damit ist die letzte Aussage von (II_{13}) bewiesen. Für die weiteren Beweisschritte definieren wir einen wichtigen Begriff der klassischen Zahlentheorie: Ist mit c aus $\{\nu\}_m$ die Kongruenz $x^2 \equiv c(m)$ lösbar bzw. unlösbar, so heißt c "quadratischer Rest" bzw. "quadratischer Nichtrest" (mod m). Damit ist für $m = 4$ also $c = 0$ bzw. $c = 1$ quadratischer Rest und $c = 2$ bzw. $c = 3$ quadratischer Nichtrest[1]. Leicht läßt sich nun beweisen, daß für einen quadratischen Rest c mod p ($p > 2$) die Kongruenz (3) genau zwei Lösungen besitzt [2]. Mit $x_0^2 \equiv c(p)$ ist nämlich auch $(-x_0)^2 = x_0^2 \equiv c(p)$ und wegen $x_0 \not\equiv -x_0$ (wegen $x_0 \equiv -x_0(p) \Rightarrow 2x_0 \equiv 0(p) \Rightarrow x_0 \equiv 0(p) \Rightarrow x_0^2 \equiv 0(p)$ c.i.p., da $(c, p) = 1$) haben wir bereits zwei Lösungen gefunden[3]. Gäbe es nun noch eine Restklasse y_0 mod p, mit $y_0 \not\equiv \pm x_0(p)$ und $y_0^2 \equiv c(p)$, so folgte $y_0^2 - x_0^2 \equiv c - c \equiv 0(p) \Rightarrow$

$(y_0 - x_0)(y_0 + x_0) \equiv 0(p) \overset{(I_9)}{\Rightarrow} y_0 - x_0 = \lambda_1 p$ ($\lambda_1 \in \mathfrak{Z}$) oder $y_0 + x_0 = \lambda_1' p$ ($\lambda_1' \in \mathfrak{Z}$); das ist aber genau mit $y_0 \equiv x_0(p)$ oder $y_0 \equiv -x_0(p)$ gleichbedeutend. c.i.p.

Beispiel: $p = 5$; $x^2 \equiv 1(5)$ hat die Lösungen $x_0 \equiv \pm 1(5)$; $x^2 \equiv 4(5)$ hat die Lösungen $x_0 \equiv \pm 2(5)$; $x^2 \equiv \left\{ {2 \atop 3} \right\}(5)$ hat dagegen keine Lösungen, da 1^2, 2^2, 3^2, 4^2 stets zu ± 1 mod 5 kongruent sind [4].

---

[1] $x^2 \equiv 2(4) \Rightarrow x^2 \equiv 0(2) \Rightarrow x \equiv 0(2) \Rightarrow x^2 \equiv 0(4)$. c.i.p.

[2] Damit hat (3) höchstens zwei Lösungen (zwei oder keine).

[3] Die Kongruenz $x^2 \equiv 0(p)$ hat selbstverständlich nur die Lösung $x_0 \equiv 0(p)$; dieser Fall interessiert hier nicht, da $(c, p) = 1$ vorausgesetzt wird.

[4] Hier wird ein allgemeiner Zusammenhang erkennbar, auf den wir im 3. Kapitel noch zu sprechen kommen.

Für den Beweis der ersten Aussage von (II_{13}) betrachten wir nebenein-

(2')   ander die Kongruenzen (2) und (2'): $x^2 \equiv c(p^{n-1})$. Wenn wir zeigen können, daß beide gleich viele Lösungen besitzen, so ist durch Iteration
(von (2) bis (3)) diese Aussage bewiesen, außerdem folgt nach oben,
daß (2) keine oder zwei Lösungen besitzt. Mit N bzw. N' werden die
Lösungsanzahlen von (2) bzw. (2') bezeichnet. Wird (2) von x_0 gelöst,

gilt also $x_0^2 \equiv c(p^n)$, so auch $(-x_0)^2 = x_0^2 \equiv c(p^n)$, wobei

$x_0 \not\equiv -x_0(p^n)$ (Beweis wie oben). Weiter folgt: $x_0^2 \equiv c(p^n) \Rightarrow$

$x_0^2 = c + \lambda p^n$ $(\lambda \in \mathbb{Z}) \Rightarrow x_0^2 = c + (\lambda p)p^{n-1} \Rightarrow x_0^2 \equiv c(p^{n-1})$. Ist also

x_0 Lösung von (2) und $x_0 \equiv x_0'(p^{n-1})$, so erhalten wir aus einer Lösung

von (2) auch eine von (2'). Sind x_0 und x_1 $(x_0 \not\equiv x_1(p^n))$ zwei

Lösungen von (2) und wäre $x_0 \equiv x_1(p^{n-1})$, so ergäbe sich

$x_1 = x_0 + \mu p^{n-1}$ $(\mu \in \mathbb{Z})$ und $x_1^2 = x_0^2 + 2\mu x_0 p^{n-1} + \mu^2 p^{2n-2}$. N.V.

ist $x_0^2 \equiv x_1^2 \equiv c(p^n)$, also $2\mu x_0 p^{n-1} + p^{2n-2}\mu^2 \equiv O(p^n)$ $\overset{n \geq 2}{\Rightarrow}$

$2\mu x_0 p^{n-1} \equiv O(p^n)$. Da $x_0 \not\equiv x_1(p^n)$, kann in der Formel

$x_1 = x_0 + \mu p^{n-1}$ nur $1 \leq \mu \leq p-1$ [1]) gelten. Aus $2\mu x_0 p^{n-1} \equiv O(p^n)$

ergibt sich $2\mu x_0 \equiv O(p) \Rightarrow x_0 \equiv O(p) \Rightarrow x_0^2 \equiv O(p)$ c.i.p., da

$x_0^2 \equiv c(p^n) \Rightarrow x_0^2 \equiv c(p)$, $(c, p) = 1$. Zu zwei verschiedenen (mod p^n)
Lösungen von (2) gehören auch zwei verschiedene Lösungen von (2'),
und es ist $N \leq N'$. Sind andererseits mit $0 < x_1' < x_2' < \dots$

$< x_{N'}' < p^{n-1}$ die N' Lösungen von (2') [2]), so bilden wir für jedes

ν $(\nu = 1, 2, \dots, N')$ die p Zahlen $x_\nu' + \mu p^{n-1}$ $(\mu = 0, 1, \dots, p-1)$.

Diese $(N' \cdot p)$ Zahlen sind alle untereinander verschieden [3]) und wegen

$x_\nu' + \mu p^{n-1} \leq p^{n-1} - 1 + (p - 1)p^{n-1} = p^n - 1 < p^n$ auch kleiner als

p^n. Für festes ν gibt es aber, wie wir gleich zeigen werden, genau ein

---

[1]) $\mu = 0 \Rightarrow x_1 = x_0$ c.i.p.; $\mu \geq p \Rightarrow x_1 > p^n$ c.i.p.

[2]) Genauer: Elemente aus $\{\nu\}_{p^{n-1}}$, die (2') lösen; daher ist auch

$0 < x_1'$, da $0^2 \equiv O(p^{n-1})$ und $0^2 \not\equiv c(p^{n-1})$ $(c, p) = 1$.

[3]) $x_\nu' + \mu_1 p^{n-1} = x_{\nu'}' + \mu_2 p^{n-1} \Rightarrow \mu_1 = \mu_2$ (wenn $\nu = \nu'$) bzw. $\Rightarrow x_\nu' - x_{\nu'}' \equiv O(p^{n-1})$
wenn $\nu \neq \nu'$), damit kann keine Gleichheit zwischen zwei der $(N' \cdot p)$
Zahlen bestehen.

μ_0 mit $(x'_\nu + \mu_0 p^{n-1})^2 \equiv c(p^n)$; daraus resultiert $N' \leqslant N$, und die erste Aussage von (II_{13}) ist bewiesen.

Nun gilt: $(x'_\nu + \mu p^{n-1})^2 = x'^2_\nu + 2\mu p^{n-1} x'_\nu + \mu^2 p^{2n-2} \overset{n.V.}{=}$

$c + a \cdot p^{n-1} + 2\mu p^{n-1} \cdot x'_\nu + \mu^2 p^{n-2} p^n \overset{1) \quad n > 2}{\equiv} c + (a + 2\mu x'_\nu) p^{n-1}(p^n)$.

Es ist also $(x'_\nu + \mu p^{n-1})^2 \equiv c(p^n)$ gdw $(a + 2\mu x'_\nu) \equiv O(p)$. Da $2x'_\nu \not\equiv O(p)$ hat die Kongruenz $2x'_\nu \xi \equiv -a(p)$ genau eine Lösung (nach (I_{20})); diese nennen wir μ_0 in Übereinstimmung mit dem vorstehenden Text.

Um (II_{13}) vollständig zu beweisen, müssen wir noch das Lösungsverhal-
ten von (4) $x^2 \equiv c(2^n)$ $(n > 3, (c, 2) = 1)$ studieren. Wegen (4)
$(c, 2) = 1$ ist c ungerade, und mit $x^2 - c \equiv O(2^n) \Rightarrow x^2 - c \equiv O(2)$ muß auch x (wenn es Lösungen gibt) ungerade sein. Aus $x_0 = 4k \pm 1$

folgt $x_0^2 = 1 + \lambda^* 8$ $(\lambda^* \in \mathfrak{z})$. (4) ist gleichbedeutend mit

$x^2 = c + \lambda^* \cdot 2^n = c + \lambda^* \cdot 8 \cdot (2^{n-3}) \equiv c(8)$, denn n.V. ist $n > 3$. Da die möglichen Lösungen x_0 der Beziehung $x_0^2 \equiv 1(8)$ genügen, so hat (4) nur dann Lösungen, wenn $c \equiv 1(8)$ gilt. Für $n = 3$ hat $x^2 \equiv 1(8)$ genau vier Lösungen (nämlich $x_0 \equiv \pm 1(8)$, $x_0 \equiv \pm 3(8)$). Nun nehmen wir an, daß Lösungen x_0 von (4) existieren für $n > 3$. Damit folgt $x_0^2 \equiv c(2^n)$, $c \equiv 1(8)$, $(-x_0)^2 = x_0^2 \equiv c(8)$ und wegen $-x_0 \not\equiv x_0(2^n)^{2)}$ erhalten wir bereits zwei Lösungen, falls es überhaupt solche gibt. Unter diesen wird die kleinste aus $\{\nu\}_{2^n}$ mit x_0 (nachträglich) bezeichnet, und daher ist $x_0 < 2^n - x_0 \equiv -x_0 (2^n)$, also $x_0 < 2^n - x_0 \Rightarrow$ $x_0 < 2^{n-1}$. Hat (4) noch weitere Lösungen$^{3)}$, etwa y_0 mit $y_0 \not\equiv \pm x_0(2^n))$, dann gilt $y_0^2 \equiv c(2^n)$ und n.V. $x_0 < y_0$. Damit wird $y_0^2 - x_0^2 \equiv O(2^n)$, $y_0 \equiv x_0 \equiv 1(2)$ und $(y_0 - x_0)$ sowie $(y_0 + x_0)$ sind gerade natürliche Zahlen; $\dfrac{(y_0 - x_0)}{2} \cdot \dfrac{(y_0 + x_0)}{2} \equiv O(2^{n-2}) \Rightarrow \dfrac{(y_0 - x_0)}{2} = n_1$,

$\dfrac{(y_0 + x_0)}{2} = n_2$ $(n_1, n_2$ natürliche Zahlen). Aus $n_1 \cdot n_2 = \lambda^{*''} 2^{n-2}$ $(0 < \lambda^{*''}, \lambda^{*''} \in \mathfrak{z})$ und $n_1 + n_2 = y_0 \equiv 1(2)$ resultiert weiter

---

$^{1)}$ $a \in \mathfrak{z}$, wegen $x'^2_\nu \equiv c(p^{n-1})$

$^{2)}$ $-x_0 \equiv x_0(2^n) \Rightarrow 2x_0 \equiv O(2^n) \Rightarrow x_0 \equiv O(2)$ c.i.p. (zu $(x_0, 2) = 1$)

$^{3)}$ Genauer: Elemente aus $\{\nu\}_{2^n}$, die (4) lösen.

$n_1 \not\equiv n_2(2)$. Daher muß von den beiden natürlichen Zahlen eine durch 2^{n-2} teilbar, die andere ungerade sein. Falls $2^{n-2}/n_1$, so folgt: $2^{n-2}/n_1 \Rightarrow n_1 = \lambda^{*\prime\prime\prime} 2^{n-2}$ $(0 < \lambda^{*\prime\prime\prime}, \lambda^{*\prime\prime\prime} \in \mathfrak{Z})$ $\Rightarrow y_0 = 2n_1 + x_0 = x_0 + \lambda^{*\prime\prime\prime} 2^{n-1} \Rightarrow y_0 \equiv x_0(2^{n-1})$; analog folgt: $(2^{n-1}/n_2) \Rightarrow y_0 \equiv -x_0(2^{n-1})$. Da nur die Elemente aus $\{v\}_{2^n}$ als Lösungen von Interesse sind, so erhalten wir aus $y_0 \equiv \pm x_0(2^{n-1})$ $y_0 = x_0 + 2^{n-1} < 2^n$ und $y_0 = 2^{n-1} - x_0$. Die so gewonnenen Werte y_0 lösen aber tatsächlich (4), denn $y_0^2 = x_0^2 \pm x_0 2^n + 2^{2n-2} \equiv x_0^2 \, (2^n)$. Da x_0 die kleinste Lösung war, so ist $x_0 < 2^{n-1} - x_0 \Rightarrow x_0 < 2^{n-2}$, und damit gilt $2^{n-1} - x_0 = 2^{n-2} + 2^{n-2} - x_0 > 2^{n-2}$, und für die vier Lösungen von (4) ergibt sich die folgende Ungleichungskette: $x_0 < 2^{n-2} < 2^{n-1} - x_0 < 2^{n-1} + x_0 = 2^n - 2^{n-1} + x_0 = 2^n - (2^{n-1} - x_0) < 2^n - x_0$ bzw. als mögliche

(5)   Lösungen: (5) $x_0 < (2^{n-1} - x_0) < (2^{n-1} + x_0) < (2^n - x_0)$. Damit besitzt (4) genau vier Lösungen, wenn es überhaupt welche gibt; diese sind in (5) der Größe nach geordnet, und es ist zusätzlich $x_0 < 2^{n-2}$. Zwischen Null und 2^{n-2} gibt es genau 2^{n-3} ungerade Zahlen, nämlich $1, 3, 5, \ldots, (2^{n-2} - 1)$; diese bezeichnen wir mit $x_{\varrho,1}$ $(\varrho = 1, 2, \ldots, 2^{n-3})$ und für jedes $x_{\varrho,1}$ bilden wir analog zu (5) die Folge $x_{\varrho,1}, 2^{n-1}-x_{\varrho,1}, 2^{n-1}+x_{\varrho,1}, 2^n-x_{\varrho,1}$, deren Elemente der Größe nach geordnet sind $(x_{\varrho,1} < 2^{n-1}-x_{\varrho,1} < 2^{n-1}+x_{\varrho,1} < 2^n-x_{\varrho,1})$ (p.c.,s.o.); sie werden mit $x_{\varrho,1}, x_{\varrho,2}, x_{\varrho,3}, x_{\varrho,4}$ bezeichnet und bilden die Menge $\mathfrak{K}_\varrho$. Für $\mu = 2, 3, 4$ ist $x_{\varrho,1}^2 \equiv x_{\varrho,u}^2(2^n)$ und mit $x_{\varrho,1}^2 = c_\varrho^* \equiv c_\varrho(2^n)$ sind sämtliche Elemente aus $\mathfrak{K}_\varrho$ (ϱ fest) zu c_ϱ mod 2^n kongruent, wobei $c_\varrho \equiv 1(8)$. Die 2^{n-3} Mengen $\mathfrak{K}_\varrho$ umfassen insgesamt $4 \cdot 2^{n-3} = 2^{n-1}$ ungerade Zahlen zwischen 0 und 2^n, denn wir werden gleich zeigen, daß die Mengen paarweise kein Element gemeinsam haben. Die 2^{n-3} Mengen $\mathfrak{K}_\varrho$ stellen also mit ihren Elementen alle 2^{n-1} ungeraden Zahlen zwischen Null und 2^n, nämlich $1, 3, \ldots, 2^n-1$ dar. Für $\varrho \neq \sigma$ ist p.c. $x_{\varrho,1} \neq x_{\sigma,1}$ u.o.B.d.A. $x_{\varrho,1} < x_{\sigma,1}$ und $x_{\varrho,1}^2 = c_\varrho^* < x_{\sigma,1}^2 = c_\sigma^*$. Wäre nun $c_\varrho^* \equiv c^* \equiv c_\varrho(2^n)$, so wäre $x_{\varrho,\mu}^2 \equiv c_\varrho(2^n)$ ($\mu = 1,2,3,4$) und gleichzeitig $x_{\sigma,1}^2 \equiv c_\varrho(2^n)$. Nun ist aber p.c. $x_{\varrho,1} < x_{\sigma,1} < 2^{n-2}$ und weiter $x_{\varrho,4} > x_{\varrho,3} > x_{\varrho,2} > 2^{n-2} >$

$x_{\sigma,1} > x_{\varrho,1}$, m.a.W. besäße die Kongruenz $x^2 \equiv c_\varrho(2^n)$ mindestens fünf Lösungen. q.e.a. Es gehören demnach die vier Elemente jeder Menge $\breve{\mathcal{R}}_\varrho$ zu paarweise verschiedenen c_ϱ $(x^2_{\varrho,\mu} \equiv c_\varrho(2^n))$, $\mu = 1,2,3,4$). Damit sind die $\breve{\mathcal{R}}_\varrho$ paarweise elementefremd, und zu jedem $\breve{\mathcal{R}}_\varrho$ gibt es genau ein c_ϱ , $c_\varrho \equiv 1(8)$. Unter den 2^{n-1} ungeraden Zahlen zwischen Null und 2^n existieren außerdem wieder genau $\dfrac{2^n}{8} = 2^{n-3}$ (nämlich $1,8+1,\ldots,2^n-8+1$ bzw.

$1, 8+1, 2 \cdot 8+1, \ldots, (2^{n-3}-1)8+1)$ die kongruent eins mod 8 sind. Dies sind die möglichen und tatsächlichen auch vorkommenden quadratischen Reste mod 2^n in (4). Damit ist (II_{13}) vollständig bewiesen.

Allerdings war unser Beweis ein reiner Existenzbeweis; daher müssen im einzelnen Lösungsfall die $x_{\varrho,\nu}$ bzw. die Lösungen von (2) noch bestimmt werden.

Beispiele: 1. $n = 5$, $p = 2$, $x^2 \equiv 1(32)$ für $c_1 = 1$.

Nach (5) für $x_{1,1} = 1$ wird $\breve{\mathcal{R}}_1 = \{1, 15, 17, 31\}$; mit $x_{2,1} = 3$ wird $\breve{\mathcal{R}}_2 = \{3, 13, 19, 29\}$ mit $c_2 = 9$ und $x^2 \equiv 9(32)$; mit $x_{3,1} = 5$ wird $\breve{\mathcal{R}}_3 = \{5, 11, 21, 27\}$ mit $c_3 = 25$ und $x^2 \equiv 25(32)$; mit $x_{4,1} = 7$ $\breve{\mathcal{R}}_4 = \{7, 9, 23, 25\}$ mit $c_4 = 49 \equiv 17(32)$, also $c_4 = 17$, $x^2 \equiv 17(32)$.

Ist dagegen ein c_ϱ vorgegeben, so muß unter den 2^2 (im allgemeinen unter den 2^{n-3}) ersten ungeraden Zahlen zwischen Null und 2^3 (bzw. 2^{n-2}) das zugehörige $x_{\varrho,1}$ durch Probieren gefunden werden. Wir wissen dabei allerdings, daß es genau eine solche geben muß.

2. $x^2 \equiv 7(16)$ ist sicher nicht lösbar, da $7 \not\equiv 1(8)$.

3. $x^2 \equiv 17(64)$. Diese Kongruenz besitzt unter den ersten acht ungeraden Zahlen (1, 3, 5, 7, 9, 11, 13, 15) eine Lösung $x_{\varrho,1}$. Es ist $x_{\varrho,1} = 9$, und damit wird $\breve{\mathcal{R}}_\varrho = \{9, 32-9=23, 32+9=41, 64-9=55\}$ die Lösungsmenge.

Übg.(14.) Nach dem Vorgang von Beispiel 1. sind die Fälle $n = 4$ und $n = 6$ vollständig zu behandeln.

D   Kongruenzen der Form (2) heißen "rein quadratische Kongruenzen mod p^n", auf eine Verallgemeinerung solcher Kongruenzen kommen wir im nächsten Abschnitt noch zurück. Hier spezialisieren wir (1) jetzt in anderer

(6)   Hinsicht und setzen m=p (p PZ). In (6) $f(x) = \sum\limits_{n=0}^{1} a_n x^n \equiv O(p)$ [1] sind die Elemente a_n aus $\{\nu\}_p$ genommen. Gilt dabei $f(x) = (x - x_1)f_1(x)$

---

[1] Hier ist $a_1 \not\equiv O(p)$, d.h. die höchste auftretende Potenz von x hat einen Koeffizienten, der inkongruent Null mod p ist.

mit $x_1 \in \{v\}_p$, $\overline{|f_1(x)|} = (1 - 1)$ [1] (z.B. $x^3 - 3x^2 + 2 = (x - 1)(x^2 - 2x - 2) \equiv 0(5)$), so ist sicher $f(x_1) \equiv 0(p)$ (da $(x_1-x_1)=0$), d.h. x_1 eine Lösung von (6). Ist umgekehrt x_1 eine Lösung von (6),

gilt also $\sum\limits_{n=0}^{1} x_1^n a_n \equiv 0(p)$, so haben die Kongruenzen $f(x) \equiv 0(p)$ und $(f(x) - f(x_1)) \equiv 0(p)$ wegen $p/f(x_1)$ p.d. die gleichen Lösungen. Denken wir uns weiter für x irgend einen zulässigen Wert aus $\{v\}_p$ [2] eingesetzt, so ist $f(x) \equiv (f(x) - f(x_1))(p)$ oder

$$f(x) \equiv \sum_{n=0}^{1} (x^n - x_1^n)a_n(p).$$

In Abschnitt 1.2. haben wir die Gleichung $x^n - x_1^n = (x - x_1)(x^{n-1} + x^{n-2}x_1 + \ldots + x_1^{n-1})$ bewiesen; wir erhalten damit

$$f(x) \equiv (x - x_1) \cdot \sum_{n=1}^{1} a_n(x^{n-1} + x^{n-2}x_1 + \ldots + x_1^{n-1}) \equiv (x-x_1)f_1(x)(p),$$

wobei $\overline{|f_1(x)|} = 1 - 1 = \overline{|f|} - 1$. Es besitzt demnach (6) dund die Lösung x_1, wenn für alle ganzzahligen x die Kongruenz $f(x) \equiv (x-x_1)f_1(x)(p)$ gilt und $\overline{|f(x)|} = \overline{|f_1(x)|} + 1$. Das ist der Satz $(II_{14}^{(1)})$. Statt (6) wird manchmal auch (6') $F(x) \cdot p + f(x) = 0$ geschrieben. In (6') ist $F(x)$ ein Polynom mit ganzzahligen Koeffizienten aus $\math{Z}$, und die a_n (aus (6)) sind ebenfalls Elemente aus $\math{Z}$ mit $|a_n| \leqslant p-1$. Jede Lösung ξ ($\xi \in \math{Z}$) von (6') ist dann auch Lösung von (6) und zu jeder Lösung x_1 von (6) gibt es ein ganzzahliges Polynom $F_1(x)$ derart, daß $pF_1(x_1) + f(x_1) = 0$.

Hat $f_1(x) \equiv 0(p)$ die Lösung x_2, so schließen wir auf

$$f(x) \equiv (x-x_1) \cdot (x-x_2) \cdot f_2(x)(p) \quad \text{mit} \quad \overline{|f_2(x)|} = \overline{|f_1(x)|} - 1.$$ Das Verfahren läßt sich dann höchstens 1-mal anwenden und führt zu (7)

$$f(x) \equiv (x-x_1)(x-x_2) \ldots (x-x_1) \cdot a_1(p) \quad \text{mit} \quad a_1 \not\equiv 0(p);$$ denn es ist jeweils $f_1(x) = a_1 x^{1-1} + \ldots$, $f_2(x) = a_1 x^{1-2} + \ldots$ u.s.f.. Wie wir schon sahen, ist mit (7) für $v = 1, 2, \ldots, 1$: $f(x_v) \equiv 0(p)$; gäbe es noch andere Lösungen x_0 mit $x_0 \not\equiv x_v(p)$ für $v = 1, 2, \ldots, 1$, so

---

[1] $\overline{|f(x)|}$ ist eine Abkürzung für "Grad von f(x)"; der Grad gibt die höchste in f(x) auftretende Potenz von x an, deren Koeffizient inkongruent Null mod p ist.

[2] oder aus $\math{Z}$, da $(x + 1^* p)^n \equiv x^n(p)$ $(1^* \in \math{Z})$

müßte $a_1 \cdot \prod_{\nu=1}^{1} (x_0 - x_\nu) \equiv O(p)$ gelten o.w.d.i. $x_0 - x_\nu \equiv O(p)$ für

$(II_{14}^{(2)})$ mindestens ein ν (nach (I_9)) c.i.p.. Das ist die Aussage $(II_{14}^{(2)})$:

$\sum_{n=0}^{1} a_n x^n \equiv O(p)$ hat mit $a_1 \not\equiv O(p)$ höchstens 1 Lösungen, von denen

einige gleich sein können[1], und selbstverständlich nicht mehr als p [2].

Wissen wir nun von einer Kongruenz mod p vom Grade 1, in der die Potenzen x^0, x^1, ..., x^1 mit irgendwelchen Koeffizienten aus $\{\nu\}_p$ auftreten, daß sie mehr als 1 Lösungen besitzt, so ist das nur möglich, wenn sämtliche Koeffizienten kongruent Null mod p sind. Dies

$(II_{14}^{(3)})$ ist der Satz $(II_{14}^{(3)})$.

Wir bemerken ausdrücklich, daß für die eben formulierte Aussage die Bedingung $m = p$ relevant ist, denn (s.o.) die Kongruenz $x^2 \equiv 1(8)$ hat schon vier Lösungen, und die Kongruenz $x^3 - x = x(x^2-1) \equiv$ $x^3 + 5x \equiv O(6)$ hat alle sechs Elemente aus $\{\nu\}_6$ zur Lösung. In der Algebra wird gezeigt, daß $(II_{14}^{(1)})$ und $(II_{14}^{(2)})$ in jedem Körper gelten[3], dem die Koeffizienten einer Gleichung entsprechender Form entnommen sind. Ebenso gilt auch $(II_{14}^{(3)})$, d.h. in dem fixierten Fall sind dann sämtliche Koeffizienten gleich dem additionsneutralen Element. Die weiter oben als unlösbar erkannte Kongruenz $x^2 \equiv 2(5)$ zeigt außerdem, daß die in $(II_{14}^{(2)})$ genannte Höchstzahl der Wurzeln nicht angenommen werden muß.

MSZ   Die Kongruenz $(x-1)^p = \sum_{n=0}^{p} \binom{p}{n} x^{p-n} (-1)^n \equiv x^p - 1(p)$ (wegen

$\binom{p}{n} \equiv O(p)$ für $n = 1, 2, ..., p-1$), auf die wir in Abschnitt 1.3. schon hingewiesen haben, diente dem französischen Mathematiker

D   E. Galois (1811 bis 1832) zum Aufbau der "Galoisfelder", die heute meistens "endliche Körper der Charakteristik p" [4] genannt werden. Hier soll gezeigt werden, daß die Charakteristik eines Körpers entweder Null oder eine PZ sein muß. Aus der Annahme: Charakteristik

(8) $m = m_1 \cdot m_2$ $(2 \leqslant m_1 \leqslant m_2 < m-1)$ also $m \not\equiv p$, folgt p.d. (8)

---

[1] Diese heißen dann mehrfache Lösungen.
[2] da es mod p nur p verschiedene Restklassen gibt.
[3] Hier kann z.B. auf das Buch von O. Haupt (geb. 1887): Algebra I und Algebra II verwiesen werden. Die Beweisüberlegungen sind den hier angegebenen völlig analog.
[4] wie in Abschnitt 1.3.

$$\underbrace{\bar{1} + \bar{1} + \ldots + \bar{1}}_{m \text{ Summanden}} = \bar{0}. \quad (8) \text{ ist mit } \underbrace{(\bar{1} + \bar{1} + \ldots + \bar{1})}_{m_1 \text{ Summanden}} +$$

$$\underbrace{(\bar{1} + \bar{1} + \ldots + \bar{1})}_{m_1 \text{ Summanden}} + \ldots + \underbrace{(\bar{1} + \bar{1} + \ldots + \bar{1})}_{m_1 \text{ Summanden}} = \bar{0} =$$

$$\underbrace{(\bar{1} + \bar{1} + \ldots + \bar{1})}_{m_1 \text{ Summanden}} \cdot \underbrace{(\bar{1} + \bar{1} + \ldots + \bar{1})}_{m_2 \text{ Summanden}} = \alpha \cdot \beta \quad \text{gleichbedeutend. Da n.V.}$$

$\alpha \neq \bar{0}$, $\beta \neq \bar{0}$, so wäre $\bar{0} = \alpha \cdot \beta$, was dem in jedem Körper gültigen Nullteilergesetz widerspricht[1]. q.e.a.

Aus (I_{21}) wissen wir, daß für alle Elemente aus $\{\bar{\nu}\}_p$ gilt

$(\bar{\nu})^{p-1} - 1 \equiv 0(p)$. Nach $(II_{14}{}^{(1)})$ ist demnach

(9) $\quad$ (9) $x^{p-1} - 1 \equiv (x-1)(x-2) \ldots (x-(p-1))(p)$, wobei aus (9) sehr rasch

Übg.(15.) (Übung !) der Satz von Wilson (I_{21}) folgt[2]. Wird die rechte Seite von

(9) ausmultipliziert und werden die Lösungen $x_1, x_2, \ldots, x_{p-1}$

genannt, so erhalten wir

$$x^{p-1} - 1 \equiv x^{p-1} - (\sum_{n=1}^{p-1} x_n)\, x^{p-2} + (\sum_{n \neq m} x_n x_m) \cdot x^{p-3} - (\sum_{q \neq n \neq m \neq q} x_n x_m x_q) x^{p-4} \pm \ldots + \prod_{n=1}^{p-1} x_n \pmod p).$$

In der

D $\quad$ Algebra werden die Koeffizienten der verschiedenen Potenzen von x bekanntlich als "elementarsymmetrische Funktionen der Lösungen" bezeichnet.

$(II_{14}{}^{(4)})$ Wegen der linken Seite von (9) erhalten wir dann den Satz $(II_{14}{}^{(4)})$:

Die elementarsymmetrischen Funktionen der Elemente aus $\{\bar{\nu}\}_p$ sind

sämtlich kongruent Null mod p bis auf $\prod_{l=1}^{p-1} \bar{\nu}_l \equiv -1(p)$ (Satz von

Wilson).

Beispiel: $p = 5$; $1 + 2 + 3 + 4 \equiv 0(5)$,
$1 \cdot 2 + 1 \cdot 3 + 1 \cdot 4 + 2 \cdot 3 + 2 \cdot 4 + 3 \cdot 4 \equiv 0(5)$,
$1 \cdot 2 \cdot 3 + 1 \cdot 2 \cdot 4 + 1 \cdot 3 \cdot 4 + 2 \cdot 3 \cdot 4 \equiv 0(5)$, $1 \cdot 2 \cdot 3 \cdot 4 = 24 \equiv -1(5)$.

Aus dem Satz von Wilson: $(p-1)! \equiv -1(p)$ läßt sich durch eine einfache Rechnung für $p \equiv 1(4)$ zeigen, daß (-1) quadratischer Rest mod p ist.
Mit $(p = 4k + 1) \Rightarrow (4k = p - 1)$ wird $(p - 1)! = 1 \cdot 2 \cdot \ldots \cdot (\frac{p-1}{2}) \cdot$

$(\frac{p+1}{2}) \cdot \ldots \cdot (p-1) \equiv 1 \cdot 2 \cdot \ldots \cdot (\frac{p-1}{2}) \cdot (-(\frac{p-1}{2})) \cdot (-(\frac{p-3}{2})) \cdot \ldots \cdot (-2) \cdot (-1) \equiv$

$(1 \cdot 2 \cdot 3 \cdot \ldots \cdot (\frac{p-1}{2}))^2 \cdot (-1)^{\frac{p-1}{2}} = ((\frac{p-1}{2})!)^2 \cdot (-1)^{2k} = ((\frac{p-1}{2})!)^2 \equiv -1(p)$

---

[1] nach Abschnitt 1.1.

[2] Dieser Satz soll erstmals von dem Engländer E. Waring (1734 bis 1798) bewiesen worden sein und findet sich im Nachlaß von Leibniz.

und für $(\frac{p-1}{2})! \equiv x_0(p)$ haben wir $x_0^2 \equiv -1(p)$ $(p = 4k + 1)$. Nach

(II_7) ist $x_0 = \pm \frac{a}{b}$ mit $0 < a < r_1,\ 0 < b < r_2,\ 1 < r_1 < p,$

$1 < r_2 < p,\ r_1 \cdot r_2 > p$. Wir wählen $r = r_1 = r_2 = [\sqrt{p}] + 1$, es gilt

also m.a.W. $r-1 < \sqrt{p} < r$ und wegen $(x_0 = \pm\frac{a}{b}) \Leftrightarrow (bx_0 \equiv \pm a(p)) \Rightarrow$

$(b^2 x_0^2 \equiv a^2(p)) \Rightarrow (-b^2 \equiv a^2(p)) \Leftrightarrow (a^2 + b^2 \equiv 0(p))$ die Kongruenz

$a^2 + b^2 \equiv 0(p)$. Weiter war n.V. $(1 \leqslant a \leqslant r-1,\ 1 \leqslant b \leqslant r-1) \Rightarrow$

$(a^2 + b^2 < 2p)$ und $a^2 + b^2 \equiv 0(p)$ führt zu $a^2 + b^2 = p$ [1].

$(II_{15}^{(1)})$ So erhalten wir den Satz $(II_{15}^{(1)})$: Jedes p mit p PZ und $p \equiv 1(4)$

läßt sich als Summe $a^2 + b^2$ schreiben, wobei $0 \neq a \cdot b$, a und b

positiv in $\mathfrak{Z}$ und $(a, b) = 1$ [2] gilt. Für solche p ist demnach

$p = (a + ib)(a - ib) = \alpha \cdot \overline{\alpha}$ mit $\alpha \in \mathfrak{Z}^*$ und $N(\alpha) = p$; α und $\overline{\alpha}$ haben

daher nach $(II_8^{(1)})$ in $\mathfrak{Z}^*$ Primzahlcharakter. Die zu ihnen äquivalenten

Zahlen sind $-b + ia,\ -a - ib,\ b - ia$ resp. $b + ia,\ -a + ib,$

$-b - ia$. Da $(a, b) = 1$ und $a \cdot b \neq 1$ [3], ferner $a \neq b$, sind $a + ib$

$(II_{15}^{(2)})$ und $a - ib$ zwei verschiedene PZ^{en} aus $\mathfrak{Z}^*$. Somit gilt $(II_{15}^{(2)})$: Ist

p eine PZ aus $\mathfrak{Z}$ mit $p \equiv 1(4)$, so kann p als Produkt zweier PZ^{en} aus

$\mathfrak{Z}^*$ $(p = \alpha \cdot \overline{\alpha})$ geschrieben werden. Nun gelingt uns eine weitere Ana-

lyse der PZ^{en} π_ν . Wir wissen bereits, daß $\zeta = p \equiv 3(4)$ in $\mathfrak{Z}^*$

Primzahlcharakter besitzt (damit auch $-p$, $\pm ip$, die zu p äquivalent

sind). Weitere π_ν sind $\pi_1 = 1 + i$ (äquivalent: $-1+i,\ -1-i,\ 1-i$);

$\pi_2 = 2 + i$ (äquivalent: $-1+2i,\ -2-i,\ 1-2i$), $\pi_3 = 1 + 2i$ (äquivalent:

$-2+i,\ -1-2i,\ 2-i$), $\pi_4 = 3$ [4], $\pi_5 = 3 + 2i$ (äquivalent: $-2+3i,\ -3-2i,$

$2-3i$), $\pi_6 = 2 + 3i$ (äquivalent: $-3+2i,\ -2-3i,\ 3-2i$), wenn die π_ν nach

$N(\pi_\nu)$ - und für die gleiche Norm nach dem $\arg \pi_\nu$ - geordnet werden. Bereits

in Abschnitt 2.1. haben wir für zwei beliebige komplexe Zahlen ξ_1 und ξ_2

(10) die Formel (10) $\overline{\xi_1 \cdot \xi_2} = \overline{\xi_1} \cdot \overline{\xi_2}$ bewiesen. Bei der eben konstituierten

Anordnung der π_ν haben wir stillschweigend angenommen, daß es keine

PZ^{en} π' in $\mathfrak{Z}^*$ gibt, für die $N(\pi') \neq p_\nu$ $(p_\nu$ PZ aus $\mathfrak{Z})$ oder

$\pi' \neq p \equiv 3(4)$. Die Fälle: $\pi' = p \equiv 3(4)$ $(N(\pi') = p^2)$ sind bereits

behandelt. Wir gehen daher jetzt von einem $\pi' = a + ib$ mit $a \cdot b \neq 0$,

$(a, b) = 1$ aus [5], betrachten also PZ^{en} aus $\mathfrak{Z}^*$, deren Real- und Imagi-

---

[1] da $a^2 + b^2 \neq 0$

[2] $1 < d = (a, b)$ würde zu d/p führen; c.i.p.

[3] $a = b = 1$ widerspricht $p \equiv 1(4)$.

[4] Für $\zeta = p \equiv 3(4)$ lassen wir die äquivalenten weg.

[5] $1 < d = (a,b)$ würde mit $d \in \mathfrak{Z}$, $d \in \mathfrak{Z}^*$ zu d/π' führen; c.i.p.

närteil nicht verschwindet. Nach $(II_{10}^{(2)})$ gilt mit $p/N(\pi')$ $\overset{\text{Def.}}{\Leftrightarrow}$

$p/(a^2 + b^2)$ stets $p = 2$ oder $p = 4k + 1$. Für $N(\pi') = a^2 + b^2 = 2(\ldots) \equiv 0(2)$ erhalten wir $(a+ib)\cdot(a-ib) = (1+i)\cdot(1-i)\cdot(\ldots)$. Da n.V. $(a+ib)$ eine PZ in $\mathfrak{z}^*$ ist, so muß auch $(a-ib)$ eine solche sein, die von $a+ib$ verschieden ist[1]; denn wenn $a-ib = \zeta'\cdot\zeta''$, so wäre nach (10) $a + ib = \overline{\zeta'}\cdot\overline{\zeta''}$. c.i.p. Da $(1 + i)$ und $(1 - i)$ äquivalente Elemente aus $\mathfrak{z}^*$ sind sowie $(1 + i) = \pi_1$, so muß nach (II_9) $(1 + i)/(a \pm ib)$ gelten, wenn $N(a + ib) \equiv 0(2)$. Damit ist $N(\pi') \not\equiv 0(2)$, wenn π' eine von π_1 verschiedene PZ aus $\mathfrak{z}^*$ darstellt.

Für $(a, b) = 1$ und $2/(a^2 + b^2)$ folgt übrigens auch sofort durch
Übg.(16.) eine einfache Rechnung (Übung !), daß $(1 \pm i)/(a \pm ib)$.

Wäre nun schließlich $N(\pi') = a^2 + b^2$ keine PZ aus $\mathfrak{z}$ – aus $N(\pi') = a^2 + b^2 = p$ folgt $p \equiv 1(4)$, was schon mehrfach gezeigt wurde –, so ist mit $p/(a^2 + b^2)$ nach $(II_{10}^{(2)})$ und $(II_{15}^{(1)})$ $p = a'^2 + b'^2 \equiv 1(4)$, $(a', b') = 1$, $a' + ib' \in \mathfrak{z}^*$, $N(a' + ib') = p$, also $a' + ib'$ eine PZ aus $\mathfrak{z}^*$. Wegen $N(\pi') = \pi'\cdot\overline{\pi}' = a^2 + b^2 = (a'^2 + b'^2)\cdot(\ldots) = (a' + ib')\cdot(a' - ib')\cdot(\ldots)$ folgt wieder nach (II_9), daß entweder $(a' + ib')$ oder $(a' - ib')$ ein Teiler von π' sein muß (über (10)), c.i.p.; somit erhalten wir eine Aussage, die
$(II_{15}^{(3)})$ $(II_8^{(1)})$ in gewissem Sinne umgekehrt. Es gilt der Satz $(II_{15}^{(3)})$:
Ist $\pi' = a + ib$ mit $a \cdot b \neq 0$, $(a, b) = 1$ eine PZ aus $\mathfrak{z}^*$, dann gilt $N(\pi') = a^2 + b^2 = p$ mit $p \equiv 1(4)$, p PZ in $\mathfrak{z}$ oder $p = 2$ (für $\pi_1 = 1+i$). Damit ist die weiter oben statuierte Folge der π_ν tatsächlich mit dem Anfang der Folge aller π_ν identisch. Im nächsten Kapitel werden wir zeigen, daß es für $p \equiv 1(4)$ im wesentlichen nur ein Paar von Zahlen a, b in $\mathfrak{z}$ gibt, für das $p = a^2 + b^2$. Es besteht damit ein enger Zusammenhang zwischen den p_ν und den π_ν. Nach dem oben geschilderten Verfahren gehören damit zu $p \equiv 1(4)$ genau zwei π_ν und zu $p = 2$ bzw. $p \equiv 3(4)$ gehört jeweils ein π_ν.

Den Satz $(II_{10}^{(2)})$ können wir nach $(II_{15}^{(1)})$ nun auch so formulieren:

$n = a^2 + b^2$ mit $(a, b) = 1$ hat nur Primteiler der Form $1^2 + 1^2$ oder $a'^2 + b'^2$, $(a', b') = 1$, $a \in \mathfrak{M}$, $b \in \mathfrak{M}$, $a' \in \mathfrak{M}$, $b' \in \mathfrak{M}$.

Es gelingt, diesen Satz noch etwas zu verallgemeinern:
$(II_{15}^{(4)})$ $(II_{15}^{(4)})$ Ist $n = a^2 + 2b^2$ mit $(a, b) = 1$, $a \in \mathfrak{M}$, $b \in \mathfrak{M}$, so hat jeder Primteiler p von n die Form: $p = 2$ oder $p = a'^2 + 2b'^2$ mit $(a', b') = 1$.

---

[1] wie weiter oben gezeigt

Beispiel: $5^2 + 2 \cdot 4^2 = 25 + 2 \cdot 16 = 57 = 3 \cdot 19 =$
$(1^2 + 2 \cdot 1^2) \cdot (1^2 + 2 \cdot 3^2)$.

Bew.: Für $p \neq 2$, p/n ist p.d. $a^2 + 2b^2 = \lambda p$ $(\lambda \in \mathbb{Z})$.
$(p \nmid b)$ [1] $\Rightarrow (b = q_b p + r_b)$ $(1 \leqslant r_b \leqslant p-1)$. Da $p \geqslant 3$, ist weiter auch
$p \nmid a$ [2] und daher $a = q_a p + r_a$ $(1 \leqslant r_a \leqslant p-1)$. Aus $a^2 + 2b^2 = \lambda p$
ergibt sich $(r_a^2 + 2r_b^2 \equiv 0(p)) \Leftrightarrow (r_a^2 \equiv -2r_b^2(p))$. Ist nun mit
$(c, p) = 1$ c ein quadratischer Rest mod p [3], so gibt es eine Restklasse x_0 aus $\{\bar{v}\}_p$ derart, daß $x_0^2 \equiv c(p)$. Nach (II_7) wissen wir:
$(x_0 \equiv \pm \frac{a^*}{b^*} (p)) \Rightarrow (b^{*2} x_0^2 \equiv a^{*2}(p)) \Rightarrow a^{*2} - cb^{*2} \equiv 0(p))$. In der

letzten Kongruenz ist $a^{*2} < p$, $b^{*2} < p$ erreichbar, wenn nur die
Größen r_1 und r_2 aus (II_7) vermöge $r_1 = r_2 = r$, $r-1 < \sqrt{p} < r$ gewählt
sind. Ist andererseits c ein Element aus $\{\bar{v}\}_p$ und gilt für
$(b, p) = 1$ $a^2 - cb^2 \equiv 0(p) = \lambda p$ $(\lambda \in \mathbb{Z})$, so folgt aus den oben gewählten Bezeichnungen $r_a^2 - cr_b^2 \equiv 0(p)$. Da $r_b \neq 0$, hat die Kongruenz $r_a \equiv xr_b(p)$ nach (I_{20}) genau eine Lösung v_0. Damit gilt:
$(r_a \equiv v_0 r_b(p)) \Rightarrow r_a^2 \equiv v_0^2 r^2(p))$; mit $v_0^2 \equiv \mu(p)$ [4] ist demnach
$r_a^2 - \mu r_b^2 \equiv 0(p)$ oder $r_a^2 - \mu r_b^2 \equiv r_a^2 - cr_b^2(p)$. Wegen $r_b \neq 0(p)$
folgt hier $\mu = c$ oder: c ist ein quadratischer Rest mod p.

Beim Beweis von $(II_{15}^{(4)})$ ist $c = -2$ damit quadratischer Rest mod p
$(p \geqslant 3)$ und $(p, b) = 1$. Es gibt daher ein x_0, für welches
$x_0^2 \equiv -2(p)$, und aus (II_7) resultiert $(b'^2 x_0^2 \equiv a'^2(p)) \Rightarrow$
$(a'^2 + 2b'^2 \equiv 0(p))$ $(a'^2 < p, b'^2 < p)$. Da aber p.c. $a'^2 + 2b'^2 \neq 0$,
so muß $a'^2 + 2b'^2 = p$, oder $a'^2 + 2b'^2 = 2p$ gelten. Im ersten Fall
ist $(II_{15}^{(4)})$ bereits bewiesen; im zweiten Fall ist $(a' \equiv 0(2)) \Rightarrow$
$(a' = 2a'') \Rightarrow (4a''^2 + 2b'^2 = 2p) \Rightarrow (p = b'^2 + 2a''^2)$, q.e.d. [5].

Eine $(II_{15}^{(4)})$ entsprechende Aussage kann auch für $n = a^2 + 3b^2$
$(II_{15}^{(5)})$ $((a, b) = 1)$ angegeben werden. $(II_{15}^{(5)})$: Für p/n ist $p = 2$ oder

---

[1] Da $p/b \Rightarrow p/a$, c.i.p. $(a, b) = 1$.
[2] Da $p/a \Rightarrow p/b$ (wie in Fußnote 1)).
[3] Daher beschränken wir c auf die Elemente von $\{\bar{v}\}_p$.
[4] μ ist demnach quadratischer Rest mod p.
[5] Denn auch im zweiten Fall hat p die in $(II_{15}^{(4)})$ behauptete Form.

$p = 3$ (falls $3/a$, $3 \nmid b$) oder $p = \tilde{a}^2 + 3\tilde{b}^2$, $(\tilde{a}, \tilde{b}) = 1$, $\tilde{a} \in \mathfrak{Z}$, $\tilde{b} \in \mathfrak{Z}$. Bew.: Für $p > 3$ und $a^2 + 3b^2 \equiv 0(p)$ ergibt sich ganz analog wie oben $p \nmid a$, $p \nmid b$; $r_a^2 + 3r_b^2 \equiv 0(p)$ mit $(r_b, p) = 1$; daher ist -3 quadratischer Rest mod p. Nach (II_7) schließen wir wieder auf

$a'''^2 + 3b'''^2 \equiv 0(p)$ und [1] $(a'''^2 < p, b'''^2 < p) \Rightarrow$ $(a'''^2 + 3b'''^2 < 4p)$. Somit gilt eine der drei nachstehenden Gleichungen $a'''^2 + 3b'''^2 = p, \ldots = 2p, \ldots = 3p$. Gilt die erste, so ist nichts mehr zu beweisen; gilt $a'''^2 + 3b'''^2 = 3p$, so muß nach (I_2) $(a''' \equiv 0(3)) \Rightarrow (a''' = 3a^*) \Rightarrow (9a^{*2} + 3b'''^2 = 3p) \Rightarrow (p = b'''^2 + 3a^{*2})$ gefolgert werden [2]. Die Beziehung $a'''^2 + 3b'''^2 = 2p$ ist dagegen nicht möglich, da $(a'''^2 + 3b'''^2 \equiv 0(2)) \Rightarrow (a''' \equiv b''' (2))$ und sowohl $a''' \equiv b''' \equiv 0(2)$ auf $2/p$ als auch $a''' \equiv b''' \equiv 1(2)$ (durch Einsetzen) auf $2/p$ führen würde. q.e.d.

<table>
<tr><td>MSZ</td><td>Schon Euler hat sich in seiner "Vollständigen Anleitung zur Algebra" [3] mit der nach dem englischen Mathematiker J. Pell (1611 bis 1685)</td></tr>
</table>

MSZ

Schon Euler hat sich in seiner "Vollständigen Anleitung zur Algebra" [3] mit der nach dem englischen Mathematiker J. Pell (1611 bis 1685)

(11) benannten Gleichung (11) $x^2 = ay^2 + 1$ (manchmal auch $x^2 = ay^2 + 4$) beschäftigt, deren ganzzahlige Lösungen x, y aus $\mathfrak{Z}$ für verschiedene $a \in \mathfrak{Z}$ gesucht werden. Hier sollen nur einige Spezialfälle behandelt werden [4]. Für $a = g^2 + 2$ $(g \in \mathfrak{Z})$ wird für $y = \pm g$ $(x^2 = (g^2 + 2) \cdot g^2 + 1) \Rightarrow x = \pm(g^2 + 1)$. Entsprechend resultiert mit $a = g^2 - 2$: $y = \pm g$, $x = \pm(g^2 - 1)$; auch der Ansatz $y = (\pm)2g$, $x = \pm(2g^2 + 1)$ führt für $a = g^2 + 1$ zum Ziel. Eine wichtige Eigen-

(12) schaft der Lösungen von (11) enthält die Aussage (12): Hat (11) die Lösung (m_0, n_0) mit $m_0^2 = an_0^2 + 1$, so lassen sich unendlich viele weitere Lösungen konstruieren. Bew.: N.V. ist $(m_0^2 - an_0^2 = 1) \Rightarrow$ $((m_0^2 - an_0^2)^2 = 1 = m_0^4 - 2am_0^2n_0^2 + a^2n_0^4 = m_0^4 - 4am_0^2n_0^2 + a^2n_0^4 + 2am_0^2n_0^2 = (m_0^2 + an_0^2)^2 - a(2m_0n_0)^2 = 1)$; d.h. mit $m_1 = m_0^2 + an_0^2$,

---

[1] $a''' \in \mathfrak{M}$, $b''' \in \mathfrak{M}$, $a'''^2 + 3b'''^2 \neq 0$

[2] und $(II_{15}^{(5)})$ ist bestätigt.

[3] Neu herausgegeben von dem Mathematikhistoriker J.E.Hofmann (1900 bis 1973) bei Reclam 1959.

[4] Eine ausführliche Darstellung findet der Leser z.B. bei A.Scholz (1904 bis 1941) bzw. Scholz-B.Schöneberg (geb. 1906): Zahlentheorie, Sammlung Göschen Band 1131. Die Pellsche Gleichung soll übrigens auch schon im Altertum bekannt gewesen sein.

$n_1 = 2m_0 n_0$ haben wir eine neue Lösung von (11): $m_1^2 = an_1^2 + 1$. Mit (m_1, n_1) kann entsprechend weiter gerechnet werden. q.e.d.

Übg.(17.) Wie lassen sich beliebig viele Lösungen von $x^2 = 5y^2 + 1$ finden[1]?

Ein anderes Verfahren[2], das sich verallgemeinern läßt, studieren wir
(13) $\qquad$ am Beispiel der Pellschen Gleichung (13) $x^2 = 3y^2 + 1$. Wir können uns – vom trivialen Fall $y = 0$, $x = 1$ abgesehen – auf natürliche Lösungen beschränken, da mit (x, y) auch $(-x, -y)$ Lösung von (13) ist[3]. Aus (13) folgt zunächst $0 < y < x$, $y + k = x$ ($0 < k$, $k \in \mathbb{Z}$). Daraus entsteht: $(y^2 + 2ky + k^2 = 3y^2 + 1) \Rightarrow (2ky + k^2 = 2y^2 + 1)$ (woraus z.B. $k = 1 = y$, $x = 2$ folgt). Weiter ist aber auch

$(2y^2 - 2ky - (k^2 - 1) = 0)$[4] $\Rightarrow \left(y_{1,2} = \dfrac{k \pm \sqrt{3k^2 - 2}}{2}\right)$. Da $0 < y$

vorausgesetzt und $3k^2 - 2 = k^2 + 2k^2 - 2 \geqslant k^2$, können wir nur

$y_1 = \dfrac{k + \sqrt{3k^2 - 2}}{2}$ verwenden. Weiter folgt hieraus $y > k$, also

$y = k + k_1$ ($0 < k_1$, $k_1 \in \mathbb{Z}$). Damit erhalten wir aus der letzten For-

mel für y: $(2(k + k_1) = k + \sqrt{3k^2 - 2}) \Rightarrow ((k + 2k_1)^2 = 3k^2 - 2)$[5]

$(k = k_1 + \sqrt{3k_1^2 + 1})$. Da hier $\sqrt{3k_1^2 + 1}$ eine ganze Zahl sein soll, ist also wieder die Gleichung (13) zu lösen. Allerdings kennen wir außer der trivialen Lösung eine weitere, nämlich $(x = 2, y = 1)$, was $k_1 = 1$, $k = 3$ entspricht. Damit wird $y = 4$, $x = 7$ als weitere Lösung von (13) erkennbar. Mit $k_1 = 4$ können wir dann wieder in die

Formel $k = k_1 + \sqrt{3k_1^2 + 1}$ eingehen und erhalten $k = 11$, $y = 15$,

$x = 26$ als weitere Lösungen. Dieses Verfahren läßt sich entsprechend iterieren, wobei im allgemeinen Fall (11) von $x = 1$, $y = 0$ ausge- gangen werden kann und das Verfahren für andere Werte von a nur gering- fügig zu modifizieren ist.

Übg.(18.) Die Gleichungen $x^2 = y^2 + 1$ und $x^2 = y^2 + 2$ bzw. $x^2 = y^2 + 3$ haben für $y \geqslant 1$ bzw. $y \geqslant 2$ sicher keine Lösungen; sie sind nur für $y = 0$ (die ersten) und $y = 1$ (die dritte) lösbar; das gilt auch für $x^3 = y^3 + k$ mit $0 < k < 6$, $k \in \mathbb{Z}$.

---

[1] Wenn die "naheliegende" Lösung nicht erraten wird, sei auf den nachfolgenden Text verwiesen.

[2] Es geht wahrscheinlich auf Fermat zurück.

[3] Weitere triviale Lösungen folgen aus der Bemerkung weiter oben $a = g^2 + 2 = 1^2 + 2 = 3$.

[4] Die quadratische Gleichung für y wird gelöst.

[5] Die quadratische Gleichung für k wird gelöst.

Für gewisse Spezialfragen[1] ist es wichtig zu wissen, ob bestimmte
Linearkombinationen von Quadraten wieder Quadrate sein können. Dazu
Übg.(19.) kann verhältnismäßig einfach (Übung !) gezeigt werden, daß für

$(n_1, n_2) = 1$ und $k \neq 0(5)$, $5kn_1^2 + n_2^2 \neq g^2$ $(g \in \mathfrak{Z})$; ebenso gilt

mit $(n_1, n_2) = 1$ und beliebigen Elementen m und n aus $\mathfrak{Z}$ stets

$(4m + 3) n_1^2 + (4n + 3) n_2^2 \neq g^2$ $(g \in \mathfrak{Z})$.

2.3. Primitivwurzeln, Indizes, Einheitswurzeln

(1)   Nach (I_{21}) und $(II_{14}^{(2)})$ hat die Kongruenz   (1) $x^{p-1} - 1 \equiv 0(p)$
genau (p-1) Lösungen $x \equiv \nu(p)$ $(\nu = 1, \ldots, p-1)$. Ist dabei
$p - 1 = n \cdot m$, so folgt aus der in 1.1. behandelten Summendarstellung
der endlichen geometrischen Reihe mit $2 \leqslant n \leqslant m \leqslant \frac{p-1}{2}$ die Darstellung (1') $x^{p-1} - 1 = (x^n - 1)(x^{n(m-1)} + x^{n(m-2)} + \ldots + x^{n \cdot 2} + x^n + 1) \equiv$
$0(p)$. Aus $(II_{14}^{(2)})$ resultieren höchstens n Wurzeln[2] der Kongruenz

(2)   (2) $x^n - 1 \equiv 0(p)$, entsprechend höchstens n(m-1) Lösungen der Kongruenz $1 + x^n + x^{2n} + \ldots + x^{(m-1)n} \equiv 0(p)$. Nun bilden - nach (I_{20}) -
die Restklassen mod p einen Körper[3], beide Faktoren in (1') haben
daher genau n bzw. (m-1)n Lösungen (n.V. ist $p - 1 = n \cdot m =$
$(II_{16}^{(1)})$ n + (m-1)·n) , und es gilt Satz $(II_{16}^{(1)})$: Ist n/(p-1), so hat die
Kongruenz (2) genau n Lösungen.

Als Beispiel betrachten wir p = 17, p-1 = 16, n = 4. Die Kongruenz
$x^4 - 1 \equiv 0 (17)$ hat die vier Lösungen (nach $(II_{16}^{(1)})$): ± 1, ± 4, denn
$(x^4 - 1) = (x^2 - 1)(x^2 + 1) \equiv 0 (17)$ und $x^2 + 1 \equiv 0 (17)$ für
$x \equiv \pm 4 (17)$. Wegen $x^2 - 1 \equiv 0 (17)$ für $x \equiv \pm 1 (17)$ gehören die
Restklassen 1 bzw. $16 \equiv -1 (17)$ zum Exponenten 1 bzw. 2 mod 17; die
Exponenten der Restklassen ± 4 sind dagegen mod 17 gleich 4, denn e(4)
muß nach (I_{21}) ein Teiler von 16 sein, weiter ist e(4) $\leqslant$ 4 und
e(4) > 2. Es gibt also genau $2 = \varphi(4)$ Restklassen mod 17, die zum
Exponenten 4 gehören. Mit n/(p-1) fragen wir nun allgemein nach den
Restklassen mod p, die zum Exponenten n gehören. P.d. sind sie unter
den n Lösungen von (2) zu suchen. In unserem Beispiel (n = 4) durf-
ten diese nicht die Kongruenz $x^2 - 1 \equiv 0 (17)$ lösen, sie ergaben

---

[1] Wir kommen im 3. Kapitel noch auf sie zurück.
[2] Lösungen werden auch als Wurzeln bezeichnet.
[3] Es gilt das Nullteilergesetz.

sich als Lösung der Kongruenz $x^2 + 1 \equiv 0$ (17). Allgemein gilt

$(II_{16}^{(2)})$ $(II_{16}^{(2)})$: Ist $n/(p-1)$, so gibt es genau $\varphi(n)$ Restklassen mod p, die mod p zum Exponenten n gehören. Der Beweis dieses Satzes ist etwas langwierig. Mit $p - 1 = p_{(1)}^{k_1} \cdot p_{(2)}^{k_2} \cdot \ldots \cdot p_{(1)}^{k_1}$ unterscheiden wir die

Fälle α): $n = p_{(1)}^{e_1}$ $(1 \leqslant e_1 \leqslant k_1)$ [1]) und β): $n = p_{(1)}^{e_1} \cdot p_{(2)}^{e_2} \cdot \ldots \cdot p_{(1)}^{e_1}$, wobei $0 \leqslant e_s \leqslant k_s$ (s = 1, 2, ..., 1) und mindestens zwei der Exponenten ungleich Null sind. Im Falle α) bezeichne ξ eine Lösung von (2), dann erhalten wir $\xi^{(p_{(1)}^{e_1})} - 1 \equiv 0(p)$. Gehört nun ξ nicht zum Exponenten n, so muß nach (I_{21}) $e(\xi)$ ein Teiler von $p_{(1)}^{e_1}$ sein, folglich gilt $e(\xi) = p_{(1)}^{e_1'}$ $(e_1' < e_1 \leqslant k_1)$ und weiter

$$\xi^{(p_{(1)}^{e_1-1})} = \xi^{(p_{(1)}^{e_1'+(e_1-e_1')-1})} = \xi^{(p_{(1)}^{e_1'}) \cdot p_{(1)}^{e_1-e_1'-1}} \overset{n.V.}{\equiv} 1(p),$$

da $e_1 - e_1' - 1 \geqslant 0$. Damit löst eine Restklasse mod p, die nicht zum Exponenten $p_{(1)}^{e_1}$ gehört, sich aber außerdem unter den Lösungen der Kongruenz $x^{(p_{(1)}^{e_1})} - 1 \equiv 0(p)$ findet, die Kongruenz $x^{(p_{(1)}^{e_1-1})} - 1 \equiv 0(p)$. Nach $(II_{14}^{(2)})$ und $(II_{16}^{(1)})$ sind demnach die ξ aus $\{\bar{\nu}\}_p$, welche zu $p_{(1)}^{e_1}$ als Exponenten mod p gehören, genau die Lösungen der Kongruenz

$$\frac{x^{(p_{(1)}^{e_1})} - 1}{x^{(p_{(1)}^{e_1-1})} - 1} = x^{(p_{(1)}-1) \cdot p_{(1)}^{e_1-1}} + x^{(p_{(1)}-2) \cdot p_{(1)}^{e_1-1}} + \ldots +$$

$x^{(p_{(1)}^{e_1-1})} + 1 \equiv 0(p)$. Da aber[2] $x^{(p_{(1)}^{e_1})} - 1 \equiv 0(p)$ genau $p_{(1)}^{e_1-1}$

Lösungen besitzt und $x^{(p_{(1)}^{e_1-1})} - 1 \equiv 0(p)$ genau $p_{(1)}^{e_1-1}$ Lösungen aufweist, so gibt es $p_{(1)}^{e_1} - p_{(1)}^{e_1-1} = \varphi(p_{(1)}^{e_1}) = \varphi(n)$ Restklassen mod p, die zum Exponenten $p_{(1)}^{e_1}$ gehören. $(II_{16}^{(2)})$ ist damit im Falle α) bewiesen.

---

[1]) O.B.d.A. ist hier der erste Primfaktor von (p-1) gewählt.

[2]) nach $(II_{14}^{(2)})$ und $(II_{16}^{(1)})$

In unserem Beispiel ($p = 17$, $p_{(1)} = 2$) gehören damit zu 4 resp. 8 resp. 16 als Exponenten mod 17 genau die Lösungen von $(x^2 + 1) \equiv 0(17)$ resp. $(x^4 + 1) \equiv 0(17)$ resp. $(x^8 + 1) \equiv 0(17)$. Um die Lösungen der letztgenannten Kongruenz zu bestimmen, ist es praktikabler, die Lösungen von $(x^8 - 1) \equiv 0(17)$ zu suchen, da (1) für $p = 17$ in $(x^8 - 1) \cdot (x^8 + 1) \equiv 0(17)$ zerlegt werden kann, und außerdem $x^8 - 1 = (x^4 - 1)(x^4 + 1) = (x^2 - 1)(x^2 + 1)(x^4 + 1) \equiv 0(17)$ gilt.

Übg.(20.) Als Lösung (Übung !) ergeben sich $x_{1,2} \equiv \pm1(17)$, $x_{3,4} \equiv \pm4(17)$, $x_{5,6} \equiv \pm2(17)$, $x_{7,8} \equiv \pm8(17)$; damit gehören mod 17 zum Exponenten 16 die Restklassen: $\pm3(17)$, $\pm5(17)$, $\pm6(17)$, $\pm7(17)$.

Übg.(21.) Welcher Kongruenz genügen die Restklassen mod 257, die mod 257 zum Exponenten 32 gehören?

Für den Beweis des Falles β) nehmen wir zunächst an[1], daß es eine zu n[2] gehörende Restklasse η mod p gibt. Mit $\eta^n - 1 \equiv 0(p)$ sind dann sicher wegen $(\eta^l)^n = (\eta^n)^l$ und $(\eta^l)^n - 1 = (\eta^n)^l - 1 \equiv 1^l - 1 \equiv 0(p)$ die zu η, η^2, ..., η^{n-1}, $\eta^n \equiv 1(p)$ gehörenden Restklassen mod p ebenfalls Lösungen von (2). Diese Restklassen als Repräsentanten der n Potenzen von η sind aber auch genau die n Lösungen von (2), denn aus $\eta^{n_1} \equiv \eta^{n_2}(p)$ mit $0 \leqslant n_1 < n_2 \leqslant n-1$ würde nach (I_{20}): $1 \equiv \eta^{(n_2-n_1)}(p)$ folgen und η hätte (c.i.p.) den Exponenten $n_2-n_1 \leqslant n-1$. In unserem Beispiel ($p = 17$, $n = 4$) gehört zum Exponenten 4 die Restklasse 4; die weiteren Lösungen sind demnach $4^2 \equiv -1(17)$, $4^3 \equiv -4 \equiv 13(17)$, $4^4 \equiv 1(17)$. Die n Potenzen η^l ($l = 0, 1, ..., n-1$) zerfallen in zwei Klassen, je nachdem der Exponent l von η^l zu n teilerfremd oder nicht relativ prim ist. Für $1 < d = (l, n) \Rightarrow l = l_1 \cdot d$, $n = n_1 d$, $n_1 < n$ gilt aber $(\eta^l)^{n_1} = \eta^{l_1 d n_1} = (\eta^n)^{l_1} \equiv 1(p)$ und η^l hat einen Exponenten $e(\eta^l)$, der $\leqslant n_1 < n$ ist. Ist dagegen $(n, l) = 1$, so sei $e(\eta^l) = n^*$, also $(\eta^l)^{n^*} \equiv 1(p)$; mit (I_{21}) folgt wegen $\eta^n \equiv 1(p)$: $n/(l \cdot n^*) \overset{(I_8)}{\Rightarrow} n/n^*$ außerdem – wieder nach (I_{21}) – mit $\eta^{nl} = \eta^{ln} \equiv 1(p)$ auch $(n^*l)/(nl)$, also n^*/n. Nach (I_6) ist demnach $n^* = n$. Damit existieren genau $\varphi(n)$ zu n gehörende Restklassen mod p, wenn es eine solche überhaupt gibt[3]. In unserem Beispiel ($p = 17$)

---

[1] Wir werden diese Annahme unabhängig von den nachfolgenden Überlegungen weiter unten als $(II_{16}^{(3)})$ beweisen.
[2] n ist der Exponent von η mod p.
[3] In der Gruppentheorie heißt dann n auch "Ordnung von η mod p".

gehörte die Restklasse 3 zum Exponenten 16. In den Potenzen 3^1,
$3^3 \equiv 10 \equiv -7(17)$, $3^5 \equiv -63 \equiv 5(17)$, $3^7 \equiv -6(17)$, $3^9 \equiv -54 \equiv -3(17)$,
$3^{11} \equiv -27 \equiv 7(17)$, $3^{13} \equiv 63 \equiv -5(17)$, $3^{15} \equiv 6(17)$ erhalten wir die
anderen zum Exponenten 16 gehörenden Restklassen mod 17.

Unter α) haben wir gezeigt, daß es für alle $n = p_{(1)}^{a_1}$ $(p_{(1)}$ ein
Primfaktor von $(p-1)$ und $n/(p-1))$ eine Restklasse gibt (genau $\varphi(n)$
verschiedene), die zum Exponenten n mod p gehört. Im Falle β) treten
in der Primfaktordarstellung von n mehrere Primfaktoren von $(p-1)$ auf.

Ist nun ξ_s eine Restklasse mod p, die mod p zum Exponenten $p_{(s)}^{e_s}$
$(p_{(s)}^{e_s} / (p-1))$ gehört, so werden wir zeigen, daß mit $\prod \xi_s \equiv \xi(p)$

in ξ eine Restklasse gewonnen werden kann, die mod p zum Exponenten
$(\prod p_{(s)}^{e_s})$ gehört.

$(II_{16}^{(3)})$ Wir beweisen die etwas allgemeinere Aussage $(II_{16}^{(3)})$: Gehört a_1 mod m
zum Exponenten c_1 [1], a_2 mod m zum Exponenten c_2 [1] und gilt außerdem
$(c_1, c_2) = 1$, so gehört mit $(a_1 \cdot a_2) \equiv a_{12}(m)$ a_{12} zum Exponenten
$c_{12} \equiv c_1 \cdot c_2$ $(\varphi(m))$. Aus $(II_{16}^{(3)})$ resultiert dann für $m = p$ der
Beweis des Falles β); hierfür werden zunächst die ersten beiden Prim-
faktorpotenzen von n betrachtet. Für ihr Produkt entnehmen wir $(II_{16}^{(3)})$
eine Restklasse, die zu diesem Produkt gehört; sie heiße ξ_1. Für die
nächste Primzahlpotenz von n (falls vorhanden) gibt es dann nach α)
wieder eine Restklasse ξ_2, die zu dieser Potenz als Exponenten gehört.
Mit $(\xi_1 \cdot \xi_2) \equiv \xi_{12}$ (p) entnehmen wir in ξ_{12} eine Restklasse, die mod p
zu dem Exponenten gehört, der sich als Produkt der drei ersten Prim-
faktorpotenzen von n ergibt. Nach endlich vielen Schritten wird so
eine Restklasse statuiert, die zum Exponenten n gehört.

Übg.(22.) Der Satz $(II_{16}^{(3)})$ läßt sich (Übung !) durch vollständige Induktion
verallgemeinern [2]: Für endlich viele Restklassen $a_1, \ldots, a_k$, die
mod m zu den paarweise relativ primen Exponenten $c_1, \ldots, c_k$ gehören,
ist $a \equiv \prod a_1(m)$ eine Restklasse, die mod m zum Exponenten
$c \equiv \prod c_1(\varphi(m))$ gehört. Für den Beweis der Aussage $(II_{16}^{(3)})$ schlies-

---

[1] Nach (I_{21}) ist $(a_1, m) = (a_2, m) = 1$.

[2] Hier ist dann wieder (I_8) wie beim Beweis von (II_6) zu verwenden.

sen wir so: n.V. gilt $a_1^{c_1} \equiv 1(m)$, $a_2^{c_2} \equiv 1(m)$ → $(a_1 \cdot a_2)^{c_1 \cdot c_2} =$

$(a_1^{c_1})^{c_2} \cdot (a_2^{c_2})^{c_1} \overset{n.V.}{\equiv} 1(m)$. Wegen (I_{21}) gilt daher

$e(a_1 \cdot a_2)/(c_1 \cdot c_2)$ [1]. Aus $(a_1 \cdot a_2)^{c_1 \cdot e(a_1 \cdot a_2)} =$

$((a_1 \cdot a_2)^{e(a_1 \cdot a_2)})^{c_1} \overset{n.V.}{\equiv} 1(m)$, also

$1 \equiv (a_1^{c_1})^{e(a_1 \cdot a_2)} \cdot a_2^{c_1 \cdot e(a_1 \cdot a_2)} \equiv a_2^{c_1 \cdot e(a_1 \cdot a_2)}$ resultiert

$c_2/(c_1 \cdot e(a_1 \cdot a_2))$ → $c_2/e(a_1 \cdot a_2)$. Völlig analog erhalten wir aus

$(a_1 \cdot a_2)^{c_2 \cdot e(a_1 \cdot a_2)} \equiv 1(m)$ die Aussage $c_1/e(a_1 \cdot a_2)$. Nach (I_8) [2]

ist dann $(c_1 \cdot c_2)/e(a_1 \cdot a_2)$ und (I_6) führt zu $e(a_1 \cdot a_2) = c_1 \cdot c_2$.

q.e.d.

In der klassischen Zahlentheorie spielen die Aussagen der Satzgruppe
(II_{16}) eine bedeutsame Rolle, außerdem bilden sie die Grundlage für
zahlreiche Betrachtungen der Gruppentheorie und deren algebraischen
Anwendungen. Wie wir sahen, gibt es $\varphi(p-1)$ Restklassen ξ mod p, die
zu (p-1) als Exponenten gehören; außerdem sind dann die Restklassen,
die kongruent ξ, ξ^2, ..., ξ^{p-1} mod p sind, genau die Elemente von
$\{\bar{\nu}\}_p$. Sämtliche Elemente dieser (nach (I_{20})) multiplikativen Gruppe
können demnach als Potenzen eines Elementes geschrieben werden. Der-
D   artige Gruppen heißen "Zyklische Gruppen", das erwähnte Element wird
D   als "Gruppenbasis" bezeichnet. In der Zahlentheorie werden Restklassen
D   mod p, die zum Exponenten (p-1) gehören, kurz "Primitivwurzeln mod p"
.   (PW(p)) oder auch "Primitivwurzeln für p" benannt.

Übg.(23.) Es sind sämtliche PW(23) zu bestimmen.

In der PZ-Tabelle im Anhang finden wir jeweils zu den einzelnen PZ[en]
die kleinste PW(p) als "kPW". So ist z.B. PW(7) = 3 mit $3^2 \equiv 2(7)$,
$3^3 \equiv 6(7)$, $3^4 \equiv 4(7)$, $3^5 \equiv 5(7)$, $3^6 \equiv 1(7)$.

Hauptsächlich algebraische Untersuchungen der letzten 150 Jahre waren
es, die auf die Frage führten, ob auch dann PW(m) definiert werden
können, wenn $m \neq p$. Aber auch vom zahlentheoretischen Standpunkt aus
ist es nicht unerheblich zu wissen, ob es Restklassen a mod m gibt,
deren Potenzen a, a^2, ..., $a^{\varphi(m)} \equiv 1(m)$ genau die Elemente aus $\{\bar{\nu}\}_m$
repräsentieren. Falls eine solche Restklasse existiert, wird sie als
D   "PW(m)" bezeichnet. In der Sprache der Gruppentheorie ist dann die

---

[1] Für $e(a_{12})$ schreiben wir $e(a_1 \cdot a_2)$ mit $a_1 \cdot a_2 \equiv a_{12}(m)$, entsprechend
wollen wir uns die Exponenten jeweils mod $\varphi(m)$ reduziert denken.

[2] wie beim Beweis von (II_6)

nach (I_{20}) resultierende multiplikative Gruppe der Elemente aus $\{\bar{v}\}_p$
zyklisch. Analog zu den weiter oben verwendeten Formulierungen werden
wir statt "a = PW(m)" auch sagen: "a gehört mod m zum Exponenten
$\varphi(m)$". Für $m = 2$ ist $PW(2) = 1$; zu $m = 4$ gehört $PW(4) = 3$, da
$3^2 \equiv 1(4)$. Mit $m = 6$ ergibt sich $PW(6) = 5$, da $5^2 \equiv 1(6)$ und
$\varphi(6) = 2$. Zu $m = 8$ läßt sich keine Primitivwurzel finden, denn wir
wissen, daß für alle k mit $k \equiv 1(2)$ bereits $k^2 \equiv 1(8)$ gilt, während doch $\varphi(8) = 4$. $PW(10) = 3$, da $3^2 \equiv 9(10)$, $3^3 \equiv 7(10)$,
$3^4 \equiv 1(10)$; $\varphi(10) = 4$. Zu $m = 12$ existiert wieder keine Primitiv-
wurzel, denn $5^2 \equiv 7^2 \equiv 11^2 \equiv 1(12)$, während $\varphi(12) = 4$.

Kurz vor seinem Tode hat Gauss im Jahre 1854 den folgenden Satz bewiesen[1]. (II_{17}): PW(m) gibt es genau dann, wenn 1. $m = 2$ oder
2. $m = 4$ oder 3. $m = p^n$ (p PZ, $p > 2$, n natürliche Zahl) oder
4. $m = 2p^n$. Die Fälle 1. und 2. haben wir durch Rechnung bestätigt;
für $n = 1$ ist 3. nach $(II_{16}^{(2)})$ bewiesen. Für den allgemeinen Beweis
setzen wir $m = p_{(1)}^{k_1} \cdot p_{(2)}^{k_2} \cdot \ldots \cdot p_{(1)}^{k_1}{}^{[2]} = \prod_{\lambda=1}^{1} p_{(\lambda)}^{k_\lambda} = \prod_{s=1}^{1} m_s$
$(m_s \cup m_{s'}$ für $s \neq s')$.

Nach Abschnitt 1.2. ist $V\left[m_1, m_2, \ldots, m_1\right] = m$, denn p.d. ist m_s
ein Teiler von $V\left[m_1, m_2, \ldots, m_1\right]$, damit aber nach (I_8) [3]
$m/V\left[m_1, \ldots, m_1\right]$ und p.d. gilt $V\left[m_1, \ldots, m_1\right]/m$, also führt (I_6)
zu $m = V\left[m_1, \ldots, m_1\right]$.

Wegen (I_{18}) folgt $\varphi(m) = \prod_{s=1}^{1} \varphi(m_s) = \prod_{\lambda=1}^{1}(p_{(\lambda)}^{k_\lambda-1}(p_{(\lambda)} - 1))$. Mit
$(a, m) = 1$ ist a fortiori $(a, m_s) = 1$ für $s = 1, \ldots, 1$, und aus
(I_{21}) ergibt sich $a^{\varphi(m_s)} \equiv 1(m_s)$; wieder resultiert nach (I_8) über
$a^L - 1 \equiv 0(m_s)$, wenn $L = V\left[\varphi(m_1), \varphi(m_2), \ldots, \varphi(m_1)\right]$ die Aussage
$a^L - 1 \equiv 0(m)$. Kommen nun in der Primfaktorzerlegung von m mindestens
zwei ungerade PZ^{en} – etwa p und p' – vor, so ist $\varphi(p^n) = p^{n-1}(p-1)$,
$\varphi(p'^{n'}) = p'^{n'-1}(p'-1)$ und $(\varphi(p^n), \varphi(p'^{n'})) > 2$. In diesem Fall ist

---

[1] Durch ein sehr langwieriges Verfahren, das heute mit neueren Methoden wesentlich vereinfacht werden kann.

[2] Die hier verwendeten Bezeichnungen stellen i.a. andere Primzahl-
potenzen dar als in der weiter oben genannten Formel für (p-1).

[3] wie beim Beweis von (II_6)

aber definitionsgemäß $L = V\left[\varphi(m_1), \varphi(m_2), \ldots, \varphi(m_l)\right] < \prod_{s=1}^{l} \varphi(m_s) =$
$\varphi(m)$, und der Exponent von a ist mod m sicher kleiner als $\varphi(m)$. Ein m,
welches eine PW(m) besitzt, darf daher in seiner Primfaktorzerlegung
höchstens eine ungerade PZ aufweisen. Ist nun $m = 2^l \cdot p^{m'}$ ($l \geqslant 2$,
$2 < p$, p PZ, $m' \geqslant 1$, $m' \in \mathbb{Z}$), so erhalten wir $\varphi(m) = 2^{l-1} \cdot (p^{m'-1}(p-1)) =$
$\varphi(2^l) \cdot \varphi(p^{m'})$ und $(\varphi(2^l), \varphi(p^{m'})) \geqslant 2$ und wieder ist $V\left[\varphi(2^l),\right.$
$\left.\varphi(p^{m'})\right] < \varphi(m)$; auch in diesem Fall können keine PW(m) auftreten.
Für $2/m$ und p/m ($p > 2$, p PZ) ist demnach nur im Falle 4. eine PW(m)
überhaupt möglich. Um zu zeigen, daß 3. oder 4. notwendig für die
Existenz von Primitivwurzeln ist, bleibt nur noch der Fall $m = 2^n$
($n \geqslant 3$), für den zu zeigen ist, daß es keine PW(m) gibt. Aus $(a, m) = 1$
ergibt sich $a = 2a' + 1 < 2^n$ und $a^2 \equiv 1(2^3) \Rightarrow a^2 = 1 + 8a''$ ($a'' \in \mathbb{Z}$).
$(a^2)^2 = a^{(2^2)} \equiv 1(2^4) \Rightarrow a^{(2^2)} = 1 + 16a'''$ ($a''' \in \mathbb{Z}$). Als I.A. können
wir daher $a^{(2^k)} \equiv 1(2^{k+2})$ ansetzen und $(a^{(2^k)})^2 = a^{(2^{k+1})} =$
$(1 + a^{(k+1)} \cdot 2^{k+2})^2 \equiv 1(2^{k+3})$ (I.B.) führt zu $a^{(a^l)} \equiv 1(2^{l+2})$
für $l = 1, 2, \ldots$. Mit $l = n-2$ ergibt sich: $a^{(2^{n-2})} \equiv 1(2^n)$
oder $a^{\frac{\varphi(2^n)}{2}} \equiv 1(2^n)$. Damit ergibt sich für $m = 2^n$ nur genau dann
eine PW(m), wenn entweder $n = 1$ oder $n = 2$. Zum Beweis von (II_{17})
müssen wir jetzt lediglich noch zeigen, daß in den Fällen 3. und 4.
tatsächlich PW(m) existieren. Wir betrachten zunächst den Fall 3. und
bemerken, daß es für $n = 1$ sicher PW(m) gibt[1]. Ist ϱ eine solche
Restklasse mod p, so lösen nach dem Beweis von $(II_{16}^{(2)})$ die zu den
Potenzen $\varrho, \varrho^2, \ldots, \varrho^{p-2}, \varrho^{p-1} \equiv 1(p)$ gehörenden Restklassen die
Kongruenz $x^{p-1} - 1 \equiv 0(p)$. Mit $\varrho^{p-1} - 1 = \Lambda \cdot p$ ($\Lambda \in \mathbb{Z}$) bilden wir
die Zahl $r = \varrho + tp$ ($\varrho \in \mathbb{Z}$, $t \in \mathbb{Z}$) und behalten uns vorläufig noch
die Wahl von t vor. Dann wird $r^{p-1} - 1 = (\varrho + tp)^{p-1} - 1 =$
$\varrho^{p-1} - 1 + (p-1)\varrho^{p-2}tp + p^2(\ldots) = \Lambda p + p^2 \cdot \varrho^{p-2} \cdot t - \varrho^{p-2}tp + p^2(\ldots) =$
$(\Lambda - \varrho^{p-2}t)p + p^2(\ldots)$ [2]. Wir wählen jetzt t so, daß
$(\Lambda - \varrho^{p-2}t) \not\equiv 0(p)$; damit soll also t gerade der Restklasse mod p
nicht angehören, die sich als Lösung der Kongruenz $\Lambda \equiv x\varrho^{p-2}(p)$
$((\varrho^{p-2}, p) = 1)$ ergibt. Damit bleiben für $0 \leqslant t \leqslant p-1$ genau $(p-1)$
Möglichkeiten zur freien Auswahl.

---

[1] Nach $(II_{16}^{(2)})$ sind $\varphi(p-1)$ solcher PW(p) existent.

[2] Hier steht $(\ldots)$ i.a. für ein anderes Element aus $\mathbb{Z}$ als vor dem
Gleichheitszeichen.

(3)   Für ein solches t gilt dann (3) $r^{p-1} = 1 + Kp + p^2 (\dots)$ mit

(3')   (3') $(K, p) = 1$. Die Beziehung (3') wird später noch wichtig sein.

(4)   Aus (3) folgt (4) $r^{p-1} - 1 = p(K + p(\dots)) = p \cdot \bar{m}$, wobei nach (I_7'') $(\bar{m}, p) = 1$ gelten muß. Mit $r^{p-1} = 1 + p \cdot \bar{m}$ betrachten wir die p^{te}, $(p^2)^{te}$, ... Potenz von $(1 + p \cdot \bar{m})$ mit $(\bar{m}, p) = 1$, ebenso die gleichen Potenzen von $(1 + p^n \cdot \bar{m})$, $(0 < n, n \in \mathfrak{Z})$. Dem binomischen Lehrsatz entnehmen wir $(1 + p^n \cdot \bar{m})^p = 1 + \binom{p}{1}p^n \bar{m} + \binom{p}{2}p^{2n} \bar{m}^2 + \dots = 1 + \bar{m}p^{n+1} + p^{2n+1} (\dots)^{1)}$. Da $2n + 1 = n + n + 1 \geqslant n + 2$ erhalten

(5)   wir (5) $(1 + p^n \cdot \bar{m})^p = 1 + \bar{m} \cdot p^{n+1}(p^{n+2})$ und aus (4) folgt $(r^{p-1})^p = (1 + Kp + p^2 L')^{p\ 2)} = (1 + Kp)^p + p^3(\dots)^{\ 1)} = 1 + Kp^2 + p^3 (\dots)^{1)} \equiv 1 + Kp^2(p^3) \Rightarrow (r^{p-1})^p \equiv 1 + Kp^2(p^3)$. Durch vollständige Induktion beweisen wir nun die Beziehung

(6)   (6) $(r^{p-1})^{p^s} \equiv 1 + Kp^{(s+1)}(p^{s+2})$ $(s = 1, 2, \dots)$. Der 1.I.S. ist soeben (für $s = 1$) geleistet worden. Die I.A. lautet $(r^{p-1})^{p^k} \equiv 1 + Kp^{k+1}(p^{k+2})$ $(k \geqslant 1) \Rightarrow (r^{p-1})^{p^k} = 1 + Kp^{p+1} + \Lambda_1 p^{k+2}$ $(\Lambda_1 \in \mathfrak{Z}) \Rightarrow ((r^{p-1})^{p^k})^p = (r^{p-1})^{p^{k+1}} = (1 + Kp^{k+1} + \Lambda_1 p^{k+2})^p = (1 + Kp^{k+1})^p + p^{k+3}(\dots)^{\ 1)} = 1 + Kp^{k+2} + p^{k+3}(\dots)^{1)} \equiv 1 + Kp^{k+2}(p^{k+3})$. q.e.d. In (6) setzen wir $s = n - 1$ und kommen

(7)   zu der Kongruenz (7) $(r^{p-1})^{p^{n-1}} = r^{\varphi(p^n)} \equiv 1 + Kp^n(p^{n+1}) \equiv 1(p^n)$. P.c. ist $(r, p) = (\varphi, p) = 1$ $((r \equiv \varphi(p)) \Rightarrow (r, p^n) = 1))$ und wir können daher nach dem Exponenten $e(r)$ mod p^n fragen. Nach (I_{21}) und (7) ist $e(r)/\varphi(p^n)$ und weiter gilt p.c. $r^{p-1} \equiv \varphi^{p-1} \equiv 1(p)$ und außerdem $r^{e(r)} = 1 + \Lambda_2 p^n$ $(\Lambda_2 \in \mathfrak{Z}) \Rightarrow r^{e(r)} \equiv 1(p)$. (I_{21}) führt daher zunächst zu $(p-1)/e(r)$ und aus $e(r)/\varphi(p^n)$ resultiert daher $e(r) = (p-1)p^{l'-1}$ $(1 \leqslant l' \leqslant n, l' \in \mathfrak{Z})$. Wäre hier $l' < n$, so folgte aus (6) $(r^{p-1})^{p^{l'-1}} \equiv 1 + Kp^{l'}(p^{l'+1}) \Rightarrow (r^{p-1})^{p^{l'-1}} = 1 + Kp^{l'} + \Lambda_3 p^{l'+1}$ $(\Lambda_3 \in \mathfrak{Z}) = r^{e(r)} = 1 + \Lambda_2 p^n \Rightarrow Kp^{l'} = p^{l'+1} \cdot (-\Lambda_3 + \Lambda_2 \cdot p^{n-l'-1})$; wegen (3') ist dies aber eine unmögliche Beziehung. q.e.a.

Damit gelten $e(r) = \varphi(p^n)$ sowie $r = PW(p^n)$ und die Restklassen, die zu den Potenzen $r^1, r^2, \dots, r^{\varphi(p^n)}$ gehören, stellen genau die Elemente von

---

1) Wieder steht hier "$(\dots)$" für ein Element aus $\mathfrak{Z}$.

2) $L' \in \mathfrak{Z}$

12 Schubart

$\{\bar{v}\}_{p^n}$ dar [1]. Damit existiert im Falle 3. mindestens eine PW(m). Für

$m = 2p^n$ betrachten wir die ungerade Zahl des Zahlenpaares $(r, r+p^n)$ und nennen diese Zahl y [2]. Mit $y \equiv 1(2)$, $y \equiv r(p^n)$ ist dann sicher $(y, m) = (y, 2 \cdot p^n) = 1$, und wieder können wir nach dem Exponenten $e(y)$ mod $2p^n$ fragen. P.c. gilt $y = r + \varepsilon_1 p^n$ [3] und n.V.

$$y^{e(y)} \equiv 1(2p^n) \Rightarrow y^{e(y)} = 1 + \Lambda_4 2p^n \ (\Lambda_4 \in \mathfrak{Z}) \Rightarrow y^{e(y)} \equiv 1(p^n) \Rightarrow$$

$$(r + \varepsilon_1 p^n)^{e(y)} = r^{e(y)} + p^n (\ldots)^{[4]} \Rightarrow r^{e(y)} \equiv 1(p^n) \overset{(I_{21})}{\Rightarrow}$$

$e(r)/e(y)$. Nach (I_{21}) ist aber außerdem $e(y)/\varphi(2p^n)$, und wegen $\varphi(2p^n) = \varphi(p^n)$ auch $e(y)/e(r)$. Aus (I_6) resultiert somit

$e(y) = e(r) = \varphi(2p^n) = \varphi(p^n)$, und auch im Falle 4. existiert mindestens eine PW(m). q.e.d.

Nun sollen die zum Beweis von (II_{17}) nötigen Betrachtungen noch etwas erweitert werden. Hierzu gehen wir von einem Element $r \in \{\bar{v}\}_{p^n}$ aus, für welches außerdem $r = PW(p^n)$. Wegen (7) ist nach (I_{21}) der Exponent $e'(r)$ von r [5] mod p sicher ein Teiler von $\varphi(p^n)$ $(e'(r)/(p-1) \cdot p^{n-1})$. Da $(r, p) = (r, p^n) = 1$ und - wieder nach (I_{21}) - $e'(r)/(p-1)$ oder

$$r^{e'(r)} = 1 + \Lambda_5 p \ (\Lambda_5 \in \mathfrak{Z}), \ (r^{e'(r)})^p = (1 + \Lambda_5 p)^p = 1 + p^2 (\ldots)^{[4]},$$

so erhalten wir durch vollständige Induktion $(r^{e'(r)})^{p^k} = 1 + p^{k+1} (\ldots)^{[4]}$ für $k = 1, 2, \ldots$ oder $(r^{e'(r)})^{p^{n-1}} = 1 + p^n (\ldots)^{[4]} \equiv 1(p^n)$. Da n.V. $r = PW(p^n)$, muß $\varphi(p^n)/(e'(r) \cdot p^{n-1}) \Rightarrow (p-1)/e'(r)$ gelten, und (I_6) entnehmen wir $e'(r) = p-1$. Zu einer PW(p^n) erhalten wir damit eine PW(p), wenn wir lediglich die Restklasse mod p bestimmen, zu der $r = PW(p^n)$ gehört.

---

[1] In der nach (I_{20}) multiplikativen Gruppe der $\{\bar{v}\}_{p^n}$ würde aus $r^s \equiv r^{s'}(p^n)$ mit $0 \leqslant s < s'$ sich ein Exponent $e(r)$ mod p^n ergeben, der kleiner als $\varphi(p^n)$ wäre.

[2] Ist $r \equiv 0(2)$, so $y = r + p^n \equiv 1(2)$; ist $r \equiv 1(2)$, so $y = r$, da dann $r + p^n \equiv 1 + 1 \equiv 0(2)$.

[3] ε_1 steht für die Zahlen Null oder Eins.

[4] "$(\ldots)$" steht für ein Element aus $\mathfrak{Z}$.

[5] Hier ist die Restklasse mod p gemeint, zu der r gehört (r ist als Restklasse mod p^n ausgewählt).

Eine $PW(p^n)$ kann daher nur aus den Restklassen gewählt werden, die zu einer $PW(p)$ führen. Beim Beweis von (II_{17}) haben wir gesehen, daß ein

$\varrho = PW(p)$ zu einer $PW(p^n)$ wird, wenn $r = \varrho + tp$, $r^{p-1} = 1 + Kp$ und $(3')$ gilt. Ist dagegen $r \equiv \varrho(p)$ und $(3')$ nicht erfüllt, gilt also

etwa $r^{p-1} = 1 + K_1 p^2$ $(K_1 \in \mathfrak{z})$, so wird[1] $(r^{p-1})^{p^{n-2}} \equiv 1(p^n)$; ein

solches r ist demnach sicher keine $PW(p^n)$. (3) und $(3')$ sind demnach auch notwendige Bedingungen dafür, daß $PW(p^n) = r$. Sind nun $\varrho_1, \varrho_2, \ldots, \varrho_{\varphi(p-1)}$ die $\varphi(p-1)$ Primitivwurzeln mod p, so haben wir weiter oben gesehen, daß durch $r = \varrho_\nu + tp$ mit

(8) $$\frac{r^{p-1} - 1}{p} \not\equiv 0(p) \quad \text{(nach (3'))}$$ sich mod p genau $(p-1)$ Werte von t

mit dieser Eigenschaft finden lassen, die über (8) zu einer $PW(p^n)$ führen. Nun suchen wir aber $PW(p^n)$, können also t die Werte $0, 1, 2, \ldots, (p^{n-1} - 1)$ durchlaufen lassen, denn $\varrho_\nu + tp \leqslant p - 1 + (p^{n-1} - 1)p = p^n - 1 < p^n$. Für r ergeben sich nach dem Multiplikationssatz somit $((\varphi(p-1)) \cdot p^{n-1})$ derartige Kombinationen; denn es ist $\varrho + tp = \varrho' + t'p$ dund, wenn $\varrho = \varrho'$, $t = t'$ [2]. Nach (8) bzw. $(3')$ fällt aber von den t-Werten zwischen 0 und $(p-1)$ bzw. zwischen p und $(2p-1)$, $\ldots$, bzw. zwischen $(p^{n-1} - p)$ und $(p^{n-1} - 1)$ jeweils genau einer weg, wenn $r = PW(p^n)$ gelten soll[3]. Damit bleiben $(p^{n-1} - p^{n-2})$ solcher t-Werte übrig, und nach dem Multiplikationssatz gibt es $\varphi(p-1) \cdot (p^{n-1} - p^{n-2}) = \varphi(p-1) \cdot p^{n-2} \cdot (p-1) \overset{p.d.}{=}$

$\varphi(p-1) \cdot \varphi(p^{n-1}) \overset{(I_{18})}{=} \varphi((p-1) \cdot p^{n-1}) \overset{p.d.}{=} \varphi(\varphi(p^n))$ verschiedene $PW(p^n)$[4]. P.d. ist übrigens $\varphi(m) \leqslant m-1 < m$, und für alle natürlichen Zahlen m $(m \geqslant 2)$ gilt $\varphi(m) < m$; mit $\varphi(m) = m_1$ ist demnach a fortiori $\varphi(m_1) < m_1 \Rightarrow \varphi(\varphi(m)) < \varphi(m)$ $(m > 1)$. Damit können wir, da p.d. $\varphi(1) = 1$ durch Iteration der φ-Funktion für beliebige m $(m > 1, m \in \mathfrak{z})$ zum Wert eins gelangen. (Z.B. $\varphi(10) = 4$, $\varphi(4) = 2$, $\varphi(2) = 1$ oder $\varphi(17) = 16$, $\varphi(16) = 8$, $\varphi(8) = 4$, $\varphi(4) = 2$, $\varphi(2) = 1$).

Beim Beweis von (II_{17}) haben wir gelernt, zu jedem $r = PW(p^n)$ genau

ein y mit $y = PW(2p^n)$ zu finden, denn für $r \neq r'$ ist auch

$r + \varepsilon_1 p^n \neq r' + \varepsilon_1' p^n$ $(r < p^n,\ r' < p^n;\ \varepsilon_1,\ \varepsilon_1'$ entweder Null oder

---

[1] wieder durch vollständige Induktion

[2] wegen $\varrho = \varrho' \Leftrightarrow t = t'$ und $\varrho \neq \varrho' \Rightarrow p/(\varrho - \varrho')$, was zu einem Widerspruch führt, wenn $\varrho + tp = \varrho' + t'p$ vorausgesetzt wird.

[3] wie beim Beweis von (II_{17}) gezeigt wurde

[4] Für $n = 1$ haben wir diese Aussage bereits in $(II_{16}^{(2)})$ erhalten.

eins). Damit gibt es mindestens so viele $PW(2p^n)$ wie es $PW(p^n)$ gibt.
Sind weiter y' und y zwei verschiedene $PW(2p^n)$ $(y' < y,\ y' \equiv y \equiv 1(2))$,
so ist zunächst sicher $y \not\equiv y'(p^n)$, da aus $y - y' \equiv O(p^n)$ sich
wegen $y < 2p^n$ auch $y = y' + p^n \equiv O(2)$ ergeben würde (c.i.p.).
y und y' liegen demnach in verschiedenen Restklassen mod p^n, und außer-
dem ist p.c. $y^{\varphi(2p^n)} = 1 + \Lambda_6 2p^n = 1 + (\Lambda_6 \cdot 2)p^n \equiv 1(p^n)$ $(\Lambda_6 \in \mathbb{Z})$;
damit gehört zu jeder $PW(2p^n)$ auch genau eine $PW(p^n)$ [1], und damit
gibt es mindestens so viele $PW(p^n)$ wie $PW(2p^n)$ existieren. Von beiden
Sorten gibt es demnach gleich viele. Die letzten Ergebnisse subsum-

(II$'_{17}$)   mieren wir dem Satz (II$'_{17}$): Für $m = p^n$ bzw. $m = 2p^n$ gibt es genau
$\varphi(\varphi(m))$ verschiedene $PW(m)$; da $\varphi(p^n) = \varphi(2p^n)$ gibt es für beide
Fälle gleich viele [2]. Außerdem ist für alle natürlichen m $(m > 1)$:
$\varphi(\varphi(m)) < \varphi(m) < m$.

Als Beispiel suchen wir eine $PW(18)$. Wegen $\varphi(18) = \varphi(9) = 6$, $\varphi(6) = 2$
gibt es genau 2 $PW(18)$, die wir über die $PW(9)$ finden können. Als
$PW(3)$ ergibt sich nur $\varrho = 2$. Mit $r = \varrho + tp$ muß $r^{p-1} = r^2$ wegen
(8) und (3') zu $\frac{r^2-1}{3} \not\equiv O(3)$ führen $(p = 3)$. $r = 2 + t \cdot 3 \Rightarrow r^2 =$
$1 + 3 \cdot (1 + 4t + 3t^2) \Rightarrow \frac{r^2-1}{3} = 1 + 4t + 3t^2$. Damit sind $t = 1$ und
$t = O$ zulässige Werte für eine $PW(9)$. Als $PW(9)$ ergeben sich also 2
und 5, während 11 und 5 die gesuchten $PW(18)$ sind. Mit diesen gilt:
$5^1 \equiv 5(18)$, $5^2 \equiv 7(18)$, $5^3 \equiv 17(18)$, $5^4 \equiv 13(18)$, $5^5 \equiv 11(18)$,
$5^6 \equiv 1(18)$, bzw. $11^1 \equiv 11(18)$, $11^2 \equiv 13(18)$, $11^3 \equiv 17(18)$, $11^4 \equiv 7(18)$,
$\boxed{11^5 \equiv 5(18)}$, $11^6 \equiv 1(18)$. Damit gibt es eine $PW(18) = a$, für die

D   eine "Exponentialkongruenz" $a^x \equiv x(18)$ lösbar ist.

Mit $a = PW(p)$ lassen sich die Elemente von $\{\bar{v}\}_p$ in der Form
$a,\ a^2,\ \ldots,\ a^{p-1} \equiv 1(p)$ darstellen. Gilt $\xi \equiv a^v(p)$, so heißt v

D   "Index von ξ zur Basis a mod p". Wegen $(\xi \equiv a^v,\ \xi' \equiv a^{v'}) \Rightarrow$
$\xi \cdot \xi' \equiv a^{v+v'} \equiv a^\mu (\bmod\ p)$ (wenn $\mu \equiv v + v'(p-1)$) gelten für die
Indizes ähnliche Gesetze, wie wir sie von den Logarithmen her kennen.

D   Dabei wird gelegentlich auch noch $(-\infty)$ als Index von p zur Basis
a mod p definiert. Damit ist zur Basis a jedem Element aus $\{v\}_p$ genau
ein Index zugeordnet, wenn $a = PW(p)$ gilt. Durch diesen Prozeß entstehen als Analogon zu den Logarithmentafeln die sogenannten "Index-

---

[1] Für $y < p^n$ ist $y = PW(p^n)$, falls $p^n < y < 2p^n$, erhalten wir als
$PW(p^n)$ entsprechend $(y-p^n)$.

[2] Für $m = 2$ und $m = 4$ gilt (II$'_{17}$) wegen $\varphi(1) = 1$ ebenfalls.

tafeln". Weiter oben haben wir explizite die Indextafeln für die Elemente $\{\bar{v}\}_{18}$ (für $a = 11$ und $a = 5$) angegeben. Für $m = 9$ ergibt sich entsprechend

N	Numerus (Restklasse)	1	2	4	5	7	8
I	Index für Basis 2	6[1]	1	2	5	4	3
I	Index für Basis 5	6[1]	5	4	1	2	3

Die kleinsten PW sind bis $p = 25409$ in der Zeitschrift "acta mathematica" (Jahrgang 1893, 1896, 1899) vertafelt. Für $p = 11$, $p = 17$, $p = 19$, $p = 23$, $p = 29$ finden sich im Anhang die Indextafeln für die jeweils kleinste PW(p). Hier soll für $p = 13$ die Indextafel bestimmt werden. Wir benötigen also eine Lösung der Kongruenz $x^{12} - 1 \equiv 0(13)$, die mod 13 zum Exponenten 12 gehört. Wegen $12 = 3 \cdot 4$ $((4, 3) = 1)$ betrachten wir nach dem Vorgang der Beweise von $(II_{16}^{(1)})$ und $(II_{16}^{(2)})$ die Kongruenzen $x^4 - 1 \equiv 0(13)$ und $x^3 - 1 \equiv 0(13)$ und suchen solche Lösungen, die zum Exponenten 4 resp. 3 gehören. Für jene muß nach unserer allgemeinen Theorie $x^2 + 1 \equiv 0(13)$ gelten, also $x_{1,2} \equiv \pm 5(13)$. Wegen $x^3 - 1 = (x-1)(x^2+x+1) \equiv 0(13)$ gilt für diese $x^2+x+1 \equiv 0(13)$, also $x_{3,4} \equiv 3, -4(13)$. Damit bilden wir $5 \cdot 3 \equiv 2(13)$, $5 \cdot (-4) \equiv 6(13)$, $(-5) \cdot 3 \equiv 11(13)$, $(-5) \cdot (-4) \equiv 7(13)$. Als PW(13) ergeben sich also die Restklassen 2, 6, 7, 11, die wir analog der Aussage von $(II_{16}^{(2)})$ auch über 2^1, $2^5 \equiv 6(13)$, $2^7 \equiv 11(13)$, $2^{11} \equiv 7(13)$ finden können [2]. Als PW(26) resultieren daraus: 7, 11, 15, 19 nach (II_{17}).

Zur kleinsten PW(13), m.a.W. zur Basis 2, gehört dann die folgende Indextafel

N	1	2	3	4	5	6	7	8	9	10	11	12	13
I	0[3]	1	4	2	9	5	11	3	8	10	7	6	$-\infty$

Diese Tafel wird manchmal auch in den folgenden Formen dargestellt.

N	0	1	2	3	4	5	6	7	8	9
0		0[3]	1	4	2	9	5	11	3	8
1	10	7	6	$-\infty$						

bzw.

I	0	1	2	3	4	5	6	7	8	9
0	1	2	4	8	3	6	12	11	9	5
1	10	7								

---

[1] Statt $\varphi(9) = 6$ wird gelegentlich auch der Index Null geschrieben.

[2] Die Exponenten sind Elemente von $\{\bar{v}\}_{12}$.

[3] oder auch 12 als Index

Aus beiden ergibt sich, daß die Exponentialkongruenz $2^x \equiv x(13)$ die Lösung $x \equiv 10(13)$ besitzt.

Für $m = 4$ gibt es sicher keine $PW(m) = a$, mit der $a^x \equiv x(4)$ eine lösbare Exponentialkongruenz wäre. Ein allgemeines Kriterium, nach dem es für konkurrierende m[1] eine $PW(m) = a$ gibt, für welche die Exponentialkongruenz $a^x \equiv x(m)$ lösbar wird, ist nicht bekannt.

Übg.(24.) Welche kleinste $PW(m)$ besitzen die Zahlen $m = 3^n$

$(n = 1, 2, \ldots)$ bzw. $m = 2 \cdot 3^n$? Für $m = 54$ soll die Indextafel für die kleinste $PW(54)$ aufgestellt werden. Gibt es eine $PW(54) = a$, für welche $a^x \equiv x(54)$ lösbar ist?

Eine gewisse Verwandtschaft mit den Primitivwurzeln besitzen die

D   "primitiven n^{te} Einheitswurzeln". Dabei ist eine komplexe Zahl $\varepsilon_\nu(n)$

D   genau dann eine "n^{te} Einheitswurzel" (n^{te} EW), wenn $\varepsilon_\nu(n)$ die Gleichung $x^n - 1 = 0$ löst. Da (II_{12}) auch im Körper der komplexen Zahlen gilt,

(9)   gibt es höchstens n solche n^{te} EW. Mit (9) $\varepsilon_\nu(n) =$ $\cos\left(\frac{2\pi\nu}{n}\right) + i \sin\left(\frac{2\pi\nu}{n}\right)$ $(\nu = 0, 1, 2, \ldots, n-1)$, gilt $\varepsilon_0(n) = 1$ und $|\varepsilon_\nu(n)| = 1$. Da die Argumente der $\varepsilon_\nu(n)$ aus (9) alle verschieden sind und außerdem nach Abschnitt 1.1. auch $(\varepsilon_\nu(n))^n =$ $\cos(2\pi\nu) + i \sin(2\pi\nu) = 1$, sind die durch (9) definierten n komplexen Zahlen $\varepsilon_\nu(n)$ genau die n n^{ten} EW. Wenn für einen natürlichen Exponenten m $(1 \leqslant m < n)$ bereits $(\varepsilon_\nu(n))^m = 1$ gilt, so wird $\varepsilon_\nu(n)$

D   eine "imprimitive n^{te} EW" genannt; ist dagegen erstmals $(\varepsilon_\nu(n))^m = 1$

D   für $m = n$, so heißt $\varepsilon_\nu(n)$ "primitive n^{te} EW" (p.n^{te} EW). Wenn in (9) $(\nu, n) = d > 1$ angenommen wird $(\nu = \nu'd, n = n'd)$, so ist nach Abschnitt 1.1. $(\varepsilon_\nu(n))^{n'} = \cos\left(\frac{2\pi\nu n'}{n}\right) + i \sin\left(\frac{2\pi\nu n'}{n}\right) =$ $\cos(2\pi\nu') + i \sin(2\pi\nu') = 1$ mit $n' < n$ und daher $\varepsilon_\nu(n)$ sicher imprimitiv. Wenn dagegen $(\nu, n) = 1$ in (9) gilt, so erhalten wir für eine natürliche Zahl m $(m < n)(\varepsilon_\nu(n))^m \overset{1.1.}{=}$ $\cos\left(\frac{2\pi\nu m}{n}\right) + i \sin\left(\frac{2\pi\nu m}{n}\right)$. Diese komplexe Zahl ist aber genau dann gleich eins, wenn $\frac{\nu m}{n}$ eine ganze rationale Zahl ist; wegen $(\nu, n) = 1$ und $m < n$ ist dies nach (I_8) aber nicht möglich. Damit gilt

$(II_{18}{}^{(1)})$ $(II_{18}{}^{(1)})$: Es gibt genau $\varphi(n)$ p.n^{te} EW $\varepsilon_\nu(n)$ in der Form $\varepsilon_\nu(n) = \cos\left(\frac{2\pi\nu}{n}\right) + i \sin\left(\frac{2\pi\nu}{n}\right)$ mit $(\nu, n) = 1$. Für "p.n^{te} EW" schreiben

D   wir auch "$\varepsilon_\pi(n)$". Mit $\varepsilon_\pi(n)$ bilden wir die n Potenzen $(\varepsilon_\pi(n))^l$ $(l=0,1,2,\ldots$ $\ldots(n-1)$[2]$)$; wegen $((\varepsilon_\pi(n))^l)^n = ((\varepsilon_\pi(n))^n)^l = 1^l$, sind diese Potenzen

---

[1] nach (II_{17})

[2] Statt $\varepsilon_\pi^0(n) = 1$ wird manchmal auch $(\varepsilon_\pi(n))^n = 1$ geschrieben.

wieder n^{te} EW. Da aus $0 \leqslant l < l' \leqslant n-1$ und $\varepsilon_\pi^l = \varepsilon_\pi^{l'} \Rightarrow 1 = \varepsilon_\pi^{(l'-l)}$ sich ε_π als imprimitiv ergäbe (c.i.p.), so sind die angegebenen n Potenzen genau die n Elemente aus (9). Das ist der Satz $(II_{18}^{(2)})$ $(II_{18}^{(2)})$: Durch Potenzbildung entstehen aus einer $\varepsilon_\pi(n)$ sämtliche $\varepsilon_\nu(n)$.

Wegen $(\varepsilon_\pi(n))^{-1} = \dfrac{1}{\varepsilon_\pi^l(n)}$ $(l = 0, \ldots, n-1)$ und $((\varepsilon_\pi(n))^{-1})^n = 1$

stellt mit der Menge $\left\{\varepsilon_\pi^l(n)\right\}$ auch die Menge $\left\{\varepsilon_\pi^{-l}(n)\right\}$ jeweils die Gesamtheit der $\varepsilon_\nu(n)$ dar [1].

Wir setzen jetzt $n = n_1 \cdot n_2$ mit $1 < n_1 < n_2 < n$ und $(n_1, n_2) = 1$. Nach $(II_5^{(2)})$ gibt es genau eine natürliche Zahl A und genau eine ganze rationale Zahl B mit (10) $An_1 + Bn_2 = 1$ $(1 \leqslant A < n_2, |B| < n_1)$.

(10)

Damit resultiert aus (9): $\arg \varepsilon_\nu(n) = \dfrac{2\pi\nu(An_1 + Bn_2)}{n_1 \cdot n_2} = \dfrac{2\pi\nu A}{n_2} + \dfrac{2\pi\nu B}{n_1}$. P.d. ist $\cos\left(\dfrac{2\pi\nu A}{n_2}\right) + i \sin\left(\dfrac{2\pi\nu A}{n_2}\right)$ eine n_2^{te} EW und $\cos\left(\dfrac{2\pi\nu B}{n_1}\right) + i \sin\left(\dfrac{2\pi\nu B}{n_1}\right)$ eine n_1^{te} EW, außerdem $\sin\left(\dfrac{2\pi\nu B}{n_1} + 2\pi\right) = \sin\left(\dfrac{2\pi\nu B}{n_1}\right)$ und $\cos\left(\dfrac{2\pi\nu B}{n_1} + 2\pi\right) = \cos\left(\dfrac{2\pi\nu B}{n_1}\right)$.

Nach Abschnitt 1.1. führt dies zu $\varepsilon_\nu(n) =$
$\left(\cos\left(\dfrac{2\pi\nu A}{n_2}\right) + i \sin\left(\dfrac{2\pi\nu A}{n_2}\right)\right) \cdot \left(\cos\left(\dfrac{2\pi\nu(B+n_1)}{n_1}\right) + i \sin\left(\dfrac{2\pi\nu(B+n_1)}{n_1}\right)\right) = \varepsilon_\sigma(n_2) \cdot \varepsilon_\varrho(n_1)$. Ist hier $(\nu, n) = 1$, also $\varepsilon_\nu(n) = \varepsilon_\pi(n)$, so folgt aus (10): $(A, n_2) = (B, n_1) = 1$ und n.V. $(\nu, n_1) = (\nu, n_2) = 1$. Nach (I_7''), (I_8') und (I_9) ist dann auch $(\nu A, n_2) = (\nu(B+n_1), n_1) = 1 = (R_{n_2}(\nu A), n_2) = (R_{n_1}(\nu\cdot(B+n_1)), n_1)$. Damit[2] sind die $\varepsilon_\varrho(n_1)$ und $\varepsilon_\sigma(n_2)$ nach $(II_{18}^{(1)})$ selbst $\varepsilon_\pi(n_1)$ bzw. $\varepsilon_\pi(n_2)$. Ist umgekehrt $(n_1, n_2) = 1$ und sind weiter $\varepsilon_\pi(n_1)$ und $\varepsilon_\pi(n_2)$ gegeben, so gilt nach $(II_{18}^{(1)})$: $\arg \varepsilon_\pi(n_1) = \dfrac{2\pi\varrho}{n_1}$, $\arg \varepsilon_\pi(n_2) = \dfrac{2\pi\sigma}{n_2}$ mit $(\varrho, n_1) = (\sigma, n_2) = 1$. Nach Abschnitt 1.1. ist dann $\arg(\varepsilon_\pi(n_1)\cdot\varepsilon_\pi(n_2)) = \dfrac{2\pi\varrho}{n_1} + \dfrac{2\pi\sigma}{n_2} = \dfrac{2\pi(\varrho n_2 + \sigma n_1)}{n_1 \cdot n_2}$. Nach (I_9') erhalten wir

---

[1] Da das Produkt zweier n^{ter} EW wieder eine solche ist, so bilden nach $(II_{18}^{(2)})$ beide Mengen die multiplikative zyklische Gruppe der n^{ten} EW.

[2] Die Argumente werden durch Hinzufügen ganzzahliger Vielfache von (2π) nicht geändert; eine entsprechende Reduktion ist daher möglich (auf $\dfrac{2\pi}{n_1} \cdot R_{n_1}(\nu(B+n_1))$ bzw. $\dfrac{2\pi}{n_2} \cdot R_{n_2}(\nu A)$).

$(\varrho \, n_2 + \sigma n_1, \; n_1 \cdot n_2) = 1$ und mit $n = n_1 \cdot n_2$ ergibt das die Aussage

$(II_{18}{}^{(3)})$ $(II_{18}{}^{(3)})$: Mit $1 < n_1 < n_2 < n$, $(n_1, n_2) = 1$, $n = n_1 \cdot n_2$ ist jede $\varepsilon_\pi(n)$ als Produkt $(\varepsilon_\pi(n_1) \cdot \varepsilon_\pi(n_2))$ darstellbar, und umgekehrt ist jedes solche Produkt eine $\varepsilon_\pi(n)$ $(n = n_1 \cdot n_2)$.

Soll demnach für $n = p_{(1)}{}^{\lambda_1} \cdot p_{(2)}{}^{\lambda_2} \cdot \ldots \cdot p_{(1)}{}^{\lambda_1}$ $(1 < \lambda_\nu,$ $\nu = 1, 2, \ldots, 1; \lambda_\nu \in \mathfrak{z})$ eine $\varepsilon_\pi(n)$ bestimmt werden, so sind jeweils nur die $\varepsilon_\pi(p_{(\nu)}{}^{\lambda_\nu})$ zu berechnen, deren Produkt dann nach entsprechender Iteration des Satzes $(II_{18}{}^{(3)})$ das gesuchte $\varepsilon_\pi(n)$ ergibt. Daher setzen wir jetzt $n = p^\lambda$ $(1 \le \lambda, \lambda \in \mathfrak{z}$, p eine PZ) und betrachten die $\varepsilon_\nu(n) = \cos\left(\dfrac{2\pi\nu}{p^\lambda}\right) + i \sin\left(\dfrac{2\pi\nu}{p^\lambda}\right)$. Ist dabei $(\nu, p^\lambda) > 1$, also $\nu = p\nu'$, so gilt nach Abschnitt 1.1.: $(\varepsilon_\nu(n))^{p^{\lambda-1}} =$ $\cos(2\pi\nu') + i \sin(2\pi\nu') = 1$. Eine imprimitive $(p^\lambda)^{te}$ EW ist demnach bereits eine $(p^{\lambda-1})^{te}$EW, und da a fortiori jede $(p^{\lambda-1})^{te}$ EW auch eine

(11) $(p^\lambda)^{te}$ EW darstellt, so sind die $\varepsilon_\pi(p^\lambda)$ Lösungen der Gleichungen (11)

$$\frac{x^{(p^\lambda)} - 1}{x^{(p^{\lambda-1})} - 1} = 1 + x^{p^{\lambda-1}} + x^{2(p^{\lambda-1})} + \ldots + x^{(p-1)p^{\lambda-1}} = 0. \text{ Das ist die}$$

$(II_{18}{}^{(4)})$ Aussage $(II_{18}{}^{(4)})$, wobei die Gleichung (11) genau $\varphi(p^\lambda)$ Lösungen hat und bei ihr keine mehrfachen Wurzeln auftreten können[1].

Als Beispiel behandeln wir den Fall $n = 36 = 2^2 \cdot 3^2$. $\varepsilon_\pi(4)$ genügt der Gleichung $x^2 + 1 = 0$ $(\varepsilon_\pi(4) = \pm\, i)$, $\varepsilon_\pi(9)$ genügt der Gleichung $x^6 + x^3 + 1 = 0$, deren Wurzeln sich als $\sqrt[3]{\xi'_1}$, $\sqrt[3]{\xi'_2}$ ergeben, wenn $\xi'_{1,2}$ Lösungen der Gleichung $x^2 + x + 1 = 0$ sind (ein $\varepsilon_\pi(9)$ ist z.B. $\cos\left(\dfrac{2\pi}{9}\right) + i \sin\left(\dfrac{2\pi}{9}\right)$).

Übg.(25.) Welchen Gleichungen genügen die Faktoren (nach $(II_{18}{}^{(3)})$) von $\varepsilon_\pi(180)$ und von $\varepsilon_\pi(360)$?

MSZ   Für die Entwicklung der modernen Algebra war u.a. die folgende Überlegung wichtig. Nach (II_{17}) gibt es für $n = p^\lambda$ $(p > 2,\ p\ PZ)$ eine

---

[1] Nach $(II_{14}{}^{(1)})$ treten dann mehrfache Wurzeln auf, wenn etwa dort $x_1 = x_2$ gilt; außerdem gibt es höchstens $\varphi(p^\lambda)$ verschiedene Lösungen nach $(II_{14}{}^{(1)})$, da diese Aussage auch im Körper der komplexen Zahlen gilt.

$PW(n) = a$ und durch a^1, a^2, ..., $a^{\varphi(p^\lambda)} \equiv 1(p^\lambda)$, sind dann sämtliche zu p relativ primen Restklassen repräsentiert. Für eine $\varepsilon_\pi(p^\lambda) =$ $\cos\left(\frac{2\pi\nu}{p^\lambda}\right) + i\sin\left(\frac{2\pi\nu}{p^\lambda}\right)$ $((\nu, p^\lambda) = (\nu, p) = 1)$ schreiben wir ξ_1 und erhalten $\arg(\xi_1{}^a) = \frac{2\pi\nu a}{p^\lambda}$ mit $(\nu a, p^\lambda) = (R_{p^\lambda}(\nu a), p^\lambda) = 1$ [1].

Es ist demnach $\xi_1{}^a = \xi_2$ wieder eine $\varepsilon_\pi(p^\lambda)$; entsprechendes gilt für $\xi_3 = \xi_2{}^a = \xi_1{}^{a^2}$, für $\xi_4 = \xi_3{}^a = \xi_1{}^{a^3}$ u.s.f.. Abel schrieb diesen Sachverhalt in der Form $\xi_2 = \Theta(\xi_1)$, $\xi_3 = \Theta(\Theta(\xi_1)) = \Theta^2(\xi_1)$, ...

Die so gebildeten $\varepsilon_\pi(p^\lambda)$ sind nach (II_{17}) alle verschieden und genügen der Gleichung (11). Dabei kann für a irgend eine der $\varphi(\varphi(p^\lambda))$ verschiedenen $PW(p^\lambda)$ gewählt werden, und jede der $\varphi(p^\lambda)$ verschiedenen $\varepsilon_\pi(p^\lambda)$ kann an die Stelle von ξ_1 treten. Die Gleichung (11) heißt in der Algebra "einfache Abelsche Gleichung" [2]. Derartige Gleichungen haben seit 1825 wesentlich zur Entwicklung der Algebra beigetragen.

2.4. Restpolynome

Die Untersuchungen der Restpolynome werden für die folgenden Abschnitte nicht benötigt, bei der Lektüre können sie daher überschlagen werden.

Sie bilden ein reizvolles und verhältnismäßig neues[3] Teilgebiet der Zahlentheorie, um das sich vor allem die amerikanischen Mathematiker L. E. Dickson (1874 bis 1954) und A. I. Kempner (geb. 1880) verdient gemacht haben.

Ein Polynom f(x) mit ganzen rationalen Koeffizienten heißt "Restpolynom mod m", wenn die Funktionswerte für alle x mit $x \in \mathfrak{Z}$ ein Vielfaches von m sind. Die zugehörige Kongruenz wird dann "Restkongruenz" genannt und $f(x) \equiv 0(m)$ geschrieben. Aus Abschnitt 1.2. wissen wir bereits, daß $x(x-1) \equiv 0(2)$, $x(x-1)(x-2) \equiv 0(6)$ [4]. Selbstverständlich interessieren nur solche Restpolynome mod m, deren

---

[1] Die Argumente können stets auf $0 \leqslant \arg < 2\pi$ reduziert werden.

[2] Ist ξ_1 eine Wurzel (Lösung), so sind sämtliche andere in der Form
$$\xi_\nu = \xi_1{}^{(a^{\nu-1})} \quad (\nu = 1, 2, ...) \quad a = PW(p^\lambda)$$ darstellbar.

[3] um 1920 entstanden

[4] Von drei aufeinander folgenden ganzen rationalen Zahlen ist mindestens eine durch 3 und mindestens eine durch 2 teilbar.

Koeffizienten nicht sämtlich kongruent Null mod m sind[1]. Restpolynome
bilden u.a. ein wichtiges Bauelement für Untersuchungen der Ganz-
wertigkeit von Polynomen mit rationalen Koeffizienten. "Ganzwertig"

D werden Polynome $f(x) = \sum\limits_{l=0}^{n} a_l x^l$, $a_l = \dfrac{r_l}{s_l}$ $(r_l \in \mathbb{Z}, s_l \in \mathbb{Z}, s_l \neq 0)$

genannt, wenn sie für alle $x_0 \in \mathbb{Z}$ ganzrationale Funktionswerte

besitzen. Mit $\mathbb{Z} \ni g = \sum\limits_{l=0}^{n} a_l x_0^l = \dfrac{\sum\limits_{l=0}^{n} r'_l x_0^l}{m}$ $(m = V[s_0, s_1, \ldots, s_l])$

ist f(x) sicher dann ganzwertig, wenn $\sum\limits_{l=0}^{n} r'_l x_0^l \equiv 0(m)$ $(r' \in \mathbb{Z})$.

Aus (I_{21}) wissen wir, daß für alle PZ^{en} p sicher $x^p - x \equiv 0(p)$ gilt.
$x^p - x$ ist damit ein Restpolynom mod p, ebenso ist auch
$f(x) \cdot (x^p - x)$ ein solches Restpolynom mod p, wenn nur f(x) für irgend-
ein Polynom mit ganzen rationalen Koeffizienten steht. Schließlich
ist dies auch der Fall, wenn wir mit zwei Polynomen Q(x) und R(x),
deren Koeffizienten zu $\mathbb{Z}$ gehören, das Polynom $pQ(x) + (x^p - x)R(x)$
bilden. Gelingt es allgemein die Restpolynome mod p^λ (p eine PZ,
$1 \leqslant \lambda$, $\lambda \in \mathbb{Z}$) zu konstruieren, so sind diese nur zu multiplizieren,
wenn nach den Restpolynomen mod m $(m = \prod p^\lambda)$ gefragt ist. Dieses Verfahren ist allerdings - wie wir noch sehen werden - nicht die ein-
fachste Methode, oft lassen sich mod m die Restpolynome auf anderem
Wege schneller bestimmen.

(1) In (1) $pf_0(x) + (x^p - x)f_1(x)$ $(f_0(x), f_1(x)$ Polynome mit Koeffizienten
aus $\mathbb{Z}$) haben wir eben bereits ein Restpolynom mod p gefunden. Damit
ist die Form der Polynome (1) sicher eine hinreichende Bedingung dafür,
daß ein Restpolynom mod p vorliegt. (1) ist aber auch eine notwendige
Bedingung, denn wenn eine Kongruenz $f(x) \equiv 0(p)$ die Lösungen
0, 1, 2, ..., p-1 besitzen soll, so muß nach $(II_{14}^{(1)})$ jeweils der
Faktor x, (x-1), ..., (x-(p-1)), also $x^p - x = x(x^{p-1} - 1)$ ausgeklammert
werden können; so entsteht $(x^p - x)f_1(x)$, und der Summand $pf_0(x)$
kann noch hinzugefügt werden.

(II_{19}) Allgemein gilt (II_{19}): Für $1 \leqslant n \leqslant p$ und $m = p^n$ $(n \in \mathbb{N})$ hat ein

(2) Restpolynom mod m genau die Form (2) $\sum\limits_{\lambda=0}^{n} p^{n-\lambda} (x^p - x)^\lambda f_\lambda(x)$ $(f_\lambda(x)$

---

[1] Im anderen Fall heißen sie "triviale Restpolynome mod m".

Polynom mit Koeffizienten aus $\mathfrak{Z}$)[1]. Für $n = 1$ ist (II_{19}) bereits

bewiesen; wegen $x_0{}^p - x_0 = \lambda_0 p$ [2] ist $p^{n-\lambda}(x_0{}^p - x_0)^{\lambda} \equiv 0(p^n)$ und

damit (2) sicher hinreichend dafür, daß ein Restpolynom mod p^n vor-

liegt. Wir beweisen (II_{19}) durch vollständige Induktion. Der 1.I.S.

ist für $n = 1$ oben bereits geleistet. Die I.A. lautet: Für

$k = 1, 2, \ldots, 1$ $(1 \leqslant n-2)$ ist gezeigt, daß $\displaystyle\sum_{\lambda=0}^{k} p^{k-\lambda}(x^p-x)^{\lambda} \cdot f_{\lambda}(x)$

eindeutig die Restpolynome mod p^k darstellt. Wir suchen nun ein Rest-

polynom mod p^{l+1}, das a fortiori auch ein Restpolynom mod p^l ist.

(3)   Nach I.A. hat es die Form (3) $\displaystyle\sum_{\lambda=0}^{l} p^{l-\lambda}(x^p-x)^{\lambda} \cdot f_{\lambda}(x)$. In

$x_0{}^p = x_0 + \lambda_0 p$ [2] schreiben wir $\lambda_0 = Z + z$, wobei zu einem beliebig

wählbaren $z \in \mathfrak{Z}$ sich stets ein $Z \in \mathfrak{Z}$ so finden läßt, daß $\lambda_0 = Z+z$

(4)   gilt. Somit gilt für alle $x \in \mathfrak{Z}$ (4) $x^p = x + Zp + zp$. Da

$\binom{p}{\nu} \equiv 0(p)$ für $\nu = 1, \ldots, p-1$ ist $(x+pz)^p$ [3] $= x^p + tp^2$ $(t \in \mathfrak{Z})$

und wegen (4) $(x+zp)^p \equiv x + zp + Zp$ (p^2), also

$((x+zp)^p - (x+zp))^{\lambda}$ [4] $= (x^p+tp^2-(x+zp))^{\lambda} = (Zp+tp^2)^{\lambda} = Z^{\lambda}p^{\lambda} + p^{\lambda+1}(\ldots)$ [5]

(5)   o.w.d.i. (5) $((x+zp)^p - (x+zp))^{\lambda} \equiv Z^{\lambda}p^{\lambda}(p^{\lambda+1})$. In (3) ersetzen wir

nun für $m = p^l$ (I.A.) x durch $(x+zp)$. Das führt zu $f(x+zp) =$

$\displaystyle\sum_{\lambda=0}^{l} p^{l-\lambda}((x+zp)^p - (x+zp))^{\lambda} \cdot f_{\lambda}(x+zp) \overset{(\text{nach } (5))}{\equiv}$

$\displaystyle\sum_{\lambda=0}^{l} p^{l-\lambda} \cdot Z^{\lambda}p^{\lambda}f_{\lambda}(x+zp)(\text{mod } p^{l+1}) \equiv p^l \sum_{\lambda=0}^{l} Z^{\lambda}f_{\lambda}(x+zp)(\text{mod } p^{l+1}).$

Da das gesuchte $f(x)$ ein Restpolynom mod p^{l+1} sein soll, muß

$\displaystyle\sum_{\lambda=0}^{l} Z^{\lambda}f_{\lambda}(x+zp) \equiv 0(p)$ gelten. Da, wie wir sahen, hier jedes Z erreich-

bar ist (in (4) muß nur z entsprechend gewählt werden) und außerdem

$f(x+zp) \equiv f(x)(\text{mod } p)$, so muß aus $f^*(Z) = \displaystyle\sum_{\lambda=0}^{l} Z^{\lambda}f_{\lambda}(x) \equiv 0(p)$

wegen $\overline{f^*(Z)} = l < n-1 < p$ [6] $f^*(Z)$ als ein Restpolynom mod p

sich ergeben, dessen sämtliche Koeffizienten (nach $(II_{14}{}^{(3)})$) kongruent

---

[1] Für $n > p$ ist (2) nur noch hinreichend, nicht mehr notwendig.

[2] nach (I_{21}), $x_0 \in \mathfrak{Z}$, $\lambda_0 \in \mathfrak{Z}$.

[3] Wenn nichts anderes gesagt, gilt hier und im folgenden stets $x \in \mathfrak{Z}$.

[4] λ eine natürliche Zahl

[5] $(\ldots)$ steht für ein Element aus $\mathfrak{Z}$.

[6] Daher wird (II_{19}) nur für $n \leqslant p$ formuliert.

Null mod p sind. Nach I.A. gilt also $f_\lambda(x) = (x^p-x)\, u_\lambda(x) + pv_\lambda(x)$
($u_\lambda(x)$, $v_\lambda(x)$ Polynome mit Koeffizienten aus $\mathbb{Z}$). Das setzen wir in

(3) ein und gelangen zu $f(x) = \sum\limits_{\lambda=0}^{l} p^{l-\lambda}\,(x^p-x)^\lambda \cdot ((x^p-x)\, u_\lambda + pv_\lambda) =$

$\sum\limits_{\lambda=0}^{l} p^{l-\lambda}(x^p-x)^{\lambda+1}\, u_\lambda + \sum\limits_{\lambda=0}^{l} p^{l+1-\lambda}(x^p-x)^\lambda\, v_\lambda$. Wegen $(x^p-x)^{\lambda+1} =$

$\lambda_0^{\,\lambda+1} \cdot p^{\lambda+1}$, und da wir ein Restpolynom mod p^{l+1} suchen, ist

$p^{l-\lambda}(x^p-x)^{\lambda+1} \equiv 0(p^{l+1})$; damit brauchen wir in der Darstellung von

$f(x)$ nur die Summe $\sum\limits_{\lambda=0}^{l} p^{l+1-\lambda}(x^p-x)^\lambda\, v_\lambda$ zu berücksichtigen; zu dieser

kann aus dem gleichen Grund noch $(x^p-x)^{l+1}\, v_{l+1}$ addiert werden.

Somit erhalten wir $f(x) = \sum\limits_{\lambda=0}^{l+1} p^{l+1-\lambda}(x^p-x)^\lambda \cdot f_\lambda(x)$, wenn statt v_λ

wieder f_λ geschrieben wird.   q.e.d.

(II_{19}) eignet sich nicht nur zur Bestimmung der allgemeinen Restpoly-
nome mod m mit $m = \prod p^\lambda$, da in (II_{19}) noch zusätzlich $\lambda \leqslant p$ gefordert wurde. Aus (2) läßt sich lediglich für solche m eine hinreichende
Bedingung für die Gestalt eines entsprechenden Restpolynoms ablesen.

Übg.(26.) Welche eindeutige Darstellung (nach (II_{19})) besitzen die Restpolynome
mod m für $m = 625$ bzw. $m = 27$ bzw. $m = 343$?

Um für ein beliebiges m das zugehörige Restpolynom zu konstruieren,
D   bedienen wir uns der "Kempner-Dickson-Restzahlen" $\mu(m)$; hier ist
$\mu(m) = g$ die kleinste natürliche Zahl, für welche $m/(g!)$. So erhalten
wir z.B. $\mu(p) = p$ (p eine PZ), $\mu(p^n) = np$ für $n \leqslant p$; für $n > p$
muß dagegen nicht $\mu(p^n) = np$ gelten, denn z.B. ist $\mu(3^3) = \mu(27) =$
9 (27/(9!)) und $\mu(3^4) = \mu(81) = 9 \neq 4 \cdot 3 = 12$ oder aber $\mu(2^l)$
für $l = 2, 3, 4, 5$ bzw. gleich $(2 \cdot 2)$, $(2 \cdot 2)$, $(3 \cdot 2)$, $(4 \cdot 2)$.
Aus Abschnitt 1.1. wissen wir, daß $\binom{k}{l} = \dfrac{k \cdot (k-1) \cdot (k-2) \cdot \ldots \cdot (k-l+1)}{l!}$

(l eine natürliche Zahl) sicher ganzzahlig ist, wenn für k ein Element
aus $\mathbb{Z}$ eingesetzt wird (denn für $k \geqslant l$ ist $\binom{k}{l}$ eine natürliche Zahl,
für $0 \leqslant k < l$ ist $\binom{k}{l} = 0$, für $k < 0$ also $k = -g$ $(g \in \mathbb{Z})$
erhalten wir p.d. $\binom{k}{l} = \dfrac{(-g)(-g-1) \cdot \ldots \cdot (-g-l+1)}{l!} =$

$\dfrac{(-1)^l(g+l-1)(g+l-2) \cdot \ldots \cdot (g)}{l!} = (-1)^l \binom{g+l-1}{l} \in \mathbb{Z}$).

D   Damit ist in $\pi(l)^{[1]} = x(x-1) \cdot \ldots \cdot (x-l+1)$ ein Polynom bestimmt,

---

[1] Nur in diesem Abschnitt steht $\pi(x)$ nicht für die im 1. Kapitel einge-
führte Anzahlfunktion der PZ^{en}, die $\leqslant x$ sind.

das für alle $x \in \mathfrak{z}$ Funktionswerte besitzt, die durch (1!) teilbar sind.
Mit den weiter oben erklärten Restzahlen $\mu(m)$ ist demnach $\pi(\mu(m))$
sicher ein Restpolynom mod m, und ebenso erhalten wir für d/m in
$\pi(\mu(d))$ ein Restpolynom mod d, woraus in $(\frac{m}{d} \cdot \pi(\mu(d)))$ sich für uns
wieder ein Restpolynom mod m ergibt. Dieser einfache Schluß führt zu
einer recht interessanten Konstellation, für die wir zunächst Beispiele angeben: 1. m = 12, d = 6, $\mu(6)$ = 3, $2 \cdot x(x-1)(x-2) \equiv 0(12)$;
2. m = 12, d = 1, $\mu(12)$ = 4, $x(x-1)(x-2)(x-3) \equiv 0(12)$; 3. m = 6, d = 2,
$3 \cdot x \cdot (x-1) \equiv 0(6)$, $3x^2 - 3x \equiv 0(6)$; 4. m = 6, d = 3, $2 \cdot x(x-1)(x-2) \equiv 0(6)$,
$2 \cdot (x^3 - 3x^2 + 2x) \equiv 0(6)$. Damit haben wir für m = 6 als ein Restpolynom
zweiten Grades das Polynom $3(x^2 - x)$ erhalten.

Zur Vorbereitung der folgenden Betrachtungen fragen wir nach der allgemeinen Form sämtlicher Restpolynome mod 6 vom Grade zwei. Sie haben
die Form $ax^2 + bx + c \equiv 0(6)$. $(a \in \mathfrak{z}$, $b \in \mathfrak{z}$, $c \in \mathfrak{z})$.

Für x = 0 ergibt sich $c \equiv 0(6)$, für x = 1 erhalten wir
$a + b \equiv 0(6)$ und für x = -1 $a-b \equiv 0(6)$. Damit können wir schließen:
$(a+b \equiv 0(6)$, $a-b \equiv 0(6)) \Rightarrow 2a \equiv 0(6) \Leftrightarrow a \equiv 0(3)$;$^{1)}$ $(a+b \equiv 0(6)$,
$a-b \equiv 0(6)) \Rightarrow 2b \equiv 0(6) \Leftrightarrow b \equiv 0(3)$;$^{1)}$ aus a = 3A, b = 3B und
$a+b \equiv 0(6)$ wird $A+B \equiv 0(2) \Leftrightarrow (A = -B+2k$ $(k \in \mathfrak{z}$)) $\Rightarrow a = -b+6k \Rightarrow$
$ax^2 + bx + c = ax^2 - ax + 6(kx+k')^{2)} = 3A(x^2 - x) + 6(\alpha x + \beta)$ $(A \in \mathfrak{z}$, $\alpha \in \mathfrak{z}$, $\beta \in \mathfrak{z})$.
Alle Restpolynome mod 6 vom Grade 2 sind demnach durch unser Beispiel
$3(x^2 - x) \equiv 0(6)$ im wesentlichen bestimmt, denn ein Summand $6(\alpha x + \beta)$
und auch der ganzzahlige Faktor A ändern nichts an der Tatsache, daß
es sich um ein Restpolynom mod 6 vom Grade 2 handelt.

Sind nun (n+1) Elemente aus $\mathfrak{z}$ durch $a_0, \ldots, a_n$ gegeben und ist
weiter $\nu!/a_\nu$ $(\nu = 0, \ldots, n)$, so ist mit $\binom{x}{\nu} = \dfrac{x(x-1) \cdot \ldots \cdot (x-\nu+1)}{\nu!}$

sicher $\sum_{\nu=0}^{n} a_\nu \binom{x}{\nu}$ ein Polynom, das nur ganzzahlige Funktionswerte

für $x \in \mathfrak{z}$ besitzt. $\sum a_\nu \binom{x}{\nu}$ läßt sich aber auch als $\sum_{\nu=0}^{n} g_\nu x^\nu$ $(g_\nu \in \mathfrak{z})$

schreiben, wobei die g_ν eindeutig durch die $\binom{x}{\nu}$ und die a_ν bestimmt
sind. Nun ist aber auch die Umkehrung dieser Aussage richtig. Es gilt

(II_{20}) (II_{20}): Mit $g_\nu \in \mathfrak{z}$ ist $\sum_{\nu=0}^{n} g_\nu x^\nu$ eindeutig als $\sum_{\nu=0}^{n} a_\nu \binom{x}{\nu}$ mit

$(\nu!/a_\nu)$ darstellbar u.v.v. .

$^{1)}$ durch Summen- bzw. Differenzbildung
$^{2)}$ Hier ist $c \equiv 0(6)$ durch $c = 6 \cdot k'$ $(k' \in \mathfrak{z}$) ersetzt.

Die (triviale) Umkehrung haben wir bereits bewiesen, die erste Aussage von (II_{20}) beweisen wir durch vollständige Induktion nach dem Grad des Polynoms mit Koeffizienten aus $\mathbb{Z}$. 1.I.S.: $n = 0$, $a_0 = g_0$, $\binom{x}{0} = 1$; $n = 1$, $a_0 = g_0$, $\binom{x}{1} = x$, $\frac{a_1}{1!} = g_1$, eine andere Darstellung kann es nicht geben, denn für $a_0 + a_1 \binom{x}{1} = g_0 + g_1 x$ folgt für $x = 0$ die Gleichung $a_0 = g_0$ und $x = 1$ ergibt $a_1 = 1! \, g_1$. 2.I.S.: a) I.A.: Für $n \leqslant k$ ist alles bewiesen; b) I.B.: In $\sum_{v=0}^{k+1} g_v x^v = g_0 + g_1 x + \ldots$

$\ldots + g_{k+1} x^{k+1}$ kann $g_{k+1} x^{k+1}$ nur vermöge $\binom{x}{k+1}$ dargestellt werden, denn die $\binom{x}{v}$ für $v = 0, 1, \ldots, k$ enthalten nur die Potenzen $x^0, x^1, \ldots, x^k$ und $\binom{x}{v}$ mit $v > k+1$ soll nach der Formulierung von (II_{20}) nicht vorkommen. Wir bilden dann

$$D(x) = \left(\sum_{v=0}^{k+1} g_v x^v \right) - g_{k+1}(k+1)! \binom{x}{k+1} \quad - \text{ genau auf diese Weise haben}$$

wir $\sum_{v=0}^{k+1} g_v x^v$ von den Summanden $g_{k+1} x^{k+1}$ befreit, und nur so läßt sich dies unter den geforderten Bedingungen bewerkstelligen – und nach I.A. ist $D(x) = \sum_{v=0}^{k} g_v' x^v$, da $\overline{D(x)} \leqslant k$; weiter ist $D(x)$, wieder der I.A. folgend, eindeutig als $\sum_{v=0}^{k} a_v' \binom{x}{v}$ $(a_v' \in \mathbb{Z}, \; v!/a_v')$ darstell-

bar. Das führt schließlich zu $\sum_{v=0}^{k+1} g_v x^v = g_{k+1} \cdot (k+1)! \binom{x}{k+1} + \sum_{v=0}^{k} a_v' \binom{x}{v} = $

$\sum_{v=0}^{k+1} a_v' \cdot \binom{x}{v}$ $(a_v' \in \mathbb{Z}, \; v!/a_v')$. q.e.d. Den Satz (II_{20}) formulieren wir mit den von uns weiter oben gegebenen Definitionen um zu der

(II_{20}') Aussage (II_{20}'): Jedes ganzzahlige Polynom $\sum_{v=0}^{n} g_v x^v$ kann

eindeutig als $\sum_{v=0}^{n} g_v^* \, \pi(v)$ geschrieben werden, wobei die g_v^* eindeutig

(6)   durch die g_v bestimmt sind u.v.v.[1]. Jetzt fragen wir, was aus (6)

$$\sum_{v=0}^{n} g_v^* \, \pi(v) = \sum_{v=0}^{n} a_v \binom{x}{v} \; (\text{mit } v!/a_v) = \sum_{v=0}^{n} g_v x^v \equiv 0(m) \quad (g_v^* \in \mathbb{Z}, \; g_v \in \mathbb{Z},$$

$a_v \in \mathbb{Z})$ folgt. So erhalten wir notwendige Bedingungen für Restpolynome mod m vom Grade n, von denen wir sogleich erkennen werden, daß sie auch hinreichende Bedingungen darstellen. Für $x = 0$ resultiert $g_0^* \equiv a_0 \equiv g_0(m)$; $x = 1$ führt zu $a_0 + a_1 \equiv 0(m) \Rightarrow a_1 \equiv 0(m)$ und

---

[1] Die Umkehrung des Satzes (II_{20}') ist wieder trivial.

mit $x = 2$ wird $a_0 + 2a_1 + \frac{2a_2}{2!} \equiv O(m) \Rightarrow a_2 \equiv O(m)$. Wird (I.A.)

schon $a_0 \equiv a_1 \equiv a_2 \equiv \ldots \equiv a_k \equiv O(m)$ angenommen, so folgt für

$x = k+1$ zunächst $\binom{x}{1} = 0$ für $1 > k+1$ und weiter nach I.A.

$a_0 + a_1 \binom{k+1}{1} + \ldots + a_k \binom{k+1}{k} + a_{k+1} \equiv O(m) \Rightarrow a_{k+1} \equiv O(m)$. q.e.d.

In (6) sind daher sämtliche a_ν Vielfache von m und außerdem (n.V.)
Übg.(27.) durch $\nu!$ teilbar. Ein völlig analoger Schluß (Übung !) führt außerdem

zu $g_0^* \equiv 1! \cdot g_1^* \equiv \ldots \equiv n! \cdot g_n^* \equiv O(m)$. Außerdem ist p.c.

$\frac{a_\nu}{\nu!} = g_\nu^*$ $(\nu = 0, 1, \ldots, n)$ wegen der Aussagen (II_{20}) und (II_{20}');

da schließlich mit $a_\nu \equiv O(m)$ sicher $\sum_{\nu=0}^{n} a_\nu \binom{x}{\nu} \equiv O(m)$, so erhalten

(II_{21})_ wir den Satz (II_{21}): Ein Restpolynom mod m vom Grade n liegt genau

dann vor, wenn $\sum_{\nu=0}^{n} g_\nu x^\nu = \sum_{\nu=0}^{n} a_\nu \binom{x}{\nu} = \sum_{\nu=0}^{n} g_\nu^* \pi(\nu)$ mit

$a_\nu = \nu! \cdot g_\nu^* \equiv O(m)$ $(\nu = 0, \ldots, n)$.

D Die ganzen rationalen Zahlen $g_\nu^* = \frac{a_\nu}{\nu!} = \frac{m\alpha_\nu}{\nu!} = A_\nu$ nannten Kempner

und Dickson aus einem noch zu erhellenden Grunde "Kettenkoeffizienten"!
D A_n wird als "Leitkoeffizient" bezeichnet. Der kleinstmögliche Grad

für ein Restpolynom mod m mit vorgegebenen Leitkoeffizienten heißt
D "Minimalgrad". Dabei kann ein $A_n \equiv O(m)$ weggelassen werden[1]. Wir

werden demnach nur solche Leitkoeffizienten - als Koeffizient der
höchsten auftretenden Potenz von x - betrachten, die inkongruent

Null mod m sind. Für den Index n gilt $g_n^* = A_n = g_n$[2], soll außerdem

$A_n = 1$ gelten, so muß p.d. $\frac{a_n}{n!} = A_n = 1$, also $a_n = n!$ erfüllt sein.
Der Minimalgrad ist damit wegen $n! \equiv O(m)$, gleich $\mu(m)$, vorausgesetzt, daß es überhaupt Restpolynome mod m mit diesen Eigenschaften
gibt. In $\pi(\mu(m))$ haben wir aber weiter oben bereits ein derartiges
$(II_{22}^{(1)})$ Restpolynom mod m kennengelernt. Das ist die Aussage $(II_{22}^{(1)})$:
Der Minimalgrad λ eines Restpolynomes mod m mit dem Leitkoeffizienten
$A_\lambda = 1$ ist $\mu(m)$.

Gilt d/m und soll der Leitkoeffizient gleich $\frac{m}{d}$ sein, so kann der

Minimalgrad n wegen $\frac{m}{d} = \frac{a_n}{n!} = \frac{m\alpha_n}{n!} \Rightarrow \frac{1}{d} = \frac{\alpha_n}{n!} \Rightarrow n! = d\alpha_n$ nicht kleiner als

---

[1] Denn $mx^l \equiv O(m)$ gilt trivialerweise, und daher sind solche Leitkoeffizienten ohne Interesse.
[2] Nur für diesen Index ist allgemein $A_n = g_n^* = g_n$.

$\mu(d)$ sein. Mit $\frac{m}{d} \cdot \pi(\mu(d))$ haben wir weiter oben ebenfalls ein Restpolynom mod m mit den geforderten Eigenschaften (Leitkoeffizient $\frac{m}{d}$, Grad $\mu(d)$) angegeben. Damit gilt $(II_{22}^{(2)})$: Der Minimalgrad eines Restpolynoms mod m mit Leitkoeffizient $\frac{m}{d}$ ist $\mu(d)$.

$(II_{22}^{(2)})$

Für $d = 1$ ergibt sich $m \cdot \pi(o) = m \cdot 1$, d.h. der Minimalgrad Null. Nun denken wir uns sämtliche Teiler d von m der Größe nach geordnet: $d_1 = 1 < d_2 < \ldots \leqslant m$ und jeweils hier zu $\frac{m}{d} \cdot \pi(\mu(d))$ gebildet. Zu $d_1 = 1$ gehört dabei $m \cdot 1 = r_1$.

Ist weiter $d_i < d_{i+s}$[1] aber $\mu(d_i) = \mu(d_{i+s})$, so wird nur $\frac{m}{d_{i+s}} \pi(\mu(d_{i+s}))$ berücksichtigt und nicht $\frac{m}{d_i} \pi(\mu(d_i)) = \frac{m}{d_i} \cdot \pi(\mu(d_{i+s}))$. Bei gleichem Grad wird also nur das Restpolynom mit kleinerem Leitkoeffizienten berücksichtigt. Die so gebildete Folge von Restpolynomen mod m $(r_1, r_2, \ldots)$ heißt "Kette der Restpolynome mod m". Die folgenden beiden Beispiele sollen diesen Begriff verdeutlichen: 1. $m = 8$; $r_1 = 8$ $(d_1 = 1)$; $d_2 = 2$, $\mu(2) = 2$, $\pi(\mu(2)) = x(x-1)$, $r_2 = 4x(x-1)$; $d_3 = 4$, $\mu(4) = 4 = \mu(8)$, also wird $r_3 = x(x-1)(x-2)(x-3)$ (wegen $\frac{8}{4} > \frac{8}{8} = 1$) $= (x^2-x)(x-2)(x-3) = (x^2-x)(x^2-5x+6) = x^4-6x^3+11 \cdot x^2-6x \equiv x^4+2x^3+3x^2+2x \, (8)$. 2. $m = 15$; $\mu(15) = \mu(5) = 5$, $\mu(3) = 3$; $r_1 = 15$, $r_2 = 5(x(x-1)(x-2)) = 5((x^2-x)(x-2)) = 5(x^3-3x^2+2x) \equiv 5x^3+10x \equiv 5x^3-5 \cdot x \, (15)$; $r_3 = x(x-1)(x-2)(x-3)(x-4) = (x^3-3x^2+2x) \cdot (x^2-7x+12) = x^5-10x^4+35x^3-50x^2+24x \equiv x^5+5x^4+5x^3-5x^2-6x \, (15)$.

D

Übg.(28.) Welche Restpolynomkette gehört zu $m = 6$ bzw. $m = 16$?

Die Glieder der Restpolynomkette mod m sind deshalb so wichtig, weil aus ihnen alle möglichen Restpolynome mod m konstruiert werden können. Das ist der Inhalt des konstitutiven Hauptsatzes über Restpolynome mod m, der von Kempner 1921 bewiesen wurde. Zu seinem Beweis benötigen wir noch folgenden Satz (II_{23}): Jedes Restpolynom P(x) mod m läßt sich als $P(x) = N \cdot Q(x)$ schreiben; dabei ist $(N, m) = 1$ und Q(x) ein Restpolynom mod m mit dem Leitkoeffizienten $\frac{m}{d}$ (d/m).

(II_{23})

---

[1] $s \geqslant 1$, $s \in \mathbb{Z}$

Ist k die Anzahl der Glieder in der Restpolynomkette mod m $\ (r_k$ gehört zu $d = m$ bzw. zum Leitkoeffizienten 1 und zum Minimalgrad $\mu(m))$, so

(II$_{24}$)   lautet der Hauptsatz (II$_{24}$): Jedes Restpolynom mod m ist als

$$\sum_{\lambda=1}^{k} r_\lambda \cdot f_\lambda(x)$$ darstellbar, wobei die $r_1, \ldots, r_k$ die Glieder der Restpolynomkette sind und die $f_\lambda(x)$ für irgendwelche ganzzahligen Polynome stehen.

Übg. (29.) Welche allgemeinste Form besitzen die Restpolynome mod 12 bzw. mod 165? Wie läßt sich das Restpolynom $x^4 - x^2 \equiv 0(12)$ aus den Gliedern der Restpolynomkette konstruieren (nach (II$_{24}$)) ?

Übg. (30.) Es ist (II$_{19}$) aus (II$_{24}$) herzuleiten.

Wir beweisen zunächst (II$_{23}$). Ist $P(x) = c \cdot x^n +$ (Glieder von geringerem als dem n^{ten} Grad), so können wir $c \not\equiv 0(m)$ annehmen. Mit $(c, m) = g$ gilt nach (I$_7$") $c = c_1 g$, $m = m_1 g$ und $(c_1, m_1) = 1$. Aus

(7)   (I$_{20}$) resultiert dann eine eindeutige Lösung L der Kongruenz (7) $c_1 x \equiv 1(m_1)$, für die $1 \leqslant L < m_1$ gilt und $(m_1, L) = 1$. Die Lösungsgesamtheit von (7) wird dann von den Zahlen $L + ym_1$ $(y \in \mathbb{Z})$ gebildet mit $(m_1, L + ym_1) = 1$ (nach (I$_7$")). Ist nun

$$m = p_{(1)}^{k_1} \cdot p_{(2)}^{k_2} \cdot \ldots \cdot p_{(l)}^{k_l}$$ und gilt $p_{(\nu)}/L$, so ist p.c. $p_{(\nu)} \nmid m_1$.

Für $\nu = 1, 2, \ldots, l$ setzen wir nun $x_\nu = \begin{cases} 0 \text{ falls } p_{(\nu)} \nmid L. \\ 1 \text{ falls } p_{(\nu)}/ L. \end{cases}$

Nach (II$_6$) hat das Simultansystem $x \equiv x_\nu(p_{(\nu)})$ mod $(p_{(1)} \cdot p_{(2)} \cdot \ldots \cdot p_{(l)})$ genau eine Lösung x_0, die wir für y in $(L + ym_1)$ einsetzen. $(L + x_0 m_1)$ ist dann durch kein $p_{(\nu)}$ teilbar, denn ist $p_{(\nu)}/L$, so muß wegen $x_0 \equiv 1(p_{(\nu)})$ auch $L + x_0 m_1 \equiv m_1(p_{(\nu)})$ gelten und p.c. ist $p_{(\nu)}$ kein Teiler von m_1 also m.a.W. $p_{(\nu)} \nmid (L + x_0 m_1)$. Im anderen Fall $(p_{(\nu)} \nmid L)$ ist $x_0 \equiv 0(p_{(\nu)})$ und $L + x_0 m_1 \equiv L(p_{(\nu)})$, also wieder $p_{(\nu)}$ kein Teiler von $(L + x_0 m_1)$.

Wegen $(p_{(\nu)}, L + x_0 m_1) = 1$ für $\nu = 1, 2, \ldots, l$ folgt aus (I$_9$):

(8)   (8) $(L + x_0 m_1, m) = 1$. Nach (I$_{20}$) erhalten wir eine eindeutige Lösung der Kongruenz $(L + x_0 m_1) \cdot x \equiv 1(m)$, die wir mit N bezeichnen

$((L + x_0 m_1) \cdot N \equiv 1(m))$ und außerdem ist $(N, m) = 1$. Dann ist p.c.

$$c \cdot (L + x_0 m_1) = g c_1 \cdot (L + x_0 m_1) \overset{(7)}{=} g(1 + \tilde{\lambda} m_1 + c_1 x_0 m_1)\ ^{1)} =$$

$$g + g\tilde{\lambda} m_1 + g c_1 x_0 m_1 \overset{\text{n.V.}}{=} g + \tilde{\lambda}_1 m\ ^{2)} \equiv g(m). \text{ Damit wird}$$

$(L + x_0 m_1) \cdot P(x) = Q(x) = g x^n +$ (Glieder von geringerem als n^{ten} Grades
in x). Dabei teilt p.d. g sicher m, wobei $g = 1$ möglich ist, und
wir erhalten wegen (8) und der Folgerung aus (8):
$N(L + x_0 m_1)\, P(x) = N \cdot Q(x) \equiv 1 \cdot P(x)(\mathrm{mod}\ m)$. Damit ist (II_{23}) bewiesen.

Zum Beweis von (II_{24}) bemerken wir zunächst, daß jedes Restpolynom
(9) mod m sicher in der Form (9) $mq(x) + R(x)$ geschrieben werden kann,
wenn nur R(x) wieder ein Restpolynom mod m ist und q(x) Koeffizienten
(als Polynom) aus $\mathfrak{z}$ aufweist; wegen $r_1 = m$ ist damit in der Darstellung aus (II_{24}) sicher der Summand $(r_1 f_1(x))$ vorhanden$^{3)}$, allerdings
ist dieser Summand (wegen $m \equiv 0(m)$) unwesentlich. Daher können wir –
vom trivialen Fall abgesehen – davon ausgehen, daß nicht sämtliche
Koeffizienten von R(x) in (9) kongruent Null mod m sind. Ist nun
$\overline{R(x)} = n$, so gilt nach (II_{23}) $R(x) = N \cdot Q(x)$ mit $(N, m) = 1$, und wir
haben nach (9) angenommen, daß der Leitkoeffizient von R(x) sicher in-
kongruent Null mod m ist$^{4)}$. Nach (II_{23}) ist also $R(x) = N \cdot Q(x) =$
$N \cdot (\frac{m}{d} x^n +$ (Glieder von geringerem als n^{ten} Grades in x)) mit $d > 1$,
d/m. Für $R(x) = N \cdot Q(x)$ ist schließlich noch zu zeigen, daß es in
der Form $\sum\limits_{\lambda=2}^{k} r_\lambda f_\lambda(x)$ dargestellt werden kann. Mit $\overline{Q(x)} = n$ und

$Q(x) = \frac{m}{d} x^n + \dots$ sei d_M der größte Teiler von m, für den
$\mu(d) = \mu(d_M)$; dann ist p.d. $\pi(\mu(d)) = \pi(\mu(d_M))$ und $\frac{m}{d_M} \cdot \pi(\mu(d_M))$
hat den Leitkoeffizienten $\frac{m}{d_M}$ und ist ein Restpolynom mod m vom Grade
$\mu(d_M) = \mu(d)$. In $\frac{m}{d_M} \cdot \pi(\mu(d_M)) \cdot x^{n - \mu(d_M)}$ erhalten wir dann ein Restpolynom mod m vom Grade n und mit dem Leitkoeffizienten $\frac{m}{d_M}$. Wir wer-
den weiter unten beweisen, daß es stets eine natürliche Zahl S gibt,
mit $\frac{m}{d_M} \cdot S = \frac{m}{d}$, wenn außerdem noch $\mu(d_M) = \mu(d)$ gilt. (d/m, d_M/m,
$d < d_M$). Mit diesem S ist dann schließlich
$(Q(x) - S \frac{m}{d_M} \cdot \pi(\mu(d_M)) \cdot x^{n - \mu(d_M)})$ ein Restpolynom mod m, in dem nur

---

$^{1)}$ $\tilde{\lambda} \in \mathfrak{z}$
$^{2)}$ $\tilde{\lambda}_1 \in \mathfrak{z}$
$^{3)}$ für jedes Restpolynom mod m
$^{4)}$ Sonst wäre er in (9) im Summanden $m \cdot q(x)$ angegeben.

noch Potenzen von x auftreten, deren Grad höchstens gleich $(n-1)$ ist [1].
Nach diesem Verfahren können wir sukzessive $Q(x)$ abbauen, und kommen
spätestens nach n Schritten für $Q(x)$ – damit auch für $R(x)$ – auf eine
Form, wie sie in (II_{24}) angegeben ist. Die $\frac{m}{d_M}\pi(\mu(d_M))$ sind daher
die r_1 aus der Restpolynomkette mod m, während $S \cdot x^{n-\mu(d_M)}$ als Summand in die $f_\lambda(x)$ eingeht. (II_{24}) ist demnach bewiesen, wenn die
Existenz der oben genannten natürlichen Zahl S bestätigt werden kann.
Wir betrachten zunächst das Beispiel: $m = 24$, $d = 3$, $\mu(3) = 3$,
$\mu(d_M) = \mu(6) = 3$; hier ist $\frac{m}{d} = 8$, $\frac{m}{d_M} = 4$, $S = 2$. Für die allgemeine

(10)   Beweisführung setzen wir (10) $(\frac{m}{d}, \frac{m}{d_M}) = \varrho \overset{(I_7)}{=} A\frac{m}{d_M} + B\frac{m}{d}$. Wegen

$\mu(d) = \mu(d_M)$ und (10) ist $\varrho\pi(\mu(d_M))$ sicher ein Restpolynom mod m
mit dem Leitkoeffizienten ϱ . Wenn nun $\varrho \cdot \varrho' = \frac{m}{d_M}$ $(\varrho \in \mathfrak{Z}$, $\varrho' \in \mathfrak{Z}$,
$\varrho > 1$, $\varrho' \geqslant 1)$, also $\varrho = \frac{m}{\varrho' d_M}$, so ist p.c. auch ϱ/m, ϱ'/m,
$(\varrho' d_M)/m$ und aus $(II_{22}{}^{(2)})$ resultiert $\mu(\varrho' d_M)$ als Minimalgrad eines
Restpolynoms mod m mit dem Leitkoeffizienten ϱ . In $\varrho \cdot \pi(\mu(d_M))$
haben wir aber eben ein Restpolynom mod m erhalten, das den Leitkoeffizienten ϱ besitzt und vom Grade $\mu(d_M) = \mu(d)$ ist. P.d. gilt
daher $\mu(\varrho' d_M) \leqslant \mu(d_M)$.

Weiter ist aber auch p.d. $\mu(\varrho' d_M)$ die kleinste natürliche Zahl g'
für die $(g')! \equiv O(\varrho' d_M)$ o.m.a.W. $(g')! \equiv O(d_M)$. Die kleinste
natürliche Zahl g_1, für die $(g_1)! \equiv O(d_M)$ genügt daher der Beziehung
$g_1 \leqslant g'$ o.w.d.i. $\mu(d_M) \leqslant \mu(\varrho' d_M)$. Es ist also $\mu(\varrho' d_M) = \mu(d_M)$ und
da n.V. d_M der größte Teiler von m war, für den $\mu(d) = \mu(d_M)$ galt,
muß $\varrho' = 1$ sein bzw. $\varrho = \frac{m}{d_M} = (\frac{m}{d}, \frac{m}{d_M}) \Leftrightarrow \frac{m}{d} = S \cdot \frac{m}{d_M}$ (S eine natürliche Zahl). q.e.d.

Nach diesem Beweis können wir die Betrachtung der Restpolynome mod m
abschließen, da alle wesentlichen Eigenschaften dieser Funktionen[2]
aus den hergeleiteten Sätzen folgen.

----

[1] Die Differenz zweier Restpolynome mod m ist sicher p.c. wieder ein
Restpolynom mod m.
[2] Sie bilden übrigens im Ring der ganzzahligen Polynome nach (II_{24})
unter Verwendung von $(II_3{}')$ ein Ideal.

3. Weitere Ergebnisse und Ausbau der klassischen Zahlentheorie

3.1. n-te Potenzreste

Bereits in Abschnitt 2.2. sind wir auf quadratische Reste gestoßen. Wir
D   verallgemeinern diesen Begriff und definieren: Ist die Kongruenz
$x^n \equiv a(m)$ lösbar (nicht lösbar), so heißt a n-ter Potenzrest
(n-ter Potenznichtrest) mod m. Mit dieser Nomenklatur ist nach (I_{21})
für jedes m sicher 1 ein $\varphi(m)$-ter Potenzrest, außerdem auch 0, da
$0^{\varphi(m)} \equiv 0(m)$. Zunächst untersuchen wir den Spezialfall m = p (p PZ)
(1)   und fragen nach der Lösbarkeit der Kongruenz (1) $x^n \equiv a(p)$. Wegen
$(II_{16}{}^{(1)})$ ist dann sicher a = 1 ein n-ter Potenzrest mod p, wenn
$n/(p-1)$. Nach (II_{17}) und (II'_{17}) gibt es $\varphi(p-1)$ verschiedene PW(p),
eine davon bezeichnen wir mit r und nehmen weiter an, (1) besitze
eine Lösung x_0 $(x_0{}^n \equiv a(p))$. Nach Abschnitt 2.3. bezeichnen wir den
Index von x_0 bzw. a zur Basis r mod p mit ξ bzw. α und erhalten aus
(1')(2)   (1) die Beziehung (1') $r^{\xi n} \equiv r^{\alpha+\eta(p-1)}(p)$ $(\eta \in \mathfrak{z})$ oder (2)
$n\xi - \eta(p-1) = \alpha$. Dem Satz (II_4) zufolge hat (2) genau dann eine
Lösung (ξ, η), wenn α ein Vielfaches von (n, p-1) ist. Da aber (1)
und (1') logisch äqivalent sind, ferner (2) dund lösbar ist, wenn es
(1') ist, so kann die Lösbarkeit ebenso wie die Nichtlösbarkeit von
(1) aus (II_4) gefolgert werden. Dabei ist der Fall $a \equiv 1(p)$ $(\alpha = 0)$
uninteressant, da $1^n \equiv 1(p)$ für alle n $(\xi = \eta = 0)$; für das folgende
bleibt er daher unberücksichtigt oder wird stets - ebenso wie
$a \equiv 0(p)$ - selbstverständlich mitgezählt (als n-ter Potenzrest). Wir
betrachten zunächst ein Beispiel: p = 13, n = 8, $x^8 \equiv a(13)$,
(n, p-1) = (8, 12) = 4; α = 4, 8, 12. Aus Abschnitt 2.3. wissen wir,
daß r = 2 eine PW(13) ist. Mit $2^4 \equiv 3(13)$, $2^8 \equiv 9(13)$, $2^{12} \equiv 1(13)$
sind damit 1, 3, 9 - neben $2^{-\infty} \equiv 0(13)$ - achte Potenzreste mod 13.
Für $a = 3 \equiv 2^4(13)$ wird (2): $8\xi - 12\eta = 4 \Leftrightarrow 2\xi - 3\eta = 1$.

Der allgemeinen Theorie nach Abschnitt 2.1. entnehmen wir ξ_0 = 2,
η_0 = 1, und diese Theorie führt uns zu den weiteren Lösungen
$\xi = \xi_0 + 3k$, $\eta = \eta_0 + 2k$ $(k \in \mathfrak{z})$. Hieraus resultiert
$x_0 \equiv 2^2 \equiv 4(13)$, $x_1 \equiv 2^5 \equiv 6(13)$, $x_2 \equiv 2^8 \equiv 9(13)$, $x_3 \equiv 2^{11} \equiv 7(13)$.
Damit wird vermöge $(II_{14}{}^{(3)})$: $x^8 - 3 \equiv (x-4)(x-6)(x-7)(x-9) \cdot P_4(x)(13)$.

Dieses Ergebnis hätten wir auch durch folgende Rechnung erhalten:

$$(x^8 - 3) \equiv x^8 - 16(13) \equiv (x^4 - 4)(x^4 + 4) \equiv (x^4 - 4)(x^4 - 9) \equiv$$

$$(x^2 - 2)(x^2 + 2)(x^2 - 3)(x^2 + 3)(13) \equiv (x^2 - 2)(x^2 + 2)(x^2-16)(x^2+3)(13)$$

$$\equiv (x - 4)(x + 4)(x^2 - 2)(x^2 + 2)(x^2 + 3)(13) \equiv$$

$$(x - 4)(x - 9)(x^2 - 2)(x^2 + 2)(x^2 - 36)(13) \equiv$$

$$(x - 4)(x - 9)(x - 6)(x + 6)(x^4 - 4)(13) \equiv$$

$$(x - 4)(x - 9)(x - 6)(x - 7)(x^4 - 4)(13). \text{ Es ist demnach}$$

$P_4(x) \equiv (x^4 - 4)(13)$ [1]. Weitere Lösungen der Kongruenz

$x^8 - 3 \equiv 0(13)$ gibt es nicht.

Übg. (1.) Welche 4ten Potenzreste mod 11 gibt es und welcher Kongruenz mod 11 genügen sie [2] ?

Wir haben oben gesehen, daß wegen (2) in (1) für a die Möglichkeiten

$a \equiv r^d$, $a \equiv r^{2d}$, ..., $a \equiv r^{Nd}$ (jeweils mod p) bestehen, wenn $(n, p-1)=d$

und $p-1 = Nd$. Damit gibt es $N = \frac{p-1}{d}$ n-te Potenzreste mod p, die mit

Hilfe der gewählten $PW(p) = r$ gebildet werden. Ist nun r' ($\neq r$)

eine andere $PW(p)$ und ist a ein n-ter Potenzrest mod p mit $a \equiv r'^{\alpha'}(p)$,

(2') $(x_0')^n \equiv a(p)$, $x_0' \equiv r'^{\xi'}(p)$, so folgt (2') $n\xi' - \eta'(p-1) = \alpha'$. Analog

den vorangegangenen Überlegungen ist wieder $\alpha' = k \cdot (n, p-1)$ ($k \in \mathbb{Z}$)

eine notwendige und hinreichende Bedingung für die Lösbarkeit von (1).

Damit sind die n-ten Potenzreste mod p auch als die Restklassen dar-

stellbar, die zu $(r')^{\mu d}$ ($\mu = 1, 2, ..., N$) kongruent sind (mod p).

Für fixiertes n ist aber eine Restklasse entweder Potenzrest oder

Potenznichtrest, jene ergeben sich als die Restklassen mod p, die

bzw. zu 0 und bzw. zu $r'^{\mu d}$ ($d = (n, p-1)$, $\mu = 1, 2, ..., N = \frac{p-1}{d}$)

(3)   mod p kongruent sind. Das ist die Aussage (3): Ist r eine beliebige

$PW(p)$, so ist die Restklassenmenge $\left\{0, r^d, ..., r^{p-1}\right\}$ gleich der

Menge der n-ten Potenzreste mod p.

Beispiel: $p = 13$. Da $\varphi(p-1) = \varphi(12) = 4$, gibt es nach $(\text{II}_{16}^{(2)})$

vier $PW(13)$. Folgen wir den Überlegungen, die zur Satzgruppe (II_{16})

führten, so sind die $PW(13)$ als Produkte der Lösungen von

$x^2 + 1 \equiv 0(13)$ und $y^2 + y + 1 \equiv 0(13)$ zu gewinnen; dabei ist

$x \equiv \pm 5(13)$ und $y \equiv 3(13)$ bzw. $y \equiv - 4(13)$ oder $5 \cdot 3 \equiv 2(13)$,

---

[1] Dabei ist $x^4-4 \not\equiv 0(13)$, was aus $x \equiv 0$, $x \equiv \pm 1$, $x \equiv \pm 2$, $x \equiv \pm 3$, $x \equiv \pm 4$, $x \equiv \pm 5$, $x \equiv \pm 6$ (jeweils mod 13) sich sofort durch Rechnung ergibt.

[2] dazu (4)

$5 \cdot (-4) \equiv 6(13)$, $(-5) \cdot (3) \equiv 11(13)$, $(-5)(-4) \equiv 7(13)$ die vier
PW(13). Mit $n = 8$, $d = 4$ sind demnach die Restklassen, die resp.
zu den Potenzen $r^{-\infty}$, r^4, r^8, r^{12} mod 13 kongruent sind, für $r = 2$,
$r = 6$, $r = 7$, $r = 11$ bis auf die Reihenfolge die gleichen.

Wegen $11 \equiv -2(13)$ und $7 \equiv -6(13)$ bestätigt unsere Rechnung die
Aussage (3) für $r = 2$ und $r = 11$ bzw. $r = 6$ und $r = 7$; für
$r = 2$ ergibt sich $a \equiv 0(13)$, $a \equiv 2^4 \equiv 3(13)$, $a \equiv 2^8 \equiv 9(13)$ und
$a \equiv 2^{12} \equiv 1(13)$. Mit $r = 6$ errechnen wir $6^{12} \equiv 1(13)$, $6^2 \equiv -3(13)$,
$6^4 \equiv 9 \equiv -4(13)$, $6^8 \equiv (-4)^2 \equiv 3(13)$ oder die gleichen 8-ten Potenzreste. Nachdem die n-ten Potenzreste a mod p (außer $a \equiv 0(p)$)
kongruent $r^{\mu d}$ ($\mu = 1$, 2, $\ldots$, $N = \frac{p-1}{d}$, $d = (n, p-1)$) sind
($r = PW(p)$), gilt $a^N \equiv r^{\mu d N} \equiv r^{\mu (p-1)} \equiv 1(p)$; sie genügen daher der
Kongruenz $x^N - 1 \equiv 0(p)$, die nach ($II_{16}^{(1)}$) genau N Lösungen hat.

(4)   Das ist die Aussage (4). Es gibt demnach $(p - 1 - N)$ n-te Potenznichtreste.

Beispiel: $p = 13$, $n = 8$, $d = 4$. $N = 3$, $x^3 - 1 \equiv 0(13)$ hat als
Lösungen $x \equiv 1(13)$, $x \equiv 3(13)$, $x \equiv -4 \equiv 9(13)$; die 8-ten Potenznichtreste mod 13 sind demnach die Restklassen 2, 4, 5, 6, 7, 8, 10,
11, 12. Ist a ein n-ter Potenzrest mod p ($a \not\equiv 0(p)$), dann gilt nach
(3): $a \equiv r^{\mu d}(p)$, und μ ist durch die Vorgabe von a fixiert. Aus (2)
folgt $n\xi - \eta(p - 1) = \mu d$ und wegen $n = n_1 d$, $p - 1 = Nd$ erhalten
(5)   wir (5) $n_1 \xi - \eta N = \mu$; $(n_1, N) = 1$. Die Lösungen ξ interessieren nur
mod $(p - 1)$. Ist jetzt (ξ_0, η_0) die nach ($II_5^{(2)}$) eindeutige Lösung
von (5), so ergeben sich die anderen zu $\xi_0 + \lambda N$ ($\lambda = 1$, 2, $\ldots$, $d-1$);
diese sind mod $(p-1)$ paarweise inkongruent [1], und es gibt demnach
(6)   genau d Lösungen für ein vorgegebenes a [2]. Damit gilt (6): Die Lösungen (ξ_ν, η_ν) von (5) mit $\xi_\nu = \xi_0 + \nu N$ ($\nu = 0$, 1, $\ldots$, $d-1$) führen
vermöge $x_\nu \equiv r^{\xi_\nu}(p)$ zu den d verschiedenen Lösungen von (1).

Betrachten wir zwei verschiedene Elemente aus der Menge der N n-ten Potenzreste mod p [3] a und a', so gibt es für die Kongruenzen $x^n \equiv a(p)$ und
$x^n \equiv a'(p)$ jeweils d Lösungen; wäre nun einerseits $\xi^n \equiv a(p)$ und
$\xi'^n \equiv a'(p)$, ferner andererseits $\xi \equiv \xi'(p)$, so folgte $a \equiv a'(p)$

---

[1] Da $\xi_0 + \lambda_1 N \equiv \xi_0 + \lambda_2 N$ $(p-1)$ $(0 \leqslant \lambda_1 < \lambda_2 < d)$ zu $(p-1)/(\lambda_2 - \lambda_1)N \Rightarrow$
    $(p-1) < dN$ führte. q.e.a.

[2] Für $p = 13$, $n = 8$, $a = 3$ wurden weiter oben die Lösungen bereits
    bestimmt.

[3] außer $a \equiv 0(p)$

c.i.p.. Die Lösungsmenge der Kongruenz $x^n \equiv a(p)$ enthält demnach kein Element der Lösungsmenge der Kongruenz $x^n \equiv a'(p)$; es verteilen sich demnach die Elemente aus $\{v\}_p$ genau auf die Lösungsmengen der

Kongruenzen $x^n \equiv 0(p)$ und $x^n \equiv a(p)$ (a die N verschiedenen n-ten

(III_1) Potenzreste mod p). Damit gilt Satz (III_1): Die n-ten Potenzreste mod p genügen außer $a \equiv 0(p)$ der Kongruenz $x^N - 1 \equiv 0(p)$ und sind für eine beliebige $PW(p) = r$ zu $r^{\mu d}$ ($\mu = 1, 2, \ldots, N = \frac{p-1}{d}$)

mod p kongruent. Jede lösbare Kongruenz $x^n \equiv a(p)$ hat d verschiedene Lösungen und sämtliche Elemente aus $\{v\}_p$ verteilen sich auf die

Lösungsmengen der $(N+1)$ lösbaren Kongruenzen $x^n \equiv 0(p)$, $x^n \equiv a(p)$, die insgesamt $1 + dN = 1 + p - 1 = p$ verschiedene Lösungen besitzen. Schließlich existieren $(p - 1 - N)$ n-te Potenznichtreste mod p.

Beispiel: $p = 13$, $n = 8$, $d = 4$, $N = 3$. 1. $x^8 \equiv 0(13)$, $x_0 \equiv 0(13)$;

2. $x^8 \equiv 3(13)$ hat die Lösungen $x_{11} \equiv 4$, $x_{12} \equiv 6$, $x_{13} \equiv 7$,

$x_{14} \equiv 9(\text{mod } 13)$; 3. $x^8 \equiv 9(13)$, $9 \equiv 2^8(13)$, $2 = PW(13)$, $8\xi - 12\eta = 8 \leftrightarrow$

$2\xi - 3\eta = 2$, $\xi_0 = 1$, $\eta_0 = 0$, $x_{21} \equiv 2^1 \equiv 2(13)$, $\xi_0 + N = 1 + 3 = 4$,

$x_{22} \equiv 2^4 \equiv 3(13)$, $\xi_0 + 2N = 7$, $x_{23} \equiv 2^7 \equiv 11(13)$ $\xi_0 + 3N = 10$,

$x_{24} \equiv 2^{10} \equiv 10(13)$; 4. $x^8 \equiv 1(13)$, $1 \equiv 2^0(13)$, $8\xi - 12\eta = 0 \leftrightarrow$

$2\xi - 3\eta = 0$, $\xi_0 = \eta_0 = 0$, $x_{31} \equiv 2^0 \equiv 1(13)$, $\xi_0 + N = 3$,

$x_{32} \equiv 2^3 \equiv 8(13)$, $\xi_0 + 2N = 6$, $x_{33} \equiv 2^6 \equiv 12 \equiv -1(13)$, $\xi_0 + 3N = 9$,

$x_{34} \equiv 2^9 \equiv -8 \equiv 5(13)$ [1].

Übg.(2.) Für $p = 11$ sind die vierten Potenzreste a zu bestimmen. Wie verteilen sich die Elemente aus $\{v\}_{11}$ auf die Lösungen der Kongruenzen

$x^4 \equiv a(11)$?

Ist p eine ungerade PZ, so gibt es nach (II_{17}) $\varphi(\varphi(p^k))$ verschiedene

(7) $PW(p^k)$ $(k \in \mathfrak{N})$; eine solche sei r. Aus (7) $x^n \equiv a(p^k)$ wird dann mit $(a, p) = (a, p^k) = 1$ und $a \equiv r^\alpha(p^k)$, $x \equiv r^\xi(p^k)$ die Diophan-

---

[1] Ohne die allgemeine Theorie zu bemühen, hätten wir das auch aus
$x^8 - 1 \equiv (x^4 - 1)(x^4 + 1) \equiv (x^2 - 1)(x^2 + 1)(x^4 + 1) \equiv$
$(x - 1)(x + 1)(x^2 - 25)(x^4 + 1) \equiv$
$(x - 1)(x + 1)(x - 5)(x + 5)(x^4 + 1)(13)$ erhalten.

tische Gleichung $n\xi - \varphi(p^k)\eta = \alpha$ und es ergeben sich wieder verschiedene n-te Potenzreste mod p^k. Für $m = p_{(1)}^{k_1} \cdot p_{(2)}^{k_2} \cdot \ldots \cdot p_{(1)}^{k_1}$

$(2 < p_{(1)} < \ldots < p_{(1)})$ müßten dann zunächst mod $p_{(\nu)}^{k_\nu}$ n-te Potenzreste bestimmt werden, aus denen dann nach (II_6) ein n-ter Potenzrest mod m zu errechnen wäre. Im Falle $2^l/m$ $(l > 2)$ gibt es keine $PW(2^l)$ und unser Verfahren versagt. Außerdem ist keineswegs sicher, ob es gemeinsame n-te Potenzreste a für die einzelnen ungeraden Faktoren $p_{(\nu)}^{k_\nu}$ von m gibt, die von den trivialen Fällen[1] verschieden sind. Sind z.B. $m = 5 \cdot 7 = 35$ und $n = 3$ vorgegeben, so hätten wir zunächst solche Werte a zu suchen (nach (II_{12}) und dann in Verbindung mit (II_6)), mit denen die Kongruenzen $x^3 \equiv a(5)$ und $x^3 \equiv a(7)$ lösbar werden. Aus (III_1) ergibt sich a[2] als Lösung von $x^4 - 1 \equiv 0(5)$ und $x^2 - 1 \equiv 0(7)$. Da $x^2 - 1 \equiv 0(7)$ nur die Lösungen ± 1 mod 7 besitzt und $x^4 - 1 \equiv 0(5)$ für sämtliche Restklassen mod 5 erfüllt ist, bleibt nur $a \equiv 1(5)$, $a \equiv 1(7)$ $(-1 \equiv 6(7), 6 \equiv 1(5))$ übrig (außer $a \equiv 0(5) \equiv 0(7) \equiv 0(35)$). Nach (II_{12}) und (II_6) ergeben sich

Übg.(3.)   dann (Übung !) drei Lösungen der Kongruenz $x^3 \equiv 1(35)$.

In anderen Fällen sind dagegen auch nichttriviale gemeinsame n-te Potenzreste vorhanden. Ist z.B. für $m = 3 \cdot 5 = 15$ und $n = 3$ das Paar der Kongruenzen $x^3 \equiv a(3)$, $x^3 \equiv a(5)$ zu untersuchen, so resultiert aus (III_1) der gemeinsame dritte Potenzrest $a = 2$. Es sind also zunächst die Kongruenzen $x^3 \equiv 2(3)$ und $x^3 \equiv 2(5)$ zu lösen; deren Lösungen sind $x_0 = 2$ resp. $x_1 = 3$, weitere Lösungen gibt es nach (III_1) nicht. Nach (II_6) ist eine Lösung des Simultansystems $x \equiv 2(3)$, $x \equiv 3(5)$ zu suchen, die sich sofort als $x \equiv 8(15)$ ergibt. Nach (II_{12}) hat also $x^3 \equiv 2(15)$ die Lösung $x_2 \equiv 8(15)$. Sollen dagegen n-te Potenzreste a für $m = p^{n'}$ oder $m = 2p^{n'}$ (p ungerade PZ)[3] bestimmt werden, so gibt es nach (II_{17}) stets $PW(m)$ und für $(a, m) = 1$ läßt sich dann Anzahl und Form der n-ten Potenzreste a bestimmen, wenn eine $PW(m)$ bekannt ist. Dieses Problem läßt uns demnach keine prinzipiell neuen Erkenntnisse gewinnen, auch die Systematik der Lösung bleibt im wesentlichen die gleiche. Wir verweisen

---

[1] 0 und 1 sind stets n-te Potenzreste.
[2] für $a \not\equiv 0(35)$, $a \not\equiv 0(5)$, $a \not\equiv 0(7)$
[3] $n' \in \mathfrak{N}$

Übg.(4.)   dafür auf die folgende Übung: Welche a mit $(a, 27) = 1$ gewährleisten die Lösbarkeit der Kongruenz $x^3 \equiv a(27)$? Welche Lösungen besitzen die verschiedenen Kongruenzen?

Wir beschäftigen uns daher etwas ausführlicher nur noch mit dem Fall $n = 2$, also mit den quadratischen Resten bzw. mit den quadratischen Nichtresten. Diese sind auch für andere zahlentheoretischen Fragen von Bedeutung[1] und wurden in der klassischen Theorie sehr eingehend untersucht. Wegen der Sätze (II_{12}) und (II_{13}) können wir uns dabei auf den Fall $m = p$ (p PZ) beschränken, da aus dem Lösungscharakter

(8)   der Kongruenzen (8) $x^2 \equiv a(p)$ auch Anzahl und Gestalt der Lösungen von $x^2 \equiv a(m)$ für $m = 2^{k_0} \cdot p_{(1)}^{k_1} \cdot \ldots \cdot p_{(1)}^{k_1}$ bestimmt werden können. Es kann allerdings auch hier wieder vorkommen, daß nur triviale quadratische Reste als gemeinsame zweite Potenzreste mod $p_{(\nu)}^{k_\nu}$ erscheinen; damit ist die Erweiterung auf ein allgemeines m auch für $n = 2$ nicht immer von grundlegender Bedeutung.

Für $p = 2$ sind 0 und 1 quadratische Reste; für $p = 3$ ebenfalls, da $x^2 \equiv \left\{ {0 \atop 1} \right.$ (3) für alle Restklassen mod 3 gilt. Nach (III_1) ist mit $n = 2$, $p \geqslant 3$ stets $(n, p-1) = (2, p-1) = 2 = d$, also $N = \frac{p-1}{2}$.

Sämtliche quadratische Reste[2] mod p sind demnach Lösungen der Kongruenz $x^{\frac{p-1}{2}} \equiv 1(p)$ und wegen $x^{p-1} - 1 = (x^{\frac{p-1}{2}} - 1) \cdot (x^{\frac{p-1}{2}} + 1)$

$(III_2^{(1)})$ folgt aus (I_{20}), (I_{21}), $(II_{14}^{(1)})$ und (III_1) der Satz $(III_2^{(1)})$: Die quadratischen Reste a[2] mod p lösen für $p > 2$ die Kongruenz $x^{\frac{p-1}{2}} - 1 \equiv 0(p)$, während die quadratischen Nichtreste mod p der Kongruenz $x^{\frac{p-1}{2}} + 1 \equiv 0(p)$ genügen. Der französische Mathematiker A. M. Legendre (1752 bis 1833)[3] hat das folgende nach ihm benannte

D   Symbol (zu lesen: "a für p" oder "a von p") eingeführt: $\left(\frac{a}{p}\right) = 1$ bzw. $= -1$ bzw. $= 0$, je nachdem a quadratischer Rest bzw. quadratischer Nichtrest bzw. kongruent Null mod p ist. Nach (III_1) erhalten wir

---

[1] etwa im Zusammenhang mit der Satzgruppe (II_{15})

[2] außer $a \equiv 0(p)$

[3] Er hat sich vor allem Verdienste um die Grundlegung der Geometrie aber auch auf dem Gebiet der Analysis (elliptische Funktionen) erworben. Außerdem gibt es noch eine nach dem deutschen Mathematiker C. G. Jacobi (1804 bis 1851) benannte Verallgemeinerung des Legendresymbols, auf die hier nicht eingegangen wird.

(9) (9) $a^{\frac{p-1}{2}} \equiv (\frac{a}{p})(p)$. (9) wird zuweilen auch "Satz von Euler" genannt

und für $(\frac{a}{p}) \neq 0$ gilt wegen $(\frac{a}{p}) = \pm 1$ stets $(\frac{a}{p}) = (\frac{a}{p})^{-1}$. Mit

(10) $(a \cdot b)^{\frac{p-1}{2}} = a^{\frac{p-1}{2}} \cdot b^{\frac{p-1}{2}}$ folgt über (9) die Aussage (10) $(\frac{ab}{p}) = (\frac{a}{p})(\frac{b}{p})$

(11) und für $a \cdot b \neq 0(p)$ weiter (11) $(\frac{ab}{p})(\frac{a}{p})^{-1}(\frac{b}{p})^{-1} = 1 = (\frac{ab}{p})(\frac{a}{p})(\frac{b}{p})$.

$(III_2^{(2)})$ Die Aussagen (9), (10) und (11) bilden den Satz $(III_2^{(2)})$. Aus (9)

entnehmen wir für $a \equiv -1(p)$ und $p = 4k \pm 1$: $(\frac{a}{p}) \equiv (-1)^{\frac{4k \pm 1 - 1}{2}} \equiv \pm 1(p)$,

(12) also (12) $(\frac{-1}{p}) = \pm 1$ für $p = 4k \pm 1$. Mit $p \equiv 1(4)$ ist demnach -1

quadratischer Rest; die Kongruenz $x^2 + 1 \equiv 0(p)$ besitzt wegen

$(II_{14}^{(2)})$ genau zwei Lösungen $(\pm x_0)$, die vermöge (II_7) von der Form

$\pm \frac{a}{b}$ mit $a^2 < p$, $b^2 < p$ (a, b zwei Elemente aus $\{\bar{v}\}_p$) sind. Nach

$(II_{15}^{(1)})$ war $p = 4k + 1$ als $a^2 + b^2$ darstellbar, wobei $(a, b) = 1$.

Eine weitere Darstellung $p = 4k + 1 = a'^2 + b'^2$ $((a', b') =$

$(b', p) = 1)$ führt nach den Überlegungen vor der Satzgruppe (II_{15})

in Abschnitt 2.2. zu dem quadratischen Rest (-1) und zu $\frac{a'^2}{b'^2} \equiv -1(p)$.

Nach $(II_{14}^{(2)})$ ist aber $\pm (\frac{a'}{b'}) -$ da $x^2 + 1 \equiv 0(p)$ nur höchstens

zwei Lösungen besitzt - mit $\pm (\frac{a}{b})$ mod p kongruent und somit

$a^2 + b^2$ mit $a'^2 + b'^2$ identisch[1], d.h. $a = \pm a'$, $b = \pm b'$. Es

$(III_2^{(3)})$ gilt demnach der Satz $(III_2^{(3)})$: Jede PZ der Form $4k + 1$ hat[2] genau

eine Darstellung $p = a^2 + b^2$ $((a, b) = 1)$[3].

Aus (12) ergeben sich nun auch sehr einfach die Sätze $(II_{10}^{(1)})$ und

$(II_{10}^{(3)})$. Wäre nämlich $4k + 3 = p = a^2 + b^2 = (a + ib)(a - ib)$

(nach Abschnitt 2.1.), so müßte $(\frac{a}{b}) \equiv -1(p)$, also $(\frac{-1}{p}) = 1$ für

$p = 4k + 3$ gelten c.i.p..

---

[1] $p = a^2 + b^2$ folgte aus $(\frac{-1}{p}) = 1$.

[2] bis auf die Reihenfolge der Summanden

[3] Die Umkehrung dieser Aussage ist falsch, denn z.B. $65 = 1^2 + 8^2$ und $25 = 3^2 + 4^2$ besitzen nur eine solche Summendarstellung, ohne PZ^{en} zu sein.

Andererseits folgt aus der Annahme von nur endlich vielen PZ^{en} der

Form $(4k + 1)$ $(p_1' < p_2' < \ldots < p_L')$ $P = (2 \cdot \prod_{l=1}^{L} p_l')^2 + 1$ als eine

Zahl, die nur Primteiler der Form $(4k + 1)$ besitzen kann, da anderen-

falls $(2 \cdot \prod_{l=1}^{L} p_l')^2 \equiv -1(p)$ mit $p = 4k + 3$. Da P p.c. auch keines der

p_l' $(l = 1, \ldots, L)$ zum Teiler hat, wäre P eine neue PZ der betrachte-

ten Art mit $P > p_L'$. q.e.a.

(III$_3$)   Für $a \not\equiv O(p)$ entnehmen wir dem folgenden Satz von Gauss, ob $(\frac{a}{p}) = 1$

oder $(\frac{a}{p}) = -1$. Es gilt (III$_3$): Werden die kleinsten Absolutreste

von a, 2a, 3a, $\ldots$, $(\frac{p-1}{2})$ a mod p betrachtet und sind unter diesen μ

negativ, so ist $(\frac{a}{p}) = (-1)^{\mu}$.

Vor dem Beweis von (III$_3$) betrachten wir für $p = 17$ die Restklasse
$a \equiv 2(17)$. Zu den Zahlen 2, 4, 6, 8, 10, 12, 14, 16 gehören die kleinsten Absolutreste 2, 4, 6, 8, -7, -5, -3, -1. Damit ist $\mu = 4$ und
die absoluten Beträge der kleinsten Absolutreste sind genau die Zahlen
1, 2, $\ldots$, 8($= \frac{p-1}{2}$). Gilt (III$_3$), so wäre $(\frac{2}{17}) = (-1)^4 = 1$; das
folgt allerdings schon aus (III$_1$), da $x^8 \equiv 1(17)$ die Lösung $x_0 = 2$
besitzt. Da nur solche a behandelt werden, die zu $\{\overline{\nu}\}_p$ gehören, betrachten wir die $(\frac{p-1}{2})$ Zahlen a, 2a, $\ldots$, $(\frac{p-1}{2}) \cdot a$, die paarweise inkongruent mod p sind [1]. Ihre kleinsten Absolutreste bezeichnen wir mit
r_1, r_2, $\ldots$, r_ν, $-r_1'$, $\ldots$, $-r_\mu'$ $(1 \leqslant r_\lambda \leqslant \frac{p-1}{2}$, $1 \leqslant r_\lambda' \leqslant \frac{p-1}{2}$). Wären
unter diesen $\nu + \mu = \frac{p-1}{2}$ Zahlen r_1, $\ldots$, r_ν, r_1', $\ldots$, r_μ' zwei
gleich[2], so können zwei gleiche nur mit verschiedenem Vorzeichen auf-
treten; denn $r_{\lambda_1} = r_{\lambda_2}$ bzw. $- r_{\lambda_3}' = - r_{\lambda_4}'$ würde zu paarweise kon-
gruenten Vielfachen von a führen[1]. Aus $r_{\lambda'}' = r_\lambda$ folgt dann aber
$(\tilde{\lambda}'a \equiv - r_{\lambda'}' (p), \tilde{\lambda}a \equiv r_\lambda (p)) \Rightarrow ((\tilde{\lambda} + \tilde{\lambda}') a \equiv - r'_{\lambda'} + r_\lambda \equiv O(p)) \Rightarrow$
$((\tilde{\lambda} + \tilde{\lambda}') \equiv O(p))$. Die letzte Konsequenz kann aber wegen $2 \leqslant \tilde{\lambda} + \tilde{\lambda}' \leqslant$
$\frac{p-1}{2} + \frac{p-3}{2} = p-2$ nicht bestehen. Damit sind die $(\frac{p-1}{2})$ Zahlen

---

[1] Antith.: $1 \leqslant \lambda_1 < \lambda_2 \leqslant \frac{p-1}{2}$, $\lambda_1 a \equiv \lambda_2 a(p) \Rightarrow \lambda_2 - \lambda_1 \equiv O(p)$ und
$0 < \lambda_2 - \lambda_1 \leqslant \frac{p-1}{2}$ wegen $(a, p) = 1$. q.e.a.

[2] Kongruenz mod p bedeutet hier Gleichheit, da $1 \leqslant r \leqslant \frac{p-1}{2}$.

$r_1, \ldots, r_\nu, r_1', \ldots, r_\mu'$ alle verschieden und nach ihrer Herkunft gerade die Zahlen $1, 2, \ldots, \frac{p-1}{2}$ [1].

Demnach wird
$$\prod_{\nu=1}^{\frac{p-1}{2}} (\nu a) \equiv \left(\prod_{\lambda=1}^{\nu} r_\lambda \right) \cdot \left(\prod_{\lambda=1}^{\mu} r_\lambda' \right) \cdot (-1)^\mu \equiv$$
$(\frac{p-1}{2})! (-1)^\mu (p)$ und wegen $\prod_{\nu=1}^{\frac{p-1}{2}} (\nu a) = (\frac{p-1}{2})! \cdot a^{\frac{p-1}{2}} \overset{(9)}{\equiv} (\frac{p-1}{2})! \cdot (\frac{a}{p})$

(III$_3$)   nach (I$_{20}$) $(-1)^\mu \equiv (\frac{a}{p})(p)$. q.e.d. Zu (III$_3$) nehmen wir außerdem noch die Aussage: Die kleinsten Absolutreste[2] der Vielfachen $a, 2a, \ldots,$ $(\frac{p-1}{2}) a$ haben für $a \not\equiv 0(p)$ genau die absoluten Beträge $1, 2, \ldots, \frac{p-1}{2}$.

Für $a = 2$ ist $a < 2a < \ldots < \left[\frac{p-1}{4} \right] a \leqslant (\frac{p-1}{4}) a = \frac{p-1}{2}$ und die kleinsten Absolutreste dieser Vielfachen sind gleich $a, 2a, \ldots,$ $\left[\frac{p-1}{4} \right] a$ und positiv.

Wegen $\left[\frac{p-1}{4} \right] + 1 > \frac{p-1}{4}$ ist $(\left[\frac{p-1}{4} \right] + 1) a > (\frac{p-1}{4}) \cdot 2 = \frac{p-1}{2}$ und mit den

(13)   Bezeichnungen von (III$_3$) wird $\nu = \left[\frac{p-1}{4} \right]$ also (13) $\mu = \frac{p-1}{2} - \nu = \frac{p-1}{2} - \left[\frac{p-1}{4} \right]$. Gilt $p = 4k + 1$, so wird $\left[\frac{p-1}{4} \right] = \frac{p-1}{4} = \nu = k$ oder $\mu = \frac{p-1}{4} = \left[\frac{p-1}{4} \right] = \left[\frac{p-1}{4} + \frac{1}{2} \right] = \left[\frac{p+1}{4} \right]$; für $p = 4k + 3$ wird $\nu = \left[\frac{4k+2}{4} \right] = \left[k + \frac{1}{2} \right] = k = \frac{p-3}{4}, \mu = \frac{p-1}{2} - \nu = \frac{p-1}{2} - \frac{p-3}{4} = \frac{p+1}{4}$ oder

(14) $\mu = \left[\frac{p+1}{4} \right]$. Damit gilt für $p \neq 2$ stets (14) $(\frac{2}{p}) = (-1)^{\left[\frac{p+1}{4} \right]}$, woraus für $p \neq 2$ $(\frac{2}{p}) = 1$ falls $\left[\frac{p+1}{4} \right] \equiv 0(2)$ und $(\frac{2}{p}) = -1$ falls $\left[\frac{p+1}{4} \right] \equiv 1(2)$ resultieren. Wegen $p \neq 2$ hat p die Form $8k \pm 1$ oder $8k \pm 3$. Damit: $(p = 8k \pm 1) \Rightarrow (p + 1 = 8k \pm 1 + 1) \Rightarrow (\frac{p+1}{4} = 2k \pm \frac{1}{4} + \frac{1}{4}) \Rightarrow (\left[\frac{p+1}{4} \right] \equiv 0(2))$; $(p = 8k \pm 3) \Rightarrow (p + 1 = 8k \pm 3 + 1) \Rightarrow (\frac{p+1}{4} = \begin{cases} 2k + 1 \\ 2k - 1 + \frac{1}{2} \end{cases} \Rightarrow (\left[\frac{p+1}{4} \right] \equiv 1(2))$. Das ist

(15)   die Aussage (15): Für $p \neq 2$ ist $(\frac{2}{p}) = 1$ falls $p = 8k \pm 1$ und $(\frac{2}{p}) = -1$ falls $p = 8k \pm 3$. Mit (10) wird $(\frac{-2}{p}) = (\frac{-1}{p}) (\frac{+2}{p})$ und

---

[1] wie im behandelten Beispiel
[2] mod p

(16_1) nach (9) folgt für $p = 8k + 1$: $(\frac{-1}{p}) \equiv (-1)^{4k} \equiv 1(p)$ oder (16_1)

$(\frac{-2}{p}) = 1$, falls $p = 8k + 1$. Entsprechend erhalten wir falls

(16_2) $p = 8k + 3$ dann $(\frac{-1}{p}) = -1$, $(\frac{2}{p}) = -1$ oder (16_2) $(\frac{-2}{p}) = 1$ für

Übg.(5.) $p = 8k + 3$. Entsprechend (Übung !) folgen (16_3) $(\frac{-2}{p}) = -1$ für

$(16_3)(16_4)$ $p = 8k - 1$ und (16_4) $(\frac{-2}{p}) = -1$ falls $p = 8k - 3$.

Als weiteres Anwendungsbeispiel betrachten wir zwei ungerade PZ^{en}
p und q $(p > q)$; wegen $p = 4k \pm 1$, $q = 4k' \pm 1$ ist stets entweder
$p + q$ oder $p - q$ ein Vielfaches von vier. Wenn $p - q \equiv 0(4)$, so
folgt $(p = q + 4k'') \Rightarrow ((\frac{p}{q}) \overset{\text{p.d.}}{=} (\frac{4k''}{q}) \overset{(10)}{=} (\frac{4}{q})(\frac{k''}{q}) \overset{(10)}{=} (\frac{2}{q})^2 (\frac{k''}{q}) =$

$(\frac{k''}{q}))$; wenn dagegen $p + q \equiv 0(4)$, so ergibt sich $(\frac{p}{q}) = (\frac{4k''' - q}{q}) \overset{\text{p.d.}}{=}$

$(\frac{4k'''}{q}) \overset{(10)}{=} (\frac{2}{q})^2 (\frac{k'''}{q}) = (\frac{k'''}{q})$ [1].

Wir wollen jetzt $(\frac{q}{p})$ berechnen und streben dabei den Beweis des

D   berühmten Reziprozitätsgesetzes von Gauss an, für das heute mehr als

fünfzig Beweise bekannt sind[2]; es lautet: Für ungerade PZ^{en} p und q

(III_4) $(p > q)$ gilt $(\frac{p}{q}) (\frac{q}{p}) = (-1)^{\frac{p-1}{2} \frac{q-1}{2}}$ bzw. $(\frac{p}{q}) = (\frac{q}{p}) (-1)^{\frac{p-1}{2} \frac{q-1}{2}}$ bzw.

$1 = (\frac{p}{q}) (\frac{q}{p}) (-1)^{\frac{p-1}{2} \frac{q-1}{2}}$ [3]. Zur Bestimmung von $(\frac{q}{p})$ verwenden wir

(III_3) und bilden q, 2q, $\ldots$, $(\frac{p-1}{2})$ q; dann ist für $\lambda = 1, 2, \ldots,$

$\frac{p-1}{2}$ die Beziehung $\frac{\lambda q}{p} p = \lambda q = \left[\frac{\lambda q}{p}\right]p + R_p(\lambda q)$ gültig und statt der

$R_p(\lambda q)$ schreiben wir $r_1, \ldots, r_\nu$, $p-r_1'$, $\ldots$, $p-r_\mu'$; nach (III_3)

gilt es dann lediglich $(-1)^\mu$ zu berechnen, um $(\frac{q}{p})$ zu bestimmen. Daher

werden wir μ nur mod 2 zu fixieren versuchen. Zu diesem Zweck sum-

mieren wir die Ausdrücke $\lambda q = \left[\frac{\lambda q}{p}\right] p + \begin{cases} r_\sigma \\ p-r_\sigma' \end{cases}$ $(\lambda = 1, 2, \ldots, \frac{p-1}{2})$;

$$\sum_{\lambda=1}^{\frac{p-1}{2}} \lambda q = q(\frac{p+1}{2})(\frac{p-1}{4}) = q(\frac{p^2-1}{8}) = p \sum_{\lambda=1}^{\frac{p-1}{2}} \left[\frac{\lambda q}{p}\right] + \sum_{\sigma=1}^{\nu} r_\sigma + \mu p - \sum_{\sigma=1}^{\mu} r_\sigma' .$$

---

[1] Auf diesem Wege wurde früher oft – ziemlich umständlich – der nachfolgende Satz (III_4) bewiesen.

[2] Aus der Feder von Gauss stammen hiervon acht.

[3] Diese drei Formen des Satzes (III_4) sind wegen $(\frac{p}{q}) = (\frac{p}{q})^{-1}$,
$(\frac{p}{q})^2 = (\frac{q}{p})^2 = 1$, $(\frac{q}{p}) = (\frac{q}{p})^{-1}$ äquivalent.

Nach (III_3) ist [1] $\sum r_\sigma + \sum r'_\sigma = 1 + 2 + \ldots + \frac{p-1}{2} = (\frac{p-1}{4})(\frac{p+1}{2}) =$

(17_1) $\frac{p^2-1}{8}$. Damit wird aus der Gleichung auf S.197 unten die Beziehung (17_1)

(17_2) $q(\frac{p^2-1}{8}) = \sum r_\sigma + \sum r'_\sigma + \mu p - 2\sum r'_\sigma + p\sum\left[\frac{\lambda q}{p}\right]$ oder (17_2)

      $(q-1)(\frac{p^2-1}{8}) = \mu p - 2\sum r'_\sigma + p\sum\left[\frac{\lambda q}{p}\right]$ (mit $q-1 \equiv 0(2)$, $\frac{p^2-1}{8} \in \} $).

(17_3) Wegen $((17_2)) \Rightarrow ((17_3)\ \mu p \equiv -p\sum\left[\frac{\lambda q}{p}\right](2)) \Rightarrow (\mu \equiv -\sum_{\lambda=1}^{\frac{p-1}{2}}\left[\frac{\lambda q}{p}\right]\ (2) \equiv$

(17) $-\sum + 2\sum \equiv \sum_{\lambda=1}^{\frac{p-1}{2}}\left[\frac{\lambda q}{p}\right]\ (2))$ gilt: (17) $\mu \equiv \sum_{\lambda=1}^{\frac{p-1}{2}}\left[\frac{\lambda q}{p}\right]\ (2)$. Völlig

Übg.(6.)   analog (Übung !) ergibt sich, wenn nach (III_3) $(\frac{p}{q}) = (-1)^{\mu'}$,

(18) $(18)\ \mu' \equiv \sum_{\lambda'=1}^{\frac{q-1}{2}}\left[\frac{\lambda p}{q}\right]\ (2)$. Damit wird $(\frac{p}{q})\cdot(\frac{q}{p}) = (-1)^{\bar\mu + \bar\nu}$, wenn

   $\bar\mu = \sum_{\lambda=1}^{\frac{p-1}{2}}\left[\frac{\lambda q}{p}\right]$ und $\bar\nu = \sum_{\lambda'=1}^{\frac{q-1}{2}}\left[\frac{\lambda' p}{q}\right]$. Nach Gauss [2] werden wir zeigen, daß

$\bar\mu + \bar\nu = (\frac{p-1}{2})(\frac{q-1}{2})$, und damit (III_4) beweisen. Hierzu studieren wir

die Zahlen $(\lambda q - \lambda' p)$, wobei die λ bzw. λ' unabhängig voneinander die

Werte $1, 2, \ldots, \frac{p-1}{2}$ bzw. $1, 2, \ldots, \frac{q-1}{2}$ durchlaufen. Nach dem

Multiplikationssatz gibt es für die genannten Zahlen $(\frac{p-1}{2})(\frac{q-1}{2})$ ver-

(19) schiedene Bildungsmöglichkeiten. Aus $(19)\ \lambda_1 q - \lambda'_1 p = \lambda_2 q - \lambda'_2 p$

folgt zunächst aus $\lambda_1 = \lambda_2$ auch $\lambda'_1 = \lambda'_2$ und v.v.. Gilt (19),

so muß also $\lambda_1 \neq \lambda_2$ und $\lambda'_1 \neq \lambda'_2$ sein. Wird o.B.d.A.

$\lambda'_1 > \lambda'_2$ angenommen, so folgt $((19)) \Rightarrow ((\lambda_1 - \lambda_2)q =$

$(\lambda'_1 - \lambda'_2)p) \Rightarrow (\lambda_1 > \lambda_2) \Rightarrow (p/(\lambda_1 - \lambda_2))$. Das ist aber ein Widerspruch

zu $1 \leqslant \lambda_1 - \lambda_2 \leqslant \frac{p-1}{2} - 1 = \frac{p-3}{2}$. Damit sind die Zahlen $(\lambda q - \lambda' p)$

alle verschieden und treten in $(\frac{p-1}{2})(\frac{q-1}{2})$ Exemplaren auf. Außerdem

ist $\lambda q - \lambda' p \neq 0$, da $((\lambda q - \lambda' p) = 0) \Rightarrow (q/\lambda')$ c.i.p.. Von diesen

Exemplaren sind einige positiv (z.B. $\lambda' = 1$, $\lambda = \frac{p-1}{2}$, da

$(\frac{p-1}{2})q - p \geqslant \frac{p-1}{2}\cdot 3 - p)$ und einige negativ (z.B. $\lambda = \lambda' = 1$,

---

[1]   Wir lassen die Summenindizes hier weg.

[2]   Es handelt sich hier um den dritten Beweis, den Gauss für (III_4) gab.

$q - p < 0$ n.V.). Nun folgt weiter $((\lambda q - \lambda'p) > 0) \Leftrightarrow (\lambda q > \lambda'p) \Leftrightarrow$ $(\lambda' < \frac{\lambda q}{p})$ oder m.a.W. für festes λ ist $\lambda q - \lambda'p$ positiv g.d.w. $\lambda' = 1, 2, \ldots, \left[\frac{\lambda q}{p}\right]$. Damit sind für $\lambda = 1, 2, \ldots, \frac{p-1}{2}$ genau $\bar{\mu}$

Übg.(7.) der $(\lambda q - \lambda'p)$ positiv; völlig analog (Übung !) erhalten wir:

Unter den Exemplaren $(\lambda q - \lambda'p)$ gibt es genau $\bar{\nu}$ negative. Damit ist $\bar{\mu} + \bar{\nu} = (\frac{p-1}{2})(\frac{q-1}{2})$ bewiesen.   q.e.d.

Beispiel: $(\frac{367}{127}) = (\frac{3 \cdot 127 - 14}{127}) = (\frac{-14}{127}) = (\frac{-1}{127})(\frac{2}{127})(\frac{7}{127}) =$

$(-1)^{63}(\frac{2}{127})(\frac{7}{127}) = - (\frac{2}{127})(\frac{7}{127}) \overset{(15)}{=} - (\frac{7}{127}) \overset{(III_4)}{=} - (\frac{127}{7})(-1)^{3 \cdot 63} =$

$(\frac{127}{7}) = (\frac{1}{7}) = 1$. Damit ist die Kongruenz $x^2 \equiv 367 \equiv - 14(127)$ lösbar

und die Kongruenz $x^{63} - 1 \equiv 0(127)$ hat nach (III_1) die Lösung

$x_0 \equiv - 14 \equiv 367(127)$.

Übg.(8.) Welche Lösungen besitzen die Kongruenzen $x^2 \equiv 21(31)$ und $x^2 \equiv 8(449)$? Ist 449 Lösung der Kongruenz $x^{228} \equiv 1(457)$?

Als weiteres Beispiel betrachten wir die Kongruenz $x^2 \equiv 10(13)$. Hier ist $(\frac{10}{13}) = (\frac{2}{13})(\frac{5}{13}) \overset{(15)}{=} - (\frac{5}{13}) \overset{(III_4)}{=} - (\frac{13}{5}) = - (\frac{3}{5}) \overset{(III_4)}{=}$ $- (\frac{5}{3}) = - (\frac{2}{3}) = 1$. Nach (III_1) gehört somit 10 zu den Lösungen von $x^6 - 1 \equiv 0(13)$ [1], während $x \equiv \pm 7(13)$ die Kongruenz $x^2 \equiv 10(13)$ löst. Wir untersuchen schließlich noch die Lösbarkeit der Kongruenz $x^2 \equiv 10(31)$. Mit $(\frac{10}{31}) = (\frac{2}{31})(\frac{5}{31}) \overset{(15)}{=} (\frac{5}{31}) \overset{(III_4)}{=} (\frac{31}{5}) = (\frac{1}{5}) = 1$ ist 10 quadratischer Rest mod 31 und nach (III_1) Lösung von $x^{15} - 1 \equiv 0(31)$. Es gilt demnach $31/(L(10^{15} - 1))$ für $L \in \mathbb{Z}$, außer-

Übg.(9.) dem ist (Übung !) der Exponent von 10 mod 31 mit 15 identisch und die Brüche $\frac{a}{31}$ (a = 1, 2, $\ldots$, 30) haben die Periodenlänge (nach Abschnitt 1.4.) 15.

Nachdem wir in (12), (15) und (16) bereits $(\frac{\pm 1}{p})$ und $(\frac{\pm 2}{p})$ für ungerade PZ^{en} p bestimmt haben, sollen noch $(\frac{\pm 3}{p})$, $(\frac{\pm 5}{p})$ und $(\frac{\pm 7}{p})$ berechnet werden.

---

[1] Bekanntlich ist $10^3 \equiv - 1(13)$.

Für $p = 3$ ist $(\frac{\pm 3}{p}) = 0$; ist $p > 3$, so gilt $(\frac{3}{p}) = (\frac{p}{3})(-1)^{\frac{p-1}{2}} =$

$(\frac{\pm 1}{3})(-1)^{\frac{p-1}{2}}$. Weiter kann $p = 12k \pm 1$ oder $p = 12k \pm 5$ gesetzt

werden. Falls $p = 12k \pm 1$, ist $(\frac{p}{3}) = \pm 1$ und $(-1)^{\frac{p-1}{2}} = \pm 1$, damit

(20_1) erhalten wir (20_1) $(\frac{3}{p}) = 1$ für $p = 12k \pm 1$; falls $p = 12k \pm 5$, ist

(20_2) $(\frac{p}{3}) = \mp 1$ und $(-1)^{\frac{p-1}{2}} = \pm 1$ oder (20_2) $(\frac{3}{p}) = -1$ für $p = 12k \pm 5$.

Weiter gilt $(\frac{-3}{p}) = (\frac{-1}{p})(\frac{3}{p}) = (-1)^{\frac{p-1}{2}} (\frac{p}{3})(-1)^{\frac{p-1}{2}} = (\frac{p}{3})$; da alle kon-

(21) kurrierenden PZ^{en} die Form $6k \pm 1$ haben, ergibt sich (21) $(\frac{-3}{p}) = \pm 1$

falls $p = 6k \pm 1 \equiv \pm 1(6)$.

Für $(\frac{\pm 5}{p})$ setzen wir $p > 5$ voraus[1], entsprechend soll $(\frac{\pm 7}{p})$ nur

für $p > 7$ [2] berechnet werden. Zunächst gilt

$$(\frac{5}{p}) = (\frac{p}{5}) (-1)^{2 \cdot \frac{p-1}{2}} = (\frac{p}{5}) = \begin{cases} 1 \text{ für } p \equiv \pm 1(5) \; [2] \\ -1 \text{ für } p \equiv \pm 2(5) \end{cases} \text{ und entsprechend}$$

$(\frac{-5}{p}) = (\frac{-1}{p}) \cdot (\frac{p}{5}) = (-1)^{\frac{p-1}{2}} (\frac{p}{5})$. Da wir sämtliche PZ^{en} p $(p > 5)$ in

der Form $20k \pm \nu$ $(\nu = 1, 3, 7, 9)$ schreiben können, folgt aus den

letzten Gleichungen mit $(\frac{p}{5}) = +1, -1, -1, +1$ und $(-1)^{\frac{p-1}{2}} =$

$+1, -1, -1, +1$ für $p = 20k + \nu$ $(\nu = 1, 3, 7, 9)$ somit $(\frac{-5}{p}) = 1$.

Für $p = 20k - \nu$ $(\nu = 1, 3, 7, 9)$ ergibt sich entsprechend $(\frac{p}{5}) =$

$+1, -1, -1, +1$ und $(-1)^{\frac{p-1}{2}} = -1, +1, +1, -1$, also $(\frac{-5}{p}) = -1$. Das

(22) ist die Aussage (22) $(\frac{5}{p}) = 1$ für $p \equiv \pm 1(5)$, $(\frac{5}{p}) = -1$ für

$p \equiv \pm 2(5)$; $(\frac{-5}{p}) = 1$ für $p = 20k + \nu$, $(\frac{-5}{p}) = -1$ für $p = 20k - \nu$

(23_1) $(\nu = 1, 3, 7, 9)$. Schließlich gelten (23_1) $(\frac{-7}{p}) = (\frac{-1}{p}) (\frac{7}{p}) =$

(23_2) $(-1)^{\frac{p-1}{2}} (\frac{p}{7})(-1)^{3 \cdot \frac{p-1}{2}} = (\frac{p}{7})$ und (23_2) $(\frac{7}{p}) = (\frac{p}{7})(-1)^{3 \cdot \frac{p-1}{2}}$ also

---

[1] $(\frac{\pm 5}{5}) = 0$, $(\frac{\pm 5}{3}) = (\frac{\pm 2}{3}) = \mp 1$

[2] $(\frac{\pm 7}{7}) = 0$, $(\frac{\pm 7}{5}) = (\frac{\pm 2}{5}) = -1$ $(z^2 \equiv \pm 1(5)$ für $z \in \mathbb{Z}$ und

    $z \not\equiv 0(5))$, $(\frac{\pm 7}{3}) = \pm 1$

(24) $\qquad \left(\frac{7}{p}\right)\left(\frac{-7}{p}\right) = (-1)^{\frac{p-1}{2}}$ oder (24) $\left(\frac{7}{p}\right) = \pm \left(\frac{-7}{p}\right)$ für $p = \pm 1(4)$. Aus

(25) $\qquad (23_1)$ folgt aber (25) $\left(\frac{-7}{p}\right) = \pm 1$ für $p = \pm 2^{\nu}(7)$ $(\nu = 0, 1, 2)$,

denn $x^3 - 1 \equiv 0(7)$ hat die Lösungen 1, 2, 4. Zur Bestimmung von $\left(\frac{7}{p}\right)$ stellen wir die konkurrierenden PZ^{en} in der Form $28k \pm \nu$

(26$_1$) $\qquad$ $(\nu=1, 3, 5, 9, 11, 13)$ dar. Aus (24) und (25) resultiert dann (26$_1$)

(26$_2$) $\qquad$ $\left(\frac{7}{p}\right) = 1$ für $p = 28k \pm 1$; (26$_2$) $\left(\frac{7}{p}\right) = 1$ für $28k \pm 3$;

(26$_3$)(26$_4$) (26$_3$) $\left(\frac{7}{p}\right) = -1$ für $p = 28k \pm 5$; (26$_4$) $\left(\frac{7}{p}\right) = 1$ für $p = 18k \pm 9$;

(26$_5$)(26$_6$) (26$_5$) $\left(\frac{7}{p}\right) = -1$ für $p = 28k \pm 11$; (26$_6$) $\left(\frac{7}{p}\right) = -1$ für $p = 28k \pm 13$ [1].

(III$_5$) $\qquad$ Die Formeln (12), (15), (16), (20), (21), (22), (24), (25) und (26) subsummieren wir dem Satz (III$_5$).

3.2. Sätze über Primzahlen

Wir beginnen diesen Abschnitt, der sehr verschiedenartige Aussagen über Primzahleigenschaften enthält, mit einem Satz von V. Brun (geb. 1885). Der Satz hat zwar kaum praktische Bedeutung, er führt aber in eine Methode zahlentheoretischer Überlegungen ein, die es sich schon deshalb zu betrachten lohnt, da sie oft zum Erfolg bei anderen (III$_6$) $\quad$ Problemen verhilft. Es gilt (III$_6$): Ist für beliebiges reelles x $(x \geqslant 0)$ und eine natürliche Zahl n_0 $(n_0 > 1)$ $\pi(n_0 + x)$ bekannt, so läßt sich p_{n_0} gewinnen.

Hierzu muß das Minimum μ aller natürlichen Zahlen bestimmt werden, für das $n_0 - \pi(\mu) = 0$. Daraus resultiert dann $\mu = p_{n_0}$. Wir bilden zu diesem Zweck die Folge $n_1 = n_0 - \pi(n_0)$, $n_2 = n_0 - \pi(n_0 + n_1) = n_0 - \pi(s_1)$, ...; ist dann n_I das erste Glied dieser Folge, welches verschwindet — $n_I = n_0 - \pi(s_{I-1}) = 0$, so gilt — wie noch zu zeigen ist — $s_{I-1} = p_{n_0}$. Wegen $\pi(n) < n$ für alle n ist $n_1 > 0$. Wir demonstrieren das Verfahren zunächst an dem Beispiel $n_0 = 10$, $\pi(n_0) = 4$. $n_1 = 6$, $n_2 = 10 - \pi(16) = 10 - 6 = 4$, $n_3 = 10 - \pi(20) = 10 - 8 = 2$, $n_4 = 10 - \pi(22) = 10 - 8 = 2$, $n_5 = 10 - \pi(24) = 10 - 9 = 1$, $n_6 = 10 - \pi(25) = 10 - 9 = 1$, $n_7 = 10 - \pi(26) = 10 - 9 = 1$, $n_8 = 10 - \pi(27) = 10 - 9 = 1$, $n_9 = 10 - \pi(28) = 10 - 9 = 1$, $n_{10} = 10 - \pi(29) = 0$; $p_{10} = 29$. Zunächst zeigen wir $(n_I = 0,$ I klein-

---

[1] $\left(\frac{7}{p}\right) = 1$ für $p = 28k \pm 3^{\nu}$ $(\nu=0, 1, 2)$, $\left(\frac{7}{p}\right) = -1$ für

$\qquad p = 28k \pm (14 - 3^{\nu})$ $(\nu = 0, 1, 2)$

ster Index) $\Rightarrow$ ($n_{I+1} = n_{I+2} = \ldots = 0$). Da $n_{I+1} = n_0 - \pi(s_I) =$ $n_0 - \pi(s_{I-1} + 0) = n_0 - \pi(s_{I-1} + n_I) = n_I = 0$, ist diese Behauptung richtig. Weiter gilt p.d. ($n_0 - \pi(s_{k-1}) = n_k > 0$) $\Leftrightarrow$ ($n_0 > \pi(s_{k-1})$) und ebenso ($n_k = 0 = n_0 - \pi(s_{k-1})$) $\Leftrightarrow$ ($p_{n_0} \leqslant s_{k-1} < p_{n_0+1}$). Für $n_k \geqslant 0$ gilt $\pi(s_{k-1}) \leqslant \pi(s_k)$ oder $n_k \geqslant n_{k+1}$; die n_k bilden daher eine monoton fallende Folge, solange die n_k nicht negativ sind. Ist weiter $n_k = 1$, so gilt ($n_k = 1 = n_0 - \pi(s_{k-1})$) $\Leftrightarrow$ ($p_{n_0-1} \leqslant s_{k-1} < p_{n_0}$). Nach ($I_{28}$) ist $p_{n_0} < 2 p_{n_0-1} \leqslant 2 s_{k-1}$ und $|n_{k+1}| = |n_0 - \pi(s_{k-1} + 1)| \leqslant 1$, falls $n_{k+1} = 0$ erhalten wir $p_{n_0} = s_{k-1} + 1 = s_{k-1} + n_k = s_k$, falls $n_0 - \pi(s_k) = 1$. wird das Verfahren fortgesetzt und führt (wegen (I_{28})) nach endlich vielen Schritten zu einem ($n_{k+I} = 0$) $\Leftrightarrow$ ($p_{n_0} = s_{k+I-1}$). Um (III_6) vollständig zu beweisen, muß also nur noch gezeigt werden, daß für $n_k \geqslant 2$ nicht $n_{k+1} \leqslant 0$ gelten kann. Damit wird ein Element der Folge (nach endlich vielen Schritten) den Wert eins annehmen und – wie oben geschildert – dann durch Iteration des Verfahrens zum Wert Null geführt werden können. Zunächst gilt für $n_0 = 2$ resp. $n_0 = 3$ resp. $n_0 = 4$ resp. $n_0 = 5$ resp. $n_0 = 6$ resp. $n_0 = 7$: $n_1 = 1$ resp. $n_1 = 1$ resp. $n_1 = 2$ resp. $n_1 = 2$ resp. $n_1 = 3$ resp. $n_1 = 3$ und für $n_0 \geqslant 8$ wird $\pi(n_0) \leqslant \dfrac{n_0}{2}$ also $n_1 \geqslant 4$. Falls $2 \leqslant n_k = n_0 - \pi(s_{k-1})$, so wird mit $p_{l_0} \leqslant s_{k-1} < p_{l_0+1}$ aber $\pi(s_{k-1}) = l_0$ oder $2 \leqslant n_k = n_0 - l_0$ [1], $n_{k+1} = n_0 - \pi(s_{k-1} + n_k) = n_0 - \pi(s_k) = n_0 - \pi(s_{k-1} + n_0 - l_0)$. Von den PZ[en] p mit $s_{k-1} < p \leqslant s_k$ gibt es höchstens ($\dfrac{n_0 - l_0 + 1}{2}$), denn die geraden Zahlen unter ($s_{k-1} + 1$), ($s_{k-1} + 2$), $\ldots$, ($s_{k-1} + n_k$) sind sicher keine PZ[en]. Damit wird $\pi(s_k) \leqslant l_0 + \dfrac{n_0 - l_0 + 1}{2} =$ $\dfrac{n_0 + l_0 + 1}{2}$ oder $n_{k+1} = n_0 - \pi(s_k) \geqslant n_0 - \dfrac{n_0 + l_0 + 1}{2} =$ $\dfrac{n_0 - l_0}{2} - \dfrac{1}{2} \geqslant 1 - \dfrac{1}{2} = \dfrac{1}{2}$. Da sämtliche n_k zu $\mathbb{Z}$ gehören, ist $n_{k+1} \geqslant 1$ und (III_6) bewiesen.

(III_7)   Ähnlich läßt sich der bemerkenswerte Satz (III_7) beweisen: Jede natürliche Zahl n (n > 6) kann als Summe paarweise verschiedener PZ[en] geschrieben werden. Er gehört zu den neueren Ergebnissen der "additi-

---

[1] also $l_0 \leqslant n_0 - 2$

ven Zahlentheorie", die sich mit den Eigenschaften von Summen (i.a.) ganzer Zahlen beschäftigt[1]. Zunächst ist zu bemerken, daß ein additives Analogon zu (I_{10}) trivial ist, da jede gerade Zahl $(2k)$ sich als Summe von k gleichen Summanden 2 schreiben läßt und jede ungerade Zahl $(2k + 1)$ als Summe von 3 und $(k - 1)$ Summanden 2 darstellbar ist. (III_7) sagt wesentlich mehr aus[2]. Beim Beweis folgen wir einem Gedankengang von H. E. Richert (geb. 1924). Es ist

$7 = 2 + 5$, $8 = 3 + 5$, $9 = 2 + 7$, $10 = 2 + 3 + 5$, $11 = 11$,
$12 = 2 + 3 + 7$, $13 = 2 + 11$, $14 = 3 + 11$, $15 = 3 + 5 + 7$, $16 = 5 + 11$,
$17 = 2 + 3 + 5 + 7$, $18 = 7 + 11$, $19 = 3 + 5 + 11$. Damit haben wir

s_0 (= 13) Zahlen n ($7 \leqslant n \leqslant 19$) vermöge p_1, p_2, p_3, p_4, p_5 additiv dargestellt. Da s_0 (=13) $\geqslant p_6 = 13$, können wir zu jeder der vorstehenden Summen $13(= p_6)$ addieren und erhalten für n = 20 bis n = 19 + 13 = 32 dann insgesamt s_1 (= 26) Darstellungen der erstrebten Form[3] mit Hilfe der PZ^{en} p_1, p_2, ..., p_6. Da $s_1 = 26 > p_7 = 17$ können wir nun zu den letzten 17 der bereits dargestellten Zahlen jeweils p_7 addieren $(16 + 17 = 5 + 11 + 17 = 33$, ..., $32 + 17 = 3 + 5 + 11 + 13 + 17 = 49)$ und erhalten damit s_2 $(= s_1 + p_7 = 26 + 17 = 43)$ Darstellungen der gewünschten Form für n $(7 \leqslant n \leqslant 49)$. Wegen $43 > p_8 = 19$ werden jetzt die letzten 19 Summen der bisherigen Serie durch den Summanden 19 erweitert, wodurch wir zu einer Serie von $43 + p_8 = s_3 = 62$ Darstellungen gelangen[4]. Dieses Verfahren ist unbeschränkt fortsetzbar, wenn stets $p_{6+n} \leqslant s_n$ gilt. Für n = 0, 1, 2 war die Ungleichung erfüllt (1.I.S.); wird nun (I.A.) $p_{6+k} < s_k$ ($k \geqslant 2$, für alle $n \leqslant k$ richtig) angenommen, so

ist nach (I_{28}) $p_{6+k+1} < 2p_{6+k} = p_{6+k} + p_{6+k} \overset{\text{I.A.}}{<} p_{6+k} + s_k \overset{\text{p.d.}}{=} s_{k+1}.$

q.e.d.

Hier soll als Übungsbeispiel ein Ergebnis angeschlossen werden, das nur scheinbar dem eben behandelten Satz verwandt ist.

Übg.(10.) Sind endlich viele (n) paarweise verschiedene PZ^{en} $p_{(1)}$, $p_{(2)}$, ..., $p_{(n)}$ (z.B. $p_1 < p_2 < ... < p_n$) gegeben, so existieren in keinem

---

[1] Weitere Aussagen dieser Disziplin werden wir hauptsächlich in den Abschnitten 3.4. und 3.5. behandeln. Solche Summen werden auch bisweilen als "Partitionen" bezeichnet.

[2] Sämtliche Summanden sind paarweise verschieden.

[3] die in der additiven Zahlentheorie "Zerfällung" genannt wird.

[4] Dieses Verfahren läßt sich mit gutem Erfolg auch in den Anfangsklassen der weiterführenden Schulen behandeln.

Falle n ganze rationale Zahlen $g_1, \ldots, g_n$ mit $\prod_{\nu=1}^{n} g_\nu \neq 0$ derart,

daß $\sum_{\nu=1}^{n} g_\nu \log (p_{(\nu)}) = 0$[1].

Übg.(11.) Weiter läßt sich der folgende Satz (Übung !) beweisen: Unter den gegebenen Voraussetzungen ist $\sum_{\nu=1}^{n} g_\nu \log (p_{(\nu)}) = 0$ g.d.w. $g_\nu = 0$ $(\nu = 1, 2, \ldots, n)$[2]. Anleitung: Es ist (I_{10}) zu beachten.

Aufschluß über PZ-Zwillinge gibt das folgende Kriterium von
(III_8) P. A. Clement (geb. 1919): (III_8) Zwei natürliche Zahlen n , $n+2$
(1) $(n > 1)$ sind PZ-Zwillinge g.d.w. (1) $4((n-1)! + 1) + n \equiv$
$0(n \cdot (n+2))$. Bew.: Sind n und $(n+2)$ PZ^{en}, so gilt nach (I_{21}) und wegen
$(n, n+2) = 1$: $(((n-1)! + 1) \equiv 0(n), (n+1)! + 1 \equiv 0(n+2)) \Rightarrow$
$((n-1)! (-1)(-2) + 1 \equiv 2(n-1)! + 1 \equiv 0(n+2)) \Rightarrow$
$((4(n-1)! + 2) \equiv 0(n+2)) \Rightarrow (4((n-1)! + 1) - 2 \equiv 0(n+2)) \Rightarrow$
$(4((n-1)! + 1) - 2 + n + 2 \equiv 0(n+2)) \Rightarrow (4((n-1)! + 1) + n \equiv 0(n+2))$.
Mit $((n-1)! + 1 \equiv 0(n)) \Rightarrow (4((n-1)! + 1) + n \equiv 0(n))$ wird dabei (1)
zu einer notwendigen Bedingung dafür, daß n und $(n+2)$ PZ-Zwillinge
sind. Umgekehrt gilt (1) nicht für $n = 2$ und $n = 4$, dagegen für
$n = 3$ und $n = 5$. Für $n > 5$ sahen wir[3], daß für $n \neq p$ stets
$(n-1)! \equiv 0(n)$ galt, und damit folgt aus (1): $(4((n-1)! + 1) + n \equiv$
$0(n)) \Rightarrow (4((n-1)! + 1) \equiv 0(n))$, $(4((n-1)! + 1) + n \equiv 0(n+2)) \Rightarrow$
$(2((n-1)! \cdot 2 + 2) + n \equiv 0(n+2)) \Rightarrow (2((n-1)! \cdot (-1) \cdot (-2) + 2) + n \equiv$
$0(n+2)) \Rightarrow (2((n+1)! + 2) + n \equiv 0(n+2)) \Rightarrow (2((n+1)! + 1) + n+2 \equiv$
$0(n+2)) \equiv (2((n+1)! + 1) \equiv 0(n+2))$; es gelten somit
$(1')(1'')$ (1') $4((n-1)! + 1) \equiv 0(n)$, (1") $2((n+1)! + 1) \equiv 0(n+2)$. Ist nun n
bzw. $(n+2)$ für $n > 5$ keine PZ, so wäre $(n-1)!$ bzw. $(n+1)!$
kongruent Null mod n bzw. mod $(n+2)$ und daher $4((n-1)! + 1) \equiv 4(n)$
bzw. $2((n+1)! + 1) \equiv 2(n+2)$ ein Widerspruch zu (1') bzw. (1").
q.e.d.

In der folgenden Satzgruppe beschäftigen wir uns mit einigen Eigenschaften der PZ^{en}, die es unter anderem heute gestatten, mit Hilfe elektronischer Rechenmaschinen neue PZ^{en} zu ermitteln, die alle bisher bekannten übertreffen.

---

[1] Hier können statt des log auch Logarithmen zu einer anderen Basis a $(a > 0,\ a \neq 1,\ a\ \text{reell})$ gewählt werden.

[2] Hieraus folgt (warum?) für $n > 3$ und $\prod g_\nu \neq 0$ auch stets $m \neq \sum_{\nu=1}^{n} g_\nu \lg p_{(\nu)}$ $(m > 1,\ m \in \mathbb{Z})$. Anleitung: $m = m \cdot \lg 10 = m \cdot \lg 2 + m \cdot \lg 5$.

[3] beim Beweis des Satzes von Wilson in (I_{21})

Der kleine Fermatsche Satz (I_{21}) $a^{p-1} \equiv 1(p)$ $((a, p) = 1$ läßt sich nicht dergestalt umkehren, daß etwa aus $(a, n) = 1$ und $a^{n-1} \equiv 1(n)$ stets $n = p$ gefolgert werden könnte. So ist z.B. $(4, 15) = 1$, $4^2 \equiv 1(15)$, $(4^2)^7 = 4^{14} \equiv 1(15)$ aber $15 \neq p$; ebenso ist $(11, 15) = 1$ und $11^2 \equiv 1(15)$, also $11^{14} \equiv 1(15)$. Mit $341 = 11 \cdot 31$ folgt $(2^{10} = 1024 = 3 \cdot 341 + 1 \equiv 1(341)) \Rightarrow (2^{340} = (2^{10})^{34} \equiv 1(341)) \Rightarrow (4^5 \equiv 1(341)) \Rightarrow ((4^5)^{68} = 4^{340} \equiv 1(341))$ [1]. Ist nun ein $n_0 \neq p$

(2)   (z.B. $n_0 = 341$) gegeben, für das außerdem (2) $2^{n_0-1} \equiv 1(n_0)$ bzw. $2^{n_0-1} - 1 = q\, n_0$ $(q \in \mathbb{Z})$, so bilden wir $n_1 = 2^{n_0} - 1$ [2] $= 2^{r \cdot s} - 1 = (2^r - 1) \cdot (1 + 2^r + \ldots + 2^{r(s-1)}) \neq p$, und es gilt $n_1 - 1 = 2^{n_0} - 2 = 2(2^{n_0-1} - 1) \overset{(2)}{=} 2 \cdot q \cdot n_0$ und $2^{n_1-1} - 1 = 2^{2qn_0} - 1 = (2^{n_0} - 1) \cdot (1 + 2^{n_0} + \ldots + 2^{n_0(2q-1)}) = n_1 \cdot (\ldots) \equiv 0(n_1)$. n_1 ist demnach ein weiteres $n \neq p$, für welches $2^{n-1} \equiv 1(n)$. Das ist - da unser

$(III_9^{(1)})$ Verfahren beliebig oft iteriert werden kann - der Satz $(III_9^{(1)})$:

Es gibt unendlich viele natürliche Zahlen n, für die $2^{n-1} \equiv 1(n)$

$(III_9^{(2)})$ und $n \neq p$ gelten [3]. Fast trivial ist der Satz $(III_9^{(2)})$: Mit $a \cup n$ und $a^{n-1} \not\equiv 1(n)$ ist n sicher keine PZ. Bew.: Antithese: Wäre $n = p$ und $a \cup n$, so nach (I_{21}) $a^{n-1} \equiv 1(n)$. q.e.a. $(III_9^{(2)})$ kann allerdings manchmal als Rechenprobe dienen, wenn ein n als Nichtprimzahl bestätigt werden soll (z.B. $a = 2$, $n = 119$, $2^{118} \not\equiv 1(119)$

Übg.(12.)   (Übung !)). Nur scheinbar etwas "tiefer" liegt die Aussage $(III_9^{(3)})$:

$(III_9^{(3)})$ Dund ist n eine PZ, wenn es ein a mit $a \cup n$ gibt, für welches $a^{n-1} \equiv 1(n)$ und gleichzeitig für Primfaktoren p von $(n-1)$ gilt $a^{\frac{n-1}{p}} \not\equiv 1(n)$. Bew.: Ist $n = p$, so gibt es nach (II_{17}) ein $a = PW(p)$; da $\varphi(p) = p-1$, so gilt $a^{p-1} \equiv 1(p)$, wobei $(p-1)$ der Exponent von a mod p ist. Die in $(III_9^{(3)})$ formulierte Bedingung ist also notwendig. Gelten umgekehrt $a \cup n$ und $a^{n-1} \equiv 1(n)$, so ist $e_n(a)$ [4] nach (I_{21})

---

[1] Es gibt sogar natürliche n, die keine PZ^{en} sind und für die stets für $(a, n) = 1$ auch $a^{n-1} \equiv 1(n)$ gilt.

[2] $n_1 \neq p$, da $n_0 = r \cdot s$ mit $2 \leqslant r \leqslant s < n_0-2$ (für $n_0 > 4$).

[3] Dabei ist $n \equiv 1(2)$, denn $2^{2n'-1} \equiv 1(2n')$ ist unmöglich.

[4] $e_n(a)$ ist der Exponent von a mod n.

ein Teiler von $n-1$. Da jeder echte Teiler[1] von $(n-1)$ auch Teiler von $\frac{n-1}{p}$ (p ein Primfaktor von $(n-1)$) sein muß und außerdem n.V.

$a^{\frac{n-1}{p}} \not\equiv 1(n)$ gelten soll, so ist $e_n(a) = n-1$; das führt zu

$$(e_n(a) = n-1) \overset{(I_{21})}{\Rightarrow} (e_n(a)/\varphi(n)) \Rightarrow ((n-1)/\varphi(n)) \Rightarrow ((n-1) \leqslant \varphi(n)).$$

Da nun p.d. aber $n-1 \geqslant \varphi(n)$, so ist $\varphi(n) = n-1$. Für $n \neq p$ ist aber $n-1 > \varphi(n)$ und damit $n = p$. q.e.d.

Vor etwa 30 Jahren bewies D. H. Lehmer (geb. 1905) den Satz $(III_9^{(4)})$, der für die Bestimmung großer PZ^{en} sich als sehr praktikabel erwiesen hat.

Es gilt: Mit $a \cup n$ und $a^{n-1} \equiv 1(n)$ sowie $(III_9^{(4)})$ $a^{\frac{n-1}{p}} \equiv r \neq 1(n)$ (p ein fester Primteiler von $(n - 1)$) und $(n, r-1) = \delta$ haben alle zu δ relativ prime Faktoren von n [2] die Form $(p^\alpha x + 1)$, wenn $(n-1) = p^\alpha \cdot q$ ($p \cup q$, $\alpha \geqslant 1$, $\alpha \in \mathfrak{z}$), mit $x \in \mathfrak{N}$.

MSZ   Wir betrachten zunächst ein Beispiel. $n = 341 = 11 \cdot 31$. $(2, 341) = 1$, $2^{340} \equiv 1(341)$. Nun suchen wir ein p ($p/(n-1)$, $p/340$) derart, daß $\frac{n-1}{p} \neq 10k$ (da $2^{10} \equiv 1(341)$). $p = 5$ erweist sich als möglich, denn $2^{\frac{340}{5}} = 2^{68} = 2^{60} \cdot 2^8 \equiv 256(341)$. $r-1 = 255 = 3 \cdot 5 \cdot 17$. $\delta = (n, r-1) = 1$. Damit haben – falls $(III_9^{(4)})$ richtig ist – sämtliche Teiler von 341 die Form $5 \cdot x + 1$ ($x = 2$, $x = 6$). Sind die Voraussetzungen von $(III_9^{(4)})$ erfüllt und zusätzlich noch $\delta = 1$, so muß n einen Primfaktor der Form $(xp^\alpha + 1)$ besitzen, d.h. $((xp^\alpha + 1) \leqslant \sqrt{n})$ [3] $\leftrightarrow$ $(x < \sqrt{n}p^{-\alpha})$. Wenn dann zusätzlich $p^\alpha \geqslant \sqrt{n}$ gilt, so ist $x = 0$ oder n eine PZ. Ist neben p noch ein weiterer Primfaktor p' von $(n-1)$ bekannt und wieder $\delta = 1$, so haben die Primteiler von n auch die

---

[1] Echte Teiler von n sind kleiner als n.

[2] somit auch alle Primfaktoren von n, die zu δ teilerfremd sind.

[3] Wenn alle Primfaktoren von n größer als $\sqrt{n}$, so ist $n = p$.

Form $(yp'^{\beta} + 1)$ $(y \in \mathfrak{N})$, also $y = zp^{\alpha}$ $(z \in \mathfrak{N})$ oder $zp^{\alpha}p'^{\beta} < \sqrt{n}$. Für $p^{\alpha}p^{\beta} \geqslant \sqrt{n}$ ist demnach n ebenfalls wieder eine PZ[1].

Mit den heute verfügbaren Rechenautomaten läßt sich über $(III_9^{(4)})$ verhältnismäßig leicht zu einer bekannten (großen) PZ eine noch größere finden. Bis zum Beginn des Einsatzes solcher Anlagen für mathematische Zwecke - etwa nach 1945 - war eine 79-ziffrige Zahl, nämlich $(180(2^{127} - 1)^2 + 1)$[2], die größte bekannte PZ. Sie ist heute weit übertroffen. Etwa seit 1950 ist es üblich, in Rechenzentren, deren Kapazität vorübergehend nicht voll benötigt wird, jeweils "die größte PZ des Monats" zu berechnen [3].

Dabei wird u.a. in Verbindung mit $(III_9^{(4)})$ das folgende Prinzip verwendet: Ist p eine bekannte große PZ, n_1 eine natürliche Zahl kleiner als $\frac{p}{2}$, so ist $N = 2n_1p + 1$ eine PZ[4], wenn ein a existiert mit $a \cup N$, $a^{2n_1p} \equiv 1(N)$, $a^{2n_1} \equiv r \not\equiv 1(N)$ und $\delta = (N, r-1) = 1$ zusätzlich gilt. Da n.V. $2n_1p = N - 1 < p^2$, ist p^2 kein Teiler von $N - 1$; weiter haben alle Primteiler von N, weil $\delta = 1$, die Form $(x\, p + 1)$. Von diesen kann es höchstens einen geben, da $(x\, p + 1)(y\, p + 1) > p^2 + p$, aber $N = 2n_1p + 1 < p\cdot p + 1 = p^2 + 1$. Damit ist N selbst eine PZ. q.e.d.

---

(3) Zum Beweis von $(III_9^{(4)})$ setzen wir in (3) $n-1 = mp = qp^{\alpha}$ $(\alpha \geqslant 1$, $\alpha \in \mathfrak{N}$, $q \cup p$) $n = \delta n'$, $\delta = (r-1, n)$. Ist nun p_0 eine PZ mit p_0/n aber $p_0 \nmid \delta$, so gehört a mod p_0 zum Exponenten τ (nach (I_{21})) und es ist $a^{\tau} \equiv 1(p_0)$. Da $(a \cup n) \Rightarrow (a \cup p_0)$ und $(a^{n-1} \equiv 1(n)) \Rightarrow (a^{n-1} \equiv 1(p_0)) \overset{(I_{21})}{\Rightarrow} \tau/(n-1)$. Wäre τ/m, also $a^m = a^{\tau m'} \equiv 1(p_0)$,

---

[1] Lehmer gibt als Beispiel $n = \dfrac{10^{24} + 1}{10^8 + 1} = 10^{16} - 10^8 + 1 =$ 9999 9999 0000 0001, $n - 1 = (10^8 - 1)\, 2^8\, 5^8$, $p = 2$, $p' = 5$; $10^8 > \sqrt{n}$. Da alle weiteren Voraussetzungen von $(III_9^{(4)})$ erfüllt sind, was hier nicht untersucht werden soll, ist $n = p$.

[2] Um sie zu erhalten, war die PZ $(2^{127} - 1)$ mit einfachen Rechenmaschinen "vergrößert" worden.

[3] U.a. wurde 1971 $(2^{19937}-1)$ als "größte PZ" bestimmt.

[4] nahe bei p^2, wenn $2n_1$ wenig kleiner als p gewählt werden kann.

so würde aus (n.V.) $a^m = a^{\frac{n-1}{p}} \equiv r(n)$, aber $r \equiv 1(p_0)$ oder $r-1 \equiv 0(p_0)$ folgen, was wegen $(p_0/r-1,\ p_0/n) \Rightarrow (p_0/\delta)$ im Widerspruch zu $p_0 \nmid \delta$ stünde. Wäre τ/q, so $a^m = a^{\frac{n-1}{p}} = a^{q \cdot p^{\alpha-1}} \equiv 1(p_0)$ und da n.V. $a^m \equiv r(n)$, also a fortiori $a^m \equiv r(p_0)$, so würde sich wieder $r \equiv 1(p_0)$ und wie eben p_0/δ ergeben. c.i.p. Damit ist $\tau \nmid m$ und $\tau \nmid q$. Unter den Primfaktoren von τ kommt demnach mindestens einmal p vor, außerdem figurieren unter diesen Primteilern eventuell auch noch Primfaktoren von q. Wir setzen $\tau = n_2\, p^\beta$ $(n_2 \cup p,\ \beta \geqslant 1)$. Da $\tau/(n-1)$, ist $\frac{n-1}{\tau} = \frac{qp^\alpha}{n_2 p^\beta}$ mit $\frac{q}{n_2} \in \mathfrak{N}$ und $\alpha \geqslant \beta$; weil aber m kein Vielfaches von τ ist, muß $\frac{m}{\tau} = \frac{qp^{\alpha-1}}{n_2 p^\beta}$ ein Bruch sein, d.h. $\frac{p^{\alpha-1}}{p^\beta}$ einen echten Bruch darstellen. Es ist dabei $\alpha-1 < \beta$ oder m.a.W. $\alpha < \beta + 1$. Da $\alpha \geqslant \beta$ (s.o.) und $\alpha \leqslant \beta$ (s.e.) ist $\alpha = \beta$ oder $\tau = n_2 p^\alpha$. Da nach (I_{21}) $a^{p_0-1} \equiv 1(p_0)$, so folgt wieder über (I_{21}) $(\tau/p_0-1) \Rightarrow (p_0 - 1 = k\tau = xp^\alpha\ (k \in \mathfrak{N},\ x \in \mathfrak{N})) \Rightarrow (p_0 = xp^\alpha + 1)$. Da sich sämtliche Teiler von n, die zu δ teilerfremd sind, als Produkt solcher eben behandelten Primteiler schreiben lassen und

$$(xp + 1)^\alpha\, (yp^\alpha + 1) = zp^\alpha + 1 \quad (x \in \mathfrak{N},\ y \in \mathfrak{N},\ z \in \mathfrak{N})$$

ist $(III_9{}^{(4)})$ bewiesen [1]. q.e.d.

MSZ   Mehrfach – etwa im 1. Kapitel oder auch bei $(III_2{}^{(3)})$ – ist uns eine Frage begegnet, die wohl Euler erstmals formuliert hat. Er fragte nach solchen n $(n \in \mathfrak{N})$, die sich mit vorgegebenem b $(b \in \mathfrak{N})$ in der Form $n = x^2 + by^2$ $(x \cup y,\ x \in \mathfrak{N},\ y \in \mathfrak{N})$ schreiben lassen. Eine

D   solche Darstellung heißt "eigentliche Darstellung". Manchmal werden auch Summen der Form $ax^2 + by^2$ $(a \cup b,\ x \cup y,\ a \in \mathfrak{Z},\ b \in \mathfrak{Z},\ x \in \mathfrak{N},\ y \in \mathfrak{N})$ zugelassen, worauf hier allerdings nur die folgende Übung

Übg.(13.) hinweisen soll. Es möge (Übung !) ein Verfahren angegeben werden, nach dem die Differenz zweier Quadrate gerade ist und gleichzeitig noch auf eine zweite Art als Differenz solcher Quadrate geschrieben werden kann.

---

[1] Für mehr als zwei solcher Primfaktoren muß noch das Verfahren der vollständigen Induktion angewandt werden.

Euler untersuchte intensiv die Frage, wann PZ^{en} eine eindeutige eigentliche Darstellung $x^2 + by^2$ besitzen. Mögliche Zahlen b

D nannte er "numeri idonei" [1] und fand von dieser Art u.a. $b = 1$ [2], $b = 2$, $b = 3$, $b = 57$, $b = 840$, $b = 1320$, $b = 1365$ und $b = 1848$. Größere geeignete Zahlen zu finden, gelang ihm nicht. Heute ist auf Grund sehr tief liegender Untersuchungen lediglich bekannt, daß es nur endlich viele geeignete Zahlen gibt; ob 1848 die größte ist,

(4) konnte noch nicht entschieden werden [3]. Soll eine PZ p in der Form (4)

$$p = x^2 + dy^2$$ mit $(x, y) = 1$ und $x \cdot y \neq 1$ darstellbar sein, so muß $x^2 + dy^2 \equiv 0(p)$ oder $x_0^2 \equiv - dy_0^2(p)$ für eine Lösung $(x_0; y_0)$ gelten, wobei $(x_0, p) = (y_0, p) = 1$. In Abschnitt 2.2. sind wir schon auf den Zusammenhang zwischen $(\frac{-c}{p}) = 1$ und $a^2 + cb^2 \equiv 0(p)$ ein-

gegangen; wir sahen, daß $(\frac{-c}{p}) = 1$ g.d.w. $a^2 + cb^2 \equiv 0(p)$ $((a, b) = (a, p) = (b, p) = 1)$ und für $c = 1$ resultiert die eindeutige eigentliche Darstellung für $p \equiv 1(4)$ in Verbindung mit (II_7). Keineswegs gilt aber die Umkehrung, nach der eine Zahl $n \equiv 1(4)$ dann PZ ist, wenn sie sich eindeutig eigentlich als $x^2 + y^2$ darstellen läßt $(x \cup y)$.

Z.B. ist $25 = 3^2 + 4^2$ die einzige eindeutige Darstellung von $n = 25$, aber $n \neq p$. Damit ist $n \equiv 1(4)$ keineswegs dund eine PZ, wenn es genau eine eigentliche Darstellung für n gibt. In $(II_{10}^{(2)})$, $(II_{15}^{(4)})$ und $(II_{15}^{(5)})$ sahen wir, daß p als Teiler von $a^2 + db^2$ $(a \cup b, a \cdot b \neq 1, d = 1, 2, 3)$ für $p \neq 2$ und $p \neq 3$ stets die Form $a'^2 + db'^2$ besitzen muß. Ist nun $p/a^2 + db^2$, $p'/a^2 + db^2$ mit

(5) $p = a_1^2 + db_1^2$, $p' = a_1'^2 + db_1'^2$, so erhalten wir (5) $p \cdot p' = (a_1^2 + db_1^2)(a_1'^2 + db_1'^2) = (a_1 a_1' \pm db_1 b_1')^2 + d(a_1 b_1' \mp a_1' b_1)^2$ [4].

$(III_{10}^{(1)})$ Damit gilt $(III_{10}^{(1)})$: Jeder Teiler von $a^2 + db^2$ $(a \cup b, a \cdot b \neq 1, d = 1, 2, 3)$, dessen Primfaktoren die Darstellung $x^2 + dy^2$ besitzen, hat wieder diese Form.

Aus $a_1 = b_1 = a_1' = b_1' = d = 1$ folgt in (5): $(1^2 + 1 \cdot 1^2)(1^2 + 1 \cdot 1^2) = 2^2 + 1 \cdot 0^2 = 0^2 + 1 \cdot 2^2$; ist dagegen in (5) $(a_1'; b_1') \neq (1; 1)$ und n.V.

---

[1] lat., deutsch: geeignete Zahlen

[2] $(III_2^{(3)})$

[3] Für $a \neq 1$ wird das Problem noch unübersichtlicher, da $2x^2 + 3y^2 = 14$ nur $x = 1$, $y = 2$ als Lösung hat, 14 aber keine PZ ist.

[4] was sich durch Nachrechnen leicht bestätigt, außerdem sind in $(..)^2 + d(..)^2$ die Werte von $(..)$ stets $\neq 0$, da p und p' PZ^{en} mit $p > p' \geqslant 3$.

$(a_1, b_1) = (a_1', b_1') = (d, b_1) = (d, b_1') = 1$, ferner $d \neq 1$, so läßt

sich stets in $(a_1^2 + db_1^2)(a_1'^2 + db_1'^2) = A^2 + dB^2$ A bzw. B so bestim-

men, daß $A \cdot B \neq 0$. Ist nämlich in (5) $a_1 b_1' - a_1' b_1 \neq 0$, so braucht

nichts bewiesen zu werden; für $a_1 b_1' - a_1' b_1 = 0$ folgt aber

$(a_1 b_1' - a_1' b_1 = 0) \overset{(I_6)}{\Rightarrow} (a_1 = a_1', b_1 = b_1')$. Damit ist $a_1 b_1' + a_1' b_1 \neq 0$;

wäre nun zusätzlich $a_1 a_1' - db_1 b_1' = 0$, so ist das zunächst für

$a_1 = a_1' = d = b_1 = b_1' = 1$ möglich, dieser Fall ist schon behandelt.

Damit ist (s.e.) $a_1 = a_1'$, $b_1 = b_1'$ oder $a_1^2 = db_1^2$, die letzte

Gleichung wird aber nach (I_{10}) für $d = 2, 3$ sinnlos. In $(II_{15}^{(4)})$

und $(II_{15}^{(5)})$ sahen wir, daß alle Primteiler p von $a^2 + db^2$

$(a \cup b, d = 2, 3)$ für $p \neq 2$ und $p \neq 3$, die Form $(a'^2 + db'^2)$

mit $(a', b') = 1$ besaßen, außerdem galt $(\frac{-d}{p}) = 1$. Da die Kongruenz

$x^2 \equiv -d(p)$ nur zwei Lösungen $(\pm x_0)$ besitzt [1], ist diese Darstellung

von p als $a'^2 + db'^2$ eindeutig. Nach (III_5) resultiert hieraus

$(III_{10}^{(2)})$ $(III_{10}^{(2)})$: PZ^{en} p $(p \neq 2, p \neq 3)$ der Form $p = 8k + 1$ oder

$p = 8k + 3$ bzw. $p = 6k + 1$ haben eine eindeutige eigentliche Dar-

stellung der Form $p = a^2 + 2b^2$ bzw. $p = a^2 + 3b^2$ [2].

Manchmal wird in der Literatur behauptet, für natürliche Zahlen

$n = a^2 + 5b^2$ $((a,b) = 1)$ seien die Primfaktoren 2, 3, 5 oder von

der Form $p = a'^2 + 5b'^2$ $((a',b') = 1)$. Dies trifft aber mit

$7 \neq a'^2 + 5b'^2$ und $1^2 + 5 \cdot 2^2 = 4^2 + 5 \cdot 1^2 = 21 = 3 \cdot 7$ sicher nicht zu.

Wegen der "analogen" Tatbestände empfiehlt sich eine entsprechende

Übg.(14.) Rechnung (Übung !).

Etwas genauer sollen hier noch solche n $(n \in \mathfrak{N})$ behandelt werden, für

die $n = a^2 + 7b^2$ $((a, b) = 1, a \cdot b \neq 1)$ gilt. Ist p/n aber

$p \nmid (2 \cdot 3 \cdot 5 \cdot 7)$, so gilt dann $a^2 + 7b^2 \equiv 0(p)$ und aus $a = q_a p + r_a$,

(6) $b = q_b p + r_b$ folgt (6) $r_a^2 + 7r_b^2 \equiv 0(p)$ [3]. Nach (II_7) ist

(6') $r_a^2 + 7r_b^2 < 8p$ oder (6') $r_a^2 + 7r_b^2 = mp$ $(m = 1, 2, 3, 4, 5, 6, 7)$.

---

[1] nach $(II_{14}^{(2)})$

[2] Wieder ist die Umkehrung falsch, da $p \neq 9$ aber $9 = 1^2 + 2 \cdot 2^2$
die eindeutige eigentliche Darstellung von $n = 9$ mit $d = 2$ ist.

[3] Hier ist $r_a \cdot r_b \neq 0$, da für $r_a = 0$ auch $r_b = 0$ u.v.v., was
$(a, b) = 1$ widerspräche.

Aus Abschnitt 2.2. resultiert $(\frac{-7}{p}) = 1$ oder (III_5) $p = 2^{\nu}(7)$

$(\nu = 0, 1, 2)$. Ist in (6') $m = 1$ oder $m = 7$, so gilt

$r_a^2 + 7r_b^2 = p$ oder $(r_a^2 + 7r_b^2 = 7p) \Rightarrow (7/r_a) \Rightarrow (p = r_b^2 + 7r'_a^2,$

da $r_a = 7r'_a)$. Diese Darstellungen sind eigentlich, da $(r_b, r'_a) > 1$,

$(r_a, r_b) > 1$ nicht zu einer PZ führen würde; sie ist eindeutig nach

$(II_{14}^{(2)})$. Ist in (6') $m = 4$, so folgt hieraus entweder

$r_a \equiv r_b \equiv 0(2)$, also $(r_a = 2r'_a, r_b = 2r'_b)$, $r'_a^2 + 7r'_b^2 = p$ oder

$r_a \equiv r_b \equiv 1(2)$. Im ersten Fall ergibt sich wieder wie eben eine ein-

deutige eigentliche Darstellung von p der Form $x^2 + 7y^2$. Im zweiten

Fall ergäbe sich aber $(r_a = 2r'_a + 1, r_b = 2r'_b + 1)$, also

$(4r'_a^2 + 4r'_a + 28r'_b^2 + 28r'_b + 8 = 4p) \Rightarrow (p \equiv 0(2))$ [1], also ein Wider-

spruch $(p \neq 2)$. Wäre in (6') $m = 2$ oder $m = 6$, so müßte $r_a \equiv r_b \equiv 1(2)$

gelten [2], und wieder ergäbe eine leichte Rechnung $p \equiv 0(2)$. c.i.p. In

(6') sind nun noch die Fälle $m = 3$ und $m = 5$ zu behandeln.

$(III_{10}^{(3)})$ Sind diese als unmöglich erkannt, so gilt $(III_{10}^{(3)})$: Alle PZ^{en} mit

$(\frac{-7}{p}) = 1$ besitzen eine eindeutige eigentliche Darstellung $a_1^2 + 7b_1^2$

und alle Teiler von $(a^2 + 7b^2)$ mit $(a, b) = 1$, die zu $(2 \cdot 3 \cdot 5 \cdot 7)$

relativ prim sind, haben die Form $A^2 + 7B^2$ mit $AB \neq 0$ [3].

Zum vollständigen Beweis von $(III_{10}^{(3)})$ müssen wir noch $m = 3$ und

$m = 5$ in (6') untersuchen. Ist $m = 3$, so gilt $r_a^2 + 7r_b^2 = 3p$.

Wäre $3/r_b$, so müßte auch $3/r_a$ gelten, woraus $3/p$ zu folgern

wäre. c.i.p. Unter der Annahme $m = 3$ ist also $(3, r_b) = 1$ und

analog $(3, r_a) = 1$. Aus $r_a^2 + 7r_b^2 = r_a^2 + r_b^2 + 6r_b^2 = 3p$

resultiert aber $r_a^2 + r_b^2 \equiv 0(3)$, woraus $(\frac{-1}{3}) = 1$ sich ergäbe [4],

was (III_5) widerspricht. Ist $m = 5$, so folgt aus $r_a^2 + 7r_b^2 = 5p$

zunächst wie eben $5 \nmid r_b$ und $5 \nmid r_a$, also $(5, r_b) = 1 = (5, r_a)$. Dann

erhielten wir aber entsprechend $r_a^2 + 2r_b^2 \equiv 0(5)$ oder - wieder

---

[1] da $r'_a(r'_a + 1) \equiv 0(2)$ bzw. $r'_b(r'_b + 1) \equiv 0(2)$

[2] $(r_a \equiv r_b \equiv 0(2)) \Rightarrow (2p$ bzw. $6p$ durch 4 teilbar$)$

[3] Dabei ist über (A, B) nichts ausgesagt.

[4] über die Restklassen mod 3, zu denen r_a und r_b gehören.

über die Restklassen mod 5, zu denen r_a und r_b gehören - $(\frac{-2}{5}) = 1$, was (III_5) ebenfalls widerspricht. q.e.d.

Die Aussage des Satzes ($III_{10}^{(3)}$) ist wieder nicht umkehrbar, denn $16 \neq p$ hat nur eine einzige eigentliche Darstellung
$16 = x^2 + 7y^2$ ($x = 3$, $y = 1$).

Die vorstehenden Aussagen geben uns in Verbindung mit den Sätzen ($II_{10}^{(2)}$), ($II_{15}^{(4)}$) und ($II_{15}^{(5)}$) u.U. gewisse Hilfen bei der Zerlegung großer Zahlen in ihre Primfaktoren bzw. in ihre Teiler. Die Praktibilität solcher Hilfen ist allerdings verhältnismäßig gering, deshalb sei hier nicht näher darauf eingegangen.

Seit langem sind zwei Polynome 2. Grades in n mit ganzzahligen Koeffizienten bekannt, die für gewisse Anfangswerte von n als Funktionswerte PZ^{en} besitzen. So ist für $n = 1, 2, \ldots, 40$ sicher $P_1(n) = (n-1)^2 + (n-1) + 41 = n^2 - n + 41$ eine PZ (etwa $P_1(1) = 41$, $P_1(2) = 43, \ldots, P_1(40) = 1601$, aber $P_1(41) = 41^2 - 41 + 41 = 41^2 \neq$ PZ). Für $n = 0, 1, 2, \ldots, 79$ ist $P_2(n) = (n-40)^2 + (n-40) + 41 = n^2 - 79n + 1601$ ebenfalls eine PZ, aber $P_2(80) = 40^2 + 40 + 41 = 40 \cdot (40 + 1) + 41 = 41 \cdot (40 + 1) = 41^2 \neq$ PZ. Gelänge es, ein Polynom in n mit ganzzahligen Koeffizienten zu konstruieren, dessen Funktionswerte für alle natürlichen n sich als PZ^{en} ergäben, so hätten wir gleichsam eine "Maschine zur Konstruktion von unendlich vielen PZ^{en}" entwickelt. Auf diesem Wege ist aber eine solche Entdeckung unmöglich, (III_{11}) wie aus dem folgenden Satz hervorgeht. (III_{11}): Es gibt kein Polynom $\sum_{\nu=0}^{k} a_\nu x^\nu$ ($a_\nu \in \mathbb{Z}$, $\nu = 0, 1, \ldots, k$, $a_k > 0$), dessen Funktionswerte für $x = 0, 1, 2, \ldots$ sämtlich PZ^{en} sind. Bew.: Wir wählen zunächst n_0 so

groß, daß in $P_k(n_0) = \sum_{\nu=0}^{k} a_\nu n_0^\nu = a_k n_0^k \left(1 + \frac{a_{k-1}}{a_k} \frac{1}{n_0} + \frac{a_{k-2}}{a_k} \frac{1}{n_0^2} + \ldots\right.$

$\ldots + \left.\frac{a_0}{a_k} \frac{1}{n_0^k}\right) = a_k n_0^k (1 + \varepsilon(n_0))$ mit $M = \text{Max} \left(\left|\frac{a_\nu}{a_k}\right|, \nu = 0, 1, \ldots, k\right)$[1]

gilt $\frac{1}{n_0^\mu} \leq \frac{1}{n_0} < \frac{1}{2M \cdot k}$ für $\mu = 1, 2, \ldots, k$. Dann wird $|\varepsilon(n_0)| \leqslant$

$\sum_{\nu=0}^{k-1} \left|\frac{a_\nu}{a_k}\right| \frac{1}{n_0^{k-\nu}} < \sum_{\nu=0}^{k-1} M \frac{1}{2Mk} = \frac{k \cdot M}{2Mk} = \frac{1}{2}$ oder $1 + \varepsilon(n_0) \geqslant \frac{1}{2}$ bzw.

---

[1] gelesen: M ist das Maximum der $\left|\frac{a_\nu}{a_k}\right|$ für $\nu = 0, 1, \ldots, k$.

$P_k(n_0) \geqslant a_k n_0^k \cdot \frac{1}{2} > 0$. Wählen wir schließlich n_0 auch noch so groß, daß $a_k\, n_0^k\, \frac{1}{2} > 1$ gilt, so ist $P_k(n_0)$ ein Element aus $\mathfrak{N}$, nämlich $P_k(n_0) = n_1 > 1$. Für $\mathfrak{N} \ni x_r = rn_1 + n_0$ $(r = 1, 2, \ldots)$ erhalten wir

dann $P_k(x_r) = \sum_{\nu=0}^{k} a_\nu\, (rn_1 + n_0)^\nu = \sum_{\nu=0}^{k} a_\nu n_0^\nu + rn_1(\ldots)$ [1] $=$

$n_1(1 + r(\ldots))$. Da weiter $P_k(x_r)$ für $r \to \infty$ über alle Grenzen wächst $(P_k(x_r) > P_k(n_0) > 1;\ P'_k(x) > 0$ für x hinreichend groß, da $a_k > 0$; $P_k(x_{r+1}) > P_k(x_r))$, treten in der Folge $P_k(x_r)$ $(r = 1, 2, \ldots)$ stets Vielfache von n_1 auf, die keine PZ^{en} sind. q.e.d.

Nun läßt sich allerdings eine "Maschine" konstruieren, die beliebig viele PZ^{en} erzeugt; sie hat, wie wir sehen werden, allerdings nur theoretische Bedeutung. Hier gilt der Satz (III_{12}): Es existiert eine reelle Zahl α_0, mit deren Hilfe die unendliche Folge $\alpha_n = 2^{\alpha_{n-1}}$ $(n = 1, 2, \ldots)$ vermöge $\left[\alpha_n\right]$ unendlich viele PZ^{en} ergibt [2].

(III_{12})

Zum Beweis von (III_{12}) bilden wir eine Folge "gesternter PZ^{en}"

(7) $\quad p_1^* < p_2^* < \ldots$ mit $p_1^* = 2$ und (7) $2^{p_n^*} < p_{n+1}^* + 1 < 2 \cdot 2^{p_n^*}$. Damit wird zunächst $2^{p_1^*} = 4$ und $p_2^* = 5$ (nach (7)); aus $2^{p_2^*} = 2^5 = 32$ und $2 \cdot 2^{p_2^*} = 2^{p_2^*+1} = 64$ bleibt uns für p_3^* die Wahl zwischen 37, 41, $\ldots$, 59, 61, für eine dieser Möglichkeiten müssen wir uns entscheiden. Für $k \geqslant 2$, $p_k^* \geqslant 5$ ist dann weiter $2^{p_k^*} > 2^{p_k^*} - 1 =$ $(1 + 1)^{p_k^*} - 1 = p_k^* + \binom{p_k^*}{2} + \ldots > p_k^*$ oder $p_k^* < 2^{p_k^*} - 1 < 2^{p_k^*} <$ p_{k+1}^* [3] $< 2(2^{p_k^*} - 1)$. Es ist also $p_k^* < p_k^* + 1 < 2^{p_k^*} < p_{k+1}^* <$ $2 \cdot 2^{p_k^*} - 2 < 2 \cdot 2^{p_k^*} - 1 = 2^{p_k^*+1} - 1$ oder $p_k^* < p_k^* + 1 < 2^{p_k^*} < p_{k+1}^* <$ $p_{k+1}^* + 1 < 2^{p_k^*+1}$. Damit ist die in (7) geforderte Folge gesternter

---

[1] $(rn_1 + n_0)^\nu = n_0^\nu + n_0^{\nu-1}\, rn_1\binom{\nu}{1} + \ldots + (rn_1)^\nu$ $(\nu = 1, 2, \ldots)$.

[2] Somit ist (I_3) ein weiteres Mal bewiesen.

[3] Nach (I_{28}) liegt zwischen $(2^{p_k^*}-1)$ und $2(2^{p_k^*}-1)$ eine PZ, die ungleich $2^{p_k^*}$.

(7') PZ^{en} existent, und allgemein erhalten wir (7') $p_n^* < p_n^* + 1 < 2^{p_n^*} <$

D $p_{n+1}^* < p_{n+1}^* + 1 < 2^{p_n^*+1}$. Mit Lg x bezeichnen wir für den Beweis von

(III_{12}) den $^2\log x$ und $Lg^{(k)}x$ steht für $Lg(Lg(\ldots(Lgx))\ldots))$, also an

Stelle des k-fach iterierten Logarithmus zur Basis 2. Aus (7') erhalten wir durch Logarithmieren $Lg(p_n^*) < Lg(p_n^*+1) < p_n^* < Lg(p_{n+1}^*) <$

$Lg(p_{n+1}^* + 1) < (p_n^* + 1)$ und $Lg(p_n^*) < Lg^{(2)}(p_{n+1}^*) < Lg^{(2)}(p_{n+1}^* + 1) <$

$Lg(p_n^* + 1)$. Wird dieses Verfahren entsprechend oft iteriert, so gelan-

(8)   gen wir zu (8) $Lg^{(n)}(p_n^*) < Lg^{(n+1)}(p_{n+1}^*) < Lg^{(n+1)}(p_{n+1}^*) < Lg^{(n)}(p_n^*+1)$.

Mit $\beta_n = Lg^{(n)}(p_n^*)$, $\gamma_n = Lg^{(n)}(p_n^* + 1)$ ist aber (8) identisch mit

(9)   (9) $\beta_1 < \beta_2 < \ldots < \beta_{n+1} < \gamma_{n+1} < \gamma_n < \ldots < \gamma_1$. Nach einem bekannten

Satz $^{1)}$ aus der elementaren Theorie reeller Zahlenfolgen konvergieren

die Folgen der β_ν und der γ_ν ($\lim_{n\to\infty} \beta_n = \beta$, $\lim_{n\to\infty} \gamma_n = \gamma$). Wir werden

(10)   zeigen, daß (10) $\lim_{n\to\infty} (\gamma_n - \beta_n) = 0$. Dann folgt aus $|\gamma - \beta| =$

$|\gamma - \gamma_n + \gamma_n - \beta_n + \beta_n - \beta| \leqslant |\gamma - \gamma_n| + |\gamma_n - \beta_n| + |\beta_n - \beta|$ aber

(9') $\gamma = \beta = \alpha_0$ und wir kommen zu (9') $\beta_1 < \beta_2 < \ldots < \beta_n < \ldots \alpha_0 < \ldots$

$\ldots < \gamma_n < \ldots < \gamma_2 < \gamma_1$, also $(\beta_1 = Lg(p_1^*) < \alpha_0 < Lg(p_1^* + 1) = \gamma_1) \leftrightarrow$

$(p_1^* < 2^{\alpha_0} = \alpha_1 < p_1^* + 1)$ bzw. $\left[2^{\alpha_0}\right] = \left[\alpha_1\right] = p_1^*$; weiter gilt

$(\beta_2 = Lg^{(2)}(p_2^*) < \alpha_0 < \gamma_2 = Lg^{(2)}(p_2^* + 1)) \leftrightarrow (Lg(p_2^*) < 2^{\alpha_0} =$

$\alpha_1 < Lg(p_2^* + 1)) \leftrightarrow (p_2^* < 2^{\alpha_1} = \alpha_2 < (p_2^* + 1)) \leftrightarrow (p_2^* = \left[\alpha_2\right])$. Für

$k = 3, 4, \ldots$ folgt dann durch Iteration $p_k^* = \left[\alpha_k\right]$ und allgemein

$p_n^* = \left[\alpha_n\right] = \left[2^{\alpha_{n-1}}\right]$. Da die Logarithmen zur Basis 2 nicht"beliebig gut"

berechnet werden können, und außerdem die Folge der p_n^* sehr schnell

wächst, ist über die Dezimalstellen von $\alpha_0 = 1, \ldots$ nur wenig

bekannt (es ist $1 < \alpha_0 < 2$) und die genaue Berechnung von α_0 wird

sehr mühsam.

Übg.(15.) Welche Grenzen ergeben sich für α_0 mit $p_1^* = 2$, $p_2^* = 5$, $p_3^* = 37$?

Für den Beweis von (III_{12}) fehlt noch die Bestätigung der Formel (10).
(9) entnehmen wir $0 < (\gamma_k - \beta_k)$ ($k = 1, 2, \ldots$), und aus dem Mittelwertsatz der Differentialrechnung $^{2)}$ $(f(x) = f(0) + x f'(0 + \vartheta x)$

$^{1)}$ Z.B. in dem mehrfach zitierten Buch von M. Barner.
$^{2)}$ Z.B. M. Barner loc. cit.

$(0 < \vartheta < 1))$ folgt mit $f(x) = \log (1 + x)$, falls $x > 0$, dann

(11) $\qquad$ (11) $\log (1+x) = \dfrac{x}{1 + \vartheta x} < x$. Nun ist $\gamma_1 - \beta_1 = Lg(p_1^* + 1) - Lg(p_1^*) =$

$Lg(1 + \dfrac{1}{p_1^*})$ und wegen $2^{y_1} = x = e^{\log x} = 2^{Lge \log x}$, $y_1 = Lg\ x =$

$Lg\ e \log x = \dfrac{1}{\log 2} \cdot \log x$ wird $Lg (1 + \dfrac{1}{p_1^*}) = \dfrac{1}{\log 2} \log (1 + \dfrac{1}{p_1^*}) =$

$\dfrac{1}{\log 2} \log (1 + \dfrac{1}{2}) \leqslant \dfrac{1}{2} \dfrac{1}{\log 2}{}^{[1]} < \dfrac{5}{6}$. Als I.A. dient uns

$(\gamma_{k-1} - \beta_{k-1}) < (\dfrac{5}{6})^{k-1}$ $(k \geqslant 2)$ und wir erhalten $0 < (\gamma_k - \beta_k) =$

$(\gamma_{k-1} - \beta_{k-1}) \cdot (\dfrac{\gamma_k - \beta_k}{\gamma_{k-1} - \beta_{k-1}}) < (\dfrac{5}{6})^{k-1} \cdot (\dfrac{\gamma_k - \beta_k}{\gamma_{k-1} - \beta_{k-1}})$. Wenn schließ-

(12) $\qquad$ lich nach einigen Vorbereitungen noch (12)

$((\gamma_k - \beta_k) : (\gamma_{k-1} - \beta_{k-1})) < \dfrac{5}{6}$ bestätigt ist, so haben wir

$\gamma_n - \beta_n < (\dfrac{5}{6})^n$, also (10) - damit auch (III_{12}) - bewiesen [2]. Nun ist

aber $\dfrac{\gamma_k - \beta_k}{\gamma_{k-1} - \beta_{k-1}} = \dfrac{Lg^{(k)}(p_k^* + 1) - Lg^{(k)}(p_k^*)}{Lg^{(k-1)}(p_{k-1}^* + 1) - Lg^{(k-1)}(p_{k-1}^*)} \overset{p.d.}{=}$

$\dfrac{Lg(Lg^{(k-1)}(p_k^* + 1)) \overset{!}{-} Lg(Lg^{(k-1)}(p_k^*))}{Lg^{(k-1)}(p_{k-1}^* + 1) - Lg^{(k-1)}(p_{k-1}^*)} = \dfrac{Z}{N}$. Für den Zähler Z gilt

$Z = \dfrac{1}{\log 2} (\log (Lg^{(k-1)}(p_k^* + 1)) - \log (Lg^{(k-1)}(p_k^*))) =$

$\dfrac{1}{\log 2} \cdot \log (\dfrac{Lg^{(k-1)}(p_k^* + 1)}{Lg^{(k-1)}(p_k^*)}) =$

$\dfrac{1}{\log 2} \cdot (\log (1 + \dfrac{Lg^{(k-1)}(p_k^* + 1) - Lg^{(k-1)}(p_k^*)}{Lg^{(k-1)}(p_k^*)})) \overset{(11)}{<}$

$\dfrac{1}{\log 2} \dfrac{1}{Lg^{(k-1)}(p_k^*)} \cdot (Lg^{(k-1)}(p_k^* + 1) - Lg^{(k-1)}(p_k^*))$ und wir erhalten

$\dfrac{Z}{N} < (\dfrac{1}{\log 2} \cdot \dfrac{1}{Lg^{(k-1)}(p_k^*)}) \cdot (\dfrac{Lg^{(k-1)}(p_k^* + 1) - Lg^{(k-1)}(p_k^*)}{Lg^{(k-1)}(p_{k-1}^* + 1) - Lg^{(k-1)}(p_{k-1}^*)}) = A_1 \cdot A_2$.

P.c. ist $Lg^{(k-1)}(p_k^*) > Lg^{(k-1)}(2^{p_{k-1}^*})$ o.w.d.i. $Lg^{(k-1)}(p_k^*) >$

$Lg^{(k-2)}(p_{k-1}^*) > Lg^{(k-2)}(2^{p_{k-2}^*}) = Lg^{(k-3)}(p_{k-2}^*)$ u.s.w. [2], schließlich

wird $Lg^{(k-1)}(p_k^*) > Lg(p_2^*) > Lg(2^{p_1^*}) = p_1^* = 2$ oder $A_1 < \dfrac{1}{2 \log 2} < \dfrac{5}{6}$.

---

[1] $0,6 < 0,69 < \log 2 < 0,7$

[2] durch vollständige Induktion

Zur Bestätigung von (10) bedarf es noch der Beziehung $0 \leqslant A_2 < 1$.

Mit $y_1(x) = \mathrm{Lg}\,x = \dfrac{\log x}{\log 2}$ wird $y_1'(x) = \dfrac{1}{x \log 2}$ oder
$y_1'(x_1) < y_1'(x_2)$, wenn $x_1 > x_2 \geqslant 2$. Dann bilden wir $y_2(x) = \mathrm{Lg}^{(2)}x =$
$\dfrac{\log(\mathrm{Lg}\,x)}{\log 2}$ für $2^{(2^1)} \leqslant x$ und erhalten $y_2(x) = \dfrac{\log(\log x \, \mathrm{Lg}\,e)}{\log 2} =$
$c_1 + \dfrac{\log(\log x)}{\log 2}$ [1]. Wegen $y_2'(x) = \dfrac{1}{x \log x \log 2}$ gilt für hinreichend
große x [2] auch $y_2'(x_1) < y_2'(x_2)$ mit $x_2 < x_1$; es nimmt also auch
$y_2'(x)$ monoton ab und ist positiv, m.a.W. ist $y_2(x)$ ebenso wie $y_1(x)$
eine monoton wachsende Funktion. Nach (7), (7') und (9) sind die
iterierten Logarithmen $\mathrm{Lg}^{(k)}(\ldots)$ nur dort erklärt, wo sie positive
Funktionswerte besitzen (d.h. für $\mathrm{Lg}^{(k)}(x)$ ist $\mathrm{Lg}^{(k-1)}(x) > 1$).
Wir betrachten jetzt $y_k(x) = \mathrm{Lg}^{(k)}(x)$ nur für solche x, die zusätzlich $\mathrm{Lg}^{(k-1)}(x) > 1$ gewährleisten. Nach I.A. sei $y_{k-1}(x)$ eine
monoton wachsende positive Funktion, deren $y_{k-1}'(x)$ positiv ist und
monoton abnimmt. Damit erhalten wir $y_k(x) = \mathrm{Lg}(\mathrm{Lg}^{(k-1)}(x)) =$

$\mathrm{Lg}(y_{k-1}(x)) = \dfrac{1}{\log 2} \log (y_{k-1}(x))$, $y_k'(x) = \dfrac{1}{\log 2} \cdot \dfrac{y_{k-1}'(x)}{y_{k-1}(x)}$ und es ist
(nach I.A.) $y_k'(x)$ positiv, ferner für $x_1 > x_2$ $y_k'(x_1) =$

$$\frac{1}{\log 2}\,\frac{y_{k-1}'(x_1)}{y_{k-1}(x_1)} \overset{\text{I.A.}}{<} \frac{1}{\log 2}\,\frac{y_{k-1}'(x_1)}{y_{k-1}(x_2)} \overset{\text{I.A.}}{<} \frac{1}{\log 2}\,\frac{y_{k-1}'(x_2)}{y_{k-1}(x_2)} = y_k'(x_2).$$

Es treffen damit auch für $y_k(x)$ die gleichen Eigenschaften zu, die
für $y_{k-1}(x)$ konstatiert wurden. Somit besitzen alle $y_1(x)$, $y_2(x)$, $\ldots$
diese Eigenschaften. In dem Ausdruck A_2 wenden wir jetzt den Mittelwertsatz der Differentialrechnung in der Form $f(b) - f(a) =$
$f'(\xi) \cdot (b - a)$ $(a < \xi < b)$ an und erhalten

$$0 < \frac{y_{k-1}(p_k^* + 1) - y_{k-1}(p_k^*)}{y_{k-1}(p_{k-1}^* + 1) - y_{k-1}(p_{k-1}^*)} = A_2 = \frac{y_{k-1}'(p_k^* + \vartheta_k)}{y_{k-1}'(p_{k-1}^* + \vartheta_{k-1})} \;[3] <$$

$$\frac{y_{k-1}'(p_k^*)}{y_{k-1}''(p_{k-1}^* + 1)} \qquad \overset{[3],\ \text{I.A.},(7')}{<} \qquad 1. \quad \text{q.e.d.}$$

---

[1] c_1 constant

[2] $\log x > 1,\ x > e$

[3]
   $0 < \vartheta_{k-1} < 1,\ 0 < \vartheta_k < 1,\ p_{k-1}^* + 1 < 2^{p_{k-1}^*} < p_k^*$

Mit $1 \leqslant b < a$ ($\{a, b\} \subset \mathfrak{N}$, $(a, b) = 1$) betrachten wir Zahlen der

(13) Form (13) $a^n \pm b^n$ ($n \in \mathfrak{N}$) und fragen, unter welchen Bedingungen sie

(13') PZ^{en} sein können. Nach Abschnitt 1.1. gilt dann (13') $a^n - b^n =$

(13") $(a - b) \cdot (a^{n-1} + a^{n-2}b + \ldots + b^{n-1})$ bzw. (13") $a^{2n'+1} + b^{2n'+1} =$

$(a + b) \cdot (a^{2n'} - a^{2n'-1}b \pm \ldots - ab^{2n'-1} + b^{2n'})$. Ist in (13') $n \neq p$,

also $n = r \cdot s$ ($2 \leqslant r \leqslant s < n$), so folgt $a^n - b^n = a^{rs} - b^{rs} =$

$(a^r - b^r) \cdot ((a^r)^{s-1} + \ldots + (b^r)^{s-1})$ und wegen $(a^s \geqslant (b + 1)^s) \Rightarrow$

$(a^s - b^s > 1)$, $((a^r)^{s-1} + \ldots + (b^r)^{s-1}) > 1$ ist bei unseren Voraus-

setzungen $a^n - b^n$ höchstens PZ für $n = p$. Ferner entnehmen wir

(13'), daß für $a - b > 1$ sicher $a^p - b^p$ keine PZ ist. Der Fall

$a = 2$, $b = 1$ führt uns zu den schon in Abschnitt 1.3. erwähnten mög-

lichen PZ^{en} von Mersenne. Besitzt n in $a^n + b^n$ einen ungeraden Tei-

ler größer als 1 ($n = m(2k+1)$, $k \geqslant 1$, $k \in \mathfrak{N}$), so gilt $a^n + b^n =$

$a^{m(2k+1)} + b^{m(2k+1)} = (a^m + b^m) \cdot ((a^m)^{2k} + \ldots + (b^m)^{2k})$ und wegen

$a^n + b^n > a^m + b^m$ ist die zweite Klammer auf der rechten Seite der

letzten Gleichung größer als 1, damit $a^n + b^n$ sicher keine PZ.

$(\text{III}_{13}^{(1)})$ Zusammenfassend gilt der Satz $(\text{III}_{13}^{(1)})$ $a^n - b^n$ bzw. $a^n + b^n$

$(1 \leqslant b < a$, $(a,b) = 1$, $\{a, b\} \subset \mathfrak{N})$ ist höchstens dann eine PZ, wenn

$n = p$ und $a - b = 1$, bzw. $n = 2^k$ ($k \in \mathfrak{N}$). Im Falle $a = 2$, $b = 1$

D entstehen aus $a^n + b^n$ die möglichen Fermatschen PZ^{en}.

Übg. (16.) Es ist zu zeigen, daß $a^{(2^k)} + 1$ bzw. $a^p - 1$ höchstens dann PZ ist,

wenn $a \equiv 0(2)$ bzw. $a = 2$.

D Wir beschäftigen uns nun mit den Mersenneschen Zahlen $M_p = 2^p - 1$

D (p PZ) und mit den Fermatschen Zahlen $F_n = 2^{(2^n)} + 1$ ($n = 0, 1, \ldots$).

Fermat war noch der irrigen Ansicht, daß alle F_n PZ^{en} wären, was

bereits Euler widerlegte [1]. Im 19. Jahrhundert gelang es zu zeigen,

daß M_p für $p = 2, 3, 5, 7, 13, 17, 19, 31, 61$ zu den PZ^{en} gehört.

Bis zum Einsatz elektronischer Rechenmaschinen war es möglich zu

zeigen, daß, falls $p \leqslant 257$, nur noch für $p = 89, 107, 127$ eine PZ

der Form $(2^p - 1)$ entsteht. M_{127} (eine Zahl mit 39 Ziffern im deka-

dischen System) war bis 1951 die größte bekannte PZ. In den letzten

Jahren konnte errechnet werden, daß für $p \leq 2281$ nur dann M_p eine

PZ ist, wenn $p = 521, 607, 1279, 2203, 2281$. Die Grundlage solcher

---

[1] Wir kommen später darauf zurück. Außerdem wird in Abschnitt 3.6.
"F_n" für andere Zahlen verwendet, was nicht zu Mißverständnissen
führen soll.

    Aussagen ist der folgende Satz, dessen Beweis D. H. Lehmer 1935

$(III_{13}^{(2)})$ modernisiert und vereinfacht hat. Es gilt $(III_{13}^{(2)})$ $M_p = 2^p - 1$

    ist für $p > 2$ dund eine PZ, wenn in der Folge $S_1 = 4$, $S_2 = 14$, ...

    ..., $S_k = (S_{k-1}^2) - 2$ $(k = 1, 2, ...)$ S_{p-1} ein Vielfaches von M_p ist[1].

Übg. (17.) Gilt $(III_{13}^{(2)})$, so ist sicher M_p eine PZ, wenn $S_{p-2} \equiv \pm\, 2^{(p+1)/2}(M_p)$.

    Da $M_3 = 7$, $M_5 = 31$, $M_7 = 127$, $S_2 = 14$, $S_3 = 194 \equiv 8(31)$, $S_4 = S_3^2 - 2 \equiv$

    $62 \equiv 0(31)$, $S_4 = 37634 \equiv 42(127)$, $S_5 \equiv 42^2 - 2 \equiv 42(3 \cdot 14) - 2 =$

    $(3 \cdot 42) \cdot 14 - 2 \equiv (-1) \cdot 14 - 2 \equiv -16(127)$, $S_6 \equiv 16^2 - 2 \equiv 254 \equiv 0(127)$

    ist $(III_{13}^{(2)})$ für $p = 3, 5, 7$ richtig (1.I.S.). Der allgemeine

    Beweis dagegen ist nicht ganz einfach; wir benötigen zunächst einige

    Hilfssätze und Definitionen; sie gehen auf D.H. Lehmer zurück. Mit

D $\alpha = 1 + \sqrt{3}$, $\beta = 1 - \sqrt{3}$, $\alpha \cdot \beta = -2$, $\alpha + \beta = 2$, $\alpha - \beta = 2\sqrt{3}$ bilden wir

D   die Folgen: $u_n = (\alpha^n - \beta^n):(\alpha - \beta) = \alpha^{n-1} + ... + \beta^{n-1}$,

D $v_n = \alpha^n + \beta^n$, $S_n^* = 2^{(2^{n-1})} S_n$ [2]. Dann wird $u_1 = 1$, $v_1 = 2$, $u_2 = v_1 = 2$,

    $v_2 = \alpha^2 + \beta^2 = (1 + \sqrt{3})^2 + (1 - \sqrt{3})^2 = 8$, $u_3 = \alpha^2 + \alpha \cdot \beta + \beta^2 =$

    $v_2 + (-2) = 6$, $v_3 = \alpha^3 + \beta^3 = (\alpha + \beta)(\alpha^2 - \alpha\beta + \beta^2) = 2(8 + 2) = 20$.

    Für die u_n und v_n gelten weitere Aussagen mit $r \in \mathfrak{N}$, $s \in \mathfrak{N}$: (14_1)

(14) $2u_{r+s} = u_r v_s + u_s v_r$ [4]; (14_2) $(-2)^{s+1} \cdot u_{r-s} = u_s v_r - u_r v_s$ $(r > s)$;

    (14_3) $2v_{r+s} = v_r v_s + 12 u_r u_s$; (14_4) $v_{2r} = v_r^2 + (-2)^{r+1}$; (14_5)

    $(-2)^{r+2} = v_r^2 - 12 u_r^2$; (14_6) $S_k^* = v_{(2^k)} = 2^{(2^{k-1})} \cdot S_k$ $(k = 1, 2, ...)$.

    Zum Beweis von (14) setzen wir zunächst in (14_3) $r = s$, daraus re-

    sultiert $(2v_{2r} = v_r^2 + 12u_r^2) \overset{(14_4)}{\Rightarrow} (v_r^2 + 12u_r^2 = 2v_r^2 + 2(-2)^{r+1}) \Rightarrow$

    $(v_r^2 - 12u_r^2 = (-2)^{r+2})$ oder (14_5). q.e.d. In (14_4) steht

    $v_{2r} = \alpha^{2r} + \beta^{2r} = (\alpha^r + \beta^r)^2 - 2(\alpha\beta)^r \overset{s.o.}{=} v_r^2 - 2(-2)^r =$

    $v_r^2 + (-2)^{r+1}$ (14_4). q.e.d. In (14_3) gilt $u_r = \dfrac{\alpha^r - \beta^r}{\alpha - \beta} = \dfrac{\alpha^r - \beta^r}{2\sqrt{3}}$,

    $u_s = \dfrac{\alpha^s - \beta^s}{2\sqrt{3}}$, $12u_r u_s = (\alpha^r - \beta^r)(\alpha^s - \beta^s) = \alpha^{r+s} + \beta^{r+s} - (\alpha^r \beta^s + \alpha^s \beta^r)$;

---

[1] Die Bedingung $p > 2$ ist wesentlich, da $M_2 = 3 = p$, aber $3 \nmid S_1$.

[2] S_n aus $(III_{13}^{(2)})$

[3] Aus (14_1) folgt für $r = s$ dann $u_{2r} = u_r v_r$.

[4] In (14) sind die Gleichungen (14_1) bis (14_6) zusammengefaßt.

weiter steht in (14_3) $v_r v_s = (\alpha^r + \beta^r)(\alpha^s + \beta^s) =$

$\alpha^{r+s} + \beta^{r+s} + (\alpha^r \beta^s + \alpha^s \beta^r)$ und die Addition der beiden letzten

Übg.(18.) Gleichungen ergibt (14_3). q.e.d. Durch Einsetzen (Übung !) verifi-

ziert sich sehr einfach (14_1), und zur Bestätigung von (14_2) gehen

wir ebenfalls auf die Definition zurück. Es ist $(-2)^{s+1} u_{r-s} =$

$$(\alpha\beta)^{s+1} \frac{\alpha^{r-s} - \beta^{r-s}}{2\sqrt{3}} = \frac{\alpha^{r+1}\beta^{s+1} - \alpha^{s+1}\beta^{r+1}}{2\sqrt{3}} = \frac{(\alpha\beta)(\alpha^r\beta^s - \alpha^s\beta^r)}{2\sqrt{3}} \overset{p.d.}{=}$$

$$\frac{\alpha^s\beta^r - \alpha^r\beta^s}{\sqrt{3}} \quad \text{und weiter} \quad u_s v_r - u_r v_s =$$

$$\frac{\alpha^s - \beta^s}{2\sqrt{3}} (\alpha^r + \beta^r) - \frac{\alpha^r - \beta^r}{2\sqrt{3}} (\alpha^s + \beta^s) \overset{1)}{=} 2 \frac{(\alpha^s\beta^r - \alpha^r\beta^s)}{2\sqrt{3}} =$$

$$\frac{\alpha^s\beta^r - \alpha^r\beta^s}{\sqrt{3}} \quad , \quad (14_2). \text{ q.e.d.}$$ Bis auf (14_6) - den Beweis stellen wir

noch zurück - sind damit alle Aussagen (14) richtig; wir benötigen

sie zur sukzessiven Berechnung der u_n und v_n. Dabei ergibt sich

$$u_4 \overset{(14_1)}{=} u_2 v_2 = 16, \quad v_4 \overset{(14_3)}{=} \tfrac{1}{2} v_2^2 + 6u_2^2 = 32 + 24 = 56,$$

$$v_5 = v_{4+1} \overset{(14_3)}{=} \tfrac{1}{2} v_4 v_1 + 6 u_4 u_1 = 56 + 6\cdot 16 = 152, \quad u_5 = u_{4+1} \overset{(14_1)}{=}$$

$$\tfrac{1}{2}(u_4 v_1 + u_1 v_4) = 44, \text{ u.s.f.. Bisher war } v_2 \equiv 2 \equiv 0(2), \quad v_3 \equiv 2(3),$$

$$v_5 \equiv 2(5); \text{ für eine PZ } p \ (p > 5) \text{ ist aber } v_p = (1 + \sqrt{3})^p + (1 - \sqrt{3})^p =$$

$$\sum_{\nu=0}^{p} \binom{p}{\nu}(\sqrt{3})^\nu + \sum_{\nu=0}^{p} \binom{p}{\nu}(-1)^\nu (\sqrt{3})^\nu = 2 \sum_{\nu=0}^{\frac{p-1}{2}} \binom{p}{2\nu} \cdot (\sqrt{3})^{2\nu} =$$

$$(15_1) \qquad 2 \sum_{\nu=0}^{\frac{p-1}{2}} 3^\nu \cdot \binom{p}{2\nu} = 2 + \sum_{\nu=1}^{\frac{p-1}{2}} 3^\nu \binom{p}{2\nu} \overset{2)}{\equiv} 2(p) \text{ oder } (15_1) \ v_p \equiv 2(p)$$

(p eine PZ). Für die u_p mit $p > 2$ gilt $u_3 = 6 \equiv 0 \equiv \left(\tfrac{0}{3}\right) (3)$ [3],

$$u_5 = 44 \equiv -1(5) \equiv \left(\tfrac{3}{5}\right) (5). \text{ Für } p > 5 \text{ ist allgemein } u_p = \frac{\alpha^p - \beta^p}{2\sqrt{3}} =$$

$$\frac{1}{2\sqrt{3}}((1 + \sqrt{3})^p - (1 - \sqrt{3})^p) = \frac{1}{2\sqrt{3}} \left(\sum_{\nu=0}^{p} \binom{p}{\nu}(\sqrt{3})^\nu - \sum_{\nu=0}^{p} (-1)^\nu \binom{p}{\nu}(\sqrt{3})^\nu \right) =$$

$$\frac{1}{2\sqrt{3}} \left(\sum_{\nu=0}^{p} \binom{p}{\nu}(\sqrt{3})^\nu (1 + (-1)^{\nu+1}) \right) = \frac{2}{2\sqrt{3}} \cdot \sum_{\nu=0}^{\frac{p-1}{2}} \binom{p}{2\nu+1}(\sqrt{3})^{2\nu+1} =$$

$$(15_2) \qquad \sum_{\nu=0}^{\frac{p-1}{2}} \binom{p}{2\nu+1} 3^\nu \overset{2)}{\equiv} 3^{\frac{p-1}{2}} \equiv \left(\tfrac{3}{p}\right)(p) \ (\text{nach } (III_2^{(2)})), \text{ also } (15_2) \ u_p \equiv \left(\tfrac{3}{p}\right)(p)$$

---

[1] nach einer Multiplikation

[2] da $\binom{p}{\lambda} \equiv 0(p)$ für $\lambda = 1, 2, \ldots, p-1$

[3] $\left(\tfrac{0}{3}\right)$ ist das Legendresche Symbol aus Abschnitt 3.1.

(p eine ungerade PZ). Aus (14_1) ergibt sich $u_6 = u_3 v_3 = 120$ und für $p = 3$ bzw. $p = 5$ ist spätestens u_{p+1} ein Vielfaches von p. Für $p > 2$ gilt dies aber allgemein, denn aus (14_1) bzw. (14_2) folgt

$$2u_{p+1} = u_p v_1 + u_1 v_p = 2u_p + v_p \quad \text{bzw.} \quad (-2)^2 u_{p-1} = u_1 v_p - u_p v_1 = v_p - 2u_p$$

und das Produkt der beiden letzten Gleichungen läßt uns

$$8u_{p-1}u_{p+1} = v_p^2 - 4u_p^2 \overset{(15)}{=} 4 - 4(\tfrac{2}{p})^2 (p) \equiv 0(p) \quad \text{gewinnen } [1].$$

Da $p \not\mid 8$, so ist also spätestens in der Folge der u_n das u_{p+1} durch p ($p > 2$, p PZ) teilbar. Das ist die Aussage (16_1). Nunmehr können wir als

(16_1)

D

"Rang von p" den kleinsten Index μ definieren, für den $u_\mu \equiv 0(p)$; nach (16_1) ist $\mu \leqslant p + 1$. Aus $u_\mu \equiv 0(p)$ und (14_1) folgt $u_{2\mu} = u_\mu v_\mu \equiv 0(p)$ und $u_{2\mu} \equiv u_\mu \equiv 0(p)$ dient als 1.I.S.. Die I.A. lautet: $u_{\lambda\mu} \equiv 0(p)$ ($\lambda = 1, 2, \ldots, k;\ k > 2$) und wieder resultiert aus (14_1) $2u_{(k+1)\mu} = 2u_{k\mu+\mu} = u_{k\mu} v_\mu + u_\mu v_{k\mu} \overset{\text{I.A.}}{\equiv} 0(p)$, denn $p \not\mid 2$. Ist andererseits p/u_n mit (nach (I_2)) $n = q\mu + r'$ ($0 \leqslant r' \leqslant \mu - 1$), $r' = n - q\mu$, so entnehmen wir (14_2):

$$(-2)^{q\mu+1} u_{r'} = u_{q\mu} v_n - u_n v_{q\mu}.$$

Da n.V. $u_{q\mu} \equiv u_n \equiv 0(p)$ $p \not\mid (-2)^{q\mu+1}$

(16_2)

ist $u_{r'} \equiv 0(p)$ oder $r' = 0$ [2]. Das ist die Aussage (16_2): p/u_n dund, wenn $n = \lambda\mu$ ($\lambda = 1, 2, \ldots$) [3].

Nun beweisen wir noch (14_6). Mit $S_k^* = 2^{(2^{k-1})} S_k$ wird

$$S_{k+1}^* = 2^{(2^k)} S_{k+1} \overset{\text{p.d.}}{=} 2^{(2^k)}(S_k^2 - 2) = (2^{(2^{k-1})} S_k)^2 - 2^{(2^k+1)} = (S_k^*)^2 - 2^{(2^k+1)}.$$

Wegen $S_1^* = 2S_1 = 8 = v_{2^1};\ S_2^* = 2^2 S_2 = 4S_2 = 56 = v_{2^2}$ können wir (I.A.) $v_{2^k} = S_k^*$ ($k > 2$) annehmen. Nach (14_4) folgt dann

$$v_{2^{k+1}} = v_{2^k + 2^k} = (v_{2^k})^2 + (-2)^{2^k+1} \overset{\text{s.e.}}{=} S_{k+1}^*$$

$(= S_k^* - 2^{2^k+1})$. q.e.d.

$(III_{13}^{(2)})$ läßt sich nun in zwei Schritten bestätigen. Zuerst zeigen wir: $(M_p/S_{p-1}) \Rightarrow (M_p$ eine PZ). Da $M_p = 2^p - 1$, folgt aus M_p/S_{p-1}

---

[1] $p = 3$, $u_3 \equiv 0(3)$ ist zu beachten.

[2] μ war der Rang von p und $r' < \mu$.

[3] Demnach bilden die Indizes der durch eine ungerade PZ teilbaren u_n ein Hauptideal mit der Basis μ.

zunächst M_p/S^*_{p-1} und weiter $M_p/v_{2^{p-1}}$; außerdem sind alle Primfaktoren von M_p ungerade. Ist p' ein solcher Primteiler und μ' sein Rang [1], so entnehmen wir (14_1) $u_{2^p} = u_{2^{p-1}+2^{p-1}} = u_{2^{p-1}} \cdot v_{2^{p-1}}$ und daher p'/u_{2^p} also $\mu' \leqslant 2^p$ und wegen (16_2) $\mu'/2^p$. Es ist demnach $\mu' = 2^\lambda$ $(0 \leqslant \lambda \leqslant p)$ $(\lambda \in \mathbb{Z})$. Wäre hier $\lambda \leqslant p-1$, so ergäbe sich $\mu'/2^{p-1}$ und $((16_2))$ $p'/u_{2^{p-1}}$. Aus $p'/u_{2^{p-1}}$ und $p'/v_{2^{p-1}}$ folgt aber mit (14_5) für $r = 2^{p-1}$ auch $p'/((-2)^{2^{p-1}}+2)$. q.e.a. Damit gilt $\mu' = 2^p$ und wegen (16_1) $2^p \leqslant p' + 1$ also $2^p - 1 = M_p \leqslant p'$, M_p ist also eine PZ.

Nun setzen wir voraus, daß M_p eine ungerade PZ ist. Wir müssen zeigen: $S_{p-1} \equiv 0(M_p)$ oder w.d.i. $(S^*_{p-1} \equiv 0(M_p)) \Leftrightarrow (v_{2^{p-1}} \equiv 0(M_p))$. Die letzte Kongruenz bedeutet aber $v_{(M_p+1)/2} \equiv 0(M_p)$, was wir beweisen werden [2]. Aus (14_4) ergibt sich zunächst mit

$$r = \frac{M_p+1}{2} : \quad (v_{\frac{M_p+1}{2}})^2 + (-2)^{\frac{M_p+3}{2}} = (v_{\frac{M_p+1}{2}})^2 + 4(-2)^{\frac{M_p-1}{2}} = v_{M_p+1} =$$

$$(v_{\frac{M_p+1}{2}})^2 - 4(2^{\frac{M_p-1}{2}}) \ .$$ Dabei können wir $p > 5$ voraussetzen [3]. Damit ist $M_p = 2^p - 1 = 2^{3+1} - 1$ [4] $= 8k_1 - 1$ [5] und $((III_5))$ $(\frac{2}{M_p}) = 1$ sowie $((III_2^{(2)}))$ $2^{\frac{M_p-1}{2}} \equiv (\frac{2}{M_p})(M_p)$ [6]. Aus der eben gewonnenen Gleichung für v_{M_p+1} ergibt sich somit $v_{M_p+1} + 4 \equiv v^2_{\frac{M_p+1}{2}} (M_p)$.

Wenn jetzt noch $v_{M_p+1} \equiv -4(M_p)$ gezeigt werden kann, so folgt $(v^2_{\frac{M_p+1}{2}} \equiv 0(M_p)) \Leftrightarrow (v_{\frac{M_p+1}{2}} \equiv 0(M_p))$ o.w.d.i. $v_{2^{p-1}} \equiv 0(M_p)$ und

---

[1] nach (16_1)

[2] Unter der Voraussetzung, daß M_p eine ungerade PZ ist.

[3] für $p = 3$, $p = 5$ ist $(III_{13}^{(2)})$ schon bewiesen.

[4] $1 > 2$, $1 \in \mathbb{Z}$

[5] $1 < k_1$, $k_1 \in \mathbb{N}$

[6] $\equiv 1 (M_p)$

$(III_{13}^{(2)})$ ist vollständig bewiesen. Aus (14_3) ergibt sich aber mit

$r = M_p,\ s = 1$ $(2v_{M_p+1} = v_{M_p} v_1 + 12 u_{M_p} u_1) \Rightarrow (v_{M_p+1} = v_{M_p} + 6 u_{M_p}).$

Wegen $M_p = 2^p + 1 - 2 = 2^p + 1^p - 2 \overset{p \geqslant 3}{=} (2 + 1)(\ldots) - 2 \equiv 1(3)$

ist $\left(\frac{M_p}{3}\right) = 1$. Aus (III_4) erhalten wir $\left(\frac{3}{M_p}\right) =$

$$\left(\frac{M_p}{3}\right)\cdot(-1)^{\frac{M_p-1}{2}} = -\left(\frac{M_p}{3}\right) = -\left(\frac{1}{3}\right) = -1 \quad \text{oder} \quad (v_{M_p+1} = v_{M_p} + 6\, u_{M_p}) \overset{(15)}{\Rightarrow}$$

$$(v_{M_p+1} \equiv 2 + 6\cdot\left(\frac{3}{M_p}\right) \equiv 2 + 6(-1) \equiv -4(M_p)).\ \text{q.e.d.}$$

Der Satz $(III_{13}^{(2)})$ vermittelt eine Vielzahl sehr tief liegender Eigenschaften von M_p, die Mühe des Beweises hat sich daher gelohnt.

U.a. kann aus $(III_{13}^{(2)})$ verhältnismäßig leicht gefolgert werden, daß verschiedene Mersennesche Zahlen zusammengesetzt sind, wobei allerdings von diesem Sachstand noch nicht auf die Gestalt der Teiler von M_p geschlossen werden kann. Bis heute konnte die Faktorzerlegung der M_p nicht generell ergründet werden. Ebensowenig ist bekannt, ob es unter den Mersenneschen Zahlen unendlich viele PZ[en] gibt. Bereits Euler wußte, daß für $p \leqslant 257$ nicht sämtliche M_p auch gleichzeitig

$(III_{13}^{(3)})$ PZ[en] sind. Er bewies den Satz $(III_{13}^{(3)})$: Ist $p = 4k + 3$ $(k \geqslant 1)$ eine PZ und gleichzeitig $q = 2p + 1$ ebenfalls eine PZ, so gilt $M_p \equiv O(q)$ mit $q < M_p$. Für diese Fälle [1] ist demnach M_p keine PZ.

Bew.: $M_p = 2^p - 1 = (1 + 1)^p - 1 = 1 + p + \binom{p}{2} + \binom{p}{3} + \ldots + 1 - 1 =$

$1 + p + p\cdot\left(\frac{p-1}{2}\right) + \ldots > 1 + 2p = q$. Ist q eine PZ, so gilt

$q = 2p + 1 = 8k + 7$ oder $((III_5))$ $\left(\frac{2}{q}\right) = 1$. Damit folgt $\left(\left(\frac{2}{q}\right) = 1\right)$

$(III_2^{(2)}) \Rightarrow$ $(2^{\frac{q-1}{2}} \equiv \left(\frac{2}{q}\right) \equiv 1(q)) \Rightarrow (2^p \equiv 1(q)) \Rightarrow (2^p - 1 = M_p \equiv O(q))$ [2].
q.e.d.

Unter den Fermatschen Zahlen $F_n = 2^{(2^n)} + 1$ sind die PZ[en] auch von algebraischem Interesse [3]. In neuester Zeit ist es gelungen, immer mehr F_n als zusammengesetzte Zahlen zu bestätigen, allerdings sind

---

[1] $p = 11,\ q = 23,\ M_{11} \equiv O(23);\ p = 23,\ q = 47,\ M_{23} \equiv O(47);\ p = 83,$ $q = 167,\ M_{83} \equiv O(167);$ u.a..

[2] Wieder wird deutlich, wie nützlich für andere Überlegungen die Theorie der quadratischen Reste ist.

[3] bei der Frage, welche Winkel allein mit Hilfe von Zirkel und Lineal konstruierbar sind.

dabei i.a. nicht auch die Faktoren angebbar. F_n ist für

$n = 0, 1, 2, 3, 4$ eine PZ [1], für $n > 4$ ist bis heute noch kein F_n

als PZ bestätigt worden. Schon Euler bewies, daß $F_5 = 2^{32} + 1$ keine

PZ ist. Mit $(641 = 5 \cdot 2^7 + 1) \Rightarrow (5 \cdot 2^7 \equiv - 1(641)) \Rightarrow$

$(5^4 \cdot 2^{28} \equiv 1(641))$ und $(641 = 2^4 + 5^4) \Rightarrow (5^4 \equiv - 2^4(641)) \Rightarrow$

$(5^4 \cdot 2^{28} \equiv - 2^{32}(641) \equiv 1(641)) \Rightarrow (1 + 2^{32} \equiv 0(641))$ ist die

$(III_{13}^{(4)})$ Eulersche Behauptung bestätigt. Allgemein gilt zunächst $(III_{13}^{(4)})$:

Für $n > 0$ ist F_n eine PZ g.d.w. $- 1 \equiv 3^{\frac{F_n-1}{2}} (F_n)$. Bew.: Zunächst

gilt $(4 \equiv 4(12)) \Rightarrow (4^2 \equiv 4(12)) \Rightarrow (4^n \equiv 4(12))$ und daher

(17_1) $\qquad 2^{(2^n)} + 1 \equiv 4^{(2^{n-1})} + 1 = 12k + 5$ o.w.d.i. (17_1) $F_n \equiv - 1(3)$ bzw.

$3 \nmid F_n$ (für $n > 0$). Ist F_n eine PZ, so gilt nach (17_1) und (III_5):

(17_2) $\qquad (\frac{3}{F_n}) = - 1$, während hiernach aus $(III_2^{(2)})$ (17_2) $3^{\frac{F_n-1}{2}} \equiv - 1(F_n)$

(17_3) $\qquad$ resultiert. Gilt umgekehrt die Kongruenz (17_2), so ist (17_3)

$3^{F_n-1} \equiv 1(F_n)$ und weiter (s.o.) $3 \nmid F_n$. Ein Primteiler p von F_n muß

dabei größer als 3 sein, den Exponenten von 3 mod p nennen wir

λ $(3^\lambda \equiv 1(p))$. Aus (17_3) [2] und (I_{21}) entnehmen wir $\lambda/(F_n - 1)$ und

damit $\lambda = 2^m$. Wäre $m < 2^n$ bzw. $\lambda < F_n - 1$, so ist $3^{(2^m)} \leqslant 3^{(2^{2^n-1})}$

und wegen $3^{(2^m)} \equiv 1(p)$ sicher auch $3^{(2^{(m+2^n-m-1)})} =$

$(3^{(2^m)})^{2^{2^n-m-1}} = 3^{(2^{(2^n)-1})} = 3^{\frac{F_n-1}{2}} \equiv 1(p)$ im Gegensatz zu (17_2).

Damit ist $\lambda = 2^{(2^n)}$. Aus (I_{21}) resultiert $3^{p-1} \equiv 1(p)$ und

$2^{(2^n)}/p-1$, also $2^{(2^n)} \leqslant p-1$ oder $2^{(2^n)} + 1 \leqslant p$. Damit ist F_n eine

PZ. q.e.d.

Über die Form der Primfaktoren von F_n läßt sich - im Gegensatz zu den

Primteilern von M_p - eine etwas mehr quantitative Aussage gewinnen.

$(III_{13}^{(5)})$ Hier gilt $(III_{13}^{(5)})$: Für $n \geqslant 2$ sind alle Primteiler p von F_n als

$x \cdot 2^{n+2} + 1$ $(1 \leqslant x, x \in \mathfrak{N})$ darstellbar. Wegen

$(x \cdot 2^{n+2} + 1)(y \cdot 2^{n+2} + 1) = z \cdot 2^{n+2} + 1$ $(x \in \mathfrak{N}, y \in \mathfrak{N}, z \in \mathfrak{N})$ sind

---

1) $F_n = 3, 5, 17, 257, 65537$

2) $(3^{F_n-1} \equiv 1(F_n)) \Rightarrow (3^{F_n-1} \equiv 1(p))$

auch sämtliche Teiler von F_n $(n \geqslant 2)$ von dieser Gestalt. Bew.: Für

p/F_n, $F_n = 2^{(2^n)} + 1 \equiv 0(p)$ ist $2^{(2^n)} \equiv -1(p)$ oder $2^{(2^{n+1})} \equiv 1(p)$.

Gehört nun 2 mod p zum Exponenten λ' [1], so entnehmen wir wieder

(I_{21}), $\lambda' = 2^m$ mit $m \leqslant n+1$. Wäre hier $m < n+1$, so würde $2^{(2^n)} \equiv 1(p)$

folgen, was $2^{(2^n)} \equiv -1(p)$ widerspräche. Damit ist $\lambda' = 2^{n+1}$

und wegen $((I_{21}))\ 2^{p-1} \equiv 1(p)$ ist (wieder nach (I_{21}))

$k_1\ 2^{n+1} = p - 1$ [2] oder $p = k_1 \cdot 2^{n+1} + 1$. Für $n \geqslant 2$ ist aber

weiter $p \equiv 1(8)$, was über $(III_2{}^{(2)})$ und (III_5) zu $2^{\frac{p-1}{2}} \equiv (\tfrac{2}{p}) = 1 \equiv$

$1(p)$ führt; aus (I_{21}) entnehmen wir daher wieder $2^{n+1} / \frac{p-1}{2}$ oder

$p = k_2\ 2^{n+2} +$ [2]. q.e.d.

Wegen $(III_{13}{}^{(5)})$ haben die Primteiler von F_5 die Form $k_3\ 2^7 + 1$ [2] $=$

$k_3 \cdot 128 + 1$, was $641/F_5$ nahelegt. Für $F_{73} = 2^{(2^{73})} + 1$ sind die

möglichen Primteiler p als $x \cdot 2^{75} + 1 = n_x$ $(x \in \mathfrak{N})$ darstellbar. Es

Übg.(19.) ist leicht zu zeigen (Übung !), daß n_1, n_2, n_3 und n_4 keine PZ[en] sind[3].

$(III_{15}{}^{(6)})$ Über $(III_{15}{}^{(5)})$ ergeben sich neue PZ[en], denn es gilt: $(III_{15}{}^{(6)})$

$1 = (F_n, F_m)$ falls $n \neq m$. Damit ist aber [4] $(F_n, \prod_{\nu=1}^{n-1} F_\nu) = 1$, und

in F_n treten andere Primteiler auf als in den F_ν mit $\nu \leqslant n-1$ [5].

$(III_{15}{}^{(6)})$ beweisen wir indirekt. Ein gemeinsamer Primteiler von F_n

und $F_m = F_{n+k}$ [6] $(k \geqslant 1, k \in \mathfrak{N})$ müßte ungerade, also mindestens

gleich 3 sein. Nach (17_1) haben wir aber $3 \nmid F_n$ gewonnen. Ein solcher

gemeinsamer Primfaktor ist demnach mindestens gleich 5. Wir bilden

$$\frac{F_{n+k}-2}{F_n} = \frac{2^{(2^{n+k})}-1}{2^{(2^n)}+1} = \frac{2^{(2^n)2^k}-1}{2^{(2^n)}+1}\ .\ \text{Da}\ \ f(x) = x^{(2^k)}-1,\ \text{die Nullstelle}$$

---

[1] $2^{\lambda'} \equiv 1(p)$

[2] k_ν steht hier für ein Element von $\mathfrak{N}$ $(\nu = 1, 2, 3, 4)$.

[3] Heute wissen wir, daß $n_5 = 5 \cdot 2^{75} + 1$ eine PZ ist. Es wird somit hier ein Verfahren erkennbar, das "immer größere PZ[en]" zu konstruieren erlaubt.

[4] wegen (I_9)

[5] (I_3) ist damit ein weiteres Mal bewiesen.

[6] O.B.d.A. ist $m = n + k$.

$x = -1$ besitzt, ist wegen $(II_{14}{}^{(1)})$: $F_n \big/ (F_{n+k} - 2)$. Damit wäre aber der gemeinsame Primteiler von F_n und F_{n+k} auch gleichzeitig ein Teiler von $2 = F_{n+k} - (F_{n+k} - 2) = F_{n+k} - k_4 \cdot F_n$. q.e.a.

Ist F_n eine PZ, so gilt wegen (17_2): $3^{\frac{F_n-1}{2}} \equiv (\frac{3}{F_n}) \equiv -1(F_n)$ und weiter oben [1] haben wir gesehen, daß der Exponent von 3 mod F_n gleich $(III_{13}{}^{(7)})$ $(F_n - 1)$ ist. Nach Abschnitt 2.3. gilt demnach $(III_{13}{}^{(7)})$: Ist F_n eine PZ, so ist $3 = PW(F_n)$.

Wenn jetzt gezeigt werden könnte, daß 3 nur für endlich viele Zahlen m ($m \in \mathfrak{N}$, m genügt den Voraussetzungen von (II_{17})) als PW(m) dienen kann, so wäre bewiesen, daß es nur endlich viele PZ^{en} unter den F_n gibt. Diese Frage ist bis heute noch nicht beantwortet[2]. Fast scheint es so, als gäbe es für jedes Argument, das ein Auftreten von nur endlich vielen PZ^{en} unter den F_n plausibel erscheinen läßt, auch ein Gegenargument [3].

(III_{14}) Zum Abschluß dieses Abschnittes beweisen wir noch ein PZ-Kriterium von Sylvester (1814 bis 1897), das zu den Aussagen der additiven Zahlentheorie gehört. Es gilt (III_{14}): Eine ungerade Zahl n ($n \in \mathfrak{N}$) ist dund eine PZ, wenn n nur eine nicht-triviale Sylvesterzerfällung besitzt.

D Hierzu definieren wir: Die Summe $n = k_0 + (k_0 + 1) + (k_0 + 2) + \ldots$
$\ldots + (k_0 + (l_0 - 1))$ [4] heißt triviale bzw. nicht triviale Sylvesterzerfällung (SZ) von n ($n > 1$, $n \in \mathfrak{N}$), wenn $l_0 = 1$ bzw. $l_0 > 1$. Als einzige triviale SZ ergibt sich für ein gegebenes n der Ausdruck $n = n$. Mit k_0 bzw. l_0 bezeichnen wir Anfangsglied bzw. Länge einer SZ von n. Beispiele: $15 = 7 + 8 = 4 + 5 + 6 = 1 + 2 + 3 + 4 \pm 5$; $7 = 3 + 4$; dagegen läßt sich für $n = 8$ und $n = 4$ keine nichttriviale SZ finden.

---

[1] nach dem Beweis von (17_3) !

[2] E. Artin (1898 bis 1962) hat allerdings vermutet, daß $g \neq \pm 1$ und $g \neq g_0{}^2$ für unendlich viele PZ^{en} p als PW(p) möglich ist (($g \neq \pm 1$, $g \neq g_0{}^2$, $g \in \mathfrak{z}$) ist notwendig dafür, daß $g = PW(p)$; denn $(\pm 1)^2 \equiv 1(p)$ und $g_0{}^{p-1} \equiv g^{\frac{p-1}{2}} \equiv 1(p)$ für alle g_0 und p; $(\frac{p-1}{2} < p-1$ für $p > 2))$.

[3] So ist z.B. wahrscheinlichkeitstheoretisch die mathematische Erwartung dafür, daß unendlich viele der F_n PZ^{en} sind, nur endlich.

[4] $1 \leq k_0$, $k_0 \in \mathfrak{N}$, $1 \leq l_0$, $l_0 \in \mathfrak{N}$. Solche SZen sind im übrigen durchaus geeignet, den Mathematikunterricht für 10- bis 14-jährige "aufzulockern" und einsichtiger zu gestalten.

Wir ordnen nun mit $1 \neq 1(2)$ und $1/n$ (für alle $n \in \mathfrak{N}$) diesem ungeraden Teiler 1 die triviale SZ $n = n$ zu. Ist weiter $t = 1(2)$ und t/n $(1 < t \in \mathfrak{N})$,

(18_1) so gilt $t = 2t' + 1$ und $n = t \cdot m = (2t' + 1) m$ bzw. (18_1) $n =$

$$\underbrace{(m + m + \ldots + m)}_{t' \text{ Summ.}} + m + \underbrace{(m + m + \ldots + m)}_{t' \text{ Summ.}} \quad (t' \geqslant 1).$$ In (18_1) lassen

wir den Mittelsummanden (mit der Platznummer $(t' + 1)$) unverändert, während die Summanden mit den Platznummern $(t' + 1 + a)$ bzw. $(t' + 1 - a)$ $(a = 1, 2, \ldots, t')$ um a vermehrt bzw. vermindert werden.

(18_2) Am Wert der Summe (n) ändert sich dabei nichts, aus (18_1) wird (18_2)

$$(m - t') + (m - t' + 1) + \ldots + (m-1) + m + (m+1) + \ldots + (m+t') = n.$$

In (18_2) sind drei Fälle möglich: 1. $m - t' > 0$, dann ist (18_2) eine

SZ von n [1] mit $t = 2t' + 1$ Summanden; 2. $m - t' = 0$, dann ist (18_2)

eine SZ von n mit $2t'$ Summanden und $m = t'$, $m = \frac{n}{t}$, $2m = t - 1 = 2\frac{n}{t}$;

3. $m - t' < 0$, hier heben sich $(m - t')$ negative gegen $(m - t')$ positive Summanden und außerdem der Summand Null weg, es bleibt eine SZ

von n mit $t - 2(m - t') - 1 = 2m = 2\frac{n}{t}$ Summanden übrig. Somit gehört

zu jedem ungeraden Teiler t von n $(t > 1)$ eine SZ von n.
Beispiele: $15 = 3 \cdot 5 = 5 + 5 + 5 = 4 + 5 + 6$, $10 = 5 \cdot 2 =$
$2 + 2 + 2 + 2 + 2 = 0 + 1 + 2 + 3 + 4$, $14 = 7 \cdot 2 = 2 + 2 + 2 + 2 +$
$2 + 2 = - 1 + 0 + 1 + 2 + 3 + 4 + 5 = 2 + 3 + 4 + 5$.
Ist umgekehrt eine SZ von n gegeben, so unterscheiden wir die Fälle

1. $l_0 = 2l_0' + 1$ $(l_0' \geqslant 1)$ [1], 2. $l_0 = 2l_0'$ $(l_0' \geqslant 1)$. Im Falle 1.

lassen wir den Summanden mit der Platzziffer $(l_0' + 1)$ unverändert,

während das oben geschilderte Verfahren in entgegengesetzter Richtung angewandt wird; wir addieren bzw. subtrahieren zum Summanden mit der Platzziffer $(l_0' + 1 - a)$ bzw. $(l_0' + 1 + a)$ den Wert a. So ent-

steht eine Summe von $(2 l_0' + 1)$ Summanden, die sämtlich den Wert

$(k_0 + l_0')$ besitzen, damit ist $n = (2 l_0' + 1) (k_0 + l_0')$ bzw. n

besitzt einen ungeraden Teiler.

Beispiel: Aus $15 = 4 + 5 + 6$ wird $(4 + 1) + 5 + (6 - 1) = 3 \cdot 5$
bzw. aus $15 = 1 + 2 + 3 + 4 + 5 = (1 + 2) + (2 + 1) + 3 + (4 - 1) +$
$(5 - 2) = 5 \cdot 3$. Im 2. Fall erweitern wir die SZ nach links, indem die
sich gegenseitig aufhebenden Summanden $- (k_0 - 1) - (k_0 - 2) \ldots$

$(- 1) + 0 + (1) + \ldots + (k_0 - 2) + (k_0 - 1)$ hinzugefügt werden.

Dadurch entsteht eine arithmetische Reihe 1. Ordnung mit Differenz 1
und Summandenanzahl $2 l_0' + 2(k_0 - 1) + 1 = 2 l_0' + 2 k_0 - 1 =$

$2(l_0' + k_0) - 1$. Der Mittelsummand mit der Platzziffer $(k_0 + l_0')$ hat

---

[1] Wir betrachten nun nur noch nichttriviale SZ^{en}.

den Wert $1_0'$ [1]. Nun können wir wieder das eben beschriebene Verfahren anwenden und erhalten $n = (2(1_0' + k_0) - 1) \cdot 1_0'$ oder wieder einen

ungeraden Teiler von n. Beispiele: $15 = 7 + 8 = -6 - 5 - 4 - 3 - 2 - 1 + 0 + 1 + 2 + 3 + 4 + 5 + 6 + 7 + 8 = (-6 + 7) + (-5 + 6) + (-4 + 5) + (-3 + 4) + (-2 + 3) + (-1 + 2) + (0 + 1) + 1 + (2 - 1) + (3 - 2) + (4 - 3) + (5 - 4) + (6 - 5) + (7 - 6) + (8 - 7) = 15 \cdot 1;$ $10 = 1 + 2 + 3 + 4 = 0 + 1 + 2 + 3 + 4 = (0 + 2) + (1 + 1) + 2 + (3 - 1) + (4 - 2) = 5 \cdot 2.$ Unsere Überlegungen haben damit zu der

(19_1) Aussage (19_1) geführt: Eine natürliche Zahl n besitzt genau dann eine nicht triviale SZ, wenn sie einen ungeraden Teiler $t(t > 1)$ aufweist. $n = 2^k$ $(k = 0, 1, \ldots)$ besitzt daher keine solche SZ, und Summen der Form (18_2) können nie den Wert 2^k annehmen, was sich übrigens auch leicht aus der Summenformel dieser arithmetischen Reihe

Ubg.(20.) 1. Ordnung $(a = k_0,\ d = 1)$ ergibt (Übung !) [2].

Für ein n $(n \in \mathfrak{N})$ kann es [3] mehrere SZ^{en} [4] geben. Gilt in $n = k_0 + (k_0 + 1) + \ldots + (k_0 + 1_0 - 1) = k_0^* + (k_0^* + 1) + \ldots + (k_0^* + 1_0^* - 1)$ sowohl $k_0 = k_0^*$ wie $1_0 = 1_0^*$ so sind p.d. beide SZ

D   gleich. Wird in der letzten Gleichung jeweils die Summe gebildet, so

(20_1) ergibt sich (20_1) $n = \dfrac{1_0}{2}(2k_0 + 1_0 - 1) = \dfrac{1_0^*}{2}(2k_0^* + 1_0^* - 1);$ ist hier $1_0 = 1_0^*$, so folgt $(2k_0 + 1_0 - 1 = 2k_0^* + 1_0 - 1) \Leftrightarrow k_0 = k_0^*$. Ist dagegen in (20_1) $k_0 = k_0^*$, so erhalten wir aus (20_1) die Beziehung

(20_2) (20_2) $\dfrac{1_0}{1_0^*} = \dfrac{(2k_0 + 1_0^* - 1)}{(2k_0 + 1_0 - 1)}$; wäre hier $1_0 \neq 1_0^*$ also o.B.d.A.

$1_0 > 1_0^* \geqslant 2$, so ergäbe sich $(1 < \dfrac{1_0}{1_0^*} = \dfrac{2k_0 + 1_0^* - 1}{2k_0 + 1_0 - 1})\Leftrightarrow$

$((2k_0 + 1_0 - 1) < (2k_0 + 1_0^* - 1)) \Leftrightarrow (1_0 < 1_0^*)$ c.i.p.. Das ist die

(19_2) Aussage (19_2): Zwei verschiedene SZ^{en} einer Zahl besitzen verschiedene Anfangsglieder und verschiedene Summandenanzahlen bzw. zwei SZ^{en} einer Zahl n sind dund gleich, wenn sie entweder gleiche Länge (dann auch gleiche Anfangsglieder) oder gleiche Anfangsglieder (dann auch gleiche Länge) besitzen. Statt (20_1) schreiben wir für zwei verschiedene SZ^{en}

(20_3) der Zahl n $(n \in \mathfrak{N})$ $(k_0 \neq k_0^*,\ 1_0 \neq 1_0^*)$ die Gleichung (20_3) $1_0(2k_0 + 1_0 - 1) = 1_0^*(2k_0^* + 1_0^* - 1).$ Damit ergeben sich nach den

---

[1] Zuerst stehen $(k_0 - 1)$ negative Summanden, dann steht die Null und dann stehen die positiven Summanden $1, 2, \ldots, (1_0' - 1)$; falls $1_0' = 1$ ist dies bereits der Mittelsummand.

[2] Selbst schwächere Schüler finden diesen Sachverhalt oft sehr schnell an Beispielen, ebenso die Aussage (19_1).

[3] wie bei den Beispielen

[4] Gemeint sind nicht triviale SZ^{en}.

vorausgegangenen Überlegungen die ungeraden Teiler l_0 (falls

$l_0 \equiv 1(2)$) bzw. $2(k_0 + \frac{l_0}{2} - 1) + 1$ (falls $l_0 \equiv 0(2)$) und l_0^*

(falls $l_0^* \equiv 1(2)$) bzw. $2(k_0^* + \frac{l_0^*}{2} - 1) + 1$ (wenn $l_0^* \equiv 0(2)$).

Falls $l_0 \equiv l_0^* \equiv 1(2)$ sind die ungeraden Teiler von n n.V. verschieden; falls $1 \equiv l_0 \not\equiv l_0^* (2)$ ergeben sich die ungeraden Teiler l_0
und $(2k_0^* + l_0^* - 1)$, wären diese gleich, so ergäbe (20_3)
$(2k_0^* + l_0^* - 1)(2k_0 + 2k_0^* + l_0^* - 2) = l_0^* (2k_0^* + l_0^* - 1)$ weiter

$l_0^* = 2k_0 + 2k_0^* + l_0^* - 2$ bzw. $2(k_0 + k_0^*) = 2$ oder einen Widerspruch

zu $k_0 + k_0^* \geqslant 2$. Es sind also auch hier die ungeraden Teiler verschieden. Völlig analog ergibt sich der gleiche Sachstand falls
$1 \equiv l_0^* \not\equiv l_0(2)$. Ist schließlich $l_0 \equiv l_0^* \equiv 0(2)$, so folgt aus der

Annahme $2k_0^* + l_0^* - 1 = 2k_0 + l_0 - 1$ über (20_3) $l_0 = l_0^*$, was wieder

(19_3) nicht möglich ist [1]. Das ist die Aussage (19_3): Es gibt mindestens so
viele ungerade Teiler t ($t > 1$) von n wie es nicht triviale SZ^{en}
gibt. Mit t_1/n, t_2/n, $t_1 \not\equiv t_2$, $t_1 \equiv t_2 \equiv 1(2)$ erhielten wir weiter

oben je eine SZ von der Länge t_1 oder $\frac{2n}{t_1}$ bzw. der Länge t_2 oder $\frac{2n}{t_2}$.

Auch hier entstehen jeweils verschiedene SZ^{en}. Denn $t_1 \not\equiv t_2$ (n.V.)

oder $t_1 \not\equiv \frac{2n}{t_2}$ ($t_1 \equiv 1 \not\equiv 2 \cdot \frac{n}{t_2} \equiv 0(2)$) oder $t_2 \not\equiv \frac{2n}{t_1}$ ($\frac{2n}{t_1} \equiv 0(2)$,

$t_2 \equiv 1(2)$) oder ($\frac{2n}{t_1} = \frac{2n}{t_2} \Leftrightarrow t_1 = t_2$).

(19_4) So entsteht die Aussage (19_4): Es gibt mindestens so viele nicht
triviale SZ^{en} wie es ungerade Teiler gibt. Wir können demnach (III_{14})

(III_{14}) auch folgendermaßen aussprechen: Jedes n ($n \in \mathfrak{N}$) hat genau so viele
SZ^{en} wie es ungerade Teiler besitzt [2]. Auf einige Folgerungen dieses
Satzes kommen wir in Abschnitt 3.4. noch zurück.

3.3. Algebraische und transzendente Zahlen

An einigen Stellen dieses Abschnittes werden verschiedene [3] Sätze der
Algebra und der komplexen Funktionentheorie benutzt, die i.a. nicht
zum Ausbildungsgut der weiterführenden Schulen gehören und meistens

----

[1] n.V.

[2] Eine ungerade natürliche Zahl hat daher dund genau eine nicht
triviale SZ, wenn sie PZ ist.

[3] zumeist elementare

in den Anfängervorlesungen der genannten mathematischen Disziplinen behandelt werden. Die nachstehenden Ergebnisse werden in den folgenden Abschnitten nicht benötigt. Dieser Abschnitt kann daher, wenn dem Leser die verwendeten Sätze unbekannt sind, ohne weiteres überschlagen werden. Die zu entwickelnden Aussagen gehören in sehr verschiedenartige Gebiete der Zahlentheorie, teilweise wurden sie als "mathematische Schlager" von den zeitgenössischen Fachkollegen empfunden.

Wir beginnen mit einem Satz, der in das von A. Thue (1863 bis 1922) (III_{15}) begründete Gebiet der Approximationstheorie [1] gehört. (III_{15}): Sind die reelle Zahl a und die natürliche Zahl n_0 beliebig vorgegeben, so lassen sich stets ganze rationale Zahlen x und y derart finden, daß $|x - ay| < \frac{1}{n_0}$ mit $1 \leqslant y \leqslant n_0$. Anwendungen: 1. Wegen $(1 \leqslant y \leqslant n_0) \Leftrightarrow (\frac{1}{n_0} \leqslant \frac{1}{y})$ wird für beliebiges reelles a: $(|x - ay| < \frac{1}{n_0}) \Rightarrow (|\frac{x}{y} - a| < \frac{1}{n_0 y} \leqslant \frac{1}{y^2})$; für mindestens ein Paar von Zahlen $x \in \mathbb{Z}$, $y \in \mathbb{Z}$, $(1 \leqslant y)$ gilt demnach $|\frac{x}{y} - a| < \frac{1}{y^2}$. 2. $a = \frac{n_1}{n_2}$, $n_2 \neq 0$, $n_2 \in \mathbb{Z}$, $n_1 \in \mathbb{Z}$, $n_0 = \left[\sqrt{|n_2|}\right]$, $n_1 \cup n_2$ führt zu $(|x - \frac{n_1}{n_2} \cdot y| < \frac{1}{n_0}) \Leftrightarrow (|\frac{x}{y} - \frac{n_1}{n_2}| < \frac{1}{n_0 y} = \frac{1}{\left[\sqrt{|n_2|}\right]} \cdot \frac{1}{y})$, da weiter n.V. $n_0 = \left[\sqrt{|n_2|}\right] \leqslant \sqrt{|n_2|} < n_0 + 1 < 2n_0$, so folgt aus der vorletzten Ungleichung $|x - \frac{n_1}{n_2}\, y| < \frac{2}{\sqrt{|n_2|}}$ [2].

Zum Beweis von (III_{15}) benötigen wir lediglich das Schubfachprinzip von Dirichlet [3]. Wir betrachten die $(n_0 + 1)$ Zahlen $0, 1a, 2a, \ldots$ $\ldots, n_0 a$ und bilden außerdem $d_\lambda = \lambda a - [\lambda a]$ $(\lambda = 0, 1, \ldots, n_0)$. Wegen $0 \leqslant d_\lambda < 1$ liegen mindestens zwei dieser d_λ in einem der Intervalle $0 \leqslant x < \frac{1}{n_0}$, $\frac{1}{n_0} \leqslant x < \frac{2}{n_0}$, $\ldots, \frac{n_0 - 1}{n_0} \leqslant x < 1$, in die wir uns die Strecke $0 \leqslant x < 1$ gleichmäßig geteilt vorstellen wollen. Es gibt demnach mindestens ein k_0 [4] mit $\frac{k_0}{n_0} \leqslant \lambda a - [\lambda_\nu a] < \frac{k_0 + 1}{n_0}$ $(\nu = 1,2)$.

---

[1] Zu deren Entwicklung haben die deutschen Mathematiker C.C.Siegel (geb. 1896) und Th.Schneider (geb. 1911) wesentlich beigetragen.

[2] Es existieren zwei Zahlen $x \in \mathbb{Z}$, $y \in \mathbb{Z}$, $1 \leqslant y \leqslant \left[\sqrt{|n_2|}\right]$, die diese Ungleichung für jedes rationale $a = \frac{n_1}{n_2}$ mit $(n_1 \cup n_2)$ erfüllen.

[3] in Abschnitt 1.1.

[4] $0 \leqslant k_0 \leqslant n_0 - 1$ $(k_0 \in \mathbb{Z})$

Wegen $\lambda_1 \neq \lambda_2$ können wir o.B.d.A. $\lambda_2 > \lambda_1$ annehmen. Das führt zu

$$- \frac{(k_0 + 1)}{n_0} < [\lambda_1 a] - \lambda_1 a \leq - \frac{k_0}{n_0} \, , \; \frac{k_0}{n} \leq \lambda_2 a - [\lambda_2 a] < \frac{k_0 + 1}{n_0} \, . \; \text{Durch}$$

Addition erhalten wir $- \frac{1}{n_0} < (\lambda_2 - \lambda_1)a - ([\lambda_2 a] - [\lambda_1 a]) < \frac{1}{n_0}$,

wobei $1 \leq \lambda_2 - \lambda_1 < n_0$. Mit $y = \lambda_2 - \lambda_1$ und $x = ([\lambda_2 a] - [\lambda_1 a])$

gilt daher $|ya - x| < \frac{1}{n_0}$. q.e.d.

Für die folgenden Überlegungen bezeichnen wir mit $\mathfrak{K}_1$ bzw. $\mathfrak{K}_r$ bzw. $\mathfrak{K}_k$ den Körper der rationalen bzw. der reellen bzw. der komplexen Zahlen. Dann heißt eine komplexe Zahl γ "algebraisch vom Grade n" [1], wenn es

(1)   eine Gleichung (1) $\sum\limits_{\nu=0}^{n} a_\nu \gamma^\nu = 0$ $(a_\nu \in \mathfrak{K}_1)$ gibt. Da nun die Multipli-

kation von (1) mit dem Hauptnenner der a_ν nichts an dem Verschwinden

von $\sum\limits_{\nu=0}^{n} a_\nu \gamma^\nu$ ändert, so folgt $(\sum\limits_{\nu=0}^{n} a_\nu \gamma^\nu = 0) \Leftrightarrow (\sum\limits_{\nu=0}^{n} g_\nu \gamma^\nu = 0)$.

Hierbei ist $a_\nu = \frac{z_\nu}{n_\nu}$, $z_\nu \in \mathfrak{z}$, $1 \leq n_\nu$, $n_\nu \in \mathfrak{z}$, $z_\nu \cup n_\nu$

(1') $(\nu = 0, 1, \ldots, n)$ und (1') $V[n_0, \ldots, n_n] \cdot (\sum\limits_{\nu=0}^{n} a_\nu \gamma^\nu) = \sum\limits_{\nu=0}^{n} g_\nu \gamma^\nu$

D $(g_\nu \in \mathfrak{z}$, $\nu = 0, 1, \ldots, n)$. Daher wird meistens definiert: γ $(\gamma \in \mathfrak{K}_r)$

heißt algebraisch vom Grade n, wenn es Nullstelle eines Polynoms n^{ten} Grades mit ganzrationalen Koeffizienten ist. Wenn zusätzlich in (1')

D   noch $g_n = 1$, so heißt γ "ganz algebraisch". Damit sind alle g mit

$g \in \mathfrak{z}$ sicher ganz algebraisch, da sie der Beziehung $1 \cdot g - g = 0$ genügen $(g_1 = 1, g_0 = - g)$; ferner ist $\gamma = \pm i$ ganz algebraisch, denn

es gilt $(\pm i)^2 + 1 = 0$ $(g_2 = 1, g_1 = 0, g_0 = 1)$. Auch die Lösungen

von $x^3 - x + 1 = 0$ $(g_3 = 1, g_2 = 0, g_1 = -1, g_0 = 1)$ sind ganz

algebraisch, ebenso wie die Elemente aus $\mathfrak{z}^*$ in der Form $(g + ig')$

$(g \in \mathfrak{z}, g' \in \mathfrak{z})$, denn es gilt $(g + ig')^2 - 2g(g + ig') + (g^2 + g'^2) = 0$ $(g_2 = 1, g_1 = - 2g, g_0 = g^2 + g'^2$. Sämtliche Elemente aus $\mathfrak{K}_1$

$(\frac{z_\nu}{n_\nu})$ $(z_\nu \in \mathfrak{z}, 1 \leq n_\nu \in \mathfrak{z})$ sind algebraisch, da $\frac{z_\nu}{n_\nu} \cdot n_\nu - z_\nu = 0$

$(g_1 = n_\nu, g_0 = - z_\nu)$. Sämtliche Elemente aus $\mathfrak{K}_k$, für die keine Be-

---

[1] Das n ist eindeutig bestimmt, wenn die Irreduzibilität des Polynoms $\sum\limits_{\nu=0}^{n} a_\nu x^\nu$ im Polynomring der Polynome mit Koeffizienten aus $\mathfrak{K}_1$ gefordert wird. Im weiteren Text wird der Buchstabe "n" oft als Name für den Grad eines Polynoms verwandt. Dabei steht das gleiche Zeichen für verschiedene natürliche Zahlen.

D ziehung der Form (1) resp. (1') möglich ist, heißen "transzendente Zahlen". Durch eine Aufsehen erregende Entdeckung gelang es dem französischen Mathematiker Liouville (1809 bis 1882) [1] zu zeigen, daß es reelle transzendente Zahlen gibt. Hier soll der Satz von Liouville ohne das Hilfsmittel der Kettenbrüche [2] hergeleitet werden. Wir betrachten mit $\gamma \neq 0$ eine algebraische Zahl, die Nullstelle des Polynoms $f(x) = \sum_{\nu=0}^{n} g_\nu x^\nu$ ($g_\nu \in \mathbb{Z}$, $g_n > 0$) sein soll. Wir sagen auch, daß γ der Gleichung $f(x) = 0$ genüge, was die Gültigkeit der Gleichung

(2) $$(2) \quad \sum_{\nu=0}^{n} g_\nu \gamma^\nu = 0$$ bedeutet. Dabei können wir o.B.d.A. $g_n g_0 \neq 0$ annehmen, da mit $g_0 = 0$ bereits wegen $\gamma \neq 0$ schon $\sum_{\nu=0}^{n-1} \gamma^\nu g_{\nu+1} = 0$ gilt und dieses Verfahren für $g_1 = 0$ bzw. $g_1 = g_2 = 0$ u.s.f. entsprechend zu iterieren wäre. Wir wissen [3], daß die Gleichung $f(x) = 0$ nur endlich viele (höchstens n) Nullstellen besitzt, eine davon ist γ. Wir bilden nun das Intervall $\gamma - \frac{1}{K_1} \leqslant x \leqslant \gamma + \frac{1}{K_1}$, für welches γ die einzige dieser Nullstellen sein soll. Damit ist K_1 ($K_1 \in \mathbb{R}_r$) fixiert, außerdem soll $K_1 \geqslant 1$ gelten [4]. Aus (2) ergibt

(2') sich $-g_n \gamma^n = g_{n-1} \gamma^{n-1} + \ldots + g_1 \gamma + g_0$ oder $(2') \quad -1 = \frac{g_{n-1}}{g_n \gamma} + \ldots$

$\ldots + \frac{g_1}{g_n \gamma^{n-1}} + \frac{g_0}{g_n \gamma^n}$ und mit $1 \leqslant M = \max_{\nu=0,\ldots,n} \left| \frac{g_\nu}{g_n} \right|$ erhalten wir

(3) die bekannte Beziehung (3) $|\gamma| < 1 + M$ [5]. (3) beweisen wir indirekt. Wäre $|\gamma| \geqslant 1 + M$, so folgte aus (2'): $1 = |-1| \leqslant \sum_{\nu=0}^{n-1} \left| \frac{g_\nu}{g_n} \frac{1}{\gamma^{n-\nu}} \right| \leqslant$

$$\sum_{\nu=0}^{n-1} \frac{1}{(1+M)^{n-\nu}} M < \sum_{\nu=1}^{\infty} \frac{M}{(1+M)^\nu} = \frac{M}{1+M} \cdot \frac{1}{1 - \frac{1}{M+1}} = 1 \quad \text{(also } 1 < 1\text{). q.e.a.}$$

Innerhalb des oben konstruierten Intervalles wählen wir ein α ($\alpha \in \mathbb{R}_r$) mit $\gamma - \frac{1}{K_1} < \alpha < \gamma + \frac{1}{K_1}$, wobei für $\gamma \neq \gamma'$ und $f(\gamma') = 0$ p.c.

$|\gamma - \gamma'| > \frac{1}{K_1}$ gilt. Damit ist $|\alpha| < |\gamma| + \frac{1}{K_1} < 1 + M + 1 = M + 2$.

---

[1] Liouville beschäftigte sich u.a. auch mit der Frage, wann eine reelle Funktion "elementar", d.h. vermöge einer elementaren Stammfunktion, integrierbar ist.

[2] Kenntnisse aus der Theorie der Kettenbrüche (etwa aus Khintchine (1894 bis 1959): Kettenbrüche, Teubner 1956) würden die folgenden Gedankengänge oft vereinfachen.

[3] nach $(II_{14}^{(1)})$

[4] Die Intervalle haben also die maximale Länge zwei.

[5] (3) heißt auch "Schrankensatz" und gibt uns einen Hinweis auf die Lage der Nullstellen des Polynoms $f(x)$.

Für $|\alpha|$ und $|\gamma|$ haben wir zwei Schranken erhalten, die nur von den Koeffizienten des ganzzahligen Polynoms $f(x) = \sum\limits_{\nu=0}^{n} g_\nu x^\nu$ abhängen.

Weiter gilt $|f'(\alpha)| = \left| \sum\limits_{\nu=1}^{n} g_\nu \alpha^{\nu-1} \cdot \nu \right| \leqslant n \, |g_n| \cdot M \cdot \sum\limits_{\nu=1}^{n} (2 + M)^{\nu-1} =$

(4) K_2 oder (4) $|f'(\alpha)| \leqslant K_2 = n \, |g_n| \cdot M \sum\limits_{\nu=1}^{n} (M + 2)^{\nu-1}$ [1]. Nun wählen wir ein q aus $\mathfrak{N}$ mit $q > \mathrm{Max}\,(K_1, K_2)$ (z.B. $q = \left[K_1\right] + \left[K_2\right] + 2$) und denken uns die reelle Zahlengerade mit einem Intervallnetz der Maschenbreite $\frac{1}{q}$ überdeckt, tragen also m.a.W. auf der Zahlengeraden bei Null beginnend nach rechts und links die Punkte $\frac{1}{q}, \frac{2}{q}, \ldots, \frac{-1}{q},$

$\frac{-2}{q}, \ldots$ ab. Ist $\gamma = \frac{\nu_0}{q}$ ($\nu_0 \in \mathfrak{Z}$), so folgt $\gamma + \frac{1}{K_1} = \frac{\nu_0}{q} + \frac{1}{K_1} >$

$\frac{\nu_0}{q} + \frac{1}{q}$ und zwischen γ und $\gamma + \frac{1}{K_1}$ liegt mindestens ein Maschenpunkt

(nämlich $\frac{\nu_0 + 1}{q}$). Wenn γ kein Maschenpunkt ist, also $\frac{\lambda_0}{q} < \gamma <$

$\frac{\lambda_0 + 1}{q}$ ($\lambda_0 \in \mathfrak{Z}$) und $\gamma < \frac{\lambda_0}{q} + \frac{1}{q} < \gamma + \frac{1}{K_1}$, so existiert außer γ eben-falls ein Maschenpunkt im Intervall um γ. Diesen Maschenpunkt nennen wir $\frac{p}{q}$ ($p \in \mathfrak{Z}$, $q \in \mathfrak{N}$) und für ihn ist p.c. $f(\frac{p}{q}) \neq 0$. Nach dem Mittel-wertsatz der Differentialrechnung ist $\left| f(\frac{p}{q}) - f(\gamma) \right| = \left| f(\frac{p}{q}) \right| =$

$\left| \gamma - \frac{p}{q} \right| \left| f'(\alpha_1) \right|$ [2] $\overset{(4)}{\leqslant} \left| \gamma - \frac{p}{q} \right| \cdot K_2$. Außerdem ist $\left| f(\frac{p}{q}) \right| =$

$\left| \sum\limits_{\nu=0}^{n} g_\nu (\frac{p}{q})^\nu \right| = \frac{1}{q^n} \left| \sum\limits_{\nu=0}^{n} g_\nu p^\nu q^{n-\nu} \right|$ und wegen $f(\frac{p}{q}) \neq 0$ muß

$\left| \sum\limits_{\nu=0}^{n} g_\nu q^{n-\nu} \cdot p^\nu \right| \geqslant 1$ gelten [3]. Wir erhalten demnach $\left| \gamma - \frac{p}{q} \right| \cdot K_2 \geqslant \frac{1}{q^n}$

(5)   oder (5) $\left| \gamma - \frac{p}{q} \right| > \frac{1}{q^{n+1}}$ (da $K_2 < q$). P.c. war dabei $\frac{1}{q} \geqslant \left| \gamma - \frac{p}{q} \right|$

(III_{16}) und es ergibt sich der berühmte Approximationssatz von Liouville für algebraische Zahlen γ (mit $\gamma \neq 0$) vom Grade n (III_{16}): Ist $\gamma \neq 0$ eine algebraische Zahl vom Grade n, so gilt für alle hinreichend großen q ($q \in \mathfrak{N}$) mit allen p [4] ($p \in \mathfrak{Z}$) für die $\frac{1}{q} \geqslant \left| \gamma - \frac{p}{q} \right|$ auch

---

[1] Die Schranken (3) und (4) hängen demnach nur von $\overline{|f}$ und den Koeffizienten von $f(x)$ ab.

[2] α_1 liegt zwischen γ und $\frac{p}{q}$, also im Intervall, und kann an die Stelle α in (4) treten.

[3] $(\sum\limits_{\nu=0}^{n} g_\nu p^\nu q^{n-\nu}) \in \mathfrak{Z}$

[4] p steht hier ausnahmsweise nicht nur für PZ^{en}.

gleichzeitig $\left| \gamma - \frac{p}{q} \right| \geqslant \frac{1}{q^{n+1}}$. Alle rationalen Zahlen mit hinreichend

großem Nenner q, die sich von einer algebraischen Zahl γ $(\gamma \neq 0)$ [1]

um höchstens $\frac{1}{q}$ unterscheiden und ungleich γ sind, kommen somit der

Zahl γ nicht näher als "höchstens auf die Distanz $\frac{1}{q^{n+1}}$".

Mit (III_{16}) gelang es Liouville als erstem, die Existenz reeller transzendenter Zahlen zu erweisen[2]. Er konstruierte die nach ihm benannten

"Liouvilleschen Zahlen" (1), welche simultan den Ungleichungen

$\frac{1}{q} \geqslant \left| 1 - \frac{p}{q} \right|$ und $\left| 1 - \frac{p}{q} \right| < \frac{1}{q^{n+1}}$ genügen. Dabei kann n $(n \in \mathcal{N})$

größer als eine vorgegebene Zahl gewählt werden und q $(q \in \mathcal{N})$ nimmt ebenfalls beliebig große Werte an. Wir müssen uns hier mit

(III'_{16}) einem Beispiel begnügen [3]. Es gilt (III'_{16}): Alle reellen Zahlen der

(6) Form (6) $1 = \sum\limits_{\nu=1}^{\infty} \frac{z_\nu}{10^{\nu!}}$ (z_ν irgendwelche dekadische Ziffern und

$z_\nu \neq 0$ für $\nu \geqslant N_0$ sonst beliebig) sind transzendent. Bew.: Die

Reihen in (6) sind unendliche Reihen (n.V.). Es handelt sich weiter um unperiodische unendliche Dezimalbrüche $0, z_1 z_2 000 z_3 \ldots$ (< 1); wären nämlich diese Dezimalbrüche periodisch, so müßten "weit genug hinten" wenigstens die von Null verschiedenen Ziffern gleiche Abstände besitzen. Diese Abstände sind aber gleich $k! - (k - 1)! - 1 =$ $(k - 1)!(k-1) - 1$, wachsen demnach über alle Grenzen und sind niemals

gleich. Mit $m > N_0 \geqslant 2$ und $\frac{p}{q} = \sum\limits_{\nu=1}^{m} \frac{z_\nu}{10^{\nu!}}$ $(1 \leqslant z_m \leqslant 9)$ [4] $=$

$$\frac{z_m + z_{m-1} \cdot 10^{m! - (m-1)!} + \ldots + z_2 \cdot 10^{m! - 2} + z_1 \cdot 10^{m! - 1}}{10^{m!}} = \frac{A}{10^{m!}} \text{ wird}$$

$$A \leqslant 9(1 + 10^{m! - (m-1)!} + 10^{m! - (m-2)!} + \ldots + 10^{m! - 1}) \leqslant 9 \sum\limits_{\nu=0}^{m!-1} 10^\nu =$$

$$9 \frac{10^{m!} - 1}{(10-1)} < 10^{m!} \quad \text{oder} \quad 0 < A < 10^{m!} \quad \text{bzw.} \quad 0 < 1 - \frac{A}{10^{m!}} = \sum\limits_{\nu=m+1}^{\infty} \frac{z_\nu}{10^{\nu!}}$$

und wir erhalten – wenn $A = p$, $q = 10^{m!}$ gesetzt sind –

$$0 < \left(1 - \frac{p}{q}\right) \leqslant 9 \sum\limits_{\nu=m+1}^{\infty} \frac{1}{10^{\nu!}} < \frac{9}{10^{(m+1)!}} \cdot \left(1 + \frac{1}{10} + \frac{1}{10^2} + \ldots\right) =$$

$$\frac{9}{10^{(m+1)!}} \frac{10}{9} = \frac{1}{10^{(m+1)! - 1}} = \frac{1}{(10^{m!})^m} \frac{1}{10^{m! - 1}} < \frac{1}{q^m} \ [5] < \frac{1}{q} . \text{ Genügte jetzt}$$

---

[1] vom Grade n

[2] Weiter unten werden wir auf anderem Wege die Transzendenz von e und π beweisen.

[3] In der Theorie der Kettenbrüche ergeben sich Liouvillesche Zahlen verhältnismäßig einfach (z.B. Khintchine loc. cit.).

[4] m werden wir später noch genauer fixieren.

[5] a fortiori

l einer Gleichung vom Grade k, so wählen wir $m > k+1$ und p.c. ist $l \neq \frac{p}{q}$, außerdem bleibt stets $q = 10^{m!} > ([K_1] + 2 + [K_2])$ [1] erreichbar und l kann daher [2] nicht algebraisch vom Grade k sein. q.e.d.

(III'_{16}) stellt in Verbindung mit dem geschilderten Konstruktionsprinzip ein "Transzendenzkriterium" dar. (III_{16}) ist ein "Algebraizitätskriterium". In neuerer Zeit hat u.a. Ch. Pisot (geb. 1912) [3] derartige Kriterien entwickelt.

Übg.(21.) Es ist zu zeigen, daß es höchstens so viele reelle Zahlen wie transzendente reelle Zahlen gibt.

(III_{17})
D
D

Wir beweisen jetzt den bemerkenswerten Satz (III_{17}): Die algebraischen Zahlen bilden einen Körper $\mathfrak{K}_a$; die ganzen algebraischen Zahlen bilden einen Ring $\mathfrak{Z}_a$.

Bekannt sind uns aus den Kapiteln 1 und 2 die Ringe $\mathfrak{Z}$ bzw. $\mathfrak{Z}^*$, außerdem die Körper $\mathfrak{K}_1$, $\mathfrak{K}_r$ und $\mathfrak{K}_k$. Wir haben schon gesehen, daß alle Elemente aus $\mathfrak{Z}$ und $\mathfrak{Z}^*$ zu $\mathfrak{Z}_a$ gehören. Hierher sind aber auch $\pm\sqrt{2}$ ($x^2 - 2 = 0$ hat diese Nullstellen) und $\pm i\sqrt{2}$ ($x^2 + 2 = 0$ hat diese Nullstellen) zu zählen. Ebenso gehört zu $\mathfrak{Z}_a$ auch $\frac{-1 \pm i\sqrt{3}}{2}$ (als Lösung von $x^3 - 1 = 0$). Zum Beweis von (III_{17}) formulieren wir zunächst eine Aussage, die in der linearen Algebra bzw. in der analytischen Geometrie bewiesen wird. (7_1) Ein homogenes lineares Gleichungssystem $\sum\limits_{\nu=1}^{n} a_{\varrho\nu}x_\nu = 0$ ($\varrho = 1, 2, \ldots, n$; die $a_{\varrho\nu}$ sind i.a. Elemente eines Körpers der Charakteristik Null, während für unsere Zwecke die Voraussetzung $a_{\varrho\nu} \in \mathfrak{K}_k$ genügt) hat dund eine nicht triviale Lösung (eine von $x_1 = x_2 = \ldots = x_n = 0$ verschiedene), wenn die Determinante der $a_{\varrho\nu}$ ($\|a_{\varrho\nu}\|$) gleich Null ist.

(7_1)

D

Beispiel: $x_1 + 2x_2 + x_3 = 0$, $2x_1 - x_2 - 3x_3 = 0$, $x_1 - x_2 - 2x_3 = 0$ hat die Lösung $x_1 = 1$, $x_2 = -1$, $x_3 = 1$ und die folgende Determinante mit dem Wert Null:

$$\begin{vmatrix} 1 & 2 & 1 \\ 2 & -1 & -3 \\ 1 & -1 & -2 \end{vmatrix} = \begin{vmatrix} 1 & 2 & 1 \\ 0 & -5 & -5 \\ 0 & -3 & -3 \end{vmatrix} = 0$$

---

[1] aus dem Beweis von (III_{16})
[2] nach (III_{16})
[3] z.B. in Mathematische Zeitschrift 1942

Für den Beweis von (III_{17}) bezeichnen $\alpha, \beta, \gamma, \ldots$ bzw. $\bar\alpha, \bar\beta, \bar\gamma, \ldots$ algebraische bzw. ganze algebraische Zahlen, die Elemente aus $\mathfrak{z}$ werden durch $g, g_1, g', \ldots$ angegeben. Der Fundamentalsatz der Algebra [1] sagt aus, daß alle algebraischen Zahlen zu $\mathfrak{K}_k$ gehören. Da zu $\mathfrak{K}_a$ aber auch reelle Zahlen gehören und außerdem die reellen transzendenten Zahlen keine Elemente von $\mathfrak{K}_a$ sind, so nimmt $\mathfrak{K}_a$ im Verhältnis zu $\mathfrak{K}_r$ und zu $\mathfrak{K}_k$ einen nicht leicht lokalisierbaren Platz ein.

Wir formulieren nun verschiedene Hilfssätze, von denen einige gleichzeitig Teilergebnisse von (III_{17}) darstellen.

(8_1) Zunächst gilt (8_1) $(\alpha = \frac{\bar\alpha}{g})$ bzw. $(g\alpha = \bar\alpha)$ für $\alpha \neq 0$, $g \neq 0$. Ist nämlich

$$\sum_{\nu=0}^{n} g_\nu \alpha^\nu = 0 \quad \text{mit} \quad g_n \cdot g_0 \neq 0, \quad \text{so gilt} \quad g_n^{n-1} \cdot \sum_{\nu=0}^{n} g_\nu \alpha^\nu = 0 =$$

$$(g_n \alpha)^n + \sum_{\nu=0}^{n-1} g'_\nu (g_n \alpha)^\nu \quad (g'_\nu = g_n^{n-1-\nu} g_\nu) \quad \text{und damit p.d.} \quad g_n \cdot \alpha = \bar\alpha.$$

Ist umgekehrt $\bar\alpha$ gegeben $\left(\bar\alpha^n + \sum_{\nu=0}^{n-1} g_\nu \bar\alpha^\nu = 0 \right)$, so setzen wir $\bar\alpha = g\alpha$

und α genügt dann einer Beziehung $\sum_{\nu=0}^{n} g'_\nu \alpha^\nu = 0$ $(g'_\nu \in \mathfrak{z})$. q.e.d.

In der linearen Algebra wird mit $\| \mathfrak{a} - x \mathfrak{e} \|$ die Determinante

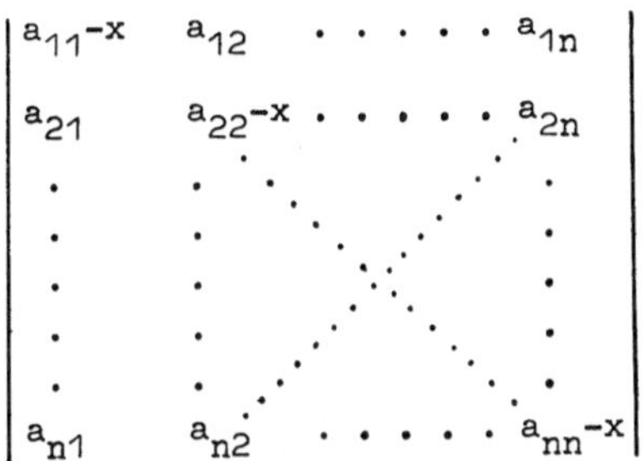

$$\begin{vmatrix} a_{11}-x & a_{12} & \cdots & a_{1n} \\ a_{21} & a_{22}-x & \cdots & a_{2n} \\ \vdots & \vdots & & \vdots \\ a_{n1} & a_{n2} & \cdots & a_{nn}-x \end{vmatrix}$$

bezeichnet. Diese Determinante wird nach Laplace (1749 bis 1827) entwickelt [2] und aus $\| \mathfrak{a} - x \mathfrak{e} \| = 0$ entsteht eine Gleichung $\sum_{\nu=0}^{n} c_\nu x^\nu = 0$.

Die c_ν entstehen aus den $a_{\varrho\nu}$ durch Addition, Subtraktion und Multiplikation, ferner ist $c_n = (-1)^n$. Sind die $a_{\varrho\nu}$ rational, so ist jede

---

[1] Z.B. in dem Buch von O. Perron (geb. 1880), Algebra I, II (Göschens Lehrbücherei). Hiernach sind sämtliche Nullstellen, die zu einem Polynom mit Koeffizienten aus $\mathfrak{K}_k$ gehören, wieder komplexe Zahlen.

[2] Hierzu muß auf eine Darstellung der linearen Algebra verwiesen werden.

Lösung [1] von $\sum c_\nu x^\nu = 0$ algebraisch; sind die $a_{\varrho\nu}$ Elemente aus $\mathfrak{J}$, so sind die Lösungen von $\|\alpha - x\mathfrak{J}\| = 0$ [2] ganz algebraisch. Das ist

(7_2) die Aussage (7_2).

Gibt es nun n komplexe Zahlen A_1, A_2, ..., A_n , die nicht sämtlich gleich Null sind - also $\sum_{\nu=1}^{n} |A_\nu| \neq 0$ - und gilt mit rationalen (ganz rationalen) $a_{\varrho\nu}$ für eine komplexe Zahl ξ außerdem:

$$A_\mu \xi = \sum_{\nu=1}^{n} a_{\mu\nu} A_\nu \quad (\mu = 1, 2, \ldots, n),$$

so ist ξ algebraisch (ganz alge-

(8_2) braisch). Diese Aussage (8_2) beweist sich folgendermaßen. Statt der letzten Beziehungen können wir auch schreiben $0 = A_1 (a_{11} - \xi) + A_2 a_{12} + \ldots + A_n a_{1n}$, $0 = A_1 a_{21} + A_2 (a_{22} - \xi) + \ldots + A_n a_{2n}$, $0 = A_1 a_{31} + A_2 a_{32} + A_3 (a_{33} - \xi) + \ldots + A_n a_{3n}$, ..., $0 = A_1 a_{n1} + A_2 a_{n2} + \ldots + A_n (a_{nn} - \xi)$; dieses Gleichungssystem hat die von der trivialen verschiedene Lösung $(A_1, \ldots, A_n)$, (7_1) und (7_2) sind anwendbar. q.e.d.

Mit $\alpha \neq 0$ und $\sum_{\nu=0}^{n} g_\nu \alpha^\nu = 0$ ist (s.o.) $g_n \cdot g_0 \neq 0$ erreichbar,

(8_3) daher gilt $0 = \frac{1}{\alpha^n} \cdot \sum_{\nu=0}^{n} g_\nu \alpha^\nu = \sum_{\nu=0}^{n} g_{n-\nu} (\frac{1}{\alpha})^\nu$ o.w.d.i. (8_3): Mit $\alpha \neq 0$ ist auch $\frac{1}{\alpha}$ algebraisch. Wegen $\alpha \pm \beta \overset{(8_1)}{=} \frac{\overline{\alpha}}{g} \pm \frac{\overline{\beta}}{g'} = \frac{g'\overline{\alpha} \pm g\overline{\beta}}{g \cdot g'}$, $\alpha \cdot \beta \overset{(8_1)}{=} \frac{\overline{\alpha}}{g} \cdot \frac{\overline{\beta}}{g'} = \frac{\overline{\alpha} \cdot \overline{\beta}}{(g \cdot g')}$, $\frac{\alpha}{\beta} \overset{(8_3)}{=} \alpha \frac{1}{\beta}$ bleibt zum Beweis von (III_{17}) jetzt nur noch zu zeigen, daß $\mathfrak{J}_a$ besteht [3].

Zunächst ist mit $\overline{\alpha}$ auch $(-\overline{\alpha})$ ganz algebraisch, da aus $\overline{\alpha}^n + \sum_{\nu=0}^{n-1} g_\nu \overline{\alpha}^\nu = 0$ sofort $0 = (-1)^n (\overline{\alpha}^n + \sum_{\nu=0}^{n-1} g_\nu \overline{\alpha}^\nu) = (-\overline{\alpha})^n + \sum_{\nu=0}^{n-1} g'_\nu (-\overline{\alpha})^\nu$ $(g'_\nu = g_\nu (-1)^{n-1-\nu})$ folgt. Wir müssen also nur noch zeigen, daß auch $\overline{\alpha} + \overline{\beta}$ und $\overline{\alpha} \cdot \overline{\beta}$ zu $\mathfrak{J}_a$ gehören. N.V.

$(9_1)(9_2)$ gilt (9_1) $\overline{\alpha}^n = - \sum_{\nu=0}^{n-1} g_\nu \overline{\alpha}^\nu$, (9_2) $\overline{\beta}^m = - \sum_{\nu=0}^{m-1} g''_\nu \overline{\beta}^\nu$. Mit $l = 0, 1, \ldots, n-1$ und $k = 0, 1, \ldots, m-1$ werden die $(n \cdot m)$ Zahlen $\overline{\alpha}^l \overline{\beta}^k$

---

[1] bzw. die Nullstellen, die zu dem Polynom gehören
[2] nach Multiplikation mit $(-1)^n$
[3] $g \in \mathfrak{J}_a$, $g' \in \mathfrak{J}_a$

gebildet, die wir Γ_{lk} nennen. In $\Gamma_{lk} \cdot (\overline{\alpha} + \overline{\beta})$ treten wiederum über (9_1) und (9_2) nur Produkte der Form Γ_{lk} auf, da Potenzen von $\overline{\alpha}$ bzw. $\overline{\beta}$ mit größeren Exponenten vermöge der genannten Gleichungen abgebaut werden können [1]. Damit lassen sich die $(n \cdot m)$ Zahlen Γ_{lk} durch

$$\Gamma_{\mu}^*(\overline{\alpha} + \overline{\beta}) = \sum_{\nu=1}^{n \cdot m} g_{\nu}^* \Gamma_{\nu}^* \quad [2]$$

linear darstellen. Da p.c. alle g_{ν}^* zu $\mathfrak{z}$ gehören und außerdem $\Gamma_1^* = 1 \neq 0$ kann (8_2) angewandt werden

Übg.(22.) und $(\overline{\alpha} + \overline{\beta})$ ist als Element von $\mathfrak{z}_a$ erwiesen. Entsprechend (Übung !) folgt diese Eigenschaft auch für $\overline{\alpha} \cdot \overline{\beta}$ über $\Gamma_{\mu}^* (\overline{\alpha} \cdot \overline{\beta}) = \sum_{\nu=1}^{n \cdot m} g_{\nu}^{**} \Gamma_{\nu}^*$

$(g_{\nu}^{**} \in \mathfrak{z})$. q.e.d.

Übg.(23.) Welchen Gleichungen genügen die ganzen algebraischen Zahlen $(\overline{\alpha} + \overline{\beta})$ und $(\overline{\alpha} \cdot \overline{\beta})$, wenn $\overline{\alpha}^2 = 2\overline{\alpha} - 2$, $\overline{\beta}^2 = \overline{\beta} - 1$?

MSZ

(III_{17}') Bereits in Abschnitt 1.2. haben wir gesehen, daß eine rationale Zahl, die ganz algebraisch ist, auch ganz rational sein muß. Diese Aussage läßt sich verallgemeinern. Es gelten (III_{17}'): $\check{\mathcal{R}}_a$ ist algebraisch abgeschlossen (m.a.W. alle Nullstellen von $\sum\limits_{\nu=0}^{n} \alpha_{\nu} x^{\nu}$ $(\alpha_{\nu} \in \check{\mathcal{R}}_a)$

(III_{17}'') sind wieder algebraisch), und (III_{17}''): alle Lösungen der Gleichung

$$x^n + \sum_{\nu=0}^{n-1} \overline{\alpha}_{\nu} x^{\nu} = 0 \quad \text{sind ganz algebraisch.}$$

Dabei folgt aus (III_{17}'') sofort (III_{17}'). Ist nämlich ξ eine Nullstelle von $\sum\limits_{\nu=0}^{n} \alpha_{\nu} x^{\nu}$, also $0 = \sum\limits_{\nu=0}^{n} \alpha_{\nu} \xi^{\nu} = \sum\limits_{\nu=0}^{n} \frac{\overline{\alpha}_{\nu}}{g_{\nu}} \xi^{\nu}$, so multiplizieren

wir die letzte Gleichung mit $\prod\limits_{\nu=0}^{n} g_{\nu}$ (wobei nur die α_{ν} berücksichtigt werden, die ungleich Null sind; bzw. $g_{\mu} = 1$, falls $\alpha_{\mu} = 0$), dadurch entsteht $(g_0 \cdot \ldots \cdot g_{n-1})\overline{\alpha}_n \xi^n + \ldots + \overline{\alpha}_0 (g_1 \cdot \ldots \cdot g_n) = 0$. Die letzte Gleichung multiplizieren wir noch mit $(g_0 \cdot \ldots \cdot g_{n-1})^{n-1} \overline{\alpha}_n^{n-1}$, und wir erhalten $(g_0 \cdot \ldots \cdot g_{n-1} \overline{\alpha}_n \xi)^n + \sum\limits_{\nu=0}^{n-1} \widetilde{g}_{\nu} (g_0 \cdot \ldots \cdot g_{n-1} \overline{\alpha}_n \xi)^{\nu} = 0$

---

[1] d.h. für $\overline{\alpha}^n$ bzw. $\overline{\beta}^m$ werden die Formeln (9) substituiert.

[2] Hier ist $\Gamma_1^* = \Gamma_{00}$, $\Gamma_2^* = \Gamma_{10}$, $\Gamma_3^* = \Gamma_{01}$, ..., $\Gamma_{nm}^* = \Gamma_{n-1,m-1}$, $\mu = 1, \ldots, (n \cdot m)$.

$(\tilde{g}_\nu \in \mathfrak{z})$. Es ist somit $\bar{\beta} = (g_0 \cdot \ldots \cdot g_{n-1}\, \bar{\alpha}_n\, \xi)$ (nach $(III_{17}")$) und

$\xi = \dfrac{\bar{\beta}}{\bar{\alpha}_n}\, (g_0 \cdot \ldots \cdot g_{n-1})^{-1} \in \mathfrak{K}_a$ (nach (III_{17})). Zum Beweis von $(III_{17}")$

gehen wir von einer Nullstelle ξ der angegebenen Gleichung aus, es

gilt demnach $\xi^n = -\sum\limits_{\nu=0}^{n-1} \bar{\alpha}_\nu\, \xi^\nu$, außerdem n.V. $\bar{\alpha}_\mu^{\,n_\mu} = \sum\limits_{\nu=0}^{n-1} a_{\mu\nu}\, \bar{\alpha}_\mu^{\,\nu}$

$(\mu = 0, \ldots, n-1;\ a_{\mu\nu} \in \mathfrak{z})$. Dann bilden wir die $r = n \cdot n_0 \cdot n_1 \cdot \ldots \cdot n_{n-1}$

Zahlen $\overline{\lceil_{l_0\, l_1\, \ldots\, l_n}} = \xi^{l_0}\, \bar{\alpha}_0^{\,l_1} \cdot \ldots \cdot \bar{\alpha}_{n-1}^{\,l_n}$ $(0 \leqslant l_\lambda \leqslant n_\lambda - 1,$

$\lambda = 1, 2, \ldots, n;\ 0 \leqslant l_0 \leqslant n-1)$. Analog zu dem beim Beweis von (III_{17})

formulierten Gedankengang ist dann $\lceil_\lambda^{**} \cdot \xi = \sum\limits_{\mu=0}^{r} a_{\lambda\mu}\, \lceil_\mu^{**}$ (wobei die

$\lceil_\lambda^{**}$ wieder fortlaufend numeriert mit den $\overline{\lceil_{l_0\, l_1\, \ldots\, l_n}}$ überein-

stimmen) und ξ, da die $a_{\lambda\mu}$ zu $\mathfrak{z}$ gehören, nach (8_2) ganz algebraisch.
q.e.d.

Zum Abschluß dieses Abschnittes beweisen wir einen Satz, aus dem sich
die Transzendenz von e und π ergibt. Jene wurde erstmals 1873 von dem
französischen Mathematiker Hermite (1822 bis 1901) mit Hilfe sehr tiefliegender Sätze der komplexen Funktionentheorie bewiesen; diese hat
1882 [1] der deutsche Mathematiker Lindemann (1852 bis 1939) bestätigt.
Beider Beweismethoden sind inzwischen u.a. von Hurwitz (1859 bis 1922),
Gordan (1837 bis 1912) und H. Weber (1842 bis 1913) wesentlich vereinfacht worden. Wir beschäftigen uns im folgenden mit einer etwas

(III_{18}) geänderten Variante und zeigen: (III_{18}) $\sum\limits_{\nu=1}^{l} A_\nu\, e^{\alpha_\nu}$ $(\alpha_\nu \in \mathfrak{z}_a,$

$A_\nu \in \mathfrak{K}_a,\ A_\nu \neq 0\ (\nu = 1, \ldots, l);\ \alpha_\nu \neq \alpha_\mu\ \text{für}\ \nu \neq \mu)$ ist stets von
Null verschieden.

Aus (III_{18}) folgt dann mit $\alpha_\nu \in \mathfrak{z}$ nach Multiplikation mit

$e^{-Min(\alpha_\nu)}$ [2] und mit $A_\nu \in \mathfrak{z}$ die Transzendenz von e. Wäre π nicht
transzendent sondern algebraisch, dann nach (8_1) $g_\pi \cdot \pi$ $(g_\pi \in \mathfrak{z})$
sogar ganz algebraisch oder - wegen (III_{17}) - auch $ig_\pi \cdot \pi$. Wie in

der Funktionentheorie [3] gezeigt wird, ist $e^{ig_\pi \pi} = (e^{i\pi})^{g_\pi} = (-1)^{g_\pi}$

---

[1] angeblich konzipiert bei einem Spaziergang auf dem Lorettoberg bei
Freiburg im Breisgau

[2] $Min(\alpha_\nu)$ ist die kleinste der (dann zu $\mathfrak{z}$ gehörenden) Zahlen $\alpha_1, \ldots, \alpha_l$.

[3] etwa K.Knopp, Elemente der Funktionentheorie, Funktionentheorie I,
II (Sammlung Göschen)

oder $e^{i\pi g_\pi} - (-1)^{g_\pi} = 0$ im Gegensatz zu (III_{18}). Der Satz (III_{18}) läßt sich mit etwas mehr Aufwand auch in allgemeinerer Form $(\alpha_\nu \in \mathcal{R}_a)$ beweisen. Die Folgerung aus dieser Verallgemeinerung lohnt aber den Mehraufwand kaum [1], außerdem haben Siegel und Schneider neuerdings [2] wesentlich weiter führende Sätze beweisen können, die aber tiefere Kenntnisse der Funktionentheorie voraussetzen.

(10)   Zum Beweis von (III_{18}) gehen wir von der Antithese (10) $\sum_{\nu=0}^{1} A_\nu e^{\alpha_\nu} = 0$ aus. Für die einzelnen A_ν besteht eine Gleichung der Form

$$f_\nu(A_\nu) = \sum_{\lambda=0}^{n_\nu} g_{\lambda\nu} A_\nu^\lambda = 0 \quad (g_{\lambda\nu} \in \mathfrak{z}, \; g_{n_\nu\nu} \cdot g_{0\nu} \neq 0).$$

Da die A_ν nicht alle paarweise verschieden sein brauchen, können einige der Polynome $f_\nu(x)$ $(\nu = 1, \ldots, 1)$ gleich sein. Wir bilden das Polynom

$$A(x) = \prod_{\nu=1}^{1} f_\nu(x) \quad \text{mit} \quad \overline{A(x)} = n_1 + n_2 + \ldots + n_1 = L \quad (1 \leqslant L).$$

Nach dem Fundamentalsatz der Algebra besitzt $A(x)$ die Nullstellen $A_1, \ldots, A_1, A_{1+1}, \ldots, A_L$ [3], von denen einige untereinander gleich sein können; die Koeffizienten von $A(x)$ gehören zu $\mathfrak{z}$; da alle $A_\nu \neq 0$, so ist auch $A(0) \neq 0$ (ähnlich wie schon beim Beweis der Eigenschaft von (2)). Nach einem Satz der Kombinatorik [4] gibt es $\binom{L}{1} 1!$ Kombinationen der $A_1, \ldots, A_L$ zur 1-ten Klasse mit Berücksichtigung der Anordnung (z.B. $(A_1, A_2, \ldots, A_1) \neq (A_2, A_1, \ldots, A_1)$), die wir mit $(A_{r1}, A_{r2}, \ldots, A_{rl})$ bezeichnen (damit ist z.B.

$(A_{11}, A_{12}, \ldots, A_{11}) = (A_1, A_2, \ldots, A_1))$ $r = 1, 2, \ldots, (\binom{L}{1} \cdot 1!)$.

Mit jeder dieser Kombinationen bilden wir mit den α_ν aus (10) die

D   Summe $\Sigma_r = A_{r1} e^{\alpha_1} + A_{r2} e^{\alpha_2} + \ldots + A_{rl} e^{\alpha_1}$, wobei gleichzeitig

D $\alpha_1 \; "<" \; \alpha_2 \; "<" \; \alpha_3 \; "<" \; \ldots \; "<" \; \alpha_1$. Dabei bedeutet $\alpha \; "<" \; \beta$: $\mathcal{R}(\alpha) < \mathcal{R}(\beta)$ und falls $\mathcal{R}(\alpha) = \mathcal{R}(\beta)$ ist $\mathcal{J}(\alpha) < \mathcal{J}(\beta)$. Damit sind die paarweise verschiedenen α_ν "geordnet". Schließlich bilden

wir das Produkt $\prod_{r=1}^{\binom{L}{1} 1!} (\Sigma_r)$, da hier der erste Faktor die linke

(11)   Seite von (10) ist, gilt: (11) $\prod' = \prod_{r=1}^{\binom{L}{1} 1!} (\Sigma_r) = 0.$

---

[1] Wir werden später eine solche Folgerung erwähnen.
[2] z.B. in Th. Schneider: Transzendente Zahlen (Verlag S. Springer)
[3] Die ersten von $A_1, \ldots, A_L$ sind die $A_1, \ldots, A_1$ aus (10).
[4] z.B. in O. Perron loc. cit.

P.c. ist weiter $\prod' = 0 = \sum_{\nu=1}^{m} A'_\nu \, e^{\beta_\nu}$ $(A'_\nu \in \bar{\mathcal{R}}_a, \beta_\nu \in \mathcal{Z}_a)$.

In (11) sind nicht sämtliche $A'_\nu = 0$; wir können uns nämlich die $\beta_1, \ldots, \beta_m$ wieder vermöge " $<$ " geordnet denken $(\beta_1 \text{ "}<\text{" } \beta_2 \text{ "}<\text{" } \ldots$

$\ldots \text{ "}<\text{" } \beta_m)$ und wegen $(\alpha \text{ "}<\text{" } \beta, \, \alpha' \text{ "}<\text{" } \beta')$ [1] $\Rightarrow$

$(\alpha + \alpha' \text{ "}<\text{" } \beta + \beta')$ ist in (11) der Summand mit dem "kleinsten"

Exponenten von der Form $A_1' \, e^{\overbrace{\alpha_1 + \alpha_1 + \ldots + \alpha_1}}$ $((\tbinom{L}{1})l!)$ Summanden, wobei

$A_1' = \prod_{r=1}^{(\tbinom{L}{1})l!} A_{r1} \neq 0$ (da alle $A_1, \ldots, A_L$ ungleich Null waren).

Werden nun die A_ν $(\nu = 1, \ldots, L)$ irgendwie vertauscht (permutiert), so ändert sich in (11) höchstens die Reihenfolge der Faktoren,

$\sum_{\nu=1}^{m} A'_\nu \, e^{\beta_\nu}$ bleibt völlig unverändert; damit sind die A_ν' aber

symmetrische Funktionen der $A_1, \ldots, A_L$ und nach dem Hauptsatz über

symmetrische Funktionen durch die $\dfrac{g_{\lambda\nu}}{g_{n_\nu \nu}} \in \bar{\mathcal{R}}_1$ $(\nu = 1, 2, \ldots, 1)$

darstellbar [2], es gilt somit $A'_\nu \in \bar{\mathcal{R}}_1$. Durch Multiplikation mit dem

(11')   Hauptnenner wird daher aus (11) die Gleichung (11') $\sum_{\nu=1}^{m} B_\nu e^{\beta_\nu} = 0$

$(B_\nu \in \mathcal{Z}, \beta_\nu \in \mathcal{Z}_a, \nu = 1, \ldots, m)$. Was wir weiter oben für die

$A_1, \ldots, A_1$ überlegten, wird nun für die $\beta_1, \ldots, \beta_m$ durchgeführt,

da es sich hier um Elemente aus $\mathcal{Z}_a$ handelt, gelangen wir zu einem

Polynom $B(x) = x^M + b_{M-1} x^{M-1} + \ldots + b_1 x + b_0$ $(b_\nu \in \mathcal{Z}, \nu = 1, \ldots, M)$.

Die β_ν aus (11') sind paarweise verschieden, allerdings ist $\beta_1 = 0$

möglich; die Wurzeln von $B(x)$ sollen $\beta_1, \ldots, \beta_m, \ldots, \beta_M$ [3] $(m \leqslant M)$

heißen. Mit diesen Nullstellen bilden wir wieder die Kombinationen mit Berücksichtigung der Anordnung, jetzt allerdings zur m-ten Klasse

$(\beta_{r1}, \ldots, \beta_{rm})$ $(r = 1, 2, \ldots, (\tbinom{M}{m}m!))$ und mit diesen die Summen

$\sum_r' = B_1 e^{\beta_{r1}} + B_2 e^{\beta_{r2}} + \ldots + B_m e^{\beta_{rm}}$. Zu jeder dieser Summen $\sum_r'$

gibt es einen Summanden mit "kleinstem" Exponenten (in

$(\beta_{11}, \ldots, \beta_{1m}) = (\beta_1, \ldots, \beta_m)$ ist es z.B. $B_1 e^{\beta_1}$). Wenn wir nun

$\prod_{r=1}^{(\tbinom{M}{m})m!} \sum_r'$ bilden, so entsteht als Produkt der Summanden mit

---

[1] da $\mathcal{R}(\alpha + \alpha') = \mathcal{R}(\alpha) + \mathcal{R}(\alpha')$, $\mathcal{J}(\alpha + \alpha') = \mathcal{J}(\alpha) + \mathcal{J}(\alpha')$

[2] wie z.B. bei O. Perron, loc.cit. dargestellt

[3] Die ersten m der β_ν $(\nu = 1, \ldots, (\tbinom{M}{m}m!))$ sind die β_ν aus (11').

"kleinstem" Exponenten aus jedem Faktor der Summand in $\prod \sum'_r$ mit

"kleinstem" Exponenten; dessen Koeffizient in $\prod \sum'_r$ ist p.c.

(12)   ungleich Null [1]. Wegen (11') entsteht dann (12) $\prod\limits_{r=1}^{\binom{M}{m}m!} \sum'_r =$

$$\sum_{\lambda=1}^{k} C_k e^{\gamma_k} = 0 \quad (C_k \in \mathfrak{Z}, \ \gamma_k \in \mathfrak{Z}_a) \quad \text{mit} \quad \gamma_1 \ "<" \ \gamma_2 \ "<" \ \cdots \ "<" \ \gamma_k$$

und $C_1 \neq 0$. Werden nun die $\beta_1, \ldots, \beta_M$ irgendwie vertauscht, so ändert sich in (12) höchstens die Reihenfolge der Faktoren, die γ_k bleiben einzeln fest und sind nach dem bereits geschilderten Schluß symmetrische Funktionen der $b_{M-1}, b_{M-2}, \ldots, b_1, b_0$. Da diese Koeffizienten zu $\mathfrak{Z}$ gehören, sind auch die γ_k solche Elemente. Statt (12)

(12')   schreiben wir (12') $\sum\limits_{\lambda=1}^{k} g_\lambda e^{g'_\lambda} = 0 \quad (g_\lambda \in \mathfrak{Z}, \ g_\lambda' \in \mathfrak{Z}, \ \lambda = 1, \ldots, k).$

Wie wir schon auf Seite 238 sahen, folgt aus (12') die Existenz

eines Polynoms $G(x) = \sum\limits_{\nu=0}^{n} g_\nu^* x^\nu \quad (g_\nu^* \in \mathfrak{Z}, \ g_n^* g_0^* \neq 0, \ \nu = 0, \ldots, n)$

(13)   mit $G(e) = 0$, also (13) $\sum\limits_{\nu=0}^{n} g_\nu^* e^\nu = 0.$

Wir müssen jetzt zum Beweis von (III_{18}) lediglich noch die Unmöglichkeit einer Beziehung der Form (13) bestätigen [2]. Dabei werden wir ähnlich vorgehen wie in Abschnitt 1.2. beim Beweis der Irrationalität von e. Hierzu sei $P(y)$ ein Polynom vom Grade q_1 (wir werden q_1 noch

genauer fixieren) $P^{(k)}(\alpha x)$ bedeute $\left. \dfrac{d^k P(y)}{dy^k} \right|_{y \,=\, \alpha x}$; aus der Pro-

duktintegrationsregel $\left(\int\limits_a^b f'(x)g(x)\,dx = \right.$

$f(x) \cdot g(x) \left.\Big|_{x=a}^{x=b} - \int\limits_a^b f(x) \cdot g'(x)\,dx \right)$ folgt mit $g(x) = P(\alpha_1 x),$

$f(x) = -e^{-\alpha_1 x}$ [3] dann $\int\limits_0^1 \alpha_1 e^{-\alpha_1 x} P(\alpha_1 x)\,dx =$

$-e^{-\alpha_1 x} \cdot P(\alpha_1 x) \Big|_0^1 + \int\limits_0^1 \alpha_1 e^{-\alpha_1 x} P'(\alpha_1 x)\,dx$. Nach der gleichen Regel

---

[1] Da er als Produkt von Faktoren geschildert ist, deren Koeffizienten von Null verschieden sind.

[2] Statt (13) kann auch $\sum g_\nu^* e^{\gamma_\nu} \neq 0 \quad (\gamma_\nu \in \mathfrak{R}_a, \ g_\nu^* \in \mathfrak{Z})$ ähnlich wie im folgenden bewiesen werden (hierzu z.B. Dörrie (1873 bis 1956), Triumpf der Mathematik (Verlag Oldenbourg)).

[3] α_1 eine beliebige reelle Konstante

erhalten wir $\int\limits_0^1 \alpha_1 e^{-\alpha_1 x} P'(\alpha_1 x)\, dx =$

$-e^{-\alpha_1 x} P'(\alpha_1 x) \Big|_0^1 + \int\limits_0^1 \alpha_1 e^{-\alpha_1 x} P''(\alpha_1 x)\, dx$. Da $P^{(q_1 + \nu)}(\alpha_1 x) = 0$

für $\nu = 1, 2, \ldots$, so wird nach einer entsprechend oft iterierten Anwendung der Produktintegrationsformel folgende Gleichung sich

ergeben: $\int\limits_0^1 \alpha_1 e^{-\alpha_1 x} \cdot P(\alpha_1 x) dx = \Big\{ -e^{-\alpha_1 x} (P(\alpha_1 x) + P'(\alpha_1 x) + \ldots$

$\ldots + P^{(q_1)}(\alpha_1 x)) \Big\} \Big|_0^1 = (P(0) + P'(0) + \ldots$

$\ldots + P^{(q_1)}(0)) - e^{-\alpha_1}(P(\alpha_1) + P'(\alpha_1) + \ldots + P^{(q_1)}(\alpha_1)) =$

(14) $Q(0) - e^{-\alpha_1} Q(\alpha_1)$ oder (14) $e^{\alpha_1} Q(0) = Q(\alpha_1) +$

$e^{\alpha_1}\alpha_1 \int\limits_0^1 e^{-\alpha_1 x} \cdot P(\alpha_1 x)\, dx$ [1] . In Verbindung mit (13) folgt

$\sum\limits_{\nu=0}^n g_\nu^* e^\nu\, Q(0) = 0$ und wegen (14)

$\sum\limits_{\nu=0}^n g_\nu^*\, Q(\nu) + \sum\limits_{\nu=0}^n \left(g_\nu^* \left(e^\nu \nu \int\limits_0^1 e^{-\nu x} \cdot P(\nu x)\, dx \right) \right) =$

$\sum\limits_{\nu=0}^n g_\nu^*\, Q(\nu) + \sum\limits_{\nu=0}^n g_\nu^*\, R(\nu) = 0$. Statt der letzten Gleichung schreiben

(15)   wir (15) $\sum\limits_{\nu=0}^n g_\nu^*\, Q(\nu) = - \sum\limits_{\nu=0}^n g_\nu^*\, R(\nu)$.

Jetzt werden wir zeigen, daß die linke Seite von (15) nach passender Spezialisierung von $P(y)$ ein von Null verschiedenes Element von $\mathfrak{Z}$ ist, während andererseits $\left| - \sum\limits_{\nu=0}^n g_\nu^*\, R(\nu) \right| < 1$ gilt. Damit ist (15)

falsch und ebenso (10). Wir setzen $P(y) = \frac{1}{(p-1)!} \cdot P_1(y) \cdot P_2(y)$ mit

$P_1(y) = \left(\prod\limits_{\varrho=0}^n (y - \varrho) \right)^{p-1}$, $P_2(y) = \prod\limits_{\varrho=1}^n (y - \varrho)$. Dabei ist p eine PZ

mit folgenden Eigenschaften: 1. $p > n$ (n aus (13)); 2. $p > |g_0^*|$ (g_0^* aus (13)); 3. $q_1 = \overline{P(y)} = (n+1)(p-1) + n = (n+1)p - 1$;

4. p so groß, daß mit dem in (13) fixierten n der Quotient $\dfrac{((n!)^2)^{p-1}}{(p-1)!}$

als Glied der konvergenten Reihe für $e^{((n!)^2)}$ kleiner wird als

$\frac{1}{N(n)}$ mit $N(n) = e^n((n+1)!)^2 \cdot M$, wobei $M = \underset{\nu=0,\ldots,n}{\text{Max}} |g_\nu^*|$

(g_ν^* aus (13)). Diese Eigenschaften 1. bis 4. zitieren wir im folgenden

---

[1] (14) läßt sich auch für komplexes α_1 herleiten, womit dann der in Fußnote 2) auf Seite 241 erwähnte Beweis gelingt.

(16)   Text als (16). Zunächst schätzen wir die $R(\nu)$ aus (15) ab [1]. Es ist

$$R(\nu) = e^{\nu}\nu \cdot \int_0^1 e^{-\nu x} P(\nu x)\, dx;\quad \text{über } \nu x = t,\ \nu dx = dt \quad \text{erhalten wir}$$

$$R(\nu) = e^{\nu} \int_0^{\nu} e^{-t} P(t)\, dt \quad \text{und wegen } |e^{-t}| \leqslant 1 \quad (\text{für } 0 \leqslant t \leqslant \nu),$$

ferner weil $\left| \int_a^b f(x)\, dx \right| \leqq (b-a) \cdot \underset{a \leqslant x \leqslant b}{\text{Max}} |f(x)|$, ergibt sich die

Abschätzung $|R(\nu)| \leqslant \nu e^{\nu} \cdot \underset{0 \leqslant t \leqslant \nu}{\text{Max}} |P(t)|$. Zur Abschätzung von

$|P(t)|$ schätzen wir die Faktoren $P_1(t)$ und $P_2(t)$ getrennt ab

und unterscheiden a) $\varrho > \nu$ ($\varrho = \nu + 1, \ldots, n$) und b) $\varrho \leqslant \nu$

($\varrho = 0, 1, \ldots, \nu$). Gilt a), so ist $t \leqslant \nu < \varrho$ oder $|t - \varrho| = \varrho - t < \varrho$

oder $\displaystyle\prod_{\varrho=\nu+1}^{n} |t - \varrho| < \prod_{\varrho=\nu+1}^{n} \varrho = (\nu+1)(\nu+2)\ldots(n)$; gilt b), so ist

$\varrho \leqslant \nu$ und wir folgern:

$$(\varrho \leqslant \nu) \Rightarrow \left(|t-\varrho| = \begin{cases} t-\varrho & \text{für } 0 \leqslant \varrho < t \leqslant \nu \\ \varrho-t & \text{für } 0 \leqslant t \leqslant \varrho \end{cases} \right) \Rightarrow \left(|t-\varrho| \leqslant \begin{cases} \nu-\varrho \\ \varrho \end{cases} \right) \text{oder}$$

im Falle b) ist $|t-\varrho| \leqslant \text{Max}\,(\nu-\varrho, \varrho)$. Ist ba) $\varrho \leqslant \nu-\varrho$ also $2\varrho \leqslant \nu$

o.w.d.i. $\varrho = 0, 1, \ldots, \left[\frac{\nu}{2}\right]$, so erhalten wir $\displaystyle\prod_{\varrho=0}^{\left[\frac{\nu}{2}\right]} |t-\varrho| \leqslant$

$\nu \cdot (\nu-1) \cdot \ldots \cdot \left(\nu - \left[\frac{\nu}{2}\right]\right)$ und für den Fall a) $\displaystyle\prod_{\varrho=\nu+1}^{n} |t-\varrho| \leqslant (\nu+1) \cdot (\nu+2) \cdot$

$\ldots \cdot n$. Wenn bb) $\nu - \varrho < \varrho$ also $\left[\frac{\nu}{2}\right] < \varrho$, so ergibt sich

$$\prod_{\left[\frac{\nu}{2}\right]+1}^{\nu} |t-\varrho| < \left(\left[\frac{\nu}{2}\right] + 1\right) \cdot \left(\left[\frac{\nu}{2}\right] + 2\right) \cdot \ldots \cdot \nu < n!. \text{ Die letzten drei}$$

Produktabschätzungen ergeben $\displaystyle\prod_{\varrho=0}^{n} |t-\varrho| \leqslant (n!)^2$ oder

$|P_1(t)| \leqslant ((n!)^2)^{p-1}$. In $P_2(t)$ fällt der Faktor $(y-0)$ weg, und da

$t \leqslant \nu \leqslant n$, so ist aus den eben [2] durchgeführten Abschätzungen erkenn-

bar, daß $|P_2(t)| \leqslant (n!)^2$. Damit gilt $\underset{0 \leqslant t \leqslant \nu}{|P(t)|} \leqslant (n!)^2 \cdot \dfrac{((n!)^2)^{p-1}}{(p-1)!}$

oder $|R(\nu)| \leqslant e^{\nu}\nu\,(n!)^2 \cdot \dfrac{((n!)^2)^{p-1}}{(p-1)!} < e^n n\,(n!)^2 \cdot \dfrac{((n!)^2)^{p-1}}{(p-1)!}$ [3] ;

---

[1] Sätze aus der Funktionentheorie (z.B. über das Maximum von $|f(z)|$, wenn $f(z)$ in einem Bereich eindeutig-regulär-analytisch) würden die folgenden Überlegungen zu kürzen gestatten. Wir bringen hier einen elementaren Beweis.

[2] Es war der Fall ba).

[3] für $\nu = 0, 1, \ldots, n$

schließlich erhalten wir $\sum\limits_{\nu=0}^{n} g_{\nu}^{*} R(\nu) \leqslant \sum\limits_{\nu=0}^{n} |g_{\nu}^{*}| \, |R(\nu)| \leqslant$

$$M \sum\limits_{\nu=0}^{n} |R(\nu)| \leqslant (n+1)\, M\, e^{n} n (n!)^{2} \cdot \frac{((n!)^{2})^{p-1}}{(p-1)!} <$$

$$((n+1)!)^{2} \cdot M \cdot e^{n} \cdot \frac{((n!)^{2})^{p-1}}{(p-1)!} \overset{(16)}{=} N(n) \, \frac{((n!)^{2})^{p-1}}{(p-1)!} \overset{(16)}{<} 1 \, .$$

Die rechte Seite von (15) hat also die behauptete Eigenschaft. Für die linke Seite dieser Gleichung beachten wir zunächst, daß p.c. $P(y)$ die $(p-1)$-fache Nullstelle $y = 0$ und jeweils $y = 1, \ldots, n$ als p-fache Nullstelle besitzt. Es ist somit $P(0) = P'(0) \ldots = P^{(p-2)}(0) = 0$, weiter $P(\nu) = P'(\nu) = \ldots = P^{(p-1)}(\nu) = 0$

(17) $(\nu = 1, 2, \ldots, n)$. Wegen (17) $P(y) = \dfrac{1}{(p-1)!} \, (y^{(n+1)p-1} +$

$$\sum\limits_{\lambda=p-1}^{(n+1)p-2} c_{\lambda} \cdot y^{\lambda}) \quad (c_{\lambda} \in \mathfrak{z}) \quad \text{wird für } k \geqslant p \quad P^{(k)}(y) =$$

$$\frac{1}{(p-1)!} \Big(\Big(\sum\limits_{\lambda=k}^{(n+1)p-2} (c_{\lambda} y^{\lambda-k}(\lambda(\lambda-1) \ldots (\lambda-k+1))) \Big) + \overset{1)}{} q_{1}(q_{1}-1) \cdot (q_{1}-2) \cdot \ldots \cdot$$

$$(q_{1}-k+1) \cdot y^{(n+1)p-1-k}) = \frac{k!}{(p-1)!} \Big(\binom{q_{1}}{k} y^{q_{1}-k} + \sum\limits_{\lambda=k}^{q_{1}-1} c_{\lambda} \binom{\lambda}{k} y^{\lambda-k} \Big).$$

Für $k \geqslant p$ ist demnach $P^{(k)}(\nu) \equiv 0(p)$ $(\nu = 0, 1, \ldots, n)$. Nun war $Q(\nu) = P(\nu) + P'(\nu) + P''(\nu) + \ldots + P^{(q_{1})}(\nu)$ für $\nu = 0, 1, \ldots, n$ und die linke Seite von (15) läßt sich als $g_{0}^{*} \cdot P^{(p-1)}(0) + K_{3} \cdot p$

$(K_{3} \in \mathfrak{z})$ darstellen. P.d. war $P(y) = \dfrac{1}{(p-1)!} \, y^{p-1} \, (\prod\limits_{\varrho=1}^{n} y-\varrho)^{p} =$

$$\frac{1}{(p-1)!} \, (y^{p-1}(-1)^{np}(n!)^{p} + y^{p} c_{p} + y^{p+1} c_{p+1} + \ldots) \quad \text{und es wird}$$

$P(y)^{(p-1)} = (-1)^{np}(n!)^{p} + y \, (\ldots)$ oder $P(0)^{(p-1)} = (-1)^{np}(n!)^{p}$. Nach (16) ist somit $g_{0}^{*} P^{(p-1)}(0) \not\equiv 0(P)$ und die linke Seite von (15) ein Element aus $\mathfrak{z}$, das von Null verschieden ist. q.e.a.

Als Folgerung von (III_{18}) betrachten wir mit $\alpha \in \bar{\mathfrak{K}}_{a}$, $\alpha \neq 0$ die Potenz e^{α} (z.B. e^{k}, $k \in \mathfrak{z}$ oder $e^{\sqrt{2}}$ oder $e^{\frac{i\sqrt{2}}{3}}$); wäre nun e^{α} algebraisch $(e^{\alpha} = \beta \in \bar{\mathfrak{K}}_{a})$, so gäbe es nach (8_{1}) eine ganz rationale Zahl g_{α} derart, daß $g_{\alpha} \cdot \alpha = \bar{\alpha} \in \mathfrak{z}_{a}$. Es gälte also $(e^{\alpha})^{g_{\alpha}} = e^{\bar{\alpha}} = \beta^{g_{\alpha}} = \gamma$ $(\gamma \in \bar{\mathfrak{K}}_{a})$ und die Gleichung $e^{\bar{\alpha}} - \gamma_{a} = 0$ widerspräche (III_{18}).

(III'_{18}) Somit gilt (III'_{18}): Für $\alpha \neq 0$ sind e^{α} und α mit algebraischem α

---

1) $q_{1} = (n+1)p-1$

nicht gleichzeitig algebraisch. Nach diesem Satz ist demnach u.a. $e^{\sqrt{2}}$, e^k $(k \in \mathfrak{Z})$, $e^{i\sqrt{2}}$ transzendent.

Übg.(24.) Die Transzendenz von π ist über (III_{18}') zu beweisen.

Das Schaubild der Kurve $y = \mathrm{tg}\,x$ kann außer $(0, 0)$ keinen Punkt durchlaufen, dessen beide Koordinaten algebraisch sind. Wäre nämlich

$$\alpha \in \mathfrak{K}_a \quad (\alpha \neq 0) \quad \text{und} \quad \mathrm{tg}\,\alpha = \frac{e^{i\alpha} - e^{-i\alpha}}{i(e^{i\alpha} + e^{-i\alpha})} = \beta \in \mathfrak{K}_a, \quad \text{so wäre} \quad e^{i\alpha} - e^{-i\alpha} =$$

$$i\beta\,(e^{i\alpha} + e^{-i\alpha}) \quad \text{und es folgte} \quad ((e^{i\alpha} - e^{-i\alpha}) = i\beta\,(e^{i\alpha} + e^{-i\alpha})) \leftrightarrow$$

$$(e^{2i\alpha} = \frac{1 + i\beta}{1 - i\beta} \in \mathfrak{K}_a). \quad \text{Mit} \quad g_\alpha \cdot \alpha = \bar{\alpha} \quad (8_1) \quad \text{wäre weiter} \quad e^{2i\bar{\alpha}} =$$

$$e^{2i g_\alpha \alpha} = (\frac{1 + i\beta}{1 - i\beta})^{g_\alpha} \in \mathfrak{K}_a \quad \text{eine Beziehung, die} \ (\mathrm{III}_{18}) \ \text{widerspräche.}$$

q.e.a.

Übg.(25.) Das Schaubild der Funktion $y = e^x$ durchläuft außer $(0, 1)$ keinen Punkt, dessen beide Koordinaten algebraisch sind. Das gleiche gilt für das Schaubild der Funktion $y = \log x$.

Übg.(26.) Warum genügt e keiner algebraischen Gleichung $\sum\limits_{\nu=0}^{n} \alpha_\nu x^\nu = 0$ $(\alpha_\nu \in \mathfrak{K}_a)$?

Eingangs sahen wir, daß π transzendent ist. Da - wie in der Algebra gezeigt wird - jede Größe (Zahl), die allein mit Hilfe von Zirkel und Lineal gezeichnet werden kann, einer algebraischen Gleichung mit Koeffizienten aus $\mathfrak{K}_1$ genügen muß, so ist die Konstruktion unmöglich, die unter dem Namen "Quadratur des Kreises" bekannt wurde. Werden andere Hilfsmittel zugelassen, um ein zu einem Kreis flächengleiches Rechteck (und damit auch ein Quadrat etwa nach dem Höhensatz) zu konstruieren, so fand bereits Leonardo da Vinci (1452 bis 1519) vermöge des Abrollens einer Kreisscheibe vom Radius r und der Dicke $(\frac{r}{2})$ eine "Quadratur des Kreises".

Übg.(27.) Der Graph der Funktion $y = \cot x$ durchläuft keinen Punkt, dessen beide Koordinaten algebraisch sind; außerdem sind sämtliche Werte $y_g = \sin(g)$ $(g \neq 0,\ g \in \mathfrak{Z})$ transzendent.

Da $e^{\log 10} = 10 \in \mathfrak{Z}_a$, ist $\log 10$ transzendent; das gleiche gilt, wegen $\log 10 \lg e = 1$ auch für $\lg e$.

Übg.(28.) Mit $r \in \mathfrak{K}_1$, $r \neq 0$ ist $\lg(e^r)$ stets transzendent.

Übg.(29.) Das Verfahren des Beweises von (III_{18}) soll so modifiziert werden, daß aus (10) eine Beziehung nach (III_{17}') folgt; aus dieser (warum ?) ergibt sich dann (15).

3.4. Einige Elemente der additiven Zahlentheorie

D Gesetze und Beziehungen, die sich bei additiven Verknüpfungen der
Elemente von $\mathfrak{z}$ ergeben, bilden den Gegenstand der additiven Zahlentheorie. Oft beschränkt sich diese Disziplin auf Untersuchungen solcher Summen, die nur positive Summanden (aus dem Ring $\mathfrak{z}$) aufweisen.
Die Sätze (III_7) und (III_{14}) sind Beispiele solcher Aussagen; außerdem spielt heute die in Abschnitt 1.4. definierte Dichte einer
Menge natürlicher Zahlen eine bedeutende Rolle, auf die hier nicht
näher eingegangen werden soll.

MSZ In einem gewissen Zusammenhang zu (III_7) steht die bis heute noch
nicht bewiesene Vermutung von Goldbach (1690 bis 1764) [1], nach der
sich jede gerade Zahl $2n$ $(2n > 6)$ als Summe zweier verschiedener
PZ^{en} schreiben läßt. In den letzten Jahren wurden verschiedene Aussagen bewiesen, die dieser Vermutung sehr nahe kommen [2], vollständig
ist allerdings bis heute noch kein Beweis geglückt. Schon 1742 hat
Goldbach auf den folgenden Zusammenhang hingewiesen: Die Aussagen
"Jede gerade Zahl größer als 2 ist als Summe zweier PZ^{en} (die auch
gleich sein können) darstellbar" und "jede natürliche Zahl größer als
5 ist als Summe dreier PZ^{en} (die auch gleich sein können) darstellbar"
sind äquivalent. Gilt nämlich $2n - 2 = p' + p''$ $(p', p''\ PZ^{en})$, so
ist $2n = 2 + p' + p''$ und $2n + 1 = 3 + p' + p''$. Ist umgekehrt
$2n = p^* + p^{**} + p^{***}$ $(p^*, p^{**}, p^{***}\ PZ^{en})$ mit $p^* \leqslant p^{**} \leqslant p^{***}$,
so muß $p^* = 2$ sein (da $p^* \geqslant 3$ auf $2n \equiv 0(2) \not\equiv p^* + p^{**} + p^{***} \equiv$
$1(2)$ führte), folglich ist $2n - 2 = p^{**} + p^{***}$. q.e.d.

Übg.(30.) Aus (III_{14}) resultiert sofort (Übung !), daß eine gerade Zahl $2n$
genau so viele Darstellungen als Summe aufeinander folgender gerader
Zahlen besitzt wie es SZ^{en} von n gibt (z.B. $10 = 4 + 6$, $5 = 2 + 3$;
$18 = 4 + 6 + 8 = 8 + 10$, $9 = 2 + 3 + 4 = 4 + 5$). Hier liegt auch die
Frage nahe, wie oft sich eine natürliche Zahl n als Summe aufeinander
folgender ungerader Zahlen schreiben läßt (z.B. $9 = 1 + 3 + 5$,
$16 = 1 + 3 + 5 + 7 = 7 + 9$). In solchen Fällen gilt
$n = u_1 + (u_1 + 2) + \ldots + u_2,\ u_1 \equiv u_2 \equiv 1(2),\ u_2 = u_1 + 2(l-1)$ [3];

---

es gilt $(n = 1 \cdot (\frac{u_1 + u_2}{2}) = (\frac{u_2 - u_1}{2}) + 1) \cdot (\frac{u_2 + u_1}{2})) \Leftrightarrow$

$(4n = ((u_2 - u_1) + 2)(u_2 + u_1)) \Leftrightarrow (4n = u_2^2 - u_1^2 + 2u_1 + 2u_2) \Leftrightarrow$

$(4n = (u_2+1)^2 - (u_1-1)^2)$ und $u_2 + 1 = u_1 - 1 \equiv 0(2)$, es sind also

$x = u_2 + 1$ und $y = u_1 - 1$ gerade Zahlen. Damit folgt weiter:

$x + y = 2f_1$, $x - y = 2f_2$, $n = f_1 \cdot f_2$ (aus $4n = x^2 - y^2$),

$x = f_1 + f_2$, $y = f_1 - f_2$ und wegen $x \equiv y \equiv 0(2)$ (n.V.) sind auch

f_1 und f_2 kongruent mod 2. Jede Darstellung der gewünschten Form

(1)   führt also zu (1) $n = f_1 \cdot f_2$ mit $f_1 \equiv f_2(2)$, $f_1 \geqslant f_2$. Gilt umgekehrt

(1), so lassen sich aus den vorstehenden Formeln sofort u_2 und u_1

entnehmen. Dabei führt $f_2 = 1$, $n \equiv 1(2)$, $n = f_1$ zu $u_2 = u_1 = n$,

während $u_2 = u_1$ über $x = y + 2$ und $f_2 = 1$ zu $f_1 = n$ $(n \equiv 1(2)$

n.V.) weiter entwickelt werden kann. Eine Zahl n $(n \in \mathfrak{N})$ läßt sich

damit genau so oft als Summe ungerader aufeinander folgender Zahlen

schreiben, wie sie nach (1) darstellbar ist. Beispiel: $60 = 2 \cdot 2 \cdot 3 \cdot 5 =$

$2 \cdot 30 = 6 \cdot 10$, $60 = 29 + 31 = 5 + 7 + 9 + 11 + 13 + 15$.

Schließlich fragen wir noch nach den Bedingungen, die es zulassen,

daß eine Summe aufeinander folgender gerader Zahlen

$(g_1 + (g_1 + 2) + \ldots + g_2)$ $(g_1 \equiv g_2 = g_1 + 2(1-1) \equiv 0(2))$ gleich

einer entsprechenden Summe ungerader Zahlen ist

$(u_1 + (u_1 + 2) + \ldots + u_2)$ (mit $u_2 > u_1$, $u_2 \equiv u_1 \equiv 1(2)$,

$u_2 = u_1 + 2(l_1 - 1)$, $l_1 \equiv 0(2)$ [1]. Wegen

$(n = g_1 + \ldots + g_2 = u_1 + \ldots + u_2) \Leftrightarrow ((\frac{g_2 + g_1}{2}) \cdot (\frac{g_2 - g_1}{2}) + 1) =$

$(\frac{u_2 + u_1}{2})(\frac{u_2 - u_1}{2} + 1)) \Leftrightarrow ((g_2 + g_1)(g_2 - g_1 + 2) =$

$(u_2 + u_1)(u_2 - u_1 + 2)) \Leftrightarrow (((g_2 + 1) + (g_1 - 1))((g_2 + 1) - (g_1 - 1)) =$

$((u_2 + 1) + (u_1 - 1))((u_2 + 1) - (u_1 - 1)) \Leftrightarrow$

(2)   (2) $((g_2 + 1)^2 - (g_1 - 1)^2) = (u_2 + 1)^2 - (u_1 - 1)^2)$ ist (2) eine

notwendige und hinreichende Bedingung für die Existenz solcher Dar-

stellungen einer geraden Zahl n. Beispiele: 1. $n = 8$, $g_2 = g_1 = 8$,

$u_2 = 5$, $u_1 = 3$. 2. $n = 20$, $g_2 = 8$, $g_1 = 2$, $u_2 = 11$, $u_1 = 9$.

3. $n = 36$, $g_2 = 14$, $g_1 = 10$, $u_2 = 11$, $u_1 = 1$.

Euler und Goldbach haben auch einige Identitäten angegeben, die reiz-
volle Aspekte der Unterhaltungsmathematik gewähren. Sie definieren als

D   "Zahlensternbilder" (2n) paarweise verschiedene Elemente aus $\mathfrak{N}$

$(x_1, x_2, \ldots, x_n; y_1, y_2, \ldots, y_n)$, die den Beziehungen

---

[1] Die Anzahl der Summanden muß gerade sein $(\sum g_\nu = \sum u_\nu)$.

(3)

$$(3)\quad x_1^{\nu} + x_2^{\nu} + \ldots + x_n^{\nu} = y_1^{\nu} + y_2^{\nu} + \ldots + y_n^{\nu} \quad (\nu = 0, 1, \ldots, 1)$$

genügen. Für $1 = 2$, $n = 3$ erhalten wir in 2, 3, 7; 1, 5, 6 ein solches Sternbild. Allgemein gilt in diesem Fall nach Euler und Gold-

(3_1)

bach (3_1) $x_1 = a + c$, $x_2 = b + c$, $x_3 = 2a + 2b + c$; $y_1 = c$,

(3_2)

$y_2 = 2a + b + c$, $y_3 = a + 2b + c$ oder (3_2) $x_1 = ad$, $x_2 = ac + bd$,

$x_3 = bc$; $y_1 = ac$, $y_2 = ad + bc$, $y_3 = bd$. Hier können für a, b, c, d irgendwelche Elemente eines Ringes eingesetzt werden, stets sind für

Übg.(31.) $1 = 2$, $n = 3$ die Beziehungen (3) erfüllt (Übung !). Durch passende Wahl der a, b, c, d aus $\mathfrak{R}$ ergeben sich dann Zahlensternbilder ($a = c = 1$, $b = 2$ in (3_1) bzw. $a = c = 1$, $b = 3$, $d = 2$ in (3_2)) führt zum obigen Beispiel). Für $1 = 5$, $n = 6$ haben ebenfalls Euler

(3_3)

und Goldbach die Formeln (3_3) entwickelt: $x_1 = a$, $x_2 = a + 4b + c$,

$x_3 = a + b + 2c$, $x_4 = a + 9b + 4c$, $x_5 = a + 6b + 5c$, $x_6 = a + 10b + 6c$;

$y_1 = a + b$, $y_2 = a + c$, $y_3 = a + 6b + 2c$, $y_4 = a + 4b + 4c$,

$y_5 = a + 10b + 5c$, $y_6 = a + 9b + 6c$. Die etwas umfangreiche Bestäti-

Übg.(32.) gung der Formel (3) für die Angaben (3_3) (Übung !) wird durch den fol-

genden Kunstgriff etwas erleichtert. $\displaystyle\sum_{1=1}^{6} (x_1^{\nu} - y_1^{\nu}) =$

$(A_1 + c)^{\nu} - A_1^{\nu} + A_2^{\nu} - (A_2 + 2c)^{\nu} + (A_3 + 3c)^{\nu} - A_3^{\nu} + A_4^{\nu} -$

$(A_4 + 3c)^{\nu} + (A_5 + 2c)^{\nu} - A_5^{\nu} + A_6^{\nu} - (A_6 + c)^{\nu} \quad (\nu = 0, 1, \ldots, 5)$,

wobei $A_1 = a + 10b + 5c$, $A_2 = a + 9b + 4c$, $A_3 = a + 6b + 2c$,

$A_4 = a + 4b + c$, $A_5 = a + b$, $A_6 = a$ gesetzt sind. Die Fälle $\nu = 0$

und $\nu = 1$ sind sofort überschaubar und $\nu = 2$ wird wegen

$0 = A_1 - A_6 + 2(A_5 - A_2) + 3(A_3 - A_4)$ rasch bestätigt. Unter Ver-

wendung der letzten Gleichung kann dann auch für $\nu = 3$ die Behauptung

aus (3) bewiesen werden. $\nu = 4$ und $\nu = 5$ sind nach ähnlicher

Rechnung zu meistern.

Auf andere Sonderfälle von (3) soll hier nicht eingegangen werden;
wir verweisen aber auf eine weitere überraschende Auswirkung, die
sich aus der Existenz solcher Zahlensternbilder ergibt. Ist für

(4)

einstellige x_{ν}, y_{ν} [1] lediglich $(4)\ \displaystyle\sum_{\nu=1}^{1} x_{\nu}^2 = \sum_{\nu=1}^{1} y_{\nu}^2$ (wobei

die x_{ν}, y_{ν} nicht mehr unbedingt paarweise verschieden sein müssen),

(4')

so gilt $(4')\ \displaystyle\sum_{\nu=1}^{1} (10x_{\nu} + y_{\nu})^2 = \sum_{\nu=1}^{1} (10y_{\nu} + x_{\nu})^2$. Umgekehrt folgt

aus (4') und $d = \displaystyle\sum_{\nu=1}^{1} (x_{\nu}^2 - y_{\nu}^2)$ die Beziehung $100d = d$, also (4) [2].

---

[1] Sind die x_{ν}, y_{ν} nicht mehr einstellig, so bleiben die Aussagen zwar
richtig, verlieren aber ihre "sichtbare" Konsequenz.

[2] d.h. $d = 0$

Dabei darf $\sum x_\nu = \sum y_\nu$ oder $\sum x_\nu \neq \sum y_\nu$ gelten (z.B.

$3^2 + 4^2 + 8^2 = 2^2 + 6^2 + 7^2$ oder $0^2 + 1^2 + 4^2 = 2^2 + 2^2 + 3^2$

ergeben $32^2 + 46^2 + 87^2 = 23^2 + 64^2 + 78^2$, $36^2 + 47^2 + 82^2 =$

$28^2 + 63^2 + 74^2$ oder $2^2 + 12^2 + 43^2 = 20^2 + 21^2 + 34^2$,

$3^2 + 12^2 + 42^2 = 21^2 + 24^2 + 30^2$).

Mit einer speziellen Art von SZ^{en} hängt die Zerlegung von $\mathfrak{N}$ zusammen, die nach folgendem Muster geschieht: $\mathfrak{N} = \{1, 2; 3; 4, 5, 6; 7, 8; 9, 19, 11, 12; 13, 14, 15; 16, \ldots\} = \{\mathfrak{N}_1; \mathfrak{N}_2; \mathfrak{N}_3; \mathfrak{N}_4; \mathfrak{N}_5; \ldots$
$\ldots; \mathfrak{N}_{2n-1}; \mathfrak{N}_{2n}; \ldots\}$. Hier beginnt $\mathfrak{N}_{2n-1}$ stets mit dem Element n^2 und die Elemente von $\mathfrak{N}_{2n-1}$ bzw. von $\mathfrak{N}_{2n}$ bilden zwei SZ^{en} von $(n+1)$ bzw. n Summanden der gleichen Zahl. Denn die Vereinigung der Teil-mengen $\mathfrak{N}_1$, $\mathfrak{N}_2$, $\ldots$, $\mathfrak{N}_{2n-2} = \mathfrak{N}_{2(n-1)}$ enthält

$$2 + 1 + 3 + 2 + \ldots + n + (n-1) = \sum_{\nu=1}^{n-1} \nu + \sum_{\nu=2}^{n} \nu =$$

$n(\frac{n-1}{2}) + (n+2)(\frac{n-1}{2}) = (n^2 - 1)$ Elemente, die Teilmenge $\mathfrak{N}_{2n-1}$

beginnt also mit n^2; außerdem gilt $n^2 + (n^2 + 1) + (n^2 + 2) + \ldots$

$\ldots + (n^2 + n) = (\frac{n+1}{2})(2n^2 + n) = \frac{n(n+1)(2n+1)}{2}$ (Summe der Elemente

von $\mathfrak{N}_{2n-1}$) und $(n^2 + n + 1) + (n^2 + n + 2) + \ldots + (n^2 + 2n) =$

$\frac{n}{2}(2n^2 + 3n + 1) = \frac{n(n+1)(2n+1)}{2}$ (Summe der Elemente von $\mathfrak{N}_{2n}$) [1].

Wegen $n^2 - 1 + (n+1) = n^2 + n = n(n+1)$ (Anzahl der Elemente in den ersten $(2n-1)$ Teilmengen) ist außerdem das letzte Element von $\mathfrak{N}_{2n-1}$ das Produkt der Anzahlen der Elemente von $\mathfrak{N}_{2n-1}$ und $\mathfrak{N}_{2n}$.

Fragen wir umgekehrt nach zwei SZ^{en} mit $(n+1)$ bzw. (n) Summanden, für die (5) $(x + (x+1) + (x+2) + \ldots + (x+n)) =$
$((x + n + 1) + (x + n + 2) + \ldots + (x + 2n))$, so erhalten wir
$x + \frac{n}{2}(n+1) = \frac{n}{2}(3n+1)$, also $x = n^2$ und damit genau die oben angegebene Zerlegung von $\mathfrak{N}$ in Teilmengen.

(5)

D Die bisherigen SZ^{en} wollen wir "SZ^{en} 1. Ordnung" nennen, entsprechend
D $x^k + (x+1)^k + (x+2)^k + \ldots$ "SZ^{en} k. Ordnung". $3^2 + 4^2 = 5^2$ ist
wohl das bekannteste Beispiel zweier SZ^{en} 2. Ordnung für die Zahl 25; u.a. gilt $10^2 + 11^2 + 12^2 = 13^2 + 14^2$. Aus dem allgemeinen Ansatz

---

[1] Hier besteht ein Zusammenhang mit der Formel aus Abschnitt 1.1.
$$\sum_{\nu=1}^{n} \nu^2 = \frac{n(n+1)(2n+1)}{6} \ .$$

(6) (6) $x^2 + (x + 1)^2 + \ldots + (x + n)^2 = (x + n + 1)^2 + (x + n + 2)^2 + \ldots$

$\ldots + (x + 2n)$ [1] ergibt sich $x^2 = ((x + n + 1)^2 - (x + 1)^2) +$

$((x + n + 2)^2 - (x + 2)^2) + \ldots + ((x + 2n)^2 - (x + n)^2)$ oder

(wegen $(x + n + k)^2 - (x + k)^2 = 2xn + n^2 + 2nk =$

$n(2x + 2k + n))$ $(x^2 = n(2x + n + 2) + n(2x + n + 4) + n(2x + n + 6) + \ldots$

$\ldots + n(2x + n + 2n)) \Leftrightarrow (x^2 = 2xn^2 + n^3 + \dfrac{2n \cdot n \cdot (n + 1)}{2}) \Leftrightarrow$

$(x^2 = 2xn^2 + n^2(2n + 1))$. Die Gleichung $x^2 - 2xn^2 - n^2 \cdot (2n + 1) = 0$

hat die Lösungen $x_{1,2} = \dfrac{2n^2 \pm \sqrt{4n^4 + 4n^2(2n + 1)}}{2} =$

$n^2 \pm \sqrt{n^4 + 2n^3 + n^2} = n^2 \pm n \cdot \sqrt{n^2 + 2n + 1} = n^2 \pm n(n + 1) =$

$2n^2 + n, -n$. Von diesen Lösungen interessieren uns nur x_1 [2]. Wir

haben damit für $n = 1$ bzw. $n = 2$ die oben zitierten Beispiele

erhalten. Außerdem ist der letzte Summand der linken Seite von (6)

gleich $n(2n + 1) + n = 2n^2 + 2n = 2 \cdot n \cdot (n + 1)$. Bei den SZ[en] 2. Ord-

nung ist demnach die Basis der letzten Summanden der Summe mit

$(n + 1)$ Gliedern gleich $2 \cdot n \cdot (n + 1)$, während für die SZ[en] 1. Ordnung

am gleichen Ort $n(n + 1)$ figurierte.

Nach Übg.(11.) in Abschnitt 1.1. war $\displaystyle\sum_{\nu=1}^{k} \nu^2 = \dfrac{k(k + 1)(2k + 1)}{6}$, damit

ergibt sich als Wert der beiden Seiten von (6)

$(2n^2 + n)^2 + (2n^2 + n + 1)^2 + \ldots + (2n^2 + 2n)^2 =$

$\displaystyle\sum_{\nu=1}^{2n(n+1)} \nu^2 - \sum_{\nu=1}^{2n^2+n-1} \nu^2 = \dfrac{(2n^2 + 2n)(2n^2 + 2n + 1)(4n^2 + 4n + 1)}{6} -$

$\dfrac{(2n^2 + n - 1)(2n^2 + n)(4n^2 + 2n - 1)}{6} \overset{[3]}{=} \dfrac{n(n+1)(2n+1)(12n(n+1)+1)}{6}$.

Übg.(33.) Analog erhalten wir (Übung !) aus Übg.(11.) in Abschnitt 1.1. über

$\displaystyle\sum_{\nu=1}^{2n} \nu^2 = \dfrac{2n(2n + 1)(4n + 1)}{6}$ bzw. $\displaystyle\sum_{\nu=1}^{n} (2\nu)^2 = 4 \cdot \dfrac{n(n + 1)(2n + 1)}{6}$

die Beziehung $\displaystyle\sum_{\nu=1}^{n} (2\nu - 1)^2 = \dfrac{n(4n^2 - 1)}{3} = \dfrac{1}{3}(2n-1) \cdot n \cdot (2n+1)$.

Wir könnten nun vermuten, daß sich analog zu (5) und (6) zwei SZ[en]

3. Ordnung ergeben, die $(n+1)$ bzw. n Summanden besitzen, und bei denen

die letzte Basis der linken Seite gleich $3 \cdot n \cdot (n + 1)$ ist, wobei die

---

[1] Wieder hat die links bzw. rechts stehende SZ 2. Ordnung $(n + 1)$
bzw. n Glieder, und die Basen der einzelnen Summanden bilden eine
Folge sukzessiver natürlicher Zahlen.

[2] $x_2 = -n$ genügt trivialerweise ebenfalls (6).

[3] nach entsprechender Rechnung (die auch rückwärts bestätigt werden
kann)

Basen wieder einen Teilabschnitt von $\mathfrak{N}$ bilden. Hier liegen aber die Verhältnisse etwas anders. Nur teilweise analog zu (5) und (6) gilt

(7)

$$(7) \quad 2 \cdot \sum_{\nu=1}^{n} \nu^3 + (3n(n+1) - n)^3 + (3n(n+1) - n + 1)^3 + \ldots$$

$$\ldots + (3n(n+1))^3 = (3n(n+1) + 1)^3 + (3n(n+1) + 2)^3 + \ldots$$

$$\ldots + (3n(n+1) + n)^3.$$

Für $n = 1$ resp. $n = 2$ ergibt sich nach (7) $2 \cdot 1^3 + 5^3 + 6^3 = 7^3$ resp. $2 \cdot (1^3 + 2^3) + 16^3 + 17^3 + 18^3 = 19^3 + 20^3$. Den allgemeinen Beweis von (7) deuten wir nur an, die vollständige Ausführung bleibt

Übg.(34.) dem Leser empfohlen (Übung !).

Mit $\sum_{\nu=1}^{k} \nu^3 = (\sum_{\nu=1}^{k} \nu)^2 = (\frac{k(k+1)}{2})^2$ [1] steht auf der linken Seite

von (7) $\quad 2\,\frac{n^2(n+1)^2}{4} + (\sum_{\nu=1}^{3n(n+1)} \nu)^2 - (\sum_{\nu=1}^{3n(n+1)-n-1} \nu)^2$ und auf der

rechten Seite dieser Gleichung $\quad (\sum_{\nu=1}^{3n(n+1)+1} \nu)^2 - (\sum_{\nu=1}^{3n(n+1)} \nu)^2$.

Als Ergebnis erhalten wir $\quad \frac{n^2(n+1)^2}{4} \, (108n^3 + 162n^2 + 66n + 7)$.

Mit $\quad (\sum_{\nu=1}^{2n} \nu^3) = (\sum_{\nu=1}^{2n} \nu)^2 = \frac{(2n(2n+1))^2}{4} = n^2(2n+1)^2$ und

$(\sum_{\nu=1}^{n} (2\nu)^3) = 8(\frac{n(n+1)}{2})^2 = 2n^2(n+1)^2 \quad$ wird $\quad \sum_{\nu=1}^{n}(2\nu - 1)^3 =$

$$\sum_{\nu=1}^{2n} \nu^3 - \sum_{\nu=1}^{n} (2\nu)^3 = n^2((2n+1)^2 - 2(n+1)^2) =$$

$n^2(4n^2 + 4n + 1 - 2n^2 - 4n - 2) = n^2 \cdot (2n^2 - 1) = 2n^4 - n^2$ und wegen

(8) $\quad n^2 = 1 + 3 + 5 + \ldots + (2n - 1)$ [2] die Formel (8)

$$2n^4 = \sum_{\nu=1}^{n} (2\nu - 1)^3 + \sum_{\nu=1}^{n} (2\nu - 1).$$

Nun zerlegen wir $\mathfrak{N}$ nach folgender Vorschrift in Teilmengen $\mathfrak{N}'_1, \mathfrak{N}'_2, \ldots : \mathfrak{N} = \{1;\ 2,\ 3;\ 4,\ 5,\ 6;\ 7,\ 8,\ 9,\ 10;\ 11,\ \ldots\}$.

Die Elemente der einzelnen Teilmengen können daher als Summanden einer SZ 1. Ordnung dienen, deren Summenwerte mit S_1, S_2, S_3, $\ldots$ bezeichnet werden sollen. P.c. hat $\mathfrak{N}'_n$ n Elemente, das letzte Glied der Summe S_n ist daher $\frac{n(n+1)}{2}$ ($= 1 + 2 + \ldots + n$), das erste Glied gleich

$\frac{n(n+1)}{2} - (n - 1) = \frac{n^2 - n + 2}{2} = \frac{n(n-1)}{2} + 1$ und für S_n ergibt

---

[1] aus Übg.(11.) in Abschnitt 1.1.

[2] Arithmetische Reihe erster Ordnung mit Differenz 2, Anfangsglied 1

sich [1] $\frac{n}{2}\left(\frac{n(n+1)}{2} + \frac{n^2 - n + 2}{2}\right) = \frac{n}{2}\cdot(n^2 + 1) = \frac{n^3 + n}{2}$. Wegen (8)

(9)   erhalten wir die merkwürdige Formel (9) $\sum\limits_{\nu=1}^{n} S_{2\nu - 1} = n^4$.

Übg.(35.) Wesentlich einfacher folgt (Übung !): Wird die Folge der ungeraden
Zahlen 1, 3, 5, 7, 9, 11, ... vermöge 1; 3, 5; 7, 9, 11; 13, 15,
17, 19; 21, ... in Teilfolgen zerlegt, und sind die zugehörigen
Summen S'_1, S'_2, S'_3, ..., so gilt $S'_n = n^3$.

Bereits in Abschnitt 1.2. haben wir gesehen, daß sich jede natürliche
Zahl n als Summe verschiedener Potenzen 2^k (k = 0, 1, ...) schreiben
läßt und damit auf einer Zweischalenwaage vermöge des Gewichtssatzes
1, 2, 4, 8, ... jede ganzzahlige Gewichtsmenge wägbar ist. Diese Aussage läßt sich noch etwas verbessern. Wird gestattet, Gewichtssteine
auf beide Waageschalen zu legen, so genügt nämlich ein Gewichtssatz,
der nur die Gewichte 1, 3, 3^2, ... enthält. Hierzu müssen wir zeigen,
daß jedes n (n $\in \mathfrak{N}$) in der Form $\sum\limits_{\nu=0}^{k} \varepsilon_\nu 3^\nu$ geschrieben werden kann,
wobei die ε_ν jeweils genau einen der Werte 0, 1, -1 annehmen [2].
Dabei bedeutet ε_ν = 0: "Der Gewichtsstein 3^ν wird nicht verwandt",
bzw. ε_ν = 1: "Der Gewichtsstein 3^ν liegt auf der Schale, auf der
sich nicht der zu wiegende Gegenstand befindet", bzw. ε_ν = -1:
"Gewichtsstein und Gegenstand liegen auf der gleichen Schale". Wir

(III$_{19}$)   beweisen hierzu den Satz (III$_{19}$): Jedes n aus $\mathfrak{N}$ läßt sich eindeutig

als $\sum\limits_{\nu=0}^{k} \varepsilon_\nu 3^\nu$ schreiben. Bew.: Zunächst beweisen wir die Eindeutig-
keit der Darstellung indirekt [3]. Wäre $\sum\limits_{\nu=0}^{k} \varepsilon_\nu 3^\nu = \sum\limits_{\nu=0}^{k'} \varepsilon'_\nu 3^\nu$,
so können wir k = k' annehmen, da im Falle k < k' (o.B.d.A.)
nur $\varepsilon_{k+1} = \varepsilon_{k+2} = \ldots \varepsilon_{k'} = 0$ zu setzen wäre. Nun folgt aber weiter
$(\sum\limits_{\nu=0}^{k} \varepsilon_\nu 3^\nu = \sum\limits_{\nu=0}^{k} \varepsilon'_\nu 3^\nu) \Leftrightarrow (0 = \sum\limits_{\nu=0}^{k} (\varepsilon_\nu - \varepsilon'_\nu)3^\nu = \sum\limits_{\nu=0}^{k} \delta_\nu 3^\nu)$. Hier sind
aber sämtliche δ_ν (ν = 0, ..., k) gleich Null, denn anderenfalls

---

[1] arithmetische Reihe erster Ordnung mit Differenz 1, Anfangsglied
$\frac{n(n-1)}{2} + 1$

[2] ε_ν = -1 resultiert dabei nach (I$_{11}$) - mit m=3 - erstmals für die
kleinste Potenz von 3, deren Koeffizient 2 ist. Weitere solche
ε_ν = -1 ergeben sich u.U. aus der eindeutigen Darstellung von n
im Tertialsystem.

[3] ähnlich wie (I$_{11}$)

gäbe es ein δ_M mit größtem Index M mit $\delta_M \neq 0$ und wir hätten

$\delta_M 3^M = - \sum_{\nu=0}^{M-1} \delta_\nu 3^\nu$. Wegen $|\delta_M| \geq 1$ ist in dieser letzten Gleichung

aber $|\delta_M 3^M| \geq 3^M$ und andererseits $\left| - \sum_{\nu=0}^{M-1} \delta_\nu 3^\nu \right|^{1)} \leq 2 \sum_{\nu=0}^{M-1} 3^\nu =$

$3^M - 1 < 3^M$. q.e.a.

Die Existenz einer Darstellung nach (III_{19}) folgern wir über eine Abschätzung, nach der jede natürliche Zahl n sicher zwischen zwei Potenzen von 3 liegt. $(3^{N-1} \leq n < 3^N)$. Damit ist $n < 3^N = 3^N \cdot \frac{2}{2} =$

$3^N \left(\frac{3-1}{3-1}\right) < \frac{3^{N+1} - 1}{3 - 1}$. Nun betrachten wir sämtliche Summen

$\sum_{\nu=0}^{N} \varepsilon_\nu 3^\nu$, wenn jedes ε_ν - unabhängig von den anderen - die Werte

$-1, 0, 1$ annimmt. Hiervon existieren nach dem Multiplikationssatz aus Abschnitt 1.1. genau 3^{N+1} $^{2)}$, die wegen der eben bewiesenen Eindeutigkeit alle verschieden sind. Die größte dieser Summen ist

$\sum_{\nu=0}^{N} 3^\nu = \frac{3^{N+1} - 1}{2}$, die kleinste wird $- \sum_{\nu=0}^{N} 3^\nu = - \frac{3^{N+1} - 1}{2}$

(wobei im ersten Fall $\varepsilon_\nu = 1$ $(\nu = 0, \ldots, N)$, im zweiten Fall $\varepsilon_\nu = -1$ $(\nu = 0, 1, \ldots, N)$ galt). Zwischen diesen beiden Elementen aus $\mathfrak{Z}$ liegen aber $^{3)}$ $\frac{3^{N+1} - 1}{2} + 1 + \frac{3^{N+1} - 1}{2} = 3^{N+1}$ Elemente aus $\mathfrak{Z}$, die alle verschieden sind. Unter diesen befindet sich auch unser

n $\left(n < 3^N < \frac{3^{N+1} - 1}{2}\right)$. q.e.d.

Unser nächstes Problem ist auch für andere Gebiete der Mathematik $^{4)}$ von einer gewissen Bedeutung. Wir fragen nach der Anzahl der Lösungs-

(10) k-Tupel einer Gleichung (10) $x_1 + x_2 + \ldots + x_k = n$ $^{5)}$, wobei lediglich nicht-negative Elemente aus $\mathfrak{Z}$ als Lösungen zugelassen sind. Damit ist gleichzeitig die Frage beantwortet, wie viele mögliche Darstellungen von n als Summe nicht negativer Elemente aus $\mathfrak{Z}$ existieren, wobei die Reihenfolge der Summanden berücksichtigt wird. Beispiel: $n = 3, k = 3; 3 = 3 + 0 + 0 = 0 + 3 + 0 = 0 + 0 + 3 = 0 + 1 + 2 = 0 + 2 + 1 = 1 + 0 + 2 = 2 + 0 + 1 = 1 + 2 + 0 = 2 + 1 + 0 = 1 + 1 + 1$. Statt der Lösungen von (10) betrachten wir zunächst die Ungleichung

(11) (12) (11) $x_1 + x_2 + \ldots + x_k \leq n$. Hier gilt (12): Die Ungleichung (11)

$^{1)}$ da $|\delta_\nu| = |\varepsilon_\nu - \varepsilon_\nu'| \leq |\varepsilon_\nu| + |\varepsilon_\nu'| \leq 2$
$^{2)}$ Jedes ε_ν $(\nu = 0, \ldots, N)$ hat die Möglichkeit, drei Werte anzunehmen.
$^{3)}$ die Grenzen eingeschlossen. Die Null gehört dazu.
$^{4)}$ z.B. für die Algebra und für die Kombinatorik
$^{5)}$ $n \in \mathfrak{N}$

besitzt $\binom{n+k}{k} \overset{1.1.}{=} \binom{n+k}{n}$ Lösungs-k-Tupel aus nicht negativen Elemen-

(11')   ten von $\mathfrak{z}$. Gilt (12), so besitzt die Ungleichung (11') $x_1 + x_2 + \ldots$

$\ldots + x_k \leqslant n-1$ aber $\binom{n+k-1}{k}$ solche Lösungs-k-Tupel. Für (10)

bleiben dann noch $\binom{n+k}{k} - \binom{n+k-1}{k} = \binom{n+k-1}{k-1} = \binom{n+k-1}{n}$ Lösungs-

k-Tupel übrig, denn jede Lösung von (11') löst auch (11) und es bleiben

nur die Lösungen von (10) übrig [1]. Das ist die Aussage (12^*), die

(12*)

(III$_{20}$)   zusammen mit (12) den Satz (III$_{20}$) bildet. Zu beweisen bleibt (12).

Da $\binom{n+k}{k}$ die Anzahl der Kombinationen von k Elementen aus (n+k)

angibt, müssen wir zeigen, daß jeder solchen Kombination genau ein

Lösungs-k-Tupel entspricht und v.v.. Ist jetzt $\nu_1, \nu_2, \ldots, \nu_k$ ein

Lösungs-k-Tupel von (11), also $\nu_1 + \nu_2 + \ldots + \nu_k \leqslant n$, so gilt

$0 < \nu_1 + 1 = z_1 < \nu_1 + \nu_2 + 2 = z_2 < \nu_1 + \nu_2 + \nu_3 + 3 = z_3 < \ldots$

$\ldots < \nu_1 + \nu_2 + \ldots + \nu_k + k = z_k \leqslant n + k$. Die k Elemente aus $\mathfrak{N}$

$z_1, \ldots, z_k$ mit $z_l = \nu_1 + \nu_2 + \ldots + \nu_l + l$ $(l = 1, 2, \ldots, k)$

bilden daher gerade eine Kombination der (n+k) Elemente

$(1, 2, 3, \ldots, n, \ldots, n+k)$ zur k-ten Klasse. Ist $\nu'_1, \nu'_2, \ldots, \nu'_k$

eine von $\nu_1, \nu_2, \ldots, \nu_k$ verschiedene Lösung von (11), und erstmals

$\nu'_{l_0} - \nu_{l_0} \neq 0$ [2], so ist $z_{l_0} \neq z'_{l_0}$ und $z_1 = z'_1$, $z_2 = z'_2$, $\ldots$, $z_{l_0-1} = z'_{l_0-1}$.

Zu verschiedenen Lösungen von (11) gehören demnach auch

verschiedene Kombinationen. Ist L die gesuchte Lösungsanzahl, so gilt

$L \leqslant \binom{n+k}{k}$. Ist umgekehrt $1 \leqslant z_1 < z_2 < \ldots < z_k$ $(\leqslant n+k)$ eine Kom-

bination zur k-ten Klasse der Elemente $(1, 2, \ldots, n, \ldots, n+k)$, so

erhalten wir durch $\nu_1 = z_1 - 1$, $\nu_2 = z_2 - \nu_1 - 2 = z_2 - z_1 - 1$,

$\nu_3 = z_3 - \nu_1 - \nu_2 - 3 = z_3 - z_2 - 1$, u.s.f. eine Lösung von (11).

Wie oben folgt wieder, daß zu zwei verschiedenen Kombinationen

$(z_1, \ldots, z_k)$ und $(z'_1, z'_2, \ldots, z'_k)$ mit erstmals $z_{l_1} \neq z'_{l_1}$

auch verschiedene Lösungen von (11) gehören. Damit ist $\binom{n+k}{k} \leqslant L$

oder [3] (III$_{20}$) bewiesen.

Als Anwendung des Satzes (III$_{20}$) können wir u.a. nach der Anzahl von

(dekadisch geschriebenen) k-stelligen Zahlen [4] fragen, die die Quer-

summe n besitzen. Dabei sind die ν_1 $(l = 1, \ldots, k)$ auf $0 \leqslant \nu_1 \leqslant 9$

---

[1] In unserem Beispiel ist diese Zahl $\binom{3+2}{2} = \binom{5}{2} = 10$.

[2] Mindestens ein ν_1 muß ungleich ν'_1 sein.

[3] Wegen $L \leqslant \binom{n+k}{k} \leqslant L$.

[4] aus $\mathfrak{N}$.

(als Ziffern) beschränkt [1]. Ist $n \leqslant 9$, so können keine $\nu_1 > 9$

auftreten und nach (12^*) ist die gesuchte Anzahl $\binom{n+k-1}{k-1} = \binom{n+k-1}{n}$.

Beispiel: Wieviele dreistellige Zahlen haben die Quersumme 8 ?

$\binom{8+2}{2} = 45$. Davon ist einstellig 008 und sind zweistellig: 017, 026,

035, 044, 053, 062, 071, 080; es bleiben demnach genau 36 dreistellige

Zahlen mit Quersumme 8 übrig. Wird dagegen eine Quersumme $n \geqslant 10$

vorgegeben, so sind nach (III_{20}) auch $\nu_1 \geqslant 10$ möglich, die selbst-

verständlich keine dekadischen Ziffern sein können. Dann hilft manch-

mal folgender Kunstgriff: Mit $0 \leqslant \nu_1 \leqslant 9$ ist für

$\nu_1 + \nu_2 + \ldots + \nu_k = n$ auch $(9 - \nu_1) + \ldots + (9 - \nu_k) = 9k - n$

genau bestimmt. Beide Arten von Zahlen bilden Komplexe, deren Elemente

eindeutig aufeinander bezogen werden können (zu $(\nu_1, \ldots, \nu_k)$

gehört genau ein $(9 - \nu_1, 9 - \nu_2, \ldots, 9 - \nu_k)$). Dabei fragen wir,

falls $9k - n \leqslant 9$ über (12^*) nach der Anzahl der k-stelligen Zahlen

mit der Quersumme $(9k - n)$. Beispiel: n = 20, k = 3, 9k - n = 7,

$\binom{7+2}{2} = 36$. Damit gibt es 36 dreistellige Zahlen mit der Quersumme 20,

denn ein- und zweistellige Zahlen dieser Quersumme existieren natur-

gemäß nicht [2].

Übg.(36.) Wieviel 5-stellige bzw. 4-stellige Zahlen besitzen die Quersumme 42
bzw. 32 ?

Falls $n \geqslant 10$ und $9k - n \geqslant 10$ versagt (III_{20}) zunächst bei der

Lösung des vorgelegten Problems. Hier [3] hilft uns ein logisches Prin-

zip weiter, das wir schon in Abschnitt 1.3. erwähnten. Ist
$\nu_1 + \nu_2 + \ldots + \nu_1 + \ldots + \nu_k = n$ mit $n \geqslant 10$ und $\nu_1 \geqslant 10$, so

gehört zu einer solchen Lösung genau eine Lösung $\nu_1 + \nu_2 + \ldots$

$\ldots + (\nu_1 - 10) + \ldots + \nu_k = n - 10$ u.v.v.. Von der Anzahl $\binom{n+k-1}{k-1}$

müssen also jeweils $\binom{n-10+k-1}{k-1}$ Lösungen abgezogen werden für den

Fall, daß $\nu_1 \geqslant 10$ bzw. $\nu_2 \geqslant 10$ bzw. ... bzw. $\nu_k \geqslant 10$; es ist

also zunächst $\binom{n+k-1}{k-1} - \binom{k}{1}\binom{n-10+k-1}{k-1}$ zu bilden. Dabei haben wir

aber solche Lösungen, bei denen zwei der ν_1 größer oder gleich 10

waren - falls $n \geqslant 20$ - zweimal weggestrichen; es müssen - weil solche

---

[1] Weniger als k-stellige werden dabei als solche Zahlen berücksichtigt,
die vorne entsprechende Ziffern Null aufweisen.

[2] Im dekadischen System sind dies: 992, 929, 299; 983, 938, 893, 839,
398, 389; 974, 947, 794, 749, 497, 479; 965, 956, 695, 659, 596,
569; 884, 848, 488; 875, 857, 785, 758, 587, 578; 866, 686, 668;
776, 767, 677.

[3] Wir kommen in Abschnitt 5 noch zu einem anderen Lösungsweg.

Paare $\binom{k}{2}$ mal auftreten können und $\nu_1 + \nu_2 + \ldots + \nu_1 + \ldots + \nu_{1'} + \ldots$
$\ldots + \nu_k = n$ eine eindeutig auf $\nu_1 + \nu_2 + \ldots + (\nu_1 - 10) + \ldots$
$\ldots + (\nu_{1'} - 10) + \ldots + \nu_k = n - 20$ bezogen werden kann – also
$\binom{k}{2}\cdot\binom{n-20+k-1}{k-1}$ Lösungs-k-Tupel wieder addiert werden. Ist nun $n \geqslant 30$,
so sind solche Lösungs-k-Tupel, in denen drei der ν_1 größer oder
gleich 10 sind, dreimal weggestrichen und dreimal wieder hinzugenommen
worden; analog ist demnach $\binom{k}{3}\cdot\binom{n-30+k-1}{k-1}$ wieder zu subtrahieren.

Dieses Verfahren wird entsprechend fortgesetzt und führt [1] zu folgen-
(13)   dem Ergebnis: (13) k-stellige Zahlen der Quersumme n treten in der
Anzahl $\left\{ \binom{n+k-1}{k-1} - \binom{k}{1}\binom{n+k-11}{k-1} + \binom{k}{2}\cdot\binom{n+k-21}{k-1} - \binom{k}{3}\binom{n+k-31}{k-1} \pm \ldots \right.$

$\left. \ldots + (-1)^k \binom{k}{k}\binom{n+k-10k-1}{k-1} \right\} = \sum_{\nu=0}^{k} (-1)^\nu \binom{k}{\nu} \binom{n+k-(10\nu+1)}{k-1}$ auf.

Dabei sind von allen Summen $\nu_1 + \nu_2 + \ldots + \nu_k = n$ genau die übrig-
geblieben, bei denen sämtliche $\nu_1 \leqslant 9$. Sind nämlich in
$(\nu_1 + \nu_2 + \ldots + \nu_k) = n$ etwa a $(a \in \mathfrak{N})$ Summanden größer oder
gleich 10, so geschieht folgendes: Diese Summe wird zunächst einmal
gezählt (in $\binom{n+k-1}{k-1}$), dann $\binom{a}{1}$ – mal gestrichen (in $\binom{k}{1}\binom{n+k-11}{k-1}$),
dann $\binom{a}{2}$ – mal wieder dazugenommen (in $\binom{k}{2}\binom{n+k-21}{k-1}$) u.s.f.; das
führt zu $1 - \binom{a}{1} + \binom{a}{2} - \binom{a}{3} \pm \ldots + (-1)^a \binom{a}{a} = (1 - 1)^a = 0$; diese
Summe, die wir weglassen müssen, ist also eliminiert. In (13) sind
i.a. nicht alle Summanden zu berechnen. Sobald in einem Binomialkoeffizienten die obere Zahl für einen Wert des Summationsindex kleiner
als (k-1) wird, ist dieser gleich Null zu setzen. Für $n \leqslant 9$ ist
bereits $n + k - 11 < k - 1$ und (12) wird zu einem Spezialfall von
(13). Ein weiteres Beispiel ist $n = 20$, $k = 3$. Hier erhalten wir
$\binom{20 + 2}{2} - \binom{3}{1}\binom{12}{2} + \binom{3}{2}\binom{2}{2} = 11 \cdot 21 - 3 \cdot 6 \cdot 11 + 3 = 36$, was wir
schon auf anderem Wege errechnet haben. Für $n = 10$, $k = 3$ folgt
aus (13) $\binom{12}{2} - \binom{3}{1}\binom{2}{2} = 63$; hiervon sind die zweistelligen Zahlen
019, 028, 037, 046, 055, 064, 073, 082, 091 abzustreichen, somit
bleiben tatsächlich 54 dreistellige Zahlen mit der Quersumme 10
übrig [2].

Übg.(37.) Die Ergebnisse aus Übg.(36.) sind nach (13) zu bestätigen.

Aus (13) ergeben sich außerdem verschiedene Aussagen über Binomialkoeffizienten [3], die auf anderem Wege nicht ganz einfach zu beweisen

---

[1] nach vollständiger Induktion
[2] Die größte ist 910, die kleinste 109.
[3] In Abschnitt 5 werden wir weiteren solchen Ergebnissen begegnen.

sind. Sicher ist z.B. für $n > 9k$ keine k-stellige [1] Zahl mit der Quersumme n möglich. Für $n = 9k + r$ $(r \geqslant 1)$, $r \in \mathfrak{N}$ gilt demnach

(13_1)

$$(13_1) \qquad 0 = \sum_{\nu=0}^{k} (-1)^{\nu} \binom{k}{\nu} \binom{10(k-\nu)+r-1}{k-1} \ . \ \text{Beispiel: } k = 3, \ n = 30,$$

$$\sum_{\nu=0}^{3} (-1)^{\nu} \binom{3}{\nu} \binom{32-10\nu}{2} = 0. \ \text{Falls} \ n = 9k, \ \text{existiert nur eine} \ [1] \ \text{einzige}$$

(13_2)

k-stellige Zahl dieser Quersumme und wir erhalten (13_2)

$$1 = \sum_{\nu=0}^{k} (-1)^{\nu} \binom{k}{\nu} \binom{10(k-\nu)-1}{k-1} = \sum_{\nu=0}^{k-1} (-1)^{\nu} \binom{k}{\nu} \binom{10(k-\nu)-1}{k-1} \ .$$

$$\text{Beispiel: } n = 27, \ k = 3, \ 1 = \sum_{\nu=0}^{2} (-1)^{\nu} \binom{3}{\nu} \binom{29-10\nu}{2}.$$

(III'_{20})

$\qquad$ Die Aussagen (13), (13_1) und (13_2) fassen wir im Satz (III'_{20}) zusammen

D $\qquad$ und bemerken noch, daß Beweismethoden, die u.a. zu diesen Ergebnissen führen, als der "kombinatorischen Schlußweise der additiven Zahlentheorie" zugehörig bezeichnet werden.

D $\qquad$ Nach dem englischen Mathematiker Waring (1734 bis 1798) ist das folgende Problem benannt. Kann zu einem vorgegebenen natürlichen Exponenten k die Minimalzahl s $(s \in \mathfrak{N})$ von natürlichen Zahlen $n_1, \ldots, n_s$ so bestimmt werden, daß jedes n $(n \in \mathfrak{N})$ als Summe von höchstens s Potenzen $n_1^k + n_2^k + \ldots + n_s^k$ darstellbar ist. Der vollständigen Lösung des Waring-Problems ist die moderne Zahlentheorie nahe gekommen. Hier sollen nur zwei Spezialfälle behandelt werden. Es

$(III_{21}^{(1)})$ $\qquad$ gelten die Sätze $(III_{21}^{(1)})$: Jedes n $(n \in \mathfrak{N})$ läßt sich als Summe von höchstens vier Quadraten schreiben [2] $(n = n_1^2 + \ldots + n_s^2;$

$(III_{21}^{(2)})$ $n_l \in \mathfrak{N}; \ l = 1, \ldots, s; \ s \leqslant 4)$ und $(III_{21}^{(2)})$: Jedes n $(n \in \mathfrak{N})$ ist als Summe von höchstens 50 Biquadraten (vierten Potenzen) darstellbar $(n = n_1^4 + \ldots + n_s^4; \ n_l \in \mathfrak{N}, \ l = 1, 2, \ldots, s; \ s \leqslant 50)$ [3].

Die Aussage $(III_{21}^{(1)})$ kann für kleine Werte von n sofort bestätigt werden: $1 = 1^2, \ 2 = 1^2 + 1^2, \ 3 = 1^2 + 1^2 + 1^2, \ 4 = 2^2, \ 5 = 1^2 + 2^2, \ 6 = 2^2 + 1^2 + 1^2, \ 7 = 2^2 + 1^2 + 1^2 + 1^2$. Schon das letzte Beispiel zeigt, daß die Minimalzahl 4 verhältnismäßig bald erreicht wird. Da die Abstände zwischen zwei Quadraten $((k + 1)^2 - k^2 = 2k + 1)$ immer größer werden, wäre es durchaus denkbar, daß zur Darstellung größerer

---

[1] dekadisch geschriebene natürliche Zahl

[2] von Lagrange und Fermat erstmals bewiesen

[3] erstmals von Euler bewiesen

Zahlen mehr als vier quadratische Summanden benötigt werden. Wesent-

(14) lich für den Beweis von $(III_{21}^{(1)})$ ist die Beziehung [1] (14)

$$\left(\sum_{\nu=1}^{4} x_\nu^2\right)\left(\sum_{\nu=1}^{4} y_\nu^2\right)^{[2]} = (x_1y_1 + x_2y_2 + x_3y_3 + x_4y_4)^2 +$$

$$(x_1y_2 - x_2y_1 + x_3y_4 - x_4y_3)^2 + (x_1y_3 - x_2y_4 - x_3y_1 + x_4y_2)^2 +$$

$$(x_1y_4 + x_2y_3 - x_3y_2 - x_4y_1)^2.$$

Übg.(38.) Wie sind a und b aus $\mathbb{Z}$ zu wählen, damit stets für $x_\nu \in \mathbb{Z}$ und $y_\nu \in \mathbb{Z}$

$$\left(\sum_{\nu=1}^{2} x_\nu^2\right)\cdot\left(\sum_{\nu=1}^{2} y_\nu^2\right) = a^2 + b^2 ?$$

(14) kann durch mechanisches Rechnen bestätigt werden, dabei ist die nachstehende Überlegung nützlich. Links stehen in (14) sechzehn Quadrate $(x_1^2 y_k^2)$ $(1 = 1, \ldots, 4; k = 1, \ldots, 4$ [3]$)$; diese treten auch rechts auf, denn dort stehen sämtliche $(x_1 y_k)$ in genau einer Klammer.

Rechts finden sich außerdem noch $4\cdot\binom{4}{2}$ gemischte Produkte der Form $2x_i \cdot x_k \cdot y_1 \cdot y_m$, die sich einfach folgendermaßen ordnen lassen:

$$2x_1x_2(y_1y_2 - y_1y_2 - y_3y_4 + y_3y_4) = 0, \quad 2x_1x_3(y_1y_3 + y_2y_4 - y_1y_3 - y_2y_4)=0,$$

$$2x_1x_4(y_1y_4 - y_2y_3 + y_2y_3 - y_1y_4) = 0,$$

$$2x_2x_3(y_2y_3 - y_1y_4 + y_1y_4 - y_2y_3) = 0,$$

$$2x_2x_4(y_2y_4 + y_1y_3 - y_2y_4 - y_1y_3) = 0,$$

$$2x_3x_4(y_3y_4 - y_3y_4 - y_1y_2 + y_1y_2) = 0,$$

Damit gilt (14) und wegen $2 = 1^2 + 1^2 + 0^2 + 0^2$ muß $(III_{21}^{(1)})$ nur noch für ungerade PZ^{en} bewiesen werden [4]. Wir zeigen - einer Methode Fermats folgend - zunächst, daß für eine ungerade PZ p stets eine natürliche Zahl m $(1 \leqslant m < p)$ existiert, für die

$$mp = \sum_{\nu=1}^{4} x_\nu^2 \quad (x_\nu \in \mathbb{Z}).$$ Hierzu bilden wir die $\left(\frac{p+1}{2}\right)$ Quadrate

$0^2 < 1^2 < \ldots < \left(\frac{p-1}{2}\right)^2$. Diese sind p.c. paarweise verschieden; sie sind außerdem paarweise inkongruent mod p, denn aus $y_\nu^2 \equiv y_\mu^2(p)$ [5] ergäbe sich $p/(y_\nu - y_\mu)$ oder $p/(y_\nu + y_\mu)$, was wegen - wenn

$\nu > \mu$ - $y_\nu - y_\mu \leqslant y_\nu + y_\mu \leqslant \frac{p-1}{2} + \frac{p-3}{2} < p$ zu einem Widerspruch

---

[1] Sie wird oft als "Eulersche Identität" oder "Euler-Lagrange-Identität" bezeichnet, war aber schon Fermat bekannt.

[2] $x_\nu \in \mathbb{Z}$, $y_\nu \in \mathbb{Z}$; (14) gilt auch für Elemente eines beliebigen Rings.

[3] 1 und k durchlaufen diese Werte unabhängig voneinander.

[4] Nach (I_{10})

[5] Die Quadrate bezeichnen wir mit $y_1^2 < y_2^2 < \ldots < y_{\left(\frac{p+1}{2}\right)}^2.$

führte. Die $(\frac{p+1}{2})$ Reste r_ν von y_ν^2 sind demnach alle verschieden [1]
und ebenso die Zahlen $(p-1-r_\nu)$, die zusätzlich der Bedingung
$0 \leqslant p-1-r_\nu \leqslant p-1$ genügen. Die $(\frac{p+1}{2}) + (\frac{p+1}{2}) = (p+1)$
Zahlen $r_1, \ldots, r_{(\frac{p+1}{2})}, p-1-r_1, \ldots, p-1-r_{(\frac{p+1}{2})}$ verteilen
sich auf die "Plätze" $0, 1, \ldots, p-1$. Nach dem eben Gesagten und wegen
des Schubfachprinzips von Dirichlet gilt daher für mindestens ein Paar
von Indizes (λ, σ): $r_\lambda = p-1-r_\sigma$. Es ist $y_\lambda^2 = q_\lambda p + r_\lambda$,
$y_\sigma^2 = q_\sigma p + r_\sigma$ oder $y_\lambda^2 + y_\sigma^2 = (q_\lambda + q_\sigma)p + p - 1 =$
$(q_\lambda + q_\sigma + 1)p - 1$ bzw. $y_\lambda^2 + y_\sigma^2 + 1^2 + 0^2 = (q_\lambda + q_\sigma + 1)p$. Da hier
zusätzlich gilt $y_\lambda^2 + y_\sigma^2 + 1 \leqslant (\frac{p-1}{2})^2 + (\frac{p-3}{2})^2 + 1 =$
$$\frac{2p^2 - 8p + 14}{4} = \frac{p^2 - 4p + 7}{2} = p\,(\frac{p-4+5/p}{2} + \frac{1}{p})\ [2] \leqslant$$
$p\,(\frac{p-4+5/3}{2} + \frac{1}{3}) < p\,(\frac{p-2}{2} + \frac{1}{3}) < p\,(\frac{p-2}{2} + 1) = p \cdot \frac{p}{2}$ ist
$(q_\lambda + q_\sigma + 1 \leqslant \frac{p}{2})$ und unsere erste Behauptung $(1 \leqslant m < p)$ bewiesen.

(15)   Jetzt zeigen wir, daß in (15) $\sum_{\nu=1}^{4} x_\nu^2 = m_0 p$ $(1 \leqslant m_0 < p)$ stets
$m_0 = 1$ erreichbar ist, wenn m_0 die kleinste der konkurrierenden
Zahlen sein soll. Gilt in (15) $m_0 \equiv 0(2)$, so sind drei Fälle denkbar:
1. alle $x_\nu \equiv 0(2)$, 2. zwei der x_ν sind gerade und die beiden anderen
ungerade, 3. alle $x_\nu \equiv 1(2)$. Gilt 1., so ist außerdem $4/x_\nu^2$
$(\nu = 1, 2, 3, 4)$ und in (15) ergibt sich $\sum_{\nu=1}^{4} (\frac{x_\nu}{2})^2 = \frac{m_0}{4}\, p$, es wäre
also m_0 nicht die kleinste der konkurrierenden Zahlen m.

Gilt 2., so können wir o.B.d.A. $x_1 \equiv x_2 \equiv 0(2)$, $x_3 \equiv x_4 \equiv 1(2)$
annehmen und $\frac{x_1 + x_2}{2}, \frac{x_1 - x_2}{2}, \frac{x_3 + x_4}{2}, \frac{x_3 - x_4}{2}$ sind Elemente
aus $\mathcal{J}$. Mit diesen erhalten wir $(\frac{x_1 + x_2}{2})^2 + (\frac{x_1 - x_2}{2})^2 +$
$(\frac{x_3 + x_4}{2})^2 + (\frac{x_3 - x_4}{2})^2 = \frac{1}{2}\,(x_1^2 + x_2^2 + x_3^2 + x_4^2) = \frac{m_0}{2}\, p$ und
wieder wäre m_0 nicht die kleinste der konkurrierenden Zahlen m. Genau-
so können wir auch im Fall 3. schließen. Damit gilt in (15)
$m_0 \not\equiv 0(2)$. Wäre nun $m_0 \geqslant 3$, $m_0 \equiv 1(2)$, so bilden wir mit den klein-

---

[1] $r_1 = 0$

[2] $p \geqslant 3$

sten Absolutresten $\bar{r}_\nu$ [1] der x_ν jeweils $x_\nu = \bar{q}_\nu m_0 + \bar{r}_\nu$ und es gilt

$|\bar{r}_\nu| \leqq \dfrac{m_0 - 1}{2}$ (ν = 1, 2, 3, 4), ferner $\bar{r}_1^2 + \bar{r}_2^2 + \bar{r}_3^2 + \bar{r}_4^2 =$

$\sum_{\nu=1}^{4} (x_\nu - \bar{q}_\nu m_0)^2 = \sum_{\nu=1}^{4} x_\nu^2 + m_0^2 (\sum_{\nu=1}^{4} \bar{q}_\nu^2) - 2m_0 \sum_{\nu=1}^{4} x_\nu \bar{q}_\nu \overset{n.V.}{=}$

(16) $m_0 p + m_0(\dots) = m_0 \cdot n_1 (16)$ [2]. In (16) ist $n_1 \neq 0$, denn sonst wären

sämtliche $x_\nu \equiv 0 (m_0)$ [3] also m_0^2 ein Teiler von $\sum_{\nu=1}^{4} x_\nu^2$ oder

m_0 / p [4], was $m_0 < p$ widerspricht. Aus (16) resultiert aber weiter

$m_0 n_1 = \sum_{\nu=1}^{4} \bar{r}_\nu^2 \leqq 4 (\dfrac{m_0 - 1}{2})^2 = m_0^2 - 2m_0 + 1 < m_0^2$ oder $n_1 < m_0$.

Nun zeigen wir schließlich noch, daß für diesen Fall $(n_1 < m_0)$

schon $n_1 p = \sum_{\nu=1}^{4} x_\nu'^2$ $(x_\nu' \in \mathfrak{z})$ und der Beweis von $(\text{III}_{21}^{(1)})$ ist

vollständig, da dann nur noch $m_0 = 1$ möglich bleibt. Es gilt

nämlich $(m_0 p)(m_0 n_1) \overset{n.V.}{=} (\sum_{\nu=1}^{4} x_\nu^2) (\sum_{\nu=1}^{4} \bar{r}_\nu^2) \overset{(14)}{=}$

$f_1^2 + f_2^2 + f_3^2 + f_4^2$ mit $f_1 = x_1 \bar{r}_1 + x_2 \bar{r}_2 + x_3 \bar{r}_3 + x_4 \bar{r}_4 =$
$x_1(x_1 - \bar{q}_1 m_0) + x_2(x_2 - \bar{q}_2 m_0) + x_3(x_3 - \bar{q}_3 m_0) + x_4(x_4 - \bar{q}_4 m_0) =$

$\sum_{\nu=1}^{4} x_\nu^2 - m_0 (\sum_{\nu=1}^{4} x_\nu \bar{q}_\nu) = m_0 p - m_0(\sum_{\nu=1}^{4} (x_\nu \bar{q}_\nu)) = m_0 z_1$ $(z_1 \in \mathfrak{z})$,
$f_2 = x_1 \bar{r}_2 - x_2 \bar{r}_1 + x_3 \bar{r}_4 - x_4 \bar{r}_3 = x_1(x_2 - \bar{q}_2 m_0) - x_2(x_1 - \bar{q}_1 m_0) +$
$x_3(x_4 - \bar{q}_4 m_0) - x_4(x_3 - \bar{q}_3 m_0) = m_0 z_2$ $(z_2 \in \mathfrak{z})$, entsprechend erhalten
wir $f_3 = m_0 z_3$ und $f_4 = m_0 z_4$ $(z_3 \in \mathfrak{z}, z_4 \in \mathfrak{z})$ und damit

$0 \neq m_0^2 p n_1 = m_0^2 (\sum_{\nu=1}^{4} z_\nu^2)$ also $p n_1 = \sum_{\nu=1}^{4} z_\nu^2$. q.e.d.

Grundlegend für den Beweis von $(\text{III}_{21}^{(2)})$ ist die Identität [5] von

(17)   Euler: (17) $6(x_1^2 + x_2^2 + x_3^2 + x_4^2)^2 = (x_1 + x_2)^4 + (x_1 - x_2)^4 +$

$(x_1 + x_3)^4 + (x_1 - x_3)^4 + (x_1 + x_4)^4 + (x_1 - x_4)^4 + (x_2 + x_3)^4 +$

$(x_2 - x_3)^4 + (x_2 + x_4)^4 + (x_2 - x_4)^4 + (x_3 + x_4)^4 + (x_3 - x_4)^4 .$

In (17) bleiben auf beiden Seiten $6x_\nu^4$ (ν = 1, 2, 3, 4) und

$12 x_\nu^2 x_\mu^2$ $(\nu \neq \mu)$ stehen, während rechts die Glieder mit $x_\nu x_\mu^3$

---

[1] mod m_0
[2] $n_1 > 0$, $n_1 \in \mathfrak{z}$
[3] alle $\bar{r}_\nu = 0$
[4] nach (15)
[5] Sie gilt wieder für beliebige Elemente x_ν eines Ringes (z.B. aus $\mathfrak{z}$).

$(\nu \neq \mu)$ sich gegenseitig aufheben. Nach (17) ist also in Verbindung mit $(III_{21}^{(1)})$ das Sechsfache jeder Quadratzahl $(6n^2)$ als Summe von zwölf Biquadraten darstellbar. Ist nun $n = 6k$

$$6(y_1^2 + y_2^2 + y_3^2 + y_4^2)^{1)} \overset{(III_{21}^{(1)})}{\underset{(17)}{=}} \sum_{\nu=1}^{12} x_{\nu 1}^4 + \sum_{\nu=1}^{12} x_{\nu 2}^4 + \sum_{\nu=1}^{12} x_{\nu 3}^4 + \sum_{\nu=1}^{12} x_{\nu 4}^4 \;^{2)},$$

so sind solche n $(\equiv 0(6))$ als Summe von höchstens 48 Biquadraten zu schreiben. Für $n = 6k + 1 = 6k + 1^2$ und $n = 6k + 2 = 6k + 1^2 + 1^2$ kommen wir mit höchstens fünfzig Biquadraten aus. Für $1 \leqslant n \leqslant 15$ kommen wir mit höchstens 15 Biquadraten $(\sum_{\nu=1}^{n} 1^4)$ und für $16 = 2^4 < n < 31$ benötigen wir höchstens 16 Biquadrate $(n = 2^4 + \sum_{\nu=1}^{n-16} 1^4)$; falls $32 = 2^4 + 2^4 \leqslant n \leqslant 47$ ist

$$n = 2^4 + 2^4 + \sum_{\nu=1}^{n-32} 1^4$$

und es genügen höchstens 17 Biquadrate, um n darzustellen. Entsprechend sind für $48 \leqslant n \leqslant 63$ nicht mehr als 18 und für $64 \leqslant n \leqslant 79$ nicht mehr als 19 Biquadrate zu verwenden. Dabei ist $79 = 2^4 + 2^4 + 2^4 + 2^4 + \sum_{\nu=1}^{15} 1^4$, $80 = 2^4 + 2^4 + 2^4 + 2^4 + 2^4$, $81 = 3^4$. Für $n \leqslant 81$ ist demnach die Minimalzahl der nötigen Biquadrate 19 [3]. Ist nun $n = 6k + 3$ und $n \geqslant 81$, so kann $n = 6(k - 13) + 81$ geschrieben werden, und wir kommen für $6(k - 13)$ mit höchstens 48 Biquadraten für $81 = 3^4$ mit einem Biquadrat aus; es reichen also 49 Biquadrate zur Darstellung aus. Falls $n = 6k + 4 = 6(k - 2) + 16$ $(n \geqslant 16)$ ist mit $16 = 2^4$ die Minimalzahl höchstens 49 und für $n = 6k + 5 = 6(k - 2) + 17$ mit $17 = 2^4 + 1^4$ wird nach (17) die Minimalzahl höchstens gleich 50. q.e.d.

Als allgemeines Problem der additiven Zahlentheorie wird heute meistens folgende Aufgabe formuliert: In einer gegebenen Menge $\mathcal{O}$ ganzer Zahlen $(\mathcal{O} = \{a_1, a_2, \dots\}$, z.B. $\mathcal{O} = \{p_1, p_2, \dots\}$ oder $\mathcal{O} = \{1^2, 2^2, 3^2, \dots\}$ oder $\mathcal{O} = \mathcal{N})$ sind für beliebige n $(n \in \mathcal{N})$ alle Möglichkeiten der Darstellungen $n = a_{i_1} + a_{i_2} + \dots + a_{i_s}$ $(a_{i_\nu} \in \mathcal{O})$ zu untersuchen. Dabei kann s vorgegeben sein oder beliebig bleiben; dasselbe gilt für die Reihenfolge der Summanden; manchmal

---

[1] $y_\nu \in \mathbb{Z}$

[2] $x_{\nu\mu} \in \mathbb{Z}$

[3] Nach neuesten Forschungsergebnissen liegt die Vermutung nahe, daß für alle n $(n \in \mathcal{N})$ 19 Biquadrate ausreichen.

ist die Wiederholung einzelner Summanden gestattet, in anderen Fällen
nicht erlaubt. Enthält a nur natürliche Zahlen $(a \subseteq \mathcal{N})$ und ist die
Reihenfolge der Summanden gleichgültig, so heißt eine solche Summe
"Zerfällung". Bei dieser dürfen sich Summanden wiederholen, und wir
können, da es auf die Reihenfolge nicht ankommt, uns die Glieder der
Größe nach geordnet vorstellen. Die Sätze (III_{14}) und (III_7) behandelten Zerfällungen in verschiedene Summanden. n = 5 hat nach der
eben zitierten Definition folgende Zerfällungen 5, 4 + 1, 3 + 2,
3 + 1 + 1, 2 + 2 + 1, 2 + 1 + 1 + 1, 1 + 1 + 1 + 1 + 1. Oft wird auch
die Anzahl der Summanden oder deren Größe vorgegeben bzw. eingeschränkt.
Wir wenden uns jetzt einem weiteren Beweisverfahren der additiven
Zahlentheorie, der sog. "graphischen Schlußweise", zu und demonstrieren
sie beim Beweis der nachstehenden Sätze. Es gilt $(III_{22}^{(1)})$: Die
Anzahl der Zerfällungen von n in höchstens m Summanden ist gleich der
Anzahl solcher Zerfällungen von n, deren größter Summand höchstens
gleich m ist. Als Spezialfall dieser Aussage zeigen wir außerdem
$(III_{22}^{(2)})$: Die Anzahl der Zerfällungen von n in genau m Summanden
ist gleich der Anzahl solcher Zerfällungen von n, deren größter
Summand gleich m ist.

Beispiele: 1. n = 5, m = 3 (s.o., $(III_{22}^{(1)})$ und $(III_{22}^{(2)})$ sind
erfüllt); 2. n = 10, m = 3, nach $(III_{22}^{(2)})$: 10 = 8 + 1 + 1 =
7 + 2 + 1 = 6 + 3 + 1 = 6 + 2 + 2 = 5 + 4 + 1 = 5 + 3 + 2 =
4 + 4 + 2 = 4 + 3 + 3; 10 = 3 + 3 + 3 + 1 = 3 + 3 + 2 + 2 =
3 + 2 + 2 + 1 + 1 + 1 = 3 + 2 + 1 + 1 + 1 + 1 + 1 =
3 + 1 + 1 + 1 + 1 + 1 + 1 + 1.

Zum graphischen Beweis zeichnen wir das "Feld" einer solchen Zerfällung (Bild 9 a : n = 10, m = 4, 10 = 5 + 3 + 1 + 1). Im Feld stehen
höchstens m Zeilen übereinander; werden dann
die Kolonnen (Spalten) als Summenglieder gedeutet, so können diese - von links nach
rechts gelesen - aus höchstens m Punkten
bestehen (in Bild 9 a 5 + 3 + 1 + 1 =
4 + 2 + 2 + 1 + 1). Diese Art der Betrachtung
ist umkehrbar, d.h. wir können auch von den
Spalten zu den Zeilen übergehen, und gilt
für jede Art der betrachteten Zerfällungen von n. q.e.d.

Bild 9 a

Bild 9 a ist auch ein Teil des folgenden Beispiels zu $(III_{22}^{(2)})$:
n = 10, m = 5; 10 = 5 + 5 = 5 + 4 + 1 = 5 + 3 + 2 = 5 + 3 + 1 + 1 =
5 + 2 + 2 + 1 = 5 + 2 + 1 + 1 + 1 = 5 + 1 + 1 + 1 + 1 + 1; 10 =
2 + 2 + 2 + 2 + 2 = 3 + 2 + 2 + 2 + 1 = 3 + 3 + 2 + 1 + 1 =
4 + 3 + 1 + 1 + 1 = 4 + 2 + 2 + 1 + 1 = 5 + 2 + 1 + 1 + 1 =
6 + 1 + 1 + 1 + 1.

MSZ (III_{14}) kann nun auch so formuliert werden: Jedes n $(n \in \mathfrak{N})$ läßt

           sich genauso oft in aufeinanderfolgende natürliche Summanden zerfäl-

D   len wie es ungerade Teiler von n gibt. Wir definieren mit $\sigma_0(n) =$

$\sigma_0^{(g)}(n) + \sigma_0^{(u)}(n)$ durch $\sigma_0^{(g)}(n)$ bzw. $\sigma_0^{(u)}(n)$ die Anzahl der

geraden bzw. ungeraden Teiler von n. Mit $n = 2^{\alpha_0} \cdot p_{(1)}^{\alpha_1} \cdot \ldots \cdot p_{(s)}^{\alpha_s}$

$(\alpha_0 \geqslant 0,\ \alpha_\nu \geqslant 1\ (\nu \geqslant 1),\ \alpha_0 \in \mathfrak{Z},\ \alpha_\nu \in \mathfrak{N})$ ist nach (I_{16}) $\sigma_0^{(u)}(n) =$

$(\alpha_1 + 1) \cdot (\alpha_2 + 1) \cdot \ldots \cdot (\alpha_s + 1)$, $\sigma_0(n) = (\alpha_0 + 1) \cdot (\alpha_1 + 1) \cdot \ldots \cdot (\alpha_s + 1)$

(18)   oder (18) $\sigma_0^{(g)}(n) = \alpha_0 \cdot \sigma_0^{(u)}(n)$. Aus (18) ergibt sich die im Unter-

$(III_{22}^{(3)})$ richt oft "mit Erstaunen vermerkte" Tatsache $(III_{22}^{(3)})$: $\sigma_0(n)$ ist

        stets ein Vielfaches von $\sigma_0^{(u)}(n)$; das gleiche gilt ebenfalls [1] für

$\sigma_0^{(g)}(n)$.

        Nach (III_{14}) haben $n \equiv 1(2)$ und $2^\alpha \cdot n$ $(\alpha \geqslant 1, \alpha \in \mathfrak{N})$ die gleiche

Übg. (39.) Anzahl von SZ^{en}. Verhältnismäßig einfach (Übung !) lassen sich diese

        angeben, wenn die SZ^{en} von n bekannt sind.

D   Nach dem englischen Mathematiker Macmahon (1854 bis 1929) heißt eine
Zerfällung "selbstkonjugiert", wenn ihr Feld durch Spiegelung an der
Hauptdiagonalen (von links oben nach rechts unten) in sich selbst
übergeht, bzw. zu dieser Diagonalen symmetrisch ist. Zwei Zerfällungen

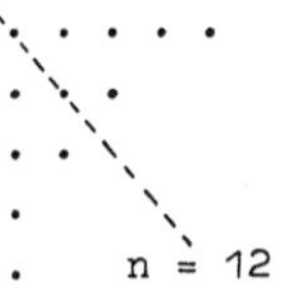

heißen "konjugiert", wenn ihre Felder durch
Spiegelung an der Hauptdiagonalen ineinander
übergehen. Bild 9 b zeigt eine selbstkonjugierte Zerfällung von $n = 12$, während in
Bild 9 c zwei konjugierte Zerfällungen von
$n = 12$ dargestellt sind. Diese bildeten
bereits die Grundlage der Sätze
$(III_{22}^{(1)})$ und $(III_{22}^{(2)})$.

Bild 9 b

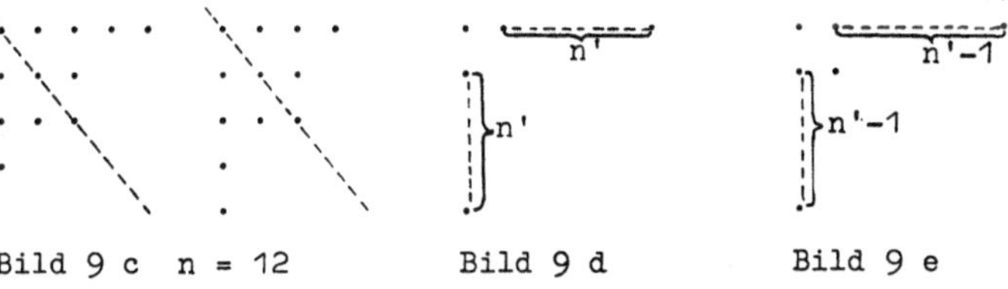

Bild 9 c   n = 12   Bild 9 d   Bild 9 e

---

[1] Möglicherweise ist der Faktor gleich Null.

Ist $n > 2$ gegeben, so existiert mindestens eine selbstkonjugierte Zerfällung, denn für $n = 2n' + 1$ gilt $n = n' + 1 + n'$, und wir erhalten eine selbstkonjugierte Zerfällung, die aus einem (gleichschenkeligen) "Winkelhaken" besteht (Bild 9 d); ist $n = 2n'$ $(n' > 2)$, so gilt $n = (2(n' - 1) + 1) + 1$ und es entsteht eine selbstkonjugierte Zerfällung mit zwei Winkelhaken (Bild 9 e). P.c. besteht jeder Winkelhaken aus einer ungeraden Anzahl von Punkten und, wieder p.c., außerdem unterscheiden sich zwei solche Winkelhaken - etwa von außen nach innen betrachtet - um mindestens zwei Punkte. Schließlich ist zu jeder Zerfällung von n in verschiedene ungerade Summanden nach dem Muster der Bilder 9 b, 9 d, 9 e und 9 f stets eine selbstkonjugierte Zerfällung konstruierbar.

$(III_{22}^{(4)})$ Das ist der Satz $(III_{22}^{(4)})$: Die Anzahl der Zerfällungen von n in ungerade paarweise verschiedene Summanden ist gleich der Anzahl der selbstkonjugierten Zerfällungen von n.

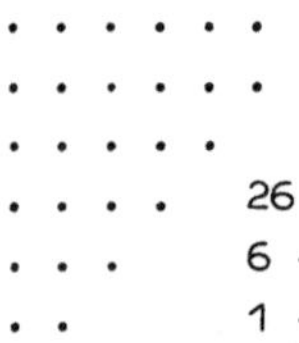

```
. . . . . . .
. . . . . .
. . . . .
. . . .    26 =
. . .         6 + 6 + 5 + 4 + 3 + 2 =
. .           1 + 5 + 9 + 11
```

Bild 9 f

Meistens gibt es mehr als eine selbstkonjugierte Zerfällung von n. In den Bildern 9 g und 9 h sind diese für $n = 17$ und $n = 16$ angegeben. In diesen beiden Bildern erkennen wir aber einen weiteren interessanten Zusammenhang [1].
Für die Anzahl a der

$n = 17 = 17 = 13 + 3 + 1 = 11 + 5 + 1 = 9 + 7 + 1 = 9 + 5 + 3$

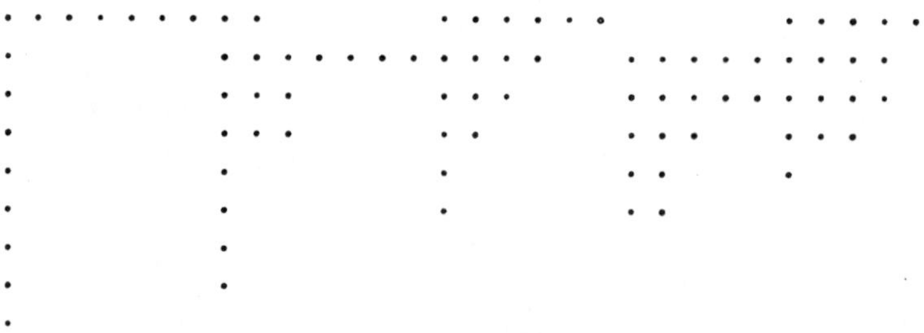

Bild 9 g

---

[1] Die Aussagen dieses Abschnittes sind fast ohne Ausnahme vorzüglich zur Auflockerung des mathematischen Unterrichts geeignet.

$$n = 16 = 15 + 1 = 13 + 3 = 11 + 5 = 9 + 7 = 7 + 5 + 3 + 1$$

```
· · · · · · · ·        · · · · · ·        · · · ·
· ·               · · · · · · · ·    · · · · · · · ·
·            · · ·      · ·          · · · · · · · · ·
·            · ·        · · ·        · · · ·     · · · ·
·            ·          · ·          · · ·
·            ·          · ·          · ·
·            ·
·            ·
```

Bild 9 h

Winkelhaken gilt dort nämlich stets $a = n(2)$ [1], dies ist zwar
selbstverständlich, denn eine gerade (ungerade) Zahl kann nur als
Summe ungerader Summanden dargestellt werden, die in gerader (ungerader) Anzahl auftreten. Besteht nun eine selbstkonjugierte Zerfällung
von n aus w $(w \geqslant 1)$ Winkelhaken, so entsteht im Feld in der linken
oberen Ecke ein Quadrat von w^2 Punkten. Rechts neben und unterhalb
dieses Quadrates liegen gleichviele Punkte der selbstkonjugierten
Zerfällung p.c., damit also je $\frac{1}{2} (n - w^2)$, woraus nochmals

$(n - w^2 = O(2)) \Leftrightarrow (n = w(2))$ sich ergibt. Zu jeder selbstkonjugierten
Zerfällung von n gehört demnach - es sind die Punkte rechts neben
oder unterhalb des Quadrates von w^2 Punkten - eine Zerfällung von
$\frac{1}{2} (n - w^2)$ in höchstens w Summanden, wobei wir nach $(III_{22}{}^{(1)})$
bereits wissen, daß die Gesamtzahl gleich der Anzahl von Zerfällungen
ist, die höchstens das Maximalglied w aufweisen. Ist umgekehrt
$n = w(2)$ und $n - w^2 \geqslant 0$, so läßt sich zu jeder Zerfällung von
$\frac{1}{2} (n - w^2)$ in höchstens w Summanden genau eine selbstkonjugierte
Zerfällung von n, die aus w Winkelhaken besteht, konstruieren. Es muß
lediglich an das Quadrat aus w^2 Punkten nach rechts und nach unten
die Zerfällung von $\frac{1}{2} (n - w^2)$ in höchstens w Summanden angetragen
$(III_{22}{}^{(5)})$ werden. Damit gilt $(III_{22}{}^{(5)})$: Die Anzahl der selbstkonjugierten Zerfällungen von n [2] ist gleich der Gesamtzahl der Zerfällungen von
$\frac{1}{2} (n - w^2)$ $(n = w(2), (n - w^2) \geqslant 0)$ in höchstens w Summanden bzw.
gleich der Anzahl solcher Zerfällungen von $\frac{1}{2} (n - w^2)$, deren Maximalglied höchstens w ist [3].

---

[1] $n = 16$, $a = 2$ bzw. $a = 4$; $n = 17$, $a = 1$ bzw. $a = 3$
[2] die auch gleich der Gesamtzahl der Zerfällungen von n in ungerade
     paarweise verschiedene Summanden ist.
[3] Dies folgt auch aus einer Betrachtung in Abschnitt 3.5.

Die hier von uns geübte graphische Methode ließe noch weitere Anwendungen zu; einige davon sollen in Abschnitt 3.5.betrachtet werden, da dort zusätzliche Zusammenhänge deutlich werden. Zum Schluß dieses Abschnittes behandeln wir Spezialfälle eines Problems, das in der Unterhaltungsmathematik seit vielen Jahrzehnten immer wieder Beachtung und neuerdings [1] auch eine weitgehende allgemeine Lösung gefunden hat. Werden bei einer Zerfällung nur ganz bestimmte Summanden $(n_1, \ldots, n_k)$ zugelassen, diese aber in beliebiger Anzahl, so stellt jede Summe vom Werte n eine Möglichkeit dar, den Beitrag von n Währungseinheiten nur unter Verwendung von Geldstücken (oder Scheinen) im Werte n_1 $(1 = 1, \ldots, k)$ zu bezahlen bzw. zu wechseln. Dabei kommt es nicht auf die Reihenfolge an, in der die einzelnen Geldstücke hingelegt werden. Für $n_1 = 1$, $n_2 = 2$, $n_3 = 4$ bzw. $n_1 = 1$, $n_2 = 2$, $n_3 = 5$, aber auch für andere "Wechselvorschriften" ist bei beliebigem n auch die Anzahl der Wechselmöglichkeiten seit langem bekannt und auf verschiedene Arten berechnet worden [2]. Auf eine allgemeine Darstellung dieser Anzahl kommen wir in Abschnitt 3.5. zurück; dabei werden wir allerdings die Sortenzahl k gewissen Beschränkungen [3] unterwerfen. Hier wollen wir lediglich die Existenz bestimmter solcher

Übg.(40.) Wechselmöglichkeiten bestätigen. Trivialerweise (Übung !) gibt es für $n_1 = 1$, $n_2 = 2$ bzw. $n_1 = 2$, $n_2 = 3$ für jedes n $(n \geqslant 1$ bzw. $n \geqslant 2$, $n \in \mathfrak{N}$) eine Darstellung $n = l_1 n_1 + l_2 n_2$ $(l_1 \geqslant 0$, $l_2 \geqslant 0$, $l_1 \in \mathfrak{z}$, $l_2 \in \mathfrak{z})$. Ist $n \geqslant 7$ vorgegeben, so läßt sich mit nicht negativen

(19) ganzzahligen l_n und l_n' stets auch (19) $n = l_n \cdot 3 + l_n' \cdot 5$ lösen. Hier ist bekanntlich $8 = 1 \cdot 3 + 1 \cdot 5$, $9 = 3 \cdot 3 + 0 \cdot 5$, $10 = 0 \cdot 3 + 2 \cdot 5$. Gilt (19) für k (I.A.) mit $k \geqslant 10$, so auch für $(k - 1)$ und für $(k - 2)$; da aber $k + 1 = (k - 2) + 3 = l_{k-2} \cdot 3 + l_{k-2}' \cdot 5 + 3 =$

Übg.(41.) $l_{k+1} \cdot 3 + l_{k+1}' \cdot 5$, ist (19) bewiesen. Völlig analog (Übung !) kann für
(20) $n \geqslant 11$ auch (20) $n = l_n^* 3 + l_n^{*'} \cdot 7$ gelöst werden [4]. Ist $n_1 = 5$, $n_2 = 7$, so erhalten wir für $n \geqslant 23$: $24 = 2 \cdot 5 + 2 \cdot 7$, $25 = 5 \cdot 5 + 0 \cdot 7$, $26 = 1 \cdot 5 + 3 \cdot 7$, $27 = 4 \cdot 5 + 1 \cdot 7$, $28 = 0 \cdot 5 + 4 \cdot 7$.

(21) Die Gleichung (21) $n = \tilde{l}_n \cdot 5 + \tilde{l}_n' \cdot 7$ $(\tilde{l}_n \geqslant 0$, $\tilde{l}_n' \geqslant 0$, $\tilde{l}_n \in \mathfrak{z}$, $\tilde{l}_n' \in \mathfrak{z})$ ist damit für $24 \leqslant n \leqslant 28$ lösbar. Gilt (21) für k (I.A.) mit $k \geqslant 28$, so auch für $(k - 1)$, $(k - 2)$, $(k - 3)$, $(k - 4)$. Daher

---

[1] siehe Abschnitt 5

[2] u.a. auch in dem lesenswerten Buch von W. Ness (geb. 1898): Probleme aus der elementaren additiven Zahlentheorie (Salle Verlag, Frankfurt/Main)

[3] die es in praxi eo ipso gibt.

[4] Allgemeine Analogien zu den Diophantischen Gleichungen aus Abschnitt 2.1.bestehen nur scheinbar (warum ?).

erhalten wir $k + 1 = (k - 4) + 5 = \widetilde{I}_{k-4} \cdot 5 + \widetilde{I}_{k-4}{}' \cdot 7 + 1 \cdot 5 =$

$(\widetilde{I}_{k-4} + 1) \cdot 5 + \widetilde{I}_{k-4}{}' \cdot 7 = \widetilde{I}_{k+1} \cdot 5 + \widetilde{I}_{k+1}{}' \cdot 7$. Es ist also auch (22)

für $n \geqslant 24$ allgemein gültig. Die Aussagen (19), (20) und (21)

$(III_{22}{}^{(6)})$ bilden den Satz $(III_{22}{}^{(6)})$.

3.5. Eulers Methode der erzeugenden Funktion

Für diesen Abschnitt benötigen wir einige Sätze aus der Reihenlehre
und der Theorie unendlicher Produkte. Jene gehören heute zum mathematischen Bildungsgut der gymnasialen Oberstufe. Diese können - wie
auch weitergehende Fragen der Reihenlehre - in dem bekannten Buch von
K. Knopp (1882 bis 1957) über "Theorie und Anwendung der unendlichen
Reihen" [1] nachgelesen werden, das sich außerdem für ein intensives
Studium empfiehlt. Im wesentlichen verwenden wir die folgenden Aus-

(A_1) sagen (A_1), (A_2), ..., (A_6): (A_1) $\sum_{\nu=0}^{\infty} \dfrac{x^{\nu}}{\nu!} = e^x$ konvergiert für alle

(A_2) x mit $|x| < \infty$ absolut und gleichmäßig. (A_2) $\sum_{\nu=0}^{\infty} a_{\nu} x^{\nu}$ konvergiert,

falls $|a_{\nu}| \leqslant 1$ ($\nu = 0, 1, \ldots$) sicher für $|x| \leqslant q < 1$ absolut und

(A_3) gleichmäßig [2]. (A_3) Nach Cauchy ist $\left(\sum\limits_{\nu=0}^{\infty} a_{\nu} x^{\nu}\right)\left(\sum\limits_{\nu=0}^{\infty} b_{\nu} x^{\nu}\right) =$

$\sum\limits_{\nu=0}^{\infty} c_{\nu} x^{\nu}$ mit $c_{\nu} = a_{\nu} b_0 + a_{\nu-1} b_1 + \ldots + a_0 b_{\nu}$ ($\nu = 0, 1, \ldots$) - das

D   "Cauchy-Produkt" zweier Reihen - sicher für solche Werte von x absolut
und gleichmäßig konvergent, für die beide Faktoren gleichzeitig eben-
(A_4) falls absolut und gleichmäßig konvergieren. (A_4) Mit $1 \geqslant u_{\nu} \geqslant 0$ ist

$\prod\limits_{\nu=0}^{\infty} (1 + u_{\nu})$ bzw. $\prod\limits_{\nu=0}^{\infty} (1 - u_{\nu})$ genau dann konvergent, wenn

$\sum\limits_{\nu=0}^{\infty} u_{\nu}$ konvergiert. Der Beweis von (A_4) soll kurz skizziert werden.

Wegen $u_{\nu} < 1 + u_{\nu} < e^{u_{\nu}}$ gilt $\left(1 + \sum\limits_{\nu=0}^{N} u_{\nu}\right)$ [3] $\prod\limits_{\nu=0}^{N} (1 + u_{\nu}) \leqslant e^{\sum\limits_{\nu=0}^{\infty} u_{\nu}}$.

Nach der letzten Ungleichungskette bedingen sich die Konvergenz von

---

[1] Verlag Springer, Heidelberg-Göttingen-Berlin

[2] Auf mögliche Verschärfungen dieser Aussage kann hier verzichtet
werden.

[3] durch Ausmultiplizieren zu bestätigen

$\sum\limits_{\nu=0}^{\infty} u_\nu$ und $\prod\limits_{\nu=0}^{\infty} (1 + u_\nu)$ gegenseitig. Wegen $1 - u_\nu$ [1] $\leqq \dfrac{1}{1 + u_\nu}$

ist $\sum\limits_{\nu=0}^{\infty} u_\nu < \prod\limits_{\nu=1}^{\infty} (1 + u_\nu) \leqq (\prod\limits_{\nu=0}^{\infty} (1 - u_\nu))^{-1}$. Da $\prod (1 + u_\nu)$ [2] $\geqq 1$

kann $\prod (1 - u_\nu)$ nicht über alle Grenzen wachsen, wenn $\sum u_\nu$

konvergiert. Mit $\sum u_\nu$ konvergiert auch $\sum 2u_\nu$, damit auch

$\prod (1 + 2u_\nu)$ und wegen [1] $1 - u_\nu \geqq \dfrac{1}{1 + 2u_\nu}$ ist

$((\prod (1 + 2u_\nu))^{-1})$ [3] $\leqq \prod (1 - u_\nu)$. Damit kann $\prod (1 - u_\nu)$ auch

nicht beliebig klein werden. Damit gilt $(\sum u_\nu$ konvergent$) \Rightarrow$

$(\prod (1 - u_\nu)$ konvergent$)$; auf die Umkehrung, die wir nicht benötigen,

(A$_5$) gehen wir nicht ein [4]. (A$_5$) Alle unendlichen geometrischen Reihen

konvergieren für $|x| \leqq q < 1$; $\sum\limits_{\nu=0}^{\infty} x^\nu = \dfrac{1}{1 - x}$, $\sum\limits_{\nu=0}^{\infty} x^{2\nu} = \dfrac{1}{1 - x^2}$, ...

..., $\sum\limits_{\nu=0}^{\infty} x^{m\nu} = \dfrac{1}{1 - x^m}$, $\sum\limits_{\nu=0}^{\infty} (-1)^\nu x^\nu = \dfrac{1}{1 + x}$, $\sum\limits_{\nu=0}^{\infty} (-1)^\nu x^{2\nu} =$

$\dfrac{1}{1 + x^2}$, ... , $\sum\limits_{\nu=0}^{\infty} (-1)^\nu x^{m\nu} = \dfrac{1}{1 + x^m}$; damit konvergieren nach (A$_4$)

auch $\prod\limits_{\nu=0}^{\infty} (1 + x^\nu)$, $\prod\limits_{\nu=0}^{\infty} (1 - x^\nu)$ für $|x| \leqq q < 1$, ebenso

$\prod\limits_{\nu=0}^{\infty} (1 + x^{2\nu})$, $\prod\limits_{\nu=0}^{\infty} (1 + x^{3\nu})$, ..., $\prod\limits_{\nu=0}^{\infty} (1 + x^{m\nu})$, $\prod\limits_{\nu=1}^{\infty} (1 + x^{2\nu-1})$,

$\prod\limits_{\nu=1}^{\infty} (1 - x^{2\nu-1})$. Das unendliche Produkt

$\prod\limits_{\nu=1}^{\infty} (\dfrac{1}{1 - x^\nu}) = \prod\limits_{\nu=1}^{\infty} (1 + \dfrac{x^\nu}{1 - x^\nu})$ konvergiert nach (A$_4$) ebenfalls, da

$\dfrac{x^\nu}{1 - x^\nu} \leqq \dfrac{x^\nu}{1 - x}$ und $\sum\limits_{\nu=0}^{\infty} \dfrac{x^\nu}{1 - x}$ für $|x| \leqq q < 1$, also $1 - x \geqq 1 - q$

konvergent ist; aus dem gleichen Grund konvergiert mit $|x| \leqq q < 1$

auch $\prod\limits_{\nu=1}^{\infty} (\dfrac{1}{1 + x^\nu}) = \prod\limits_{\nu=1}^{\infty} (1 - \dfrac{x^\nu}{1 + x^\nu})$, da $\sum\limits_{\nu=1}^{\infty} \left| \dfrac{x^\nu}{1 + x^\nu} \right| < \sum\limits_{\nu=1}^{\infty} \dfrac{|x|^\nu}{1 - q}$

(A$_6$) und die letzte Reihe konvergent ist. (A$_6$) Überall dort, wo $\sum\limits_{\nu=0}^{\infty} a_\nu x^\nu$

---

[1] n.V. gilt für $\nu > N$: $1 - u_\nu^2 \leqq 1$, $0 \leqq 1 - u_\nu^2$, da u_ν gegen Null
konvergiert, wenn $\sum u_\nu$ konvergent ist; außerdem ist $u_\nu \leqq \dfrac{1}{2}$
für $\nu > N_1$.

[2] Wir lassen die Produktindizes jetzt weg, ebenso u.U. die Summationsindizes.

[3] Hier werden die ersten Faktoren (endlich viele) weggelassen.

[4] nachzulesen in K. Knopp, loc. cit.

gleichmäßig konvergiert, gilt $(\sum\limits_{\nu=0}^{\infty} a_\nu x^\nu)' = \sum\limits_{\nu=1}^{\infty} \nu \cdot a_\nu x^{\nu-1}$ und

$$\int\limits_a^b (\sum\limits_{\nu=0}^{\infty} a_\nu x^\nu) \cdot dx = \sum\limits_{\nu=0}^{\infty} (\int\limits_a^b a_\nu x^\nu\, dx) = \sum\limits_{\nu=0}^{\infty} \frac{a_\nu}{\nu+1} (b^{\nu+1} - a^{\nu+1}).$$ Den Inhalt

dieser Aussagen setzen wir im folgenden Text stillschweigend voraus.

D   Mit Euler bezeichnen wir $F(x)$ als "erzeugende Funktion der

$f(n)$", wenn $F(x) = \sum\limits_{n=0}^{\infty} f(n) \cdot x^n$ für ein Intervall $|x| \leqslant q$,

$0 < q < \infty$ konvergiert; z.B. ist e^x die erzeugende Funktion der

$\frac{1}{n!} = f(n)$ und $\frac{1}{1+x}$ erzeugt die $f(n) = \pm 1$ [1].

Mit $\sum x^\nu = \frac{1}{1-x}$, $\sum x^{2\nu} = \frac{1}{1-x^2}$ wird durch $F(x) = \sum\limits_{n=0}^{\infty} f(n)\, x^n =$

$\frac{1}{1 - x - x^2 + x^3} = (\sum x^\nu) \cdot (\sum x^{2\nu})$ eine erzeugende Funktion $F(x)$

gewonnen, bei der die $f(n)$ als "Zählwerk" angeben, wie oft x^n als
Produkt $x^\nu\, x^{2\mu}$ geschrieben werden kann o.w.d.i. wie oft
$n = 1 \cdot \nu + 2 \cdot \mu$ ($\nu \geqslant 0, \nu \in \mathbb{3}$, $\mu \geqslant 0, \mu \in \mathbb{3}$). Analog entnehmen wir aus

$(\sum\limits_{\nu=0}^{\infty} x^{1\nu}) (\sum\limits_{\mu=0}^{\infty} x^{m\mu}) = F(x) = \sum\limits_{n=0}^{\infty} f(n)\, x^n$ die Zählwerke $f(n)$, die

angeben, wie oft $n = 1 \cdot \nu + m \cdot \mu$ ($\nu \geqslant 0, \mu \geqslant 0, \nu \in \mathbb{3}, \mu \in \mathbb{3}$). Diese
beiden erzeugenden Funktionen erlauben es, die Anzahl der Zerfällungen
von n in Summanden 1 und 2 bzw. 1 und m zu bestimmen. Entsprechend

erzeugt $F(x) = \sum\limits_{n=0}^{\infty} f(n)\, x^n = (\sum\limits_{\nu=0}^{\infty} x^{k\nu}) \cdot (\sum\limits_{\mu=0}^{\infty} x^{1\mu}) \cdot (\sum\limits_{\varrho=0}^{\infty} x^{m\varrho})$ die An-

zahl der Zerfällungen von n in Summanden k, l, m (i.e. die Anzahl
der nicht negativen Lösungstripel von $n = kx_1 + lx_2 + mx_3$).

D   Ist $a_m(n)$ die Anzahl der Zerfällungen von n in Summen natürlicher
(1)   Zahlen, deren Maximalglied höchstens gleich m ist [2], so gilt (1)

$$\sum\limits_{n=0}^{\infty} a_m(n)x^n = (\sum\limits_{\nu=0}^{\infty} x^\nu) \cdot (\sum\limits_{\nu=0}^{\infty} x^{2\nu}) \cdot \ldots \cdot (\sum\limits_{\nu=0}^{\infty} x^{m\nu}) \text{ mit } a_m(0) = 1 \text{ oder}$$

(2)   (2) $\prod\limits_{\nu=1}^{m} (\frac{1}{1-x^\nu}) = \sum\limits_{n=0}^{\infty} a_m(n)x^n$. Nach (1) oder (2) lassen sich nun

die $a_m(n)$ berechnen, denn die auftretenden Reihen sind sämtlich für
$|x| \leqslant q < 1$ konvergent. (2) ist für die Berechnung praktikabler. Wir
behandeln hier den Fall $m = 4$, die Berechnung der $a_3(n)$ wird dem
Übg.(42.) Leser (Übung !) empfohlen.

---

[1] Hier und im folgenden Text werden mit $F(x)$ bzw. $f(n)$ verschiedene
erzeugende bzw. erzeugte Funktionen bezeichnet.

[2] nach $(\mathrm{III}_{22}{}^{(1)})$ auch gleich der Anzahl der Zerfällungen in höchstens
m Summanden

Aus (2) folgt $1 = (\sum_{n=0}^{\infty} a_4(n)x^n) \cdot \prod_{\nu=1}^{4} (1 - x^{\nu})^{1)} = (\sum_{n=0}^{\infty} a_4(n)x^n)(1 - x - x^2 + 2x^5 - x^8 - x^9 + x^{10})$ und über das Cauchy-Produkt der rechten Seite folgt, da links $f(0) = 1$, $f(n) = 0$ $(n > 0)$ steht [2]:

$1 = a_4(0)$; $0 = a_4(1) - a_4(0)$; $0 = a_4(2) - a_4(1) - a_4(0)$;

$0 = a_4(3) - a_4(2) - a_4(1) + a_4(0) \cdot 0 = a_4(3) - a_4(2) - a_4(1)$;

$0 = a_4(4) - a_4(3) - a_4(2)$; $0 = a_4(5) - a_4(4) - a_4(3) + a_4(0) \cdot 2$;

$0 = a_4(6) - a_4(5) - a_4(4) + a_4(1) \cdot 2$; $0 = a_4(7) - a_4(6) - a_4(5) + a_4(2) \cdot 2$;

$0 = a_4(8) - a_4(7) - a_4(6) + a_4(3) \cdot 2 - a_4(0)$;

$0 = a_4(9) - a_4(8) - a_4(7) + a_4(4) \cdot 2 - a_4(1) - a_4(0)$;

$0 = a_4(10) - a_4(9) - a_4(8) + a_4(5) \cdot 2 - a_4(2) - a_4(1) + a_4(0)$; für $n > 11$ gilt allgemein $0 = a_4(n) - a_4(n-1) - a_4(n-2) + a_4(n-5) \cdot 2 - a_4(n-8) - a_4(n-9) + a_4(n-10)$. Rekurrent bestimmen wir dann aus diesen Formeln $a_4(0) = a_4(1) = 1$, $a_4(2) = 2$, $a_4(3) = 3$, $a_4(4) = 5$, $a_4(5) = 6$, $a_4(6) = 9$, $a_4(7) = 11$, $a_4(8) = 15$, $a_4(9) = 18$, $a_4(10) = 23$, u.s.f.. Diese etwas mühsame Rechnung war, von unwesentlichen Vereinfachungen abgesehen [3], bis vor wenigen Jahren der einzige Weg, die $a_m(n)$ zu bestimmen. Auf neuere Ergebnisse kommen wir gleich noch zurück. Zuvor sollen noch die $a(n)$ oder "die Anzahl der Zerfällungen von n" und deren erzeugende Funktion bestimmt werden. P.d. ist für $n \leqq m$ (3) $a_m(n) = a(n)$, also $\lim_{m \to \infty} a_m(n) = a(n)$ oder

$$F_m(x) = \sum_{n=0}^{\infty} a_m(n)x^n = \prod_{\nu=1}^{m} (\frac{1}{1 - x^{\nu}}) = \sum_{n=0}^{m} a(n)x^n + \sum_{n=m+1}^{\infty} a_m(n)x^n .$$

Wegen (3') $a_m(n) \leqq a(n)$ [4] und $a_m(n) > 1$ gilt für $0 < x \leqq q < 1$ weiter $\sum_{n=0}^{m} a(n)x^n < F_m(x) < F^*(x)$, wenn $F^*(x) = \lim_{m \to \infty} F_m(x) = \prod_{\nu=1}^{\infty} (\frac{1}{1 - x^{\nu}})$; dabei bilden die $F_1(x)$, $F_2(x)$, ... für die betrachteten Werte von x eine monoton wachsende Folge (denn $\frac{F_{m+1}}{F_m} = \sum_{\nu=0}^{\infty} x^{(m+1)\nu} > 1$). P.d. ist dabei (4) $F^*(x) = \prod_{\nu=1}^{\infty} (\frac{1}{1 - x^{\nu}}) =$

---

[1] durch Ausmultiplizieren

[2] werden durch Koeffizientenvergleich, d.h. Koeffizienten gleicher Potenzen von x auf beiden Seiten identifiziert.

[3] Nur in speziellen Fällen konnten weiterführende Kunstgriffe angewandt werden.

[4] " = " für $n \leqq m$, " < " für $m < n$

$$\sum_{n=0}^{\infty} a(n)\, x^n \; ^{1)}$$

und $F^*(x)$ erzeugt die $a(n)$. Aus (4) können wir

allerdings nach dem eben benutzten Verfahren die $a(n)$ nicht berechnen, denn unendlich viele Faktoren können zwar theoretisch [2], aber in praxi nur sehr mühsam - keineswegs über eine Cauchy-Produkt-Bildung oder deren Verallgemeinerung - berechnet werden. Hier hilft eine andere Überlegung weiter, auf die wir später eingehen werden. Zur Berechnung der Zerfällungsanzahlen, die wir am Ende des Abschnittes 3.4. und auch eben behandelten, dient ein Verfahren, das vor wenigen Jahren von dem tschechischen Mathematiker V. Vodička (geb. 1911) [3] entwickelt wurde und sich als erweiterungsfähig erweisen wird. Zunächst wollen wir eine Formel von Vodička beweisen, aus der eine neue Bedeutung von $(x - [x])$ $(x \in \breve{\mathfrak{R}}_r)$ resultiert und weitere Formeln

(III_{23}) der Elementarmathematik folgen. Es gilt (III_{23}):

$$\sum_{\varrho=1}^{r-1} \frac{\sin\left((2n+1)\frac{\varrho\pi}{r}\right)}{\sin\frac{\varrho\pi}{r}} = r - 1 - 2r\cdot\left(\frac{n}{r} - \left[\frac{n}{r}\right]\right) \quad \text{für} \quad n = 0, 1, 2, \ldots$$

und $r = 2, 3, \ldots$.

Aus (III_{23}) entnehmen wir z.B. für $r = 4n$ auf der rechten Seite:

$4n - 1 - 8n\left(\frac{1}{4} - 0\right) = 2n - 1$; auf der linken Seite ergibt sich

$$\sum_{\varrho=1}^{4n-1} \frac{\sin\left(\left(\frac{2n+1}{4n}\right)\varrho\pi\right)}{\sin\left(\frac{\varrho\pi}{4n}\right)} = \sum_{\varrho=1}^{4n-1} \frac{\sin\left(\frac{\varrho\pi}{2} + \frac{\varrho\pi}{4n}\right)}{\sin\left(\frac{\varrho\pi}{4n}\right)} \; ^{4)} =$$

$$\sum_{\varrho=1}^{4n-1} \frac{\sin\frac{\varrho\pi}{2}\cos\frac{\varrho\pi}{4n}}{\sin\left(\frac{\varrho\pi}{4n}\right)} + \sum_{\varrho=1}^{4n-1} \cos\left(\frac{\varrho\pi}{2}\right). \quad \text{Wegen} \quad \cos\frac{\pi}{2} = \cos\frac{3\pi}{2} = 0,$$

$\cos\pi = -1$, $\cos 2\pi = 1$, $\cos(\alpha + 2\pi) = \cos\alpha$ ist

$$\sum_{\varrho=1}^{4n-1} \cos\left(\varrho\frac{\pi}{2}\right) = -1 \quad \text{also} \quad \sum_{\varrho=1}^{4n-1} \frac{\sin\left(\varrho\frac{\pi}{2}\right)\cos\left(\frac{\varrho\pi}{4n}\right)}{\left(\sin\frac{\varrho\pi}{4n}\right)} = 2n. \quad \text{Da schließ-}$$

lich $\sin\left(\varrho\frac{\pi}{2}\right) = 0$ für $\varrho \equiv 0(2)$ und $\sin(2\nu + 1)\frac{\pi}{2} = (-1)^\nu$

$(\nu = 0, 1, 2, \ldots)$ wird aus (III_{23}) für unsere Wahl von r die Formel

(III_{23}') (III_{23}'): $\displaystyle 2n = \sum_{\nu=0}^{4n-1} \frac{(-1)^\nu \cos\left(\frac{(2\nu + 1)\pi}{4n}\right)}{\sin\left(\frac{(2\nu + 1)\pi}{4n}\right)}$.

---

[1] (4) gilt auch für $|x| \leqslant q < 1$, was aus allgemeinen Sätzen folgt (z.B. in K. Knopp loc.cit.).

[2] da das unendliche Produkt konvergiert.

[3] 1959 in den Berichten der serbischen Akademie der Wissenschaften.

[4] wegen $\sin(\alpha \pm \beta) = \sin\alpha\cos\beta \pm \cos\alpha\sin\beta$ und $\cos(\alpha \pm \beta) = \cos\alpha\cdot\cos\beta \mp \sin\alpha\cdot\sin\beta$ (Additionstheoreme).

Zum Beweis von (III_{23}) gehen wir von Übg.(5.) in Abschnitt 1.1.aus.

(5)   Dort war für $\varphi \neq k2\pi$ $(k \in \mathbb{Z})$ (5) $\sum\limits_{l=0}^{n} \cos l\varphi =$

$$\frac{1 - \cos\varphi + \cos n\varphi - \cos((n+1)\varphi)}{2(1 - \cos\varphi)}$$ bewiesen worden. Unter Verwendung

der Additionstheoreme wird $\cos\varphi = \cos(\frac{2\varphi}{2}) = \cos^2(\frac{\varphi}{2}) - \sin^2(\frac{\varphi}{2})$,

$1 - \cos\varphi = \cos^2(\frac{\varphi}{2}) + \sin^2(\frac{\varphi}{2}) - \cos^2(\frac{\varphi}{2}) + \sin^2(\frac{\varphi}{2}) = 2\sin^2(\frac{\varphi}{2})$,

$\cos(n\varphi + \varphi) = \cos(n\varphi)\cos\varphi - \sin(n\varphi)\sin\varphi$, $\sin\varphi = \sin(\frac{2\varphi}{2}) =$

$2\sin(\frac{\varphi}{2})\cos(\frac{\varphi}{2})$. Aus (5) entsteht mit diesen Formeln

$$\frac{2\sin^2(\frac{\varphi}{2}) + (\cos(n\varphi))(\sin^2(\frac{\varphi}{2}))\cdot 2 + 2(\sin(n\varphi))\sin\frac{\varphi}{2}\cos\frac{\varphi}{2}}{4(\sin^2(\frac{\varphi}{2}))} =$$

$$\frac{(\sin(\frac{\varphi}{2}))(1 + \cos(n\varphi)) + (\sin(n\varphi))\cos(\frac{\varphi}{2})}{2\sin(\frac{\varphi}{2})} =$$

$$\frac{(\sin(\frac{\varphi}{2}))(1 + \cos(\frac{2n\varphi}{2})) + (\sin(\frac{2n\varphi}{2}))\cos(\frac{\varphi}{2})}{2\sin(\frac{\varphi}{2})} =$$

$$\frac{(\sin(\frac{\varphi}{2}))(2\cos^2(\frac{n\varphi}{2})) + 2(\sin(\frac{n\varphi}{2}))(\cos(\frac{n\varphi}{2}))(\cos(\frac{\varphi}{2}))}{2\sin(\frac{\varphi}{2})} =$$

$$\frac{(\cos(\frac{n\varphi}{2}))((\cos(\frac{n\varphi}{2}))(\sin(\frac{\varphi}{2})) + (\sin(\frac{n\varphi}{2}))(\cos(\frac{\varphi}{2})))}{\sin(\frac{\varphi}{2})} =$$

(5') $$\frac{(\cos(\frac{n\varphi}{2}))(\sin((\frac{n+1}{2})\varphi))}{\sin(\frac{\varphi}{2})} = \sum\limits_{l=0}^{n} \cos l\varphi \quad (5').$$ In (5') setzen wir

(5*) $n = r - 1$ und erhalten (5^{*}) $$\sum\limits_{l=0}^{r-1} \cos l\varphi = \frac{(\sin(\frac{r\varphi}{2}))(\cos(\frac{r-1}{2})\varphi))}{\sin(\frac{\varphi}{2})}.$$

Mit $\varphi = \frac{2\pi n}{r}$ $(r \in \mathbb{Z}, r \geqslant 2, n = 0, 1, 2, 3, \ldots)$ wird definiert

D $$\sum\limits_{l=0}^{r-1} \cos(l\frac{2\pi n}{r}) = (h_n^{(r)})\cdot r \ ^{1)}, \text{ also } h_0^{(r)} = 1 = h_r^{(r)} = h_{2r}^{(r)} = \ldots.$$

Für $1 \leqslant n \leqslant r - 1$ erhalten wir $h_n^{(r)} = \sum\limits_{l=0}^{r-1} \cos(l\frac{2\pi n}{r}) \overset{(5^{*})}{=}$

$$\frac{1}{\sin(\frac{\pi n}{r})}\cdot(\sin(\pi n))\cdot(\cos((r-1)\frac{\pi n}{r})) = 0; \text{ für } n = qr + r_0$$

$(1 \leqslant r_0 \leqslant r - 1)$ und $q \geqslant 1$ $(q \in \mathbb{Z})$ ergibt sich

$$\sum\limits_{l=0}^{r-1} \cos(l\,2\pi(q + \frac{r_0}{r})) = \sum\limits_{l=0}^{r-1} \cos(\frac{l\,2\pi r_0}{r}) \text{ oder } h_n^{(r)} = 0 \text{ für}$$

$^{1)}$ m.a.W. $h_n^{(r)} = \frac{1}{r}\sum\limits_{l=0}^{r-1} \cos(l\frac{2\pi n}{r})$

$n \not\equiv 0(r)$ und $h_n^{(r)} = 1$ für $n \equiv 0(r)$, $n = 0, 1, 2, \ldots$. Nun definieren wir noch $H_n^{(r)} = \sum_{\nu=0}^{n} h_\nu^{(r)}$ mit $H_0^{(r)} = 1$, $H_r^{(r)} = 2$,
$H_{2r}^{(r)} = 3, \ldots, H_{kr}^{(r)} = k+1, \ldots$ ($k \geq 0$, $k \in \mathbb{Z}$); damit erhalten wir

(6) p.c. (6) $H_n^{(r)} = 1 + \left[\frac{n}{r}\right] \overset{(I_{14})}{=} \left[\frac{r+n}{r}\right]$ ($n = 0, 1, \ldots$; $r = 2, 3, \ldots$)

andererseits ist aber $rH_n^{(r)} = r\sum_{\nu=0}^{n} h_\nu^{(r)} \overset{p.d.}{=}$

$$\sum_{\nu=0}^{n} \left(\sum_{l=0}^{r-1} \cos\left(\frac{l\,2\pi\nu}{r}\right)\right)^{1)} = \sum_{l=0}^{r-1} \left(\sum_{\nu=0}^{n} \cos\left(\frac{2\pi l\nu}{r}\right)\right) =$$

$$\sum_{\nu=0}^{n} 1 + \sum_{l=1}^{r-1} \left(\sum_{\nu=0}^{n} \cos\left(\frac{2\pi l\nu}{r}\right)\right) = (n + 1) + (r - 1) + \sum_{l=1}^{r-1} \left(\sum_{\nu=1}^{n} \cos\left(\frac{2\pi l\nu}{r}\right)\right) =$$

(7) $n + r + \sum_{l=1}^{r-1} \left(\sum_{\nu=1}^{n} \cos\left(\frac{2\pi l\nu}{r}\right)\right) = rH_n^{(r)}$ (7). Aus (5') resultiert mit

$\varphi \neq 2k\pi$ ($k \in \mathbb{Z}$) wegen $\sum_{\nu=0}^{n} \cos\nu\varphi = 1 + \sum_{\nu=1}^{n} \cos\nu\varphi$ zunächst

$$\sum_{\nu=1}^{n} \cos(\nu\varphi) = \frac{\left(\cos\left(\frac{n\varphi}{2}\right)\right)\left(\sin\left(\frac{n+1}{2}\varphi\right)\right) - \sin\left(\frac{\varphi}{2}\right)}{\sin\left(\frac{\varphi}{2}\right)} =$$

$$\left\{\left(\cos\left(\frac{n\varphi}{2}\right)\right)\left(\sin\left(\frac{n\varphi}{2}\right)\right)\left(\cos\left(\frac{\varphi}{2}\right)\right) + \left(\cos^2\left(\frac{n\varphi}{2}\right)\right)\left(\sin\left(\frac{\varphi}{2}\right)\right) - \sin\left(\frac{\varphi}{2}\right)\right\} \cdot \frac{1}{\sin\left(\frac{\varphi}{2}\right)} =$$

$$\frac{1}{\sin\left(\frac{\varphi}{2}\right)} \cdot \left\{\left(\cos\left(\frac{n\varphi}{2}\right)\right)\cdot\left(\sin\left(\frac{n\varphi}{2}\right)\right)\cdot\left(\cos\left(\frac{\varphi}{2}\right)\right) + \left(\sin\left(\frac{\varphi}{2}\right)\right)\cdot\left(\cos^2\left(\frac{n\varphi}{2}\right) - 1\right)\right\} =$$

$$\frac{1}{\sin\left(\frac{\varphi}{2}\right)} \cdot \left\{\left(\cos\left(\frac{n\varphi}{2}\right)\right)\left(\sin\left(\frac{n\varphi}{2}\right)\right)\cdot\left(\cos\left(\frac{\varphi}{2}\right)\right) - \left(\sin^2\left(\frac{n\varphi}{2}\right)\right)\left(\sin\left(\frac{\varphi}{2}\right)\right)\right\} =$$

(5") $\frac{\sin\left(\frac{n\varphi}{2}\right)}{\sin\left(\frac{\varphi}{2}\right)} \cos\left(\frac{n+1}{2}\varphi\right)$ oder (5") $\sum_{\nu=1}^{n} \cos(\nu\varphi) = \frac{\left(\sin\left(\frac{n\varphi}{2}\right)\right)\left(\cos\left(\frac{n+1}{2}\varphi\right)\right)}{\sin\left(\frac{\varphi}{2}\right)}$

(7') $(\varphi \neq 2k\pi)$. Mit $\varphi = \frac{2\pi l}{r}$ wird dann aus (7) die Formel (7')

$$rH_n^{(r)} = n + r + \sum_{l=1}^{r-1} \frac{\left(\sin\left(\frac{n\pi l}{r}\right)\right)\left(\cos\left((n+1)\frac{\pi l}{r}\right)\right)}{\sin\left(\frac{\pi l}{r}\right)} \ .$$

Mit $\psi = \frac{\pi l}{r}$ untersuchen wir unter Verwendung der Additionstheoreme
zunächst die Summanden dieser Summe. Wir erhalten
$$\frac{\sin(n\psi)}{\sin\psi} \cos((n+1)\psi) = \frac{\sin(n\psi)}{\sin\psi} \left((\cos(n\psi))\cos\psi - (\sin(n\psi))\sin\psi\right) =$$

$$\left\{\left(\tfrac{1}{2}\sin(2n\psi)\right)\cos\psi + \tfrac{1}{2}(\cos(2n\psi) - 1)\sin\psi\right\}\cdot\frac{1}{\sin\psi} =$$

$$\frac{1}{2(\sin\psi)}\cdot\left\{\sin((2n+1)\psi) - \sin\psi\right\} = \frac{1}{2}\left(\frac{\sin((2n+1)\psi)}{\sin\psi} - 1\right)$$ oder m.a.W.

---

1) Auf das Rechnen mit Summen und Doppelsummen gehen wir ausführlich
im 4. Kapitel ein.

(7")

$$(7")\quad rH_n^{(r)} = n + r - \frac{r-1}{2} + \frac{1}{2} \sum_{l=1}^{r-1} \frac{\sin((2n+1)\frac{\pi l}{r})}{\sin(\frac{\pi l}{r})}$$. Setzen wir

schließlich noch (6) in (7") ein, so ergibt sich der Satz (III_{23}).
q.e.d.

Manchmal wird auch noch $h_n^{(1)} = 1$ definiert.

D

Mit $g(x)$ bezeichnen wir jetzt die Summe der Reihe $\sum_{n=0}^{\infty} x^n$, die für

$|x| \leqslant q < 1$ absolut und gleichmäßig konvergiert. Dann ist für

$\nu = 2, 3, \ldots\; g(x^\nu)$ [1] $= \sum_{n=0}^{\infty} h_n^{(\nu)} x^n$ und nach Cauchy gilt

$$g(x)\, g(x^\nu) = (\sum_{n=0}^{\infty} x^n) \cdot (\sum_{n=0}^{\infty} h_n^{(\nu)} x^n) = \sum_{n=0}^{\infty} (\sum_{\lambda=0}^{n} h_\lambda^{(\nu)})\, x^n =$$

$$\sum_{n=0}^{\infty} H_n^{(\nu)} x^n \overset{(6)}{=} \sum_{n=0}^{\infty} \left[\frac{n+\nu}{\nu}\right] x^n \; .$$

Beachten wir den weiter oben stehenden Text, so entnehmen wir der

$(III_{24}^{(1)})$ letzten Formel den Satz $(III_{24}^{(1)})$: Die Anzahl der Zerfällungen von n

in Summanden, die nur 1 oder ν sind, ist gleich $\left[\frac{n+\nu}{\nu}\right]$; es läßt sich

demnach ein Betrag von n Währungseinheiten auf $\left[\frac{n+\nu}{\nu}\right]$ Arten in Münzen

vom Werte 1 und ν umwechseln, wenn es auf die Reihenfolge der Münzen

beim Wechseln nicht ankommt.

Weiter ist $g(x)\, g(x^\nu)\, g(x^\mu)$ [2] $= (g(x) \cdot g(x^\nu))\, g(x^\mu) \overset{s.e.}{=}$

$$(\sum_{n=0}^{\infty} \left[\frac{n+\nu}{\nu}\right] x^n) \cdot (\sum_{n=0}^{\infty} h_n^{(\mu)} x^n) \overset{3)}{=} \sum_{n=0}^{\infty} x^n (\sum_{\lambda=0}^{n} h_\lambda^{(\mu)} \left[\frac{n-\lambda+\nu}{\nu}\right]) =$$

$D(III_{24}^{(2)})$ $\sum_{n=0}^{\infty} A_n^{(1,\nu,\mu)} x^n$. Dies ist die Aussage $(III_{24}^{(2)})$: $A_n^{(1,\nu,\mu)} =$

$\sum_{\lambda=0}^{n} (h_\lambda^{(\mu)} \left[\frac{n-\lambda+\nu}{\nu}\right])$ gibt an, wie oft sich n als Summe der Form

$\lambda_1 \cdot 1 + \lambda_2 \cdot \nu + \lambda_3 \cdot \mu$ $(\lambda_\kappa \geqslant 0, \lambda_\kappa \in \mathbf{Z}$ $(\kappa = 1, 2, 3))$ darstellen

läßt [4]. Da p.c. $h_\lambda^{(\mu)} = 0$ für $\lambda \not\equiv 0(\mu)$ und $h_\lambda^{(\mu)} = 1$ für

---

[1] Allgemein gilt $g(x^\nu) = \dfrac{1}{1 - x^\nu}$, wie wir gesehen haben.

[2] $\nu > 1, \mu > 1, \nu \neq \mu, \nu \in \mathbf{Z}, \mu \in \mathbf{Z}$.

[3] nach dem Cauchy-Produkt

[4] Dieser Tatbestand läßt sich natürlich auch nach dem Vorbild von $(III_{24}^{(1)})$ formulieren.

(8) $\lambda \equiv 0(\mu)$, gilt außerdem   (8) $A_n^{(1,\nu,\mu)} = \sum\limits_{\kappa=0}^{\left[\frac{n}{\mu}\right]} \left[\dfrac{n - \kappa\mu + \nu}{\nu}\right]$ $(I_{\underline{\underline{14}}})$

$$\sum\limits_{\kappa=0}^{\left[\frac{n}{\mu}\right]} \left[1 + \dfrac{n - \kappa\mu}{\nu}\right] \overset{(I_{\underline{\underline{14}}})}{=} 1 + \left[\tfrac{n}{\mu}\right] + \sum\limits_{\kappa=0}^{\left[\frac{n}{\mu}\right]} \left[\dfrac{n - \kappa\mu}{\nu}\right] .$$

Übg.(43.) Auf wieviele Arten kann der Betrag von 50 Währungseinheiten in Münzen vom Werte 1, 2, 5 umgewechselt werden ($A_{50}^{(1,2,5)}$ ist gesucht) ?

Die Anzahl der Zerfällungen aus ($III_{22}^{(6)}$) erhalten wir für allgemeines ν und μ über $g(x^\nu) \cdot g(x^\mu) =$

$$(\sum\limits_{n=0}^{\infty} h_n^{(\nu)} x^n) \cdot (\sum\limits_{n=0}^{\infty} h_n^{(\mu)} x^n) = \sum\limits_{n=0}^{\infty} x^n (\sum\limits_{\lambda=0}^{n} h_\lambda^{(\nu)} h_{n-\lambda}^{(\mu)}) =$$

D $\quad \sum\limits_{n=0}^{\infty} x^n (\sum\limits_{\lambda=0}^{n} h_\lambda^{(\mu)} h_{n-\lambda}^{(\nu)}) = \sum\limits_{n=0}^{\infty} S_n^{(\nu,\mu)} x^n$. Das ist der Satz

($III_{24}^{(3)}$) ($III_{24}^{(3)}$): $S_n^{(\nu,\mu)} = \sum\limits_{\lambda=0}^{n} h_\lambda^{(\nu)} h_{n-\lambda}^{(\mu)} = \sum\limits_{\lambda=0}^{n} h_{n-\lambda}^{(\nu)} h_\lambda^{(\mu)}$ gibt die Anzahl der Darstellungen $\lambda_\nu \cdot \nu + \lambda_\mu \cdot \mu$ ($\lambda_\nu \geqslant 0, \lambda_\mu \geqslant 0, \lambda_\nu \in \mathfrak{z}$, $\lambda_\mu \in \mathfrak{z}$) für den Wert n an.

Übg.(44.) Für $\nu = 3$ und $\mu = 5$ sind für $9 \leqslant n \leqslant 20$ die $S_n^{(3,5)}$ zu berechnen. Die Formel der $S_n^{(\nu,\mu)}$ läßt sich noch etwas vereinfachen und enthält eine weitere Aussage.

Wegen $S_n^{(\nu,\mu)} = \sum\limits_{\lambda=0}^{n} h_\lambda^{(\nu)} h_{n-\lambda}^{(\mu)} = \sum\limits_{\kappa=0}^{\left[\frac{n}{\nu}\right]} h_{\kappa\nu}^{(\nu)} h_{n-\kappa\nu}^{(\mu)} =$

(9) $\sum\limits_{\kappa=0}^{\left[\frac{n}{\nu}\right]} h_{n-\kappa\nu}^{(\mu)} \overset{1)}{=} \sum\limits_{\kappa=0}^{\left[\frac{n}{\mu}\right]} h_{n-\kappa\mu}^{(\nu)}$ gilt (9) $\sum\limits_{\kappa=0}^{\left[\frac{n}{\nu}\right]} h_{n-\kappa\nu}^{(\mu)} =$

($III_{24}^{(3)}$) $\sum\limits_{\kappa=0}^{\left[\frac{n}{\mu}\right]} h_{n-\kappa\mu}^{(\nu)} = S_n^{(\nu,\mu)}$; (9) subsummieren wir dem Satz ($III_{24}^{(3)}$).

(III_{25})   Außerdem kann (9) auch folgendermaßen gedeutet werden: (III_{25})

Für jedes n ($n \in \mathfrak{N}$) gibt es unter den $\left(\left[\tfrac{n}{\nu}\right]\right) + 1$ Zahlen $n - \kappa\nu$ ($\kappa = 0, \ldots, \left[\tfrac{n}{\nu}\right]$) genau so viele Vielfache von μ wie sich Vielfache von ν unter den $\left(\left(\left[\tfrac{n}{\mu}\right]\right) + 1\right)$ Zahlen $n - \kappa\mu$ ($k = 0, \ldots, \left[\tfrac{n}{\mu}\right]$) finden. Der Satz ($III_{25}$) verblüfft oft auch mathematisch interessierte Zuhörer; er wird jedoch sofort einsichtig, wenn ($III_{24}^{(3)}$) beachtet

---

1) lediglich ν und μ sind zu vertauschen.

wird. Es ist doch nach $(\mathrm{III}_{24}^{(3)})$ jeder in (III_{25}) gezählte "Fall" genau auf eine Zerfällung von n in Summanden ν und μ zurückführbar u.v.v..

Mit $g(x) \cdot g(x^{\nu}) = \sum_{n=0}^{\infty} H_n^{(\nu)} x^n$ wird für ein τ $(\tau \in \mathfrak{N}, \tau > 1)$

$$g(x^{\tau}) \cdot g(x^{\tau\nu}) = \sum_{n=0}^{\infty} H_n^{(\nu)} x^{\tau n} = \sum_{n=0}^{\infty} H_{\left[\frac{n}{\tau}\right]}^{(\nu)} h_n^{(\tau)} x^n$$ und wir erhalten

$$g(x) \cdot g(x^{\nu}) \cdot g(x^{\tau}) \cdot g(x^{\tau\nu}) \overset{1)}{=} \frac{1}{1 - x} \cdot \frac{1}{1 - x^{\nu}} \cdot \frac{1}{1 - x^{\tau}} \cdot \frac{1}{1 - x^{\tau\nu}} =$$

D
$$\left(\sum_{n=0}^{\infty} H_n^{(\nu)} x^n\right) \cdot \left(\sum_{n=0}^{\infty} H_{\left[\frac{n}{\tau}\right]}^{(\nu)} h_n^{(\nu)} x^n\right) \overset{2)}{=} \sum_{n=0}^{\infty} B_n^{(1,\nu,\tau,\nu\tau)} x^n .$$ Dabei

$(\mathrm{III}_{24}^{(4)})$ gilt $(\mathrm{III}_{24}^{(4)})$:
$$B_n^{(1,\nu,\tau,\nu\tau)} = \sum_{\lambda=0}^{n} H_{\lambda}^{(\nu)} h_{n-\lambda}^{(\tau)} H_{\left[\frac{n-\lambda}{\tau}\right]}^{(\nu)} =$$

$$\sum_{\lambda=0}^{n} h_{\lambda}^{(\tau)} H_{\left[\frac{\lambda}{\tau}\right]}^{(\nu)} H_{n-\lambda}^{(\nu)} = \sum_{\kappa=0}^{\left[\frac{n}{\tau}\right]} H_{\kappa}^{(\nu)} H_{n-\kappa\tau}^{(\nu)} =$$

$$\sum_{\kappa=0}^{\left[\frac{n}{\tau}\right]} \left[\frac{\kappa+\nu}{\nu}\right] \cdot \left[\frac{n - \kappa\tau + \nu}{\nu}\right]$$ und $B_n^{(1,\nu,\tau,\nu\tau)}$ zählt die Zerfällungen von

n in Summanden der Form $1, \nu, \tau, \nu\tau$.

MSZ

Für $\nu = 2$, $\tau = 5$, $\nu\tau = 10$ erhalten wir in $B_n^{(1, 2, 5, 10)}$ die Anzahl der Wechselmöglichkeiten des Betrages von n Währungseinheiten (entsprechend zu wechseln). Sollen etwa 50 Pfennig ausgezahlt werden, so gibt es $(1 + B_{50}^{(1, 2, 5, 10)})$ solche Wechselmöglichkeiten. Hier

ist $$B_{50}^{(1, 2, 5, 10)} = \sum_{\kappa=0}^{10} \left[\frac{\kappa + 2}{2}\right] \cdot \left[\frac{52 - \kappa\cdot 5}{2}\right] = 1\cdot 26 + 1\cdot 23 + 2\cdot 21 +$$

$2\cdot 18 + 3\cdot 16 + 3\cdot 13 + 4\cdot 11 + 4\cdot 8 + 5\cdot 6 + 5\cdot 3 + 6\cdot 1 = 341$, es existieren

Übg.(45.) demnach 342 solche Möglichkeiten. Entsprechend berechnet sich (Übung !) die Anzahl der Auszahlungsmöglichkeiten von 1000 DM in 10 DM, 20 DM, 50 DM und 100 DM Scheinen.

Aus $(\mathrm{III}_{24}^{(2)})$
$$\frac{1}{1 - x} \cdot \frac{1}{1 - x^{\nu}} \cdot \frac{1}{1 - x^{\mu}} = \sum_{n=0}^{\infty} A_n^{(1,\nu,\mu)} x^n$$ und

$$\frac{1}{1 - x^{\varrho}} = \sum_{n=0}^{\infty} (h_n^{(\varrho)} x^n) \quad (\{\varrho,\nu,\mu\} \subset \mathfrak{N})$$ entsteht das Cauchy-Produkt

(10)
$$\left(\sum_{n=0}^{\infty} A_n^{(1,\nu,\mu)} x^n\right) \cdot \left(\sum_{n=0}^{\infty} h_n^{(\varrho)} x^n\right) = \sum_{n=0}^{\infty} C_n^{(1,\nu,\mu,\varrho)} x^n$$ mit (10)

---

1) $\tau \neq \nu$
2) als Cauchy-Produkt

D

$$C_n^{(1,\nu,\mu,\varrho)} = \sum_{\lambda=0}^{n} h_\lambda^{(\varrho)}\, A_{n-\lambda}^{(1,\nu,\mu)} = \sum_{\kappa=0}^{\left[\frac{n}{\varrho}\right]} A_{n-\kappa\varrho}^{(1,\nu,\mu)} \tag{8}$$

$$= \sum_{\kappa=0}^{\left[\frac{n}{\varrho}\right]}\left(1 + \left[\frac{n-\kappa\varrho}{\mu}\right] + \sum_{\lambda=0}^{\left[\frac{n-\kappa\varrho}{\mu}\right]}\left[\frac{n-\kappa\varrho-\lambda\mu}{\nu}\right]\right).$$

Hier zählt $C_n^{(1,\nu,\mu,\varrho)}$ die Zerfällung von n in Summanden $1,\nu,\mu,\varrho$. Als Anwendung berechnen wir

$$C_{10}^{(1,2,3,4)} = a_4^{(10)} = \sum_{\kappa=0}^{2}\left(1 + \left[\frac{10-\kappa\cdot4}{3}\right] + \sum_{\lambda=0}^{\left[\frac{10-\kappa\cdot4}{3}\right]}\left[\frac{10-\kappa\cdot4-\lambda\cdot3}{2}\right]\right)=$$

$$(1 + 3 + (\sum_{\lambda=0}^{3}\left[\frac{10-\lambda\cdot3}{2}\right])) + (1 + 2 + \sum_{\lambda=0}^{2}\left[\frac{6-\lambda\cdot3}{2}\right]) + (1 + 0 + 1) =$$

$$(1 + 3 + 5 + 3 + 2) + (1 + 2 + 3 + 1) + (1 + 1) = 23.$$

Wird in (10) $\mu=\tau$, $\varrho=\nu\tau$ gesetzt, so erhalten wir über $(III_{24}^{(4)})$ die Beziehung

(11)

$$\sum_{\kappa=0}^{\left[\frac{n}{\tau}\right]}\left(\left[\frac{\kappa+\nu}{\nu}\right]\cdot\left[\frac{n-\kappa\tau+\nu}{\nu}\right]\right) = \tag{11}$$

$$\sum_{\kappa=0}^{\left[\frac{n}{\nu\tau}\right]}\left(1 + \left[\frac{n-\kappa\nu\tau}{\tau}\right] + \sum_{\lambda=0}^{\left[\frac{n-\kappa\nu\tau}{\tau}\right]}\left[\frac{n-\kappa\nu\tau-\lambda\tau}{\nu}\right]\right) =$$

$$\sum_{\kappa=0}^{\left[\frac{n}{\nu\tau}\right]}\left(1 + \left[\frac{n}{\tau} - \kappa\nu\right] + \sum_{\lambda=0}^{\left[\frac{n-\kappa\nu\tau}{\tau}\right]}\left[\frac{n-\lambda\tau}{\nu} - \kappa\tau\right]\right).$$

Schließlich folgt aus $(III_{24}^{(2)})$ für σ $(\sigma\in\mathfrak{N})$

$$\frac{1}{1-x^\sigma}\cdot\frac{1}{1-x^{\nu\sigma}}\cdot\frac{1}{1-x^{\mu\sigma}} = \sum_{n=0}^{\infty} A_n^{(1,\nu,\mu)}\, x^{\sigma n} = \sum_{n=0}^{\infty} h_n^{(\sigma)}\, A_{\left[\frac{n}{\sigma}\right]}^{(1,\nu,\mu)} x^n$$

D(12)　der Ausdruck (12) $\displaystyle\sum_{n=0}^{\infty} D_n^{(1,\nu,\mu,\sigma,\sigma\nu,\sigma\mu)}\, x^n =$

$$(\sum_{n=0}^{\infty} A_n^{(1,\nu,\mu)}\, x^n)\cdot(\sum_{n=0}^{\infty} h_n^{(\sigma)}\, A_{\left[\frac{n}{\sigma}\right]}^{(1,\nu,\mu)} x^n) \quad \text{und}$$

$$D_n^{(1,\nu,\mu,\sigma,\sigma\nu,\sigma\mu)} = \sum_{\lambda=0}^{n} h_\lambda^{(\sigma)}\, A_{\left[\frac{\lambda}{\sigma}\right]}^{(1,\nu,\mu)}\, A_{n-\lambda}^{(1,\nu,\mu)} =$$

$$\sum_{\lambda=0}^{n} A_\lambda^{(1,\nu,\mu)}\, h_{n-\lambda}^{(\sigma)}\cdot A_{\left[\frac{n-\lambda}{\sigma}\right]}^{(1,\nu,\mu)} = \sum_{\kappa=0}^{\left[\frac{n}{\sigma}\right]} A_\kappa^{(1,\nu,\mu)}\cdot A_{n-\kappa\sigma}^{(1,\nu,\mu)}$$

zählt die Zerfällungen von n in Summanden $1,\nu,\mu,\sigma,\sigma\nu,\mu\sigma$. Die

$(III_{25}^{(1)})$　Aussagen (10), (11) und (12) bilden den Satz $(III_{25}^{(1)})$. Nach $(III_{25}^{(1)})$ kann dann z.B. berechnet werden, auf wieviele Arten der Portobetrag von 1 DM mit Hilfe von 1-, 2-, 3-, 10-, 20- und 30-Pfennig-Brief-

Übg.(46.)　marken freigemacht werden kann (Übung !).

Ebenso, wie wir durch (4) in $\prod\limits_{\nu=1}^{\infty} \left(\dfrac{1}{1-x^{\nu}}\right) = \prod\limits_{\nu=1}^{\infty} \left(\sum\limits_{n=0}^{\infty} h_n^{(\nu)} x^n\right)$ [1] $=$

$\sum\limits_{n=0}^{\infty} a(n)x^n$ die erzeugende Funktion der a(n) erhielten, ergibt sich

(4') D durch (4') $\prod\limits_{\nu=1}^{\infty} \left(\dfrac{1}{1-x^{2\nu-1}}\right) = \prod\limits_{\nu=1}^{\infty} \left(\sum\limits_{n=0}^{\infty} h_n^{(2\nu-1)} x^n\right) = \sum\limits_{n=0}^{\infty} a^*(n)\, x^n$

in $a^*(n)$ die Anzahl der Zerfällungen von n in ungerade Summanden

(4") D resp. durch (4") $\prod\limits_{\nu=1}^{\infty} \left(\dfrac{1}{1-x^{2\nu}}\right) = \prod\limits_{\nu=1}^{\infty} \left(\sum\limits_{n=0}^{\infty} h_n^{(2\nu)} x^n\right) = \sum\limits_{n=0}^{\infty} a^{**}(2n)\, x^{2n}$

in $a^{**}(2n)$ die Anzahl der Zerfällungen von 2n in gerade Summanden.

(4''') Aus (4''') $\prod\limits_{\nu=1}^{\infty} (1 + x^{\nu}) = \sum\limits_{n=0}^{\infty} b(n)x^n$, $\prod\limits_{\nu=1}^{\infty} (1 + x^{2\nu-1}) = \sum\limits_{n=0}^{\infty} b^*(n)x^n$,

$\prod\limits_{\nu=1}^{\infty} (1 + x^{2\nu}) = \sum\limits_{n=0}^{\infty} b^{**}(2n)x^{2n}$ erhalten wir schließlich die erzeugen-

de Funktion der b(n), $b^*(n)$, $b^{**}(2n)$ bzw. der Anzahl der Zerfällungen von n resp. n resp. 2n in lauter verschiedene resp. lauter verschiedene ungerade resp. lauter verschiedene gerade Summanden. Wegen

$\prod\limits_{\nu=1}^{\infty} (1 + x^{\nu}) = \prod\limits_{\nu=1}^{\infty} \left(\dfrac{1 - x^{2\nu}}{1 - x^{\nu}}\right) = \prod\limits_{\nu=1}^{\infty} \left(\dfrac{1}{1 - x^{2\nu-1}}\right)$ ergibt sich der Satz:

(III_{26}) (III_{26}) $a^*(n) = b(n)$. Es ist demnach die Anzahl der Zerfällungen in
ungerade Summanden gleich der Anzahl aller Zerfällungen in lauter
verschiedene Summanden [2]. Die Aussage (III_{26}) war schon Euler bekannt.
Sie ist ein Musterbeispiel für die eigenartige Schönheit mancher
Sätze der additiven Zahlentheorie, da die beiden in (III_{26}) genannten
Eigenschaften von n scheinbar garnichts miteinander zu tun haben.

MSZ Wir geben hier noch einen weiteren Beweis des Satzes (III_{26}), dieser
kann ohne Schwierigkeiten auch in weiterführenden Schulen behandelt
werden. Ist eine Zerfällung von n in ungerade Summanden gegeben, so
tritt p.d. in dieser Summe l_{ν}-mal der Summand $(2\nu - 1)$ auf
$(n = l_1 \cdot 1 + l_2 \cdot 3 + l_3 \cdot 5 + l_4 \cdot 7 + l_5 \cdot 9 + \ldots)$. Nach (I_{11}) ist aber

$l_k = 2^{a_{k1}} + 2^{a_{k2}} + 2^{a_{k3}} + \ldots,\ 0 \leqslant a_{k1} < a_{k2} < \ldots$ $(k = 1, 2, \ldots\ a_{k\nu} \in \mathfrak{z})$

und zu der angegebenen Zerfällung gehört genau eine in die paarweise
verschiedenen Summanden $2^{a_{11}}, 2^{a_{12}}, \ldots, 2^{a_{21}} \cdot 3, 2^{a_{22}} \cdot 3, \ldots,$

---

[1] $h_n^{(1)} = 1$ für alle n p.d.

[2] Etwa $a^*(6) = b(6) = 4;\ 6 = 5 + 1 = 3 + 3 = 3 + 1 + 1 + 1 =$
$1 + 1 + 1 + 1 + 1 + 1;\ 6 = 6 = 5 + 1 = 4 + 2 = 3 + 2 + 1$.

$2^{a_{31}} \cdot 5$, $2^{a_{32}} \cdot 5$, $\ldots\ldots\ldots$. Umgekehrt läßt sich aus einer Zerfällung dieser Art genau eine jener Art "zusammensetzen".   q.e.d.

Beispiel: $15 = 1 + 1 + 3 + 5 + 5 = 2 \cdot 1 + 1 \cdot 3 + 2 \cdot 5$ $(l_1 = 2^1,$ $l_2 = 2^0$, $l_3 = 2^1) = 2 + 3 + 10.$

Mit Hilfe der erzeugenden Funktion lassen sich weiter auch verschiedene Fragen des Abschnittes 4.4. in "etwas mehr geschlossener Form" behandeln. In (III_{20}') haben wir ziemlich umständlich die Anzahl $z_k(n)$ der k-stelligen natürlichen Zahlen mit Quersumme n berechnet. Nun ist aber die erzeugende Funktion dieser $z_k(n)$ gleich $(\sum\limits_{\nu=0}^{9} x^\nu)^k =$

$$\sum\limits_{n=0}^{\infty} z_k(n) \cdot x^n, \quad \text{wobei} \quad z_k(n) = 0 \quad \text{für} \quad n > 9k. \text{ Hier ergibt sich}$$

$$(\sum\limits_{\nu=0}^{9} x^\nu)^k = \left(\frac{1 - x^{10}}{1 - x}\right)^k = (1 - x^{10})^k \, \frac{1}{(1 - x)^k} =$$

$$(1 - \binom{k}{1} x^{10} + \binom{k}{2} x^{20} - \binom{k}{3} x^{30} \pm \ldots + (-1)^k x^{10k}) \cdot (\sum\limits_{\nu=0}^{\infty} x^\nu)^k.$$

Bereits Euler gelang es, dieses Produkt mit der folgenden Überlegung zu vereinfachen. $\frac{1}{1 - x} = g(x) = \sum\limits_{\nu=0}^{\infty} x^\nu$, $g'(x) = \frac{1}{(1 - x)^2} = \sum\limits_{\nu=1}^{\infty} \nu x^{\nu-1}$,

$$g''(x) = \frac{2}{(1 - x)^3} = \sum\limits_{\nu=2}^{\infty} (\nu-1) \nu x^{\nu-2}, \ldots \text{ 1)}, \quad \frac{(k - 1)!}{(1 - x)^k} = g^{(k-1)}(x) =$$

$$\sum\limits_{\nu=k-1}^{\infty} (\nu-(k-2)) (\nu-(k-3)) \ldots (\nu-1)\nu x^{\nu-(k-1)}; \text{ es gilt demnach}$$

$$(\frac{1}{1 - x})^k = \frac{1}{(1 - x)^k} = \sum\limits_{\nu=k-1}^{\infty} \binom{\nu}{k-1} x^{\nu-(k-1)} = \sum\limits_{\mu=0}^{\infty} \binom{\mu+k-1}{k-1} x^\mu \text{ oder}$$

$$\sum\limits_{n=0}^{\infty} z_k(n)x^n = \sum\limits_{\mu=0}^{\infty} \binom{\mu+k-1}{k-1} x^\mu) \cdot (\sum\limits_{\nu=0}^{k} (-1)^\nu \binom{k}{\nu} x^{10\nu}) \text{ bzw. } z_k(n) =$$

$$\binom{n+k-1}{k-1} - \binom{n+k-11}{k-1} \cdot \binom{k}{1} + \binom{n+k-21}{k-1} \cdot \binom{k}{2} \mp \ldots, \text{ was } (\mathrm{III}_{20}') \text{ bestätigt.}$$

Weiter ist aber in $(\frac{1}{1 - x})^k = \frac{1}{(1 - x)^k}$ die erzeugende Funktion der $\binom{n+k-1}{k-1}$ gewonnen, die p.d. zählen, wie oft sich n als Summe von k nicht negativen Elementen aus $\}$ schreiben läßt, wobei zwei Summen verschieden sind, wenn sich die Reihenfolge der Summanden unterscheidet $((\mathrm{III}_{20}))$.

---

1) durch vollständige Induktion, wobei $|x| \leqslant q < 1$ zu beachten ist

Übg.(47.) Wie groß ist die Wahrscheinlichkeit (nach Laplace) auf einer Scheibe mit 12 Ringen, wenn auch Schüsse mit Null Ringen [1] möglich sind, genau 18 bzw. mindestens 18 Ringe bei insgesamt drei Schüssen zu erzielen ?

In $(\sum\limits_{\nu=1}^{6} x^{\nu})^{k}$ erkennen wir die erzeugende Funktion für die Anzahl $w_k(n)$ der Möglichkeiten, mit k Würfeln die Summe n zu würfeln, wobei eine Folge besonders "ansprechender" Formeln aus der Tatsache resultiert, daß $w_k(n) = 0$ für $n > 6k$ bzw. $w_k(6k) = 1$ [2]. Da oft mit drei Würfeln gespielt wird, behandeln wir den Fall $k = 3$ etwas ausführlicher. Wegen $(\sum\limits_{\nu=1}^{6} x^{\nu})^{3} = (x \cdot \frac{1 - x^6}{1 - x})^{3} =$

$$(x^3 - 3x^9 + 3x^{15} - x^{21}) \cdot \frac{1}{(1 - x)^3} \overset{s.e.}{=} (\ldots) \cdot \sum\limits_{n=0}^{\infty} \binom{n+2}{2} x^n \text{ gilt}$$

$w_3(n) = \binom{n-1}{2} - 3\binom{n-7}{2} + 3\binom{n-13}{2} - \binom{n-19}{2}$ und für $n > 18$ ist

$0 = \binom{n-1}{2} - 3\binom{n-7}{2} + 3\binom{n-13}{2} - \binom{n-19}{2}$ $(n > 18)$ bzw.

$1 = \binom{17}{2} - 3 \cdot \binom{11}{2} + 3 \cdot \binom{5}{2}$ $(n = 18)$.

Übg.(48.) Wie groß ist die Wahrscheinlichkeit (nach Laplace), mit drei Würfeln mindestens die Summe 12 zu würfeln ? Diese Aufgabe findet sich oft in folgender Formulierung [3]: Ist es günstiger, einen Gegenstand für 30 Pfennig zu kaufen oder ihn mit drei Würfeln zu erwürfeln, wenn er durch eine Augensumme s $(s > 12)$ gewonnen wird und der Spieleinsatz 1o Pfennig beträgt ?

Auf weitere Beispiele der "Wirkkraft" erzeugender Funktionen soll hier verzichtet werden, sie lassen sich leicht konstruieren.

Wir gehen jetzt kurz auf einige Identitäten ein, die mit den Aussagen (4), (4') und (4") zusammenhängen und auch in anderen Gebieten der Mathematik [4] von Bedeutung sind. Wir definieren hierfür die bereits

---

[1] sogenannte "Fahrkarten"
[2] In Abschnitt 4.4. wurden im Satz (III'_{20}) einige bereits kurz behandelt.
[3] als "Jahrmarktgeschichte"
[4] z.B. in der Theorie der elliptischen Jacobischen Funktionen (C.G. Jacobi (1804 bis 1851))

D   von Euler verwendete Funktion $K_m(\alpha) = K_m(\alpha\,;\,x) = \prod\limits_{\nu=1}^{m} (1 + \alpha x^{\nu}) =$

$\sum\limits_{\mu=0}^{m} c_{\mu}\alpha^{\mu}$ $(c_0 = 1)$. P.d. ist $K_{m+1}(\alpha) = (1 + \alpha x^{m+1}) \cdot K_m(\alpha) =$

(13) $(1 + \alpha x) \cdot K_m(\alpha x)$ oder   (13) $\sum\limits_{\mu=0}^{m+1} c_{\mu}\alpha^{\mu} = (1 + \alpha x^{m+1}) \cdot K_m(\alpha) =$

$(1 + \alpha x^{m+1}) \cdot \sum\limits_{\mu=0}^{m} c_{\mu}\alpha^{\mu} = (1 + \alpha x) \cdot \sum\limits_{\mu=0}^{m} c_{\mu}(\alpha x)^{\mu} =$

$1 + \sum\limits_{\mu=1}^{m} (c_{\mu-1}x^{\mu} + c_{\mu}x^{\mu})\alpha^{\mu} + (c_m x^{m+1})\alpha^{m+1}$. Für $1 \leqslant n \leqslant m$ ist

demnach [1] $c_{n-1}x^{n} + c_n x^{n}$ [2] $= c_n + c_{n-1}x^{m+1}$. Damit erhalten wir

(13') $c_n(1 - x^n) = c_{n-1}(x^n - x^{m+1}) = c_{n-1} \cdot x^n \cdot (1 - x^{m-n+1})$ bzw. (13')

$c_0 = 1;\ c_1 = \dfrac{x(1 - x^m)}{1 - x}\ ;\ c_2 = \dfrac{x(1 - x^m)}{1 - x} \cdot x^2 \cdot \dfrac{(1 - x^{m-1})}{1 - x^2}\ ;$

$c_3 = \dfrac{x(1 - x^m)}{1 - x} \cdot \dfrac{x^2(1 - x^{m-1})}{1 - x^2} \cdot \dfrac{x^3(1 - x^{m-2})}{1 - x^3} =$

$x^6 \dfrac{(1 - x^m)\,(1 - x^{m-1})\,(1 - x^{m-2})}{(1 - x)\,(1 - x^2)\,(1 - x^3)}$; durch vollständige Induktion folgt

$c_k = \dfrac{(1 - x^m)\,(1 - x^{m-1}) \cdot \ldots \cdot (1 - x^{m-(k-1)})}{(1 - x)\,(1 - x^2) \cdot \ldots \cdot (1 - x^k)} \cdot x^{\frac{1}{2}k(k+1)}$ und

$c_m = x^{\frac{1}{2}m(m+1)} \dfrac{(1 - x^m)\,(1 - x^{m-1}) \cdot \ldots \cdot (1 - x)}{(1 - x)\,(1 - x^2) \cdot \ldots \cdot (1 - x^m)} = x^{\frac{1}{2}m(m+1)}$.

(13*)   Das führt zu (13*) $K_m(\alpha) = \prod\limits_{\nu=1}^{m} (1 + \alpha x^{\nu}) = 1 + \alpha \dfrac{x(1 - x^m)}{1 - x} +$

$\alpha^2 \cdot \dfrac{x^3(1 - x^m)\,(1 - x^{m-1})}{(1 - x)\,(1 - x^2)} + \alpha^3 x^6 \dfrac{(1 - x^m)\,(1 - x^{m-1})\,(1 - x^{m-2})}{(1 - x)\,(1 - x^2)\,(1 - x^3)} + \ldots$

$\ldots + \alpha^k \cdot x^{\frac{1}{2}(k(k+1))} \dfrac{(1 - x^m)\,(1 - x^{m-1}) \cdot \ldots \cdot (1 - x^{m-(k-1)})}{(1 - x)\,(1 - x^2) \cdot \ldots \cdot (1 - x^k)} + \ldots$

$\ldots + \alpha^m x^{\frac{1}{2}m(m+1)}$. In (13*) setzen wir $\alpha = -1$ und bilden für

$|x| \leqslant q < 1$ $\lim\limits_{m\to\infty} K_m(-1) = \prod\limits_{\nu=1}^{\infty} (1 - x^{\nu}) =$

$1 - \dfrac{x}{(1 - x)} + \dfrac{x^2}{(1 - x)\,(1 - x^2)} - \dfrac{x^6}{(1 - x)\,(1 - x^2)\,(1 - x^3)}$ [3] $\pm \ldots$.

---

[1] aus $(1 + \alpha x) \cdot K_m(\alpha x)$

[2] aus $(1 + \alpha x^{m+1}) \cdot K_m(\alpha)$

[3] $\alpha = \dfrac{1}{x}, x = t^2$, $m \to \infty$ führt zu der bekannten Formel $\prod\limits_{\nu=1}^{\infty} (1 + t^{2\nu-1}) =$

$1 + \dfrac{t^2}{1 - t^2} + \dfrac{t^4}{(1 - t^2)\,(1 - t^4)} + \dfrac{t^6}{(1 - t^2)\,(1 - t^4)\,(1 - t^6)} + \ldots$.

Da wir im Rahmen dieser Darstellung nicht auf die exakte Rechtfertigung dieses Grenzübergangs eingehen können, werden Folgerungen aus der letzten Gleichung nicht gezogen werden.

Nunmehr beachten wir (4) und setzen $\displaystyle\prod_{\nu=1}^{\infty}(1 - x^{\nu}) = \frac{1}{\displaystyle\sum_{n=0}^{\infty}a(n)\,x^{n}} =$

$\displaystyle\sum_{n=0}^{\infty}q(n)\,x^{n}$ für $|x| \leqslant q < 1$. Dabei werden sich die $q(n)$ als äußerst wichtige und für verschiedene Belange relevante Zahlen erweisen. Aus der letzten Gleichung folgt für $x = 0$: $a(0)\cdot q(0) = 1$, also

$a(0) = 1$, $q(0) = 1$ und weiter durch Multiplikation

$1 = (\displaystyle\sum_{n=0}^{\infty}a(n)\,x^{n})\,(\displaystyle\sum_{n=0}^{\infty}q(n)\,x^{n})$ bzw. für $n \geqslant 1$:

(14) $0 = q(n)\cdot a(0) + q(n-1)\cdot a(1) + q(n-2)\cdot a(2) + \ldots + q(0)\cdot a(n)$ (14).
In (14) kennen wir weder die $a(n)$ noch die $q(n)$, somit ist diese Gleichung vorerst nur von theoretischem Wert. Wir gehen daher zu der

Form $\displaystyle\prod_{\nu=1}^{\infty}(1 - x^{\nu}) = \displaystyle\sum_{n=0}^{\infty}q(n)\,x^{n}$ zurück; durch Logarithmieren und

Differenzieren in einem hinreichend kleinen Intervall

$|x| \leqslant q < 1$ $(0 \neq q)$ [1] erhalten wir $\displaystyle\sum_{\nu=1}^{\infty}\log(1 - x^{\nu}) =$

$\log(\displaystyle\sum_{n=0}^{\infty}q(n)\,x^{n})$ und $\displaystyle\sum_{\nu=1}^{\infty}\frac{-\nu x^{\nu-1}}{1 - x^{\nu}} = (\displaystyle\sum_{n=0}^{\infty}nq(n)\,x^{n-1}) : (\displaystyle\sum_{n=0}^{\infty}q(n)x^{n})$

(15_1)   oder [2] (15_1) $(\displaystyle\sum_{n=0}^{\infty}q(n)\,x^{n})\cdot\displaystyle\sum_{k=1}^{\infty}(\frac{kx^{k}}{1 - x^{k}}) = -\displaystyle\sum_{n=1}^{\infty}nq(n)\,x^{n}$. In ($15_1$)

interessiert uns zunächst die Funktion $\displaystyle\sum_{k=1}^{\infty}(\frac{kx^{k}}{1 - x^{k}}) = \displaystyle\sum_{n=1}^{\infty}f(n)\,x^{n}$,

für die sich $f(n) = \sigma_1(n)$ ergeben wird. Dies vorausgesetzt resultiert aus (15_1) die Gleichung $(\displaystyle\sum_{n=0}^{\infty}q(n)x^{n})\cdot(\displaystyle\sum_{n=1}^{\infty}\sigma_1(n)x^{n}) =$

$-\displaystyle\sum_{n=1}^{\infty}nq(n)x^{n}$, und wir erhalten aus dem Cauchy-Produkt der linken

(15_2)   Seite und durch Koeffizientenvergleich (15_2) $-nq(n) =$
$\sigma_1(n)\cdot q(0) + \sigma_1(n-1)\cdot q(1) + \ldots + \sigma_1(1)\cdot q(n-1)$. Da nach (I_{22}) die
$\sigma_1(n)$ bekannt sind, lassen sich präkursiv aus (15_2) die $q(1)$,
$q(2)$, $\ldots$ berechnen $(-1\cdot q(1) = \sigma_1(1)\cdot q(0) = 1$, $q(1) = -1$;
$-2q(2) = \sigma_1(2)\,q(0) + \sigma_1(1)\,q(1) = 3 - 1 = 2$, $q(2) = -1$; $\ldots)$ und
über (14) ergeben sich dann die $a(n)$ ebenfalls präkursiv. Diese

---

[1] Näheres bei K. Knopp loc. cit.
[2] nach Multiplikation mit $(-x)\cdot(\displaystyle\sum q(n)\,x^{n})$

Berechnung ist ziemlich mühsam; wir werden daher versuchen, eine andere Bestimmungsart der q(n) zu finden. Zunächst müssen wir aber

(15_3) noch (15_3) $\displaystyle\sum_{k=1}^{\infty} \frac{kx^k}{1-x^k} = \sum_{k=1}^{\infty}(kx^k\,(\sum_{\lambda=0}^{\infty} h_\lambda^{(k)}x^\lambda)) = \sum_{n=1}^{\infty} \sigma_1(n)x^n$

beweisen. In (15_3) hat ein Summand der linken Seite die Form

$kx^k(1 + x^k + x^{2k} + x^{3k} + \ldots) = k(x^k + x^{2k} + x^{3k} + \ldots)$; in ihm tritt also x^n genau dann einmal auf, wenn k/n. Ist umgekehrt d ein Teiler von n, so steht links der Summand $d(x^d + x^{2d} + \ldots)$ und damit $d\cdot x^n$ mit $l\cdot d = n$. q.e.d.

(16) Wegen (16) $\displaystyle(\sum_{n=0}^{\infty} a(n)\,x^n)\cdot(\sum_{n=0}^{\infty} q(n)\,x^n) = 1$ folgt aus (15_1) über

(16_1) (15_3) die Gleichung (16_1) $\displaystyle\sum_{n=1}^{\infty} \sigma_1(n)\,x^n = -x\,((\sum_{n=0}^{\infty} q(n)x^n)')\cdot$

Übg.(49.) $\displaystyle(\sum_{n=0}^{\infty} a(n)x^n)$, mit deren Hilfe (Übung !) $\sigma_1(n)$ über die q(n) und a(n) berechenbar wird. (16) können wir wieder logarithmieren und dann differenzieren; es entsteht $0 = \log(\sum a(n)x^n) + \log(\sum q(n)x^n)$ und

$0 = \dfrac{(\sum a(n)x^n)'}{(\sum a(n)x^n)} + \dfrac{(\sum q(n)x^n)'}{(\sum q(n)x^n)}$ oder $(-(\sum q(n)x^n)')\cdot(\sum a(n)x^n) =$

$(\sum a(n)x^n)'\cdot(\sum q(n)x^n)$. Diese Beziehung setzen wir in (16_1) ein

(16_2) und wenden noch einmal (16) an. So entsteht (16_2) $\displaystyle\sum_{n=1}^{\infty} na(n)x^n =$

$\displaystyle(\sum_{n=1}^{\infty} \sigma_1(n)x^n)\,(\sum_{n=0}^{\infty} a(n)x^n)$ bzw. $na(n) = \sigma_1(n)a(0) + \sigma_1(n-1)a(1) + \ldots$

$\ldots + \sigma_1(1)a(n-1)$. Die Aussagen (14), (15_2), (15_3), (15_4) [1] und

(III_{27}) (16_2) bilden den Satz (III_{27}).

Nach (16_2) können wir - wieder sehr mühsam - die a(n), also die Anzahl der Zerfällungen von n, berechnen, ohne die q(n) zu kennen. Es ist $a(1) = 1$; $a(2) = 2$ [2]; $a(3) = 3$ [2]; $4\cdot a(4) = \sigma_1(4)\cdot 1 + \sigma_1(3)\cdot 1 + \sigma_1(2)\cdot 2 + \sigma_1(1)\cdot 3 = 7\cdot 1 + 4\cdot 1 + 3\cdot 2 + 1\cdot 3 = 20$, $a(4) = 5$ [2]; $5\cdot a(5) = \sigma_1(5)\cdot 1 + \sigma_1(4)\cdot 1 + \sigma_1(3)\cdot 2 + \sigma_1(2)\cdot 3 + \sigma_1(1)\cdot 5 = 6\cdot 1 + 7\cdot 1 + 4\cdot 2 + 3\cdot 3 + 1\cdot 5 = 35$, $a(5) = 7$ [2] u.s.f. .

---

[1] (15_4) wird weiter unten hergeleitet.
[2] $2 = 2 = 1 + 1$; $3 = 3 = 2 + 1 = 1 + 1 + 1$; $4 = 4 = 3 + 1 = 2 + 2 = 2 + 1 + 1 = 1 + 1 + 1 + 1$; $5 = 5 = 4 + 1 = 3 + 2 = 3 + 1 + 1 = 2 + 2 + 1 = 2 + 1 + 1 + 1 = 1 + 1 + 1 + 1 + 1$.

In $\prod_{\nu=1}^{\infty} (1 - x^{\nu}) = \sum_{n=0}^{\infty} q(n)x^n$ gibt das Zählwerk $q(n)$ an, wie oft

sich n als Zerfällung in verschiedene Summanden 1, 2, ... darstellen
läßt; dabei ist der "Zählbeitrag" einer solchen Zerfällung ± 1, je
nachdem die Summandenanzahl gerade oder ungerade ist. Damit gilt

D $q(n) = G(n) - U(n)$, wobei $G(n)$ bzw. $U(n)$ für die Gesamtzahl der Zerfällungen in verschiedene Summanden mit gerader bzw. ungerader
Summandenanzahl steht. Hier ist u.a. $U(1) = 1$, $G(1) = 0$; $U(2) = 1$,
$G(2) = 0$; $U(3) = 1$ [1]; $G(3) = 1$ [1], $U(4) = 1$ [1], $G(4) = 1$ [1];
$U(5) = 1$ [2], $G(5) = 2$ [2]; $U(6) = 2$ [2], $G(6) = 2$ [2]; $U(7) = 2$ [3],
$G(7) = 3$ [3]; m.a.W. $q(0) = 1$, $q(1) = q(2) = -1$, $q(3) = q(4) = 0$,
$q(5) = 1$, $q(6) = 0$, $q(7) = 1$.

(III_{28}) Für die $q(n)$ gilt der bereits Euler bekannte Satz (III_{28}): Für

$n \neq \frac{k}{2}(3k \pm 1)$ $(k = 0, 1, ...)$ ist $q(n) = 0$, für $n = \frac{k}{2}(3k \pm 1)$

gilt $q(\frac{k}{2}(3k \pm 1)) = (-1)^k$. Diese Werte von n werden auch

D   "Pentagonalzahlen" oder "Fünfeckzahlen" genannt.

Der Name resultiert für $\frac{k}{2}(3k - 1) = n$ (in Bild 10 a ist für $k = 4$

das Fünfeck dargestellt) aus der Gleichung
$$k^2 + (k - 1) + (k - 2) + ... + 2 + 1 =$$
$$k^2 + \frac{k}{2}(k - 1) = \frac{3}{2} k^2 - \frac{k}{2} = \frac{k}{2}(3k - 1);$$

für $n = \frac{k}{2}(3k + 1)$ wurde er von Euler

übernommen.

Vor dem Beweis des Satzes (III_{28}) studieren wir das Verhalten der Fünfeck-   Bild 10 a
zahlen. Für festes k_0 haben sie den

Abstand $((\frac{k_0}{2} \cdot (3k_0 + 1) - \frac{k_0}{2} \cdot (3k_0 - 1)) = k_0)$, und die Nachbarn aus

zwei benachbarten Paaren besitzen die Distanz
$$((-\frac{k}{2}(3k + 1) + (\frac{k + 1}{2}) \cdot (3(k + 1) - 1)) =$$
$$\frac{1}{2}(-3k^2 - k - k - 1 + 3(k + 1)^2) = \frac{1}{2}(4k + 2) = 2k + 1.$$ Damit

werden sowohl die Abstände der Elemente eines Paares wie auch die
der Paare mit wachsendem k immer größer. Die ersten Pentagonal-

---

[1] $3 = 3$; $3 = 2 + 1$; $4 = 4$; $4 = 3 + 1$.
[2] $5 = 5$; $5 = 4 + 1 = 3 + 2$; $6 = 6 = 3 + 2 + 1$; $6 = 5 + 1 = 4 + 2$
[3] $7 = 7 = 4 + 2 + 1$; $7 = 6 + 1 = 5 + 2 = 4 + 3$

zahlen lauten: 1,2 | 5,7 | 12,15 | 22,26 | 35,40 | 51,57 | 70,77 | 92,100 | ... . Sie lassen sich leicht aus dem folgenden Schema

Übg.(50.) (Übung !) "programmiert" berechnen [1].

```
0 1 2 3 4  5  6  7  8  9 10 11 12 13 14 15  16  17  18  19  20 ...
    2 3 4  5  6  7  8  9 10 11 12 13 14 15  16  17  18  19 ...
─────────────────────────────────────────────────────────────────
+     5 7  9 11 13 15 17 19 21 23 25 27 29  31  33  35  37  39 ...
        3  4  5  6  7  8  9 10 11 12 13 14  15  16  17  18 ...
─────────────────────────────────────────────────────────────────
+       12 15 18 21 24 27 30 33 36 39 42  45  48  51  54  57 ...
            4  5  6  7  8  9 10 11 12 13  14  15  16  17 ...
─────────────────────────────────────────────────────────────────
+          22 26 30 34 38 42 46 50 54  58  62  66  70  74 ...
               5  6  7  8  9 10 11 12  13  14  15  16 ...
─────────────────────────────────────────────────────────────────
+             35 40 45 50 55 60 65  70  75  80  85  90 ...
                  6  7  8  9 10 11  12  13  14  15 ...
─────────────────────────────────────────────────────────────────
+                51 57 63 69 75  81  87  93  99 105 ...
                     7  8  9 10  11  12  13  14 ...
─────────────────────────────────────────────────────────────────
+                   70 77 84  91  98 105 112 119 ...
                        8   9  10  11  12  13 ...
─────────────────────────────────────────────────────────────────
+                      92 100 108 116 124 132 ...
                           9  10  11  12 ...
─────────────────────────────────────────────────────────────────
+                         117 126 135 144 ...
                               10  11 ...
─────────────────────────────────────────────────────────────────
+                             145 155 ...
```

25 = 8 + 7 + 6 + 4

26 = 9 + 7 + 5 + 3 + 2

Bild 10 b

Wir betrachten jetzt den Graph einer Zerfällung von n (Bild 10 b stellt solche für n = 25 = 8 + 7 + 6 + 4 und n = 26 = 9 + 7 + 5 + 3 + 2 dar) in lauter verschiedene Summanden, die der Größe nach geordnet sind ($n = s_1 + s_2 + \ldots$, $s_1 \geqslant s_2 + 1 \geqslant s_3 + 2 \geqslant \ldots$). Bei einer Zerfällung der betrachteten Art heißt der

D   kleinste Summand "Basis (β)" (in Bild 10 b ist $\beta = 4$ bzw. $\beta = 2$);
D   als "Steigung (σ)" wird die Anzahl der Summanden am Anfang der Zerfällung bezeichnet, die sich um eins unterscheiden (in Bild 10 b ist $\sigma = 3$ bzw. $\sigma = 1$); für die Steigung σ gilt demnach $s_1 = s_2 + 1 = s_3 + 2 = \ldots = s_\sigma + (\sigma - 1)$. P.d. erhalten wir

---

[1] mit Hilfe eines Computers

$\sigma \geqslant 1$, $\beta \geqslant 1$ für jede solche Zerfällung. Ist $\beta > \sigma$ (beide Fälle
des Bildes 10 b) bzw. $\beta < \sigma$, so nennen wir eine derartige Zerfällung
"von 1. Art" bzw. "von 2. Art". Von dieser Sorte sind in Bild 10 c
die Fälle $n = 25 = 7 + 6 + 5 + 4 + 3$ und $n = 21 = 7 + 6 + 5 + 3$,
also $\beta = 3 < \sigma = 5$ und $\beta = 3 = \sigma = 3$, dargestellt.

$25 = 7 + 6 + 5 + 4 + 3$ $21 = 7 + 6 + 5 + 3$

Bild 10 c

"Gerade bzw. ungerade" heißt eine Zerfällung je nach der Summanden-
zahl; damit gibt es vier Arten der konkurrierenden Zerfällungen:
ungerade 1. Art (Bild 10 b für $n = 26$), ungerade 2. Art (Bild 10 c
für $n = 25$), gerade 1. Art (Bild 10 b für $n = 25$), gerade 2. Art
(Bild 10 c für $n = 21$). Wir schreiben sie dabei in der Form
$n = s_1 + s_2 + \ldots + s_\sigma + \ldots + \beta = s_1 + (s_1 - 1) + \ldots$
$\ldots + (s_1 - \sigma + 1) + \ldots + \beta = s_1 + s_2 + \ldots + s_1$ (1 Summanden),
wobei $s_\sigma = \beta$ möglich ist (z.B. in Bild 10 c, $n = 25$) und p.d.
$1 \geqslant \sigma$ gilt. Bei einer Zerfällung 1. Art ($\beta > \sigma$) denken wir uns
eine Operation "Ω" ausgeführt, die jeweils die σ größten Summanden
um eins verkleinert und den neuen Summanden σ hinter β anfügt
(in Bild 10 d für $n = 25$ aus Bild 10 b angedeutet). Ist hier
$1 \geqslant \sigma + 1$, so wird aus $n = s_1 + s_2 + \ldots + s_\sigma + \ldots + \beta$ die

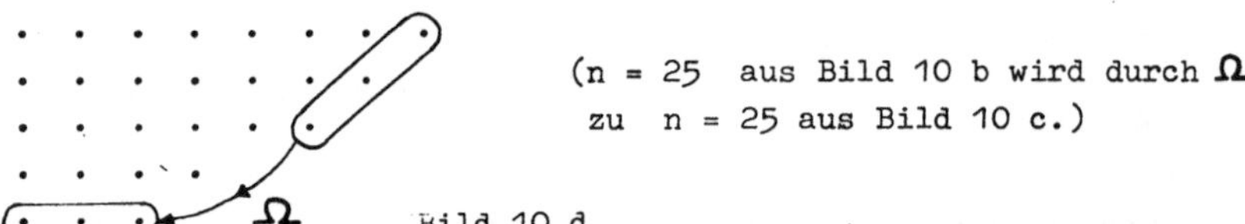

(n = 25 aus Bild 10 b wird durch Ω
zu n = 25 aus Bild 10 c.)

Bild 10 d

Zerfällung $n = (s_1 - 1) + (s_2 - 1) + \ldots + (s_\sigma - 1) + \ldots + \beta + \sigma$;
da die neue Zerfällung mindestens die Steigung σ und außerdem die
Basis σ aufweist, ist sie von 2. Art. Ist $1 = \sigma$ und $\beta \geqslant \sigma + 2$,
so wird durch Ω aus $n = s_1 + s_2 + \ldots + s_\sigma$ die Zerfällung
$n = (s_1 - 1) + (s_2 - 1) + \ldots + (s_\sigma - 1) + \sigma$ mit
$s_\sigma - 1 = \beta - 1 \geqslant \sigma + 1$; wieder erhalten wir p.d. eine Zerfällung
2. Art. Es führt demnach Ω eine gerade (ungerade) Zerfällung
1. Art, wenn $1 \geqslant \sigma + 1$ oder $1 = \sigma \leqslant \beta - 2$, in eine ungerade
(gerade) Zerfällung 2. Art über. Diese Methode versagt nur für den

Fall $1 = \sigma = \beta - 1$, da dann wegen $n = s_1 + s_2 + \ldots + s_\sigma =$
$(s_1 - 1) + (s_2 - 1) + \ldots + (s_\sigma - 1) + \sigma = (s_1 - 1) + (s_2 - 1) + \ldots$
$\ldots + (\beta - 1) + \sigma$ keine Zerfällung in paarweise verschiedene Summanden entstehen kann $(\beta - 1 = \sigma)$. In diesem Ausnahmefall schreiben wir für σ den Buchstaben k und erhalten $n = s_\sigma + (s_\sigma + 1) + \ldots$
$\ldots + (s_\sigma + \sigma - 1) = (k + 1) + (k + 2) + \ldots + 2k = \frac{k}{2}(3k + 1)$;
dieser Fall ist in Bild 10 e für $n = 7 = 4 + 3 = 3 + 2 + 2$
$(\beta = 3, \sigma = 2)$ angedeutet.

Bild 10 e

Ist $n \neq \frac{k}{2}(3k + 1)$, so entstehen durch Ω aus zwei verschiedenen geraden (ungeraden) Zerfällungen 1. Art wieder verschiedene ungerade (gerade) Zerfällungen 2. Art. Würden nämlich durch Ω verschiedene Zerfällungen 1. Art in ein und dieselbe Zerfällung 2. Art überführt, so erhielten wir durch die "Umkehroperation Ω^{-1}", die den Vorgang wieder reduziert, als Ausgangszerfällungen ebenfalls nur eine solche 1. Art. Dabei führt Ω^{-1} die β Elemente "1" der letzten Zeile zu je einem der Summanden $s_1; \ldots, s_\sigma$ (in Bild 10 f für $n = 17 = 6 + 5 + 4 + 2 = 7 + 6 + 4$ dargestellt). Wir gehen dabei

$17 = 6 + 5 + 4 + 2 = 7 + 6 + 4$

Bild 10 f

selbstverständlich von einer Zerfällung 2. Art $(\beta \leqslant \sigma)$ aus, da sonst die Operation Ω^{-1} nicht ausgeführt werden kann. Im Falle $1 \geqslant \sigma + 1$ und $\beta \leqslant \sigma$ wird durch Ω^{-1} aus $n = s_1 + s_2 + \ldots$
$\ldots + s_\sigma + \ldots + \beta$ dann $n = (s_1 + 1) + (s_2 + 1) + \ldots + (s_\beta + 1) + \ldots$
$\ldots + s_{1-1}$ [1] für $\beta < \sigma$, während für $1 \geqslant \sigma + 1$ und $\beta = \sigma$ sich durch Ω^{-1} aus $n = s_1 + s_2 + \ldots + s_\sigma + \ldots + \beta$ die Zerfällung
$n = (s_1 + 1) + \ldots + (s_\sigma + 1) + \ldots + s_{1-1}$ [2] ergibt. Ist dagegen
$1 = \sigma$ und $\beta \leqslant \sigma - 1$, so wird aus $n = s_1 + (s_1 - 1) + \ldots$
$\ldots + (s_1 - \sigma + 1) = s_1 + (s_1 - 1) + \ldots + \beta$ die Zerfällung

---

[1] Ist $\beta < \sigma$, $1 > \sigma + 1$, so gilt $s_\sigma > s_{1-1}$; ist $1 = \sigma + 1$, $\beta < \sigma$, ,
so ist $s_{1-1} = s_\sigma$.

[2] Für $1 = \sigma + 1$ ist $s_{1-1} = 0$.

$$n = (s_1 + 1) + s_1 + \ldots + (s_1 - \sigma) = (s_1 + 1) + (s_2 + 1) + \ldots$$

$\ldots + (s_\beta + 1) + s_{\beta+1} + \ldots + s_{\sigma-1}$ [1]. Dieses Verfahren versagt nur
für den Fall $1 = \sigma$, $\beta = \sigma$, da sich β Summanden "1" nicht gleichmäßig auf $(\beta - 1)$ Summanden verteilen lassen (in Bild 10 g für
$n = 22 = 7 + 6 + 5 + 4$ dargestellt). In diesem Ausnahmefall ist

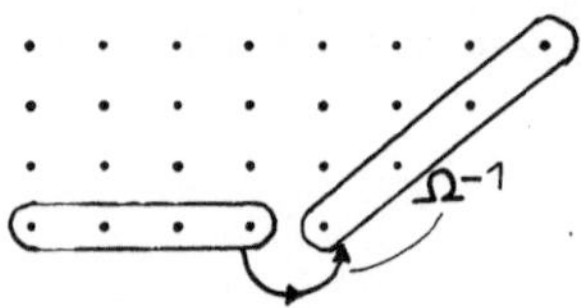

Bild 10 g

aber mit $1 = \sigma = \beta = k$ dann $n = k + (k + 1) + \ldots + (2k - 1) =$
$\frac{k}{2}(3k - 1)$. Für $n \neq \frac{k}{2}(3k - 1)$ werden also vermöge Ω^{-1} aus zwei
verschiedenen geraden (ungeraden) Zerfällungen 2. Art zwei verschiede-
ne ungerade (gerade) Zerfällungen 1. Art [2]. Für $n \neq \frac{k}{2}(3k \pm 1)$ ist
demnach $G(n) = U(n)$ oder $q(n) = 0$, da durch Ω bzw. Ω^{-1} zu
jeder geraden (ungeraden) Zerfällung 1. Art bzw. 2. Art sich eine ungerade (gerade) Zerfällung 2. Art bzw. 1. Art konstruieren läßt.

$(III_{28}^{(1)})$ Damit gilt außerdem der Satz $(III_{28}^{(1)})$: Für $n \neq \frac{k}{2}(3k \pm 1)$
existieren ebensoviele Zerfällungen 1. Art in verschiedene Summanden
wie es solche Zerfällungen der 2. Art gibt. Ist dagegen n eine Penta-
gonalzahl, so folgt mit $1 = k$, daß es für $n = \frac{k}{2}(3k + 1)$ eine
Zerlegung 1. Art und für $n = \frac{k}{2}(3k - 1)$ eine solche 2. Art gibt,
die nicht in eine der anderen Art überführt werden kann. Für
$k \equiv 0(2)$ ist also $G(n) - U(n) = 1$ und für $k \equiv 1(2)$ gilt
$U(n) - G(n) = 1$. Damit ist $q(n) = G(n) - U(n) = (-1)^k$ für
$n = \frac{k}{2}(3k \pm 1)$ und (III_{28}) vollständig bewiesen.

Wir schreiben $\prod\limits_{\nu=1}^{\infty} (1 - x^\nu) = \sum\limits_{n=0}^{\infty} q(n)x^n$ in der Form $\prod\limits_{\nu=1}^{\infty} (1 - x^\nu) =$

$1 + \sum\limits_{k=1}^{\infty} (-1)^k \left(x^{\frac{k}{2}(3k-1)} + x^{\frac{k}{2}(3k+1)}\right) = 1 + \sum\limits_{k=1}^{\infty} (-1)^k x^{\frac{k}{2}(3k-1)} +$

(17) $\sum\limits_{k=1}^{\infty} (-1)^k x^{\frac{k}{2}(3k+1)}$ oder (17) $\prod\limits_{\nu=1}^{\infty} (1 - x^\nu) =$

$(-1)^0 x^0 + \sum\limits_{k=-1}^{-\infty} (-1)^k x^{\frac{3k^2+k}{2}} + \sum\limits_{k=1}^{\infty} (-1)^k x^{\frac{3k^2+k}{2}} = \sum\limits_{-\infty}^{\infty} (-1)^k \cdot x^{\frac{3k^2+k}{2}}$ [3] .

---

[1] $s_{\beta+1} = s_{\sigma-1} = 0$ für $\beta = \sigma - 1$

[2] nach der gleichen Überlegung wie oben, da die Umkehroperation
von Ω^{-1} mit Ω identisch ist

[3] In $\sum\limits_{-\infty}^{\infty}$ durchläuft k alle Elemente von $\mathfrak{Z}$.

Mit (III_{28}) dient nun (14) einer verhältnismäßig einfachen Berech-

nung der $a(n)$ [1] und (15_2) wird zu $\displaystyle\sum_{\gamma=0}^{n-1} \sigma_1(n - \gamma)\, q(\gamma) =$

$- nq(n) = \begin{cases} 0 & \text{für } q(n) = 0 \\ - n & \text{für } q(n) = 1 \\ n & \text{für } q(n) = -1 \end{cases}$. Wird hier definiert $\sigma_1(n-n) = n$

(15_4) für $n = 1, 2, \ldots$ [2], so erhalten wir (15_4) $\displaystyle\sum_{\gamma=0}^{n} \sigma_1(n - \gamma)\cdot q(\gamma) = 0;$

(III_{27}) diese Aussage wird (III_{27}) subsummiert. Nach (15_4) kann $\sigma_1(n)$

berechnet werden, wenn neben den $q(\gamma)$ auch die $\sigma_1(1), \ldots$

$\ldots, \sigma_1(n - 1)$ bekannt sind, wobei diese sich ebenfalls über (15_4)

ergeben, wenn nur die $q(\gamma)$ ($\gamma = 0, 1, \ldots$) zur Verfügung stehen.

So ergeben sich u.a.: $n = 1$, $\sigma_1(1)\cdot q(0) + \sigma_1(1-1)\cdot q(1) = 0$,

$\sigma_1(1)\cdot 1 + 1\cdot q(1) = 0$, $\sigma_1(1) = 1$; $n = 2$, $\sigma_1(2)\cdot q(0) + \sigma_1(1)\cdot q(1) +$

$\sigma_1(2-2)\cdot q(2) = \sigma_1(2) - 1 - 2 = 0$, $\sigma_1(2) = 3$, u.s.f..

Diese Rechenarbeit erleichtert uns noch die Kenntnis der Fünfeck-

zahlen $(0|1,2|5,7|\ldots)$. Wird nämlich $\sigma_1(n-a) = 0$ für $n - a < 0$

definiert, so erhalten wir mit $q(0) = 1$, $\sigma_1(n - n) = n$ für alle n

(18)   aus (15_4) die Formel (18) $\sigma_1(n) = \sigma_1(n - 1) + \sigma_1(n - 2) - \sigma_1(n - 5) -$

$\sigma_1(n - 7) + \sigma_1(n - 12) + \sigma_1(n - 15) - \sigma_1(n - 22) - \sigma_1(n - 26) +$

$\sigma_1(n - 35) + \sigma_1(n - 40) - \sigma_1(n - 51) - \sigma_1(n - 57) + \sigma_1(n - 70) +$

$\sigma_1(n - 77) - \sigma_1(n - 92) - \sigma_1(n - 100) + \ldots$.

Übg.(51.) Nach (18) sind die ersten Glieder der Folge $\sigma_1(n)$ zu berechnen,

wobei von Vorteil ist, daß für $n < \dfrac{3k^2 - k}{2}$ nicht mehr als $2(k - 1)$

Additionen und Subtraktionen benötigt werden (warum ?).

Übg.(52.) Wie läßt sich die Formel $\displaystyle\prod_{\gamma=0}^{\infty} (1 + x^{(2^\gamma)}) = \sum_{n=0}^{\infty} x^n$ deuten? Welchen

Satz bestätigt sie?

Übg.(53.) Welche Beziehung besteht zwischen $a^{**}(2n)$ aus (4") und den $q(n)$?

Anleitung: In (4") werde x^2 durch ζ ersetzt.

Zum Abschluß dieses Abschnittes betrachten wir noch das Zählwerk

---

[1] Die $q(n)$ sind bekannt bzw. für große n leicht zu berechnen. Allerdings wachsen die $a(n)$ sehr schnell. Wir wissen heute, daß
$a(127) > 10^{26}$ und $a(14031) > 10^{127}$.

[2] $\sigma_1(0)$ ist sinnlos, aber $\sigma_1(1-1) = 1, \sigma_1(2-2) = 2, \ldots$.

$b(n)$ aus $(4''')$, das mit $b(0) = 1$ und vermöge $\prod\limits_{\nu=1}^{\infty} (1 + x^{\nu}) =$

$\sum\limits_{n=0}^{\infty} b(n)\, x^n$ die Anzahl der Zerfällungen von n in verschiedene natürliche Summanden registriert. Aus (III_{28}) wissen wir schon, daß für $n \neq \frac{k}{2}(3k \pm 1)$ sicher $b(n) = G(n) + U(n) = 2G(n) = 2U(n) \equiv 0(2)$

(19) gilt. Zusätzlich beweisen wir noch die Formel (19)

$$nb(n) = \sum_{\nu=1}^{n} a_{\nu} b(n - \nu) \quad \text{mit} \quad a_{2\nu-1} = \sigma_1(2\nu-1),\ a_{2\nu} = \sigma_1(2\nu) - 2\sigma_1(\nu),$$

(III_{29}) wobei $\sum\limits_{\nu=1}^{\infty} \frac{\nu x^{\nu}}{1 - x} = \sum\limits_{n=1}^{\infty} a_n x^n$. (19) und (20) [1] bilden den Satz (III_{29}).

Zum Beweis von (19) logarithmieren und differenzieren wir die Gleichung $(4''')$; das führt nach Multiplikation mit x zu [2]

$$\sum_{\nu=1}^{\infty} \frac{\nu x^{\nu}}{1 + x^{\nu}} = \frac{\sum\limits_{n=1}^{\infty} nb(n)x^n}{\sum\limits_{n=0}^{\infty} b(n)x^n} \quad \text{oder mit} \quad \sum_{\nu=1}^{\infty} \frac{\nu x^{\nu}}{1 + x^{\nu}} = \sum_{n=1}^{\infty} a_n x^n \quad \text{zu}$$

(über das Cauchy-Produkt und Koeffizientenvergleich) (19), wenn noch $a_{2\nu} = \sigma_1(2\nu) - 2\sigma_1(\nu)$ und $a_{2\nu-1} = \sigma_1(2\nu-1)$ gelten. Nun ist aber

$$\sum_{\nu=1}^{\infty} \frac{\nu x^{\nu}}{1 + x^{\nu}} = \sum_{\nu=1}^{\infty} \nu x^{\nu} (1 - x^{\nu} + x^{2\nu} - x^{3\nu} \pm \ldots) =$$

$$\nu(x^{\nu} - x^{2\nu} + x^{3\nu} - x^{4\nu} \pm \ldots) = \sum_{n=1}^{\infty} a_n x^n. \text{ Ist } n \equiv 1(2), \text{ so tritt in}$$

dieser Summe in einem Summanden der Anteil (νx^n) genau dann auf, wenn ν / n [3], damit ist $a_{2n-1} = \sigma_1(2n - 1)$ $(n = 1, 2, \ldots)$. Ist dagegen $n \equiv 0(2)$, so tritt in einem Summanden $\pm \nu x^n$ auf, je nach dem $\frac{n}{\nu} \equiv 1(2)$ oder $\frac{n}{\nu} \equiv 0(2)$ gilt. Damit ist $a_{2n} = \sum\limits_{\substack{t/2n \\ \frac{2n}{t}\equiv 1(2)}} t - \sum\limits_{\substack{t/2n \\ \frac{2n}{t}\equiv 0(2)}} t.$

Jetzt beachten wir, daß mit $t/2n$ auch $(\frac{2n}{t} \equiv 0(2)) \Leftrightarrow (\frac{n}{t} \in \mathfrak{z})$ und $(\frac{2n}{t} \equiv 1(2)) \Leftrightarrow (t \nmid n)$ gilt. Da weiter wegen $((t/n)) \Rightarrow (t/2n)$ auch

$$\sigma_1(2n) = \sigma_1(n) + \sum\limits_{\substack{t/2n \\ \frac{2n}{t}\equiv 1(2)}} t \quad \text{gilt, so ist } a_{2n} = \sigma_1(2n) - 2\sigma_1(n). \text{ q.e.d.}$$

Übg.(54.) Nach (III_{29}) sollen die ersten Glieder der Folge $b(n)$ berechnet werden $(b(0) = b(1) = b(2) = 1$ ist aus (III_{28}) bereits bekannt).

---

[1] (20) wird weiter unten angegeben.

[2] in einem entsprechend kleinen Intervall um $x = 0$

[3] $n = 1 \cdot \nu,\ n = 3 \cdot \nu,\ n = 5 \cdot \nu$ u.s.f.

(20)   Wir können (III_{29}) auch durch (20) $nb(n) = \sigma_1(1)(b(n-1) - 2b(n-2)) +$
$\sigma_1(2)(b(n-2) - 2b(n-4)) + \sigma_1(3)(b(n-3) - 2b(n-6)) + \sigma_1(4)(b(n-4) -$
$2b(n-8)) + \ldots$ beschreiben, wenn die vorstehenden Überlegungen
berücksichtigt werden.

MSZ

3.6. Ergänzungen

Wir beginnen mit einem Problem, das vor ungefähr 15 Jahren aufgestellt, seitdem weitgehend gelöst wurde [1] und sich im Mathematikunterricht didaktisch vielseitig verwenden läßt. Es bietet u.a. eine
der seltenen Möglichkeiten, bereits in den Anfangsjahren der weiterführenden Schulen einen (indirekten) "Unmöglichkeitsbeweis" zu führen
D   und zu rechtfertigen. Hierzu definieren wir als "perfekte Folge"
eine Anordnung der Zahlen 1, 1, 2, 2, ..., n, n, bei der zwischen
den beiden Zahlen k genau k Zahlen des angegebenen Komplexes
stehen. Wenn es gelingt, aus den 2n Zahlen eine perfekte Folge zu
bilden (etwa für n = 3: 312132, so soll diese als identisch mit
der perfekten Folge bezeichnet werden, die aus der zuerst konstruierten durch Spiegelung an der Mittellinie (zwischen der n-ten und
(n+1)-ten Stelle) hervorgeht (im Beispiel: 231 ¦ 213). Für n = 3
bleibt somit das angegebene Beispiel die einzige Möglichkeit, da 3
erstmals nur an 1. oder 2. Stelle stehen kann und damit an 5. oder
6. Stelle zum zweiten Mal stehen muß. Die Verteilung der übrigen
Zahlen ist dann zwangsläufig. Wir skizzieren hier den Fall n = 4,
Übg.(55.)dessen genaue Behandlung dem Leser (Übung !) empfohlen wird. Steht
die 4 erstmals an 1. bzw. 2. Stelle, so taucht sie an 6. bzw. 7.
Stelle wiederum auf. Die anderen Möglichkeiten sind p.d. mit dieser
genannten identisch. Nicht möglich ist dabei (Übung !) die zweite
Konstellation; es bleibt somit die 4 auf den Plätzen 1 und 6. Für
die vier zwischen zu schaltenden Zahlen ergibt sich die Zahlen-
konstellation 1, 1, 2, 3 [2]. Dabei bleibt (Übung !) 41312432 als
einzige perfekte Folge für n = 4 übrig. Es ist nun sehr lehrreich,
für n = 5 [3] die verschiedenen Plazierungen der "5" durchzuprüfen.
Nach einigen Überlegungen wird klar, daß es offensichtlich für
diesen Fall keine perfekten Folgen gibt. Der nachstehende Beweis
kann für n = 5 (oder n = 6) ohne Schwierigkeiten mit 11 bis 12-
jährigen Schulkindern behandelt werden. Wir nehmen an, es gäbe für

---

[1] in den Arbeiten von Langford, Davies und Priday bzw. Gillespie
und Utz in "The Math. Gazette" (1958, 1959) bzw. "Fibon. Quart."
(1966), wo sich auch weiterführende Betrachtungen finden.

[2] Andere Möglichkeiten sind nicht praktikabel (Übung !).

[3] Für $n \leqslant 2$ sind, wie sofort erkennbar, keine perfekten Folgen
möglich.

die n Zahlenpaare 1, 1, 2, 2, ..., n, n eine perfekte Folge, in
der die Zahl k (k = 1, 2, ..., n) erstmals an der Stelle s_k steht,
dann steht das zweite Exemplar dieser Zahl p.d. an der Stelle mit der
Nummer $(s_k + k + 1)$. Die Summe aller Stellennummern ist einerseits

$(1 + 2 + 3 + ... + 2n)$, andererseits $\sum_{k=1}^{n} (2s_k + k + 1)$. Hieraus

resultiert die Gleichung $n(2n + 1) = 2 \sum_{k=1}^{n} s_k + \frac{n(n+1)}{2} + n$ bzw.

$2 \sum_{k=1}^{n} s_k = \frac{n(3n-1)}{2}$ [1]. Wegen $\sum_{k=1}^{n} s_k \geqslant 1 + 2 + ... + n = \frac{n(n+1)}{2}$,

$\sum_{k=1}^{n} s_k \in \mathbb{Z}$, $\sum_{k=1}^{n} s_k = \frac{n(3n-1)}{4}$ und $n \not\equiv 3n - 1(2)$ muß nach (I_8)

$n \equiv 0(4)$ oder $3n-1 \equiv 0(4)$ bzw. $n \equiv 0(4)$ oder $n \equiv 3(4)$ gelten,
während für $n \equiv 1(4)$ und $n \equiv 2(4)$ sicher $4 \nmid (n(3n - 1))$ [2]. Es
ist demnach $n \equiv 0(4)$ oder $n \equiv 3(4)$ notwendig für die Existenz
einer perfekten Folge der n Ziffernpaare 1, 1, 2, 2, ..., n, n.

Diese Bedingungen sind aber auch hinreichend für die Existenz perfekter Folgen, wie die nachfolgenden Anordnungsbeispiele zeigen.
(1)   Mit m > 1 erhalten wir für n = 4m die Anordnung (1) 4m-4,
4m-6, ..., 2m; 4m-2; 2m-3, 2m-5, ..., 1; 4m-1; 1, 3, ..., 2m-3;
2m, 2m+2, ..., 4m-4; 4m; 4m-3, 4m-5, ..., 2m+1; 4m-2; 2m-2, 2m-4, ...
..., 2; 2m-1;4m-1; 2, 4, ..., 2m-2; 2m+1, 2m+3, ..., 4m-3; 2m-1; 4m.

Mit dieser Vorschrift resultiert für m = 2: 4;6;1;7;1;4;8;5;6;2;3;7;
2;5;3;8 und für m = 3: 8,6;10;3,1;11;1,3;6,8;12;9,7;10;4,2;5;11;
2,4;7,9;5;12.

Im allgemeinen Fall sind die 2n = 8m Zahlen in sechzehn Folgen
f_1, f_2, ..., f_{16}, die in (1) durch Semikola getrennt sind,
aufgeteilt.

Es enthält f_1 gerade Zahlen, fallend von (4m - 4) bis 2m, damit
insgesamt (m - 1) Zahlen; f_2 enthält die Zahl (4m - 2); zu f_3
gehören nur ungerade Zahlen, fallend von (2m - 3) bis 1, damit insgesamt (m - 1) Zahlen; zu f_4 gehört nur die Zahl (4m - 1); f_5 weist
ungerade Zahlen auf, die von 1 bis (2m - 3) wachsen, es sind insgesamt (m - 1); die Elemente von f_6 sind gerade, wachsen von 2m bis
(4m - 4), es sind insgesamt (m - 1); f_7 besteht nur aus der Zahl 4m;
f_8 besteht aus ungeraden Zahlen, die von (4m - 3) bis (2m + 1)

---

[1] Nach einfacher Rechnung erscheinen hier wieder die Pentagonalzahlen aus Abschnitt 3.5..

[2] Wird durch Ausschreiben sofort klar.

fallen, es sind insgesamt $(m - 1)$; f_9 enthält nur $(4m - 2)$; f_{10}
enthält gerade Zahlen, die von $(2m - 2)$ bis 2 fallen, damit insgesamt
$(m - 1)$; zu f_{11} und f_{12} gehört genau jeweils eine Zahl, nämlich
$(2m - 1)$ bzw. $(4m - 1)$; f_{13} enthält gerade Zahlen, die von 2 bis
$(2m - 2)$ wachsen, insgesamt $(m - 1)$; zu f_{14} gehören ungerade Zahlen,
die von $(2m + 1)$ bis $(4m - 3)$ wachsen, insgesamt $(m - 1)$; f_{15} und f_{16}
weisen jeweils genau eine Zahl, nämlich $(2m - 1)$ und $4m$ auf. Damit
stehen in f_1, ..., f_{16} genau $8m = 2n$ Zahlen und aus den nachstehenden Angaben folgt, daß jedes der Elemente 1, ..., n genau zweimal
auftritt. Es bleibt noch zu prüfen, daß zwischen zwei Zahlen k in (1)
jeweils k andere Exemplare angeordnet sind. Ist k = 4m, so liegen
zwischen diesen Zahlen (in f_7 und f_{16}) genau 4m Zahlen. Ist
k = 4m - 1 (in f_4 und f_{12}), so haben diese Elemente $(4m - 1)$ Zwischenglieder, für k = 4m - 2 (in f_2 und f_9) ergeben sich $(4m - 2)$
Zwischenglieder und für k = 2m - 1 (in f_{11} und f_{15}) entsprechend
$(2m - 1)$ Zwischenglieder. Die übrigen ungeraden k stehen in f_3 und f_5
(zwischen 1 und $(2m - 3)$) bzw. in f_8 und f_{14} (zwischen $(2m + 1)$
und $(4m - 3)$); die übrigen geraden k finden sich in f_{10} und f_{13}
(zwischen 2 und 2m - 2) bzw. in f_1 und f_6 (zwischen 2m und $(4m - 4)$).
Somit ist in (1) jedes Element genau zweimal aufgeführt. Die ungeraden
Zahlen $(2k' - 1)$ $(1 \leqslant k' \leqslant m - 1)$ stehen in f_5 an (k')-ter Stelle,
vor ihnen stehen in f_5 $(k' - 1)$ Zahlen; in f_4 steht eine Zahl und in
f_3 stehen hinter $(2k' - 1)$ noch $(k' - 1)$ Zahlen; es stehen also
zwischen den Elementen des Paares $(2k' - 1, 2k' - 1)$ genau $(2k' - 1)$
Zahlen in (1). Die ungerade Zahl $(2m + (2k' - 1))$ $(1 \leqslant k' \leqslant m - 1)$
steht in f_{14} an (k')-ter Stelle, ihr gehen $(k' - 1)$ Zahlen in f_{14}
voraus; außerdem steht sie in f_8, dort folgen ihr $(k' - 1)$ Zahlen
nach. Zwischen f_8 und f_{14} stehen in f_9, ..., f_{13} $(2m + 1)$ Zahlen
und insgesamt stehen zwischen den Elementen des Paares $(2m + 2k' - 1,$
$2m + 2k' - 1)$ genau $(2m + 2k' - 1)$ Zahlen in (1). Die geraden Zahlen
$2k'$ $(1 \leqslant k' \leqslant m - 1)$ finden wir in f_{10} und f_{13}. In f_{13} stehen sie an
(k')-ter Stelle, in f_{13} gehen ihnen $(k' - 1)$ Zahlen voraus, während
ihnen in f_{10} ebenfalls $(k' - 1)$ Zahlen nachfolgen. Da f_{11} und f_{12}
jeweils eine Zahl aufweisen, stehen zwischen den genannten wieder
genau $(2k')$ Zahlen. Die geraden Zahlen $(2(m - 1) + 2k')$
$(1 \leqslant k' \leqslant m - 1)$ gehören zu den Folgen f_1 und f_6. In f_6 steht
$(2(m - 1) + 2k')$ an (k')-ter Stelle, es gehen ihm $(k' - 1)$ in f_6
voraus, während dieser Zahl in f_1 noch $(k' - 1)$ andere gerade Zahlen
nachfolgen. In f_2, f_3, f_4, f_5 stehen 2m Zahlen, also finden wir in
(1) zwischen den Elementen des Paares $(2(m - 1) + 2k', 2(m - 1) + 2k')$
wieder genau $(2(m - 1) + 2k')$ Zahlen.

Für den Fall n = 4m - 1 (m > 2) ergibt die nachstehende Anordnung
(2) ebenfalls eine perfekte Folge; die dabei notwendige Überlegung -
Übg.(56.) völlig der eben geschilderten analog - sei dem Leser (Übung !) über-
(2)   lassen. Es gilt (2) 4m - 4, 4m - 6, ..., 2m; 4m - 2; 2m - 3,
2m - 5, ..., 1; 4m - 1; 1, 3, ..., 2m - 3; 2m, 2m + 2, ..., 4m - 4;
2m - 1; 4m - 3, 4m - 5, ..., 2m + 1; 4m - 2; 2m - 2, 2m - 4, ..., 2;
2m - 1; 4m - 1; 2, 4, ..., 2m - 2; 2m + 1, 2m + 3, ..., 4m - 3.
Die 2n = 8m - 2 Zahlen werden in 14 Folgen f_1', ..., f_{14}' aufgeteilt,
deren genaue Beschreibung der Übung zufällt. Für m = 3 resultiert
aus (2) die perfekte Folge 8, 6; 10; 3, 1; 11; 1, 3; 6, 8; 5; 9, 7;
(III_{30}) 10; 4, 2; 5; 11; 2, 4; 7, 9. Damit gilt der Satz (III_{30}): Genau dann
lassen sich für ein n perfekte Folgen konstruieren, wenn die Penta-
gonalzahl $\frac{n}{2}$ (3n - 1) eine gerade Zahl ist.

Mit (III_{30}) ist nicht die Frage beantwortet, wie viele verschiedene

perfekte Folgen es für n mit $\frac{n}{2}$ (3n - 1) ≡ 0(2) gibt. Während für

n = 3 und n = 4 nur jeweils genau eine solche Folge existiert,

sind für n = 7 bereits 26 bekannt [1]. Bis heute ist es nicht gelungen, eine Formel anzugeben, der diese Anzahl verschiedener perfekter
Folgen für n ≡ 0(4) oder n ≡ 3(4) entnommen werden kann.

D   1966 [2] wurden dagegen die perfekten Folgen verallgemeinert. Als
"perfekte s-Folge" wird eine Anordnung der (n·s) Zahlen 1, 1, ..., 1,
2, 2, ..., 2, ..., n, n, ..., n (jede Zahl k in s Exemplaren) dann
bezeichnet, wenn zwischen zwei Zahlen k wieder k andere des Komplexes
stehen. Unsere oben definierten Anordnungen sind demnach perfekte
2-Folgen. Über die genannte Verallgemeinerung ist sehr wenig bekannt;
für n = 2, 3, 4, 5 läßt sich durch einfache Fallunterscheidung
zeigen, daß keine perfekten 3-Folgen existieren. Für n = 2 müßte
nämlich ein Teilstück 2xx2xx2 existieren, dessen Lücken durch die
drei Zahlen 1,1,1 nicht zu füllen sind; für n = 3, 4, 5 kann die
Übg.(57.) Überlegung analog (Übung !) gestaltet werden. Für perfekte s-Folgen
(III_{30}') gilt der einfach beweisbare Satz (III_{30}'): Es gibt höchstens dann
perfekte s-Folgen, wenn s ≤ n. Bew.: Da die Folge (n·s) Elemente
enthält und zwischen den s Elementen n jeweils n andere stehen, gilt
ns ≥ s + (s - 1)n oder n ≥ s, falls überhaupt eine perfekte s-Folge
existiert. q.e.d. [3]

---

[1] Sie lassen sich für kleine n "programmiert" durchprobieren; für
n = 7 sind u.a. bekannt: 71416354732652; 73625324765141;
72632453764151; 171264253746355.

[2] in Fußnote 1) auf Seite 291 loc. cit.

[3] Weitere Einzelheiten über perfekte s-Folgen finden sich u.a. bei
H. Schubart: Ein indirekter Unmöglichkeitsbeweis.... Referate der 3.
Bundestagung für Didaktik der Mathematik in Ludwigsburg
(25. bis 29. 3. 1969), Schroedel-Verlag 1970.

Aus der elementaren Analysis ist bekannt, daß die Folge

$a_n = \sqrt{n+1} - \sqrt{n}$ ($= \dfrac{1}{\sqrt{n+1} + \sqrt{n}}$) gegen Null konvergiert; weniger bekannt

scheint die Aussage zu sein, nach der eine Teilfolge dieser a_n,

nämlich $a_{n(1)}$, $a_{n(2)}$, ..., $a_{n(k)}$, ..., mit $(\sqrt{2} - 1)^k$ [1] identisch

ist. Es ist $n(1) = 1$, da $(\sqrt{2} - 1)^1 = \sqrt{2} - \sqrt{1}$ und $n(2) = 8$, denn

$(\sqrt{2} - 1)^2 = 3 - 2\sqrt{2} = \sqrt{9} - \sqrt{8} = a_8$. Ist unsere Aussage bewiesen, so

folgt wegen $(\sqrt{2} + 1)^m = \dfrac{1}{(\sqrt{2} - 1)^m} = \dfrac{1}{\sqrt{n(m) + 1} - \sqrt{n(m)}} =$

$\sqrt{n(m) + 1} + \sqrt{n(m)}$ aus $(\sqrt{2} - 1)^m = \sqrt{n(m) + 1} - \sqrt{n(m)}$ auch

$\sqrt{n(m) + 1} + \sqrt{n(m)} = (\sqrt{2} + 1)^m$ u.v.v.. Da wir die Fälle $k = 1$ und

$k = 2$ (1.I.S.) bereits berechnet haben, nehmen wir (I.A.) an, daß

$$(\sqrt{2} - 1)^k = \begin{cases} g_k \sqrt{2} - g_k^* \\[4pt] h_k - h_k^* \sqrt{2} \end{cases} \quad (g_k,\ g_k^*,\ h_k,\ h_k^* \text{ aus } \mathfrak{N}\ ) \text{ mit}$$

$2g_k^2 - g_k^{*2} = 1$ bzw. $h_k^2 - 2h_k^{*2} = 1$. Damit aber (I.B.)

$$(\sqrt{2} - 1)^{k+1} = \begin{cases} (g_k \sqrt{2} - g_k^*)(\sqrt{2} - 1) \\[4pt] (h_k - h_k^* \sqrt{2})(\sqrt{2} - 1) \end{cases} = \begin{cases} 2g_k + g_k^* - \sqrt{2}(g_k + g_k^*) \\[4pt] \sqrt{2}(h_k + h_k^*) - (h_k + 2h_k^*) \end{cases} =$$

$$\begin{cases} h_{k+1} - h_{k+1}^* \sqrt{2} \\[4pt] g_{k+1} \sqrt{2} - g_{k+1}^* \end{cases} \text{. Hierbei ist p.c. } h_{k+1}^2 - 2h_{k+1}^{*2} =$$

$4g_k^2 + 4g_k g_k^* + g_k^{*2} - 2g_k^2 - 4g_k g_k^* - 2g_k^{*2} = 2g_k^2 - g_k^{*2} = 1$, und

nach entsprechender Rechnung folgt ebenso $2g_{k+1}^2 - g_{k+1}^{*2} =$

$h_k^2 - 2h_k^{*2} = 1$. q.e.d.

Übg.(58.) Mit $n(k) = g_k^{*2}$, $n(k) + 1 = 2g_k^2$ bzw. $n(k) = 2h_k^{*2}$, $n(k) + 1 = h_k^2$

folgt $n(k+1) \geqslant 5n(k) + 3$.

Nach dem berühmten Gelehrten des 13. Jahrhunderts Leonardo von Pisa

(1180 ? bis 1250 ?) sind die Fibonaccischen [2] Zahlen benannt; sie

sind für verschiedene zahlentheoretische Probleme relevant und werden

folgendermaßen definiert $F_1 = F_2 = 1$ [3], $F_{n+2} = F_{n+1} + F_n$ [4]. Ihre

---

[1] Dies gilt auch für andere Binome (z.B. $(2 - \sqrt{3})^n$) analog.

[2] Leonardo (Fi(lius) Bonacci (lat., "Sohn des Bonaccus")) war wohl der erste selbständig forschende Mathematiker Westeuropas im zweiten nachchristlichen Jahrtausend.

[3] Manchmal wird auch $F_0 = 0$, $F_1 = 1$, $F_n = F_{n-1} + F_{n-2}$ ($n \geqslant 2$) definiert.

[4] für $n \geqslant 1$ ($n \in \mathfrak{z}$)

Folge beginnt daher mit den Zahlen 1, 1, 2, 3, 5, 8, 13, 21, 34, 55, 89, 144, 233, 377, 610, ... In der Theorie der Kettenbrüche wird gezeigt, daß die Quotienten $\dfrac{F_n}{F_{n-1}}$ Näherungsbrüche des unendlichen

Kettenbruchs $[1;\ 1,\ 1,\ \dots] = 1 + \dfrac{1}{1 + \dfrac{1}{1 + \ddots}} = \alpha = 1 + \dfrac{1}{\alpha}$ sind,

wobei für α die Beziehung $\alpha^2 - \alpha - 1 = 0$ gilt bzw. α der Gleichung $x^2 - x - 1 = 0$ genügt. Die Lösungen dieser Gleichung sind bekanntlich $\dfrac{1 \pm \sqrt{5}}{2}$. Da $\dfrac{F_n}{F_{n-1}}$ gegen $\dfrac{1 + \sqrt{5}}{2}$ strebt, liegt der Ansatz [1]

(3_1) 　　　(3_1) $F_n = \dfrac{a_1^n - a_2^n}{\sqrt{5}}$ (a_1 und a_2 sind die Lösungen $\dfrac{1 \pm \sqrt{5}}{2}$ der

Gleichung $x^2 - x - 1 = 0$) nahe. Dabei ist $a_\nu^2 - a_\nu - 1 = 0$,

$$a_\nu + \frac{1}{a_\nu} = \frac{a_\nu^2 + 1}{a_\nu} = \frac{a_\nu + 2}{a_\nu} = \frac{5 \pm \sqrt{5}}{2} \cdot \frac{2}{1 \pm \sqrt{5}} = \frac{\sqrt{5}\,(\sqrt{5} \pm 1)}{(1 \pm \sqrt{5})} =$$

$$\begin{cases} \sqrt{5} & (\nu = 1) \\ -\sqrt{5} & (\nu = 2) \end{cases} ;\ a_1 \cdot a_2 = -1;\ a_1 + a_2 = 1.$$ Mit Hilfe dieser Formeln läßt

sich (3_1) leicht bestätigen [2]. Es ist (I.A.) $F_{k-1} + F_{k-2} =$

$$\frac{a_1^{k-1} - a_2^{k-1}}{\sqrt{5}} + \frac{a_1^{k-2} - a_2^{k-2}}{\sqrt{5}} = \frac{1}{\sqrt{5}}\,(a_1^{k-2}\,(a_1 + 1) - a_2^{k-2}(a_2 + 1))$$

(3_2) 　　　$\overset{\text{s.e. [3]}}{=} \dfrac{1}{\sqrt{5}}\,(a_1^k - a_2^k) = F_k.$ q.e.d. Weiter gilt (3_2)

$F_{n+1}^2 - F_{n+1}\,F_n - F_n^2 = (-1)^n$, denn die linke Seite von (3_2) ist p.d.

gleich $\dfrac{(a_1^{n+1} - a_2^{n+1})^2}{5} - \dfrac{(a_1^{n+1} - a_2^{n+1})\,(a_1^n - a_2^n)}{5} -$

$$\frac{(a_1^n - a_2^n)^2}{5} = \frac{1}{5} \cdot (a_1^{2n+2} - 2(a_1 a_2)^{n+1} + a_2^{2n+2} - a_1^{2n+1} - a_2^{2n+1} +$$

$$a_1^{n+1} \cdot a_2^n + a_1^n \cdot a_2^{n+1} - a_1^{2n} + 2(a_1 a_2)^n - a_2^{2n}) =$$

$$\frac{1}{5}\,(a_1^{2n}(a_1^2 - a_1 - 1) + a_2^{2n}(a_2^2 - a_2 - 1) +$$

$$(a_1 a_2)^n\,(2 + a_2 - 2a_1 a_2 + a_1))\ \overset{\text{s.e. [3]}}{=}$$

$$\frac{1}{5}\,(a_1^{2n} \cdot 0 + a_2^{2n} \cdot 0 + (-1)^n\,(3 - 2(-1))) = (-1)^n.$$ q.e.d.

Weiter gilt für $F_1 + F_2 = 2 = F_4 - 1$, $F_1 + F_2 + F_3 = 4 = F_5 - 1$

---

[1] Er läßt sich in der Theorie der Kettenbrüche sofort motivieren.
[2] Für $n = 1$, $n = 2$ ist (3_1) trivialerweise erfüllt.
[3] gemeint sind die Formeln nach (3_1)

und aus (I.A.) $\sum\limits_{\nu=1}^{k} F_\nu = F_{k+2} - 1$ folgt $\sum\limits_{\nu=1}^{k+1} F_\nu = F_{k+2} + F_{k+1} - 1 =$

(3_3) $F_{k+3} - 1$. Damit gilt für alle n $\sum\limits_{\nu=1}^{n} F_\nu = F_{n+2} - 1$ (3_3).

Da $F_1^2 + F_2^2 = 2 = F_2 \cdot F_3$, $F_1^2 + F_2^2 + F_3^2 = 6 = F_3 \cdot F_4$, so können

wir (I.A.) $\sum\limits_{\nu=1}^{k} F_\nu^2 = F_k F_{k+1}$ setzen; durch Addition von F_{k+1}^2

ergibt sich $\sum\limits_{\nu=1}^{k+1} F_\nu^2 = F_k F_{k+1} + F_{k+1}^2 = F_{k+1}(F_k + F_{k+1}) \overset{p.d.}{=}$

(3_4) $F_{k+1} F_{k+2}$ und es gilt für alle n (3_4) $\sum\limits_{\nu=1}^{n} F_\nu^2 = F_n F_{n+1}$.

Aus (3_2) folgt durch Multiplikation mit (-1) die Beziehung

$F_n^2 + F_n F_{n+1} - F_{n+1}^2 = (-1)^{n+1} = F_n^2 - F_{n+1}(F_{n+1} - F_n) \overset{p.d.}{=}$

(3_5) $(F_n^2 - F_{n+1}F_{n-1})$ oder (3_5) $(-1)^{n+1} = F_n^2 - F_{n+1}F_{n-1} =$

Übg.(59.) $(-1)(F_{n-1}^2 - F_n F_{n-2})$. Durch vollständige Induktion (Übung !)

(3_6) können die Formeln (3_6) $\sum\limits_{\nu=1}^{n} F_{2\nu-1} = F_{2n}$, $\sum\limits_{\nu=1}^{n} F_{2\nu} = F_{2n+1} - 1$

bewiesen werden. Die Zahlen des Fibonacci F_ν, F_μ, F_λ mit

$\nu > \mu > \lambda$ können wegen ihrer Definition nie die Längen der Seiten

eines Dreiecks sein, da $F_\nu = F_{\nu-1} + F_{\nu-2} \geqslant F_\mu + F_\lambda$ der Dreiecksun-

gleichung [1] widerspricht. Durch iterierte Anwendung der definito-

Übg.(60.) rischen Formel $F_n = F_{n-1} + F_{n-2}$ ergeben sich (Übung !) die Kon-

(3_7) gruenzen (3_7) $F_{3k} \equiv 0(2)$, $F_{4k} \equiv 0(3)$, $F_{5k} \equiv 0(5)$, $F_{15k} \equiv 0(10)$

(3_8) $(k = 1, 2, \ldots)$. Schließlich beweisen wir die Formeln (3_8)

$F_n^2 + F_{n+1}^2 = F_{2n+1}$, $(F_n F_{n+3})^2 + (2F_{n+1} F_{n+2})^2 = F_{2n+3}^2$ und fassen

(III_{31}) die Aussagen (3_1) bis (3_8) in (III_{31}) zusammen. Wegen (3_1) ist zu-

nächst $F_n^2 + F_{n+1}^2 = \frac{1}{5}((a_1^n - a_2^n)^2 + (a_1^{n+1} - a_2^{n+1})^2) =$

$\frac{1}{5}(a_1^{2n} + a_2^{2n} - 2(a_1 a_2)^n + a_1^{2n+2} + a_2^{2n+2} - 2(a_1 a_2)^{n+1}) =$

$\frac{1}{5}(a_1^{2n+1}(a_1 + \frac{1}{a_1}) + a_2^{2n+1}(a_2 + \frac{1}{a_2}) - 2(a_1 a_2)^n(1 + a_1 a_2)) \overset{s.e.}{=}$ [2]

$\frac{1}{5}(a_1^{2n+1}\sqrt{5} - a_2^{2n+1}\sqrt{5}) \overset{p.d.}{=} F_{2n+1}$ [3]. Damit aber folgt

---

[1] in Abschnitt 1.1.

[2] Gemeint sind die Formeln nach (3_1).

[3] woraus mit (3_4) z.B. die Beziehung $F_{n+1} F_{n+2} - F_n F_{n-1} = F_{2n+1}$
   folgt. Weitere solche Gleichungen lassen sich leicht finden.

$$(F_n F_{n+3})^2 \overset{\text{p.d.}}{=} F_n^2(F_{n+2} + F_{n+1})^2 \overset{\text{p.d.}}{=} (F_{n+2} - F_{n+1})^2 (F_{n+2} + F_{n+1})^2 =$$

$$(F_{n+2}^2 - F_{n+1}^2)^2 = F_{n+2}^4 - 2F_{n+2}^2 F_{n+1}^2 + F_{n+1}^4 \quad \text{oder}$$

$$(F_n F_{n+3})^2 + (2F_{n+1} F_{n+2})^2 = F_{n+2}^4 + 2 F_{n+2}^2 F_{n+1}^2 + F_{n+1}^4 =$$

$$(F_{n+2}^2 + F_{n+1}^2)^2 \overset{\text{s.e.}}{=} F_{2n+3}^2 . \quad \text{q.e.d.} \quad \text{Der Beweis der Gleichungen}$$

$$(F_n, F_{n+1}) = 1 \quad \text{und} \quad F_{n+2} = \sum_{k=0}^{\left[\frac{n+1}{2}\right]} \binom{n-k+1}{k}^{1)} \quad \text{wird dem Leser (Übung !)}$$

Übg.(61.) empfohlen.

Eine "Maschine zur Bildung von Quadratzahlen" läßt sich durch wieder-
holtes Einfügen der Ziffern (1, 5) in das Ziffernpaar (1, 6) gewinnen,
denn über die Summenformel der geometrischen Reihe bestätigen wir
Übg.(62.) (Übung !), daß die Folge der Zahlen 16, 1156, 111556, 11115556, ...
aus Quadratzahlen besteht. Gibt es neben den genannten Ziffernpaaren
((1, 5), (1, 6)) noch weitere Paare dieser Eigenschaften ?

Suchen wir die dreistelligen Zahlen $n = z_2 \, 10^2 + z_1 \, 10 + z_0$, deren
Quadrat wieder mit der Zifferngruppe $(z_2 z_1 z_0)$ endet, so ist notwendig
$n^2 - n \equiv 0(1000)$. Wegen $n^2 - n = n(n-1)$ und $n \cup (n-1)$ muß die gerade
Zahl dieses Paares durch 8, die ungerade durch 125 teilbar sein, da
echte Teiler von 125 (5, 25) nicht gleichzeitig in n und (n-1) auftreten können. Außerdem ist sicher 125 kein Teiler der geraden Zahl,
da $8 \cdot 125 = 1000 > n > n-1$, ungerade Vielfache von 125 gibt es unterhalb 1000 genau vier (125, 375, 625, 875), deren Nachbarn sind
(124, 126), (374, 376), (624, 626), (874, 876). Hier treten als Vielfache von 8 nur 376 und 624 auf. Damit existieren als dreistellige
Zahlen, deren Quadrat jeweils wieder mit derselben Zifferngruppe endet,
nur $n = 376$ und $n = 625$. Da weiter $n^k - n = n(n^{k-1} - 1) =$
$n(n-1)(n^{k-2} + n^{k-3} + \dots + n+1) \equiv 0(1000)$ (wenn $n^2 - n \equiv 0(1000)$),
(4) so gilt (4): Es gibt nur zwei dreistellige Zahlen n, nämlich 376
und 625, deren sämtliche Potenzen $n^2, n^3 \dots$ auf die gleiche Zifferngruppe endet wie n. Diese und die nächsten drei Aussagen werden oft
zur Unterhaltungsmathematik gezählt, aber welche mathematische
Überlegung wäre nicht unterhaltsam ?

Wir betrachten vier Ziffern z_0, z_1, z_2, z_3, die nicht alle
gleich sein sollen [2], und bilden aus diesen die größte (M)
und kleinste (m) Zahl [3], darauf $d_1 = M - m$.
Ist p.d. $z_3 \geqslant z_2 \geqslant z_1 \geqslant z_0$ und n.V. $z_3 > z_0$, so ist [3]

---

[1] Diese Beziehung gehört in die sog. "elementare Kombinatorik".

[2] Für $z_0 = z_1 = z_2 = z_3$ bleibt unser Problem trivial.

[3] Es handelt sich um dekadische Zahlen bzw. Ziffern.

$M = z_3 \cdot 10^3 + z_2 \cdot 10^2 + z_1 \cdot 10 + z_0$, $m = z_0 \cdot 10^3 + z_1 \cdot 10^2 + z_2 \cdot 10^1 + z_3$ [1].

Falls $z_1 = z_2$ wird $d_1 = (z_0 + 10 - z_3) + 9 \cdot 10 + 9 \cdot 10^2 +$

$(z_3 - 1 - z_0) \cdot 10^3$; falls $z_1 < z_2$ gilt $d_1 = (z_0 + 10 - z_3) +$

$(z_1 + 9 - z_2) \cdot 10 + (z_2 - 1 - z_1) \cdot 10^2 + (z_3 - z_0) \cdot 10^3$ [2]. Im ersten
Fall sind die beiden Mittelziffern gleich neun, die Randziffern
ergänzen sich zu neun; damit erhalten wir die fünf Möglichkeiten
d_1 = 9990, 8991, 7992, 6993, 5994, denn d_1 = 4995, ... führt für
die weitere Betrachtung nicht zu neuen Überlegungen. Für die genannten
d_1 sind jeweils Maxima (M) 9990, 9981, 9972, 9963, 9954 entsprechend
Minima (m) 999, 1899, 2799, 3699, 4599. Wird unser Verfahren iteriert,
so entsteht 9990 - 999 = 8991, wofür M = 9981, m = 1899, während bei
den restlichen Fällen in M der Faktor von 10^2 größer als der von 10^1
ist $(z_1 < z_2)$. Damit ergänzen sich (s.o.) die Mittelziffern zu acht,
die Randziffern zu zehn. Wir erhalten so für die möglichen Differenzen -
wobei die beiden Mittelziffern und die beiden Randziffern bereits der
Größe nach geordnet sind [3] - als Ergebnis: 9801, 9711, 9621, 9531,
<u>9441</u>, 8802, 8712, 8622, 8532, <u>8442</u>, 7803, 7713, 7623, 7533, <u>7443</u>,
6804, 6714, 6624, <u>6444</u>, <u>5805</u>, <u>5715</u>, <u>5625</u>, <u>5535</u>, 5445. Aus den unterstrichenen Zifferngruppen resultieren Differenzen des ersten Falles
$(z_1 = z_2)$, die auf bereits geschilderte Konstellationen führen und
damit nichts Neues ergeben. 6714 spielt eine Sonderrolle, da hier
M = 7641, m = 1467 und d_1 = 6174, also das Verfahren "konstant"
bleibt.

Übg.(63.) Eine einfache Rechnung zeigt (Übung !) weiter, daß die Gruppe 7641
stets erreicht wird, wobei nicht alle Fälle durchgerechnet werden
müssen. So ist z.B. 6566 - 5556 = 999, 9990 - 999 = 8991,
9981 - 1899 = 8082, 8802 - 288 = 8532, 8532 - 2358 = 6174 ;
6444 - 4446 = 1998 (s.e.) usf. bis 6174 ; 9661 - 1669 = 7992,
9972 - 2799 = 7173, 7731 - 1377 = 6354, 6543 - 3456 = 3087,
(5)   8730 - 378 = 8352 (s.e.) usf. bis 6174 . Es gilt (5): Wird aus vier
beliebigen Ziffern, die nicht alle gleich sind, die größte (M) bzw.
kleinste (m) Zahl gebildet und geschieht dies wieder mit den Ziffern
von d_1 = M - m, so führt nach spätestens sechs Schritten dieses Verfahren auf die Zifferngruppe 7, 6, 4, 1, die sich reproduziert. Für
eine Gruppe von drei Ziffern $(z_2 \geqslant z_1 \geqslant z_0,\ z_2 > z_0)$ gilt eine

Übg.(64.) analoge Aussage (Übung !).

---

[1] Falls z_0 = 0 wird m höchstens dreistellig.
[2] Nach Abschnitt 1.2. sind die d_1 Vielfache von neun.
[3] Die größere Ziffer ist jeweils links der kleineren bzw. gleichen
    plaziert.

In Abschnitt 1.2. sahen wir, daß die Iteration der Quersummenbildung auf den Neunerrest einer Zahl führt. Ist $N = \sum_{\nu=0}^{n} z_{\nu} 10^{\nu}$ $(z_{\nu} \in \mathbb{Z}$, $1 \leqslant z_n \leqslant 9$, $0 \leqslant z_{\nu} \leqslant 9$, $(\nu = 0, \ldots, n-1))$, so definieren wir als Quersumme k-ter Ordnung $\sum_{\nu=0}^{n} z_{\nu}^{k}$, deren Iteration für $k = 2$ wir etwas näher untersuchen wollen [1]. P.d. ist $\sum_{\nu=0}^{n} z_{\nu}^{2} \leqslant (n+1) \cdot 81$.

Wir gehen von $N < 10^9$ aus (da i.a. nicht mit mehrstelligen Zahlen gerechnet wird [2]) und erhalten $\sum_{\nu=0}^{8} z_{\nu}^{2} \leqslant 9 \cdot 81 = 729$. Damit führt bereits die erste Quersumme 2. Ordnung auf eine dreistellige Zahl.

Unterhalb 729 hat 699 die größte Quersumme 2. Ordnung , nämlich 198 $(= 6^2 + 9^2 + 9^2)$, Iteration ergibt 146. Damit brauchen wir nur noch Quersummen 2. Ordnung für Zahlen N_1 mit $N_1 \leqslant 146$ betrachten. Für eine dreistellige Zahl $1 \cdot 10^2 + z_1 \cdot 10 + z_0 = N_1$ gilt aber weiter

$N_1 = 1 \cdot 10^2 + z_1 \cdot (10 - z_1 + z_1) + z_0 = 10^2 + z_1^2 + z_1(10 - z_1) + z_0 =$

$1 + 99 + z_1^2 + z_0 + z_1 \cdot (10 - z_1) =$

$1^2 + z_1^2 + 9^2 + 18 + z_0 + z_1(10 - z_1)$ [3] $> 1^2 + z_1^2 + z_0^2 + 27$ [4].

Nach spätestens fünf Iterationen der Quersumme 2. Ordnung ist somit eine zweistellige Zahl erreicht, deren entsprechende Quersumme wir systematisch durchmustern. Dabei wird uns helfen, daß sich einige Zahlen der Form $(4k+1)$ auf verschiedene Arten als Summe zweier Quadrate schreiben lassen. Die zweistelligen Zahlen 10, 01, 68, 86 werden durch unser Verfahren auf 1 bzw. 100, also wieder auf 1 geführt; 28 Bzw. 82 ergibt 68, also wieder 1, ebenso 19, 91. Für 89 und 98 erhalten wir $8^2 + 9^2 = 145$, $1^2 + 4^2 + 5^2 = 42$, $4^2 + 2^2 = 20$, $2^2 = 4$, $4^2 = 16$, $1^2 + 6^2 = 37$, $3^2 + 7^2 = 58$, $5^2 + 8^2 = 89$. Führt also unser Verfahren auf einen der Werte 145, 89, 58, 37, 20, 16, 4, 2, so kommen wir durch entsprechende Iteration stets zu 89. Die Mehrzahl der N_2, mit $1 \leqslant N_2 \leqslant 100$ $(N_2 \in \mathbb{Z})$, wird daher durch die geschilderte Methode auf 89 geführt, während die restlichen Exemplare der N_2 zum Ergebnis 1 führen (Übung !).

Übg.(65.)

---

[1] Für $k = 3$ und $k = 4$ lassen sich ähnliche Überlegungen durchführen.

[2] Für $N > 10^9$ sind die Überlegungen einfach zu übertragen bzw. zu variieren.

[3] $z_0^2 \leqslant 81 = 9^2$

[4] für $z_0 = 9$, sonst steht statt 27 ein n $(n \in \mathbb{N})$ mit $n > 27$

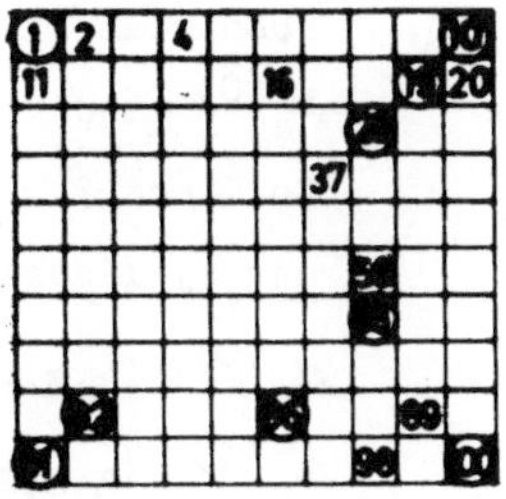

Bild 11

Hierzu legen wir uns zweckmäßig das quadratische Feld aus Bild 11 an, das wir mit den bereits behandelten Zahlen ausfüllen. Dabei bedeutet ⓐ, daß unser Verfahren für a auf 1 führt, während $\boxed{b}$ das Ergebnis 89 bringt. Damit gilt die Aussage (6): Durch Iteration der Quersumme

(6)

2. Ordnung einer natürlichen Zahl N $(N < 10^9)$ läßt sich nach spätestens elf Schritten 1 oder 89 als Ergebnis erreichen.

Eine ganz andere Art der Reduktion wird in einer Folge nicht negativer ganzer Zahlen $(g_1, g_2, \ldots, g_k)$ durch die Bildung der Folge

$(|g_1 - g_2|, |g_2 - g_3|, \ldots, |g_{k-1} - g_k|, |g_k - g_1|)$ erzeugt. Hier können die Glieder der Folge zyklisch vertauscht werden (statt $(g_1, \ldots, g_k)$ wird $(g_l, g_{l+1}, \ldots, g_k, g_1, \ldots, g_{l-1})$ betrachtet), da es bei der Bildungsvorschrift nur auf die Nachbarschaft der Elemente ankommt. Wieder fragen wir, wohin die Iteration dieses Verfahrens führt. Mit $k = 3$ und $g_1 = 4$, $g_2 = 4$, $g_3 = 7$ erhalten wir (0, 3, 3), dann (3, 0, 3) und (3, 3, 0), schließlich wieder (0, 3, 3). Da es auf zyklische Vertauschungen nicht ankommt, bleibt demnach die Folge (0, 3, 3) invariant. Für $k = 4$ betrachten wir die beiden Folgen (1, 2, 25, 11) und (1, 4, 7, 13); hier entstehen sukzessive: (1, 23, 14, 10) und (3, 3, 6, 12), (22, 9, 4, 9) und (0, 3, 6, 9), (13, 5, 5, 13) und (3, 3, 3, 9), (8, 0, 8, 0) und (0, 0, 6, 6), (8, 8, 8, 8) und (0, 6, 0, 6), (0, 0, 0, 0) und (6, 6, 6, 6), (0, 0, 0, 0) und (0, 0, 0, 0). Nach endlich vielen Iterationen erhielten wir so in beiden Fällen Folgen, deren sämtliche Elemente gleich Null sind. Allgemein gilt die Aussage (7): Sind vier [1] nicht negative ganze Zahlen (g_1, g_2, g_3, g_4) beliebig vorgegeben, so entsteht nach endlich vielen Iterationen der Bildung $(|g_1 - g_2|, |g_2 - g_3|, |g_3 - g_4|, |g_4 - g_1|)$ stets die Konstellation (0, 0, 0, 0). Zum Beweis von (7) bezeichnen wir mit $\triangle_4^{(0)}$ die Folge (g_1, g_2, g_3, g_4) und mit $\triangle_4^{(k)}$ $(k = 1, 2, \ldots)$ die Folge der

(7)

---

[1] Für $k = 2^l$ $(l = 3, 4, 5, \ldots)$ läßt sich das angegebene Beweisverfahren modifizieren, worauf hier nicht eingegangen werden soll.

absoluten Differenzen bzw. deren Iterationen. Von den Zahlen in $\Delta_4^{(0)}$ sind vier, drei oder zwei oder ist eine oder keine kongruent Null mod 2. Steht "g" für "gerade", "u" für "ungerade", so sind wegen der zyklischen Vertauschung sechs Fälle für $\Delta_4^{(0)}$ möglich:

$\Delta_4^{(0)}$: $(g,g,g,g),(g,g,g,u),(g,g,u,u),(g,u,g,u),(g,u,u,u),(u,u,u,u)$

$\Delta_4^{(1)}$: $(g,g,g,g),(g,g,u,u),(g,u,g,u),(u,u,u,u),(u,g,g,u),(g,g,g,g)$

$\Delta_4^{(2)}$: $(g,g,g,g),(g,u,g,u),(u,u,u,u),(g,g,g,g),(u,g,u,g),(g,g,g,g)$

$\Delta_4^{(3)}$: $(g,g,g,g),(u,u,u,u),(g,g,g,g),(g,g,g,g),(u,u,u,u),(g,g,g,g)$

$\Delta_4^{(4)}$: $(g,g,g,g),(g,g,g,g),(g,g,g,g),(g,g,g,g),(g,g,g,g),(g,g,g,g)$.

Demnach besteht spätestens $\Delta_4^{(4)}$ aus vier geraden Zahlen $(2g_1',$ $2g_2',$ $2g_3',$ $2g_4')$ und $(g_1',$ $g_2',$ $g_3',$ $g_4')$ ist eine der sechs Möglichkeiten, von denen wir in $\Delta_4^{(0)}$ ausgingen. Mit $(g_1',$ $g_2',$ $g_3',$ $g_4')$ geschieht nun dasselbe wie eben, spätestens in $\Delta_4^{(8)}$ stehen wieder vier ganze Zahlen, die durch zwei teilbar sind. Da der Faktor 2 in $\Delta_4^{(4)}$ "in der Rechnung bleibt", sind demnach die Elemente von $\Delta_4^{(8)}$ sicher durch $2^2 = 4$ teilbar. Entsprechend ist jedes Glied von $\Delta_4^{(12)} = \Delta_4^{(3\cdot4)}$ durch $2^3 = 8$ teilbar und allgemein (vollständige Induktion) enthält $\Delta_4^{(k\cdot4)}$ nur Elemente, die durch 2^k teilbar sind. Da bei unserem Verfahren die Elemente keinesfalls größer werden [1] bzw. das Maximum der Elemente einer Folge sich nicht vergrößert [1], die Elemente nicht negative ganze Zahlen bleiben, so besteht spätestens $\Delta_4^{(4K)}$ aus lauter Nullen, wenn sämtliche g_ν aus $\Delta_4^{(0)}$ der Ungleichung $x < 2^K$ genügen. Ein solches K $(K \in \mathcal{N})$ gibt es immer; oft wird – wie unsere Beispiele zeigen – bereits eine Differenzenfolge mit kleinerem Index die gewünschte Gestalt besitzen.

(III_{32}) Die Aussagen (4) bis (7) bilden den Satz (III_{32}).

Bevor wir uns – wie schon in Abschnitt 1.3. angekündigt – dem großen Fermatschen Satz zuwenden, sei auf eine Figur verwiesen, die schon Leibniz gekannt hat und in der sich sehr eindrucksvoll t/n $(n \in \mathcal{N},$ $t \in \mathcal{N})$ und $\sigma_0(n)$ darstellen (Bild 12).

---

[1] I.a. werden sie kleiner beim Übergang von $\Delta_4^{(\nu)}$ auf $\Delta_4^{(\nu+1)}$, nur für $g_k = 0$ wird $|g_{k-1} - g_k| = g_{k-1}$, $|g_k - g_{k+1}| = g_{k+1}$; das Maximum wird keinesfalls größer.

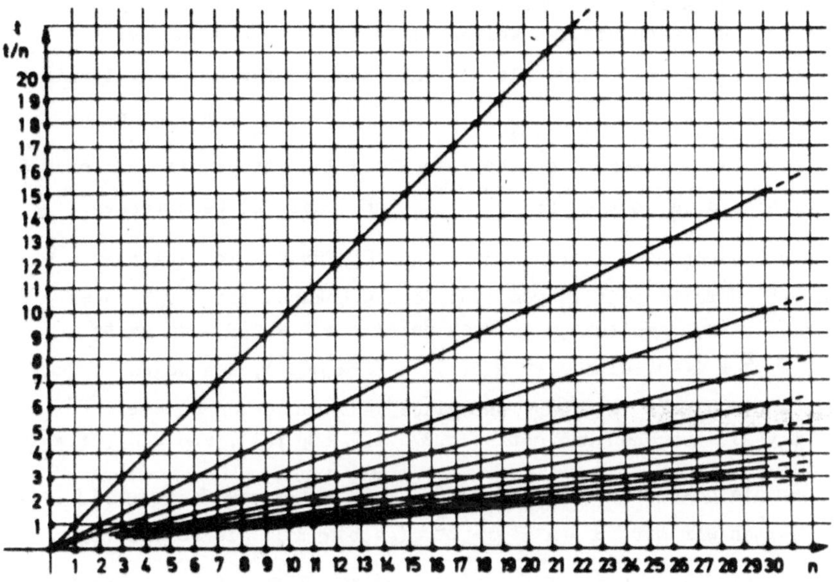

Bild 12

Der "große Fermatsche Satz" (GFS) beschäftigt seit 300 Jahren Laien
und Mathematiker [1]. Nach diesem Satz gibt es für $n > 2$ $(n \in \mathfrak{N})$
keine paarweise teilerfremde natürliche Zahlen x, y, z derart, daß
$x^n + y^n = z^n$ (GFS).

Dieser Satz ist für die Entwicklung der Zahlentheorie vor allem
deshalb bedeutsam, weil Mathematiker, die sich um eine Lösung ver-
geblich bemühten, oft neue Gebiete der Zahlentheorie erschlossen [2].
In neuerer Zeit haben verschiedene Forscher - vor allem russische -
gezeigt, daß die oben erwähnte Beziehung höchstens für sehr große
Werte von n richtig sein kann. Fermat behauptet in einer Marginalie
an einer Diophantausgabe, er habe einen sehr eleganten Beweis, es
fehle ihm aber an Papier, diesen aufzuschreiben. Wir können heute
mit einiger Sicherheit annehmen, daß er sich geirrt hat. Dagegen
kannte Fermat einen Beweis für $n = 4$ [3], die Fälle $n = 3$ bzw. $n = 5$
behandelten erstmals Euler bzw. Gauß und Legendre mit Erfolg.

Im wesentlichen wurden dabei gewisse Integritätsbereiche benutzt, die
eine Erweiterung von $\mathfrak{Z}^*$ darstellen. In (GFS) können wir zunächst
$(x,y) = (y,z) = (z,x) = 1$ annehmen, da $(p/x,\ p/y) \Rightarrow$
(p/z), $(p/y,\ p/z) \Rightarrow (p/x)$, $(p/x,\ p/z) \Rightarrow (p/y)$ und wir uns gemein-

---

[1] Früher war ein Preis für seine Lösung ausgesetzt, der heute ent-
wertet ist.

[2] Hier ist vor allem Kummer (s. Abschnitt 2.1.) zu nennen.

[3] Beweis der Aussage (10)

same Primzahlfaktoren der drei Zahlen x, y, z aus $x^n + y^n = z^n$ herausgekürzt vorstellen wollen. Ist weiter $n = n_1 \cdot n_2$ mit

$1 < n_1 \leqslant n_2 < n-1$ und gilt die Unlösbarkeit für n_1, so gilt sie auch

für n, da aus $x^n + y^n = z^n$ sich $(x^{n_2})^{n_1} + (y^{n_2})^{n_1} = (z^{n_2})^{n_1}$ oder die Lösbarkeit für n_1 ergäbe. Der Unmöglichkeitsbeweis kann sich daher auf die Fälle $n = 4$ und $n = p$ (p ungerade PZ) beschränken.

Zunächst behandeln wir den Fall $n = 2$, für den in $x = 3$, $y = 4$, $z = 5$ bereits seit langem eine Lösung bekannt ist [1]. Wäre mit $(x,y) = (y,z) = (z,x) = 1$ auch noch $x \equiv y \equiv 1(2)$, so gälte $x^2 + y^2 \equiv 2(4)$, also $(z^2 \equiv 2(4)) \Rightarrow (z \equiv 0(2))$, was wegen $(z \equiv 0(2)) \Leftrightarrow (z^2 \equiv 0(4))$ unmöglich ist. Daher können wir von $x \not\equiv y(2)$ ausgehen und setzen o.B.d.A. $x \equiv 1(2)$, $y \equiv 0(2)$, $z \equiv 1(2)$.

Über die bekannte Formel $(\alpha + \beta)^2 - (\alpha - \beta)^2 = 4\alpha\beta$ $(\alpha > \beta, \{\beta,\alpha\} \subset \mathfrak{N})$
(8_1) erhalten wir mit $\alpha = a^2$, $\beta = b^2$ $(\{a,b\} \subset \mathfrak{N})$ die Formel (8_1)

$(a^2 - b^2)^2 + (2ab)^2 = (a^2 + b^2)^2$. Ist in (8_1) zusätzlich $(a,b) = 1$, $a > b$, $a \not\equiv b(2)$, so gilt $a^2 - b^2 \equiv a^2 + b^2 \equiv 1(2)$, $2ab \equiv 0(4)$, $ab \equiv 0(2)$, $((a^2 - b^2), (a^2 + b^2)) = ((a^2 - b^2), 2ab) = ((a^2 + b^2), 2ab) = 1$. Die letzte Gleichungskette beweist sich folgendermaßen: Wäre $p > 2$ ein gemeinsamer Primteiler, so folgte

$(p/2ab, p/(a^2 + b^2)) \Rightarrow (p/a^2 \text{ oder } p/b^2, p/(a^2 \pm b^2)) \overset{(I_5')}{\Rightarrow}$
$(p/(a \pm b)^2) \Rightarrow (p/(a \pm b)) \Rightarrow (p/a, \text{ wenn } p/b; \text{ oder } p/b, \text{ wenn } p/a)$, was zu $(a,b) \neq 1$ führte, c.i.p. bzw. $(p/(a^2 - b^2), p/(a^2 + b^2)) \overset{(I_5)}{\Rightarrow}$
$(p/a^2, p/b^2) \Rightarrow (a,b) \neq 1$. c.i.p.. Damit gelten die sogenannten
(8_2) "indischen" [2] Formeln der pythagoräischen Zahlen x,y,z [3]. (8_2) Mit

$x = a^2 - b^2$, $y = 2ab$, $z = a^2 + b^2$ und $a > b$, $a \not\equiv b(2)$, $(a,b) = 1$, $\{a,b\} \subset \mathfrak{N}$ sind x, y, z drei paarweise teilerfremde natürliche Zahlen, die $x^2 + y^2 = z^2$ genügen. Die Formeln (8_2) sind aber nicht nur hinreichend für solche paarweise teilerfremde pythagoräische Zahlen. Gilt nämlich für solche Zahlen $x^2 + y^2 = z^2$, also $y^2 = z^2 - x^2 = (z + x)(z - x)$ mit $z + x \equiv z - x \equiv 0(2)$, so resultiert daraus $(y \equiv 0(2)) \Leftrightarrow (y^2 = 4y'^2)$ also $y'^2 = (\frac{z + x}{2})(\frac{z - x}{2})$.

---

[1] Weitere Lösungen ergaben sich u.a. in Abschnitt 1.1.

[2] Sie waren wohl schon den Babyloniern bekannt (etwa in B.v.d. Waerden (geb. 1903): Erwachende Wissenschaft, Birkhäuser Verlag, Stuttgart).

[3] so benannt wegen des Zusammenhangs mit dem pythagoräischen Lehrsatz der elementaren Geometrie

Hier ist $\left(\frac{z+x}{2}, \frac{z-x}{2}\right) = 1$, da aus $p/\frac{z \pm x}{2}$ sich [1] p/x und

p/z ergäbe (c.i.p.). Daher sind $\frac{z+x}{2}$ und $\frac{z-x}{2}$ selbst Quadratzahlen.

$\frac{z+x}{2} = a^2$, $\frac{z-x}{2} = b^2$ mit $(a, b) = 1$, $a > b$, und wir erhalten

(9) $y = 2ab$, $z = a^2 + b^2$, $x = a^2 - b^2$. Wäre hier aber $a \equiv b \equiv 1(2)$, so entstünde $z \equiv x \equiv y \equiv 0(2)$ c.i.p.. Damit gilt die Aussage (9): Paarweise teilerfremde natürliche Zahlen x, y, z sind genau dann pythagoräisch [2], wenn mit $\{a, b\} \subset \mathfrak{N}$, $a > b$, $(a, b) = 1$, $a \not\equiv b(2)$ gilt $x = a^2 - b^2$, $y = 2ab$, $z = a^2 + b^2$.

Auf (8_2) führt auch die nachstehende Überlegung $(a + bi)^2 = \zeta^2 = a^2 - b^2 + 2abi$ $(a \in \mathfrak{Z}, b \in \mathfrak{Z})$, $N(\zeta^2) = N(\zeta)\,N(\zeta) = (a^2 + b^2)^2 \overset{p.d.}{=} (a^2 - b^2)^2 + (2ab)^2$. Über $\zeta^n = (a + bi)^n$, $N(\zeta^n) = (N(\zeta))^n = (a^2 + b^2)^n = N(\zeta^n) = N(A + Bi) = A^2 + B^2$ ergeben sich entsprechend Lösungen von $x^2 + y^2 = z^n$. Z.B. $(1 + 3i)^3 = 1 + 9i - 27 - 27i = -26 - 18i$, also $(1^2 + 3^2)^3 = 10^3 = 26^2 + 18^2$ oder $(1 - 2i)^3 = 1 - 6i - 12 + 8i = -11 + 2i$ also $(1^2 + 2^2)^3 = 5^3 = 11^2 + 2^2$.

(9_1) Allgemein gilt (9_1) $(a^2 + b^2)^n = N((a + ib)^n) =$

$N(a^n - \binom{n}{2}a^{n-2}b^2 + \binom{n}{4}a^{n-4}b^4 \mp \ldots + (\binom{n}{1}a^{n-1}b - \binom{n}{3} \cdot a^{n-3}b^3 \pm \ldots)i) =$

$N(A + Bi) = A^2 + B^2$.

(9_2) In einer anderen Richtung wird (9) durch (9_2) $(a^2 + b^2 - c^2)^2 + (2ac)^2 + (2bc)^2 = (a^2 + b^2 + c^2)^2$ $(a \in \mathfrak{N}, b \in \mathfrak{N}, c \in \mathfrak{N})$ erweitert.

Übg.(66.) Für $a = 2$, $b = 1$ wird aus (8_2) $x = 3$, $y = 4$, $z = 5$. Nun gilt:

$60 = 3 \cdot 4 \cdot 5$ ist stets Teiler von $(x \cdot y \cdot z)$, wenn $x^2 + y^2 = z^2$; außerdem ist von den drei pythagoräischen Zahlen x, y, z stets genau eine durch 3, genau eine durch 4 und genau eine durch 5 teilbar. Außerdem hängen die Fibonacci Zahlen über (3_8) eng mit den pythagoräischen Zahlen zusammen (wie ?) [3].

Übg.(67.) Manchmal werden als Formeln pythagoräische Zahlen $x = 4n^2 - 1$, $y = 4n$, $z = 4n^2 + 1$ $(n \in \mathfrak{N})$ bzw. $x = 2n + 1$, $y = 2n^2 + 2n$, $z = 2n^2 + 2n + 1$ $(n \in \mathfrak{N})$ angegeben. Wie entstehen diese Formeln aus (8_2) ?

Nach einer Methode von Fermat, die er "la methode de la descente infinie" nannte, werden wir jetzt zeigen, daß mit $(x, y) = (y, z) = (z, x) = 1$, $\{x, y, z\} \subset \mathfrak{N}$, nie $x^4 + y^4 = z^4$ gelten kann (10). Hier

(10)

---

[1] vermöge (I_5')

[2] genügen der Beziehung $x^2 + y^2 = z^2$

[3] Es ist Übg.(61.) zu beachten.

(10_1) beweisen wir die Unmöglichkeit der Beziehung (10_1) $x^4 + y^4 = z^2$.

Damit ist auch (10) bewiesen, denn aus der Lösbarkeit von (10) wäre auf die von (10_1) zu schließen. Die genannte Methode gestattet uns von einem Lösungstupel (x_ν, y_ν, z_ν) von (10_1) zu einem solchen mit kleinerem $z_{\nu-1}$ überzugehen. Da aber $z_\nu \in \mathfrak{N}$, also $z_\nu > 1$, ist dies "auf die Dauer" [1] ein Widerspruch. Um das Verfahren etwas abzukürzen, bezeichnen wir mit z_0 den kleinsten natürlichen Wert von z, für den (10_1) lösbar ist. Aus (10_1) wird mit $x_0^4 + y_0^4 = z_0^2$ über $x_0^2 = \xi$, $y_0^2 = \eta$, $z_0^2 = \xi^2 + \eta^2$ nach (9) $\xi = a^2 - b^2$, $\eta = 2ab$, $z_0 = a^2 + b^2$ ($\{a, b\} \subset \mathfrak{N}$, $(a, b) = 1$, $a > b$, $a \not\equiv b(2)$ [2]). Wäre hier $b \equiv 1(2)$, $a \equiv 0(2)$, so gälte $x_0^2 = \xi = 4a'^2 - 4b''^2 - 4b' - 1 \equiv 3(4)$ $(a = 2a', b = 2b' + 1)$, was aber $x_0^2 \equiv 0(4)$ $(x_0 \equiv 0(2))$ oder $x_0^2 \equiv 1(4)$ $(x_0 \equiv 1(2))$ widerspräche. Es ist also $b \equiv 0(2)$, $a \equiv 1(2)$, $a = 2a' + 1$, $b = 2b'$ oder $\eta = y_0^2 = 4b'(2a' + 1)$, wegen $(b, a) = (2b', 2a' + 1) \overset{\text{n.V.}}{=} 1$ ist $b' = B^2$, $a = 2a' + 1 = A^2$ mit $(b', a) = 1$, also $(B, A) = 1$. Das führt zu $x_0^2 = \xi = a^2 - b^2 =$

(10_2) $A^4 - (2B^2)^2$ oder (10_2) $x_0^2 + (2B^2)^2 = (A^2)^2$. P.c. ist $(2B^2, A^2) = (2B, A) = (B, A) = 1$. Wäre $(x_0, 2B^2) > 1$ oder $(x_0, A^2) > 1$, so gäbe es einen gemeinsamen Primfaktor p $(p > 2)$ von x_0 und B^2 resp. von x_0 und A^2, der n.V. $(\eta = 4A^2B^2)$ auch η teilt und mit $\xi = x_0^2$ auch ξ teilen würde; dies widerspricht $(\xi, \eta) = 1$. In (10_2) stehen mit x_0^2, $2B^2$, A^2 drei paarweise teilerfremde pythagoräische Zahlen, für die vermöge (9) gilt $x_0 = a_1^2 - b_1^2$, $2B^2 = 2a_1b_1$, $A^2 = a_1^2 + b_1^2$. Hier ist [3] $a_1 = A_1^2$, $b_1 = B_1^2$ $(A_1 \cup B_1)$; $A_1 > B_1$, $A_1 \not\equiv B_1 (2)$, $A_1 > B_1$ und damit $A^2 = A_1^4 + B_1^4$. In der letzten Gleichung ist aber neben $A_1 \cup B_1$ auch $A \cup A_1$, $A \cup B_1$, denn ein gemeinsamer Primfaktor p von A und A_1 bzw. von A und B_1 würde [4] auch B_1 bzw. A_1 teilen und damit $A_1 \cup B_1$ widersprechen. In $A^2 = A_1^4 + B_1^4$ steht

____

[1] la descente infinie

[2] Diese Voraussetzungen werden im folgenden Text, wo nötig, stets stillschweigend gemacht.

[3] nach Fußnote 2) auf Seite 305 und $B^2 = a_1 b_1$

[4] wegen der letzten Gleichung

aber $A \leqslant A^2 \leqslant A^4 = a^2 < a^2 + b^2 = z_0$; somit gäbe es ein Lösungstripel (A, A_1, B_1) von (10_1) mit kleinerem z. q.e.a.

Aus der Unlösbarkeit von $x^4 + y^4 = z^4$ und von $x^4 + y^4 = z^2$ folgt
sofort die Unlösbarkeit von $x^4 - y^4 = z^4$, da sonst doch
$x^4 = y^4 + z^4$ lösbar wäre. Analog zum Beweisgang von (10_1) läßt sich

(11)   auch (11): "$x^4 - y^4 = z^2$ ist mit $(x, y) = (y, z) = (z, x) = 1$,
$\{x, y, z\} \subset \mathfrak{N}$ nicht lösbar" verifizieren [1]. Hierzu sei (Antithese)
(x_0, y_0, z_0) das Lösungstripel von (11) mit kleinstem x_0 [2]. Wegen
$(x_0, y_0) = 1$ ist $x_0 \equiv y_0 \equiv 0(2)$ unmöglich. Wäre $x_0 \equiv 0(2)$,
$y_0 \equiv 1(2)$, so erhielten wir $x_0^2 \equiv 0(4)$, $y_0^2 \equiv 1(4)$, $x_0^4 - y_0^4 \equiv -1(4)$,
was aber $z_0^2 \not\equiv -1(4)$ widerspräche. Es bleiben die Möglichkeiten

$\alpha)$ $x_0 \equiv 1(2)$, $y_0 \equiv 0(2)$, $\beta)$ $x_0 \equiv y_0 \equiv 1(2)$. Im Falle $\alpha)$ ist
$x_0^4 = z_0^2 + y_0^4$, $(x_0^2)^2 = z_0^2 + (y_0^2)^2$ mit $x_0^2 = \zeta_0$, $y_0^2 = \eta_0$,
$z_0 = \xi_0$ und (n.V.) $(\xi_0, \eta_0) = (\eta_0, \zeta_0) = (\zeta_0, \xi_0) = 1$; nach (9)
erhalten wir $\zeta_0 = x_0^2 = a_1^2 + b_1^2$, $\eta_0 = 2a_1 b_1$, $\xi_0 = a_1^2 - b_1^2$, mit
$(x_0, a_1) = (x_0, b_1) = 1$, denn $(x_0, a_1) > 1$ oder $(x_0, b_1) > 1$,
würde $(\zeta_0, \eta_0) = 1$ widersprechen. Wegen $\zeta_0 = x_0^2 = a_1^2 + b_1^2$
haben wir in (x_0, a_1, b_1) ein neues Tripel, auf das (9) angewandt
werden kann. Es sind zwei Fälle möglich: $\alpha a)$ $b_1 \equiv 0(2)$, $a_1 \equiv 1(2)$;
$\alpha b)$ $b_1 \equiv 1(2)$, $a_1 \equiv 0(2)$. Gilt $\alpha a)$, so entnehmen wir (9):
$x_0 = a_2^2 + b_2^2$, $b_1 = 2a_2 b_2$, $a_1 = a_2^2 - b_2^2$. Damit wird $y_0^2 = \eta_0 =$
$2a_1 b_1 = 4a_2 b_2 (a_2^2 - b_2^2) = 4a_2 b_2 (a_2 + b_2)(a_2 - b_2)$ und aus (I_5')
resultiert [3] $(a_2, b_2) = (a_2, a_2 + b_2) = (a_2, a_2 - b_2) = 1$. Wegen
$y_0^2 = \ldots$ ist also $a_2 = a_3^2$, $b_2 = b_3^2$ mit $(a_3, b_3) = 1$ und
$(a_2 + b_2)(a_2 - b_2) = a_2^2 - b_2^2 = c^2$ mit $(c_1, a_2) = (c, b_2) = 1$ [3].
Statt $a_2^2 - b_2^2 = c^2$ können wir daher $a_3^4 - b_3^4 = c^2$ schreiben;
hier ist $a_3 \leqslant a_3^2 = a_2 \leqslant a_2^2 < a_2^2 + b_2^2 = x_0$ (descente infinie).
q.e.a.

---

[1] Trivial ist die "Lösung" $x = y$, $z = 0$.

[2] Die Bezeichnungen dieses Beweises stehen für andere Größen als beim
Beweis von (10_1). I.a. stehen Bezeichnungen bei verschiedenen Beweisen auch für verschiedene Größen.

[3] durch indirekten Beweis

Der Fall αa) ist demnach nicht möglich. Gilt αb), so folgt aus (9) in

$$x_0^2 = a_1^2 + b_1^2, \quad a_1 = 2a_2b_2, \quad b_1 = a_2^2 - b_2^2, \quad x_0 = a_2^2 + b_2^2 \quad \text{und über}$$

$$y_0^2 = \eta_0 = 2a_1b_1 = 4a_2b_2 \, (a_2^2 - b_2^2) \quad \text{verläuft der indirekte Beweis}$$

völlig analog.

In (11) ist folglich der Fall α) unmöglich; es bleibt β)

$x_0 \equiv y_0 \equiv 1(2)$ übrig. Wegen (11) ist $z_0 \equiv 0(2)$ und über

$$x_0^4 = z_0^2 + y_0^4 \quad \text{erhalten wir mit} \quad x_0^2 = \zeta_0, \; y_0^2 = \xi_0, \; z_0 = \eta_0 \quad \text{nach}$$

(9) wieder $x_0^2 = \zeta_0 = a_1^2 + b_1^2$, $\eta_0 = z_0 = 2a_1b_1$, $\xi_0 = y_0^2 =$

(11_1) $a_1^2 - b_1^2$. Es gilt aber außerdem (11_1) $(x_0y_0)^2 = \zeta_0 \cdot \xi_0 =$

$a_1^4 - b_1^4$, mit $a_1 \equiv 1(2)$, $b_1 \equiv 0(2)$, da $a_1 \not\equiv b_1(2)$ und $a_1 \equiv 0(2)$,

$b_1 \equiv 1(2)$ zu $a_1^4 - b_1^4 \equiv -1(4) \not\equiv (x_0y_0)^2$ (s.o.) führen würden.

In (11_1) sind (x_0y_0), a_1, b_1 paarweise relativ prim, da n.V.

$a_1 \cup b_1$ und aus $(x_0y_0, a_1) \neq 1$ ein gemeinsamer Primteiler von ξ_0

und η_0 (also von y_0 und z_0) oder von ζ_0 und η_0 (also von x_0 und z_0)

resultieren würde; analog folgt auch $(x_0y_0, b_1) = 1$. In (11_1) hätten

wir somit eine Beziehung erhalten, die genau dem Falle α) entspricht

und - wie wir bereits gezeigt haben - nicht möglich ist. Damit ist

(11) vollständig bewiesen.

Über (9), (10) und (11) lassen sich nun verhältnismäßig einfach

(12)   weitere ähnliche Aussagen beweisen. Es gilt (12) $x^4 + 4y^4 = z^2$

(also auch $x^4 + 4y^4 = z^4$) ist mit $(x, y) = (y, z) = (z, x) = 1$,

$(x, y, z$ aus $\mathfrak{N})$ nicht lösbar. Die Antithese führte nämlich zu

$(x^2)^2 + (2y^2)^2 = z^2$ und über (9) zu $x^2 = a_1^2 - b_1^2$, $y^2 = a_1b_1$,

$z = a_1^2 + b_1^2$. Wegen $y^2 = a_1b_1$ wäre $a_1 = a_2^2$, $b_1 = b^2$ oder

$x^2 = a_2^4 - b_2^4$. In dieser Gleichung ist $(a_2, b_2) = (x, a_2) =$

$(x, b_2) = 1$, denn n.V. $a_2 \cup b_2$ und $(x, a_2) > 1$ bzw. $(x, b_2) > 1$

würde $(x, y) = 1$ widersprechen. $x^2 = a_2^4 - b_2^4$ steht aber im

Widerspruch zu (11). q.e.a.

(13)   Weiter gilt (13): Mit $(x, y) = (y, z) = (z, x) = 1$, $(x, y, z$ aus $\mathfrak{N})$

ist weder $x^4 - 4y^4 = z^2$ noch $4x^4 - y^4 = z^2$ lösbar. Damit sind

auch $x^4 - 4y^4 = z^4$ und $4x^4 - y^4 = z^4$ unlösbar, da deren Lösbarkeit

die der erstgenannten bedingen würden. Wieder beweisen wir indirekt.

Aus einer Lösung von $x^4 - 4y^4 = z^2$ folgte eine solche von

$$x^4 = z^2 + 4y^4 = z^2 + (2y^2)^2 \quad \text{mit (nach (9))} \quad x^2 = a_1^2 + b_1^2,$$

$2y^2 = 2a_1 b_1$, $z = a_1^2 - b_1^2$, also (s.o.) $a_1 = a_2^2$, $b_1 = b_2^2$ oder

$x^2 = a_2^4 + b_2^4$, was (10_1) widerspräche, da $(x, a_2) = (x, b_2) =$

$(a_2, b_2) = 1$ [1]. Wäre $4x^4 - y^4 = z^2$ lösbar, so müßte $y \equiv 0(2)$ sein,

da $y \equiv 1(2)$ auf $z^2 \equiv -1(4)$ (was unmöglich ist) führte. Mit

$y = 2y'$ wird aus $4x^4 - y^4 = z^2$ aber $4x^4 - 16y'^4 = z^2$, also ist

$z = 2z'$ und wir erhalten $x^4 - 4y'^4 = z^2$; diese Beziehung ist, wie

wir eben sahen, nicht möglich. Damit ist auch (13) vollständig bewiesen.

Übg.(68.) In ähnlicher Form kann auch (Übung !) die folgende Aussage (14)

(14)   bestätigt werden. Es ist $2(x^4 \pm y^4) = z^2$ und damit auch

$2(x^4 \pm y^4) = z^4$ mit $(x, y) = (y, z) = (z, x) = 1$, $\{x, y, z\} \subset \mathfrak{M}$

nicht lösbar [2].

Bereits Euler [3] hat dagegen zeigen können, daß die Gleichung

$x^4 - 2y^4 = z^2$ Lösungen (z.B. $x = 3$, $y = 2$, $z = 7$) - sogar unendlich

viele - besitzt.

Abschließend untersuchen wir noch den (GFS) für den Fall $n = 3$. Die

klassischen Beweise sind sehr umfangreich. Wir benutzen ein modernes

Beweisverfahren, das nicht nur weniger Raum benötigt sondern auch

die Aussage noch etwas erweitert. Dabei werden uns die Ergebnisse aus

Abschnitt 2.1. gute Dienste leisten. Wir betrachten den Bereich der

komplexen Zahlen $\xi = a + \varrho b$ ($a \in \mathfrak{Z}$, $b \in \mathfrak{Z}$, $\varrho = \varepsilon_1(3) =$

$\cos \frac{2\pi}{3} + i \sin \frac{2\pi}{3} = \frac{-1 + i\sqrt{3}}{2}$, $\varrho^2 = \varepsilon_2(3) = \cos \frac{4\pi}{3} + i \sin \frac{4\pi}{3} =$

$\frac{-1 - i\sqrt{3}}{2} = \bar{\varrho}$ mit $\varrho^2 + \varrho + 1 = 0$), und werden zeigen, daß diese

Zahlen einen euklidischen Integritätsbereich bilden. Wir benötigen Einheiten α des Bereiches mit $N(\alpha) = 1$ und Primzahlen π, die nur durch $\alpha\pi$

und α teilbar sind, mit $N(\pi) > 1$. Da $\xi \pm \xi'$ [4] $=$

$(a \pm a') + \varrho \cdot (b \pm b')$ $((a \pm a') \in \mathfrak{Z}$, $(b \pm b') \in \mathfrak{Z})$ und

$\xi \cdot \xi' = aa' + \varrho^2 bb' + \varrho(ab' + ba')$ [5] $= aa' - bb' + \varrho(ab' + ba' - bb')$

bildet der Bereich $\{\xi\}$ einen Ring nach Abschnitt 1.1.. P.d. ist

$N(\xi) = |\xi|^2 = (a + \varrho b)(a + \bar{\varrho} b)$ [6] $= (a + \varrho b)(a + \varrho^2 b) =$

$a^2 + \varrho^3 b^2 + ab \cdot (\varrho + \varrho^2)$ [5] [6] $\underset{=}{} a^2 - ab + b^2 = (a - \frac{b}{2})^2 + \frac{3b^2}{4}$. Damit

---

[1] $a_2 \cup b_2$ n.V., $(x, a_2) > 1$ oder $(x, b_2) > 1$ würde $(x, y) = 1$
widersprechen.

[2] von trivialen Lösungen $(x = y = 1$, $z = 2)$ abgesehen

[3] in seinem Werk: Vollständige Anleitung zur Algebra

[4] $\xi' = a' + \varrho b'$ $(a' \in \mathfrak{Z}$, $b' \in \mathfrak{Z})$

[5] $\varrho^2 = -(\varrho + 1)$

[6] $\varrho^3 = 1$, $\bar{\varrho} = \varrho^2$

gilt $(N(\xi) = 0) \Leftrightarrow (\xi = 0 + \varrho 0)$ und $N(\xi) = 1 = (a - \frac{b}{2})^2 + \frac{3}{4} b^2$

gilt dund, wenn $4 = 3b^2 + (2a - b)^2$. Die letzte Gleichung ist für $|b| > 1$ sicher nicht erfüllt. Damit muß für $\mathrm{N}(a + \varrho b) = 1$ sicher $b = 0$ oder $b = \pm 1$ gelten. $b = 0$ führt zu $a = \pm 1$; $b = \pm 1$ ergibt $1 = (2a \mp 1)^2$ oder $4a(a \mp 1) = 0$. $a = 0$ bedeutet $\xi = \pm \varrho$; aus $a = \pm 1$ resultiert $1 + \varrho$ bzw. $-1 - \varrho$. Damit erhalten wir als Einheiten des Ringes die Elemente $\pm 1, \pm \varrho, \pm \varrho^2$ [1] $(= \mp(1 + \varrho))$. Außerdem gilt $N(\xi \cdot \xi') = N(\xi) \cdot N(\xi')$, damit ist ξ mit $N(\xi) = p$ (p eine PZ aus $\mathfrak{N}$) sicher eine Primzahl aus $\mathscr{K}(\varrho)$, wie wir nun den betrachteten Ring nennen wollen.

Somit ist $\lambda = 1 - \varrho$ wegen $N(\lambda) = 1^2 + 1^2 - 1 \cdot (-1) = 3$ sicher ein solches π. Das ist der Hilfssatz 1. Wegen $3 = (1 - \varrho)(1 - \bar{\varrho}) = (1 - \varrho)(1 - \varrho^2)$ und $1 - \varrho^2 =$ [1] $2 + \varrho$, ferner $N(1 - \varrho) = 3$, $N(2 + \varrho) = 4 + 1 - 2 = 3$ ist dagegen 3 in $\mathscr{K}(\varrho)$ keine Primzahl. 2 ist dagegen auch in $\mathscr{K}(\varrho)$ eine Primzahl, denn wäre $2 = \xi_1 \cdot \xi_2$, also $N(2) = 4 = N(\xi_1) \cdot N(\xi_2)$, so müßte, da $N(\xi_\nu) \neq 1$ sein soll, mit $\xi = a_\nu + \varrho b_\nu$ p.d. $a_\nu^2 + b_\nu^2 - a_\nu b_\nu = 2$ bzw. $(2a_\nu - b_\nu)^2 + 3b_\nu^2 = 8$, $b_\nu = 0$ ist hier sinnlos, da $8 \neq g^2$ $(g \in \mathfrak{Z})$, und $|b_\nu| > 1$ ist ebenfalls sinnlos, da dann $3b_\nu^2 > 8$ wäre. Mit $b_\nu = \pm 1$ wird aber $(2a_\nu \mp 1)^2 = 5$, was wieder wegen $5 \neq g^2$ $(g \in \mathfrak{Z})$ unmöglich ist. Als Primzahlen in $\mathscr{K}(\varrho)$ kennen wir somit bereits 2, $\lambda = 1 - \varrho$, $\bar{\lambda} = 2 + \varrho$. Wegen $-\varrho^2 \lambda^2 = -\varrho^2(1 - \varrho)^2 = -\varrho^2(1 - 2\varrho + \varrho^2) = -\varrho^2 + 2\varrho^3 - \varrho^4 = -\varrho^2 - \varrho + 2 = 3$ gilt $-\varrho^2 \lambda^2 = 3$ und $\lambda^2 = -3\varrho$.

Diese beiden Gleichungen $(-\varrho^2 \lambda^2 = 3, \lambda^2 = -3\varrho)$ bilden den Hilfssatz 2. Mit $N(\lambda) = 3$ ist sicher ± 1 und ± 2 nicht durch λ teilbar, da $N(\pm 1) = 1$, $N(\pm 2) = 4$; damit liegen die Zahlen 0, ± 1 in verschiedenen Restklassen mod λ [2], denn ± 1, ± 2 ist nicht durch λ teilbar. Da (s.o.) $\lambda/3$ [2] und $a + \varrho b = a + b + \varrho b - b = a + b + b(-\lambda) \equiv$ [2] $a + b(\lambda)$, ferner $a + b \equiv 0(3)$ oder $a + b \equiv 1(3)$ oder $a + b \equiv -1(3)$, so zerfallen alle Elemente aus $\mathscr{K}(\varrho)$ mod λ in die Restklassen 0, $+1$, -1. Das ist der Hilfssatz 3.

Um den (II_{11}) entsprechenden Satz für $\mathscr{K}(\varrho)$ aussprechen zu können, müssen wir wie in Abschnitt 2.1. nur noch zeigen, daß zu zwei Zahlen γ und δ aus $\mathscr{K}(\varrho)$ mit $\delta \neq 0$ sich stets eine Beziehung $\gamma = \varkappa \delta + \varrho^*$ $(\varkappa \in \bar{\mathscr{K}}(\varrho), \varrho^* \in \bar{\mathscr{K}}(\varrho))$ bilden läßt, in der $N(\varrho^*) < N(\delta)$ gilt. Damit

---

[1] siehe Fußnote 5) auf Seite 309

[2] Restklassen mod λ werden analog unseren Überlegungen in Abschnitt 2.3. definiert, ebenso λ/α und $\alpha \equiv \beta(\lambda)$ $(\overset{\mathrm{Def.}}{\Leftrightarrow} \alpha - \beta = \lambda \cdot \gamma)$.

sind dann alle Aussagen, die wir in Abschnitt 2.1. über $\mathfrak{Z}^{*}$ gemacht
haben, ebenfalls mutatis mutandis in $\mathcal{K}(\varrho)$ gültig (eindeutige
Primzahlzerlegung, g.g.T., u.a.).

Im nachstehenden Beweis bezeichnen lateinische Buchstaben bis auf
$r_1, \ldots$ ($a_1, b_2, c, \ldots, x, y, \ldots$) Elemente aus $\mathfrak{Z}$, $r_1, r_2, \ldots$
Elemente aus $\mathcal{K}(1), \alpha, \beta, \gamma, \ldots$ (griechische Buchstaben) Elemente
aus $\mathcal{K}(\varrho)$.

$$\text{Mit } \frac{\gamma}{\delta} = \frac{a_1 + \varrho b_1}{a_2 + \varrho b_2} = \frac{\gamma \cdot \bar{\delta}}{\delta \cdot \bar{\delta}} = \frac{(a_1 + \varrho b_1)(a_2 + \varrho^2 b_2)}{a_2^2 + b_2^2 - a_2 b_2} = \frac{1}{N(\delta)}(a_1 a_2 +$$

$b_1 b_2 - a_1 b_2 + \varrho(b_1 a_2 - b_2 a_1))$ $^{1)}$ $= r_1 + \varrho r_2$ gibt es zwei Elemente

x und y aus $\mathfrak{Z}$ $^{2)}$ mit $|x - r_1| \leqslant \frac{1}{2}$, $|y - r_2| \leqslant \frac{1}{2}$, für die aus

$r_1 + \varrho r_2 = \frac{\gamma}{\delta}$ auch $\frac{\gamma}{\delta} - (x + \varrho y) = r_1 - x + \varrho(r_2 - y)$ mit

$N(\frac{\gamma}{\delta} - (x + \varrho y)) = (r_1 - x)^2 + (r_2 - y)^2 - (r_1 - x_1)(r_2 - y)$, also

$|N(\frac{\gamma}{\delta} - (x + \varrho y))| \leqslant \frac{1}{4} + \frac{1}{4} + \frac{1}{4} = \frac{3}{4}$ gilt. Damit ist, wenn

$\kappa = x + \varrho y \in \mathcal{K}(\varrho)$ gesetzt wird, $(\frac{\gamma}{\delta} - \kappa)\delta = \gamma - \kappa \cdot \delta = \varrho^* \delta$ mit

(HS$_4$) $N(\varrho^* \cdot \delta) = N(\varrho^*) \cdot N(\delta) \leqslant \frac{3}{4} N(\delta) < N(\delta)$. Es gilt demnach der Hilfssatz 4:
In $\mathcal{K}(\varrho)$ ist eine eindeutige Zerlegung in Primfaktoren möglich.

P.d. gehen $\pm\lambda$ und $\pm\varrho\lambda$ durch Multiplikation mit einer Einheit aus λ
hervor; das gilt genauso für $\pm(1 - \varrho^2) = \pm\bar{\lambda} = \pm(2 + \varrho) =$
$\pm(\varrho^3 - \varrho^2) = \mp\varrho^2(1 - \varrho) = \mp\varrho^2\lambda$. Diese Aussagen bilden den Hilfs-
(HS$_5$)   satz 5.

(15)   Statt der Aussage (15): "$x^3 \pm y^3 = z^3$ ist in paarweise teilerfremden
(15')   natürlichen Zahlen nicht lösbar" oder auch anstelle der Aussage (15'):

"$x^3 + y^3 + z^3 = 0$ ist in paarweise teilerfremden Elementen aus $\mathfrak{Z}$

(16)   nicht lösbar $^{3)}$" können wir den etwas weitergehenden Satz (16)
beweisen: $\xi^3 + \eta^3 + \zeta^3 = 0$ ist mit $(\xi, \eta) = (\eta, \zeta) = (\zeta, \xi) = 1$
für Elemente ξ, η, ζ aus $\mathcal{K}(\varrho)$ nicht lösbar.

(HS$_6$)   Zunächst beweisen wir den Hilfssatz 6: Ist $\alpha \not\equiv 0(\lambda)$, also $\alpha \equiv \pm 1(\lambda)$,
so gilt $\alpha^3 \equiv \pm 1(\lambda^4)$. N.V. ist $\alpha = \pm\beta$ mit $\beta \equiv 1(\lambda)$,

---

$^{1)}$ Hieraus ergibt sich übrigens die Körpereigenschaft von
$(\{A + \varrho B\}; +, \cdot)$ $A \in \mathcal{K}(1)$, $B \in \mathcal{K}(1)$
$^{2)}$ wie in Abschnitt 2.1.
$^{3)}$ Trivial sind die Lösungen $x = -y$, $z = 0$.

$\beta = 1 + \beta'\lambda$. Ist $\alpha = \beta$, so erhalten wir $\alpha^3 - 1 = \beta^3 - 1 =$

$(\beta - 1)(\beta^2 + \beta + 1) = (\beta - 1)(\beta - \varrho)(\beta - \varrho^2) =$

$\beta'\lambda (\beta'\lambda + 1 - \varrho)(\beta'\lambda + 1 - \varrho^2) = \beta'\lambda ((\beta' + 1)\lambda)(\beta'\lambda + \bar{\lambda}) \overset{HS_5}{=}$

$\beta'\lambda (\beta' + 1)\lambda(\beta'\lambda - \varrho^2\lambda) = \lambda^3\beta'(\beta' + 1)(\beta' - \varrho^2)$. Da

$(\varrho = \varrho - 1 + 1 = -\lambda + 1) \Rightarrow (\varrho \equiv 1(\lambda)) \Rightarrow (\varrho^2 \equiv 1(\lambda))$, so erhalten wir

$\beta' - \varrho^2 \equiv \beta' - 1(\lambda)$ oder $\beta'\cdot(\beta' + 1)(\beta' - \varrho^2) \equiv$

$\beta'(\beta' + 1)(\beta' - 1)(\lambda)$. Nach HS_3 ist aber $\beta' \equiv 0(\lambda)$ oder $\beta' \equiv 1(\lambda)$

oder $\beta' \equiv - 1(\lambda)$, damit ist mindestens einer der drei Faktoren

des eben errechneten Produktes durch λ teilbar bzw. $\equiv 0(\lambda)$, oder m.a.W.

$\alpha^3 - 1 \equiv 0(\lambda^4)$. Ist $\alpha = -\beta$, so erhalten wir

$\alpha^3 + 1 = - (\beta^3 - 1) \overset{s.e.}{\equiv} 0(\lambda^4)$.   q.e.d.

Nehmen wir nun die Existenz von Lösungen der Beziehung (16) an, die
paarweise teilerfremd sind, so können zwei der Elemente ξ, η, ζ
nicht den gemeinsamen Faktor λ besitzen. Wäre keines dieser Elemente
durch λ teilbar, so folgt aus HS_6: $\xi^3 \equiv \pm 1(\lambda^4)$, $\eta^3 \equiv \pm 1(\lambda^4)$,

$\zeta^3 \equiv \pm 1(\lambda^4)$, also nach (16) $0 \equiv \pm 1 \pm 1 \pm 1 \ (\lambda^4)$.

Da λ keine Einheit von $\bar{K}(\varrho)$ und $N(\lambda)$ gleich 3 ist, so gilt mit

(HS$_7$) $\quad$ $N(\lambda^4) = 81$ sicher $\lambda^4 \times (\pm 1)$ und $\lambda^4 \times (\pm 3)$. Das ist der Hilfssatz 7:
In (16) $\xi^3 + \eta^3 + \zeta^3 = 0$ ist unter den Bedingungen von (16) genau
ein Element durch λ teilbar.

Wir werden (16) indirekt beweisen, also zeigen, daß

$\xi^3 + \eta^3 + \lambda^{3n}\cdot\vartheta^3 = 0$ mit $(\xi, \eta) = (\eta, \vartheta) = (\vartheta, \xi) = (\vartheta, \lambda) =$

$(\xi, \lambda) = (\eta, \lambda) = 1$, $n \geqslant 1$, $n \in \mathfrak{N}$ [1)] nicht lösbar ist. Dabei läßt
sich die erstrebte Aussage (16) noch etwas verallgemeinern. Es gilt

(16') $\quad$ nämlich sogar (16'): Ist α eine beliebige Einheit aus $\bar{K}(\varrho)$

$(N(\alpha) = 1, \alpha = \pm 1, \alpha = \pm\varrho, \alpha = \pm\varrho^2 = \pm (-1 - \varrho))$, so kann mit

$(\xi, \eta) = (\eta, \lambda\vartheta) = (\lambda\vartheta, \xi) = (\vartheta, \lambda) = 1$ in $\bar{K}(\varrho)$ nie die

Beziehung $\xi^3 + \eta^3 + \alpha\lambda^{3n}\vartheta^3 = 0$ gelten.

(17) $\quad$ Hierfür werden wir zeigen, daß in (17) $\xi^3 + \eta^3 + \alpha\lambda^{3n}\vartheta^3 = 0$
unter den gemachten Voraussetzungen zunächst $n \geqslant 2$ gelten muß.
Ist dies geschehen, so beweisen wir schließlich, daß aus der Gültigkeit von (17) für $n = m$ auch eine (17) entsprechende Beziehung für
$n = m - 1$ sich als möglich erweist [2)]. Wir gehen davon aus, daß
$\xi^3 + \eta^3 + \alpha\cdot\lambda^{3n}\vartheta^3 = 0$ o.w.d.i. $\xi^3 + \eta^3 = - \alpha\cdot\lambda^{3n}\vartheta^3$. Nach (HS$_6$) ist

---

[1)] o.B.d.A. wird λ/ζ angenommen, $\zeta = \lambda^n \vartheta$
[2)] Hier finden wir die "descente infinie" von Fermat wieder.

dann $-\alpha\lambda^{3n}\vartheta^3 \equiv +1+1$ bzw. $+1-1$ bzw. $-1-1$ bzw. $-1+1$

mod λ^4. Hier sind die Konstellationen $+1+1$ und $-1-1$ nicht

möglich, da $N(\lambda) = 3$ und $N(\pm 2) = 4$. Demnach kann nur

$-\alpha\lambda^{3n}\vartheta^3 \equiv 0(\lambda^4)$ gelten, d.h. $3n > 4$, oder $n > 2$ [1]. Für den

zweiten - etwas umfangreicheren - Teil des Beweises gehen wir von

(17')(18) (17') $\xi^3 + \eta^3 + \alpha\lambda^{3m}\vartheta^3 = 0$ [2] aus. In (18) $\xi^3 + \eta^3 =$

$(\xi + \eta)(\xi + \varrho\eta)(\xi + \varrho^2\eta) = \beta_1 \cdot \beta_2 \cdot \beta_3 = -\alpha\lambda^{3m}\vartheta^3$ gilt demnach

$\beta_1 - \beta_2 = \eta(1 - \varrho) = \eta\lambda$, $\beta_1 - \beta_3 = \eta(1 - \varrho^2) = -\varrho^2\lambda\eta$,

$\beta_2 - \beta_3 = \varrho\lambda\eta$. Alle diese Differenzen sind also Produkte der Form

((Einheit)$\cdot\lambda\cdot\eta$). Da $\lambda\chi\eta$ [3], ist jede Differenz durch λ, aber

nicht durch λ^2 teilbar. In (18) steht aber λ^{3m} $(m > 2)$ auf einer

Seite, also muß mindestens ein β_ν durch λ^2 teilbar sein. O.B.d.A.

können wir λ^2/β_1 annehmen, da λ^2/β_2 oder λ^2/β_3 nur bedeutet,

daß wir η durch $\varrho\eta$ oder $\varrho^2\eta$ zu ersetzen hätten, was aber mit

$\varrho^3\eta^3 = \eta^3$ bzw. $\varrho^6\eta^3 = \eta^3$ an (17) nichts ändern würde. Da

$\lambda^2\chi(\beta_1 - \beta_2)$, $\lambda^2\chi(\beta_1 - \beta_3)$ haben weder β_2 noch β_3 den Teiler λ^2,

wohl aber (s.o.) den Teiler λ ($\beta_\nu = \beta_\nu - \beta_1 + \beta_1 = \lambda(\ldots)$, $\nu = 2, 3$).

(18_1) Aus (18) entnehmen wir somit (18_1) $\beta_1 = \xi + \eta = \lambda^{3m-2}\kappa_1$, $\beta_2 = \lambda\kappa_2$,

$\beta_3 = \lambda\cdot\kappa_3$, wobei $(\lambda, \kappa_\nu) = 1$ $(\nu = 1, 2, 3)$ und - was noch zu

zeigen ist - $(\kappa_1, \kappa_2) = (\kappa_2, \kappa_3) = (\kappa_3, \kappa_1) = 1$. Aus (18) und (18_1)

(18_2) entsteht dann (18_2) $-\alpha\vartheta^3 = \kappa_1\cdot\kappa_2\cdot\kappa_3$. Nun ist aber $\beta_2 - \beta_3 =$

$(\kappa_2 - \kappa_3)\lambda = \varrho\eta\lambda$, $\varrho\beta_3 - \varrho^2\beta_2 = (\varrho\xi + \eta) - (\varrho^2\xi + \eta) = \varrho\xi\lambda =$

$\varrho\cdot\lambda\cdot\kappa_3 - \varrho^2\cdot\lambda\cdot\kappa_2$ oder $\varrho\xi = \varrho\kappa_3 - \varrho^2\kappa_2$ bzw. $\xi = \kappa_3 - \varrho\kappa_2$ und

(s.e.) $\varrho\eta = \kappa_2 - \kappa_3$. Wäre nun δ/κ_2, δ/κ_3 mit $N(\delta) > 1$, so folgte

aus den beiden letzten Gleichungen δ/ξ , δ/η oder $(\xi,\eta) \neq 1$, c.i.p..

Damit ist $(\kappa_2, \kappa_3) = 1$. Wäre $(\kappa_1, \kappa_2) \neq 1$, also δ/κ_1, δ/κ_2 mit

$N(\delta) > 1$ und (n.v.) $(\delta, \lambda) = 1$ [4], so erhielten wir

$(\delta/\beta_1 - \beta_2) \Rightarrow (\delta/\eta\lambda) \Rightarrow (\delta/\eta)$, außerdem $(\delta/\varrho(\xi + \eta)$ [2], $\delta/(\xi + \varrho\eta))$ [5]

$\Rightarrow (\delta/\xi\lambda) \Rightarrow \delta/\xi$, also $(\xi, \eta) \neq 1$, c.i.p.. Damit ist auch

---

[1] $(\vartheta, \lambda) = 1$
[2] wieder ist $(\xi, \eta) = \ldots = 1$, $N(\alpha) = 1$
[3] $(\lambda\vartheta, \eta) = 1$
[4] $(\lambda, \kappa_\nu) = 1$
[5] δ/κ_1, $\kappa_1 = \xi + \eta$; $(\delta/\eta, \delta/\xi + \eta) \Rightarrow (\delta/\xi)$

Übg. (69.) $(\kappa_1, \kappa_2) = 1$. Entsprechend (Übung !) läßt sich auch $(\kappa_1, \kappa_3) = 1$ beweisen. In (18_2) sind daher $\kappa_1, \kappa_2, \kappa_3$ jeweils Kuben von Elementen aus $\mathfrak{K}(\varrho)$, die eventuell noch mit Einheiten multipliziert sind.

(18_3) Wir erhalten (18_3) $\xi + \eta = \lambda^{3m-2} \alpha_1 \chi^3$, $(\xi + \varrho\eta) = \lambda\alpha_2 \varphi^3$,

$(\xi + \varrho^2\eta) = \lambda\alpha_3 \psi^3$ $(N(\alpha_\nu) = 1, \ \nu = 1, 2, 3)$, $(\lambda, \varphi) = (\lambda, \psi) = (\lambda, \chi) = (\chi, \varphi) = (\chi, \psi) = (\varphi, \psi) = 1$. Wegen $\varrho^2 + \varrho + 1 = 0$

folgt $0 = (\xi + \eta)(1 + \varrho + \varrho^2) = (\xi + \eta) + \varrho\xi + \varrho^2\eta + \varrho^2\xi + \varrho\eta =$

$(\xi + \eta) + \varrho(\xi + \varrho\eta) + \varrho^2(\xi + \varrho^2\eta) = \lambda^{3m-2}\alpha_1\chi^3 + \varrho\lambda\alpha_2\varphi^3 +$

$\varrho^2 \cdot \lambda\alpha_3\psi^3 = 0$. Diese Gleichung dividieren wir durch $\varrho\lambda\alpha_2$ $(\varrho \cdot \alpha_2$ ist eine Einheit) und erhalten mit neuen Einheiten α_4 und α_5 die

(18_4) Beziehung (18_4) $0 = \varphi^3 + \alpha_4\psi^3 + \alpha_5 \lambda^{3(m-1)} \chi^3$. Ist jetzt noch gezeigt, daß $\alpha_4 = \pm 1$, so steht in (18_4) $\varphi^3 + (\pm\psi)^3 +$

$\alpha_5 \alpha^{3(m-1)} \chi^3$ und der indirekte Beweis ist vollendet. Nach (HS_6) ist mit $\lambda \times \varphi, \lambda \times \psi$, $\varphi^3 \equiv \pm 1(\lambda^4), \psi^3 \equiv \pm 1(\lambda^4)$ und a fortiori $\varphi^3 \equiv \pm 1(\lambda^2), \psi^3 \equiv \pm 1(\lambda^2)$. Mit $m \geqslant 2$ wird $\lambda^{3(m-1)} \equiv 0(\lambda^2)$ und aus (18_4) resultiert zunächst $\varphi^3 + \alpha_4\psi^3 \equiv 0(\lambda^2)$ oder (s.e.)

$(\pm 1) + (\pm 1)\alpha_4 \equiv 0(\lambda^2)$. Es ergeben sich folgende Möglichkeiten (18_5)

(18_5) $1 + \alpha_4 \equiv 0(\lambda^2)$, $1 - \alpha_4 \equiv 0(\lambda^2)$, $-1 - \alpha_4 \equiv 0(\lambda^2)$, $-1 + \alpha_4 \equiv 0(\lambda^2)$.

Übg. (70.) Durch einfaches Nachrechnen (Übung !) läßt uns (18_5) erkennen, daß alle Möglichkeiten von α_4 $(\pm 1, \pm\varrho, \pm\varrho^2)$ bis auf $\alpha_4 = \pm 1$ ausscheiden. Dabei gehört $\alpha_4 = 1$ zu $\varphi^3 \equiv + 1(\lambda^2), \psi^3 \equiv -1(\lambda^2)$ oder zu $\varphi^3 \equiv - 1(\lambda^2), \psi^3 \equiv 1(\lambda^2)$ und $\alpha_4 = - 1$ gehört zu $\varphi^3 \equiv 1(\lambda^2), \psi^3 \equiv + 1(\lambda^2)$ oder zu $\varphi^3 \equiv - 1(\lambda^2), \psi^3 \equiv - 1(\lambda^2)$. q.e.d.

Übg. (71.) Es läßt sich (Übung !) beinahe analog [1] ebenfalls zeigen, daß mit $(\xi, \eta) = (\eta, \zeta) = (\xi, \zeta) = (\lambda, \zeta) = (\lambda, \eta) = (\lambda, \xi) = 1$

auch $\xi^3 + \eta^3 + \alpha\lambda^{3n+2} \cdot \zeta^3 = 0$ $(N(\alpha) = 1)$ in $\mathfrak{K}(\varrho)$ nicht lösbar ist; hieraus resultiert wegen $3 = - \varrho^2 \lambda^2$ die Unlösbarkeit von $x^3 + y^3 = 3z^3$ in paarweise teilerfremden natürlichen Zahlen. Dagegen hat $\xi^3 + \eta^3 + \alpha\lambda^{3n+1} \zeta^3 = 0$ unter den gleichen Voraussetzungen eine Lösung, was zunächst einiges Erstaunen auslöste. Wegen

---

[1] Es ist zu zeigen: Gibt es eine Lösung, so ist $n > 0$; darauf: Gibt es eine Lösung mit $n = m$, so auch eine mit $n = m - 1$.

$9 = \varrho^4 \lambda^4 = \varrho\lambda^4$ lösen $\xi = 1$, $\eta = 2$, $\zeta = -1$ die Gleichung
$\xi^3 + \eta^3 + \varrho\lambda^4 \zeta^3 = 0$.

(17) ist nicht nur eine Verallgemeinerung von (16) und umsomehr von
(15); der Beweis der Aussage (17) hat uns außerdem Einblicke in einen
nur selten behandelten euklidischen Integritätsbereich gewährt und
daher die Mühe gelohnt.

Bisher wurde von uns der GFS für $n = 4$ und $n = 3$ bewiesen; für
größere Werte von n gibt die Theorie von Kummer weitere Möglichkeiten.
Heute ist bekannt, daß $x^p + y^p = z^p$ (p PZ) nicht für $p < 2 \cdot 10^8$
lösbar ist. Mit (I_{21}) [1] läßt sich eine andere Seite des Problems
etwas erhellen. Wird in $x^p + y^p = z^p$ ($\{x, y, z\} \subset \mathcal{N}$) o.B.d.A.
$x < y < z$, $x + h = y$, $z = x + h + k$ ($k \in \mathcal{N}$, $h \in \mathcal{N}$) gesetzt, so
resultiert nach (I_{21}) $x^p + y^p \equiv x + y(p)$, $z^p \equiv x + h + k(p)$ oder
$x + x + h \equiv x + h + k(p)$, also $x \equiv k(p)$ bzw. $k = \lambda p + x$. Wäre nun
$x \leqslant p$, so ist in der letzten Gleichung $\lambda = 0$, $x = k$ möglich, sonst
ist $\lambda \geqslant 1$ unter der Annahme $x \leqslant p$ [2].

Dann ist aber $x^p + y^p = z^p$ mit $x^p + (x + h)^p = (x + h + \lambda p + x)^p$
identisch. Hier gilt schließlich $(x + h + \lambda p + x)^p \geqslant (x + h + x)^p >$
(19) $(x + h)^p + x^p$. q.e.d. Das ist die Aussage (19): Mit paarweise teilerfremden natürlichen Zahlen x, y, z ist $x^p + y^p = z^p$ nicht lösbar,
wenn die kleinste der Zahlen x, y, z die PZ p nicht übertrifft. Für
Übg.(72.) $p > 2$ ergibt eine etwas genauere Betrachtung (Übung !), daß auch
$x < 2p$ nicht möglich ist ($x < y < z$). Weitere Aussagen (u.a.
Übg.(73.) Abschätzungen) über h und k können elementar (Übung !) hergeleitet
werden.

Die Sätze (9), (10), (11), (12), (13), (14), (15), (16), (17) und (19)
(III_{33}) bilden die Teilaussagen des Satzes (III_{33}).

---

[1] dem "kleinen Fermatschen Satz"
[2] $k \in \mathcal{N}$, $\lambda \in \mathcal{Z}$

4. Zahlentheoretische Funktionen und analytische Hilfsmittel der Zahlentheorie

4.1. Zahlentheoretische Funktionen, Umkehrsätze

D   Eine eindeutige für alle n ($n \in \mathfrak{N}$) erklärte Funktion $f(x)$ wird "zahlentheoretische Funktion" genannt; bisweilen werden auch die Werte $f(g)$ ($g \in \mathfrak{Z}$) betrachtet, wenn g zum Definitionsbereich der Funktion

(1)   gehört. Ist für $a \in \mathfrak{N}$, $b \in \mathfrak{N}$ außerdem (1) $f(a \cdot b) = f(a) \cdot f(b)$, so

D   heißt $f(x)$ "multiplikativ"; gilt dagegen die Gleichung (1) nur falls

D $(a, b) = 1$, so wird $f(x)$ als "distributiv" bezeichnet [1]. P.d. ist damit jede multiplikative Funktion sicher distributiv. Dagegen ist nicht jede distributive Funktion auch multiplikativ, wie das Beispiel der nach (I_{28}) distributiven Funktion $\varphi(n)$ zeigt

D   ($\varphi(9) = 6 \neq \varphi(3) \cdot \varphi(3) = 2 \cdot 2$). Als "summatorische Funktion von $f(x)$" – manchmal auch "zahlentheoretisches Integral von $f(x)$" – wird

D $F(n) = \sum_{t/n} f(t)$ [2] erklärt; $f(n)$ heißt dann auch "zahlentheoretische

(IV_1)   Ableitung von $F(n)$". Hier gilt der Satz (IV_1): Mit $f(x)$ ist auch $F(x)$ distributiv [3]. Bew.: Mit $(a, b) = 1$ und $t/(ab)$ ist ein Primfaktor p von t, falls $t > 1$, genau entweder Teiler von a (dann nicht von b) oder von b (dann nicht von a); nur für $t = 1$ gilt t/a und t/b. So ist also mit $t/(ab)$ weiter $t = t_a \cdot t_b$ ($t_a \cup t_b$, t_a/a, t_b/b), wobei $t_a = 1$ bzw. $t_b = 1$ für t/b bzw. t/a. Wir erhalten

(2) $$(2) \quad F(ab) = \sum_{t/(ab)} f(t) = \sum_{(t_a \cdot t_b)/(ab)} f(t_a \cdot t_b) \overset{\text{n.V.}}{=}$$

$$\sum_{(t_a \cdot t_b)/(ab)} f(t_a) \cdot f(t_b) \ . \text{ Da mit } t_a/a \text{ und } t_b/b \text{ umgekehrt auch}$$

$(t_a \cdot t_b)/(ab)$, so stehen in der letzten Summe in (2) genau die Summanden des Produktes $\left(\sum_{t_a/a} f(t_a) \right) \left(\sum_{t_b/b} f(t_b) \right)$ und wir erhalten

$$F(ab) = \left(\sum_{t_a/a} f(t_a) \right) \cdot \left(\sum_{t_b/b} f(t_b) \right) = F(a) \cdot F(b). \quad \text{q.e.d.}$$

Hat $f(x)$ für alle x den Funktionswert Null bzw. eins, so ist $f(x)$ sicher multiplikativ ($f(a) = 0 = f(b)$, $f(ab) = 0 = f(a) \cdot f(b)$ bzw.

(3) $f(a) = 1 = f(b)$, $f(ab) = 1 = f(a) \cdot f(b)$). Weiter gilt die Aussage (3):

---

[1] Für das weitere werden i.a. nur zahlentheoretische Funktionen betrachtet. Die hier gewählten Bezeichnungen sind nicht einheitlich. Oft steht "multiplikativ" bzw. "vollständig multiplikativ" für unsere Bezeichnung "distributiv" bzw. "multiplikativ".

[2] gelesen: "Summe $f(t)$ über alle Teiler t von n"

[3] Statt $f(n)$ bzw. $F(n)$ schreiben wir auch $f(x)$ bzw. $F(x)$.

Ist für mindestens ein n $(n \in \mathcal{N})$ $f(n) \neq 0$, so - falls $f(x)$ distributiv ist - muß $f(1) = 1$ gelten. Bew.: Mit $(1,n) = 1$ ist $0 \neq f(n) \overset{n.V.}{=} f(1) \cdot f(n)$, woraus $f(1) = 1$ folgt. q.e.d.

Wenn dagegen $f(x) = c$ $(x \in \tilde{\mathcal{R}}_r, c \neq 0, c \neq 1)$, so ist $f(x)$ sicher nicht distributiv, da $f(a) = c$, $f(b) = c$, $f(ab) = c \neq c^2$ für $(a, b) = 1$.

Multiplikativ und a fortiori distributiv gibt sich die durch $f(x) = x^{\alpha}$ $(\alpha \in \tilde{\mathcal{R}}_r, x > 0)$ definierte Funktion, da mit $0 < x_1 \leqslant x_2$ weiter

$$f(x_1 x_2) = (x_1 x_2)^{\alpha} = x_1^{\alpha} \cdot x_2^{\alpha} = f(x_1) \cdot f(x_2)$$ gilt. Leicht lassen sich

Übg.(1.) weitere Beispiele (Übung !) distributiver und nicht distributiver Funktionen angeben. Aus (IV_1) resultiert nun sofort die Distributivität der Funktionen $\sigma_k(n)$ aus (I_{22}), denn mit $k = 0, \pm 1, \pm 2, \ldots$

wird $F_k(n) = \sum_{t/n} t^k \overset{p.d.}{=} \sigma_k(n)$ und auch für $k = 0$ ist alles

bewiesen.

MSZ Bereits in Abschnitt 1.1. haben wir die Formel $(\sum_{l=1}^{n} l^3) = (\sum_{l=1}^{n} 1)^2$

bewiesen. Sie legt die Frage nahe, ob sich andere natürliche Zahlen

$a_1, a_2, \ldots, a_n$ derart finden lassen, daß $(\sum_{l=1}^{n} a_l^3) = (\sum_{l=1}^{n} a_l)^2$

gilt. Der Leser wird nach einigen Versuchen feststellen, daß es nicht

einfach ist, Zahlen dieser Eigenschaft zu finden. Hier hilft eine

Beziehung [1] weiter, die auf Liouville zurückgeht; es gilt der

(IV_1') Satz (IV_1'): $\sum_{t/n} \sigma_0^3(t) = (\sum_{t/n} \sigma_0(t))^2$, der ohne (IV_1) nur ziemlich

mühevoll bewiesen werden kann. Nach (IV_1) folgt aus der Distributivi-

D tät von $\sigma_0(x)$ die gleiche Eigenschaft für $F^{(1)}(n) = \sum_{t/n} \sigma_0(t)$,

ebenso ist mit $\sigma_0^3(ab) = (\sigma_0(a) \cdot \sigma_0(b))^3 = (\sigma_0(a))^3 (\sigma_0(b))^3$ auch

D $F^{(3)}(n) = \sum_{t/n} \sigma_0^3(t)$ distributiv. Für $n = p_{(1)}^k$, $(k \in \mathcal{N}, 1 \leqslant k,$

$p_{(1)}$ PZ) gelten die Gleichungen:

$$F^{(1)}(n) = \sigma_0(1) + \sigma_0(p_{(1)}) + \sigma_0(p^2_{(1)}) + \ldots + \sigma_0(p^k_{(1)}) =$$

$$1 + 2 + \ldots + (k+1) = \sum_{l=1}^{k+1} l, \quad F^{(3)}(n) = 1 + 2^3 + \ldots + (k+1)^3$$

oder (s.o.) $(F^{(1)}(n))^2 = F^{(3)}(n)$.

---

[1] Sie kann als eine immer wünschenswerte Auflockerung des Mathematik-
unterrichts dienen.

D   Mit $n = p_{(1)}^{k_1} \cdot p_{(2)}^{k_2} \cdot \ldots \cdot p_{(s)}^{k_s}$ $(p_{(\nu)} \neq p_{(\mu)}$ für $\nu \neq \mu$, $p_{(\nu)}$ PZ,

$1 \leqslant k_\nu$ für $\nu = 1, 2, \ldots, s)$ wird $F^{(3)}(n) \overset{(IV_1)}{=} \prod\limits_{l=1}^{s} (F^{(3)}(p_{(1)}^{k_1})) \overset{s.e.}{=}$

$\prod\limits_{l=1}^{s} (F^{(1)}(p_{(1)}^{k_1}))^2 = (\prod\limits_{l=1}^{s} F^{(1)}(p_{(1)}^{k_1}))^2 \overset{(IV_1)}{=} (F^{(1)}(n))^2$ oder m.a.W.

$\sum\limits_{t/n} \sigma_0^3(t) = (\sum\limits_{t/n} \sigma_0(t))^2.$ q.e.d.

Es entsteht nun die Frage, ob zu jeder definierten zahlentheoretischen
Funktion F(x) eine eindeutige Funktion f(x) so gefunden werden kann,
daß die Gleichung $F(n) = \sum\limits_{t/n} f(t)$ erfüllt ist. Wenn diese Frage zu

bejahen ist, so existiert zu jeder zahlentheoretischen Funktion mindestens eine Ableitung; dabei soll ausdrücklich keine Voraussetzung
über die Distributivität von F(x) gemacht werden. Hier gilt der

(IV_2) Satz (IV_2):   Zu jedem eindeutig definierten zahlentheoretischen

Integral F(x) gibt es genau eine zahlentheoretische Ableitung f(x)

mit $F(n) = \sum\limits_{t/n} f(t)$. Bew.: Für $n = 1$ soll $F(1) = f(1)$ gelten,

also $f(1)$ mit $F(1)$ identisch sein; für $n = 2$ wird

$F(2) = f(1) + f(2)$ oder $f(2) = F(2) - f(1) \overset{s.e.}{=} F(2) - F(1)$ (1.I.S.).
Ist (I.A.) für $n \leqslant k$ jeweils $f(n)$ eindeutig festgelegt, so erhalten

wir (I.B.) $F(k+1) = \sum\limits_{t/(k+1)} f(t) = f(k+1) + \sum\limits_{\substack{t/(k+1) \\ t \neq k+1}} f(t)$. N.V. sind

die Summanden der letzten Summe eindeutig fixiert, woraus auch

$f(k+1) = F(k+1) - \sum\limits_{\substack{t/(k+1) \\ t \neq k+1}} f(t)$ ebenfalls eindeutig sich ergibt. q.e.d.

Mit p PZ, $k \in \mathcal{N}$ wird $F(p^k) = f(1) + f(p) + \ldots + f(p^k)$ bzw.

(4) $F(p^{k-1}) = f(1) + f(p) + \ldots + f(p^{k-1})$, und wir erhalten (4) $f(p^k) = F(p^k) - F(p^{k-1})$. Setzen wir zusätzlich voraus, daß $F(n)$

distributiv ist, so gilt mit $n = \prod\limits_{l=1}^{s} p_{(1)}^{k_1}$ die Beziehung

(5) $F(n) = \prod\limits_{l=1}^{s} F(p_{(1)}^{k_1})$. Jetzt bilden wir die Funktion (5) $g(n) =$

$\prod\limits_{l=1}^{s} (F(p_{(1)}^{k_1}) - F(p_{(1)}^{k_1-1}))$ wobei p.d. $g(1) = F(1)$ $(= f(1))$

gelten soll. Ist weiter $n' \cup n$ $(n' = \prod\limits_{l=1}^{s'} p_{(1)}'^{k_1'})$, so erhalten wir

aus (5) $g(n \cdot n') = g(n) \cdot g(n')$. $g(n)$ ist damit distributiv definiert.
Nach (IV_1) gilt dies auch für $G(n) = \sum\limits_{t/n} g(t)$. Aus (4) und (5)

resultiert aber $g(p^k) = f(p^k)$ und $G(p^k) = \sum_{t/p^k} g(t) =$

$g(1) + g(p) + \dots + g(p^k) = F(1) + F(p) - F(1) + (F(p^2) - F(p)) + \dots$

$\dots + (F(p^k) - F(p^{k-1})) = F(p^k)$. Mit $g(p^k) = f(p^k)$ und

$G(p^k) = F(p^k)$ folgt dann über die Distributivität von $F(x)$ (n.V.)
und $G(x)$ (p.c.) auch $F(n) = G(n)$ und weiter die Distributivität
von $f(x)$, da $g(p^k) = f(p^k)$ und $g(x)$ eindeutig als Ableitung von
$G(n) = F(n)$ (nach (IV_2)) existiert; a fortiori ist $f(x) = g(x)$. Dies

(IV_3) ist der Satz (IV_3): Mit $F(x)$ ist auch $f(x)$ distributiv und in diesem

Falle gilt $f(n) = \prod_{l=1}^{s} (F(p_{(l)}^{k_l}) - F(p_{(l)}^{k_l-1}))$ $(n = \prod_{l=1}^{s} p_{(l)}^{k_l})$; allgemein

ist (4) richtig. Zur Anwendung von (IV_3) setzen wir $F(x) = x$ [1]
und erhalten $F(1) = f(1) = 1$ $(= \varphi(1))$,

$f(n) = \prod_{l=1}^{s} (F(p_{(l)}^{k_l}) - F(p_{(l)}^{k_l-1})) = \prod_{l=1}^{s} p_{(l)}^{k_l-1} (p_{(l)}-1) = \prod_{l=1}^{s} \varphi(p_{(l)}^{k_l}) =$

$\varphi(n)$ [2]. Nach (IV_2) ist $f(n) = \varphi(n)$ eindeutig bestimmt und $\varphi(n)$

ergibt sich nach (IV_3) als distributive Funktion; außerdem haben wir

die Gleichung (17) aus Abschnitt 1.3. [3] "mühelos" bewiesen, wobei

lediglich die Beziehung $\varphi(p^k) = p^{k-1}(p-1)$ benutzt worden ist.

Auf den deutschen Mathematiker A.F. Moebius (1790 bis 1868) [4] geht
eine Formel zurück, mit der $f(n)$ additiv durch Funktionswerte von
$F(x)$ dargestellt werden kann. Hierzu muß die sogenannte Moebiusfunktion $\mu(x)$ eingeführt werden, auf die das nachfolgende Beispiel
hinzielt. Mit $F(1) = f(1)$, $F(2) = f(1) + f(2)$, $F(3) = f(1) + f(3)$,
$F(6) = f(1) + f(2) + f(3) + f(6)$ erhalten wir für $n = 6$ [5] die
Beziehung $f(6) = F(6) - F(2) - f(3) = F(6) - F(2) - F(3) + F(1)$.

Übg.(2.)   Der Fall $n = 12$ sei dem Leser zur Behandlung (Übung !) empfohlen.

D   Moebius definierte: $\mu(1) = 1$, $\mu(n) = 0$ falls p^2/n, $\mu(n) = (-1)^l$
falls n als Produkt l verschiedener Primfaktoren sich darstellt. Mit

---

[1] Damit ist (s.o.) $F(x)$ multiplikativ, ebenso $f(x)$ distributiv
   (nach (IV_3)).

[2] $n = \prod_{l=1}^{s} p_{(l)}^{k_l}$

[3] $n = \sum_{t/n} \varphi(t)$

[4] Er gehörte zu den Begründern der zu Ehren N.H.Abels edierten ersten
   deutschen math. Zeitschrift "Crelles Journal f. reine u. angewandte
   Math." und war ein bedeutender zeitgenössischer Geometer.

[5] durch Einsetzen

$\mu(n)$ lautet dann der berühmte erste Umkehrsatz von Moebius-Dedekind [1]

(IV_4) (IV_4): Es ist $f(n) = \sum\limits_{t/n} \mu(t)\, F(\tfrac{n}{t})$, wenn $F(n) = \sum\limits_{t/n} f(t)$; wobei

über die Distributivität nichts vorausgesetzt wird. Bevor wir (IV_4)

beweisen [2], betrachten wir $\mu(n)$ etwas genauer. U.a. ist

$\mu(2) = -1 = \mu(3) = \mu(p)$ [3], $1 = \mu(6) = \mu(10)$; mit $n_1 \cup n_2$ und

$\mu(n_1) = 0 \; (p^2/n_1)$ ist auch $\mu(n_1 \cdot n_2) = 0 \; (p^2/(n_1 \cdot n_2))$, entsprechend

kann im Falle $\mu(n_2) = 0$ geschlossen werden. Ist $\mu(n_1) \cdot \mu(n_2) \neq 0$,

also $\mu(n_1) = (-1)^{l_1}$, $\mu(n_2) = (-1)^{l_2}$, so folgt mit $n_1 \cup n_2$ sofort

$\mu(n_1 \cdot n_2) = \mu(n_1) \cdot \mu(n_2)$, denn $(-1)^{l_1} \cdot (-1)^{l_2} = (-1)^{l_1 + l_2}$. Die Moebius-

funktion ist somit distributiv, jedoch nicht multiplikativ

D $(\mu(9) = 0 \neq \mu(3) \cdot \mu(3) = (-1)^2)$. Wegen (IV_1) wird auch $M(n) = \sum\limits_{t/n} \mu(t)$

distributiv und wegen $M(p^k) = \mu(1) + \mu(p) + \mu(p^2) + \ldots + \mu(p^k) \overset{p.d.}{=}$

(6) $1 - 1 + 0 + \ldots + 0 = 0$ folgt (6) $M(1) = 1$, $M(n) = 0$ $(n \neq 1)$.

$M(x)$ ist demnach sogar multiplikativ. Aus der Multiplikativität des

zahlentheoretischen Integrals folgt daher nicht allgemein, daß auch

seine nach (IV_2) eindeutige Ableitung diese Eigenschaft besitzt,

ebenso bedingt die Multiplikativität der Ableitung nicht in jedem

Falle die der summatorischen Funktion [4]. So ist z.B. mit $f(x) = x$,

$F(n) = \sigma_1(n)$ und wegen $\sigma_1(2) = 3$, $\sigma_1(6) = 1 + 2 + 3 + 6 = 12$,

$\sigma_1(12) = 28 \neq \sigma_1(2) \cdot \sigma_1(6) = 36$ ist zwar $f(x)$ multiplikativ, aber

nicht $F(x)$. (6) und die eben belegte Aussage subsumieren wir dem

(IV_4') Satz (IV_4').

Statt (IV_4) wollen wir eine weiterführende Gleichung beweisen, die

$(IV_4{}^*)$ wir Dedekind verdanken. Es gilt $(IV_4{}^*)$: Sind $f(x)$ und $f^*(x)$ zwei

zahlentheoretische Funktionen, $F(x)$ und $F^*(x)$ deren summatorische

Funktionen, so gilt $\sum\limits_{t/n} f(t)\, F^*(\tfrac{n}{t}) = \sum\limits_{t/n} f^*(t)\, F(\tfrac{n}{t})$.

Aus $(IV_4{}^*)$ folgt dann mit $f^*(n) = \mu(n)$, $F^*(n) = M(n)$ sofort

$f(n) = \sum\limits_{t/n} \mu(t)\, F(\tfrac{n}{t})$ bzw. (IV_4). Zur Vorbereitung des allgemeinen

Beweises von $(IV_4{}^*)$ betrachten wir den Spezialfall $n = 12$. Hier ist

---

[1] R. Dedekind (1831 bis 1916), deutscher Mathematiker

[2] Dieser Satz wird von den zitierten Beispielen bestätigt.

[3] p eine PZ

[4] Die Sätze (IV_1) und (IV_3) sagen über die Distributivität dagegen
anderes aus.

$$\sum_{t/12} f(t) \cdot F^*\left(\frac{12}{t}\right) = f(1) \cdot F^*(12) + f(2) \cdot F^*(6) + f(3) \cdot F^*(4) +$$

$$f(4) \cdot F^*(3) + f(6) \cdot F^*(2) + f(12) \cdot F^*(1) \overset{p.d.}{=} f(1)(f^*(1) + f^*(2) + f^*(3) +$$

$$f^*(4) + f^*(6) + f^*(12)) + f(2)(f^*(1) + f^*(2) + f^*(3) + f^*(6)) +$$

$$f(3)(f^*(1) + f^*(2) + f^*(4)) + f(4)(f^*(1) + f^*(3)) + f(6)(f^*(1) +$$

$$f^*(2)) + f(12) f^*(1) \overset{1)}{=} f^*(1)(f(1) + f(2) + f(3) + f(4) + f(6) +$$

$$f(12)) + f^*(2)(f(1) + f(2) + f(3) + f(6)) + f^*(3)(f(1) + f(2) + f(4)) +$$

$$f^*(4)(f(1) + f(3)) + f^*(6)(f(1) + f(2)) + f^*(12) f(1) \overset{p.d.}{=}$$

$$\sum_{t/12} f^*(t) \cdot F\left(\frac{12}{t}\right).$$

D Im allgemeinen Fall untersuchen wir die Summe $S = \sum\limits_{t/n} f(t) \cdot F^*\left(\frac{n}{t}\right) \overset{p.d.}{=}$

$\sum\limits_{t/n} f(t)\left(\sum\limits_{t'/\frac{n}{t}} f^*(t')\right)$. Für $t=1$ steht in S der Summand $f(1) \cdot \left(\sum\limits_{t'/n} f^*(t')\right)$ [2],

in den übrigen Summanden stehen Produkte, deren rechter Faktor eben-

falls die Form $f^*(t')$ (t'/n) besitzt, denn mit $t'/\frac{n}{t}$ ist auch t'/n

richtig, da t/n stets gegeben ist. Wir können daher auch

$S = \sum\limits_{t'/n} f^*(t')\alpha_{t'}$, schreiben, die Koeffizienten $\alpha_{t'}$ sind noch zu

bestimmen. Ist nun t_1' ein fixierter Teiler von n, $n = t_1' q_1'$, $q_1'' = a_1' \cdot b_1'$, so gilt $n = t_1' \cdot a_1' \cdot b_1' = a_1' \cdot t_1' \cdot b_1'$. In S finden wir daher

einen Summanden $f(a_1') \cdot F^*\left(\frac{n}{a_1'}\right) = f(a_1') \cdot \left(\sum\limits_{t'/\frac{n}{a_1'}} f^*(t')\right) =$

$f(a_1') \cdot (\ldots + f^*(t_1') + \ldots)$, und es kommt daher in der Summe mit dem

Werte $\alpha_{t_1'}$ ein Summand $f(a_1')$ vor, wobei $a_1'/\frac{n}{t_1'}$. Das gilt für jeden

Teiler t von $\frac{n}{t_1'}$ und es kommt in $\alpha_{t_1'}$ genau ein solcher Summand $f(t)$

vor. In $\alpha_{t_1'}$ können aber keine anderen Summanden auftreten, denn p.c.

enthält $\alpha_{t_1'}$ nur Summanden $f(t)$ mit t/n; wäre hier $t \nmid \frac{n}{t_1'}$, so stünde

in S zwar der Summand $f(t) \cdot F^*\left(\frac{n}{t}\right)$ - sonst tritt $f(t)$ als Faktor

nicht auf - und aus ihm resultiert ein Summand $f(t)f^*(t_1')$ mit

$t_1'/\frac{n}{t}$ bzw. $t/\frac{n}{t_1'}$. Die Existenz eines Summanden $f(t)$ in $\alpha_{t_1'}$ mit

---

[1] durch Umordnen

[2] u.U. ist $f(1)$ gleich eins (s.o.)

$t \nmid \frac{n}{t_1}$ ist damit nicht möglich. Es gilt demnach $\alpha_{t'} = \sum\limits_{t/\frac{n}{t'}} f(t) \overset{\text{p.d.}}{=}$

$F(\frac{n}{t'})$ und wir erhalten $S = \sum\limits_{t/n} f(t) \cdot F^*(\frac{n}{t}) = \sum\limits_{t'/n} f^*(t') \alpha_{t'} =$

$\sum\limits_{t''/n} f^*(t') \cdot (\sum\limits_{t/\frac{n}{t'}} F(\frac{n}{t'})) = {}^{1)} \sum\limits_{t/n} f^*(t) \cdot F(\frac{n}{t})$. Damit ist die Aussage

(IV_4^*) bewiesen.

Neben $S = \sum\limits_{t/n} f(t) \cdot F^*(\frac{n}{t}) = \sum\limits_{t/n} f(t) \cdot (\sum\limits_{t'/\frac{n}{t}} f^*(t')) =$

$\sum\limits_{t/n} f^*(t) \cdot F(\frac{n}{t}) = \sum\limits_{t/n} f^*(t) \cdot (\sum\limits_{t'/\frac{n}{t}} f(t'))$ betrachten wir noch die

D Summe $S' = \sum\limits_{(t \cdot t')/n} f(t) \cdot f^*(t')$; hier stehen sämtliche Summanden

$(f(t) \cdot f^*(t'))$, wenn nur $(t \cdot t')/n$. Gilt $t_1 \cdot t_1' \cdot q = n$, so kommt

$f(t_1) \cdot f^*(t_1')$ im Summanden $f(t_1) \cdot F^*(\frac{n}{t_1})$ von S vor, sämtliche

Summanden von S' stehen daher auch in S. Wegen $(t_1'/\frac{n}{t_1}) \Leftrightarrow$

$((t_1 \cdot t_1')/n)$ sind aber alle Summanden von S auch solche von S' und

(7) es gilt (7) $\sum\limits_{t/n} f(t) \cdot F^*(\frac{n}{t}) = \sum\limits_{t'/n} f^*(t') \cdot F(\frac{n}{t'}) = \sum\limits_{(t \cdot t')/n} f(t) \cdot f^*(t')$;

$(IV_4{}^*)$ diese Gleichung subsumieren wir noch $(IV_4{}^*)$. Wie wir bereits wissen,

(8) gehören $F(n) = n$ und $f(n) = \varphi(n)$ zusammen. Nach (IV_4) ist aber (8)

$\varphi(n) = \sum\limits_{t/n} \mu(t) \cdot F(\frac{n}{t}) = \sum\limits_{t/n} \mu(t) \cdot \frac{n}{t} = n \cdot \sum\limits_{t/n} \frac{\mu(t)}{t} = {}^{2)}$

$n(1 - \frac{1}{P_{(1)}} - \frac{1}{P_{(2)}} - \dots + \frac{1}{P_{(1)} \cdot P_{(2)}} + \dots)$, eine Formel, die wir in

(9) Abschnitt 1.3. ziemlich "mühsam" hergeleitet haben. Außerdem gilt p.d. (9)

$F(n) = \sum\limits_{t/n} f(t) = \sum\limits_{t/n} (\sum\limits_{t'/t} \mu(t') \cdot F(\frac{t}{t'}))$ und (IV_4) kann nunmehr auch

sozusagen "rückwärts" bestätigt werden, denn $\sum\limits_{t/n} \mu(t) \cdot F(\frac{n}{t}) =$

$\sum\limits_{t/n} \mu(t) \cdot (\sum\limits_{t'/\frac{n}{t}} f(t')) \overset{(IV_4{}^*)}{=} \sum\limits_{(t \cdot t')/n} \mu(t) \cdot f(t') \overset{(IV_4{}^*)}{=}$

(10) $\sum\limits_{t/n} f(t) \cdot M(\frac{n}{t}) \overset{(6)}{=} f(n)$. Für $f(t) = t^k$, $F(n) = \sigma_k(n)$ folgt (10)

$n^k = \sum\limits_{t/n} \mu(t) \cdot \sigma_k(\frac{n}{t})$ $(k \in \mathbb{Z})$ [3] und die Ansätze $f(t) = \varphi(t)$,

---

[1] Wir schreiben nun t statt t'.

[2] $n = \prod\limits_{l=1}^{s} P_{(l)}^{k_l}$

[3] Hier ergibt sich ein bemerkenswerter Zusammenhang mit den Ergebnissen aus Abschnitt 3.5..

$F(n) = n$, $f^*(t) = t$, $F^*(n) = \sigma_1(n)$ ergeben nach (IV_4^*) die Formel

(11)   (11) $\displaystyle\sum_{t/n} \varphi(t) \cdot \sigma_1(\tfrac{n}{t}) = \sum_{t/n} t \cdot \tfrac{n}{t} = n \cdot \sigma_0(n)$ [1] bzw. $\sigma_0(n) =$

Übg.(3.) $\displaystyle\frac{1}{n} \sum_{t/n} \varphi(t) \cdot \sigma_1(\tfrac{n}{t})$. Analog erhalten wir (Übung !) (12) $\sigma_{k-1}(n) =$

(12) $\displaystyle\frac{1}{n} \sum_{t/n} \varphi(t) \cdot \sigma_k(\tfrac{n}{t})$ $(k \in \mathfrak{z})$. Wie wir bereits aus Abschnitt 1.3. wissen,

(13)   ist $\displaystyle\sum_{t/n} f(t) = \sum_{t/n} f(\tfrac{n}{t})$, woraus (13) $\displaystyle\sum_{t/n} f_1(t) \cdot f_2(\tfrac{n}{t}) =$

$\displaystyle\sum_{t/n} f_1(\tfrac{n}{t}) \cdot f_2(t) = $ [2] $\displaystyle\sum_{t/n} f_2(t) f_1(\tfrac{n}{t})$ resultiert. Aus (13) aber

(13')   ergibt sich mit $f_1(t) = f(t)$, $f_2(t) = F^*(t)$ die Aussage (13')

$\displaystyle\sum_{t/n} f(t) \cdot F^*(\tfrac{n}{t}) = \sum_{t/n} F^*(t)\, f(\tfrac{n}{t})$. Die Formeln (9) bis (13') bilden den

(IV_4'') Satz (IV_4'').

Übg.(4.)   Für $n = 4$ bzw. $n = 10$ und $k = 2$ bzw. $k = 3$ ist die Aussage (12)
zu bestätigen, ebenso für $n = 10$ die Aussage (11) und für $n = 10$
und $k = 1$ die Gleichung (10).

MSZ   Falls $f(t) = \log t$ gesetzt wird, resultiert $F(n) = \displaystyle\sum_{t/n} \log t = $

$\displaystyle\log (\prod_{t/n} t) = $ [3] $\dfrac{\sigma_0(n)}{2} \cdot \log n$; so erhalten wir über (IV_4) die Aussage

(14)   (14) $2 \log n$ $(= \log (n^2)) = \displaystyle\sum_{t/n} \mu(t) \cdot \sigma_0(\tfrac{n}{t}) \cdot \log (\tfrac{n}{t})$, sie kann

Übg.(5.)   (Übung !) weiter umgeformt werden. Setzen wir zusätzlich voraus, daß
$f(t)$ positiv für alle t definiert ist und bilden $P(n) = \displaystyle\prod_{t/n} f(t)$,

D   so ergibt sich $\log P(n) = \displaystyle\sum_{t/n} \log (f(t)) \overset{\text{Def.}}{=} \sum_{t/n} f_1(t)$ bzw.

(15_1) (nach (IV_4)) (15_1) $f_1(n) = \log (f(n)) = \displaystyle\sum_{t/n} \mu(t) \cdot \log(P(\tfrac{n}{t}))$ oder

(15_2) (15_2) $f(n) = e^{\sum_{t/n} \mu(t) \cdot \log (P(\frac{n}{t}))} = \displaystyle\prod_{t/n} (P(\tfrac{n}{t})^{\mu(t)})$. Mit (15_2),

---

[1] Hier ergibt sich ein bemerkenswerter Zusammenhang mit den Ergebnissen aus Abschnitt 3.5..

[2] $f_1(t)$, $f_2(t)$ sind zahlentheoretische Funktionen.

[3] nach Abschnitt 1.3.

(15_3) $\qquad$ $f(t) = t$, $P(n) = {}^{1)}\ n^{\frac{\sigma_0(n)}{2}}$ wird (15_3) $n = \prod_{t/n}\left(\left(\frac{n}{t}\right)^{\frac{\sigma_0\left(\frac{n}{t}\right)}{2}\mu(t)}\right) =$

$\prod_{t/n}\left(\prod_{t'/\frac{n}{t}} t'\right)^{\mu(t)}$ oder auch $n^2 = \prod_{t/n}\left(\frac{n}{t}\right)^{\mu(t)\cdot\sigma_0\left(\frac{n}{t}\right)}$ bzw. – über (10)

(15_4) $\qquad$ mit $k = 0$ – (15_4) $\frac{1}{n} = \prod_{t/n} t^{\mu(t)\cdot\sigma_0\left(\frac{n}{t}\right)}$. Schließlich gibt es auch ein

multiplikatives Analogon zu der Formel von Dedekind. Hierfür setzen

wir in (IV_4^*) mit $\lambda(t) > 0$, $\lambda^*(t) > 0$ lediglich $f(t) = \log(\lambda(t))$,

$f^*(t) = \log(\lambda^*(t))$ bzw. $F(n) = \sum_{t/n} \log(\lambda(t)) = \log\left(\prod_{t/n}\lambda(t)\right)$,

$F^*(n) = \log\left(\prod_{t/n}\lambda^*(t)\right)$ und erhalten nach elementarer Umformung

Übg.(6.)
(16) $\qquad$ (Übung !) die Formel (16) $\displaystyle\prod_{t/n}(\lambda(t))^{\sum_{t'/\frac{n}{t}} \log(\lambda^*(t'))} =$

$\displaystyle\prod_{t/n}(\lambda^*(t))^{\sum_{t'/\frac{n}{t}} \log(\lambda(t'))}$

(IV_4''') $\qquad$ Die Formeln (14) bis (16) bilden den Satz (IV_4''') ${}^{2)}$.

Wir wenden uns jetzt der präzisen Umformung von Doppelsummen zu, die
uns in den vorstehenden Betrachtungen begegnet sind, und wollen die
bisherigen Ergebnisse in verschiedenen Richtungen verallgemeinern.

(17) $\qquad$ Zunächst ist (17) $\left(\sum_{\mu=1}^{k} a_\mu\right)\cdot\left(\sum_{\nu=1}^{l} b_\nu\right) = \sum_{1\ 1}^{k\ l}{}_{\mu,\nu}\,(a_\mu b_\nu)$, wobei in der

D $\qquad$ durch (17) definierten Doppelsumme $\sum_{1\ 1}^{k\ l}{}_{\mu,\nu}\,(a_\mu b_\nu)$ die Indizes μ und ν

unabhängig voneinander die Werte 1 bis k bzw. 1 bis l durchlaufen.
Zum Beweis von (17) ist nur zu beachten, daß auf beiden Seiten des
Gleichheitszeichens dieselben Produkte $(a_\mu b_\nu)$ stehen ${}^{3)}$.

Als $\sum_{1\ 1}^{k\ l}{}_{\mu,\nu}\,a_{\mu\nu}$ – eine Doppelsumme doppelt indizierter Größen –

D $\qquad$ definieren wir $(a_{11} + a_{12} + \ldots + a_{1l}) + (a_{21} + a_{22} + \ldots + a_{2l}) + \ldots$

$\ldots + (a_{k1} + a_{k2} + \ldots + a_{kl})$, oder eine Summe von $(k\cdot l)$ Summanden.

${}^{1)}$ nach Abschnitt 1.3.
${}^{2)}$ Die meisten Aussagen der Satzgruppe (IV_4) werden wir als Spezialfälle der folgenden Betrachtungen erneut finden.
${}^{3)}$ Jedes linksstehende Produkt findet sich auch auf der rechten Seite
und jedes rechts auftretende kommt auch auf der linken Seite von
(17) vor.

Durch Anwendung der in Abschnitt 1.1. genannten Axiome und Sätze [1]

erhalten wir dann $\sum\limits_{1\ 1}^{k\ l} a_{\mu\nu} = \sum\limits_{\nu=1}^{l} a_{1\nu} + \sum\limits_{\nu=1}^{l} a_{2\nu} + \ldots + \sum\limits_{\nu=1}^{l} a_{k\nu} =$

$$\sum_{\mu=1}^{k} (\sum_{\nu=1}^{l} a_{\mu\nu}) = (a_{11} + a_{21} + \ldots + a_{k1}) + (a_{12} + a_{22} + \ldots + a_{k2}) + \ldots$$

$$\ldots + (a_{11} + a_{21} + \ldots + a_{kl}) = \sum_{\mu=1}^{k} a_{\mu 1} + \sum_{\mu=1}^{k} a_{\mu 2} + \ldots + \sum_{\mu=1}^{k} a_{\mu l} =$$

(18) $\sum\limits_{\nu=1}^{l} (\sum\limits_{\mu=1}^{k} a_{\mu\nu})$ oder (18) $\sum\limits_{1\ 1}^{k\ l} a_{\mu\nu} = \sum\limits_{\mu=1}^{k} (\sum\limits_{\nu=1}^{l} a_{\mu\nu}) = \sum\limits_{\nu=1}^{l} (\sum\limits_{\mu=1}^{k} a_{\mu\nu})$ [2];

$(\mathbf{IV}_5^{(1)})$ (17) und (18) bilden den Satz $(\mathbf{IV}_5^{(1)})$: Die Elemente $a_{\mu\nu}$ werden wir

i.a. als reelle Funktionswerte einer zahlentheoretischen Funktion

$f(x,y)$ auffassen, die von zwei Variablen abhängt $(f(\mu,\nu) = a_{\mu\nu})$.

Hier und im 5. Kapitel betrachten wir dabei oft Summen der Form

D $\sum\limits_{x_0 < n \leqslant x} f(n)$, dabei werden alle Summanden $f(n)$ summiert, für die

$n \in \mathcal{N}$ und $0 \leqslant x_0 < n \leqslant x$ ($\{x_0, x\} \subset \mathcal{R}_r$). Entsprechend definieren

D wir $\sum\limits_{n \leqslant x} f(n)$ als $\sum\limits_{1 \leqslant n \leqslant x} f(n)$ und schließlich $\sum\limits_{m \cdot n \leqslant x} f(m,n) =$

$$\sum_{m \cdot n \leqslant [x]} f(m,n) = \sum_{n \leqslant x} (\sum_{m \leqslant \frac{x}{n}} f(m,n)) = \sum_{m \leqslant \frac{x}{1}} f(m,1) + \sum_{m \leqslant \frac{x}{2}} f(m,2) + \ldots$$

$\ldots + \sum\limits_{m \leqslant \frac{x}{[x]}} f(m, [x])$ [3]. Hierbei soll außerdem verabredet sein, daß –

falls zwischen x_0 und x keine natürlichen Zahlen liegen –

$$\sum_{x_0 < n \leqslant x} f(n) = 0 \quad \text{bzw. für } 0 < x < 1 \quad \sum_{m \cdot n \leqslant x} f(m,n) = 0 \text{ gilt.}$$

Es ist demnach z.B. für $x = 12{,}5$ $\sum\limits_{m \cdot n \leqslant 12,5} f(m,n) = \sum\limits_{m \cdot n \leqslant 12} f(m,n) =$

$$\sum_{n \leqslant 12} (\sum_{m \leqslant \frac{12}{n}} f(m,n)) = \sum_{m \leqslant 12} f(m,1) + \sum_{m \leqslant 6} f(m,2) + \sum_{m \leqslant 4} f(m,3) +$$

$$\sum_{m \leqslant 3} f(m,4) + \sum_{m \leqslant \frac{12}{5}} f(m,5) + \sum_{m \leqslant 2} f(m,6) + \sum_{m \leqslant \frac{12}{7}} f(m,7) +$$

$$\sum_{m \leqslant \frac{12}{8}} f(m,8) + \sum_{m \leqslant \frac{12}{9}} f(m,9) + \sum_{m \leqslant \frac{12}{10}} f(m,10) + \sum_{m \leqslant \frac{12}{11}} f(m,11) +$$

---

[1] vor allem: Der Wert einer Summe ist unabhängig von der Reihenfolge der Summanden.

[2] (18) wird auch "Umordnungssatz endlicher Doppelreihen" genannt.

[3] $\sum\limits_{m \leqslant \frac{x}{[x]}} f(m, [x]) = f(1, [x])$ gilt hier u.a.

$$\sum_{m \leqslant \frac{12}{12}} f(m,12) = (f(1,1) + f(2,1) + \ldots + f(12,1)) + (f(1,2) + f(2,2) + \ldots$$

$$\ldots + f(6,2)) + (f(1,3) + f(2,3) + f(3,3) + f(4,3)) + (f(1,4) +$$
$$f(2,4) + f(3,4)) + (f(1,5) + f(2,5)) + (f(1,6) + f(2,6)) + f(1,7) +$$
$$f(1,8) + f(1,9) + f(1,10) + f(1,11) + f(1,12).\ \text{Neben}$$

D

$$A = \sum_{n \leqslant x} \left(\sum_{m \leqslant \frac{x}{n}} f(m,n) \right),\ \text{wodurch wir}\ \sum_{m \cdot n \leqslant x} f(m,n)\ \text{definierten,}$$

D

betrachten wir die Summe $B = \sum_{m \leqslant x} \left(\sum_{n \leqslant \frac{x}{m}} f(m,n) \right).$ Sind nun m_0 und n_0

zwei natürliche Zahlen, für die $(m_0 \cdot n_0) \leqslant x$, so gilt $n_0 \leqslant \frac{x}{m_0} \leqslant x$

und $m_0 \leqslant \frac{x}{n_0} \leqslant x$. In A steht $f(m_0, n_0)$ in der n_0-ten Summe an

m_0-ter Stelle, in B dagegen in der m_0-ten Summe und dort an n_0-ter

Stelle. Jeder Summand von A kommt daher in B vor und v.v.; damit gilt

A = B. Außerdem können wir die Summationsindizes n bzw. m durch

m^* bzw. n^* ersetzen und dann wieder statt m^* bzw. n^* die Buchstaben m

bzw. n schreiben. So ergibt sich $A = \sum_{m \cdot n \leqslant x} f(m,n) =$

$$\sum_{n \leqslant x} \left(\sum_{m \leqslant \frac{x}{n}} f(m,n) \right) = \sum_{m^* \leqslant x} \left(\sum_{n^* \leqslant \frac{x}{m^*}} f(n^*, m^*) \right) = \sum_{m \leqslant x} \left(\sum_{n \leqslant \frac{x}{m}} f(n,m) \right)$$

resp. $B = \sum_{m \leqslant x} \left(\sum_{n \leqslant \frac{x}{m}} f(m,n) \right) = \sum_{n \leqslant x} \left(\sum_{m \leqslant \frac{x}{n}} f(n,m) \right)$ und wegen A = B

$(IV_5{}^{(2)})$ folgt schließlich $(IV_5{}^{(2)})$ $\sum_{m \cdot n \leqslant x} f(m,n) = \sum_{n \leqslant x} \left(\sum_{m \leqslant \frac{x}{n}} f(m,n) \right)$ [1] $=$

$$\sum_{m \leqslant x} \left(\sum_{n \leqslant \frac{x}{m}} f(m,n) \right)\ [2] = \sum_{m \leqslant x} \left(\sum_{n \leqslant \frac{x}{m}} f(n,m) \right) = \sum_{n \leqslant x} \left(\sum_{m \leqslant \frac{x}{n}} f(n,m) \right).$$

Es bedeutet dabei die Gleichung A = B mehr als nur eine Umbenennung

der Summationsindizes, da i.a. $f(m,n) \neq f(n,m)$ und die Reihenfolge

der Argumente, nach denen jeweils zuerst summiert wird, sich ändert.

Falls zusätzlich $f(x,y) = f(y,x)$ gilt, ist $(IV_5{}^{(2)})$ dagegen

Übg.(7.) trivial (Übung !).

D

Nun betrachten wir die Summe $C = \sum_{n \leqslant x} \left(\sum_{t/n} f(\frac{n}{t}, t) \right)$ und erhalten

nach dieser Definition für $x = 12{,}5$ z.B. $\sum_{n \leqslant 12,5} \left(\sum_{t/n} f(\frac{n}{t}, t) \right) =$

$$\sum_{n \leqslant 12} \left(\sum_{t/n} f(\tfrac{n}{t}, t) \right) = f(1,1) + (f(\tfrac{2}{1},1) + f(\tfrac{2}{2},2)) + (f(\tfrac{3}{1},1) + f(\tfrac{3}{3},3)) +$$

$$(f(\tfrac{4}{1},1) + f(\tfrac{4}{2},2) + f(\tfrac{4}{4},4)) + (f(\tfrac{5}{1},1) + f(\tfrac{5}{5},5)) + (f(\tfrac{6}{1},1) + f(\tfrac{6}{2},2) +$$

---

[1] $= A$
[2] $= B$

$$f(\tfrac{6}{3},3) + f(\tfrac{6}{6},6)) + (f(\tfrac{7}{1},1) + f(\tfrac{7}{7},7)) + (f(\tfrac{8}{1},1) + f(\tfrac{8}{2},2) + f(\tfrac{8}{4},4) +$$

$$f(\tfrac{8}{8},8)) + (f(\tfrac{9}{1},1) + f(\tfrac{9}{3},3) + f(\tfrac{9}{9},9)) + (f(\tfrac{10}{1},1) + f(\tfrac{10}{2},2) +$$

$$f(\tfrac{10}{5},5) + f(\tfrac{10}{10},10)) + (f(\tfrac{11}{1},1) + f(\tfrac{11}{11},11)) + (f(\tfrac{12}{1},1) + f(\tfrac{12}{2},2) +$$

$$f(\tfrac{12}{3},3) + f(\tfrac{12}{4},4) + f(\tfrac{12}{6},6) + f(\tfrac{12}{12},12)) \quad \text{oder wieder} \quad \sum_{m\cdot n \leqslant 12,5} f(m,n).$$

Steht für $n_0 \in \mathfrak{N}$, $n_0 \leqslant x$, t_0/n_0 in C der Summand $f(\tfrac{n_0}{t_0}, t_0) =$
$f(k_0, t_0)$ wegen $k_0 \cdot t_0 = n_0$), so finden wir diesen auch in A
$(n = t_0, m = k_0)$; die Summe A enthält höchstens - verglichen mit C -
noch zusätzlich Summanden, jedenfalls sämtliche Summanden von C. Ist
umgekehrt $m_1 \cdot n_1 = N_0 \leqslant x$, $(m_1 \in \mathfrak{N}, n_1 \in \mathfrak{N}, N_0 \in \mathfrak{N})$, so steht in A

der Summand $f(m_1, n_1) = f(\tfrac{N_0}{n_1}, n_1)$, den wir somit auch in C finden.

(19)$\qquad$Es haben also die Summen A und C ihre Rollen, die sie bei der vorausgehenden Überlegung einnahmen, vertauscht und es gilt $A = C$ (19).

D$\qquad$Weiter betrachten wir die Summe $D = \sum\limits_{m \leqslant x} (\sum\limits_{t/m} f(t,\tfrac{m}{t})) = {}^{1)}$
$\sum\limits_{n \leqslant x} (\sum\limits_{t/n} f(t,\tfrac{n}{t}))$. Mit den eben verwendeten Bezeichnungen steht

$f(t_0, \tfrac{n_0}{t_0}) = f(t_0, k_0)$ aus D auch in $B = \sum\limits_{m \leqslant x} (\sum\limits_{n \leqslant \frac{x}{m}} f(m,n))$

(für $m = t_0 \leqslant n_0 \leqslant x$) und ebenso kommt $f(m_1, n_1)$ aus B in D als

(20)$\qquad f(m_1, \tfrac{N_0}{m_1})$ vor; es gilt demnach (20) $B = D$ und wegen $(IV_5^{(2)})$

$(IV_5^{(3)})\qquad$ erhalten wir $(IV_5^{(3)}) \sum\limits_{m\cdot n \leqslant x} f(m,n) = \sum\limits_{n \leqslant x} (\sum\limits_{m \leqslant \frac{x}{n}} f(m,n)) =$

$$\sum\limits_{m \leqslant x} (\sum\limits_{n \leqslant \frac{x}{m}} f(m,n)) = \sum\limits_{n \leqslant x} (\sum\limits_{t/n} f(\tfrac{n}{t},t)) = \sum\limits_{n \leqslant x} (\sum\limits_{t/n} f(t,\tfrac{n}{t}))$$

(m.a.W.: $A = B = C = D$).

D$\qquad$Nunmehr definieren wir $A_1 \;{}^{2)} = \sum\limits_{(t \cdot t')/n} f(t,t')$, $B_1 = \sum\limits_{t/n} (\sum\limits_{t'/\frac{n}{t}} f(t,t'))$,

D$\qquad C_1 = \sum\limits_{t'/n} (\sum\limits_{t/\frac{n}{t'}} f(t,t'))$, $D_1 = \sum\limits_{t/n} (\sum\limits_{t'/t} f(\tfrac{t}{t'}, t'))$ und

---

${}^{1)}$ Umbenennung des Summationsindex
${}^{2)}$ A_1 wird vermöge B_1 i.a. definiert.

$D(IV_5^{(4)})$ $E_1 = \sum\limits_{t/n} (\sum\limits_{t'/t} f(t', \tfrac{t}{t'}))$. Unser nächstes Ziel ist es, den Satz $(IV_5^{(4)})$:

$A_1 = B_1 = C_1 = D_1 = E_1$ zu beweisen, den wir zunächst am Beispiel

$n = 12$ bestätigen. Hier gilt $A_1 = f(1,1) + (f(1,2) + f(2,1)) +$

$(f(1,3) + f(3,1)) + (f(1,4) + f(2,2) + f(4,1)) + (f(1,6) + f(2,3) +$

$f(3,2) + f(6,1)) + (f(1,12) + f(2,6) + f(3,4) + f(4,3) + f(6,2) +$

$f(12,1))$, $B_1 = (f(1,1) + f(1,2) + f(1,3) + f(1,4) + f(1,6) + f(1,12)) +$

$(f(2,1) + f(2,2) + f(2,3) + f(2,6)) + (f(3,1) + f(3,2) + f(3,4)) +$

$(f(4,1) + f(4,3)) + (f(6,1) + f(6,2)) + f(12,1)$, $C_1 = (f(1,1) +$

$f(2,1) + f(3,1) + f(4,1) + f(6,1) + f(12,1)) + (f(1,2) + f(2,2) +$

$f(3,2) + f(6,2)) + (f(1,3) + f(2,3) + f(4,3)) + (f(1,4) + f(3,4)) +$

$(f(1,6) + f(2,6)) + f(1,12)$, $D_1 = f(1,1) + (f(\tfrac{2}{1},1) + f(\tfrac{2}{2},2)) +$

$(f(\tfrac{3}{1},1) + f(\tfrac{3}{3},3)) + (f(\tfrac{4}{1},1) + f(\tfrac{4}{2},2) + f(\tfrac{4}{4},4)) + (f(\tfrac{6}{1},1) + f(\tfrac{6}{2},2) +$

$f(\tfrac{6}{3},3) + f(\tfrac{6}{6},6)) + (f(\tfrac{12}{1},1) + f(\tfrac{12}{2},2) + f(\tfrac{12}{3},3) + f(\tfrac{12}{4},4) + f(\tfrac{12}{6},6) +$

$f(\tfrac{12}{12},12))$, $E_1 = f(1,1) + (f(1,\tfrac{2}{1}) + f(2,\tfrac{2}{2})) + (f(1,\tfrac{3}{1}) + f(3,\tfrac{3}{3})) +$

$(f(1,\tfrac{4}{1}) + f(2,\tfrac{4}{2}) + f(4,\tfrac{4}{4})) + (f(1,\tfrac{6}{1}) + f(2,\tfrac{6}{2}) + f(3,\tfrac{6}{3}) + f(6,\tfrac{6}{6})) +$

$(f(1,\tfrac{12}{1}) + f(2,\tfrac{12}{2}) + f(3,\tfrac{12}{3}) + f(4,\tfrac{12}{4}) + f(6,\tfrac{12}{6}) + f(12,\tfrac{12}{12}))$ oder

$(IV_5^{(4)})$ für $n = 12$.

Den allgemeinen Beweis des Satzes $(IV_5^{(4)})$ führen wir folgendermaßen.

(21)   Mit (21) $t_0 \cdot t_0' \cdot q_0 = n$ steht $f(t_0, t_0')$ als Glied der Summe A_1 in

B_1 $(t_0/n, t_0'/\tfrac{n}{t_0}$ bzw. $t_0'/(q_0 \cdot t_0'))$ und in C_1 $(t_0'/n, t_0/\tfrac{n}{t_0'}$

bzw. $t_0/(q_0 \cdot t_0))$. Wegen $(t_0/n, t_0'/\tfrac{n}{t_0}) \leftrightarrow ((t_0 \cdot t_0')/n)$ stehen aber

die Summanden der Summe B_1 bzw. C_1 auch in A_1, damit ist zunächst

$A_1 = B_1 = C_1$. Nach (21) steht aber $f(t_0, t_0')$ (aus A_1) in D_1 für

t/n mit $t = t_0 \cdot t_0'$ und $t' = t_0'$, während alle Summanden von D_1 p.d.

auch in A_1 auftreten $(\tfrac{t}{t'} \cdot t' = t, t/n)$; somit erhalten wir $A_1 = D_1$

Übg.(8.)   und völlig analog (Übung !) ergibt sich $A_1 = E_1$. q.e.d.

(22)   Setzen wir speziell in $(IV_5^{(4)})$ (22) $f(t,t') = f_1(t) \cdot f_2(t')$, so

resultiert $\sum\limits_{t/n} (\sum\limits_{t'/\tfrac{n}{t}} f_1(t) \cdot f_2(t') = \sum\limits_{t'/n} (\sum\limits_{t/\tfrac{n}{t'}} f_1(t) \cdot f_2(t'))$ oder

$\sum\limits_{t/n} f_1(t) \cdot F_2(\tfrac{n}{t}) = \sum\limits_{t'/n} f_2(t') \cdot F_1(\tfrac{n}{t'}) = \sum\limits_{t/n} f_2(t) \cdot F_1(\tfrac{n}{t})$ [1]; die Dede-

kindsche Formel ist somit ein Spezialfall des Satzes $(IV_5^{(4)})$, und

---

[1] $F_\nu(n)$ $(\nu = 1,2)$ sind die zahlentheoretischen Integrale von $f_\nu(t)$.

$(IV_5^{(5)})$ analog folgt mit (22) die Aussage $(IV_5^{(5)})$: $\sum_{t/n} f_1(t)\cdot F_2(\tfrac{n}{t}) =$

$$\sum_{t/n} f_2(t)\cdot F_1(\tfrac{n}{t}) = \sum_{t/n}(\sum_{t'/t} f_1(\tfrac{t}{t'})\cdot f_2(t')) = \sum_{t/n}(\sum_{t'/t} f_1(t')\cdot f_2(\tfrac{t}{t'})).$$

Setzen wir in $(IV_5^{(5)})$ dann $f_1(t) = \mu(t)$, $f_2(t) = F(t)$ [1], so wird

nach der Satzgruppe (IV_4) $f(t) = \sum_{t'/t}\mu(t')\cdot F(\tfrac{t}{t'})$ und es gilt die

(23)   Aussage (23) $\sum_{t/n} f(t) = \sum_{t/n}(\sum_{t'/t}\mu(t')\cdot F(\tfrac{t}{t'})) =$

$$\sum_{t/n}(F(t)\cdot M(\tfrac{n}{t})) \overset{(IV_4')}{=} F(n) = \sum_{t/n}(\sum_{t'/t}(\mu(\tfrac{t}{t'})\cdot F(t'))).$$

Wir wenden uns jetzt einigen Sätzen zu, die in der Mehrzahl auf den amerikanischen Mathematiker H.N.Shapiro (geb. 1922) zurückgehen [2].

Zunächst ist mit $F(n) = \sum_{t/n} f(t)$, $f(n) = \sum_{t/n}\mu(t)\cdot F(\tfrac{n}{t}) =$

$$\sum_{t/n}\mu(t)\cdot(\sum_{t'/\tfrac{n}{t}} f(t')) = \sum_{t/n}(\sum_{t'/\tfrac{n}{t}}\mu(t)\cdot f(t')) \overset{(IV_5^{(4)})}{=}$$

D $$\sum_{(t\cdot t')/n}\mu(t)\cdot f(t') \overset{(IV_5^{(4)})}{=} \sum_{t/n}(\sum_{t'/t}\mu(t')\cdot f(\tfrac{t}{t'})) \overset{Def.}{=} \sum_{t/n} h(t)$$

mit $h(t) = \sum_{t'/t}\mu(t')\cdot f(\tfrac{t}{t'})$. Zu gegebenem $f(x)$ ist demnach $h(x)$

die nach (IV_2) eindeutig erklärte zahlentheoretische Ableitung, dabei

ist p.d. nach (IV_4) sicher $h(n) = \sum_{t/n}\mu(t)\cdot f(\tfrac{n}{t})$. Zu jeder zahlen-

theoretischen Funktion $f(x)$ erhalten wir über $F(x)$ und $h(x)$ die eindeutig definierten zahlentheoretischen Funktionen, die Integral bzw.
Ableitung von $f(x)$ sind.

Ist jetzt $G_1(x)$ eine zahlentheoretische Funktion mit der Ableitung

$g_1(x)$ $(\sum_{t/n} g_1(t) = G_1(n))$, so gilt nach (IV_4) $g_1(n) = \sum_{t/n}\mu(t)\cdot G_1(\tfrac{n}{t})$;

wird dann $f(n)$ durch $\sum_{t/n}\mu(t)\cdot G_1(\tfrac{n}{t})$ definiert, so ist $\sum_{t/n} f(t) =$

$$F(n) = \sum_{t/n}(\sum_{t'/t}\mu(t')\cdot G_1(\tfrac{t}{t'})) \overset{(IV_5^{(5)})}{=} \sum_{t/n} G_1(t)\cdot M(\tfrac{n}{t}) \overset{(IV_4')}{=} G_1(n);$$

aus $f(n) = \sum_{t/n}\mu(t)\cdot G_1(\tfrac{n}{t})$ folgt also $F(n) = G_1(n)$ und (IV_4) ist

$(IV_5^{(6)})$ umkehrbar; das ist die Aussage $(IV_5^{(6)})$.

---

[1] $F(n)$ ist das zahlentheoretische Integral einer zahlentheoretischen Funktion $f(t)$.

[2] Sie wurden um 1950 entdeckt.

22 Schubart

Wir bemerken ausdrücklich, daß für die Aussagen der Satzgruppen (IV_4) und (IV_5) nichts über die Distributivität der auftretenden zahlentheoretischen Funktionen vorausgesetzt wurde. Auch können diese Funktionen durchaus komplexe Funktionswerte besitzen. Wird jetzt $f(x)$ für $0 < x < \infty$ eindeutig komplexwertig erklärt, so nennen wir die

D　　eindeutig definierte Funktion $G(x) = \sum_{n \leqslant x} f(\frac{x}{n})$ das "Shapiro-

Integral von $f(x)$". Mit $G(x)$ bilden wir $\sum_{m \leqslant x} \mu(m) \cdot G(\frac{x}{m}) \overset{p.d.}{=}$

$$\sum_{m \leqslant x} \mu(m) \cdot (\sum_{n \leqslant \frac{x}{m}} f(\frac{x}{m \cdot n})) \overset{(IV_5^{(3)})}{=} \sum_{n \leqslant x} (\sum_{t/n} \mu(t) \cdot f(\frac{x}{n})) = {}^{1)}$$

$$\sum_{n \leqslant x} (f(\frac{x}{n}) \cdot \sum_{t/n} \mu(t)) \overset{p.d.}{=} \sum_{n \leqslant x} f(\frac{x}{n}) \cdot M(n) \overset{(IV_4')}{=} f(x).$$

(24)　　Damit gilt (24) $(G(x) = \sum_{n \leqslant x} f(\frac{x}{n})) \Rightarrow (\sum_{n \leqslant x} \mu(n) \cdot G(\frac{x}{n}) = f(x)).$

Weiter erhalten wir $f(x) = \sum_{m \leqslant x} \mu(m) \cdot G(\frac{x}{m}) = \sum_{n \leqslant x} \mu(n) \cdot G(\frac{x}{n}) =$

$$\sum_{n \leqslant x} (\mu(n) \cdot \sum_{m \leqslant \frac{x}{n}} f(\frac{x}{m \cdot n})) = \sum_{n \leqslant x} (\sum_{m \leqslant \frac{x}{n}} \mu(n) \cdot f(\frac{x}{m \cdot n})) \overset{(IV_5^{(2)})}{=}$$

$$\sum_{m \leqslant x} (\sum_{n \leqslant \frac{x}{m}} \mu(n) \cdot f(\frac{x}{m \cdot n})) \overset{(IV_5^{(2)})}{=} \sum_{n \leqslant x} (\sum_{m \leqslant \frac{x}{n}} \mu(m) \cdot f(\frac{x}{m \cdot n})) = \sum_{n \leqslant x} H(\frac{x}{n}),$$

D　　wenn $H(\frac{x}{n})$ durch $\sum_{m \leqslant \frac{x}{n}} \mu(m) \cdot f(\frac{x}{m \cdot n})$ bzw. $H(x)$ durch $\sum_{n \leqslant x} \mu(n) \cdot f(\frac{x}{n})$

(25)　　definiert wird. Nach der Formel (25) $f(x) = \sum_{n \leqslant x} \mu(n) \cdot G(\frac{x}{n}) =$

D　　$\sum_{n \leqslant x} H(\frac{x}{n})$ bezeichnen wir dann $H(x)$ als die "Shapiro-Ableitung von $f(x)$", analog heißt $f(x)$ "Shapiro-Ableitung von $G(x)$". Bei den hier auftretenden Summen wird über n mit $n \leqslant x$ summiert, es ist also $1 \leqslant \frac{x}{n}$ und für $0 < x < 1$ wird sämtlichen vorkommenden Funktionen der Funktionswert Null zugeordnet ${}^{2)}$. Nun zeigen wir, daß zu gegebenem $G(x)$ ${}^{3)}$ eindeutig eine Shapiro-Ableitung $f(x)$ $(G(x) = \sum_{n \leqslant x} f(\frac{x}{n}))$ existiert. Für $0 < x < 1$ ist p.d. $G(x) = f(x) = 0$;

---

[1] $f(\frac{x}{n})$ kann vor die Klammer gesetzt werden, denn es wird über t summiert.

[2] Wir könnten auch sagen: Für $0 < x < 1$ werden die Funktionswerte nicht benötigt.

[3] analog zu (IV_2)

für $1 \leq x < 2$ wird aus $G(x) = f(x) + f(\frac{x}{2})$,wegen $\frac{x}{2} < 1$ aber

$G(x) = f(x)$; für $2 \leq x < 3$ folgt $G(x) = f(x) + f(\frac{x}{2})$, wobei, da

$1 \leq \frac{x}{2} < \frac{3}{2}$, $f(\frac{x}{2}) = G(\frac{x}{2})$ [1] oder $G(x) - G(\frac{x}{2}) = f(x)$ (für $2 \leq x < 3$).

Wird (I.A.) angenommen, daß $f(x)$ für $0 < x < k$ $(k \in \mathfrak{N})$ eindeutig

definiert ist, so folgt für $k \leq x < k+1$ p.d. $G(x) = f(x) +$

$f(\frac{x}{2}) + \dots + f(\frac{x}{k})$, wobei für $\nu = 2, 3, \dots, k$ dann

$\frac{x}{\nu} \leq \frac{x}{2} < \frac{k+1}{2} < k$ $(k > 1)$ und $f(\frac{x}{\nu})$ bereits eindeutig definiert ist.

Somit erhalten wir $f(x) = G(x) - \sum_{\nu=2}^{k} f(\frac{x}{\nu})$ und damit auch für das

Intervall $k \leq x < k+1$ eine eindeutig definierte Shapiro-Ableitung;

$(IV_6^{(1)})$ das ist die Aussage $(IV_6^{(1)})$.

Gilt mit einer entsprechend [2] definierten Funktion $\widetilde{G}(x)$ die Beziehung

$f(x) = \sum_{n \leq x} \mu(n) \cdot \widetilde{G}(\frac{x}{n})$, so erhalten wir vermöge unserer Definition

$$G(x) = \sum_{n \leq x} f(\frac{x}{n}) = \sum_{n \leq x} (\sum_{m \leq \frac{x}{n}} \mu(m) \cdot \widetilde{G}(\frac{x}{m \cdot n})) \overset{(IV_5^{(3)})}{=}$$

$$\sum_{n \leq x} (\sum_{t/n} \mu(t) \cdot \widetilde{G}(\frac{x}{n})) = \sum_{n \leq x} (\widetilde{G}(\frac{x}{n}) \cdot \sum_{t/n} \mu(t)) = \sum_{n \leq x} \widetilde{G}(\frac{x}{n}) \cdot M(n) = \widetilde{G}(x).$$

Diese Aussage wird auch "2. Umkehrsatz von Moebius-Shapiro" genannt,

$(IV_6^{(2)})$ wobei die Sätze (24) und (25) subsumiert werden. Es gilt $(IV_6^{(2)})$:

Sind $f(x)$, $G(x)$, $H(x)$ eindeutig komplexwertig für $0 < x < \infty$ erklärt,

wobei $f(x) = G(x) = H(x) = 0$ für $0 < x < 1$, so ist genau dann

$G(x) = \sum_{n \leq x} f(\frac{x}{n})$, wenn $f(x) = \sum_{n \leq x} \mu(n) \cdot G(\frac{x}{n})$ und ebenso [3] gilt

$(f(x) = \sum_{n \leq x} H(\frac{x}{n})) \Leftrightarrow (H(x) = \sum_{n \leq x} \mu(n) \cdot f(\frac{x}{n}))$.

D   In Abschnitt 4.2. werden wir die Funktion $F^*(x) = F^*([x]) = \sum_{n \leq x} f(n)$

Übg.(9.) genauer untersuchen. Hier folgt zunächst aus $(IV_5^{(2)})$ sofort (Übung !)

$(IV_6^{(3)})$ $(IV_6^{(3)})$: $\sum_{n \leq x} f_1(n) \cdot F_2^*(\frac{x}{n}) = \sum_{n \leq x} f_2(n) \cdot F_1^*(\frac{x}{n})$ [4].

---

[1] s.e.

[2] eindeutig, komplexwertig

[3] Nach dem eben bewiesenen Satz muß nur $G(x)$ durch $f(x)$ und $f(x)$ durch $H(x)$ ersetzt werden.

[4] In $(IV_5^{(2)})$ ist $f(m,n) = f_1(m) \cdot f_2(n)$ zu setzen.

Im 5. Kapitel werden wir eine Beziehung benötigen, deren Relevanz

$(IV_6^{(4)})$ Shapiro erkannt hat. Es gilt der Satz $(IV_6^{(4)})$: Ist $p^*(n)$ multiplika-

tiv, $p^*(1) = 1$ [1], ferner $f(x)$ eindeutig komplexwertig erklärt, gilt

weiter $G^*(x) = \sum_{n \leqslant x} p^*(n) \cdot f(\frac{x}{n})$, $H^*(x) = \sum_{n \leqslant x} \mu(n) \cdot p^*(n) \cdot f(\frac{x}{n})$, so ist

$$f(x) = \sum_{n \leqslant x} \mu(n) \cdot p^*(n) \cdot G^*(\frac{x}{n}) = \sum_{n \leqslant x} p^*(n) \cdot H^*(\frac{x}{n}). \quad \text{Bew.:}$$

$$\sum_{n \leqslant x} \mu(n) \cdot p^*(n) \cdot G^*(\frac{x}{n}) \overset{\text{p.d.}}{=} \sum_{n \leqslant x} \mu(n) \cdot p^*(n) \cdot (\sum_{m \leqslant \frac{x}{n}} p^*(m) \cdot f(\frac{x}{m \cdot n})) =$$

$$\sum_{n \leqslant x} (\sum_{m \leqslant \frac{x}{n}} \mu(n) \cdot p^*(n) \cdot p^*(m) \cdot f(\frac{x}{m \cdot n})) \overset{\text{n.V.}}{=} \sum_{n \leqslant x} (\sum_{m \leqslant \frac{x}{n}} \mu(n) \cdot p^*(m \cdot n) \cdot f(\frac{x}{m \cdot n}))$$

$$\overset{(IV_5^{(3)})}{=} \sum_{n \leqslant x} (\sum_{t/n} \mu(t) \cdot p^*(n) \cdot f(\frac{x}{n})) = \sum_{n \leqslant x} p^*(n) \cdot f(\frac{x}{n}) \cdot M(n) \overset{(IV_4')}{=} f(x).$$

$$\sum_{n \leqslant x} p^*(n) \cdot H^*(\frac{x}{n}) \overset{\text{p.d.}}{=} \sum_{n \leqslant x} p^*(n) \cdot (\sum_{m \leqslant \frac{x}{n}} \mu(m) \cdot p^*(m) \cdot f(\frac{x}{m \cdot n})) =$$

$$\sum_{n \leqslant x} (\sum_{m \leqslant \frac{x}{n}} p^*(n) \cdot p^*(m) \cdot \mu(m) \cdot f(\frac{x}{m \cdot n})) \overset{\text{n.V.}}{=} \sum_{n \leqslant x} (\sum_{m \leqslant \frac{x}{n}} \mu(m) \cdot p^*(n \cdot m) \cdot f(\frac{x}{m \cdot n}))$$

$$\overset{(IV_5^{(3)})}{=} \sum_{n \leqslant x} (\sum_{t/n} \mu(t) \cdot p^*(n) \cdot f(\frac{x}{n})) \overset{\text{s.o.}}{=} f(x). \quad \text{q.e.d.}$$

Nun betrachten wir einige Funktionen, die bei unseren weiteren Untersuchungen wesentliche Dienste leisten werden. H.v.Mangoldt (1854 bis

1925) definierte die Funktion $\lambda_1(n) = \begin{cases} \log p & (n = p^k) \\ 0 & (n \neq p^k) \end{cases}$, wobei p eine

PZ und $k \in \mathfrak{N}$. Gehen wir jetzt von der summatorischen Funktion
$F(n) = \log n$ aus, so gilt nach (IV_4) für deren Ableitung $f(n) =$

$\sum_{t/n} \mu(t) \cdot \log (\frac{n}{t})$ und es ist [2] $f(p^k) = F(p^k) - F(p^{k-1}) = \log p \overset{\text{p.d.}}{=}$

$\lambda_1(p^k)$. Nun bilden wir $\sum_{t/n} \lambda_1(t) = \Lambda_1(n)$ und es gilt p.d. für

$n = p_{(1)}^{\alpha_1} \cdot p_{(2)}^{\alpha_2} \cdot \ldots \cdot p_{(r)}^{\alpha_r}$ dann $\Lambda_1(n) = \alpha_1 \log p_{(1)} + \alpha_2 \log p_{(2)} + \ldots$

$\ldots + \alpha_r \log p_{(r)} = \log n$. Damit ist $F(n) = \Lambda_1(n)$ und nach (IV_2)

(26)   gilt (26) $f(n) = \lambda_1(n) = \sum_{t/n} \mu(t) \cdot \log (\frac{n}{t}) \geqslant$ [3] 0. Der deutsche

---

[1] also nicht $p^*(n) = 0$ für alle n aus $\mathfrak{N}$ (im 5. Kapitel wird $p^*(n)$
gleich $\chi(n)$ gesetzt)

[2] nach (4) resp. (IV_3)

[3] wegen der Definition von $\lambda_1(n)$

Mathematiker W.Specht (geb. 1907) hat neben $\lambda_1(n)$ noch die Funktion

$$\lambda_2(n) = \sum_{t/n} \mu(t)\cdot\log^2\left(\tfrac{n}{t}\right)$$ definiert [1], die manche Rechnung verein-

fachen hilft.

Mit ihr gilt $\lambda_2(n) = \sum_{t/n} \mu(t)\cdot\log\left(\tfrac{n}{t}\right)\cdot\log\left(\tfrac{n}{t}\right) \overset{(26)}{=}$

$$\sum_{t/n} \mu(t)\cdot\log\left(\tfrac{n}{t}\right)\left(\sum_{t'/\frac{n}{t}} \lambda_1(t')\right) = \sum_{t/n}\left(\sum_{t'/\frac{n}{t}} \mu(t)\cdot\log\left(\tfrac{n\cdot t'}{t\cdot t'}\right)\cdot\lambda_1(t')\right) =$$

$$\left(\sum_{t/n}\left(\sum_{t'/\frac{n}{t}} \mu(t)\cdot\log\left(\tfrac{n}{t\cdot t'}\right)\cdot\lambda_1(t')\right)\right) + \left(\sum_{t'/\frac{n}{t}} \mu(t)\cdot\log t'\cdot\lambda_1(t')\right)$$

$$\overset{(IV_5^{(4)})}{=} \left(\sum_{t'/n}\left(\sum_{t/\frac{n}{t'}} \mu(t)\cdot\log\left(\tfrac{n}{t\cdot t'}\right)\cdot\lambda_1(t')\right)\right) + \left(\sum_{t'/n}\left(\sum_{t/\frac{n}{t'}} \mu(t)\cdot\right.\right.$$

$$\left.\left.\log t'\cdot\lambda_1(t')\right)\right) \overset{p.d.}{=} \left(\sum_{t'/n} \lambda_1\left(\tfrac{n}{t'}\right)\cdot\lambda_1(t')\right) + \left(\sum_{t'/n} \log t'\cdot\lambda_1(t')\cdot\right.$$

$$\left. M\left(\tfrac{n}{t'}\right)\right) \overset{(IV_4')}{=} \left(\sum_{t'/n} \lambda_1\left(\tfrac{n}{t'}\right)\cdot\lambda_1(t')\right) + (\log n)\cdot\lambda_1(n) \quad \text{oder --wegen (26) --}$$

(27_1) die Gleichung (27_1) $\lambda_2(n) = \sum_{t/n} \mu(t)\cdot\log^2\left(\tfrac{n}{t}\right) = \left(\sum_{t/n} \lambda_1\left(\tfrac{n}{t}\right)\cdot\lambda_1(t)\right) +$

(27_2) $(\log n)\cdot\lambda_1(n) \geqslant 0$ und - wegen $(IV_5^{(6)})$ - die Gleichung (27_2)

$$\sum_{t/n} \lambda_2(t) = \Lambda_2(n) = \log^2(n).$$ Die Aussagen (26), (27_1) und (27_2)

(IV_7) bilden den Satz (IV_7).

MSZ   Im folgenden Text, der einige Anwendungen der Moebiusfunktion auf unendliche Reihen enthält, werden verschiedene Sätze der Reihenlehre
benötigt, die wir im Rahmen dieser Darstellung nicht beweisen; sie
finden sich u.a. in dem auf Seite 267 zitierten Buch von K. Knopp.

Wir setzen voraus, daß $S_1(x) = \sum_{t=1}^{\infty} f(x\cdot t)$ für alle $x > 0$ gleich-

mäßig und absolut konvergiert; dann ist $S_1(x\cdot n) = \sum_{t=1}^{\infty} f(x\cdot n\cdot t)$ und

es soll ebenfalls $\sum_{n=1}^{\infty} \mu(n)\cdot S_1(x\cdot n) = \sum_{n=1}^{\infty}\left(\mu(n)\cdot\sum_{t=1}^{\infty} f(x\cdot n\cdot t)\right)$ für

---

[1] $\lambda_1(n)$ resp. $\lambda_2(n)$ werden auch "1. resp. 2. v.-Mangoldtsche Funktion"
genannt.

alle $x > 0$ gleichmäßig und absolut konvergieren. Nach einem Umordnungssatz, der auf den russischen Mathematiker Markoff (1856 bis 1922) zurückgeht, ist dann

$$\sum_{n=1}^{\infty} \left(\mu(n) \cdot \sum_{t=1}^{\infty} f(x \cdot n \cdot t) \right) = \sum_{m=1}^{\infty} \left(\sum_{s/m} \mu(s) \cdot f(x \cdot m) \right)^{1)}.$$

Wir erhalten also - immer unter den genannten Konvergenzvoraussetzungen -

(28) die Beziehung (28)

$$\sum_{n=1}^{\infty} \mu(n) \cdot S_1(x \cdot n) = \sum_{m=1}^{\infty} \left(\sum_{s/m} \mu(s) \cdot f(x \cdot m) \right) = \sum_{m=1}^{\infty} f(x \cdot m) \cdot M(m) = f(x).$$

Auf den wohl berühmtesten Schüler von Gauß, den deutschen Mathematiker

D   B. Riemann (1826 bis 1866) [2], geht die Funktion $\zeta(\alpha) = \sum\limits_{n=1}^{\infty} \dfrac{1}{n^{\alpha}}$

zurück, die auch "Riemannsche ζ-Funktion" heißt und deren Eigenschaften für $\alpha \in \bar{\mathcal{K}}_k$ bis heute noch nicht alle ergründet werden konnten. $\zeta(\alpha)$ ist mit $\alpha \in \bar{\mathcal{K}}_r$ und $\alpha > 1$ sicher wohl definiert (z.B.

$$\zeta(2) = \sum_{n=1}^{\infty} \frac{1}{n^2} = \frac{\pi^2}{6} \text{), während } \zeta(1) = \sum_{n=1}^{\infty} \frac{1}{n} \text{ unendlich ist. In (28)}$$

setzen wir $f(x) = x^{-\alpha}$ $(x > 0, \alpha > 1)$ und erhalten $S_1(x) =$

$$\sum_{t=1}^{\infty} f(x \cdot t) = \sum_{t=1}^{\infty} \frac{1}{x^{\alpha} \cdot t^{\alpha}} = \frac{1}{x^{\alpha}} \cdot \zeta(\alpha) = f(x) \cdot \zeta(\alpha); \; S_1(x \cdot n) = \frac{1}{(n \cdot x)^{\alpha}} \cdot \zeta(\alpha),$$

$$\mu(n) \cdot S_1(x \cdot n) = (n \cdot x)^{-\alpha} \cdot \zeta(\alpha) \cdot \mu(n) = \frac{\mu(n)}{n^{\alpha}} \cdot x^{-\alpha} \cdot \zeta(\alpha), \; \sum_{n=1}^{\infty} \mu(n) \cdot S_1(x \cdot n) =$$

$$\sum_{n=1}^{\infty} \frac{\mu(n)}{n^{\alpha}} x^{-\alpha} \cdot \zeta(\alpha) = x^{-\alpha} \cdot \zeta(\alpha) \cdot \sum_{n=1}^{\infty} \frac{\mu(n)}{n^{\alpha}} \overset{(28)}{=} \sum_{m=1}^{\infty} \left(\sum_{s/m} \mu(s)(x \cdot m)^{-\alpha} \right) =$$

$(\mathrm{IV}_8{}^{(1)})$ $x^{-\alpha}$ bzw. $(\mathrm{IV}_8{}^{(1)})$ $\sum\limits_{n=1}^{\infty} \dfrac{\mu(n)}{n^{\alpha}} = \dfrac{1}{\zeta(\alpha)}$. Aus $(\mathrm{IV}_8{}^{(1)})$ folgt z.B.

$$\sum_{n=1}^{\infty} \frac{\mu(n)}{n^2} = \frac{6}{\pi^2} \text{ und ein zulässiger Grenzübergang }^{3)} \text{ führt zu}$$

$$\sum_{n=1}^{\infty} \frac{\mu(n)}{n} = 0 \quad (\text{da } \zeta(1) \text{ unendlich ist}).$$

Setzen wir mit $0 < k < 1$, $x > 0$ in (28) $f(x) = k^x$, so gilt

$$0 < f(x) < 1 \text{ und } S_1(x) = \sum_{t=1}^{\infty} k(x \cdot t) = \sum_{t=1}^{\infty} (k^x)^t = \frac{k^x}{1 - k^x} \text{ ist sicher}$$

---

1) Auf beiden Seiten dieser Gleichung stehen dieselben Summanden.

2) Zusammen mit K. Weierstraß (1815 bis 1897) bestimmte er wesentlich die Entwicklung der Mathematik in der zweiten Hälfte des 19. Jahrhunderts.

3) Er kann im Rahmen dieser Darstellung nicht begründet werden.

gleichmäßig und absolut konvergent für $x > 0$. Wegen $S_1(x\cdot n) =$
$\dfrac{k^{n\cdot x}}{1-k^{n\cdot x}}$ genügt auch $\sum\limits_{n=1}^{\infty} \mu(n)\cdot S_1(x\cdot n)$ den Konvergenzvoraussetzungen,
die zu (28) führten. Damit gilt für $x > 0$:

$k^x = \sum\limits_{n=1}^{\infty} \dfrac{\mu(n)\cdot k^{n\cdot x}}{1-k^{n\cdot x}}$. Mit $x = 1$ erhalten wir $1 = \sum\limits_{n=1}^{\infty} \dfrac{\mu(n)k^{n-1}}{1-k^n}$.

Diese Reihe konvergiert für $0 \leqslant k < 1$ sicher gleichmäßig und
absolut, daher dürfen wir beide Seiten der letzten Gleichung nach k

integrieren [1]. Mit $0 < x < 1$ ergibt sich $\int\limits_0^x dk =$

$\sum\limits_{n=1}^{\infty} (\int\limits_0^x \dfrac{k^{n-1}}{1-k^n} dk)\cdot \mu(n)$ bzw. $x = \sum\limits_{n=1}^{\infty} \mu(n)\cdot \int\limits_0^x \dfrac{k^{n-1}}{1-k^n} dk =$

$(\mathrm{IV}_8{}^{(2)})$ $- \sum\limits_{n=1}^{\infty} \dfrac{\mu(n)}{n} \log (1-x^n)$ oder $(\mathrm{IV}_8{}^{(2)})$ $e^{-x} = \prod\limits_{n=1}^{\infty} (1-x^n)^{\frac{\mu(n)}{n}}$.

$(\mathrm{IV}_8{}^{(2)})$ ist eine sehr "merkwürdige" Produktdarstellung für e^{-x}
$(0 \leqslant x < 1)$.

4.2. Einige Aussagen der reellen Analysis

Schon in Abschnitt 1.2. haben wir die Reihe $\sum\limits_{n=0}^{\infty} \dfrac{(\alpha x)^n}{n!} = e^{\alpha x}$ benutzt,

(1)   um (1) $\lim\limits_{n\to\infty} (\dfrac{(\alpha x)^n}{n!}) = 0$ für beliebige endliche reelle Werte von α

und x zu erhalten. Wegen $e^{\alpha x} > \dfrac{(\alpha\cdot x)^{N_0}}{N_0!}$ $(0 < \alpha < \infty,\ 0 < x < \infty)$

folgt mit $r < N_0$ [2] $(r \in \mathcal{R}_r)$ $\dfrac{x^r}{e^{\alpha x}} < \dfrac{N_0!}{\alpha^{N_0}\cdot x^{N_0-r}}$ und (wegen

(2) $N_0-r > 0$) demnach (2) $\lim\limits_{x\to\infty} \dfrac{x^r}{e^{\alpha x}} = 0$ $(\alpha > 0,\ \alpha$ sonst beliebig reell).

(3)   Statt (2) können wir auch formulieren: (3) Für alle $x > x_0(\varepsilon)$ ist

$\left|\dfrac{x^r}{e^{\alpha x}}\right| < \varepsilon$ [3]. Setzen wir schließlich $x = \beta\cdot\log t$ $(\beta > 0,\ t > 1)$, so

(4)   erhalten wir (4): Für $t > t_0(\varepsilon)$ ist $\left|\dfrac{(\beta\cdot\log t)^r}{t^{\alpha\beta}}\right| < \varepsilon$ [3] $(\alpha > 0,$

(5) $\beta > 0,\ r \in \mathcal{R}_r)$ bzw. (5) $\lim\limits_{x\to\infty} \dfrac{(\beta \log x)^r}{x^{\alpha\beta}} = 0$. Die Beziehungen (1)

---

[1] die rechte Seite gliedweise

[2] $N_0 \in \mathfrak{N}$ kann dann stets zu vorgegebenem $r \in \mathcal{R}_r$ so gewählt werden.

[3] Hier ist $\varepsilon > 0$ beliebig klein vorgebbar.

(IV_9) bis (5) werden wir im folgenden als (IV_9) zitieren, sie geben Auskunft

über das "Wachstumsverhalten" der Funktionen $e^{\alpha x}$, x^r und $(\log x)^r$.

Ein in der Reihenlehre und in der analytischen Zahlentheorie unentbehrliches Hilfsmittel ist die nach N.H.Abel benannte "abelsche partielle Summation" ("a.p.S."). Dieses Verfahren wird bei Reihen dann oft erfolgreich angewandt, wenn sie sich in der Form $\sum\limits_{n=1}^{\infty} f(n)\cdot g(n)$ [1]

D schreiben lassen. Mit $F^{*}(x) = \sum\limits_{n=1}^{[x]} f(n) = \sum\limits_{n \leqslant x} f(n)$ gilt dann

$F^{*}(k) - F^{*}(k-1) = f(k)$ $(k \in \mathfrak{N},\ 2 \leqslant k)$ und wir erhalten

$$\sum_{n \leqslant x} f(n)\cdot g(n) = \sum_{n \leqslant x} (F^{*}(n) - F^{*}(n-1))\cdot g(n) = {}^{2)} \sum_{n=1}^{[x]} F^{*}(n)\cdot g(n) -$$

$$\sum_{n=1}^{[x]} F^{*}(n-1)\cdot g(n) = {}^{3)} \sum_{n \leqslant x} F^{*}(n)\cdot g(n) - \sum_{n' \leqslant x-1} F^{*}(n')\cdot g(n'+1) = {}^{3)}$$

$$F^{*}([x])\,g([x]) + \sum_{n \leqslant x-1} F^{*}(n)\cdot(g(n) - g(n+1)) = {}^{4)}$$

(IV_{10}) $\left(\sum\limits_{n \leqslant x} F^{*}(n)\cdot(g(n) - g(n+1))\right) + F^{*}([x])\cdot g([x]+1)$ oder (IV_{10})

$$\sum_{n \leqslant x} f(n)\cdot g(n) = \left(\sum_{n \leqslant x} F^{*}(n)\cdot(g(n) - g(n+1))\right) + F^{*}([x])\cdot g([x]+1) =$$

$F^{*}([x])\,g([x]+1) + \sum\limits_{n=1}^{[x]} F^{*}(n)\cdot(g(n) - g(n+1))$. (IV_{10}) wird manchmal auch "Hauptsatz der a.p.S." genannt.

Da nun $\sum\limits_{n \leqslant x} f(n)\cdot g(n)$ die $[x]$-te Partialsumme der unendlichen Reihe

(IV_{10}') $\sum\limits_{n=1}^{\infty} f(n)\cdot g(n)$ definiert, so folgt u.a. der Satz (IV_{10}'): Gilt

$|F^{*}(x)| < C < \infty$ für alle $x > 0$ und ist außerdem $\lim\limits_{x \to \infty} g(x) = 0$,

ferner $\sum\limits_{n=1}^{\infty} |g(n) - g(n+1)|$ konvergent, so konvergiert

$\sum\limits_{n=1}^{\infty} f(n)\cdot g(n)$. Bew.: Da aus der Beschränktheit der Partialsummen

$\sum\limits_{n=1}^{N} |g(n) - g(n+1)|$, die zu $\sum\limits_{n=1}^{\infty} |g(n) - g(n+1)|$ gehören, bereits die

Konvergenz dieser Reihe folgt - die Partialsummen bilden eine monoton

---

[1] Auch in diesem Abschnitt werden i.a. nur zahlentheoretische Funktionen betrachtet.

[2] mit $F^{*}(0) = 0$ (p.d.)

[3] Der Summationsindex wird umbenannt.

[4] Es wird addiert: $0 = F^{*}([x])\cdot g([x]+1) - F^{*}([x])\cdot g([x]+1)$.

wachsende Folge, die sicher dann konvergiert, wenn sie beschränkt bleibt –, so genügt es, $\sum_{n \leq x} |g(n) - g(n+1)| \leq C_1 < \infty$ für alle x vorauszusetzen. Sind nun N_1 und N_2 zwei natürliche Zahlen $(N_1 < N_2)$ derart, daß $\sum_{n=N_1+1}^{\infty} |g(n) - g(n+1)| < \frac{\varepsilon}{2 \cdot C}$ $(|F^*(x)| < C)$, wobei die Existenz eines solchen N_1 aus der Konvergenz von $\sum |g(n) - g(n+1)|$ resultiert [1], und ist ferner N_2 so groß, daß für $x > N_2+1$

$|g(N_2+1)| < \frac{\varepsilon}{4 \cdot C}$ (hier folgt die Existenz aus $\lim_{x \to \infty} g(x) = 0$), so ist mit $N = \text{Max}(N_1, N_2)$ und $N' > N$ $(N' \in \mathfrak{N})$ weiter $|S_{N'} - S_N| =$

$$\left| \sum_{n=1}^{N'} f(n) \cdot g(n) - \sum_{n=1}^{N} f(n) \cdot g(n) \right| \stackrel{(IV_{10})}{=} \left| \left(\sum_{n=N+1}^{N'} F^*(n) \cdot (g(n) - g(n+1)) \right) - \right.$$

$$\left. F^*(N) \cdot g(N+1) + F^*(N') \cdot g(N'+1) \right| \leq^{[2]} \left| \sum_{n=N+1}^{N'} F^*(n) \cdot (g(n) - g(n+1)) \right| +$$

$$\left| F^*(N) \cdot g(N+1) \right| + \left| F^*(N') \cdot g(N'+1) \right| < \frac{C \cdot \varepsilon}{2 \cdot C} + \frac{C \cdot \varepsilon}{4 \cdot C} + \frac{C \cdot \varepsilon}{4 \cdot C} = \varepsilon \,, \text{ woraus nach}$$

dem Konvergenzprinzip [3] von Cauchy (1789 bis 1857) die Konvergenz der Reihe $\sum_{n=1}^{\infty} f(n) \cdot g(n)$ folgt. q.e.d.

Übg.(10.) Es soll über (IV_{10}) und (IV_{10}') das Konvergenzkriterium von Leibniz (1646 bis 1716) für alternierende Reihen bewiesen werden. Es lautet: Gilt für positive reelle Zahlen $a_1, a_2, a_3, \ldots, a_n, \ldots$ $\lim_{n \to \infty} a_n = 0$,

ferner $a_1 > a_2 > a_3 > \ldots$, so ist $\sum_{n=1}^{\infty} (-1)^{n+1} \cdot a_n$ konvergent.

Nun wollen wir zwei sehr nützliche Bezeichnungen kennenlernen, die erstmals der deutsche Mathematiker E. Landau (1877 bis 1938) definierte, und dann zur Untersuchung unendlicher Reihen die Theorie der Riemannschen [4] Integrale heranziehen. Mit Landau definieren wir:

D
$h_1(x) = \mathcal{O}(h_2(x))$ bedeutet: $h_1(x)$ ist für $0 \leq x_0 < x < \infty$ eindeutig komplexwertig erklärt, außerdem ist $h_2(x) > 0$ eindeutig reell erklärt für $0 \leq x_0 < x < \infty$, außerdem existiert ein C_1 mit $0 < C_1 < \infty$ derart, daß $|h_1(x)| < C_1 \cdot h_2(x)$ für $0 \leq x_0 < x < \infty$.

---

[1] wie z.B. in dem bereits in Abschnitt 1.1. zitierten Buch von M. Barner nachgelesen werden kann

[2] $|a+b+c| \leq |a|+|b|+|c|$, wenn a, b, c zu $\tilde{\mathfrak{K}}_k$ gehören

[3] das z.B. in dem bereits in Abschnitt 1.1. zitierten Buch von M. Barner nachgelesen werden kann

[4] Der Riemannsche Integralbegriff ist dem Leser bereits aus der gymnasialen Mathematik bekannt; er wird dort einfach als "Integral" bezeichnet.

D   Ebenfalls nach Landau definieren wir: $h_1(x) = o(h_2(x))$ bedeutet:

Unter den gleichen Voraussetzungen wie eben gilt $\lim\limits_{x\to\infty} \dfrac{|h_1(x)|}{h_2(x)} = 0$

resp. für $x > x_1(\varepsilon)$: $\left|\dfrac{h_1(x)}{h_2(x)}\right| < \varepsilon$.

D O und o werden auch "Landau-Symbole" genannt. Nach (IV_9) ist z.B.

$x^r = o(e^x)$, $\log x = o(x)$; wegen $x^2 + 1 \leqslant 2x^2$ (für $x \geqslant 1$) ist
$x^2 + 1 = O(x^2)$ $(x_0 = 1)$.

Über diese Landausymbole sollen nun einige für später wichtige Aussagen hergeleitet werden, die sich auch in vielen anderen mathematischen Teilgebieten als außerordentlich praktikabel erwiesen haben.

$(IV_{11}{}^{(1)})$ Zunächst gilt $(IV_{11}{}^{(1)})$: $(h_1(x) = o(h_2(x)) \Rightarrow (h_1(x) = O(h_2(x)))$.
Die Umkehrung dieses Satzes ist sicher falsch, denn (s.o.)

$x^2+1 = O(x^2)$, aber wegen $\lim\limits_{x\to\infty} \dfrac{x^2+1}{x^2} = 1$ ist sicher (x^2+1) nicht

gleich $o(x^2)$. Bew.: Wegen (n.V.) $\lim\limits_{x\to\infty} \dfrac{|h_1(x)|}{h_2(x)} = 0$ ist für

$x > x_0(\tfrac{1}{2})$ auch $\left|\dfrac{h_1(x)}{h_2(x)}\right| = \dfrac{|h_1(x)|}{h_2(x)} < \tfrac{1}{2}$, was aber $|h_1(x)| < \tfrac{1}{2} h_2(x)$

resp. $h_1(x) = O(h_2(x))$ bedeutet. q.e.d. Weiter beweisen wir:

$(IV_{11}{}^{(2)})$ $(IV_{11}{}^{(2)})$ $(h_\nu(x) = o(h^*(x))$ $(\nu = 1, 2, \ldots, 1)) \Rightarrow (\sum\limits_{\nu=1}^{1} h_\nu(x) =$

$o(h^*(x)))$. Bew.: N.V. ist für $x > x_{0_\nu}(\tfrac{\varepsilon}{1})$ zunächst $\dfrac{|h_\nu(x)|}{h^*(x)} < \tfrac{\varepsilon}{1}$;

dann gilt mit $x_0 = \text{Max}(x_{0_1}, x_{0_2}, \ldots, x_{0_1})$ für $x > x_0$ aber

$$\dfrac{\left|\sum\limits_{\nu=1}^{1} h_\nu(x)\right|}{h^*(x)} \leqslant \sum\limits_{\nu=1}^{1} \left|\dfrac{h_\nu(x)}{h^*(x)}\right| < \tfrac{\varepsilon}{1} \cdot 1 = \varepsilon. \quad \text{q.e.d.}$$

Übg.(11.) Ähnlich (Übung !) beweist sich auch der Satz $(IV_{11}{}^{(3)})$: Aus

$(IV_{11}{}^{(3)})$ $h_\nu(x) = O(h_\nu{}^*(x))$ $(\nu = 1, 2, \ldots, 1)$ folgen die Gleichungen

$$\sum\limits_{\nu=1}^{1} h_\nu(x) = O(\sum\limits_{\nu=1}^{1} h_\nu{}^*(x)), \quad \prod\limits_{\nu=1}^{1} h_\nu(x) = O(\prod\limits_{\nu=1}^{1} h_\nu{}^*(x)).$$

$(IV_{11}{}^{(4)})$ Schließlich beweisen wir noch die Aussage $(IV_{11}{}^{(4)})$: Ist unter den 1
Funktionen $h_\nu(x)$ $(\nu = 1, 2, \ldots, 1)$ eine (o.B.d.A. $h_1(x)$) gleich
$o(h^*(x))$, und gilt weiter $h_\nu(x) = O(1)$ (also o.B.d.A.

$\nu = 2, 3, \ldots, 1)$, so ist $\prod\limits_{\nu=1}^{1} h_\nu(x) = o(h^*(x))$.

Bew.: N.V. ist $\left|\prod_{\nu=1}^{1} h_\nu(x)\right| = |h_1(x)| \cdot \left|\prod_{\nu=2}^{1} h_\nu(x)\right| \leqslant |h_1(x)| \cdot \left|\prod_{\nu=2}^{1} c_\nu\right|$

(für $x > x_0 = \text{Max} (x_{0_\nu}, \nu = 2, 3, \ldots, 1)$) und weiter

$$\frac{\left|\prod_{\nu=1}^{1} h_\nu(x)\right|}{h^*(x)} \leqslant c_1^* {}^{1)} \cdot \left|\frac{h_1(x)}{h^*(x)}\right| < \varepsilon \quad \text{für} \quad x > x_1, \text{ wenn nur n.V.}$$

$$\left|\frac{h_1(x)}{h^*(x)}\right| < \frac{\varepsilon}{c_1^*} \quad \text{für} \quad x > x_1. \quad \text{q.e.d.}$$

Nun wenden wir uns zwei Aussagen zu, von denen eine das sogenannte

$(IV_{12}{}^{(1)})$ Integralkriterium für Reihen [2] als Spezialfall enthält. $(IV_{12}{}^{(1)})$:

Ist $f(x)$ für $x \geqslant 1$ reellwertig, eindeutig und positiv und weiter

für $1 \leqslant x_0 \leqslant x$ [3] monoton wachsend ($f(x) \leqslant f(y)$ für $x < y < \infty$),

schließlich $f(x+1) = \mathcal{O}(f(x))$ für $1 \leqslant x_0 < x < \infty$, so gilt $F^*(x) =$

$(IV_{12}{}^{(2)})$ $\displaystyle\sum_{n \leqslant x} f(n) = \int_1^x f(t)dt + \mathcal{O}(f(x))$ [4]. $(IV_{12}{}^{(2)})$: Ist $f(x)$ für $x \geqslant 1$

reellwertig, $\displaystyle\int_1^{x_0} f(t)dt$ existent, ferner $f(x) > 0$ für $1 \leqslant x_0 \leqslant x$,

außerdem $\displaystyle\lim_{x \to \infty} f(x) = 0$ und schließlich $f(x) \geqslant f(y)$ für

$x \leqslant y < \infty$, so ist $\displaystyle\lim_{x \to \infty} \left(\sum_{n \leqslant x} f(n) - \int_1^x f(t)dt\right)^{4)} = a_1$ $(a_1 \in \mathcal{R}_r)$ und

$F^*(x) = \displaystyle\sum_{n \leqslant x} f(n) = \int_1^x f(t)dt + a_1 + \mathcal{O}(f(x))$ [5]. Bew.: Für $(IV_{12}{}^{(1)})$

---

1) $c_1^* = \left|\prod_{\nu=2}^{1} c_\nu\right|$

2) Ist $f(x_1) \geqslant f(x_2)$ für $1 \leqslant x_1 < x_2$, ferner $\displaystyle\lim_{x \to \infty} f(x) = 0$ und
stets $f(x) \geqslant 0$, für $1 \leqslant x$, so konvergiert oder divergiert das
uneigentliche Integral $\displaystyle\int_1^\infty f(x)dx$ gleichzeitig mit $\displaystyle\sum_{n=1}^\infty f(n)$.

3) In $(IV_{12}{}^{(1)})$ und $(IV_{12}{}^{(2)})$ ist x_0 eine feste von $f(x)$ abhängige
Schranke.

4) Die Existenz des Integrals folgt aus der Monotonie der Integranden-
funktion (was jeder Darstellung der Integralrechnung entnommen
werden kann); meistens sind die bei uns vorkommenden Funktionen
stetig, also a fortiori integrierbar; $\displaystyle\int_1^{[x_0]+1} f(t)dt$ soll ebenfalls
existieren.

5) Von diesen beiden Behauptungen folgt, wie wir zeigen werden, die
erste aus der zweiten, aber nicht v.v..

bilden wir $F^*(x) - \int_1^x f(t)dt = \sum_{n \leqslant x_0} f(n) + \sum_{x_0 < n \leqslant x} f(n) -$

$\int_1^{[x_0]+1} f(t)dt - \int_{[x_0]+1}^{[x]+1} f(t)dt + \int_x^{[x]+1} f(t)dt$, da bekanntlich für

$a < b < c$ und integrierbares $f(x)$: $\int_a^b f(x)dx + \int_b^c f(x)dx = \int_a^c f(x)dx$,

$\int_a^b f(x)dx = - \int_b^a f(x)dx$. Aus der vorletzten Gleichung folgt weiter

$F^*(x) - \int_1^x f(t)dt = \sum_{n \leqslant x_0} f(n) + \sum_{x_0 < n \leqslant x} f(n) - (\int_1^{[x_0]+1} f(t)dt +$

$\sum_{x_0 < n \leqslant x} \int_n^{n+1} f(t)dt + \int_{[x]+1}^x f(t)dt)$. N.V. ist hier $\sum_{n \leqslant x_0} f(n) -$

$\int_1^{[x_0]+1} f(t)dt$ eine endliche reelle Konstante γ ; mit $\gamma = \mathcal{O}(1)$

erhalten wir $F^*(x) - \int_1^x f(t)dt = \mathcal{O}(1) + (\sum_{x_0 < n \leqslant x} (f(n) -$

$\int_n^{n+1} f(t)dt)) + \int_x^{[x]+1} f(t)dt$. Wegen $\int_x^{[x]+1} f(t)dt \overset{1)}{=} \bar{\mu} ([x]+1-x) \leqslant$

$\bar{\mu} \leqslant f([x]+1) \overset{n.V.}{<} f(x+1) \overset{n.V.}{=} \mathcal{O}(f(x))$ gilt $F^*(x) - \int_1^x f(t)dt =$

$\mathcal{O}(1) + \mathcal{O}(f(x)) + \sum_{x_0 < n \leqslant x} (f(n) - \int_n^{n+1} f(t)dt)$. Nun ist aber

$\int_n^{n+1} f(t)dt - f(n) = \int_n^{n+1} (f(t) - f(n))dt \;^{2)}$ mit

(6)   (6) $^{3)}$ $0 \leqslant \int_n^{n+1} (f(t) - f(n))dt \leqslant \int_n^{n+1} (f(n+1) - f(n))dt = f(n+1) - f(n)$

(7)   und aus (6) resultiert (7) $0 \leqslant \sum_{x_0 < n \leqslant x} (\int_n^{n+1} f(t)dt - f(n)) \leqslant$

$^{1)}$ Das ist der 1. Mittelwertsatz der Integralrechnung: $a < b$, $\int_a^b f(t)dt = \bar{\mu}(b-a)$, wobei $\bar{\mu}$ ein Wert zwischen dem Maximum und Minimum der Funktionswerte von $f(x)$ für $a \leqslant x \leqslant b$.

$^{2)}$ $f(n) = \int_n^{n+1} f(n)dt = f(n) \cdot \int_n^{n+1} dt = f(n) \cdot 1$

$^{3)}$ Mit $a < b$, $h_1(t) \leqslant h_2(t)$ ist bekanntlich $0 \leqslant \int_a^b (h_2(t) - h_1(t))dt$

bzw. $(h_3(t) \geqslant 0) \Rightarrow (\int_a^b h_3(t)dt \geqslant 0)$.

$$\sum_{x_0 < n \leqslant x} (f(n+1) - f(n)) = f([x]+1) - f([x_0]+1) <^{1)} f(x+1) \overset{n.V.}{=}$$

$\mathcal{O}(f(x))$. Damit wird $F^*(x) - \int_1^x f(t)dt = \mathcal{O}(1) + \mathcal{O}(f(x)) + \mathcal{O}(f(x))$,

wobei **wegen** $\gamma = \mathcal{O}(1)$ auch $|\gamma| \leqslant D \cdot f(x_0)$ (D eine reelle positive

Konstante) also $\gamma = \mathcal{O}(1) = \mathcal{O}(f(x))$ (da $f(x_0) \leqslant f(x)$ n.V.).

Wegen $(IV_{11}{}^{(3)})$ ist aber $\mathcal{O}(f(x)) + \mathcal{O}(f(x)) + \mathcal{O}(f(x)) = \mathcal{O}(3f(x)) \overset{p.d.}{=}$

$\mathcal{O}(f(x))$ und $(IV_{12}{}^{(1)})$ bewiesen.

Beim Beweis von $(IV_{12}{}^{(2)})$ gehen wir analog vor und betrachten wieder

$F^*(x) - \int_1^x f(t)dt$. Wird nun statt γ im Beweis von $(IV_{12}{}^{(1)})$ für

$(F^*([x_0]) - \int_1^{[x_0]+1} f(t)dt)$ die reelle Konstante a_2 geschrieben, so

(8)   erhalten wir zunächst (8) $F^*(x) - \int_1^x f(t)dt = a_2 +$

$(\sum_{x_0 < n \leqslant x} \int_n^{n+1} (f(n) - f(t))dt) + \int_x^{[x]+1} f(t)dt;$ dabei hängt in (8)

die Konstante a_2 nur von x_0 und $f(x)$ ab. Weiter gilt

(9) $0 \leqslant \int_x^{[x]+1} f(t)dt \leqslant ([x]+1-x) \cdot f(x) \leqslant 1 \cdot f(x)$ oder (9) $\int_x^{[x]+1} f(t)dt =$

$\mathcal{O}(f(x))$. Wegen $f(n) \geqslant f(t)$ für $n \leqslant t \leqslant n+1$ ist

$0 \leqslant \sum_{x_0 < n \leqslant x} \int_n^{n+1} (f(n) - f(t))dt \leqslant \sum_{x_0 < n \leqslant x} \int_n^{n+1} (f(n) - f(n+1))dt =$

$\sum_{x_0 < n \leqslant x} (f(n) - f(n+1)) = f([x_0]+1) - f([x]+1) \leqslant f([x_0]+1).$ Mit

$\int_n^{n+1} (f(n) - f(t))dt = \alpha_n \geqslant 0$ ist daher $\sum_{x_0 < n \leqslant x} \alpha_n$ durch $f([x_0]+1)$

nach oben beschränkt und die Reihe $\sum_{x_0 < n \leqslant x} \alpha_n$ für $x \to \infty$ konver-

gent; es gilt $\lim_{x \to \infty} (\sum_{x_0 < n \leqslant x} (\int_n^{n+1} (f(n) - f(t))dt) = a_3 \geqslant 0$ und

wegen $\lim_{x \to \infty} \mathcal{O}(f(x)) = 0$ (n.V.) folgt schließlich $\lim_{x \to \infty} (F^*(x) -$

$\int_1^x f(t)dt) = a_2 + a_3 = a_1 {}^{2)}$. Weiter ist $0 \leqslant a_3 - \sum_{x_0 < n \leqslant x} (\int_n^{n+1} (f(n) -$

$^{1)}$ Da n.V. $f([x_0]+1) > 0$ und $f(x)$ monoton wächst.

$^{2)}$ Diese Konstante a_1 ist i.a. eine andere Zahl als die beim Beweis

von $(IV_{12}{}^{(1)})$ ebenso bezeichnete Größe.

$$f(t))dt) = \sum_{x < n} \left(\int_n^{n+1} (f(n) - f(t))dt \right) \leqslant \sum_{x < n} \left(\int_n^{n+1} (f(n) - f(n+1))dt \right) =$$

(10) $$\lim_{m \to \infty} (f([x]+1) - f([x]+m)) \overset{n.V.}{\leqslant} f([x]+1) \leqslant f(x) \quad \text{oder} \quad (10)$$

$$0 \leqslant \sum_{x_0 < n \leqslant x} \left(\int_n^{n+1} (f(n) - f(t))dt \right) \leqslant a_3 + f(x).$$

Aus (10) folgt in Verbindung mit (8) und (9) aber schließlich

$$\sum_{x_0 < n \leqslant x} \left(\int_n^{n+1} (f(n) - f(t))dt \right) = a_3 + \mathcal{O}(f(x)), \quad F^*(x) - \int_1^x f(t)dt =$$

$$a_2 + a_3 + \mathcal{O}(f(x)) + \mathcal{O}(f(x)) \overset{(IV_{11}^{(3)})}{=} a_1 + \mathcal{O}(f(x)). \quad q.e.d.$$

D   In einigen Fällen wird statt $F^*(x) = \sum_{n \leqslant x} f(n)$ die Funktion

$\tilde{F}^*(x) = \sum_{n < x} f(n)$ in spätere Untersuchungen eingehen. Für nicht

ganzzahliges x ist p.d. $F^*(x) = \tilde{F}^*(x)$ und für $x = [x]$ gilt
$\tilde{F}^*(x) + f([x]) = F^*(x)$. Dann wird aus $(IV_{12}^{(1)})$ $\tilde{F}^*(x) + f([x]) =$

$\int_1^x f(t)dt + \mathcal{O}(f(x))$ bzw. $\tilde{F}^*(x) = \int_1^x f(t)dt + \mathcal{O}(f(x)) - f([x])$

und da n.V. $f([x]) \leqslant f(x)$ bzw. $f([x]) = \mathcal{O}(f(x))$, führt nun

(11) $(IV_{11}^{(3)})$ zu der Aussage (11) $\tilde{F}^*(x) = \int_1^x f(t)dt + \mathcal{O}(f(x))$. In

$(IV_{12}^{(2)})$ erhalten wir entsprechend $\tilde{F}^*(x) = \int_1^x f(t)dt + a_1 +$

$$\mathcal{O}(f(x)) - f([x]) \overset{p.d.}{=} a_1 + \mathcal{O}(f(x)) - \mathcal{O}(f(x)) + \int_1^x f(t)dt \overset{(IV_{11}^{(3)})}{=}$$

(12) $\int_1^x f(t)dt + a_1 + \mathcal{O}(f(x))$ und mit $\lim_{x \to \infty} f(x) = 0$ folgt auch (12)

$(IV_{12}^{(3)})$ $\lim_{x \to \infty} (F^*(x) - \int_1^x f(t)dt) = a_1$. Das ist die Aussage $(IV_{12}^{(3)})$: In

$(IV_{12}^{(\nu)})$ $(\nu = 1, 2)$ kann $F^*(x) = \sum_{n \leqslant x} f(n)$ durch $\tilde{F}^*(x) = \sum_{n < x} f(n)$

ersetzt werden.

Zum Abschluß dieses Abschnittes wenden wir die Satzgruppe (IV_{12}) auf
spezielle Funktionen $f(x)$ an.
Wird in $(IV_{12}^{(1)})$ $f(x) = 1$ (für alle $x > 0$) gesetzt, so folgt

$$\sum_{n \leqslant x} 1 = \int_1^x dx + \mathcal{O}(1) = x - 1 + \mathcal{O}(1) = [x] + (x - [x]) - 1 + \mathcal{O}(1) \leqslant$$

(13) $[x] + \mathcal{O}(1)$ oder (13) $\sum_{n \leqslant x} 1 = [x] + \mathcal{O}(1) = x + \mathcal{O}(1)$, wobei $|\mathcal{O}(1)| < 1$.

Mit $f(x) = \log x$ wird wegen $\log (x+1) = \log x + \log (1+\frac{1}{x}) \leqslant$ [1]

$\log x + \log x = 2 \log x = \mathcal{O}(\log x)$ in $(IV_{12}^{(1)})$ mit $x_0 = 2$;

$$\sum_{n \leqslant x} \log n = \int_1^x \log t \, dt + \mathcal{O}(\log x) = ^{2)} \left[t \log t - t \right]_{t=1}^{t=x} + \mathcal{O}(\log x) =$$

(14) $x \log x - x + 1 + \mathcal{O}(\log x)$, also (14) $\displaystyle\sum_{n \leqslant x} \log n = x \log x - x +$

$\mathcal{O}(\log x)$.

Übg.(12.) Über $(IV_{12}^{(1)})$ bzw. (14) ist $n!$ nach oben und unten abzuschätzen.

D

Analog erhalten wir mit $f(x) = \log^2 x$ wegen der Formel

$(u(x) \cdot v(x))' = u'(x) \cdot v(x) + u(x) \cdot v'(x)$ bzw. der Produktintegration

$\int u'(x) \cdot v(x) dx = u(x) \cdot v(x) - \int u(x) \cdot v'(x) dx$ ^{3)} zunächst $\int \log^2 x \, dx =$

$x \cdot \log^2 x - 2 \int \log x \, dx = x \log^2 x - 2(x \cdot \log x - x) = x \log^2 x - 2x \log x +$

(15) $2x$ oder (15) $\displaystyle\sum_{n \leqslant x} \log^2 n = x \log^2 x - 2x \log x + 2x - 2 + \mathcal{O}(\log^2 x)$ $\overset{(IV_{11}^{(3)})}{=}$

$x \log^2 x + 2x - 2x \log x + \mathcal{O}(\log^2 x)$.

Weiter betrachten wir das Shapiro-Integral der Funktion $\log x$, also

$$\sum_{n \leqslant x} \log \frac{x}{n} = \sum_{n \leqslant x} (\log x - \log n) = (\log x) \cdot \left(\sum_{n \leqslant x} 1\right) - \sum_{n \leqslant x} \log n$$

$\overset{(13)(14)}{=}$ $\log x \, (x + \mathcal{O}(1)) - x \log x + x + \mathcal{O}(\log x)$ $\overset{(IV_{11}^{(3)})}{=}$

(16) $x + \mathcal{O}(\log x)$ und erhalten (16) $\displaystyle\sum_{n \leqslant x} \log \frac{x}{n} = x + \mathcal{O}(\log x)$. Für das

Shapiro-Integral der Funktion $\log^2 x$ ergibt sich analog $\displaystyle\sum_{n \leqslant x} \log^2 \left(\frac{x}{n}\right) =$

$$\sum_{n \leqslant x} (\log x - \log n)^2 = \sum_{n \leqslant x} (\log^2 x - 2 \log x \log n + \log^2 n) =$$

$(\log^2 x)\left(\displaystyle\sum_{n \leqslant x} 1\right) - 2 \log x \left(\displaystyle\sum_{n \leqslant x} \log n\right) + \displaystyle\sum_{n \leqslant x} \log^2 n$ $\overset{(13)(14)(15)}{=}$

$\log^2 x \, (x + \mathcal{O}(1)) - 2 \log x \, (x \log x - x + \mathcal{O}(\log x)) +$

$(x \log^2 x + 2x - 2x \log x + \mathcal{O}(\log^2 x))$ $\overset{(IV_{11}^{(3)})}{=}$ $2x + \mathcal{O}(\log^2 x)$

(17)   bzw. (17) $\displaystyle\sum_{n \leqslant x} \log^2 \left(\frac{x}{n}\right) = 2x + \mathcal{O}(\log^2 x)$.

---

[1] für $x \geqslant 2$

[2] $(x \log x - x)' = \log x$; $\left[f(t) \right]_{t=a}^{t=b}$ bedeutet hier und in analogen Fällen die Differenz der unbestimmten Integralwerte an der oberen bzw. unteren Grenze.

[3] Hier stehen die sogenannten "unbestimmten Integrale".

$(IV_{13}^{(1)})$ Die Aussagen (13) bis (17) subsumieren wir dem Satz $(IV_{13}^{(1)})$.

Übg.(13.) Welche symptotischen Gleichungen $f_1(x) \sim f_2(x)$ (o.w.d.i.

$$\lim_{x \to \infty} \frac{f_1(x)}{f_2(x)} = 1)$$ ergeben sich aus $(IV_{13}^{(1)})$ [1] ?

Für den weiteren Text dieses und des folgenden Kapitels werden oft Bezeichnungen für reelle (endliche) Konstante benötigt. $(a_\nu, a_{(\nu)}, c_\nu$ o.ä.). Um die Schreibweise nicht unnötig zu komplizieren, wird dann – bei verschiedenen Beweisen – oft die gleiche Bezeichnung für verschiedene reelle Konstanten – wie schon beim Beweis von $(IV_{12}^{(1)})$ und $(IV_{12}^{(2)})$ – benutzt werden.

Setzen wir in $(IV_{12}^{(2)})$ $f(x) = \frac{1}{x^\alpha}$ (α reell positiv), so erhalten wir

$$\sum_{n \leq x} \frac{1}{n^\alpha} = \int_1^x \frac{dt}{t^\alpha} + a_{(\alpha)} + \mathcal{O}(\frac{1}{x^\alpha}) \quad \text{resp.} \quad \lim_{x \to \infty} (\sum_{n \leq x} \frac{1}{n^\alpha} - \int_1^x \frac{dt}{t^\alpha}) = a_{(\alpha)}.$$

(18_1) Es ergibt sich für $\alpha = 1$ die Formel (18_1) $\displaystyle\lim_{N \to \infty} (\sum_{n=1}^N \frac{1}{n} - \int_1^N \frac{dt}{t}) =$

(18_2) $a_{(1)}$ [2] bzw. (18_2) $\displaystyle\sum_{n \leq x} \frac{1}{n} = \log x + a_{(1)} + \mathcal{O}(\frac{1}{x})$; mit $0 < \alpha < 1$

folgt $a_{(\alpha)} = \displaystyle\lim_{x \to \infty} (\sum_{n \leq x} \frac{1}{n^\alpha} - \int_1^x \frac{dt}{t^\alpha}) = \lim_{x \to \infty} ((\sum_{n \leq x} \frac{1}{n^\alpha}) - \frac{x^{1-\alpha}}{1-\alpha} + \frac{1}{1-\alpha})$

(18_3) resp. (18_3) $\displaystyle\lim_{x \to \infty} ((\sum_{n \leq x} \frac{1}{n^\alpha}) - \frac{x^{1-\alpha}}{1-\alpha}) = a_{(\alpha)} - \frac{1}{1-\alpha}$ $(0 < \alpha < 1)$ und

entsprechend für $1 < \alpha < \infty$ auch $a_{(\alpha)} = \displaystyle\lim_{x \to \infty} ((\sum_{n \leq x} \frac{1}{n^\alpha}) - \int_1^x \frac{dx}{x^\alpha}) =$

(18_4) $\displaystyle\lim_{x \to \infty} ((\sum_{n \leq x} \frac{1}{n^\alpha}) - \frac{x^{1-\alpha}}{1-\alpha} + \frac{1}{1-\alpha}) = \frac{1}{1-\alpha} + \lim_{x \to \infty} (\sum_{n \leq x} \frac{1}{n^\alpha})$ resp. (18_4)

$$\zeta(\alpha) = a_{(\alpha)} + \frac{1}{\alpha-1} \quad (\text{für } 1 < \alpha < \infty) \text{ [3]}.$$

---

[1]   z.B. $\displaystyle\lim_{x \to \infty} (\frac{\sum_{n \leq x} \log^2 n}{x \log^2 x}) = 1$

[2] $a_{(1)}$ wird auch "Eulersche Konstante" genannt und kann heute mit ziemlicher Genauigkeit berechnet werden. Allerdings ist bis jetzt nicht geklärt, ob $a_{(1)}$ algebraisch oder transzendent, rational oder irrational ist. Lediglich die Ungleichung: $0 < a_{(1)} < 1$ konnte bestätigt werden.

[3]   woraus z.B. $a_{(2)} = \frac{\pi^2}{6} - 1 = \frac{\pi^2-6}{6}$ resultiert

Nach (I_{16}) war $\sigma_0(m) = \sum_{\nu=1}^{m} ([\frac{m}{\nu}] - [\frac{m-1}{\nu}])$; wir betrachten jetzt

D $\quad \sum_0^*(n) = \sum_{m \leq n} \sigma_0(m) = \sum_{m=1}^{n} (\sum_{\nu=1}^{m} ([\frac{m}{\nu}] - [\frac{m-1}{\nu}])) = \sum_{\nu=1}^{1} [\frac{1}{\nu}] + \sum_{\nu=1}^{2} ([\frac{2}{\nu}] -$

$[\frac{1}{\nu}]) + \ldots + \sum_{\nu=1}^{n} ([\frac{n}{\nu}] - [\frac{n-1}{\nu}]) = \sum_{\nu=1}^{n} [\frac{n}{\nu}]$. P.d. ist hier

$\frac{n}{\nu} - 1 < [\frac{n}{\nu}] \leq \frac{n}{\nu}$ oder $n(\sum_{\nu=1}^{n} \frac{1}{\nu}) - n \leq \sum_0^* (n) \leq n \cdot \sum_{\nu=1}^{n} \frac{1}{\nu}$, woraus

mit (18_1) aber $\quad n(\log n + \mathcal{O}(1)) - n \leq \sum_0^* (n) \leq n(\log n + \mathcal{O}(1))$

(19)   resp. (19) $\sum_0^* (n) = n \log n + \mathcal{O}(n)$ resultiert. (19) wurde erstmals

von Dirichlet bewiesen und kann auch folgendermaßen formuliert werden:
Ist $T(n)$ die Anzahl der Teiler sämtlicher natürlicher Zahlen k mit
$k \leq n$, so gilt $\lim_{n \to \infty} ((T(n)):(n \log n)) = 1$. Nach (IV_4'') war

(20) $\sigma_0(m) = \frac{1}{m} \sum_{t/m} \varphi(t) \cdot \sigma_1 (\frac{m}{t})$ und aus (19) erhalten wir die Aussage (20)

$n \log n + \mathcal{O}(n) = \sum_{m \leq n} (\frac{1}{m} \sum_{t/m} \varphi(t) \sigma_1(\frac{m}{t}))$.

Da $f(x) = \frac{\log x}{x}$ für $x > e$ monoton fällt und zudem $\lim_{x \to \infty} (\frac{\log x}{x}) = 0$

(nach (IV_9)), können wir mit $x_0 = 3$ in $(IV_{12}^{(2)})$ $\quad f(x) = \frac{\log x}{x}$

setzen. Es ergibt sich $\sum_{n \leq x} \frac{\log n}{n} = \int_1^x \frac{\log t}{t} dt + a_4 + \mathcal{O}(\frac{\log x}{x}) =$

$\int_1^x \frac{\log t}{t} dt + a_4 + \mathcal{O}(1)$ (mit $|\mathcal{O}(1)| \leq \frac{\log 3}{3}$)   und mit $\int \frac{\log t}{t} dt =$

(21) $\frac{1}{2} (\log t)^2$ resultiert (21) $\sum_{n \leq x} \frac{\log n}{n} = \frac{1}{2} (\log^2 x) + \mathcal{O}(1)$. Wegen

(21) und mit $\frac{1}{n} \log \frac{x}{n} (= \log (\sqrt[n]{\frac{x}{n}})) = \frac{1}{n} (\log x - \log n)$ wird

$\sum_{n \leq x} (\frac{1}{n} \log \frac{x}{n}) = \log x (\sum_{n \leq x} \frac{1}{n}) - \sum_{n \leq x} (\frac{\log n}{n}) \overset{(18_1)}{=}$

$\log x (\log x + a_{(1)} + \mathcal{O}(\frac{1}{x})) - \sum_{n \leq x} (\frac{\log n}{n}) \overset{(21)}{=} \log^2 x + a_{(1)} \cdot \log x +$

$\mathcal{O}(\frac{\log x}{x}) - \frac{1}{2} \log^2 x - a_4 - \mathcal{O}(\frac{\log x}{x}) = \frac{\log^2 x}{2} + \mathcal{O}(\log x)$ und es

(22)   ergibt sich (22) $\sum_{n \leq x} (\frac{1}{n} \log \frac{x}{n}) = \sum_{n \leq x} \log (\sqrt[n]{\frac{x}{n}}) =$

$\frac{\log^2 x}{2} + \mathcal{O}(\log x)$.

(23)   Schließlich beweisen wir noch die Aussage (23) $\sum_{2 \leq n \leq x} \frac{1}{\log n} =$

$\int_2^x \frac{dt}{\log t} + a_5 + \mathcal{O}(\frac{1}{\log x}) = \frac{x}{\log x} + \mathcal{O}(\frac{x}{\log^2 x})$ und (24)

$$(24) \qquad \sum_{2 \leqslant n \leqslant x} \left(\frac{1}{\log^2 n} \right) = \int_2^x \frac{dt}{\log^2 t} + a_6 + \mathcal{O}\left(\frac{1}{\log^2 x} \right) = \frac{x}{\log^2 x} + \mathcal{O}\left(\frac{x}{\log^3 x} \right),$$

$(IV_{13}{}^{(2)})$ wobei (18) bis (24) im weiteren Text als $(IV_{13}{}^{(2)})$ zitiert werden.

Zum Beweis dieser Sätze setzen wir in $(IV_{12}{}^{(2)})$ für (23) bzw. (24)

$$f(x) = \frac{1}{(\log x)^{\nu}} \quad (\nu = 1 \text{ bzw. } \nu = 2) \quad \text{für } x \geqslant 2 \quad \text{und} \quad f(x) =$$

$$\frac{1}{(\log 2)^{\nu}} \quad (\nu = 1 \text{ bzw. } \nu = 2) \quad \text{für } 1 \leqslant x < 2. \text{ Aus } (IV_{12}{}^{(2)}) \text{ folgt}$$

dann sofort

$$\sum_{2 \leqslant n \leqslant x} \left(\frac{1}{\log^{\nu} n} \right) = \int_2^x \frac{dt}{\log^{\nu} t} + a_{4+\nu} + \mathcal{O}\left(\frac{1}{\log^{\nu} x} \right)$$

$(\nu = 1, 2)$. Es sind demnach die ersten Aussagen von (23) bzw. (24)

bereits bewiesen. Nach (IV_9) wächst $\dfrac{x}{\log^2 x}$ ebenso wie $\dfrac{x}{\log^3 x}$ mit

$x \to \infty$ über alle Grenzen; es ist demnach a_5 bzw. a_6 sicher gleich

$\mathcal{O}\left(\dfrac{x}{\log^2 x} \right)$ bzw. $\mathcal{O}\left(\dfrac{x}{\log^3 x} \right)$. Zum vollständigen Beweis von (23) bzw.

(24) ist demnach vermöge $(IV_{11}{}^{(3)})$ nur noch zu zeigen $\displaystyle \int_2^x \frac{dt}{\log^{\nu} t} =$

$$\frac{x}{\log^{\nu} x} + \mathcal{O}\left(\frac{x}{\log^{\nu+1} x} \right) \quad (\nu = 1, 2). \text{ Nach den Regeln der Produktintegra-}$$

tion gilt aber

$$0 \leqslant \int_2^x \frac{dt}{\log^{\nu} t} = \left[\frac{t}{\log^{\nu} t} \right]_{t=2}^{t=x} + \int_2^x \frac{\nu \cdot dt}{\log^{(\nu+1)} t} =$$

$$\frac{x}{\log^{\nu} x} + \int_2^x \frac{\nu \cdot dt}{\log^{(\nu+1)} t} + \mathcal{O}(1) \quad (\nu = 1, 2) \quad \text{und} \quad \mathcal{O}(1) = \frac{-2}{\log^{\nu} 2} .$$

Nun ist weiter für $\sqrt{x} > 2$ resp. $x > 4$ sicher $0 < \displaystyle \int_2^x \frac{dt}{\log^3 t} =$

$$\int_2^{\sqrt{x}} \frac{dt}{\log^3 t} + \int_{\sqrt{x}}^x \frac{dt}{\log^3 t} \leqslant \int_2^{\sqrt{x}} \frac{dt}{\log^3 2} + \int_{\sqrt{x}}^x \frac{dt}{\log^3 (\sqrt{x})} = \frac{\sqrt{x} - 2}{\log^3 (2)} +$$

$$\frac{x - \sqrt{x}}{\log^3 (\sqrt{x})} = \frac{\sqrt{x}}{\log^3 (2)} + \mathcal{O}(1) + \frac{x - \sqrt{x}}{\frac{1}{8} \log^3 x} = \mathcal{O}(\sqrt{x}) + \mathcal{O}\left(\frac{x}{\log^3 x} \right),$$

mit $\sqrt{x} = \dfrac{x}{\sqrt{x}} = \dfrac{x}{\log^3 x} \cdot \dfrac{\log^3 x}{\sqrt{x}} \overset{(IV_9)}{=} \mathcal{O}\left(\dfrac{x}{\log^3 x} \right)$ gilt also (24).

Analog erhalten wir $\displaystyle \int_2^x \frac{dt}{\log t} = \frac{x}{\log x} + \mathcal{O}(1) + \int_2^x \frac{dt}{\log^2 t}$ und weiter

$$\int_2^x \frac{dt}{\log^2 t} = \int_2^{\sqrt{x}} \frac{dt}{\log^2 t} + \int_{\sqrt{x}}^x \frac{dt}{\log^2 t} \leqslant \int_2^{\sqrt{x}} \frac{dt}{\log^2 2} + \int_{\sqrt{x}}^x \frac{dt}{\frac{1}{4}\log^2 x} =$$

$$\frac{\sqrt{x} - 2}{\log^2 2} + \frac{x - \sqrt{x}}{\frac{\log^2 x}{4}} = \mathcal{O}(\sqrt{x}) + \mathcal{O}(1) + \mathcal{O}\left(\frac{x}{\log^2 x} \right) \overset{(IV_9)}{=} {}^{1)} \cdot \mathcal{O}\left(\frac{x}{\log^2 x} \right) \quad \text{q.e.d.}$$

---

1) Hier und auch im weiteren Text werden außerdem die Aussagen der
   Satzgruppe (IV_{11}) bei einfachen Anwendungen "stillschweigend"
   benutzt.

Beim Beweis dieser Sätze wird außerdem klar, warum die Landau-Symbole
gerne auch als "Papierkorb" bezeichnet werden, in den vieles "geworfen"
werden kann, was stört oder zu vernachlässigen ist.

Übg.(14.) Der Satz (I_3) kann über (18_1) sehr einfach indirekt (Übung !) vermöge

$$\prod_{\nu=1}^{K} \left(\frac{1}{1 - \frac{1}{p_\nu}}\right) \quad (K \text{ ist die als endlich angenommene Gesamtzahl der PZ}^{en})$$

bewiesen werden. Dieser Beweis stammt von Euler.

4.3. Zahlentheoretische Anwendung der bisherigen Ergebnisse

Zunächst beweisen wir drei Aussagen, die erstmals von Shapiro um 1950
mit elementaren Mitteln bestätigt werden konnten und demnach wichtige
Beiträge zum elementaren [1] Beweis der Hauptsätze [2] darstellen.

(IV_{14}) Es gilt (IV_{14}): $\displaystyle\sum_{n \leqslant x} \frac{\mu(n)}{n} = \mathcal{O}(1)$, $\displaystyle\sum_{n \leqslant x} \frac{\mu(n)}{n} \cdot \log \frac{x}{n} = \mathcal{O}(1)$,

$$\sum_{n \leqslant x} \frac{\mu(n)}{n} \cdot \log^2 \left(\frac{x}{n}\right) = 2 \log x + \mathcal{O}(1).$$

Bew.: Für die erste Aussage in (IV_{14}) setzen wir nach $(IV_6^{(2)})$ $f(x) = 1$

(1) $(x \geqslant 1)$, und erhalten (1) $1 = \displaystyle\sum_{n \leqslant x} \mu(n)(\frac{x}{n} + \mathcal{O}(1))$, denn wegen

(IV_{13}) ist $\displaystyle\sum_{n \leqslant x} 1 = \sum_{n \leqslant x} f(\frac{x}{n}) = G(x) = x + \mathcal{O}(1)$. Aus (1) resultiert

weiter $1 = x \cdot \left(\displaystyle\sum_{n \leqslant x} \frac{\mu(n)}{n}\right) + \sum_{n \leqslant x} \mu(n) \cdot \mathcal{O}(1) = x \sum_{n \leqslant x} \frac{\mu(n)}{n} + \mathcal{O}(\sum_{n \leqslant x} 1)$

(da $\left|\displaystyle\sum_{n \leqslant x} \mu(n) \cdot \mathcal{O}(1)\right| \leqslant C \cdot \sum_{n \leqslant x} |\mu(n)| \leqslant C \cdot (\sum_{n \leqslant x} 1)) \overset{(IV_{13})}{=}$

(2) $x \cdot \displaystyle\sum_{n \leqslant x} \frac{\mu(n)}{n} + \mathcal{O}(x + \mathcal{O}(1))$ resp. (2) $x \cdot \sum_{n \leqslant x} \frac{\mu(n)}{n} = \mathcal{O}(x)$; (2)

ist aber der ersten Aussage von (IV_{14}) äquivalent. Für die zweite

Aussage von (IV_{14}) setzen wir in $(IV_6^{(2)})$ $f(x) = x$. Dann gilt wegen

$$G(x) = \sum_{n \leqslant x} \frac{x}{n} \overset{(IV_{13})}{=} x(\log x + a_{(1)} + \mathcal{O}(\tfrac{1}{x})) = x \log x + a_{(1)} \cdot \frac{x}{n} + \mathcal{O}(1)$$

(3)   weiter (3) $f(x) = x = \displaystyle\sum_{n \leqslant x} \mu(n) \cdot (\frac{x}{n} \cdot \log \frac{x}{n} + a_{(1)} \cdot \frac{x}{n} + \mathcal{O}(1)) =$

$x \cdot \left(\displaystyle\sum_{n \leqslant x} \frac{\mu(n)}{n} \cdot \log \frac{x}{n}\right) + x \cdot a_{(1)} \cdot \sum_{n \leqslant x} \frac{\mu(n)}{n} + \sum_{n \leqslant x} \mu(n) \cdot \mathcal{O}(1) \overset{s.e.}{=}$

$x \cdot \left(\displaystyle\sum_{n \leqslant x} \frac{\mu(n)}{n} \cdot \log \frac{x}{n}\right) + \mathcal{O}(x)$ und (3) ist der zweiten Aussage von

---

[1] "elementar" bedeutet hier und im weiteren Text stets "ohne Verwendung von Sätzen der weiterführenden Theorie komplexer Funktionen".

[2] im nächsten Kapitel

(IV_{14}) äquivalent. Schließlich setzen wir in $(IV_6^{(2)})$ $f(x) = x \log x$

bzw. $G(x) = \sum_{n \leqslant x} \frac{x}{n} \cdot \log \frac{x}{n} = x \sum_{n \leqslant x} \frac{\log (\frac{x}{n})}{n} \overset{1)}{=} x(\frac{\log^2 x}{2} +$

$a_{(1)} \cdot \log x - a_4 + \mathcal{O}(\frac{\log x}{x})) = x \cdot \frac{\log^2 x}{2} + a_{(1)} \cdot x \cdot \log x - a_4 \cdot x +$

(4) $\qquad \mathcal{O}(\log x)$ und erhalten (4) $2 \cdot x \cdot \log x = \sum_{n \leqslant x} \mu(n) \cdot (\frac{x}{n} \log^2 (\frac{x}{n}) +$

(4') $\qquad 2 \cdot a_{(1)} \cdot \frac{x}{n} \cdot \log \frac{x}{n} - 2 \cdot a_4 \cdot \frac{x}{n} + \mathcal{O}(\log \frac{x}{n}))$ resp. (4') $2 \log x =$

$(\sum_{n \leqslant x} \frac{\mu(n)}{n} \cdot \log^2 (\frac{x}{n})) + 2 \cdot a_{(1)} \cdot \sum_{n \leqslant x} \frac{\mu(n)}{n} \cdot \log \frac{x}{n} - 2 \cdot a_4 \cdot (\sum_{n \leqslant x} \frac{\mu(n)}{n}) +$

$\frac{1}{x} (\sum_{n \leqslant x} \mu(n) \cdot \mathcal{O}(\log \frac{x}{n})) \overset{s.e.}{=} (\sum_{n \leqslant x} \frac{\mu(n)}{n} \log^2 (\frac{x}{n})) + \mathcal{O}(1) +$

$\frac{1}{x} \cdot (\sum_{n \leqslant x} \mu(n) \cdot \mathcal{O}(\log \frac{x}{n})) \overset{(IV_{11})}{=} (\sum_{n \leqslant x} \frac{\mu(n)}{n} \cdot \log^2 (\frac{x}{n})) + \mathcal{O}(1) +$

$\frac{1}{x} \cdot \mathcal{O}(\sum_{n \leqslant x} \log (\frac{x}{n})) \overset{(IV_{13})}{=} (\sum_{n \leqslant x} \frac{\mu(n)}{n} \cdot \log^2 (\frac{x}{n})) + \mathcal{O}(1) +$

(5) $\qquad \frac{1}{x}(\mathcal{O}(x + \mathcal{O}(\log x))) = (\sum_{n \leqslant x} \frac{\mu(n)}{n} \cdot \log^2 (\frac{x}{n})) + \mathcal{O}(1)$ oder (5)

$2 \log x + \mathcal{O}(1) = \sum_{n \leqslant x} \frac{\mu(n)}{n} \cdot \log^2 (\frac{x}{n}).$ q.e.d.

Mit (IV_{14}) ist dabei keinesfalls die Konvergenz der Reihen $\sum_{n=1}^{\infty} \frac{\mu(n)}{n}$

und $\lim_{x \to \infty} (\sum_{n \leqslant x} \frac{\mu(n)}{n} \cdot \log \frac{x}{n})$ bewiesen; es wurde lediglich gezeigt,

daß deren Partialsummen beschränkt bleiben.

Über die in Abschnitt 4.2. definierten v. Mangoldtschen Funktionen

D $\qquad \lambda_v(x)$ kommen wir zu den Funktionen $\Lambda_v^*(x) = \sum_{n \leqslant x} \lambda_v(n)$

$(v = 1, 2)$ [2] und $T_v(x) = \sum_{n \leqslant x} \Lambda_v^*(\frac{x}{n})$ [3] $(v = 1, 2)$, wobei wir auf

die zahlentheoretische Bedeutung dieser Funktionen später eingehen
werden. Zunächst schildern wir den Beweis eines Satzes, der erstmals
elementar von dem skandinavischen Mathematiker Atle Selberg (geb. 1917)
geleistet wurde, und bemerken, daß nach (IV_7) die eben definierten

Funktionen für alle positiven und reellen x stets selbst positiv und
reell erklärt sind.

---

[1] nach (22) in Abschnitt 4.2.

[2] Statt $\Lambda_v^*(x)$ wird in der Literatur oft $\psi_v(x)$ geschrieben;
unsere Bezeichnung folgt den Formulierungen aus Abschnitt 4.2..

[3] $T_v(x)$ ist p.d. das Shapiro-Integral von $\Lambda_v^*(x)$.

(IV_{15}) Es gilt (IV_{15}): $T_{\nu}(x) = \sum_{n \le x} \log^{\nu} n = x \cdot \log^{\nu} x - \nu \cdot x \cdot \log^{\nu - 1} x +$

$2 \cdot x^{\nu - 1} + \mathcal{O}(\log^{\nu} x)$ $(\nu = 1, 2)$, $\Lambda_{\nu}^{*}(x) = \nu \cdot x^{\nu - 1} \log^{\nu - 1} x + \mathcal{O}(x)$

$(\nu = 1, 2)$. In der ersten Teilaussage von (IV_{15}) ist nur die Gültigkeit des ersten Gleichheitszeichens zu bestätigen, da die zweite
Gleichung der ersten Teilaussage dann sofort aus (IV_{13}) resultiert.

P.d. ist aber $T_{\nu}(x) = \sum_{n \le x} \Lambda_{\nu}^{*}(\frac{x}{n}) \overset{(IV_5^{(3)})}{=} \sum_{n \le x} (\sum_{m \le \frac{x}{n}} \lambda_{\nu}(m))$

$\sum_{n \le x} (\sum_{t/n} \lambda_{\nu}(t)) \overset{(IV_7)}{=} \sum_{n \le x} \log^{\nu} n$ und es gilt die erste Teilaussage
von (IV_{15}).

Übg.(15.) Es soll der eben bewiesene Satz vermöge $(IV_6^{(2)})$ bewiesen werden,

wobei von $\Lambda_{\nu}^{*}(x) = \sum_{n \le x} \lambda_{\nu}(n) \overset{!}{=} \sum_{m \le x} (\mu(m) \cdot \sum_{n \le \frac{x}{m}} \log^{\nu} m)$ auszu-

gehen ist.

Den zweiten Teil des Satzes (IV_{15}) beweisen wir wegen der besseren
Übersichtlichkeit getrennt für die Fälle $\nu = 1$ und $\nu = 2$. Es gilt

p.d. $\Lambda_1^{*}(x) = \sum_{n \le x} \lambda_1(n) \overset{(IV_7)}{=} \sum_{n \le x} (\sum_{t/n} \mu(t) \cdot \log (\frac{n}{t})) \overset{(IV_5^{(3)})}{=}$

$\sum_{n \le x} (\sum_{m \le \frac{x}{n}} \mu(m) \cdot \log n) \overset{(IV_5^{(2)})}{=} \sum_{n \le x} (\sum_{m \le \frac{x}{n}} \mu(n) \cdot \log m) \overset{(IV_{13})}{=}$

$\sum_{n \le x} \mu(n) \cdot (\frac{x}{n} \log \frac{x}{n} - \frac{x}{n} + \mathcal{O}(\log \frac{x}{n})) \overset{(IV_{11})}{=} x \cdot \sum_{n \le x} \frac{\mu(n)}{n} \cdot \log \frac{x}{n} -$

$x \cdot \sum_{n \le x} \frac{\mu(n)}{n} + (\sum_{n \le x} \log \frac{x}{n}) \overset{(IV_{14}), (IV_{13})}{=} \mathcal{O}(x)$.

Übg.(16.) Analog kann die Behauptung über $\Lambda_2^{*}(x)$ bewiesen werden (Übung !);
hier soll dagegen mit $(IV_6^{(2)})$ der Beweis geführt werden. Demnach ist

$\Lambda_2^{*}(x) = \sum_{n \le x} \mu(n) \cdot T_2(\frac{x}{n}) \overset{s.e.}{=} \sum_{n \le x} \mu(n) \cdot (\frac{x}{n} \cdot \log^2 (\frac{x}{n}) - 2 \cdot \frac{x}{n} \cdot \log \frac{x}{n} +$

$2 \cdot \frac{x}{n} + \mathcal{O}(\log^2 (\frac{x}{n}))) \overset{(IV_{11})}{=} x \cdot (\sum_{n \le x} \frac{\mu(n)}{n} \cdot \log^2 (\frac{x}{n})) -$

$2 \cdot x \cdot (\sum_{n \le x} \frac{\mu(n)}{n} \cdot \log \frac{x}{n}) + 2 \cdot x \cdot \sum_{n \le x} \frac{\mu(n)}{n} + \mathcal{O}(\sum_{n \le x} \log^2 (\frac{x}{n})) \overset{(IV_{14})}{=}$

$x(2 \log x + \mathcal{O}(1)) + \mathcal{O}(x) + \mathcal{O}(2x + \mathcal{O}(\log^2 x)) \overset{(IV_{13})}{=} 2x \log x +$
$\mathcal{O}(x)$. q.e.d.

Übg.(17.) Welche Beziehung besteht zwischen $\sigma_0(n)$ und $\Lambda_2^{*}(x)$?

Die Aussagen $\sum\limits_{n \leqslant x} \dfrac{\lambda_\nu(n)}{n} = \log^\nu x + \mathcal{O}(\log^{\nu-1} x)$ $(\nu = 1, 2)$ bilden

(IV_{16}) den Satz (IV_{16}). Beide können nach dem gleichen Schema bestätigt

werden, aus methodisch-didaktischen Gründen wenden wir zwei ver-

schiedene Beweismethoden an. Zunächst ist $\sum\limits_{n \leqslant x} \dfrac{\lambda_1(n)}{n} \overset{(\mathrm{IV}_7)}{=}$

$$\sum\limits_{n \leqslant x} \left(\frac{1}{n} \cdot \sum\limits_{t/n} \mu(t) \cdot \log \frac{n}{t}\right) = \sum\limits_{n \leqslant x} \left(\sum\limits_{t/n} \frac{\mu(t)}{t} \cdot \frac{\log \frac{n}{t}}{\frac{n}{t}}\right) \overset{(\mathrm{IV}_5{}^{(3)})}{=}$$

$$\sum\limits_{n \leqslant x} \left(\sum\limits_{m \leqslant \frac{x}{n}} \frac{\mu(n)}{n} \cdot \frac{\log m}{m}\right) \overset{(\mathrm{IV}_{13})}{=} \sum\limits_{n \leqslant x} \frac{\mu(n)}{n} \cdot \left(\frac{1}{2} \log^2 \left(\frac{x}{n}\right) + a_5 +\right.$$

$$\left.\mathcal{O}\left(\frac{\log \frac{x}{n}}{\frac{x}{n}}\right)\right) \overset{(\mathrm{IV}_{11})}{=} \frac{1}{2} \left(\sum\limits_{n \leqslant x} \frac{\mu(n)}{n} \cdot \log^2 \left(\frac{x}{n}\right)\right) + a_5 \cdot \sum\limits_{n \leqslant x} \frac{\mu(n)}{n} +$$

$$\mathcal{O}\left(\sum\limits_{n \leqslant x} \frac{\mu(n)}{n} \cdot \frac{\log \frac{x}{n}}{\frac{x}{n}}\right) \overset{(\mathrm{IV}_{14})}{=} \log x + \mathcal{O}(1) + \frac{1}{x} \cdot \mathcal{O}\left(\sum\limits_{n \leqslant x} \mu(n) \cdot \log \frac{x}{n}\right) \overset{(\mathrm{IV}_{11})}{=}$$

$$\log x + \mathcal{O}(1) + \frac{1}{x} \cdot \mathcal{O}\left(\sum\limits_{n \leqslant x} \log \frac{x}{n}\right) \overset{(\mathrm{IV}_{13})}{=} \log x + \mathcal{O}(1) +$$

$$\frac{1}{x} \cdot \mathcal{O}(x + \log x) = \log x + \mathcal{O}(1).$$

(6) Weiter erhalten wir nach (IV_{15}) die Beziehung (6) $T_2(x) = x \log^2 x -$

$$2x \log x + 2x + \mathcal{O}(\log^2 x) \overset{\mathrm{p.d.}}{=} \sum\limits_{n \leqslant x} \Lambda_2{}^*\left(\frac{x}{n}\right) \overset{\mathrm{p.d.}}{=} \sum\limits_{n \leqslant x} \left(\sum\limits_{m \leqslant \frac{x}{n}} \lambda_2(m)\right)$$

$$\overset{(\mathrm{IV}_5{}^{(2)})}{=} \sum\limits_{m \leqslant x} \left(\sum\limits_{n \leqslant \frac{x}{m}} \lambda_2(m)\right) = \sum\limits_{m \leqslant x} \left(\lambda_2(m) \cdot \sum\limits_{n \leqslant \frac{x}{m}} 1\right) \overset{(\mathrm{IV}_{13})}{=}$$

$$\sum\limits_{m \leqslant x} \lambda_2(m) \cdot \left(\frac{x}{m} + \mathcal{O}(1)\right) \ ^{1)} \overset{(\mathrm{IV}_{11})}{=} x \cdot \sum\limits_{m \leqslant x} \frac{\lambda_2(m)}{m} + \mathcal{O}(\Lambda_2{}^*(x)) \overset{(\mathrm{IV}_{15})}{=}$$

(7) $x \cdot \sum\limits_{n \leqslant x} \dfrac{\lambda_2(n)}{n} + \mathcal{O}(2x \log x + \mathcal{O}(x))$ bzw.   (7) $\log^2 x - 2 \log x +$

$$2 + \mathcal{O}\left(\frac{\log^2 x}{x}\right) + \mathcal{O}(2 \log x + \mathcal{O}(1)) = \sum\limits_{n \leqslant x} \frac{\lambda_2(n)}{n} = \log^2 x +$$

$$\mathcal{O}(\log x). \quad \text{q.e.d.}$$

Bereits Tschebyscheff hat den Zusammenhang zwischen der von ihm defi-

D   nierten Funktion $\vartheta(x) = \sum\limits_{p \leqslant x} \log p$ und $\pi(x) = \sum\limits_{p \leqslant x} 1$ erkannt.

$^{1)}$ Hier ist nach Abschnitt 4.2. $|\mathcal{O}(1)| < 1$.

(8) (9) Nach (I_{29}) gilt (8) $\vartheta(x) = \mathcal{O}(x)$ und genauer (9) $\vartheta(x) \leqslant x \log 4 = 2x \log 2$. Der elementare Beweis des ersten Hauptsatzes der analytischen Zahlentheorie $(\lim\limits_{x \to \infty} \frac{\pi(x) \cdot \log x}{x} = 1)$ gelang wenige Jahre nach dem zweiten Weltkrieg wohl vor allem deswegen, weil die bereits genannten Mathematiker P. Erdös, A. Selberg und H. N. Shapiro erkannten,

daß statt $\vartheta(x)$ auch $\Lambda_1{}^*(x) = \sum\limits_{n \leqslant x} \lambda_1(n) \overset{(IV_7)}{=} \sum\limits_{p \leqslant x} k_p \cdot \log p$

$(p^{k_p} \leqslant x < p^{k_p+1}$ o.w.d.i. $k_p = \left[\frac{\log x}{\log p}\right])$ zum Beweis des ersten

Hauptsatzes dienen kann. Hier ist $\vartheta(x) = - \sum\limits_{n \leqslant x} \mu(n)\, \lambda_1(n)$ [1] $\leqslant$ [2]

$$\sum\limits_{n \leqslant x} \lambda_1(n) = \Lambda_1{}^*(x) \overset{(IV_{15})}{=} \mathcal{O}(x) \;.$$

Sämtliche Primfaktoren der natürlichen Zahlen 1, 2, ..., $[x]$ sind genau die PZ^{en} p $(p \leqslant x)$ und p.d. ist das k.g.V. dieser natürlichen Zahlen

(10) mit $2^{k_2} \cdot 3^{k_3} \cdot \ldots \cdot p_{\pi(x)}^{k_{\pi(x)}}$ identisch. Wir erhalten daher (10)

$\Lambda_1{}^*(x) = \log (\{1, 2, \ldots, [x]\})$ [3]. Außerdem tritt in $\Lambda_1{}^*(x)$ der

Summand $k_p \cdot \log p$ auf, was nichts anderes als $1 < p < p^2 < \ldots$

$\ldots < p^{k_p} \leqslant x < p^{k_p+1}$ bedeutet. Es ist daher $p \leqslant \sqrt[k_p]{x}$, $p < \sqrt[k_p-1]{x}$,

$\ldots$, $p < \sqrt{x}$, $p < x$. Dies wiederum führt uns zu $\Lambda_1{}^*(x) = \sum\limits_{n \leqslant x} \lambda_1(n) =$

$\vartheta(x) + \vartheta(\sqrt{x}) + \ldots + \vartheta(\sqrt[m]{x}) + \ldots$. Diese Summe bricht ab, sobald $\sqrt[m]{x} < 2$ $(m \in \mathfrak{N})$. Das letzte von Null verschiedene Glied in ihr sei $\vartheta(\sqrt[s]{x})$ o.m.a.W. $\sqrt[s]{x} \geqslant 2$, $\sqrt[s+1]{x} < 2$ [4] bzw. $s = \left[\frac{\log x}{\log 2}\right]$. So

(11) ergibt sich (11) $\Lambda_1{}^*(x) = \sum\limits_{r=1}^{s} \vartheta(\sqrt[r]{x})$.

Die restlichen Überlegungen dieses Abschnittes dienen nun im wesentlichen der Vorbereitung für die im 5. Kapitel zu führenden Beweise.

(IV_{17}) Es gelten folgende Sätze: (IV_{17}) $\sum\limits_{n \leqslant x} \lambda_1(n) \cdot \log n = \Lambda_1{}^*(x) \cdot \log x +$

$$\mathcal{O}(x), \quad \sum\limits_{2 \leqslant n \leqslant x} \frac{\lambda_\nu(n)}{\log n} = \frac{\Lambda_\nu^*(x)}{\log x} + \mathcal{O}\left(\frac{x}{\log^{3-\nu} x}\right) \quad (\nu = 1,\, 2).$$

---

[1] da p.d. $\mu(p^k) = 0$ $(k > 1,\ k \in \mathfrak{N},\ p\ PZ)$, $\mu(p) = -1$
[2] Sämtliche Summanden sind nach (IV_7) positiv oder Null.
[3] gleich dem Logarithmus des k.g.V. der Zahlen 1, 2, 3, ..., $[x]$
[4] x ist hinreichend groß.

(IV_{18}) (IV_{18}) $\pi(x) = \dfrac{\Lambda_1{}^*(x)}{\log x} + \mathcal{O}(\dfrac{x}{\log^2 x}) = \mathcal{O}(x).$

(IV_{19}) (IV_{19}) $(\lim\limits_{x \to \infty} \dfrac{\pi(x)\cdot \log x}{x} = 1) \Leftrightarrow (\lim\limits_{x \to \infty} \dfrac{\varphi(x)}{x} = 0)$, wobei $\varphi(x)$ durch $\varphi(x) =$

$\Lambda_1{}^*(x) - x$ definiert ist. Außerdem subsumieren wir die Aussagen (8)

(IV_{20}) bis (11) dem Satz (IV_{20}). Dabei folgt (IV_{19}) sehr einfach aus (IV_{18}),

denn nach dieser Aussage ist $\dfrac{\pi(x)\cdot \log x}{x} = \dfrac{\Lambda_1{}^*(x)}{x} + \mathcal{O}(\dfrac{1}{\log x})$ bzw.

$\dfrac{\pi(x)\cdot \log x}{x} - 1 = \dfrac{\Lambda_1{}^*(x) - x}{x} + \mathcal{O}(\dfrac{1}{\log x}) \overset{p.d.}{=} \dfrac{\varphi(x)}{x} + \mathcal{O}(\dfrac{1}{\log x}) =$

$\dfrac{\varphi(x)}{x} + \mathcal{O}(x)$, woraus (IV_{19}) resultiert.

Ehe wir (IV_{17}) und (IV_{18}) beweisen, untersuchen wir

$$\sum_{n \leqslant x} \dfrac{\lambda_1(n)}{n} \overset{(IV_{16})}{=} \log x + \mathcal{O}(1),$$ wobei nach (IV_7) zunächst

D $0 \leqslant \sum_{n \leqslant x} \dfrac{\lambda_1(n)}{n} \overset{p.d.}{=} \sum_{p \leqslant x} \dfrac{\log p}{p} + \sum_{p \leqslant x} \log p\, (\dfrac{1}{p^2} + \dfrac{1}{p^3} + \ldots + \dfrac{1}{p^{k_p}}) \overset{Def.}{=}$

(12) $S_1 + S_2$ oder (12) $S_1 = \sum_{p \leqslant x} \dfrac{\log p}{p} = \log x + \mathcal{O}(1) - S_2.$ Wenn wir die

(13)   Gültigkeit der Gleichung (13) $S_2 = \mathcal{O}(1)$ beweisen können, so haben

(IV_{21}) wir damit den Satz (IV_{21}) $\sum_{p \leqslant x} \dfrac{\log p}{p} = \log x + \mathcal{O}(1)$ erhalten.

Zu (13) führt uns die folgende Überlegung. $\sum\limits_{l=2}^{k_p} \dfrac{\log p}{p^l} <$

$\dfrac{\log p}{p} (\sum\limits_{l=1}^{\infty} \dfrac{1}{p^l}) = \dfrac{\log p}{p} \cdot \dfrac{\frac{1}{p}}{1 - \frac{1}{p}} = \dfrac{\log p}{p(p-1)}$. Hieraus resultiert zunächst

$0 \leqslant S_2 < \sum\limits_{p \leqslant x} \dfrac{\log p}{p^2 - p}$ und a fortiori $0 \leqslant S_2 < \sum\limits_{n=2}^{\infty} \dfrac{\log n}{n^2 - n}$. Wegen

$(n \geqslant 2) \Leftrightarrow (n^2 - n \geqslant \dfrac{n^2}{2})$ gilt $S_2 < 2\cdot(\sum\limits_{n=1}^{\infty} \dfrac{\log n}{n^2})$ [1]. Setzen wir in

$(IV_{12}{}^{(2)})$ $f(x) = \dfrac{\log x}{x^2}$ $(f'(x) = \dfrac{x - 2x \log x}{x^4})$, so sind alle Voraus-

setzungen erfüllt, d.h. es konvergiert $\sum\limits_{n=1}^{\infty} \dfrac{\log n}{n^2}$ genau dann, wenn

$\lim\limits_{x \to \infty} (\int\limits_1^x \dfrac{\log t}{t^2}\, dt)$ existiert. In diesem Integral substituieren wir

$t = e^u$, $dt = e^u du$ und erhalten [2] $\int \dfrac{\log t}{t^2}\, dt = \int \dfrac{u}{e^u}\, du =$

$-e^{-u} \cdot u - e^{-u} = -(\dfrac{1 + \log t}{t}).$

---

[1] Für $n = 1$ wird der Summand gleich Null.
[2] für das unbestimmte Integral

Nach (IV_9) wird daraus $\lim\limits_{x \to \infty} (\int_1^x \frac{\log t}{t^2} dt) = 1$; (13) ist bewiesen und ebenso (IV_{21}).

Für unsere weiteren Betrachtungen ist es wichtig zu wissen, wieviele Summanden $g(n)$ in der Summe $\sum\limits_{\substack{p^n \leqslant x \\ n > 1}} g(n)$ [1] – dabei soll $g(x)$ eine zahlentheoretische Funktion sein – höchstens auftreten. Es muß dabei sowohl $p^{2n} \leqslant x$ $(n = 1, 2, \ldots)$ wie auch $p^{2n+1} \leqslant x$ $(n = 1, 2, \ldots)$ berücksichtigt werden. Wegen $p^n \leqslant \sqrt{x}$, $(p^{2n} \leqslant \frac{x}{p} \leqslant \frac{x}{2}) \Rightarrow$ $(p^n \leqslant \sqrt{\frac{x}{2}}$ [2] $< \frac{5}{7} \sqrt{x}$) haben hier höchstens $\left[\sqrt{x} + \frac{5}{7}\sqrt{x}\right] = \left[\frac{12}{7}\sqrt{x}\right]$ Summanden Platz. Manchmal wird hier $\left[\sqrt{x}\right]$ als obere Grenze angegeben. Das ist aber nicht richtig, wie das Beispiel $x = 129$ zeigt. Denn hier treten Summanden für $2^2, 2^3, 2^4, 2^5, 2^6, 2^7, 3^2, 3^3, 3^4, 5^2, 5^3,$ $7^2, 11^2$ auf, damit aber 13 $(13 > \left[\sqrt{129}\right] = 11)$. Wird $g(n) = \frac{1}{n}$ gesetzt, also $g(n) \leqslant \frac{1}{2}$, so ist $\sum\limits_{\substack{p^n \leqslant x \\ n > 1}} g(n)$ [1] $\leqslant \frac{1}{2} \cdot \frac{12}{7} \cdot \sqrt{x} < \sqrt{x}$ resp.

(IV_{22}) $\quad \sum\limits_{\substack{p^n \leqslant x \\ n > 1}} \frac{1}{n} = \mathcal{O}(\sqrt{x})$. Das ist der Satz (IV_{22}): In $\sum\limits_{\substack{p^n \leqslant x \\ n > 1}} g(n)$ treten höchstens $\left[\frac{12}{7} \cdot \sqrt{x}\right]$ Summanden auf und für $g(n) = \frac{1}{n}$ gilt zusätzlich $\sum\limits_{\substack{p^n \leqslant x \\ n > 1}} \frac{1}{n} = \mathcal{O}(\sqrt{x})$ $(< \sqrt{x})$.

Zum Beweis von (IV_{17}) setzen wir in (IV_{10}) $f(n) = \lambda_1(n)$, $g(n) = \log n$

(14) $\quad$ und erhalten dann (14) $\sum\limits_{n \leqslant x} \lambda_1(n) \cdot \log n =$ $(\sum\limits_{n \leqslant x} \Lambda_1^*(n) \cdot (\log n - \log (n+1))) + \Lambda_1^*(x) \cdot \log ([x] + 1)$.

In (14) ist $\Lambda_1^*(x) \cdot \log ([x] + 1) \leqslant \Lambda_1^*(x) \cdot (\log (x + 1) - \log x + \log x) =$ $\Lambda_1^*(x) \cdot \log x + \Lambda_1^*(x) \cdot (\log (x+1) - \log x)$ [3] $= \Lambda_1^*(x) \cdot \log x +$ $\Lambda_1^*(x) \cdot \frac{1}{x+\vartheta} \overset{(IV_{15})}{\underset{\leqslant}{}} \Lambda_1^*(x) \cdot \log x + \mathcal{O}(1)$; damit folgt zunächst

---

[1] summiert über alle n

[2] $\frac{7}{5} < \sqrt{2}$

[3] siehe Fußnote 1) auf Seite 354

$$\sum_{n \leqslant x} \lambda_1(n) \cdot \log n = \Lambda_1^*(x) \cdot \log x + O(1) + \sum_{n \leqslant x} \Lambda_1^*(n) (\log n - \log (n+1)). \quad \text{Wegen} \quad \left| \sum_{n \leqslant x} \Lambda_1^*(n) (\log n - \log (n+1)) \right| \overset{(IV_7)}{=}$$

$$\sum_{n \leqslant x} \Lambda_1^*(n) \cdot (\log (n+1) - \log n) \overset{1)}{=} \sum_{n \leqslant x} \frac{\Lambda_1^*(n)}{n+\vartheta_n} < \sum_{n \leqslant x} \frac{\Lambda_1^*(n)}{n}$$

$$\overset{(IV_{15})(IV_{11})}{=} \sum_{n \leqslant x} O(1) = O(\sum_{n \leqslant x} 1) = O(x) \quad \text{gilt} \quad \sum_{n \leqslant x} \lambda_1(n) \cdot \log n =$$

$\Lambda_1^*(x) \cdot \log x + O(x)$. Zum Beweis der beiden restlichen Aussagen von

(IV_{17}) gehen wir von den Summen $\displaystyle\sum_{2 \leqslant n \leqslant x} \frac{\lambda_\nu(n)}{\log n}$ $(\nu = 1, 2)$ aus und

verwenden wiederum (IV_{10}). So entsteht $\displaystyle\sum_{2 \leqslant n \leqslant x} \frac{\lambda_\nu(n)}{\log n} =$

D

$$(\sum_{n=2}^{x} \Lambda_\nu^*(n)(\frac{1}{\log n} - \frac{1}{\log (n+1)})) + \frac{\Lambda_\nu^*(x)}{\log ([x] + 1)} \overset{2)}{=} S_1 + S_2 \quad \text{mit}$$

$$S_2 = \frac{\Lambda_\nu^*(x)}{\log ([x] + 1)} = \frac{\Lambda_\nu^*(x)}{\log x} + \Lambda_\nu^*(x) \cdot (\frac{1}{\log ([x] + 1)} - \frac{1}{\log x}) =$$

D

$$S_{21} + S_{22}, \quad \text{wobei} \quad |S_{22}| \overset{3)}{\leqslant} \Lambda_\nu^*(x) \cdot (\frac{\log ([x]+1) - \log x}{\log^2 x}) \overset{4)}{\leqslant}$$

$$\frac{\Lambda_\nu^*(x) \cdot \log (1+\frac{1}{x})}{\log^2 x} \overset{5)}{\leqslant} \frac{\Lambda_\nu^*(x)}{x} \cdot \frac{1}{\log^2 x} \overset{(IV_{15})}{=} \frac{\nu \cdot x^{\nu-1} \log^{\nu-1} x}{x \log^2 x} +$$

$$O(\frac{1}{\log^2 x}) = \frac{\nu}{x^{2-\nu}} \cdot \frac{1}{\log^{3-\nu} x} + O(\frac{1}{\log^2 x}) = O(\frac{1}{\log^{3-\nu} x}) \quad \text{oder}$$

(15)

$$S_2 = \frac{\Lambda_\nu^*(x)}{\log x} + O(\frac{1}{\log^{3-\nu} x}). \quad \text{Für } S_1 \text{ ergibt sich (15)} \quad 0 \leqslant S_1 =$$

$$\sum_{2 \leqslant n \leqslant x} \Lambda_\nu^*(n) \cdot (\frac{1}{\log n} - \frac{1}{\log (n+1)}) \overset{5)}{\leqslant} \sum_{2 \leqslant n \leqslant x} \frac{\Lambda_\nu^*(n)}{n \log^2 n}. \quad \text{Aus (15)}$$

$$\text{resultiert für } \nu = 1 \text{ weiter } 0 \leqslant S_1 \overset{(IV_{15})}{=} O(\sum_{2 \leqslant n \leqslant x} \frac{1}{\log^2 n}) \overset{(IV_{13})}{=}$$

$$O(\frac{x}{\log^2 x} + O(\frac{x}{\log^3 x})) = O(\frac{x}{\log^2 x}) \quad \text{und für } \nu = 2 \text{ erhalten wir}$$

---

1) nach dem Mittelwertsatz der Differentialrechnung mit $0 < \vartheta < 1$
   bzw. $0 < \vartheta_n < 1$. $\Lambda_\nu^*(x) = \Lambda_\nu^*([x])$ $(\nu = 1, 2)$

2) siehe Fußnote 1)

3) $\Lambda_\nu^*(x) \geqslant 0$ nach (IV_7)

4) $\log ([x]+1) \leqslant \log (x+1)$

5) nach dem Mittelwertsatz der Differentialrechnung

$$0 \leqslant S_1 \leqslant \sum_{2 \leqslant n \leqslant x} \frac{\Lambda_2^*(n)}{n \log^2 n} \overset{(IV_{15})}{=} \sum_{2 \leqslant n \leqslant x} \frac{(2 \log n + \mathcal{O}(1))}{\log^2 n}$$

$$2 \cdot (\sum_{2 \leqslant n \leqslant x} \frac{1}{\log n}) + C \cdot \sum_{2 \leqslant n \leqslant x} \frac{1}{\log^2 n} \overset{1)\,(IV_{13})}{=} \mathcal{O}(\frac{x}{\log x}) +$$

(16)
$$\mathcal{O}(\frac{x}{\log^2 x}) = \mathcal{O}(\frac{x}{\log x}) \text{, also schließlich (16)} \sum_{2 \leqslant n \leqslant x} \frac{\lambda_2(n)}{\log n} =$$

$$\frac{\Lambda_2^*(x)}{\log x} + \mathcal{O}(\frac{x}{\log x}) = 2x + \mathcal{O}(\frac{x}{\log x}). \quad \text{q.e.d.}$$

(IV_{17}) — Die zweite Gleichung aus Formel (16) subsumieren wir noch dem Satz (IV_{17}).

(17) — P.d. gilt (17)
$$\sum_{2 \leqslant n \leqslant x} \frac{\lambda_1(n)}{\log n} \overset{2)}{=} \sum_{p \leqslant x} (\sum_{n=1}^{k_p} \frac{\log p}{n \log p}) =$$

$$\sum_{p \leqslant x} (1 + \sum_{n=2}^{k_p} \frac{1}{n}) \overset{p.d.}{=} \pi(x) + \sum_{\substack{p^n \leqslant x \\ n > 1}} \frac{1}{n} \overset{(IV_{22})}{=} \pi(x) + \mathcal{O}(\sqrt{x}). \text{ Außerdem}$$

ist definitionsgemäß $-\pi(x) = \sum_{2 \leqslant n \leqslant x} \frac{\mu(n)\lambda_1(n)}{\log n}$, woraus in Verbindung

(18) — mit (17) sich die Formel (18) $\pi(x) = - \sum_{2 \leqslant n \leqslant x} \frac{\mu(n)\lambda_1(n)}{\log n} \overset{(IV_7)}{\leqslant}$

$$\sum_{2 \leqslant n \leqslant x} \frac{\lambda_1(n)}{\log n} \overset{(IV_{17})}{=} \frac{\Lambda_1^*(x)}{\log x} + \mathcal{O}(\frac{x}{\log^2 x}) \text{ ergibt. Aus (18) entnehmen}$$

(19) — wir (19) $\pi(x) = \mathcal{O}(x)$, ein Ergebnis, das ungefähr am Anfang der Beweisversuche zum ersten Hauptsatz der analytischen Zahlentheorie steht. So

folgt u.a. aus (19) die Ungleichung $\pi(x) < \frac{x}{1000}$ und allgemein

$\pi(x) < \alpha \cdot x$ ($\alpha \in \mathcal{R}_r$, $\alpha > 0$). Aus (IV_{17}), (17) und (18) erhalten wir

$$\text{schließlich } \frac{\Lambda_1^*(x)}{\log x} + \mathcal{O}(\frac{x}{\log^2 x}) = \sum_{2 \leqslant n \leqslant x} \frac{\lambda_1(n)}{\log n} = \pi(x) + \mathcal{O}(\sqrt{x}) \leqslant$$

$$\frac{\Lambda_1^*(x)}{\log x} + \mathcal{O}(\frac{x}{\log^2 x}) \text{ und da nach } (IV_9) \text{ auch } \mathcal{O}(\sqrt{x}) = \mathcal{O}(\frac{x}{\log^2 x})$$

ist (IV_{18}) vollständig bewiesen.

In (I_{32}) haben wir bereits gesehen, daß $\sum_{n=1}^{\infty} \frac{1}{p_n}$ divergiert, nach

(IV_{13}) gilt u.a. $\lim_{n \to \infty} (\frac{\sum_{\nu=1}^{n} \frac{1}{\nu}}{\log n}) = 1$. Sicher ist es nicht ohne Interesse,

---

1) C eine positive reelle Konstante

2) mit $p^{k_p} \leqslant x < p^{k_p+1}$

(IV_{23}) auch das Wachstum von $\sum\limits_{p \leq x} \frac{1}{p}$ zu studieren. **Hier gilt** (IV_{23}): $\sum\limits_{p \leq x} \frac{1}{p} =$

$= \log (\log x) + \mathcal{O}(1)$. Bew.: Zunächst ist p.d.

D $\sum\limits_{2 \leq n \leq x} \frac{\lambda_1(n)}{n \cdot \log n} = \sum\limits_{p \leq x} \frac{1}{p} + \sum\limits_{\substack{p^n \leq x \\ n > 1}} \frac{1}{n \cdot p^n} = S_1 + S_2$. Für S_2 gilt wegen

$\frac{1}{n \cdot p^n} < \frac{1}{p^n}$ nach Überlegungen, die denen beim Beweis von (13) völlig

Übg.(18.) analog sind. $S_2 = \mathcal{O}(1)$ (Übung !) oder (20_1) $\sum\limits_{p \leq x} \frac{1}{p} = \mathcal{O}(1) +$
(20_1)

(20_2) $\sum\limits_{2 \leq n \leq x} \frac{\lambda_1(n)}{n \cdot \log n}$. Aus (IV_{10}) und (IV_{16}) resultiert dann weiter (20_2)

$\mathcal{O}(1) + \sum\limits_{2 \leq n \leq x} \frac{\lambda_1(n)}{n \cdot \log n} = \mathcal{O}(1) + \sum\limits_{2 \leq n \leq x} ((\log n + \mathcal{O}(1)) \cdot$

$(\frac{1}{\log n} - \frac{1}{\log (n+1)})) = \mathcal{O}(1) + \sum\limits_{2 \leq n \leq x} \frac{\log n \cdot (\log (n+1) - \log n)}{(\log n) \cdot (\log (n+1))} +$

D $\sum\limits_{2 \leq n \leq x} \mathcal{O}(1) \cdot \frac{\log (n+1) - \log n}{(\log n) \cdot (\log (n+1))} = \mathcal{O}(1) + S_3 + S_4$. Hier ist [1]

(20_3)
(20_4) (20_3) $\sum\limits_{2 \leq n \leq x} \frac{1}{(n+1) \cdot \log (n+1)} \leq S_3 \leq \sum\limits_{2 \leq n \leq x} \frac{1}{n \cdot \log n}$ und (20_4)

$|S_4| \leq^{[2]} c \cdot \sum\limits_{2 \leq n \leq x} \frac{1}{n \cdot \log^2 n}$. Aus (20_4) wird nach (IV_{12}) - da

$\int \frac{dx}{x \log^2 x}$ $(\log x = u, \frac{dx}{x} = du) = \int \frac{du}{u^2} = - \frac{1}{u} = - \frac{1}{\log x}$, also

$\int\limits_2^\infty \frac{dx}{x \log^2 x}$ konvergiert - wegen $\sum\limits_{2 \leq n \leq x} \frac{1}{n \log^2 n} <$

(20_5) $\sum\limits_{n=2}^\infty \frac{1}{n \log^2 n} = \mathcal{O}(1)$ oder (20_5) $S_4 = \mathcal{O}(1)$ und damit über (IV_{11})

(20_6) (20_6) $\sum\limits_{p \leq x} \frac{1}{p} = S_3 + \mathcal{O}(1)$. Schließlich führt uns (IV_{12}) zu

$\sum\limits_{2 \leq n \leq x} \frac{1}{n \log n} = \mathcal{O}(1) + \int\limits_2^x \frac{dt}{t \log t} = \mathcal{O}(1) + \log (\log x)$ und wegen

(20_3) ist damit (IV_{23}) vollständig bewiesen.

---

[1] Nach dem Mittelwertsatz der Differentialrechnung ist
$\frac{1}{n+1} \leq \frac{1}{n+\vartheta} = \log (1 + \frac{1}{n}) \leq \frac{1}{n}$.

[2] C eine reelle positive Konstante

Übg.(19.) Mit Hilfe der Sätze (I_{30}') und (IV_{12}) soll die Divergenz der Reihe

$$\sum_{n=1}^{\infty} \frac{1}{p_n}$$ bewiesen werden; außerdem ergibt sich verhältnismäßig einfach

– ohne Verwendung der Aussage (IV_{23}) – $\sum_{p \leq x} \frac{1}{p} > \mathcal{O}(\log\,(\log\,x))$,

$$\sum_{p \leq x} \frac{1}{p} = \mathcal{O}(\log\,x).$$

____

MSZ   ## 4.4. Weitere Aussagen über $\pi\,(x)$ und p_n

Wir knüpfen hier zunächst an Überlegungen an, die wir in Verbindung

mit (I_{28}) und (I_{29}) in Abschnitt 1.5. entwickelt haben. Dort war

(1) $\binom{2n}{n} = Q_n \cdot P_n = Q_n \cdot \prod_{n < p < 2n} p$ oder (1) $P_n = \prod_{n < p < 2n} p < \binom{2n}{n} < 4^n$.

Aus (1) folgt durch Logarithmieren und p.d. $(\pi(2n) - \pi(n)) \cdot \log n <$

(2) $\log P_n < n \log 4 = 2 n \log 2 < \frac{7}{5} n$ oder (2) $\pi(2n) - \pi(n) <$

$\frac{7}{5} \cdot \frac{n}{\log n}$ für $n > 1$. Weiter haben wir in Abschnitt 1.5. die Ungleichung

(3)   (3) $P_n > \dfrac{4^{\frac{n}{3}}}{2\sqrt{n}\,(2n)^{\sqrt{\frac{n}{2}}}}$ bewiesen; da aber p.d. $(\pi(2n) - \pi(n)) \cdot \log\,(2n) >$

$\log P_n$, so folgt aus (3): $\pi(2n) - \pi(n) > \dfrac{1}{\log\,(2n)} \cdot \log P_n >$

$\dfrac{1}{\log\,(2n)} \left(\frac{n}{3} \log 4 - \log 2 - \frac{1}{2} \log n - \sqrt{\frac{n}{2}} \cdot \log\,(2n)\right) =$

$\dfrac{n}{3 \log\,(2n)} \left(\log 4 - \dfrac{\log 8}{n} - \frac{3}{2} \cdot \dfrac{\log n}{n} - \dfrac{3 \cdot \log\,(2n)}{\sqrt{2n}}\right)$ resp.

(4) D   (4) $\pi(2n) - \pi(n) > \dfrac{n}{3 \log\,(2n)} (\log 4 - f(n))$, wobei $f(n) = \dfrac{\log 8}{n} +$

$\frac{3}{2} \cdot \dfrac{\log n}{n} + \dfrac{3 \log\,(2n)}{\sqrt{2n}}$. Da die Ableitungen der Funktionen $y_1(x) = \frac{1}{x}$,

$y_2(x) = \dfrac{\log x}{x}$, $y_3(x) = \dfrac{1}{\sqrt{x}}$, $y_4(x) = \dfrac{\log x}{\sqrt{x}}$ für $x \geq 10$ sämtlich

negativ sind, nimmt $f(n)$ für $n \geq 10$ sicher monoton ab. Demnach

gilt für $n \geq 50^2 = 2500$ aber $f(n) \leq \dfrac{\log 8}{2500} + \frac{3}{2} \cdot \dfrac{\log 2500}{2500} +$

$3 \cdot \dfrac{\log 5000}{\sqrt{5000}}$. Mit $\log 4 > 1,386$ ergibt eine einfache Rechnung

Übg.(20.) (Übung !) die Ungleichung $\log 4 - f(n) > 1$ oder aber (5)

(5) $\pi(2n) - \pi(n) > \dfrac{n}{3 \log\,(2n)}$ (für $n \geq 50^2$). Falls $2 \leq n \leq 50^2$ kann

Übg.(20.) durch Rechnung (Übung !) die Gültigkeit von (5) bestätigt werden [1].

(IV_{24}) Aus (2) und (5) resultiert somit der Satz (IV_{24}): $\dfrac{n}{3 \log\,(2n)} <$

$\pi(2n) - \pi(n) < \frac{7}{5} \dfrac{n}{\log n}$ (für $n > 1$) [2].

____

[1] Hierfür kann auf das in Fußnote 2) auf Seite 359 genannte Buch verwiesen werden.

[2] Mit $\log 2n = \log n + \log 2 = \log n\left(1 + \dfrac{\log 2}{\log n}\right) \leq 2 \log n$

(für $n \geq 2$) kann statt (IV_{24}) auch: $\frac{1}{6} \cdot \dfrac{n}{\log n} < \pi(2n) - \pi(n) < \frac{7}{5} \dfrac{n}{\log n}$

($n \geq 2$) geschrieben werden.

Nach (I_{30}) galt für $x \geqslant 3$ die Ungleichung $\pi(x) > \frac{2}{3} \cdot \frac{x}{\log x}$; um eine obere Schranke für $\pi(x)$ zu gewinnen, gehen wir von einer reellen Zahl α mit $\alpha > \frac{7}{5}$ [1] aus. Für eine natürliche Zahl s mit

$$s \geqslant \frac{\alpha + \frac{7}{5}}{\alpha - \frac{7}{5}} \quad \text{und} \quad x \geqslant 2^s \quad \text{ist dann weiter} \quad \log x \geqslant s \log 2 \geqslant \frac{\alpha + \frac{7}{5}}{\alpha - \frac{7}{5}} \log 2$$

(6)   bzw. (6) $\quad (\alpha - \frac{7}{5}) \log x \geqslant (\alpha + \frac{7}{5}) \log 2$. Da $\quad (\alpha - \frac{7}{5}) \log x =$

$2\alpha \log x - (\alpha + \frac{7}{5}) \log x$ und $2\alpha \log x = (\alpha - \frac{7}{5}) \log x +$

(7) $(\alpha + \frac{7}{5}) \log x \overset{(6)}{\geqslant} (\alpha + \frac{7}{5}) \log (2x)$ ergibt sich (7) $\frac{\alpha \, 2x}{\log (2x)} \geqslant$

$(\alpha + \frac{7}{5}) \frac{x}{\log x}$. Ist nun außerdem für $x < 2^{s+1}$ (also a fortiori für

(8) $2^s \leqslant x < 2^{s+1}$) die Ungleichung (8) $\pi(x) < \alpha \frac{x}{\log x}$ gültig, so erhalten

wir (über (IV_{24})) $\pi(2n) = (\pi(2n) - \pi(n)) + \pi(n) < \frac{7}{5} \cdot \frac{n}{\log n} + \alpha \frac{n}{\log n} =$

$(\alpha + \frac{7}{5}) \frac{n}{\log n} \overset{(7)}{<} \alpha \frac{2n}{\log (2n)}$. Wenn also (8) für ganzzahlige x aus dem

Intervall $2^s \leqslant x < 2^{s+1}$ richtig ist, so auch für solche ganzzahligen

x, die zum Intervall $2^{s+1} \leqslant x < 2^{s+2}$ gehören. Es gilt daher (8)

allgemein, wenn nur ein passendes α und ein zugehörendes s gefunden

werden können. Wegen $\pi(x) = \pi([x]) < \alpha \frac{[x]}{\log ([x])} \overset{2)}{\leqslant} \alpha \frac{x}{\log x}$,

$\pi(2x) - \pi(x) = \pi([2x]) - \pi([x]) \leqslant \pi(2[x]) - \pi([x]) + 1 <$

$(\log 4) \cdot \frac{[x]}{\log [x]} + 1 \overset{2)}{\leqslant} (\frac{7}{5} - \eta) \frac{x}{\log x} + 1 \overset{3)}{=} \frac{7}{5} \frac{x}{\log x} +$

$(1 - \eta \frac{x}{\log x}) \overset{2)\,4)}{<} \frac{7}{5} \frac{x}{\log x}$ können die eben angegebenen Aussagen

auch für beliebige reelle (hinreichend große) x formuliert werden.

Für $\alpha = \frac{8}{5}$ wird $s = 15$. Nachdem für $x \leqslant 10^6$ heute $\pi(x)$ verhältnis-

mäßig einfach mit Hilfe von Rechenautomaten bestimmbar ist [5], können

wir $\pi(70000) = 6935$ als gegeben voraussetzen. Mit $30000 < 2^{15} \leqslant$

$x < 2^{16} < 70000$ erhalten wir aber $\pi(x) < \pi(70000) = 6935 <$

$\frac{8}{5} \cdot \frac{50000}{\log 50000} \approx 7390$ und daher für $50000 \leqslant x < 70000$ die Aussage (8)

---

[1] Diese Schranke hängt mit dem Ergebnis von (IV_{24}) zusammen; der nachstehende Beweisgang folgt einer Idee von P. Finsler.

[2] $\frac{x}{\log x}$ wächst für $x > e$ monoton.

[3] $\eta > 0$, $\eta = \frac{7}{5} - \log 4$

[4] für hinreichend große x

[5] außerdem hilft hier (IV_{29})

mit $\alpha = \frac{8}{5}$. Da $\pi(50000) \overset{1)}{=} 5133$ und $5133 < \frac{8}{5} \cdot \frac{40000}{\log 40000} \approx$ 6043, gilt (8) mit $\alpha = \frac{8}{5}$ auch für $40000 \leqslant x < 50000$; schließlich folgt aus $\pi(40000) \overset{1)}{=} 4203 < \frac{8}{5} \cdot \frac{30000}{\log 30000} \approx 4657$ die Gültigkeit von (8) mit $\alpha = \frac{8}{5}$ für alle x, die der Ungleichung $x \geqslant 2^{15}$ genügen.

Durch eine etwas umfangreiche Rechnung läßt sich dann $(8)^{1)\;2)}$ allgemein

(IV$_{25}$) mit $\alpha = \frac{8}{5}$ für $x \geqslant 3$ bestätigen. Das ist der Satz (IV$_{25}$): Für $x \geqslant 3$ gilt $\frac{2}{3} \frac{x}{\log x} < \pi(x) < \frac{8}{5} \frac{x}{\log x}$. Aus (IV$_{25}$) folgt für $x = p_n$

(9) (wegen $p_n > n$) außerdem (9) $p_n > \frac{5}{8} n \log n$; diese Aussage sub-

(IV$_{25}$) sumieren wir noch (IV$_{25}$).

Übg.(21.) Es gilt: $\lim\limits_{n \to \infty} \sqrt[n]{p_n} = 1$.

Aus den bisherigen Ergebnissen läßt sich nun eine Vielzahl überraschender Aussagen verhältnismäßig einfach beweisen. Wir geben hier nur eine

(10) kleine Auswahl solcher Sätze an. Zunächst gilt: (10) Für $x \geqslant y \geqslant 2$ $(x \in \mathcal{K}_r, \; y \in \mathcal{K}_r)$ und $x \geqslant 6$ ist stets $\pi(x \cdot y) > \pi(x) + \pi(y)$ $^{3)}$.

Übg.(22.) Welche Sätze aus Kapitel 1 (u.a. (I$_{29}$)) folgen sofort aus (10) ?

Wir beweisen (10) nur für $x \geqslant 57$; für $6 \leqslant x \leqslant 57$ kann (10) durch

Übg.(23.) Rechnung (Übung!)$^{2)}$ bestätigt werden. Mit $2 \leqslant y < 10$ ist $\pi(y) \leqslant$

$\pi(10) = 4$, weiter $\pi(x \cdot y) \geqslant \pi(2x) = (\pi(2x) - \pi(x)) + \pi(x) \overset{(IV_{24})}{\geqslant}$

$\frac{x}{3 \cdot \log(2x)} + \pi(x) \overset{n.V.}{\geqslant} \frac{57}{3 \cdot \log 114} + \pi(x) \overset{4)}{>} 4 + \pi(x) \overset{s.o.}{\geqslant} \pi(x) + \pi(y).$

Für $10 \geqslant y$ gilt nach (IV$_{25}$) aber $\pi(x \cdot y) - \pi(x) > \frac{2}{3} \cdot \frac{x \cdot y}{\log(x \cdot y)} -$

$\frac{8}{5} \cdot \frac{x}{\log x} \overset{5)}{\geqslant} \frac{2}{3} \cdot \frac{10x}{\log(x^2)} - \frac{8}{5} \cdot \frac{x}{\log x} = (\frac{10}{3} - \frac{8}{5}) \frac{x}{\log x} = \frac{26}{15} \frac{x}{\log x} \geqslant$

(IV$_{25}$) $\quad \frac{26}{15} \frac{y}{\log y} > \frac{24}{15} \cdot \frac{y}{\log y} = \frac{8}{5} \frac{y}{\log y} \overset{(IV_{25})}{>} {}_{25} \pi(y).$ q.e.d.

$^{1)}$ außerdem hilft hier (IV$_{29}$)

$^{2)}$ Eine elegante Behandlung dieser Rechenprobleme findet der Leser z.B. in R. Mönkemeyer (geb. 1907): Einführung in die Zahlentheorie (Hannover 1971).

$^{3)}$ (10) wird manchmal auch "Satz über die logarithmische Eigenschaft von $\pi(x)$" genannt.

$^{4)}$ Zahlenrechnung !

$^{5)}$ $x \geqslant y \geqslant 10$

(11) Ebenso einfach lassen sich die Aussagen (11): Für $n > 1$ [1] ist
(12) $p_n + p_{n+1} > p_{n+2}$ und (12): Stets gilt $p_n \cdot p_m > p_{n+m}$ bestätigen.

Bew.: Für $2 \leqslant n < 5$ wird (11) sofort durch Rechnung verifiziert.

Mit $n \geqslant 5$, $p_n \geqslant 11$ gilt aber $\pi(p_{n+1} + p_n) - \pi(p_n) \overset{p.d.}{>}$

$$\pi(2p_n) - \pi(p_n) \overset{(IV_{24})}{>} \frac{p_n}{3 \cdot \log (2p_n)} \overset{n.V.}{\geqslant} \frac{11}{3 \cdot \log 22} > 1 \text{ oder}$$

$\pi(2p_n) - \pi(p_n) \geqslant 2$ resp. $\pi(2p_n) \geqslant \pi(p_n) + 2 = n + 2$ o.w.d.i.

$p_{n+2} \leqslant 2p_n$; da aber $p_{n+2} \neq 2p_n$, so gilt $p_{n+2} < 2p_n < p_n + p_{n+1}$

und (11) ist bewiesen.

Zum Beweis von (12) wird o.B.d.A. $m \leqslant n$ angenommen. Der Fall $m = 1$
ist nichts anderes als der Satz (I_{28}). $m = 2$, $n \geqslant 2$ führt zu

$$p_2 \cdot p_n = 3 \cdot p_n = p_n + p_n + p_n > (p_{n-1} + p_n) + p_n \overset{(11)\ [2]}{\geqslant}$$

$$p_{n+1} + p_n \overset{(11)}{>} p_{n+2} . \text{ Aus } m = 3, n \geqslant 3 \text{ resultiert } p_3 \cdot p_n =$$

$$5p_n > p_{n-1} + p_n + 3p_n \overset{(11)}{>} p_{n+1} + 3p_n \overset{s.e.}{>} p_{n+1} + p_{n+2} \overset{(11)}{>} p_{n+3} .$$

Für $m \geqslant 4$, also $p_m \geqslant 7$ wird (10) anwendbar. Demnach erhalten wir
$\pi(p_m \cdot p_n) > \pi(p_m) + \pi(p_n) = m + n = \pi(p_{n+m})$, woraus wegen der Mono-
tonität des Wachstums von $\pi(x)$ aber (12) allgemein bewiesen ist. Mit
(12) läßt sich eine Abschätzung von Zermelo [3] wesentlich verbessern.
Da $p_\lambda p_{n-\lambda+1} > p_{n+1}$ (für $\lambda = 1, 2, \ldots, n$) aus (12) resultiert,

(13)   gilt auch (13) $p_{n+1}^n < (\prod_{\nu=1}^{n} p_\nu^2)$. Die Aussagen (10), (11), (12) und

(IV_{26}) (13) bilden den Satz (IV_{26}), aus dem weitere Ergebnisse gewonnen werden
können. Es folgt u.a. aus (13) sofort eine Aussage, für die bisher
mehrere, teilweise sehr umfangreiche, Herleitungen gegeben wurden.

(IV_{27}) Es gilt der Satz (IV_{27}): Für $m > 30$ ($m \in \mathfrak{N}$) kommt unter den $\varphi(m)$
Restklassen mod m, die zu m relativ prim sind, mindestens eine vor,
deren Repräsentant eine PZ-Potenz ist [4]. Für $m = 30$ ist $\{\bar{\nu}\}_{30} =$
$\{1, 7, 11, 13, 17, 19, 23, 29\}$ und auch für $m = 8$ und $m = 18$
stehen in $\{\bar{\nu}\}_m$ außer 1 nur PZ^{en}. Wegen $(2^2, 2\nu+1) = 1$ ($\nu = 15, 16, ..$
$.., 23$) und $(5^2, 2\nu) = 1$ ($\nu = 16, 17, 18, 19, 21, 22, 23, 24$),

---

[1] für $n = 1$ ist (11) falsch, da $p_1 + p_2 = 2 + 3 = 5 = p_3$

[2] "=" steht nur, falls $n = 2$

[3] $p_{n+1} < \sqrt{\prod_{\nu=1}^{n} p_\nu}$ $(n \geqslant 4)$

[4] also sicher größer als 1 und keine PZ ist

ferner $(3^2,\ 40) = 1$ muß (IV_{27}) für $m \geqslant 49$ bewiesen werden. Ist $r \geqslant 1$ $(r \in \mathfrak{N})$, so wird $m \geqslant p_{2(r+1)}^{r+1} \geqslant p_4^2 = 49$, und wir werden stets eine PZ p konstruieren können, für die $(p^{r+1},\ m) = 1$ und $p^{r+1} < m$ gleichzeitig gelten. Hierzu betrachten wir die Folge der PZ[en] (14)

(14) $p_1 < p_2 < p_3 < \cdots < p_{2(r+1)}$. Für $m = 49$ ist $(25,\ 49) = 1$ und wir können uns auf $m > 49$, also $m > p_{2(r+1)}^{r+1}$ beschränken. Steht in (14) ein p_ν $(1 \leqslant \nu \leqslant 2(r+1))$, für das $(p_\nu,\ m) = 1$ gilt, so ist nach (I_9) auch $(p_\nu^{r+1},\ m) = 1$ und $p_\nu^{r+1} < m$, also (IV_{27}) bewiesen. Stehen dagegen in (14) nur solche PZ[en] p_ν, für die $(m,\ p_\nu) = p_\nu$, so setzen wir (14) solange fort $(p_1 < p_2 < \cdots < p_{2(r+1)} < \cdots < p_k)^{1)}$ bis $(p_1,\ m) = p_1$ $(l = 1, 2, \ldots, k)$, aber erstmals $(p_{k+1},\ m) = 1$ gilt.

Es ist dann $m \geqslant \prod\limits_{\nu=1}^{k} p_\nu \overset{(13)}{>} \sqrt{p_{k+1}^{k}} = p_{k+1}^{\frac{k}{2}} \overset{1)}{\geqslant} p_{k+1}^{r+1}$ mit

$(p_{k+1}^{r+1},\ m) = 1$.   q.e.d.

Übg.(24.) Aus (IV_{18}) in Verbindung mit anderen Aussagen folgt:

$$\lim_{x \to \infty} \frac{\sqrt[\pi(x)]{p_1 \cdot p_2 \cdot \cdots \cdot p_{\pi(x)}}}{x} = 1 = \lim_{x \to \infty} \left(\frac{\prod\limits_{\nu=1}^{\pi(x)} p_\nu}{e^x} \right).$$

Wir wollen nun eine Aussage beweisen, nach der die Vermutung, es gäbe unendlich viele PZ-Zwillinge, nicht ganz abwegig erscheint. Es gilt

(IV$_{28}$)   der Satz (IV_{28}): Wird die reelle Zahl ε mit $0 < \varepsilon < 1$ beliebig vorgegeben, so existieren in der unendliche Folge der PZ[en] p_1, p_2, $\ldots$ immer wieder Paare aufeinanderfolgender PZ[en] $(p_n,\ p_{n+1})$, für die $p_{n+1} < p_n\,(1 + \varepsilon)$ gilt.

Zunächst bemerken wir, daß nach (I_{28}) für $\varepsilon \geqslant 1$ die Aussage (IV_{28}) trivial ist, da $p_{n+1} < 2p_n \leqslant (1 + \varepsilon)p_n$ ganz allgemein gilt. (IV_{28}) beweisen wir indirekt. Wäre die Aussage falsch, so würde für $\nu \geqslant M$ (M eine endliche natürliche Zahl) stets (15) $p_{\nu+1} \geqslant p_\nu\,(1 + \varepsilon)$

(15)
(16)   gelten. Dann wählen wir ein $p_{M'}$ $(M' \geqslant M)$ derart, daß zusätzlich (16) $x = p_{M'} > \dfrac{8}{\varepsilon} > 4^{\,2)}$, damit ist x definiert und mit $\nu_0 = (M' + 1)$ erhalten wir nach unseren Voraussetzungen $p_{\nu_0+1} \geqslant p_{\nu_0}\,(1 + \varepsilon)$,

---

$^{1)}$ $2(r+1) \leqslant k$

$^{2)}$ ε ist mit $0 < \varepsilon < 1$ vorgegeben.

24 Schubart

$$p_{\nu_0+2} > p_{\nu_0+1}\,(1 + \varepsilon) \geqslant p_{\nu_0}\,(1 + \varepsilon)^2,\quad p_{\nu_0+3} \geqslant p_{\nu_0}\,(1 + \varepsilon)^3,\quad \text{u.s.f.}\ ^{1)}.$$

Unter den PZ^{en} p_{ν_0}, p_{ν_0+1}, p_{ν_0+2}, ... betrachten wir lediglich diejenigen, die zwischen x und x^2 liegen. Von dieser Sorte existieren mindestens zwei, da zufolge (I_{28}) zwischen x und $2x$ und auch zwischen $2x$ und $4x$ $(4x \overset{(16)}{<} x^2)$ je eine solche liegt. Demnach erhalten wir

$$\sum_{x < p \leqslant x^2} \frac{1}{p}\,^{2)} = \frac{1}{p_{\nu_0}} + \frac{1}{p_{\nu_0+1}} + \ldots \leqslant \frac{1}{p_{\nu_0}}\left(1 + \frac{1}{1+\varepsilon} + \frac{1}{(1+\varepsilon)^2} + \ldots\right) \leqslant$$

$$\frac{1}{p_{\nu_0}}\left(\frac{1}{1 - \frac{1}{1+\varepsilon}}\right) = \frac{1}{p_{\nu_0}} \cdot \frac{\varepsilon+1}{\varepsilon} < \frac{2}{p_{\nu_0}} \cdot \frac{1}{\varepsilon} < \frac{2}{p_{M'}} \cdot \frac{1}{\varepsilon} = \frac{2}{x} \cdot \frac{1}{\varepsilon} \overset{(16)}{<} \frac{1}{4}\quad \text{oder die}$$

(17) Beziehung (17) $\displaystyle\sum_{x < p \leqslant x^2} \frac{1}{p} < \frac{1}{4}$. (17) gilt für alle x, die (16)

genügen. Nach (IV_{21}) war aber $\displaystyle\sum_{p \leqslant x^2} \frac{\log p}{p} = \log(x^2) + \mathcal{O}(1)$ und

$$\sum_{p \leqslant x} \frac{\log p}{p} = \log x + \mathcal{O}(1),\ \text{woraus}\ \sum_{x < p \leqslant x^2} \frac{\log p}{p} = \log x + \mathcal{O}(1) =$$

$\dfrac{\log x}{2} + \dfrac{\log x}{2} + \mathcal{O}(1)$ resultiert. Nun wählen wir die reelle Zahl K_1

so groß, daß $-K_1 < \mathcal{O}(1) < K_1$ und erhalten für $x > e^{2K_1}$ bzw.

$$\frac{\log x}{2} > K_1\ \text{aber}\ \frac{\log x}{2} < \sum_{x < p \leqslant x^2} \frac{\log p}{p} \leqslant \log(x^2) \cdot \sum_{x < p \leqslant x^2} \frac{1}{p} =$$

(18) $\displaystyle(2 \log x) \cdot \sum_{x < p \leqslant x^2} \frac{1}{p}$ bzw. (18) $\displaystyle\frac{1}{4} < \sum_{x < p \leqslant x^2} \frac{1}{p}$ für $x > e^{2K_1}$.

Gilt jetzt $p_{M''} > e^{2K_1}$, so wählen wir $x = \text{Max}\,(p_{M'}, p_{M''})$, wodurch (17) und (18) unvereinbar werden. q.e.a.

Wir beenden diese Betrachtungen mit einem Satz, der auf den deutschen Mathematiker E. Meissel (1826 bis 1895) zurückgeht und der es gestattet, $\pi(x)$ auch dann zu berechnen $^{3)}$, wenn keine entsprechend umfangreiche PZ-Tafel zur Verfügung steht. Hierzu benötigen wir eine neue Anzahl-

D funktion $\varphi(x; k)$. Sie zählt alle n $(n \in \mathfrak{N})$, für die gleichzeitig

$$n \leqslant x\ \text{und}\ (n, p_\nu) = 1\ (\nu = 1, \ldots, k)\ \text{bzw.}\ \Big(n, \prod_{\nu=1}^{k} p_\nu\Big) = 1\ ^{4)}$$

gilt. Damit ist z.B. $\varphi(30;3) = \varphi(30) \overset{(I_{18})}{=} \varphi(2) \cdot \varphi(3) \cdot \varphi(5) = 8$

oder $\displaystyle\varphi\Big(\prod_{\nu=1}^{k} p_\nu; k\Big) = \varphi\Big(\prod_{\nu=1}^{k} p_\nu\Big) \overset{(I_{18})}{=} \prod_{\nu=1}^{k} \varphi(p_\nu)$, ferner $\varphi(5;2) = 2\ ^{5)}$.

$^{1)}$ durch vollständige Induktion

$^{2)}$ Summiert wird über alle möglichen p.

$^{3)}$ z.B. beim Beweis von (IV_{25})

$^{4)}$ nach (I_9)

$^{5)}$ $\varphi(5;2)$ zählt die Zahlen 1 und 5; ebenso ist $\varphi(6;2) = 2$ aber $\varphi(7;2) = 3$.

D   Aus pragmatischen Gründen definieren wir noch $\varphi(x;0) = [x]$ und erhalten $\varphi(x;1) = [x] - \left[\frac{x}{p_1}\right] = [x] - \left[\frac{x}{2}\right] = \varphi(x;0) - \varphi(\frac{x}{2};0)$. Ist nun $0 < a \leqslant b \leqslant a^2$ und $\pi(a) = 1$ (d.h. $p_1 < p_2 < \ldots < p_1 \leqslant a$), so

(19_1) gilt (19_1) $\varphi(b; \pi(a)) = 1 + \pi(b) - \pi(a)$. P.d. zählt nämlich $\varphi(b; \pi(a)) = \varphi(b;1)$ die Zahl 1 und alle PZ^{en} p mit $a < p \leqslant b$. Alle n, für die $(n, \prod_{\nu=1}^{1} p_\nu) = 1$ sind aber – außer 1 – genau diese p, da $p^2 > a^2$ und es keine anderen n geben kann, die vom Zählwerk $\varphi(b; \pi(a))$ für $a \leqslant b \leqslant a^2$ registriert werden können; damit ist

(19_2) (19_1) bewiesen. Weiter gilt: (19_2) $\varphi(x;k) = \varphi(x;k-1) - \varphi\left(\left[\frac{x}{p_k}\right]; k-1\right)$ [1]. Bew.: Da, wegen $((n, \prod_{\nu=1}^{k} p_\nu) = 1) \Rightarrow ((n, \prod_{\nu=1}^{k-1} p_\nu) = 1)$, einerseits $\varphi(x;k)$ nur solche Zahlen n zählt, die auch $\varphi(x;k-1)$ registriert; von diesem Zählwerk werden aber außerdem noch registriert $p_k, 2p_k, \ldots, \left[\frac{x}{p_k}\right] \cdot p_k$ falls nur $(\lambda, \prod_{\nu=1}^{k-1} p_\nu) = 1$ $(\lambda = 1, 2, \ldots, \left[\frac{x}{p_k}\right])$. q.e.d.

Als Beispiel für (19_2) betrachten wir $\varphi(20;2) \overset{(19_2)}{=} \varphi(20;1) - \varphi\left(\left[\frac{20}{3}\right];1\right) \overset{s.e.}{=} 20 - 10 - \varphi\left(\left[\frac{20}{3}\right]; 1\right) = 10 - \varphi(6;1) = 7$. Hier zählt $\varphi(20;2)$ die Zahlen 1, 5, 7, 11, 13, 17, 19; $\varphi(20;1)$ zählt 1, 3, 5, 7, 9, 11, 13, 15, 17, 19; $\varphi\left(\left[\frac{20}{3}\right];1\right)$ zählt 1, 3, 5, wobei diese Zahlen nach unserem Beweisverfahren zu 3, 9, 15 gehören; die von $\varphi(20;1)$ miterfaßt werden.

Ist nun $\pi(\sqrt[3]{x}) = m'$, $\pi(\sqrt{x}) = n' = m'+s$, so gilt p.d. $p_{m'} \leqslant \sqrt[3]{x} < p_{m'+1} < \ldots < p_{m'+s} = p_{n'} \leqslant \sqrt{x} = \frac{x}{\sqrt{x}}$. Aus dieser Ungleichungskette resultiert wegen $p_{m'+\nu} < \sqrt{x}$ $(\nu = 1, \ldots, s)$ aber $\frac{x}{\sqrt{x}} \leqslant \frac{x}{p_{m'+\nu}}$ $(\nu = 1, \ldots, s)$ resp. $\sqrt{x} \leqslant \frac{x}{p_{m'+\nu}}$ $(\nu = 1, \ldots, s)$; hieraus erhalten

(20_1) wir (20_1) $\sqrt[3]{x} < p_{m'+\nu} \leqslant \sqrt{x} \leqslant \frac{x}{p_{m'+\nu}} < \frac{x}{\sqrt[3]{x}} = x^{2/3} < p_{m'+\nu}^2$ $(\nu = 1, \ldots, s)$.

---

[1] für $k = 1$ haben wir (19_2) bereits oben erhalten.

Dabei kann nicht simultan $p_{m'} = \sqrt[3]{x}$, $p_{n'} = \sqrt{x}$ gelten, da $p_{m'}^3 \neq p_{n'}^2$, und daher entnehmen wir (20_1) weiter

$$(20_2) \quad 1 \leqslant x \cdot p_{m'+\nu}^{-2} < p_{m'+\nu} \quad (\nu = 1, 2, \ldots, s).$$

In (19_2) setzen wir nun nacheinander $k = m' + \nu$ $(\nu = 1, 2, \ldots, s)$ und addieren diese s Gleichungen. Das Ergebnis lautet

$$\varphi(x;n') = \varphi(x;m') - \sum_{\nu=1}^{s} \varphi\left(\left[\frac{x}{p_{m'+\nu}}\right]; m' + \nu - 1\right) \quad \text{o.m.a.W.} \quad (19_3):$$

$$\varphi(x; \pi(\sqrt{x})) = \varphi(x; \pi(\sqrt[3]{x})) - \sum_{\nu=1}^{\pi(\sqrt{x})-\pi(\sqrt[3]{x})} \varphi\left(\left[\frac{x}{p_{\pi(\sqrt[3]{x})+\nu}}\right]\right);$$

$\pi(\sqrt[3]{x}) + \nu - 1)$. Über (19_1) erhalten wir mit $a = \sqrt{x}$, $b = x$ dann weiter $\varphi(x; \pi(\sqrt{x})) = \varphi(x;n') = 1 + \pi(x) - \pi(\sqrt{x}) = 1 + \pi(x) - n'$ resp. (19_4) $\pi(x) = \varphi(x;n') - 1 + n' = \varphi(x; \pi(\sqrt{x})) - 1 + \pi(\sqrt{x})$.

Nun setzen wir (19_3) in (19_4) ein. Das führt uns zu (19_5) $\pi(x) =$

$$n' - 1 + \varphi(x;m') - \sum_{\nu=1}^{s} \varphi\left(\frac{x}{p_{m'+\nu}} ; m'+\nu-1\right).$$

Wegen (20_1) können wir in (19_1) aber auch $a = p_{m'+\nu}$, $b = x\, p_{m'+\nu}^{-1}$ $(\nu = 1, \ldots, s)$ setzen und erhalten (19_6)

$$\varphi\left(\left[\frac{x}{p_{m'+\nu}}\right]; m' + \nu\right) = 1 + \pi\left(\frac{x}{p_{m'+\nu}}\right) - (m' + \nu)$$

$(\nu = 1, \ldots, s)$. Schließlich ist nach (19_2) weiter (19_7)

$$\varphi\left(\left[\frac{x}{p_{m'+\nu}}\right]; m' + \nu\right) = \varphi\left(\left[\frac{x}{p_{m'+\nu}}\right]; m' + \nu - 1\right) - \varphi\left(\left[\frac{x}{p_{m'+\nu}^2}\right]; m' + \nu - 1\right)$$

$(\nu = 1, 2, \ldots, s)$.

Nach (20_2) wird durch das Zählwerk $\varphi\left(\left[\frac{x}{p_{m'+\nu}^2}\right]; m' + \nu - 1\right)$ nur die

Zahl 1 registriert und aus (19_7) resultiert (19_8) $\varphi\left(\left[\frac{x}{p_{m'+\nu}}\right];\right.$

$$m' + \nu - 1) = \varphi\left(\left[\frac{x}{p_{m'+\nu}}\right]; m' + \nu\right) + 1 \overset{(19_6)}{=} 2 + \pi\left(\left[\frac{x}{p_{m'+\nu}}\right]\right) - (m' + \nu)$$

$(\nu = 1, 2, \ldots, s)$.

Werden endlich die s Gleichungen (19_8) in die Beziehung (19_5) eingesetzt, so erhalten wir die Aussage (21) $\pi(x) = n' - 1 + \varphi(x;m') -$

$$\sum_{\nu=1}^{s} \left(2 + \pi\left(\left[\frac{x}{p_{m'+\nu}}\right]\right) - (m' + \nu)\right) = m' + s - 1 + \varphi(x;m') - 2s -$$

$$\left(\sum_{\nu=1}^{s} \pi\left(\left[\frac{x}{p_{m'+\nu}}\right]\right)\right) + s \cdot m' + \frac{s(s+1)}{2} = \varphi(x;m') + m'(s+1) + \frac{s(s-1)}{2} - 1 -$$

$$\sum_{\nu=1}^{s} \pi\left(\left[\frac{x}{p_{m'+\nu}}\right]\right) \quad \text{resp.}^{1)} \quad (21') \; \pi(x) = \varphi(x; \pi(\sqrt[3]{x})) - 1 -$$

$^{1)}$ s, m', n' werden ersetzt, die Glieder entsprechend zusammengefaßt.

$$\left(\sum_{\nu=1}^{\pi(\sqrt{x})-\pi(\sqrt[3]{x})} \pi\left(\left[\frac{x}{p_{\nu+\pi(\sqrt[3]{x})}}\right]\right)\right) + \frac{3}{2}\,\pi(\sqrt[3]{x}) - \frac{\pi(\sqrt{x})}{2} + \frac{1}{2}\left(\pi^2(\sqrt{x}) - \pi^2(\sqrt[3]{x})\right).$$

Um die bisherigen Ergebnisse $((19_1)$ bis $(21'))$, die wir als Satz (IV_{29}) zusammenfassen, noch etwas praktikabler zu gestalten, werden zwei weitere Formeln zur Berechnung von $\varphi(x;k)$ bereitgestellt, die wir dann ebenfalls (IV_{29}) subsumieren. Es gelten mit $\Pi_k = \prod_{\nu=1}^{k} p_\nu$ und

$$[x] \stackrel{(I_2)}{=} q\cdot \Pi_k + r \quad (0 \leqslant r \leqslant \Pi_k - 1) \quad \text{die Aussagen } (22_1)$$

(22_1)
$$\varphi(x;k) = \varphi([x];k) = q\cdot\varphi(\Pi_k) + \varphi(r;k) \stackrel{1)}{=} \left(q\cdot \prod_{\nu=1}^{k} \varphi(p_\nu)\right) +$$

(22_2)
$$\varphi(r;k) = \left(q\cdot \prod_{\nu=1}^{k} (p_\nu - 1)\right) + \varphi(r;k) \quad \text{und} \quad (22_2) \quad \varphi(p_2 \cdot p_3 \cdot \,\cdots\, \cdot p_k;$$

$$k) = \frac{1}{2}\varphi(\Pi_k) \stackrel{1)}{=} \frac{1}{2} \prod_{\nu=2}^{k} \varphi(p_\nu) = \prod_{\nu=3}^{k} \varphi(p_\nu).$$

Bevor wir die Formeln (22) beweisen, soll ein Beispiel ihre Praktikabilität erweisen. Es ist $\varphi(1000;4)$ (wegen $1000 = 4\cdot(2\cdot 3\cdot 5\cdot 7) + 160$) nach (22_1) gleich $4\cdot\varphi(210) + \varphi(160;4) = 4\cdot 2\cdot 4\cdot 6 + \varphi(160;4) = 192 + \varphi(160;4)$; $\varphi(160;4) \stackrel{(19_2)}{=} \varphi(160;3) - \varphi\left(\left[\frac{160}{7}\right]; 3\right) = \varphi(160;3) - \varphi(22;3) \stackrel{(22_1)}{=} 5\cdot\varphi(2\cdot 3\cdot 5) + \varphi(10;3) - \varphi(22;3) = 40 + \varphi(10;3) - \varphi(22;3) = 40 + 2 - 6 = 36$; demnach erhalten wir $\varphi(1000;4) = 228$. Da außerdem $((n, 2\cdot 3\cdot 5\cdot 7) = 1) \Rightarrow ((n, 10^3) = 1)$, so ist $\varphi(1000;4) \leqslant \varphi(1000)$. Aus (22_2) ergibt sich u.a.

$$\varphi(3\cdot 5\cdot 7;4) = \varphi(105;4) = \prod_{\nu=3}^{4} \varphi(p_\nu) = \varphi(5)\cdot\varphi(7) = 24.$$

Der Beweis von (22_1) ist sehr einfach; die Zahlen n $(n \in \mathfrak{N})$ durchlaufen nämlich von 1 bis $q\cdot \Pi_k$ genau q-mal ein vollständiges Restsystem mod Π_k, unter ihnen befinden sich daher $q\cdot\varphi(\Pi_k)$ solche Zahlen, die zu Π_k relativ prim sind; schließlich befinden sich unter den n der Form $q\cdot \Pi_k + u$ $(u = 1, 2, \ldots, r)$ genau $\varphi(r;k)$ mit der gewünschten Eigenschaft [2]. q.e.d.

---

[1] nach (I_{18}) und mit $\varphi(p_1) = \varphi(2) = 1$, $\varphi(3) = \varphi(p_2) = 2$

[2] Hier wäre eventuell noch $\varphi(0;k) = 0$ zu definieren, falls $u = 0$.

Zum Beweis von (22_2) suchen wir die Anzahl der Elemente h ($h \in \mathfrak{N}$) für

die $h < \prod_{\nu=2}^{k} p_\nu$ und $(h, \Pi_k) = 1$ gleichzeitig gelten. Wegen

$\Pi_k = 2 \prod_{\nu=2}^{k} p_\nu = \prod_{\nu=2}^{k} p_\nu + \prod_{\nu=2}^{k} p_\nu$ ist $\Pi_k - h < \Pi_k$ und auch

$\Pi_k - h > \prod_{\nu=2}^{k} p_\nu$. Wird $(h, \Pi_k) = 1$ vorausgesetzt, so resultieren

auch (I_7') zwei Zahlen H,S ($H \in \mathfrak{Z}$, $S \in \mathfrak{Z}$) derart, daß

$(-H) \cdot (-h) + S \cdot \Pi_k = 1$ und daher auch $(-H)(\Pi_k - h) + (S+H)\Pi_k = 1$.
Da aus der letzten Gleichung auch die vorletzte resultiert, so erhal-
ten wir $((h, \Pi_k) = 1) \Leftrightarrow ((\Pi_k - h, \Pi_k) = 1)$. Zu jedem natürlichen

$h(h < \prod_{\nu=2}^{k} p_\nu)$ mit $(h, \Pi_k) = 1$ gibt es mindestens zwei Elemente

(h und $\Pi_k - h$) aus $\mathfrak{N}$, die durch $\varphi(\Pi_k)$ gezählt werden. Ein Element

h wird, falls es von $\varphi(\Pi_k; k)$ gezählt wird [1], auch von

(23_1) $\varphi(\prod_{\nu=2}^{k} p_\nu; k)$ registriert; damit ist zunächst (23_1) $\varphi(\prod_{\nu=2}^{k} p_\nu; k) \leqslant$

$\frac{1}{2} \varphi(\Pi_k)$. Andererseits gehört aber ein $\bar{h}$ ($\bar{h} \in \mathfrak{N}$), das durch $\varphi(\Pi_k)$

gezählt wird, auch zu der Menge der von $\varphi(\prod_{\nu=2}^{k} p_\nu; k)$ registrierten

Zahlen, wenn zusätzlich noch $\bar{h} < \prod_{\nu=2}^{k} p_\nu$ gilt. Die natürliche Zahl

$\Pi_k - \bar{h}$ wird dann [2] ebenfalls von $\varphi(\Pi_k)$, aber nicht von $\varphi(\prod_{\nu=2}^{k} p_\nu; k)$

gezählt. Unter den Elementen von $\{\bar{\nu}\}_{\Pi_k}$ ist nun aber die Zuordnung

von Paarelementen (h_1, h_1') mit $h_1 < \prod_{\nu=2}^{k} p_\nu$, $h_1' = \Pi_k - h_1$ er-

schöpfend, wenn $(h_1, \Pi_k) = (h_1', \Pi_k) = 1$ gelten soll. Ist nämlich

$\Pi_k > h^* > \prod_{\nu=2}^{k} p_\nu$ und $(h^*, \Pi_k) = 1$, so ist auch (s.o.)

$(\Pi_k - h^*, \Pi_k) = 1$ und außerdem $\Pi_k - h^* < \prod_{\nu=2}^{k} p_\nu$. So erhalten wir

(23_2) (23_2) $\varphi(\prod_{\nu=2}^{k} p_\nu; k) \geqslant \frac{1}{2} \varphi(\Pi_k)$. (23_1) und (23_2) bestätigen (22_2).

---

[1] Es gilt zusätzlich $h < \prod_{\nu=2}^{k} p_\nu < \Pi_k$.

[2] wenn $\bar{h} < \prod_{\nu=2}^{k} p_\nu$.

Übg.(25.) Nach (IV_{29}) soll unter Verwendung der PZ-Tafel [1] auf Seite 470 $\pi(3600)$ und $\pi(8000)$ berechnet werden. Ist mit Hilfe der genannten PZ-Tafel $\pi(70000)$ zu berechnen?

In diesem und im 1. Kapitel wurden die wesentlichen Bauelemente bereitgestellt, um die Hauptsätze von Gauß bzw. Dirichlet [2] der analytischen Zahlentheorie elementar beweisen zu können. Ein solcher Beweis, der gänzlich ohne Verwendung von Tatsachen der höheren Theorie komplexer Funktionen [3] geführt werden kann, entstand erstmals um 1950 aus Arbeiten der bereits genannten Forscher P. Erdös, A. Selberg und H. N. Shapiro, wobei auch andere Mathematiker (z.B. Siegel und Finsler) wichtige Vorarbeiten leisteten. Erwähnenswert ist dabei, daß sich die Genannten nicht von der vor 1950 oft vertretenen Meinung einiger Fachkollegen irritieren ließen, die einen solchen Beweis für unmöglich hielten.

---

[1] Aus ihr folgt u.a. $\pi(2000) = 303$.
[2] Genauere Angaben findet der Leser in der Einleitung.
[3] etwa der ζ-Funktion

5. Hauptsätze von Gauß und Dirichlet

5.1. Vorbereitungen I (Schrankensätze)

Nach (IV_{15}) war $\Lambda_1{}^*(x) = \sum_{n \leqslant x} \lambda_1(n) = \mathcal{O}(x)$, diese Schranke $\mathcal{O}(x)$

wollen wir zunächst etwas genauer bestimmen. Wenn es gelingt, für

(1) alle reellen x $(x \geqslant 1)$ die Ungleichung (1) $\Lambda_1{}^*(x) - \Lambda_1{}^*(\tfrac{x}{2}) \leqslant K \cdot x$

$(K \in \mathcal{R}_r,\ K > 0\ ^{1)})$ zu beweisen, so gilt mit $\Lambda_1{}^*(x) = (\Lambda_1{}^*(x) -$

$\Lambda_1{}^*(\tfrac{x}{2})) + (\Lambda_1{}^*(\tfrac{x}{2}) - (\Lambda_1{}^*(\tfrac{x}{4})) + (\Lambda_1{}^*(\tfrac{x}{4}) - \Lambda_1{}^*(\tfrac{x}{8})) + \ldots \leqslant$

$\sum_{n=0}^{\infty} (\Lambda_1{}^*(\tfrac{x}{2^n}) - \Lambda_1{}^*(\tfrac{x}{2^{n+1}})) \leqslant K \cdot x \cdot (1 + \tfrac{1}{2} + \ldots) = 2Kx$

(2) weiter (2) $\Lambda_1{}^*(x) \leqslant 2Kx$. Zunächst bestätigt eine Rechenaufgabe,

die durch verschiedene Kunstgriffe wesentlich verkürzt werden kann

Übg.(1.) (Übung !), daß für $0 \leqslant x < 43$ sicher $\Lambda_1{}^*(x) - \Lambda_1{}^*(\tfrac{x}{2}) < \tfrac{3}{4} \cdot x$

(m.a.W. $K = \tfrac{3}{4}$ in (1) gilt). Nach Abschnitt 4.3. ist weiter

$$T_1(x) = \sum_{n \leqslant x} \Lambda_1{}^*(\tfrac{x}{n}) = \Lambda_1{}^*(x) + \Lambda_1{}^*(\tfrac{x}{2}) + \ldots \overset{(IV_{15})}{=} \log([x]!),$$

$T_1(\tfrac{x}{2}) = \Lambda_1{}^*(\tfrac{x}{2}) + \Lambda_1{}^*(\tfrac{x}{4}) + \Lambda_1{}^*(\tfrac{x}{6}) + \ldots$ oder $T_1(x) - 2T_1(\tfrac{x}{2}) =$

(3) $(\Lambda_1{}^*(x) - \Lambda_1{}^*(\tfrac{x}{2})) + (\Lambda_1{}^*(\tfrac{x}{3}) - \Lambda_1{}^*(\tfrac{x}{4})) + \ldots$ bzw. (nach $^{1)}$) (3)

$\Lambda_1{}^*(x) - \Lambda_1{}^*(\tfrac{x}{2}) \leqslant T_1(x) - 2\,T_2(\tfrac{x}{2})$. In (3) sind zwei Fälle möglich:

$\alpha)$ $([x] = 2m) \Leftrightarrow (x = 2m + \varepsilon)$ $(0 \leqslant \varepsilon < 1)$; $\beta)$ $([x] = 2m + 1) \Leftrightarrow$

$(x = 2m + 1 + \varepsilon)$ $(0 \leqslant \varepsilon < 1)$. Gilt $\alpha)$, so ist $T_1(x) - 2T_1(\tfrac{x}{2}) \overset{(IV_{15})}{=}$

$\log((2m)!) - 2\log(m!) \overset{p.d.}{=} \log\binom{2m}{m} <^{2)} m \log 4 \leqslant \tfrac{x}{2} \log 4 =$

$x \log 2 < (0{,}7) \cdot x$; gilt $\beta)$, so wird zur Bestätigung der Gleichung

$K = \tfrac{3}{4}$ eine etwas genauere Abschätzung nötig. In (3) ist dann

$$T_1(x) - 2T_1(\tfrac{x}{2}) = \log((2m+1)!) - 2\log(m!) = \log\left(\tfrac{(2m+1)!}{m! \cdot m!}\right).$$ Weiter

---

$^{1)}$ Da $\Lambda_1{}^*(x)$ nach (IV_7) monoton wächst, ist für $n = 0, 1, \ldots$ sowohl

$\Lambda_1{}^*(\tfrac{x}{n+1}) - \Lambda_1{}^*(\tfrac{x}{n+2}) \geqslant 0$ wie auch $\Lambda_1{}^*(\tfrac{x}{2^n}) - \Lambda_1{}^*(\tfrac{x}{2^{n+1}}) \geqslant 0$.

$^{2)}$ Da $(1+1)^{2m} = 4^m > \binom{2m}{m}$.

erhalten wir $\dfrac{(2m+1)!}{m! \cdot m!} = \dfrac{1 \cdot 2 \cdot 3 \cdot 4 \cdot \ldots \cdot 2m \cdot (2m+1)}{m! \cdot m!} =$

$2^m \cdot \dfrac{3 \cdot 5 \cdot 6 \cdot \ldots \cdot (2m+1)}{m!} = 2^m \cdot \prod\limits_{k=1}^{m} \left(\dfrac{2k+1}{k}\right).$

Übg.(2.) Hieraus resultiert (Übung!) übrigens [1] $\Lambda_1^{\,*}(x) \leqslant 2x$ für alle reellen

positiven x; eine Ungleichung, die für unsere späteren Untersuchungen

ausreichen würde.

Mit $\left(\prod\limits_{k=1}^{m} \left(\dfrac{2k+1}{k}\right) = P_m = \prod\limits_{k=1}^{m} \left(2 + \dfrac{1}{k}\right)\right) \Rightarrow (\log P_m =$

$\sum\limits_{k=1}^{m} \log\left(2 + \dfrac{1}{k}\right) = \sum\limits_{k=1}^{m} \left(\log 2 + \log\left(1 + \dfrac{1}{2k}\right)\right) {}^{2)} \leqslant m \cdot \log 2 +$

$\sum\limits_{k=1}^{m} \dfrac{1}{2m} {}^{3)} < m \cdot \log 2 + \dfrac{1}{2}\left(1 + \int\limits_{1}^{m} \dfrac{dx}{x}\right) = m \cdot \log 2 + \dfrac{1}{2} + \dfrac{\log m}{2}) \Rightarrow$

$(\log\left(\dfrac{(2m+1)!}{m! \cdot m!}\right) < \log(2^m) + m \cdot \log 2 + \dfrac{1}{2} + \dfrac{\log m}{2}) \Rightarrow (T_1(x) - 2 \cdot T_1\left(\dfrac{x}{2}\right) <$

$m \cdot \log 4 + \dfrac{1}{2} + \dfrac{\log m}{2})$ und wegen $x-1 = 2m+\varepsilon \geqslant 2m$ bzw. $m \leqslant \dfrac{x-1}{2}$

(4)   wird aus der vorstehenden Schlußkette die Beziehung (4):

$T_1(x) - T_1\left(\dfrac{x}{2}\right) < \dfrac{x-1}{2} \cdot \log 4 + \dfrac{1}{2} + \dfrac{\log\left(\frac{x-1}{2}\right)}{2} < \dfrac{x}{2} \log 4 + \dfrac{1}{2} +$

$\dfrac{\log\left(\frac{x-1}{2}\right)}{2} = x\left(\log 2 + \dfrac{1}{2x} + \dfrac{\log\left(\frac{x-1}{2}\right)}{2x}\right).$ In (4) interessieren uns nur

noch x-Werte, für die $x \geqslant 43$ gilt. Die Funktionen $y_1 = \dfrac{1}{2x}$,

$y_2 = \dfrac{\log\left(\frac{x-1}{2}\right)}{2x}$ sind aber – da ihre ersten Ableitungen für $x \geqslant 30$

negative Werte annehmen – monoton fallend. Mit $x \geqslant 43$ ist daher

$\dfrac{1}{2x} \leqslant \dfrac{1}{86} < 0,01163,\ \log 2 < 0,69316,\ \dfrac{\log\left(\frac{x-1}{2}\right)}{2x} \leqslant \dfrac{\log 21}{86} < \dfrac{3,045}{86} <$

$0,03541$ oder im Falle $\beta)$ $\Lambda_1^{\,*}(x) - \Lambda_1^{\,*}\left(\dfrac{x}{2}\right) \leqslant T_1(x) - 2T_1\left(\dfrac{x}{2}\right) <$

$x(0,69316 + 0,01163 + 0,03541) = x(0,7402).$ In (1) gilt demnach für

alle positiven x die Gleichung $K = \dfrac{3}{4}$ und über (2) kommen wir zu der

(V_1) Abschätzung (V_1): $\Lambda_1^{\,*}(x) < \dfrac{3}{2}x$ $(1 \leqslant x < \infty)$.

Übg.(3.) Über (V_1) kann die in (IV_{25}) gewonnene obere Schranke für $\pi(x)$ im

Falle großer Werte von x etwas verbessert werden.

---

[1] Anleitung: $\log\left(\dfrac{(2m+1)!}{m! \cdot m!}\right) \leqslant m \cdot \log 6$

[2] Nach dem Mittelwertsatz der Differentialrechnung, wie in 3.2.auf Seite 215

[3] Es ist $\dfrac{1}{2} + \dfrac{1}{3} + \ldots + \dfrac{1}{m} < \int\limits_{1}^{m} \dfrac{dx}{x} = \log m.$

Schon jetzt gelingen einige Aussagen über die in Abschnitt 4.3. definierte unstetige Funktion $\varphi(x) = \Lambda_1^{*}(x) - x$. Nach (V_1) ist einerseits $\varphi(x) < \frac{x}{2}$ und wegen $\Lambda_1^{*}(x) \overset{(IV_{18})}{=} \pi(x) \cdot \log x + \mathcal{O}(\frac{x}{\log x}) \overset{(IV_{25}),(I_{30})}{>} \frac{2}{3} x + \mathcal{O}(\frac{x}{\log x})$ wird $\varphi(x) > -\frac{1}{3} x + \mathcal{O}(\frac{x}{\log x})$. Ist nun x_1 (hinreichend groß) so gewählt, daß $\left| \mathcal{O}(\frac{x}{\log x}) \right| < \frac{x}{6}$, so resultiert $\varphi(x) > -\frac{1}{3} x - \frac{x}{6} = -\frac{x}{2}$ oder

(5) $|\varphi(x)| < \frac{x}{2}$ bzw. (5) $\left| \frac{\varphi(x)}{x} \right| < \frac{1}{2}$ für alle $x \geqslant x_1$. In (5) ist allerdings vorläufig nichts über den Wert x_1 bekannt; wir wissen lediglich, daß es ein solches hinreichend großes x_1 gibt.

P.d. ist $\Lambda_1^{*}(x)$ für $n < x < n+1$ $(n \in \mathfrak{N})$ konstant, $\varphi(x)$ also stetig. Mit $\Lambda_1^{*}(n) = \gamma$ $(\gamma > 0,\ \gamma \in \bar{K}_r,\ n \geqslant 2)$ wird für solche $x = n + \varepsilon$ $(0 < \varepsilon < 1)$ dann $\varphi(x) = \gamma - n - \varepsilon$ und $\varphi(x)$ nimmt im betrachteten Intervall monoton ab. Falls $n + 1 \neq p^k$ (p PZ, $k \in \mathfrak{N}$), so bleibt $\Lambda_1^{*}(x)$ für $x = n + 1$ konstant und zudem $\varphi(x)$ stetig (und monoton fallend). Besitzt daher $\varphi(x)$ eine Nullstelle mit Vorzeichenwechsel (x_0), für die $\varphi(x)$ außerdem stetig ist, dann gilt $\varphi(x_0 - 0)\ ^{1)} > 0$, $\varphi(x_0 + 0)\ ^{1)} < 0$. Unstetig ist $\varphi(x)$ nur für $x = p^k$, da dann $\Lambda_1^{*}(x)$ sprunghaft um $\log p$ wächst. Ist ξ eine solche Unstetigkeitsstelle, so kann dort sicher nicht $\varphi(\xi + 0) < 0$ und $\varphi(\xi - 0) > 0$ gelten. Wechseln daher für $x = \xi$ die Funktionswerte von $\varphi(x)$ das Vorzeichen, so ist $\varphi(\xi - 0) < 0$ und $\varphi(\xi + 0) > 0$. Dabei kann durchaus auch mit $\varphi(n) = \Lambda_1^{*}(n) - n = \gamma - n < 0$, $\varphi(x) = \gamma - n - \varepsilon < 0$, $n+1 = p^k$ auch $\varphi(\xi) = \gamma - n - 1 + \log p < 0$ gelten. Eine einfache Rechnung bestätigt z.B., daß $\varphi(x)$ für $1 \leqslant x \leqslant 18$ stets negativ bleibt und etwa für $n = 16$, $n+1 = 17 = \xi$, $\varphi(17) = \Lambda_1^{*}(16) + \log 17 - 17 < 0$ gilt. Dagegen ist $\Lambda_1^{*}(19) = \Lambda_1^{*}(9) + \log 11 + \log 13 + \log 2\ ^{2)} + \log 17 + \log 19 \geqslant 19{,}262$ und daher $\varphi(19) > 0$, woraus sich ergibt, daß die Ungleichung $\Lambda_1^{*}(x) \leqslant x$ sicher nicht allgemein für $1 \leqslant x < \infty$ gelten kann. Ist

Übg.(4.)   mit $\Lambda_1^{*}(n) = \gamma$ auch $\lim\limits_{\varepsilon \to 1} \varphi(n+\varepsilon) \geqslant 0\ ^{3)}$, wobei (Übung !) übrigens nie

---

$^{1)}$ $\varphi(x_0 - 0)$ bzw. $\varphi(x_0 + 0)$ steht für den Funktionswert, der in nächster Nähe links bzw. rechts von x_0 angenommen wird. Ist x_0 eine Unstetigkeitsstelle, so ist damit dann der links- bzw. rechtsseitige Grenzwert (falls er existiert) gemeint.

$^{2)}$ für $n = 16 = 2^4$

$^{3)}$ Gemeint ist hier der linksseitige Grenzwert für $x = n+1$.

$\lim\limits_{\varepsilon \to 1} \varphi(n+\varepsilon) = 0$ gelten kann, und ist $n+1 = \xi = p^k$, so liegt wegen

$\varphi(\xi) \geqslant \log p$ sicher keine Nullstelle von $\varphi(x)$ vor, da $\varphi(x)$ monoton

für $n < x < n+1$ fällt. Wenn $\lim\limits_{\varepsilon \to 1} \varphi(n+\varepsilon) < 0$, $n+1 = \xi = p^k$, $\varphi(\xi) > 0$,

so ist p.d. $\varphi(\xi) = \gamma - n - 1 + \log p = \tau_1 > 0$, $\lim\limits_{\varepsilon \to 1} \varphi(n+\varepsilon) = \gamma - n - 1 =$

$-\tau_2$ $(\tau_2 > 0)$ und $\tau_1 + \tau_2 = \log p$, also $|\varphi(\xi \pm 0)| < \log p$. Wegen

$0 \leqslant \Lambda_1^*(x) \leqslant 2x$ ist $-x \leqslant \varphi(x) \leqslant x$ bzw. $\left|\dfrac{\varphi(x)}{x}\right| \leqslant 1$ (für $x > 0, x \in \bar{R}_r$);

außerdem läßt sich aus den bisherigen Ergebissen sehr einfach die Un-

Übg.(5.)   gleichung $\varphi(x) - \varphi(\tfrac{x}{2}) < \tfrac{x}{4}$ $(1 \leqslant x < \infty)$ herleiten (Übung !). Es gilt

(V$_2$)   der Satz (V$_2$): Für alle x mit $1 \leqslant x < \infty$ ist $\left|\dfrac{\varphi(x)}{x}\right| \leqslant 1$; für hin-

reichend große x gilt $\left|\dfrac{\varphi(x)}{x}\right| < \tfrac{1}{2}$; überall dort, wo $\varphi(x)$ stetig ist,

nimmt es. monoton ab, Nullstellen treten an Stetigkeitsstellen daher

nur dann auf, wenn die Funktionswerte von positiven zu negativen

übergehen; Nullstellen η ohne Vorzeichenwechsel $(\varphi(\eta) = 0,$

$\varphi(\eta+0) \cdot \varphi(\eta-0) > 0)$ existieren nicht; wechselt die Funktion an einer

Unstetigkeitsstelle $\xi (= p^k)$ das Vorzeichen, so ist $|\varphi(\xi \pm 0)| < \log p$,

$\varphi(\xi-0) = -\tau_2 < 0$, $\varphi(\xi+0) = \tau_1 > 0$, $\tau_2 + \tau_1 = \log p$.

Wir wenden uns jetzt einigen Sätzen zu, die auch "Schrankensätze von
Selberg und Shapiro" [1] genannt werden. Der Rechenaufwand wird beträcht-
lich sein. Was die genannten Forscher hier in Verbindung mit anderen
erreichten, was ohne Hilfsmittel der höheren Theorie komplexer
Funktionen geleistet wurde, was sie vollendeten trotz ironischer
Bemerkungen ihrer zeitgenössischen Kollegen, wird noch viele Jahre
im Bereich der Mathematik die adäquate Bewunderung finden.

(V$_3$)   Zunächst beweisen wir (V$_3$): Für alle x mit $x > 2$ und für y mit

$\tfrac{x}{2} < y < 2x$ gilt $|\varphi(y)| \leqslant |\varphi(x)| + |y-x| + \mathcal{O}(\tfrac{y}{\log y})$ [2]. Nach (IV$_{17}$)

ist $\sum\limits_{2 \leqslant n \leqslant x} \dfrac{\lambda_2(n)}{\log n} = 2x + \mathcal{O}(\tfrac{x}{\log x})$ und mit $1 < y_1 < n \leqslant y_2$

(6$_1$) $(n \in \mathfrak{N}, \{y_1, y_2\} \subset \bar{R}_r)$ erhalten wir, da $\dfrac{x}{\log x}$ monoton wächst (6$_1$)

$\sum\limits_{y_1 < n \leqslant y_2} \dfrac{\lambda_2(n)}{\log n} = 2(y_2-y_1) + \mathcal{O}(\tfrac{y_2}{\log y_2})$. Aus (IV$_7$) entnehmen wir

(6$_2$) $\dfrac{\lambda_2(n)}{\log n} = \dfrac{1}{\log n} \cdot (\sum\limits_{t/n} \lambda_1(\tfrac{n}{t}) \cdot \lambda_1(t)) + \lambda_1(n) \overset{(IV_7)}{\underset{}{>}} \lambda_1(n)$, woraus (6$_2$):

$\sum\limits_{y_1 < n \leqslant y_2} \dfrac{\lambda_2(n)}{\log n} \geqslant \sum\limits_{y_1 < n \leqslant y_2} \lambda_1(n) \overset{p.d.}{=} \Lambda_1^*(y_2) - \Lambda_1^*(y_1) \geqslant 0$ resul-

---

[1] 1. bis 5. Schrankensatz

[2] Tritt hier und später $\mathcal{O}(\ldots)$ in einer Ungleichung auf, so wird
stillschweigend angenommen, daß ein passendes Vorzeichen gewählt
ist; wir schreiben also nicht $|\mathcal{O}(\ldots)|$, sondern $\mathcal{O}(\ldots)$.

tiert. (6_1) und (6_2) bedeuten aber $0 \leqslant \Lambda_1^*(y_2) - \Lambda_1^*(y_1) \leqslant$

$$\sum_{y_1 < n \leqslant y_2} \frac{\lambda_2(n)}{\log n} = 2(y_2 - y_1) + \mathcal{O}\left(\frac{y_2}{\log y_2}\right); \text{ hier ziehen wir jeweils}$$

(6_3) $\qquad$ $(y_2 - y_1)$ ab und erhalten (6_3) $\quad -(y_2-y_1) \leqslant \varphi(y_2) - \varphi(y_1) \leqslant y_2 - y_1 +$

(6) $\qquad$ $\mathcal{O}\left(\frac{y_2}{\log y_2}\right)$ resp. $(6)\,|\varphi(y_2) - \varphi(y_1)| \leqslant |y_2-y_1| + \mathcal{O}\left(\frac{y_2}{\log y_2}\right)$. (V_3) gilt

trivialerweise für $x = y$; für $x < y < 2x$ setzen wir in (6) $y_2 = y$,

(7_1) $\qquad$ $y_1 = x$ und erhalten (7_1) $|\varphi(y) - \varphi(x)| \leqslant |y - x| + \mathcal{O}\left(\frac{y}{\log y}\right)$ bzw.

(7_2) $\qquad$ (7_2) $|\varphi(y)| = |\varphi(y) - \varphi(x) + \varphi(x)| \leqslant |\varphi(y) - \varphi(x)| + |\varphi(x)| \overset{(7_1)}{\leqslant}$

$|\varphi(x)| + |y - x| + \mathcal{O}\left(\frac{y}{\log y}\right)$. Für $\frac{x}{2} < y < x$, also $y < x < 2y$

setzen wir in (6) $y_2 = x$, $y_1 = y$, dies ergibt $|\varphi(x) - \varphi(y)| \leqslant |x - y| +$

$\mathcal{O}\left(\frac{x}{\log x}\right) \leqslant |x - y| + \mathcal{O}\left(\frac{2y}{\log 2y}\right) \overset{1)}{=} x - y + \mathcal{O}\left(\frac{y}{\log y}\right)$ bzw.

$|\varphi(y)| = |\varphi(y) - \varphi(x) + \varphi(x)| \leqslant |\varphi(x)| + |\varphi(y) - \varphi(x)| \overset{\text{s.e.}}{\leqslant}$

$|\varphi(x)| + |x - y| + \mathcal{O}\left(\frac{y}{\log y}\right)$. q.e.d.

(V_4) $\qquad$ Der nächste Schrankensatz lautet: (V_4) Für $x > 1$ gilt $|\varphi(x)| \leqslant$

$\frac{2}{\log^2 x} \cdot \left(\sum_{n \leqslant x} \left|\varphi\left(\frac{x}{n}\right)\right| \cdot \log n\right) + \mathcal{O}\left(\frac{x}{\log x}\right)$. Um ihn zu beweisen, schrei-

ben wir die Beziehung $^{2)}$ $0 \leqslant \lambda_2(n) - \lambda_1(n) \cdot \log n =$

$\sum_{t/n} \lambda_1\left(\frac{n}{t}\right) \cdot \lambda_1(t)$ für $n = 1, 2, \ldots, [x]$ an und addieren diese

(8_1) $\qquad$ Gleichungen. Es entsteht so (8_1) $0 \leqslant \Lambda_2^*(x) - \sum_{n \leqslant x} \lambda_1(n) \log n =$

$$\sum_{n \leqslant x} \left(\sum_{t/n} \lambda_1\left(\frac{n}{t}\right) \cdot \lambda_1(t)\right) \overset{(IV_5^{(3)})}{=} \sum_{n \leqslant x} \left(\sum_{m \leqslant \frac{x}{n}} \lambda_1(m) \cdot \lambda_1(n)\right) \overset{\text{p.d.}}{=}$$

$\sum_{n \leqslant x} \lambda_1(n) \cdot \Lambda_1^*\left(\frac{x}{n}\right)$, woraus über (IV_{15}), (IV_{17}) und (IV_{11}) die Glei-

(8_2) $\qquad$ chung (8_2) $2x \log x + \mathcal{O}(x) - \Lambda_1^*(x) \cdot \log x = \sum_{n \leqslant x} \lambda_1(n) \cdot \Lambda_1^*\left(\frac{x}{n}\right)$

resultiert. Nun multiplizieren wir die erste Gleichung aus (IV_{16}) mit

(8_3) $\qquad$ x und erhalten (8_3) $\sum_{n \leqslant x} \frac{x}{n} \lambda_1(n) = x \log x + \mathcal{O}(x)$. Die Differenz

(8) $\qquad$ von (8_2) und (8_3) führt zu (8) $\sum_{n \leqslant x} \lambda_1(n) \varphi\left(\frac{x}{n}\right) \overset{(IV_{11})}{=} - \varphi(x) \cdot \log x +$

$\mathcal{O}(x)$. In (8) ersetzen wir x durch $\frac{x}{m}$ und multiplizieren mit $\lambda_1(m)$. So

---

$^{1)}$ $\frac{2y}{\log 2y} < 2 \cdot \frac{y}{\log y}$

$^{2)}$ Sie folgt aus (IV_7).

entsteht $\sum\limits_{n \leqslant \frac{x}{m}} \lambda_1(n) \cdot \wp(\frac{x}{m \cdot n}) \cdot \lambda_1(m) = -\lambda_1(m) \cdot \wp(\frac{x}{m}) \cdot \log(\frac{x}{m}) +$

$\mathcal{O}(\frac{x}{m} \cdot \lambda_1(m))$. Diese Beziehung denken wir uns für $m = 1, 2, .., [x]$ hingeschrieben, anschließend addieren wir diese $[x]$ Gleichungen und

erhalten $\sum\limits_{m \leqslant x} (\lambda_1(m) \cdot \sum\limits_{n \leqslant \frac{x}{m}} \lambda_1(n) \cdot \wp(\frac{x}{m \cdot n})) \stackrel{(IV_{11})}{=} \mathcal{O}(\sum\limits_{m \leqslant x} \frac{x}{m} \cdot \lambda_1(m)) -$

(9_1) $\qquad \sum\limits_{m \leqslant x} \wp(\frac{x}{m}) \cdot \lambda_1(m) \cdot \log(\frac{x}{m})$ resp. nach $(IV_5^{(3)})$ die Formel (9_1):

$\sum\limits_{m \cdot n \leqslant x} \lambda_1(m) \cdot \wp(\frac{x}{m \cdot n}) \cdot \lambda_1(n) = \mathcal{O}(\sum\limits_{m \leqslant x} \frac{x}{m} \cdot \lambda_1(m)) -$

(9_2) $\qquad \sum\limits_{m \leqslant x} \wp(\frac{x}{m}) \cdot (\log x - \log m) \cdot \lambda_1(m)$ oder (9_2) $\mathcal{O}(\sum\limits_{m \leqslant x} \frac{x}{m} \cdot \lambda_1(m)) -$

$\sum\limits_{m \leqslant x} \wp(\frac{x}{m}) \cdot \lambda_1(m) \cdot \log x = -\sum\limits_{m \leqslant x} \wp(\frac{x}{m}) \cdot \lambda_1(m) \cdot \log m +$

$\sum\limits_{m \cdot n \leqslant x} \lambda_1(m) \cdot \lambda_1(n) \cdot \wp(\frac{x}{m \cdot n})$. Wegen (IV_{16}) wird aus (9_2) weiter

$\mathcal{O}(x \cdot \log x) - (\log x) \cdot \sum\limits_{m \leqslant x} \wp(\frac{x}{m}) \cdot \lambda_1(m) = -\sum\limits_{m \leqslant x} \lambda_1(m) \cdot \wp(\frac{x}{m}) \cdot \log m +$

$\sum\limits_{m \cdot n \leqslant x} \lambda_1(m) \cdot \lambda_1(n) \cdot \wp(\frac{x}{m \cdot n}) \stackrel{(IV_5^{(3)})}{=} -\sum\limits_{n \leqslant x} \lambda_1(n) \cdot \wp(\frac{x}{n}) \cdot \log n +$

$\sum\limits_{n \leqslant x} (\sum\limits_{t/n} \lambda_1(\frac{n}{t}) \cdot \lambda_1(t) \cdot \wp(\frac{x}{n})) = \sum\limits_{n \leqslant x} \wp(\frac{x}{n}) \cdot (-\lambda_1(n) \cdot \log n +$

(9_3) $\qquad \sum\limits_{t/n} \lambda_1(\frac{n}{t}) \cdot \lambda_1(t))$ resp. (9_3) $-(\log x) \cdot \sum\limits_{n \leqslant x} \wp(\frac{x}{n}) \cdot \lambda_1(n) +$

$\mathcal{O}(x \cdot \log x) = \sum\limits_{n \leqslant x} \wp(\frac{x}{n}) \cdot (-\lambda_1(n) \cdot \log n + \sum\limits_{t/n} \lambda_1(\frac{n}{t}) \cdot \lambda_1(t))$.

Multiplizieren wir (8) mit $\log x$ und ordnen um, so erhalten wir

$\wp(x) \cdot \log^2 x = \mathcal{O}(x \cdot \log x) - (\log x) \cdot \sum\limits_{n \leqslant x} \lambda_1(n) \cdot \wp(\frac{x}{n}) \stackrel{(9_3)}{=}$

$\mathcal{O}(x \cdot \log x) + \sum\limits_{n \leqslant x} \wp(\frac{x}{n}) \cdot (-\lambda_1(n) \cdot \log n + \sum\limits_{t/n} \lambda_1(\frac{n}{t}) \cdot \lambda_1(t))$;

gehen wir noch zu den absoluten Beträgen über, so entsteht aus der

letzten Gleichung $|\wp(x) \cdot \log^2 x| = |\wp(x)| \cdot \log^2 x \leqslant \mathcal{O}(x \cdot \log x) +$

$\sum\limits_{n \leqslant x} (|\wp(\frac{x}{n})| \cdot |-\lambda_1(n) \cdot \log n + \sum\limits_{t/n} \lambda_1(\frac{n}{t}) \cdot \lambda_1(t)|) \leqslant \mathcal{O}(x \cdot \log x) + {}^{1)}$

$\sum\limits_{n \leqslant x} |\wp(\frac{x}{n})| \cdot (\lambda_1(n) \cdot \log n + \sum\limits_{t/n} \lambda_1(\frac{n}{t}) \cdot \lambda_1(t)) \stackrel{(IV_7)}{=} \mathcal{O}(x \cdot \log x) +$

(9) $\qquad \sum\limits_{n \leqslant x} |\wp(\frac{x}{n})| \cdot \lambda_2(n)$. Dies ist die Gleichung (9) $|\wp(x)| \cdot \log^2 x \leqslant$

(10) $\qquad \mathcal{O}(x \cdot \log x) + \sum\limits_{n \leqslant x} |\wp(\frac{x}{n})| \cdot \lambda_2(n)$. Gilt außerdem noch (10):

---

1) Alle auftretenden Größen sind positiv und allgemein ist $|a+b| \leqslant |a| + |b|$.

$$\sum_{n \leqslant x} \left|\varphi(\tfrac{x}{n})\right| \cdot \lambda_2(n) - 2 \cdot \sum_{n \leqslant x} \left|\varphi(\tfrac{x}{n})\right| \cdot \log n = \mathcal{O}(x \cdot \log x),$$ so folgt aus

(9) und (10) $\left|\varphi(x)\right| \cdot \log^2 x \leqslant 2 \cdot \sum_{n \leqslant x} \left|\varphi(\tfrac{x}{n})\right| \cdot \log n + \mathcal{O}(x \cdot \log x)$

und (V_4) ist bewiesen. Zur Bestätigung von (10) bilden wir

$$\sum_{n \leqslant x} \left|\varphi(\tfrac{x}{n})\right| \cdot (\lambda_2(n) - 2 \cdot \log n) \overset{(IV_{10}),(IV_{15})}{=}$$

$$\left(\sum_{n \leqslant x} (\Lambda_2^*(n) - 2 \cdot T_1(n)) \cdot \left(\left|\varphi(\tfrac{x}{n})\right| - \left|\varphi(\tfrac{x}{n+1})\right|\right)\right) + \left(\Lambda_2^*([x]) - \right.$$

$$2 \cdot T_1([x])\right) \cdot \left|\varphi(\tfrac{x}{[x]+1})\right| = \left(\sum_{n \leqslant x} (\Lambda_2^*(n) - 2T_1(n)) \cdot \left(\left|\varphi(\tfrac{x}{n})\right| - \left|\varphi(\tfrac{x}{n+1})\right|\right)\right) +$$

$$(\Lambda_2^*(x) - 2T_1(x)) \cdot \left|\varphi(\tfrac{x}{[x]+1})\right|.$$ Nach (IV_{15}) ist $\Lambda_2^*(x) - 2 \cdot T_1(x) =$

$2x\log x + \mathcal{O}(x) - 2x\log x - 2x + \mathcal{O}(\log x) \overset{(IV_{11})}{=} \mathcal{O}(x)$; weiter

gilt [1] $\varphi(\tfrac{x}{[x]+1}) = \mathcal{O}(1)$ und wir erhalten $\sum_{n \leqslant x} \left|\varphi(\tfrac{x}{n})\right| \cdot (\lambda_2(n) - $

$$2 \log n) = \mathcal{O}(x) + \sum_{n \leqslant x} (\Lambda_2^*(n) - 2T_1(n)) \cdot \left(\left|\varphi(\tfrac{x}{n})\right| - \left|\varphi(\tfrac{x}{n+1})\right|\right) \overset{s.e.}{=}$$

$$\mathcal{O}(x) + \sum_{n \leqslant x} \mathcal{O}(n) \cdot \left(\left|\varphi(\tfrac{x}{n})\right| - \left|\varphi(\tfrac{x}{n+1})\right|\right).$$ Wegen $\mathcal{O}(x) +$

$\mathcal{O}(x \cdot \log x) \overset{(IV_{11})}{=} \mathcal{O}(x \cdot \log x)$ ist (10) bewiesen, wenn wir zeigen

können, daß die Gleichung $\sum_{n \leqslant x} \mathcal{O}(n) \cdot \left(\left|\varphi(\tfrac{x}{n})\right| - \left|\varphi(\tfrac{x}{n+1})\right|\right) =$

$\mathcal{O}(x \cdot \log x)$ gültig ist. Aus (IV_{11}) entnehmen wir

$$\sum_{n \leqslant x} \mathcal{O}(n) \cdot \left(\left|\varphi(\tfrac{x}{n})\right| - \left|\varphi(\tfrac{x}{n+1})\right|\right) = \mathcal{O}\left(\sum_{n \leqslant x} n\left(\left|\varphi(\tfrac{x}{n})\right| - \left|\varphi(\tfrac{x}{n+1})\right|\right)\right).$$ Nun

betrachten wir $\left|\sum_{n \leqslant x} n\left(\left|\varphi(\tfrac{x}{n})\right| - \left|\varphi(\tfrac{x}{n+1})\right|\right)\right| \leqslant \sum_{n \leqslant x} n \cdot \left|\left|\varphi(\tfrac{x}{n})\right| - \right.$

$\left|\varphi(\tfrac{x}{n+1})\right|\right| \overset{[2]}{\leqslant} \sum_{n \leqslant x} n \cdot \left|\varphi(\tfrac{x}{n}) - \varphi(\tfrac{x}{n+1})\right| = \sum_{n \leqslant x} n \cdot \left|\Lambda_1^*(\tfrac{x}{n}) - \tfrac{x}{n} + \right.$

$\left. \tfrac{x}{n+1} - \Lambda_1^*(\tfrac{x}{n+1})\right| \overset{[3]}{\leqslant} \sum_{n \leqslant x} \left(n \cdot \Lambda_1^*(\tfrac{x}{n}) - n \cdot \Lambda_1^*(\tfrac{x}{n+1}) + \tfrac{x}{n+1}\right) =$

$x \cdot \sum_{n \leqslant x} \tfrac{1}{n+1} + \sum_{n \leqslant x} n(\Lambda_1^*(\tfrac{x}{n}) - \Lambda_1^*(\tfrac{x}{n+1})) \overset{(IV_{13})}{=} x \cdot (\log x + \mathcal{O}(1)) +$

$\sum_{n \leqslant x} n(\Lambda_1^*(\tfrac{x}{n}) - \Lambda_1^*(\tfrac{x}{n+1})) \overset{[4]}{=} \mathcal{O}(x \cdot \log x) + \sum_{n \leqslant x} (\Lambda_1^*(\tfrac{x}{n})) \overset{p.d.}{=}$

$(x \cdot \log x) + T_1(x) \overset{(IV_{15})}{=} \mathcal{O}(x \cdot \log x).$ q.e.d.

(V_5) Der 3. Schrankensatz lautet: (V_5) $\sum_{n \leqslant x} \dfrac{\varphi(n)}{n^2} = \mathcal{O}(1).$

---

[1] wegen $[x] \leqslant x < [x] + 1$

[2] Nach Abschnitt 1.1. war $\left|\,|a| - |b|\,\right| \leqslant |a-b|.$

[3] $\Lambda_1^*(x)$ wächst monoton, $\Lambda_1^*(\tfrac{x}{n}) \geqslant \Lambda_1^*(\tfrac{x}{n+1}).$

[4] Die Summe muß nur ausgeschrieben werden.

Gilt (V_5), so ist $\left|\sum\limits_{n \leq x_1} \dfrac{\varphi(n)}{n^2}\right| < C_{11}$, wobei C_{11} nicht von x_1

abhängt. Für $1 \leq x_0 < x_1$ ist $\left|\sum\limits_{x_0 < n \leq x_1} \dfrac{\varphi(n)}{n^2}\right| = \left|\sum\limits_{n \leq x_1} (\dfrac{\varphi(n)}{n^2}) - \right.$

$\left. \sum\limits_{n \leq x_0} (\dfrac{\varphi(n)}{n^2})\right| \leq \left|\sum\limits_{n \leq x_1} \dfrac{\varphi(n)}{n^2}\right| + \left|\sum\limits_{n \leq x_0} \dfrac{\varphi(n)}{n^2}\right| \leq C_{11} + C_{10} <$

$C_{11} + C_{10} + 1 = C_1$. Die Konstante C_1 – sie hängt weder von x_0 noch

D   von x_1 ab – wird auch "1. Konstante von Selberg und Shapiro" genannt.

(11)   Aus (V_5) folgt daher (11) $\left|\sum\limits_{x_0 \leq n \leq x_1} \dfrac{\varphi(n)}{n^2}\right| < C_1$, wobei wir (11) noch

(V_5) subsumieren.

Zum Beweis von (V_5) entnehmen wir (IV_{16}) $\mathcal{O}(1) + \log x =$

$\sum\limits_{n \leq x} \dfrac{\lambda_1(n)}{n} \overset{(IV_{10})}{=} (\sum\limits_{n \leq x} \Lambda_1{}^*(n) (\dfrac{1}{n} - \dfrac{1}{n+1})) + \dfrac{\Lambda_1{}^*(x)}{[x]+1} \overset{(IV_{15})}{=}$

$\dfrac{\mathcal{O}(x)}{[x]+1} + \sum\limits_{n \leq x} \Lambda_1{}^*(n) \cdot \dfrac{1}{n \cdot (n+1)} = \mathcal{O}(1) + \sum\limits_{n \leq x} \Lambda_1{}^*(n) \cdot \dfrac{n}{n^2 \cdot (n+1)} =$

$\mathcal{O}(1) + \sum\limits_{n \leq x} \Lambda_1{}^*(n) \cdot (\dfrac{1}{n^2} - \dfrac{1}{n^2(n+1)}) = \mathcal{O}(1) + \sum\limits_{n \leq x} \dfrac{\Lambda_1{}^*(n)}{n^2} -$

$\sum\limits_{n \leq x} \dfrac{\Lambda_1{}^*(n)}{n^2 \cdot (n+1)}$. Da $\dfrac{\Lambda_1{}^*(n)}{n+1} \overset{(IV_{15})}{=} \mathcal{O}(1)$, ist $\sum\limits_{n \leq x} \dfrac{\Lambda_1{}^*(n)}{n+1} \cdot \dfrac{1}{n^2}$

$\overset{(IV_{11})}{=} \mathcal{O}(\sum\limits_{n \leq x} \dfrac{1}{n^2}) \overset{(IV_{13})}{=} \mathcal{O}(1)$ oder aber $\mathcal{O}(1) + \log x =$

$\sum\limits_{n \leq x} \dfrac{\Lambda_1{}^*(n)}{n^2}$ resp. nach (IV_{13}) $\sum\limits_{n \leq x} \dfrac{1}{n} + \mathcal{O}(1) = \sum\limits_{n \leq x} \dfrac{\Lambda_1{}^*(n)}{n^2}$ bzw.

$\mathcal{O}(1) = \sum\limits_{n \leq x} \dfrac{\Lambda_1{}^*(n) - n}{n^2} \overset{p.d.}{=} \sum\limits_{n \leq x} \dfrac{\varphi(n)}{n^2}$. q.e.d.

(V_6) Als 4. Schrankensatz beweisen wir: (V_6) Es gibt eine Konstante

x_0 $(x_0 > 1)$ derart, daß mit konstantem C_2 $(C_2 > 1$, C_2 heißt auch

D   "2. Konstante von Selberg und Shapiro") im Intervall mit den Grenzen

x und λx $(\lambda > 2$, $\lambda \in \mathcal{R}_r)$ ein y existiert, für das $\left|\dfrac{\varphi(y)}{y}\right| < \dfrac{C_2}{\log \lambda}$;

hierbei ist $x_0 \leq x < y < \lambda x$ [1].

Wir bemerken ausdrücklich, daß (V_6) a fortiori gilt, wenn eine Kon-

stante C_2' mit $0 < C_2' < 1$ gefunden werden kann derart, daß $\left|\dfrac{\varphi(y)}{y}\right| <$

$\dfrac{C_2'}{\log \lambda}$ $(< \dfrac{C_2}{\log \lambda})$. Falls $\varphi(y)$ im Intervall $x < y < \lambda x$ eine Nullstelle

---

[1] Die folgende Skizze verdeutlicht die Lage auf der x-Achse:

$$\underbrace{\qquad}_{\begin{array}{cccccc} 0 & 1 & x_0 & x & y & \quad\lambda x (\lambda > 2) \end{array}}$$

besitzt, so ist nichts mehr zu beweisen. Liegt im Intervall eine Unstetigkeitsstelle $\xi = p^k$, so entnehmen wir (V_2): $\left|\frac{\varrho(\xi)}{\xi}\right| \leqslant \frac{\log p}{p^k} \leqslant \frac{\log p}{p}$. Da die Funktion $y = \frac{\log x}{x}$ für $x = e$ ihr Maximum annimmt, ist $\frac{\log p}{p} \leqslant \frac{\log e}{e} = \frac{1}{e} = \frac{C_2^*}{\log \lambda}$ $(C_2^* = e^{-1} \cdot \log \lambda) < \frac{C_2^* + 1}{\log \lambda} = \frac{C_2}{\log \lambda}$ und (V_6) ist ebenfalls bewiesen. Liegt weder eine Nullstelle noch eine Unstetigkeitsstelle von $\varrho(y)$ im Intervall $x < y < \lambda x$, so a fortiori auch keine solche im Intervall $\sqrt{\lambda}\,x \leqslant y < \lambda x$. Nach (IV_{13}) existiert eine Konstante a_1 derart, daß $\sum_{n \leqslant x} \frac{1}{n} = \log x + a_1 + \mathcal{O}(\tfrac{1}{x}) = \int_1^x \frac{dt}{t} + a_1 + \mathcal{O}(\tfrac{1}{x})$ für alle x gilt. Ist hier $\left|\mathcal{O}(\tfrac{1}{x})\right| < C \cdot \frac{1}{x}$, so wählen wir $\frac{1}{x_0} < \frac{\log 2}{6 \cdot C}$, also $x_0 > \frac{6 \cdot C}{\log 2}$ und außerdem $x_0 \geqslant 1$ bzw.

(12) $x_0 \geqslant \text{Max}(1, \frac{6 \cdot C}{\log 2})$. So entsteht (12) $\left|\sum_{n \leqslant x} \frac{1}{n} - \int_1^x \frac{dt}{t} - a_1\right| < C \cdot \frac{1}{x} \leqslant C \cdot \frac{1}{x_0} < \frac{\log 2}{6}$. In (12) setzen wir für x einmal $\sqrt{\lambda}\,x$, zum anderen λx ein.

Damit wird $\left|\sum_{n \leqslant \sqrt{\lambda}x} \frac{1}{n} - \int_1^{\sqrt{\lambda}x} \frac{dt}{t} - a_1\right| < \frac{\log 2}{6}$ bzw. $\left|\sum_{n \leqslant \lambda x} \frac{1}{n} - \int_1^{\lambda x} \frac{dt}{t} - a_1\right| \leqslant \frac{\log 2}{6}$. Aus den beiden letzten Ungleichungen folgt aber

$$\left|\sum_{\sqrt{\lambda}x < n \leqslant \lambda x} \frac{1}{n} - \int_{\sqrt{\lambda}x}^{\lambda x} \frac{dt}{t}\right| = \left|\left(\sum_{n \leqslant \lambda x} \frac{1}{n} - \int_1^{\lambda x} \frac{dt}{t} - a_1\right) - \left(\sum_{n \leqslant \sqrt{\lambda}x} \frac{1}{n} - \int_1^{\sqrt{\lambda}x} \frac{dt}{t} - a_1\right)\right|$$

(12') $\overset{[1]}{\leqslant} \frac{\log 2}{6} + \frac{\log 2}{6} = \frac{\log 2}{3}$ oder (12') $-\frac{\log 2}{3} <$

$$\sum_{\sqrt{\lambda}x < n \leqslant \lambda x} \frac{1}{n} - \int_{\sqrt{\lambda}x}^{\lambda x} \frac{dt}{t} < \frac{\log 2}{3}.$$ Aus (12') entnehmen wir einmal

$$\sum_{\sqrt{\lambda}x < n \leqslant \lambda x} \frac{1}{n} > \frac{-\log 2}{3} + \int_{\sqrt{\lambda}x}^{\lambda x} \frac{dt}{t} = \frac{-\log 2}{3} + \log \lambda x - \log(\sqrt{\lambda} \cdot x) =$$

$$\frac{-\log 2}{3} + \log \lambda + \log x - \frac{1}{2}\log \lambda - \log x = \log \lambda \left(\frac{1}{2} - \frac{\log 2}{3\log \lambda}\right) \overset{[2]}{>} \frac{\log \lambda}{6}$$

(12")   resp. (12") $\sum_{\sqrt{\lambda}x < n \leqslant \lambda x} \frac{1}{n} > \frac{\log \lambda}{6}$. Mit Hilfe der 1. Konstanten von Selberg und Shapiro (C_1), für die wir o.B.d.A. $C_1 > \frac{1}{6}$ annehmen können, läßt sich nun unser gesuchtes C_2 sofort als $C_2 = 6 \cdot C_1$

---

[1] $|a-b| \leqslant |a| + |b|$

[2] $\log \lambda > \log 2$, $\frac{\log 2}{\log \lambda} < 1$

angeben. Wäre nämlich (Antithese) $\left|\frac{\varphi(y)}{y}\right| > \frac{6 \cdot C_1}{\log \lambda}$ für alle y mit

$\sqrt{\lambda} \cdot x \leqslant y < \lambda x$, so folgt zunächst nach (V_5) $C_1 > \left|\sum_{\sqrt{\lambda}x < n \leqslant \lambda x} \frac{\varphi(n)}{n^2}\right| \overset{1)}{=}$

$$\sum_{\sqrt{\lambda}x < n \leqslant \lambda x} \frac{|\varphi(n)|}{n^2} = \sum \frac{|\varphi(n)|}{n} \cdot \frac{1}{n} \overset{\text{Antith.}}{\geqslant} \frac{6 \cdot C_1}{\log \lambda} \cdot \sum \frac{1}{n} \overset{(12'')}{>}$$

$\frac{6 \cdot C_1}{\log \lambda} \cdot \frac{\log \lambda}{6} = C_1$. q.e.a. Das Max $(6C_1, C_2+1)$ (falls eine Unstetig-keitsstelle im Intervall vorliegt) ist dann das gesuchte C_2. q.e.d.

(V_7) Der 5. und letzte Schrankensatz lautet: (V_7) Zu jedem reellen δ $(0 < \delta < 1)$ gibt es einen Wert x_δ $(x_\delta = \text{Max} (x_0 \text{ aus } (V_5), x_0 \text{ aus}$ $(V_6), 4, e^{\overline{\gamma}/\delta})$ $^{2)}$ derart, daß für jedes x mit $x \geqslant x_\delta$ das Intervall

$x < y < x \cdot e^{C_2/\delta}$ $(C_2$ aus $(V_6))$ mindestens ein Teilintervall

$y_0 \leqslant z \leqslant y_0 \cdot e^{\delta/2}$ enthält, für welches gilt $\left|\frac{\varphi(z)}{z}\right| < 4 \cdot \delta$.

Bew.: Wegen $C_2 \geqslant 1$ ist $\frac{C_2}{\delta} > 1$ $(0 < \delta < 1)$. Damit wird $e^{C_2/\delta} >$

$e^1 > 2$. In (V_6) können wir daher $\lambda = e^{C_2/\delta}$ resp. $\log \lambda = \frac{C_2}{\delta}$

setzen. Aus (V_6) resultiert dann ein $\overline{y}$ mit $x < \overline{y} < \lambda x$, für das

(13_1) (13_1) $|\varphi(\overline{y})| < \frac{C_2 \cdot \overline{y}}{\log \lambda} \overset{\text{p.c.}}{=} \delta \cdot \overline{y}$. Ist nun $z > \frac{\overline{y}}{2}$ resp. $\log z >$

$\log \overline{y} - \log 2 \overset{\text{n.V.}}{>} \log x - \log 2$, so sei $\log 2 \leqslant \frac{1}{2} \log x$, d.h.

$4 \leqslant x$ $^{3)}$ und daher gilt $\log z > \log x - \frac{1}{2} \log x = \frac{\log x}{2}$. Wegen

$\frac{\overline{y}}{2} > \frac{x}{2} \overset{\text{n.V.}}{>} 2$ kann auf das Intervall $\frac{\overline{y}}{2} < z < 2\overline{y}$ der Satz (V_3)

(13_2) angewandt werden. Es gilt (13_2) $|\varphi(z)| \leqslant |\varphi(\overline{y})| + |z - \overline{y}| + \mathcal{O}(\frac{z}{\log z})$.

Ist in (13_2) $\left|\mathcal{O}(\frac{z}{\log z})\right| \leqslant \widetilde{\gamma} \cdot \frac{z}{\log z}$ $(\widetilde{\gamma} > 0, \widetilde{\gamma} \in \mathfrak{R}_r, \widetilde{\gamma}$ unabhängig

von z), so gilt $\left|\mathcal{O}(\frac{z}{\log z})\right| \leqslant \widetilde{\gamma} \cdot \frac{z}{\log z} \overset{4)}{<} \frac{2\widetilde{\gamma} z}{\log x} = \overline{\gamma} \cdot \frac{z}{\log x}$ $^{5)}$.

$^{1)}$ $\varphi(y)$ besitzt im Intervall keine Null- und keine Unstetigkeitsstelle; außerdem lassen wir die Summationsgrenzen jetzt weg.

$^{2)}$ Die Konstante $\overline{\gamma}$ wird weiter unten noch definiert.

$^{3)}$ $x_\delta \geqslant 4$ n.V. und $x \geqslant x_\delta$.

$^{4)}$ $\log z > \frac{\log x}{2}$ (s.o.)

$^{5)}$ Dieses $\overline{\gamma}$ steht in den Voraussetzungen von (V_7).

(13_3) Aus (13_2) resultiert daher (13_3) $\left|\frac{\varphi(z)}{z}\right| \leqslant \left|\frac{\varphi(\bar{y})}{z}\right| + \left|1 - \frac{\bar{y}}{z}\right| +$

$\frac{\bar{r}}{\log x}$ $\overset{(13_1)}{<}$ $\delta \frac{\bar{y}}{z} + \left|1 - \frac{\bar{y}}{z}\right| + \frac{\bar{r}}{\log x}$. P.c. folgt $(\frac{\bar{y}}{2} < z < 2\bar{y}) \Leftrightarrow$

$(\frac{1}{2} < \frac{\bar{y}}{z} < 2) \Leftrightarrow (\frac{1}{2} < \frac{z}{\bar{y}} < 2)$ und außerdem ist $\frac{1}{2} < \frac{1}{1,8} < \frac{1}{\sqrt{e}} = \frac{1}{e^{1/2}} \overset{p.c.}{<}$

$\frac{1}{e^{\delta/2}} = e^{-\delta/2}$, ferner $e^{\delta/2} < e^{1/2} < 2$. Demnach gilt $\frac{\bar{y}}{2} < \bar{y} \cdot e^{-\delta/2}$

und $\bar{y} \cdot e^{\delta/2} < 2 \cdot \bar{y}$. In das Intervall mit den Grenzen $\bar{y} \cdot e^{-\delta/2}$ und

$\bar{y} \cdot e^{\delta/2}$ schließen wir jetzt unser z ein, dabei bleibt (V_3) anwendbar

$(\frac{\bar{y}}{2} < \bar{y} \cdot e^{-\delta/2} \leqslant z \leqslant \bar{y} \cdot e^{\delta/2} < \bar{y} \cdot 2)$. In (13_3) wird daher $\delta \cdot \frac{\bar{y}}{z} < 2\delta$

(13_4) und es gilt (13_4) $\left|\frac{\varphi(z)}{z}\right| < 2\delta + \left|1 - \frac{\bar{y}}{z}\right| + \frac{\bar{r}}{\log x}$. Da n.V.

(13_5) $x \geqslant x_\delta \geqslant e^{\bar{r}/\delta}$ resp. $\log x \geqslant \frac{\bar{r}}{\delta}$, erhalten wir (13_5) $\left|\frac{\varphi(z)}{z}\right| \leqslant$

$2\delta + \left|1 - \frac{\bar{y}}{z}\right| + \delta = 3\delta + \left|1 - \frac{\bar{y}}{z}\right|$. Schließlich ist n.V. $\frac{\bar{y}}{z} \leqslant e^{\delta/2}$,

$e^{-\delta/2} \leqslant \frac{\bar{y}}{z}$, hieraus ergibt sich $1 - e^{-\delta/2} \geqslant 1 - \frac{\bar{y}}{z} \geqslant 1 - e^{\delta/2}$ oder

$1 - e^{\delta/2} \leqslant 1 - \frac{\bar{y}}{z} \leqslant 1 - e^{-\delta/2} = \frac{e^{\delta/2} - 1}{e^{\delta/2}} < e^{\delta/2} - 1$; damit ist aber

$- (e^{\delta/2} - 1) \leqslant (1 - \frac{\bar{y}}{z}) < e^{\delta/2} - 1$ o.w.d.i. $\left|1 - \frac{\bar{y}}{z}\right| \leqslant e^{\delta/2} - 1 =$ [1]

(13) $\frac{\delta}{2} \cdot e^{\vartheta \cdot \frac{\delta}{2}} \overset{\text{n.V.}}{<} \frac{\delta}{2} \cdot e^{1/2} < \frac{\delta}{2} \cdot 2 = \delta$. Somit erhalten wir (13): Es ist

$\left|\frac{\varphi(z)}{z}\right| < 4\delta$ für alle z mit $\bar{y} \cdot e^{-\delta/2} \leqslant z \leqslant \bar{y} \cdot e^{\delta/2}$. (V_7) wäre bewie-

sen, wenn $\left|\frac{\varphi(z)}{z}\right| < 4\delta$ für ein Intervall $y_0 \leqslant z \leqslant y_0 \cdot e^{\delta/2}$

gültig ist. Wir betrachten jetzt das Intervall mit den Grenzen x und

λx $(\lambda = e^{C_2/\delta})$, in dem wir $\bar{y}$ fixiert halten. Das Intervall der Aus-

sage (13) zerlegen wir in zwei Teilintervalle: $\bar{y} \, e^{-\delta/2} \leqslant z \leqslant \bar{y}$,

$\bar{y} \leqslant z \leqslant \bar{y} \cdot e^{\delta/2}$; in beiden gilt (13) und beide sind von der in (V_7)

geforderten Art, wenn wir dort $y_0 = \bar{y} \cdot e^{-\delta/2}$ bzw. $y_0 = \bar{y}$ setzen.

(V_7) ist bewiesen, wenn wir gezeigt haben, daß mindestens eines der

eben definierten Intervalle ganz in dem Intervall $x < y < \lambda x$ liegt.

(14_1) Wäre dies nicht der Fall, so müßte simultan gelten [2] (14_1):

(14_2) $\bar{y} \, e^{-\delta/2} \leqslant x$ und (14_2) $\lambda x = e^{C_2/\delta} \cdot x \leqslant \bar{y} \, e^{\delta/2}$. Dies bedeutet aber

---

[1] nach dem Mittelwertsatz der Differentialrechnung mit $0 < \vartheta < 1$

[2] Die folgende Skizze verdeutlicht die "Lage der Antithese" auf der
x-Achse

$$x \cdot e^{C_2/\delta} \overset{(14_2)}{\leqq} \overline{y} \cdot e^{\delta/2} \overset{(14_1)}{\leqq} x \cdot e^{\delta/2} \cdot e^{\delta/2} = x \cdot e^{\delta} \quad \text{oder (da } x > 1)$$

$$e^{C_2/\delta} < e^{\delta} \quad \text{resp.} \quad C_2 < \delta^2 \overset{n.V.}{<} 1 \quad \text{im Widerspruch zur Voraussetzung}$$

$C_2 \geqq 1.$ q.e.a. q.e.d.

5.2. Der Primzahlsatz von Gauß

Nach den Vorbereitungen des Abschnittes 5.1. gelingt es nun durch einen weiteren Kunstgriff die berühmte Aussage $\lim\limits_{x \to \infty} \dfrac{\pi(x) \cdot \log x}{x} = 1$ ele-mentar zu beweisen. Wegen (IV_{19}) ist dieser erste Hauptsatz der ana-

(V$_8$)   lytischen Zahlentheorie der Beziehung (V_8): $\lim\limits_{x \to \infty} \dfrac{\varrho(x)}{x} = 0$ äquivalent.

Wegen $(\lim\limits_{x \to \infty} \dfrac{\varrho(x)}{x} = 0) \Leftrightarrow (\lim\limits_{x \to \infty} \left|\dfrac{\varrho(x)}{x}\right| = 0)$ werden wir hier

$\lim\limits_{x \to \infty} \left|\dfrac{\varrho(x)}{x}\right| = 0$ beweisen. Wir betrachten zunächst die Folge $\alpha_1 = 1,$

$$\alpha_2 = \alpha_1 \left(1 - \frac{\alpha_1^2}{512 \cdot C_2}\right)\ {}^{1)}, \quad \alpha_n = \alpha_{n-1} \left(1 - \frac{\alpha_{n-1}^2}{512 \cdot C_2}\right) \quad (n = 2, 3, \ldots).$$

Hier ist $\dfrac{\alpha_1^2}{512 \cdot C_2} = \dfrac{1}{512 \cdot C_2} < \dfrac{1}{2}$ oder $\alpha_2 > \dfrac{\alpha_1}{2} = \dfrac{1}{2}$ und $\alpha_2 < \alpha_1 = 1.$

Weiter gilt $0 < \dfrac{\alpha_2^2}{512 \cdot C_2} \overset{s.e.}{<} \dfrac{1}{512 \cdot C_2} < \dfrac{1}{2}$ bzw. $1 - \dfrac{\alpha_2^2}{512 \cdot C_2} > \dfrac{1}{2},$

also $0 < \dfrac{\alpha_2}{2} < \alpha_3 = \alpha_2\left(1 - \dfrac{\alpha_2^2}{512 \cdot C_2}\right) < \alpha_2.$ Es gilt (1.I.S.)

$0 < \alpha_3 < \alpha_2 < 1.$ Als I.A. setzen wir $0 < \alpha_k < 1$ ($k \neq 1$, $k \geqq 2$),

somit erhalten wir $(\dfrac{\alpha_k^2}{512 \cdot C_2} < \dfrac{1}{2}) \Rightarrow (\dfrac{1}{2} < 1 - \dfrac{\alpha_k^2}{512 \cdot C_2} < 1)$; da

$0 \overset{I.A.}{<} \dfrac{\alpha_k}{2} \overset{s.e.}{<} \alpha_k\left(1 - \dfrac{\alpha_k^2}{512 \cdot C_2}\right) = \alpha_{k+1} \overset{s.e.}{<} \alpha_k < 1,$ ist demnach auch

$0 < \alpha_{k+1} < \alpha_k < 1.$ Die streng monoton fallende Folge $\alpha_1, \alpha_2, \alpha_3, \ldots$

ist somit durch Null nach unten beschränkt und besitzt [2] einen Grenz-

wert $A^* = \lim\limits_{n \to \infty} \alpha_n$ ($A^* \geqq 0$). Wegen $\alpha_n = \alpha_{n-1}\left(1 - \dfrac{(\alpha_{n-1})^2}{512 \cdot C}\right)$ gilt

(mit $n \to \infty$ auf beiden Seiten) $A^* = A^*\left(1 - \dfrac{A^{*2}}{512 \cdot C}\right)$ oder $A^* = 0$ [3].

(1)   Das ist die Aussage (1): Die Folge $\alpha_1 = 1$, $\alpha_n = \alpha_{n-1}\left(1 - \dfrac{(\alpha_{n-1})^2}{512 \cdot C_2}\right)$

$(n = 2, 3, \ldots)$ konvergiert gegen Null und fällt streng monoton.

---

[1] C_2 aus (V_6)

[2] nach einem Satz der elementaren Folgenlehre

[3] $A^* \neq 0$ würde zu $A^* = 0$ führen.

(2)   Nach (V_2) galt $\left|\frac{\varphi(x)}{x}\right| \leqslant 1$ für $1 \leqslant x < \infty$, nach (V_4) ist (2)

$|\varphi(x)| \leqslant (\frac{2}{\log^2 x} \cdot \sum_{n \leqslant x} (|\varphi(\frac{x}{n})| \cdot \log n)) + \mathcal{O}(\frac{x}{\log x})$, wobei

$|\mathcal{O}(\frac{x}{\log x})| \leqslant \mathcal{J} \frac{x}{\log x}$ und $\mathcal{J}$ eine von x unabhängige reelle Konstante

bedeutet. Das $x_\mathcal{J}$ aus (V_7) nennen wir ξ und setzen δ (aus (V_7)) gleich

$\frac{1}{8}$ $(x_\mathcal{J} = x_{\frac{1}{8}} = \xi)$, behalten aber die Schreibweise "δ" (statt $\frac{1}{8}$) vor-

läufig bei. Für das von uns in (V_7) studierte Teilintervall gilt damit

$\left|\frac{\varphi(z)}{z}\right| < 4\delta = \frac{1}{2}$. Die Werte $\frac{x}{n}$ aus (2) teilen wir in zwei Klassen ein:

$\alpha)$ $1 \leqslant \frac{x}{n} < \xi$ (resp. $\frac{x}{\xi} < n \leqslant x$) und $\beta)$ $\xi \leqslant \frac{x}{n} \leqslant x$ (resp.

(2') $1 \leqslant n \leqslant \frac{x}{\xi}$). Statt (2) schreiben wir nunmehr (2') $|\varphi(x)| \leqslant$

$\frac{2}{\log^2 x} (\sum_{1 \leqslant n \leqslant \frac{x}{\xi}} |\varphi(\frac{x}{n})| \cdot \log n) + \frac{2}{\log^2 x} (\sum_{\frac{x}{\xi} < n \leqslant x} |\varphi(\frac{x}{n})| \cdot \log n) +$

D $\mathcal{J} \cdot \frac{x}{\log x} \overset{\text{Def.}}{=} A + B + C$. Auf die Summe B wenden wir (IV_{13}) an, nachdem

dort $|\varphi(\frac{x}{n})|$ durch $\frac{x}{n}$ nach oben abgeschätzt ist; demnach wird

$B \leqslant \frac{2}{\log^2 x} \sum_{\frac{x}{\xi} < n \leqslant x} \frac{x}{n} \cdot \log n = \frac{2x}{\log^2 x} \sum_{\frac{x}{\xi} < n \leqslant x} \frac{\log n}{n} \overset{(IV_{13})}{=}$

$\frac{2x}{\log^2 x} (\int_{x/\xi}^{x} \frac{\log t}{t} dt + a_5 + \mathcal{O}(\frac{\log x}{x})) = \frac{2x}{\log^2 x} (\frac{1}{2} (\log^2 x -$

$\log^2(\frac{x}{\xi})) + \mathcal{O}(1)) = \frac{x}{\log^2 x} ((\log x + \log \frac{x}{\xi}) (\log x - \log \frac{x}{\xi}) +$

$\mathcal{O}(1)) = \frac{x}{\log^2 x} \cdot ((2 \log x - \log \xi) \cdot \log \xi + \mathcal{O}(1)) \overset{1)}{=}$

$\frac{2x \log \xi}{\log x} + \mathcal{O}(\frac{x}{\log^2 x}) \overset{1)}{\leqslant} C_4 \cdot \frac{x}{\log x}$ und außerdem ist $0 \leqslant B + C \leqslant$

(3) $C_4 \cdot \frac{x}{\log x} + \bar{\delta} \cdot \frac{x}{\log x} = C_5 \cdot \frac{x}{\log x}$. Daraus resultiert (3)

$|\varphi(x)| \leqslant C_5 \cdot \frac{x}{\log x} + \frac{2}{\log^2 x} \cdot (\sum_{\xi \leqslant \frac{x}{n} \leqslant x} |\varphi(\frac{x}{n})| \cdot \log n)$. (V_8) wäre also

bewiesen, wenn es uns zu zeigen gelänge, daß $\lim_{x \to \infty} \frac{A}{x} = 0$ gilt, da

sicher $\frac{C_5}{\log x}$ für $x \to \infty$ gegen Null strebt.

---

1) $\log \xi$ ist eine Konstante, außerdem wird (IV_{11}) angewandt,

$|\mathcal{O}(\frac{x}{\log^2 x}) + \mathcal{O}(1)| < C_3 \cdot \frac{x}{\log x}$, $C_4 = 2 \log \xi + C_3$; mit

$C_3, C_4, \ldots$ werden im folgenden Text stets reelle positive Zahlen

bezeichnet.

Die $(\frac{x}{n})$ aus A gehören zu den bei (V_7) betrachteten Werten von x. Mit

(4)

(4) $\xi \leqslant \frac{x}{n} \leqslant x$ teilen wir das Intervall mit den Grenzen ξ und x vermöge einer geometrischen Interpolation in die nachstehenden Teilinter-

D

valle (J_1), ... (J_1): $\xi \leqslant \frac{x}{n} < \xi\tau$, (J_2): $\xi\tau \leqslant \frac{x}{n} < \xi\tau^2$, ...,

(J_s): $\xi\tau^{s-1} \leqslant \frac{x}{n} < \xi\tau^s$, (J^*): $\xi\tau^s \leqslant \frac{x}{n} \leqslant x$ [1], mit $\tau = e^{C_2/\delta}$ (C_2 aus

(V_6), $\delta = \frac{1}{8}$) und $\xi\tau^\varphi = x$, $\varphi = (\log x - \log \xi):\log \tau$ ferner $[\varphi] = s$;

falls $[\varphi] = s$, ist das letzte Intervall (J^*) nicht vorhanden bzw.

$x = \xi\tau^s$. Sicher ist mit (4) $\left|\varphi(\frac{x}{n})\right| \leqslant \frac{x}{n}$; außerdem sind die Intervalle

J_1, ..., J_s solche, wie sie (V_7) fordert. In diesen existieren also

Teilintervalle (S_ν) $y_\nu \leqslant \frac{x}{n} \leqslant y_\nu e^{\delta/2}$ ($\delta = \frac{1}{8}$), für welche

$\left|\varphi(\frac{x}{n})\right| < 4\delta \cdot \frac{x}{n} = \frac{1}{2} \cdot \frac{x}{n}$; weiter gilt $y_\nu \cdot e^{\delta/2} \leqslant \tau^\nu \xi$ ($\nu = 1, ..., s$)

bzw. $y_\nu \leqslant \tau^\nu \xi e^{-\delta/2}$. Sobald $\frac{x}{n}$ in ein solches Intervall S_ν fällt,

darf demnach $\left|\varphi(\frac{x}{n})\right|$ durch $\frac{x}{2n}$ abgeschätzt werden. Damit wird die Summe

(5)

A ohne den Faktor $\dfrac{2}{\log^2 x}$ folgendermaßen abgeschätzt: (5)

$$\sum_{\xi \leqslant \frac{x}{n} \leqslant x} \left|\varphi(\tfrac{x}{n})\right| \cdot \log n = \sum_{1 \leqslant n \leqslant \frac{x}{\xi}} \left|\varphi(\tfrac{x}{n})\right| \cdot \log n \overset{[2]}{\leqslant} \sum_{1 \leqslant n \leqslant \frac{x}{\xi}} \tfrac{x}{n} \cdot \log n -$$

$$\sum_{\nu=1}^{s} \left(\tfrac{x}{2} \cdot \sum_{y_\nu \leqslant \frac{x}{n} \leqslant y_\nu e^{\delta/2}} \tfrac{\log n}{n}\right) = x \cdot \sum_{1 \leqslant n \leqslant \frac{x}{\xi}} \tfrac{\log n}{n} -$$

$$\sum_{\nu=1}^{s} \left(\tfrac{x}{2} \cdot \sum_{\frac{x}{y_\nu e^{\delta/2}} \leqslant n \leqslant \frac{x}{y_\nu}} \tfrac{\log n}{n}\right) .$$ In (5) ist nach (IV_{13}) die erste Summe

gleich $x \left(\tfrac{1}{2} \left(\log^2(\tfrac{x}{\xi}) + \mathcal{O}(1) + \mathcal{O}(\dfrac{\log (\frac{x}{\xi})}{x} \cdot \xi)\right)\right) =$

$x \left(\tfrac{1}{2} (\log x - \log \xi)^2 + \mathcal{O}(1) + \mathcal{O}(\dfrac{\log x - \log \xi}{x} \cdot \xi)\right) = \tfrac{x}{2} \log^2 x -$

$x \log x \log \xi + \tfrac{x}{2} \log^2 \xi + x \cdot \mathcal{O}(1) + \mathcal{O}((\log x - \log \xi)\xi) \overset{[3]}{\leqslant}$

$\tfrac{x}{2} \log^2 x + C_6 \tfrac{x}{2} \log x = \tfrac{x}{2} (\log^2 x + C_6 \log x)$. In der zweiten Summe

aus (5) studieren wir jeden Summanden einzeln; es ist

---

[1]

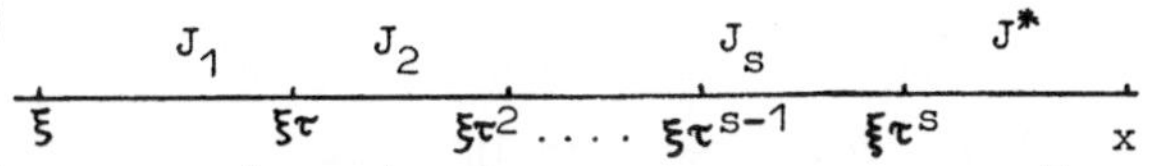

J_1 J_2 J_s J^*

ξ $\xi\tau$ $\xi\tau^2$ .... $\xi\tau^{s-1}$ $\xi\tau^s$ x

[2] Zunächst $\left|\varphi(\tfrac{x}{n})\right| \leqslant \tfrac{x}{n}$, dann wird für jedes $\tfrac{x}{n}$ aus einem der Intervalle
(S_ν) nachträglich $\tfrac{1}{2} \tfrac{x}{n}$ "abgezogen". Summiert wird stets über n.

[3] Hier wird eine obere Grenze gesucht, die durch $C_6 \log x$ dargestellt
bzw. gewonnen ist, negative Glieder sind weggelassen.

$$\frac{x}{2}\left(\sum_{\frac{x}{y_\nu e^{\delta/2}} \leq n \leq \frac{x}{y_\nu}} \frac{\log n}{n}\right) = \frac{x}{2}\left(\int_{x/y_\nu \cdot e^{\delta/2}}^{x/y_\nu} \frac{\log t}{t}\, dt + \mathcal{O}(1)\right) - \text{wobei hier}$$

in $\mathcal{O}(1)$ sowohl die Größen $\mathcal{O}(1)$ aus (IV_{13}) wie auch

$\mathcal{O}\left(\left(\log\left(\frac{x}{y_\nu}\right)\right):\frac{x}{y_\nu}\right)$ und $\mathcal{O}\left(\left(\log\left(\frac{x}{y_\nu e^{\delta/2}}\right)\right):\frac{x}{y_\nu \cdot e^{\delta/2}}\right)$ enthalten

sind, da diese Funktionen durch $\frac{\log e}{e}$ [1] nach oben beschränkt sind –

$$= \frac{x}{2}\left(\mathcal{O}(1) + \frac{1}{2}\left(\log^2\left(\frac{x}{y_\nu}\right) - \log^2\left(\frac{x}{y_\nu e^{\delta/2}}\right)\right)\right) = \frac{x}{2}\left(\mathcal{O}(1) + \frac{1}{2}\left(\log\left(\frac{x}{y_\nu}\right) + \right.\right.$$

$$\left.\left.\log\left(\frac{x}{y_\nu e^{\delta/2}}\right)\right)\left(\log\left(\frac{x}{y_\nu}\right) - \log\left(\frac{x}{y_\nu e^{\delta/2}}\right)\right)\right) = \frac{x}{2}\left(\mathcal{O}(1) + \right.$$

$$\frac{1}{2}\left(2\cdot\log\left(\frac{x}{y_\nu}\right) - \frac{\delta}{2}\right)\cdot\left(\frac{\delta}{2}\right)\right) = \frac{x}{2}\left(\mathcal{O}(1) + \left(\log\left(\frac{x}{y_\nu}\right) - \frac{\delta}{4}\right)\left(\frac{\delta}{2}\right)\right) =$$

D

$$\frac{x}{2}\left(\mathcal{O}(1) + \frac{\delta}{2}\cdot\log\left(\frac{x}{y_\nu}\right) - \frac{\delta^2}{8}\right) \overset{\text{Def.}}{=} \frac{x}{2}\cdot\bar{s}_\nu. \quad \text{Da p.c. } y_\nu \leq \xi\tau^\nu e^{-\delta/2}, \text{ so ist}$$

$$-\log y_\nu \geq -\log\left(\tau^\nu \xi e^{-\delta/2}\right) = -\nu\log\tau - \log\xi + \frac{\delta}{2} \quad \text{und} \quad \bar{s}_\nu = \mathcal{O}(1) +$$

$$\frac{\delta}{2}\log x - \frac{\delta}{2}\log y_\nu - \frac{\delta^2}{8} \overset{[2]}{\geq} -C_7' + \frac{\delta}{2}\log x - \frac{\delta}{2}\nu\log\tau - \frac{\delta}{2}\log\xi +$$

$$\frac{\delta^2}{4} = \frac{\delta}{2}\log x - \frac{\delta}{2}\cdot\nu\cdot\log\tau - C_7 \,[3]. \quad \text{Wir erhalten daher } -\bar{s}_\nu \leq \frac{\nu\cdot C_2}{2} +$$

$$C_7 - \frac{\delta}{2}\log x, \text{ woraus aber } -\sum_{\nu=1}^{s}\frac{x}{2}(\bar{s}_\nu) \leq \sum_{\nu=1}^{s}\frac{x}{2}\left(\frac{\nu\cdot C_2}{2} + C_7 - \frac{\delta}{2}\log x\right) =$$

$$\frac{x}{2}\left(\frac{C_2}{2}\cdot\frac{s(s+1)}{2} + s\cdot C_7 - \frac{\delta\cdot s}{2}\cdot\log x\right) \quad \text{resultiert. Aus (5) entsteht so}$$

(5')   die Ungleichung (5')

$$\sum_{1 \leq n \leq \frac{x}{\xi}}\left|\varphi\left(\frac{x}{n}\right)\right|\log n \leq \frac{x}{2}\left(\log^2 x + C_6\log x + \right.$$

$$\left. s\cdot C_7 + \frac{C_2}{4}s(s+1) - \frac{\delta\cdot s}{2}\log x\right). \quad \text{Wegen } s = \left[\varphi\right] \leq \varphi = \log\left(\frac{x}{\xi}\right):\log\tau$$

$$= \left(\log\left(\frac{x}{\xi}\right)\right):\frac{C_2}{\delta} = \frac{\delta}{C_2}\cdot\log\left(\frac{x}{\xi}\right) < \frac{\delta}{C_2}\log x \quad \text{und} \quad s+1 > \varphi \overset{\text{s.e.}}{=}$$

$$\frac{\delta}{C_2}\log\left(\frac{x}{\xi}\right) \quad \text{bzw.} \quad s > -1 + \frac{\delta}{C_2}\log\left(\frac{x}{\xi}\right) = -1 - \frac{\delta}{C_2}\log\xi + \frac{\delta}{C_2}\log x$$

(6)   oder $-s < 1 + \frac{\delta}{C_2}\log\xi - \frac{\delta}{C_2}\log x$ wird aus (5') die Ungleichung (6)

---

[1] $y = \frac{\log x}{x}$ hat sein Maximum für $x = e$.

[2] $-C_7'$ schätzt $\mathcal{O}(1)$ und $-\frac{\delta^2}{8}$ gemeinsam ab.

[3] Hier ist stets $C_7 > 0$ wählbar, es schätzt zunächst gemeinsam $-C_7'$, $-\frac{\delta}{2}\log\xi$ und $\frac{\delta^2}{4}$ ab; wäre hier $C_7 < 0$ zulässig, so wird es durch ein C_7 mit $C_7 > 0$ ersetzt.

$$\sum_{1 \leqslant n \leqslant \frac{x}{\xi}} \left|\varphi(\tfrac{x}{n})\right| \ \log n \leqslant \frac{x}{2} \left(\log^2 x + C_6 \log x + C_7 \frac{\delta}{C_2} \log x + \right.$$

$$\frac{C_2}{4} \cdot \frac{\delta}{C_2} \cdot \log x + \frac{C_2}{4} \left(\frac{\delta}{C_2} \log x\right)^2 + \frac{\delta}{2} \cdot \log x \left(1 + \frac{\delta}{C_2} \log \xi - \frac{\delta}{C_2} \log x\right) \Big) =$$

$$\frac{x}{2} \left(\log^2 x + C_6 \log x + C_7 \cdot \frac{\delta}{C_2} \log x + \frac{\delta}{4} \log x + \frac{\delta^2}{4C_2} \log^2 x + \right.$$

$$\frac{\delta}{2} \log x + \frac{\delta^2}{2C_2} \log \xi \cdot \log x - \frac{\delta^2}{2C_2} \log^2 x \Big) = \frac{x}{2} \left(C_8 \log x + \log^2 x - \right.$$

(7) $\left.\frac{\delta^2}{4C_2} \log^2 x\right)$. Aus (3) und (6) ergibt sich weiter (7) $\left|\varphi(x)\right| \leqslant$

$$C_5 \cdot \frac{x}{\log x} + \frac{2}{\log^2 x} \cdot \frac{x}{2} \cdot \left(C_8 \log x + \log^2 x \left(1 - \frac{\delta^2}{4C_2}\right)\right) < {}^{[1]}$$

$C_9 \cdot \frac{x}{\log x} + x \left(1 - \frac{1}{256\, C_2}\right)$. In (7) ist $C_9 = C_5 + C_8 + 1$ gesetzt,

also $C_9 > 1$, damit erhalten wir in (7) $C_9 \cdot \frac{x}{\log x} = \frac{1}{512\, C_2} \cdot x \cdot$

$\frac{512\, C_2\, C_9}{\log x}$. Für $x \geqslant e^{512\, C_2\, C_9} = x_{C_2}$ ist $\frac{512\, C_2\, C_9}{\log x} \leqslant 1$. Mit

D $\quad x > \mathrm{Max}\,(\xi, x_{C_2}) \overset{\mathrm{Def.}}{=} x_{\alpha_1}$ wird daher $C_9 \cdot \frac{x}{\log x} < \frac{1}{512\, C_2}\, x$ und aus

(7) resultiert die Ungleichung $\left|\varphi(x)\right| < \frac{x}{512\, C_2} + x \left(1 - \frac{1}{256\, C_2}\right) =$

(8) $\quad x \left(1 - \frac{1}{512\, C_2}\right)$ resp. (8): $\left|\varphi(x)\right| < x \cdot \alpha_2$ für alle x mit $x > x_{\alpha_1}$

$(\alpha_1, \alpha_2, \ldots$ wurden in (1) definiert). Wenn wir nun zeigen können –
was mit Hilfe der vollständigen Induktion gelingen wird –, daß für
$x > x_{\alpha_n}$ auch $\left|\varphi(x)\right| < x \cdot \alpha_{n+1}$, so ist (V_8) bewiesen, da nach (1) die
streng monotone Folge der α_n gegen Null konvergiert. Wie der Beweis
durch vollständige Induktion zu gestalten ist, schildern wir am Beweis
der Ungleichung: $\left|\varphi(x)\right| < x \cdot \alpha_3$, die für alle x mit $x > x_{\alpha_2}$ [2]
gültig ist.

Wir bezeichnen die eben verwendeten Größen δ bzw. ξ mit δ_0 bzw. ξ_0
und definieren $\xi_1 = x_{\alpha_1} + 1$. Für $x \geqslant \xi_1$ ist nach (V_4) [3] $\left|\varphi(x)\right| \leqslant$

$\frac{2}{\log^2 x} \cdot \left(\sum_{n \leqslant x} \left|\varphi(\tfrac{x}{n})\right| \ \log n\right) + \delta \frac{x}{\log x}$. Bei den vorstehenden Betrach-

---

[1] $\delta = \frac{1}{8}$

[2] x_{α_2} wird weiter unten definiert.

[3] wie bei (2)

tungen war das δ aus (V_7) als $\delta = \delta_0 = \frac{1}{8} = \frac{\alpha_1}{8}$ gewählt. Nun wählen

wir als δ aus (V_7) den Wert $\delta_1 = \frac{\alpha_2}{8}$ $(0 < \delta_1 < 1)$. Die in (V_7) gefor-

derte Schranke x_{δ_1} existiert; wir betrachten daher x-Werte, für die

$x \geqslant \text{Max} \ (x_{\delta_1}, \ \xi_1) = \xi_1^*$. Aus "schreibökonomischen" Gründen setzen wir

für ξ_1^* und δ_1 die Bezeichnungen ξ^* und δ^*. Mit der Wahl von

$\lambda = e^{c_2/\delta^*} > e > 2$ sind die Voraussetzungen aus (V_7) wieder erfüllt.

Es existiert in jedem Intervall $x < y < x \cdot e^{c_2/\delta^*}$ $(x \geqslant \xi^*)$ min-

destens ein Teilintervall $y_0 \leqslant z \leqslant y_0 e^{\delta^*/2}$, für welches

$(|\varphi(z)| : z) < 4\delta^* = \frac{\alpha_2}{2}$. In der aus (V_4) resultierenden Ungleichung

für $|\varphi(x)|$ werden die $\frac{x}{n}$ wieder – nun unter Verwendung von ξ^* – in

zwei Klassen eingeteilt: $\alpha)$ $1 \leqslant \frac{x}{n} < \xi^* \cdot (\frac{x}{\xi^*} < n \leqslant x)$, $\beta)$ $\xi^* \leqslant \frac{x}{n} \leqslant x$

$(1 \leqslant n \leqslant \frac{x}{\xi^*})$; das führt zu $|\varphi(x)| \leqslant \frac{2}{\log^2 x} (\sum_{1 \leqslant n \leqslant \frac{x}{\xi^*}} |\varphi(\frac{x}{n})| \log n) +$

D $\qquad \frac{2}{\log^2 x} (\sum_{\frac{x}{\xi^*} \leqslant n \leqslant x} |\varphi(\frac{x}{n})| \log n) + \delta \cdot \frac{x}{\log x} = A_1 + B_1 + C_1.$ In der

Summe B_1 wenden wir (IV_{13}) an, nachdem $|\varphi(\frac{x}{n})|$ durch $\frac{x}{n}$ abgeschätzt ist

und erhalten $B_1 + C_1 \leqslant \delta \ \frac{x}{\log x} + \frac{2}{\log^2 x} \cdot \sum_{\frac{x}{\xi^*} < n \leqslant x} \frac{x}{n} \log n =$

$\delta \ \frac{x}{\log x} + \frac{2x}{\log^2 x} (\int_{\frac{x}{\xi^*}}^{x} \frac{\log t}{t} dt + \mathcal{O}(1)) = \delta \ \frac{x}{\log x} +$

$\frac{x}{\log^2 x} (\frac{1}{2} (\log^2 x - \log^2(\frac{x}{\xi^*})) + \mathcal{O}(1)) \overset{1)}{<} \delta \ \frac{x}{\log x} +$

$\frac{2x}{\log^2 x} (\mathcal{O}(1) + (2 \log x) \log \xi^*) < \delta \ \frac{x}{\log x} + C_4^* \ \frac{x}{\log x} = C_5^* \ \frac{x}{\log x} \cdot$

Hier geht $\log \xi^*$, also ξ^*, in C_5^* ein, da aber insgesamt ein

$\lim_{x \to \infty} (\dots)$ betrachtet wird, ist C_5^* eine u.U. sehr große, aber endliche

(9) $\qquad$ Konstante. Wir erhalten die Ungleichung (9) $|\varphi(x)| \leqslant C_5^* \ \frac{x}{\log x} + A_1 =$

$C_5^* \ \frac{x}{\log x} + (\sum_{1 \leqslant n \leqslant \frac{x}{\xi^*}} |\varphi(\frac{x}{n})| \log n) \frac{2}{\log^2 x} \cdot$ Die $\frac{x}{n}$ aus der Summe A_1

---

1) Analog den Überlegungen zwischen (2) und (3) in diesem Abschnitt

(10)　　　gehören zu den bei (V_7) betrachteten Werten von x. Mit (10)

$\xi^* \leqslant \frac{x}{n} \leqslant x$　teilen wir das Intervall mit den Grenzen ξ^* und x durch

D　　　geometrische Interpolation in s^* Teilintervalle: $(J_1^{(1)})$:

$\xi^* \leqslant \frac{x}{n} < \xi^* \tau^*$, $(J_2^{(1)})$: $\xi^* \tau^* \leqslant \frac{x}{n} < \xi^* \tau^{*2}$, ..., $(J_{s^*}^{(1)})$: $\xi^* \tau^{*s^*-1} \leqslant$

D　　　$\frac{x}{n} < \xi^* \tau^{*s^*}$, $(J^*_{(1)})$: $\xi^* \tau^{*s^*} \leqslant \frac{x}{n} \leqslant x$ [1], wobei τ^* [2] $= e^{c_2/\delta^*}$,

$\tau^{*\varphi^*} \cdot \xi^* = x$, $\varphi^* = (\log x - \log \xi^*) : \log \tau^*$, $s^* = \left[\varphi^*\right] \leqslant \varphi^* =$

$\frac{\delta^*}{c_2} (\log x - \log \xi^*)$, $s^*+1 > \frac{\delta^*}{c_2} (\log x - \log \xi^*)$, $s^* > -1 +$

$\frac{\delta^*}{c_2} \log x - \frac{\delta^*}{c_2} \log \xi^*$, $-s^* < 1 + \frac{\delta^*}{c_2} \log \xi^* - \frac{\delta^*}{c_2} \log x$. Diese Ungleichun-

(11)　　　gen subsumieren wir unter (11). Mit (10) ist weiter $\left|\wp(\frac{x}{n})\right| \leqslant \alpha_2 \cdot \frac{x}{n}$.

Die s^* Teilintervalle $(J_\nu^{(1)})$ $(\nu = 1, 2, ..., s^*)$ sind sämtlich von

der in (V_7) geforderten Art, sie enthalten also mindestens ein Teil-

intervall $(S_\nu^{(*)})$: $y_\nu^* \leqslant \frac{x}{n} \leqslant y_\nu^* e^{\delta^*/2}$ [3] in dem $\left|\wp(\frac{x}{n})\right| \leqslant \frac{\alpha_2}{2} \cdot \frac{x}{n}$ und

(11)　　　es gilt (noch zu (11) gehörend) $y_\nu^* \leqslant (\tau^*)^\nu \cdot \xi^* e^{-\delta^*/2}$. Analog zu (5)

(12)　　　ergibt sich (12) $\displaystyle\sum_{1 \leqslant n \leqslant \frac{x}{\xi^*}} \left|\wp(\frac{x}{n})\right| \log n \leqslant x \cdot \alpha_2 \cdot \sum_{1 \leqslant n \leqslant \frac{x}{\xi^*}} \frac{\log n}{n} -$

$\displaystyle\sum_{\nu=1}^{s^*} \frac{x}{2} \cdot \alpha_2 \cdot (\sum \frac{\log n}{n})$, wobei in der letzten Summe für n gilt:

$x (y_\nu^* e^{\delta^*/2})^{-1} \leqslant n \leqslant x (y_\nu^*)^{-1}$. In (12) ist $\displaystyle\sum_{1 \leqslant n \leqslant \frac{x}{\xi^*}} \frac{\log n}{n}$　$\overset{(IV_{13})}{=}$

$\displaystyle\int_1^{x/\xi^*} \frac{\log t}{t}\, dt + \mathcal{O}(1) + \mathcal{O}(\frac{(\log x - \log \xi^*)\, \xi^*}{x}) = \frac{1}{2} (\log (\frac{x}{\xi^*}))^2 +$

$\mathcal{O}(1) + \mathcal{O}(\frac{(\log x - \log \xi^*)\, \xi^*}{x}) \leqslant \frac{1}{2} \log^2 x + c_6^* \log x$. Für die einzel-

nen Summanden der zweiten Summe aus (12) erhalten wir unter Berück-

---

1)　$(J^*_{(1)})$ ist leer, falls $\varphi^* = \left[\varphi^*\right]$.

2)　Eigentlich müßte "τ_1" geschrieben werden.

3)　Eigentlich müßte $y_\nu^{(1)}$ statt y_ν^* geschrieben werden.

sichtigung der Summationsgrenzen $\mathcal{O}(1) + \int_{x/y_\nu^* \cdot e^{\delta^*/2}}^{x/y_\nu^*} \frac{\log t}{t}\, dt$ [1] $=$

$\mathcal{O}(1) + \frac{1}{2}\left(\log^2\left(\frac{x}{y_\nu^*}\right) - \log^2\left(\frac{x}{y_\nu^*\, e^{\delta^*/2}}\right)\right) = \mathcal{O}(1) + \frac{1}{2}(2\log x -$

D $\quad 2\log y_\nu^* - \frac{\delta^*}{2}) \cdot \frac{\delta^*}{2} = \mathcal{O}(1) + \frac{\delta^*}{2}\log x - \frac{\delta^*}{2}\log y_\nu^* = \overline{s_\nu^*}$ [2]. Nach

(11) ergibt sich dann weiter $\overline{s_\nu^*} \geqslant \mathcal{O}(1) + \frac{\delta^*}{2}\log x -$

$\frac{\delta^*}{2}\left(\nu\log\tau^* - \frac{\delta^*}{2} + \log\xi^*\right) = \mathcal{O}(1) + \frac{\delta^*}{2}\log x - \frac{\delta^*}{2}\left(\nu\frac{C_2}{\delta^*} - \frac{\delta^*}{2} +\right.$

$\left.\log\xi^*\right) = \mathcal{O}(1) + \frac{\delta^*}{2}\log x - \frac{\nu C_2}{2} + \frac{\delta^{*2}}{4} - \frac{\delta^*}{2}\log\xi^* \geqslant \frac{\delta^*}{2}\log x -$

(12') $\quad \frac{\nu C_2}{2} - C_7^*$ [3]. Aus (12) wird daher (12') $\displaystyle\sum_{1\leqslant n \leqslant \frac{x}{\xi^*}} \left|\varphi\left(\frac{x}{n}\right)\right| \log n \leqslant$

$x\,\alpha_2\left(\frac{1}{2}\log^2 x + C_6^*\log x\right) + \frac{x}{2}\alpha_2\left(\sum_{\nu=1}^{s^*}\left(C_7^* + \frac{\nu C_2}{2} - \frac{\delta^*}{2}\log x\right)\right) =$

$\frac{x\,\alpha_2}{2}\log^2 x + x\,\alpha_2 C_6^*\log x + \frac{x\,\alpha_2}{2}\left(s^* C_7^* + \frac{s^*(s^*+1)}{4}C_2 -\right.$

$\left.\frac{s^*\delta^*}{2}\log x\right) \overset{(11)}{<} \frac{x\,\alpha_2}{2}\log^2 x + x\,\alpha_2 C_6^*\log x +$

$\left(\frac{x\,\alpha_2}{2}\right)\left(C_7^*\frac{\delta^*}{C_2}\log x + \frac{\delta^*}{4}\log x + \frac{\delta^{*2}}{4 C_2}\log^2 x + \frac{\delta^*}{2}\log x\left(1 +\right.\right.$

$\left.\left.\frac{\delta^*}{C_2}\log\xi^* - \frac{\delta^*}{C_2}\log x\right)\right) = x\,\alpha_2\left(\frac{1}{2}\log^2 x + C_6^*\log x\right) +$

$\frac{x\,\alpha_2}{2}\left(C_7^*\frac{\delta^*}{C_2}\log x + 3\frac{\delta^*}{4}\log x - \frac{\delta^{*2}}{4 C_2}\log^2 x + \frac{\delta^{*2}}{2 C_2}(\log x)\log\xi^*\right) =$

$\frac{x\,\alpha_2}{2}\left(\log^2 x + C_8^*\log x - \frac{\delta^{*2}}{4 C_2}\log^2 x\right)$. Aus (9) und (12') entsteht

(13) $\quad$ demnach (13) $\left|\varphi(x)\right| < C_5^*\frac{x}{\log x} + x\,\alpha_2\left(1 + \frac{C_8^*}{\log x} - \frac{\delta^{*2}}{4 C_2}\right) =$

$C_9^*\frac{x}{\log x} + x\,\alpha_2\left(1 - \frac{\alpha_2^2}{256\, C_2}\right)$. In (13) ist weiter $C_9^*\frac{x}{\log x} =$

---

[1] Analog zur Darstellung auf Seite 382 "stecken" hier in $\mathcal{O}(1)$ das

$\quad \mathcal{O}(1)$ aus (IV_{13}), $\mathcal{O}\left(\log\left(\frac{x}{y_\nu^*}\right)\frac{y_\nu^*}{x}\right)$ und

$\quad \mathcal{O}\left(\left(\log\left(x:\left(y_\nu^* e^{\delta^*/2}\right)\right)\right)\cdot\frac{y_\nu^* e^{\delta^*/2}}{x}\right)$

[2] Eigentlich müßte $\overline{s}_\nu^{(1)}$ geschrieben werden.

[3] C_7^* reell positiv wählbar, analog den vor (5') geführten Überlegungen.

$$(\alpha_2^3 \frac{x}{512\, C_2}) \cdot (\frac{C_9^* \, 512\, C_2}{(\log x)\, \alpha_2^3}) \quad \text{und für} \quad \log x > (C_9^* \, 512\, C_2): \alpha_2^3 \text{ resp.}$$

D $\qquad x > e^{C_9^* \, 512\, C_2\, \alpha_2^{-3}} \overset{\text{Def.}}{=} x_{C_2}^{(1)}$ wird mit $x > \text{Max}\,(\xi^*,\, x_{C_2}^{(1)}) \overset{\text{Def.}}{=}$

(14) $\qquad x_{\alpha_2}$ schließlich (14) $|\varphi(x)| < \alpha_2^3 \frac{x}{512\, C_2} + \dot{\alpha}_2\, x\, (1 - \frac{(\alpha_2)^2}{256\, C_2}) =$

$$\alpha_2\, x - \frac{\alpha_2^3 x}{512\, C_2} = x\, \alpha_3.$$

Als I.A. kann nun gelten: $|\varphi(x)| < x\, \alpha_{k+1}$ für $x > x_{\alpha_k}$. Mit

$$\xi_k = x_{\alpha_k} + 1,\ \delta_k = \frac{\alpha_{k+1}}{8},\ x \geqslant \text{Max}\,(\xi_k,\, x_{\delta_k}) = \xi_k^*,\ \tau_k = e^{C_2/\delta_k} \text{ }^{1)} \quad \text{und}$$

$x > \text{Max}\,(\xi_k^*,\, x_{C_2}^{(k)})$ gilt dann $|\varphi(x)| < x\, \alpha_{k+2}$, wobei die völlig den

eben geschilderten Betrachtungen analoge Durchführung des Beweises dem

Übg.(6.) Leser (Übung !) überlassen werden kann. q.e.d.

5.3. Vorbereitungen II (Charakterfunktionen)

Es ist unser Ziel, den Satz von Dirichlet zu beweisen, nachdem es in

D $\quad$ jeder arithmetischen Folge erster Ordnung $a_n^{(1,k)} = 1 + n\, k$

($\{1,k\} \subset \mathfrak{N}$, $(1,k) = 1$, $n = 1, 2, \ldots$) unendlich viele PZ^{en} gibt. Von
ihm sind uns Spezialfälle aus (I_{26}) und $(II_{10}^{(3)})$ bekannt. Der allgemeine Beweis erfordert einiges mehr an mathematischem Rüstzeug als es
für die genannten Spezialfälle nötig war. Da der Satz von Dirichlet
eine mehr qualitative als quantitative Aussage – verglichen mit dem
Satz von Gauß – macht, sind erfreulicherweise nicht ganz so viele

Hilfsmittel nötig wie zum Beweis des Satzes (V_8). Da zur Folge

$a_n^{(1,2)}$ sicher unendlich viele PZ^{en} gehören $^{2)}$, sei für den Rest

dieses Abschnittes k eine feste (beliebig wählbare, nach der Wahl
D $\quad$ fixierte) natürliche Zahl größer als zwei, die wir den "Modul k"
D $\quad$ nennen wollen. Weiter definieren wir als "Hauptcharakter mod k" $^{3)}$
eine zahlentheoretische Funktion $\chi_1(n)$, für die gilt:

$$\chi_1(n) = \begin{cases} 1 \text{ für } (n,k) = 1 \\ 0 \text{ für } (n,k) > 1 \end{cases} \text{ }^{4)} \ . \text{ Falls } (n_1,k) = (n_2,k) = 1 \text{ }^{5)}, \text{ so ist}$$

$^{1)}$ $\tau = \tau_0,\ \tau^* = \tau_1$ bei den vorstehenden Überlegungen

$^{2)}$ Da $1 \equiv 1(2)$, finden sich alle ungeraden PZ^{en} in dieser Folge, die
größer als 1 sind.

$^{3)}$ manchmal auch "Hauptcharakter für k" genannt

$^{4)}$ o.w.d.i. $(n,k) \neq 1$

$^{5)}$ n_1 und n_2 aus $\mathfrak{N}$

nach (I_9) auch $(n_1 \cdot n_2, k) = 1$ oder $\chi_1(n_1 \cdot n_2) = \chi_1(n_1) \cdot \chi_1(n_2) = 1$. Wenn dagegen für mindestens ein n_ν $(\nu = 1, 2)$ die Beziehung $(n_\nu, k) \neq 1$ gilt, so ist a fortiori $(n_1 \cdot n_2, k) \neq 1$ oder $\chi_1(n_1) \cdot \chi_1(n_2) = \chi_1(n_1 \cdot n_2) = 0$. $\chi_1(n)$ ist demnach eine multiplikative Funktion.

Falls $n_1 \equiv n_2(k)$ bzw. $n_1 = mk + n_2$ $(m \in \mathcal{J}) = mk + q_2 k + r_2 = k(m+q_2) + r_2$, so ist - nach $(I_7")$ - $(n_1, k) = (r_2, k) = (n_2, k)$ oder p.d. $\chi_1(n_1) = \chi_1(n_2)$, falls $n_1 \equiv n_2(k)$; weiter ist $\chi_1(1) = 1$. Nach dieser vorbereitenden Bemerkung definieren wir generell: Eine komplex-
D wertige zahlentheoretische Funktion heißt "Charakter mod k" (oder "Charakterfunktion mod k"), wenn sie die folgenden vier Eigenschaften
(1) (2) besitzt. (1) $\chi(n) = 0$ für $(n,k) \neq 1$; (2) $\chi(1) \neq 0$; (3) $\chi(n)$ ist
(3) (4) multiplikativ; (4) $\chi(n_1) = \chi(n_2)$ falls $n_1 \equiv n_2(k)$ [1].

Wegen $0 \neq c$ [2] $= \chi(1) \overset{(3)}{=} \chi(1) \cdot \chi(1) = c\,\chi(1)$ folgt die Aussage
$(V_9^{(1)})$ $(V_9^{(1)})$: Für alle Charakterfunktionen mod k ist $\chi(1) = 1$. Aus $(V_9^{(1)})$ resultiert mit (4) sofort $\chi(n) = 1$ für $n \equiv 1(k)$. Wegen (I_{21}) ist

mit $(a,k) = 1$ stets $a^{\varphi(k)} \equiv 1(k)$ oder $1 = \chi(a^{\varphi(k)}) \overset{(3)}{=} (\chi(a))^{\varphi(k)}$;
$(V_9^{(2)})$ damit gilt $(V_9^{(2)})$: $\chi(a)$ ist für $(a,k) = 1$ eine $(\varphi(k))$-te EW. Da die Charaktere nur für die $\varphi(k)$ Werte aus $\{\bar{\nu}\}_k$ erklärt werden [3] und $\chi(1) = 1$, so gibt es nach $(V_9^{(2)})$ für $n \equiv \bar{\nu}(k)$ nur - falls $\bar{\nu} \neq 1(k)$ - höchstens $\varphi(k)$ [4] Möglichkeiten für den Funktionswert, während
D $\chi(1) = \chi(1+mk) = 1$ $(m \in \mathcal{J})$. Nach dem Multiplikationssatz aus Abschnitt 1.1. ist die Anzahl A der möglichen Charaktere durch $(\varphi(k))^{\varphi(k)-1}$
D nach oben beschränkt, wobei zwei Charakterfunktionen $\chi(n)$ und $\tilde{\chi}(n)$ verschieden heißen sollen, wenn für mindestens ein n_0 $(n_0 \neq 1,$
$(V_9^{(3)})$ $(n_0,k) = 1)$ $\chi(n_0) \neq \tilde{\chi}(n_0)$. Das ist der Satz $(V_9^{(3)})$:

$$A \leq (\varphi(k))^{\varphi(k)-1}.$$

Unser nächstes Ziel ist es, eine Charakterfunktion mod k so zu finden, daß sie für ein beliebig wählbares d_0 $(d_0 \in \mathcal{M},\ d_0 \neq 1(k),\ (d_0,k) = 1)$ einen von eins verschiedenen Wert besitzt. Ein solcher Charakter wird

---

[1] Ob es - außer $\chi_1(n)$ - solche Funktionen gibt, wissen wir allerdings noch nicht.
[2] $0 \neq c \in \mathcal{R}_k$
[3] Sonst ist p.d. $\chi(n) = 0$.
[4] Nach Abschnitt 2.3. gibt es genau $\varphi(k)$ $\varphi(k)$-te EW.

D   dann "Nichthauptcharakter mod k" genannt. Die Existenz solcher Nicht -
hauptcharakterfunktionen ist für spätere Betrachtungen relevant. Nach

(I_{10}) sind für k folgende Zerlegungen möglich: I) $k = \prod_{\nu=1}^{l} p_{(\nu)}^{e_\nu}$

(alle $p_{(\nu)} > 2$, $e_\nu \geqslant 1$) [1]; II) $k = 2^b \prod_{\nu=1}^{l} p_{(\nu)}^{e_\nu}$ ($l \geqslant 0$, $b \geqslant 1$,

$e_\nu \geqslant 1$) [1].

Wir betrachten zunächst den Fall I). Hier muß nach Wahl der Zahl d_0

für mindestens eine PZ $p_{(\nu_0)}$ gelten $d_0 \not\equiv 1$ $(p_{(\nu_0)}^{e_{\nu_0}})$, denn aus

$d_0 \equiv 1(p_{(\nu)}^{e_\nu})$ ($\nu = 1, \ldots, l$) folgt [2] $d_0 \equiv 1(k)$, während doch

$d_0 \not\equiv 1(k)$ gelten soll. Für ein solches $p_{(\nu_0)}$ schreiben wir p und es

ist $d_0 \not\equiv 1(p^e)$ [3]. Aus (II_{17}) resultiert dann eine $PW(p^e) = r$. Für

$a \in \mathfrak{M}$ mit $(a,p) = (a,p^e) = 1 = (a,k)$ ist dann $a \equiv r^t$ (p^e), wobei

$0 \leqslant t < \varphi(p^e) = s = p^{e-1}(p-1)$. Ist nun φ eine $\varepsilon_{\mathfrak{N}}(s)$ [4] o.m.a.W.

$\varphi = \cos \frac{2\pi}{s} + i \sin \frac{2\pi}{s}$ bzw. $\varphi = \cos \frac{2\pi\nu}{s} + i \sin \frac{2\pi\nu}{s}$ mit $(\nu,s) = 1$ [4],

so behaupten wir, daß der folgende Ansatz (5) einen Charakter mod k

(5)   definiert (5): $\chi(a) = 0$ für $(a,k) \not= 1$; $\chi(a) = \varphi^t$ für $(a,k) = 1$,
wobei (s.o.) $a \equiv r^t(p^e)$. Aus (5) erhalten wir nämlich $\chi(1) = \varphi^0 = 1$
und da auch $1 + km \equiv r^0(p^e)$, so gilt $\chi(1+km) = \varphi^0 = 1$ p.d.. Ist
weiter $(a,k) = (a',k) = 1$, so auch $(a,p^e) = (a',p^e) = 1$ und mit
$a \equiv r^t(p^e)$, $a' \equiv r^{t'}(p^e)$ wird nach Abschnitt 2.3. $a \cdot a' \equiv r^{t+t'}(p^e)$,
wobei eventuell $t+t'$ mod s [5] reduziert worden ist. Damit ergibt sich
$\chi(a) \cdot \chi(a') = \chi(a \cdot a')$. Damit sind (1), (2), (3) erfüllt; während (4)
direkt aus (5) folgt, denn aus $a_1 \equiv a_2(k)$ folgt a fortiori

$a_1 \equiv a_2(p^e)$ und damit $\chi(a_1) = \varphi^{t_1} = \chi(a_2)$, da $a_1 \equiv r^{t_1}(p^e)$,

$a_2 \equiv r^{t_1}(p^e)$. q.e.d.

Da $d_0 \not\equiv 1(p^e)$ gilt $d_0 \equiv r^{\delta_0}(p^e)$ ($0 < \delta_0 < s$, $\delta_0 \in \mathfrak{M}$) und

$\chi(d_0) = \varphi^{\delta_0} \not= 1$. Im Falle I) existiert damit mindestens ein Nicht-

---

[1] Alle hier genannten Zahlen gehören zu $\mathfrak{Z}$.
[2] wie beim Beweis von (II_6) gezeigt
[3] $e \in \mathfrak{M}$
[4] nach Abschnitt 2.3.
[5] $s = \varphi(p^e) = p^{e-1}(p-1)$

hauptcharakter. Zur Bewältigung des Falles II) $(k \equiv 0(2))$ bedarf es eines größeren Rechenaufwandes. Den Modul 2 haben wir bereits ausgesondert. Wegen $\varphi(2) = 1$ gibt es nach $(V_9^{(3)})$ außerdem eine einzige Charakterfunktion mod 2, nämlich den Hauptcharakter $\chi(n) = 1$ $(n \equiv 1(2))$, $\chi(n) = 0$ $(n \equiv 0(2))$, der den Eigenschaften (1) bis (4) genügt.

Ist im Falle II) $k \neq 2$, so müssen wir zunächst beachten, daß hier einmal $d_0 \neq (\prod_{\nu=1}^{l} p_{(\nu)}^{e_\nu}) + 1$ (wegen $(\prod_{\nu=1}^{l} p_{(\nu)}^{e_\nu}) + 1 \equiv 0(2)$ und damit $(d_0,k) \geq 2$ wäre) und andererseits aber, wenn $b \geq 2$ und $1 \leq \beta < b$, ein d_0 mit $d_0 = (2^\beta \cdot \prod_{\nu=1}^{l} p_{(\nu)}^{e_\nu}) + 1$ sowie $d_0 \equiv 1(p_{(\nu)}^{e_\nu})$ $(\nu = 1, \ldots, l)$, $(d_0,k) = 1$ und $d_0 \neq 1(k)$ möglich ist [1]. Wir nehmen verschiedene Fallunterscheidungen vor. IIα): $k = 2 \cdot \prod_{\nu=1}^{l} p_{(\nu)}^{e_\nu}$ $(l \geq 1,\ e_\nu \geq 1)$.

Dann kann nicht gleichzeitig $d_0 \equiv 1(2p_{(1)}^{e_1})$, $d_0 \equiv 1(p_{(\nu)}^{e_\nu})$ $(\nu = 2, \ldots, l)$ gelten, da sonst gegen die Voraussetzung $d_0 \equiv 1(k)$ wäre [2]. Nun gibt es wieder nach (II_{17}) zu jeder der Zahlen

$$2p_{(1)}^{e_1} = m_1,\ p_{(2)}^{e_2} = m_2,\ \ldots,\ p_{(l)}^{e_l} = m_l \quad \text{eine PW}(m_\nu) \quad (\nu = 1, \ldots, l)$$

und – wie wir gesehen haben – mindestens ein m_{ν_0} mit $d_0 \neq 1(m_{\nu_0})$.

Ist dann PW $(m_{\nu_0}) = r$, also $d_0 \equiv r^t(m_{\nu_0})$ $(0 < t < \varphi(m_{\nu_0}),\ t \in \mathfrak{N})$, so ergibt sich aus unserer Definition (5) wie oben ein Nichthauptcharakter mod k mit $\chi(d_0) \neq 1$.

Wir betrachten jetzt den Fall IIβ): $k = 4 \cdot \prod_{\nu=1}^{l} p_{(\nu)}^{e_\nu}$, bei dem II $\beta\alpha$): $l = 0$ und II$\beta\beta$): $l \geq 1$ zu trennen ist. Gilt II $\beta\alpha$) $(k = 4)$, so
(6)   setzen wir (6) $\chi(4k') = \chi(4k' + 2) = 0$, $\chi(4k' + 1) = 1$, $\chi(4k' + 3) = -1$ $(k' = 0, 1, 2, \ldots)$, während $\chi_1(4k') = \chi_1(4k' + 2) = 0$,
Übg.(7.) $\chi_1(4k' + 1) = \chi_1(4k' + 3) = 1$ Hauptcharakter mod 4 (Übung !) ist. Wenn wir gezeigt haben, daß (6) einen Charakter definiert, so sind nach $(V_9^{(3)})$ mit $\varphi(4) = 2$ keine weiteren Charaktere mod 4 möglich. (6) erfüllt aber (1), (2) und (4) p.d., während die Eigenschaft (3) sich folgendermaßen ergibt. Mit $(n_1,4) > 1$ ist auch

---

[1] Etwa $k = 180 = 2^2 \cdot 3^2 \cdot 5$, $d_0 = 90 + 1 = 91$.

[2] wie beim Beweis von (II_6)

$(n_1 \cdot n_2, 4) > 1$ [1] und daher sicher $\chi(n_1) \cdot \chi(n_2) = 0 \cdot \chi(n_2) = 0 = \chi(n_1 \cdot n_2)$, außerdem folgt aus $(n_1 \cdot n_2, 4) > 1$ auch, daß mindestens ein n_ν gerade sein muß, oder $0 = \chi(n_1 \cdot n_2) = \chi(n_1) \cdot \chi(n_2)$. Gilt $n_1 \equiv n_2 \equiv 1(2)$, so sind mod 4 folgende Konstellationen möglich: $n_1 \equiv n_2 \equiv 1(4)$; $n_1 \equiv n_2 \equiv -1(4)$; $n_1 \equiv 1(4)$, $n_2 \equiv -1(4)$; $n_1 \equiv -1(4)$, $n_2 \equiv 1(4)$. Hier ist resp. $n_1 \cdot n_2 \equiv 1(4)$, $n_1 \cdot n_2 \equiv 1(4)$, $n_1 \cdot n_2 \equiv -1(4)$, $n_1 \cdot n_2 \equiv -1(4)$ oder in jedem Fall $\chi(n_1) \cdot \chi(n_2) = \chi(n_1 \cdot n_2)$. Im Falle II$\beta\alpha$) existiert somit auch ein Nichthauptcharakter [2].

Im Falle II$\beta\beta$): $k = 4 \cdot \prod_{\nu=1}^{l} (p_{(\nu)}^{e_\nu})$ $(l \geqslant 1)$ ist $d_0 = 2(\prod_{\nu=1}^{l} p_{(\nu)}^{e_\nu}) + 1$ mit $(d_0, k) = 1$, $d_0 \not\equiv 1(k)$, $d_0 \equiv 1(2p_{(\nu)}^{e_\nu})$ $(\nu = 1, \ldots, l)$ möglich und unser Verfahren nach (5) versagt. Ist dagegen d_0 so gewählt, daß $d_0 \not\equiv 1(p_{(\nu)}^{e_\nu})$ für mindestens ein ν oder $d_0 \not\equiv 1(2p_{(\nu)}^{e_\nu})$ für mindestens ein ν, so führt uns (5) zu einem Nichthauptcharakter mod k. Dasselbe

Übg.(8.) gilt übrigens auch (Übung !), wenn in $k = 4 \cdot \prod_{\nu=1}^{l} p_{(\nu)}^{e_\nu}$ zusätzlich die Ungleichung $l \geqslant 2$ erfüllt ist.

Wenn also $d_0 \equiv 1(p_{(\nu)}^{e_\nu})$ $(\nu = 1, \ldots, l)$ und außerdem $(d_0, k) = 1$ [3], so muß $d_0 = 2(\prod_{\nu=1}^{l} p_{(\nu)}^{e_\nu}) + 1$ sein, da $d_0 < k = 4 (\prod_{\nu=1}^{l} p_{(\nu)}^{e_\nu})$ und $(\prod_{\nu=1}^{l} p_{(\nu)}^{e_\nu}) + 1$ bzw. $3(\prod_{\nu=1}^{l} p_{(\nu)}^{e_\nu}) + 1$ gerade Zahlen sind, die nicht zu k relativ prim sein können. Nun sind aber alle $p_{(\nu)}$ ungerade, also $\prod_{\nu=1}^{l} p_{(\nu)}^{e_\nu} \equiv \pm 1(4)$ und daher $d_0 \equiv \pm 2 + 1 \equiv -1(4)$. Daher brauchen wir

(7) unsere Vorschrift (6) nur geringfügig zu modifizieren. Wir setzen (7): $\chi(n) = 0$ für $(n,k) > 1$, $\chi(1) = 1$, $\chi(n) = 1$ für $(n,k) = 1$ und $n \equiv 1(4)$, $\chi(n) = -1$ für $(n,k) = 1$ und $n \equiv -1(4)$. Das bedeutet z.B. für $k = 180 = 2^2 \cdot 3^2 \cdot 5$: $\chi(1) = 1$, $\chi(2) = \chi(3) = \chi(4) = \chi(5) = \chi(6) = 0$, $\chi(7) = -1$, $\chi(8) = \chi(9) = \chi(10) = 0$, $\chi(11) = -1$, $\chi(12) = 0$, $\chi(13) = 1$, $\chi(14) = \chi(15) = \chi(16) = 0$, $\chi(17) = 1$, $\chi(18) = 0$,

Übg.(9.) $\chi(19) = -1$, u.s.f..Eine einfache Rechnung bestätigt (Übung !), daß vermöge (7) wieder ein Nichthauptcharakter definiert ist.

---

[1] $n_\nu \in \mathfrak{N}$ $(\nu = 1, 2)$

[2] Aus den eingangs erwähnten Sätzen wissen wir, daß die arithmetischen Folgen $4n \pm 1$ unendlich viele Primzahlen enthalten.

[3] n.V.

Schließlich müssen wir noch den Fall IIγ) $k = 2^b \prod_{\gamma=1}^{l} p_{(\gamma)}^{e_\gamma}$ $(b > 2)$ betrachten. Hier kann $l = 0$ oder $l > 0$ gelten. Gibt es mindestens ein γ, für das $d_0 \not\equiv 1(p_{(\gamma)}^{e_\gamma})$, so führt (5) zu einem Nichthauptcharakter $\chi(n)$ mit $0 \neq \chi(d_0) \neq 1$. Ist $d_0 \equiv 1(p_{(\gamma)}^{e_\gamma})$ $(\gamma = 1,2,\ldots,l)$ [1]

Übg.(10.) und $d_0 \equiv -1(4)$, so führt uns (7) (Übung !) zu einem Nichthauptcharakter mod k mit $0 \neq \chi(d_0) \neq 1$. Dabei muß selbstverständlich $d_0 \equiv 1(2)$ gelten, da $d_0 \equiv 0(2)$ mit $(d_0,k) = 1$ unverträglich wäre. Gilt $d_0 = 2n(\prod_{\gamma=1}^{l} p_{(\gamma)}^{e_\gamma}) + 1$ [2] $\equiv 1(2)$ und ist hier $n \equiv 1(2)$,

Übg.(11.) also $d_0 \equiv 2(\pm 1) + 1 \equiv -1(4)$, so resultiert aus (7) (Übung !) wieder ein Nichthauptcharakter mod k mit der geforderten Eigenschaft. Lediglich der Fall $d_0 = 4n'(\prod_{\gamma=1}^{l} p_{(\gamma)}^{e_\gamma}) + 1$ [2] $\equiv 1(4)$ bereitet uns noch einige Mühe.

H.S.1. Zunächst beweisen wir einen Hilfssatz 1: Für $m \geqslant 3$, $m \in \mathfrak{Z}$ gilt $5^{(2^{m-3})} = 1 + u \cdot 2^{m-1}$ ($u \in \mathfrak{N}$, $u \equiv 1(2)$). Hier ist (1.I.S.) $5^{(2^{3-3})} = 5 = 1 + 1 \cdot 2^{3-1}$ ($m = 3$) und $5^{(2^{4-3})} = 25 = 1 + 3 \cdot 2^{4-1}$ ($m = 4$). Als I.A. dient uns $5^{(2^{k-3})} = 1 + u_k 2^{k-1}$ ($u_k \equiv 1(2)$, $u_k \in \mathfrak{N}$). $5^{(2^{k+1-3})} = (5^{(2^{k-3})})^2 \overset{\text{I.A.}}{=} (1 + u_k \cdot 2^{k-1})^2 = 1 + u_k 2^k + u_k^2 \cdot 2^{2k-2} = 1 + 2^{k+1-1}(u_k + u_k^2 \cdot 2^{k-2}) = 1 + u_{k+1} 2^{k+1-1}$ ($u_{k+1} \equiv 1(2)$, $u_{k+1} \in \mathfrak{N}$). q.e.d.

Nach (I_{21}) gilt mit $\varphi(2^b) = 2^{b-1}$ [3] die Beziehung $5^{\varphi(2^b)} = 5^{(2^{b-1})} \equiv 1(2^b)$ und für den Exponenten t von 5 mod 2^b - also $5^t \equiv 1(2^b)$ - erhalten wir nach dem gleichen Satz $t/2^{b-1}$. Nach H.S.1 ist $t \leqslant 2^{b-2}$. Wäre hier $t = 2^c$ mit $c < b-2$ resp. $c+2 < b$, so folgte nach H.S.1: $5^t = 5^{(2^c)} = 1 + \bar{u} \cdot 2^{c+2} \overset{\text{(n.V.)}}{\equiv} 1(2^b)$ oder es wäre - da $\bar{u} \equiv 1(2)$ - 2^b ein Teiler von 2^{c+2} resp. $b \leqslant c+2$. Damit ist $t = 2^{b-2}$. Nach (I_{21}) sind daher weiter die Potenzen $5^1, 5^2, 5^3, \ldots$ $\ldots, 5^{(2^{b-2})} \equiv 1(2^b)$ alle paarweise inkongruent mod 2^b und sie sind-

---

[1] Falls $l = 0$ im Falle II γ), also $k = 2^b$ $(b \geqslant 3)$, so ist zwischen $d_0 \equiv -1(4)$ und $d_0 \equiv 1(4)$ zu unterscheiden.

[2] Falls $l = 0$ steht statt des Produktes $\prod$ der Faktor 1.

[3] $b \geqslant 3$ n.V.

wegen $5 \equiv 1(4)$ – alle kongruent 1 mod 4. Werden diese Potenzen multiplikativ verbunden, so bilden sie eine abelsche Gruppe (nach Abschnitt 1.1.), da die Multiplikation in $\hat{k}_1$ assoziativ und kommutativ erklärt ist und $5^a \cdot 5^b = 5^{a+b}$ ($a \in \mathfrak{N}$, $b \in \mathfrak{N}$), wobei (a+b) nach mod 2^{b-2} reduziert werden kann ($5^{(2^{b-2})} \equiv 1 \equiv 5^0(2^b)$); schließlich ist $5^x \cdot 5^{(2^{b-2})-x}$ ($x = 1, \ldots, 2^{b-2}-1$) $= 5^{(2^{b-2})} \equiv 1 \equiv 5^0(2^b)$ [1].

Alle ungeraden natürlichen Zahlen zwischen Null und 2^b bilden p.d. die Elemente von $\{\bar{v}\}_{2^b}$, von diesen insgesamt 2^{b-1} Zahlen sind 2^{b-2} kongruent 1 mod 4 und 2^{b-2} kongruent (-1) mod 4. Jene sind (s.o.) den Potenzen 5^t ($0 \leqslant t < 2^{b-2}$, $t \in \mathfrak{Z}$) eineindeutig kongruent mod 2^b. Nunmehr betrachten wir die Restklassen mod 2^b, die mod 2^b den Potenzen (-5^t) ($0 \leqslant t < 2^{b-2}$, $t \in \mathfrak{Z}$) kongruent sind. Sie sind paarweise inkongruent mod 2^b, denn es gilt $(-5^t \equiv -5^{t'}(2^b)) \Leftrightarrow (5^t \equiv 5^{t'}(2^b))$, woraus $-5^t \equiv -5^{t'}(2^b)$ sich nur für $t = t'$ ergibt. Damit entstehen mod 2^b wieder 2^{b-2} paarweise inkongruente Restklassen. Wäre von diesen eine mod 2^b kongruent zu einer der zunächst betrachteten Restklassen, so erhielten wir $(-5^t \equiv 5^{t'}(2^b)) \Leftrightarrow (5^t + 5^{t'} \equiv 0(2^b))$. O.B.d.A. [2] folgt dann weiter $5^t(1 + 5^{t'-t}) \equiv 0(2^b)$. Wegen $2^b \nmid 5^t$ muß dann aber $1 + 5^{t'-t} = L \cdot 2^b$ ($L \in \mathfrak{N}$) gelten . In dieser Gleichung steht rechts ein Vielfaches von vier, während die linke Seite kongruent 2 mod 4 ist. Es lassen sich somit sämtliche Elemente aus $\{\bar{v}\}_{2^b}$ eineindeutig den Potenzen $\pm 5^t$ ($0 \leqslant t < 2^{b-2}$, $t \in \mathfrak{Z}$) zuordnen , denen sie mod 2^b kongruent sind. Es gilt m.a.W. der Hilfssatz 2: Für alle ungeraden natürlichen Zahlen a ($1 \leqslant a < 2^b$) gibt es genau ein t aus $\mathfrak{Z}$ mit $0 \leqslant t < 2^{b-2}$ derart, daß

$$a \equiv 5^t \cdot (-1)^{\frac{a-1}{2}} (2^b) \text{ [3]}.$$

Beispiel: $b = 4$, $2^b = 16$; $5^0 \equiv 1(16)$, $5^1 \equiv 5(16)$, $5^2 \equiv 9(16)$, $5^3 \equiv 13(16)$, $-5^0 = -1 \equiv 15(16)$, $-5 \equiv 11(16)$, $-5^2 \equiv -9 \equiv 7(16)$, $-5^3 \equiv -13 \equiv 3(16)$. Im Falle II$\gamma$) war die Konstellation: $d_0 \equiv 1(p_{(\nu)}^{e_\nu})$ ($\nu = 1, \ldots, 1$) $d_0 \not\equiv 1(2^b)$ übrig geblieben [4], wobei zusätzlich $d_0 \equiv 1(4)$ galt und $d_0 = 4 \cdot n' (\prod_{\nu=1}^{1} p_{(\nu)}^{e_\nu}) + 1$

H.S.2 (marginal label, at "satz 2")

---

[1] Diese Potenzen bilden nach dieser Vorschrift sogar eine zyklische Gruppe.

[2] eventuell nach Multiplikation mit (-1)

[3] Ist $a \equiv -1(4)$, so wird $\frac{a-1}{2} \equiv 1(2)$; für $a \equiv 1(4)$ wird $\frac{a-1}{2} \equiv 0(2)$.

[4] Falls $1 = 0$, so reduziert sich diese Angabe auf $d_0 \not\equiv 1(2^b)$.

26 Schubart

gesetzt werden konnte [1]. Über den Hilfssatz 2 gelingt es uns nun auch für diesen Fall einen Nichthauptcharakter mod k mit $0 \neq \chi(d_0) \neq 1$ zu konstruieren. Wir wählen mit $s = 2^{b-2}$ eine $\varepsilon_\pi(s)$ (nach Abschnitt 2.3.), sie heiße ϱ ($\varrho = \cos\left(\frac{2\pi}{s}\right) + i \sin\left(\frac{2\pi}{s}\right)$ oder $\varphi = \cos\left(\frac{2\pi\nu}{s}\right) + i \sin\left(\frac{2\pi\nu}{s}\right)$ mit $(\nu,s) = 1$) und bilden eine zahlentheoretische Funktion $\chi(n)$ gemäß der Vorschrift (8): $\chi(n) = 0$ für $(n,k) \neq 1$ (also z.B. $\chi(n) = 0$ für $n \equiv 0(2)$), $\chi(2k'+1) = \varrho^t$ für $(2k'+1,k) = 1$ und $2k'+1 \equiv (-1)^{k'} \cdot 5^t (2^b)$ ($k' = 0, 1, 2, \ldots$).

(8)

Nach (8) wird zunächst $\chi(1) = \chi(2^b-1) = 1$, da $\pm 1 \equiv \pm 5^0 (2^b)$. Wegen $d_0 \equiv 1(4)$ ist sicher $d_0 \neq 2^b-1 \equiv -1(4)$; vielmehr gibt $d_0 \equiv 2k_0' + 1(2^b)$ ($k_0' \neq 0$) oder $\chi(d_0) = \varrho^c$ ($1 \leqslant c < 2^b$), also $\chi(d_0) \neq 1$. Die nach (8) definierte Funktion besitzt demnach die Eigenschaften (1) und (2), außerdem gilt $0 \neq \chi(d_0) \neq 1$. Gilt nun $a \equiv a'(k)$ ($a \in \mathfrak{N}$, $a' \in \mathfrak{N}$), so a fortiori $a \equiv a'(2^b)$; wegen $a \equiv 5^t(-1)^{\frac{a-1}{2}}(2^b)$, $a' \equiv 5^t(-1)^{\frac{a'-1}{2}}(2^b)$ und $a \equiv a'(4)$ ist p.d. $\chi(a) = \varrho^t = \chi(a')$ und auch (4) erfüllt. Wir müssen noch nachweisen, daß die durch (8) definierte Funktion auch multiplikativ ist. Sind n_1 und n_2 natürliche Zahlen, von denen mindestens eine zu k nicht relativ prim ist, also o.B.d.A. $(n_1,k) > 1$, so gilt auch $(n_1 \cdot n_2, k) > 1$ und daher ist $\chi(n_1) \cdot \chi(n_2) = 0 \cdot \chi(n_2) = 0 = \chi(n_1 \cdot n_2)$. Gilt dagegen $(n_1,k) = (n_2,k) = 1$, so ist nach (I_9) auch $(n_1 \cdot n_2, k) = 1$. P.d. gilt dann aber

$$\chi(n_1) = \varrho^{c_1} \quad (n_1 \equiv (-1)^{\frac{n_1-1}{2}} 5^{c_1}(2^b)), \quad \chi(n_2) = \varrho^{c_2} \quad (n_2 \equiv (-1)^{\frac{n_2-1}{2}} 5^{c_2}(2^b))$$

und $\chi(n_1) \cdot \chi(n_2) = \varrho^{c_1+c_2}$, wobei (c_1+c_2) eventuell mod s ($2^{b-2} = s$) reduziert werden kann. Weiter ist

$$n_1 \cdot n_2 \equiv 5^{c_1+c_2} (-1)^{\frac{n_1-1}{2} + \frac{n_2-1}{2}} (2^b).$$

Wegen $(n_1 \equiv n_2 \equiv 1(2)) \Leftrightarrow (n_1-1) \cdot (n_2-1) \equiv 0(4)) \Leftrightarrow (n_1 \cdot n_2 - n_1 - n_2 + 1) \equiv 0(4)) \Leftrightarrow ((n_1 \cdot n_2 - 1) \equiv (n_1 + n_2 - 2)(4)) \overset{n_1 \equiv n_2 \equiv 1(2)}{\Rightarrow} \left(\frac{n_1 \cdot n_2 - 1}{2} \equiv \frac{n_1 + n_2 - 2}{2}(2)\right) \Leftrightarrow \left(\frac{n_1 \cdot n_2 - 1}{2} \equiv \frac{n_1 - 1}{2} + \frac{n_2 - 1}{2}(2)\right) \Leftrightarrow \left((-1)^{\frac{n_1 \cdot n_2 - 1}{2}} = (-1)^{\frac{n_1-1}{2}} \cdot (-1)^{\frac{n_2-1}{2}}\right)$ ist aber $n_1 \cdot n_2 \equiv 5^{c_1+c_2} (-1)^{\frac{n_1-1}{2} + \frac{n_2-1}{2}} (2^b)$

---

[1] Für $l = 0$ reduziert sich $\prod$ auf den Faktor 1.

mit $n_1 \cdot n_1 \equiv 5^{c_1+c_2} (-1)^{\frac{n_1 \cdot n_2 - 1}{2}}$ (2^b) gleichbedeutend und p.d. gilt

$\chi(n_1 \cdot n_2) = \varrho^{c_1+c_2} = \chi(n_1) \cdot \chi(n_2)$. Es genügen die durch (8) definierten Funktionen allen Anforderungen, die wir von einer Charakterfunktion

(V_{10}) mod k verlangen, und es gilt der Satz (V_{10}): Für jeden Modul k $(k > 2)$ und ein beliebig wählbares d_0 mit $(d_0,k) = 1$, $d_0 \not\equiv 1(k)$ gibt es mindestens einen Nichthauptcharakter $\chi_0(n)$ mit $0 \neq \chi_0(d_0) \neq 1$.

Nach (V_{10}) gibt es zu jedem Modul k $(k > 2)$ mindestens zwei Charaktere mod k, da $\chi_1(n)$ sofort definierbar ist und eine weitere Charakterfunktion, vom Hauptcharakter verschieden, eben für alle möglichen Fälle von k konstruiert.

Für den nächsten Abschnitt ist auch die Existenz solcher Nichthauptcharaktere bedeutsam, die nur reelle Funktionswerte besitzen, sie

D werden "reelle Nichthauptcharaktere" genannt. Ihre Funktionswerte

(V_{11}) sind nach $(V_9^{(2)})$ auf ± 1 beschränkt. Hier gilt der Satz (V_{11}): "Für jeden Modul k $(k > 2)$ existiert ein reeller Nichthauptcharakter", dessen Beweis wieder verschiedener Fallunterscheidungen bedarf.

(9) Bew.: Ist $k \equiv 0(4)$, so setzen wir (9): $\chi(n) = 0$ für $(n,k) \neq 1$ (z.B. $\chi(n) = 0$ für $n \equiv 0(2)$), $\chi(2n'+1) = 1$ für $(2n' + 1,k) = 1$ und $2n'+1 \equiv 1(4)$, $\chi(2n'+1) = -1$ für $(2n'+1,k) = 1$ und $2n'+1 \equiv -1(4)$. Es genügt damit die durch (9) definierte Funktion den Bedingungen (1) und (2).

Wegen $(a \equiv a'(k)) \Rightarrow (a \equiv a'(4))$ (n.V. ist $k \equiv 0(4)$) ist auch (4) erfüllt, und wir müssen nur noch die Multiplikativität der durch (9) definierten Funktion nachweisen. Mit $(n_1,k) \neq 1$ ist auch $(n_1 \cdot n_2,k) \neq 1$ und daher $\chi(n_1) \cdot \chi(n_2) = 0 \cdot \chi(n_2) = 0 = \chi(n_1 \cdot n_2)$.

Wegen $((n_1,k) = (n_2,k) = 1) \overset{(I_9)}{\Leftrightarrow} ((n_1 \cdot n_2,k) = 1)$ ist jedenfalls mit $\chi(n_1) \cdot \chi(n_2) \neq 0$ auch $\chi(n_1 \cdot n_2) \neq 0$ und aus diesen Ungleichungen folgt $n_1 \equiv n_2 \equiv 1(2)$. Ist zusätzlich $n_1 \equiv n_2(4)$, also $n_1 \equiv \pm 1(4)$, $n_2 \equiv \pm 1(4)$ [1], so erhalten wir $n_1 \cdot n_2 \equiv 1(4)$ oder $\chi(n_1) \cdot \chi(n_2) = 1 = \chi(n_1 \cdot n_2)$. Ist dagegen $n_1 \not\equiv n_2(4)$, so gilt $n_1 \equiv \pm 1(4)$, $n_2 \equiv \mp 1(4)$ [1] oder $n_1 \equiv \mp 1(4)$, $n_2 \equiv \pm 1(4)$, woraus $n_1 \cdot n_2 \equiv -1(4)$ folgt. Wieder erhalten wir $\chi(n_1) \cdot \chi(n_2) = \chi(n_1 \cdot n_2)$. Damit ist (V_{11}) für $k \equiv 0(4)$ bewiesen. Falls $k \not\equiv 0(4)$ läßt sich k in der Form $2^\beta \prod_{\nu=1}^{l} p_{(\nu)}^{e_\nu}$ $(\beta = 0$ oder $\beta = 1$, $p_{(\nu)}$ PZ^{en},

---

[1] Vorzeichen auf gleicher Höhe gelten gleichzeitig.

$p_{(\nu)} > 2$, $e_\nu \geqslant 1$, $1 \geqslant 1$) schreiben. Hier definieren wir eine zahlen-

(10)   theoretische Funktion vermöge (10): $\chi(n) = 0$ für $(n,k) \neq 1$;

$\chi(n) = (-1)^t$ für $(n,k) = 1 = (n,p_{(1)}^{e_1})$ und $n \equiv r^t(p_{(1)}^{e_1})$, wobei

r eine PW $(p_{(1)}^{e_1})$ ist (nach (II_{17})).

Nach (10) ist mit $(n,k) = 1$ stets $\chi(n) = \pm 1$, je nachdem $t \equiv 0(2)$
oder $t \equiv 1(2)$. (1) und (2) sind erfüllt [1]. Wegen $(n_1 \equiv n_2(k)) \Rightarrow$

$(n_1 \equiv n_2 (p_{(1)}^{e_1}))$ ergibt sich mit $(n_1,k) = (n_2,k) = (r_1,k)$ [2]
falls $n_1 \equiv n_2(k)$ und $(r_1,k) \neq 1$ aus (10) $\chi(n_1) = \chi(n_2) = 0$,
während für $(r_1,k) = 1$ dann $\chi(n_1) = \chi(n_2) \neq 0$ resultiert. Damit
gilt (4). (3) ist mit $(n_1,k) \neq 1$ oder $(n_2,k) \neq 1$ sicher richtig,
da dann a fortiori auch $(n_1 \cdot n_2,k) \neq 1$ und daher $\chi(n_1) = 0$,
$\chi(n_1 \cdot n_2) = 0$. Sind die natürlichen Zahlen n_1 und n_2 zu k relativ prim

(und damit auch zu $p_{(1)}^{e_1}$), so folgt mit $n_1 \equiv r^{t_1}(p_{(1)}^{e_1})$,

$n_2 \equiv r^{t_2}(p_{(1)}^{e_1})$ zunächst aus (10) $\chi(n_1) = (-1)^{t_1}$, $\chi(n_2) = (-1)^{t_2}$,

also $\chi(n_1) \cdot \chi(n_2) = (-1)^{t_1+t_2}$, $n_1 \cdot n_2 \equiv r^{t_1+t_2}(p_{(1)}^{e_1})$. In der letzten

Kongruenz ist der Exponent eventuell mod s $(= p_{(1)}^{e_1} (p_{(1)}-1) \equiv 0(2))$

reduziert; daraus entsteht $n_1 \cdot n_2 \equiv r^{t_3}(p_{(1)}^{e_1})$ mit $t_3 \equiv t_1 + t_2(2)$.

Es ist daher nach (10) $\chi(n_1 \cdot n_2) = (-1)^{t_3}$, denn nach (I_9) gilt
$(n_1 \cdot n_2,k) = 1$, und daher $\chi(n_1) \cdot \chi(n_2) = \chi(n_1 \cdot n_2)$. q.e.d.

Bevor wir uns dem elementaren Beweis von Shapiro für den 2. Hauptsatz
der analytischen Zahlentheorie [3] zuwenden können, müssen wir noch
verschiedene Eigenschaften der Charaktere mod k studieren. Zunächst
betrachten wir die in $(V_9^{(3)})$ definierte Anzahl A der möglichen
Charaktere mod k. Über $(V_9^{(3)})$ und (V_{11}) folgt dann sofort (Übung !)

Übg.(12.) $A = 2$ für $k = 3$ bzw. $k = 4$ bzw. $k = 6$. Für den Hauptcharakter

(11) $\chi_1(n)$ gilt p.d. (11) $\sum_{l=1}^{k} \chi_1(l) = \varphi(k) < k$. Wegen

---

1) p.d.
2) Wegen (I_7'') mit $n_\nu = q_\nu \cdot k + r_1$ $(\nu = 1, 2)$.
3) Dieser Satz wurde erstmals von Dirichlet unter Verwendung sehr tief
   liegender Sätze der Theorie komplexer Funktionen bewiesen.

(12)
$$|\chi(1)| = \begin{cases} 1 & (1,k) = 1 \\ 0 & (1,k) \neq 1 \end{cases} \quad \text{gilt weiter (12)} \quad \left|\sum_{l=1}^{k} \chi(1)\right| \leqslant \sum_{l=1}^{k} |\chi(1)| = {}^{1)}$$

$\varphi(k) < k$. Die Ungleichung (12) ist für jede beliebige Charakterfunktion mod k richtig. Nehmen wir in (12) $\chi \neq \chi_1$ an, so gibt es nach (V_{10}) ein c mit $c \not\equiv 1(k)$, $0 \neq \chi(c) \neq 1$, $(c,k) = 1$. Nach (2) und (3) in Abschnitt 1.3. durchläuft $(c \cdot 1)$ $(1 = 1, \ldots, k)$ genau die Restklassen mod k und ebenso $(c\ \bar{v}_1)$ $(1 = 1, \ldots, \varphi(k))$ die Elemente von $\{\bar{v}\}_k$. Es resultiert daher aus diesen Tatbeständen $\sum_{l=1}^{k} \chi(1) \stackrel{\text{s.e.}}{=}$

$$\sum_{l=1}^{k} \chi(c \cdot 1) \stackrel{(3)}{=} \chi(c) \sum_{l=1}^{k} \chi(1), \text{ woraus aber - mit } 1 \neq \chi(c) \neq 0 -$$

$(V_{12}{}^{(1)})$ der Satz $(V_{12}{}^{(1)})$: $\sum_{l=1}^{k} \chi(1) = 0$ folgt ${}^{2)}$. Ist $\chi = \chi_1$, so gilt (11); diese Gleichung subsumieren wir noch $(V_{12}{}^{(1)})$. Die insgesamt A verschiedenen Charaktere mod k bezeichnen wir mit $\chi_1, \chi_2, \ldots, \chi_A$ ${}^{3)}$.

$(V_{12}{}^{(2)})$ Mit $a \equiv 1(k)$ folgt aus (4) und $(V_9{}^{(1)})$ die Aussage $(V_{12}{}^{(2)})$:

$$\sum_{l=1}^{A} \chi_1(a) = A \quad (\text{für } a \equiv 1(k)). \text{ Als nächsten Satz beweisen wir}$$

$(V_{12}{}^{(3)})$
D
$(V_{12}{}^{(3)})$: Sind $\chi(n)$ und $\chi^*(n)$ zwei Charaktere mod k, so ist auch $\tilde{\chi}(n) = \chi(n) \cdot \chi^*(n)$ eine Charakterfunktion mod k. Dabei darf $\chi = \chi^*$ oder auch $\chi \neq \chi^*$ gelten. Bew.: Es gilt (1), da für $(a,k) \neq 1$ p.d. $\tilde{\chi}(a) = \chi(a) \cdot \chi^*(a) = 0 \cdot 0 = 0$; ebenso ist p.d. (2) erfüllt. Weiter ergibt sich $\tilde{\chi}(n_1 \cdot n_2) \stackrel{\text{p.d.}}{=} \chi(n_1 \cdot n_2) \cdot \chi^*(n_1 \cdot n_2) \stackrel{(3)}{=}$
$\chi(n_1) \cdot \chi(n_2) \cdot \chi^*(n_1) \cdot \chi^*(n_2) = \chi(n_1) \cdot \chi^*(n_1) \cdot \chi(n_2) \cdot \chi^*(n_2) = \tilde{\chi}(n_1) \cdot \tilde{\chi}(n_2)$
m.a.W. also (3). Setzen wir $a \equiv a'(k)$, so ist p.d. $\chi(a) = \chi(a')$, $\chi^*(a) = \chi^*(a')$ oder $\tilde{\chi}(a) = \tilde{\chi}(a')$; $\tilde{\chi}$ genügt demnach auch (4). q.e.d.

(13)
Nach (1) ist $\chi_1(a) = 0$ für $(a,k) > 1$ und $1 = 1, \ldots, A$ oder (13)

$$0 = \sum_{l=1}^{k} \chi_1(a) \quad (\text{für } (a,k) \neq 1). \text{ Nunmehr sei } (a,k) = 1 \text{ und } a \not\equiv 1(k).$$

Aus (V_{10}) resultiert mindestens ein $\chi_0(n)$ mit $0 \neq \chi_0(a) \neq 1$. Für

dieses a betrachten wir die Summe $S_1 = \sum_{l=1}^{A} \chi_1(a)$ und

---

1) $\sum_{\substack{l=1 \\ (1,k)=1}}^{k} 1$

2) $(V_{12}{}^{(1)})$ gilt für jeden Nichthauptcharakter mod k.

3) χ_1 ist Hauptcharakter, $\chi_2, \ldots, \chi_A$ sind die Nichthauptcharaktere
 mod k.

(14) $S_2 = \sum\limits_{1=1}^{A} \chi_0(a) \cdot \chi_1(a)$. Wenn wir zeigen können, daß (14): $S_1 = S_2$ gilt,

$(V_{12}^{(4)})$ so folgt mit (13) der Satz $(V_{12}^{(4)})$: $\sum\limits_{1=1}^{A} \chi_1(a) = 0$ für alle

$a \neq 1(k)$. Bew.: Zunächst ist $S_2 = \chi_0(a) \cdot \sum\limits_{1=1}^{A} \chi_1(a) = \chi_0(a) \cdot S_1$,

gilt also (14), so ist $S_1 = \chi_0(a) \cdot S_1$ oder $S_1 = 0$; mit (13) ergibt

dies aber $(V_{12}^{(4)})$. Nach $(V_9^{(2)})$ sind sämtliche Summanden von S_1 und

S_2 ungleich Null, ferner entnehmen wir $(V_{12}^{(3)})$, daß in S_2

$\chi_0(a) \cdot \chi_1(a) = \chi_m(a)$. In S_1 und S_2 ist die Anzahl der Summanden gleich

A und in S_2 treten (s.e.) nur solche Summanden auf, die auch in S_1

vorkommen. Gilt in S_2 $\chi_0(a) \cdot \chi_{1_1}(a) = \chi_0(a) \cdot \chi_{1_2}(a)$ $(1_1 \neq 1_2)$,

so muß - wegen $\chi_0(a) \neq 0$ - auch $\chi_{1_1}(a) = \chi_{1_2}(a)$ sein. Es treten

also in S_2 nur dann gleiche Summanden auf, wenn dies auch in S_1 der

Fall ist; treten in S_1 gleiche Summanden auf, so p.d. auch in S_2. Für

einen beliebigen Charakter $\chi(n)$ mod k ist weiter, falls $\chi(n) \neq 0$,

$\chi(n) = \alpha + i\beta$ $(\alpha \in \bar{R}_r,\ \beta \in \bar{R}_r)$ mit - nach $(V_9^{(2)})$ - $\alpha^2 + \beta^2 = 1$ [1]

und daher $\alpha - i\beta =$ [2] $\overline{\chi(n)} = \dfrac{\alpha - i\beta}{\alpha^2 + \beta^2}$ [3] $= \dfrac{1}{\chi(n)}$. Gilt $\chi(n) = 0$, so ist

p.d. auch $\overline{\chi(n)} = 0$; ferner gilt $\overline{\chi(n)} = \chi(n)$, dund wenn $\chi(n) = \pm 1 =$

$\dfrac{1}{\chi(n)}$ (z.B. für $\chi(1) = 1$). Aus $\chi(n_1) = \chi(n_2)$ für $n_1 \equiv n_2(k)$ folgt

auch $\overline{\chi(n_1)} = \overline{\chi(n_2)}$ und die Eigenschaft (3) resultiert für $\overline{\chi(n)}$ aus

$\overline{\chi(n_1 \cdot n_2)} = \overline{\chi(n_1) \cdot \chi(n_2)} \overset{\text{Abs.1.1.}}{=} \overline{\chi(n_1)} \cdot \overline{\chi(n_2)}$. Damit erhalten wir einen

$(V_{12}^{(5)})$ weiteren Satz: $(V_{12}^{(5)})$ Mit $\chi(n)$ ist auch $\dfrac{1}{\chi(n)} = \overline{\chi(n)}$ ein Cha-

rakter mod k für $\chi(n) \neq 0$, sonst $0 = \chi(n) = \overline{\chi(n)}$. Gäbe es nun in S_1

einen Summanden, der nicht in S_2 stünde, d.h. m.a.W. ein $\chi_{n_0}(a)$,

für welches $\chi_{n_0}(a) \neq \chi_0(a) \cdot \chi_\nu(a)$ $(\nu = 1, 2, \ldots, A)$, so wäre nach

$(V_{12}^{(5)})$ auch $\dfrac{1}{\chi_0(a)} \cdot \chi_{n_0}(a) = \chi_n(a) \neq \chi_\nu(a)$ $(\nu = 1, \ldots, A)$. Da dies

widersinnig ist, stehen alle Summanden von S_1 auch in S_2, da gleiche

Summanden in gleicher Anzahl auftreten (s.o.) ist (14) und damit auch

$(V_{12}^{(4)})$ bewiesen.

---

[1] $|\chi(n)| = 1$

[2] nach Abschnitt 1.1.

[3] $\dfrac{\alpha - i\beta}{\alpha^2 + \beta^2} = \dfrac{\alpha - i\beta}{(\alpha + i\beta)(\alpha - i\beta)}$

(15) D   Aus $(V_{12}^{(1)})$ resultiert für $\chi \neq \chi_1$ weiter die Aussage (15): $S(x) = \sum_{n \leq x} \chi(n)$ ist beschränkt, denn für $1 \cdot k \leq x < (1+1) \cdot k$ erhalten wir

$$S(x) = \sum_{n=1}^{1 \cdot k} \chi(n) + \sum_{1k < n \leq x} \chi(n) = \sum_{\mu=1}^{1} \left(\sum_{\nu=1}^{k} \chi(\nu) \right) + \sum_{1k < n \leq x} \chi(n) \qquad (V_{12}^{(1)} =$$

$$0 + \sum_{1k < n \leq x} \chi(n), \text{ wobei } \left| \sum_{1k < n \leq x} \chi(n) \right| \leq \sum_{\nu=1}^{k} \left| \chi(\nu) \right| = \varphi(k) < k. \quad \text{q.e.d.}$$

Besteht schließlich für alle a mit $(a,k) = 1$ zusätzlich für einen Charakter $\chi(n)$ mod k die Beziehung $\chi(a) = \dfrac{1}{\chi(a)} = \overline{\chi(a)}$, so ist $\chi^2(a) = 1$ oder m.a.W. $\chi(n)$ ein reeller Charakter mod k. Für komplexwertige Charakterfunktionen $\chi(n)$ kann daher nicht für alle a mit $(a,k) = 1$ gleichzeitig $\chi(a) = \dfrac{1}{\chi(a)} = \overline{\chi(a)}$ gelten. Damit treten – wie wir gleich zeigen werden – komplexwertige Charaktere mod k in gerader Anzahl auf. Das ist die Aussage (16), die zusammen mit (15)

(16)

$(V_{12}^{(6)})$ den Satz $(V_{12}^{(6)})$ bildet. Bew.: Ist $\tilde{\chi}(n)$ ein komplexwertiger Charakter mod k, so auch $\overline{\tilde{\chi}(n)} \neq \tilde{\chi}(n)$ [1]; es gibt also mindestens zwei solche Charakterfunktionen mod k. Für eventuell weitere wird das Verfahren iteriert, d.h. ist $\tilde{\chi}_1(n) \neq \tilde{\chi}(n)$ [2], $\tilde{\chi}_1(n) \neq \overline{\tilde{\chi}(n)}$, so ist auch $\overline{\tilde{\chi}_1(n)} \neq \tilde{\chi}(n)$ (da sonst $\tilde{\chi}_1(n) = \overline{\tilde{\chi}(n)}$) und $\overline{\tilde{\chi}_1(n)} \neq \overline{\tilde{\chi}(n)}$ (da sonst $\tilde{\chi}_1(n) = \tilde{\chi}(n)$). Da es höchstens A $\left(\leq (\varphi(k))^{\varphi(k)-1} \right)$ verschiedene Charaktere gibt, kann das Verfahren nach endlich vielen Schritten abgeschlossen werden. q.e.d.

(17)   Jetzt können wir Reihen der Form (17) $\sum_{n \leq x} \chi(n) \cdot f(n)$ für $\chi(n) \neq \chi_1(n)$ auf ihre Konvergenz untersuchen. Nach (IV_{10}) erhalten wir

$$\sum_{n \leq x} \chi(n) \cdot f(n) = \left(\sum_{n \leq x} S(n)(f(n)-f(n+1)) \right) + S(x) \cdot f([x]+1). \text{ Aus } (V_{12}^{(6)})$$

(18)   folgt dann über (IV'_{10}) die Aussage (18) $\sum_{n \leq x} \chi(n) \cdot f(n)$ konvergiert für $\chi \neq \chi_1$ sicher, wenn $\lim_{x \to \infty} f(x) = 0$ und $\sum_{n=1}^{\infty} \left| f(n) - f(n+1) \right|$ konvergiert. Gilt hier noch zusätzlich für $n > N_1$ $(N_1 \in \mathfrak{N})$, daß $f(x)$ reellwertig und $f(n) > f(n+1)$, so ist $\sum_{n=1}^{K} \left| f(n) - f(n+1) \right| =$

$$C_1 \text{ [3]} + \sum_{N_1 \leq n \leq K} \left| f(n) - f(n+1) \right| = C_1 + f(N_1) - f(K+1), \text{ woraus}$$

---

[1] Für mindestens ein n mit $(n,k) = 1$
[2] $\tilde{\chi}_1(n)$ ein komplexwertiger (nicht reeller) Nichthauptcharakter mod k.
[3] $C_1 \in \mathfrak{K}_r$, C_1 endlich

$$\lim_{K\to\infty} \left(\sum_{n=1}^{K} f(n) - f(n+1)\right) = C_1 + f(N_1) \quad [1]$$

folgt. Es konvergiert damit (17) sicher dann, wenn $f(x)$ für $x > N_1$ reellwertig ist und monoton

(19) gegen Null fällt. Dies ist die Aussage (19). Unter den erwähnten Voraussetzungen für $f(x)$ und $\chi(n)$ studieren wir die konvergente Reihe

$\sum_{n=1}^{\infty} \chi(n)\cdot f(n)$ etwas genauer. P.d. gilt hier $\sum_{n=1}^{\infty} \chi(n)\cdot f(n) =$

$$\sum_{n\leqslant x} \chi(n)\cdot f(n) + \sum_{x<n} \chi(n)\cdot f(n) = \sum_{n\leqslant x=N} \chi(n)\cdot f(n) + \sum_{x=N+1}^{\infty} \chi(n)\cdot f(n),$$

wobei x so gewählt sein soll, daß $N > N_1$ [2]. Außerdem erhalten wir

(20)
$$\sum_{n=N+1}^{\infty} \chi(n)\cdot f(n) = \lim_{K\to\infty} \left(\sum_{n=N+1}^{K} (S(n+1)-S(n))\cdot f(n)\right). \text{ Mit (20)}$$

$$\sum_{n=N+1}^{K} (S(n+1)-S(n))\cdot f(n) = \sum_{n=N+1}^{K} S(n+1)\cdot f(n) - \sum_{n=N+1}^{K} S(n)\cdot f(n) \quad [3] =$$

$$\sum_{n'=N+2}^{K+1} S(n')\cdot f(n'-1) - \sum_{n'=N+1}^{K} S(n')\cdot f(n') = -S(N+1)\cdot f(N+1) + $$

$$S(K+1)\cdot f(K) + \sum_{n=N+2}^{K} S(n)\cdot(f(n-1)-f(n)) \text{ ist in (20) weiter}$$

$$\left|\sum_{n=N+2}^{K} S(n)\cdot(f(n-1)-f(n))\right| \leqslant \sum_{n=N+2}^{K} |S(n)\cdot(f(n-1)-f(n))| \quad \overset{(V_{12}{}^{(6)})}{\leqslant}$$

$$k\sum_{n=N+2}^{K} |f(n-1)-f(n)| \quad [4] = k(f(N+1)-f(K)). \text{ Da } f(x) \text{ für } x > N_1$$

monoton fällt und reellwertig ist, außerdem $\lim_{x\to\infty} f(x) = 0$ gelten soll,

so kann nicht $0 > f(N_1) \geqslant f(N_1+1) \ldots$ gelten, da sonst

$\lim_{x\to\infty} f(x) = 0$ unmöglich wäre. Unter unseren Voraussetzungen ist

demnach $f(x) \geqslant 0$ für $x > N_1$, und es gilt weiter $k\cdot(f(N+1)-f(K)) \leqslant$

$k\cdot f(N+1) \leqslant k\cdot f(N) = \mathcal{O}(f(N))$. Außerdem können die beiden anderen

Summanden in (20) vermöge $|-S(N+1)\cdot f(N+1)| < k\cdot f(N+1) \leqslant k\cdot f(N) =$

$\mathcal{O}(f(N))$ bzw. $|S(K+1)\cdot f(K)| \leqslant k\cdot f(K) \overset{5)}{\leqslant} k\cdot f(N) = \mathcal{O}(f(N))$ abgeschätzt

(21) werden und über (IV_{11}) erhalten wir (21) $\sum_{n=N+1}^{\infty} \chi(n)\cdot f(n) = \mathcal{O}(f(N)) =$

$$\sum_{n<x} \chi(n)\cdot f(n) = \mathcal{O}(f(x)) \quad [6].$$

---

[1] wegen $\lim_{x\to\infty} f(x) = 0$

[2] N_1 wurde eben definiert.

[3] Die Summationsindizes werden mehrfach umbenannt.

[4] nach den Voraussetzungen über $f(x)$

[5] zusätzlich ist $\lim_{K\to\infty} S(K+1)\cdot f(K) = 0$

[6] $[x] = N$

(V_{13}) Diese Ergebnisse subsumieren wir dem Satz (V_{13}): Ist für $x > N_1$ $f(x)$ reell und monoton fallend, gilt weiter $\lim\limits_{x \to \infty} f(x) = 0$ und

$$\chi(n) \neq \chi_1(n), \text{ so konvergiert } \sum_{n=1}^{\infty} \chi(n) \cdot f(n) \text{ und es ist für } N > N_1$$

$$\text{außerdem } \sum_{n=1}^{\infty} \chi(n) \cdot f(n) = \left(\sum_{n=1}^{N} \chi(n) \cdot f(n) \right) + \mathcal{O}(f(N)).$$

Nach $(V_{12}^{(1)})$ gelten die Gleichungen $\sum_{l=1}^{k} \chi_1(l) = \varphi(k)$,

$$0 = \sum_{l=1}^{k} \chi(l) \quad (\chi \neq \chi_1), \text{ aus } (V_{12}^{(2)}) \text{ bzw. } (V_{12}^{(4)}) \text{ resultieren}$$

$$\sum_{l=1}^{A} \chi_l(a) = A \quad (a \equiv 1(k)) \text{ bzw. } \sum_{l=1}^{A} \chi_l(a) = 0 \quad (a \not\equiv 1(k)). \text{ Daraus}$$

$$\text{folgern wir } \sum_{n=1}^{k} \left(\sum_{l=1}^{A} \chi_l(n) \right) = A \overset{(IV_5^{(1)})}{=} \sum_{l=1}^{A} \left(\sum_{l=1}^{k} \chi_l(n) \right) =$$

(V_{14}) $\varphi(k) + 0 + \ldots + 0 = \varphi(k)$. Das ist der Satz (V_{14}): Es gibt mod k genau $\varphi(k)$ Charaktere $(A = \varphi(k))$, davon sind $(\varphi(k)-1)$ Nichthauptcharaktere mod k; komplexwertige Charakterfunktionen mod k treten in gerader Anzahl auf.

Übg.(13.) Gibt es komplexwertige Charaktere mod 3 und mod 4 ?

Übg.(14.) Welche Beziehungen bestehen zwischen den Charakterfunktionen mod 5 (bzw. mod p, p eine PZ) und den in Verbindung mit (III_{23}) betrachteten Reihen? Welche Charaktere mod 5 existieren?

Nach (I_{20}) ist mit $(1,k) = 1$ die Kongruenz $x \cdot 1 \equiv 1(k)$ eindeutig lösbar, ihre Lösung heiße s_0 $(s_0 \cdot 1 \equiv 1(k))$. Damit gilt für sämtliche

$$\text{Charaktere mod k } \quad 1 \overset{(V_9^{(1)})}{=} \chi(1) = \chi(s_0 \cdot 1) \overset{(3)}{=} \chi(s_0) \cdot \chi(1) \text{ oder}$$

$$\chi(s_0) = \frac{1}{\chi(1)} \overset{(V_{12}^{(5)})}{=} \overline{\chi(1)}. \text{ Nach } (V_{14}) \text{ oder } (V_{12}^{(6)}) \text{ erhalten wir für}$$

(22) ein beliebig wählbares a die Beziehung (22) $\sum\limits_{n=1}^{A} \chi_n(a) \cdot \overline{\chi_n(1)} =$

$$\sum_{n=1}^{\varphi(k)} \chi_n(a) \cdot \overline{\chi_n(1)} = \sum_{n=1}^{\varphi(k)} \chi_n(a) \cdot \chi_n(s_0) = \sum_{n=1}^{\varphi(k)} \chi_n(a \cdot s_0).$$

Ist in (22) zusätzlich $a \cdot s_0 \equiv 1(k)$, so gilt $\sum\limits_{n=1}^{\varphi(k)} \chi_n(a) \cdot \chi_n(1) = \varphi(k)$

(nach $(V_{12}^{(2)})$ und (V_{14})), und falls $a \cdot s_0 \not\equiv 1(k)$ entsprechend

(nach $(V_{12}^{(4)})$ und (V_{14})) $\sum\limits_{n=1}^{\varphi(k)} \chi_n(a) \cdot \overline{\chi_n(1)} = 0$. Wegen

$(a \cdot s_0 \equiv 1(k)) \leftrightarrow (a \cdot s_0 \cdot 1 \equiv 1(k)) \leftrightarrow (a \equiv 1(k))$ [1] erhalten wir schließ-

(V_{15}) D   lich (V_{15}): Für $(1,k) = 1$ ist $\sum_{n=1}^{\varphi(k)} \chi_n(a) \cdot \chi_n(1) \overset{\text{Def.}}{=}$

$$\sum_\chi \chi(a) \cdot \chi(1) = \begin{cases} \varphi(k) & \text{mit } a \equiv 1(k) \\ 0 & \text{mit } a \not\equiv 1(k) \end{cases} .$$

Die Aussage (V_{15}) wird uns beim elementaren Beweis des Satzes von Dirichlet wertvolle Dienste leisten. Dabei werden wir nämlich Summen der Form $\sum_{m \equiv 1(k)} f(m)$ betrachten o.m.a.W. in $\sum_n f(n)$ nur diejenigen Summanden berücksichtigen, die der Folge $a_\nu^{(1,k)} = 1 + k\nu$ $(\nu = 1, 2, \ldots)$ mit $(1,k) = 1$ angehören. Hierfür konstruieren wir in Verbindung mit (V_{15}) eine Funktion $\psi(n)$ mit

$$\psi(n) = \begin{cases} c \neq 0 & \text{für } n \equiv 1(k) \\ 0 & \text{für } n \not\equiv 1(k) \end{cases} . \text{ Aus } \frac{1}{c} \sum_{n=1} \psi(n) \cdot f(n) \text{ wird dann}$$

$\sum_{m \equiv 1(k)} f(m)$ und unser Ziel ist erreicht. Speziell werden wir im näch-sten Abschnitt die Reihe $\sum_{\substack{p \equiv 1(k) \\ (1,k)=1}} \frac{\log p}{p}$ [2] studieren und deren Diver-genz erweisen. Damit gibt es von der angegebenen PZ-Sorte sicher unendlich viele und der Satz von Dirichlet ist bewiesen. Der Beweis wird unabhängig von den Betrachtungen der Abschnitte 1 und 2 dieses Kapitels geführt werden können.

5.4. Die L-Funktionen und der Satz von Dirichlet

D   Dirichlet definierte [3] die L-Funktionen für $s = \sigma + i\tau$ ($s \in \tilde{R}_k$, $\sigma \in \tilde{R}_r$, $\tau \in \tilde{R}_r$) und einen bestimmten Modul k vermöge

$$L(s,\chi) = \sum_{n=1}^{\infty} \frac{\chi(n)}{n^s} ,$$

wobei $\chi(n)$ eine fixierte Charakterfunktion mod k ist. Für $s = s_0$ (s fixiert) gibt es dann nach (V_{14}) genau $\varphi(k)$ solcher $L(s_0,\chi)$. Unser Vorhaben bedarf nur der L-Funktionen für $\chi \neq \chi_1$, außerdem können wir uns im wesentlichen auf die drei folgenden

D   L-Funktionen beschränken [4]: $L_0(\chi) = \sum_{n=1}^{\infty} \frac{\chi(n)}{n} ,$

---

[1] unter der Voraussetzung $(1,k) = 1$

[2] Summiert wird über alle p mit dieser Eigenschaft.

[3] mit Hilfe der nach ihm benannten Reihen $\sum_{n=1}^{\infty} e^{\lambda_n}$ $(\lambda_n \in \tilde{R}_k)$.

[4] Sie sind etwas abweichend bezeichnet bzw. definiert.

D

$$L_1(\chi) = \sum_{n=1}^{\infty} \chi(n) \cdot \frac{\log n}{n} \ , \ L_2(\chi) = \sum_{n=1}^{\infty} \frac{\chi(n)}{\sqrt{n}} \ . \ \text{Diese Reihen konvergieren}^{1)}$$

(V_{16}) und für $x > 3^{2)}$ gelten $^{1)}$ die Aussagen des Satzes (V_{16}):$^{3)}$

$$\sum_{n \leqslant x} \frac{\chi(n)}{n} = L_0(x) + \mathcal{O}(\tfrac{1}{x}); \quad \sum_{n \leqslant x} \frac{\chi(n) \cdot \log n}{n} = L_1(x) + \mathcal{O}(\tfrac{\log x}{x});$$

$$\sum_{n \leqslant x} \frac{\chi(n)}{\sqrt{n}} = L_2(\chi) + \mathcal{O}(\tfrac{1}{\sqrt{x}}).$$

Nachdem $\chi(n)$ in Abschnitt 5.3. multiplikativ definiert wurde, ist $\chi(n)$ a fortiori auch distributiv und daher ergibt sich die Distributivität

D   der Funktion $\displaystyle X(n) = \sum_{t/n} \chi(t)$ aus (IV_1). Mit $n = \prod_{\nu=1}^{m} p_{(\nu)}^{k_\nu}$ gilt

(1)   daher (1) $\displaystyle X(n) = \prod_{\nu=1}^{m} X(p_{(\nu)}^{k_\nu}) = \prod_{\nu=1}^{m} (\chi(1) + \chi(p_{(\nu)}) + \chi(p_{(\nu)}^2) + \ldots$

$\ldots + \chi(p_{(\nu)}^{k_\nu}))$. Wie durch (V_{11}) erwiesen, existiert für beliebiges k $(k > 2)$ mindestens ein reeller Nichthauptcharakter χ, den wir uns in

(2)   (1) eingesetzt denken wollen. So entsteht (2) $\displaystyle X(n) = \prod_{\nu=1}^{m} (1 + (\overset{+}{-}1) +$

$1 + (\overset{+}{-}1) + 1 + (\overset{+}{-}1) + \ldots)$, wobei jede Klammer ganzzahlig-rational und positiv oder gleich Null ist $^{4)}$. Falls z.B. $p_{(\nu)}/k$, so ist $\chi(p_{(\nu)}) = $

$\chi(p_{(\nu)}^2) = \ldots = 0$, und der Faktor des Produktes in (2) hat den Wert eins. Selbstverständlich ist nicht für alle natürlichen n ein Primfaktor $p_{(\nu)}$ auch Teiler von k (etwa für $n = k+1$) oder $n = k^2+1$ o.ä.), daher wird i.a. $\chi(p_{(\nu)}) = \overset{+}{-}1$ gelten $^{5)}$. Aus (2) folgt

(3_1) jedenfalls für die durch (1) definierte Funktion die Ungleichung (3_1)

$X(n) \geqslant 0$ (für alle $n \in \mathfrak{N}$), wenn χ als reeller Nichthauptcharakter erklärt ist.

Über $n^2 = \prod_{\nu=1}^{m} p_{(\nu)}^{2k_\nu}$ und $\displaystyle X(n^2) = \prod_{\nu=1}^{m} X(p_{(\nu)}^{2k_\nu}) = \prod_{\nu=1}^{m} (\chi(1) + $

$\chi(p_{(\nu)}) + \chi(p_{(\nu)}^2) + \ldots + \chi(p_{(\nu)}^{2k_\nu})) = \prod_{\nu=1}^{m} (1+(\overset{+}{-}1)+1+(\overset{+}{-}1)+\ldots+1+(\overset{+}{-}1)+1) \geqslant$

(3_2) $\prod_{\nu=1}^{m} (1) \geqslant 1$ kommen wir zu (3_2) $X(n^2) \geqslant 1$ für alle $n \in \mathfrak{N}$ und jeden

---

$^{1)}$ nach (V_{13})
$^{2)}$ Hierfür sind die in (V_{13}) genannten $f(x)$ sämtlich reellwertig und (sogar streng) monoton.
$^{3)}$ Hier und im folgenden ist stets $\chi \neq \chi_1$, wenn nicht ausdrücklich etwas anderes gesagt wird.
$^{4)}$ Es ist ein Faktor z.B. gleich Null, wenn $k_\nu \equiv 1(2)$ und $\chi(p_{(\nu)}) = -1$.
$^{5)}$ wegen $(p_{(\nu)}, k) = 1$

reellen Nichthauptcharakter mod k. Für diese ist weiter – nach (3_1) und (3_2) –

$$\sum_{n=1}^{\infty} \frac{\chi(n)}{\sqrt{n}} = \frac{\chi(1)}{1} + \frac{\chi(2)}{\sqrt{2}} + \frac{\chi(3)}{\sqrt{3}} + \frac{\chi(4)}{2} + \ldots \geqslant$$

(4)
$$\sum_{n=1}^{\infty} \frac{\chi(n^2)}{n} \geqslant \sum_{n=1}^{\infty} \frac{1}{n}$$

o.m.a.W. (4): Für alle reellen Nichthauptcharaktere mod k ist $\displaystyle\sum_{n=1}^{\infty} \frac{\chi(n)}{\sqrt{n}}$ ebenso wie $\displaystyle\sum_{n=1}^{\infty} \frac{\chi(n^2)}{n}$ divergent. Mit Hilfe dieser Reihen wird eine sehr relevante Aussage über $L_0(\chi)$

(5)
gelingen. Wir betrachten (5)
$$\sum_{n \leqslant x} \frac{\chi(n)}{\sqrt{n}} = \sum_{n \leqslant x} \left(\sum_{t/n} \frac{\chi(t)}{\sqrt{n}} \right) =$$

$$\sum_{n \leqslant x} \left(\sum_{t/n} \frac{\chi(t)}{\sqrt{t} \cdot \sqrt{\frac{n}{t}}} \right) \overset{(IV_5^{(3)})}{=} \sum_{n \leqslant x} \left(\sum_{m \leqslant \frac{x}{n}} \frac{\chi(m)}{\sqrt{n} \cdot \sqrt{m}} \right) \overset{(IV_5^{(3)})}{=} \sum_{m \cdot n \leqslant x} \left(\frac{\chi(m)}{\sqrt{n} \cdot \sqrt{m}} \right).$$

Hier wenden wir einen Kunstgriff an. Für hinreichend große x [1] sind die natürlichen Zahlen m, n mit $m \cdot n \leqslant x$ Koordinaten von Gitterpunkten [2], die in einem (ξ, η)-System im ersten Quadranten und dort unterhalb oder auf der Hyperbel $\xi \cdot \eta = x$ liegen. Dabei bleiben die Punkte der positiven ξ-Achse (m = 0) und der positiven η-Achse (n=0) außerhalb unserer Betrachtung (Bild 13). Die genannten Gitterpunkte

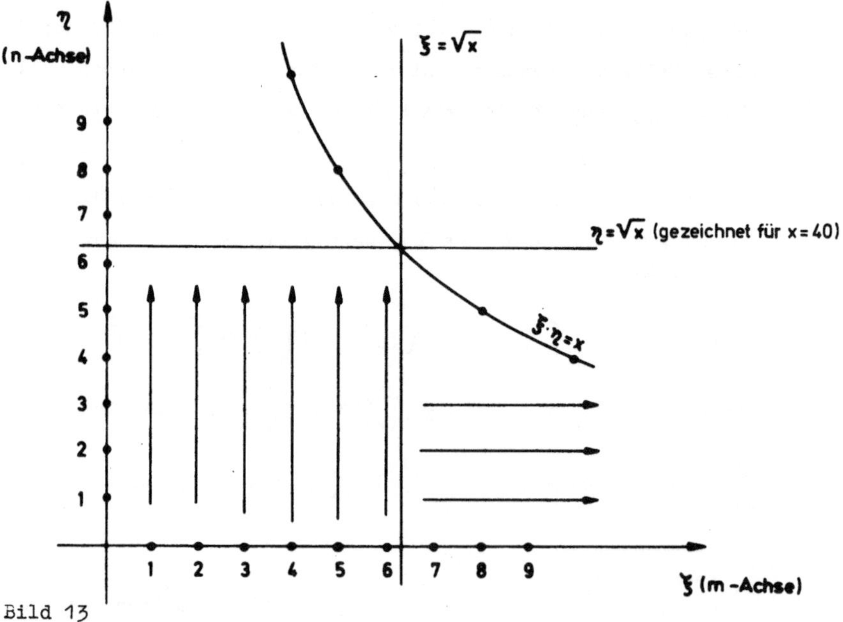

Bild 13

---

[1] fest aus $\mathcal{K}_r$ gewählt

[2] Gitterpunkte haben ganz-rationale Koordinaten.

werden durch die Gerade $\xi(=m) = \sqrt{x}$ in zwei Klassen zerlegt. Links von und eventuell [1] auf dieser Geraden summieren wir in (5) längs der angedeuteten vertikal laufenden Geraden, rechts von dieser Geraden längs der horizontal angedeuteten Gerade, m.a.W., also längs der Geraden $m=1$, $m=2$, ... (links) und längs der Geraden $n=1$, $n=2$, ... (rechts).

In (5) erhalten wir so

$$\sum_{n \leq x} \frac{\chi(n)}{\sqrt{n}} = \sum_{m \leq \sqrt{x}} \left(\sum_{n \leq \frac{x}{m}} \frac{\chi(m)}{\sqrt{n} \cdot \sqrt{m}} \right) +$$

$$\sum_{n \leq \sqrt{x}} \left(\sum_{\sqrt{x} < m \leq \frac{x}{n}} \frac{\chi(m)}{\sqrt{n} \cdot \sqrt{m}} \right) = \sum_{m \leq \sqrt{x}} \frac{\chi(m)}{\sqrt{m}} \left(\sum_{n \leq \frac{x}{m}} \frac{1}{\sqrt{n}} \right) +$$

$$\sum_{n \leq \sqrt{x}} \frac{1}{\sqrt{n}} \left(\sum_{\sqrt{x} < m \leq \frac{x}{n}} \frac{\chi(m)}{\sqrt{m}} \right) \overset{(IV_{13})(V_{16})}{=} \sum_{m \leq \sqrt{x}} \frac{\chi(m)}{\sqrt{m}} \left(\mathcal{O}\left(\sqrt{\tfrac{m}{x}}\right) + a_{\left(\frac{1}{2}\right)} + \right.$$

$$\left. 2\sqrt{\tfrac{x}{m}} \right) + \sum_{n \leq \sqrt{x}} \frac{1}{\sqrt{n}} \left(L_2(\chi) + \mathcal{O}\left(\sqrt{\tfrac{n}{x}}\right) - L_2(\chi) - \mathcal{O}\left(\tfrac{1}{\sqrt[4]{x}}\right) \right) =$$

$$2\sqrt{x} \left(\sum_{m \leq \sqrt{x}} \frac{\chi(m)}{m} \right) + a_{\left(\frac{1}{2}\right)} \cdot \sum_{m \leq \sqrt{x}} \frac{\chi(m)}{\sqrt{m}} + \sum_{m \leq \sqrt{x}} \frac{\chi(m)}{\sqrt{m}} \cdot \mathcal{O}\left(\sqrt{\tfrac{m}{x}}\right) +$$

$$\sum_{n \leq \sqrt{x}} \left(\frac{1}{\sqrt{n}} \left(\mathcal{O}\left(\sqrt{\tfrac{n}{x}}\right) - \mathcal{O}\left(\tfrac{1}{\sqrt[4]{x}}\right) \right) \overset{(V_{16})}{=} 2\sqrt{x} \left(L_0(\chi) + \mathcal{O}\left(\tfrac{1}{\sqrt{x}}\right) \right) + a_{\left(\frac{1}{2}\right)} \left(L_2(\chi) + \right.$$

$$\left. \mathcal{O}\left(\tfrac{1}{\sqrt[4]{x}}\right) \right) + \sum_{m \leq \sqrt{x}} \frac{\chi(m)}{\sqrt{m}} \cdot \mathcal{O}\left(\sqrt{\tfrac{m}{x}}\right) + \sum_{n \leq \sqrt{x}} \frac{1}{\sqrt{n}} \cdot \mathcal{O}\left(\sqrt{\tfrac{n}{x}}\right) - \sum_{n \leq \sqrt{x}} \frac{1}{\sqrt{n}} \cdot \mathcal{O}\left(\tfrac{1}{\sqrt[4]{x}}\right) =$$

$$2\sqrt{x} \cdot L_0(\chi) + \mathcal{O}(1) + a_{\left(\frac{1}{2}\right)} \cdot L_2(\chi) + \mathcal{O}\left(\tfrac{1}{\sqrt[4]{x}}\right) + \dots \,^{2)} \overset{(V_{16})}{=}$$

$$2\sqrt{x} \cdot L_0(\chi) + \mathcal{O}(1) + \dots \,^{2)}.$$

In der letzten Summe gilt nun weiter:

$$\left| \sum_{m \leq \sqrt{x}} \frac{\chi(m)}{\sqrt{m}} \cdot \mathcal{O}\left(\sqrt{\tfrac{m}{x}}\right) \right| = \left| \sum_{m \leq \sqrt{x}} \chi(m) \cdot \mathcal{O}\left(\sqrt{\tfrac{1}{x}}\right) \right| \overset{3)}{\leq} \sum_{m \leq \sqrt{x}} \left| \mathcal{O}\left(\tfrac{1}{\sqrt{x}}\right) \right| \overset{(IV_{11})}{=}$$

$$\mathcal{O}\left(\sum_{m \leq \sqrt{x}} \frac{1}{\sqrt{x}} \right) = \frac{1}{\sqrt{x}} \cdot \mathcal{O}\left(\sum_{m \leq \sqrt{x}} 1 \right) = \mathcal{O}(1); \quad \left| \sum_{n \leq \sqrt{x}} \frac{1}{\sqrt{n}} \mathcal{O}\left(\sqrt{\tfrac{n}{x}}\right) \right| =$$

$$\left| \sum_{n \leq \sqrt{x}} \mathcal{O}\left(\tfrac{1}{\sqrt{x}}\right) \right| \overset{s.e.}{=} \mathcal{O}(1); \quad \left| \sum_{n \leq \sqrt{x}} \frac{1}{\sqrt{n}} \cdot \mathcal{O}\left(\tfrac{1}{\sqrt[4]{x}}\right) \right| \leq \sum_{n \leq \sqrt{x}} \left| \mathcal{O}\left(\tfrac{1}{\sqrt{n} \cdot \sqrt[4]{x}}\right) \right| \overset{(IV_{11})}{=}$$

$$\mathcal{O}\left(\sum_{n \leq \sqrt{x}} \frac{1}{\sqrt[4]{x} \cdot \sqrt{n}} \right) \overset{(IV_{11})}{=} \left| \frac{1}{\sqrt[4]{x}} \cdot \mathcal{O}\left(\sum_{n \leq \sqrt{x}} \frac{1}{\sqrt{n}} \right) \right| \overset{(IV_{13})}{=} \frac{1}{\sqrt[4]{x}} \left(a_{\left(\frac{1}{2}\right)} + \right.$$

$$\left. \mathcal{O}\left(\tfrac{1}{\sqrt[4]{x}}\right) + 2 \cdot \sqrt[4]{x} \right) \overset{(IV_{11})}{=} \mathcal{O}(1).$$

---

[1] wenn $\sqrt{x}$ rational

[2] Die folgenden Summanden werden unverändert übernommen.

[3] $|\chi(n)| \leq 1$

(6) Zusammengefaßt führen uns diese Ergebnisse zu der Aussage (6)

$$\sum_{n \leqslant x} \frac{\chi(n)}{\sqrt{n}} = 2\sqrt{x} \cdot L_0(\chi) + \mathcal{O}(1).$$ Da nach (4) aber die links stehende

Summe in (6) divergiert [1]), so kann $L_0(\chi)$ für einen reellen Nicht-

(V_{17}) hauptcharakter mod k nicht gleich Null sein [2]). Das ist der Satz (V_{17}).

In der Aussage ($IV_6^{(4)}$) setzen wir jetzt für $p^*(x)$ einen beliebigen

Nichthauptcharakter mod k ein, weiter sei $f(x) = x$. Demnach erhalten

wir $G^*(x) = \sum\limits_{n \leqslant x} \chi(n) \cdot \frac{x}{n} = x(L_0(\chi) + \mathcal{O}(\frac{1}{x})) = x \cdot L_0(\chi) + \mathcal{O}(1),$

$f(x) = x = \sum\limits_{n \leqslant x} \mu(n) \cdot \chi(n) \cdot G^*(\frac{x}{n}) \overset{s.e.}{=} \sum\limits_{n \leqslant x} \mu(n) \cdot \chi(n) \cdot (\frac{x}{n} L_0(\chi) +$

$\mathcal{O}(1))$. Nach Division mit x ergibt die letzte Gleichung dann die

(7) Beziehung (7) $1 = L_0(\chi) \cdot \sum\limits_{n \leqslant x} \frac{\mu(n) \cdot \chi(n)}{n} + \frac{1}{x} (\sum\limits_{n \leqslant x} \mu(n) \cdot \chi(n) \cdot \mathcal{O}(1)).$

Nun ist aber $\left| \sum\limits_{n \leqslant x} \mu(n) \cdot \chi(n) \cdot \mathcal{O}(1) \right| \overset{3)}{\leqslant} \sum\limits_{n \leqslant x} \left| \mathcal{O}(1) \right| \overset{(IV_{11})}{=\!=}$

(8) $\mathcal{O}(\sum\limits_{n \leqslant x} 1) = \mathcal{O}(x)$ und daher (8) $1 = L_0(\chi) \cdot \sum\limits_{n \leqslant x} \frac{\mu(n) \cdot \chi(n)}{n} + \mathcal{O}(1)$

($V_{18}^{(1)}$) bzw. ($V_{18}^{(1)}$): $\mathcal{O}(1) = L_0(\chi) \sum\limits_{n \leqslant x} \frac{\mu(n) \cdot \chi(n)}{n}$. Über (V_{17}) resultiert

($V_{18}^{(2)}$) aus ($V_{18}^{(1)}$) der Satz ($V_{18}^{(2)}$): $\mathcal{O}(1) = \sum\limits_{n \leqslant x} \frac{\mu(n) \cdot \chi(n)}{n}$ für jeden

reellen Nichthauptcharakter χ mod k. ($V_{18}^{(1)}$) gilt für jedes beliebige

χ [4]). Da nach (V_{13}) $L_0(\chi)$ für $\chi \neq \chi_1$ eine endliche komplexe Zahl

ist, so gilt ($V_{18}^{(1)}$) sicher für einen komplexen Nichthauptcharakter

$\tilde{\chi}$ mod k, für den zusätzlich $L_0(\tilde{\chi}) = 0$. Unter dieser Zusatzvoraus-

setzung entnehmen wir ($IV_6^{(4)}$) mit $p^*(n) = \tilde{\chi}(n)$, $f(x) = x \cdot \log x$

aber $G^*(x) = \sum\limits_{n \leqslant x} \tilde{\chi}(n) \cdot \frac{x}{n} \cdot \log (\frac{x}{n}) = x \sum\limits_{n \leqslant x} \frac{\tilde{\chi}(n)}{n} \cdot \log (\frac{x}{n}) =$

$x \cdot \log x (\sum\limits_{n \leqslant x} \frac{\tilde{\chi}(n)}{n}) - x \sum\limits_{n \leqslant x} \frac{\tilde{\chi}(n) \cdot \log n}{n} \overset{(V_{16}), L_0(\chi) = 0}{=\!=\!=}$

$x \cdot \log x \cdot \mathcal{O}(\frac{1}{x}) - x (L_1(\tilde{\chi}) + \mathcal{O}(\frac{\log x}{x})) = {}^{5)} -x \cdot L_1(\tilde{\chi}) + \mathcal{O}(\log x)$

---

1) und nicht negative Summanden besitzt.

2) Nach (V_{13}) und (V_{16}) ist $L_0(\chi)$ endlich und reell.

3) $|\mu(n)| \leqslant 1$, $|\chi(n)| \leqslant 1$

4) $\chi \neq \chi_1$

5) $L_1(\tilde{\chi})$ ist eine endliche komplexe Zahl.

(9) und weiter (9) $f(x) = x \cdot \log x = \sum\limits_{n \leqslant x} \mu(n) \cdot \tilde{\chi}(n) \left(- \frac{x}{n} L_1(\tilde{\chi}) + \right.$

$\left. \mathcal{O}(\log \frac{x}{n})\right) = -x \cdot L_1(\tilde{\chi}) \cdot \sum\limits_{n \leqslant x} \frac{\mu(n) \cdot \tilde{\chi}(n)}{n} + \sum\limits_{n \leqslant x} \mu(n) \cdot \tilde{\chi}(n) \cdot \mathcal{O}(\log (\frac{x}{n})).$

Wegen $\left| \sum\limits_{n \leqslant x} \mu(n) \cdot \tilde{\chi}(n) \cdot \mathcal{O}(\log \frac{x}{n}) \right| \overset{1)}{\leqslant} \sum\limits_{n \leqslant x} \left| \mathcal{O}(\log \frac{x}{n}) \right| \overset{(IV_{11})}{=}$

$\mathcal{O}(\sum\limits_{n \leqslant x} \log \frac{x}{n}) \overset{(IV_{13})}{=} \mathcal{O}(x + \mathcal{O}(\log x)) = \mathcal{O}(x)$ ist (9) äquivalent

(10) mit (10) $\log x = -L_1(\tilde{\chi}) \sum\limits_{n \leqslant x} \frac{\mu(n) \cdot \tilde{\chi}(n)}{n} + \mathcal{O}(1)$. Aus (10) resultiert

$L_1(\tilde{\chi}) \neq \mathcal{O}$, da für $L_1(\tilde{\chi}) = \mathcal{O}$ die sinnlose Beziehung $\log x = \mathcal{O}(1)$

$(V_{18}{}^{(3)})$ entstünde. Das ist der Satz $(V_{18}{}^{(3)})$: Ist für einen komplexwertigen

Nichthauptcharakter $\tilde{\chi}$ die Zahl $L_0(\tilde{\chi}) = 0$, so gilt $L_1(\tilde{\chi}) \neq 0$ und

weiter $L_1(\tilde{\chi}) \cdot \sum\limits_{n \leqslant x} \frac{\mu(n) \cdot \tilde{\chi}(n)}{n} = - \log x + \mathcal{O}(1).$

Gilt für ein beliebiges χ[2] aber $L_0(\chi) \neq 0$, so ist nach $(V_{18}{}^{(1)})$ [3]

$\mathcal{O}(1) = \sum\limits_{n \leqslant x} \frac{\mu(n) \cdot \chi(n)}{n}$ und $\mathcal{O}(1) = L_1(\chi) \cdot \sum\limits_{n \leqslant x} \frac{\mu(n) \cdot \chi(n)}{n}$. Wir

$(V_{18}{}^{(4)})$ erhalten daher die Aussage $(V_{18}{}^{(4)})$: $L_1(\chi) \cdot \sum\limits_{n \leqslant x} \frac{\mu(n) \cdot \chi(n)}{n} =$

$$\begin{cases} \mathcal{O}(1) & \text{falls } L_0(\chi) = 0 \\ -\log x + \mathcal{O}(1) & \text{falls } L_0(\chi) \neq 0 \end{cases}$$

Für jeden beliebigen Charakter χ [4] mod k bilden wir jetzt den Ausdruck

(11) $\quad$ (11) $\sum\limits_{n \leqslant x} \frac{\chi(n) \cdot \lambda_1(n)}{n} \overset{(IV_7)}{=} \sum\limits_{p \leqslant x} \frac{\chi(p) \cdot \log p}{p} + \sum\limits_{\substack{p^s \leqslant x \\ s \geqslant 2}} (\frac{\chi(p^s) \cdot \log p}{p^s}).$

Mit $\left| \chi(p^s) \right| \leqslant 1$ gilt hier $\left| \sum\limits_{\substack{p^s \leqslant x \\ s \geqslant 2}} \frac{\chi(p^s) \cdot \log p}{p^s} \right| \leqslant \sum\limits_{\substack{p^s \leqslant x \\ s \geqslant 2}} \frac{\log p}{p^s} =$ [5]

$(V_{18}{}^{(5)})$ $\mathcal{O}(1)$ und aus (11) resultiert der Satz $(V_{18}{}^{(5)})$: $\sum\limits_{n \leqslant x} \frac{\chi(n) \cdot \lambda_1(n)}{n} =$

$\mathcal{O}(1) + \sum\limits_{p \leqslant x} \frac{\chi(p) \cdot \log p}{p}$ gültig für jeden beliebigen Charakter χ mod k.

---

[1] $|\mu(n)| \leqslant 1$, $|\chi(n)| \leqslant 1$

[2] $\chi \neq \chi_1$

[3] $L_0(\chi)$, $L_1(\chi)$ sind endliche komplexe Zahlen.

[4] Hier ist auch $\chi = \chi_1$ möglich.

[5] nach (13) in Abschnitt 4.3.

Ist nun wieder $\chi \neq \chi_1$, so kommen wir über (IV_7) zu $\displaystyle\sum_{n \leq x} \frac{\chi(n) \cdot \lambda_1(n)}{n} =$

$$\sum_{n \leq x} \frac{\chi(n)}{n} \Big(\sum_{t/n} \mu(t) \cdot \log \big(\tfrac{n}{t}\big)\Big) = \sum_{n \leq x} \Big(\sum_{t/n} \frac{\chi(n)}{n} \cdot \mu(t) \cdot \log \big(\tfrac{n}{t}\big)\Big) =$$

$$\sum_{n \leq x} \Big(\sum_{t/n} \chi\big(\tfrac{n}{t} \cdot t\big) \cdot \frac{\mu(t)}{\frac{n}{t} \cdot t} \cdot \log \big(\tfrac{n}{t}\big)\Big) \overset{(IV_5^{(3)})}{=}$$

$$\sum_{m \cdot n \leq x} \frac{\chi(m \cdot n) \cdot \mu(n) \cdot \log m}{m \cdot n} \qquad \text{(3) in Abschnitt 5.3.} \quad =$$

$$\sum_{m \cdot n \leq x} \frac{\chi(m) \cdot \chi(n)}{m \cdot n} \cdot \mu(n) \cdot \log m \overset{(IV_5^{(3)})}{=} \sum_{n \leq x} \Big(\sum_{m \leq \frac{x}{n}} \dots \Big) =$$

$$\sum_{n \leq x} \frac{\chi(n) \cdot \mu(n)}{n} \cdot \Big(\sum_{m \leq \frac{x}{n}} \frac{\chi(m)}{m} \cdot \log m\Big) \overset{(V_{16})}{=} \sum_{n \leq x} \frac{\chi(n) \cdot \mu(n)}{n} \big(L_1(\chi) +$$

$$\mathcal{O}\big((\log \tfrac{x}{n}) \cdot \tfrac{n}{x}\big) = L_1(\chi) \sum_{n \leq x} \frac{\chi(n) \cdot \mu(n)}{n} + \sum_{n \leq x} \frac{\chi(n) \cdot \mu(n)}{n} \cdot$$

$$\mathcal{O}\big(\frac{n \cdot \log \frac{x}{n}}{x}\big). \quad \text{Wegen} \quad \Big| \sum_{n \leq x} \frac{\chi(n) \cdot \mu(n)}{n} \cdot \mathcal{O}\big(\frac{n \cdot \log \frac{x}{n}}{x}\big) \Big| \leq {}^{1)}$$

$$\frac{1}{x} \Big| \sum_{n \leq x} \mathcal{O}\big(\log \tfrac{x}{n}\big) \Big| \overset{(IV_{11})}{=} \frac{1}{x} \mathcal{O}\big(\sum_{n \leq x} \log \tfrac{x}{n}\big) \overset{(IV_{13})}{=}$$

(12) $\qquad \frac{1}{x} \mathcal{O}(x + \mathcal{O}(\log x)) = \mathcal{O}(1)$ erhalten wir (12): Für $\chi \neq \chi_1$ gilt

$$\sum_{n \leq x} \frac{\chi(n) \cdot \lambda_1(n)}{n} = L_1(\chi) \cdot \sum_{n \leq x} \frac{\mu(n) \cdot \chi(n)}{n} + \mathcal{O}(1).$$

$(V_{18}^{(6)})$ Über $(V_{18}^{(5)})$, $(V_{18}^{(4)})$ und (12) gelangen wir zu der Aussage $(V_{18}^{(6)})$:

$$\sum_{p \leq x} \frac{\chi(p) \cdot \log p}{p} = \sum_{n \leq x} \frac{\chi(n) \cdot \lambda_1(n)}{n} + \mathcal{O}(1) =$$

$$\begin{cases} \mathcal{O}(1), & \text{falls } L_0(\chi) \neq 0 \\ -\log x + \mathcal{O}(1), & \text{falls } L_0(\chi) = 0 \end{cases} \qquad \text{(gültig für alle Nichthaupt-}$$

charaktere mod k).

Im klassischen Beweis von Dirichlet bildete die Aussage "$L_0(\chi) \neq 0$ für alle Nichthauptcharaktere mod k" das Zentralstück; hieraus folgte dann $\displaystyle\sum_{p \leq x} \frac{\chi(p) \cdot \log p}{p} = \mathcal{O}(1)$. Nach (IV_{21}) und (IV_{16}) galt:

(13_1) $\qquad \log x + \mathcal{O}(1) = \displaystyle\sum_{p \leq x} \frac{\log p}{p} \overset{(IV_7)}{=} {}^{2)} \Big(\sum_{n \leq x} \frac{\lambda_1(n)}{n}\Big) + \mathcal{O}(1)$ resp. (13_1)

(13_2) $\qquad \displaystyle\sum_{p \leq x} \frac{\log p}{p} = \log x + \mathcal{O}(1)$ und (13_2) $\displaystyle\sum_{n \leq x} \frac{\lambda_1(n)}{n} = \log x + \mathcal{O}(1)$.

$^{1)}$ $|\mu(n)| \leq 1$, $|\chi(n)| \leq 1$.

$^{2)}$ und (13) in Abschnitt 4.3.

Für unseren fixierten Modul k gibt es sicher nur endlich viele PZ^{en} p, für die $(p,k) \neq 1$. Somit gilt $\sum_{p \leqslant x} \frac{\log p}{p} = \sum_{\substack{p \leqslant x \\ (p,k)=1}} \frac{\log p}{p} +$

$$(14) \quad \sum_{\substack{p \leqslant x \\ (p,k) \neq 1}} \frac{\log p}{p} = \left(\sum_{\substack{p \leqslant x \\ (p,k)=1}} \frac{\log p}{p} \right) + \mathcal{O}(1) \quad \text{oder} \quad (14) \; \sum_{\substack{p \leqslant x \\ (p,k)=1}} \frac{\log p}{p} \overset{\text{p.d.}}{=}$$

$$\sum_{p \leqslant x} \frac{\chi_1(p) \cdot \log p}{p} = \log x + \mathcal{O}(1) = \left(\sum_{p \leqslant x} \frac{\log p}{p} \right) + \mathcal{O}(1). \quad \text{Statt von}$$

$\sum_{p \leqslant x} \frac{\chi_1(p) \cdot \log p}{p}$ können wir auch von $\sum_{n \leqslant x} \frac{\chi_1(n) \cdot \lambda_1(n)}{n}$ ausgehen,

denn es ist $\sum_{n \leqslant x} \frac{\chi_1(n) \cdot \lambda_1(n)}{n} = \mathcal{O}(1) + \sum_{\substack{p \leqslant x \\ (p,k)=1}} \frac{\log p}{p}$ und andererseits

$$\log x + \mathcal{O}(1) \overset{(13_2)}{=} \sum_{p \leqslant x} \frac{\log p}{p} + \sum_{\substack{p^s \leqslant x \\ s \geqslant 2}} \frac{\log p}{s} = \mathcal{O}(1) + \sum_{p \leqslant x} \frac{\log p}{p} =$$

$$\mathcal{O}(1) + \sum_{\substack{p \leqslant x \\ (p,k)=1}} \frac{\log p}{p} \; .$$

In $(V_{12}{}^{(6)})$ erkannten wir, daß komplexwertige Charaktere mod k nur in gerader Anzahl auftreten können. Gilt für einen solchen $(\tilde{\chi})$ zusätzlich $L_0(\tilde{\chi}) = 0$, so ist mit $0 = L_0(\tilde{\chi})$ auch $0 = \overline{L_0(\tilde{\chi})}$ o.w.d.i. [1]

$$\overline{\sum_{n=1}^{\infty} \frac{\tilde{\chi}(n)}{n}} = \sum_{n=1}^{\infty} \frac{\overline{\tilde{\chi}(n)}}{n} \overset{(V_{12}{}^{(5)})}{=} \sum_{n=1}^{\infty} \frac{\chi^*(n)}{n} = L_0(\chi^*) = 0. \quad \text{Es traten}$$

daher komplexwertige Charaktere $\tilde{\chi}$, für die zusätzlich $L_0(\tilde{\chi}) = 0$, in mindestens zwei Exemplaren auf [2]. Falls solche existieren, gilt
D $\qquad$ für ihre Anzahl A_0 demnach $A_0 \geqslant 2$.

H.N. Shapiro betrachtet jetzt die Summe $\sum_{\substack{p \leqslant x \\ p \equiv 1(k)}} \varphi(k) \cdot \frac{\log p}{p}$, die wir

D $(V_{19}{}^{(1)})$ mit Sh(x) bezeichnen wollen. P.d. gilt die Aussage $(V_{19}{}^{(1)})$: Sh(x) $\geqslant 0$.

Wegen $(V_{12}{}^{(2)})$, $(V_{12}{}^{(4)})$ und (V_{14}) ist

$$(15) \quad \sum_{\chi} \chi(p) = \begin{cases} \varphi(p) & \text{mit } p \equiv 1(k) \\ 0 & \text{mit } p \not\equiv 1(k) \end{cases} \quad \text{und wir können die Summe (15):}$$

---

[1] Hier wird benutzt: Ist $\sum_{\nu=1}^{\infty} \beta_\nu = B$ $(\beta_\nu \in \mathcal{R}_k)$, so $\sum_{\nu=1}^{\infty} \overline{\beta_\nu} = \overline{B}$; das

folgt aus $(\lim_{n \to \infty} (x_n + iy_n) = x+iy) \Leftrightarrow (\lim_{n \to \infty} x_n = x, \lim_{n \to \infty} y_n = y)$, wobei

$\lim_{n \to \infty} B_n = B$ auch in $\mathcal{R}_k$ bedeutet: $|B - B_n| < \varepsilon$ für alle $n > N(\varepsilon)$.

[2] $\tilde{\chi}(n) \neq \overline{\tilde{\chi}(n)}$ (s.o.)

$$\sum_{\nu=1}^{\varphi(k)} \left(\sum_{p \leqslant x} \frac{\chi_\nu(p) \cdot \log p}{p} \right) \quad \text{umformen (nach } (IV_5^{(1)})\text{) in}$$

$$\sum_{p \leqslant x} \left(\sum_{\nu=1}^{\varphi(k)} \frac{\chi_\nu(p) \cdot \log p}{p} \right) = \sum_{p \leqslant x} \frac{\log p}{p} \cdot s(p), \quad \text{wobei} \quad s(p) = \varphi(p) \quad \text{für}$$

(16) $p \equiv 1(k)$ bzw. $s(p) = 0$ für $p \not\equiv 1(k)$. Damit gilt aber (16):

$$Sh(x) = \sum_{\nu=1}^{\varphi(k)} \sum_{p \leqslant x} \frac{\chi_\nu(p) \log p}{p} \Big) = \sum_{\substack{p \leqslant x \\ (p,k)=1}} \frac{\varphi(k) \cdot \log p}{p} \quad . \text{ Aus (16)}$$

(17)   folgt mit $(V_{19}^{(1)})$ weiter (17) $0 \leqslant Sh(x) = \sum_{p \leqslant x} \frac{\chi_1(p) \cdot \log p}{p} +$

$$\sum_{\nu=2}^{\varphi(k)} \left(\sum_{p \leqslant x} \frac{\chi_\nu(p) \cdot \log p}{p} \right) \overset{(14)}{=} \log x + \mathcal{O}(1) + \sum_{\nu=2}^{\varphi(k)} \left(\sum_{p \leqslant x} \frac{\chi_\nu(p) \cdot \log p}{p} \right).$$

Jeder Summand der letzten Summe ist aber nach $(V_{18}^{(6)})$ gleich

$\mathcal{O}(1)$ (für $L_0(\chi_\nu) \neq 0$) bzw. gleich $-\log x + \mathcal{O}(1)$ (für

$L_0(\chi_\nu) = 0$). Aus (17) resultiert daher, wenn A_0-mal tatsächlich

$L_0(\chi_\nu) = 0$ gilt, die Ungleichung $0 \leqslant \log x \cdot (1-A_0) + \mathcal{O}(1)$. Für

hinreichend große reelle x muß daher $(1-A_0) \geqslant 0$ resp. $1 \geqslant A_0$

gelten, was (s.o.) $A_0 \geqslant 2$ widerspricht. Somit erhalten wir [1] den

$(V_{19}^{(2)})$ wichtigen Satz $(V_{19}^{(2)})$: Es ist für $\chi \neq \chi_1$ stets $L_0(\chi) \neq 0$.

Außerdem gilt mit $(V_{18}^{(6)})$ und $(V_{18}^{(5)})$ die Aussage $(V_{19}^{(3)})$:

$(V_{19}^{(3)})$ $\displaystyle\sum_{p \leqslant x} \frac{\chi(p) \cdot \log p}{p} = \sum_{n \leqslant x} \frac{\chi(n) \cdot \lambda_1(n)}{n} + \mathcal{O}(1) = \mathcal{O}(1)$ und mit $(V_{18}^{(1)})$

$(V_{19}^{(4)})$ folgt aus $(V_{19}^{(2)})$ der Satz $(V_{19}^{(4)})$: $\displaystyle\sum_{n \leqslant x} \frac{\mu(n) \cdot \chi(n)}{n} = \mathcal{O}(1)$.

$(V_{19}^{(3)})$ und $(V_{19}^{(4)})$ sind selbstverständlich nur für $\chi \neq \chi_1$ bewiesen.
Nun können wir den zweiten Hauptsatz der analytischen Zahlentheorie
(V_{20}) verhältnismäßig einfach beweisen. Er lautet: (V_{20}) Zu jeder arithme-

tischen Folge erster Ordnung $a_n^{(1,k)} = 1+n\cdot k$ $(k \in \mathcal{N}, k > 2, 1 \in \mathcal{N},$

$(1,k) = 1, n = 1, 2, \ldots)$ gehören unendlich viele PZ^{en}. Wie schon
am Ende von Abschnitt 5.3. angedeutet, werden wir den zu (V_{20}) äquiva-

lenten Satz " $\displaystyle\sum_{\substack{p \leqslant x \\ p \equiv 1(k) \\ (k,1)=1}} \frac{\log p}{p}$ divergiert für $x \to \infty$ " beweisen.

(V_{21}) Hierzu zeigen wir die Gültigkeit der Aussage (V_{21}): $\mathcal{O}(1) + \dfrac{\log x}{\varphi(k)} =$

$$\sum_{\substack{p \leqslant x \\ p \equiv 1(k) \\ (k,1)=1}} \frac{\log p}{p} \ .$$

---

[1] in Verbindung mit (V_{17})

Bew.: Wir gehen aus von der Summe [1] $\sum\limits_{p \leqslant x} \left(\sum\limits_{\nu=1}^{\varphi(k)} \dfrac{\overline{\chi_\nu(1)} \cdot \chi_\nu(p) \cdot \log p}{p} \right)$

(18)   und erhalten (18) $\sum\limits_{p \leqslant x} \left(\sum\limits_{\nu=1}^{\varphi(k)} \dfrac{\overline{\chi_\nu(1)} \cdot \chi_\nu(p) \cdot \log p}{p} \right) =$

$\sum\limits_{p \leqslant x} \left(\dfrac{\log p}{p} \cdot \sum\limits_{\nu=1}^{\varphi(k)} \overline{\chi_\nu(1)} \cdot \chi_\nu(p) \right) \overset{(V_{15})}{=} \sum\limits_{\substack{p \leqslant x \\ p\equiv 1(k) \\ (k,1)=1}} \left(\varphi(k) \cdot \dfrac{\log p}{p} \right).$

(19)   Andererseits gilt (19) $\sum\limits_{p \leqslant x} \left(\sum\limits_{\nu=1}^{\varphi(k)} \dfrac{\overline{\chi_\nu(1)} \cdot \chi_\nu(p) \cdot \log p}{p} \right) =$ [2]

$\sum\limits_{\nu=1}^{\varphi(k)} \left(\sum\limits_{p \leqslant x} \dfrac{\overline{\chi_\nu(1)} \cdot \chi_\nu(p) \cdot \log p}{p} \right) = \sum\limits_{p \leqslant x} \dfrac{\overline{\chi_1(1)} \cdot \chi_1(p) \cdot \log p}{p} +$

$\sum\limits_{\nu=2}^{\varphi(k)} \left(\overline{\chi_\nu(1)} \cdot \sum\limits_{p \leqslant x} \dfrac{\chi_\nu(p) \cdot \log p}{p} \right) \overset{3)}{=} \sum\limits_{p \leqslant x} \dfrac{\chi_1(p) \cdot \log p}{p} +$

$\sum\limits_{\nu=2}^{\varphi(k)} \left(\overline{\chi_\nu(1)} \sum\limits_{p \leqslant x} \dfrac{\chi_\nu(p) \cdot \log p}{p} \right) \overset{4)}{=} \sum\limits_{\substack{p \leqslant x \\ (p,k)=1}} \dfrac{\log p}{p} +$

$\sum\limits_{\nu=2}^{\varphi(k)} \left(\overline{\chi_\nu(1)} \sum\limits_{p \leqslant x} \dfrac{\chi_\nu(p) \cdot \log p}{p} \right) \overset{(14)}{=} \log x + \mathcal{O}(1) + \dots \overset{(V_{19}^{(3)})}{=}$

$\log x + \mathcal{O}(1) + \sum\limits_{\nu=2}^{\varphi(k)} \mathcal{O}(1) \overset{(IV_{11})}{=} \log x + \mathcal{O}(1).$ Aus (18) und (19)

ergibt sich aber (V_{21}). q.e.d.

MSZ   Im Satz (V_{21}) ist für jedes 1 aus $\{\overline{\nu}\}_k$ das "Hauptglied" gleich

$\dfrac{\log x}{\varphi(k)}$, man kann daher auch etwas kursorisch sagen, daß alle die

Summen $\sum\limits_{\substack{p \leqslant x \\ p\equiv 1(k) \\ (k,1)=1}} \dfrac{\log p}{p}$ "gleich schnell" wachsen. Wird nun mit

$\pi^{(1,k)}(x)$ die Anzahl aller PZ^{en} p bezeichnet, für die $p \leqslant x$ und
außerdem $p \equiv 1(k)$, $(1,k) = 1$, so liegt die Vermutung nahe, daß für

$1_1 \neq 1_2$, $(1_\nu, k) = 1$ $(\nu = 1,2)$ auch $\lim\limits_{x \to \infty} (\pi^{(1_1,k)}(x):$

$\pi^{(1_2,k)}(x)) = 1$ gilt. Auch scheint es nicht unwahrscheinlich, daß der

---

[1] Es könnte auch $\sum\limits_{n \leqslant x} \left(\sum\limits_{\nu=1}^{\varphi(k)} \dfrac{\overline{\chi_\nu(1)} \cdot \chi_\nu(n) \cdot \lambda_1(n)}{n} \right)$ gewählt werden;
    stets ist $(1,k) = 1$ vorausgesetzt.

[2] nach $(IV_5^{(1)})$

[3] $\overline{\chi_1(1)} = \chi_1(1) = 1$, da $(1,k) = 1$

[4] $\chi_1(p) = 0$ für $(p,k) \neq 1$, $\chi_1(p) = 1$ für $(p,k) = 1$

Grenzwert $\lim\limits_{x\to\infty} (\pi(x) : \pi^{(1,k)}(x))$ existiert. Mit Methoden, die den von uns in Abschnitt 5.1. und in Abschnitt 5.2. entwickelten sehr ähnlich sind, läßt sich elementar zeigen, daß dieser Grenzwert gleich $\varphi(k)$ ist[1]. Dabei müssen die von uns entwickelten Überlegungen geringfügig modifiziert werden. Lediglich die Schreibarbeit ist erheblich größer, da die Fälle $\chi = \chi_1$ und $\chi \neq \chi_1$ nur getrennt behandelt werden können.

Manchmal wird die Aussage "$\lim\limits_{x\to\infty} (\dfrac{\pi^{(1,k)}(x)\cdot\log x}{x}) = \varphi(k)$" resp.

"$\pi^{(1,k)}(x) \sim \dfrac{x}{\log x} \cdot \dfrac{1}{\varphi(k)}$" auch folgendermaßen gedeutet: "Mit Ausnahme der endlich vielen zu k nicht teilerfremden PZ[en], verteilen sich alle PZ[en] gleichmäßig auf die $\varphi(k)$ zu k relativ primen Restklassen mod k".

$(V_{22}^{(1)})$ In Ergänzung zu (I_{32}') beweisen wir noch zwei Aussagen [2]. $(V_{22}^{(1)})$: Ist c_1, c_2, ..., c_m eine Ziffernfolge, auf die eine PZ enden kann (also $(c_m,10) = 1$), so gibt es unendlich viele PZ[en] dieser Art.

$(V_{22}^{(2)})$ $(V_{22}^{(2)})$: Es gibt mit $c_1 \neq 0$ unendlich viele PZ[en], die mit der Ziffernfolge c_1, c_2, ..., c_m beginnen.

Zum Beweis von $(V_{22}^{(1)})$ betrachten wir mit $s = c_m + c_{m-1}\cdot 10 + c_{m-2}\cdot 10^2 + \ldots + c_1\cdot 10^{m-1}$ und mit (n.V.) $(s,10) = (s,c_m) = (s,10^m) = 1$ die Folge $(10^m\cdot n+s) = a_n^{(s,10^m)}$. Für diese gilt (V_{20}) und alle ihre Glieder enden mit der geforderten Ziffernfolge. q.e.d.

Um $(V_{22}^{(2)})$ zu bestätigen, beachten wir, daß alle Zahlen s, $s\cdot 10^1$, $s\cdot 10^2$, $s\cdot 10^3$, ... mit der genannten Ziffernfolge beginnen und dies auch für die Zahlen zwischen $s\cdot 10^n$ und $(s+1)\cdot 10^n$ gilt $(n = 1, 2, \ldots)$ [3]. Nun entnehmen wir aber dem Satz (V_8) die Gleichung

(20)

$$1 = \lim_{n\to\infty} \left(\frac{\pi(s\cdot 10^n)\cdot\log (s\cdot 10^n)}{s\cdot 10^n} \cdot \frac{(s+1)\cdot 10^n}{\pi((s+1)\cdot 10^n)\cdot\log ((s+1)\cdot 10^n)}\right) =$$

$$\frac{s+1}{s}\cdot \lim_{n\to\infty} \left(\frac{\pi(s\cdot 10^n)}{\pi((s+1)\cdot 10^n)} \cdot \frac{n\cdot\log 10 + \log s}{n\cdot\log 10 + \log (s+1)}\right) =$$

---

[1] Der Leser findet einen solchen Beweis z.B. in dem im Literaturverzeichnis genannten Buch von W. Specht (geb. 1907).

[2] Wir beweisen diese Sätze für die dekadische Schreibweise der PZ[en]; falls eine Darstellung in einem anderen Positionssystem gegeben ist, muß der Beweis nur unwesentlich modifiziert werden.

[3] Mit $N_2 \in \mathfrak{N}$ und $s\cdot 10^n \leq N_2 < s\cdot 10^n + 10^n$ beginnen $s\cdot 10^n$ und N_2 mit der gleichen Ziffernfolge.

$$\frac{s+1}{s} \cdot \lim_{n \to \infty} \left(\frac{\pi(s \cdot 10^n)}{\pi((s+1) \cdot 10^n)} \cdot \frac{1 + \frac{\log s}{(\log 10) \cdot n}}{1 + \frac{\log (s+1)}{(\log 10) n}} \right) =$$

$$(21) \qquad \frac{s+1}{s} \cdot \lim_{n \to \infty} \left(\frac{\pi(s \cdot 10^n)}{\pi((s+1) \cdot 10^n)} \right) \quad \text{oder (21):} \quad \frac{s+1}{s} = 1 + \frac{1}{s} =$$

$$\lim_{n \to \infty} \left(\frac{\pi((s+1) \cdot 10^n)}{\pi(s \cdot 10^n)} \right) \quad \text{o.w.d.i.} \quad 0 < \frac{1}{s} = \lim_{n \to \infty} \left(\frac{\pi((s+1) \cdot 10^n)}{\pi(s \cdot 10^n)} - 1 \right) =$$

$$(22) \qquad \lim_{n \to \infty} \left(\frac{\pi((s+1) \cdot 10^n) - \pi(s \cdot 10^n)}{\pi(s \cdot 10^n)} \right). \quad \text{In (22):}$$

$$\frac{1}{s} = \lim_{n \to \infty} \left(\frac{\pi((s+1) \cdot 10^n) - \pi(s \cdot 10^n)}{\pi(s \cdot 10^n)} \right)$$

steht aber links eine positive Zahl. Da der Nenner des rechts befind-
lichen Quotienten über alle Grenzen (mit n) wächst, muß dies auch für
dessen Zähler gelten. Somit gibt es für hinreichend große n stets
PZ^{en} der gewünschten Eigenschaft. q.e.d.

Anhang

Lösungen der Übungsaufgaben (in Auswahl)

1. Kapitel

Übg. (1.) $k \geq 10$: $2^k > k^3 \,|\cdot 2$ (I.A. wird mit Faktor 2 multipliziert)

$\Rightarrow 2^{k+1} > 2k^3 = k^3 + k^3 \overset{(s.e.)}{\geq} k^3 + 10k^2 = k^3 + 3k^2 + 7k^2$

$> k^3 + 3k^2 + 7k > k^3 + 3k^2 + 3k + 1 = (k+1)^3$. q.e.d.

Übg. (2.) I.A. $2^k > k^2$ ($k > 5$). Multiplikation mit dem Faktor 2 führt

zu $2^{k+1} > 2k^2$. Wäre nun (Antithese) $2k^2 \leq (k+1)^2$, so ergäbe

sich $2 \leq 1 + \frac{2}{k} + \frac{1}{k^2} < 1 + \frac{2}{5} + \frac{1}{25} = 1,44$. q.e.a.

Übg. (3.) Es gilt $(\sqrt{c_1} - \sqrt{c_2})^2 \geq 0$; "=" $\Leftrightarrow c_1 = c_2$; $c_1, c_2 > 0$ reell

$\Rightarrow c_1 - 2\sqrt{c_1 c_2} + c_2 \geq 0 \Rightarrow \sqrt{c_1 c_2} \leq \frac{c_1 + c_2}{2}$; "=" $\Leftrightarrow c_1 = c_2$

$c_1 + c_2 \geq 2\sqrt{c_1 c_2} \,|\cdot \sqrt{c_1 c_2} \Rightarrow (c_1 + c_2)\sqrt{c_1 c_2} \geq 2(c_1 c_2) \Rightarrow \sqrt{c_1 c_2}$

$\geq \frac{2(c_1 c_2)}{c_1 + c_2} = \frac{2}{\frac{1}{c_1} + \frac{1}{c_2}}$; "=" $\Leftrightarrow c_1 = c_2$. Es gilt also $\frac{2}{\frac{1}{c_1} + \frac{1}{c_2}}$

$\leq \sqrt{c_1 c_2} \leq \frac{c_1 + c_2}{2}$; "=" $\Leftrightarrow c_1 = c_2$.

Es ist $(\sqrt{c_1 c_2})^2 = c_1 c_2 = \frac{2(c_1 c_2)}{c_1 + c_2} \cdot \frac{c_1 + c_2}{2}$, d.h. für $n = 2$

gilt: $M_G^2 = M_H \cdot M_A$. Im allgemeinen ist aber $M_G^2 \neq M_H \cdot M_A$ für $n > 2$

wie das folgende Beispiel zeigt: $c_1 = c_2 = \ldots = c_{n-1} = 1$; $c_n = 2^n$.

$M_H = \frac{n}{n - 1 + \frac{1}{2^n}}$; $M_G = 2$; $M_A = \frac{n - 1 + 2^n}{n}$.

Behauptung: $\sqrt{M_H M_A} > M_G$ bzw. $M_H \cdot M_A > M_G^2$, $M_H \cdot M_A = \frac{n - 1 + 2^n}{n - 1 + 2^{-n}} > 4 =$

$\qquad\qquad M_G^2$ für $n \geq 3$.

Beweis durch vollständige Induktion

1. I.S. $n = 3$: $\frac{80}{17} > 4$

2. I.S. α) I.A.: Es gilt $\frac{n - 1 + 2^n}{n - 1 + 2^{-n}} > 4$ für $3 < n \leq k$

β) Induktionsbeweis (indirekt):

Es gibt ein k ($k \geq 4$) für das $\frac{k + 2^{k+1}}{k + \frac{1}{2^{k+1}}} \leq 4$ ist.

$\Rightarrow \frac{k + 2^{k+1}}{k+1} < 4 \Rightarrow \frac{2^{k+1}}{k+1} < 4$, nach a) gilt $(k+1)^2 < 2^{k+1}$ für

$k \geq 4$, also $(k+1)^2 < 2^{k+1} < 4(k+1) \Rightarrow k^2 + 2k + 1 < 4k + 4 \Rightarrow k^2 - 2k + 1 < 4$

$\Rightarrow (k-1)^2 < 4 \overset{(k>4)}{\Rightarrow} 9 < 4$. q.e.a.

$M_A = \frac{c_1 + c_2}{2} \Rightarrow (c_1 - M_A) = (M_A - c_2)$. $M_G = \sqrt{c_1 c_2} \Rightarrow c_1 : M_G = M_G : c_2$ (M_G ist mittlere Proportionale von c_1 und c_2). $M_H = \dfrac{2c_1 c_2}{c_1 + c_2} \Rightarrow c_1(M_H - c_2) = c_2(c_1 - M_H) \Rightarrow (c_1 - M_H):(M_H - c_2) = c_1:c_2$.

Zum letzten Teil der Aufgabe wird auf den Aufsatz des Verfassers "Zu Cauchy's Satz über das harmonische, geometrische und arithmetische Mittel" in "Beiträge zum Mathematikunterricht 1970" (Schrödel Verlag) verwiesen.

Übg.(4.)   W.G.d.R.[+]: Seite 19 und Seite 20

Übg.(5.) $\displaystyle\sum_{k=0}^{n} q^k = \dfrac{q^{n+1}-1}{q-1}$; $q \neq 1$, $q = \cos\alpha + i\sin\alpha$; $\alpha \neq 2m\pi$ (m ganz rat.),

$q^k \overset{\text{Moivre}}{=} \cos(k\alpha) + i\sin(k\alpha) \Rightarrow \displaystyle\sum_{k=0}^{n} q^k = \sum_{k=0}^{n}(\cos k\alpha + i\sin k\alpha) =$

$\displaystyle\sum_{k=0}^{n} \cos k\alpha + i\sum_{k=0}^{n}\sin k\alpha$; $\dfrac{q^{n+1}-1}{q-1} = \dfrac{1-q^{n+1}}{1-q} \overset{\text{Moivre}}{=}$

$\dfrac{1-\cos(n+1)\alpha - i\sin(n+1)\alpha}{1-\cos\alpha - i\sin\alpha} =$ (Es gilt $1-\cos\varphi = 2\sin^2\frac{\varphi}{2}$, $\sin\varphi =$

$2\sin\frac{\varphi}{2}\cdot\cos\frac{\varphi}{2}$) $= \dfrac{2\cdot\sin^2\frac{(n+1)\alpha}{2} - 2i\sin\frac{(n+1)\alpha}{2}\cdot\cos\frac{(n+1)\alpha}{2}}{2\sin^2\frac{\alpha}{2} - 2i\sin\frac{\alpha}{2}\cos\frac{\alpha}{2}} =$

$= \dfrac{\sin\frac{(n+1)\alpha}{2}}{\sin\frac{\alpha}{2}} \cdot \dfrac{\sin\frac{(n+1)\alpha}{2} - i\cos\frac{(n+1)\alpha}{2}}{\sin\frac{\alpha}{2} - i\cos\frac{\alpha}{2}}$ (Erweitern mit i)

$= \dfrac{\sin\frac{(n+1)\alpha}{2}}{\sin\frac{\alpha}{2}} \cdot \dfrac{\cos\frac{(n+1)\alpha}{2} + i\sin\frac{(n+1)\alpha}{2}}{\cos\frac{\alpha}{2} + i\sin\frac{\alpha}{2}} \overset{\text{Moivre}}{=}$

$\dfrac{\sin\frac{(n+1)\alpha}{2}}{\sin\frac{\alpha}{2}}(\cos n\frac{\alpha}{2} + i\sin n\frac{\alpha}{2}) = \dfrac{\sin\frac{(n+1)\alpha}{2}\cos n\frac{\alpha}{2}}{\sin\frac{\alpha}{2}} +$

$i\dfrac{\sin\frac{(n+1)\alpha}{2}\cdot\sin n\frac{\alpha}{2}}{\sin\frac{\alpha}{2}} \cdot \displaystyle\sum_{k=0}^{n}\cos k\alpha = \dfrac{\sin\frac{(n+1)\alpha}{2}\cdot\cos\frac{n\alpha}{2}}{\sin\frac{\alpha}{2}}$;

$\displaystyle\sum_{k=0}^{n}\sin k\alpha = \dfrac{\sin\frac{(n+1)\alpha}{2}\cdot\sin\frac{n\alpha}{2}}{\sin\frac{\alpha}{2}} \cdot \sum_{k=1}^{n}\cos k\alpha = \dfrac{\sin\frac{(n+1)\alpha}{2}\cdot\cos\frac{n\alpha}{2}}{\sin\frac{\alpha}{2}}$

-1 (mit $\sin\varphi\cdot\cos\psi = \frac{1}{2}(\sin(\varphi-\psi) + \sin(\varphi+\psi)) =$

$\dfrac{\sin\frac{\alpha}{2} + \sin\frac{2n+1}{2}\alpha}{2\cdot\sin\frac{\alpha}{2}} - 1 = \dfrac{\sin\frac{2n+1}{2}\cdot\alpha}{2\cdot\sin\frac{\alpha}{2}} - \dfrac{1}{2}$.

+) Mit "W.G.d.R." wird hier und im folgenden Text das auf Seite 1
   zitierte Buch des Verfassers abgekürzt bezeichnet.

Die im Text genannten Formeln ergeben sich, wenn die Formel

$$\sum_{k=0}^{n} (\cos k\alpha + i\sin k\alpha) = \sum_{k=0}^{n} \cos k\alpha + i \sum_{k=0}^{n} \sin k\alpha -$$

$$= \frac{1-\cos (n+1)\alpha - i\sin (n+1)\alpha}{1 - \cos\alpha - i \sin\alpha} \text{ mit } (1 - \cos\alpha + i \sin\alpha) \text{ erweitert}$$

und $\cos (\varphi-\psi) = \cos\varphi \cos\psi + \sin\varphi \sin\psi$ bzw. $\sin (\varphi-\psi) =$
$\sin\varphi \cos\psi - \cos\varphi \sin\psi$ beachtet wird.

Übg.(6.) 1. I.S. $n = 1$: $|\alpha_1| = |\alpha_1|$

       $n = 2$: in der Vorlesung bewiesen.

2. I.S. a) Induktionsannahme: $|\prod_{l=1}^{n} \alpha_l| = \prod_{l=1}^{n} |\alpha_l|$

    für $2 < n \leq k$ richtig .

β) Induktionsbeweis: $|\prod_{l=1}^{k+1} \alpha_l| = |(\prod_{l=1}^{k} \alpha_l)\alpha_{k+1}| \overset{1.\text{I.S.}}{=}$

$|\prod_{l=1}^{k} \alpha_l| \cdot |\alpha_{k+1}| \overset{\text{I.A.}}{=} (\prod_{l=1}^{k} |\alpha_l|)|\alpha_{k+1}| = \prod_{l=1}^{k+1} |\alpha_l|.$

Übg.(7.) Da die Zahlen $g\cdot\alpha$ ($g = 0, \pm 1, \pm 2,\ldots,\alpha$ komplex) einen Teilbereich
des Körpers der komplexen Zahlen bilden, braucht nur noch gezeigt
zu werden, daß die Summe zweier solcher Zahlen wieder eine Zahl der
Gestalt $g\cdot\alpha$ ist und daß $A_{III}^{(\mathcal{G})}$ gilt: $(g_1\alpha) + (g_2\alpha) = (g_1+g_2)\alpha$;
$\left((g_1+g_2)\in\mathcal{Z}\right)$ $(g_1\alpha) + x = g_2\alpha$ wird durch $x = (g_2-g_1)\alpha$, $\left((g_2-g_1)\in\mathcal{Z}\right)$
gelöst. Wegen $\alpha+\beta = \beta+\alpha$ für beliebige komplexe Zahlen α,β ist diese
Gruppe kommutativ.

Übg.(8.) Es ist u.a. $A_I^{(\mathcal{G})}$ verletzt, da $(4-2)-1 = 1 \neq 4-(2-1) = 3$.

Übg.(9.) 1. $A_0^{(\mathcal{G})}$: $r_1\alpha + r_2\alpha = (r_1+r_2)\alpha$; r_1,r_2 reell $\Rightarrow (r_1+r_2)$ reell.
$A_I^{(\mathcal{G})}$ und $A_{II}^{(\mathcal{G})}$ gelten im Körper der komplexen Zahlen, also auch
für den Bereich der Zahlen $r\alpha$ (r reell, α "fest" komplex).
$A_{III}^{(\mathcal{G})}$: $r_1\alpha + x = r_2\alpha$ wird durch $(r_2-r_1)\alpha$, (r_2-r_1) reell, gelöst.

2. $A_0^{(\mathcal{G})}$ ist verletzt: $(\rho_1\alpha)(\rho_2\alpha) = (\rho_1\cdot\rho_2\alpha)\alpha$. $(\rho_1\cdot\rho_2\alpha)$ ist reell genau
dann, wenn α reell ist. Die Menge der Zahlen $\rho\cdot\alpha$(α "feste" reelle
Zahl, $\rho \neq 0$) bildet nun eine abelsche Gruppe: $A_0^{(\mathcal{G})}$ ist erfüllt, denn
$\rho_1\cdot\rho_2\alpha$ ist reell. $A_I^{(\mathcal{G})}$, $A_{II}^{(\mathcal{G})}$ gelten im reellen Zahlkörper, also
auch für einen beliebigen Teilbereich. $A_{III}^{(\mathcal{G})}$: $(\rho_1\alpha) x = \rho_2\alpha$ hat
als Lösung $\frac{1}{\rho_1}\cdot\rho_2$. Für $\alpha = 0$ besteht die Gruppe nur aus dem 0-Element.

Übg.(10.) 1.I.S.: n=4, $p_4 = 7$, $2^{2^2}=16 \Rightarrow 7 < 16$

2.I.S.: α) I.A. $p_n < 2^{2^{n-2}}$ für n mit $k > n \geq 4$ richtig. β) Es muß gezeigt werden, daß $p_{k+1} < 2^{2^{k+1-2}}$ $(= 2^{2^{k-1}})$ ist. Nun ist $p_{k+1} \leq$

$2 \cdot 3 \cdot 5 \cdot 7 \cdot 11 \cdot p_6 \cdot \ldots \cdot p_k + 1$ ($p_1 p_2 \cdot \ldots \cdot p_k + 1$ ist kein Produkt von Potenzen der PZ $p_1, p_2, \ldots, p_k$, da $p_1 p_2 \cdot \ldots \cdot p_k + 1$ bei Division mit $p_\nu (\nu = 1,2,\ldots,k)$ den Rest 1 läßt. Es ist also $p_1 p_2 \cdot \ldots \cdot p_k + 1 =$ $p_{k+1}^{\nu_1} \cdot p_{k+2}^{\nu_2} \cdot \ldots$ ($\nu_1 \geq 0$, $\nu_2 \geq 0, \ldots$), d.h. $p_1 \cdot p_2 \cdot \ldots \cdot p_k + 1 \geq p_{k+1}$)

$$p_{k+1} \overset{\text{I.A.}}{<} (2 \cdot 3 \cdot 5 \cdot 7 \cdot 11) \cdot 2^{2^4} \cdot 2^{2^5} \cdot \ldots \cdot 2^{2^{k-2}} + 1 < 2310 \cdot 2^{2^4 + 2^5 + \ldots + 2^{k-2}} + 1$$

$$= 2310 \cdot 2^{2^4(2^{k-5}-1)} + 1 < \underbrace{2310 \cdot 2^{-15}}_{< \frac{1}{2}} \cdot 2^{2^{k-1}} + 1 < 2^{2^{k-1}-1} + 1 < 2^{2^{k-1}-1} +$$

$$2^{2^{k-1}-1} = 2^{2^{k-1}}.$$

Übg.(11.) W.G.d.R.: Seite 22 und Seite 71.

Übg.(12.) Sind a und b die Seitenlängen der Rechtecke mit konstanter Summe $S = a+b$, so gilt für die Fläche des Rechtecks $F = a \cdot b = (\frac{S}{2})^2 - (\frac{a-b}{2})^2$. Für $a \neq b$ ist demnach $F < (\frac{S}{2})^2$, während genau für $a=b$ (Quadrat) $F = (\frac{S}{2})^2$ gilt.

Übg.(13.) In a^2-b^2 sind folgende Fälle möglich 1) a und b gerade, 2) a und b ungerade, 3) a gerade, b ungerade, 4) a ungerade, b gerade. In all diesen Fällen haben wir aber gesehen, daß a^2-b^2 entweder durch 4 teilbar ist oder bei Division mit 4 den Rest 1 läßt. Damit kann a^2-b^2 nie bei Division mit 4 den Rest 2 besitzen.

Übg.(14.) Voraussetzungen: (1) $R_m(a) = R_m(R_m(a))$; (2) $R_m(a+s \cdot m) = R_m(a)$
Übg.(15.) 1.I.S. n=1: $R_m(a_1) \overset{(1)}{=} R_m(R_m(a_1))$, n=2: $R_m(a_1 \cdot a_2) =$ (mit $a_\nu = q_\nu \cdot m + R_m(a_\nu)$, $\nu =1,2$, $0 \leq R_m(a_\nu) \leq m-1$) $R_m(q_1 \cdot q_2 \cdot m^2 + (q_1+q_2) \cdot m + R_m(a_1) \cdot R_m(a_2)) \overset{(2)}{=} R_m(R_m(a_1) \cdot R_m(a_2))$.

2.I.S. 1) I.A. Für $k \geq 2$ ist die Behauptung richtig.
2) Induktionsschluß: $R_m((\prod_{l=1}^{k} a_l) \cdot a_{k+1}) \overset{\text{1.I.S.}}{=} R_m(R_m(\prod_{l=1}^{k} a_l) \cdot R_m(a_{k+1}))$

$$\overset{\text{I.A.1.I.S.}}{=} R_m(R_m(\prod_{l=1}^{k} R_m(a_l)) \cdot R_m(R_m(a_{k+1}))) \overset{\text{1.I.S.}}{=} R_m((\prod_{l=1}^{k} R_m(a_l)) \cdot R_m(a_{k+1})) =$$

$$R_m(\prod_{l=1}^{k+1} R_m(a_l)). \text{ q.e.d.}$$

Übg.(16.) $R_m(a \cdot b) \overset{(I_5)}{=} R_m(R_m(a) \cdot R_m(b)) = R_m(R_m(R_m(a)) \cdot R_m(b)) \overset{(I_5)}{=} R_m(R_m(a) \cdot b). \text{q.e.d.}$

Übg.(17.)Für $r_m(a) \neq R_m(a)$ ist $r_m(a) = R_m(a) - m$ mit $\frac{m}{2} < R_m(a) \leq m-1$. $a > 0$:

für $R_m(a) \neq 0$ gilt $R_m(-a) \overset{\text{Def.}}{=} m-R_m(a) \Rightarrow -R_m(-a) = R_m(a)-m \overset{\text{Def.}}{=} r_m(a)$

für $r_m(a) \neq R_m(a)$. $a < 0$: $a = q \cdot m + R_m(a)$, $-a > 0 \Rightarrow R_m(a) = m - R_m(-a)$

(für $R_m(a) \neq 0$) $\Rightarrow -R_m(-a) = R_m(a)-m = r_m(a)$ für $r_m(a) \neq R_m(a)$. (Im

Falle $a = 0$ ist $r_m(0) = R_m(0)$).

Übg.(18.)Der Beweis verläuft völlig analog zu dem Beweis in Übg. (15.), es

muß nur R_m durch r_m ersetzt werden. Dabei ist lediglich $r_m(a_1 \cdot a_2)=$

$r_m(r_m(a_1) \cdot r_m(a_2))$ als "1.I.S." zu verwenden.

Übg.(19.)$t/a \Rightarrow t^n/a^n$: $t/a \Rightarrow a = q \cdot t \Rightarrow a^n = q^n \cdot t^n \Rightarrow t^n/a^n$

$t^n/a^n \Rightarrow t/a$ (ohne Primfaktorzerlegung): Wir zeigen $(t,a) = t$

$(\Leftrightarrow t/a)$: Es sei $(t,a) = d \Rightarrow (\frac{t}{d}, \frac{a}{d}) = 1 \Leftrightarrow ((\frac{t}{d})^n, (\frac{a}{d})^n) = 1 \Rightarrow$

Es existieren ganze Zahlen A,B mit $A \cdot \frac{t^n}{d^n} + B \cdot \frac{a^n}{d^n} = 1$; n.V. ist

$a^n = q \cdot t^n$, also gilt $A \cdot t^n + B \cdot q \cdot t^n = d^n \Rightarrow t^n/d^n$; wegen $(t,a) = d$ ist

$d/t \Rightarrow$ (mit dem ersten Beweisteil) d^n/t^n. Damit ist nach (I_6)

$d^n = t^n$, also $d=t$. q.e.d.

Übg.(20.)Voraussetzung: Jede natürliche Zahl größer als 1 ist entweder eine PZ

oder ein Produkt von mindestens zwei PZ.

Behauptung: Eine natürliche Zahl m (m > 1) hat - bis auf die Reihen-

folge der Faktoren - genau eine Darstellung als Produkt von Primfak-

toren.

Beweis mit vollständiger Induktion nach der kleinsten Anzahl der in

m vorkommenden Primfaktoren.

1.I.S. n=1, dann ist m eine Primzahl und wir sind fertig.

n=2 : m sei das Produkt von mindestens zwei Primzahlen : $m = p_{(1)} \cdot p_{(2)}$.

Wir nehmen an, daß es noch die folgende Darstellung habe: $m = p'_{(1)} p'_{(2)} \cdot$

$\cdots \cdot p'_{(s)}$, $s \geq 2$. $\Rightarrow p_{(1)} \cdot p_{(2)} = p'_{(1)} \cdot p'_{(2)} \cdot \cdots \cdot p'_{(s)}$; o.B.d.A. teilt

$p_{(1)} \overset{+)}{/} p'_{(1)}$ und da $p_{(1)}$ und $p'_{(1)}$ Primzahlen so ist $p_{(1)} = p'_{(1)}$ und es

bleibt $p_{(2)} = p'_{(2)} p'_{(3)} \cdot \cdots \cdot p'_{(s)}$, $p_{(2)}$ ist PZ, also muß $s = 2$ und

$p_{(2)} = p'_{(2)}$ sein.

2.I.S. α) I.A. Die Behauptung gilt für m mit einer Zerlegung in

mindestens k (k $\geq$ 2) Primfaktoren.

β) I.B.: m hat mindestens (k+1) Primfaktoren $m = p_{(1)} \cdot p_{(2)} \cdot \cdots \cdot p_{(k)} \cdot$

$p_{(k+1)}$; angenommen m habe noch eine weitere Zerlegung

$m = p'_{(1)} p'_{(2)} \cdots p'_{(l)}$ mit $l \neq k+1$, dann ist $p_{(1)} \cdot p_{(2)} \cdots p_{(k)} \cdot p_{(k+1)} = p'_{(1)} \cdot p'_{(2)} \cdots p'_{(l)}$, o.B.d.A. teile [+)] $p_{k+1} \quad p'_{(1)}$, dann ist wegen

$p_{k+1} = p'_{(1)}$: $p_{(1)} \cdot p_{(2)} \cdots p_{(k)} = p_{(1)} \cdots p'_{(l-1)}$. Nun hat $m^* = p_{(1)} \cdot p_{(2)} \cdots p_{(k)}$ eine eindeutige PF-Zerlegung (bis auf die Reihenfolge der Faktoren). Die $p_{(1)}, p_{(2)}, \ldots, p_{(k)}$ stimmen mit den $p'_{(1)}, \ldots, p'_{(l-1)}$ überein (und es ist $k=l-1$). Damit hat auch $m = p_{(1)} \cdot m^*$ eine solche Zerlegung. q.e.d.

Übg.(21.) $25_{10} \hat{=} 34_7$; $125_{10} \hat{=} 236_7$; $2000_{10} \hat{=} 5555_7$; $25_{10} \hat{=} 21_{12}$;

$125_{10} \hat{=} \alpha5_{12}$; $2000_{10} \hat{=} 11\alpha8_{12}$.

Übg.(23.) $N = \sum\limits_{\nu=0}^{n} A_\nu \cdot 10^\nu$; $0 \le A_\nu \le 9$, $\nu = 0,1,\ldots,n-1$; $1 \le A_n \le 9$. $R_{16}(10) = 10$;

$R_{16}(100) = 4$; $R_{16}(1000) = 8$; $R_{16}(10000) = 0$ $N = \left(\sum\limits_{\nu=4}^{n} A_\nu 10^{\nu-4} \right) \cdot 10^4 +$

$A_3 \cdot 10^3 + A_2 \cdot 10^2 + A_1 \cdot 10 + A_0$; $R_{16}(N) = R_{16}(A_3 \cdot 1000 + A_2 \cdot 100 + A_1 \cdot 10 + A_0)$

$= R_{16}(100(10A_3 + A_2) + (10A_1 + A_0)) = R_{16}(R_{16}(100(10A_3 + A_2)) + R_{16}(10A_1 + A_0)) =$

$R_{16}(R_{16}(R_{16}(100) \cdot R_{16}(10A_3 + A_2)) + R_{16}(R_{16}(10A_1 + A_0)) = R_{16}(4 \cdot R_{16}(10A_3 + A_2)$

$+ R_{16}(10A_1 + A_0)$

$16/N \Longleftrightarrow 16/4 \cdot R_{16}(10A_3 + A_2) + R_{16}(10A_1 + A_0)$

$16/N \Longleftrightarrow 16/(A_3 10^3 + A_2 10^2 + A_1 10 + A_0)$.

Übg.(24.) $N = \sum\limits_{\nu=0}^{n} A_\nu \cdot 5^\nu$, $0 \le A_\nu \le 4$, $1 \le A_n \le 4$, $\nu = 0,1,\ldots,n-1$.

$R_{2;4}(5) = 1$, $R_{2;4}(5^2) = 1, \ldots, R_{2;4}(5^\nu) = 1$ für $\nu = 0,1,\ldots$

$R_3(5) = -1$, $R_3(5^2) = 1, \ldots; R_3(5^\nu) = (-1)^\nu$ für $\nu = 0,1,\ldots$

$R_{2;3;4}(N) = R_{2;3;4}\left(\sum\limits_{\nu=0}^{n} A_\nu 5^\nu \right) = R_{2;3;4}\left(\sum\limits_{\nu=0}^{n} R_{2;3;4}(R_{2;3;4}(A_\nu)) \right.$

$$R_{2;3;4}(5^\nu))) = \begin{cases} R_{2;4}\left(\sum\limits_{\nu=0}^{n} R_{2;4}(R_{2;4}(A_\nu)) \right) = R_{2;4}\left(\sum\limits_{\nu=0}^{n} R_{2;4}(A_\nu) \right) \\[2ex] R_3\left(\sum\limits_{\nu=0}^{n} R_3((-1)^\nu \cdot R_3(A_\nu)) \right) = R_3\left(\sum\limits_{\nu=0}^{n} (-1)^\nu \cdot R_3(A_\nu) \right) \end{cases}$$

$$= \begin{cases} R_{2;4}\left(\sum\limits_{\nu=0}^{n} A_\nu \right) \\[2ex] R_3\left(\sum\limits_{\nu=0}^{n} (-1)^\nu A_\nu \right) \end{cases}$$

$2,4/N \quad \Longleftrightarrow 2,4/ \sum\limits_{\nu=0}^{n} R_{2;4}(A_\nu)$ bzw. $R_{2;4}\left(\sum\limits_{\nu=0}^{n} A_\nu \right)$

$3/N \quad \Longleftrightarrow 3/ \sum\limits_{\nu=0}^{n} (-1)^\nu R_3(A_\nu)$ bzw. $R_3\left(\sum\limits_{\nu=0}^{n} (-1)^\nu A_\nu \right)$.

[+)] wegen (I_9).

Übg.(25.) W.G.d.R.: Seite 21 und Seite 22.

Übg.(26.) $r_7(n^4) = r_7(r_7(n)^4)$; $r_7(n^4-n) = r_7(r_7(n^4)-r_7(n))$

$$r_7(n) = \quad 0 \quad 1 \quad 2 \quad 3 \quad -3 \quad -2 \quad -1$$
$$r_7(n^4) \quad = 0 \quad 1 \quad 2 \quad -3 \quad -3 \quad 1 \quad 1$$
$$r_7(n^4-n) = 0 \quad 0 \quad 0 \quad 1 \quad 0 \quad -3 \quad 2$$

$1 \leq n \leq 1001$; jeder 7-er-Rest tritt genau $\frac{1001}{7} = 143$ mal auf;

$7/n^4-n$ in $4\cdot143 = 572$ Fällen, in $3\cdot143 = 429$ Fällen ist $R_7(n^4-n)\neq0$;

es gewinnt also der Spieler auf die Dauer.

$7 \nmid a+b\cdot7+c\cdot7^2$, denn a ist stets $\neq$ 0 und $b\cdot7+c\cdot7^2$ durch 7 teilbar.

Folgende Zahlen können gewürfelt werden: $1+1\cdot7+1\cdot7^2 = 57 \leq n \leq$

$6+6\cdot7+6\cdot7^2 = 342$ und $n \neq 7\cdot k$. Jeder der von 0 verschiedenen 7er-

Reste tritt $49-8 = 41$ mal auf. In je 123 Fällen ist $7/(n^4-n)$ bzw.

$7\nmid(n^4-n)$ und keiner der beiden Spieler gewinnt bzw. verliert auf

die Dauer.

Übg.(27.) Annahme: $\sqrt{3} = \frac{a}{b}$; $(a,b) = 1$, $1 < \sqrt{3} < 2 \Rightarrow 1 < \frac{a}{b} < 2 \Rightarrow b < a < 2b$

$\Rightarrow 0 < a-b < b$; $3 = \frac{a^2}{b^2} \Rightarrow 3b^2 - ab = a^2-ab \Rightarrow b(3b-a) = a(a-b) \Rightarrow$

$\frac{a}{b} = \frac{3b-a}{a-b} \Rightarrow$ q.e.a. (wegen $(a,b) = 1$ und $(a-b) < b$)

Für $\sqrt{4}$ ($= 2$) sind keine natürlichen Zahlen n und (n+1) angebbar mit

$n < \sqrt{4} < (n+1)$.

$\sqrt{5} = \frac{a}{b}$; $(a,b) = 1$, $2 < \sqrt{5} < 3 \Rightarrow 2 < \frac{a}{b} < 3 \Rightarrow 2b < a < 3b \Rightarrow$

$0 < a-2b < b$; $5 = \frac{a^2}{b^2} \Rightarrow 5b^2-2ab =a^2-2ab \Rightarrow b(5b-2a)=a(a-2b) \Rightarrow$

$\frac{5b-2a}{a-2b} = \frac{a}{b}$ q.e.a.

Übg.(28.) Ist die "Lieblingszahl" nicht zu 10 relativ prim, so resultiert

aus dem angegebenen Verfahren lediglich eine Zahl, die unter Ver-

wendung der "Lieblingsziffer" und der Ziffer Null geschrieben wer-

den kann und die ein Vielfaches der Lieblingszahl ist.

Übg.(29.) Zum Ergebnis können beliebige ganzzahlige Vielfache von 99 addiert

werden. Allgemein kann das richtige Ergebnis so gefälscht werden.

daß sich bei der Fälschung weder die einfache Quersumme noch die ein-

fache alternierende Quersumme ändert. Etwa $1234\cdot11 = 13574$ ("=")

57134("=") 43571 o.ä.

Übg.(30.) $\overline{abcabc}$ = 1001 $\cdot(\overline{abc})$; 1001 = 7·11·13 Teiler von $\overline{abc}$ $\overline{abc}$ sind also
stets (1), 7,11,13,77,91,143,(1001).
$\overline{abcabcabc}$ = 1001001·($\overline{abc}$)
7,11,13,37 ✗ 1001001 $\Rightarrow$ $\overline{abcabcabc}$ wird genau dann durch 7 bzw. 11
bzw. 13 bzw. 37 geteilt, wenn $\overline{abc}$ durch diese Zahlen teilbar ist.

Übg.(31.) Es muß lediglich von einer durch 999 teilbaren Zahl (dreifache
Quersumme ist durch 999 teilbar) ausgegangen werden.

Übg.(32.) Endet die vermittels der Ziffern 3 und 0 gebildete Zahl mit einer
Null, so müssen Nullen in gerader Anzahl am Ende stehen ($10/N^2 \Rightarrow$
$10/N \Rightarrow 10^2/N^2$; $((10^k/N) \Rightarrow (10^{2k}/N^2))$. Es wärendemnach nur solche
Bildungen als Quadratzahlen möglich (etwa 3003300). Dann muß aber
gelten: $N = 10^k \cdot N'$ mit $(N',10) = 1$. Das bedeutet aber $(N')^2 = 101 \pm 1$,
$\pm 4+101$, 5+101, so daß nie an der letzten Stelle von N'^2 die Ziffer 3
stehen kann.

Übg.(33.) $A(n) = \{[\alpha_k]; [\alpha_k] < n\}$ hat genau $\left[\frac{n}{\sqrt{2}}\right]$ Elemente:
$[\alpha_k] = [k\sqrt{2}] < n \Rightarrow n > k\sqrt{2} \Rightarrow k < \frac{n}{\sqrt{2}} \Rightarrow k \leq \left[\frac{n}{\sqrt{2}}\right]$; $k \geq 1$ und
$[\alpha_{k_1}] \neq [\alpha_{k_2}] <\Rightarrow k_1 \neq k_2$ $(k_1 \neq k_2 \Rightarrow$ (o.B.d.A.) $k_1 < k_2' = k_1+1$
$[k_1\sqrt{2}] = [k_1\sqrt{2} + 1\cdot\sqrt{2}]^{21)} = [k_1\sqrt{2}] + [1\sqrt{2}] + \{^0_1 \Rightarrow 0 = [1\sqrt{2}] + \{^0_1$
für $1 \geq 1$ q.e.a.)
$A'(n) = \{[\alpha_k']; [\alpha_k'] < n\}$ hat genau $n-1-\left[\frac{n}{\sqrt{2}}\right]$ Elemente:
$[\alpha_k'] = [k(2+\sqrt{2})] < n \Rightarrow n > k(2+\sqrt{2}) \Rightarrow k < \frac{n}{2+\sqrt{2}} = \frac{2n-\sqrt{2}\cdot n}{2}$;
$k \leq \left[n - \frac{\sqrt{2}\cdot n}{2}\right]^{(20_2)} = n-1-\left[\frac{n}{\sqrt{2}}\right]$ und außerdem ist $\alpha_{k_1}' \neq \alpha_{k_2}' <\Rightarrow k_1 \neq k_2$
$(k_1 \neq k_2 \Rightarrow$ (o.B.d.A.) $k_1 < k_2 = k_1+1 \Rightarrow [2k_1+k_1\sqrt{2}] = [2(k_1+1)+$
$\sqrt{2}(k_1+1)]$
$2k_1+[k_1\sqrt{2}] = 2(k_1+1) + [\sqrt{2}(k_1+1)] = 2(k_1+1) + [k_1\sqrt{2}] + [1\sqrt{2}] + \{^0_1$
$\Rightarrow 0 = 21 + [1\sqrt{2}] + \{^0_1$ für $1 \geq 1$ q.e.a.
Folgerung: $A(n) \cup A'(n) \subset \{1,2,\ldots,n-1\}$, d.h. $A(n)$ und $A'(n)$ enthalten zusammen höchstens die ersten (n-1) natürlichen Zahlen
($n \geq 2$; für $n = 1$ ergibt sich: $A(1) = \{[0\sqrt{2}]\}$, $A'(1) = \{[0(2+\sqrt{2})]\}$);
n=2: $A(2) = \{[1\sqrt{2}]\} = \{1\}$; $A'(2) = \{[0(2+\sqrt{2})]\}$; n=3: $A(3) = \{1,2\}$;
$A'(3) = \{0\}$; n=4: $A(4) = \{1,2\}$; $A'(4) = \{3\}$.)

Behauptung $(A(n) \cup A'(n)) = \{1,2,\dots,n-1\}$ für $n \geq 2$ und

$A(n) \cap A'(n) = \emptyset$ für $n \geq 2$.

1.I.S. Für $n = 2,3,4$ ist die Behauptung richtig. s.o.

2.I.S. α) I.A. $A(1) \cup A'(1) = \{1,2,\dots,1-1\}$ für $1 \geq 2$

     β) I.Schluß: Induktionsbehauptung:
$$A(1+1) \cup A'(1+1) \overset{!}{=} \{1,2,\dots,1\}.$$

Induktionsbeweis:

P.d. ist: $A(1+1) \supset A(1)$; $A'(1+1) \supset A'(1)$. $A(1) \cap A'(1) = \emptyset$, da $A(1)$ genau $\left[\frac{1}{\sqrt{2}}\right]$ und $A'(1)$ genau $1-1-\left[\frac{1}{\sqrt{2}}\right]$ Elemente enthalten und nach I.A. $A(1) \cup A'(1) = \{1,2,\dots,1-1\}$ ist. Es muß nur noch gezeigt werden, daß entweder $A(1+1)$ oder $A'(1+1)$ ein weiteres Element enthält, das nicht schon unter den $1,2,\dots,1-1$ vorkommt (denn alle Elemente von $A(1+1)$ bzw. $A'(1+1)$ sind p.d. kleiner als $1+1$):

$$\left[\frac{1+1}{\sqrt{2}}\right] = \left[\frac{1}{\sqrt{2}}\right] + 1 \;\Longleftrightarrow\; 1 - \left[\frac{1+1}{\sqrt{2}}\right] = 1-1 - \left[\frac{1}{\sqrt{2}}\right];$$

$$\left[\frac{1+1}{\sqrt{2}}\right] = \left[\frac{1}{\sqrt{2}}\right] \;\Longleftrightarrow\; 1 - \left[\frac{1+1}{\sqrt{2}}\right] = 1 - \left[\frac{1}{\sqrt{2}}\right]. \quad \text{Beweis:}$$

$$\left[\frac{1+1}{\sqrt{2}}\right] = \left[\frac{1}{\sqrt{2}}\right] + \left[\frac{1}{\sqrt{2}}\right] + \{^0_1 = \left[\frac{1}{\sqrt{2}}\right] + \{^0_1 \;\Longleftrightarrow\; 1 - \left[\frac{1+1}{\sqrt{2}}\right] = 1 - \left[\frac{1}{\sqrt{2}}\right] - \{^0_1.$$

q.e.d.

Damit gibt es zu jedem n ($n \geq 1$, n natürlich, genau ein Glied der Folge $\left[\alpha_k\right]$ oder $\left[\alpha'_k\right]$ und da diese Glieder für $k \geq 1$ stets natürliche Zahlen sind, ist die Aufgabe gelöst.

Übg.(34.) $n! = \prod_{p \leq n} p^{e_p}; \; e_p = \sum_{1=1}^{\infty} \left[\frac{n}{p^1}\right]$, $n = 30$

p : $2,3,5,7,11,13,17,19,23,29;$

1 : $\leq 4, \; \leq 3, \; \leq 2, \; \leq 1, \; \leq 1, \; \leq 1, \; \leq 1, \; \leq 1, \; \leq 1, \; \leq 1;$

e_p: $15+7+3+1, \; 10+3+1, \; 6+1, \; 4,2,2,1,1,1,1;$

     $30! = 2^{26}\cdot 3^{14}\cdot 5^7\cdot 7^4\cdot 11^2\cdot 13^2\cdot 17\cdot 19\cdot 23\cdot 29.$

Übg.(35.) $R_p\left(\binom{1}{p}\right) = R_p\left(\left[\frac{1}{p}\right]\right) \overset{!}{\dashrightarrow} R_p\left(\binom{1+1}{p}\right) = R_p\left(\left[\frac{1+1}{p}\right]\right)$

$1 = q\cdot p + r; \; 1 \leq r \leq p-2; \; p \geq 3; \; p \; PZ; \; q = \left[\frac{1}{p}\right]$.

$R_p\left(\binom{1+1}{p}\right) \overset{\text{Pascal}}{=} R_p\left(\binom{1}{p}\right) + R_p\left(\binom{1}{p-1}\right) \overset{\text{I.A.}}{=} R_p\left(\left[\frac{1}{p}\right]\right)$

$+ R_p\left(\binom{1}{p-1}\right) = R_p(q) + R_p\left(\binom{1}{p-1}\right)$. Wegen $R_p\left(\left[\frac{1+1}{p}\right]\right)$

$= R_p\left(\left[\frac{q\cdot p + r - 1}{p}\right]\right) \overset{1 \leq r \leq p-2}{=} R_p(q)$ muß nur noch

$R_p((\binom{1}{p-1})) = 0$ gezeigt werden: $\binom{1}{p-1} =$

$\binom{p \cdot q + r}{p-1} = \dfrac{(p \cdot q + r)(p \cdot q + r - 1) \cdot \ldots \cdot (p \cdot q + r - p + 2)}{(p-1)(p-2) \cdot \ldots \cdot 2 \cdot 1}$, da nach

Voraussetzung $1 \le r \le p-2$, so steht im Zähler der Faktor

$(p \cdot q)$. Im Nenner kommt die Primzahl p nicht vor und damit

ist $\binom{1}{p-1}$ ein Vielfaches von p.   q.e.d.

Übg.(36.) !Falls m keine PZ, so gilt $\binom{m+p}{m}^{+)} \not\equiv 1(m)$; hier ist $m = p^r q_1$, p PZ, p/m,
   $p < m$, $(p,q_1) = 1$, $r \in \mathcal{N}$.!

   Bew.: $\binom{m+p}{m} = \binom{m+p}{p} \stackrel{P.d.}{=} \binom{m+p-1}{p-1} \cdot \dfrac{m+p}{p} = \binom{m+p-1}{p-1}(p^{r-1} q_1 + 1) =$

   $(p^{r-1} q_1 + 1) \cdot \dfrac{(m+p-1) \cdot (m+p-2) \cdot \ldots \cdot (m+1)}{(p-1)!}$. Weiter gilt $\mathcal{N} \ni \binom{m+p-1}{p-1} =$

   $\dfrac{(p-1)! + m \Lambda_1}{(p-1)!} = 1 + \dfrac{p^r \Lambda_2}{(p-1)!}$. (Alle Λ_ν gehören zu $\mathcal{N}$). Wegen $((p^r, (p-1)!) =$

   $1) \Rightarrow (p-1)! \, \Lambda_2$ folgt $\binom{m+p-1}{p-1} = 1 + p^r \Lambda_3$ und wir erhalten $\binom{m+p}{m} =$

   $1 + p^{r-1} q_1 + p^r \Lambda_4$. Aus $(\binom{m+p}{m} \stackrel{+)}{\equiv} 1(m)) \Rightarrow (\binom{m+p}{m} \stackrel{+)}{\equiv} 1(p^r))$ würde dann aber

   p/q_1 resultieren. q.e.a.

   Ist p PZ, so gilt $\binom{p}{p} = 1 \stackrel{+)}{\equiv} 1(p)$ und mit $1 \le q < p$ wird weiter

   $\binom{p+q}{p} = \binom{p+q}{q} = \dfrac{(p+q)(p+q-1) \cdot \ldots \cdot (p+1)}{q!} = \dfrac{q! \mp p \Lambda_4}{q!} = 1 + p\dfrac{\Lambda_4}{q!}$. Da $\binom{p+q}{p} \in \mathcal{N}$

   und $(q!, p) = 1$, ist wieder $q!/\Lambda_4$ oder $\binom{p+q}{1} \stackrel{+)}{\equiv} 1(p)$.   q.e.d.

Übg.(37.) Es ist zu zeigen: $\sqrt[k]{\dfrac{a}{b}}$ mit $(a,b) = 1$ und $\dfrac{a}{b} \not\equiv (\dfrac{r}{s})^k$ mit $(r,s) = 1$

   ist stets eine irrationale Zahl ($k \ge 2$, $k \in \mathcal{N}$).

   Annahme: $\sqrt[k]{\dfrac{a}{b}} = \dfrac{r}{s}$, $(r,s) = 1$, $\Rightarrow \dfrac{a}{b} = (\dfrac{r}{s})^k$ q.e.a.

Übg.(38.) $\lg \dfrac{a}{b}$, $(a,b) = 1$, $\alpha) \, \dfrac{a}{b} = 10^k$, $k \in \mathcal{J}$, $\Rightarrow \lg 10^k = k$;

   $\beta) \, \dfrac{a}{b} \not\equiv 10^k$: Es sei $\lg \dfrac{a}{b} = \dfrac{r}{s} \Rightarrow \dfrac{a}{b} = 10^{\frac{r}{s}}$; $\Rightarrow (\dfrac{a}{b})^s = 10^r \Rightarrow a^s = 10^r \cdot b^s$

   $s \ge 1$, $r \in \mathcal{J}$: $r = 0$: $a^s = b^s \Rightarrow a = b$ q.e.a.

   $r > 0$: $a^s = 10^r \cdot b^s \stackrel{(a,b)=1}{\Rightarrow} a^s = 10^r \cdot a' \Rightarrow b^s = a'$ im Widerspruch

   zu $(a,b) = 1$. $r < 0$: $10^{-r} \cdot a^s = b^s$; $b^s = 10^{-r} \cdot b' \Rightarrow a^s = b'$. q.e.a.

Übg.(39.) W.G.d.R.: Seite 54 und Seiten 83-85.

Übg.(40.) Es ist $ak + b = q_k m + r_k$, $0 \le r_k \le m-1$,

   $\Rightarrow \dfrac{ak+b}{m} = q_k + \dfrac{r_k}{m}$. Wegen $(a,m) = 1$ bildet nach (I_{19})

   $\{ak+b; \ k = 0,1,\ldots,m-1\}$ ein vollständiges Restsystem modulo m,

   also auch $\{r_k; k = 0,1,\ldots,m-1\}$ $\left[\dfrac{ak+b}{m}\right] = \left[q_k + \dfrac{r_k}{m}\right] = q_k + \left[\dfrac{r_k}{m}\right] = q_k$

+) $\not\equiv$ bzw $\equiv$ bedeutet hier (siehe Kapitel 2): läßt nicht bzw läßt bei
   Division mit dem in Klammern stehenden Divisor den Rest 1

$$\sum_{k=0}^{m-1}\left(\frac{ak+b}{m} - \left[\frac{ak+b}{m}\right]\right) = \sum_{k=0}^{m-1}\left(q_k + \frac{r_k}{m} - q_k\right) = \frac{1}{m}\cdot\sum_{k=0}^{m-1} r_k$$

$$= \frac{1}{m}\sum_{k=0}^{m-1} k = \frac{1}{m}\cdot\frac{(m-1)m}{2} = \frac{m-1}{2}, \text{ mit } m = p \ (PZ) \iff \varphi(m) = (m-1) \text{ folgt}$$

sofort die Behauptung.

Übg.(42.) $n = \prod\limits_{k=1}^{r} p_{(k)}^{2\alpha_k + 1}$; $p_{(k)} > 2$, $p_{(k_1)} \neq p_{(k_2)}$ für $k_1 \neq k_2$, $\alpha_k \geq 0$,

$p_{(k)}$ Primzahlen (für $p_{(1)} = 2$ ist z.B. $n = 6$ vollkommen).

Annahme: $2n = \sigma_1(n) = \prod\limits_{k=1}^{r} (1 + p_{(k)} + p_{(k)}^2 + \ldots + p_{(k)}^{2\alpha_k + 1})$, wobei die Fak-

toren des Produktes alle gerade sind. 1) $r > 1$: $\Rightarrow 2n = 2^r\cdot f \Rightarrow$

$n = 2^{r-1}f$, n ist aber n.V. ungerade. 2) $r = 1$: $n = p^{2\alpha + 1}$

$2n = 2p^{2\alpha + 1} = \sigma_1(n) = 1 + p + p^2 + \ldots + p^{2\alpha + 1} \Rightarrow p^{2\alpha + 1} = 1 + p + p^2 + \ldots + p^{2\alpha}$

$\qquad p^{2\alpha + 1} - 1 = p(\ldots) \Rightarrow p/1$. q.e.a.

Übg.(43.) (21) kann z.B.folgendermaßen bewiesen werden: $n = 2^a q$, $(q,2) = 1$,
$a \geq 0$, $a \in \mathbb{Z}$. Ist $a = 0$, so erhalten wir $\sigma_1(n) = \sigma_1(q)$, $\sigma_1(2n) \overset{(I_{18})}{=}$

$\sigma_1(2)\cdot\sigma_1(q) = 3\cdot\sigma_1(q) = (1 + 2^1)\sigma_1(q) \overset{p.d.}{=} (1 + 2^1)\sigma_1(\frac{n}{2^0}) = (1 + 2^1)\ \sigma_1(n).$

Ist $a \geq 1$, so resultiert hieraus $\sigma_1(2n) = \sigma_1(2^{a+1}q) \overset{(I_{18})}{=}$

$\sigma_1(2^{a+1})\cdot\sigma_1(q) \overset{p.d.}{=} \sigma_1(2^{a+1})\cdot\sigma_1(\frac{n}{2^a}) \overset{p.d.}{=} (1 + 2 + \ldots + 2^a + 2^{a+1})\cdot\sigma_1(\frac{n}{2^a}) =$

$(1 + 2 + \ldots + 2^a)\ \sigma_1(q) + 2^{a+1}\ \sigma_1(q) \overset{n.V.}{=} \sigma_1(n) + 2^{a+1}\sigma_1(\frac{n}{2^a}).$ q.e.d.

Völlig analog beweist sich (22). Als Folgerung ergibt sich u.a.:
Ist $n = p^a q$, $(p,q) = 1$, p PZ, so erhalten wir völlig analog:
$\sigma_1(p\ n) = \sigma_1(n) + p^{a+1}\sigma_1(\frac{n}{p^a}).$

Wir betrachten weiter $n = 2^a\cdot 5^b\cdot\prod\limits_{\nu=1}^{1} p_{(\nu)}^{\alpha_\nu}$ $(5 \leq p_{(1)} < p_{(2)} < \ldots),$

mit $1 \leq a$, $1 \leq b$, $\alpha_\nu \in \mathbb{N}$ $(\nu = 1, 2, \ldots, 1).$

Wegen $\sigma_1(n) = (2^{a+1} - 1)(\frac{3^{b+1} - 1}{2})\cdot\prod\limits_{\nu=1}^{1} \sigma_1(p_{(\nu)}^{\alpha_\nu})$ und mit (p.d.)

$\sigma_1(p_{(\nu)}^{\alpha_\nu}) > p_{(\nu)}^{\alpha_\nu}$ erhalten wir $\sigma_1(n) > (2^{a+1} - 1)(\frac{3^{b+1} - 1}{2})\prod\limits_{\nu=1}^{1} p_{(\nu)}^{\alpha_\nu}$

$\overset{!}{\geq} 2^{a+1}3^b\cdot\prod\limits_{\nu=1}^{1} p_{(\nu)}^{\alpha_\nu} = 2n$. Falls das "!" bwwiesen ist, erweisen sich

alle hier betrachteten Zahlen als "numeri abundantes" (Überfluß-

zahlen). Wäre (Antithese!) $2^{a+1}3^b > (2^{a+1} - 1)(\frac{3^{b+1} - 1}{2})$, so folgte

$2 > (2 - \frac{1}{2^a})(\frac{3 - \frac{1}{3^b}}{2}) \geq (2 - \frac{1}{2})(\frac{3 - \frac{1}{3}}{2}) = \frac{3}{2}\cdot\frac{8}{6} = 2.$ q.e.a.

Übg.(44.) $n = p_{(1)}^{a_1} \cdot p_{(2)}^{a_2} \cdot p_{(3)}^{a_3}$ $(a_\nu \in \mathfrak{N},\ \nu=1,2,3;\ 3 \le p_{(1)} < p_{(2)} < p_{(3)})$.

Mit $5 \le p_{(1)}$ gilt hier $\sigma_1(n) = \dfrac{p_{(1)}^{a_1+1}-1}{p_{(1)}-1} \cdot \dfrac{p_{(2)}^{a_2+1}-1}{p_{(2)}-1} \cdot \dfrac{p_{(3)}^{a_3+1}-1}{p_{(3)}-1} =$

$$p_{(1)}^{a_1} \cdot p_{(2)}^{a_2} \cdot p_{(3)}^{a_3} \cdot \left(\frac{p_{(1)} - \frac{1}{p_{(1)}^{a_1}}}{p_{(1)}-1}\right) \cdot \left(\frac{p_{(2)} - \frac{1}{p_{(2)}^{a_2}}}{p_{(2)}-1}\right) \cdot \left(\frac{p_{(3)} - \frac{1}{p_{(3)}^{a_3}}}{p_{(3)}-1}\right) <$$

$$n \cdot \prod_{\nu=1}^{3} \left(\frac{p_{(\nu)}}{p_{(\nu)}-1}\right) = n \cdot \prod_{\nu=1}^{3} \left(1 + \frac{1}{p_{(\nu)}-1}\right) \le n \cdot \frac{5}{4} \cdot \frac{7}{6} \cdot \frac{11}{10} < 2n. \text{ Dies gilt }^{+)}$$

auch für $n = \prod_{\nu=1}^{5} p_{(\nu)}^{a_\nu}$ $(5 \le p_{(1)} < p_{(2)} < \ldots)$; ungerade natürliche

Zahlen, deren kleinster Primfaktor mindestens gleich 5 ist, müssen
also, sollen sie perfekt sein, mindestens sechs paarweise verschiedene Primfaktoren aufweisen. Die betrachteten Zahlen sind
"numeri deficientes" (Mangelzahlen). Es bleibt noch der Fall $p_{(1)}=3$.

Wegen (s.o.) $\sigma_1(n) < n \prod_{\nu=1}^{3} \frac{p_{(\nu)}}{p_{(\nu)}-1} = n \cdot \prod_{\nu=1}^{3} \left(1 + \frac{1}{p_{(\nu)}-1}\right)$ gilt mit

$p_{(1)}=3$, $p_{(2)} \ge 7$ aber $\sigma_1(n) < n \cdot \frac{3}{2} \cdot \frac{7}{6} \cdot \frac{11}{10} = \frac{231}{120}\, n < 2n$. Auch hier kann

also n nicht perfekt sein, es ist vielmehr Mangelzahl. Zu untersuchen
bleibt noch der Fall $p_{(1)} = 3$, $p_{(2)} = 5$. Mit $p_{(3)} \ge 17$ folgt aus der
schon zweimal benutzten Ungleichung $\sigma_1(n) < n \cdot \frac{3}{2} \cdot \frac{5}{4} \cdot \frac{17}{16} = \frac{255}{128}\, n < 2n$ und
n ist wiederum "numerus deficiens". Wir haben noch die Fälle
a) $p_{(3)}=7$, b) $p_{(3)}=11$, c) $p_{(3)}=13$ darauf zu prüfen, ob sie zu perfekten Zahlen gehören können. Mit $\sigma_1(n) = 2n$, $n \equiv 1(2)$ wird $2n \equiv 0(2)$
aber $2n \not\equiv 0(4)$. Wegen $2 < p_{(\nu)}$ ist aber mit $\sigma_1(n) = (1 + p_{(1)} + \ldots + p_{(1)}^{a_1}) \cdot$

$(1 + p_{(2)} + \ldots + p_{(2)}^{a_2}) \cdot (1 + p_{(3)} + \ldots + p_{(3)}^{a_3})$ jede Klammer $\equiv \begin{cases} 0(2), \\ 1(2) \end{cases}$ wenn $a_\nu \equiv \begin{cases} 1(2). \\ 0(2) \end{cases}$

Daher müssen von den Exponenten zwei gerade und einer ungerade sein,
wenn $\sigma_1(n) = 2n$ gelten soll.
a) $n = 3^{a_1} \cdot 5^{a_2} \cdot 7^{a_3}$. Für $a_1 \equiv 1(2)$ bzw. $a_3 \equiv 1(2)$ erhalten wir

$$\sigma_1(3^{a_1}) = \frac{3^{2\alpha_1+2}-1}{2} = \frac{9^{\alpha_1+1}-1}{2} \equiv \frac{1^{\alpha_1+1}-1}{2}(8) \equiv 0(4) \quad (\text{q.e.a.}) \quad \text{bzw.}$$

$$\sigma_1(7^{a_3}) = \frac{7^{2\alpha_3+2}-1}{6} = \frac{49^{\alpha_3+1}-1}{6} \equiv \frac{1^{\alpha_3+1}-1}{6}(8) \equiv 0(4) \quad (\text{q.e.a.}). \text{ Es ist}$$

somit $a_1 \equiv a_3 \equiv 0(2)$ $a_2 \equiv 1(2)$. Da $5/2n$ und $\sigma_1(5^{a_2}) \overset{\text{p.d.}}{\equiv} 1(5)$, müßte

---

$^{+)}$ Wie eine sehr einfache und völlig analoge Abschätzung zeigt.

28 Schubart

$5/\sigma_1(3^{2\alpha_1}) \cdot \sigma_1(7^{2\alpha_3})$ gelten. Nun ist aber $\sigma_1(3^{2\alpha_1}) = \dfrac{3^{2\alpha_1+1}-1}{2} =$

$$\dfrac{9^{\alpha_1} \cdot 3 - 1}{2} \equiv \dfrac{(-1)^{\alpha_1} \cdot 3 - 1}{2}(5) \equiv \begin{cases} -1 & (5) \quad \alpha_1 \equiv 1(2) \\ 1 & \quad\;\;\, \alpha_1 \equiv 0(2) \end{cases} \text{ und } \sigma_1(7^{2\alpha_3}) = \dfrac{7^{2\alpha_3+1}-1}{6} =$$

$$\dfrac{49^{\alpha_3} \cdot 7 - 1}{6} \equiv \dfrac{(-1)^{\alpha_3} \cdot 2 - 1}{1}(5) \equiv \begin{cases} 2 & (5) \quad \alpha_3 \equiv 1(2) \\ 1 & \quad\;\;\, \alpha_3 \equiv 0(2) \end{cases} . \text{ Es ist demnach nie}$$

$\sigma_1(n) \not\equiv 2n$. Wir wollen aber noch zeigen, daß stets "numeri abundantes" (Überflußzahlen) vorliegen, falls $a_1 \equiv a_3 \equiv 0(2)$, $a_2 \equiv 1(2)$ gilt.

Hier ist nämlich $n = 3^{2\alpha_1} \cdot 5^{2\alpha_2+1} \cdot 7^{2\alpha_3}$ und $\sigma_1(n) = (\dfrac{3^{2\alpha_1+1}-1}{2}) \cdot$

$$(\dfrac{5^{2\alpha_2+2}-1}{4}) \cdot (\dfrac{7^{2\alpha_3+1}-1}{6}) = 3^{2\alpha_1} \cdot 5^{2\alpha_2+1} \cdot 7^{2\alpha_3} (\dfrac{3-\frac{1}{3^{2\alpha_1}}}{2}) \cdot (\dfrac{5-\frac{1}{5^{2\alpha_2+1}}}{4}) \cdot$$

$$(\dfrac{7-\frac{1}{7^{2\alpha_3}}}{6}) \geq n (\dfrac{3-\frac{1}{9}}{2}) \cdot (\dfrac{5-\frac{1}{5}}{4}) \cdot (\dfrac{7-\frac{1}{49}}{6}) = n \cdot \dfrac{13}{9} \cdot \dfrac{6}{5} \cdot \dfrac{57}{49} = n \dfrac{13 \cdot 2 \cdot 19}{5 \cdot 49}$$

$= n \cdot \dfrac{494}{245} > 2n$.

b) $n = 3^{a_1} \cdot 5^{a_2} \cdot 11^{a_3}$. Mit $\sigma_1(n) = 2n$ muß hier $a_1 \equiv 0(2)$ gelten. Aus $a_3 \equiv 1(2)$ entstünde $\sigma_1(11^{2\alpha_3+1}) = \dfrac{11^{2\alpha_3+2}-1}{10} = \dfrac{121^{\alpha_3+1}-1}{10} \equiv \dfrac{0}{2}(8) \equiv 0(4)$.

Damit folgen auch hier $a_1 \equiv a_3 \equiv 0(2)$, $a_2 \equiv 1(2)$ aus $2n = \sigma_1(n)$. Wir gehen daher von dem Ansatz $n = 3^{2\alpha_1} \cdot 5^{2\alpha_2+1} \cdot 11^{2\alpha_3}$ aus. Auch hier können, wie eine entsprechende Rechnung zeigt, für $\alpha_1 \geq 2$, $\alpha_3 \geq 4$, $\alpha_2 \geq 1$ Überflußzahlen auftreten. Die Gleichung $2n = \sigma_1(n)$ kann hier z.B. folgendermaßen zu einem Widerspruch geführt werden. Mit $a_1 \equiv 0(2)$ ist $9/2n$ und wegen $\sigma_1(3^{2\alpha_1}) \not\equiv 0(3)$ sowie wegen $\sigma_1(11^{2\alpha_3}) = \dfrac{11^{2\alpha_3+1}-1}{10} = \dfrac{121^{\alpha_3} \cdot 11 - 1}{10} \equiv 1(3)$ ist $\sigma_1(3^{2\alpha_1}) \cdot \sigma_1(11^{2\alpha_3}) \not\equiv 0(3)$. Es muß daher $9/\sigma_1(5^{2\alpha_2+1})$ sein. Nun ist aber $\sigma_1(5^{2\alpha_2+1}) = \dfrac{5^{2\alpha_2+2}-1}{4} =$

$\dfrac{25^{\alpha_2+1}-1}{4} \equiv \dfrac{(-2)^{\alpha_2+1}-1}{4}(9)$. Wegen $(-2)^3 \equiv 1(9)$, $(-2) \not\equiv 1(9)$, $(-2)^2 \not\equiv 1(9)$

sind die $\sigma_1(5^{2\alpha_1+1})$ genau dann durch 9 teilbar, wenn $\alpha_2 = 2+3 \cdot 1$ ($1 = 0,1,2,\ldots$). Hiermit ist aber $\sigma_1(5^{2\alpha_2+1}) = \sigma_1(5^{4+61+1}) = \dfrac{5^{61+6}-1}{4} =$

$\dfrac{5^{6(1+1)}-1}{4} \equiv 0(7)$ (da $5^3 \equiv -1(7)$) und wegen $7 \nmid 2n$ ist der Widerspruch erreicht.

c) $n = 3^{a_1} \cdot 5^{a_2} \cdot 13^{a_3}$. $2n = \sigma_1(n)$ führt wieder zu $a_1 \equiv 0(2)$ und wegen $13^2 \equiv 1(7)$ auch zu $a_3 \equiv 0(2)$. Mit $a_1 \equiv a_3 \equiv 0(2)$ wird $a_2 \equiv 1(2)$ und wir erhalten $5/2n$. Da $\sigma_1(5^{a_2}) \equiv 1(5)$ müßte $5/ \sigma_1(3^{a_1}) \cdot \sigma_1(13^{a_3})$

gelten. Nun ist aber $\sigma_1(3^{a_1}) = \sigma_1(3^{2\alpha_1}) = \dfrac{3^{2\alpha_1+1}-1}{2} = \dfrac{9^{\alpha_1}\cdot 3-1}{2} \equiv$

$$\dfrac{(-1)^{\alpha_1}\cdot 3-1}{2}(5) \equiv \begin{cases} -2 & \alpha_1 \equiv 1(2) \\ (5) \\ 1 & \alpha_1 \equiv 0(2) \end{cases} \quad \text{o.m.a.W.} \quad \sigma_1(3^{2\alpha_1}) \not\equiv 0(5).$$

Schließlich erhalten wir $\sigma_1(13^{a_3}) = \sigma_1(13^{2\alpha_3}) = \dfrac{13^{2\alpha_3+1}-1}{12} = \dfrac{169^{\alpha_3}\cdot 13-1}{12}$

$$\equiv \dfrac{(-1)^{\alpha_3}\cdot 3-1}{12}(5) \not\equiv 0(5) \quad (\equiv \begin{cases} 1 & \alpha_3 \equiv 0(2) \\ (5) \\ 3 & \alpha_3 \equiv 1(2) \end{cases}). \quad \text{q.e.a.}$$

Übg.(45.) Die folgenden Paare natürlicher Zahlen sind z.B. keine numeri

amicati:
$$2^{n_1},\ 2^{n_2};\ p^{n_1},\ p^{n_2};\ p_1^{m_1},\ p_2^{m_2};\ 2^n, p^{m_1};\ 2^{n_1}\cdot p_1^{m_1},\ 2^{n_2}\cdot p_2^{m_2};\ n^{n_1},\ n^{n_2},$$

mit $n \neq n_1$, $n \neq n_2$, $n_1 \neq n_2$ (alle aus $\mathcal{N}$); $m_1 = 2n+1$, $m_2 = 2n$;

p, p_1, p_2 paarweise verschiedene ungerade PZ^{en}. Die Behauptung wird

durch Nachrechnen bestätigt.

Übg.(46.) Mit unseren Bezeichnungen gilt $p < q < r$, $r = p+q+pq, x = 1+p$,

$y = 1+q$; $\dfrac{1}{8} > \dfrac{1}{x}$, $\dfrac{1}{x} > \dfrac{1}{16}$ $(\alpha = 3)$. Damit wird $8 < 1+p < 16$ bzw.

$p = 11$ oder $p = 13$. Aus (δ) $\dfrac{1}{y} = \dfrac{1}{8} - \dfrac{1}{x}$ folgt $p \neq 13$ und $p = 11$ führt

zu $q = 23$. Damit erhalten wir aber $r = 11+23+253 = 287 \equiv 0(7)$. q.e.d.

Übg.(47.) Der Ansatz führt mit (δ) zu $\dfrac{1}{2^n} = \dfrac{1}{2^n-2^{n-\beta}} + \dfrac{1}{2^{n+1}+2^{n+\gamma}} \Longleftrightarrow 1 = \dfrac{1}{1-2^{-\beta}}$

$+ \dfrac{1}{2+2^\gamma} \Longleftrightarrow 2^\gamma-2^{-\beta} = 2^{\gamma+1}-2^{-\beta+1}-2^{\gamma-\beta}$. Multiplikation dieser Gleichung

mit 2^β ergibt $2^{\gamma+\beta}-1 = 2^{\gamma+\beta+1}-2-2^\gamma \Longleftrightarrow 1 = 2^{\gamma+\beta}-2^\gamma = 2^\gamma(2^\beta-1) \Longrightarrow$

$(\gamma = 0, \beta = 1)$ o.m.a.W. die Formel von Tabit ibn Qurra.

Übg.(49.) $\dfrac{231}{515} = \dfrac{3\cdot 7\cdot 11}{5^1\cdot 103}$; Vorperiodenlänge $v = 1$. $\varphi(103) = 102$, $e(10)$ kommt
unter den Teilern von 102 : $1,2,3,6,17,34,51,102$ vor.

$10^1 \equiv 10(103)$, $10^2 \equiv -3(103)$, $10^3 \equiv -30(103)$, $10^4 \equiv 9(103)$,

$10^6 \equiv -27(103), 10^8 \equiv 81 \equiv -22(103), 10^{12} \equiv -198(103) \equiv 8(103)$,

$10^5 \equiv 90 \equiv -13(103)$, $10^{17} \equiv -104 \equiv -1(103)$, $10^{34} \equiv 1(103) \Longrightarrow e(10)=34$;

Hauptperiodenlänge $l = 34$.

Übg.(50.) $\dfrac{r}{q'}$, $(q',r) = (q',10) = (q',9) = 1$ $(\Longrightarrow q' \neq 2^\alpha\cdot 5^\beta\cdot 3^\gamma\cdot f$; $\alpha,\beta,\gamma \geq 1)$;

$0 < r < q'$. Es ist $v = 0$; $l = e(10)$. Annahme: Die durch die Ziffern

der Periode gebildete Zahl ist nicht durch 9 teilbar: $\dfrac{r}{q'} = 0,\overline{z_1 z_2 \ldots z_l}$,

$$9 \nmid \overline{z_1 z_2 \ldots z_l} \cdot \dfrac{r}{q'} = \dfrac{\overline{z_1 z_2 \ldots z_l}}{10^l}\ (1+\dfrac{1}{10^l} + \dfrac{1}{10^{2l}} + \ldots) =$$

$$\dfrac{\overline{z_1 z_2 \ldots z_l}}{10^l} \cdot \dfrac{10^l}{10^l-1} \cdot q'\cdot(\overline{z_1 z_2 \ldots z_l}) = r\cdot(10^l-1) \Longrightarrow 9/\overline{(z_1 z_2 \ldots z_l)} \quad \text{q.e.a.}$$

Übg.(51.) Abschätzung von $\sum\limits_{n'\geq 1}^{\infty} \frac{1}{n'}$; $n' \in \mathcal{N}$, n' enthält die Ziffer z

$(z \in \{0,1,\ldots,9\})$ nicht. n' sei k-stellig $\Rightarrow 10^{k-1} \leq n' < 10^{k}$ $(k \geq 1)$.
Es gibt genau 9^{k} k-stellige Zahlen, die z=0 als Ziffer nicht ent-
halten; entsprechend $8 \cdot 9^{k-1}$ für $z \neq 0$.

$$\sum\limits_{n'>1}^{\infty} \frac{1}{n'} = \sum\limits_{k=1}^{\infty} \Big(\sum\limits_{10^{k-1}\leq n'<10^{k}} \frac{1}{n'} \Big) \geq \begin{cases} \sum\limits_{k=1}^{\infty} \big(\frac{9^{k}}{10^{k}}\big) & \text{für } z = 0 \\ \sum\limits_{k=1}^{\infty} \big(\frac{8 \cdot 9^{k-1}}{10^{k}}\big) & \text{für } z \neq 0 \end{cases} = \begin{cases} \frac{9}{10} \cdot \frac{1}{1-\frac{9}{10}} = 9 \\ \frac{8}{10} \cdot \frac{1}{1-\frac{9}{10}} = 8. \end{cases}$$

Übg.(52.) Die Rechnung ist etwas langwierig. Wegen $p_1 \cdot p_2 \cdot p_3 \cdot p_4 \cdot p_5 > 2000$
müssen in (1) aber lediglich die Ausdrücke beachtet werden, die
höchstens 4 Primfaktoren im Nenner aufweisen. Mit $44 < \sqrt{2000} < 45$
ist $\pi(\sqrt{2000}) = 14$, und es gilt $n = 14$. So ergibt sich $\pi(2000) = 13 +$

$$2000 - \sum\limits_{\nu=1}^{14} \Big[\frac{2000}{p_\nu}\Big] + \sum\limits_{1\leq\nu<\mu\leq 14} \Big[\frac{2000}{p_\nu \cdot p_\mu}\Big] - \sum\limits_{1\leq\nu<\mu<\rho\leq 14} \Big[\frac{2000}{p_\nu p_\mu p_\rho}\Big] +$$

$$\sum\limits_{1\leq\nu<\mu<\rho<\sigma\leq 14} \Big[\frac{2000}{p_\nu p_\mu p_\rho p_\sigma}\Big].$$ Hier weist die erste bzw. zweite Summe 14

bzw. $\binom{14}{2}$ Summanden auf, während die dritte bzw. vierte Summe weniger
als $\binom{14}{3}$ bzw. $\binom{14}{4}$ Summanden besitzt, die von Null verschieden sind

$$\Big(\text{z.B.}\Big[\frac{2000}{p_{12} \cdot p_{13} \cdot p_{14}}\Big] = \Big[\frac{2000}{37 \cdot 41 \cdot 43}\Big] = 0 = \Big[\frac{2000}{p_{10} \cdot p_\mu p_\rho}\Big] \text{u.s.f.}\Big).$$ Die ge-

naue Berechnung (mit Hilfe der PZ-Tafel auf Seite 470 bleibt dem
Leser überlassen.

Übg.(54.) Da unter den drei aufeinander folgenden natürlichen Zahlen p_n, p_n+1,
p_n+2 je mindestens eine durch 3 bzw. durch 6 teilbar sein muß, gilt
$$\frac{p_n+p_n+2}{2} = p_n+1 \equiv 0(6) \quad \text{(denn n.V. sind } p_n \text{ und } p_n+2 \text{ PZ}^{en}).$$ Da $n > 3$, so
ist $p_n+1 > 12$ (p_n+2 ist für $n = 4$ keine PZ) o.m.a.W. $p_n+1 = k \cdot 6$,
$k \in \mathcal{N}$, $k > 2$. Daher gilt $p_n+p_n+2 = 2 \cdot k \cdot 6$. q.e.d.

Übg. zu   Angenommen, es gäbe nur endlich viele (m) PZ^{en} der Gestalt $6k-1$
(I_{26}) $(k \in \mathcal{N}$; $6k-1 = 6(k-1)+5)$. Endlich viele gibt es sicher, denn für
$k=1$: $6 \cdot 1-1 = 5$, $k=2$: $6 \cdot 2-1 = 11$. In natürlicher Reihenfolge:
$\hat{p}_{(1)} < \hat{p}_{(2)} < \ldots < \hat{p}_{(m)}$. Wir betrachten die natürliche Zahl
$N = 6 \cdot \prod\limits_{\nu=1}^{m} \hat{p}_{(\nu)}-1$. N ist keine der PZ^{en} $\hat{p}_{(\nu)}$, denn $N > \hat{p}_{(\nu)}$; außerdem
läßt N bei Division mit $\hat{p}_{(\nu)}$ den Rest -1 die $\hat{p}_{(\nu)}$ sind also keine
Teiler von N; es ist N ungerade; $R_3(N) = -1$. Deshalb können in der
Primfaktorzerlegung von N nur Primfaktoren der Form $6k+1$ auftreten.
(Es gibt nur Primzahlen der Bauart $6k-1$, $6k'+1$, 2,3).

$$N = \prod_{\nu=1}^{n} (6k_\nu+1) \Rightarrow N = 61+1 \text{ (denn } R_6(\prod_{\nu=1}^{n} (6k_\nu+1)) = R_6(\,R_6(6k_\nu+1))=1)$$

nach Definition von N ist aber $R_6(N) = -1$.   q.e.a.

Übg.(55.) Mögliche Primteiler von 2441 sind kleiner als $\left[\sqrt{2441}\,\right] = 49$:
2,3,5,7,11,13,17,19,23,29,31,37,41,43,47; davon entfallen nach den
im Text behandelten Teilbarkeitsregeln: 2, 3, 5, 7, 11, 13, 37.
Nachprüfung, ob die übrigen PZ^{en} Teiler sind nach I_{13}:

```
17 : 3·17 = 50+1            244|1
    a=3, n=5              -5·1=-5
                           23|9=> 17 ∤ 2441

19 : 1·19 = 20-1            244|1
    a=1, n=2               2·1= 2
                            24|6

              2·6 = 12
                     3|6     19 ∤ 2441

23 : 3·23 = 70-1            244|1
    a=3, n=7             7·1 = 7
                           25|1
                        7·1 = 7
                           3|2 => 23 ∤ 2441

29 : 1·29 = 30-1            244|1
    a=1, n=3             3·1 = 3
                           24|7
              3·7 = 21
                     4|5 => 29 ∤ 2441

31:  1·31 = 30+1           244|1
    a=1, n=3             -3·1 = -3
                           24|1
            -3·1 = -3
                    2|1 =>31 ∤ 2441

41 : 1·41 = 40+1           244|1
    a=1, n=4             -4·1 = -4
                           24|0 => 41 ∤ 2441

43 : 3·43 = 130-1          244|1
    a=3, n=13           1·13 = 13
                           25|7     => 43 ∤ 2441
```

$$47 \; : \; 3 \cdot 47 = 140 \; +1 \qquad\qquad 244 \,|\, 1$$
$$a = 3, \; n = 14 \qquad\qquad -1 \cdot 1\underline{4 \; = \; -14}$$
$$23 \,|\, 0 \; \Rightarrow \; 47 \nmid 2441$$

Übg. (56.) a) $p_n \overset{!}{<} 3n \log n$

$$\pi(x) > \frac{2}{3} \frac{x}{\log x} \; (x \geq 3); \quad \pi(p_n) = n > \frac{2}{3} \frac{p_n}{\log p_n} \, ,$$
$$\overset{p_n < n^2}{p_n < \frac{3}{2} n \log p_n} < \frac{3}{2} n \log n^2 = 3 \, n \log n. \; \text{q.e.d.}$$

$p_n \overset{!}{<} 2 \, n \log n$

$$p_n < \frac{3}{2} n \log p_n \overset{a)}{<} \frac{3}{2} n \log (3n \log n)$$
$$< \frac{3}{2} n (\log n + \log 3 + \log (\log n))$$
$$< \frac{3}{2} n \log n + \frac{3}{2} n \log 3 + \frac{3}{2} n \log (\log n)$$
$$< \frac{3}{2} n \log n + \frac{1}{2} n \log n \left(\frac{3 \log 3}{\log n} + \frac{3 \log (\log n)}{\log n}\right)$$
$$< 2 \, n \log n, \; \text{wenn gezeigt werden kann:} \left(\frac{\log 3}{\log n} + \frac{\log (\log n)}{\log n}\right) < \frac{1}{3}$$

für alle $n > n_o$.

$$f(x) = \frac{\log 3}{\log x} + \frac{\log \log x}{\log x} \; (x > 1) \, ; \; f'(x) = - \frac{\log 3}{(\log x)^2} \cdot \frac{1}{x} +$$
$$\frac{(\log x)^{-1} x^{-1} \log x - x^{-1} \log (\log x)}{(\log x)^2} = \frac{1}{x \, (\log x)^2} (-\log 3 + 1 - \log$$
$$(\log x)); \; f'(x) < 0 \Longleftrightarrow 1 < \log 3 + \log (\log x) \Longleftrightarrow e^1 < 3 \log x$$
$$\Longleftrightarrow \frac{e}{3} < \log x \Longleftrightarrow e^{\frac{e}{3}} < x \Longleftarrow x > e; \; f(x) \; \text{monoton fallend für alle}$$
$$x, \; x > e.$$

Für welche $n > e$ ist $f(n) < \frac{1}{3}$?

$$\log 3 + \log (\log n) < \frac{1}{3} \log n$$
$$3 \log n < n^{\frac{1}{3}}$$
$$(3 \log n)^3 < n \; \text{für } n \geq n_o = e^7 \; \text{richtig.}$$

(da $f(n_o) < \frac{1}{3}$ und $f(x)$ monoton fallend).

Übg. (57.) Aus (I_{30}) und (I'_{28}) ergibt sich für $x = p_n$

$$n > \frac{2}{3} \frac{p_n}{\log p_n} \Rightarrow p_n < \frac{3}{2} n \log p_n \overset{(I'_{28})}{<} \frac{3}{2} n^2 \log 2 < (1{,}05) \, n^2. \; \text{Wird dies}$$

wieder in (I_{30}) mit $x = p_n$ eingesetzt, so erhalten wir $p_n < \frac{3}{2} n \log p_n$

$$< \frac{3}{2} n (2 \log n + \log (1{,}05)) \overset{n > 1}{<} \frac{3}{2} n (2 \log n + \frac{1}{6} \log n) =$$
$$\frac{3}{2} n \frac{13}{6} \log n = \frac{13}{4} n \log n < 4n \log n. \; \text{Das Verfahren kann nun wieder}$$

iteriert werden.

Übg.(58.) Mit $k = \pi(x)$ wird in (8) $N_k(x) = x$ $(x \in \mathfrak{N})$ und aus (8) folgt

$$2^{\pi(x)} > \sqrt{x} \;\Longrightarrow\; \pi(x) > \frac{\log x}{2 \log 2} \;.$$

Übg.(59.) 1. I.S. $k = 2$: $\dfrac{2^n\, 2^n}{2\,\sqrt{n}} < \binom{2n}{n} < \dfrac{2^{2n}}{2}$ gilt, wie in der Aussage (4) ge-
Übg.(60.)
               zeigt wurde.

2. I.S. α) I.A. Es ist richtig : $\dfrac{2^n\, l^n}{2\sqrt{n}} < \binom{ln}{n}$

$$< \frac{((l-1)\, 2^2)^n}{2}$$

β) I.Behauptung $\dfrac{2^n(l+1)^2}{2\sqrt{n}} \;\overset{!}{<}\; \binom{(l+1)n}{n} \;\overset{!}{<}\; \dfrac{(l\cdot 2^2)^2}{2}$

I.Beweis: Linke Ungl.: $\binom{(l+1)n}{n} = \dfrac{((l+1)n)((l+1)n-1)\cdot\ldots\cdot((l+1)n-n+1)}{n!}$

$$= \frac{((l+1)n)\cdot((l+1)n-1)\cdot\ldots\cdot((l+1)n-n+1)}{(l\cdot n)\cdot(l\cdot n-1)\cdot\ldots\cdot(l\cdot n-n+1)} \cdot \binom{ln}{n}$$

$$\underset{\text{I.A.}}{>} \underbrace{}_{A} \cdot \frac{l^n\cdot 2^n}{2\sqrt{n}}$$

Behauptung: $\dfrac{(l+1)n}{l\cdot n} < \dfrac{(l+1)n-\nu}{l\cdot n-\nu}$; $\nu = 1,2,\ldots,n-1$

Beweis: $(l+1)n(l\cdot n-\nu) < l\cdot n\cdot((l+1)n-\nu)$

$$(l+1)\cdot n\cdot l\cdot n - (l+1)n\cdot\nu < (l+1)\cdot n\cdot l\cdot n - l\cdot n\nu$$

$$ln\nu < (l+1)n\nu = ln\nu + n\nu$$

Schlußrichtung umkehren! q.e.d.

$$A > \left(\frac{(l+1)n}{l\,n}\right)^n = (l+1)^n \cdot \frac{1}{l^n} \quad\text{und damit gilt}\quad \binom{(l+1)n}{n} > \frac{(l+1)^n\cdot 2^n}{2\,\sqrt{n}}$$

Rechte Ungleichung:

$$\binom{(l+1)n}{n} = A\cdot\binom{ln}{n} \overset{\text{I.A.}}{<} A\,\frac{(4(l-1))^n}{2} \;.$$

Es ist $\dfrac{(l+1)n}{l\,n} = \dfrac{l+1}{l} < \dfrac{1}{l-1}$ $(l \geq 2)$. Außerdem gilt für $\nu = 1,2,\ldots,n-1$

auch $\nu < n$. Hieraus folgt weiter: $\nu < n \Longleftrightarrow -n+\nu < 0 \Longleftrightarrow -n+\nu-\nu l < -\nu l$

$\Longleftrightarrow -n-\nu(l-1) < -\nu l \Longleftrightarrow (l^2-1)n - \nu(l-1) < l^2 n-\nu l$

$\Longleftrightarrow (l-1)((l+1)n-\nu) < l(ln-\nu) \Longleftrightarrow \dfrac{(l+1)n-\nu}{ln-\nu} < \dfrac{1}{l-1}$.

Es wird demnach $A < \left(\dfrac{1}{l-1}\right)^n$ und weiter $\binom{(l+1)n}{ln} = A\binom{ln}{n}$

$$\overset{\text{I.A.}}{<} A\cdot\frac{(4(l-1))^n}{2} \overset{\text{s.e.}}{<} \frac{(4\cdot l)^n}{2} \;.\quad \text{q.e.d.}$$

2. Kapitel

Übg.(1.)   Da mit $g \in \mathfrak{Z}$, a fixiert aus $\mathfrak{Z}$ auch ga - g'a = (g-g')a zur Menge gehört, bildet diese p.d. einen Modul.

Übg.(2.)   Mit $(a+b\sqrt{5}) \pm (a'+b'\sqrt{5}) = (a \pm a')+(b \pm b')\sqrt{5}$ bzw. $(a+ib\sqrt{5}) \pm (a'+ib'\sqrt{5}) = (a \pm a')+i(b \pm b')\sqrt{5}$ und $(a+b\sqrt{5}) \cdot (a'+b'\sqrt{5}) = aa'+5bb'+(ab'+ba')\sqrt{5}$ bzw. $(a+ib\sqrt{5}) \cdot (a'+ib'\sqrt{5}) = aa'-5bb'+i(ab'+ba')\sqrt{5}$ sind beide Bereiche gegenüber der Summen und Produktbildung abgeschlossen. Beide Manipulationen sind assoziativ, kommutativ und durch A_{III} (in 1.1.) verbunden, da es sich um Teilbereiche des Körpers der reellen bzw. der komplexen Zahlen handelt. Beide Bereiche sind nullteilerfrei, da es die genannten Körper sind. Die Gleichungen $(a+b\sqrt{5})+(x+y\sqrt{5}) = a'+b'\sqrt{5}$ bzw. $(a+ib\sqrt{5}) +(x+iy\sqrt{5}) = a'+ib'\sqrt{5}$ werden durch $(a'-a)+(b-b)\sqrt{5}$ bzw. $(a'-a)+i(b'-b)\sqrt{5}$ gelöst. Es bilden die Bereiche daher jeweils einen I B.   q.e.d.

Übg.(3.)   Wir zeigen $\{2(x+iy\sqrt{5})+(1+i\sqrt{5})(x'+iy'\sqrt{5})\}$ (x,y,x',y' ganz rational) ist zwar Modul aber kein Hauptideal. Gäbe es nämlich eine Basis $r_0+is_0\sqrt{5}$, so kann nicht $r_0=s_0=0$ (1) gelten, da sonst der Modul gleich dem Nullideal wäre. Weiter müßte gelten $2 = (x_1+iy_1\sqrt{5})(r_0+is_0\sqrt{5})$ und $1+i\sqrt{5} = (x_2+iy_2\sqrt{5})(r_0+is_0\sqrt{5})$. Hier kann nicht gelten $x_1=y_1=0$ (2a) und $x_2=y_2=0$ (2b), da $2 \neq 0$ und $1+i\sqrt{5} \neq 0$. Genauso sind auch $x_1=x_2=0$ (3) unmöglich, da aus (3): $2 = y_1(-s_05+i\ 5r_0)$ $\Rightarrow$ $(y_1 \neq 0,\ r_0=0,\ 5/2)$ bzw. $1+i\sqrt{5} = y_2(-s_05+ir_0\sqrt{5}) \Rightarrow (y_2 \neq 0,\ 5/1)$ also ein Widerspruch entstünde.

Weiter entnehmen wir aus den beiden Ausgangsgleichungen:

$2 = x_1r_0-y_1s_05 + i(y_1r_0\sqrt{5}+x_1s_0\sqrt{5})$ und

$1+i\sqrt{5} = x_2r_0-y_2s_05+i(y_2r_0\sqrt{5} +x_2s_0\sqrt{5})$. Dieses System ist gleichbedeutend mit den Gleichungen

(4) $x_1s_0+y_1r_0 = 0$ (6) $x_1r_0-y_1s_05 = 2$

(5) $x_2s_0+y_2r_0=1$ (7) $x_2r_0-y_2s_05 = 1$

Wenn hieraus $r_0^2 = 1$, $s_0=0$ folgen, so ist dem auf Seite 135 dargestellten Text entsprochen.

Aus (6) bzw (4) entnehmen wir

$2s_0=x_1r_0s_0-5s_0^2y_1$, $x_1r_0s_0+y_1r_0^2 = 0$ und die Subtraktion dieser Gleichungen führt zu $y_1(r_0^2+5s_0^2) = -2s_0$ bzw. ((1) gilt nicht)

$y_1 = \dfrac{-2s_0}{5s_0^2+r_0^2}$. Da für $s_0 \neq 0$ damit aber y_1 (wegen $|2s_0| < 5s_0^2$)

eine rationale Zahl wäre, ist $s_0=0$. Aus (5) wird mit $s_0=0$ dann aber $y_2^2=r_0^2=1 \Rightarrow r_0^2=y_0^2=1$.   q.e.d.

Übg.(4.) Die zu $(II_5^{(2)})$ analoge Aussage lautet: $x \cdot a + yb = d$, $a > b > d$, $(a,b)=d > 1$
ist eindeutig lösbar, wenn verlangt wird: $x > 0$ $(x < 0)$ und $d|x| < b$.
Dabei ist $d|y| < a$ und $y < 0$ $(y > 0)$. Für $a=b$ oder $a > b = d$
(d.h. $b|a$) ist $x=0$, $y=1$ die eindeutige Lösung.

Die Richtigkeit dieser Aussage ergibt sich sofort aus $(II_5(2))$,

wenn $n_1 = \frac{a}{d}$, $n_2 = \frac{b}{d}$ ($\Rightarrow$ $(n_1,n_2) = 1$, $n_1 > n_2 > 1$ bzw. $n_1 = n_2 = 1$

oder $n_1 > n_2 = 1$) gesetzt wird.

Übg.(5.) $b = 1,2,\ldots,p-1$; p PZ.

1 ist Einselement: $a \cdot 1 \equiv 1 \cdot a \equiv a(p)$

Inverses Element: $a \cdot x \equiv 1(p)$ ist lösbar mit x aus $\{1,2,\ldots,p-1\}$;
die Lösbarkeit dieser Kongruenz ist äquivalent mit der von $ax - \lambda p = 1$
für $(a,p) = 1$; diese diophantische Gleichung ist lösbar und $x \equiv b(p)$
mit $(b,p) = 1$, b aus $\{1,2,\ldots,p-1\}$.

Übg.(6.) $x(y)$ ist die Anzahl der Damen (Herren): $1{,}60x = 2{,}50y + 0{,}10$ $\Longleftrightarrow$ $16x -$
Übg.(7.) $- 25y = 1$

$16x = 25y+1 \Rightarrow x = y + \frac{9y+1}{16}$; $16z = 9y+1 \Rightarrow y = \frac{16z-1}{9} = z + \frac{7z-1}{9}$,

$9u = 7z-1 \Rightarrow z = \frac{9u+1}{7} = u + \frac{2u+1}{7}$; $7v = 2u+1 \Rightarrow u = \frac{7v-1}{2} = 3v + \frac{v-1}{2}$,

$2w = v-1 \Rightarrow v = 2w+1$; $w=0$ $v=1$, $u=3$, $z=4$

$y_1 = 7$, $x_1 = 11$

oder: $0 < y_1 < 16$ (nach Durchprobieren)

$\Rightarrow$ $x_1 = 11$, $y_1 = 7$

Lösungsgesamtheit: $x = x_1 \pm k \cdot 25$, $y = y_1 \pm k \cdot 16$ ($k=0,1,2,\ldots$),

$x > 0, y > 0$, $x+y \leq 60$ (nach Problemstellung) $\Rightarrow$ $x = x_1 + k \cdot 25$,

$y = y_1 + k \cdot 16$ mit $k = 0,1$, $x_2 = 36$, $y_2 = 23$.

Die Lösung (x_1,y_1) entfällt, da $x+y \geq 30$. Zuschuß: $59 \cdot 7{,}50$ (WE) =
$442{,}50$ (WE).

Zusatz: $1{,}60x = 2{,}60y + 0{,}10$ $\Longleftrightarrow$ $16x - 26y = 1$. Diese diophantische
Gleichung ist unlösbar, da $(16,26) = 2 > 1$.

Übg.(8.) $x \equiv 2(8)$, $x \equiv 5(9)$, $x \equiv 5(11)$, $x \equiv 1(13)$

$8,9,11,13$ paarweise teilerfremd. $m = 11 \cdot 13 \cdot 9 \cdot 8 = 10296$

$M_1 = 1287$, $M_2 = 1144$, $M_3 = 936$, $M_4 = 792$; $\overline{M}_1 = 7$, $\overline{M}_2 = 1$, $\overline{M}_3 = 1$, $\overline{M}_4 = 12$;

$7 \cdot x \equiv 1(8)$, $\overline{m}_1 = 7$; $1 \cdot x \equiv 1(9)$, $\overline{m}_2 = 1$; $1 \cdot x \equiv 1(11)$, $\overline{m}_3 = 1$;

$12 \cdot x \equiv 1(13)$, $12x - 13y = 1$; $x = 12$, $y = 11$, $\overline{m}_4 = 12$

$x_o = 1287 \cdot 7 \cdot 2 + 1144 \cdot 1 \cdot 5 + 936 \cdot 1 \cdot 5 + 792 \cdot 12 \cdot 1$

$\quad = 18018 + 5720 + 4680 + 9504 = 37922 = 3 \cdot 10296 + 7036.$

$x_0 = 7036.$

Übg.(9.) $a,b : 1,2,3$; $b \cdot x \equiv a(13)$

Restklassen $\{v\}_{13}$: 0; 1(a=b=1); 2(a=2, b=1); 3(a=3, b=1);

4 : $3 \cdot 4 \equiv -1(13)$; (a = -1, b=3); 5:$3 \cdot 5 \equiv 2(13)$ (a=2, b=3); 6:$2 \cdot 6 \equiv -1(13)$

(a=-1 , b=2); 7 : $2 \cdot 7 \equiv 1(13)$, (a=1, b=2); 8 : $2 \cdot 8 \equiv 3(13)$,(a=3,b=2);

9 : $3 \cdot 9 \equiv 1(13)$, (a=1, b=3); 10 : $1 \cdot 10 \equiv -3(13)$, (a=-3, b=1);

11 : $1 \cdot 11 \equiv -2(13)$, (a=-2, b=1); 12 : $1 \cdot 12 \equiv -1(13)$,(a = -1), b = 1).

a : 1,2; b = 1,2,3,4; $b \cdot x \equiv a(13)$

Restklassen $\{v\}_{13}$: 0; 1(a = 1, b=1); 2(a=2, b=1);

3 : $4 \cdot 3 \equiv -1(13)$, (a=-1, b=4); 4 : $3 \cdot 4 \equiv -1(13)$,(a=-1, b=3);

5 : $3 \cdot 5 \equiv 2(13)$, (a=2, b=3); 6 : $4 \cdot 6 \equiv -2(13)$, (a = -1,b=2);

7 : $2 \cdot 7 \equiv 1(13)$, (a=1, b=2); 8 : $3 \cdot 8 \equiv -2(13)$, (a=-2, b=3);

9 : $3 \cdot 9 \equiv 1(13)$, (a=1, b=3); 10 : $4 \cdot 10 \equiv 1(13)$, (a=1, b=4);

11 : $1 \cdot 11 \equiv -2(13)$, (a=-2, b=1); 12 : $1 \cdot 12 \equiv -1(13)$, (a=-1, b=1).

Übg.(10.)   !$\{g \, \alpha_1 + h \, \alpha_2 | \alpha_1 = x_1 + iy_1, \; \alpha_2 = x_2 + iy_2, \; x_1, x_2,$

y_1, y_2 aus $\mathfrak{Z}$; α_1, α_2 fest, g,h beliebig aus $\mathfrak{Z}^*\}$ bildet ein Ideal!

1. $(g_1\alpha_1 + h_1\alpha_2) - (g_2\alpha_1 + h_2\alpha_2) = (g_1-g_2)\alpha_1 + (h_1-h_2)\alpha_2$

(g_1-g_2), (h_1-h_2) aus $\mathfrak{Z}^*$

2. f aus $\mathfrak{Z}^*$, f beliebig : $f(g\alpha_1+h\alpha_2) = (fg)\alpha_1 + (f \cdot h)\alpha_2$ mit

$(f \cdot g)$ und $(f \cdot h)$ aus $\mathfrak{Z}^*$.

Übg.(12.) $N(\zeta) = p$ (p PZ in $\mathfrak{N}$) $\rightarrow$ ζ PZ in $\mathfrak{Z}^*$.

$N(12+7i) = 144+49=193$ PZ in $\mathfrak{N} \rightarrow$ $(12+7i)$ PZ in $\mathfrak{Z}^*$

$N(13+7i) = 169+49 = 218 = 2 \cdot 109$ (109 PZ in $\mathfrak{N}$) $\alpha = 1^2+1^2$,

$109 = 10^2+3^2$, $\zeta_1 = (1+i)$; $\zeta_2 = (10-3i)$ PZ in $\mathfrak{Z}^* \rightarrow$ $(13+7i) =$

$(1+i)(10-3i)$.

Übg.(13.) $x^7+5x^3-4 \equiv 0(20)$, m = 20; $m_1 = 5$, $m_2=4$, $5 \equiv 0(5)$, $-4 \equiv +1(5)$;

$5 \equiv 1(4)$, $-4 \equiv 0(4)$, $x^7+1 \equiv 0(5)$ einzige Lösung : $a_{01} = -1 \equiv 4(5)$.

$x^7 + x^3 = x^3(x^4+1) \equiv 0(4)$, Lösungen $a_{11}= 0$; $a_{12} = 2$

$x \equiv 4(5)$, $x \equiv 2(4)$ $\rightarrow$ $\underline{x_1 = 14}$ Lösung von $x^7+5x^3-4 \equiv 0(20)$;

$x \equiv 4(5)$, $x \equiv 0(4)$ $\rightarrow$ $\underline{x_o = 4}$ Lösung von $x^7+5x^3-4 \equiv 0(20)$;

Übg.(14.) $n=4$; $2^4=16$; $c_1=1$; $c_2=9$; $x_{1,1}=1$, $x_{1,2}=7=8-1$, $x_{1,3}=9=8+1$, $x_{1,4}=15=16-1$;

$x_{2,1}=3$, $x_{2,2}=5=8-3$, $x_{2,3}=11=8+3$, $x_{2,4}=13=16-3$. Für $n=6$, $p=2$: $x^2 \equiv c(2^6)$;

$x^2 \equiv 1(64)$, $c_1=1$; $x_{1,1}=1$; $\tilde{\mathfrak{A}}_1 = \{1,31,33,63\}$; $1,3,5,7,9,11,13,15$;

$x_{2,1} = 3$; $\tilde{\mathfrak{A}}_2 = \{3,29,35,61\}$; $c_2=9$, $x^2 \equiv 9(64)$; $x_{3,1}=5$;

$\tilde{\mathfrak{A}}_3 = \{5,27,37,59\}$; $c_3 = 25$, $x^2 \equiv 25(64)$; $x_{4,1}=7$; $\tilde{\mathfrak{A}}_4 = \{7,25,39,57\}$

$c_4 = 49$, $x^2 \equiv 49(64)$; $x_{5,1}=9$; $\tilde{\mathfrak{A}}_5 = \{9,23,41,55\}$; $c_5 = 17$,

$x^2 \equiv 17(64)$; $x_{6,1} = 11$; $\tilde{\mathfrak{A}}_6 = \{11,21,43,53\}$; $c_6 = 57$, $x^2 \equiv 57(64)$;

$x_{7,1} = 13$; $\tilde{\mathfrak{A}}_7 = \{13,19,45,51\}$; $c_7 = 41$, $x^2 \equiv 41(64)$;

$x_{8,1} = 15$; $\tilde{\mathfrak{A}}_8 = \{15,17,47,49\}$; $c_8 = 33$, $x^2 \equiv 33(64)$.

Übg.(15.) Für $\{1,2,\ldots,(p-1)\} = \{\bar{\nu}\}_p$ gilt: $\bar{\nu}^{p-1}-1 \equiv 0(p)$. Das Polynom

$x^{p-1}-1$ hat damit genau $p-1$ paarweise verschiedene Nullstellen. Es

ist $x^{p-1}-1 \equiv (x-1)(x-2)\ldots(x-(p-1))$ (p). Für $x = 0$ folgt:

$$-1 \equiv \prod_{\nu=1}^{p-1}(-\nu)(p) = (-1)^{p-1}\prod_{\nu=1}^{p-1}\nu(p) = (p-1)!(p) \text{ für } p > 2, \text{ für}$$

$p=2$: $-1 \equiv -1(2)$. Also gilt p PZ $\Longrightarrow$ $(p-1)! \equiv (-1)(p)$.

Übg.(16.) $2/(a^2+b^2)$, $(a,b) = 1 \Longrightarrow a \equiv 1(2)$, $b \equiv 1(2)$; $a+b$, $a-b \equiv 0(2) \Longrightarrow$

$\frac{a+b}{2}$, $\frac{a-b}{2}$ aus $\mathfrak{N}$. $\frac{a+ib}{1\pm i} = \frac{(a+ib)(1\mp i)}{(1\pm i)(1\mp i)} = \frac{(a\pm b)+i(b\mp a)}{2} = \frac{(a\pm b)}{2} + i\,\frac{(b\mp a)}{2}$,

d.h. $1\pm i/a+ib$.

Übg.(17.) $x^2 = 5y^2+1(*)$, $a=5=2^2+1 \Longrightarrow g= \pm2$; $y_1 = +2g = 4$, $x_1=+2g^2+1 = 9$;

$x_2=x_1^2 + ay_1^2$, $y_2 = 2x_1y_1$ (siehe Seite 160) mit $x_2^2 = 5y_2^2+1$.

$x_2 = 9^2+5\cdot4^2 = 161$; $y_2 = 2\cdot9\cdot4 = 72$; $161^2 = 5\cdot72^2+1$;

$x_3 = 161^2+5\cdot72^2$; $y_3 = 2\cdot161\cdot72;\ldots$

allgemein: $x_{n+1} = x_n^2 + 5y_n^2$; $y_{n+1} = 2x_ny_n$

Beweis mittels vollständiger Induktion:

1.Induktionsschritt: bereits geleistet.

2. Induktionsschritt: $\alpha)x_n,y_n$ lösen $(*)$.

$\beta)$ $x_{n+1}^2 = 5y_{n+1}^2 + 1$: $x_{n+1}^2-5y_{n+1}^2 = (x_n^2 + 5y_n^2)^2-5(2x_ny_n)^2$

$= x_n^4 - 4\cdot5\cdot x_n^2\cdot y_n^2 + 5^2\cdot y_n^4 + 2\cdot5\cdot x_n^2\cdot y_n^2$

$= x_n^4 - 2\cdot5\cdot x_n^2\cdot y_n^2 + 5^2 y_n^4 = (x_n^2-5y_n^2)^2$

I.A.
$= 1^2 = 1$.

438

Wegen $y_{n+1} = 2x_n y_n > y_n$ sind die Lösungen paarweise verschieden;

es gibt also unendlich viele Lösungen.

Übg.(18.) $x^2 = y^2+1$ für $x > y \geq 1$ unlösbar:

$(x^2-y^2) = (x-y)(x+y) = 1 \Rightarrow (x-y) = (x+y) = 1 \Rightarrow x = 1, y = 0.$

$x^2 = y^2+2$ für $x > y > 0$ unlösbar.

$x^2-y^2 = (x-y)(y+x) = 2 \Rightarrow$ (wegen $(x-y) \neq (y+x)$, andernfalls $0 = y$)

$(x - y) = 1, (x + y) = 2 \Rightarrow 2x = 3$, x nicht aus $\mathcal{H}$.

$x^2 = y^2+3$ für $x > y \geq 2$:

$(x-y)(x+y) = 3 \Rightarrow (x-y) = 1, (x+y) = 3 \Rightarrow 2x = 4 \Rightarrow x=2, y=1.$

$x^3=y^3+k, k = 1,2,3,4,5$ ist unlösbar.

$x^3 > y^3 \Leftrightarrow x > y \Leftrightarrow x \geq y+1 \Leftrightarrow x^3 \geq (y+1)^3$

$\Leftrightarrow y^3+k \geq y^3+3y^2+3y+1 \Leftrightarrow k-1 \geq 3(y^2+y)$

$\Leftrightarrow y^2+y \leq \frac{k-1}{3} \leq \frac{4}{3}$ für $0 < k < 6$.

$|y| \geq 2 \Rightarrow y^2+y \geq 2^2-2 = 2 > \frac{4}{3}$, also muß sein $|y| \leq 1$, d.h. $y=y^3=1,0,-1$.

$k = 5, x^3 = y^3+5 \Rightarrow x^3 = 6,5,4 \Rightarrow x \notin \mathcal{J}$.

$k=4, \quad x^3 = y^3+4 \Rightarrow x^3 = 5,4,3 \Rightarrow x \notin \mathcal{J}$.

$k=3, x^3 = y^3+3 \Rightarrow x^3 = 4,3,2 \Rightarrow x \notin \mathcal{J}.$

$k=2, x^3 = y^3+2 \Rightarrow x^3 = 3,2,1 \Rightarrow x \notin \mathcal{J}.$

$k=1, x^3 = y^3+1 \Rightarrow x^3 = 2,1,0 \Rightarrow x \notin \mathcal{J}.$

Übg.(19.) $5kn_1^2 + 2n_2^2 = g^2$ mit $(n_1,n_2) = 1$, $k \neq 0(5)$; $5 \nmid n_2$, denn $5/n_2 \Rightarrow 25/n_2^2$

$\Rightarrow 5/g^2 \Rightarrow 25/g^2 \Rightarrow 25/(g^2-2n_2^2)(= 5kn_1^2) \Rightarrow 5/kn_1^2 \Rightarrow$ mit $5 \,/\, k : 5/n_1^2$,

Widerspruch zu $(n_1,n_2) = 1$.

$5 \nmid g$, sonst $5/(g^2-5kn_1^2)(= 2n_2^2) \Rightarrow 5/n_2 \Rightarrow 5/n_1 = (n_1,n_2) > 1$ c.i.p.

Es ist also $g = 5l' \pm 1$ oder $g = 5l'' \pm 2 \Rightarrow g^2 \equiv 1(5)$, $g^2 \equiv 4(5) \equiv (-1)(5)$;

entsprechend ist wegen $5 \nmid n_2$: $n_2^2 \equiv \pm 1(5) \Rightarrow 5kn_1^2 + 2n_2^2 \equiv 2n_2^2(5) \equiv$

$\pm 2(5) \neq \pm 1(5)$. q.e.a.

(Ebenso läßt sich zeigen: $5kn_1^2 + 3n_2^2$ ist keine Quadratzahl, wenn

$(n_1,n_2)=1$, $k \neq 0(5)$.)

Es sei $a^2 = (4m+3)n_1+(4n+3)n_2^2$ mit $(n_1,n_2)=1$; $(n_1 \equiv 0(2), n_2 \equiv 0(2)$

entfällt wegen $(n_1,n_2) = 1)$

1. Fall: $n_1 \equiv 0(2), n_2 \equiv 1(2)$ (o.B.d.A.) $\Rightarrow n_1^2 \equiv 0(4), n_2^2 \equiv 1(4) \Rightarrow a^2$

$\equiv 3 \cdot 0 + 3 \cdot 1 (4) \equiv 3(4), a \equiv 1(2) \Rightarrow a^2 \equiv 1(4)$ Widerspruch.

2.Fall: $n_1 \equiv 1(2), n_2 \equiv 1(2) \Rightarrow n_1^2 \equiv n_2^2 \equiv 1(4)$

$a^2 \equiv 3 \cdot 1 + 3 \cdot 1 (4) \equiv 2(4); a \equiv 0(2) \Rightarrow a^2 \equiv 0(4)$ Widerspruch!

Übg.(20.)Alle PW(17) genügen der Gleichung $x^8+1 \equiv 0(17)$ u.v.v.

$x=1 : 1^8 \not\equiv -1(17), 2^8 = 128 \equiv 9 \not\equiv -1(17), 3^8 = 81 \cdot 81 \equiv (-4)(-4) \equiv 16$
$\equiv -1(17).\Rightarrow$ 3 kleinste PW (17): $3 \equiv 3, 3^2 \equiv 9, 3^3 \equiv 10(17), 3^4 \equiv 13(17),$
$3^5 \equiv 5(17), 3^6 \equiv 15 \equiv -2(17), 3^7 \equiv -6 \equiv 11, 3^8 \equiv -1 \equiv 16, 3^9 \equiv -3 \equiv 14,$
$3^{10} \equiv -9 \equiv 8, 3^{11} \equiv 7, 3^{12} \equiv 4, 3^{13} \equiv 12, 3^{14} \equiv +2, 3^{15} \equiv 6, 3^{16} \equiv 1(17)$
unter $3, 3^2, \ldots, 3^{16}$ sind die PW (17) - es gibt genau $\varphi(16) = 8$- die-
jenigen Potenzen 3^ν mit $(\nu,16) =1$, d.h. $\nu = 2l+1$: PW(17):3,10,5,11,14,
7,12,6.

Übg.(21.) $x^{32} \equiv 1(257), 32/p-1 (= 256) \Rightarrow$ Es gibt genau 32 Lösungen von
$x^{32} \equiv 1(257)$, unter diesen sind $\varphi(32) = 16$ von der Ordnung 16.
$x^{32}-1 = (x^{16})^2 -1 = (x^{16}-1)(x^{16}+1)$. Die Lösungen von $x^{32}-1 \equiv 0(257)$
genügen entweder $x^{16}-1 \equiv (257)$ oder $x^{16}+1 \equiv 0(257)$. Die 16 zum
Exponenten 32 zugehörigen Restklassen sind genau die Lösungen von
$x^{16}+1 \equiv 0(257)$.

Übg.(23.) Alle PW(23) genügen der Gleichung $x^{11}+1 \equiv 0(23)$ u.v.v.

$x=1, 1^{11} \not\equiv -1(17); x = 2, 2^{11} = (2^4)^2 \cdot 2^3 \equiv 16^2 \cdot 2^3 \equiv (-7)^2 \cdot 2^3 \equiv 3 \cdot 2^3 \equiv$
$1(23); x=3; 3^{11}=((3^3)^2 \cdot 3) \cdot 3^4 \equiv (4^2 \cdot 3) \cdot 3^4 \equiv (16 \cdot 3) \cdot 3^4 \equiv 48 \cdot 12 \equiv 2 \cdot 12 \equiv 1(23);$
$x= 4 : 4^{11} = (2^2)^{11} = (2^{11})^2 \equiv 1^2 \equiv 1(23); x = 5 : 5^{11} = 5 \cdot (25)^5 \equiv$
$5 \cdot 2^5 \equiv 5 \cdot 9 \equiv -1(23);$ 5 kleinste PW (23): $5 \equiv 5, 5^2 \equiv 2, 5^3 \equiv 10,$
$5^4 \equiv 4, 5^5 \equiv 20, 5^6 \equiv 8, 5^7 \equiv 17, 5^8 \equiv 16, 5^9 \equiv 11, 5^{10} \equiv 9, 5^{11}\equiv 22,$
$5^{12} \equiv 18, 5^{13} \equiv 21, 5^{14} \equiv 13, 5^{15} \equiv 19, 5^{16} \equiv 3, 5^{17} \equiv 15, 5^{18} \equiv 6,$
$5^{19} \equiv 7, 5^{20} \equiv 12, 5^{21} \equiv 14, 5^{22} \equiv 1.$
5^ν mit $(\nu,22) = 1$ ist PW(23) $\Rightarrow \nu$ ungerade, aber $\nu \neq 11 \Rightarrow$ PW(23):
5,7,10,11,14,15,17,19,20,21.

Übg.(24.) $m = 3^n, m = 2 \cdot 3^n, n \geq 1$. $r = 2+t \cdot 3$, wobei t nicht $1-2x \equiv 0(3)$ löst.
$\Rightarrow r = 2$ ist die kleinste PW von 3^n; für $m = 2 \cdot p^n (p=3)$ ist es 5
$(2+3^n \geq 5, 5$ ungerade). Indextafel der kleinsten PW(54)
$54 = 2 \cdot 27 = 2 \cdot 3^2$, also kleinste PW = 5.
$5^1 \equiv 5, 5^2 \equiv 25, 5^3 \equiv 125 \equiv 17, 5^4 \equiv 85 \equiv 31, 5^5 \equiv 155 \equiv -7 \equiv 47,$
$5^6 \equiv -35 \equiv 19, 5^7 \equiv -13 \equiv 41, 5^8 \equiv -65 \equiv -11 \equiv 43, 5^9 \equiv -55 \equiv -1 \equiv 53,$
$5^{10} \equiv -5 \equiv 49, 5^{11} \equiv -25, 5^{12} \equiv 145 \equiv -17 \equiv 37, 5^{13} \equiv -85 \equiv 23,$
$5^{14} \equiv 115 \equiv 7, 5^{15} \equiv 35, 5^{16} \equiv 175 \equiv 13, 5^{17} \equiv 65 \equiv 11, 5^{18} \equiv 55 \equiv 1.$

$\bar{\nu}$	1	5	7	11	13	17	19	23	25	29	31	35	37	41	43	47	49	53
Index	18	1	14	17	16	11	6	13	2	11	4	15	12	7	8	5	10	9

$5^{11} \cdot 5^{18} \equiv 5^{29} \equiv 29(54)$

ist keine Lösung des Problems, da die Exponenten mod ((54))= mod 18
zu betrachten sind. Über PW(54)=5 erhalten wir $5^5, 5^7, 5^{11}, 5^{13}, 5^{17}$
als weitere PW(54), i.s. die Restklassen 47,41,29,23,11.
Eine "Scheinlösung" wäre auch $7 \equiv 5^{14} = (25)^7 \equiv 7(54)$, da
$25 \nmid$ PW(54). Für die ersten drei PW(54) ergeben sich keine
lösbaren Exponentialkongruenzen, dagegen gilt mit $29 \equiv (-25)(54)$
und $29^5 \equiv (-25)^5 \equiv 5(54)$: Die Exponentialkongruenz $29^x \equiv x(54)$
hat die Lösung 5.

Übg.(25.) Die primitive n-te EW mit $n = p_{(1)}^{\alpha_1} \cdots p_{(s)}^{\alpha_s}$ läßt sich als Produkt
je einer primitiven $p_{(1)}^{\alpha_1}$ten,...,$p_{(s)}^{\alpha_s}$ten EW schreiben; die p^λ-te
primitive EW genügen der Gleichung.

$$\frac{x^{p^\lambda}-1}{x^{p^{\lambda-1}}-1} = 1 + x^{p^{\lambda-1}} + x^{2p^{\lambda-1}} + x^{3p^{\lambda-1}} + \ldots + x^{(p-1)p^{\lambda-1}}$$

$\Rightarrow n=180=2^2 \cdot 3^2 \cdot 5;\ p.4.EW.:\ 1+x^2 = 0$

$\qquad\qquad p.9.\ EW.:\ 1+x^3+x^6=0$

$\qquad\qquad p.5.\ EW.:\ 1+x+x^2+x^3+x^4=0$

$n=360=2^3 \cdot 3^2 \cdot 5;\qquad p.8.\ EW.:\ 1+x^4=0$

$\qquad\qquad p.9.\ EW.:\ bzw.\ 5.EW.\ wie\ bei\ n=180.$

Übg.(26.) $m = 625 = 5^4 : \sum_{k=0}^{4} 5^{4-k}(x^5-x)^k f_k(x)$

$\qquad m = 27 = 3^3 \quad \sum_{k=0}^{3} 3^{3-k}(x^3-x)^k f_k(x)$

$\qquad m = 343 = 7^3 \quad \sum_{k=0}^{3} 7^{3-k}(x^7-x)^k f_k(x).$

Übg.(28.) m=6; d=6; $\mu(6)=3$; $x(x-1)(x-2)$.

$\qquad$ d=3; $\mu(3) = 3$ fällt weg.

$\qquad$ d=2; $\mu(2) = 2$, $3x(x-1)$.

$\qquad$ d=1; $\mu(1) = 1$, $6 \equiv 6(6)$.

$\qquad$ m=16: d=16; $\mu(16)=6$; $x(x-1)(x-2)(x-3)(x-4)(x-5)$.

$\qquad$ d=8; $\mu(8)=4$; $2x(x-1)(x-2)(x-3)$. d=4; $\mu(4)=4$; entfällt.

$\qquad$ d=2; $\mu(2)=2$; $8x(x-1)$. $16 \equiv 16$ für d=1.

Übg.(29.)　m=12 : d=12; $\mu(12)=4$; $x(x-1)(x-2)(x-3)$.

d=6; $\mu(6)=3$; $2x(x-1)(x-2)$. d=4; $\mu(4)=4$; fällt weg.

d=3; $\mu(3)=3$; fällt weg. d=2; $\mu(2)=2$; $6(x^2-x)$.

d=1; $12\equiv12(12)$. $x^4-x^2 = f_3+3(f_1+f_2)$ mit $f_3=x(x-1)(x-2)(x-3)$,

$f_2=2x(x-1)(x-2)$, $f_1=6x(x-1)$. m=165=3·5·11 : d=165; $\mu(165)=11$;

$\prod\limits_{\nu=0}^{10} (x-\nu)$. d=55; $\mu(55)=11$; fällt weg. d=33; $\mu(33)=11$; fällt weg.

d=15; $\mu(15)=5$; $11\prod\limits_{\nu=0}^{4} (x-\nu)$. d=11; $\mu(11)=11$; fällt weg. d=5; $\mu(5)=3$;

fällt weg. d=3; $\mu(3)=3$; $55x(x-1)(x-2)$. Nach (II_{24}) entstehen aus

diesen Elementen der Restpolynomkette mod 12 resp. mod 165 die

allgemeinen Restpolynome mod 12 resp. mod 165.

Übg.(30.) $\sum\limits_{k=0}^{n} p^{n-k}(x^p-x)^k f_k(x)$ (mod p^n) resultiert aus (II_{24}): $m=p^n$, $p^n\equiv p^n(p^n)$ (r_1)

$d=p$; $\frac{m}{d} = p^{n-1}$ $\mu(p)=p$ also $x^p-x = r_2$ (nach $(I_{10}^!)$).

$d=p^2$, $\frac{m}{d}=p^{n-2}$; $\mu(p^2)=2p$; $\pi(2p)= \pi(p)\cdot(x-p)\cdot(x-p-1)\cdot\ldots\cdot(x-2p+1)$

$\equiv \pi(p)(x^p-x)(p) \equiv (x^p-x)^2 \equiv 0(p^2)$; also $p^{n-2}(x^p-x)^2 \equiv 0(p^n)$. u.s.f.

3.Kapitel

Übg.(1.) $x^4 \equiv a(11)$; es gibt $N = \frac{p-1}{d} = 5$ $(p-1=10, d=(4,10)=2)$　4. Potenzreste

Übg.(2.) modulo 11; sie sind Lösung der Kongruenz $x^N-1 \equiv 0(11)$.

x=1 $\Rightarrow$ $1^5-1 \equiv 0(11)$

x=2 $\Rightarrow$ 32-1 $\not\equiv 0(11)$

x=3 $\Rightarrow$ $243-1\equiv 0(11)$

x=4 $\Rightarrow$ $1024-1\equiv0(11)$

x=5 $\Rightarrow$ $3125-1\equiv0(11)$

x=-2 $\Rightarrow$ $-32-1 \equiv 0(11)$

4. Potenzreste also : 0,1,3,4,5,9.

Lösungen von $x^4-a \equiv 0(11)$

$x^4 \equiv 0(11) \Rightarrow x_{01} = 0$

$(x^4-1) = (x^2-1)(x^2+1) \equiv (x-1)(x+1)(x^2+1) \equiv 0(11)$

$\Rightarrow$ $x_{11} = 1$; $x_{12} = -1 = 10$;

$x^4-3 \equiv 0(11)$; $x_{12} = +4$; $x_{22}=7$;

$x^4-4 \equiv 0(11)$; $x_{13} = 3$; $x_{23} = 8 \equiv -3(11)$;

$x^4-5 \equiv 0(11)$; $x_{14} = 2$; $x_{24} = 9 \equiv -2(11)$;

$x^4-9 \equiv 0(11)$; $x_{15} = 5$; $x_{25} = 6 \equiv -5(11)$;

diese $x_{\lambda\mu}$ bilden die Elemente des vollständigen Restsystems
modulo 11:
$$\{0,1,2,3,4,5,6,7,8,9,10\}.$$

Übg.(3.) $x^3-1 \equiv 0(35)$; $35=5\cdot 7$,

$x^3 \equiv 1(5)$; $x^3 \equiv 1(7)$

$1^3 \equiv 1(5)$; $2^3 \equiv 8 \equiv 3(5)$; $3^3 \equiv 27 \equiv 2(5)$; $4^3 \equiv (-1)^3 \equiv -1(5)$

$\Rightarrow a_{01}=1$; $1^3 \equiv 1(7)$; $2^3 \equiv 8 \equiv 1(7)$; $3^3 \equiv 27 \equiv -1(7)$

$4^3 \equiv 64 \equiv 1(7)$; $5^3 \equiv (-2)^3 \equiv -8 \equiv -1(7)$; $6^3 \equiv (-1)^3 \equiv -1(7)$;

$7^3 \equiv 0(7) \Rightarrow a_{02}=1$, $a_{12} = 2$, $a_{22} = 4$

$x \equiv 1(5)$; $x \equiv 1(7) \Rightarrow x_0=1$

$x \equiv 1(5)$; $x \equiv 2(7) \Rightarrow x_1=16$

$x \equiv 1(5)$; $x \equiv 4(7) \Rightarrow x_2=11$

Übg.(4.) $2 = PW(27)$: $\varphi(27) = 3^3\cdot\frac{2}{3} = 2\cdot 3^2 = 18$.

$2^1 \equiv 2(27)$, $2^2 \equiv 4$, $2^3 \equiv 8$, $2^4 \equiv 16$, $2^5 \equiv 5$, $2^6 \equiv 10$, $2^7 \equiv 20(27)$,

$2^8 \equiv 13$, $2^9 \equiv 26$, $2^{10} \equiv 25$, $2^{11} \equiv 23$, $2^{12} \equiv 19$, $2^{13} \equiv 11$, $2^{14} \equiv 22$,

$2^{15} \equiv 17$, $2^{16} \equiv 7$, $2^{17} \equiv 14$, $2^{18} \equiv 1$.

$x^3 \equiv a(27)$ mit $(a, 27) = 1$:

x,a als Potenzen von 2 darstellbar.

$x = 2^\xi$, $a = 2^\alpha$; $x^3 \equiv a(27) \Rightarrow 2^{3\xi} \equiv 2^\alpha(27) \Rightarrow 3\xi \equiv \alpha$ $(\varphi(27)=18)$.

Lösungen von $3\xi - \eta\cdot 18 = \alpha \Rightarrow (3,18)|\alpha \Rightarrow \alpha = 3,6,9,12,15,0$

$\Rightarrow a = 1,8,10,26,19,17$ dritte Potenzreste modulo 27.

Lösungen von $x^3 \equiv a(27)$

$a=1$: $x=2^\xi$; $3\xi \equiv 0(18) \Rightarrow \xi = 6\xi_1$: $x = 2^{6\xi_1}$ $(\xi_1=0,1,2,)$.

$a=8$: $3\xi \equiv 3(18) \Longleftrightarrow 18\,|\,3(\xi-1) \Longleftrightarrow \xi = 6\xi_1+1$: $x = 2^{6\xi_1+1}$

$a=10$: $3\xi \equiv 6(18) \Longleftrightarrow 18\,|\,3(\xi-2) \Longleftrightarrow \xi = 6\xi_1+2$: $x = 2^{6\xi_1+2}$

$a=26$: $3\xi \equiv 9(18) \Longleftrightarrow 18\,|\,3(\xi-3) \Longleftrightarrow \xi = 6\xi_1+3$: $x = 2^{6\xi_2+3}$

$a=19$: $3\xi \equiv 12(18) \Longleftrightarrow 18\,|\,3(\xi-4) \Longleftrightarrow \xi = 6\xi_1+4$: $x = 2^{6\xi_1+4}$

$a=17$: $3\xi \equiv 15(10) \Longleftrightarrow 18\,|\,3(\xi-5) \Longleftrightarrow \xi = 6\xi_1+5$: $x = 2^{6\xi_1+5}$

Übg.(5.) (16_3) $(\frac{-2}{p}) \overset{!}{=} -1$ für $p = 8k-1$: $(\frac{-2}{p}) = (\frac{-1}{p})(\frac{2}{p})$; $(\frac{-1}{p}) \equiv (-1)^{\frac{8k-1-1}{2}} =$

$(-1)^{4k-1} = -1$, also - wegen $(\frac{2}{p}) = 1 - (\frac{-2}{p}) = -1$.

(16_4) $(\frac{-2}{p}) \overset{!}{=} -1$ für $p = 8k-3$: $(\frac{-1}{p}) \equiv (-1)^{\frac{8k-3-1}{2}} = (-1)^{4k-2} = +1$;

$(\frac{+2}{p}) = -1 \Rightarrow (\frac{-2}{p}) = -1.$

Übg.(8.) $\left(\frac{21}{31}\right) = \left(\frac{3}{31}\right)\cdot\left(\frac{7}{31}\right) = \left(\frac{31}{3}\right)\cdot\left(\frac{31}{7}\right)(-1)^{15+45}$

$= \left(\frac{31}{3}\right)\left(\frac{31}{7}\right) = \left(\frac{1}{3}\right)\cdot\left(\frac{3}{7}\right) = 1\cdot\left(\frac{1}{3}\right)\cdot(-1)^{3\cdot 1} = -1 \Rightarrow x^2 \equiv 21(31)$ ist unlösbar.

449 (PZ) löst $x^{228} = x^{\frac{457-1}{2}} \equiv 1(457)$ ist gleichbedeutend mit:

$(457\ \text{PZ}) \Longleftrightarrow \left(\frac{449}{457}\right) = 1$.

$\left(\frac{449}{457}\right) = \left(\frac{457}{449}\right)\cdot(-1)^{224\cdot 228} = \left(\frac{8}{449}\right) = \left(\frac{2}{449}\right)^3 = +1$.

Damit ist auch $\left(\frac{8}{449}\right) = 1$, d.h. 8 quadratischer Rest von

$449 : x^2 \equiv 8(449)$ ist lösbar ; $x^2 = 8 + k\cdot 449$, für $k = 8$ erhalten

wir $x^2 = 3600$ und mit $x = \pm 60$ die Lösungen.

Übg.(9.) $10^x \equiv 1(31)$; $10^{30} \equiv 1(31)$, Teiler von 30 : 1,2,3,5,6,10,15,30

Bestimmung von $e(10)$:

$10^1 \equiv 10(31)$

$10^2 \equiv 7(31)$

$10^3 \equiv 8(31)$

$10^5 \equiv -6(31)$

$10^6 \equiv 2(31)$

$10^{10} \equiv 5(31)$

$10^{15} \equiv 1(31)$.

Übg.(10.) Zur Aussage von Übg.(10.) wird auf das folgende verwiesen.

Übg.(11.) $g_\nu = 0\ (\nu = 1,\ldots,n) \Rightarrow \sum\limits_{\nu=1}^{n} g_\nu{}^a \log p_{(\nu)} = 0$

$\sum\limits_{\nu=1}^{n} g_\nu{}^a \log p_{(\nu)} = 0 \Rightarrow \prod\limits_{\nu=1}^{n} p_{(\nu)}^{g_\nu} = 1$. Antithese: Es existieren

$g_\nu(\nu = \nu^*)$ mit $g_{\nu*} \neq 0$, so daß $\prod\limits_{\nu=1}^{n} p_{(\nu)}^{g_\nu} = 1 \Rightarrow \prod\limits_{\substack{g_\nu > 0 \\ \nu\in\{1,\ldots,n\}}} p_{(\nu)}^{g_\nu} = \prod\limits_{\substack{-g_\nu>0 \\ \nu\in\{1,\ldots,n\}}} p_{(\nu)}^{-g_\nu}$

und mindestens eine der beiden Seiten ist größer als 1.

α) Eine Seite gleich 1 $\Rightarrow g_{\nu*} = 0$.

β) Beide Seiten größer als 1, dann enthält eine den Primfaktor

$p_{(\nu*)}$, die andere nicht; da beide Seiten die Primfaktorzer-

legung derselben natürlichen Zahl darstellen, erhalten wir wegen

der Eindeutigkeit der PF-Zerlegung einen Widerspruch.

Annahme: Es gibt für $n \geq 3$ $g_\nu \in \mathfrak{Z}$ $(\nu = 1,2,\ldots,n)$ mit $\prod\limits_{\nu=1}^{n} g_\nu \neq 0$, so daß

$\sum\limits_{\nu=1}^{n} g_\nu \lg p_{(\nu)} = m$

$\Rightarrow \lg\left(\prod\limits_{\nu=1}^{n} p_{(\nu)}^{g_\nu}\right) = m \Rightarrow \prod\limits_{\nu=1}^{n} p_{(\nu)}^{g_\nu} = 10^m$

$\Rightarrow \prod\limits_{\substack{g_\nu>0 \\ \nu\in\{1,2,\ldots,n\}}} p_{(\nu)}^{g_\nu} = \left(\prod\limits_{\substack{-g_\nu>0 \\ \nu\in\{1,2,\ldots,n\}}} p_{(\nu)}^{-g_\nu}\right)\cdot 10^m$. Außer 2 und 5 tritt nach Voraussetzung

29 Schubart

mindestens eine weitere (von 2 und 5 verschiedene) Primzahl auf,
und da diese nur auf einer Seite vorkommt, wäre die Eindeutigkeit
der Primfaktorzerlegung verletzt. q.e.a.

Übg.(12.) Kleiner Satz von Fermat: Für p PZ und alle a aus $\mathbb{Z}$ gilt: $a^{p-1} \equiv 1(p)$.

$\rightarrow$ Wenn es ein a aus $\mathbb{Z}$ gibt mit $a^{m-1} \not\equiv 1(m)$, dann ist m keine Primzahl.

$2^{119-1} \not\equiv 1(119)$, a = 2, m = 119.

$!2^{118} \not\equiv 1(119)!$

$2^7 = 128 \equiv 9(119)$

$2^{13} \equiv 64 \cdot 9 \equiv 576 \equiv 100 \equiv -19(119)$; $2^{26} \equiv 361 \equiv 4(119)$

$2^7 \cdot 2^4 \cdot 2^{26} = 2^{37} \equiv -19(119)$; $2^{74} \equiv 4(119)$; $2^7 \cdot 2^4 \cdot 2^{74} = 2^{85} \equiv -19(119)$;

$2^{85} \cdot 2^{26} \equiv 2^{111} \equiv (-19) \cdot 4 \equiv -76 \equiv 43(119)$; $2^{118} \equiv 9 \cdot 43 \equiv 387 \equiv 30 \not\equiv 1(119)$.

Übg.(13.) $(2k+1)^2 - (2k-1)^2 = ((2k+1)+(2k-1)) \cdot ((2k+1)-(2k-1)) = 4k \cdot 2 = 8k$

$(k+2)^2 - (k-2)^2 = ((k+2)+(k-2)) \cdot ((k+2)-(k-2)) = 2k \cdot 4 = 8k$

$\rightarrow (2k+1)^2 - (2k-1)^2 = (k+2)^2 - (k-2)^2$; $k \geq 3$.

Übg.(14.) $n = a^2 + 5b^2$, $(a,b) = 1$, $a \cdot b \not\equiv 1$, p/n, $p \nmid (2 \cdot 3 \cdot 5)$. $a = q_a p + r_a$, $b = q_b p + r_b$.
N.V.: $r_a^2 + 5r_b^2 \equiv 0(p)$. Nach (III_7) gilt $r_a^2 + 5r_b^2 < 6p$. Hier sind folgende
Fälle möglich. $r_a^2 + 5r_b^2 = m \cdot p$ (m=1,2,3,4,5). Aus m=5 resultiert $5/r_a$
oder $5r_a'^2 + r_b^2 = p$, während für m=1 bereits p die vermutete Form $(a'^2 + 5b'^2)$
besitzt. Mit m=4 wird mit $4p = r_a^2 + 5r_b^2$ zunächst $r_a \equiv r_b(2)$ und für
$r_a \equiv r_b \equiv 0(2)$ erhalten wir wieder $p = r'^2 + 5r'^2$; dagegen führt
der Ansatz $r_a \equiv r_b \equiv 1(2)$ zu $2p = 2r_a'^2 + 2r_a' + 10r_b'^2 + 10r_b' + 3$ oder zu
einem Widerspruch. Die Fälle m=2 und m=3 lassen sich dagegen nicht
"analog" meistern, wie bereits die Gegenbeispiele $2 \cdot 23 = 46 = 1^2 + 5 \cdot 3^2$
$(23 \not\equiv a'^2 + 5b'^2)$ und $2^2 + 5 \cdot 3^2 = 49 = 7^2$ $(7 \not\equiv a'^2 + 5b'^2)$ zeigen.

Weitere solche Beispiele sind etwa $2^2 + 5 \cdot 5^2 = 129 = 3 \cdot 43$ $(43 \not\equiv a'^2 + 5b'^2)$ und
$3 \cdot 7 = 1^2 + 5 \cdot 4^2$. Selbstverständlich ist eine Darstellung $p = a'^2 + 5b'^2$ eindeutig, da $x^2 \equiv -5(p)$ für $(\frac{-5}{p}) = 1$ genau zwei Lösungen besitzt. Das Beispiel p=23 mit $(\frac{-5}{23}) = 1$ (nach (III_5)) zeigt schließlich, daß die Kongruenz $a^2 + 5b'^2 \equiv 0(23)$ nicht "unbedingt" auf $a'^2 + 5b'^2 = 23$ führen muß.

Übg.(15.) $Lg^{(n)}(p_n^*) < \alpha_0 < Lg^{(n)}(p_n^* + 1)$; n=1,2,3; $p_1^* = 2$, $p_2^* = 5$, $p_3^* = 37$.

n=1: $Lg2 < \alpha_0 < Lg3$

n=2: $Lg(Lg(5)) < \alpha_0 < Lg(Lg(6))$

n=3: $Lg(Lg(Lg(37))) < \alpha_0 < Lg(Lg(Lg(38)))$

$$Lg\ x = \frac{1}{{}^{10}lg\ 2}\ \cdot\ {}^{10}lg\ x$$

$$Lg(2) = 1;\ Lg(3) \approx \frac{0,4771}{0,3010} \approx 1,59$$

$$1 < \alpha_o < 1,59$$

$$Lg(5) \approx \frac{0,6990}{0,3010} \approx 2,32,\ Lg(6) \approx \frac{0,7782}{0,3010} \approx 2,59$$

$$Lg(Lg(5)) \approx Lg(2,32) \approx \frac{0,3655}{0,3010} \approx 1,21,$$

$$Lg(Lg(6)) \approx Lg(2,59) \approx \frac{0,4133}{0,3010} \approx 1,37,$$

$$1,21 < \alpha_o < 1,37$$

$$Lg(37) \approx \frac{1,5682}{0,3010} \approx 5,2;\ Lg(38) \approx \frac{1,5798}{0,3010} \approx 5,25$$

$$Lg(5,2) \approx \frac{0,7160}{0,3010} \approx 2,48;\ Lg(5,25) \approx \frac{0,7202}{0,3010} \approx 2,49$$

$$Lg(2,48) \approx \frac{0,3945}{0,3010} \approx 1,31;\ Lg(2,49) \approx \frac{0,3962}{0,3010} \approx 1,315$$

$$1,31 < \alpha_o < 1,315\ \ .$$

Übg.(16.) In $a^{2^k}+1$ ist für $a = 2a'+1$ sicher $a^{2^k}+1 \equiv 0(2)$ ($\neq$ p für $a' \geqslant 1$).
Aus (13') folgt mit $a \geqslant 3$: $a^p-1 = a^p-1^p = (a-1)\cdot(...)$; damit ist
in diesem Fall a^p-1 sicher keine PZ.

Übg.(17.) $M_p = 2^p-1$ (p > 2, p PZ), $S_k = S_{k-1}^2-2$, $S_1 = 4$, $k = 1,2,...$;

$$S_{p-2} \equiv \pm 2^{\frac{p+1}{2}}\ (M_p) \Rightarrow (k = p-1),\ S_{p-1} = S_{p-2}^2-2 \equiv (\pm 2^{\frac{p+1}{2}})^2 - 2(M_p) \equiv$$

$2^{p+1}-2(M_p) \equiv 2(2^p-1)(M_p) \equiv 0(M_p)$ (denn $(2^p-1) = M_p$), S_{p-1} ist also ein
Vielfaches von M_p und nach dem Satz $(III_{13}^{(2)})$ ist M_p eine Primzahl.

Übg.(18.)(14_1) $2u_{r+s} \overset{!}{=} u_r \cdot v_s + u_s v_r$

$$u_r \cdot v_s + u_s \cdot v_r = ((\alpha^r - \beta^r):(\alpha-\beta))\cdot(\alpha^s+\beta^s)+((\alpha^s-\beta^s):(\alpha-\beta))\cdot(\alpha^r+\beta^r) =$$

$$= \frac{2}{\alpha-\beta}\ (\alpha^{r+s}-\beta^{r+s}) = 2u_{r+s}.$$

Übg.(19.) $n_1 = 2^{75}+1 = (2^1+1)(\sum_{\nu=0}^{74} (-1)^\nu 2^\nu) \Rightarrow 3/n_1$ (nach $a^n+b^n = (a+b)\cdot$

$(\sum_{\nu=0}^{n-1} (-1)\ a^\nu \cdot b^{(n-1)-\nu}$, $n \equiv 1(2)$).

$n_2 = 2 \cdot 2^{75}+1$, $2^4 \equiv -1(17)$, $2^{76} = (2^4)^{19} \equiv (-1)^{19}(17) \equiv -1(17) \Rightarrow$

$2^{76}+1 \equiv 0(17)$, d.h. $17/n_2$.

$n_3 = 3 \cdot 2^{75}+1$; $2^{72} \equiv 1(5)$ (denn $2^4 \equiv 1(5)$), $2^3 \cdot 3 = 24 \equiv -1(5) \Rightarrow n_3 \equiv$

$(-1)\cdot(+1)+1(5) \equiv 0(5)$, d.h. $5/n_3$.

$n_4 = 4 \cdot 2^{75}+1 = 2^{77}+1$, $2 \equiv (-1)(3)$, $2^{77} \equiv (-1)^{77}(3) \equiv (-1)(3) \Rightarrow n_4 \equiv 0(3)$.

Übg.(21.) Mit (III'_{16}) bilden wir die eineindeutige Zuordnung $\sum\limits_{\nu=1}^{\infty} \dfrac{z_\nu}{10^\nu!} <\!-\!> \sum\limits_{\nu=1}^{\infty} \dfrac{z_\nu}{10^\nu}$

(z_ν dekadische Ziffern). Hier steht rechts die Menge der reellen Zahlen x mit $0 \leq x < 1$.

Übg.(23.) $\bar{\alpha}^2+2 - 2\bar{\alpha} = 0$ $\bar{\alpha}$ genügt $x^2-2x+2=0$

$\bar{\beta}^2-\bar{\beta}+1 = 0$ $\bar{\beta}$ " $x^2-x+1=0$

$\bar{\alpha}^2 = 2\bar{\alpha}-2$; $\bar{\beta}^2 = \bar{\beta}-1$; $\alpha_1=1$; $\alpha_2=\bar{\alpha}$; $\alpha_3=\bar{\beta}$; $\alpha_4=\bar{\alpha}\cdot\bar{\beta}$

$\bar{\alpha}+\bar{\beta}=\eta$; $\alpha_1(\bar{\alpha}+\bar{\beta})=\bar{\alpha}+\bar{\beta}=0\cdot\alpha_1+1\alpha_2+1\alpha_3+0\alpha_4$

$\alpha_2(\bar{\alpha}+\bar{\beta}) = \bar{\alpha}(\bar{\alpha}+\bar{\beta}) = 2\bar{\alpha}-2+\bar{\alpha}\cdot\bar{\beta} = -2\cdot\alpha_1+2\cdot\alpha_2+0\cdot\alpha_3+1\cdot\alpha_4$

$\alpha_3(\bar{\alpha}+\bar{\beta}) = \bar{\beta}(\bar{\alpha}+\bar{\beta}) = \bar{\alpha}\cdot\bar{\beta}+\bar{\beta}-1 = -1\cdot\alpha_1+0\cdot\alpha_2+1\cdot\alpha_3+1\cdot\alpha_4$

$\alpha_4(\bar{\alpha}+\bar{\beta}) = \bar{\alpha}\bar{\beta}(\bar{\alpha}+\bar{\beta}) = \bar{\alpha}^2\bar{\beta}+\bar{\alpha}\bar{\beta}^2 = (2\bar{\alpha}-2)\bar{\beta} + \bar{\alpha}(\bar{\beta}-1) = $

$2\bar{\alpha}\bar{\beta}-2\bar{\beta}+\bar{\alpha}\bar{\beta} -\bar{\alpha} = 0\cdot\alpha_1-1\cdot\alpha_2-2\cdot\alpha_3+3\cdot\alpha_3$. Dies führt zu

$\alpha_1\eta = 0\cdot\alpha_1+1\cdot\alpha_2+1\cdot\alpha_3+0\cdot\alpha_4$

$\alpha_2\eta = -2\cdot\alpha_1+2\cdot\alpha_2+0\cdot\alpha_3+1\cdot\alpha_4$

$\alpha_3\eta = -1\cdot\alpha_1+0\cdot\alpha_2+1\cdot\alpha_3+1\cdot\alpha_4$

$\alpha_4\eta = 0\cdot\alpha_1-1\cdot\alpha_2-2\cdot\alpha_3+3\cdot\alpha_3$

Die entsprechende Determinante ergibt sich als

$$0 = \begin{vmatrix} -\eta & 1 & 1 & 0 \\ -2 & 2-\eta & 0 & 1 \\ -1 & 0 & 1-\eta & 1 \\ 0 & -1 & -2 & 3-\eta \end{vmatrix}$$

Nach verschiedenen Vereinfachungen entsteht hieraus die Gleichung

$$\eta^4-6\eta^3+17\eta^2-24\eta+13 = 0$$

Damit genügt $(\bar{\alpha}+\bar{\beta})=\eta$ einer Gleichung 4.Grades. Ganz analog wird die Gleichung für $(\bar{\alpha}\cdot\bar{\beta})$ bestimmt.

Übg.(24.) Wäre π algebraisch, so könnte g^* aus $\mathfrak{z}$ gefunden werden mit $g^*\pi$ ganz algebraisch. Es wäre dann auch (III_{17}) $ig^*\pi$ ganz algebraisch. Nun ist aber $e^{ig^*\pi} = (-1)^{g^*}$, was (III'_{18}) widerspräche.

Übg.(25.) Das ist (III'_{18}) in "geometrischer Sprechweise".

Übg.(26.) Eine Beziehung $\sum\limits_{\nu=0}^{n} \alpha_\nu e^\nu = 0$ widerspräche (III_{18}).

Übg.(27.) Die Überlegungen zu y=cotg x folgen denen zu y = tgx analog. Wäre

mit $0 \neq g \in \mathfrak{z}$ sing algebraisch, so bestünde eine Beziehung

$$\tilde{\mathcal{R}}_a \ni \beta = \frac{e^{ig}-e^{-ig}}{2i} \Rightarrow 2i\beta = e^{ig}-e^{-ig} \Rightarrow e^{2ig}-2i\beta e^{ig}-1 = 0 .$$ Das steht

aber im Widerspruch zu (III_{18}).

Übg.(28.) Wegen $\lg (e^{\frac{p}{q}}) = \frac{p}{q} \lg e$ **(p∨q,** p und q aus $\mathfrak{z}$, q $\neq$ 0) würde

$\frac{p}{q} \cdot \lg e = \alpha \in \tilde{\mathcal{R}}_a$ mit der Folgerung $\lg e = \frac{\alpha q}{p} \in \tilde{\mathcal{R}}_a$ der Transzendenz

von lg e widersprechen.

Übg.(30.) Zu jeder SZ von n $(n = g_1+(g_1+1)+\ldots+(g_1+k)$ gehört

$2n = 2g_1+(2g_1+2)+\ldots+(2g_1+2k)$ u.v.v..

Übg.(33.) $\sum\limits_{\nu=1}^{n} (2\nu-1)^2 = \sum\limits_{\nu=1}^{n} (2\nu)^2 - 2(\sum\limits_{\nu=1}^{n} 2\nu) + \sum\limits_{\nu=1}^{n} 1 = 4\sum\nu^2 - 4\sum\nu + n =$

$4 \cdot \frac{n(n+1)(2n+1)}{6} - 4(\frac{n(n+1)}{2}) + n = \frac{1}{3}(2n(n+1)(2n+1) - 6(n+1)\cdot n+3n) =$
$\frac{1}{3}n(2(2n^2+3n+1)-6n-6+3) = \frac{1}{3}n(4n^2-1) = \frac{1}{3}n(2n-1)(2n+1)$.

Übg.(35.) Die Folge der Zahlen (2k-1) (k=1,2,...) wird in Teilfolgen
$S'_1, S'_2, \ldots$ derart zerlegt, daß S'_ν genau ν Elemente besitzt.

S'_n gehen daher $1+2+\ldots+(n-1) = \frac{n(n-1)}{2}$ Elemente voraus. S'_n beginnt
mit $2(\frac{n(n-1)}{2}+1)-1$ und endet mit $2(\frac{n(n-1)}{2}+1)-1+2(n-1)$. Die Summe
der zu S'_n gehörenden Elemente ist daher gleich
$\frac{n}{2}(2(\frac{n(n-1)}{2}+1)-1+2(\frac{n(n-1)}{2}+1)-1+2(n-1)) =$
$\frac{n}{2}(n^2-n+2-1+n^2-n+2-1+2n-2) = \frac{n}{2}(n^2+n^2)=n^3$.

Übg.(36.) 1.Lösung: n=42, k=5, 9k-n=3; $\binom{(9k-n)+k-1}{k-1} = \binom{3+4}{4} = 35$; es gibt

Übg.(37.)
genau 35 solche Zahlen, denn 9999 besitzt unter den 4-stelligen
Zahlen die Quersumme (36).

$n=32$, $k=4$; $9k-n=4$; $\binom{(9k-n)+k-1}{k-1} = \binom{4+3}{3} = 35$, das ist genau die Anzahl der 4-stelligen Zahlen mit der Quersumme 32, denn 3-stellige Zahlen haben eine kleinere Quersumme.

2.Lösung: $\sum_{\nu=0}^{k} (-1)^\nu \binom{k}{\nu} \binom{n+k-(10\nu+1)}{k-1}$, $(n+k \geq 10\nu+1)$

$n=42$, $k=5$: $\binom{5}{0}\binom{42+5-1}{4} - \binom{5}{1}\binom{42+5-11}{4}+\binom{5}{2}\binom{42+5-21}{4}+\binom{5}{3}\binom{42+5-31}{4}+$

$\binom{5}{4}\binom{42+5-41}{4} = 1\binom{46}{4}-5\binom{36}{4}+10\binom{26}{4}-10\binom{16}{4}+5\binom{6}{4} =$

$\frac{1}{24}(46 \cdot 45 \cdot 44 \cdot 43 - 5 \cdot 36 \cdot 35 \cdot 34 \cdot 33 + 10 \cdot 26 \cdot 25 \cdot 24 \cdot 23 - 10 \cdot 16 \cdot 15 \cdot 14 \cdot 13 + 5 \cdot 6 \cdot 5 \cdot 4 \cdot 3)$

$= \frac{1}{24}(3916440 - 7068600 + 3588000 - 436800 + 1800)$

$= \frac{1}{24}(7506240 - 7505400) = \frac{1}{24} \cdot 840 = 35$; $n=32$, $k=4$: $\binom{4}{0}\binom{32+4-1}{4}-\binom{4}{1}$

$\binom{32+4-11}{3}+\binom{4}{2}\binom{32+4-21}{3}-\binom{4}{3}\binom{32+4-31}{3} = \frac{1}{6}(1 \cdot 35 \cdot 34 \cdot 33 - 4 \cdot 25 \cdot 24 \cdot 23 + 6 \cdot$

$15 \cdot 14 \cdot 13 - 4 \cdot 5 \cdot 4 \cdot 3) = \frac{1}{6}(1155 \cdot 34 - 575 \cdot 24 \cdot 4 + 195 \cdot 14 \cdot 6 - 60 \cdot 4) =$

$\frac{1}{6}(39270 - 55200 + 16380 - 240) = \frac{1}{6}(55650 - 55440) = \frac{1}{6} \cdot 210 = 35.$

Übg.(38.) Z.B. $a = x_1 y_1 + x_2 y_2$, $b = x_1 y_2 - x_2 y_1$.

Übg.(39.) Über das mittlere Glied (bei ungerader Summandenanzahl) ergeben sich die SZ^{en} von $2^a n$ aus den SZ^{en} von n $(n \equiv 1(2))$. Wir erläutern dies am Beispiel $n=9$: $9 = 2 + 3 + 5$

                $18 = 2 \cdot 9 = 5 + 6 + 7$ $(6 = 2 \cdot 3)$

$36 = 2^2 \cdot 9 = 11 + 12 + 13$ $(12 = 4 \cdot 3).$

$9 = 4+5 = (-3)+(-2)+(-1)+0+1+2+3+4+5$

$18 = 2 \cdot 9 = (-2)+(-1)+0+1+2+3+4+5+6 = 3+4+5+6$

$36 = 2^2 \cdot 9 = 0+1+2+3+4+5+6+7+8$

(die Anzahl der Summanden bleibt erhalten, da diese aus dem gemeinsamen ungeraden Teiler von n und $(2^a n)$ resultiert).

Übg.(40.) $n=2n'$ resp. $n=2n'+1$; $n=2n'$ resp. $n=2n''+3$. Hieraus ergeben sich sofort mögliche Werte für l_1 und l_2.

Übg.(41.) Bei diophantischen Gleichungen werden auch negative Lösungen zugelassen.

Übg.(43.) $A_{50}^{(1,2,5)} = 1 + \left[\frac{50}{5}\right] + \sum_{k=0}^{10} \left[\frac{50-k \cdot 5}{2}\right] = 1+10+25+22+20+17+15+12+10+7+5+2 = 146$

Übg.(48.) Mit $w_3(12) = 25$, $w_3(13) = 21$, $w_3(14)=15$, $w_3(15) = 10$, $w_3(16)=6$, $w_3(17)=3$, $w_3(18)=1$ und der Gesamtzahl $6^3=216$ aller Möglichkeiten, ergibt sich nach Laplace $\frac{81}{216} > \frac{1}{3}$ als Wahrscheinlichkeit bei einem

Wurf mit drei Würfeln mindestens die Summe 12 zu erreichen. Damit wird es nach den Gesetzen der Wahrscheinlichkeitsrechnung i.a. günstiger sein, den Gegenstand zu erwürfeln statt ihn zu kaufen.

Übg.(51.) Die angegebene Anzahl resultiert aus der Verteilung der Fünfeckzahlen.

Übg.(52.) "Jede natürliche Zahl n läßt sich genau einmal als Summe von Potenzen der Zahl 2 schreiben" o.m.a.W."Sie ist eindeutig im Dualsystem darstellbar".

Übg.(56.) $n=4m-1$ $(m > 2)$

$4m-4$, $4m-6$,...,$2m$; $4m-2$; $2m-3$, $2m-5$,...,1; $4m-1$; $1,3$,...,$2m-3$;$2m$, $2m+2$,...,$4m-4$;$2m-1$;$4m-3$,$4m-5$,...,$2m+1$;$4m-2$;$2m-2$,$2m-4$,...,2;$2m-1$; $4m-1$;$2,4$,...,$2m-2$;$2m+1$,$2m+3$,...,$4m-3$.

Bezeichnung der zwischen den Semikola stehenden Folgen mit f_ν mit Gliederanzahl:

f_1 : $m-1$ gerade Zahlen f_{11} : 1 $2m-1$

f_2 : 1 $4m-2$ f_{12} : 1 $4m-1$

f_3 : $m-1$ ungerade Zahlen f_{13} : $m-1$ gerade Z.

f_4 : 1 $4m-1$ f_{14} : $m-1$ ungerade Z.

f_5 : $m-1$ ungerade Z.

f_6 : $m-1$ gerade Z.

f_7 : 1 $2m-1$

f_8 : $m-1$ ungerade Z.

f_9 : 1 $4m-2$

f_{10} : $m-1$ gerade Z.

Zwischen den beiden Einsern steht genau 1 Zahl. Zwischen $2m+2\nu$ und $2m+2\nu$ stehen $(\nu=0,1,...,m-2)$: $\nu+1+(m-1)+1+(m-1)+\nu = 2m+2\nu$ Zahlen. Zwischen $4m-2$ und $4m-2$: $(m-1)+1+(m-1)+(m-1)+1+(m-1)=4m-2$. Zwischen $1+2\nu$; $\nu=0,1,...,m-2$, und $1+2\nu$: $\nu+1+\nu = 2\nu+1$. Zwischen $4m-1$ und $4m-1$: $(m-1)+(m-1)+1+(m-1)+1+(m-1)+1 = 4m-1$. Zwischen $2m-1$ und $2m-1$: $(m-1)+1+(m-1) = 2m-1$. Zwischen $2m+(2\nu+1)$($\nu= 0,1,...,$ $m-2$)und $2m+(2\nu+1)$: $\nu+1+(m-1)+1+1+(m-1)+\nu = 2m+2\nu$ $+1$. Zwischen $2m+1$ und $2m+1$: $1+(m-1)+1+1+(m-1)=2m+1$. Zwischen $2+2\nu$, $\nu=0,1,...,m-2$, und $2+2\nu$: $\nu+1+1+\nu = 2+2\nu$.

Übg.(57.) $n = 3$: Platzziffern für 3 : $1,5,9$
Keine Möglichkeit für $1,2$.
$n=4$. Platzziffern für 4 : $1,6,11$; $(2,7,12)$ $1,6,11$: für 3 bleibt nur a) $4,8,12$; b) $2,6,10$ keine Möglichkeit für 2.
$(2,7,12$: für 3 bleibt a) $1,5,9$, b) $2,6,10$ in beiden Fällen läßt sich 2 nicht einordnen).

n=5 : Platzziffern für 5 : 1,7,13; 2,8,14; (3,9,15)

1,7,13 : für 4 bleibt a) 4,9,14; b) 5,10,15

       a) für 3 : 2,6,10; b) 4,8,12 in beiden Fällen keine

       Möglichkeit für 1 bzw. 2.

2,8,14: für 4 bleibt: a) 5,10,15 b) 1,6,11 in beiden Fällen keine

       Möglichkeit für 3.

Übg.(58.)Fall a): $n(k)=g_k^{*2}$, $n(k)+1=2g_k^2$. Nach der angegebenen Rechnung gilt

$n(k+1)=2h_{k+1}^{*2}$ mit $h_{k+1}^*=(g_k+g_k^*)$ oder $n(k+1)=2g_k^{*2}+4g_kg_k^*+2g_k^2=2n(k)+$

$4g_kg_k^*+n(k)+1=3n(k)+1+4g_kg_k^*$. Wegen $g_k^{*2}+1=2g_k^2$ ist $g_k^* \geq g_k$, also folgt

$n(k+1) \geq 3n(k)+1+4g_k^2=3n(k)+1+2(n(k)+1)$. q.e.d.

Fall b): $n(k)=2h_k^{*2}$, $n(k)+1=h_k^2$. Dann gilt wie oben $n(k+1)=g_{k+1}^{*2} \overset{p.d.}{=}$

$(h_k+2h_k^*)^2=h_k^2+4h_kh_k^*+4h_k^{*2} = n(k)+1+4h_kh_k^*+2n(k)$. Wegen $2h_k^{*2}+1=h_k^2$ ist

$h_k \geq h_k^*+1$ also $4h_kh_k^* \geq 4(h_k^*+1)h_k^*=4h_k^{*2}+4h_k^* \geq 2n(k)+2$ bzw. $n(k+1) \geq 5n(k)+3$.

q.e.d.

Übg.(59.)a) $F_1=F_2$ (p.d.) $F_1+F_3 \overset{s.e.}{=} F_2+F_3 \overset{p.d.}{=} F_4$.

I.A. Für alle n mit $1 \leq n \leq k$ gilt die erste Formel in (3_6).

I.B. $\sum\limits_{\nu=1}^{k+1} F_{2\nu-1} \overset{I.A.}{\underset{p.c.}{=}} F_{2k}+F_{2k+1} \overset{p.d.}{\underset{s.e.}{=}} F_{2(k+1)}$ q.e.d.

b) $F_2 = 1 = F_3-1$. $F_2+F_4 \overset{p.d.}{=} F_3+F_4-1 = F_5-1$.

I.A. Für alle n mit $1 \leq n \leq k$ gilt die zweite Formel in (3_6):

I.B. $\sum\limits_{\nu=1}^{k+1} F_{2\nu} \overset{I.A.}{=} F_{2k+1}-1 + F_{2(k+1)} \overset{p.d.}{=} F_{2(k+1)+1}-1$. q.e.d.

Übg.(60.)$F_n = F_{n-1}+F_{n-2}$, $F_1 \overset{Def.}{=} F_2 \overset{Def.}{=} 1$, $F_3=2$, $F_4=3$, $F_5=5$, $F_6=8$, $F_7=13$, $F_8=21$,

$F_9=34$, $F_{10}=55$, $F_{11}=89$, $F_{12}=144$, $F_{13}=233$, $F_{14}=377$, $F_{15}=610$

$F_{3n} \overset{!}{\equiv} 0(2)$, $F_{4n} \overset{!}{\equiv} 0(3)$, $F_{5n} \overset{!}{\equiv} 0(5)$; $F_{15n} \overset{!}{\equiv} 0(10)$ für n = 1, 2, ...

Der erste Induktionsschritt ist bereits geleistet.

2.I.S. α)I.A. $F_{3k} \equiv 0(2)$, β) I.Beh. $F_{3(k+1)} \overset{!}{\equiv} 0(2)$

$F_{3k+3} = F_{3k+2} + F_{3k+1} = (F_{3k+1} + F_{3k}) + F_{3k+1} = 2F_{3k+1} + F_{3k} \overset{I.A.}{\equiv} 0(2)$.

α) I.A. $F_{4k} \equiv 0(3)$; β) I.Beh. $F_{4(k+1)} \overset{!}{\equiv} 0(3)$

$F_{4k+4} = F_{4k+3} + F_{4k+2} = 2F_{4k+2} + F_{4k+1} = 3F_{4k+1}+2F_k \overset{I.A.}{\equiv} 0(3)$.

α) I.A. $F_{5k} \equiv 0(5)$; β) I.Beh.: $F_{5(k+1)} \overset{!}{\equiv} 0(5)$,

$F_{5(k+1)} = F_{5k+5} = F_{5k+4} + F_{5k+3} = 2F_{5k+3} + F_{5k+2} = 3F_{5k+2} + 2F_{5k+1} =$

$5F_{5k+1} + 3F_{5k} \overset{(\alpha)}{\equiv} 0(5)$.

α) I.A. $F_{15k} \equiv 0(10)$, β) I.Beh. $F_{15(k+1)} \overset{!}{\equiv} 0(10)$

$F_{15k+15} = F_{15k+14} + F_{15k+13} = 2F_{15k+13} + F_{15k+12} = 3F_{15k+12} + 2F_{15k+11}=$

$5F_{15k+11} + 3F_{15k+10} = 8F_{15k+10} + 5F_{15k+9} = 13F_{15k+9} + 8F_{15k+8} =$

$21F_{15k+8} + 13F_{15k+7} = 34F_{15k+7} + 21F_{15k+6} = 55F_{15k+6} + 34F_{15k+5} =$

$89F_{15k+5} + 55F_{15k+4} = 144F_{15k+4} + 89F_{15k+3} = 233F_{15k+3} + 144F_{15k+2} =$

$377F_{15k+2} + 233F_{15k+1} = 610F_{15k+1} + 377F_{15k} \overset{I.A.}{\equiv} 0(10)$.

Übg.(61.) Fibonaccifolge: $F_\nu + F_{\nu+1} = F_{\nu+2}$; $\nu=1,2,3,\ldots,F_1=F_2=1$; Wäre für irgend

ein n: $1 < d = (F_n, F_{n+1})$, so ergäbe sich d/F_{n-1}, da $F_{n-1}=F_{n+1}-F_n$.

Durch Iteration würde dann auch $d=(F_1, F_2) \overset{p.c.}{=} 1$ oder ein Widerspruch

resultieren.

$F_{n+2} = \overset{\left[\frac{n+1}{2}\right]}{\underset{k=0}{\sum}} \binom{n-k+1}{k}$ für n=0,1,... . Beweis mittels vollständiger Induk-

tion: 1.I.S. n=0 : $F_2 = 1$, $\overset{0}{\underset{k=0}{\sum}} \binom{0-k+1}{k} = \binom{1}{0} = 1$; n=1 : $F_3=2$;

$\overset{1}{\underset{k=0}{\sum}} \binom{1-k+1}{k} = 1+1=2$.

2.I.S. 1) I.A.: für $0 \leq n \leq 1$ gilt: $F_{n+2} = \overset{\left[\frac{n+1}{2}\right]}{\underset{k=0}{\sum}} \binom{n-k+1}{k}$

2) Induktionsschluß: Induktionsbehauptung $F_{1+3} = \overset{\left[\frac{1+2}{2}\right]}{\underset{k=0}{\sum}} \binom{1-k+2}{k}$.

Es ist $F_{1+3} \overset{p.d.}{=} F_{1+1}+F_{1+2} \overset{I.A.}{=} \overset{\left[\frac{1}{2}\right]}{\underset{k=0}{\sum}} \binom{1-k}{k} + \overset{\left[\frac{1+1}{2}\right]}{\underset{k=0}{\sum}} \binom{1-k+1}{k}$. 1.Fall: l=2m, $m \geq 1$

$F_{1+3} = \overset{m}{\underset{k=0}{\sum}} \binom{2m-k}{k} + \overset{m}{\underset{k=0}{\sum}} \binom{2m-k+1}{k} \overset{k=k'-1}{=} \overset{m+1}{\underset{k'=1}{\sum}} \binom{2m-k'+1}{k'-1} + \overset{m}{\underset{k=0}{\sum}} \binom{2m-k+1}{k} =$

$\binom{m}{m} + \overset{m}{\underset{k=1}{\sum}} \left(\binom{2m-k+1}{k-1}+\binom{2m-k+1}{k}\right)+\binom{2m+1}{0}$ = (wegen $\binom{m}{m} = \binom{m+1}{m+1}$,$\binom{2m+1}{0} =$

$\binom{2m+2}{0}$) und der Pascalschen Dreiecksformel) $\overset{m+1}{\underset{k=0}{\sum}} \binom{2m-k+2}{k}= \overset{\left[\frac{1+2}{2}\right]}{\underset{k=0}{\sum}} \binom{1-k+2}{k}$

2.Fall: l=2m+1, $m \geq 1$, $F_{1+3} = \overset{m}{\underset{k=0}{\sum}} \binom{2m-k+1}{k} + \overset{m+1}{\underset{k=0}{\sum}} \binom{2m-k+2}{k} \overset{k=k'-1}{=}$

$\overset{m+1}{\underset{k'=1}{\sum}} \binom{2m-k'+2}{k'-1} + \overset{m+1}{\underset{k=0}{\sum}} \binom{2m-k+2}{k} = \overset{m+1}{\underset{k=1}{\sum}} \binom{2m-k+3}{k} + \binom{2m-0+2}{0}$ = (wegen $\binom{2m+2}{0} =$

$= \binom{2m+3}{0}$) $= \overset{m+1}{\underset{k=0}{\sum}} \binom{2m-k+3}{k} = \overset{\left[\frac{1+2}{2}\right]}{\underset{k=0}{\sum}} \binom{1-k+2}{k}$. q.e.d.

Übg.(62.) 16, 1156, 111556, 11115556,...

$Q = \underset{\text{k Stellen}}{11\ldots1} \cdot 10^k + 5 \cdot \underset{\text{k Stellen}}{(11\ldots1)} + 1$; $10^k-1 = \underset{\text{k-stellig}}{99\ldots9}$

$= 9 \cdot \underset{\text{k-stellig}}{(11\ldots1)}$; $Q = 10^k \frac{10^k-1}{9} + 5 \cdot \frac{10^k-1}{9} + 1$

$= \frac{10^{2k} - 10^k + 5\cdot 10^k - 5 + 9}{9} = \frac{10^{2k} + 4\cdot 10^k + 4}{9} = \left(\frac{10^k+2}{3}\right)^2$

Wird allgemein jeweils 10·x+y in 10·u+v iterativ eingefügt, so

entsteht: $u\underset{\text{(k-1)mal}}{xx\ldots x}\ \underset{\text{(k-1)mal}}{yy\ldots y}v = Q$. Neben dem trivialen "Quadratzahlfall"

x=y=u=v=0 gilt $Q = u\cdot 10^{2k-1} + x\cdot 10^k\cdot\frac{10^{k-1}-1}{9} + y\cdot 10\cdot\frac{10^{k-1}-1}{9} + v =$

$\frac{9u10^{2k-1}+x\cdot 10^{2k-1}+y\cdot 10^k-x\cdot 10^k-10y+9v}{9} = \frac{(9u+x)10^{2k-1}+(y-x)\cdot 10^k+(9v-10y)}{9}$

$\overset{?}{=} \left(\frac{A\cdot 10^k+B}{3}\right)^2.$

Dabei muß gelten $10A^2 = 9u+x$, $2AB = y-x$, $9v - 10y = B^2$. Für $A^2 10$ ist

10 (A=1), 40 (A=2), 90 (A=3) nun erreichbar, B=0 scheidet wegen

$9v - 10y \neq 0$ (p.c.) aus.

Werden nun die Möglichkeiten $A = \begin{cases} 1 \\ 2 \\ 3 \end{cases}$ durchmustert, so ergibt

sich x=u=1 (A=1), B=2, y=5, v=6 (unser Beispiel). Für A = 3
existiert keine Konstellation, während A=2 noch zu u=x=4,
B=1, y=8, v=9 führt: 49, 4489, 444889 sind jeweils Quadrate.

Übg.(63.)
Übg.(64.)

a) $\dfrac{9810}{\underset{9621}{189}}$, $\dfrac{9711}{\underset{8532}{1179}}$, $\dfrac{9621}{\underset{8352}{1269}}$, $\dfrac{9531}{\underset{8172}{1359}}$, $\dfrac{8802}{\underset{8532}{288}}$, $\dfrac{8712}{\underset{7443}{1278}}$, $\dfrac{8622}{\underset{6354}{2268}}$, $\dfrac{8532}{\underset{6174}{2358}}$, $\dfrac{8730}{\underset{8352}{378}}$, $\dfrac{7731}{\underset{6354}{1377}}$,

$\dfrac{7632}{\underset{5265}{2367}}$, $\dfrac{7533}{\underset{4176}{3357}}$, $\dfrac{8640}{\underset{8172}{468}}$, $\dfrac{6642}{\underset{4176}{2466}}$, $\dfrac{5544}{\underset{1089}{4455}}$.

Es bleiben 8352, 8172, 6354, 1089, denn die übrigen Fälle sind bereits

erledigt:
$\dfrac{8532}{\underset{6174}{2358}}$, $\dfrac{8721}{\underset{7543}{1278}}$, $\dfrac{6543}{\underset{3087}{3456}}$, $\dfrac{6552}{\underset{3996}{2556}}$, $\dfrac{9801}{\underset{7712}{1089}}$

Es sind nur noch 3087, 7712 zu behandeln:
$\dfrac{8730}{\underset{8352}{378}}$, $\dfrac{7721}{\underset{6444}{1277}}$, und 8352 führt auf 6174.

Die zu (5) analoge Aussage für 3 Ziffern:

z_2, z_1, z_0, $z_2 \geqslant z_1 \geqslant z_0$, $z_2 > z_0$;

$M = z_2 \cdot 10^2 + z_1 \cdot 10^1 + z_0$; $m = z_0 \cdot 10^2 + z_1 \cdot 10^1 + z_2$

$M-m=d_1=(z_2-z_0)10^2+(z_0-z_2)=(z_2-z_0-1) \cdot 10^2 + 9 \cdot 10^1 + (z_0+10-z_2)$; nach dem

1.Schritt ist die Mittelziffer 9, die Summe der Randziffern gleich 10:

991, 892, 793, 694, 595 (die anderen Fälle führen zu nichts Neuem).

2.Schritt: $\dfrac{991}{\underset{792}{199}}$, $\dfrac{982}{\underset{693}{289}}$, $\dfrac{973}{\underset{594}{379}}$, $\dfrac{964}{\underset{495}{469}}$, $\dfrac{955}{\underset{396}{559}}$,

Mittelziffer 9, Randziffernsumme 9;

3.Schritt: $\dfrac{972}{\underset{693}{279}}$, $\dfrac{963}{\underset{594}{369}}$, $\dfrac{954}{\underset{495}{459}}$,   4.Schritt: $\dfrac{963}{\underset{594}{369}}$

Nach höchstens 4 Schritten wird stets die Zifferngruppe 9,5,4 erreicht.

Übg.(65.)

(Eingekreiste Zahlen in Klammern.)

(1)	2	3	4	5	6	(7)	8	9	(10)
11	12	(13)	14	15	16	17	18	(19)	20
21	22	(23)	24	25	26	27	(28)	29	30
(31)	(32)	33	34	35	36	37	38	39	40
41	42	43	(44)	45	46	47	48	(49)	50
51	52	53	54	55	56	57	58	59	60
61	62	63	64	65	66	67	(68)	69	(70)
71	72	73	74	75	76	77	78	(79)	80
81	(82)	83	84	85	(86)	87	88	89	90
(91)	92	93	(94)	95	96	(97)	98	99	(100)

Die iterierte Quersummenbildung 2.Ordnung der eingekreisten Zahlen
führt auf 1, die der anderen auf 89.

Übg.(66.) a) Voraussetzung: Die Menge der pythagoräischen Tripel x,y,z mit
$(x,y) = (y,z) = (z,x) = 1$ und $x^2+y^2 = z^2$ ist genau die Menge der Tripel
x,y,z mit $x = a^2-b^2$, $y = 2ab$, $z = a^2+b^2$ wobei $a \not\equiv b(2)$, $(a,b)=1$ und $a > b$.

Behauptung: Genau eine der Zahlen x,y,z ist durch 3 bzw. 4 bzw. 5 teilbar (und damit das Produkt $x \cdot y \cdot z$ durch 60 teilbar).

Beweis: Es ist genau y durch 4 teilbar, denn $a \equiv 0(2)$, $b \equiv 1(2)$ oder
$a \equiv 1(2)$, $b \equiv 0(2) \rightarrow 4 \mid y = 2ab$.

1. Mindestens eine der Zahlen 3,5 teilt mindestens eine der Zahlen a,b:

1) $3/a$, $3\!\!\not|b$; $5/a$, $5\!\!\not|b$

2) "   " $5/a$, $5/b$

3) "   " $5\!\!\not|a$, $5\!\!\not|b$

4) $3\!\!\not|a$, $3/b$; $5/a$, $5\!\!\not|b$

5) $3\!\!\not|a$, $3\!\!\not|b$; $5/a$, $5/b$

6) "   " $5/a$, $5/b$

7) $3\!\!\not|a$, $3\!\!\not|b$; $5/a$, $5\!\!\not|b$

8) "   " $5\!\!\not|a$, $5/b$

2. Keine der Zahlen 3, 5 teilt a unb b:

$3\!\!\not|a$, $3\!\!\not|b$; $5\!\!\not|a$, $5\!\!\not|b$.
Die Beweise zu den Fällen 4,5,6,7, ergeben sich aus den entsprechenden
Beweisen zu 1,2,3, und 8, durch Vertauschung von a und b.

1) $3/a$; $5/a$, $(3,5)=1 \rightarrow y=2 \cdot 3 \cdot 5 \cdot a' \cdot b$

   $3/y$, $5/y$ und $4/y$ (denn $(3,4) = (5,4) = 1$)

2) $3/a$; $5/b \rightarrow y = 2 \cdot 3 \cdot a' \cdot 5b' \rightarrow 3/y$, $5/y$

3) $3/a \rightarrow y = 2 \cdot 3\ a' \cdot b$, d.h. $3/y$, $(4/y)$
   $5\!\!\not|a \rightarrow a = 5a' \pm 1$, $a = 5a' \pm 2 \rightarrow a^2 = 5a'' \pm 1$
   $5\!\!\not|b \rightarrow b = 5b' \pm 1$, $b = 5b' \pm 2 \rightarrow b^2 = 5b'' \pm 1$

   dabei können, wegen $a \not\equiv b(2)$ $(\rightarrow a'' \not\equiv b''(2))$ alle Paarungen auftreten.

   $5a''+1$, $5b''+1$; $5a''-1$, $5b''-1$:
   $x = a^2-b^2 = 5(a''-b'') \rightarrow 5/x$.

   $5a''-1$, $5b''+1$; $5a''+1$, $5b''-1$: $z = a^2+b^2 = 5(a''+b'') \rightarrow 5/z$

8) $5/b \rightarrow y = 2 \cdot a \cdot 5 \cdot b' \rightarrow 5/y$, $(4/y)$

   $3\!\!\not|a \rightarrow a=3a' \pm 1 \rightarrow a^2=3a''+1$

   $3\!\!\not|b \rightarrow b = 3b' \pm 1 \rightarrow b^2=3b''+1$

   $x = a^2-b^2 = 3(a''-b'') \rightarrow 3/x$

   $3\!\!\not|a$, $3\!\!\not|b \rightarrow a^2=3a''+1$, $b^2=b''+1 \rightarrow x=a^2-b^2=3(...) \rightarrow 3/x$.
   $5\!\!\not|a$, $5\!\!\not|b \rightarrow a^2=5a''' \pm 1$, $b^2=5b''' \pm 1$

Vier Konstellationen sind hier möglich a) +,+; b) +,-; c) -,+;
d) -,- . a) $x=a^2-b^2=5(\ldots) \Rightarrow 5/x$; b) $z=a^2+b^2=5(\ldots)\Rightarrow 5/z$;
c) $z=a^2+b^2=5(\ldots)\Rightarrow 5/z$; d) $x=a^2-b^2=5(\ldots)\Rightarrow 5/x$.
Zusammenfassung: $3/y$, $4/y$, $5/y$; $3/y$, $4/y$, $5/z$; $3/y$, $4/y$, $5/x$;
$3/x$, $4/y$, $5/y$; $3/x$, $4/y$, $5/x$; $3/x$, $4/y$, $5/z$. Weitere Fälle können
nicht auftreten.

Übg.(67.) $x=4n^2-1 = (a-b)(a+b)$, $y = 4n=2ab$, $z=4n^2+1 = a^2+b^2 \Rightarrow a-b=2n-1$,

$a+b=2n+1 \Rightarrow a=2n$, $b=1$ mit $(2n,1)=1$, $2n \not\equiv 1(2)$.

$x=2n+1, y = 2n^2+2n$, $z=2n^2+2n+1 \Rightarrow 2n^2+2n=2ab \Rightarrow ab=n(n+1)$;

$b=n$, $a=n+1$; $n \not\equiv (n+1)(2)$ $(n,n+1)=1$, denn $-(2+n)n+(n+1)(n+1)=$

$2n+n^2-n^2-2n+1=1$.

Übg.(68.) a) $!$ $2(x^4+y^4)=z^2(=(z^2)^2)$ ist nicht lösbar für $x \cdot y > 1$!

Antithese: "lösbar" $\Rightarrow z = 2z' \Rightarrow x^4+y^4=2z'^2 \Rightarrow$

$\left.\begin{array}{l} 2z'^2+2x^2y^2 = (x^2+y^2)^2 \\ 2z'^2-2x^2y^2 = (x^2-y^2)^2 \end{array}\right\} \Rightarrow (2z'^2+2x^2y^2)(2z'^2-2x^2y^2) = 4z'^4-4x^4y^4 =$

$(x^4-y^4)^2 \Rightarrow 4(z')^4-4(xy)^4=(x^4-y^4)^2 = A^2 \Rightarrow z'^4-(xy)^4=B^2$ im Wider-

spruch zu (11).

b) $!$ $2(x^4-y^4)=z^2(=(z^2)^2)$ ist nicht lösbar (bis auf $x=y$, $z=0$)!

Antithese: "lösbar" $\Rightarrow (x,y)=1$, $x \equiv y \equiv 1(2)$, da $x \not\equiv y(2)$ auf $2/z^2$

aber $4 \nmid z^2$ (q.e.a.) führen würde. $\frac{x+y}{2} = p$, $\frac{x-y}{2} = q$, $p+q=x \equiv 1(2)$.

$2(x^4-y^4)=2(x-y)(x+y)(x^2+y^2)=8pq(2p^2+2q^2) = 16pq(p^2+q^2)=z^2 \Rightarrow$

$pq(p^2+q^2)=(z^*)^2$; da $(p,q) = (p,p^2+q^2)=(q,p^2+q^2)=1$ folgt aus der

letzten Gleichung $p=a_1^2$, $q=b_1^2$, $p^2+q^2=c_1^2$ oder $a_1^4+b_1^4=c_1^2$, was (10)

widerspricht.

Übg.(69.) $(\kappa_1,\kappa_3) \overset{!}{=} 1$. Angenommen, es wäre $(\kappa_1,\kappa_3) > 1$, dann gibt es ein δ

mit δ/κ_1 und δ/κ_3, $N(\delta) > 1$; $\beta_1-\beta_3 = \eta(1-\rho^2) = -\rho^2\lambda\eta = \lambda^{3m-2}\kappa_1-\lambda\kappa_3$

$\Rightarrow -\rho^2\eta =\lambda^{3(m-1)}\kappa_1-\kappa_3 \Rightarrow \delta/\eta$

δ/κ_1; $\beta_1 = \xi+\eta=\lambda^{3m-2}\kappa_1 \Rightarrow \delta/\xi+\eta \overset{(s.e.)}{\Rightarrow} \delta/\xi$. q.e.a. (denn η und ξ sind

teilerfremd).

Übg.(70.) $\alpha_4 \overset{!}{=} \pm1$.

                                                                    (HS$_6$)

Wegen $(\lambda,\varphi) = (\lambda,\psi) = 1$ folgt $\varphi \not\equiv 0(\lambda)$, $\psi \not\equiv 0(\lambda) \Rightarrow \varphi^3 \equiv \pm1(\lambda^4)$,

$\psi^3 \equiv \pm1(\lambda^4) \Rightarrow \varphi^3 \equiv \pm1(\lambda^2)$, $\psi^3 \equiv \pm1(\lambda^2)$; $m \geq 2 : \lambda^{3(m-1)}\equiv0(\lambda^2)$

$\Rightarrow \varphi^3 + \alpha_4\psi^3 \equiv 0(\lambda^2)$, also $(\pm1)+(\pm1) \alpha_4 \equiv 0 (\lambda^2)$.

Diskussion der einzelnen Fälle:

$\alpha)$ $1 + \alpha_4 \equiv 0(\lambda^2)$, $\beta)$ $1 - \alpha_4 \equiv 0(\lambda^2)$, $\gamma)$ $-1 - \alpha_4 \equiv 0(\lambda^2)$,

$\delta)$ $-1 + \alpha_4 \equiv 0(\lambda^2)$.

$\alpha_4 = \pm 1, \pm\rho, \pm\rho^2$; Behauptung: $\alpha_4 = \pm\rho, \pm\rho^2$ entfällt.

$\alpha_4 = \pm\rho$: α) $1\pm\rho \equiv 0((1-\rho)^2)$, $N(a+\rho b) = a^2+b^2-a\cdot b$, $N(1+\rho)=1+1-1=1$,

$N(1-\rho)=1+1+1=3$; $N((1-\rho)^2)=9$

β) $1\pm\rho \equiv 0((1-\rho)^2)$ siehe α); γ) $-1\pm\rho \equiv 0((1-\rho)^2)$, $N(-1-\rho)=1+1-1=1$,

$N(-1+\rho)=1+1+1=3$; δ) siehe γ).

$\alpha_4 = \pm\rho^2$:α) $1\pm\rho^2 \equiv 0((1-\rho)^2)$, $N(1-\rho^2) = N((1-\rho)(1+\rho))=3$,

$N(1+\rho^2)=N(-\rho)=1$; β) siehe α); γ) $-1-\rho^2 \equiv 0((1-\rho)^2)$, $-1=\rho^2+\rho$,

$N(-1-\rho^2) = N(\rho^2+\rho-\rho^2)=N(\rho)=1$, $N(\rho^2-1)=N((\rho-1)(\rho+1))=3\cdot 1 = 3$; δ) siehe γ).

Es bleibt also, da α_4 Einheit, $\alpha_4 =\pm 1$.

Übg.(71.) $\xi^3 + \eta^3 + \alpha\cdot\lambda^{3n+2}\cdot\zeta^3 = 0$ mit $(\xi,\eta) = (\eta,\zeta) = (\xi,\zeta) = (\lambda,\zeta) = (\lambda,\eta) = (\lambda,\xi) = 1$ und $N(\alpha) = 1$ hat in $\mathcal{R}(\rho)$ keine Lösung.

Unter der Annahme, daß Lösungen existieren, wird zuerst $n \geq 1$ gezeigt:
$\xi^3 + \eta^3 = -\alpha\lambda^{3n+2}\cdot\zeta^3$; $\xi,\eta \not\equiv 0(\lambda) \overset{(HS_6)}{\Longrightarrow} \xi^3 \equiv \pm 1(\lambda^4)$, $\eta^3 \equiv \pm 1(\lambda^4)$;
$-\alpha\lambda^{3n+2}\zeta^3 \equiv +1+1$; $-1+1$; $+1-1$; $-1-1(\lambda^4)$. $N(\pm 2) = 4$, $N(\lambda)=3$, $\lambda\nmid\pm 2$, es
entfällt: $-\alpha\lambda^{3n+2}\zeta^3 \equiv \pm 2(\lambda^4)$; $-\alpha\lambda^{3n+2}\zeta^3 \equiv 0(\lambda^4) \Longrightarrow 3n+2 > 4 \Longrightarrow n > \frac{2}{3}$

$\Longrightarrow n \geq 1$. Wir führen nun die Annahme, daß es eine Lösung der obigen Gleichung gäbe, zum Widerspruch. m (>1) sei das minimale n für die die Annahme richtig ist, dann ist $\xi^3+\eta^3+\alpha\,\lambda^{3m+2}\zeta^3 = 0$ mit den oben angegebenen Forderungen. Es läßt sich nun zeigen, daß dann auch die Gleichung $\varphi^3+\psi^3+\alpha'\,\lambda^{3(m-1)+2}\chi^3 = 0$ mit den oben angegebenen Eigenschaften lösbar sein müßte, was im Widerspruch zur Annahme steht.

$\zeta^3+\eta^3 = (\zeta+\eta)(\xi+\rho\eta)(\xi+\rho^2\eta) = \beta_1\beta_2\beta_3 = -\alpha\lambda^{3m+2}\zeta^3$, $\beta_1-\beta_2 = \eta(1-\rho)=\eta\lambda$,
$\beta_1-\beta_3 = \eta(1-\rho^2) =-\rho^2\lambda\eta$, $\beta_2-\beta_3 =\rho\lambda\eta$, $(\lambda,\eta)=1 \Longrightarrow$ jede Differenz ist durch λ, aber nicht durch λ^2 teilbar.

Mindestens eines der β_ν $(\nu=1,2,3)$ muß durch λ^2 teilbar sein, wegen
$\beta_1\beta_2\beta_3 = -\alpha\lambda^{3m+2}\rho^3$, $m \geq 1$. O.B.d.A. sei $\lambda^2|\beta_1$ $(\lambda^2|\beta_2$ bzw. $\lambda^2|\beta_3$ bedeutet: η durch $\rho\eta$ bzw. $\rho^2\eta$ ersetzen, d.h. $\xi^3+\rho^3\eta+\alpha\lambda^{3m+2}\zeta^3=0$;
$\xi^3+\rho^6\eta^3+\alpha\lambda^{3m+2}\zeta^3=0$ mit $\rho^3=\rho^6=1$); dann ist $\lambda^2\nmid\beta_1-\beta_2$, $\lambda^2\nmid\beta_1-\beta_3$. Wegen
$\lambda/\beta_1-\beta_3$, $\lambda/\beta_1-\beta_2$ und λ/β_1 teilt λ β_2 und β_3, aber λ^2 nicht β_2 und β_3 –
sonst würde λ^2 $\beta_1-\beta_2$ und $\beta_1-\beta_3$ teilen – $\Longrightarrow\beta_1 = \xi+\eta = \lambda^{3m}\kappa_1$,
$\beta_2=\lambda\kappa_2$; $\beta_3=\lambda\kappa_3$ (nach $\beta_1\beta_2\beta_3= -\alpha\lambda^{3m+2}\zeta^3$) mit $(\lambda,\kappa_\nu) = 1$ für $\nu = 1,2,3$.
Die κ_ν sind paarweise teilerfremd: $(\kappa_1,\kappa_2) = (\kappa_2,\kappa_3) = (\kappa_3,\kappa_1) = 1$,
was jetzt zu zeigen ist.

$(\kappa_2,\kappa_3) \overset{!}{=} 1$, $\beta_2-\beta_3 = \rho\lambda\eta = (\kappa_2-\kappa_3)\lambda$, angenommen δ/κ_2, δ/κ_3 mit
$N(\delta) > 1$, dann folgt wegen $\kappa_2 - \kappa_3 = \rho\eta$ δ/η . $\rho\beta_3-\rho^2\beta_2 = \rho(\xi+\rho^2\eta) - \rho^2(\xi+\rho\eta)=(\rho- \rho^2)\xi = \rho(1-\rho)\cdot \xi =\rho\lambda\xi \Longrightarrow \kappa_3-\rho\kappa_2= \xi \Longrightarrow \delta/\xi$ q.e.a.

$(\kappa_1, \kappa_2) \overset{!}{=} 1$; Annahme: $(\kappa_1, \kappa_2) > 1$, δ/κ_1, δ/κ_2, $N(\delta) > 1$

$\beta_1 - \beta_2 = \lambda^{3m}\kappa_1 - \lambda\kappa_2 = (\xi + \eta) - (\xi + \rho\eta) = \lambda\eta \Rightarrow \lambda^{3m-1}\kappa_1 - \kappa_2 = \eta \Rightarrow \delta/\eta$;

$\delta/\kappa_1 \Rightarrow \delta/\beta_1$; $\beta_1 = \lambda^{3m}\kappa_1 = \xi + \eta$ mit δ/η folgt δ/ξ Widerspruch zu

$(\eta, \xi) = 1$. $(\kappa_1, \kappa_3) \overset{!}{=} 1$; (κ_1, κ_3) sei größer 1 $\Rightarrow$ δ/κ_1, δ/κ_2

$N(\delta) > 1, \beta_1 - \beta_3 = (\xi + \eta) - (\xi + \rho^2\eta) = (1 - \rho^2)\eta = -\rho^2\lambda\eta = \lambda^{3m}\kappa_1 - \lambda\kappa_2 \Rightarrow \eta = -\rho^2 \cdot$

$(\lambda^{3m-1}\kappa_1 - \kappa_2) \Rightarrow \delta/\eta$; $\delta/\kappa_1 \Rightarrow \delta/\beta_1$; $\beta_1 = \lambda^{3m}\kappa_1 = \xi + \eta \overset{\delta/\eta}{\Rightarrow} \delta/\xi$; $(\xi, \eta) \geq \delta$

mit $N(\delta) > 1$ q.e.a.

Aus $\beta_1\beta_2\beta_3 = -\alpha\lambda^{3m+2}\zeta^3$ folgt:

$\lambda^{3m}\kappa_1 \cdot \lambda\kappa_2 \cdot \lambda\kappa_3 = -\alpha\lambda^{3m+2}\zeta^3$, d.h. $\kappa_1 \cdot \kappa_2 \cdot \kappa_3 = -\alpha\zeta^3$

wobei $\kappa_1 = \alpha_1\chi^3$, $\kappa_2 = \alpha_2\varphi^3$, $\kappa_3 = \alpha_3\psi^3$ [+] mit $(\chi, \varphi) = (\varphi, \psi) = (\psi, \chi) = 1$

wegen $(\kappa_1, \kappa_2) = (\kappa_2, \kappa_3) = (\kappa_3, \kappa_1) = 1$. $\beta_1 = \zeta + \eta = \lambda^{3m}\alpha_1 \cdot \chi^3$;

$\beta_2 = \zeta + \rho\eta = \lambda\alpha_2\varphi^3$, $\beta_3 = \xi + \rho^2\eta = \lambda\alpha_3\psi^3$, wobei wegen $(\lambda, \kappa_\nu) = 1$

gilt: $(\lambda, \varphi) = (\lambda, \chi) = (\lambda, \psi) = 1$.

$0 = (\xi + \eta)\underbrace{(1 + \rho + \rho^2)}_{= 0} = (\xi + \eta) + (\rho\xi + \rho^2\eta) + \rho^2\xi + \rho\eta$

$= (\xi + \eta) + \rho(\xi + \rho\eta) + \rho^2(\xi + \rho^2\eta) = \lambda^{3m}\alpha_1 \cdot \chi^3 + \rho\lambda\alpha_2\varphi^3 + \rho^2\lambda\alpha_3\psi^3 \Rightarrow$ (nach

Division mit $\rho\alpha_2\lambda$): $0 = \alpha_5\lambda^{3m-1}\chi^3 + \varphi^3 + \alpha_4\psi^3$. Dabei verwenden wir, daß

der Quotient zweier Einheiten wieder eine Einheit ist. Nun ist noch

$\alpha_4 = \pm 1$ zu zeigen, dann ist der Widerspruch erbracht.

$\varphi \not\equiv 0(\lambda)$, $\psi \not\equiv 0(\lambda) \overset{(HS_6)}{\Rightarrow} \varphi^3 \equiv \pm 1(\lambda^4)$, $\psi^3 \equiv \pm 1(\lambda^4) \Rightarrow \varphi^3 \equiv \pm 1(\lambda^2)$,

$\psi^3 \equiv \pm 1(\lambda^2)$; $\lambda^{3m-1} \equiv 0(\lambda^2)(m \geq 1)$; $\varphi^3 + \alpha_4\psi^3 \equiv 0(\lambda^2) \Rightarrow (\pm 1) + (\pm 1)\alpha_4 \equiv 0(\lambda^2)$

$\alpha)$ $1 + \alpha_4 \equiv 0(\lambda^2)$, $\beta)$ $1 - \alpha_4 \equiv 0(\lambda^2)$, $\gamma)$ $-1 + \alpha_4 \equiv 0(\lambda^2)$, $\delta)$ $-1 - \alpha_4 \equiv 0(\lambda^2)$;

$\alpha_4 = \pm 1, \pm\rho, \pm\rho^2$. $\alpha_4 = \pm\rho$: $\alpha)$ $1 \pm \rho \equiv 0((1 - \rho)^2)$; $N(a + \rho b) = a^2 + b^2 - a \cdot b$

$N(1 + \rho) = 1 + 1 - 1 = 1$; $N(1 - \rho) = 1 + 1 + 1 = 3$; $N((1 - \rho)^2) = 9$. q.e.a.

$\beta)$ siehe $\alpha)$; $\gamma)$ $-1 \pm \rho \equiv 0((1 - \rho)^2)$; $N(-1 + \rho) = 3$ $N(-1 - \rho) = 1$. q.e.a.

$\delta)$ siehe $\gamma)$. $\alpha_4 = \pm\rho^2$: $\alpha)$ $1 \pm \rho^2 \equiv 0((1 - \rho)^2$; $N(1 - \rho^2) = N((1 - \rho)(1 + \rho)) =$

$1 \cdot 3 = 3$; $N(1 + \rho^2) = N(-\rho) = 1$. q.e.a. $\beta)$ siehe $\alpha)$. $\gamma)$ $-1 \pm \rho^2 \equiv 0((1 - \rho)^2)$,

$N(\rho^2 - 1) = N(\rho + 1)N(\rho - 1) = 3$; $N(-(1 + \rho^2)) = N(\rho) = 1$. q.e.a. $\delta)$ siehe $\gamma)$.

Es bleibt also für α_4 nur die Möglichkeit $\alpha_4 = \pm 1$. q.e.d.

Übg.(72.) Mit $k \equiv x(p) \Leftrightarrow k = \lambda p + x$ und der Annahme $k \geq x$ ergäbe sich

Übg.(73.) $z^p = (x + h + k)^p \geq (x + h + x)^p > (x + h)^p + x^p$ und damit nicht der G.F.S.

Allgemein gilt also $k < x$, (*) $k + \mu p = x$ ($\mu \in \mathcal{N}$). Da wir $p < x < 2p$

annehmen, ist $\mu = 1$ in (*) und wir erhalten aus G.F.S.:

[+] α_1, α_2 und α_3 sind Einheiten, ebenso (s.u.) α_4 und α_5.

$(**)$ $x^p + (x+h)^p = (x+h+x-p)^p$. Nach $(**)$ ist aber $x^p > (x+h)^{p-1} p(x-p)$ [+])

und daraus folgt $x > p(1 + \frac{h}{x})^{p-1}(x-p) > p(x-p)$. Mit $p < x < 2p$ resultiert $x-p=1=k$. Aus $(**)$ wird dann aber $(1+p)^p + (1+p+h)^p = (1+p+h+1)^p$

resp. $(1+p)^p > (1+p+h)^{p-1} p \Rightarrow 1+p > p(1 + \frac{h}{1+p})^{p-1} > p(1 + \frac{(p-1)h}{p+1})$ [+)] $\Longleftrightarrow$

$h < (1 + \frac{1}{p}) \cdot \frac{1}{p-1} \overset{p \gtrless 3}{\gtreqless} \frac{4}{3} \cdot \frac{1}{2} = \frac{2}{3}$, was $h \in \mathfrak{H}$ widerspricht. Ähnlich läßt

sich auch die Annahme $x = 2p$ widerlegen. Allgemein folgt aus $(*)$ und

$(**)$ $x^p > p(x+h)^{p-1}(x-p) = kp\,(x+h)^{p-1}$ weiter $x > kp(1+\frac{h}{x})^{p-1}$, also

zunächst die merkwürdige Ungleichung $x > kp$; woraus sich wegen

$k = x - \mu p$ auch $x < \frac{\mu p^2}{p-1}$ errechnen läßt. Mit $x > kp(1 + \frac{h}{x})^{p-1}$ [++)] $>$

$kp(1+(p-1)\frac{h}{x}) \Longleftrightarrow h < \frac{x^2}{kp(p-1)} - \frac{x}{p-1}$ erhalten wir eine obere Schranke für

h.

4. Kapitel

Übg.(1.) $f(x) = e^x$ ist z.B. nicht distributiv, $f(x) = \text{sign}\,x$ ist distributiv. [+++)]

Übg.(3.) $f(t) = \varphi(t)$; $F(n) = n$

$f^*(t) = t^k$; $F^*(n) = \sigma_k(n)$ $(k \in \mathfrak{z})$.

$$\sum_{t/n} \varphi(t) \cdot \sigma_k(\tfrac{n}{t}) \overset{(IV_4^*)}{=} \sum_{t/n} t^k \cdot \tfrac{n}{t} = n \cdot \sum_{t/n} t^{k-1} \overset{Def.}{=} n\,\sigma_{k-1}(n)$$

$$\Rightarrow \sigma_{k-1}(n) = \tfrac{1}{n} \cdot \sum_{t/n} \varphi(t)\, \sigma_k(\tfrac{n}{t})$$

Übg.(5.) Z.B. $\log(n^2) = \sum_{t/n} \mu(t) \log((\tfrac{n}{t})^{\sigma_o(\tfrac{n}{t})}) = \sum_{t/n} \log((\tfrac{n}{t})^{\mu(t)\sigma_o(\tfrac{n}{t})})$ resp.

$$n^2 = e^{\prod_{t/n} \cdots} \; .$$

Übg.(8.) $A_1 \overset{!}{=} E_1$; $A_1 = \sum_{(t \cdot t')/n} f(t,t')$, $E_1 = \sum_{t/n} \sum_{t'/t} f(t', \tfrac{t}{t'})$

Nach (21): $t_o \cdot t_o' \cdot q_o = n$ steht $f(t_o, t_o')$ aus A_1 in E_1 für t/n mit

$t = t_o t_o'$ und $t' = t_o$. Umgekehrt treten alle Summanden von E_1 auch in

A_1 auf: $f(t', \tfrac{t}{t'})$ mit t'/t, $t/n \Rightarrow t' \cdot \tfrac{t}{t'} = t$ also teilt $t' \cdot \tfrac{t}{t'}$ n. q.e.d.

+) Nach dem 1.Mittelwertsatz der Differentialrechnung oder nach ++),

++) Nach dem binomischen Lehrsatz oder nach der Bernoullischen
   Ungleichung.

+++) wird durch: $\text{sign}\,x = \begin{cases} 0 & x = 0 \\ \frac{x}{|x|} & x \neq 0 \end{cases}$ erklärt.

Übg.(10.) ! $a_1 \geq a_2 \geq \ldots \geq a_n \geq a_{n+1} \geq \ldots$, $\lim_{n\to\infty} a_n = 0 \Rightarrow \sum_{n=1}^{\infty} (-1)^{n+1} \cdot a_n$ konvergent!

In IV'_{10} $f(n) = (-1)^{n+1}$ setzen $F^*(N) = \sum_{n=1}^{N} f(n) = \begin{cases} 1 & \text{für N ungerade} \\ 0 & \text{für N gerade} \end{cases}$,

also $|F^*(n)| \leq 1$; $g(n) = a_n \Rightarrow \sum_{n=1}^{N} |g_n - g_{n+1}| = \sum_{n=1}^{N} (a_n - a_{n+1}) = a_1 - a_N$;

$\lim_{N\to\infty} a_1 - a_N = a_1$, d.h. $\sum_{n=1}^{\infty} |g_n - g_{n+1}|$ konvergent.

Übg.(11.) $h_\nu(x) = \mathcal{O}(h_\nu^*(x))$ $(\nu = 1,2,\ldots,l) \Rightarrow \sum h_\nu(x) = \mathcal{O}(\sum_{\nu=1}^{l} h_\nu^*(x))$,

$$\prod_{\nu=1}^{l} h_\nu(x) = \mathcal{O}(\prod_{\nu=1}^{l} h^*(x))$$

Beweis: $h_\nu(x) = \mathcal{O}(h_\nu^*(x)) \overset{\text{Def.}}{\Longleftrightarrow} \dfrac{|h_\nu(x)|}{h_\nu^*(x)} < C_\nu$ für $x > x_0 \geq 0$, $\infty > C_\nu > 0$

$$\Rightarrow \frac{|\prod h_\nu(x)|}{\prod h_\nu^*(x)} = \prod_{\nu=1}^{l} \frac{|h_\nu(x)|}{h^*(x)} < \prod_{\nu=1}^{l} C_\nu = C \text{ für } x > \max(x_\nu).$$

Es sei $C_0 = \max(C_\nu)$

$$|\sum_{\nu=1}^{l} h_\nu(x)| \leq \sum_{\nu=1}^{l} |h_\nu(x)| \leq \sum_{\nu=1}^{l} C_\nu h_\nu^*(x) \text{ für } x > \max(x_\nu) \leq C_0 \sum_{\nu=1}^{l} h_\nu^*(x)$$

Den Satz $\left(IV_{11}^{(3)}\right)$ kann man auch so formulieren:

$$\sum_{\nu=1}^{l} \mathcal{O}(h_\nu^*(x)) = \mathcal{O}\!\left(\sum_{\nu=1}^{l} h_\nu^*(x)\right), \quad \prod_{\nu=1}^{l} \mathcal{O}(h_\nu^*(x)) = \mathcal{O}\!\left(\prod_{\nu=1}^{l} h_\nu^*(x)\right).$$

Übg.(12.) $([x])! \leq \left|\dfrac{x^x}{e^x} \cdot x^c\right|$

Übg.(13.) Z.B. $\left(\sum_{n\leq x} \log^2 n\right) \backsim x \log^2 x$

Übg.(14.) Nach (18_1) resp. (18_2) ist $\sum_{n=1}^{\infty} \frac{1}{n}$ divergent. Wenn nun endlich viele (k) PZ^en existieren $(p_1 < p_2 < \ldots < p_k)$, so wäre ein endliches Produkt

$$\prod_{\nu=1}^{k} \left(\frac{1}{1-\frac{1}{p_\nu}}\right) = \left(1+\frac{1}{p_1}+\ldots\right)\left(1+\frac{1}{p_2}+\ldots\right)\ldots\left(1+\frac{1}{p_k}+\ldots\right) \text{ (jeder Faktor eine}$$

unendliche geometrische Reihe) nach Multiplikation dieser k Faktoren aber genau jeder Summand $\frac{1}{n}$ der divergenten Reihe $\sum_{n=1}^{\infty} \frac{1}{n}$ einmal dargestellt. Der endliche Wert des Produktes widerspricht der Reihendivergenz.

Übg.(17.) Nach (19) in 4.2. sind $\Lambda_2^*(x)$ und $2\left(\sum_{k\leq x} \sigma_0(k)\right)$ asymptotisch gleich.

Übg.(18.) $\displaystyle\sum_{\substack{p:p^n\leq x \\ n>1}} \frac{1}{n\cdot p^n} \overset{!}{=} 0(1)$; $k_p : p^{k_p} \leq x < p^{k_p+1}$; $k_p \geq 2$

$$\sum_{p^n\leq x} \frac{1}{n\cdot p^n} = \sum_{p\leq x} \left(\sum_{\nu=2}^{k_p} \frac{1}{\nu\cdot p^\nu}\right).$$

$$\frac{1}{2p^2} + \frac{1}{3p^3} + \ldots + \frac{1}{k_p p^{k_p}} < \frac{1}{p^2} + \frac{1}{p^3} + \ldots + \frac{1}{p^{k_p}} < \frac{1}{p^2}\left(1+\frac{1}{p}+\frac{1}{p^2}+\ldots+\ldots\right) =$$

$$\frac{1}{p^2}\left(\frac{1}{1-\frac{1}{p}}\right) = \frac{1}{p(p-1)}$$

$$\sum_{\substack{p:p^n \leq x \\ n>1}} \frac{1}{n \cdot p^n} < \sum_{p \leq x} \frac{1}{p(p-1)} < \sum_{n=2}^{\infty} \frac{1}{n(n-1)} = 1$$

$(\sum_{p \leq x} \frac{1}{p(p-1)}$ ist durch $\sum_{n=2}^{[x]} \frac{1}{n(n-1)}$, $x \geq 2$, beschränkt).

Übg.(19.) Nach (I'_{30}) ist $p_n < 3n \log n \iff \frac{1}{p_n} > \frac{1}{3} \cdot \frac{1}{n \log n}$ (für alle n mit

$n > N_1$). Damit $\sum_{n=1}^{\infty} \frac{1}{p_n} > \frac{1}{3} \cdot \log(\log x) + C$; außerdem ist $\sum_{n=1}^{\infty} \frac{1}{p_n} < \sum_{n=1}^{\infty} \frac{1}{n} =$

$\log x + \mathcal{O}(1)$, woraus die 2.Behauptung folgt.Zusammen mit (9) in 4.4.

erhalten wir $p_n \geq \frac{5}{8} n \log n$ resp. $\frac{1}{p_n} < \frac{8}{5} \cdot \frac{1}{n \log n}$, woraus dann $\mathcal{O}(1) +$

$\frac{1}{3} \log(\log x) < \sum \frac{1}{p_n} < \mathcal{O}(1) + \frac{8}{5} \log(\log x)$ folgt.

Übg.(21.) $\lim \sqrt[n]{p_n} \overset{!}{=} 1$

Es ist für $n \geq 2$: $n < p_n < n^2$; außerdem gilt $\lim\limits_{n \to \infty} \sqrt[n]{n} = 1$

$(\sqrt[n]{n} = n^{\frac{1}{n}} = e^{\frac{1}{n} \log n}$, $\lim\limits_{n \to \infty} \sqrt[n]{n} = e^{\lim\limits_{n \to \infty} \frac{\log n}{n}} = 1)$ und wegen

$\lim\limits_{n \to \infty} \sqrt[n]{n} \leq \lim\limits_{n \to \infty} \sqrt[n]{p_n} \leq \lim\limits_{n \to \infty} (\sqrt[n]{n})^2$ ist die Behauptung richtig.

Übg.(22.)u.a. $p_1 \leq 2$, $p_2 \leq 2^2$, $p_3 \leq 2^3$ $\pi(2^4) > \pi(2^3) + \pi(2) \geq 3+1=4$

also $p_4 < 2^4$; durch vollst.Induktion $p_n < 2^n$. Außerdem etwa

$\pi(p_n^2) > 2\pi(p_n) = 2n$ oder "zwischen p_n und p_n^2 liegen mindestens n PZ^{en}".

Übg.(25.) $\pi(x) = \varphi(x;m') + m'(s+1) + \frac{s(s-1)}{2} - 1 - \sum_{\nu=1}^{s} \pi(\frac{x}{p_{m'}+\nu})$

$\quad m' = \pi(\sqrt[3]{x})$, $n' = \pi(\sqrt{x}) = m'+s$; $s = n'-m'$

Berechnung von $\pi(3600)$,

$\sqrt[2]{3600} = 60$, $[\sqrt[3]{3600}] = 15$; $m' = 6$, $n' = 17$, $s = 11$

$\pi(3600) = \varphi(3600;6) + 6 \cdot 12 + \frac{1}{2} \cdot 11 \cdot 10 - 1 - \sum_{\nu=1}^{11} \pi(\left[\frac{3600}{p_{6+\nu}}\right])$

$p_7 = 17$, $p_8 = 19$, $p_9 = 23$, $p_{10} = 29$, $p_{11} = 31$, $p_{12} = 37$, $p_{13} = 41$,

$p_{14} = 43$, $p_{15} = 47$, $p_{16} = 53$, $p_{17} = 59$;

$\pi(\left[\frac{3600}{p_7}\right]) = \pi(211) = 47$; $\pi(\left[\frac{3600}{p_8}\right]) = \pi(189) = 42$; $\pi(\left[\frac{3600}{p_9}\right]) = \pi(156) = 36$;

$\pi(\left[\frac{3600}{p_{10}}\right]) = \pi(124) = 30$; $\pi(\left[\frac{3600}{p_{11}}\right]) = \pi(116) = 30$; $\pi(\left[\frac{3600}{p_{12}}\right]) = \pi(97) = 25$;

$\pi(\left[\frac{3600}{p_{13}}\right]) = \pi(87) = 23$; $\pi(\left[\frac{3600}{p_{14}}\right]) = \pi(83) = 23$; $\pi(\left[\frac{3600}{p_{15}}\right]) = \pi(76) = 21$;

$\pi(\left[\frac{3600}{p_{16}}\right]) = \pi(67) = 19$; $\pi(\left[\frac{3600}{p_{17}}\right]) = \pi(61) = 18$

$\pi(3600) = \varphi(3600;6) + 72+55-1-314$

$\qquad\quad = \varphi(3600;6) - 188$

"Reduktionsformeln".

(19_2) $\varphi(x;k) = \varphi(x;k-1) - \varphi\left(\left[\frac{x}{p_k}\right] ; k-1\right)$

(22_1) $\varphi(x;k) = \varphi([x];k) = q \prod\limits_{\nu=1}^{k}(p_\nu - 1) + \varphi(r;k)$, wobei

$\qquad [x] = q(p_1 p_2 \cdot \ldots \cdot p_k) + r; \ 0 \le r \le (p_1 \cdot \ldots \cdot p_k)-1$

$\qquad p_1=2, \ p_2=3, \ p_3=5, \ p_4=7, \ p_5=11, \ p_6=13$

$\qquad p_1 \cdot \ldots \cdot p_6 > 3600$, deshalb (19_2) anwenden

$A = \varphi(3600;6) = \varphi(3600;5) - \varphi(276;5)$

$p_1 \cdot \ldots \cdot p_5 = 2310; \ 3600 = 1 \cdot 2310 + 1290$

$\varphi(3600;5) = 1 \cdot \prod\limits_{\nu=1}^{5}(p_\nu - 1) + \varphi(1290;5)$

$\qquad\qquad = 1 \cdot 2 \cdot 4 \cdot 6 \cdot 10 + \varphi(1290;5)$

$A = 480 + \varphi(1290;5) - \varphi(276;5)$

$\varphi(1290;5) = \varphi(1290;4) - \varphi(117;4) \quad (p_1 \cdot \ldots \cdot p_4 = 210)$

$\qquad\qquad = 6 \cdot \prod\limits_{\nu=1}^{4}(p_\nu -1) + \varphi(30;4) - \varphi(117;4)$

$\varphi(30;4) = \varphi(30;3) - \varphi(4;3) = 8-1 = 7$

$\varphi(117;4) = \varphi(117;3) - \varphi(16;3) = \varphi(117;3) - 4; \ p_1 \cdot p_2 \cdot p_3 = 30;$

$\varphi(117;3) = 3 \cdot 1 \cdot 2 \cdot 4 + \varphi(27;3) = 24 + \varphi(27;2) - \varphi(5;2) = 24+9-2=31.$

$A = 480 + 6 \cdot 48 + 7+(4-31) - \varphi(276;5)$

$\quad = 748 - \varphi(276;5).$

$\varphi(276;5) = \varphi(276;4) - \varphi(25;4)$

$\varphi(276;4) = 1 \cdot 1 \cdot 2 \cdot 4 \cdot 6 + \varphi(66;4)$

$\qquad\quad = 48 + \varphi(66;3) - \varphi(9;3)$

$\qquad\quad = 48 + 2 \cdot 1 \cdot 2 \cdot 4 + \varphi(6;3) -2$

$\qquad\quad = 48 + 16 + 1-2 = 63$

$\varphi(25;4) \ = \varphi(25;3) - \varphi(3;3) = 7-1=6$

$\varphi(276;5) = 63 - 6 = 57$

$A = 748 - 57 = 691$

$\pi(3600) = 691 - 188 = \underline{503}$
$\texttt{=======} \qquad\qquad \texttt{===}$

Berechnung von $\pi(8000)$

$\left[\sqrt{8000}\right] = 89 \qquad \left[\sqrt[3]{8000}\right] = 20$

$n' = \pi(89) = 24; \ m' = \pi(20) = 8; \ s = 24-8=16$

$\pi(8000) = \varphi(8000;8) + 8 \cdot 17 + \dfrac{15 \cdot 16}{2} - 1 - \sum\limits_{\nu=1}^{16} \pi\left(\left[\dfrac{8000}{p_{8+\nu}}\right]\right)$

$p_9 = 23, \ p_{10} = 29, \ p_{11} = 31, \ p_{12} = 37, \ p_{13} = 41, \ p_{14} = 43, \ p_{15} = 47,$

$p_{16} = 53, \ p_{17} = 59, \ p_{18} = 61, \ p_{19} = 67, \ p_{20} = 71, \ p_{21} = 73, \ p_{22} = 79,$

$p_{23} = 83, \ p_{24} = 89$

$$\pi\left(\left[\frac{8000}{23}\right]\right) = \pi(347) = 69, \quad \pi\left(\left[\frac{8000}{29}\right]\right) = \pi(275) = 58$$

$$\pi\left(\left[\frac{8000}{31}\right]\right) = \pi(257) = 55, \quad \pi\left(\left[\frac{8000}{37}\right]\right) = \pi(216) = 47$$

$$\pi\left(\left[\frac{8000}{41}\right]\right) = \pi(195) = 44, \quad \pi\left(\left[\frac{8000}{43}\right]\right) = \pi(186) = 42$$

$$\pi\left(\left[\frac{8000}{47}\right]\right) = \pi(170) = 39, \quad \pi\left(\left[\frac{8000}{53}\right]\right) = \pi(150) = 35$$

$$\pi\left(\left[\frac{8000}{59}\right]\right) = \pi(135) = 32, \quad \pi\left(\left[\frac{8000}{61}\right]\right) = \pi(131) = 32$$

$$\pi\left(\left[\frac{8000}{67}\right]\right) = \pi(119) = 30, \quad \pi\left(\left[\frac{8000}{71}\right]\right) = \pi(112) = 29$$

$$\pi\left(\left[\frac{8000}{73}\right]\right) = \pi(109) = 29, \quad \pi\left(\left[\frac{8000}{79}\right]\right) = \pi(101) = 26$$

$$\pi\left(\left[\frac{8000}{83}\right]\right) = \pi(96) = 24, \quad \pi\left(\left[\frac{8000}{89}\right]\right) = \pi(89) = 24$$

$$\pi(8000) = \varphi(8000;8) + 136 + 120 - 1 - 615$$

$$= \varphi(8000;8) - 360; \quad 2,3,5,7,11,13,17,19 \ (p_1 \text{ bis } p_8).$$

$$B = \varphi(8000;8) = \varphi(8000;7) - \varphi(421;7).$$

$$\varphi(8000;7) = \varphi(8000;6) - \varphi(470;6).$$

$$\varphi(8000;6) = \varphi(8000;5) - \varphi(615;5).$$

$$B = \varphi(8000;5) - \varphi(615;5) - \varphi(470;6) - \varphi(421;7).$$

$$\varphi(615;5) = \varphi(615;4) - \varphi(55;4)$$

$$= 2 \cdot 1 \cdot 2 \cdot 4 \cdot 6 + \varphi(195;4) - \varphi(55;3) + \varphi(7;3)$$

$$= 96 + (\varphi(195;3) - \underbrace{\varphi(27;3)}_{7}) - (1 \cdot 1 \cdot 2 \cdot 4 + \underbrace{\varphi(25;3)}_{7}) + 2$$

$$= 96 - 7 - 15 + 2 + \varphi(195;3)$$

$$= 76 + 6 \cdot 1 \cdot 2 \cdot 4 + \varphi(15;3) = 76 + 48 + 4$$

$$= 128$$

$$\varphi(470;6) = \varphi(470;5) - \varphi(36;5) = (\varphi(470;4) - \varphi(42;4))$$

$$- (1 + 11 - 5) = 2 \cdot 1 \cdot 2 \cdot 4 \cdot 5 + \varphi(50;4) - (\varphi(42;3) - \varphi(6;3)) - 7.$$

$$\varphi(50;4) = \varphi(50;3) - \varphi(7;3)$$

$$= 1(1 \cdot 2 \cdot 4) + \varphi(20;3) - \varphi(7;3)$$

$$= 8 + 6 - 2 = 12$$

$$\varphi(42;3) = 1(1 \cdot 2 \cdot 4) + \varphi(12;3) = 8 + 3 = 11$$

$$\varphi(470;6) = 96 + 12 - (11-1) - 7 = 91$$

$$\varphi(421;7) = \varphi(421;6) - \varphi(24;6) = \varphi(421;6) - 4.$$

$$\varphi(421;6) = \varphi(421;5) - \varphi(32;5) = \varphi(421;5) - 7.$$

$$\varphi(421;5) = \varphi(421;4) - \varphi(38;4)$$

$$= 2(1 \cdot 2 \cdot 4 \cdot 6) + \varphi(1;4) - (1 + 12 - 4)$$

$$= 96 + 1 - 9 = 88$$

$$\varphi(421;7) = \quad 88 - 7 - 4 = \quad 77$$

$$\varphi(8000;5) = 3(1\cdot2\cdot4\cdot6\cdot10) + \varphi(1070;5).$$

$$\varphi(1070;5) = \varphi(1070;4) - \varphi(97;4)$$

$$\varphi(1070;4) = 5(1\cdot2\cdot4\cdot6) + \varphi(20;4)$$

$$= 240 + 5 = 245.$$

$$\varphi(97;4) = \varphi(97;3) - \varphi(13;3) = 3(1\cdot2\cdot4) + \varphi(7;3)$$

$$- \varphi(13;3) = 24+2-4 = 22$$

$$\varphi(8000;5) = 1440 + 245 - 22 = 1663$$

$$B = \varphi(8000;8) = 1663 - (128+91+77) = 1367$$

$$\pi(8000) = 1367 - 360 = 1007$$

Zur Berechnung von $\pi(70000)$:

$$\left[\sqrt[2]{70000}\right] = \left[2{,}646\cdot100\right] = 264; \quad n' = \pi(264) = 56$$

$$\left[\sqrt[3]{70000}\right] = \left[4{,}12\cdot10\right] = 41; \quad m' = \pi(41) = 13$$

$$s = n'-m' = 43$$

$$\pi(70000) = \varphi(70000;13) + 13(44) + \frac{43(42)}{2} - 1$$
$$- \sum_{\nu=1}^{43} \pi\left(\left[\frac{70000}{p_{13+\nu}}\right]\right)$$

Das größte Argument, für das $\pi(x)$ zu berechnen ist:

$$\left[\frac{70000}{p_{14}}\right] = \left[\frac{70000}{43}\right] = 1627;$$ die Primzahltabelle auf Seite 470

enthält $\pi(x)$ bis $x = 2130$.

5. Kapitel

Übg.(1.)   Wie leicht bei der Zahlenrechnung erkennbar wird, sind nicht alle Argumentwerte x einzeln zu berücksichtigen.

Übg.(3.)   Mit (siehe 4.3.) $\quad \pi(x) + \sigma(\sqrt{x}) \leq \dfrac{\Lambda_1^*(x)}{\log x} + \sigma(\dfrac{x}{\log x})$ gelingt dies.

Übg.(5.)   Mit $\rho(x) - \rho(\frac{x}{2}) = (\Lambda_1^*(x) - \Lambda_1^*(\frac{x}{2})) - \frac{x}{2} \overset{(4)}{\leq} \frac{3}{4}x - \frac{x}{2} = \frac{x}{4}$.

Übg.(6.)   Als I.A. gelte $|\rho(x)| < x\cdot\alpha_{k+1}$ für $x > x_{\alpha_k}$, wobei $\xi_k = x_{\alpha_k}+1$,

$\delta_k = \dfrac{\alpha_{k+1}}{8}$, $x \geq \text{Max}\,(\xi_k, x_{\delta_k}) = \xi_k^*$, $\tau_k = e^{c_2/\delta_k}$ $(\tau = \tau_0, \tau^* = \tau_1$

im 1.Induktionsschritt) und $x > \text{Max}(\xi_k^*, x_{c_2}^{(k)})$. Induktionsbehauptung:

$|\rho(x)| < x\cdot\alpha_{k+2}$ für $x > x_{\alpha_{k+1}}$, wobei $x_{\alpha_{k+1}}$ später noch geeignet zu

definieren ist. Induktionsbeweis: Für $x \geq \xi_k$ ist nach (V_4) wie bei

(2) $|\rho(x)| \leq \dfrac{2}{\log^2 x} \cdot (\sum_{n\leq x} |\rho(\frac{x}{n})|\log n) + \delta \cdot \dfrac{x}{\log x}$. Die in (V_7)

geforderte Schranke x_{δ_k}, $\delta_k = \frac{\alpha_{k+1}}{8}$, existiert . Wir betrachten daher

x-Werte, für die $x \geq \mathrm{Max}(\xi_k, x_{\delta_k}) = \xi_k^*$. Mit der Wahl von

$\lambda = e^{c_2/\delta_k} > e > 2$ sind die Voraussetzungen aus (V_7) wieder erfüllt.

Es existiert in jedem Intervall $x < y < x \cdot e^{c_2/\delta_k}$ $(x \geq \xi_k^*)$ mindestens

ein Teilintervall $y_0 \leq z \leq y_0 \cdot e^{\delta_k/2}$, für welches $(|\rho(z)|/z) < 4\delta_k = \frac{\alpha_{k+1}}{2}$. In der aus (V_4) resultierenden Ungleichung für $|\rho(x)|$ werden die $\frac{x}{n}$ wieder – unter Verwendung von ξ_k^* – in zwei Klassen eingeteilt:

$\alpha)$ $1 \leq \frac{x}{n} < \xi_k^* (\Longleftrightarrow \frac{x}{\xi_k^*} < n \leq x)$; $\beta)$ $\xi_k^* \leq \frac{x}{n} \leq x (\Longleftrightarrow 1 \leq n \leq \frac{x}{\xi_k^*})$; das

führt zu $|\rho(x)| \leq \dfrac{2}{\log^2 x} \cdot (\displaystyle\sum_{1 \leq n \leq \frac{x}{\xi_k^*}} |\rho(\tfrac{x}{n})| \cdot \log n + \sum_{\frac{x}{\xi_k^*} < n \leq x} |\rho(\tfrac{x}{n})| \log n +$

$+ \overline{\delta} \dfrac{x}{\log x}) = A_k + B_k + C_k$. In der Summe B_k wenden wir (IV_{13}) an, nach-

dem $|\rho(\tfrac{x}{n})|$ durch $\frac{x}{n}$ abgeschätzt ist und erhalten $B_k + C_k \leq \overline{\delta}\dfrac{x}{\log x} +$

$$\frac{2}{\log^2 x} \cdot \sum_{\frac{x}{\xi_k^*} < n \leq x} \frac{x}{n} \log n = \overline{\delta}\frac{x}{\log x} + \frac{2x}{\log^2 x} \left(\int_{\frac{x}{\xi_k^*}}^{x} \frac{\log t}{t}\, dt + \sigma(1) \right) =$$

$$\overline{\delta}\frac{x}{\log x} + \frac{2x}{\log^2 x} \cdot \left(\tfrac{1}{2} \left(\log^2 x - \log^2 (\tfrac{x}{\xi_k^*})\right)\right) + \sigma(1) \overset{(2),(3)}{<} \overline{\delta}\frac{x}{\log x} + \frac{2x}{\log^2 x} \cdot$$

$$(\sigma(1) + (2\log x) \cdot \log \xi_k^*) < \overline{\delta}\frac{x}{\log x} + C_4^{(k)} \frac{x}{\log x} = C_5^{(k)} \frac{x}{\log x}.$$ Wir erhalten

so die Ungleichung $(9')$: $|\rho(x)| \leq C_5^{(k)} \cdot \dfrac{x}{\log x} + A_k = C_5^{(k)} \dfrac{x}{\log x} +$

$(\displaystyle\sum_{1 \leq n \leq \frac{x}{\xi_k^*}} |\rho(\tfrac{x}{n})| \log n) \cdot \dfrac{2}{\log^2 x}$. Die $\frac{x}{n}$ aus der Summe A_k gehören zu den

bei (V_7) betrachteten Werten x mit $(10')$ $\xi_k^* \leq \frac{x}{n} \leq x$. Wir teilen das

Intervall mit den Grenzen ξ_k^* und x durch geometrische Interpolation

in s_k^* Teilintervalle:

$$(J_1^{(k)}) \; : \; \xi_k^* \leq \frac{x}{n} < \xi_k^* \tau_k$$

$$(J_2^{(k)}) \; : \; \xi_k^* \tau_k \leq \frac{x}{n} < \xi_k^* \tau_k^2, \dots.$$

$$(J_{s_k^*}^{(k)}) \; : \; \xi_k^* \tau_k^{s_k^*-1} \leq \frac{x}{n} < \xi_k^* \tau_k^{s_k^*} \; ;$$

$$(J_{(k)}^*) \; : \; \xi_k^* \tau_k^{s_k^*} \leq \frac{x}{n} \leq x, \text{ wobei } \tau_k = e^{c_2/\delta_k}, \; \tau_k^{\varphi_k^*} \cdot \xi_k^* = x,$$

mit $\psi_k^* = (\log x - \log \xi_k^*)/\log \tau_k$; $s_k^* = \left[\varphi_k^*\right] \leq \varphi_k^* = \dfrac{\delta_k}{c_2} \cdot (\log x -$

$\log \xi_k^*) \Rightarrow s_k^* + 1 > \dfrac{\delta_k}{c_2} \cdot (\log x - \log \xi_k^*) \Rightarrow s_k^* > -1 + \dfrac{\delta_k}{c_2} \cdot \log x -$

$\dfrac{\delta_k}{c_2} \cdot \log \xi_k^* \Rightarrow -s_k^* < 1 + \dfrac{\delta_k}{c_2} \cdot \log \xi_k^* - \dfrac{\delta_k}{c_2} \cdot \log x$. (11'). Mit (10')

ist weiter $|\rho(\frac{x}{n})| \leq \alpha_{k+1} \cdot \dfrac{x}{n}$. Die s_k^* Teilintervalle $(J_\nu^{(k)})$

$(\nu = 1,2,\dots,s_k^*)$ sind sämtlich in der von (V_7) geforderten Art, sie

enthalten also mindestens ein Teilintervall $(s_\nu^{(k)}): y_\nu^{(k)} \leq \dfrac{x}{n} \leq y_\nu^{(k)} \cdot$

$e^{\delta_k/2}$, in dem $|\rho(\frac{x}{n})| \leq \dfrac{\alpha_{k+1}}{2} \cdot \dfrac{x}{n}$ und es gilt $y_\nu^{(k)} \leq \tau_k^\nu \cdot \xi_k^* \cdot e^{-\delta_k/2}$.

Analog zu (12) ergibt sich (12"):

$$\sum_{1 \leq n \leq \frac{x}{\xi_k^*}} |\rho(\tfrac{x}{n})| \cdot \log n \leq x \cdot \alpha_{k+1} \sum_{1 \leq n \leq \frac{x}{\xi_k^*}} \frac{\log n}{n} - \sum_{\nu=1}^{s_k^*} \frac{x}{2} \cdot \alpha_{k+1} \cdot (\sum \frac{\log n}{n}), \text{ wobei}$$

in der letzten Summe für n gilt: $x \cdot (y_\nu^{(k)} \cdot e^{\delta_k/2})^{-1} \leq n \leq x(y_\nu^{(k)})^{-1}$. In

$$(12") \text{ ist} \sum_{1 \leq n \leq \frac{x}{\xi_k^*}} \frac{\log n}{n} \overset{(IV_{13})}{=} \int_1^{\frac{x}{\xi_k^*}} \frac{\log t}{t}\, dt + \mathcal{O}(1) + \mathcal{O}\!\left(\frac{(\log x - \log \xi_k^*)\xi_k^*}{x}\right)$$

$$= \tfrac{1}{2}(\log (\tfrac{x}{\xi_k^*})^2 + \mathcal{O}(1) + \mathcal{O}\!\left(\frac{(\log x - \log \xi_k^*)\xi_k^*}{x}\right) \leq \tfrac{1}{2}\log^2 x + \dot{c}_6^{(k)} \log x. \text{ Für}$$

die einzelnen Summanden der zweiten Summe aus (12") erhalten wir unter

Berücksichtigung der Summationsgrenzen

$$\mathcal{O}(1) + \int_{\frac{x}{y_\nu^{(k)} \cdot e^{\delta_k/2}}}^{\frac{x}{y_\nu^{(k)}}} \frac{\log t}{t}\, dt = \mathcal{O}(1) + \tfrac{1}{2}\log^2(\frac{x}{y_\nu^{(k)}}) - \log^2(\frac{x}{y_\nu^{(k)} \cdot e^{\delta_k/2}}) \quad (\text{in } \mathcal{O}(1)$$

steht hier das $\mathcal{O}(1)$ aus (IV_{13}), $\mathcal{O}(\log \dfrac{x}{y_\nu^{(k)}} \cdot \dfrac{y_\nu^{(k)}}{x}))$ und

$$\mathcal{O}(\log ((x/y_\nu^{(k)} \cdot e^{\delta_k/2}) \cdot \frac{y_\nu^{(k)} \cdot e^{\delta_k/2}}{x})) = \mathcal{O}(1) + \tfrac{1}{2}(2\log x - 2\log y_\nu^{(k)} - \tfrac{\delta_k}{2}) \cdot \tfrac{\delta_k}{2}$$

$$= \mathcal{O}(1) + \tfrac{\delta_k}{2} \cdot \log x - \tfrac{\delta_k}{2} \log y_\nu^{(k)} = \bar{s}_\nu^{(k)}. \text{ Nach (11') ergibt sich dann}$$

weiter $\bar{s}_\nu^{(k)} \geq \mathcal{O}(1) + \dfrac{\delta_k}{2} \log x - \dfrac{\delta_k}{2} (\nu \cdot \log \tau_k - \dfrac{\delta_k}{2} + \log \xi_k^*) = \mathcal{O}(1) +$

$\dfrac{\delta_k}{2} \cdot \log x - \dfrac{\delta_k}{2} (\nu \cdot \dfrac{c_2}{\delta_k} - \dfrac{\delta_k}{2} + \log \xi_k^*) + \mathcal{O}(1) + \dfrac{\delta_k}{2} \log x - \dfrac{\nu \cdot c_2}{2} + \dfrac{\delta_k}{4} + \dfrac{\delta_k}{2} \cdot$

$\log \xi_k^* \geq \dfrac{\delta_k}{2} \log x_k - \dfrac{\nu \cdot c_2}{2} - c_7^{(k)}$ $(c_7^{(k)}$ reell positiv wählbar, analog

den vor (5') geführten Überlegungen). Aus (12") wird daher (12''')

$$\sum_{1\leq n\leq \frac{x}{\xi^*}} |\rho(\tfrac{x}{n})|\cdot \log n \;\leq\; x\alpha_{k+1}(\tfrac{1}{2}\log^2 x + c_6^{(k)}\log x + \tfrac{x}{2}\cdot\alpha_{k+1}\cdot$$

$$(\sum_{\nu=1}^{s_k^*} c_7^{(k)} + \frac{\nu\cdot c_2}{2} - \frac{\delta_k}{2}\log x)) = \frac{x\alpha_{k+1}}{2}\cdot\log^2 x + x\cdot\alpha_{k+1}c_6^{(k)}\;\log x +$$

$$\frac{x\,\alpha_{k+1}}{2}(s_k^*\cdot c_7^{(k)} + \frac{s_k^*(s_k^*+1)}{4}\cdot c_2 - \frac{s_k^*\delta_k}{2}\cdot\log x) \overset{(11')}{<} \frac{x\alpha_{k+1}}{2}\cdot\log^2 x +$$

$$x\cdot\alpha_{k+1}\cdot c_6^{(k)}\cdot\log x + \frac{x\alpha_{k+1}}{2}\cdot(c_7^{(k)}\frac{\delta_k}{c_2}\cdot\log x + \frac{\delta_k}{4}\cdot\log x + \frac{\delta_k^2}{4c_2}\cdot\log^2 x :$$

$$+ \frac{\delta_k}{2}\log x(1 + \frac{\delta_k}{c_2}\cdot\log\xi_k^* - \frac{\delta_k}{c_2}\cdot\log x)) = x\alpha_{k+1}(\tfrac{1}{2}\log^2 x + c_6^{(k)}\log x)+$$

$$\frac{x\,\alpha_{k+1}}{2}(c_7^{(k)}\frac{\delta_k}{c_2}\cdot\log x + 3\frac{\delta_k}{4}\cdot\log x - \frac{\delta_k^2}{4c_2}\cdot\log^2 x + \frac{\delta^2}{2c_2}\cdot\log x\log\xi_k^*)=$$

$$\frac{x\alpha_{k+1}}{2}\cdot(\log^2 x + c_8^{(k)}\cdot\log x - \frac{\delta_k^2}{4c_2}\log^2 x). \text{ Aus (9') und (12''') entsteht}$$

demnach (13'): $|\rho(x)| < c_5^{(k)}\cdot\dfrac{x}{\log x} + x\alpha_{k+1}\cdot(1+ \dfrac{c_8^{(k)}}{\log x} - \dfrac{\delta_k^2}{4c_2}) =$

$$c_9^{(k)}\cdot\frac{x}{\log x} + x\alpha_{k+1}(1 - \frac{\alpha_{k+1}^2}{256c_2}). \text{ In (13') ist weiter } c_9^{(k)}\cdot\frac{x}{\log x} =$$

$$\alpha_{k+1}^3\cdot\frac{x}{512c_2}\cdot\frac{c_9^{(k)}512c_2}{\log x\cdot\alpha_{k+1}^3} \text{ und für } \log x > (c_9^{(k)}512\cdot c_2): \alpha_{k+1}^3$$

$$\Rightarrow x > e^{c_9^{(k)}\cdot512\cdot c_2\;\alpha_{k+1}^{-3}} \overset{p.d.}{=} x_{c_2}^{(k)} \text{ wird mit } x > \text{Max}(\xi_k^*, x_{c_2}^{(k)}) \overset{Def.}{=}$$

$$x_{\alpha_{k+1}} \text{ schließlich (14') } |\rho(x)| < \alpha_{k+1}^3\cdot\frac{x}{512\cdot c_2} + \alpha_{k+1}x(1-\frac{\alpha_{k+1}^2}{256\cdot c_2})$$

$$= \alpha_{k+1}\cdot x - \frac{\alpha_{k+1}^3\cdot x}{512\cdot c_2} = x\cdot\alpha_{k+2}\cdot \text{ q.e.d.}$$

Übg.(12.)Mit $\varphi(k) = 2$ (k=3,4,6) über $(V_9^{(3)})$.

Übg.(13.) Da es insgesamt jeweils nur zwei Charakterfunktionen gibt und
der Hauptcharakter reell ist, kann es keine komplexwertigen
Charakter für k=3 und k=4 geben.

Namen- und Sachverzeichnis

(Die angegebenen Zahlen stehen für die Seite, auf der ein Begriff bzw. eine Person
genauer betrachtet bzw. mit biographischen Daten genannt wird.)

**Tafel der Primzahlen p_1, p_2, ..., p_{320} (jeweils in der Spalte p)
sowie der zugehörigen kleinsten Primitivwurzel (in Spalte kPw)**

p	kPw	p	kPw	p	kPw	p	kPw	p	kPw	p	kPw	p	kPw	p	kPw
2	1	179	2	419	2	661	2	947	2	1229	2	1523	2	1823	5
3	2	181	2	421	2	673	5	953	3	1231	3	1531	2	1831	3
5	2	191	19	431	7	677	2	967	5	1237	2	1543	5	1847	5
7	3	193	9	433	5	683	5	971	6	1249	7	1549	2	1861	2
11	2	197	2	439	15	691	3	977	3	1259	2	1553	3	1867	2
13	2	199	3	443	2	701	2	983	5	1277	2	1559	19	1871	14
17	3	211	2	449	3	709	2	991	6	1279	3	1567	3	1873	10
19	2	223	3	457	13	719	11	997	7	1283	2	1571	2	1877	2
23	5	227	2	461	2	727	5	1009	11	1289	6	1579	3	1879	6
29	2	229	6	463	3	733	6	1013	3	1291	2	1583	5	1889	3
31	3	233	3	467	2	739	3	1019	2	1297	10	1597	11	1901	2
37	2	239	7	479	13	743	5	1021	10	1301	2	1601	3	1907	2
41	6	241	7	487	3	751	3	1031	14	1303	6	1607	5	1913	3
43	3	251	6	491	2	757	2	1033	5	1307	2	1609	7	1931	2
47	5	257	3	499	7	761	6	1039	3	1319	13	1613	3	1933	5
53	2	263	5	503	5	769	11	1049	3	1321	13	1619	2	1949	2
59	2	269	2	509	2	773	2	1051	7	1327	3	1621	2	1951	3
61	2	271	6	521	3	787	2	1061	2	1361	3	1627	3	1973	2
67	2	277	5	523	2	797	2	1063	3	1367	5	1637	2	1979	2
71	7	281	3	541	2	809	3	1069	6	1373	2	1657	11	1987	2
73	5	283	3	547	2	811	3	1087	3	1381	2	1663	3	1993	5
79	3	293	2	557	2	821	2	1091	2	1399	13	1667	2	1997	2
83	2	307	5	563	2	823	3	1093	5	1409	3	1669	2	1999	3
89	3	311	17	569	3	827	2	1097	3	1423	3	1693	2	2003	5
97	5	313	10	571	3	829	2	1103	5	1427	2	1697	3	2011	3
101	2	317	2	577	5	839	11	1109	2	1429	6	1699	3	2017	5
103	5	331	3	587	2	853	2	1117	2	1433	3	1709	3	2027	2
107	2	337	10	593	3	857	3	1123	2	1439	7	1721	3	2029	2
109	6	347	2	599	7	859	2	1129	11	1447	3	1723	3	2039	7
113	3	349	2	601	7	863	5	1151	17	1451	2	1733	2	2053	2
127	3	353	3	607	3	877	2	1153	5	1453	2	1741	2	2063	5
131	2	359	7	613	2	881	3	1163	5	1459	5	1747	2	2069	2
137	3	367	6	617	3	883	2	1171	2	1471	6	1753	7	2081	3
139	2	373	2	619	2	887	5	1181	7	1481	3	1759	6	2083	2
149	2	379	2	631	3	907	2	1187	2	1483	2	1777	5	2087	5
151	6	383	5	641	3	911	17	1193	3	1487	5	1783	10	2089	7
157	5	389	2	643	11	919	7	1201	11	1489	14	1787	2	2099	2
163	2	397	5	647	5	929	3	1213	2	1493	2	1789	6	2111	7
167	5	401	3	653	2	937	5	1217	3	1499	2	1801	11	2113	5
173	2	409	21	659	2	941	2	1223	5	1511	11	1811	6	2129	3

Tafel der Indizes

Primzahl 11

N	0	1	2	3	4	5	6	7	8	9
0		0	1	8	2	4	9	7	3	6
1	5									

I	0	1	2	3	4	5	6	7	8	9
0	1	2	4	8	5	10	9	7	3	6
1										

Primzahl 17

N	0	1	2	3	4	5	6	7	8	9
0		0	14	1	12	5	15	11	10	2
1	3	7	13	4	9	6	8			

I	0	1	2	3	4	5	6	7	8	9
0	1	3	9	10	13	5	15	11	16	14
1	8	7	4	12	2	6				

Primzahl 19

N	0	1	2	3	4	5	6	7	8	9
0		0	1	13	2	16	14	6	3	8
1	17	12	15	5	7	11	4	10	9	

I	0	1	2	3	4	5	6	7	8	9
0	1	2	4	8	16	13	7	14	9	18
1	17	15	11	3	6	12	5	10		

Primzahl 23

N	0	1	2	3	4	5	6	7	8	9
0		0	2	16	4	1	18	19	6	10
1	3	9	20	14	21	17	8	7	12	15
2	5	13	11							

I	0	1	2	3	4	5	6	7	8	9
0	1	5	2	10	4	20	8	17	16	11
1	9	22	18	21	13	19	3	15	6	7
2	12	14								

Primzahl 29

N	0	1	2	3	4	5	6	7	8	9
0		0	1	5	2	22	6	12	3	10
1	23	25	7	18	13	27	4	21	11	9
2	24	17	26	20	8	16	19	15	14	

I	0	1	2	3	4	5	6	7	8	9
0	1	2	4	8	16	3	6	12	24	19
1	9	18	7	14	28	27	25	21	13	26
2	23	17	5	10	20	11	22	15		

uni—texte

Lehrbücher

G. M. Barrow, Physikalische Chemie I, II, III
W. L. Bontsch-Brujewitsch / I. P. Swaigin / I. W. Karpenko / A. G. Mironow,
Aufgabensammlung zur Halbleiterphysik
L. Collatz / J. Albrecht, Aufgaben aus der Angewandten Mathematik I, II
W. Czech, Übungsaufgaben aus der Experimentalphysik
H. Dallmann / K.-H. Elster, Einführung in die höhere Mathematik
M. Denis-Papin / G. Cullmann, Übungsaufgaben zur Informationstheorie
M. J. S. Dewar, Einführung in die moderne Chemie
N. W. Efimow, Höhere Geometrie I, II
A. P. French, Spezielle Relativitätstheorie
J. A. Baden Fuller, Mikrowellen
D. Geist, Halbleiterphysik I, II
W. L. Ginsburg / L. M. Levin / S. P. Strelkow, Aufgabensammlung der Physik I
P. Guillery, Werkstoffkunde für Elektroingenieure
E. Hàla / T. Boublik, Einführung in die statistische Thermodynamik
J. G. Holbrook, Laplace-Transformationen
I. E. Irodov, Aufgaben zur Atom- und Kernphysik
D. Kind, Einführung in die Hochspannungs-Versuchstechnik
S. G. Krein / V. N. Uschakowa, Vorstufe zur höheren Mathematik
H. Lau / W. Hardt, Energieverteilung
R. Ludwig, Methoden der Fehler- und Ausgleichsrechnung
E. Meyer / R. Pottel, Physikalische Grundlagen der Hochfrequenztechnik
E. Poulsen Nautrup, Grundpraktikum der organischen Chemie
L. Prandtl / K. Oswatitsch / K. Wieghardt, Führer durch die Strömungslehre
J. Ruge, Technologie der Werkstoffe
W. Rieder, Plasma und Lichtbogen
D. Schuller, Thermodynamik
F. G. Taegen, Einführung in die Theorie der elektrischen Maschinen I, II
W. Tutschke, Grundlagen der Funktionentheorie
W. Tutschke, Grundlagen der reellen Analysis I, II
H.-G. Unger, Elektromagnetische Wellen I, II
H.-G. Unger, Quantenelektronik
H.-G. Unger, Theorie der Leitungen
H.-G. Unger / W. Schultz, Elektronische Bauelemente und Netzwerke I, II, III
B. Vauquois, Wahrscheinlichkeitsrechnung
W. Wuest, Strömungsmeßtechnik

Skripten

J. Behne / W. Muschik / M. Päsler,
Ringvorlesung zur Theoretischen Physik, Theorie der Elektrizität
H. Feldmann, Einführung in ALGOL 60
O. Hittmair / G. Adam, Ringvorlesung zur Theoretischen Physik, Wärmetheorie
H. Jordan / M. Weis, Asynchronmaschinen
H. Jordan / M. Weis, Synchronmaschinen I, II
H. Kamp / H. Pudlatz, Einführung in die Programmiersprache PL/I
G. Lamprecht, Einführung in die Programmiersprache FORTRAN IV
E. Macherauch, Praktikum in Werkstoffkunde
P. Paetzold, Einführung in die allgemeine Chemie
E.-V. Schlünder, Einführung in die Wärme- und Stoffübertragung
W. Schultz, Einführung in die Quantenmechanik
W. Schultz, Dielektrische und magnetische Eigenschaften der Werkstoffe